ARITHMÉTIQUE
PRATIQUE ET RAISONNÉE

ARITHMÉTIQUE

PRATIQUE ET RAISONNÉE

PAR

<table>
<tr><td>X. MORTREUX
PROFESSEUR A L'ÉCOLE NORMALE
DE LA SEINE</td><td>O. MORTREUX
INSTITUTEUR A L'ÉCOLE ANNEXE
DE L'ÉCOLE NORMALE DE LA SEINE</td></tr>
</table>

COURS MOYEN

PRÉPARATION AU CERTIFICAT D'ÉTUDES PRIMAIRES

Ouvrage contenant 3200 problèmes

LIVRE DU MAITRE

PARIS

LIBRAIRIE CLASSIQUE EUGÈNE BELIN

BELIN FRÈRES

RUE DE VAUGIRARD, 52

Tout exemplaire de cet ouvrage non revêtu de notre griffe sera réputé contrefait.

SAINT-CLOUD. — IMPRIMERIE BELIN FRÈRES.

PRÉFACE

Le livre du maître contient en entier le livre de l'élève, les solutions raisonnées de tous les problèmes, ainsi que des directions et des développements utiles.

Dans le livre de l'élève, nous avons classé les exercices de telle sorte qu'un problème compliqué ne soit abordé qu'après l'étude des définitions, des règles et des problèmes simples qui permettent d'en faire l'analyse et d'en trouver la solution.

Dans le livre du maître, nous avons voulu faciliter davantage la tâche de l'instituteur. Les solutions raisonnées qu'on y trouvera sont conçues sur le même plan que celles des problèmes-types du livre de l'élève et, grâce à une disposition heureuse, les diverses parties en sont nettement mises en évidence. Le maître pourra, d'un coup d'œil rapide, lire une de ces solutions, la comprendre, saisir les éléments essentiels du raisonnement analytique, en un mot, se procurer les renseignements nécessaires pour diriger le travail de ses élèves.

Nous avons employé couramment des formules, des abréviations qui seraient critiquables dans un livre à l'usage des élèves, mais qui ne présentent pas d'inconvénients dans un ouvrage destiné aux maîtres. Ces formules et ces abréviations nous ont permis de condenser les solutions et de les disposer de façon à les rendre très claires et d'une lecture facile.

Faire un ouvrage utile, commode, tel était notre but; les maîtres et les maîtresses nous diront si nous avons réussi. Nous accueillerons avec reconnaissance les critiques qu'ils voudront bien nous adresser.

RÉPARTITION MENSUELLE

OCTOBRE

Arithmétique. — Notions préliminaires. Numération. Addition. Soustraction. Multiplication.
— Achat-Vente. Bénéfice ou Perte.
Système métrique. — Mesures de longueur. Mesures itinéraires. Périmètre du carré et du rectangle.
Géométrie. — Lignes. Angles. Echelle. Plan.
Calcul mental. — Addition.

NOVEMBRE

Arithmétique. — Division. Moyennes. Nombre pensé.
— Recettes et dépenses. Douzaine, cent, mille. 13° et 4 au cent en sus. Déchet. Parts égales. Différence des valeurs, différence des quantités.
Système métrique. — Mesures de surface. Rectangle. Carré.
Géométrie. — Parallélogramme. Triangle.
Calcul mental. — Soustraction.

DÉCEMBRE

Arithmétique. — Divisibilité.
— Parts différentes. Parts multiples.
Système métrique. — Mesures agraires. Rectangle. Carré. Calcul d'une dimension.
Géométrie. — Trapèze. Losange. Polygone quelconque.
Calcul mental. — Multiplication.
Revision trimestrielle.

JANVIER

Arithmétique. — Fractions. Nombres fractionnaires. Réduction au même dénominateur. Addition. Soustraction. Multiplication.
Système métrique. — Surface du cube, du parallélépipède rectangle. Mesures de volume. Volume du cube, du parallélépipède rectangle.
Géométrie. — Circonférence. Degrés. Longueur.
Calcul mental. — Division.

FÉVRIER

Arithmétique. — Division des fractions.
            — Une fraction connue. Partages. Revision.
Système métrique. — Mesures des bois. Parallélépipède rectangle. Calcul d'une dimension. Mesures de poids.
Géométrie. — Cercle.
Calcul mental. — La douzaine. Le sou. La livre.

MARS

Arithmétique. — Règles de trois. Intérêts. Tant pour cent.
Système métrique. — Mesures de capacité. Volumes et capacités. Poids et volume de l'eau. Densité.
Géométrie. — Prisme. Pyramide.
Calcul mental. — Revision.

AVRIL

Arithmétique. — Escompte. Revenu des propriétés.
Mesure du temps. — Conversion. Calcul de la durée.
Géométrie. — Cylindre.
Calcul mental. — Revision.

MAI

Arithmétique. — Caisse d'épargne. Rentes sur l'Etat. Partages proportionnels. Mélanges. Alliages.
Système métrique. — Les Monnaies.
Géométrie. — Cône. Sphère.
Calcul mental. — Revision.

JUIN. JUILLET

Arithmétique. — Règle dite de fausse position. Problème des courriers.
Système métrique. — Notions générales.
Revision générale en vue de l'examen *du certificat d'études.*

Remarque. — Pour adapter cette répartition à la **deuxième année du Cours moyen,** il suffira : 1º de tenir compte des *astérisques* qui précèdent les titres de certaines leçons et les numéros des exercices difficiles; 2º *d'accorder plus de temps* — un mois de plus environ — à chacune des parties suivantes : les quatre opérations, les fractions, les surfaces, les volumes, l'addition et la soustraction mentales.

ARITHMÉTIQUE
PRATIQUE ET RAISONNÉE

NOMBRES ENTIERS ET DÉCIMAUX

(REVISION ET COMPLÉMENTS)

NOTIONS PRÉLIMINAIRES

1. — On *compte* des objets, on *mesure* des grandeurs (longueurs, capacités, poids...) : le résultat de chacune de ces opérations est un **nombre**.

2. — L'arithmétique est la science des *nombres*.

3. — L'unité est *un des objets* que l'on compte ou *la grandeur* qui sert à mesurer des grandeurs de même espèce.

Ex. : Si je compte trente élèves, l'*unité* est *un élève ;* si je mesure une longueur de huit mètres, l'*unité* est le *mètre*.

4. — La réunion de plusieurs unités (trente élèves, huit mètres) est un **nombre entier**.

5. — Lorsqu'on partage l'unité en dix, cent, mille... parties égales, on obtient des **unités décimales** (dixièmes, centièmes, millièmes...).

6. — Plusieurs *unités décimales* forment une **fraction décimale**.

Ex. : douze centièmes de mètre ou douze centimètres.

7. — Un *nombre entier* suivi d'une *fraction décimale* est un **nombre décimal**.

Ex. : Cinq mètres vingt centimètres, cinq unités vingt centièmes.

NUMÉRATION

1. — La **numération** est l'ensemble des règles établies pour *nommer* les nombres (*numération parlée*) et pour les *écrire* (*numération écrite*).

2. Principe de la numération décimale. — Une unité d'un ordre quelconque vaut **dix** unités de l'ordre immédiatement inférieur.

Ex. : Une dizaine vaut dix unités, une centaine vaut dix dizaines, etc. Une unité vaut dix dixièmes, un dixième vaut dix centièmes, etc.

	Unités entières.												**Unités décimales.**			
Classes :	Billions			Millions			Mille			Unités						
Ordres :	centaines de billions	dizaines de billions	unités de billions	centaines de millions	dizaines de millions	unités de millions	centaines de mille	dizaines de mille	unités de mille	centaines	dizaines	unités	dixièmes	centièmes	millièmes	dix-millièmes
Rangs :	12e	11e	10e	9e	8e	7e	6e	5e	4e	3e	2e	1er	1er	2e	3e	4e ... ...

3. Principe de la numération écrite. — Tout chiffre placé à *la gauche* d'un autre représente des unités *dix fois plus grandes* que celles exprimées par cet autre.

4. — Dans un *nombre décimal*, la **virgule** sépare la *partie entière* de la *partie décimale*.

5. — Le chiffre **zéro** n'a aucune valeur par lui-même, il remplace les *ordres manquants*.

Ex. : Dans 802, le zéro tient la place des dizaines; dans 0,54, le zéro tient la place de la partie entière.

Exercices oraux. — **1.** Combien faut-il de chiffres pour représenter un ordre? une classe? — *Rép.* 1° 1 chiffre; 2° 3 chiffres.

2. — Quelle est la classe qui peut être incomplète dans un nombre entier? — *Rép.* La classe de gauche.

3. — Que devient le nombre décimal 5,8 quand on écrit un ou plusieurs zéros à sa gauche ou à sa droite?

Quel que soit le nombre des zéros écrits à gauche ou à droite, le nombre 5,8 reste égal à 5 unités 8 dixièmes. — *Rép.* Ce nombre ne change pas.

4. — Quel est le plus petit nombre de 3 chiffres? le plus grand nombre de 4 chiffres? — *Rép.* 1° 100 ; 2° 9 999.

5. — Quelles sont les valeurs du chiffre 8 dans les nombres suivants : 8 754 ? — 648 ? — 18 935 ? — 10,85 ? — 7,58 ?

Rép. 1° 8 mille ; 2° 8 unités ; 3° 8 mille ; 4° 8 dixièmes ; 5° 8 centièmes.

6. — Lire les nombres suivants : 4758000 ; 9743852065 ; 43,5 ; 6,0045 ; 72,45.

Exercices écrits. — 1. Placer convenablement la virgule dans les nombres suivants : 62 dixièmes ; 4 758 centièmes ; 9 dixièmes ; 7 centièmes ; 48 millièmes. — *Rép.* 6,2 ; 47,58 ; 0,9 ; 0,07 ; 0,048.

2. — Ecrire les nombres suivants en prenant la centaine comme unité : 475 ; 35 729 ; 75 ; 4. — *Rép.* 4,75 ; 357,29 ; 0,75 ; 0,04.

3. — Ecrire les nombres suivants en prenant le dixième comme unité : 57 ; 8,5 ; 8,95 ; 0,5 ; 0,075. — *Rép.* 570 ; 85 ; 89,5 ; 5 ; 0,75.

4. — Quelles sont les plus hautes unités d'un nombre entier composé de 5 chiffres, de 7 chiffres, de 3 chiffres, de 8 chiffres ? (*Orne.*)

Rép. 1° Les diz. de mille ; 2° les unités de millions ; 3° les centaines ; 4° les diz. de millions.

CHIFFRES ROMAINS

1. — Les dix chiffres 1, 2, 3, 4, 5, 6, 7, 8, 9, 0 s'appellent **chiffres arabes.**

2. — Les Romains se servaient des chiffres suivants appelés **chiffres romains :**

I	V	X	L	C	D	M
un.	cinq.	dix.	cinquante.	cent.	cinq cents.	mille.

Tableau de nombres écrits en chiffres romains.

I		1	XXX.. $(10+10+10)$ ou		30
II	$(1+1)$ ou	2	XL	$(50-10)$ ou	40
III	$(1+1+1)$ ou	3	L		50
IV	$(5-1)$ ou	4	LX	$(50+10)$ ou	60
V		5	LXX	$(50+20)$ ou	70
VI	$(5+1)$ ou	6	LXXX	$(50+30)$ ou	80
VII	$(5+2)$ ou	7	XC	$(100-10)$ ou	90
VIII	$(5+3)$ ou	8	C		100
IX	$(10-1)$ ou	9	CC	$(100+100)$ ou	200
X		10	CCC. $(100+100+100)$ ou		300
XI	$(10+1)$ ou	11	CD	$(500-100)$ ou	400
XII	$(10+2)$ ou	12	D		500
XIII	$(10+3)$ ou	13	DC	$(500+100)$ ou	600
XIV	$(10+4)$ ou	14	DCC	$(500+200)$ ou	700
XV	$(10+5)$ ou	15	CM	$(1\,000-100)$ ou	900
XVI	$(10+6)$ ou	16	M		1 000
XVII	$(10+7)$ ou	17	MM.. $(1\,000+1\,000)$ ou		2 000
XVIII	$(10+8)$ ou	18	MMM		3 000
XIX	$(10+9)$ ou	19	MDCCLXXXIX		1789
XX	$(10+10)$ ou	20	MCMVIII		1908

Exercice écrit. — **5.** Écrire en chiffres romains les nombres 13, 92, 100, 815, 3 026.   (*Orne.*)

Rép. XIII; XCII; C; DCCCXV; MMMXXVI.

ADDITION

P. 4.

Problème. — Jules avait 8 billes, on lui en donne 5. Combien en a-t-il?

Le *nombre de billes* qu'il a est la **somme** de 8 billes et de 5 billes.
Ce nombre s'obtiendra par une **addition**.

1. — **L'addition** est l'opération qui a pour but de calculer la *somme* ou le *total* de plusieurs nombres.

2. — 8 billes *plus* 5 billes égale 13 billes.
Cette addition s'écrit : $8^b + 5^b = 13$ billes.

3. — **La preuve** d'une opération est une 2° opération par laquelle on *vérifie* l'exactitude de la 1re.

4. — On peut faire la **preuve de l'addition** en recommençant l'opération dans l'*ordre inverse* de celui où on l'a faite. On doit obtenir le même résultat dans les deux cas.

Problèmes. — **6.** Un épicier a acheté 135 kg. de sucre pour 85^f,75; 68 kg. pour 40^f,80, et enfin 105 kg. pour 63 fr. Quel poids de sucre a-t-il acheté et pour quelle somme?

Solution.

1. — **Le poids du sucre** est la somme des différentes quantités achetées.
    135kg + 68kg + 105kg = **308 kg.**

2. — **La somme dépensée** est le total des différents prix.
    85^f,75 + 40^f,80 + 63^f = **189^f,55.**

Opérations.

135	85,75
68	40,8
105	63
308	**189,55**

7. — Une école compte 3 classes. Un lundi, il y a dans la 1re classe 35 élèves présents et 3 absents; dans la 2e, 40 présents et 5 absents; dans la 3e, 43 présents et 11 absents. Combien y a-t-il ce jour-là dans l'école d'élèves présents, d'élèves absents, et combien y a-t-il d'élèves inscrits?

I. *Présents :* 35 + 40 + 43. *Rép.* 118. II. *Absents :* 3 + 5 + 11. *Rép.* 19.
III. *Inscrits* = présents + absents = 118 + 19. *Rép.* 137.

8. — Une personne a payé une dette de 183^f,65 et il lui reste autant qu'elle a donné, plus 54^f,85. Combien possédait cette personne avant de payer sa dette?   (*Puy-de-Dôme.*)

Elle possédait : 183^f,65 + 183^f,65 + 54^f,85. *Rép.* 422^f,15.

9. — Trois frères ont fait un héritage. L'aîné a eu 6 000 fr.; le 2e, 3 000 fr. de plus que l'aîné, et le 3e, 2 000 fr. de plus que le 2e. Dire à quelle somme se montait l'héritage.   (*Hautes-Pyrénées.*)

Héritage = Somme des parts.
1re 6 000 fr.; 2e 6 000^f + 3 000^f = 9 000 fr.; 3e 9 000^f + 2 000^f = 11 000 fr.
Rép. 6 000^f + 9 000^f + 11 000^f = 26 000 *fr.*

10. — Une école se compose de 4 classes. La 1re a 9 élèves de moins que la 2e, la 2e 7 de moins que la 3e, la 3e 17 de moins que la 4e. Sachant que la 1re classe contient 38 élèves, combien y en a-t-il dans toute l'école ? *(Pas-de-Calais.)*

Effectif de l'école = Somme des effectifs des 4 classes.
1re 38él. ; 2e 38él. + 9él. = 47él. ; 3e 47él. + 7él. = 54él. ; 4e 54él. + 17él. = 71él.
Rép. 38él. + 47él. + 54él. + 71él. = 210 *élèves.*

11. — Pour payer un achat, une personne verse un 1er acompte de 875 fr.; un 2e de 1 320f,85 et un 3e qui dépasse de 108f,30 les 2 premiers réunis. Elle doit encore 500 fr. Quel était le montant de l'achat ?

Montant de l'achat = Somme des acomptes + Reste dû.
Somme des acomptes : 875f + 1 320f,85 + 875f + 1 320f,85 + 108f,30 = 4 500 fr.
Rép. 4 500f + 500f = 5 000 *fr.*

SOUSTRACTION

Problème. — Louis a 12 billes, Jean a 7 billes. Combien Louis en a-t-il de plus que Jean ?

Le nombre de billes que Louis a de plus que Jean est la *différence* entre 12 billes et 7 billes.

Cette **différence** est le nombre de billes qu'il faut ajouter à 7 billes pour en avoir 12. Elle s'obtiendra par une **soustraction**.

1. — La **différence** de 2 nombres est le nombre qu'il faut ajouter au *plus petit* pour obtenir le *plus grand*. Elle s'appelle encore **reste** ou **excès**.

2. — La **soustraction** est l'opération qui a pour but de calculer la *différence* de 2 nombres.

3. — 12 billes *moins* 7 billes égale 5 billes.

Cette soustraction s'écrit : $12^b - 7^b = 5$ billes.

4. — Pour faire la **preuve de la soustraction**, on *ajoute la différence au plus petit nombre*. La somme obtenue doit être égale au plus grand nombre.

On peut encore *retrancher la différence des deux nombres du plus grand*. Le résultat obtenu doit être égal au plus petit nombre.

Exercice oral. — Dans une soustraction, le plus grand nombre est 15, le plus petit, 9 :

1° On augmente le plus grand nombre de 4. Quelle était la différence ? De combien a-t-elle augmenté ?

2° On augmente le plus petit nombre de 4. Quelle était la différence ? De combien a-t-elle diminué ?

3° On augmente à la fois le plus grand nombre et le plus petit de 4. Que devient la différence ?

Rép. 1° *Elle était* 6; *elle a augmenté de* 4.
2° *Elle était* 6; *elle a diminué de* 4.
3° *La différence ne change pas.*

5. Principe. — Lorsqu'on ajoute *un même nombre* à deux autres, leur *différence ne change pas.*

Exercices écrits. 12. — Disposer, effectuer les soustractions suivantes et en faire la preuve :

(1) 754 000   — 479 600 =
Rép. 274 400.

(5) 8 735   — 486,37 =
Rép. 8 248,63.

(2) 90 700   — 48 756 =
Rép. 41 944.

(6) 578,9   — 89,955 =
Rép. 488,945.

(3) 147 057   — 18 908 =
Rép. 128 149.

(7) 700,85 — 578,928 =
Rép. 121,922.

(4) 680,175 —   58,7 =
Rép. 621,475.

(8) 7 000   — 86,825 =
Rép. 6 913,175.

*13. — Dans une soustraction, à quoi est égal le plus grand nombre? Comment fait-on la preuve de la soustraction?   (*Aveyron.*)

Voir plus haut, § 4.

*14. — Soustraire 4 352 de 7 896 sans se conformer à la règle générale de la soustraction.   (*Seine.*)

Rép. Commencer par la gauche, puisque tous les chiffres du plus grand nombre sont supérieurs à ceux du plus petit. *Reste =* 3 544.

P. 6.   ## ADDITION. SOUSTRACTION

Problèmes. — 15. — Un commerçant a en magasin 645 m. d'étoffe qui valent 826 fr. Il en vend 178 m. pour 257ᶠ,75. Quelle longueur d'étoffe lui reste-t-il et quel en est le prix?

Solution.	*Opérations.*

1° **La longueur d'étoffe qui lui reste** est la différence entre la *quantité en magasin* (645 m.) et la *quantité vendue* (178 m.) :

$$645^m - 178^m = 467 \text{ m.}$$

645
178
———
467

2° **Le prix du reste** est la différence entre le *prix total* de l'étoffe (826 fr.) et le *prix de vente des* 178 m. (257ᶠ,75) :

$$826^f - 257^f,75 = 568^f,25.$$

826
257,75
———
568,25

16. — En 1905, il y a eu à Paris 51 096 naissances et 47 843 décès. Quel a été, cette année-là, l'excédent des naissances sur les décès?

Cet *excédent* est la différence : 51 096 — 47 843. *Rép.* 3 253.

17. — Une personne fait un achat s'élevant à 478ᶠ,25. Elle obtient une remise de 19ᶠ,15; combien doit-elle payer?

Paiement = Prix d'achat (478ᶠ,25) — Remise (19ᶠ,15). *Rép.* 459ᶠ,10.

18. — La somme de 2 nombres est 128,75; l'un d'eux est égal à 42,50. Quel est l'autre?

L'autre nombre est la différence : 128,75 — 42,50. *Rép.* 86,25.

19. — Si j'avais 547 fr. de plus, je pourrais payer une maison estimée 4 000 fr.; combien ai-je?

Ce que j'ai = Prix de la maison (4 000ᶠ) — 547ᶠ. *Rép.* 3 453 *fr.*

20. — Une personne a fait les achats suivants : viande, 6ᶠ,75; poulet, 3ᶠ,50; légumes, 1ᶠ,15; sucre, 1ᶠ,30; café, 2ᶠ,80. Elle avait en poche une pièce de 20 fr.; que lui reste-t-il?

Il lui reste : ce qu'elle avait (20 fr.) — la somme de ses dépenses.
Somme des dépenses : 6ᶠ,75 + 3ᶠ,50 + 1ᶠ,15 + 1ᶠ,30 + 2ᶠ,80 = 15ᶠ,50.
Rép. 20ᶠ — 15ᶠ,50 = 4ᶠ,50.

21. — Louis XIV naquit en 1638 et mourut en 1715. Il fut proclamé roi à l'âge de 5 ans. A quel âge est-il mort et quelle a été la durée de son règne?

1° *Age à sa mort :* 1715 — 1638. *Rép.* 77 ans.
2° *Durée de son règne :* 77ᵃ — 5ᵃ. *Rép.* 72 ans.

22. — Pour s'acquitter d'une dette de 725 fr., une personne verse une 1ʳᵉ fois 218ᶠ,75; une 2ᵉ fois, 250 fr.; une 3ᵉ fois, 175ᶠ,50. Combien doit-elle encore?

Elle doit encore : Dette primitive (725ᶠ) — Somme des acomptes.
Somme des acomptes : 218ᶠ,75 + 250ᶠ + 175ᶠ,50 = 644ᶠ,25.
Rép. 725ᶠ — 644ᶠ,25 = 80ᶠ,75.

23. — Un caissier, qui avait 120 fr. en caisse, reçoit 35ᶠ,40, puis paye une facture de 43ᶠ,75. S'il reçoit encore 276ᶠ,35, quelle somme aura-t-il en caisse?

Encaisse définitive = Somme de l'encaisse primitive et des recettes — Paiement (43ᶠ,75).
Somme de l'encaisse primitive et des recettes : 120ᶠ + 35ᶠ,40 + 276ᶠ,35 = 431ᶠ,75.
Rép. 431ᶠ,75 — 43ᶠ,75 = 388 *fr.*

24. — Une somme de 900 fr. est partagée entre 4 personnes. La 1ʳᵉ reçoit 235 fr.; la 2ᵉ, 43ᶠ,75 de plus que la 1ʳᵉ; la 3ᵉ, 25 fr. de moins que la 2ᵉ. Quelles sont les parts des 3 dernières?

Part de la 2ᵉ : 235ᶠ + 43ᶠ,75. *Rép.* 278ᶠ,75.
Part de la 3ᵉ : 278ᶠ,75 — 25ᶠ. *Rép.* 253ᶠ,75.
Part de la 4ᵉ : Somme (900ᶠ) — Total des 3 premières parts :
900ᶠ — (235ᶠ + 278ᶠ,75 + 253ᶠ,75) = 900ᶠ — 767ᶠ,50. *Rép.* 132ᶠ,50.

25. — On achète quatre objets différents pour un prix total de 1 265 fr. Le 1ᵉʳ a une valeur de 287 fr.; le 2ᵉ vaut 22 fr. de plus que le 1ᵉʳ, et le 3ᵉ vaut 345 fr. de moins que les deux premiers ensemble. Quelle est la valeur du 4ᵉ objet? *(Aveyron.)*

Valeur du 4ᵉ objet = Valeur totale (1 265ᶠ) — Somme des valeurs des 3 autres objets.

Valeur tot. des 3 autres
- *a)* 287ᶠ + 22ᶠ = 309 fr.
- *b)* 287ᶠ + 309ᶠ — 345ᶠ = 251 fr.
- *c)* En tout : 287ᶠ + 309ᶠ + 251ᶠ = 847 **fr.**

Rép. 1 265ᶠ — 847ᶠ = 418 *fr.*

26. — N'ayant plus assez d'argent chez moi, j'emprunte 216 fr. à Louis, 340 fr. à Jules; je puis alors acquitter les dettes suivantes : 306 fr., 439 fr., 845 fr., et il me reste encore 58 fr. Combien avais-je avant d'emprunter à Louis et à Jules? *(Oise.)*

J'avais avant d'emprunter : ce que j'ai eu après — la somme des emprunts.
1° Ce que j'ai eu après : 306ᶠ + 439ᶠ + 845ᶠ + 58ᶠ = 1 648 fr.
2° Somme des emprunts : 216ᶠ + 340ᶠ = 556 fr.
Rép. 1 648ᶠ — 556ᶠ = 1 092 *fr.*

27. — Une école se compose de 4 classes. La 2ᵉ a 9 élèves de plus que la 1ʳᵉ; la 3ᵉ, 7 de plus que la 2ᵉ; la 4ᵉ, 12 de plus que la 3ᵉ. Sachant que la 4ᵉ classe contient 64 élèves, combien y en a-t-il dans toute l'école?

Effectif de l'école = Somme des effectifs des 4 classes.
3ᵉ classe : 64ᵉˡ. — 12ᵉˡ. = 52 él. 2ᵉ classe : 52ᵉˡ. — 7ᵉˡ. = 45 él.
1ʳᵉ classe : 45ᵉˡ. — 9ᵉˡ. = 36 él.
Rép. 36ᵉˡ. + 45ᵉˡ. + 52ᵉˡ. + 64ᵉˡ. = 197 *élèves.*

MULTIPLICATION

Problème. — Un parapluie coûte 9 fr. Quel est le prix de 4 parapluies ?

Le prix de 4 parapluies est égal à 9ᶠ + 9ᶠ + 9ᶠ + 9ᶠ ou à 9 fr. répétés 4 fois.
Répéter 4 fois 9 fr., c'est faire le *produit* de 9 fr. par 4. Ce **produit** s'obtiendra par une *multiplication*.

1. — **La multiplication** est une opération qui a pour but de *répéter* un nombre appelé *multiplicande* autant de fois qu'il y a d'unités dans un autre nombre appelé *multiplicateur*.

Le *multiplicande* et le *multiplicateur* sont les **facteurs** du *produit*.

Le *multiplicateur* indique *combien de fois* le multiplicande doit être répété : c'est un nombre abstrait.

Le *produit* représente des unités de *même espèce* que le *multiplicande*.

2. — 9 fr. *multiplié par* 4 égale 36 fr.

Cette multiplication s'écrit : $9^f \times 4 = 36$ fr.

Exercices oraux. — 1° Quelle espèce d'unités représentent le multiplicande et le produit, quand on cherche le prix de 6 chapeaux à 7 fr. l'un ?

Rép. Le multiplicande et le produit représentent des *francs*.

2° Qu'indique toujours le multiplicateur? — Voir plus haut, § 1.

*3° Dans la multiplication de 8 par 5, on ajoute 1 au multiplicateur, de combien le produit a-t-il augmenté? De combien augmenterait-il, si, au lieu d'ajouter 1 au multiplicateur, on ajoutait 1 au multiplicande?

Rép. 1° Le produit a augmenté de 1 fois 8 ou 8.
2° Le produit augmenterait de 1 fois 5 ou 5.

*4° Dans une multiplication, de combien le produit augmente-t-il quand on ajoute 1 au multiplicateur, ou quand on ajoute 1 au multiplicande?

Rép. 1° Le produit augmente du *multiplicande*.
2° Le produit augmente du *multiplicateur*.

Exercices écrits. — *28. — Sans effectuer les produits 85×23 et 85×25, indiquer de combien ils diffèrent.

Rép. *Ils diffèrent de* 25 fois 85 — 23 fois 85 = 2 *fois* 85 ou 170.

*29. — Je multiplie un nombre par 7, puis par 13. La différence des 2 produits est 390. Quel est ce nombre?   (*Ardennes.*)

Différence des 2 produits (390) = 13 fois le nombre — 7 fois le nombre = 6 fois le nombre.
Le *nombre* est le quotient de 390 par 6 : 390 : 6. *Rép.* 65.
Vérification : $65 \times 7 = 455$; $65 \times 13 = 845$; $845 - 455 = 390$.

***30.** — Que devient un produit de 2 facteurs quand on ajoute 5 au multiplicateur? Donner une explication en prenant pour exemple 8 × 3.   (*Rhône.*)

En ajoutant 5 au multiplicateur 3, le produit devient égal à 8 fois 8.

Rép.   1° *Il a augmenté* de 8 fois 8 — 3 fois 8 = 5 *fois* 8 ou 40.

2° Un produit de 2 facteurs quelconques augmenterait de 5 *fois le multiplicande*.

***31.** — Que devient le produit lorsqu'on ajoute 3 unités au multiplicande sans changer le multiplicateur? Expliquer la réponse en prenant comme exemple 648 × 37.   (*Calvados.*)

Le *produit augmente* de 3 *fois le multiplicateur*.

Explication :   648 × 37 = 37 × 648 ou 648 fois 37. Si on ajoute 3 à 648, le produit obtenu diffère du précédent de 651 fois 37 — 648 fois 37 = 3 *fois* 37.

***32.** — On a multiplié 4 675 par 397. On constate, après avoir fait l'opération, que le multiplicateur devait être 387. Comment peut-on rectifier rapidement le résultat?   (*Calvados.*)

D'après les explications précédentes, on rectifiera rapidement le résultat en *retranchant au produit obtenu* 10 fois 4 675 ou 46 750.

PREUVE DE LA MULTIPLICATION   P. 8.

Exercice oral. — Combien font 4 fois 8 et 8 fois 4? Que remarquez-vous en comparant ces deux produits?

Rép.   8 × 4 = 32 ;   4 × 8 = 32.

Les facteurs sont *intervertis*, mais le produit ne *change pas*.

3. Principe. — Le *produit* de 2 facteurs *ne change pas* quand on *intervertit* l'ordre des facteurs.

4. — On peut faire la **preuve de la multiplication** en recommençant l'opération, après avoir *interverti* l'ordre des facteurs. On doit obtenir le même résultat dans les 2 cas.

Dans la pratique, on préfère la *preuve par* 9.

Remarque. — On peut parfois abréger le calcul d'un produit en intervertissant l'ordre des facteurs. Ainsi, quand on a à multiplier 3 004 par 475, il est plus court de multiplier 475 par 3 004.

Exercices écrits. — 33. — Expliquer la preuve de la multiplication de 57 par 26. Dire sur quel principe elle repose.   (*Seine.*)

Intervertir l'ordre des facteurs. On a : 57 × 26 = 1 482 ;   26 × 57 = 1 482. Voir §§ 3 et 4.

34. — Soit à multiplier 70 002 par 896. Lequel prendrez-vous pour multiplicateur et pourquoi?   (*Meuse.*)

Prendre 70 002 comme multiplicateur. Voir § 4 ; remarque.

MULTIPLICATION PAR 10, 100, 1 000,...

Exercices. — Quelles sont les longueurs 10 fois, 100 fois, 1 000 fois... plus grandes qu'un mètre? 1 dm.? 1 cm.?

Quelles sont les longueurs 10 fois, 100 fois, 1 000 fois... plus grandes que 4 m. ? 0^m,4 ? 0^m,04 ?

Quels changements faut-il faire subir à un nombre pour le rendre 10, 100, 1 000... fois plus grand ?

1° Écrire les résultats comme suit :

1 m.;	10 m.;	100 m.;	1 000 m.	4 m.;	40 m.;	400 m.;	4 000 m.
0^m,1 ;	1 m.;	10 m.;	100 m.	0^m,4;	4 m.;	40 m.;	400 m.
0^m,01 ;	0^m,1 ;	1 m.;	10 m.	0^m,04;	0^m,4;	4 m.;	40 m.

2° Les comparer aux nombres donnés et en déduire les règles suivantes.

5. — *Rendre un nombre* 10, 100, 1 000... *fois plus grand*, c'est le *multiplier par* 10, 100, 1 000...

Pour multiplier un *nombre entier* par 10, 100, 1 000,... on écrit 1, 2, 3,... *zéros à sa droite.*

Pour multiplier un *nombre décimal* par 10, 100, 1 000,..., *on déplace la virgule* de 1, 2, 3,... rangs *vers la droite.*

Exercices écrits. — 35. — Multiplier par 10 les nombres suivants : 5; 76; 80; 9,45; 8,7; 0,65; 0,6; 0,08.

Rép. 50; 760; 800; 94,5; 87; 6,5; 6; 0,8.

36. — Rendre 100 fois plus grands les nombres suivants : 9; 450; 9,675; 79,65; 8,6; 0,9; 0,84; 0,009.

Rép. 900; 45 000; 967,5; 7 965; 860; 90; 84; 0,9.

37. — Multiplier les nombres suivants par 1 000 : 724; 9,673; 18,7859; 747,853; 57,85; 0,7; 0,95; 0,0007.

Rép. 724 000; 9 673; 18 785,9; 747 853; 57 850; 700; 950; 0,7.

P. 9. **38.** — Rendre 100 fois plus grand le nombre 36,845 et expliquer l'opération.   (*Nièvre.*)

100 fois 1 millième font 1 dixième, donc cent fois 36 845 millièmes font 36 845 dixièmes. *Rép.* 36,845 × 100 = 3 684,5.

39. — Montrer qu'en avançant la virgule d'un nombre décimal de 2 rangs vers la droite, on rend ce nombre 100 fois plus grand.   (*Yonne.*)

Rép. Voir n° 38.

40. — Comment multiplie-t-on un nombre décimal par 100 ? Donnez la règle et expliquez-la sur : 3^m,84 × 100.   (*Indre-et-Loire.*)

Voir n° 38. *Rép.* 3^m,84 × 100 = 384 m.

41. — Comment multiplie-t-on un nombre décimal par 1 000 ? Donnez la règle et expliquez-la sur : 8,2746 × 1 000.   (*Charente.*)

Voir n° 38. *Rép.* 8,2746 × 1 000 = 8 274,6.

42. — Multiplier par 10 les nombres 0,25 et 0,019 et expliquer l'opération.   (*Calvados.*)

Voir n° 38. *Rép.* 0,25 × 10 = 2,50; 0,019 × 10 = 0,19.

MULTIPLICATION PAR 0,1; 0,01; 0,001;...

Exercices. — Quel est le dixième, le centième, le millième,... de 1 mètre ? 1 dm. ? 1 cm. ?

Quel est le dixième, le centième, le millième,... de 4 000 m.?
4 625 m. ? 8 m. ? 4 756^m,70 ? 7^m,50 ? 0^m,4 ?

Quels changements faut-il faire subir à un nombre pour en prendre 0,1 ? 0,01 ? 0,001 ?...

1º Ecrire les résultats comme suit :

1 m.;	0^m,1;	0^m,01;	0^m,001.
0^m,1;	0^m,01;	0^m,001;	0^m,0001.
0^m,01;	0^m,001;	0^m,0001;	0^m,00001.

4 000 m.;	400 m.;	40 m.;	4 m.	4 756^m,70;	475^m,67;	47^m,567;	4^m,7567.
4 625 m.;	462^m,5;	46^m,25;	4^m,625.	7^m,50;	0^m,75;	0^m,075;	0^m,0075.
8 m.;	0^m,8;	0^m,08;	0^m,008.	0^m,4;	0^m,04;	0^m,004;	0^m,0004.

2º Les comparer aux nombres donnés et en déduire les règles suivantes.

6. — *Prendre le dixième, le centième, le millième...* d'un nombre, c'est le *multiplier par* 0,1 ; 0,01 ; 0,001 ;...

Pour **multiplier** un *nombre entier* par **0,1 ; 0,01 ; 0,001 ;...**, *on sépare* par une virgule **1, 2, 3,...** *chiffres décimaux* à la droite de ce nombre.

Pour **multiplier** un *nombre décimal* par **0,1 ; 0,01 ; 0,001 ;...**, on *déplace la virgule* de ce nombre de **1, 2, 3,...** rangs *vers la gauche*.

7. — * *Multiplier* un nombre par une **fraction décimale**, c'est *prendre cette fraction du nombre* (voir multiplication de fractions).

Ainsi : 1º multiplier 45 par 0,09, c'est prendre les 9 centièmes de 45. On multiplie 45 par 9 et on divise par 100 ;

2º multiplier 84,75 par 4,5, c'est prendre les 45 dixièmes de 84,75. On multiplie 84,75 par 45 et on divise par 10.

Exercices écrits. — 43. — Prendre le dixième des nombres suivants : 45 ; 780 ; 8 400 ; 24,7 ; 8 ; 5,34 ; 0,8 ; 0,03.

Rép. 4,5 ; 78 ; 840 ; 2,47 ; 0,8 ; 0,534 ; 0,08 ; 0,003.

44. — Multiplier 325,467 par 0,01 et expliquer. (*Loiret.*)

Le centième d'un millième est 1 cent-millième; le centième de 325 467 millièmes est 325 467 cent-millièmes. *Rép.* 325,467 × 0,01 = 3,25467.

45. — Multiplier les nombres suivants par 0,01 : 658 ; 900 ; 478,95 ; 54 ; 48,75 ; 4,92 ; 0,7 ; 0,06.

Rép. 6,58 ; 9 ; 4,7895 ; 0,54 ; 0,4875 ; 0,0492 ; 0,007 ; 0,0006.

46. — Multiplier les nombres suivants par 0,001 : 7 984 ; 8 690 ; 39 000 ; 2 785,36 ; 983 ; 541,25 ; 7,9 ; 0,45.

Rép. 7,984 ; 8,69 ; 39 ; 2,78536 ; 0,983 ; 0,54125 ; 0,0079 ; 0,00045.

47. — Effectuer le produit : 2 265,4 × 0,37. (*Haute-Saône.*)

Rép. 838,198. (Voir § 7.)

MULTIPLICATIONS

Effectuer les multiplications suivantes et en faire la preuve par 9 :

Multiplication.   *Preuve par 9.*

```
  4,85          4 et 8 ... 12 ; 1 et 2 ... 3 et 5 ...  8        
 70,9     ....................................... 7   \  8
 ----                                                  \
 436 5       7 fois 8 ... 56 ; 5 et 6 ... 11 ; 1 et 1 ... 2   2  X  2
3395                                                   /
-------                                               /
343,865   3 et 4 ... 7 et 3 ... 10 ; 1 et 8 ... 9 ; 6 et 5 ... 11 ; 1 et 1 ... 2  /  7
```

Exercice 48.

(1) $7\,948 \times 56 =$
Rép. 445 088.

(3) $7\,896 \times 879 =$
Rép. 6 910 584.

(5) $472\,893 \times 7\,572 =$
Rép. 3 580 745 796.

(2) $9\,563 \times 784 =$
Rép. 7 497 392.

(4) $57\,934 \times 769 =$
Rép. 44 551 246.

(6) $967\,548 \times 8\,976 =$
Rép. 8 684 710 848.

Exercice 49.

(7) $780 \times 48 =$
Rép. 37 440.

(10) $785 \times 90 =$
Rép. 70 650.

(13) $870 \times 70 =$
Rép. 60 900.

(8) $69\,800 \times 789 =$
Rép. 55 072 200.

(11) $8\,769 \times 4\,700 =$
Rép. 41 214 300.

(14) $9\,700 \times 560 =$
Rép. 5 432 000.

(9) $908\,000 \times 69 =$
Rép. 62 652 000.

(12) $78\,096 \times 64\,000 =$
Rép. 4 998 144 000.

(15) $497\,000 \times 7\,900 =$
Rép. 3 926 300 000.

Exercice 50.

(16) $9\,708 \times 406 =$
Rép. 3 941 448.

(18) $6\,598 \times 6\,706 =$
Rép. 44 246 188.

(20) $17\,590 \times 76\,008 =$
Rép. 1 336 980 720.

(17) $7\,490 \times 5\,007 =$
Rép. 37 502 430.

(19) $8\,764 \times 60\,709 =$
Rép. 532 053 676.

(21) $49\,750 \times 800\,601 =$
Rép. 39 829 899 750.

Exercice 51.

(22) $47,6 \times 79 =$
Rép. 3 760,4.

(25) $0,67 \times 7 =$
Rép. 4,69.

(28) $0,0975 \times 408 =$
Rép. 39,78.

(23) $57,9 \times 60 =$
Rép. 3 474.

(26) $0,875 \times 840 =$
Rép. 735.

(29) $0,089 \times 4\,000 =$
Rép. 356.

(24) $597,34 \times 683 =$
Rép. 407 983,22.

(27) $0,985 \times 48 =$
Rép. 47,28.

(30) $0,00864 \times 5\,009 =$
Rép. 43,27776.

Exercice 52.

(31) $758 \times 4,9 =$
Rép. 3 714,2.

(34) $79\,800 \times 9,006 =$
Rép. 718 678,8.

(37) $6\,089 \times 0,085 =$
Rép. 517,565.

(32) $8\,793 \times 7,95 =$
Rép. 69 904,35.

(35) $785 \times 0,9 =$
Rép. 706,5.

(38) $7\,890 \times 0,809 =$
Rép. 6 383,01.

(33) $67\,504 \times 7,807 =$
Rép. 527 003,728.

(36) $4\,796 \times 0,875 =$
Rép. 4 196,5.

(39) $46\,700 \times 0,80705 =$
Rép. 37 689,235.

Exercice 53.

(40) $57,8 \times 9,8 =$
Rép. 566,44.

(42) $709,5 \times 70,57 =$
Rép. 50 069,415.

(44) $875,68 \times 700,905 =$
Rép. 613 768,4904.

(41) $468,95 \times 97,57 =$
Rép. 45 755,4515.

(43) $95,872 \times 80,706 =$
Rép. 7 737,415632.

(45) $7 800,5 \times 900,087 =$
Rép. 7 021 128,6435.

Exercice 54.

(46) $0,89 \times 0,6 =$
Rép. 0,534.

(48) $0,975 \times 0,088 =$
Rép. 0,0858.

(50) $0,3094 \times 0,0908 =$
Rép. 0,02809352.

(47) $2,86 \times 0,079 =$
Rép. 0,22594.

(49) $0,7954 \times 0,8604 =$
Rép. 0,68 436 216.

(51) $0,4953 \times 0,90607 =$
Rép. 0,448776471.

***55.** — Multiplier 34 090 par 107 et expliquer l'opération. (*Var.*)
Rép. 3 647 630.

***56.** — Multiplier 345 par 648. Expliquer l'opération. (*Rhône.*)
Rép. 223 560.

***57.** — Multiplier 45 976 par 80 407. Faire la preuve. (*Cher.*)
Rép. 3 696 792 232.

***58.** — Comment fait-on la multiplication d'un nombre entier par un nombre décimal ? Prenez comme exemple $7 845 \times 6,92$. (*Loiret.*)
Rép. 54 287,40.

***59.** — Multiplier 5 979 700 par 4,05. (*Cher.*)
Rép. 24 217 785.

***60.** — Effectuer l'opération : $7 356,4 \times 26,008$. (*Haute-Saône.*)
Rép. 191 325,2512.

***61.** — Faire le produit de 45,07 par 9,08. (*Jura.*)
Rép. 409,2356.

Problèmes. — **62.** — Un tailleur achète 37 m. de drap à $12^f,50$ le mètre et $0^m,85$ de velours à 17 fr. le mètre. A combien s'élève sa dépense ? **P. 11.**

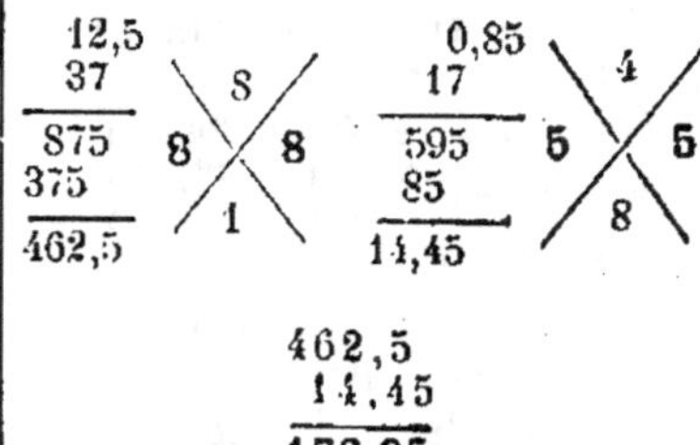

Solution.

Sa **dépense** est la somme des *prix du drap* et *du velours*.

1° Le *prix du drap* est égal à 37 fois $12^f,50$, c'est-à-dire au produit :

$$12^f,50 \times 37 = 462^f,50.$$

2° Le *prix du velours* est égal aux 85 centièmes de 17 fr., c'est-à-dire au produit :

$$17^f \times 0,85 = 14^f,45.$$

3° **Dépense :**

$$462^f,50 + 14^f,45 = \mathbf{476^f,95.}$$

Remarque. — La **valeur d'une certaine quantité** est toujours égale au *produit de la valeur de l'unité par cette quantité.*

63. — Quel est le prix de $0^{kg},480$ de viande à $2^f,30$ le kilogramme ?
Prix : $2^f,30 \times 0,48$. *Rép.* $1^f,104$ ou $1^f,10$.

64. — Un litre de lait pèse 1 030 g. Quel est le poids de $0^l,95$?
Poids : $1 030^g \times 0,95$. *Rép.* $978^g,5$.

65. — Quelle est la contenance de 9 barriques de vin de chacune 228 l. ? Quel en est le prix à 0f,55 le litre ?
I. *Contenance :* 228l × 9. *Rép.* 2 052 l.
II. *Prix :* 0f,55 × 2 052. *Rép.* 1 128f,60.

66. — Mon boulanger me fournit chaque jour 1kg,5 de pain à 0f,35 le kilogramme. Combien lui dois-je pour un mois de 30 jours ?
Dette = Prix du kg (0f,35) × Poids total.
Poids total : 1kg,5 × 30 = 45 kg. *Rép.* 0f,35 × 45 = 15f,75.

67. — Une rame de papier contient 20 mains ; une main contient 25 feuilles et coûte 0f,45. On demande le prix de 35 rames de papier et le nombre de feuilles qu'elles contiennent.
I. *Prix de 35 rames* = Prix d'une rame × 35.
Prix d'une rame : 0f,45 × 20 = 9 fr. *Rép.* 9f × 35 = 315 *fr*.
II. *Nombre de feuilles* = Nombre de feuilles d'une rame × 35.
N. de feuilles d'une rame : 25 × 20 = 500. *Rép.* 500 × 35 = 17 500 *feuilles*.

68. — Une mésange détruit en moyenne 50 chenilles par jour. Combien, si on les laisse vivre, 5 nichées de chacune 12 petits en détruiront-elles journellement ?   (*Charente-Inférieure.*)
Nombre total de chenilles = 50 ch. × N. de mésanges.
N. de mésanges : 12més. × 5 = 60 mésanges. *Rép.* 50ch. × 60 = 3 000 *chen.*

69. — Une fermière a 8 vaches qui donnent chacune 13 litres de lait par jour. Quelle somme retirera-t-elle, en une semaine, de la vente de son lait, qu'elle fait payer 0f,20 le litre ?
Somme retirée = 0f,20 × N. de litres vendus par semaine.
N. de litres : a) par jour, 13l × 8 = 104 l. ; b) par semaine, 104l × 7 = 728 l.
Rép. 0f,20 × 728 = 145f,60.

70. — Que valent ensemble 8 sacs de crin de chacun 6kg,75, à 4f,25 le kilogramme ?   (*Morbihan.*)
Prix = 4f,25 × Poids total du crin.
Poids total : 6kg,75 × 8 = 54 kg. *Rép.* 4f,25 × 54 = 229f,50.

71. — Combien doit-on rendre à un marchand qui paye avec un billet de 1 000 fr. un achat de 93m,60 de velours à 4f,25 le mètre ?
Monnaie à rendre = 1 000 fr. — Prix du velours.
P. du velours : 4f,25 × 93,60 = 397f,80. *Rép.* 1 000f — 397f,80 = 602f,20.

72. — Une fruitière vend 5 l. de lait à 0f,30 le litre, 8 fromages à 0f,45 l'un, et 16 l. de vin à 0f,65 le litre. Que rendra-t-elle sur une pièce de 20 fr. ?   (*Orne.*)
Monnaie à rendre = 20f — Dépense totale.
Dép. totale. { a) Lait : 0f,30 × 5 = 1f,50. b) Fromages : 0f,45 × 8 = 3f,60.
{ c) Vin : 0f,65 × 16 = 10f,4 . d) 1f,50 + 3f,60 + 10f,40 = 15f,50.
Rép. 20f — 15f,50 = 4f,50.

73. — Une diligence fait 2 voyages par jour et transporte chaque fois 15 personnes, dont 4 au prix de 4f,25 chacune et le reste au prix de 2f,50. Quelle est la recette de cette voiture pour 39 jours ? (*Paris.*)
Recette totale = Recette par jour × 39.
R. par jour. { a) par voyage : P. de 4 places + P. du reste = 4f,25 × 4 + 2f,5
{ × (15 — 4) = 17f + 27f,50 = 44f,50. b) 44f,50 × 2 = 89 fr. p. j.
Rép. 89f × 39 = 3 471 *fr*.

74. — Pour faire 1 kg. de beurre il faut 4 l. de crème, et pour avoir 1 l. de crème il faut environ 7 l. de lait. D'après cela, combien faut-il de litres de lait pour faire 10 kg. de beurre ?   (*Hérault.*)
Nombre de l. de lait = 7l × N. de l. de crème.
N. de l. de crème : 4l × 10 = 40 l. *Rép.* 7l × 40 = 280 *l*.

75. — Quel est : 1° le poids, 2° la valeur de 48 rouleaux de 25 pièces de 20 fr. en or. Une pièce de 20 fr. pèse 6ᵍ,4516.   (*Nord.*)

I. *Poids total* = 6ᵍ,4516 × N. de pièces.
N. de pièces :   25ᵖ × 48 = 1 200 pièces.   *Rép.*   6ᵍ.4516 × 1 200 = 7 741ᵍ,92.
II. *Valeur totale :*   20ᶠ × N. de pièces (1 200).   *Rép.*   24 000 *fr.*

DIVISION

P. 12.

Problème. — On partage 35 fr. entre 5 personnes; quelle sera la part de chacune?

La part de chacune est contenue 5 fois dans 35 fr. C'est le *quotient* de 35 fr. par 5. On l'obtiendra par une **division**.

Problème. — On a partagé 35 fr. entre plusieurs personnes; chacune d'elles a eu 7 fr., combien y avait-il de personnes?

Il y avait autant de personnes qu'il y a de *fois* 7 fr. dans 35 fr. Ce nombre de fois est le *quotient* de 35 par 7. On l'obtiendra par une **division**.

1. — Dans le 1ᵉʳ problème, 35 fr. est le produit du quotient par 5.

Dans le 2ᵉ problème, 35 fr. est le produit de 7 fr. par le quotient.

Dans les 2 cas, on a un *produit de 2 facteurs* (35) et *l'un d'eux* (5 ou 7), on cherche *l'autre facteur* par une **division**.

2. — La **division** est une opération qui a pour but, étant donnés un *produit* et *l'un de ses facteurs*, de trouver *l'autre facteur*.

Le produit donné s'appelle le **dividende**; le facteur connu, le **diviseur**, et le facteur cherché, le **quotient**.

3. — 35 fr. *divisé par* 5 égale 7 fr.

Cette division s'écrit :

$$35^f : 5 = 7^f \quad \text{ou} \quad \frac{35^f}{5} = 7^f.$$

Problème. — On partage 35 fr. entre 4 personnes. Quelle est la part de chacune?

La part de chacune est le quotient de 35 fr. par 4.	*Dividende.*	*Diviseur.*
Cette part est supérieure à 8 fr., mais inférieure à 9 fr. Si on donne 8 fr. à chaque personne, on donnera en tout : 8ᶠ × 4 = 32ᶠ. et il restera 3 fr. Le nombre 3 est le **reste** de la division de 35 par 4.	35	4
	3	8
	Reste.	*Quotient.*

4. — Le **reste** d'une division est la *différence entre le dividende* et le *produit du diviseur par le quotient*. Il doit toujours être **inférieur au diviseur**.

                    QUOTIENTS

5. — Le *quotient* de deux nombres peut être **exact ou approché.**

$$\begin{array}{c|c} 35 & 7 \\ 0 & \overline{5} \end{array} \qquad \begin{array}{c|c} 35 & 4 \\ 3 & \overline{8} \end{array} \qquad \begin{array}{c|c} 35 & 4 \\ 30 & \overline{8,7} \\ 2 & \end{array} \qquad \begin{array}{c|c} 35 & 4 \\ 30 & \overline{8,75} \\ 20 & \\ 0 & \end{array}$$

5 est le *quotient* **exact** de 35 par 7.
8 est le *quotient* à **une unité près** de 35 par 4.
8,7 est le *quotient* à **un dixième près** de 35 par 4.
8,75 est le *quotient* **exact** de 35 par 4.

PREUVE DE LA DIVISION

Quand on divise 35 par 4, le quotient est 8 et le reste 3; on écrit :
$$35 = 4 \times 8 + 3.$$
Dividende = diviseur × quotient + reste.

6. — On peut faire la **preuve de la division** en *multipliant le diviseur par le quotient;* si on *ajoute* ensuite le *reste* au produit obtenu, on doit retrouver le dividende.

On peut encore *retrancher le reste du dividende* et *diviser* le résultat obtenu *par le quotient;* on doit retrouver le diviseur.

Dans la pratique, on préfère la *preuve par* 9.

Exercices écrits. — **76.** — Le quotient de 2 nombres décimaux est 14,4; le dividende est 2,1888. Cherchez le diviseur et expliquez l'opération que vous êtes amené à faire pour le trouver.   (*Meuse.*)

D'après la définition de la division, le *diviseur* est: 2,1888 : 14,4. *Rép.* 0,152.

77. — Le diviseur d'une division est 147, le quotient 38 et le reste 49. Quel est le dividende?   (*Lozère.*)

Le *dividende* est égal à 147 × 38 + 49. *Rép.* 5 635.

78. — Qu'appelle-t-on preuve d'une opération? Comment fait-on la preuve de la division? Exemple.   (*Charente-Inférieure.*)

Voir plus haut, § 6.

79. — Quel est le nombre qui, multiplié par 0,025, a donné pour produit 1?   (*Oise.*)

Ce *nombre* est 1 : 0,025. *Rép.* 40.

80. — Dans une division, le diviseur est 432, le quotient 28, et le reste est le plus grand possible. Quel est le dividende?

Reste = 432 — 1 = 431. *Dividende:* 432 × 28 + 431. *Rép.* 12 527. Le dividende est encore égal à 432 × 29 — 1 = 12 527.

* **81.** — On a partagé une somme de 4 239 fr. entre plusieurs personnes. Chacune d'elles a reçu 527 fr. et il est resté 23 fr. Quel était le nombre des personnes ? (*Finistère.*)

Nombre de personnes = Somme réellement partagée : Part de chacune (527ᶠ).
Somme partagée : 4 239ᶠ — 23ᶠ = 4 216 fr. *Rép.* 4 216 : 527 = 8 *pers.*

* **82.** — On partage 1 926 pommes entre un certain nombre d'enfants. Il manque 6 pommes pour pouvoir en donner 46 à chacun. Quel est le nombre des enfants ? (*Doubs.*)

Nombre des enfants = N. partagé plus 6 : Part de chacun (46).
N. total des pommes : 1 926 + 6 = 1 932 pommes. *Rép.* 1 932 : 46 = 42 *enf.*

DIVISION PAR 10, 100, 1 000... P. 14.

Exercices. — Quelles sont les longueurs 10 fois, 100 fois plus petites qu'un mètre ? qu'un décimètre ?

Quelles sont les longueurs 10 fois, 100 fois plus petites que 4 m.? 0ᵐ,4 ?

Exprimez les résultats en prenant le mètre pour unité et dites quels changements vous avez faits dans l'écriture des nombres donnés.

1° Ecrire les résultats comme suit :

1 m. ;	0ᵐ,1 ;	0ᵐ,01.	4 m.;	0ᵐ,4 ;	0ᵐ,04.
0ᵐ,1 ;	0ᵐ,01 ;	0ᵐ,001.	0ᵐ,4 ;	0ᵐ,04 ;	0ᵐ,004.

2° Les comparer aux nombres donnés et en déduire les règles suivantes.

7. — *Rendre un nombre* 10, 100, 1 000 *fois plus petit,* c'est le *diviser par* 10, 100, 1 000.

Pour **diviser** un *nombre entier* par 10, 100, 1 000... on *sépare* par une virgule 1, 2, 3... *chiffres décimaux* à la droite de ce nombre.

Pour **diviser** un *nombre décimal* par 10, 100, 1 000, on *déplace la virgule* de ce nombre de 1, 2, 3... rangs *vers la gauche.*

Remarque. — **Diviser** un nombre **par 10, 100, 1 000...,** c'est en **prendre 0,1 ; 0,01 ; 0,001...**

Exercices écrits. — 83. — Diviser par 10 les nombres suivants : 28 ; 740 ; 8 800 ; 57,8 ; 9 ; 6,75 ; 0,75 ; 0,047.

Rép. 2,8 ; 74 ; 880 ; 5,78 ; 0,9 ; 0,675 ; 0,075 ; 0,0047.

84. — Rendre 100 fois plus petits les nombres suivants : 769 ; 1 600 ; 457,83 ; 37 ; 25,49 ; 5,75 ; 0,82 ; 0,045.

Rép. 7,69 ; 16 ; 4,5783 ; 0,37 ; 0,2549 ; 0,0575 ; 0,0082 ; 0,00045.

85. — Diviser par 1 000 les nombres suivants : 8 978 ; 4 890 ; 17 000 ; 1 975,6 ; 871 ; 231,7 ; 8,25 ; 0,55.

Rép. 8,978 ; 4,890 ; 17 ; 1,9756 ; 0,871 ; 0,2317 ; 0,00825 ; 0,00055.

86. — Que devient un nombre entier lorsque l'on supprime 3 zéros à sa droite ? (*Aisne.*)

Rép. Il devient 1 000 *fois plus petit.*

87. — Comment divise-t-on un nombre décimal par 100 ? Expliquer la règle au moyen du nombre 752,02.   (*Charente.*)

Rép. 0,01 : 100 = 0,0001 ; donc 75 202 centièmes : 100 = 75 202 dix-millièmes = 7,5202. Voir la règle, § 7.

88. — Comment divise-t-on par 100 : 1° un nombre entier ? 2° un nombre décimal ? Prendre comme exemples 364 et 8,326. Expliquer ces opérations.   (*Calvados.*)

Rép. 364 : 100 = 3,64. 8,326 : 100 = 0,08326. Voir § 7 et n° 87.

89. — Expliquer la règle à suivre pour diviser : 1° un nombre entier ; 2° un nombre décimal par 10, 100, 1 000, etc.   (*Loiret.*)

Voir § 7 et n° 87.

90. — Que fait-on pour rendre 10 fois plus grand ou 10 fois plus petit le nombre 64,55, et pourquoi ?   (*Corse.*)

Voir p. 8, § 5 et, plus haut, § 7. *Rép.* 64,55 × 10 = 645,5 ; 64,55 : 10 = 6,455.

DIVISION PAR 0,1 ; 0,01 ; 0,001...

Exercices. — Combien y a-t-il de décimètres, de centimètres, de millimètres dans 1 m.?

— Combien y a-t-il de décimètres, de centimètres, de millimètres dans 4 m.?

— Combien y a-t-il de centimètres, de millimètres dans 0m,4 ?

P. 15.   — Quels changements faut-il faire subir à un nombre pour le convertir en dixièmes, centièmes, millièmes...?

1° Écrire les résultats comme suit :

1 m. ;	10 dm. ;	100 cm. ;	1 000 mm.
4 m. ;	40 dm. ;	400 cm. ;	4 000 mm.
0m,4 ;	4 dm. ;	40 cm. ;	400 mm.

2° Les comparer aux nombres donnés et en déduire la règle suivante.

8. — Chercher combien il y a de dixièmes, de centièmes, de millièmes... dans un nombre, c'est le *diviser par* 0,1 ; 0,01 ; 0,001...

Pour **diviser** un nombre par 0,1 ; 0,01 ; 0,001..., on le *multiplie* par 10, 100, 1 000...

Exercices écrits. — 91. — Diviser par 0,1 les nombres suivants : 8 ; 745 ; 20 ; 7,82 ; 9,8 ; 0,35 ; 0,07 ; 0,009.

Rép. 80 ; 7 450 ; 200 ; 78,2 ; 98 ; 3,5 ; 0,7 ; 0,09.

92. — Combien y a-t-il de centièmes dans les nombres suivants : 47 ; 540 ; 8,765 ; 35,28 ; 4,9 ; 0,6 ; 0,21 ; 0,0032?

Rép. *N. de centièmes :* 4 700 ; 54 000 ; 876,5 ; 3 528 ; 490 ; 60 ; 21 ; 0,32.

93. — Diviser par 0,001 les nombres suivants : 75 ; 8,452 ; 4,8745 ; 653,952 ; 44,95 ; 0,8 ; 0,96 ; 0,0005.

Rép. 75 000 ; 8 452 ; 4 874,5 ; 653 952 ; 44 950 ; 800 ; 960 ; 0,5.

DIVISIONS

Exercice 94. — Calculer à 0,01 près, c'est-à-dire jusqu'aux centièmes, le quotient de 298,9 par 8,94 :

Division.   *Preuve par 9.*

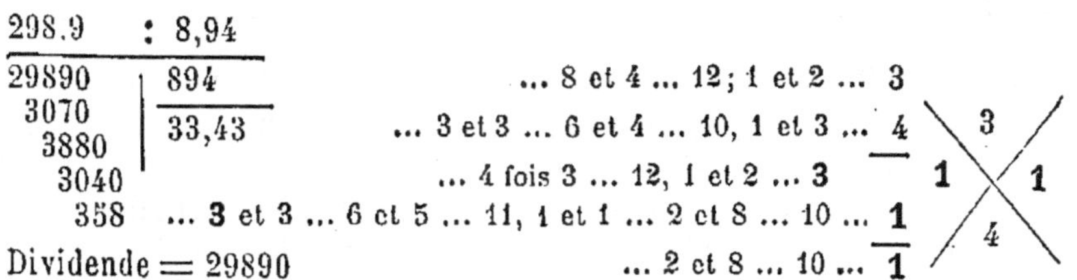

Dividende = 29890

Exercice 95. — Disposer, effectuer les divisions suivantes et en faire la preuve par 9 :

(1) 4 876 : 23 =
Rép. Q = 212 ; R = 0.

(3) 209 715 : 341 =
Q = 615 ; R = 0.

(5) 3 198 720 : 4 352 =
Q = 735 ; R = 0.

(2) 1 987 270 : 82 =
Q = 24235 ; R = 0.

(4) 6 916 295 : 709 =
Q = 9 755 ; R = 0.

(6) 15 796 062 : 9 047 =
Q = 1 746 ; R = 0.

Même exercice : 96.

(7) 72 964 : 29 =
Q = 2 516 ; R = 0.

(9) 4 200 630 : 498 =
Q = 8 435 ; R = 0.

(11) 70 119 702 : 8 937 =
Q = 7 846 ; R = 0.

(8) 4 322 044 : 76 =
Q = 56 869 ; R = 0.

(10) 11 797 434 : 297 =
Q = 39 722 ; R = 0.

(12) 43 073 991 : 78 459 =
Q = 549 ; R = 0.

Même exercice : 97.

(13) 6 664 600 : 94 =
Q = 70 900 ; R = 0.

(15) 70 800 315 : 795 =
Q = 89 057 ; R = 0.

(17) 55 113 660 : 6 972 =
Q = 7 905 ; R = 0.

(14) 5 840 292 : 73 =
Q = 80 004 ; R = 0.

(16) 77 932 435 : 973 =
Q = 80 095 ; R = 0.

(18) 628 941 843 : 78 549 =
Q = 8 007 ; R = 0.

Même exercice : 98.

(19) 98 308 : 64 =
Q = 1 536 ; R = 4.

(21) 1 408 524 : 584 =
Q = 2 411 ; R = 500.

(23) 58 736 872 : 6 985 =
Q = 8 409 ; R = 7.

(20) 1 836 437 : 39 =
Q = 47 088 ; R = 5.

(22) 9 568 257 : 396 =
Q = 24 162 ; R = 105.

(24) 712 397 698 : 79 085 =
Q = 9 008 ; R = 18.

Exercice 99. — Calculer à 0,1 près les quotients suivants :   P. 16.

(25) 14 191 : 46 =
Q = 308,5 ; R = 0.

(28) 38 876 : 573 =
Q = 67,8 ; R = 26,6.

(31) 487 773 : 6 435 =
Q = 75,8 ; R = 0.

(26) 13 319 : 28 =
Q = 475,6 ; R = 2,2.

(29) 245 966 : 439 =
Q = 560,2 ; R = 38,2.

(32) 6 109 887 : 7 628 =
Q = 800,9 ; R = 621,8.

(27) 147 940 : 79 =
Q = 1 872,6 ; R = 4,6.

(30) 769 448 : 895 =
Q = 859,7 ; R = 16,5.

(33) 20 602 403 : 390 428 =
Q = 52,7 ; R = 26 847,4.

Exercice 100. — Calculer à 0,01 près les quotients suivants :

(34) 483 : 84 =
Q = 5,75 ; R = 0.

(37) 21 113 : 549 =
Q = 38,45 ; R = 3,95.

(40) 5 104 : 6 934 =
Q = 0,73 ; R = 42,18.

(35) 3 798 : 79 =
Q = 48,07 ; R = 0,47.

(38) 541 753 : 785 =
Q = 690,13 ; R = 0,95.

(41) 22 912 : 3 907 =
Q = 5,86 ; R = 16,98.

(36) 1 997 : 68 =
Q = 29,36 ; R = 0,52.

(39) 6 080 : 691 =
Q = 8,79 ; R = 6,11.

(42) 3 864 424 : 39 741 =
Q = 97,24 ; R = 9,16.

Exercice 101. — Calculer à 0,001 près les quotients suivants :

(43) 321 : 58 =
Q = 5,534 ; R = 0,028.

(46) 3 782 : 564 =
Q = 6,705 ; R = 0,380.

(49) 72 : 8 534 =
Q = 0,008 ; R = 3,728.

(44) 61 : 75 =
Q = 0,813 ; R = 0,025.

(47) 29 : 387 =
Q = 0,074 ; R = 0,362.

(50) 174 696 : 38 604 =
Q = 4,525 ; R = 12,900.

(45) 295 : 39 =
Q = 7,564 ; R = 0,004.

(48) 206 : 395 =
Q = 0,521 ; R = 0,205.

(51) 11 931 : 2 835 =
Q = 4,208 ; R = 1,320.

Exercice 102. — Calculer à 0,01 près les quotients suivants :

(52) 453,72 : 76 =
Q = 5,97 ; R = 0.

(55) 4 149,2 : 328 =
Q = 12,65 ; R = 0.

(58) 33 801,8 : 6 935 =
Q = 4,87 ; R = 28,35.

(53) 902,3 : 37 =
Q = 24,38 ; R = 0,21.

(56) 36 911,05 : 457 =
Q = 80,76 ; R = 3,73.

(59) 4 774,65 : 5 643 =
Q = 0,84 ; R = 34,53.

(54) 4 723,75 : 59 =
Q = 80,06 ; R = 0,21.

(57) 137,85 : 514 =
Q = 0,26 ; R = 4,21.

(60) 263 702,75 : 39 046 =
Q = 6,75 ; R = 142,25.

Exercice 103. — Calculer à 0,001 près les quotients suivants :

(61) 36 850 : 480 =
Q = 76,770 ; R = 0,400.

(64) 395 000 : 6 600 =
Q = 59,848 ; R = 3,200.

(67) 59 843 : 5 840 =
Q = 10,247 ; R = 0,520.

(62) 98 400 : 3 900 =
Q = 25,230 ; R = 3,000.

(65) 40 000 : 7 850 =
Q = 5,095 ; R = 4,250.

(68) 345 700 : 6 953 000 =
Q = 0,049 ; R = 5 003.

(63) 2 529 000 : 57 000 =
Q = 44,368 ; R = 24,000.

(66) 496 : 37 500 =
Q = 0,013 ; R = 8,500.

(69) 6 753 280 : 4 785 000 =
Q = 1,411 ; R = 1 645,000.

Exercice 104. — Calculer à 0,1 près les quotients suivants :

(70) 385 : 4,5 =
Q = 85,5 ; R = 0,25.

(73) 638 : 38,45 =
Q = 16,5 ; R = 3,575.

(76) 1 : 3,1416 =
Q = 0,3 ; R = 0,05752.

(71) 7 790 : 5,80 =
Q = 1 343,1 ; R = 0,02.

(74) 19 437 : 293,67 =
Q = 66,1 ; R = 25,413.

(77) 39 : 4,683 =
Q = 8,3 ; R = 0,1311.

(72) 6 : 6,90 =
Q = 0,8 ; R = 0,48.

(75) 49 265 : 6,950 =
Q = 7 088,4 ; R = 0,620.

(78) 4 534 : 68,324 =
Q = 66,3 ; R = 4,1188.

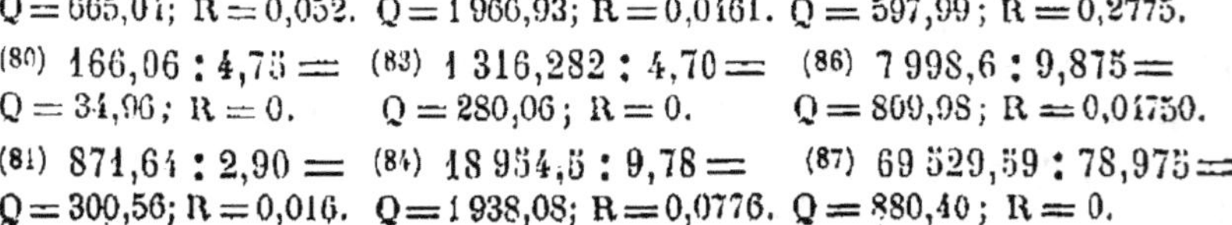

Exercice 105. — Calculer à 0,01 près les quotients suivants :

(79) 5 785,9 : 8,70 =
Q = 665,04 ; R = 0,052.

(82) 13 237,485 : 6,73 =
Q = 1 966,93 ; R = 0,0161.

(85) 28 554,3 : 47,75 =
Q = 597,99 ; R = 0,2775.

(80) 166,06 : 4,75 =
Q = 34,96 ; R = 0.

(83) 1 316,282 : 4,70 =
Q = 280,06 ; R = 0.

(86) 7 998,6 : 9,875 =
Q = 809,98 ; R = 0,01750.

(81) 871,64 : 2,90 =
Q = 300,56 ; R = 0,016.

(84) 18 954,5 : 9,78 =
Q = 1 938,08 ; R = 0,0776.

(87) 69 529,59 : 78,975 =
Q = 880,40 ; R = 0.

Exercice 106. — Calculer à 0,001 près les quotients suivants :

(88) $0,725 : 39 =$ (91) $0,895 : 293 =$ (94) $89,5 : 0,697 =$
$Q = 0,018 ; R = 0,023.$ $Q = 0,003 ; R = 0,016.$ $Q = 128,407 ; R = 0,000321.$

(89) $578 : 0,58 =$ (92) $1\,895 : 0,785 =$ (95) $0,67415 : 6,95 =$
$Q = 996,551 ; R = 0,00042$ $Q = 2414,012 ; R = 0,000580$ $Q = 0,097 ; R = 0.$

(90) $8,754 : 48 =$ (93) $0,385 : 7,98 =$ (96) $0,6375 : 0,028 =$
$Q = 0,182 ; R = 0,018.$ $Q = 0,048 : R = 0,00196.$ $Q = 22,767 ; R = 0,000024.$

*107. — Divisez 746 257 par 945 à 0,001 près. Preuve. (*Cher.*)
Rép. $746\,257 = 945 \times 789,689 + 0,895.$

*108. — Diviser 234,024 par 2,07, à 0,001 près. (*Aveyron.*)
Rép. $234,021 = 2,07 \times 113,053 + 0,00129.$

*109. — Comment fait-on la division des nombres décimaux ? Diviser 186,075 par 29,4 et donner le quotient à 0,01 près. (*Gard.*)
Rép. $186,075 = 29,4 \times 6,32 + 0,267.$

*110. — Divisez 5 647,25 par 0,875 à 0,01 près. Faites la preuve de l'opération. (*Cher.*)
Rép. $5\,647,25 = 0,875 \times 6\,454.$

*111. — Calculer à 0,01 près le quotient de 64,25 par 0,15. (*Seine.*)
Rép. $64,25 = 0,15 \times 428,33 + 0,0005.$

*112. — Calculer à 0,01 près le quotient de 64 par 0,026. (*Seine.*)
Rép. $64 = 0,026 \times 2\,461,53 + 0,00022.$

*113. — Divisez 514 par la dixième partie de 3,46. (*Sarthe.*)
Rép. $514 = 0,346 \times 1\,485,54 + 0,00316.$

*114. — Trouver un nombre tel qu'en le multipliant par 0,15, on trouve 5,7. (*Vaucluse.*)
Rép. $5,7 = 0,15 \times 38.$

*115. — Quel est le nombre qui, multiplié par 30,25, produit 7 615,4375 ? (*Seine-et-Marne.*)
Rép. $7\,615,4375 = 30,25 \times 251,75.$

MOYENNES

P. 17.

Problèmes. — 116. — Calculer la moyenne des notes de conduite d'un élève qui a obtenu dans la semaine les notes suivantes : lundi, 9 ; mardi, 6 ; mercredi, 7 ; vendredi, 9 ; samedi, 8.

Solution. — La **moyenne** des notes de conduite est le quotient de la *somme de ces notes* par *leur nombre* (5).

1° *Somme des notes :*
$$9 + 6 + 7 + 9 + 8 = 39 ;$$

2° **Moyenne :**
$$39 : 5 = \mathbf{7,8.}$$

Remarque. — La **moyenne** de plusieurs quantités est le *quotient de la somme de ces quantités par leur nombre.*

117. — Le 20 août 1907, on a relevé les températures suivantes :
température la plus basse, 11°,7 ; température la plus élevée, 20°.
Quelle a été la température moyenne de la journée ?

Somme : 11°,7 + 20° = 31°,7,   *Rép.* 31°,7 : 2 = 15°,85.

118. — Un cultivateur calcule qu'il a dépensé, en une année,
1 212ᶠ,75 pour payer à des journaliers 539 journées de travail. Quel
est le prix moyen d'une journée ?   (*Morbihan.*)

Rép. 1 212ᶠ,75 : 539 = 2ᶠ,25.

119. — Il y a en France 362 arrondissements et 38 961 945 habitants. Calculer la population moyenne d'un arrondissement. (*Morbihan.*)

Rép. 38 961 945 : 362 = 107 629 *habitants.*

120. — Le 18 août 1907, on a relevé les températures suivantes :
17°,1 ; 23°,5 ; 22°,5 ; 22°. Calculer la température moyenne de la
journée.

Somme des tempér. : 17°,1 + 23°,5 + 22°,5 + 22° = 85°,1.
Rép. 85,1 : 4 = 21°,275.

121. — Le département des Côtes-du-Nord a 609 349 habitants,
389 communes, 48 cantons et 5 arrondissements. Calculer la population
moyenne : 1° d'une commune ; 2° d'un canton ; 3° d'un arrondissement.

Rép. 1° 609 349 : 389 = 1 566 *hab.* par commune ; 2° 609 349 : 48 = 12 694
hab. par canton ; 3° 609 349 : 5 = 121 869 *hab.* par arrondissement.

NOMBRE PENSÉ

*****122.** — Si tu multiplies la somme que j'ai par 25, que tu divises
le produit par 7 et que tu ajoutes 50, tu trouveras 100 fr. Combien
ai-je ?   (*Eure-et-Loir.*)

Solution. — La **somme était :**

1° Avant d'*ajouter* 50 :   100ᶠ — 50ᶠ = 50 fr.
2° Avant de *diviser* par 7 :   50ᶠ × 7 = 350 fr.
3° Avant de *multiplier* par 25 : 350ᶠ : 25 = **14 fr.**

Remarque. — Pour résoudre les problèmes de ce genre, on *part du résultat
final*, et, *remontant* de la dernière opération à la 1ʳᵉ, on *remplace les additions
par des soustractions, les multiplications par des divisions et inversement.*

*****123.** — J'ai pensé un nombre, je l'ai doublé, j'ai ajouté 4 au résultat
et j'ai eu 20 pour total. Quel nombre avais-je pensé ?   (*Dordogne.*)

Nombre, avant d'ajouter 4 : 20 — 4 = 16 ; avant de doubler : 16 : 2. *Rép.* 8.

*****124.** — Au triple d'un nombre, on retranche le double de ce nombre ;
le reste a pour moitié 16. Quel est ce nombre ?   (*Corrèze.*)

Le *nombre est*, avant de prendre la moitié : 16 × 2 = 32. C'est la différence
entre 3 fois le nombre et 2 fois le nombre. *Rép.* 32.

*****125.** — La moitié d'un nombre a été multipliée par 720, le produit
obtenu a été divisé par 252, et, en ajoutant 468 au quotient, on a eu
8 368 pour résultat. Sur quel nombre a-t-on opéré ?   (*Hᵗᵉ-Marne.*)

Le *nombre était*, avant d'ajouter 468 : 8 368 — 468 = 7 900 ; avant de diviser
par 252 : 7 900 × 252 = 1 990 800 ; avant de multiplier par 720 : 1 990 800 : 720
= 2 765 ; et avant de prendre la moitié : 2 765 × 2. *Rép.* 5 530.

VALEUR DE L'UNITÉ. QUANTITÉ   P. 18.

Problèmes. — 126. — Quel est le prix du kilogramme de café lorsqu'on en a 0ᵏᵍ,375 pour 2ᶠ,10 ?

Solution.	*Opérations.*
2ᶠ,10 est le produit du prix de l'unité par 0,375.	

La **prix de l'unité** est donc le quotient du prix total (2ᶠ,10) par la quantité (0,375).

$$2^f,10 : 0,375 = 5^f,60.$$

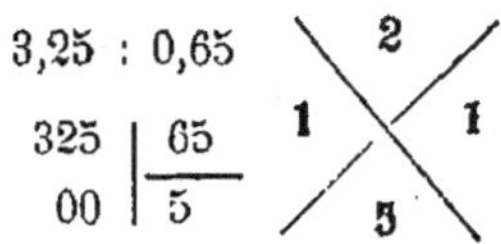

Remarque. — La **valeur de l'unité** est toujours le quotient de la *valeur totale* par la *quantité.*

127. — On a remis 3ᶠ,25 à un enfant pour aller chercher du sucre. Si le kilogramme vaut 0ᶠ,65, quelle quantité de sucre doit-il demander ?

Solution.   *Opérations.*

3ᶠ,25 est le produit de 0ᶠ,65 par la quantité achetée.

La **quantité achetée** est donc le quotient du prix total (3ᶠ,25) par le prix de l'unité (0ᶠ,65).

$$3,25 : 0,65 = \mathbf{5\ kg.}$$

Remarque. — La **quantité** est toujours le quotient de la *valeur totale* par la *valeur de l'unité.*

128. — Un mètre de drap coûte 18 fr.; combien en aura-t-on de mètres pour 981 fr. ?

Rép.   981 : 18 = 54ᵐ,50.

129. — Combien une barrique de vin de 300 l. peut-elle fournir de bouteilles de 0ˡ,75 ?

Rép.   300 : 0,75 = 400 *bouteilles.*

130. — Si le kilogramme de sucre vaut 0ᶠ,60, combien peut-on en avoir pour 0ᶠ,75 ?   (*Orne.*)

Rép.   0,75 : 0,60 = 1ᵏᵍ,250.

131. — Un coupon de soie de 0ᵐ,75 a été payé 4ᶠ,80. Quel est le prix du mètre de la même étoffe ?   (*Deux-Sèvres.*)

Rép.   4ᶠ,80 : 0,75 = 6ᶠ,40.

132. — On vend une pièce d'étoffe de 25ᵐ,50 par coupons de 0ᵐ,75 à raison de 5ᶠ,40 le coupon. Quel est le prix du mètre? Combien a-t-on fait de coupons ?   (*Gard.*)

I. *Prix du mètre :*   5ᶠ,40 : 0,75.   *Rép.*   7ᶠ,20.
II. *Nombre de coupons :* 25,50 : 0,75.   *Rép.*   34 *coupons.*

133. — Une pièce de vin de 176 l. coûte 79ᶠ,20   une autre pièce contenant 185 l. coûte 88ᶠ,80. Quelle est la plus chère? (*Maine-et-Loire.*)

La plus chère est celle qui coûte le plus par litre.
1º Prix du litre de la 1ʳᵉ :   79ᶠ,20 : 176 = 0ᶠ,45.
2º Prix du litre de la 2ᵉ :   88ᶠ,80 : 185 = 0ᶠ,48.   *Rép.*   la *deuxième* pièce.

134. — Un libraire achète 75 rames de papier pour 390 fr. A combien lui revient la rame et à combien la main, sachant qu'une rame contient 20 mains? *(Paris.)*

I. *Prix d'une rame :* 390ᶠ : 75. *Rép.* 5ᶠ,20.
II. *Prix d'une main :* 5ᶠ,20 : 20. *Rép.* 0ᶠ,26.

135. — Un cultivateur vend 476 kg. de seigle pour 126 fr. L'hectolitre vaut 18 fr. Combien a-t-il vendu d'hectolitres de seigle et quel est le poids de l'un d'eux? *(Puy-de-Dôme.)*

I. *Nombre d'hectolitres :* 126 : 18. *Rép.* 7 *hl.*
II. *Poids de l'hl. :* 476ᵏᵍ : 7. *Rép.* 68 *kg.*

136. — Le propriétaire d'une maison a 18 fenêtres à faire vitrer. Lorsque le travail est terminé, il paye 108 fr. Combien chaque fenêtre renferme-t-elle de carreaux, si chaque carreau coûte 0ᶠ,75? *(Paris.)*

Nombre de carreaux d'une fenêtre = Dépense pour une fenêtre : Prix d'un carreau (0ᶠ,75).
Dépense pour une fenêtre : 108ᶠ : 18 = 6 fr. *Rép.* 6 : 0,75 = 8 *carreaux.*

P. 19.

DIVISIBILITÉ

La division de 21 par 3 donne 7 pour quotient et 0 pour reste. On dit que 21 est *divisible* par 3 ou qu'il est un *multiple* de 3.

1. — Un nombre est **divisible** par un autre quand la division du 1ᵉʳ nombre par le 2ᵉ se fait *sans reste*. Le 1ᵉʳ nombre est un **multiple** du 2ᵉ.

2. — Un nombre est **divisible par 2** quand il est *terminé par* 2, 4, 6, 8, 0.

Un nombre est **pair** s'il est *divisible par* 2; **impair,** s'il n'est *pas divisible par* 2.

3. — Un nombre est **divisible par 5** quand il est *terminé par* 5 *ou* 0.

4. — Un nombre est **divisible par 4** quand il est *terminé par* **2 zéros** ou par **2 chiffres formant un nombre divisible par 4.**

5. — Un nombre est **divisible par 3 ou par 9** quand **la somme de ses chiffres** *est divisible par* 3 *ou par* 9.

Exercices écrits. — 137. — Faire la liste des nombres pairs et celle des nombres impairs compris dans les nombres suivants :
42; 58; 79; 97; 190; 246; 504; 623; 1 075; 2 021.

I. N. *pairs :* 42; 58; 190; 246; 504. II. N. *impairs :* 79; 97; 623; 1 075; 2 021.

138. — Parmi les nombres suivants : 20; 36; 40; 75; 103; 240; 361; 425; 650; 893; quels sont ceux qui sont divisibles par 5?
Rép. 20; 40; 75; 240; 425; 650.

139. — Parmi les nombres suivants : 12; 42; 84; 104; 114; 208; 238; 312; 416; 520; 530; 600; 724; 928; 1 032; 1 178; 1 236; 1 340; quels sont ceux qui sont divisibles par 4?

Rép. 12; 84; 104; 208; 312; 416; 520; 600; 724; 928; 1 032; 1 236; 1 340.

140. — Parmi les nombres suivants : 33; 44; 63; 78; 89; 108; 126; 133; 144; 183; 207; 246; 313; 333; 481; 555; 675; 709; 981; 2 817; 3 723; quels sont ceux qui sont divisibles : 1° par 3? 2° par 9?

I. Par 3 : 33; 63; 78; 108; 126; 144; 183; 207; 246; 333; 555; 675; 981; 2 817; 3 723.

II. Par 9 : 63; 108; 126; 144; 207; 333; 675; 981; 2 817.

141. — Le nombre 156 735 est-il divisible par 2, 3, 4, 5, 9? A quoi le reconnaissez-vous sans faire la division? *(Cher.)*

Rép. 156 735 est divisible par 3, 5 et 9.

142. — Comment reconnait-on qu'un nombre est divisible par 2? par 9? — Le nombre 47 025 est-il divisible par 2? Pourquoi? — L'est-il par 9? Pourquoi? *(Orne.)*

Voir §§ 2 et 5. *Rép.* 47 025 est *divisible par* 9 et ne l'est *pas par* 2.

***143.** — Ajouter un chiffre au nombre 478 pour en faire un nombre de 4 chiffres qui soit divisible par 9. *(Mayenne.)*

Rép. On ajoutera 8 et on aura : 8 478 ou 4 788.

***144.** — Comment reconnait-on qu'un nombre est divisible par 9? Trouver un multiple de 5 divisible par 9. *(Seine-et-Marne.)*

Rép. 45, 90..., *tous les multiples de* 45.

***145.** — Trouver un nombre de 4 chiffres qui soit en même temps divisible par 3 et par 4. *(Paris.)*

Rép. Tous les *multiples de* 12.
Depuis $12 \times 84 = 1\,008$ *jusqu'à* $12 \times 833 = 9\,996$.

PROBLÈMES SUR LES QUATRE OPÉRATIONS P. 20.

ACHAT, VENTE : PRIX

Problèmes. — 146. — Une dame achète dans un magasin 26 m. d'une étoffe à 3f,75 le mètre et une robe toute faite. Elle a payé pour le tout 162f,50. Quel est le prix de la robe? *(Seine.)*

Solution. — Le **prix de la robe** est la différence entre la *dépense totale* (162f,5) et le *prix de l'étoffe.*
1° *Prix de l'étoffe :* $3^f,75 \times 26 = 97^f,50$;
2° **Prix de la robe :** $162^f,50 - 97^f,50 = $ **65 fr.**

147. — 480 m. de fil de fer pèsent 12 kg. Ce fil valant 0f,52 le kg., quel est le poids et le prix d'un mètre de fil de fer?

I. *Poids d'un m. :* 12kg : 480. *Rép.* 0kg,025.
II. *Prix :* $0^f,52 \times 0,025$. *Rép.* 0f,013.

148. — On a 3 fenêtres à chacune desquelles on veut mettre une paire de grands rideaux. Par rideau, on emploie 2m,95 d'une étoffe à 3f,20 le mètre. A combien s'élèvera la dépense?

Dépense = Prix de 1 m. (3f,20) × Longueur totale.
Longueur totale : *a)* par fenêtre, $2^m,95 \times 2 = 5^m,90$; *b)* $5^m,90 \times 3 = 17^m,70$.
Rép. $3^f,20 \times 17,7 = 56^f,64$ ou mieux 56f,65.

149. — Un marchand a acheté 25 barriques de vin dont 10 barriques à 150 fr., 8 barriques à 180 fr. et le reste à 200 fr. Quel est le prix d'achat total?

P. d'achat total = Prix des 10 barr. + P. des 8 barr. + P. du reste.

1. P. des 10 barr.: $150^f \times 10 = 1\,500$ fr.; 2. P. des 8 barr.: $180^f \times 8 = 1\,440$ fr.

3. P. du reste. $\begin{cases} a) \text{ Reste: } 10^{b.} + 8^{b.} = 18 \text{ barr.}; \quad 25^{b.} - 18^{b.} = 7 \text{ barr.} \\ b) \text{ Prix: } 200^f \times 7 = 1\,400 \text{ fr.} \end{cases}$

Rép. $1\,500^f + 1\,440^f + 1\,400^f = 4\,340$ *fr.*

150. — Deux personnes ont acheté ensemble $119^f,70$ d'étoffe à $3^f,60$ le mètre; l'une ayant pour sa part 16 m., on demande ce que chacune d'elles a dû payer.   *(Manche.)*

I. *La* 1re a payé: $3^f,60 \times 16$. *Rép.* $57^f,60$.

II. *La* 2e a payé: $119^f,70 - 57^f,60$. *Rép.* $62^f,10$.

151. — On offre à une personne de lui vendre une pièce de vin de 228 l. pour $102^f,60$, ou un fût de 120 l. pour $57^f,60$. A qualité égale, dites quel choix elle doit faire.   *(Morbihan.)*

1. P. du litre de la 1re : $102^f,60 : 228 = 0^f,45$.

2. P. du l. de la 2e : $57^f,60 : 120 = 0^f,48$.   *Rép.*   *Elle choisira la* 1re.

152. — Une modiste a vendu 5 douzaines de chapeaux. On lui a donné en paiement 3 billets de 100 fr. et 12 pièces de 20 fr. Quel était le prix d'un chapeau?   *(Finistère.)*

Prix d'un chapeau = P. total : N. de chapeaux.

1. Prix total :   *a)* $20^f \times 12 = 240$ fr.   *b)* $300^f + 240^f = 540$ fr.

2. N. de chapeaux : $12^{ch.} \times 5 = 60$ chapeaux.   *Rép.* $540^f : 60 = 9$ *fr.*

153. — Pour $34^f,80$, on a acheté 8 kg. de sucre, 7 kg. de chocolat et 2 kg. de thé. Le thé vaut $5^f,70$ le kilogramme et le sucre $0^f,65$; on demande le prix du kilogramme de chocolat.   *(Côte-d'Or.)*

Prix du kg. de chocolat = P. du chocolat : 7.

P. du chocolat. $\begin{cases} a) \text{ Sucre: } 0^f,65 \times 8 = 5^f,20. \quad b) \text{ Thé: } 5^f,70 \times 2 = 11^f,40. \\ c) \text{ Ensemble: } 5^f,20 + 11^f,40 = 16^f,60. \\ d) \text{ Chocolat: } 34^f,80 - 16^f,60 = 18^f,20. \end{cases}$

Rép. $18^f,20 : 7 = 2^f,60$.

154. — Un cultivateur possède 586 moutons qu'il veut vendre 12 594 fr. Il en vend d'abord 245 à 18 fr. l'un. Combien doit-il vendre chacun de ceux qui lui restent?   *(Lozère.)*

Prix de vente d'un mouton = P. de vente du reste : N. de moutons restants.

1. P. de vente du reste. $\begin{cases} a) \text{ 1re vente: } 18^f \times 245 = 4\,410 \text{ fr.} \\ b) 12\,594^f - 4\,410^f = 8\,184 \text{ fr.} \end{cases}$

2. N. de moutons restants : $586 - 245 = 341$. *Rép.* $8\,184^f : 341 = 24$ *fr.*

*****155.** — J'achète $3^m,20$ d'étoffe à $9^f,75$ le mètre, 3 chemises à $6^f,05$ l'une et un gilet de flanelle. Je donne 60 fr. sur lesquels on me rend $1^f,75$. Combien me coûte le gilet de flanelle?   *(Gers.)*

Prix du gilet = P. total — Prix des 2 premiers achats.

1. Prix total : $60^f - 1^f,75 = 58^f,25$.

2. Prix des 2 1ers achats. $\begin{cases} a) \text{ Etoffe: } 9^f,75 \times 3,2 = 31^f,20. \\ b) \text{ Chemises: } 6^f,05 \times 3 = 18^f,15. \end{cases}$ $c)$ Total: $49^f,35$.

Rép. $58^f,25 - 49^f,35 = 8^f,90$.

*****156.** — On a acheté 700 m. de drap de deux qualités. La seconde qualité a coûté 30 fr. le mètre et 5 m. de la 1re coûtent autant que 7 m. de la 2e. Quel est le prix total du drap si l'on a acheté autant d'une qualité que de l'autre?   *(Pas-de-Calais.)*

Prix total = P. de la 1re qualité + P. de la 2e.

1. P. de la 1re qualité. $\begin{cases} a) \text{ P. du m.: } 30^f \times 7 = 210 \text{ fr.}; \quad 210^f : 5 = 42 \text{ fr.} \\ b) \text{ Quant.: } 700^m : 2 = 350 \text{ m.} \quad c) \, 42^f \times 350 = 14\,700 \text{ fr.} \end{cases}$

2. P. de la 2e : $30^f \times 350 = 10\,500$ fr.   *Rép.* $14\,700^f + 10\,500^f = 25\,200$ *fr.*

***157.** — Une femme emporte au marché une somme de 23^f,45. Elle vend 13 kg. de beurre à 1^f,15 le demi-kilogr., 8 paires de canards à 2^f,20 la pièce. Elle achète 48 m. de toile et elle rapporte 34^f,55. Combien a-t-elle payé le mètre de toile?   (*Manche.*)

Prix du m. de toile = P. total de la toile : 48.

P. total.
- *a)* Beurre :   1^f,15 × 2 = 2^f,30;   2^f,30 × 13 = 29^f,90.
- *b)* Canards: 2^f,20 × 2 = 4^f,40;   4^f,40 × 8 = 35^f,20.
- *c)* Recette : 23^f,45 + 29^f,90 + 35^f,20 = 88^f,55.
- *d)* 88^f,55 − 34^f,55 = 54 fr.

Rép. 54^f : 48 = 1^f,125.

QUANTITÉ

P. 21.

Problèmes. — **158.** — Une ménagère qui peut dépenser 28 fr. par semaine pour la nourriture de sa famille donne à l'épicier 8^f,75, achète 4^f,20 de légumes et paie à divers fournisseurs 3^f,50. Combien peut-elle acheter de viande à 1^f,05 le demi-kilogramme? (*B^{ses}-Pyrénées.*)

Solution. — Le **poids de viande** qu'elle peut acheter est le quotient de la *somme qui lui reste* par le *prix du kilogramme.*

1. La *somme qui lui reste* est la différence entre 28 fr. et le total des dépenses déjà faites.

- *a.* Dépenses faites : 8^f,75 + 4^f,20 + 3^f,50 = 16^f,45.
- *b.* Somme qui reste : 28^f − 16^f,45 = 11^f,55.

2. *Prix du kilog.*: 1^f,05 × 2 = 2^f,10.

3. **Poids de la viande :** 11,55 : 2,10 = **5^{kg},5.**

159. — On a acheté 4 pièces de vin : la 1re a coûté 96 fr. ; la 2e, 116 fr.; la 3e, 100 fr.; la 4e, 120 fr. Le litre valant 0^f,45, quelle est la capacité totale ?

Capacité totale = Prix total : P. d'un l. (0^f,45).
P. total : 96^f + 116^f + 100^f + 120^f = 432 fr.   *Rép.* 432 : 0,45 = 960 *l.*

160. — Une personne emploie 230^f,40 à acheter 56^m,50 de toile à 1^f,60 le mètre et du drap à 12^f,50 le mètre. Quelle longueur de drap a-t-elle dû avoir ?

Longueur du drap = Prix du drap : 12,50.

P. du drap.
- *a)* P. de la toile : 1^f,60 × 56,5 = 90^f,40.
- *b)* 230^f,40 − 90^f,40 = 140 fr.

Rép. 140 : 12,5 = 11^m,20.

161. — On achète du vin à raison de 1^f,15 la bouteille, verre compris. On vend la bouteille vide 0^f,20 et, de cette façon, la dépense que l'on a faite se trouve réduite à 136^f,80; combien avait-on acheté de bouteilles de vin ?   (*Vosges.*)

Nombre de bouteilles = Dépense réduite (136^f.80) : P. de revient d'une bout.
P. de revient d'une bout.: 1^f,15 − 0^f,20 = 0^f,95.
Rép. 136,80 : 0,95 = 144 *bouteilles.*

162. — J'ai assez d'argent pour acheter 9 m. d'étoffe à 8^f,65 le mètre: mais je me décide à en acheter à 11^f,95 le mètre. Combien pourrai-je avoir de cette étoffe pour le même prix ?   (*Meurthe-et-Moselle.*)

Quantité achetée = Prix total : Prix du mètre (11^f,95).
P. total : 8^f,65 × 9 = 77^f,85.   *Rép.* 77,85 : 11,95 = 6^m,51.

163. — Une fermière a reçu 120 fr. pour 15 douzaines d'œufs à 0ʳ,80 la douzaine et pour un certain nombre de poulets à 6 fr. la paire. Combien avait-elle de poulets ?   *(Sarthe.)*

N. de poulets = Prix des poulets : P. d'un poulet.
1. P. des poulets :   *a)* Œufs :   0ʳ,80 × 15 = 12 fr.   *b)* 120ʳ — 12ʳ = 108 fr.
2. P. d'un poulet :   6ʳ : 2 = 3 fr.   *Rép.*   108 : 3 = 36 *poulets.*

164. — Lorsque le sucre vaut 0ʳ,70 le kilogramme et le café 2ʳ,80, combien, pour 39ʳ,20, aura-t-on de kilogrammes de chaque marchandise, en dépensant autant pour l'une que pour l'autre ?   *(Gironde.)*

Nombre de kilogr. = Dépense : Prix du kilogr.
Dépense pour chaque marchandise :   39ʳ,20 : 2 = 19ʳ,60.
I. *Rép.*   19,60 : 0,70 = 28 *kg.* de sucre.   II. *Rép.*   19,60 : 2,8 = 7 *kg.* de café.

165. — Un marchand achète de la toile à 2ʳ,50 le mètre. Il en a 4 pièces d'égale longueur, plus un coupon de 7 m. pour 874 fr.; quelle est la longueur de chaque pièce ?   *(Alpes-Maritimes.)*

Longueur d'une pièce = Long. des 4 pièces : 4.

Longueur des 4 pièces. { *a)* Long. totale :   871 : 2.50 = 348ᵐ,40.
{ *b)* 348ᵐ,40 — 7ᵐ = 341ᵐ,40.

Rép.   341ᵐ,40 : 4 = 85ᵐ,35.

166. — Un marchand achète 4 pièces de drap à 15ʳ,30 le mètre pour 1 958ʳ,40. La 1ʳᵉ mesure 29ᵐ,75; la 2ᵉ, 30ᵐ,25; la 3ᵉ, 32 m. Quelle est la longueur de la 4ᵉ pièce ?   *(Gironde.)*

Longueur de la 4ᵉ = Long. totale — Long. des 3 premières.
1. Long. totale :   1 958,4 : 15,3 = 128 m.
2. L. des 3 1ʳᵉˢ :   29ᵐ,75 + 30ᵐ,25 + 32ᵐ = 92 m.   *Rép.*   128ᵐ — 92ᵐ = 36 *m.*

***167.** — Une fermière vend 25 kg. de beurre à 3 fr. l'un, 300 œufs à 8 fr. le cent et 18 lapins à 3 fr. l'un. Avec le produit de sa vente, elle achète de la toile à 3 fr. le mètre. Combien peut-elle en obtenir de mètres ?   *(Morbihan.)*

Longueur de la toile = Prix total : 3.

P. total. { *a)* Beurre :   3ʳ × 25 = 75 fr.   *b)* Œufs :   8ʳ × 3 = 24 fr.
{ *c)* Lapins :   3ʳ × 18 = 54 fr.   *d)* 75ʳ + 24ʳ + 54ʳ = 153 fr.

Rép.   153 : 3 = 51 *m.*

***168.** — Une fermière porte au marché 27 kg. de beurre et 14 douzaines d'œufs. Elle vend le beurre 2ʳ,30 le kilogramme et les œufs 0ʳ,80 la douzaine. Elle emploie l'argent de cette vente à acheter 3ᵐ,75 d'un drap à 14 fr. le mètre, et le reste à l'acquisition d'une toile valant 1ʳ,30 le mètre. Dire combien elle aura de mètres de toile.   *(Côte-d'Or.)*

Longueur de la toile = Prix de la toile : Prix du mètre (1ʳ,30).

P. de la toile. { *a)* Vente :   Beurre, 2ʳ,30 × 27 = 62ʳ,10.
{ Œufs, 0ʳ,80 × 14 = 11ʳ,20.   Total :   62ʳ,10 + 11ʳ,20 = 73ʳ,30.
{ *b)* Drap : 14ʳ × 3,75 = 52ʳ,50.   *c)* 73ʳ,30 — 52ʳ,50 = 20ʳ,80.

Rép.   20,8 : 1,3 = 16 *m.*

P. 22.   **ÉCHANGE**

Exercice oral. — Calculer le prix d'un cheval échangé contre une somme de 60 fr. et une vache estimée 540 fr.

Rép.   540ʳ + 60ʳ = 600 *fr.*

Quelle somme doit-on donner ou recevoir, si on échange :

1º Un cheval estimé 800 fr. contre une vache estimée 400 fr. ?

2º Un cheval estimé 1 500 fr. contre 100 moutons à 20 fr. l'un ?

Rép.   1º On doit recevoir : $800^f - 400^f = 400$ *fr.*

2º On doit donner : $20^f \times 100 - 1\,500^f = 500$ *fr.*

Remarque. — Dans les échanges, **la valeur reçue est égale à la valeur donnée.** Avant de résoudre ces problèmes, il importe donc de se poser les deux questions suivantes : *que reçoit-on ? que donne-t-on ?*

Problèmes. — 169. — Un marchand échange 15 m. de drap contre 140 m. de toile à $0^f,90$ le mètre. Il donne 6 fr. en plus. Quel est le prix du mètre de drap ?   (*Oise.*)

Solution. — Le **prix du mètre de drap** est le quotient du *prix du drap* par *sa longueur* (15 m.).

1º Le *prix du drap* est égal au prix de la toile diminué des 6 fr. donnés en plus.

a. Prix de la toile : $0^f,90 \times 140 = 126$ fr.

b. Prix du drap : $126^f - 6^f = 120$ fr.

2º **Prix du mètre de drap** : $120^f : 15 = $ **8 fr.**

170. — On a échangé 15 m. de toile valant $2^f,20$ le mètre contre 20 m. de calicot. Quelle est la valeur du mètre de calicot ?

Valeur du m. de calicot = Valeur donnée : N. de m. de calicot (20).

Valeur donnée : $2^f,20 \times 15 = 33$ fr.   *Rép.* $33^f : 20 = 1^f,65$.

171. — Une personne a du vin qui vaut $0^f,75$ le litre. Une 2ᵉ personne a de l'huile qui vaut $1^f,80$ le kilogramme, et elle en donne 120 kg. à la 1ʳᵉ. Combien la 1ʳᵉ devra-t-elle donner de litres de vin ?

Nombre de litres de vin = Val. reçue : Prix du litre ($0^f,75$).

Val. reçue : $1^f,80 \times 120 = 216$ fr. *Rép.* $216 : 0,75 = 288$ *l.*

172. — Un propriétaire veut échanger 6 pièces de vin contenant chacune 212 l. à $0^f,50$ le litre, contre du cidre valant $0^f,15$ le litre. Combien de litres de cidre devra-t-il recevoir ?   (*Nord.*)

Nombre de litres de cidre = Val. donnée : P. du litre de cidre ($0^f,15$).

P. du vin : a) P. d'une pièce : $0^f,50 \times 212 = 106$ fr. b) P. de 6 : $106^f \times 6 = 636$ fr.

Rép. $636 : 0,15 = 4\,240$ *l.*

173. — Un cultivateur a vendu 68 hl. de blé à raison de 18 fr. l'hectolitre, et il a acheté 23 moutons à 26 fr. Combien lui restera-t-il d'argent quand il aura payé ses moutons ?   (*Paris.*)

Reste = Prix du blé — P. des moutons.

1. Prix du blé : $18^f \times 68 = 1\,224$ fr. ; 2. P. des moutons : $26^f \times 23 = 598$ fr.

Rép. $1\,224^f - 598^f = 626$ *fr.*

174. — Un marchand vend $15^m,50$ d'étoffe à $7^f,60$ le mètre. Il accepte en paiement 74 kg. de sucre à $0^f,70$ le kilogramme et du vin à $0^f,30$ le litre ; combien recevra-t-il de litres de vin ?   (*Pyrénées-Or^{les}.*)

Nombre de litres de vin = Prix du vin : P. du litre ($0^f,30$).

P. du vin. a) Étoffe : $7^f,60 \times 15,5 = 117^f,80$.   b) Sucre : $0^f,70 \times 74 = 51^f,80$.

c) Vin : $117^f,80 - 51^f,80 = 66$ fr.

Rép. $66 : 0,3 = 220$ *l.*

***175.** — Une fermière reçoit $6^{kg},250$ de lard à $1^f,80$ le kilogramme ; elle donne en échange 5 fr. plus un certain nombre de fromages à $0^f,25$ l'un. Combien donne-t-elle de fromages ?   (*Vendée.*)

N. de fromages = Prix des fromages : P. d'un fromage ($0^f,25$).

P. des fromages : a) Lard : $1^f,80 \times 6,25 = 11^f,25$.   b) $11^f,25 - 5^f = 6^f,25$.

Rép. $6,25 : 0,25 = 25$ *fromages.*

***176.** — Une femme a 25 m. de drap valant 6 fr. le mètre; elle les échange contre de la toile à 3 fr. le mètre et donne en surplus 54 fr. Combien reçoit-elle de mètres de toile ?   (*Meurthe-et-Moselle.*)

N. de m. de toile = Prix de la toile : P. d'un mètre (3 fr.).
P. de la toile : *a*) Drap : 6^f × 25 = 150 fr.   *b*) Total : 150^f + 54^f = 204 fr.
Rép. 204 : 3 = 68 *m.* de toile.

***177.** — Un laboureur achète à un vigneron 7 barriques de vin de 225 l. à 0^f,25 le litre, et lui vend 15 hl. de blé à 16^f,50 l'hectolitre. Combien le laboureur redoit-il au vigneron ?   (*Gard.*)

Somme due = Valeur reçue — Val. donnée.
1. Val. reçue : 0^f,25 × 225 × 7 = 393^f,75; 2. Val. donnée : 16^f,50 × 15 = 247^f,50.
Rép. 393^f,75 — 247^f,50 = 146^f,25.

***178.** — J'avais ce matin dans ma caisse 280 fr. J'ai vendu au comptant 125 kg. d'une marchandise à 2^f,50 le kilogramme. J'ai acheté et payé 250 kg. d'une autre marchandise à 1^f,75 le kilogramme. Quelle somme dois-je avoir dans ma caisse ?   (*Paris.*)

Encaisse = Somme entrée — Somme sortie.
1. Somme entrée : *a*) 2^f,50 × 125 = 312^f,50.   *b*) 312^f,50 + 280^f = 592^f,50.
2. Somme sortie : 1^f,75 × 250 = 437^f,50. *Rép.* 592^f,50 — 437^f,50 = 155 *fr.*

P. 23.

FACTURE

LIBRAIRIE CLASSIQUE EUGÈNE BELIN

M. Louis   *Doit*

Paris, le 15 mai 1908

	Timbre.				10
6	Enfants de Marcel.	1	30	7	80
4	Dictionnaire Bénard (cartonné).	2	60	10	40
7	Histoire Blanchet (Cours moyen).	1	10	7	70
	Pour acquit, le 15 mai 1908.			26	00

Paris
15 mai 1908
Belin

Belin.

Remarque. — La *facture acquittée* et le *reçu* sont soumis au **timbre de 0^f,10** à partir de 10 fr.

Problèmes. — Etablir les factures suivantes :

Remarque. — Les faire établir d'après le modèle précédent en tenant compte du timbre.

179. — 15^m,50 de drap à 14^f,75 le mètre; 6^m,25 de velours à 21^f,50; 19 m. de taffetas à 6^f,25; 28^m,50 de mérinos à 4^f,05; une demi-douzaine de paires de bas à 25 fr. la douzaine.

Drap : 14^f,75 × 15,5 = 288^f,625; Velours : 21^f,50 × 6,25 = 134^f,375;
Taffetas : 6^f,25 × 19 = 118^f,75; Mérinos : 4^f,05 × 28,5 = 115^f,425;
Bas : 25^f : 2 = 12^f,50.   Total : 609^f,675 ou 609^f,70.

180. — 9^{kg},5 de sucre à 0^f,65, 7^{kg},5 de café à 2^f,75 le demi-kg., 9 paquets de bougies à 1^f,25 l'un, 15 kg. de sel à 0^f,15. (*Rhône.*)

Sucre : 0^f,65 × 9,5 = 6^f,175 ;   Café : 2^f,75 × 2 × 7,5 = 41^f,25 ;
Bougies : 1^f,25 × 9 = 11^f,25 ; Sel : 0^f,15 × 15 = 2^f,25. Total : 60^f,925 ou 60^f,95.

181. — Vendu à M. Luc, à X... : 1° 65 bottes de trèfle de chacune 9^{kg},5 à 0^f,05 le kilogramme ; 2° 235 fagots à 0^f,20 l'un ; 3° 14^l,40 de vinaigre à 0^f,65 le litre. Pour arrondir le compte, on fait une remise de 2^f,235, quelle est la somme à payer ?

Trèfle : 0^f,05 × 9,5 × 65 = 30^f,875 ;   Fagots : 0^f,20 × 235 = 47 fr.   Vinaigre : 0^f,65 × 14,4 = 9^f,36.   Total brut : 87^f,235.   Net : 87^f,235 — 2^f,235 = 85 *fr.*

Compléter les factures suivantes :

***182.** — 128 kg. de sucre à 0^f,65, ...
            62 kg. de café à 4^f,40, ...
            ... kg. de chocolat à 3^f,80.   . . . . . .

Total : $\overline{411^f,10.}$ (*Seine.*)

Sucre : 0^f,65 × 128 = 83^f,20 ;   Café : 4^f,40 × 62 = 272^f,80 ; Ensemble : 356 fr.
Prix du chocolat : 411^f,10 — 356^f = 55^f,10.   Poids : 55,10 : 3,80 = 14^{kg},5.

***183.** — 7^{kg},100 de peinture jaune à . . . . . .   7^f,81
            ... kg. blanc de céruse   à 1^f,30   7^f,15
            3 brosses   à . . . . . .   6^f,90
            1 pot   . . . . . .

Total : $\overline{22^f,21}$

Il sera tenu compte de la disposition matérielle.   (*Corrèze.*)

P. du kg. de peinture jaune : 7^f,81 : 7,1 = 1^f,10.
Poids de céruse : 7,15 : 1,3 = 5^{kg},5 ;   *Prix d'une brosse :* 6^f,90 : 3 = 2^f,30.
Total : 21^f,86.   *Prix du pot :*   22^f,21 — 21^f,86 = 0^f,35.

***184.** — Faire les factures suivantes :
Un marchand de nouveautés a fourni à son boucher : 2^m,75 de drap à 18^f,40 ; 1^m,80 de casimir à 15^f,30 ; 3^m,60 de toile peinte à 2^f,65 ; 6 m. de doublure à 0^f,90.
De son côté, le boucher a fourni : 58 kg. de bœuf à 1^f,40 ; 36 kg. de veau à 1^f,60 ; 45 kg. de mouton à 1^f,50.
Lequel des deux marchands redoit à l'autre, et combien? (*Aisne.*)

1. Drap : 18^f,40 × 2,75 = 50^f,60 ;   Casimir : 15^f,30 × 1,8 = 27^f,54 ;
Toile peinte : 2^f,65 × 3,6 = 9^f,54 ; Doublure : 0^f,90 × 6 = 5^f,40. Total : 93^f,08.
2. Bœuf : 1^f,40 × 58 = 81^f,20 ;   Veau : 1^f,60 × 36 = 57^f,60 ;
Mouton : 1^f,50 × 45 = 67^f,50.   Total : 206^f,30.
Le marchand de nouveautés redoit :   206^f,30 — 93^f,08 = 113^f,22.
Rép. 113^f,20.

PRIX DE REVIENT   P. 24.

Exercice oral. — Calculer le **prix de revient total** d'un costume :

1° l'étoffe coûtant 45 fr. et la façon 19 fr. ;
2° lorsqu'on emploie 10 m. de drap à 7^f,50 et qu'on paye 25 fr. de façon.

Rép. 1° 45^f + 20^f — 1^f = 64 *fr.*   2° 75^f + 25^f = 100 *fr.*

— Calculer le **prix de revient d'un litre** de vin, 100 l. coûtant 42 fr. d'achat et 8 fr. de frais divers.

Rép. $(42^f + 8^f) : 100 = 0^f,50.$

Problèmes. — 185. — Pour faire un pantalon, on a employé $1^m,20$ de drap valant 8 fr. le mètre, $0^m,80$ de doublure à $1^f,25$ le mètre et $1^f,45$ de fournitures. A combien revient le pantalon si la façon est payée $4^f,25$. *(Alpes-Maritimes.)*

Solution. — Le **prix du pantalon** est la somme des prix du *drap*, de la *doublure*, des *fournitures* ($1^f,45$) et de la *façon* ($4^f,25$).

1. *Prix du drap :* $8^f \times 1,20 = 9^f,60.$
2. *Prix de la doublure :* $1^f,25 \times 0,80 = 1$ fr.
3. **Prix du pantalon :** $9^f,60 + 1^f + 1^f,45 + 4^f,25 = \mathbf{16^f,30.}$

186. — Pour faire une chemise, on a acheté $3^m,50$ de toile à $1^f,40$ le mètre. Les fournitures et la façon coûtent $1^f,85$. Quel est le prix de revient de cette chemise ?

Prix de revient = Prix d'achat + Fournitures et façon ($1^f,85$).
P. d'achat : $1^f,4 \times 3,5 = 4^f,9.$ *Rép.* $4^f,90 + 1^f,85 = 6^f,75.$

187. — On a acheté pour $92^f,20$ une pièce d'étoffe avec laquelle on a confectionné 2 douzaines de chemises. Quel est le prix de revient d'une chemise, si la façon d'une douzaine a coûté $14^f,50$?

Prix de revient d'une chemise = P. de revient d'une douzaine : 12.
P. de rev. d'une douz. :   a) $92^f,20 : 2 = 46^f,10.$ b) $46^f,10 + 14^f,50 = 60^f,60.$
Rép. $60^f,60 : 12 = 5^f,05.$

188. — Pour faire un matelas, on achète 18 kg. de laine à $2^f,50$ le kilogramme et $5^m,80$ de toile à $1^f,95$ le mètre; la façon coûte $6^f,25$. A combien revient le matelas ? *(Aveyron.)*

Prix de revient du matelas = P. de la laine + P. de la toile + Façon ($6^f,25$).
1° Laine : $2^f,50 \times 18 = 45$ fr.   2° Toile : $1^f,95 \times 5,8 = 11^f,31$ ou $11^f,30.$
Rép. $45^f + 11^f,30 + 6^f,25 = 62^f,55.$

189. — Une ménagère fait confectionner une douzaine de chemises. Par chemise, elle emploie $2^m,50$ de toile à $2^f,40$ le mètre et paye $1^f,50$ de façon. A combien revient la douzaine de chemises ? *(Nièvre.)*

Prix de revient de la douzaine = P. de revient d'une chemise $\times$ 12.
P. de revient d'une chemise :   a) $2^f,40 \times 2,5 = 6$ fr.   b) $6^f + 1^f,50 = 7^f,50.$
Rép. $7^f,5 \times 12 = 90$ *fr.*

190. — Pour faire confectionner une robe, une personne achète $15^m,20$ d'étoffe à $2^f,80$ le mètre, $7^m,25$ de doublure à $0^f,90$ le mètre; elle paye en outre 18 fr. de façon et $8^f,75$ de fournitures. Dire à combien lui revient cette robe. *(Var.)*

Prix de revient de la robe = P. de l'étoffe + Doublure + Façon (18 fr.) + Fournitures ($8^f,75$).
1. Etoffe : $2^f,8 \times 15,2 = 42^f,56.$ 2. Doublure : $0^f,9 \times 7,25 = 6^f,525$ ou $6^f,55.$
Rép. $42^f,55 + 6^f,55 + 18^f + 8^f,75 = 75^f,85.$

191. — Une marchande fait confectionner 6 douzaines de chemises avec de la toile qu'elle a payée $2^f,55$ le mètre. Elle donne à l'ouvrière qui les fait $2^f,55$ par chemise. Sachant qu'il faut $2^m,50$ de toile pour faire une chemise, à combien reviennent les 6 douzaines ? *(Ardèche.)*

Prix de revient total = P. de revient d'une chemise $\times$ Nombre de chemises.
1. P. de revient d'une chemise. $\begin{cases} a) \; 2^f,55 \times 2,5 = 6^f,375. \\ b) \; 6^f,375 = 2^f,55 = 8^f,925. \end{cases}$
2. N. de chemises : $12^{ch.} \times 6 = 72^{ch.}$ *Rép.* $8^f,925 \times 72 = 642^f,60.$

192. — Un particulier a acheté un porc pour 28 fr. ; il l'a engraissé et a dépensé pour cela 0f,30 par jour, pendant 105 jours. Cet animal a produit net 92 kg. de viande. On demande à combien revient le kilogramme de cette viande.   (*Meuse.*)

Prix de revient du kilogramme = P. de revient total : 92.
P. de revient total :   a) 0f,3 × 105 = 31f.50.   b) 31f,50 + 28f = 59f,50.
Rép. 59f,50 : 92 = 0f,64.

193. — Une mère de famille achète 42 m. de toile à 1f,35 le mètre. Elle en fait 15 chemises, et donne 1f,75 de façon par chemise. A combien lui revient une chemise ?   (*Charente.*)

Prix de revient d'une chemise = Prix de la toile + Façon (1f,75).
Prix de la toile par chemise :   a) 42m : 15 = 2m,80.   b) 1f,35 × 2,8 = 3f,78.
Rép. 3f,78 + 1f,75 = 5f,53.

194. — Pour m'habiller, j'ai acheté 6m,20 de drap à 7f,50 le mètre ; j'ai payé 3 fr. pour la façon du gilet, 5f,50 pour le pantalon, et 12 fr. pour la jaquette. Combien me coûte mon costume ?   (*Seine-Infre.*)

Prix de revient total = P. du drap + Façon.
1º P. du drap : 7f,5 × 6,2 = 46f,50.   2º Façon : 3f + 5f,50 + 12f = 20f,50.
Rép. 46f,50 + 20f,50 = 67 *fr.*

195. — Un marchand achète 18 m. de drap à 7f,85 le mètre. Il en fait 15 pantalons pour chacun desquels il paye 3f,50 de façon ; les fournitures diverses s'étant élevées à 16f,20, on demande à combien revient chaque pantalon.   (*Lot-et-Garonne.*)

Prix de revient d'un pantalon = P. de rev. total : N. de pantalons (15).

P. de revient total. $\begin{cases} a) \text{ drap : } 7f,85 × 18 = 141f,30. \\ b) \text{ Façon : } 3f,5 × 15 = 52f,50. \\ c) \ 141f,30 + 52f,50 + 16f,20 = 210 \text{ fr.} \end{cases}$

Rép. 210f : 15 = 14 *fr.*

196. — Une ménagère fait faire une demi-douzaine de chemises. Elle emploie 2m,80 de toile par chemise ; elle paye cette toile 1f,50 le mètre. A combien lui reviendra chaque chemise, sachant qu'elle dépense pour la main-d'œuvre 7 journées de travail à 1f,75 l'une ?   (*Cher.*)

Prix de revient d'une chemise = P. de la toile + Main-d'œuvre.
1. P. de la toile : 1f,5 × 2,8 = 4f,20.
2. Main-d'œuvre :   a) 1f,75 × 7 = 12f,25.   b) 12f,25 : 6 = 2f,04.
Rép. 4f,20 + 2f,04 = 6f,24.

197. — Une barrique de vin de 228 l. a coûté 85 fr. prise chez le producteur. On a payé pour le transport 16f,45, et, en outre, à l'octroi, 3f,50 par hectolitre. A combien revient le litre ?   (*Aisne.*)

Prix de revient d'un litre = P. de revient total : Nombre de litres (228).
P. de rev. total : a) Octroi : 3f,5 × 2,28 = 7f,98. b) 85f + 16f,45 + 7f,98 = 109f,43.
Rép. 109f,43 : 228 = 0f,47.

198. — Une lingère achète 249 m. de toile qui lui coûtent 2f,75 le mètre. Elle fait avec cette toile 88 chemises qu'une ouvrière confectionne en 90 journées payées chacune 1f,30. Quel est le prix de revient d'une chemise ?   (*Ardennes.*)

Prix de revient d'une chemise = P. de revient total : N. de chemises (88).

P. de rev. total. $\begin{cases} a) \text{ Toile : } 2f,75 × 249 = 684f,75. \\ b) \text{ Confection : } 1f,3 × 90 = 117f. \ c) \ 684f,75 + 117f = 801f,75 \end{cases}$

Rép. 801f,75 : 88 = 9f,11.

199. — On a acheté une pièce de vin de 225 l. à raison de 30 fr. l'hectolitre; on a payé en outre 10ᶠ,75 de transport et 3ᶠ,40 de droit de circulation. A combien revient le litre ?   (*Paris.*)

Prix de revient d'un litre = P. de revient total **:** Nombre de litres (225).

P. de revient total. { *a)* Vin : 30ᶠ × 2,25 = 67ᶠ,50.
{ *b)* 67ᶠ,50 + 10ᶠ,75 + 3ᶠ,40 = 81ᶠ,65.

Rép. 81ᶠ,65 **:** 225 = 0ᶠ,36.

200. — Chargée de confectionner une douzaine de chemises, une couturière achète 40 m. de toile à 1ᶠ,40 le mètre; le fil et les boutons lui coûtent 5ᶠ,80 et elle est payée 0ᶠ,80 par chemise. A combien revient une chemise ?   (*Ardennes.*)

P. de rev. d'une chemise = P. de la toile, du fil et des boutons + Façon (0ᶠ,80).

Toile, fil et boutons. { *a)* Par douz. : 1ᶠ,4 × 40 = 56 fr. ; 56ᶠ + 5ᶠ,8 = 61ᶠ,80.
{ *b)* Par chemise :   61ᶠ,8 **:** 12 = 5ᶠ,15.

Rép. 5ᶠ,15 + 0ᶠ,80 = 5ᶠ,95.

***201.** — Une ménagère voulant faire des confitures achète 15 kg. de groseilles à 0ᶠ,20. Elle en retire la moitié de leur poids de jus auquel elle ajoute un égal poids de sucre à 0ᶠ,60 le kilogramme. Elle fait avec cela 25 pots de confitures. On demande à combien revient chaque pot, sachant qu'elle dépense 1ᶠ,05 de charbon ?   (*Oise.*)

Prix de revient d'un pot = P. de revient total **:** Nombre de pots (25).

P. de revient total. { *a)* Groseilles : 0ᶠ,20 × 15 = 3 fr.
{ *b)* Jus : 15ᵏᵍ **:** 2 = 7ᵏᵍ,5.   *c)* Sucre : 0ᶠ,60 × 7,5 = 4ᶠ,50.
{ *d)* 3ᶠ + 4ᶠ,50 + 1ᶠ,05 = 8ᶠ,55.

Rép. 8ᶠ,55 **:** 25 = 0ᶠ,342.

***202.** — On a 3 fenêtres à chacune desquelles on veut mettre une paire de grands rideaux. L'étoffe vaut 3ᶠ,55 le mètre, et, pour un rideau, on emploie 2ᵐ,95 d'étoffe. A combien s'élèvera la dépense, si, pour une paire de rideaux, on paye 0ᶠ,75 de façon.   ·   (*Nord.*)

Prix de revient total = P. de revient d'une paire × Nombre de paires (3).

P. de revient d'une paire. { *a)* Etoffe : 2ᵐ,95 × 2 = 5ᵐ,90 ; 3ᶠ,55 × 5,9 = 20ᶠ,945.
{ *b)* 20ᶠ,945 + 0ᶠ,75 = 21ᶠ,695.

Rép. 21ᶠ,695 × 3 = 65ᶠ,085 ou 65ᶠ,10.

***203.** — Pour faire 4 douzaines de chemises, on emploie 135 m. de toile à 2ᶠ,45 le mètre; l'ouvrière les confectionne en 32 jours et demande 2 fr. par jour; enfin on dépense pour le fil et les boutons 3ᶠ,60. A combien revient la chemise ?   (*Seine.*)

Prix de revient d'une chemise = P. de revient total **:** Nombre de chemises.

1. P. de revient total. { *a)* Toile : 2ᶠ,45 × 135 = 330ᶠ,75.
{ *b)* Main-d'œuvre : 2ᶠ × 32 = 64 fr.
{ *c)* 330ᶠ,75 + 64ᶠ + 3ᶠ,60 = 398ᶠ,35.

2. Nombre de chemises : 12ᶜʰ· × 4 = 48 ch.   *Rép.* 398ᶠ,35 **:** 48 = 8ᶠ,29.

***204.** — Un tisserand a fait en 18 jours de travail 2 pièces de toile de 92ᵐ,45 chacune. Il a employé pour les deux pièces 81ᵏᵍ,250 de fil à 4ᶠ,50 le kilogramme. Combien devra-t-il vendre le mètre de toile pour gagner 3ᶠ,50 par jour ?   (*Rhône.*)

Prix de vente du m. de toile = P. de revient total **:** Nombre de mètres.

1. P. de revient total. { *a)* Fil : 4ᶠ,5 × 81,25 = 365ᶠ,625.
{ *b)* Travail : 3ᶠ,5 × 18 = 63 fr.
{ *c)* 365ᶠ,625 + 63ᶠ = 428ᶠ,625.

2. N. de mètres : 92ᵐ,45 × 2 = 184ᵐ,90.   *Rép.* 428ᶠ,625 **:** 184,9 = 2ᶠ,31.

***205.** — Pour faire 6 douzaines de chemises, on emploie 208 m. de toile à 3f,25 le mètre; 3 ouvrières passent 16 jours à les confectionner et gagnent chacune 2f,35 par jour; enfin, on dépense 6f,40 pour le fil et les boutons. A combien revient la chemise ?   (*Corse.*)

Prix de revient d'une chemise = P. de revient total : Nombre de chemises.

1. P. de revient total.
$\begin{cases} a) \text{ Toile : } & 3^f,25 \times 208 = 676 \text{ fr.} \\ b) \text{ Ouvrières : } & 2^f,35 \times 3 \times 16 = 112^f,80. \\ c) & 676^f + 112^f,80 + 6^f,40 = 795^f,20. \end{cases}$

2. N. de chemises : 12ch. × 6 = 72 ch.   *Rép.* 795f,20 : 72 = 11f,04.

***206.** — Pour une robe, on achète 5m,50 d'étoffe payés 23f,65. Il manque 1m,75 que l'on paye, par mètre, 0f,30 de plus que la 1re fois. Fournitures et façon coûtent 6f,50. A combien revient la robe ?   (*Aube.*)

Prix de revient de la robe = P. du 1er achat (23f,65) + P. du 2o + Façon et fournitures (6f,50).

P. du 2o achat.
$\begin{cases} a) \text{ 1 m. du 1}^{er}\text{ achat : } & 23^f,65 : 5,5 = 4^f,30. \\ \text{ 1 m. du 2}^e : & 4^f,30 + 0^f,30 = 4^f,60. \quad b) \; 4^f,60 \times 1,75 = 8^f,05. \end{cases}$

Rép. 23f,65 + 8f,05 + 6f,50 = 38f,20.

***207.** — Une pièce de vin de 228 l. pèse 264 kg. fût compris, et coûte 127f,50 d'achat, 6f,75 de transport par 100 kg. et 1f,50 de droit de circulation par 100 litres. Le fût est revendu par l'acheteur 7f,25. A combien revient le litre ?   (*Vienne.*)

Prix de revient du litre = P. de revient total : Nombre de litres (228).

P. de revient total.
$\begin{cases} a) \text{ Transport : } & 6^f,75 \times 2,64 = 17^f,82. \\ b) \text{ Droits : } & 1^f,5 \times 2,28 = 3^f,42. \\ c) & 127^f,50 + 17^f,82 + 3^f,42 - 7^f,25 = 141^f,49. \end{cases}$

Rép. 141f,49 : 228 = 0f,62.

BÉNÉFICE OU PERTE
P. 26.

Exercice oral. — Calculer : 1o le **bénéfice total** sur une pièce d'étoffe achetée 375 fr. et vendue 450 fr.;

2o La **perte totale** sur 4 chevaux payés en tout 2 000 fr. et vendus 400 fr. l'un;

3o La *perte* ou le *bénéfice* sur 8 moutons achetés à 20 fr. l'un et vendus à 25 fr.

Rép. 1o 75 *fr.*;   2o 2 000f — 1 600f = 400 *fr.*;   3o 5f × 8 = 40 *fr. de bénéf.*

— Calculer le **bénéfice** ou la **perte** par **unité** :
1o Sur 6 chapeaux achetés en tout 42 fr. et vendus 30 fr.;
2o Sur 7 chapeaux achetés 3 fr. l'un et vendus en tout 28 fr.

1re *Rép.* 12f : 6 = 2 *fr. de perte.* 2e *Rép.* 4f — 3f = 1 *fr. de bénéfice.*

Problèmes. — **208.** — Un tailleur achète 5m,80 de drap à 12 fr. le mètre; il dépense 13f,25 de fournitures pour faire 7 gilets, qu'il revend 15 fr. l'un. Quel est son bénéfice net?   (*Meuse.*)

Solution. — Son **bénéfice net** est la différence entre le *prix de vente* des 7 gilets et leur *prix de revient.*
1. *Prix de vente* des 7 gilets: 15f × 7 = 105f.
2. Le *prix de revient* est la somme des prix du drap et des fournitures (13f,25);
   a. Prix du drap: 12f × 5,80 = 69f,60.
   b. Prix de revient : 69f,60 + 13f,25 = 82f,85.
3. **Bénéfice net :** 105f — 82f,85 = **22f,15.**

209. — Un débitant vend $0^f,75$ le litre de vin qui lui revient à $0^f,60$. Combien gagne-t-il sur une pièce de 228 litres?

Bénéfice total = Bénéfice par litre × N. de litres (228).
Bénéfice par litre : $0^f,75 - 0^f,60 = 0^f,15$.   *Rép.* $0^f,15 × 228 = 34^f,20$.

210. — Une pièce de toile de 118 m. a été payée $147^f,50$. Sachant que le mètre a été revendu $1^f,60$, quel a été le bénéfice par mètre?

Bénéfice par mètre = Prix de vente ($1^f,60$) — Prix d'achat.
Prix d'achat du mètre : $147^f,50 : 118 = 1^f,25$.   *Rép.* $1^f,60 - 1^f,25 = 0^f,35$.

211. — Un cultivateur a acheté 250 moutons pour 6 800 fr.; il les garde 3 mois et les revend 40 fr. chacun. Ses frais se sont élevés à 380 fr. Quel est son bénéfice total?   (*Creuse.*)

Bénéfice total = Prix de vente — Prix de revient.
1. P. de vente : $40^f × 250 = 10\,000$ fr.
2. P. de revient : $6\,800^f + 380^f = 7\,180$ fr.
Rép. $10\,000^f - 7\,180^f = 2\,820\,fr.$

212. — Une pièce de toile de 98 m. a été payée 127 fr. Si le mètre a été revendu $1^f,60$, quel bénéfice total a-t-on fait?   (*Oise.*)

Bénéfice total = Prix de vente — Prix d'achat (127 fr.).
P. de vente : $1^f,6 × 98 = 156^f,80$.   *Rép.* $156^f,80 - 127^f = 29^f,80$.

213. — Une pièce de drap de 25 m. a été payée à raison de $12^f,75$ le mètre. Le tout a été revendu $386^f,25$. Quel a été le bénéfice sur chaque mètre?   (*Morbihan.*)

Bénéfice par mètre = P. de vente du mètre — P. d'achat ($12^f,75$).
P. de vente du mètre : $386^f,25 : 25 = 15^f,45$.   *Rép.* $15^f,45 - 12^f,75 = 2^f,70$.

214. — Un marchand paye 5 850 fr. pour 65 feuillettes de vin de 150 l. chacune. Il vend ce vin $0^f,75$ le litre. Combien gagne-t-il en tout, et combien par litre?   (*Meuse.*)

I. *Bénéfice total* = P. de vente total — P. d'achat (5 850 fr.)
P. de vente : *a)* $150^l × 65 = 9\,750$ l.   *b)* $0^f,75 × 9\,750 = 7\,312^f,50$.
Rép. $7\,312^f,5 - 5\,850^f = 1\,462^f,50$.
II. *Bénéfice par litre :* $1\,462^f,50 : 9\,750$.   *Rép.* $0^f,15$.

215. — Une ouvrière a acheté 16 m. d'étoffe à 5 fr. le mètre. Elle en fait deux robes qu'elle vend 55 fr. chacune. Elle a payé pour les doublures et la façon 9 fr. par robe. Combien a-t-elle gagné?   (*Seine.*)

Bénéfice total = Prix de vente — Prix de revient.
1. P. de vente : $55^f × 2 = 110$ fr.
2. P. de revient :   *a)* $5^f × 16 = 80$ fr.   *b)* $80^f + 9^f × 2 = 98$ fr.
Rép. $110^f - 98^f = 12\,fr.$

216. — On a acheté 12 pièces de vin de 228 l. chacune à 119 fr. la pièce; on revend le tout $0^f,65$ le litre. Quel bénéfice fait-on? (*Var.*)

Bénéfice total = Prix de vente — Prix d'achat.
1. P. de vente :   *a)* $228^l × 12 = 2\,736$ l.   *b)* $0^f,65 × 2\,736 = 1\,778^f,40$.
2. P. d'achat : $119^f × 12 = 1\,428$ fr.   *Rép.* $1\,778^f,40 - 1428^f = 350^f,40$.

217. — Dans une ferme, on a fait 46 kg. de beurre que l'on porte au marché. Ce jour-là, le beurre vaut au début $1^f,275$ le demi-kilogramme. Mais la fermière arrive tard et vend toute sa provision $107^f,20$. Combien, par son retard, a-t-elle gagné ou perdu?   (*Oise.*)

Bénéfice ou *Perte* = Différence entre les prix de vente au début et à la fin.
P. de vente au début. $\begin{cases} a) \text{ du kg} = 1^f,275 × 2 = 2^f,55. \\ b)\ 2^f,55 × 46 = 117^f,30. \end{cases}$
Perte : $117^f,30 - 107^f,20$.   *Rép.* $10^f,10$.

218. — Un marchand achète 15 douzaines de couteaux à 9f,60 la douzaine, puis 109 couteaux à 0f,65 la pièce. Il les vend tous à 0f,85 P. 27. l'un ; combien gagne-t-il ?   (*Finistère.*)

Bénéfice = Prix de vente — Prix d'achat.

1. P. de vente. $\begin{cases} a)\ 12^c \times 15 = 180\ c.;\quad 180^c + 109^c = 289\ c. \\ b)\ 0^f,85 \times 289 = 245^f,65. \end{cases}$

2. P. d'achat. $\begin{cases} a)\ 9^f,6 \times 15 = 144\ fr.\quad b)\ 0^f,65 \times 109 = 70^f,85. \\ c)\ 144^f + 70^f,85 = 214^f,85. \end{cases}$

Rép. $245^f,65 - 214^f,85 = 30^f,80.$

219. — Un tailleur a une pièce de drap qui lui a coûté 340 fr. Avec ce drap, il fait 7 pantalons qu'il vend à 23 fr. l'un, et 4 redingotes à 75 fr. l'une. La confection de ces vêtements lui ayant coûté 75 fr., on demande quel est son bénéfice.   (*Seine-et-Marne.*)

Bénéfice = Prix de vente — Prix de revient.

1. Prix de vente. $\begin{cases} a)\ \text{Pantalons :}\quad 23^f \times 7 = 161\ fr. \\ b)\ \text{Redingotes :}\quad 75^f \times 4 = 300\ fr. \\ c)\ \text{Total :}\quad 161^f + 300^f = 461\ fr. \end{cases}$

2. P. de revient : $340^f + 75^f = 415\ fr.$ *Rép.* $461^f - 415^f = 46\ fr.$

220. — Un marchand a acheté 320 hl. de coke pour 544 fr. Il en revend la moitié à raison de 1f,85 l'hectolitre et le reste à 1f,90. Quel est son bénéfice ?   (*Paris.*)

Bénéfice = Prix de vente — Prix d'achat (544 fr.).

P. de vente. $\begin{cases} a)\ \text{Moitié :}\quad 320^{hl.} : 2 = 160\ hl.;\quad 1^f,85 \times 160 = 296\ fr. \\ b)\ \text{Reste :}\quad 1^f,9 \times 160 = 304\ fr.\quad c)\ 296^f + 304^f = 600\ fr. \end{cases}$

Rép. $600^f - 544^f = 56\ fr.$

* **221.** — Un cultivateur a 6 vaches qui lui coûtent chacune, en moyenne, 0f,38 de nourriture par jour. Pendant 55 jours, chaque vache a donné 8 l. de lait, vendus à 0f,20 le litre. Quel a été le bénéfice de ce cultivateur ?   (*Loir-et-Cher.*)

Bénéfice total = Bénéfice par jour $\times$ 55.

Bénéfice par j. $\begin{cases} a)\ \text{par vache :}\quad 0^f,2 \times 8 = 1^f,6;\quad 1^f,6 - 0^f,38 = 1^f,22. \\ b)\ 1^f,22 \times 6 = 7^f,32. \end{cases}$

Rép. $7^f,32 \times 55 = 402^f,60.$

* **222.** — Un pain de savon de 21 kg. a été partagé en 60 morceaux égaux que l'on vend 0f,25 l'un. Le pain a été payé en fabrique 0f,375 le kilogramme. Quel bénéfice fait-on sur chaque morceau ?   (*Mayenne.*)

Bénéfice par morceau = Bénéfice total : N. de morceaux (60).

Bénéf. total. $\begin{cases} a)\ \text{P. de vente} = 0^f,25 \times 60 = 15\ fr. \\ b)\ \text{P. d'achat} = 0^f,375 \times 21 = 7^f,875.\quad c)\ 15^f - 7^f,875 = 7^f,125. \end{cases}$

Rép. $7^f,125 : 60 = 0^f,118.$

* **223.** — Un restaurateur vient de recevoir 40 pièces de vin contenant chacune 220 l. Chaque pièce coûte 105 fr. d'achat, 8f,25 de port, 17f,80 d'entrée, 4f,50 de commission et d'encavement. S'il vend le litre 0f,80, quel bénéfice fait-il ?   (*Dordogne.*)

Bénéfice total = Bénéfice par pièce $\times$ N. de pièces (40).

B. par pièce. $\begin{cases} a)\ \text{P. de vente :}\quad 0^f,80 \times 220 = 176\ fr. \\ b)\ \text{P. de revient :}\quad 105^f + 8^f,25 + 17^f,80 + 4^f,50 = 135^f,55. \\ c)\ 176^f - 135^f,55 = 40^f,45. \end{cases}$

Rép. $40^f,45 \times 40 = 1\,618\ fr.$

*224. — On a vendu, à raison de 21f,75 l'hectolitre, 16 hl. de blé achetés 21 fr. l'un, 48 hl. achetés 20f,50 l'un, 23 hl. achetés 22 fr. l'un, et 146 hl. achetés 21f,50 l'un. Quel est le bénéfice ?   (Orne.)

Bénéfice total = Prix de vente — Prix d'achat.

1. P. de vente. $\begin{cases} a)\ 16^{hl.} + 48^{hl.} + 23^{hl.} + 146^{hl.} = 233\ \text{hl.} \\ b)\ 21^f,75 \times 233 = 5\,067^f,75. \end{cases}$

2. P. d'achat. $\begin{cases} a)\ 21^f \times 16 = 336\ \text{fr.}\quad b)\ 20^f,50 \times 48 = 984\ \text{fr.} \\ c)\ 22^f \times 23 = 506\ \text{fr.}\quad d)\ 21^f,5 \times 146 = 3\,139\ \text{fr.} \\ e)\ 336^f + 984^f + 506^f + 3\,139^f = 4\,965\ \text{fr.} \end{cases}$

Rép. 5 067f,75 — 4 965f = 102f,75.

*225. — Une maîtresse d'hôtel a acheté 12 truites pesant chacune 0kg,275, à raison de 2f,50 le kilogramme. Elle en fait 4 plats qu'elle vend 3f,15 l'un. Quel est son bénéfice net, les frais de cuisson et autres s'élevant à 1f,95 ?   (Calvados.)

Bénéfice total = Prix de vente — Prix de revient.

1. P. de vente : 3f,15 × 4 = 12f,60.

2. P. de revient. $\begin{cases} a)\ 0^{kg},275 \times 12 = 3^{kg},3;\quad 2^f,5 \times 3,3 = 8^f,25. \\ b)\ 8^f,25 + 1^f,95 = 10^f,20. \end{cases}$

Rép. 12f,60 — 10f,20 = 2f,40.

*226. — Un libraire a acheté 148 volumes pour 74 fr. Il cède 15 de ces volumes au prix coûtant et vend les autres 0f,95 pièce. Quel est son bénéfice total ?   (Côtes-du-Nord.)

Bénéfice total = Bénéf. sur 1 liv. (2e vente) × N. de livres (2e vente).

1. Bénéf. sur 1 liv. : a) P. d'ach. 74f : 148 = 0f,5.   b) 0f,95 — 0f,5 = 0f,45.
2. N. de livres : 148 — 15 = 133.   *Rép.* 0f,45 × 133 = 59f,85.

*227. — J'ai acheté 38 hl. de colza à 21f,50 l'hectolitre. J'en ai vendu 15 hl. à 23 fr. et le reste à 22f,75. Quel a été mon bénéfice : 1° sur le tout ; 2° par hectolitre ?   (Cantal.)

I. *Bénéfice total* = Prix de vente — Prix d'achat.

1. P. de vente. $\begin{cases} a)\ 23^f \times 15 = 345\ \text{fr.}\quad b)\ 22^f,75 \times (38 - 15) = 523^f,25. \\ c)\ 345^f + 523^f,25 = 868^f,25. \end{cases}$

2. P. d'achat : 21f,5 × 38 = 817 fr.   *Rép.* 868f,25 — 817f = 51f,25.
II. *Bénéfice par hl. :* 51f,25 : 38.   *Rép.* 1f,348.

*228. — Dans une bergerie, on compte 950 moutons achetés 35 fr. l'un. Au bout de 3 mois, on en revend 460 pour 18 400 fr., et le reste à 45 fr. l'un. Quel est le bénéfice, si les frais s'élèvent à 430 fr. ? (Aisne.)

Bénéfice = Prix de vente — Prix de revient.

1. P. de vente. $\begin{cases} a)\ \text{Reste} = 950 - 460 = 490\ \text{mout.}\ b)\ 45^f \times 490 = 22\,050\ \text{fr.} \\ c)\ 18\,400^f + 22\,050^f = 40\,450\ \text{fr.} \end{cases}$

2. P. de rev. : a) achat 35f × 950 = 33 250 fr.   b) 33 250f + 430f = 33 680 fr.
Rép. 40 450f — 33 680f = 6 770 *fr.*

*229. — Un marchand achète 4 pièces de drap de chacune 25 m., à 12f,50 le mètre, et 125 m. de toile à 1f,50. Trouver son bénéfice total s'il revend le drap 14 fr. le mètre et la toile 1f,80.   (Finistère.)

Bénéfice total = Bénéf. sur le drap + Bénéf. sur la toile.

1. Bénéf. sur le drap. $\begin{cases} a)\ \text{par m. } 14^f - 12^f,5 = 1^f,50. \\ b)\ \text{N. de m. } 25^m \times 4 = 100\ \text{m.}\quad c)\ 1^f,5 \times 100 = 150\ \text{fr.} \end{cases}$

2. Bénéf. sur la toile : a) par m. 1f,8 — 1f,5 = 0f,30.   b) 0f,3 × 125 = 37f,5.
Rép. 150f + 37f,5 = 187f,50.

*230. — Un marchand a acheté, à raison de 1f,25 le mètre, 15 pièces de toile de chacune 40 m. Il revend d'abord 250 m. à 1f,60 le mètre, puis 250 m. à 1^f,75, et le reste pour 145 fr. — 1° Quel est son bénéfice total? 2° Quel est le bénéfice moyen par mètre?   (*Haute-Marne.*)

I. *Bénéfice* = Prix de vente — Prix d'achat.

1. P. de vente.   *a)* 1^f,6 × 250 = 400 fr.   *b)* 1^f,75 × 250 = 437^f,5.
c) 400^f + 437^f,5 + 145^f = 982^f,50.

2. P. d'achat: *a)* 40^m × 15 = 600 m.   *b)* 1^f,25 × 600 = 750 fr.

Rép.   982^f,50 — 750^f = 232^f,50.   II. *Par mètre* :   232^f,5 : 600.   *Rép.*   0^f,38.

*231. — Un cultivateur a acheté une vache 435 fr. Il dépense pour la nourrir 0^f,60 par jour. Il la garde 120 jours et la revend 450 fr. Combien a-t-il gagné ou perdu, sachant que cette vache lui a donné en moyenne par jour 8 l. de lait, vendus 0^f,15 l'un.   (*Puy-de-Dôme.*)

Bénéfice = Prix de vente (450 fr.) — Prix de revient.

P. de revient.   *a)* Nourriture :   0^f,6 × 120 = 72 fr.   *b)* Lait :   0^f,15 × 8
× 120 = 1^f,20 × 120 = 144 fr.   *c)* 435^f + 72^f — 144^f = 363 fr.

Rép.   450^f — 363^f = 87 *fr.*

*232. — On a acheté 9 pièces d'étoffe de laine de chacune 45 m., à 3^f,75 le mètre; on en a revendu 2 à 4^f,20 le mètre; 2 à 4^f,50; une à 4 fr., et le reste à 4^f,35. Combien a-t-on gagné?   (*Seine-et-Oise.*)

Bénéfice = Prix de vente — Prix d'achat.

1. P. de vente.   *a)* 1re v^{te} :   45^m × 2 = 90 m.   4^f,2 × 90 = 378 fr.
b) 2e v^{te} :   4^f,50 × 90 = 405 fr.   *c)* 3e v^{te} :   4^f × 45 = 180 fr.
d) Reste :   9^p — (2+2+1) = 4 p.   45^m × 4 = 180 m.
4^f,35 × 180 = 783 fr. *e)* Tot.: 378^f + 405^f + 180^f + 783^f = 1 746 fr.

2. P. d'achat : 3^f,75 × 45 × 9 = 1 518^f,75.   *Rép.*   1 746^f — 1 518^f,75 = 227^f,25.

BÉNÉFICE. PRIX DE VENTE   P. 28

Exercice oral. — Calculer le **prix de vente total** de 10 chapeaux :

1° Achetés en tout 57^f,50, vendus avec 11^f,50 de bénéfice;
2° Achetés 3 fr. l'un, vendus avec 9 fr. de bénéfice total ;
3° Achetés 8^f,50 l'un, vendus avec 1^f,50 de bénéfice par chapeau.

Rép.   1° 69 *fr.*;   2° 30^f + 9^f = 39 *fr.*;   3° (8^f,5 + 1^f,5) × 10 = 100 *fr.*

— Calculer le **prix de vente d'un mètre** de toile :
1° Le bénéfice s'élevant à 0^f,50 par mètre sur 100 m. achetés 250 fr.;
2° la perte totale s'élevant à 15 fr. sur 100 m. achetés 2 fr. l'un.

Rép.   1° 2^f,5 + 0^f,5 = 3 *fr.*;   2° 2^f — 0^f,15 = 1^f,85.

Problèmes. — **233.** — Un marchand a acheté une pièce de drap de 60 m. à raison de 11^f,50 le mètre : il en a vendu 30 m. à raison de 13 fr. le mètre. Combien doit-il vendre le **mètre du reste** pour réaliser un bénéfice de 140 fr. sur la pièce entière?   (*Puy-de-Dôme.*)

Solution. — Le **prix de vente du mètre du reste** est égal au quotient du *prix de vente total* de ce reste par *sa longueur*.

1. *Le prix de vente total du reste* est égal au prix de vente de la pièce entière diminué du prix de la partie vendue.

a. Le prix de vente de la pièce entière est égal à son prix d'achat augmenté du bénéfice (140 fr.).

Prix d'achat : 11^f,50 × 60 = 690 fr.   Prix de vente : 690^f + 140^f = 830 fr.

b. Prix de la partie vendue : 13^f × 30 = 390 fr.

c. Prix de vente total du reste : 830^f — 390^f = 440 fr.

2. — *Longueur* du reste : 60^m — 30^m = 30 m.

3. — **Prix de vente du mètre du reste :** 440^f : 30 = **14^f,66.**

234. — 45 m. de toile ont coûté 94ᶠ,50. Quel est le prix de vente du mètre lorsqu'on fait : 1º un bénéfice total de 29ᶠ,25, ou 2º une perte totale de 11ᶠ,25 ?

Prix de vente du mètre = P. de vente total : 45.

I. P. de vente total = 94ᶠ,50 + 29ᶠ,25 = 123ᶠ,75. *Rép.* 123ᶠ,75 : 45 = 2ᶠ,75.
II. P. de vente total = 94ᶠ,50 — 11ᶠ,25 = 83ᶠ,25. *Rép.* 83ᶠ,25 : 45 = 1ᶠ,85.

235. — Un négociant achète 14 pièces d'étoffe de chacune 85 m. à raison de 221 fr. la pièce. Combien devra-t-il revendre le tout pour gagner 0ᶠ,40 par mètre ?   (*Calvados.*)

Prix de vente total = P. de vente d'une pièce × 14.
P. de vente d'une :   *a*) Bénéf. 0ᶠ,4 × 85 = 34 fr.   *b*) 221ᶠ + 34ᶠ = 255 fr.
Rép. 255ᶠ × 14 = 3 570 *fr.*

236. — Un marchand achète 285 hl. de blé à 18ᶠ,75 l'hectolitre, 226 hl. à 20ᶠ,15 et 255 hl. à 17ᶠ,80. Il revend le tout à un prix uniforme et fait un bénéfice de 1 765 fr. On demande à quel prix il a revendu l'hectolitre ?   (*Meurthe-et-Moselle.*)

Prix de vente de l'hl. = P. de vente total : Nombre d'hectolitres.

.1. P. de vente total. $\Big\{$ *a*) P. achat :   18ᶠ,75 × 285 = 5 343ᶠ,75 ;   20ᶠ,15 × 226 = 4 553ᶠ,90 ; 17ᶠ,8 × 255 = 4 539 fr. Total : 14 436ᶠ,65. *b*) 14 436ᶠ,65 + 1 765ᶠ = 16 201ᶠ,65.

2. Nombre d'hl. : 285ʰˡ + 226ʰˡ + 255ʰˡ = 766ʰˡ. *Rép.* 16 201ᶠ,65 : 766 = 21ᶠ,15.

237. — Une marchande achète 279 kg. de café à raison de 350 fr. les 100 kg. Elle paye 71ᶠ,10 pour frais divers. Combien revendra-t-elle le kilogramme, pour gagner 180 fr. sur le tout ?   (*Seine.*)

Prix de vente du kg. = P. de vente total : Nombre de kg. (279).
P. de vente total. $\Big\{$ *a*) achat :   350ᶠ × 2,79 = 976ᶠ,5.
b) 976ᶠ,5 + 71ᶠ,1 + 180ᶠ = 1 227ᶠ,60.
Rép. 1 227ᶠ,60 : 279 = 4ᶠ,40.

***238.** — Un négociant a acheté 409ᵏᵍ,250 de café à 5ᶠ,80 le kg. Il en vend d'abord 185ᵏᵍ,5 à 5ᶠ,90 le kg., puis 68 kg. à 6ᶠ,50. Combien doit-il vendre le kg. de ce qui reste pour gagner 221ᶠ,90 en totalité ? (*Orne.*)

P. de vente du kg. du reste = P. de vente du reste : N. de kg. de ce reste.

1. P. de vente du reste. $\Big\{$ *a*) P. de vente total :   5ᶠ,8 × 409,25 = 2 373ᶠ,65. 2 373ᶠ,65 + 221ᶠ,9 = 2 595ᶠ,55. *b*) Ventes : 5ᶠ,9 × 185,5 = 1 094ᶠ,45 ;   6ᶠ,5 × 68 = 442 fr.   1 094ᶠ,45 + 442ᶠ = 1 536ᶠ,45.   *c*) 2 595ᶠ,55 — 1 536ᶠ,45 = 1 059ᶠ,10.

2. Nombre de kg. du reste :   409ᵏᵍ,25 — (185ᵏᵍ,5 + 68ᵏᵍ) = 155ᵏᵍ,75.
Rép. 1 059ᶠ,1 : 155,75 = 6ᶠ,80.

***239.** — J'achète 28 m. de drap pour 336 fr., j'en revends la moitié sans perte ni bénéfice. Combien dois-je revendre le mètre de ce qui me reste pour faire un bénéfice de 21 fr.?   (*Saône-et-Loire.*)

P. de vente du m. du reste = P. de vente du reste : N. de m. de ce reste.
1. P. de vente du reste :   *a*) Achat : 336ᶠ : 2 = 168 fr.   *b*) 168ᶠ + 21ᶠ = 189 fr.
2. Nombre de m. du reste = 28ᵐ : 2 = 14 m. *Rép.* 189ᶠ : 14 = 13ᶠ,50.

***240.** — Un marchand a acheté 300 m. d'étoffe pour 417 fr. Il veut gagner en moyenne 0ᶠ,25 par mètre. Il vend d'abord 160 m. à 1ᶠ,50 le mètre. Combien doit-il vendre le mètre de ce qui reste pour réaliser le bénéfice indiqué ?   (*Mayenne.*)

P. de vente du m. du reste = P. de vente du reste : N. de m. de ce reste.

1. P. de vente du reste. $\Big\{$ *a*) P. de vente tot. $\big\{$ Bénéf. = 0ᶠ,25 × 300 = 75 fr. Total : 417ᶠ + 75ᶠ = 492 fr. *b*) 1ʳᵉ vente : 1ᶠ,5 × 160 = 240 fr. *c*) 492ᶠ — 240ᶠ = 252 fr.

2. Nombre de m. du reste :   300ᵐ — 160ᵐ = 140 m. *Rép.* 252ᶠ : 140 = 1ᶠ,80.

BÉNÉFICE. PRIX D'ACHAT   P. 29

Exercice oral. — Calculer le **prix d'achat total** de 20 m. d'étoffe vendus :

1º 450 fr. avec un bénéfice de 50 fr. ;

2º 10 fr. l'un avec une perte totale de 45 fr. ;

3º 10 fr. l'un avec un bénéfice de 2 fr. par unité.

Rép. 1º 400 *fr.* ;   2º 200ᶠ + 45ᶠ = 245 *fr.* ;   3º 8ᶠ × 20 = 160 *fr.*

— Calculer le **prix d'achat d'un** poulet lorsque 20 poulets sont vendus :

1º 70 fr. avec un bénéfice total de 10 fr. ;

2º 2 fr. l'un avec un bénéfice total de 10 fr.

Rép. 1º 60ᶠ : 20 = 3 *fr.* ;   2º 2ᶠ — 0ᶠ,50 = 1ᶠ,50.

Problèmes. — 241. — Un marchand a vendu 650 m. d'étoffe, savoir : 150 m. pour 975 fr. et le reste à 5ᶠ,50 le mètre. Il a gagné 2ᶠ,25 par mètre. A quel prix avait-il acheté le mètre d'étoffe? (*Nièvre.*)

Solution. — Le **prix d'achat du mètre** d'étoffe est la différence entre le *prix de vente moyen du mètre* et le *bénéfice par mètre* (2ᶠ,25).

1º Le *prix de vente moyen du mètre* est le quotient du prix de vente total par la longueur totale (650 m.).

a. Le prix de vente total est égal au prix de vente des 150 m. (975 fr.), augmenté du prix de vente du reste.

Prix de vente du reste. $\big\{$ Reste . .   650ᵐ — 150ᵐ = 500 m.
Prix . . .   5ᶠ,50 × 500 = 2 750 fr.

Prix de vente total : 975ᶠ + 2 750ᶠ = 3 725 fr.

b. Prix de vente moyen du mètre : 3 725ᶠ : 650 = 5ᶠ,73.

2º Prix d'achat du mètre d'étoffe : 5ᶠ,73 — 2ᶠ,25 = 3ᶠ,48.

242. — Un marchand gagne 0ᶠ,65 par mètre sur du drap qu'il vend 7ᶠ,35 le mètre. Combien a-t-il déboursé pour acheter 684ᵐ,25 de ce drap?

Prix d'achat total = P. d'achat d'un mètre × Nombre de mètres (684ᵐ,25).

P. d'achat d'un m. = 7ᶠ,35 — 0ᶠ,65 = 6ᶠ,70. *Rép.* 6ᶠ,70 × 684,25 = 4584ᶠ,475.

243. — On a fait un bénéfice de 39ᶠ,20 en vendant 35 kg. de café à 5ᶠ,60 l'un. A combien revenait le kilogramme?

Prix de revient du kg. = P. de vente du kg. (5ᶠ,60) — Bénéfice par kg.

Bénéfice par kg. = 39ᶠ,2 : 35 = 1ᶠ,12. *Rép.* 5ᶠ,60 — 1ᶠ,12 = 4ᶠ,48.

244. — Une modiste achète en fabrique 54 chapeaux qu'elle vend 440ᶠ,10 en faisant un bénéfice de 3ᶠ,25 par chapeau. Quel est le prix d'achat d'un chapeau?   (*Saône-et-Loire.*)

Prix d'achat d'un chapeau = P. de vente d'un chapeau — Bénéfice (3ᶠ,25).

P. de vente d'un chapeau = 440ᶠ,10 : 54 = 8ᶠ,15. *Rép.* 8ᶠ,15 — 3ᶠ,25 = 4ᶠ,90.

245. — Un marchand a vendu 87 m. de drap pour 1 218 fr. Dites quel était le prix d'achat total, s'il a fait un bénéfice de 2ᶠ,50 par mètre.   (*Tarn.*)

Prix d'achat total = P. de vente (1 218 fr.) — Bénéfice total.

Bénéfice total : 2ᶠ,5 × 87 = 217ᶠ,50. *Rép.* 1 218ᶠ — 217ᶠ,5 = 1 000ᶠ,50.

***246.** — Quel était le prix d'achat de 72 m. de drap, si, en revendant 15 m. pour 243ᶠ,75, on gagne 2ᶠ,25 par mètre?   (*Rhône.*)

Prix d'achat de 72 m. = P. d'achat d'un mètre × 72.

P. d'achat d'un m. :   *a*) 243ᶠ,75 : 15 = 16ᶠ,25.   *b*) 16ᶠ,25 — 2ᶠ,25 = 14 fr.

Rép. 14ᶠ × 72 = 1 008 *fr.*

***247.** — On a acheté au même prix 8 bœufs et 6 vaches. On les a revendus en tout 4 920 fr., en gagnant 60 fr. sur un bœuf et 40 fr. sur une vache. Combien avait coûté chaque animal? *(Rhône.)*

Prix d'achat d'un animal = P. d'achat total **:** Nombre d'animaux.

1. P. d'achat total. { *a)* Bénéfice total : $60^f \times 8 = 480$ fr. ; $40^f \times 6 = 240$ fr.
$480^f + 240^f = 720$ fr. *b)* $4\,920^f - 720^f = 4\,200$ fr.

2. Nombre d'animaux $= 8 + 6 = 14$. *Rép.* $4\,200^f$ **:** $14 = 300$ *fr.*

***248.** — Un cultivateur a acheté un cheval qu'il revend avec un bénéfice de 85 fr. Il reçoit en paiement une vache valant 350 fr., un veau estimé 55 fr. et 12 agneaux à 17 fr. l'un. Que lui avait coûté le cheval? *(Finistère.)*

Prix d'achat du cheval = Prix de vente — Bénéfice (85^f).

P. de vente : *a)* $17^f \times 12 = 204$ fr. *b)* $350^f + 55^f + 204^f = 609$ fr.

Rép. $609^f - 85^f = 524$ *fr.*

***249.** — Un marchand a acheté 657 m. d'étoffe. Il revend 438 m. pour 2 847 fr. et le reste à 5^f,20 le mètre. Il fait un bénéfice de 700^f,80. Combien lui a coûté le mètre de cette étoffe? *(Seine-et-Oise.)*

Prix d'achat d'un mètre = P. d'achat total **:** Nombre de mètres (657^m).

P. d'achat total. { *a)* Vente totale : Reste $= 657^m - 438^m = 219^m$.
$5^f,20 \times 219 = 1\,138^f,80.$
Total : $2\,847^f + 1\,138^f,80 = 3\,985^f,80.$
b) $3\,985^f,80 - 700^f,80 = 3\,285$ fr.

Rép. $3\,285^f$ **:** $657 = 5$ *fr.*

P. 30.

BÉNÉFICE. QUANTITÉ

Exercice oral. — **Combien** y a-t-il de moutons dans un troupeau :

1° Vendu avec un bénéfice total de 100 fr. et un bénéfice de 4 fr. par tête?

2° Acheté 300 fr. et vendu 250 fr. avec une perte de 5 fr. par tête ?

3° Acheté en tout 400 fr. et vendu à raison de 25 fr. avec un bénéfice de 5 fr. par tête?

4° Acheté à raison de 24 fr. et vendu en tout 300 fr. avec un bénéfice de 6 fr. par tête ?

1re *Rép.* 100 **:** $4 = 25$. 2e *Rép.* 50 **:** $5 = 10$.
3e *Rép.* 400 **:** $20 = 20$. 4e *Rép.* 300 **:** $30 = 10$.

Problèmes. — 250. — Un papetier vend 0^f,10 des cahiers qui lui coûtent 6^f,50 le cent. Combien doit-il vendre de cahiers pour gagner 14 fr. ? *(Paris.)*

Solution. — Le **nombre de cahiers** qu'il doit vendre est le quotient du *bénéfice total* (14 fr.) par le *bénéfice fait sur un cahier.*

1° Le *bénéfice fait sur un cahier* est la différence entre son prix de vente et son prix d'achat :

a. Prix d'achat : $6^f,50$: $100 = 0^f,065$.

b. Bénéfice sur un cahier : $0^f,10 - 0^f,065 = 0^f,035$.

2° **Nombre de cahiers :** $14 : 0,035 = $ **400 cahiers.**

251. — Une pièce de vin coûte 105 fr.; on demande quelle est sa contenance, sachant qu'on l'a revendue 150^f,60 et que le bénéfice est ainsi de 0^f,20 par litre.

Contenance de la pièce = Bénéfice total **:** Bénéfice par litre (0^f,20).

Bénéfice total : $150^f,6 - 105^f = 45^f,60$. *Rép.* $45,6$ **:** $0,2 = 228$ *l.*

252. — En revendant pour 575 fr. une balle de café achetée à 4f,50 le kilogramme, on a fait un bénéfice de 57f,50. Combien pesait cette balle de café?

Poids de la balle de café = P. d'achat total : P. du kg. (4f,5).
P. d'achat total : 575f — 57f,50 = 517f,50. *Rép.* 517,5 : 4,5 = 115 *kg*.

253. — Un marchand achète un lot de moutons pour 3 690 fr. Il en revend 15 pour 517f,50 en faisant un bénéfice de 3f,75 par mouton. Combien le lot acheté contenait-il de moutons?   (*Somme.*)

Nombre des moutons = P. d'achat total (3690f) : P. d'un mouton.

P. d'achat d'un mouton. { *a*) Vente : 517f,5 : 15 = 31f,50.
{ *b*) 31f,5 — 3f,75 = 30f,75.

Rép. 3690 : 30,75 = 120 *moutons*.

***254.** — Un marchand a acheté une pièce de drap, à raison de 9f,75 le mètre. Le drap s'étant un peu endommagé, il est obligé de le revendre à raison de 48 fr. les 5 m., et il perd ainsi 8f,25. Quelle était la longueur de la pièce?   (*Morbihan.*)

Longueur de la pièce = Perte totale (8f,25) : Perte par mètre.
Perte par mètre : *a*) Vente 48f : 5 = 9f,6. *b*) 9f,75 — 9f,60 = 0f,15.
Rép. 8,25 : 0,15 = 55 *m*.

***255.** — Une personne achète 4 pièces de vin pour 630 fr. Elle en vend un baril de 55 l. pour 36f,30 en gagnant 0f,03 par litre. Quelle est la contenance de chaque pièce?   (*Oise.*)

Contenance d'une pièce = Contenance totale : 4.

Conten. tot. { *a*) P. d'achat du l. = (36f,3 : 55) — 0f,03 = 0f,66 — 0f,03 = 0f,63.
{ *b*) 630 : 0,63 = 1 000 l.

Rép. 1 000l : 4 = 250 *l*.

***256.** — On a acheté du drap à 112f,50 les 9 m. et on l'a revendu 98 fr. les 7 m. Si le bénéfice réalisé est de 780 fr., combien a-t-on revendu de pièces de 65 m. chacune?   (*Haute-Savoie.*)

Nombre de pièces = Longueur totale : Longueur d'une pièce (65m).

Longueur totale. { *a*) Bénéf. par mètre : 112f,5 : 9 = 12f,50 ; 98f : 7 = 14 fr.
{   14f — 12f,5 = 1f,50. *b*) 780 : 1,5 = 520 m.

Rép. 520 : 65 = 8 *pièces*.

***257.** — Un libraire achète des livres qui lui reviennent à 2f,25 les 5 volumes. Il vend 9 volumes pour 5f,40. Combien doit-il en vendre ainsi pour gagner le prix d'achat de 45 volumes?   (*Gironde.*)

Nombre de livres à vendre = Bénéfice total : Bénéfice par livre.

1. Bénéfice total. { *a*) P. d'achat d'un livre = 2f,25 : 5 = 0f,45.
{ *b*) 0f,45 × 45 = 20f,25.

2. Bénéfice par livre. *a*) Vente = 5f,4 : 9 = 0f,60. *b*) 0f,60 — 0f,45 = 0f,15.
Rép. 20,25 : 0,15 = 135 *volumes*.

***258.** — Un marchand a acheté 7 pièces d'étoffe pour 3 341f,80. Il en revend la moitié pour 2 102f,10 et gagne ainsi 3f,20 par mètre. Quelle était la longueur de chaque pièce?   (*Finistère.*)

Longueur d'une pièce = Longueur totale : 7.

Longueur totale. { *a*) Longueur de la moitié : 3341f,8 : 2 = 1670f,9.
{ 2102f,10 — 1670f,90 = 431f,20; 431,20 : 3,2 = 134m,75
{ *b*) 134m,75 × 2 = 269m,50.

Rép. 269m,5 : 7 = 38m,50.

*REVISION

Problèmes. — **259.** — J'avais acheté 25 m. d'un drap à 6 fr. le mètre ; je l'échange contre de la toile également à 6 fr. et je donne en surplus 54 fr. Combien reçois-je de mètres de toile? (*Belfort.*)

Nombre de m. de toile = N. de m. de drap (25^m) + N. de m. pour 54 fr.
Pour 54 fr. je reçois : 54 : 6 = 9 m. *Rép.* 25^m + 9^m = 34 *m.*

260. — On a acheté du vin à raison de 0^f,60 la bouteille de 0^l,65. Déduction faite du prix des bouteilles vides que le vendeur reprend à raison de 0^f,18 l'une, la dépense s'est élevée à 50^f,40. Combien a-t-on de litres de vin? (*Nord.*)

Nombre de lit. de vin = Contenance d'une bouteille (0^l,65) × Nombre des bouteilles.

Nombre des bouteilles. { *a)* Revient d'une = 0^f,60 — 0^f,18 = 0^f,42.
{ *b)* 50,4 : 0,42 = 120 bouteilles.
Rép. 0^l,65 × 120 = 78 *l.*

261. — Une femme veut faire une douzaine de chemises pour chacun de ses 4 enfants. 1° Combien faudra-t-il de mètres de toile, s'il en faut 2^m,95 en moyenne par chemise? 2° Quelle sera la dépense totale si le mètre de toile coûte 1^f,05 et si on paye 73^f,90 pour la façon? 3° Quel sera le prix de chaque chemise? (*Aube.*)

I. *Nombre de m. de toile* = 2^m,95 × N. de chemises (12 × 4). *Rép.* 141^m,60.
II. *Dépense totale* = P. de la toile + Façon (73^f,90).
Toile : 1^f,05 × 141,6 = 148^f,68. *Rép.* 148^f,68 + 73^f,90 = 222^f,58.
III. *Prix d'une chemise* = Dépense (222^f,58) : N. de chemises (48). *Rép.* 4^f,63.

262. — On a acheté pour 780 fr. trois pièces de drap dont la longueur totale est de 84 m. La 1re pièce, qui a 15 m., a été payée 12 fr. le mètre ; la 2e, qui a 27 m., a été payée 9 fr. le mètre. On demande le prix du mètre de la 3e pièce. (*Morbihan.*)

Prix du m. de la 3e pièce = P. de cette 3e pièce : Sa longueur.

1. P. de la 3e pièce. { *a)* 1re pièce = 12^f × 15 = 180 fr.
{ *b)* 2e pièce = 9^f × 27 = 243 fr.
{ *c)* Total = 180^f + 243^f = 423 fr. *d)* 780^f — 423^f = 357 fr.
2. Longueur : 84^m — (15^m + 27^m) = 42 m. *Rép.* 357^f : 42 = 8^f,50.

263. — Un marchand a payé 734^f,25 trois pièces de drap à 16^f,50 le mètre. La 1re pièce mesure 8^m,75 ; la 2e, 12^m,25. On demande la longueur de la 3e pièce et le prix de chacune d'elles. (*Sarthe.*)

I. *Longueur de la 3e pièce* = Longueur totale — Somme des longueurs des 2 autres pièces.
Long. tot. = 734,25 : 16,5 = 44^m,5. *Rép.* 44^m,5 — (8^m,75 + 12^m,25) = 23^m,50.
II. *Prix de la 1re pièce* = 16^f,5 × 8,75. *Rép.* 144^f,375.
III. *Prix de la 2e* = 16^f,5 × 12,25. *Rép.* 202^f,125.
IV. *Prix de la 3e* = 16^f,5 × 23,5. *Rép.* 387^f,75.

264. — Une ouvrière a confectionné 3 douzaines de chemises pour lesquelles elle a fourni de la toile à 3^f,50 le mètre. Sachant qu'elle a dépensé 6 fr. de fournitures, qu'il faut 5^m,10 de toile pour 3 chemises, et que ce travail l'a occupée 25 jours, combien doit-elle se faire payer pour gagner 2^f,75 par jour? (*Puy-de-Dôme.*)

Prix de revient des chemises = P. de la toile + Fournitures (6 fr.) + Façon.
1. P. de la toile. { *a)* Longueur : 3 douz. = 12 fois 3 ; 5^m,10 × 12 = 61^m,20.
{ *b)* 3^f,50 × 61,2 = 214^f,20.
2. Façon = 2^f,75 × 25 = 68^f,75.
Rép. 214^f,2 + 6^f + 68^f,75 = 288^f,95.

265. — J'achète 4^m,80 de lainage à 2^f,75 le mètre, 8 m. de toile à 1^f,45 et 6 m. de drap. Je paye avec un billet de 100 fr. sur lequel on me rend 4^f,70. Quel est le prix du mètre de drap?   (*Haute-Marne.*)

Prix du m. de drap = P. total du drap : Sa longueur (6 m.).

P. total du drap.
$\left\{\begin{array}{l} a)\ \text{Lainage}: 2^f,75 \times 4,8 = 13^f,20. \\ b)\ \text{Toile}: 1^f,45 \times 8 = 11^f.60. \\ c)\ \text{Drap}: 100^f - (13^f,20 + 11^f,60 + 4^f,7) \\ \qquad = 100^f - 29^f,5 = 70^f,50. \end{array}\right.$

Rép.   70^f,5 : 6 = 11^f,75.

266. — Je calcule que, si j'avais payé 25 fr. de moins une pièce de vin qui me coûte 167^f,50, le litre de ce vin me reviendrait à 0^f,60. A combien me revient-il réellement?   (*Gironde.*)

Prix réel du l. de vin = P. total réel (167^f,5) : Contenance de la pièce.

Contenance.
$\left\{\begin{array}{l} a)\ \text{P. total supposé} = 167^f,5 - 25^f = 142^f,50. \\ b)\ 142,5 : 0,6 = 237^l,5. \end{array}\right.$

Rép.   167^f,5 : 237,5 = 0^f,705.

267. — Une fermière achète 25^m,60 de toile à 1^f,45 le mètre, et 3^m,60 de drap à 16^f,50 le mètre. Combien lui manque-t-il pour payer ses acquisitions avec le produit de la vente de 15^{kg},5 de beurre à 2^f,80 le kilogramme et de 25 poules à 3^f,80 la paire?   (*Meurthe-et-Moselle.*)

Ce qui lui manque = P. total des acquisitions — Produit total de la vente.

1. P. des acquisitions.
$\left\{\begin{array}{l} a)\ \text{Toile} = 1^f,45 \times 25,6 = 37^f,12. \\ b)\ \text{Drap} = 16^f,5 \times 3,6 = 59^f,40. \\ c)\ \text{Total} = 37^f,12 + 59^f,40 = 96^f,52. \end{array}\right.$

2. Prod. de la vente.
$\left\{\begin{array}{l} a)\ \text{Beurre} = 2^f,8 \times 15,5 = 43^f,40. \\ b)\ \text{Poules} = (3^f,8 : 2) \times 25 = 47^f,50. \\ c)\ \text{Total} = 43^f,40 + 47^f,50 = 90^f,90. \end{array}\right.$

Rép.   96^f,52 — 90^f,90 = 5^f,62 ou 5^f,60.

268. — Quinze chemises reviennent en tout à 84 fr. Combien chaque chemise contient-elle de mètres de toile, sachant que le prix du mètre de la toile employée est de 1^f,40 et que le prix de la façon et des fournitures est de 1^f,75 par chemise?   (*Seine-et-Marne.*)

Nombre de m. par chemise = P. de la toile d'une chemise : P. du m. (1^f,4).
P. de la toile d'une chem. : a) Revient = 84^f:15 = 5^f,60. b) 5^f,6 — 1^f,75 = 3^f,85.
Rép.   3,85 : 1,4 = 2^m,75.

269. — Il a fallu employer 108 m. de toile et travailler pendant 27 jours à 2^f,25 l'un, pour confectionner des chemises qui reviennent à 255^f,05. Les fournitures de fils, boutons, etc., sont évaluées à 5^f,30. On demande quel est le prix du mètre de toile.   (*Ariège.*)

Prix du m. de toile = P. total de la toile employée : Nombre de m. (108).
P. total de la toile.
$\left\{\begin{array}{l} a)\ \text{Travail} = 2^f,25 \times 27 = 60^f,75. \\ b)\ 255^f,05 - (60^f,75 + 5^f,3) = 189\ \text{fr.} \end{array}\right.$
Rép.   189^f : 108 = 1^f,75.

270. — Un fermier mène 25 moutons au marché et emporte une somme de 180 fr. Après avoir vendu ses moutons, acheté un cheval de 475 fr., fait 26^f,40 de dépenses diverses, il rapporte à la maison 478^f,60. Combien a-t-il vendu chaque mouton?   (*Bouches-du-Rhône.*)

Prix d'un mouton = P. des 25 moutons : 25.
P. des 25 moutons.
$\left\{\begin{array}{l} a)\ \text{Dépenses} + \text{Reste} = 475^f + 26^f,4 + 478^f,6 = 980\ \text{fr.} \\ b)\ 980^f - 180^f = 800\ \text{fr.} \end{array}\right.$
Rép.   800^f : 25 = 32 *fr.*

*REVISION (*suite*).

Problèmes. — 271. — Un marchand a acheté un coupon de drap pour 59ʳ,80. Sachant qu'il revend le mètre à raison de 7ʳ,75 et qu'il gagne 11ʳ,50, on demande quelle est la longueur du coupon ?   (*Ain.*)

Longueur du coupon = P. de vente total : P. du mètre (7ʳ,75).
P. de vente total = 59ʳ,80 + 11ʳ,50 = 71ʳ,30. *Rép.* 71,3 : 7,75 = 9ᵐ,20.

272. — Un marchand a vendu des moutons pour 2 500 fr. Il a perdu 13 fr. par mouton et 1 625 fr. en tout. Dites le prix d'achat total, le nombre des moutons et le prix de vente par tête ?   (*Deux-Sèvres.*)

I. *P. d'achat total* = P. de vente (2 500 fr.) + Perte totale (1 625 fr.).
Rép. 4 125 fr.
II. *Nombre des moutons* = Perte totale (1 625 fr.) : Perte par unité (13 fr.).
Rép. 125 *moutons.*
III. *P. de vente par tête* = P. total (2 500 fr.) : N. de moutons (125).
Rép. 20 *fr.*

273. — Un épicier a échangé un fût de vin de 228 l. contre 120 kg. de sucre. En revendant ce sucre 0ʳ,60 le kilogramme, il fait un bénéfice de 15 fr. A quel prix avait-il estimé le litre de vin ?   (*Doubs.*)

Prix d'un litre de vin = Prix total : Contenance du fût (228 l.).
Prix total :   *a)* Sucre 0ʳ,6 × 120 = 72 fr.   *b)* 72ʳ — 15ʳ = 57 fr.
Rép. 57ʳ : 228 = 0ʳ,25.

274. — Une mercière a revendu, à raison de 3ʳ,75 le mètre, du ruban qui lui avait coûté 2ʳ,90 le mètre; elle a gagné ainsi 16ʳ,15. On demande : 1° combien elle avait acheté de mètres de ruban; 2° combien elle les avait payés ?   (*Finistère.*)

I. *Longueur de ruban achetée* = Bénéfice total (16ʳ,15) : Bénéfice par mètre.
Bénéfice par m. = 3ʳ,75 — 2ʳ,9 = 0ʳ,85. *Rép.* 16,15 : 0,85 = 19 *m.*
II. *Prix d'achat* = 2ʳ,9 × 19. *Rép.* 55ʳ,10.

275. — Il faut 21 l. de lait pour faire 1 kg. de beurre que l'on vend 2ʳ,80. Quel bénéfice aurait réalisé une fermière, si elle avait vendu 0ʳ,15 le litre, le lait qui lui a servi à faire 25 kg. de beurre? (*E.-et-Loir.*)

Bénéfice = Bénéfice sur le lait (21 l.) qui donne 1 kg. de beurre × 25.
Bénéf. pour 1 kg. .   *a)* vente : 0ʳ,15 × 21 = 3ʳ,15.   *b)* 3ʳ,15 — 2ʳ,80 = 0ʳ,35.
Rép. 0ʳ,35 × 25 = 8ʳ,75.

276. — Un marchand a gagné 108ʳ,50 sur la vente de 542ᵐ,50 d'une toile qu'il avait payée à raison de 22ʳ,10 les 17 m. On demande le prix de vente du mètre ?   (*Manche.*)

Prix de vente du m. = P. d'achat du m. + Bénéfice par mètre.
1. P. d'achat du m. = 22ʳ,10 : 17 = 1ʳ,30.
2. Bénéfice par m. = 108ʳ,5 : 542,5 = 0ʳ,20. *Rép.* 1ʳ,30 + 0ʳ,20 = 1ʳ,50.

277. — Un maquignon a acheté des chevaux pour 16 640 fr.; en les revendant, quelques jours après, pour 17 290 fr., il a gagné 25 fr. par tête. Combien avait-il de chevaux, et combien a-t-il acheté et vendu chaque cheval ?   (*Charente.*)

I. *Nombre de chevaux* = Bénéfice total : Bénéfice par tête (25 fr.).
Bénéfice total = 17 290ʳ — 16 640ʳ = 650 fr. *Rép.* 650 : 25 = 26 *chevaux.*
II. *P. d'achat d'un cheval* : 16 640ʳ : 26. *Rép.* 640 *fr.*
III. *P. de vente* : 17 290ʳ : 26. *Rép.* 665 *fr.*
Vérification : 640ʳ + 25ʳ = 665 fr.

278. — Une ouvrière a acheté pour 80^f,50 de laine à 5^f,75 le kilogramme. Il lui faut 0^{kg},250 de laine pour faire une paire de chaussettes qu'elle vend 3^f,50. Trouver : 1° le nombre de paires de chaussettes qu'elle pourra faire; 2° son bénéfice ?   (*Puy-de-Dôme.*)

I. *Nombre de paires* = Poids total de la laine : Poids de la laine d'une paire (0^{kg},250).
    Poids total de la laine = 80,5 : 5,75 = 14 kg.   *Rép.* 14 : 0,25 = 56 *paires.*
    II. *Bénéfice :* Vente = 3^f,5 × 56 = 196 fr.   *Rép.* 196^f — 80^f,5 = 115^f,50.

279. — Un libraire achète 10 boîtes de chacune 144 plumes pour 6^f,90. Il veut gagner 0^f,75 par boîte. Combien de livraisons à 0^f,05 pourra-t-il faire ? Combien de plumes donnera-t-il par livraison ?   (*Doubs.*)

I. *Nombre de livraisons à* 0^f,05 = Nombre de sous du prix de vente.
    P. de vente : *a*) Bénéfice = 0^f,75 × 10 = 7^f,50.   *b*) 6^f,90 + 7^f,50 = 14^f,40.
    Rép. 14^f,40 = 144 fois 2 sous = 288 sous. 288 *livraisons.*
    II. *N. de plumes par livraison :* 144$^{pl.}$ × 10 = 1 440 pl.
    Rép. 1 440$^{pl.}$: 288 = 5 *plumes.*

280. — Un marchand achète du drap à 98 fr. les 7 m.; il le revend 68 fr. les 4 m. Le bénéfice ayant été de 360 fr., on demande le montant de cette vente ?   (*Seine-Inférieure.*)

Montant de la vente = P. de vente d'un m. × Longueur du drap.
    1. P. de vente du m. = 68^f : 4 = 17 fr.
    2° Longueur. { *a*) Bénéf. par m. : 98^f : 7 = 14 fr. ; 17^f — 14^f = 3 fr.
                   { *b*) 360 : 3 = 120 m.
    Rép. 17^f × 120 = 2 040 *fr.*

281. — Un marchand a 237 m. de toile qui lui ont coûté 422 fr. Il en vend 102 m. à 1^f,55 le mètre. Combien devrait-il vendre le mètre de ce qui lui reste pour n'avoir ni perte ni bénéfice ?   (*Finistère.*)

Prix de vente du m. du reste = P. de vente du reste : Sa longueur.
    1. P. de vente du reste. { *a*) 1re vente : 1^f,55 × 102 = 158^f,10.
                              { *b*) 422^f — 158^f,1 = 263^f,90.
    2° Longueur = 237^m — 102^m = 135 m.   *Rép.* 263^f,9 : 135 = 1^f,95.

282. — Un commerçant a acheté une pièce d'étoffe. Il en a vendu 7^m,50 avec un bénéfice de 2^f,40 par mètre; par suite d'accident, le reste est vendu avec une perte de 0^f,40 par mètre. Le bénéfice du commerçant ayant été de 15^f,40, calculer la longueur de la pièce.   (*Doubs.*)

Longueur de la pièce = 1re longueur vendue (7^m,5) + Longueur du reste.
    Long. du reste. { *a*) Perte sur le reste : 2^f,4 × 7,5 = 18 fr.
                     { 18^f — 15^f,4 = 2^f,60.   *b*) 2,60 : 0,4 = 6^m,50.
    Rép. 7^m,5 + 6^m,5 = 14 *m.*

283. — Un propriétaire a acheté pour 3 381 fr. un troupeau de 138 moutons qui pèsent en moyenne 26 kg. l'un. Après les avoir engraissés, il les revend à raison de 1^f,15 le kilogramme, poids vif, et fait ainsi un bénéfice de 1 935^f,45. Quel était le poids moyen d'un mouton au moment de la vente ? Quelle a été l'augmentation de poids du troupeau ?   (*Drôme.*)

I. *Poids moyen d'un mouton à la vente* = Poids total : N. de montons (138).
    Poids total. { *a*) P. de vente = 3 381^f + 1 935^f,45 = 5 316^f,45.
                  { *b*) 5 316,45 : 1,15 = 4 623 kg.
    Rép. 4 623^{kg} : 138 = 33^{kg},5.
    II. *Augment. du troupeau* = Poids à la vente (4 623 kg.) — Poids à l'achat.
    Poids à l'achat = 26^{kg} × 138 = 3 588 kg.
    Rép. 4 623^{kg} — 3 588^{kg} = 1 035 *kg.*

RECETTES ET DÉPENSES

Problèmes. — 284. — Un ouvrier travaille 11 heures et démie par jour et 6 jours par semaine. Quel est son gain hebdomadaire si l'heure lui est payée 0ᶠ,80 ?

Gain hebdomadaire = P. d'une heure (0ᶠ,8) × Nombre d'heures de travail.
N. d'h. de travail = 11ʰ,5 × 6 = 69 h.   *Rép.*   0ᶠ,8 × 69 = 55ᶠ,20.

285. — Une famille achète du vin à 0ᶠ,60 le litre. A combien se monte sa dépense pour un trimestre, si elle boit 1 litre et demi de ce vin par jour ? On comptera les mois de 30 jours.

Dépense trimestrielle = Dép. par jour × Nombre de jours.
1. Dép. par jour = 0ᶠ,6 × 1,5 = 0ᶠ,9;   2. N. de jours = 30ʲ × 3 = 90 j.
Rép.   0ᶠ,9 × 90 = 81 *fr.*

286. — Dans une famille, le père gagne 4ᶠ,50 par jour, la mère 1ᶠ,75 et la fille aînée 1ᶠ,25. Combien gagnent-ils ensemble par an, s'ils ont 67 jours de chômage ?   (*Nord.*)

Gain annuel total = Gain journalier total × N. de jours de travail.
1. G. journalier = 4ᶠ,5 + 1ᶠ,75 + 1ᶠ,25 = 7ᶠ,50.
2. N. de jours de travail = 365ʲ — 67ʲ = 298 j.   *Rép.*   7ᶠ,5 × 298 = 2 235 *fr.*

287. — Une famille composée de 6 personnes consomme par jour 3ᵏᵍ,5 de pain à 0ᶠ,40 le kilogramme, et, par personne, 0ᵏᵍ,175 de viande à 3ᶠ,20 le kilogramme. Quelle est la dépense annuelle : 1° de toute la famille; 2° de chaque personne ?   (*Seine-et-Oise.*)

I. *Dépense annuelle totale* = Dépense journalière × 365.

Dép. journ. { *a*) Pain : 0ᶠ,4 × 3,5 = 1ᶠ,40. *b*) Viande : 3ᶠ,2 × 0,175 = 0ᶠ,56.
{ 0ᶠ,56 × 6 = 3ᶠ,36.   *c*) Total : 1ᶠ,40 + 3ᶠ,36 = 4ᶠ,76.
Rép.   4ᶠ,76 × 365 = 1 737ᶠ,40.
II. *Par personne :* 1 737ᶠ,4 : 6.   *Rép.*   289ᶠ,56.

288. — Une lingère occupe 6 ouvrières. Elle paye les 4 premières 3ᶠ,75 par jour et les autres 2ᶠ,50. Combien leur a-t-elle donné en 6 mois, s'il y a 25 jours de travail par mois ?   (*Calvados.*)

Paye de 6 mois = Paye mensuelle × 6.

Paye mensuelle. { *a*) Par jour :   3ᶠ,75 × 4 = 15 fr.;   2ᶠ,50 × (6 — 4) = 5 fr.
{ 15ᶠ + 5ᶠ = 20 fr.   *b*) Par mois :   20ᶠ × 25 = 500 fr.
Rép.   500ᶠ × 6 = 3 000 *fr.*

289. — Combien faut-il payer à 25 ouvriers qui ont travaillé pendant 6 jours à raison de 5ᶠ,25 par jour pour 7 d'entre eux, et de 4ᶠ,75 pour les autres ?   (*Somme.*)

Paye de 6 jours = Paye journalière × 6.

Paye journalière. { *a*) 5ᶠ,25 × 7 = 36ᶠ,75.   *b*) 4ᶠ,75 × (25 — 7) = 85ᶠ,50.
{ *c*) 36ᶠ,75 + 85ᶠ,50 = 122ᶠ,25.
Rép.   122ᶠ,25 × 6 = 733ᶠ,50.

290. — Dans une usine, on emploie 25 ouvriers et 14 ouvrières. Les ouvriers sont payés à raison de 4ᶠ,50 par jour. La paye de 15 jours de travail s'étant élevée à 2 160 fr., on demande le prix de la journée d'une ouvrière ?   (*Aisne.*)

Prix de la journée d'une ouvrière = Paye des 14 ouvrières : 14.

Paye des 14 ouvrières. { *a*) P. totale par jour :   2 160ᶠ : 15 = 144 fr.
{ *b*) P. des 25 ouvr. :   4ᶠ,5 × 25 = 112ᶠ,5.
{ *c*) 144ᶠ — 112ᶠ,50 = 31ᶠ,50.
Rép.   31ᶠ,5 : 14 = 2ᶠ,25.

291. — Le pain se vendait 0f,15 le demi-kilogramme; il vaut maintenant 0f,35 le kilogramme. En admettant qu'une personne en consomme en moyenne 0kg,750 par jour, combien une famille composée de 6 personnes dépense-t-elle de plus par année pour son pain. (*P.-de-Dôme.*)

Augmentation de la dépense annuelle = Augmentation par kg × Nombre de kg.

1. Augmentation par kg = 0f,35 — 0f,15 × 2 = 0f,05.

2. Nombre de kg. de pain par an = 0kg,75 × 6 × 365 = 1 642kg,5.

Rép. 0f,05 × 1 642,5 = 82f,125 ou 82f,15.

292. — Un ouvrier a travaillé 302 jours dans l'année, savoir : 130 jours à 3 fr. ; 87 jours à 2f,50, et les autres jours à 4f,25. Calculez son gain moyen par journée de travail. (*Tarn.*)

Gain moyen par jour = Gain total : N. de jours de travail (302).

Gain total. { *a)* 3f × 130 = 390 fr. *b)* 2f,5 × 87 = 217f,5.
c) 302j — (130j + 87j) = 85 j.; 4f,25 × 85 = 361f,25.
d) 390f + 217f,5 + 361f,25 = 968f,75.

Rép. 968f,75 : 302 = 3f,20.

***293.** — Dans une famille, le père gagne 113f,25 par mois, la mère 9f,50 par semaine et chacun des deux enfants 10f,80 par quinzaine. Combien cette famille gagne-t-elle par an ? (*Loire.*)

Gain annuel de la famille = Gain du père + Gain de la mère + Gain des enfants.

1. G. du père = 113f.25 × 12 = 1 359 fr.

2. G. de la mère = 9f.50 × 52 = 494 fr.

3. G. des enfants = 10f.8 × 26 × 2 = 561f,60.

Rép. 1 539f + 494f + 561f,6 = 2 414f,60.

***294.** — Une ouvrière a confectionné 3 douzaines de chemises pour lesquelles elle a fourni la toile; il en faut 5 m. pour faire 2 chemises et cette toile coûte 3f,20 le mètre. Ce travail l'occupe pendant 25 jours et lui est payé 361f,50. Trouver ce que la couturière gagne par jour, sachant qu'elle a dépensé 6 fr. de fournitures. (*Maine-et-Loire.*)

Gain par jour = Gain total : 25.

Gain total. { *a)* Toile : 3 douz. = 2 × 18; 5m × 18 = 90 m.; 3f,2 × 90 = 288 fr.
b) 288f + 6f = 294 fr. *c)* 361f,5 — 294f = 67f,50.

Rép. 67f,5 : 25 = 2f,70.

***295.** — Vos parents dépensent, pour votre nourriture, 0f,60 par jour ; pour vos vêtements 85 fr. par an et, pour vos fournitures scolaires, 0f,75 par mois en moyenne. Combien leur avez-vous coûté en 6 ans, sachant que pendant les deux mois de vacances, vous ne dépensez rien pour les fournitures scolaires? (*Basses-Pyrénées.*)

Dépense totale = Dépense annuelle × 6.

Dép. annuelle. { *a)* Nourriture : 0f,6 × 365 = 219 fr.
b) Fournit. : 0f,75 × (12 — 2) = 7f,50.
c) Total = 219f + 85f + 7f,5 = 311f,5.

Rép. 311f,5 × 6 = 1 869 *fr.*

***296.** — Un ménage a dépensé 616f,25 dans les 145 premiers jours de l'année. De combien doit-il diminuer sa dépense par jour, pendant le reste de l'année, pour dépenser en tout 1 441f,25 ? (*Meuse.*)

Diminution journalière = Dép. journ. au début — Dép. journ. à la fin.

1. Dép. journ. au début : 616f,25 : 145 = 4f,25.

2. Dép. journ. à la fin. { *a)* Dép. totale : 1 441f,25 — 616f,25 = 825 fr.
b) 365j — 145j = 220 j. *c)* 825f : 220 = 3f,75.

Rép. 4f,25 — 3f,75 = 0f,50.

P. 34.

ÉCONOMIES

Exercice oral. — Calculer l'économie mensuelle d'un ouvrier :

1° qui, par mois, gagne 150 fr. et dépense 110 fr. ;

2° qui gagne 150 fr. par mois de 30 jours et dépense 4 fr. par jour.

Rép. 1° 150ᶠ — 110ᶠ = 40 *fr.* ; 2° 150ᶠ — 4ᶠ × 30 = 30 *fr.*

— Calculer l'économie d'un ouvrier **par semaine** de 6 jours de travail :

1° s'il gagne 5 fr. par jour et dépense 24 fr. par semaine ;

2° si, par jour, il gagne 5 fr. et dépense 3 fr.

Rép. 1° 5ᶠ × 6 — 24ᶠ = 6 *fr.* ; 2° 5ᶠ × 6 — 3ᶠ × 7 = 9 *fr.*

Problèmes. — 297. — Un ouvrier qui gagne 3ᶠ,25 par jour de travail dépense en moyenne 2ᶠ,05 par jour pour sa nourriture et son entretien. Combien peut-il économiser dans une année de 365 jours, s'il chôme 56 jours ? *(Aisne.)*

Solution. — L'**économie par an** est la différence entre le *gain* et la *dépense* annuels.

1. Le *gain annuel* est le produit du gain journalier (3ᶠ,25) par le nombre des jours de travail.

   a. Nombre de jours de travail : 365ʲ — 56ʲ = 309 jours.

   b. Gain annuel : 3ᶠ,25 × 309 = 1 004ᶠ,25.

2. *Dépense annuelle* : 2ᶠ,05 × 365 = 748ᶠ,25.

3. **Economie annuelle** : 1 004ᶠ,25 — 748ᶠ,25 = **256 fr.**

298. — Une ouvrière gagne en moyenne 2ᶠ,90 par jour. Dans une année, elle travaille 300 jours et dépense 750ᶠ,20 ; quelles sont ses économies à la fin de l'année ?

Economies = Gain annuel — Dépenses (750ᶠ,20).

Gain annuel : 2ᶠ,90 × 300 = 870 fr. *Rép.* 870ᶠ — 750ᶠ,20 = 119ᶠ,80

299. — Un ouvrier qui, par semaine, travaille 6 jours payés 3ᶠ,25 l'un, dépense en moyenne 2ᶠ,10 par jour. Combien économise-t-il par semaine ?

Economies = Gain par semaine — Dépense par semaine.

1. Gain : 3ᶠ,25 × 6 = 19ᶠ,50. 2. Dépense : 2ᶠ,10 × 7 = 14ᶠ,70

Rép. 19ᶠ,50 — 14ᶠ,70 = 4ᶠ,80.

300. — Dans une famille, le père gagne 6ᶠ,50 et la mère 2ᶠ,10 par jour. La dépense, pendant le même temps, est de 4ᶠ,90. Quelles seront les économies de cette famille au bout d'un mois de 30 jours, dont 26 de travail ? *(Deux-Sèvres.)*

Economies = Gain par mois — Dépense par mois.

1. Gain par mois. { *a)* Par jour : 6ᶠ,50 + 2ᶠ,10 = 8ᶠ,60.

                { *b)* 8ᶠ,60 × 26 = 223ᶠ,60.

2. Dépense mens. : 4ᶠ,90 × 30 = 147 fr. *Rép.* 223ᶠ,60 — 147ᶠ = 76ᶠ,60.

301. — Un ouvrier qui gagne 3ᶠ,75 par jour travaille 23 jours par mois. Que lui reste-t-il à la fin de l'année s'il dépense 174 fr. par trimestre ? *(Oise.)*

Economies = Gain annuel — Dépense annuelle.

1. Gain ann. : *a)* G. par mois : 3ᶠ,75 × 23 = 86ᶠ,25. *b)* 86ᶠ,25 × 12 = 1 035 fr.

2. Dépense ann. : 174ᶠ × 4 = 696 fr. *Rép.* 1 035ᶠ — 696ᶠ = 339 *fr.*

302. — Un ouvrier gagne 4^f,30 par jour de travail et dépense quotidiennement 2^f,90. Combien peut-il économiser en une année ordinaire, s'il chôme 52 dimanches et 5 jours de fêtes ?   (*Sarthe.*)

Économies = Gain annuel — Dépense annuelle.

1. Gain ann. a) N. de j. de travail :   365 — (52 + 5) = 308 j.
    b) 4^f,30 × 308 = 1 324^f,40.
2. Dép. ann.:   2^f,90 × 365 = 1 058^f,50.   *Rép.*   1 324^f,40 — 1 058^f,50 = 265^f,90.

303. — Un père gagne 4^f,50 par jour et chacune de ses deux filles 2^f,50. Les dépenses de sa famille s'élèvent en moyenne à 150 fr. par mois. Quelle somme peut-il économiser chaque année s'il y a 300 jours de travail ?   (*Aisne.*)

Économies = Gain annuel — Dépense annuelle.

1. Gain ann. a) G. par jour : 4^f,50 + 2^f,50 + 2^f,50 = 9^f,50.
    b) 9^f,50 × 300 = 2 850 fr.
2. Dépense ann. :   150^f × 12 = 1 800 fr.   *Rép.*   2 850^f — 1 800^f = 1 050 *fr.*

304. — Un père de famille gagne 5^f,60 par jour; son fils, 1^f,80. Ils dépensent en moyenne 4^f,80 pour leur nourriture et leur entretien. Quelle sera leur économie annuelle, s'ils s'abstiennent de travailler 52 dimanches et 12 jours de fêtes ?   (*Marne.*)

Économies = Gain annuel — Dépense annuelle.

1. Gain annuel. a) Gain par jour : 5^f,6 + 1^f,8 = 7^f,40.
    b) N. de jours de travail = 365 — (52 + 12) = 301 j.
    c) 7^f,4 × 301 = 2 227^f,40.
2. Dépense ann. = 4^f,8 × 365 = 1 752 fr.   *Rép.*   2 227^f,4 — 1 752^f = 475^f,40.

305. — Une famille dépense par jour pour sa nourriture 2^f,50, pour   P. 35.
sa boisson 0^f,75 et 1 fr. de loyer et d'entretien. Le père gagne 3^f,50, la mère 1^f,75 et l'enfant 1^f,25 par chacun des 305 jours de travail de l'année. Combien cette famille peut-elle économiser par an ?   (*Nord.*)

Économies = Gain annuel — Dépense annuelle.

1. Gain ann. a) G. par jour : 3^f,50 + 1^f,75 + 1^f,25 = 6^f,50.
    b) 6^f,50 × 305 = 1 982^f,50.
2. Dép. ann. a) D. par jour : 2^f,50 + 0^f,75 + 1^f = 4^f,25.
    b) 4^f,25 × 365 = 1 551^f,25.
Rép.   1 982^f,50 — 1 551^f,25 = 431^f,25.

306. — Un ouvrier qui chôme les dimanches et 10 jours de fête gagne 3^f,50 par jour. Il dépense 2 fr. par jour pour sa nourriture et 20 fr. par mois pour ses autres frais. Quelle somme aura-t-il économisée au bout de l'année ?   (*Côte-d'Or.*)

Économies = Gain annuel — Dépense annuelle.

1. Gain ann. a) N. de j. de trav. :   365j — (52 + 10) = 303 j.
    b) 3^f,5 × 303 = 1 060^f,50.
2. Dép. ann. a) Nourriture : 2^f × 365 = 730 fr. b) Frais :   20^f × 12 = 240 fr.
    c) Total :   730^f + 240^f = 970 fr.
Rép.   1 060^f,50 — 970^f = 90^f,50.

*****307.** — Par semaine, un ouvrier, qui gagne 6^f,25 par jour, travaille 6 jours et dépense 19^f,60 de nourriture et d'entretien. Son loyer trimestriel est de 80 fr. Quelle sera son économie annuelle ?   (*Eure.*)

Économies = Gain annuel — Dépense annuelle.

1. Gain ann.: a) G. par sem. 6^f,25 × 6 = 37^f,50. b) 37^f,50 × 52 = 1 950 fr.
2. Dépense. a) Nourriture: 19^f,60 × 52 = 1 019^f,20.
    b) Loyer : 80^f × 4 = 320 fr. c) 1 019^f,20 + 320^f = 1 339^f,20.
Rép.   1 950^f — 1 339^f,20 = 610^f,80.

***308.** — Un ouvrier qui gagne 4^f,50 par jour travaille en moyenne 25 jours par mois. S'il dépense 1^f,75 par jour pour sa nourriture, 12 fr. par mois pour sa chambre, 0^f,60 par jour en faux frais, et 90 fr. par an pour son habillement, quelles seront ses économies en 1 an? (*Lot.*)

Économies = Gain annuel — Dépense annuelle.

1. Gain ann.   *a*) G. par mois : 4^f,50 × 25 = 112^f,50.
               b) 112^f,50 × 12 = 1 350 fr.

2. Dépense.   *a*) Nourriture : 1^f,75 × 365 = 638^f,75.
              b) Loyer : 12^f × 12 = 144 fr.   *c*) Frais : 0^f,60 × 365 = 219 fr.
              d) Total : 638^f,75 + 144^f + 219^f + 90^f = 1 091^f,75.

Rép. 1 350^f — 1 091^f,75 = 258^f,25.

***309.** — Un ouvrier, qui travaille 10 heures par jour et 25 jours par mois, est payé 0^f,75 à l'heure. Il dépense par jour 2^f,25 de nourriture, par trimestre 85 fr. pour son logement. Que lui reste-t-il à la fin de l'année ?   (*Ain.*)

Économies = Gain annuel — Dépense annuelle.

1. Gain ann.   *a*) G. par mois : 0^f,75 × 10 × 25 = 187^f,50.
               b) 187^f,50 × 12 = 2 250 fr.

2. Dépense.   *a*) Nourriture : 2^f,25 × 365 = 821^f,25.
              b) Logement : 85^f × 4 = 340 fr.   *c*) 821^f,25 + 340^f = 1 161^f,25.

Rép. 2 250^f — 1 161^f,25 = 1 088^f,75.

***310.** — Un ouvrier travaille 300 jours par an; il gagne 4^f,25 pendant la moitié du temps et 3^f,10 pendant l'autre moitié. Les jours de travail, sa dépense est de 2^f,35; elle est de 3 fr. les autres jours. Combien lui reste-t-il au bout de l'année ?   (*Calvados.*)

Économies = Gain annuel — Dépense annuelle.

1. Gain ann.   *a*) 1er gain : 300^j : 2 = 150 j.;   4^f,25 × 150 = 637^f,50.
               b) 2e gain : 3^f,10 × 150 = 465 fr.
               c) Total : 637^f,50 + 465^f = 1 102^f,50.

2. Dépense.   *a*) 1re dépense : 2^f,35 × 300 = 705 fr.
              b) 2e dépense : 3^f × (365 — 300) = 195 fr.
              c) Total : 705^f + 195^f = 900 fr.

Rép. 1 102^f,50 — 900^f = 202^f,50.

ÉCONOMIES DIVERSES

311. — Un ménage buvait par an 5 hl. de vin à 78 fr. l'hectolitre. Il a remplacé ce vin par 8 hectolitres de bière à 33 fr. l'un. Quelle économie a-t-il ainsi faite par mois ?   (*Corrèze.*)

Économie mensuelle = Écon. ann. : 12.

Écon. ann.   *a*) P. du vin : 78^f × 5 = 390 fr.   *b*) bière : 33^f × 8 = 264 fr.
             c) 390^f — 264^f = 126 fr.

Rép. 126^f : 12 = 10^f,50.

312. — Un ménage consommait pour son éclairage 12 bougies par mois, en payant 0^f,70 le paquet de 5 bougies. Actuellement ce ménage emploie 4 l. et demi de pétrole par mois. Quelle économie réalisera-t-il dans l'année, si 1 l. de pétrole coûte 0^f,30? (*B^{ses}-Pyrénées.*)

Économie annuelle = Economie mensuelle × 12.

Écon. mens.   *a*) Dép. en bougies : 0^f,70 : 5 = 0^f,14.   0^f,14 × 12 = 1^f,68.
              b) Dép. en pétrole : 0^f,30 × 4,5 = 1^f,35.
              c) 1^f,68 — 1^f,35 = 0^f,33.

Rép. 0^f,33 × 12 = 3^f,96.

***313.** — Une mère de famille a 3 enfants. Chacun d'eux lui coûte 15 fr. par an pour la confection de vêtements ; $1^f,80$, par mois, de raccommodage et $0^f,35$, par semaine, de blanchissage. Combien épargnerait-elle par an, si elle savait blanchir, coudre et raccommoder?   (*Aveyron.*)

Économie annuelle = Dépense par enfant $\times$ 3.

1. Dép. par enf. { *a)* Raccommodage : $1^f,80 \times 12 = 21^f,60$. *b)* Blanchissage. { $0^f,35 \times 52 = 18^f,20$.   *c)* $15^f + 21^f,60 + 18^f,20 = 54^f,80$.

Rép. $54^f,80 \times 3 = 164^f,40$.

***314.** — La houille achetée au détail coûte $1^f,15$ le sac de 50 kg. En gros, on la payerait $0^f,95$. Une famille qui brûle annuellement 2 800 kg. de houille achète ce combustible au détail ; quelle somme économiserait-elle en l'achetant en gros ?   (*Nord.*)

Économie annuelle = Écon. par sac $\times$ N. de sacs.

1. Écon. par sac : $1^f,15 - 0^f,95 = 0^f,20$. 2. N. de sacs : $2800 : 50 = 56$.

Rép. $0^f,20 \times 56 = 11^f,20$.

***315.** — Une ménagère donne $2^f,85$ par semaine à sa blanchisseuse. En prenant une ouvrière chez elle 3 jours par mois, elle dépenserait $2^f,25$ par jour, et, en outre, pour le charbon et le savon, $13^f,40$ par an. Quelle serait l'économie annuelle ?   (*Puy-de-Dôme.*)

Économie = Salaire de la blanchisseuse — Dépense annuelle (2ᵉ cas).

1. Sal. de la blanchisseuse : $2^f,85 \times 52 = 148^f,20$.

2. Dép. ann. *a)* Ouvrière : $2^f,25 \times 3 \times 12 = 81$ fr. *b)* $81^f + 13^f,40 = 94^f,40$.

Rép. $148^f,20 - 94^f,40 = 53^f,80$.

***316.** — Pour laver le linge d'un ménage une blanchisseuse demande $2^f,50$ par semaine. La ménagère préfère prendre une femme deux fois par mois. Chaque fois, elle donne 2 fr. et fournit $1^{kg},5$ de savon à $0^f,70$ le kilogramme, 2 kg. de cristaux de soude à $0^f,15$ et $0^f,10$ de bleu. Calculez l'économie annuelle.   (*Vaucluse.*)

Économie = Sal. de la blanchisseuse — Dépense annuelle (2ᵉ cas).

1. Sal. de la blanchisseuse : $2^f,50 \times 52 = 130$ fr.

2. Dép. ann. { *a)* Pour 1 fois : $2^f + 0^f,70 \times 1,5 + 0^f,15 \times 2 + 0^f,10 = 3^f,45$. { *b)* $3^f,45 \times 2 \times 12 = 82^f,80$.

Rép. $130^f - 82^f,80 = 47^f,20$.

ÉCONOMIES. DÉPENSES   P. 36.

Exercice oral. — Calculer la **dépense annuelle** d'un ouvrier :

1° qui, par an, gagne 1 500 fr. et économise 200 fr.;

2° qui gagne 200 fr. par mois et économise 400 fr. par an.

Rép. 1° $1500^f - 200^f = 1300$ *fr.*; 2° $200^f \times 12 - 400^f = 2000$ *fr.*

— Calculer la **dépense journalière** d'un ouvrier :

1° qui, par semaine, gagne 33 fr. et économise 5 fr.;

2° qui gagne 5 fr. par jour et économise 2 fr. par semaine de 6 jours de travail.

Rép. 1° $(33^f - 5^f) : 7 = 4$ *fr.*; 2° $(5^f \times 6 - 2^f) : 7 = 4$ *fr.*

Problèmes. — **317.** — Une ouvrière gagne $2^f,75$ par jour. Le nombre de jours pendant lesquels elle ne travaille pas est de 60 par an. A combien doit s'élever sa dépense moyenne par jour, si elle veut économiser 50 fr. par an?   (*Maine-et-Loire.*)

Solution. — La **dépense moyenne par jour** est le quotient de la *dépense annuelle* par **365**.

1° La *dépense annuelle* est la différence entre le gain et l'économie annuels.

a. Le gain annuel est le produit du gain quotidien par le nombre des jours de travail.

Nombre de jours de travail : $365^j - 60^j = 305$ jours.

Gain annuel : $2^f,75 \times 305 = 838^f,75$.

b. Dépense annuelle : $838^f,75 - 50^f = 788^f,75$.

2° **Dépense moyenne par jour** : $788^f,75 : 365 = 2^f,16$.

318. — Un ouvrier gagne $4^f,75$ par jour et travaille 300 jours dans une année. S'il veut économiser 300 fr., combien lui reste-t-il à dépenser par an ?

Dépense annuelle = Gain annuel — 300 fr.

Gain : $4^f,75 \times 300 = 1\,425$ fr.   *Rép.* $1\,425^f - 300^f = 1\,125$ *fr.*

319. — Dans une famille, le père gagne 1 200 fr. par an, le fils $74^f,25$ par mois, la fille $9^f,75$ par semaine. Ils économisent 700 fr. en un an. Que leur reste-t-il en moyenne à dépenser par jour ?   (*Charente.*)

Dépense par jour = Dépense annuelle : 365.

Dép. ann. $\left\{\begin{array}{l} a)\ \text{Gain tot.: fils, } 74^f,25 \times 12 = 891 \text{ fr.; fille, } 9^f,75 \times 52 = 507 \text{ fr.} \\ \text{Tot.: } 1\,200^f + 891^f + 507^f = 2\,598 \text{ fr.} \quad b)\ 2\,598^f - 700^f = 1\,898 \text{ fr.} \end{array}\right.$

Rép. $1\,898^f : 365 = 5^f,20$.

320. — Un ouvrier gagne $6^f,50$ par jour ; sa femme, $3^f,15$; ils travaillent l'un et l'autre 304 jours par an. Sachant que leur loyer est de 300 fr. et qu'ils veulent économiser 500 fr. par année, quelle devra être leur dépense journalière ?   (*Eure.*)

Dépense journalière = Dépense annuelle : 365.

Dép. ann. $\left\{\begin{array}{l} a)\ \text{Gain par an : } (6^f,5 + 3^f,15) \times 304 = 2\,933^f,60. \\ b)\ \text{A déduire : } 300^f + 500^f = 800 \text{ fr.} \\ c)\ 2\,933^f,60 - 800^f = 2\,133^f,60. \end{array}\right.$

Rép. $2\,133^f,60 : 365 = 5^f,84$.

***321.** — Un ouvrier est payé $0^f,45$ à l'heure. Par semaine, il travaille 6 jours de 10 heures et économise $4^f,60$. Sa famille se compose de 4 personnes, quelle est la dépense journalière moyenne de chaque personne ?   (*Hautes-Pyrénées.*)

Dépense journalière d'une personne = Dép. par semaine : 7.

Dép. par sem. $\left\{\begin{array}{l} a)\ \text{Dép. tot.: } 0^f,45 \times 10 \times 6 = 27 \text{ fr.; } 27^f - 4^f,60 = 22^f,40. \\ b)\ 22^f,40 : 4 = 5^f,60. \end{array}\right.$ d'une pers.

Rép. $5^f,60 : 7 = 0^f,80$.

***322.** — Un ouvrier travaille 300 jours dans l'année et gagne $4^f,50$ par jour ; il a en outre une rente de 125 fr. par trimestre. Combien peut-il dépenser par jour, s'il économise annuellement 650 fr. ?   (*Hte-Saône.*)

Dépense par jour = Dépense annuelle : 365.

Dép. ann. $\left\{\begin{array}{l} a)\ \text{Recette totale : gain } 4^f,50 \times 300 = 1\,350 \text{ fr.} \\ \text{Rente ann. } 125^f \times 4 = 500 \text{ fr.; } 1\,350^f + 500^f = 1\,850 \text{ fr.} \\ b)\ 1\,850^f - 650^f = 1\,200 \text{ fr.} \end{array}\right.$

Rép. $1\,200^f : 365 = 3^f,28$.

***323.** — Une famille composée de 5 personnes gagne en moyenne $15^f,25$ par jour et travaille 306 jours dans l'année. Par an, le père peut mettre 85 fr. à la Caisse d'épargne sur le livret de chacun des membres de la famille. A combien s'est élevée en moyenne par jour la dépense de chacune des 5 personnes ?   (*Ardennes.*)

Dép. par jour d'une pers. = Dép. journalière des 5 personnes : 5.

Dép. journ. $\left\{\begin{array}{l} a)\ \text{Dép. ann. : gain } 15^f,25 \times 306 = 4\,666^f,50. \\ \text{Econ. : } 85^f \times 5 = 425 \text{ fr.; } 4\,666^f,50 - 425^f = 4\,241^f,50. \\ b)\ 4\,241^f,50 : 365 = 11^f,62. \end{array}\right.$

Rép. $11^f,62 : 5 = 2^f,324$.

***324.** — Je ne gagne pas assez pour dépenser 95 fr. par mois; il me manquerait 40 fr. à la fin de l'année. Or, je veux économiser annuellement 96ᶠ,20; quelle doit être ma dépense mensuelle?   (*Aveyron.*)

Dépense mensuelle = Dépense annuelle possible : 12.

Dép. ann. $\begin{cases} a)\ \text{Dép. impossible : } 95^f \times 12 = 1\,140 \text{ fr.} \\ \text{A déduire : } 40^f + 96^f,20 = 136^f,20. \\ b)\ 1\,140^f - 136^f,20 = 1\,003^f,80. \end{cases}$

Rép.   1 003ᶠ,80 : 12 = 83ᶠ,65.

ÉCONOMIES. GAIN

P. 37.

Exercice oral. — Calculer le **gain annuel** d'un ouvrier :

1° qui, par an, dépense 1 400 fr. et économise 365 fr.;
2° qui dépense 100 fr. par mois et économise 350 fr. par an.

Rép.   1° 1 400ᶠ + 365ᶠ = 1 765 *fr.*;   2° 100ᶠ × 12 + 350ᶠ = 1 550 *fr.*

— Calculer le **gain journalier** d'un ouvrier qui travaille 6 *jours* par semaine :

1° si, par semaine, il dépense 25 fr. et économise 5 fr.;
2° s'il dépense 4 fr. par jour et économise 2 fr. par semaine.

Rép.   1° (25ᶠ + 5ᶠ) : 6 = 5 *fr.*;   2° (4ᶠ × 3 + 2ᶠ) : 6 = 5 *fr.*

Problèmes. — 325. — Un ouvrier économise 420 fr. en un an. Sa dépense journalière est en moyenne de 3 fr. Que gagne-t-il par jour s'il chôme 62 jours dans l'année?   (*Seine-Inférieure.*)

Solution. — Le **gain quotidien** est le quotient du *gain annuel* par le nombre des jours de travail.

1° Le *gain annuel* est la somme de la dépense et de l'économie (420ᶠ) annuelles.
    a. Dépense annuelle :   3ᶠ × 365 = 1 095 fr.;
    b. Gain annuel :   1 095ᶠ + 420ᶠ = 1 515 fr.

2° *Nombre de jours de travail* : 365ʲ — 62ʲ = 303 jours.
3° **Gain quotidien :**   1 515ᶠ : 303 = **5 fr.**

326. — Quel est le gain annuel d'un ouvrier qui : 1° par mois, dépense en moyenne 120 fr. et économise 15 fr.; 2° dépense en moyenne 2ᶠ,40 par jour et économise 300 fr. par an?

I. *Gain annuel* = Gain mensuel × 12.
Gain mens. :   120ᶠ + 15ᶠ = 135 fr.   *Rép.*   135ᶠ × 12 = 1 620 *fr.*
II. *Gain annuel* = Dépense ann. + Economie (300 fr.).
Dép. ann. :   2ᶠ,4 × 365 = 876 fr.   *Rép.*   876ᶠ + 300ᶠ = 1 176 *fr.*

327. — Un ouvrier travaille 25 jours par mois. Sa dépense mensuelle est de 112ᶠ,50 et son économie annuelle de 300 fr. Combien gagne-t-il par jour?   (*Somme.*)

Gain par jour = Gain mensuel : N. de jours de travail (25).

Gain mensuel. $\begin{cases} a)\ \text{Econ. mens. : } 300^f : 12 = 25 \text{ fr.} \\ b)\ 112^f,50 + 25^f = 137^f,50. \end{cases}$

Rép.   137ᶠ,50 : 25 = 5ᶠ,50.

328. — Un père dépense 2ᶠ,40 par jour pour la nourriture de sa famille, 48 fr. par mois pour son logement et son entretien. Il écono-

mise 348 fr. dans l'année. Quel est son gain annuel? Combien gagne-t-il
par jour s'il travaille 300 jours par an?   (*Aisne.*)

    I. *Gain annuel* = Dépenses + Économies (348 fr.).

Dépenses. { *a*) Nourriture : $2^f,40 \times 365 = 876$ fr.
{ *b*) Loyer : $48^f \times 12 = 576$ fr. *c*) $876^f + 576^f = 1\,452$ fr.

Rép. $1\,452^f + 348^f = 1\,800$ *fr.*

    II. *Gain journalier* = G. annuel $(1\,800^f)$: 300. *Rép.* 6 *fr.*

329. — Un ouvrier a économisé 778 fr. dans une année de 365 jours,
après avoir dépensé $2^f,80$ par jour. Quel était le prix de sa journée de
travail, s'il s'est reposé le dimanche et 13 jours de fête? (*Ardèche.*)

  Gain par jour = Gain annuel : N. de jours de travail.

  1. Gain ann. : *a*) Dép. : $2^f,80 \times 365 = 1\,022$ fr. *b*) $1\,022^f + 778^f = 1\,800$ fr.

  2. N. de jours de travail. { *a*) Chômage : $52^j + 13^j = 65$ j.
{ *b*) $365^j - 65^j = 300$ j.

  Rép. $1\,800^f$: 300 = 6 *fr.*

330. — Un ouvrier dépense $3^f,40$ par jour; il travaille 25 jours par
mois et économise 109 fr. dans une année. Combien gagne-t-il par jour
de travail?   (*Pas-de-Calais.*)

  Gain par jour = Gain par mois : N. de jours de travail (25).

Gain par mois. { *a*) Gain ann. : Dép. $3^f,40 \times 365 = 1\,241$ fr.
{ $1\,241^f + 109^f = 1\,350$ fr. *b*) $1\,350^f$: 12 = $112^f,50$.

  Rép. $112^f,50$: 25 = $4^f,50$.

***331.** — Un ouvrier dépense en moyenne $2^f,60$ par jour. Au bout
de l'année 1904, il avait économisé $326^f,40$ et avait travaillé 284 jours.
Combien gagnait-il par jour?   (*Nord.*)

  Gain par jour = Gain annuel : N. de jours de travail (284).

  Gain ann. *a*) Dép. : $2^f,60 \times 366 = 951^f,60$. *b*) $951^f,60 + 326^f,40 = 1\,278$ fr.

  Rép. $1\,278^f$: 284 = $4^f,50$.

***332.** — Un ouvrier, qui dépense la moitié de son gain pour se
nourrir et 208 fr. par an pour se loger, a économisé 3 804 fr. en 12 ans.
Combien gagne-t-il par jour, s'il chôme 65 jours par an?   (*Lozère.*)

  Gain par jour = Gain annuel : N. de jours de travail.

  1. Gain annuel. { *a*) Moitié du gain : Écon. ann. $3\,804^f$: 12 = 317 fr.
{ $317^f + 208^f = 525$ fr. *b*) $525^f \times 2 = 1\,050$ fr.

  2. N. de j. de travail : $365^j - 65^j = 300$ j. *Rép.* $1\,050^f$: 300 = $3^f,50$.

***333.** — Dans une famille qui économise 75 fr. par mois, le père
gagne 7 fr. par jour et les 2 fils autant l'un que l'autre. La dépense
s'élève à 8 fr. par jour pour la nourriture et à 650 fr. par an pour l'entretien. Combien chacun des fils gagne-t-il par jour, si l'année compte
298 jours de travail?   (*Aveyron.*)

  Gain de chacun = Gain des 2 fils : 2.

Gain des 2 fils. { *a*) Gain par jour : Nourriture : $8^f \times 365 = 2\,920$ fr.
{ Dép. tot. : $2\,920^f + 650^f = 3\,570$ fr. Écon. : $75^f \times 12 = 900$ fr.
{ Gain total : $3\,570^f + 900^f = 4\,470$ fr.
{ $4\,470^f$: 298 = 15 fr. *b*) $15^f - 7^f = 8$ fr.

  Rép. 8^f : 2 = 4 *fr.*

P. 38.   **TEMPS**

  Exercice oral. — Calculer le **nombre de jours de travail**
d'un ouvrier qui gagne 10 fr. par jour :

    1° dans une année où il a gagné 3 000 fr.;

    2° dans un mois où il a dépensé 200 fr. et économisé 50 fr.;

3° dans une semaine où il a économisé 4 fr., en dépensant 8 fr. par jour;

4° dans un mois où, par jour, il a dépensé 6 fr. et économisé 2 fr.

Rép. 1° 3 000 : 10 = 300 *jours.* 2° (200 + 50) : 10 = 25 *jours.*
3° (8 × 7 + 4) : 10 = 6 *jours.* 4° (6 + 2) × 30 : 10 = 24 *jours.*

Problèmes. — 334. — Un ouvrier gagne 4^f,75 par jour et dépense 90 fr. par mois. En *combien de temps aura-t-il économisé* 690 fr., s'il travaille 25 jours par mois?   (*Haute-Vienne.*)

Solution. — Le **nombre de mois** qu'il mettra pour économiser 690 fr. est le quotient de l'*économie annuelle* (690 fr.) par l'*économie mensuelle.*

1° L'*économie mensuelle* est la différence entre le gain et la dépense (90 fr.) mensuels.

    a. Gain mensuel :   4^f,75 × 25 = 118^f,75;
    b. Économie mensuelle : 118^f,75 — 90^f = 28^f,75.

2° **Nombre de mois :**   690 : 28,75 = **24 mois ou 2 ans.**

335. — Un ouvrier reçoit 4^f,80 par journée de travail et dépense 2^f,75 tous les jours. Au bout de l'année, il a économisé 388^f,25. Combien a-t-il travaillé de jours ?

Nombre de jours de travail = Gain annuel : Gain quotidien (4^f,80).

Gain annuel. { *a)* Dépenses : 2^f,75 × 365 = 1 003^f,75.
              { *b)* 1 003^f,75 + 388^f,25 = 1 392 fr.

Rép. 1 392 : 4,80 = 290 *jours.*

336. — Un ouvrier qui, par jour, gagne 4 fr. et dépense 2^f,60, a économisé 211 fr. dans une année. Combien de jours a-t-il chômé ?

Nombre de jours de chômage = 365 jours — Nombre de jours de travail.

N. de j. de travail. { *a)* Gain total. Dépenses : 2^f,60 × 365 = 949 fr.
                      { 949^f + 211^f = 1 160 fr. *b)* 1 160 : 4 = 290 jours.

Rép. 365^j — 290^j = 75 *jours.*

337. — Un ouvrier gagne 4^f,25 par jour. Sa dépense journalière est de 2^f,90. Combien doit-il travailler de jours par mois pour économiser 216^f,50 par an ?   (*Loire-Inférieure.*)

Nombre de jours de travail par mois = N. de j. de travail par an : 12.

N. de j. de travail par an. { *a)* Gain total : Dép. 2^f,90 × 365 = 1 058^f,50.
                             { 1 058^f,50 + 216^f,50 = 1 275 fr.
                             { *b)* 1 275 : 4,25 = 300 jours.

Rép. 300^j : 12 = 25 *jours.*

*338.** — Une machine à coudre de 210 fr. conduite par une ouvrière fait le travail de 4 ouvrières gagnant chacune 1^f,75 par jour. Si on achète cette machine, après combien de jours de travail en aura-t-on économisé le prix sur les journées payées en moins?   (*Loiret.*)

Nombre de jours de travail = Prix d'achat (210 fr.) : Économie par jour.
Économie par jour : 1^f,75 × (4 — 1) = 5^f,25.   *Rép.* 210 : 5,25 = 40 *jours.*

*339.** — Un ouvrier gagne 3^f,75 par jour et dépense 14^f,50 par semaine. En combien d'années aura-t-il économisé 1 855 fr., s'il travaille en moyenne 300 jours par an ?   (*Côte-d'Or.*)

Nombre d'années = 1855 : Économie annuelle.

Écon. ann. { *a)* Gain : 3^f,75 × 300 = 1 125 fr. *b)* Dép.: 14^f,50 × 52 = 754 fr.
            { *c)* 1 125^f — 754^f = 371 fr.

Rép. 1 855 : 371 = 5 *ans.*

3.

***340.** — Un ouvrier gagne 5^f,10 par jour et travaille 305 jours dans l'année. Chaque mois, il paye 15 fr. pour son loyer et dépense en moyenne 75 fr. pour l'entretien de sa famille. Après combien d'années aura-t-il économisé la somme nécessaire à l'achat d'une maison estimée 3 804 fr. ? *(Gard.)*

Nombre d'années = 3 804 : Economie annuelle.

Economic annuelle. $\begin{cases} a)\ \text{Gain}: & 5^f,10 \times 305 = 1\,555^f,50. \\ b)\ \text{Dép. ann.}: & 15^f + 75^f = 90\ \text{fr.};\ 90^f \times 12 = 1\,080\ \text{fr.} \\ c)\ 1\,555^f,50 - 1\,080^f = 475^f,50. \end{cases}$

Rép. 3 804 : 475,50 = 8 *ans.*

***341.** — Un ouvrier gagne 1 460 fr. par an. Il dépense 2 fr. par jour pour sa nourriture, 18^f,25 par mois pour son entretien, 54^f,75 par trimestre pour son loyer et ses autres frais. Au bout de combien d'années pourra-t-il acheter avec ses économies une maison dont le prix d'estimation est de 1 752 fr. *(Doubs.)*

Nombre d'années = Prix de la maison (1 752 fr.) : Economie annuelle.

Econ. annuelle. $\begin{cases} a)\ \text{Dép. totale}:\quad \text{Nourrit.},\ 2^f \times 365 = 730\ \text{fr.};\quad \text{Entretien,} \\ 18^f,25 \times 12 = 219\ \text{fr.};\quad \text{Loyer},\ 54^f,75 \times 4 = 219\ \text{fr.}\quad \text{Total,} \\ 730^f + 219^f + 219^f = 1\,168\ \text{fr.}\quad b)\ 1\,460^f - 1\,168^f = 292\ \text{fr.} \end{cases}$

Rép. 1 752 : 292 = 6 *ans.*

***342.** — Un employé, qui gagne 175 fr. par mois, dépense 2^f,20 par jour pour sa nourriture, 0^f,90 par semaine pour son blanchissage, 27^f,50 de loyer par mois, et, par an, 375 fr. de vêtements et 265 fr. de frais. En combien d'années aura-t-il économisé 4 203 fr. ? *(Mayenne.)*

Nombre d'années = 4 203 : Economie annuelle.

Econ. ann. $\begin{cases} a)\ \text{Gain}:\ 175^f \times 12 = 2\,100\ \text{fr.}\quad b)\ \text{Dép. totale}: \text{Nourriture,} \\ 2^f,20 \times 365 = 803\ \text{fr.};\quad \text{Blanchiss.},\ 0^f,90 \times 52 = 46^f,80;\quad \text{Loyer,} \\ 27^f,50 \times 12 = 330\ \text{fr.}\quad \text{Total,}\ 803^f + 46^f,80 + 330^f + 375^f + 265^f \\ = 1\,819^f,80.\quad c)\ 2\,100^f - 1\,819^f,80 = 280^f,20. \end{cases}$

Rép. 4 203 : 280,2 = 15 *ans.*

P. 39.

DÉPENSES INUTILES

Problèmes. — **343.** — Un ouvrier gagne 5 fr. par jour ; mais, chaque lundi, il passe sa journée au cabaret, où il dépense 4^f,25 en moyenne. Il fume en outre 0^f,15 de tabac par jour. Combien dépense-t-il ainsi inutilement dans une année ?

Solution. — Ses **dépenses inutiles par an** sont la somme de la *dépense annuelle en tabac* et de la *perte faite en 52 lundis.*

1° *Dépense annuelle en tabac* : 0^f,15 × 365 = 54^f,75.

2° La *perte faite en 52 lundis* est égale à 52 fois la perte faite par lundi.

a. Perte faite par lundi (dépense au cabaret + valeur de la journée de travail) :
$$4^f,25 + 5^f = 9^f,25.$$

b. Perte en 52 lundis : 9^f,25 × 52 = 481 fr.

3° **Dépenses inutiles par an** : 54^f,75 + 481^f = **535^f,75.**

344. — Un homme dépense, par jour, 0^f,20 de tabac, 0^f,15 d'eau-de-vie et 0^f,35 de café. Que dépense-t-il ainsi par an ?

Dépenses inutiles par an = Dépenses inutiles par jour × **365.**
Dép. inutiles par jour : 0^f,20 + 0^f,15 + 0^f,35 = 0^f,70.
Rép. 0^f,70 × 365 = 255^f,50.

345. — Un père de famille boit chaque semaine un litre d'eau-de-vie à 1^f,75. Avec la somme qu'il dépense ainsi annuellement, combien pourrait-il avoir de litres de cidre à 0^f,25 ?

Nombre de litres de cidre = Dépenses inutiles **:** Prix d'un litre (0^f,25).
Dépenses inutiles : 1^f,75 $\times$ 52 = 91 fr.   *Rép.*   91 **:** 0,25 = 364 *litres*.

346. — Un ouvrier a pris tous les jours, pendant 4 ans, 2 apéritifs à 0^f,20 et un petit verre à 0^f,15. Quelle somme a-t-il ainsi dépensée pendant ce temps ?   (*Loire-Inférieure.*)

Somme dépensée = Dépense annuelle $\times$ 4.

Dépense annuelle. $\begin{cases} a) \text{ Dép. par jour :}\ \ 0^f,20 \times 2 + 0^f,15 = 0^f,55. \\ b)\ 0^f,55 \times 365 = 200^f,75. \end{cases}$

Rép.   200^f,75 $\times$ 4 = 803 *fr.*

347. — Un ouvrier boit chaque jour pour 0^f,10 d'eau-de-vie et fume pour 0^f,15 de tabac. Quelle dépense cette mauvaise habitude lui a-t-elle causée pendant le 1er trimestre de l'année 1896 ?   (*Vosges.*)

Dépense du trimestre = Dépense par jour $\times$ Nombre de jours.
1° Dépense par jour :   0^f,10 + 0^f,15 = 0^f,25.
2° Nombre de jours :   31 + 29 + 31 = 91 j.
Rép.   0^f,25 $\times$ 91 = 22^f,75.

***348.** — Un ouvrier dépense chaque jour 0^f,30 de tabac et 0^f,55 au cabaret; le dimanche et le lundi sa dépense est doublée. Quelle somme pourrait-il économiser en 30 ans s'il perdait les mauvaises habitudes de fumer et d'aller au cabaret?   (*Ille-et-Vilaine.*)

Economie en 30 ans = Economie annuelle $\times$ 30.

Economie ann. $\begin{cases} a) \text{ Dép. ord. :}\ \ (0^f,30 + 0^f,55) \times 365 = 310^f,25. \\ b) \text{ Dép. supplém.:}\ \ 0^f,85 \times 2 \times 52 = 88^f,40. \\ c)\ 310^f,25 + 88^f,40 = 398^f,65. \end{cases}$

Rép.   398^f,65 $\times$ 30 = 11 959^f,50.

***349.** — Un fumeur consomme, tous les 10 jours, 3 paquets de tabac à 0^f,50 ; tous les 8 jours, 2 boîtes d'allumettes à 0^f,05 et un cahier de papier à cigarettes de 0^f,10. Combien, avec sa dépense annuelle, pourrait-il acheter de kilogrammes de pain à 0^f,25 ?   (*Var.*)

Nombre de kg. de pain = Dépense annuelle **:** Prix du kg. (0^f,25).

Dépense ann. $\begin{cases} a) \text{ Dép. par jour :}\ \ \text{Tabac, } 0^f,50 \times 3 : 10 = 0^f,15. \\ \text{Pap. et allum.: } 0^f,05 \times 2 + 0^f,10 = 0^f,20;\ \ 0^f,20 : 8 = 0^f,025. \\ \text{Total : }\ \ 0^f,15 + 0^f,025 = 0^f,175. \\ b)\ 0^f,175 \times 365 = 63^f,875. \end{cases}$

Rép.   63,875 **:** 0,25 = 255^{kg},5.

***350.** — Un ouvrier dépense en moyenne au cabaret 0^f,40 par jour et perd chaque lundi sa journée estimée à 3^f,50. De quelle somme cet ouvrier pourrait-il disposer à 60 ans, s'il n'avait pas contracté la mauvaise habitude de boire dès l'âge de 20 ans? (On ne tiendra pas compte des années bissextiles.)   (*Morbihan.*)

Somme dép. en (60 — 20) *ans* = Somme dép. en 1 an $\times$ (60 — 20) ou 40.

S. en 1 an. $\begin{cases} a) \text{ Cab. : } 0^f,40 \times 365 = 146 \text{ fr.} \\ b) \text{ Lundis : } 3^f,50 \times 52 = 182 \text{ fr.} \\ c)\ 146^f + 182^f = 328 \text{ fr.} \end{cases}$

Rép.   328^f $\times$ 40 = 13 120 *fr.*

***351.** — Par jour, un ouvrier gagne 4^f,50 et boit, en moyenne, 0^l,30 d'eau-de-vie à 2 fr. le litre. Il ne travaille pas le lundi et dépense, outre son eau-de-vie, 2f,50 au cabaret. S'il économisait la somme ainsi perdue, combien aurait-il au bout de 25 ans? *(Ardennes.)*

Économie en 25 ans = Somme dépensée par an × 25.

Somme dép. par an. { *a)* Eau-de-vie : 2f × 0,30 × 365 = 219 fr.
{ *b)* 52 lundis : (4f,5 + 2f,5) × 52 = 364 fr.
{ *c)* 219f + 364f = 583 fr.

Rép. 583f × 25 = 14 575 *fr.*

*352. — Un ouvrier consomme chaque jour au cabaret un verre d'eau-de-vie à 0f,15 et 2 apéritifs à 0f,30; il y perd, en outre, une heure de travail évaluée 0f,45. Dans une année, il a 58 jours de repos pendant lesquels sa dépense au cabaret est doublée. Quelle somme économiserait-il en 20 ans s'il n'allait pas au cabaret? *(Meurthe-et-Moselle.)*

Économie en 20 ans = Somme perdue par an × 20.

Par an. { *a)* Dép. ord.: 0f,15 + 0f,3 × 2 = 0f,75; 0f,75 × 365 = 273f,75.
{ *b)* H. de trav.: 365 — 58 = 307 j.; 0f,4 × 307 = 138f,15.
{ *c)* Jours de repos : 0f,75 × 58 = 43f,5.
{ *d)* Total : 273f,75 + 138f,15 + 43f,5 = 455f,40.

Rép. 455f,40 × 20 = 9 108 *fr.*

P. 40.

*REVISION

**Problèmes. — 353. — Un ouvrier a pu placer à la Caisse d'épargne 35 fr. par mois pendant 11 mois de l'année et 45 fr. le 12e mois. Dans son année, il a dépensé 1 095 fr. On demande : 1º combien il a gagné par jour s'il a travaillé 305 jours; 2º quelle a été sa dépense journalière moyenne? *(Meuse.)*

I. *Gain par jour* = Gain annuel : Nombre de jours de travail (305).

Gain annuel : { *a)* Economies ; 35f × 11 + 45f = 430 fr.
{ *b)* 430f + 1 095f = 1 525 fr.

Rép. 1 525f : 305 = 5 *fr.*

II. *Dépense par jour* = 1 095f : 365. *Rép.* 3 *fr.*

**354. — Une lingère gagne 2f,50 par journée de travail; elle dépense chaque année 70 fr. pour son logement et 80 fr. pour son entretien. Elle voudrait économiser 200 fr. A combien par jour doit-elle fixer ses autres dépenses? (Elle a 56 jours de repos par an.) *(Haute-Saône.)*

Dépense par jour = Ce qui lui reste : 365.

Reste. { *a)* Gain : 2f,50 × (365 — 56) = 772f,50.
{ *b)* Dépenses : 70f + 80f + 200f = 350 fr.
{ *c)* 772f,50 — 350f = 422f,50.

Rép. 422f,50 : 365 = 1f,15.

**355. — Un ouvrier économise 237f,75 par an. Sa dépense est en moyenne de 2f,90 par jour. Quel est son salaire par journée de travail, s'il a 60 jours de repos? *(Loir-et-Cher.)*

Salaire journalier = Salaire annuel : Nombre de jours de travail.

1º Salaire annuel. { *a)* Dépense : 2f,90 × 365 = 1 058f,50.
{ *b)* 1 058f,50 + 237f,75 = 1 296f,25.

2º N. de jours de travail : 365 — 60 = 305 j. *Rép.* 1 296f,25 : 305 = 4f,25.

**356. — Travaillant à l'aiguille, une couturière met 15 jours pour confectionner une douzaine de chemises, dont la façon lui est payée 1f,75

par chemise. Avec une machine à coudre, elle ferait ce travail en 6 jours.
Dans ce cas, combien gagnerait-elle de plus par jour?   (*Loiret.*)

Gain supplémentaire par jour = Gain avec la machine — Gain primitif.

1° Gain par jour avec la machine. $\Big\{$ *a*) En 6 jours : $1^f,75 \times 12 = 21$ fr.
b) $21^f : 6 = 3^f,50.$

2° Gain primitif : $21^f : 15 = 1^f,40.$ *Rép.* $3^f,50 - 1^f,40 = 2^f,10.$

357. — Un ouvrier achetait chaque jour $1^l,50$ de vin pour la consommation de sa famille. Maintenant, il achète son vin par pièces de
225 l., qui lui coûtent chacune 90 fr. Quel avantage aura-t-il ainsi par
an s'il payait son vin au détail $0^f,50$ le litre?   (*Rhône.*)

Bénéfice par an = Bénéfice par jour $\times$ 365.

Bénéf. par jour. $\Big\{$ *a*) B. par litre : $90^f : 225 = 0^f,40 ;$
$0^f,50 - 0^f,40 = 0^f,10.$ *b*) $0^f,10 \times 1,5 = 0^f,15.$
Rép. $0^f,15 \times 365 = 54^f,75.$

358. — Combien doit travailler de jours par an une ouvrière qui désire économiser $382^f,50$, si elle gagne 6 fr. par journée de travail et si
sa dépense journalière s'élève à $3^f,90$?   (*Allier.*)

Nombre de jours de travail = Gain annuel : Gain par jour (6 fr.).

Gain annuel. $\Big\{$ *a*) Dépense : $3^f,90 \times 365 = 1\,423^f,50.$
b) $1\,423^f,50 + 382^f,50 = 1\,806$ fr.
Rép. $1\,806 : 6 = 301$ *jours.*

359. — Une famille dépense par jour $4^f,20$ de nourriture, $1^f,15$ de
boisson, $2^f,75$ de loyer et d'entretien. Le père gagne $5^f,75$, la mère
$2^f,50$, l'enfant $1^f,85$ pour chacun des 305 jours de travail de l'année.
Combien cette famille peut-elle économiser par an ?   (*Charente.*)

Économie = Gain annuel — Dépense annuelle.

1° Gain annuel. $\Big\{$ *a*) Par jour : $5^f,75 + 2^f,50 + 1^f,85 = 10^f,10.$
b) $10^f,10 \times 305 = 3\,080^f,50.$

2° Dépense annuelle. $\Big\{$ *a*) par jour : $4^f,20 + 1^f,15 + 2^f,75 = 8^f,10.$
b) $8^f,10 \times 365 = 2\,956^f,50.$
Rép. $3\,080^f,50 - 2\,956^f,50 = 124$ *fr.*

360. — Une modiste travaille par semaine 6 jours à $2^f,75$ l'un. Elle
se propose d'économiser 250 fr. durant son année. Combien gagne-t-elle
par an? Combien pourra-t-elle dépenser chaque jour? (*Martinique.*)

I. *Gain annuel* = $2^f,75 \times 6 \times 52.$ *Rép.* 858 *fr.*
II. *Dépense par jour* = Dép. ann. $(858^f - 250^f) : 365.$
Rép. $608^f : 365 = 1^f,66.$

361. — Au lieu d'acheter 2 douzaines de chemises à $6^f,50$ pièce, une
ménagère les fait faire. Quelle économie réalise-t-elle s'il faut par chemise $2^m,80$ de toile à $1^f,30$ le mètre, $0^f,25$ de fournitures, et si l'ouvrière fait 2 chemises en une journée payée $1^f,75$?   (*M.-et-Moselle.*)

Écon. totale = Écon. par chemise $\times$ N. de chem. $(2 \times 12 = 24).$

Écon. par chem. $\Big\{$ *a*) Revient: Toile, $1^f,30 \times 2,80 = 3^f,64.$
Fac. $1^f,75 : 2 = 0^f,875 ;$ $3^f,64 + 0^f,25 + 0^f,875 = 4^f,765.$
b) $6^f,50 - 4^f,765 = 1^f,735.$
Rép. $1^f,735 \times 24 = 41^f,64.$

362. — Un ouvrier dépense par mois $58^f,50$ de nourriture, $14^f,75$
d'entretien, et, par année, $86^f,50$ de frais divers. Il place 75 fr. par trimestre à la Caisse d'épargne. Combien gagne-t-il annuellement? Dans

combien d'années pourrait-il, avec ses économies acheter une maison estimée 3 300 fr.ʔ   (*Meuse.*)

I. *Gain annuel* = Dépenses + Economies annuelles.

1° Dépenses. { *a*) Nourrit. et entret. : Par mois, $58^f,50 + 14^f,75 = 73^f,25$.
    { Par an, $73^f,25 \times 12 = 879$ fr.
    { *b*) $879^f + 86^f,50 = 965^f,50$.

2° Econ. ann.: $75^f \times 4 = 300$ fr. *Rép.* $965^f,50 + 300^f = 1\,265^f,50$.

II. *Temps :* $3\,300 : 300$. *Rép.* 11 *ans.*

363. — Un ouvrier qui pourrait travailler 305 jours par an gagne $4^f,60$ par jour de travail. Combien gagnerait-il par an? Combien lui reste-t-il sur cette somme s'il ne travaille pas le lundi et dépense en moyenne ce jour-là $2^f,50$ au cabaret ? (*Seine-et-Marne.*)

I. *Rép.* *Il pourrait gagner* $4^f,60 \times 305 = 1\,403$ *fr.*
II. *Ce qui lui reste* = 1 403 fr. — Somme perdue le lundi en 1 an·

Somme perdue. { *a*) Par lundi : $4^f,60 + 2^f,50 = 7^f,10$.
    } *b*) Par an : $7^f,10 \times 52 = 369^f,20$.

Rép. $1\,403^f — 369^f,20 = 1\,033^f,80$.

364. — Un ouvrier calcule que, s'il dépense $3^f,75$ par jour, il lui manquera $1^f,15$ au bout de la semaine. Quel est son gain hebdomadaire? S'il veut économiser 2 fr. par semaine, à combien au plus doit s'élever sa dépense journalière ? (*Aude.*)

I. *Gain hebdomadaire* = Dép. qu'il ferait — Ce qui lui manquerait $(1^f,15)$.
Rép. $3^f,75 \times 7 — 1^f,15 = 26^f,25 — 1^f,15 = 25^f,10$.
II. *Dépense journalière* = Dépense hebdomadaire : 7.
Dép. hebd. : $25^f,10 — 2^f = 23^f,10$. *Rép.* $23^f,10 : 7 = 3^f,30$.

P. 41.   **DOUZAINE, CENT, MILLE**

Exercice oral. — *Combien d'œufs* dans : 1, 2, 3..., 12 douzaines (la grosse)?

Rép. 12; 24; 36;.... 144 *œufs.*

Combien de douzaines dans : 120, 60, 84, 96, 108, 36, 144, 132 œufs?
Rép. 10; 5; 7; 8; 9; 3; 12; 11 *douzaines.*

Combien d'œufs dans:
1° la moitié, le tiers, le quart d'une douzaine?
2° une douzaine un tiers, 2 douz. un quart, 3 douz. et demie?
1° *Rép.* 6 *œufs;* 4 *œufs;* 3 *œufs.* 2° 16 *œufs;* 27 *œufs;* 42 *œufs.*

Enoncer les nombres suivants en prenant la *centaine pour unité :*
800, 4 000, 350, 784.

Rép. 8 *centaines;* 40 *centaines;* 3centaines,5 ; 7centaines,84.

Que valent la moitié, le quart (quarteron), le cinquième de 100?
Rép. 50; 25; 20.

Problèmes. — 365. — J'ai acheté des pêches à 15 fr. le cent ; je les ai vendues à raison de 4 pour $0^f,70$ et j'ai gagné ainsi $4^f,50$. Combien ai-je vendu de douzaines de pêches? (*Gers.*)

Solution. — Le **nombre des douzaines** vendues est le quotient du *bénéfice total* $(4^f,50)$ par le *bénéfice fait sur une douzaine.*

1. Le *bénéfice fait sur une douzaine* est la différence entre son prix de vente et son prix d'achat.

    a. Prix de vente de la douzaine (3 fois 4) : $0^f,70 \times 3 = 2^f,10$.

    b. Prix d'achat.....$\begin{cases} \text{Prix d'une} : 15^f : 100 = 0^f,15. \\ \text{Prix de douze} : 0^f,15 \times 12 = 1^f,80. \end{cases}$

    c. Bénéfice sur une douzaine : $2^f,10 - 1^f,80 = 0^f,30$.

2. Nombre des douzaines vendues : $4,50 : 0,30 = $ **15 douzaines.**

366. — Le cent de bouteilles vaut $25^f,25$. Combien paiera-t-on pour 160 bouteilles?

Rép. $25^f,25 \times 1,6 = 40^f,40$.

367. — Une personne achète 25 douzaines de pommes à $7^f,50$ le cent et donne en paiement une pièce de 20 fr. et une pièce de 5 fr. Combien doit-on lui rendre? *(Haute-Saône.)*

Somme à rendre $=$ Somme versée $-$ Prix des pommes.
1. Somme versée : $20^f + 5^f = 25$ fr.

2. Prix des pommes. $\begin{cases} a) \text{ Nombre} : \quad 12^p \times 25 = 300 \text{ p. } ou \text{ 3 cents.} \\ b) \text{ Prix} : \quad 7^f,50 \times 3 = 22^f,50. \end{cases}$

Rép. $25^f - 22^f,50 = 2^f,50$.

368. — Une boîte de plumes en contient une grosse. Combien pourra-t-on remplir de boîtes avec 1 872 plumes? Combien vaudra la boîte si le cent de plumes coûte $0^f,75$? *(Ille-et-Vilaine.)*

  I. *Rép.* $1872 : 144 = 13$ *boîtes.*
  II. *Rép.* $0^f,75 \times 1,44 = 1^f,08$.

369. — On revend, à raison de 2 fr. la douzaine, des crayons qui reviennent à $12^f,50$ le cent. Combien faut-il en vendre de douzaines pour réaliser un bénéfice de 6 fr.? *(Seine.)*

Nombre de douz. $=$ Bénéf. total (6 fr.) $:$ Bénéf. sur 1 douzaine.
Bénéf. sur 1 douz. : *a)* Achat, $12^f,50 \times 0,12 = 1^f,50$. *b)* $2^f - 1^f,50 = 0^f,50$.
Rép. $6 : 0,50 = 12$ *douzaines.*

370. — Un faïencier a acheté des assiettes à raison de $13^f,50$ le cent; il les revend à raison de $2^f,25$ la douzaine. Combien gagne-t-il sur 300 assiettes? *(Loiret.)*

Bénéfice total $=$ Bénéfice sur 1 cent $\times$ N. de centaines (3).
Bénéf. sur 1 cent. $\begin{cases} a) \text{ P. de vente du cent} : \quad 2^f,25 : 12 = 0^f,1875; \\ \quad 0^f,1875 \times 100 = 18^f,75. \\ b) \text{ } 18^f,75 - 13^f,50 = 5^f,25. \end{cases}$
Rép. $5^f,25 \times 3 = 15^f,75$.

***371.** — Un libraire a acheté 25 milliers de plumes qu'il a payées, savoir : la moitié à 9 fr. le mille et l'autre moitié à $1^f,10$ le cent. Combien lui coûte le tout? *(Pas-de-Calais.)*

Prix total $=$ P. de la 1re moitié $+$ Prix de la 2e moitié.
Prix de la 1re moitié. $\begin{cases} a) \text{ Moitié} : \quad 25^{mille} : 2 = 12^{mille},5. \\ b) \text{ } 9^f \times 12,5 = 112^f,50. \end{cases}$
Prix de la 2e moitié. $\begin{cases} a) \text{ } 12^{mille},5 = 125 \text{ cents.} \\ b) \text{ } 1^f,10 \times 125 = 137^f,50. \end{cases}$
Rép. $112^f,50 + 137^f,50 = 250$ *fr.*

***372.** — Une fermière a 24 poules qui lui coûtent chacune $0^f,04$ de nourriture par jour et produisent ensemble 3 360 œufs dans une année.

En vendant ses œufs, elle fait un bénéfice de 45 fr.; combien vend-elle en moyenne la douzaine d'œufs? *(Drôme.)*

Prix de vente d'une douzaine = P. de vente total : Nombre de douz.

P. de vente total. { *a)* Dép. par an : $0^f.04 \times 24 \times 365 = 350^f,40$.
{ *b)* $350^f,40 + 45^f = 395^f,40$.

N. de douz. : $3360 : 12 = 280$ douz. *Rép.* $395^f,40 : 280 = 1^f,41$.

*373. — Une fermière vend au marché 38 paires de poulets à $4^f,50$ la paire, et 18 quarterons d'œufs à 8 fr. le cent. Elle paye une dette de 96 fr. Quelle somme lui reste-t-il? *(Nord.)*

Reste = Prix total — Dette (96 fr.).

Prix total. { *a)* Poulets : $4^f,50 \times 38 = 171$ fr.
{ *b)* OEufs : 18 quarter. = $18 : 4 = 4^{cents},5$; $8^f \times 4,5 = 36$ fr.
{ *c)* $171^f + 36^f = 207$ fr.

Rép. $207^f - 96^f = 111$ *fr.*

P. 42.

*13e ET 4 AU CENT EN SUS

Exercice oral. — Si on vous donne le 13e en sus :

1° Combien *recevez-vous* d'œufs quand vous en demandez 2 douzaines? 4 douzaines? 60? 84?

Rép. $13 \times 2 = 26$; $13 \times 4 = 52$; $13 \times (60 : 12) = 65$; $13 \times (84 : 12) = 91$.

2° Combien *demandez-vous* de douzaines d'œufs quand vous recevez 39 œufs? 65 œufs? 91 œufs?

Rép. $39 : 13 = 3$ *douz.*; $65 : 13 = 5$ *douz.*; $91 : 13 = 7$ *douz.*

3° Combien demandez-vous d'œufs quand vous en recevez 65?

Rép. $12 \times (65 : 13) = 60$ *œufs.*

Problèmes. — **374.** — J'achète des fagots à 39 fr. le cent, à condition d'en recevoir 4 *en plus par cent.* On m'en livre 936. Combien dois-je? *(Doubs.)*

Solution. — **Ma dette** est le produit de 39 fr. par le *nombre de centaines* que j'ai demandé.

1. Le *nombre de centaines demandé* est le quotient de 936 par le *nombre de fagots livrés pour* 100 (100 + 4) : $936 : 104 = 9$ centaines.

2. **Dette** : $39^f \times 9 = 351$ **fr.**

375. — Un libraire achète, chez un éditeur, 12 volumes à $3^f,90$ l'un; il obtient le 13e gratis. A combien lui revient réellement le volume?

Prix de revient = Prix total : Nombre des volumes reçus (13).
Prix total : $3^f,90 \times 12 = 46^f,80$. *Rép.* $46^f,80 : 13 = 3^f,60$.

376. — Un libraire qui achète 6 douz de livres à $2^f,50$ l'un, en reçoit 13 pour 12. Il les revend $3^f,25$ l'un. Quel est son gain? *(S.-Inf^{re}.)*

Gain = Prix de vente — Prix d'achat.

1° P. de vente. { *a)* Nombre : $13^{vol.} \times 6 = 78$ volumes.
{ *b)* $3^f,25 \times 78 = 253^f,50$.

2° P. d'achat : $2^f,50 \times 12 \times 6 = 180$ fr. *Rép.* $253^f,50 - 180^f = 73^f,50$.

377. — Un coutelier achète 60 douzaines de couteaux qu'il a payés 50 fr. la grosse, et on lui en donne 13 pour 12. S'il les revend $0^f,50$ pièce, combien gagnera-t-il en tout? *(Manche.)*

Bénéfice total = Prix de vente — Prix d'achat.

1° Prix de vente. { *a)* Nombre : $13^e \times 60 = 780$ cout.
{ *b)* $0^f,50 \times 780 = 390$ fr.

2° Prix d'achat. { *a)* $60^{douz.} = 60 : 12 = 5$ **grosses.**
{ *b)* $50^f \times 5 = 250$ fr.

Rép. $390^f - 250^f = 140$ *fr.*

378. — Un libraire achète 84 volumes à 3^f,50. Il reçoit le 13e gratis. Combien doit-il revendre chaque volume, s'il veut gagner 88^f,20 sur son marché? *(Ardennes.)*

P. *de vente d'un volume* = P. de vente total $\vdots$ N. de volumes reçus.

1° P. de vente tot. $\begin{cases} a) \text{ Achat: } 3^f,50 \times 84 = 294 \text{ fr.} \\ b) 294^f + 88^f,20 = 382^f,20. \end{cases}$

2° Nombre de vol. $\begin{cases} a) \text{ N. de douz.: } 84 \vdots 12 = 7 \text{ douz.} \\ b) 13^{vol.} \times 7 = 91 \text{ volumes.} \end{cases}$

Rép. $382^f,20 \vdots 91 = 4^f,20.$

379. — Une marchande de porcelaine a reçu 624 assiettes, dont 4 en sus par 100. Elle les a payées 1^f,50 la douzaine et les a vendues 0^f,15 la pièce. Quel est son bénéfice? *(Côte-d'Or.)*

Bénéfice = Prix de vente — Prix d'achat.
1° Vente : $0^f,15 \times 624 = 93^f,60.$

2° Achat. $\begin{cases} a) \text{ N. de douz. payé: } 624 \vdots 104 = 6 \text{ cent.; } 600 \vdots 12 = 50 \text{ douz.} \\ b) 1^f,50 \times 50 = 75 \text{ fr.} \end{cases}$

Rép. $93^f,60 - 75^f = 18^f,60.$

380. — Un marchand a acheté des chemises à raison de 36 fr. la douzaine. Il reçoit gratis une 13e chemise par douzaine. Il les revend 4 fr. la pièce et fait ainsi un bénéfice de 64 fr. Combien a-t-il acheté de douzaines de chemises? *(Allier.)*

Nombre de douzaines = Bénéf. total (64 fr.) $\vdots$ Bénéf. à la douz.
B. à la douz.: $a)$ Vente : $4^f \times 13 = 52$ fr. $b) 52^f - 36^f = 16$ fr.
Rép. $64 \vdots 16 = 4$ *douzaines.*

381. — Une fermière vend ses œufs 0^f,07 pièce; mais elle en donne 13 pour 12. Le produit de sa vente s'élève à 12^f,60. Combien d'œufs a-t-elle livrés? *(Meuse.)*

Nombre d'œufs livrés = $13 \times$ N. des douz. vendues.

N. des douz. vendues. $\begin{cases} a) \text{ P. d'une : } 0^f,07 \times 12 = 0^f,84. \\ b) 12,60 \vdots 0,84 = 15 \text{ douz.} \end{cases}$

Rép. $13^{ee} \times 15 = 195$ *œufs.*

382. — Un coutelier reçoit 533 couteaux qu'il paye 11^f,20 la douzaine avec le 13e gratis. Combien gagne-t-il sur le tout, en revendant ses couteaux 1^f,05 pièce? *(Yonne.)*

Bénéfice = Prix de vente — Prix d'achat.
1° Prix de vente : $1^f,05 \times 533 = 559^f,65.$

2° P. d'achat. $\begin{cases} a) \text{ N. de douz.: } 533 \vdots 13 = 41 \text{ douz.} \\ b) 11^f,20 \times 41 = 459^f,20. \end{cases}$

Rép. $559^f,65 - 459^f,20 = 100^f,45.$

383. — Une fermière a 52 poules qui ont pondu chacune 83 œufs en un an. Elle vend les œufs 0^f,90 la douzaine et donne le 13e en plus. Quel produit net retire-t-elle de ses œufs, sachant que pour la nourriture de ses poules elle dépense 0^f,70 de grain par jour? *(Nord.)*

Bénéfice = Prix de vente — Dépenses de nourriture.

1° Prix de vente. $\begin{cases} a) \text{ N. de douz. } 83^{ee} \times 52 = 4316 \text{ œ.; } 4316 \vdots 13 = 332 \text{ d.} \\ b) 0^f,90 \times 332 = 298^f,80. \end{cases}$

2° Dép.: $0^f,70 \times 365 = 255^f,50.$ *Rép.* $298^f,80 - 255^f,50 = 43^f,30.$

384. — Un libraire a acheté un certain nombre de volumes à 1^f,50, à condition qu'on lui en donnerait 13 pour 12. Il en a reçu 936. Combien a-t-il revendu le volume, s'il a gagné 564 fr. sur le tout, bien qu'il ait donné gratuitement 6 volumes comme spécimens? (*P.-de-Calais.*)

Prix de vente d'un volume = P. de vente tot. : N. des volumes vendus.

1° P. de vente tot. $\begin{cases} a) \text{ P. d'achat : } 936 : 13 = 72 \text{ d. ou } 12 \times 72 = 864 \text{ v.} \\ 1^f,50 \times 864 = 1\,296 \text{ fr.} \quad b) \text{ } 1\,296^f + 564^f = 1\,860 \text{ fr.} \end{cases}$

2° N. des vol. vendus : $936^{vol} - 6^{vol} = 930$ vol. *Rép.* $1\,860^f : 930 = 2$ *fr.*

P. 43.
*DÉCHET

I. **Problèmes.** — **385.** — Une ménagère achète $3^m,50$ de toile pour $7^f,80$. Au blanchissage, la toile se raccourcit de $0^m,25$. A combien revient le mètre de toile blanchie? (*Aube.*)

Explication. — Le **prix du mètre de toile blanchie** est le quotient du *prix d'achat total* ($7^f,80$) par la *quantité restante* ($3^m,5 - 0^m,25$).

Quantité restante = $3^m,5 - 0^m,25 = 3^m,25$. *Rép.* $7^f,8 : 3,25 = 2^f,40$.

386. — Un marchand achète 10 pièces de vin de 212 l. chacune pour $1\,407^f,60$. Chaque pièce contient en moyenne 5 l. de lie. A combien revient le litre de vin? (*Hérault.*)

P. de rev. du litre = P. d'une pièce : N. de lit. de vin clair.
1. P. d'une pièce = $1\,407^f,6 : 10 = 140^f,76$.
2. Vin clair par pièce = $212^l - 5^l = 207^l$. *Rép.* $140^f,76 : 207 = 0^f,68$.

387. — Un homme fait venir une pièce de vin de 228 l. qui lui coûte 122 fr.; il paye en outre 10 fr. pour le transport, 16 fr. pour les droits, $7^f,50$ pour la mise en bouteilles. Sachant qu'il perd 3 l. de lie et vend le tonneau $4^f,75$, à combien lui revient le litre de vin? (*Rhône.*)

P. de revient du litre = P. de rev. total : N. de lit. de vin clair.

1. P. de rev. tot. $\begin{cases} a) \text{ } 122^f + 10^f + 16^f + 7^f,50 = 155^f,5. \\ b) \text{ } 155^f,5 - 4^f,75 = 150^f,75. \end{cases}$

2. N. de lit. de vin clair = $228^l - 3^l = 225^l$.
Rép. $150^f,75 : 225 = 0^f,67$.

388. — Une personne achète 9 tonneaux de vin de 220 l. à 23 fr. l'hectolitre. Elle paye en outre pour le tout $72^f,25$ de transport et $45^f,30$ de droits. Il y a dans chaque tonneau 4 l. de lie. A combien revient le litre de vin clair? (*Pas-de-Calais.*)

P. du l. de vin clair = P. de rev. tot. : N. de lit. de vin clair.

1. Rev. tot. $\begin{cases} a) \text{ Vin} = 220^l \times 9 = 1\,980^l \text{ ou } 19^{hl},8; \quad 23^f \times 19,8 = 455^f,40. \\ b) \text{ } 455^f,40 + 72^f,25 + 45^f,30 = 572^f,95. \end{cases}$

2. Vin clair = $(220^l - 4^l) \times 9 = 1\,944^l$. *Rép.* $572^f,95 : 1944 = 0^f,29$.

II. 389. — Une pièce de drap de 25 m. a été payée $6^f,75$ le mètre. Une partie ayant été détériorée, le mètre du reste revient à $7^f,50$; quelle est *la longueur de ce reste?* (*Vendée.*)

Explication. — La **longueur du reste** est le quotient du *prix total* ($6^f,75 \times 25$) par le *prix de revient du mètre* ($7^f,50$).

Prix tot. = $6^f,75 \times 25 = 168^f,75$. *Rép.* $168,75 : 7,5 = 22^m,50$.

390. — Une pièce de toile écrue de 90 m. revient à $154^f,35$. Au blanchissage, la pièce a raccourci et le mètre revient alors à $1^f,80$. De combien la pièce a-t-elle raccourci? (*Seine.*)

Raccourcissement = Long. tot. (90 m.) — Long. du reste.
Long. du reste = $154,35 : 1,8 = 85^m,75$. *Rép.* $90^m - 85^m,75 = 4^m,25$.

391. — Un faïencier avait acheté 1 000 assiettes à 19 fr. le cent. Il en casse un certain nombre et revend le reste à 0^f,25 l'assiette, en faisant un bénéfice de 38^f,75. Combien avait-il cassé d'assiettes? (*Doubs.*)

Nombre d'assiettes cassées = N. total (1 000) — N. restant.

N. rest. { *a*) P. de vente : 19^f × 10 = 190 fr.;   190^f + 38^f,75 = 228^f,75.
{ *b*) 228,75 : 0,25 = 915 ass.

Rép.   1 000^{ass} — 915^{ass} = 85 *assiettes.*

III. 392. — Un faïencier avait acheté 60 vases à fleurs pour 72 fr. Il en trouve 8 de cassés et revend les autres à 1^f,75 pièce. *Quel bénéfice* réalise-t-il?   (*Seine-Inférieure.*)

Explication. — 1° Le **bénéfice** est la différence entre le *prix de vente* et le *prix d'achat* (72^f).

2° Le *prix de vente* est le produit du prix de vente de l'unité (1^f,75) par la quantité restante (60 — 8).

a) 60^v — 8^v = 52^v.   *b*) 1^f,75 × 52 = 91 fr.
Rép.   91^f — 72^f = 19 *fr.*

393. — Un marchand achète 2 340 bouteilles à raison de 1^f,25 la douzaine. Il les vend 15 fr. le cent. Quel bénéfice a-t-il réalisé s'il a cassé 32 bouteilles?   (*Seine-Inférieure.*)

Bénéfice = P. de vente — P. d'achat.

1. P. de vente. { *a*) Reste = 2 340^b — 32^b = 2 308 b.
{ *b*) 15^f × 23,08 = 346^f,20.

2. P. d'achat. { *a*) douz. 2 340 : 12 = 195.
{ *b*) 1^f,25 × 195 = 243^f,75.

Rép.   346^f,20 — 243^f,75 = 102^f,45.

394. — Une fermière a acheté 5 douzaines de jeunes poussins à 0^f,30 l'un. Elle a dépensé 24 fr. pour les élever; 16 ont péri et les poulets ont été vendus à 3 fr. la paire. Quel a été son bénéfice?   (*Nord.*)

Bénéfice = Prix de vente — Prix de revient.

1. P. de vente. { *a*) Reste :   60^p — 16^p = 44 poul. ou 22 paires.
{ *b*) 3^f × 22 = 66 fr.

2. P. de revient. { *a*) Achat :   12^p × 5 = 60 p. ;   0^f,3 × 60 = 18 fr.
{ *b*) 18^f + 24^f = 42 fr.

Rép.   66^f — 42^f = 24 *fr.*

395. — Un marchand de vin achète 8 pièces de vin de 225 l. chacune, à raison de 112 fr. la pièce. Il paye en outre 0^f,10 par litre de frais divers. Il y a dans chaque pièce 4^l,5 de lie. Combien gagne-t-il en vendant son vin 0^f,75 le litre?   (*Somme.*)

Bénéfice total = Bénéf. par pièce × N. de pièces (8).

B. par pièce. { *a*) Vte : 225^l — 4^l,5 = 220^l,5;   0^f,75 × 220,5 = 165^f,375.
{ *b*) Rev : 0^f,10 × 225 = 22^f,5;   112^f + 22^f,5 = 134^f,5.
{ *c*) 165^f,375 — 134^f,5 = 30^f,875.

Rép.   30^f,875 × 8 = 247 *fr.*

DÉCHET (suite).   P. 44.

IV. Problèmes. — **396**. — On a acheté à 5^f,25 le mètre 730 m. d'étoffe dont 12^m,50 se sont trouvés endommagés. *A quel prix a-t-on revendu le mètre du reste* pour gagner 831^f,25?   (*Vosges.*)

Explication. — Le **prix de vente du mètre du reste** est le quotient du *prix de vente total* par la *quantité restante.*

1. P. de vente. { *a*) Achat : 5^f,25 × 730 = 3 832^f,5.
{ *b*) 3 832^f,5 + 831^f,25 = 4 663^f,75.

2. Reste = 730^m — 12^m,5 = 717^m,5.   *Rép.*   4 663^f,75 : 717,5 = 6^f,50.

397. — On a fait sécher 85 kg. de savon achetés 0ᶠ,70 le kilogramme. Le savon a ainsi perdu 8ᵏᵍ,750 de son poids primitif. Combien faut-il vendre le kilogramme de savon sec pour gagner 20ᶠ,65? (*Vosges.*)

Prix de vente du kg. de savon sec = P. de vente tot. : Poids du reste.
1. P. de v. tot. :   *a)* Achat = 0ᶠ,7 × 85 = 59ᶠ,5;   *b)* 59ᶠ,5 + 20ᶠ,65 = 80ᶠ,15.
2. Poids du reste :   85ᵏᵍ — 8ᵏᵍ,75 = 76ᵏᵍ,25.   *Rép.*   80ᶠ,15 : 76,25 = 1ᶠ,05.

398. — Un marchand a acheté 3 douzaines de vases à 5ᶠ,20 l'un; il en a cassé 5. Combien a-t-il vendu chacun des autres s'il a gagné 14ᶠ,30 sur le tout? (*Finistère.*)

P. de vente d'un des vases rest. = P. de vente tot. : Quant. rest.
1. P. de vente tot. { *a)* Achat = 5ᶠ,20 × 12 × 3 = 187ᶠ,2.
{ *b)* 187ᶠ,2 + 14ᶠ,3 = 201ᶠ,50.
2 Reste = 36ᵛ — 5ᵛ = 31 v.   *Rép.*   201ᶠ,5 : 31 = 6ᶠ,50.

399. — Un faïencier achète 1 000 assiettes à 19 fr. le cent; il en casse 75 dans le transport; il revend le reste et gagne encore 41ᶠ,25 sur ce marché. Combien a-t-il revendu chaque assiette? (*Maine-et-Loire.*)

Prix de vente d'une des ass. restantes = P. de vente tot. : Quant. rest.
1. P. de v. total. { *a)* Achat = 19ᶠ × 10 = 190 fr.
{ *b)* 190ᶠ + 41ᶠ,25 = 231ᶠ,25.
2. Reste = 1 000ᵃ — 75ᵃ = 925 ass.   *Rép.*   231ᶠ,25 : 925 = 0ᶠ,25.

400. — On achète 6 pièces de vin de chacune 220 l. à 0ᶠ,46 le litre. Chaque pièce contient 5 l. de lie. Combien doit-on revendre le litre pour gagner 360ᶠ,30? (*Sarthe.*)

P. de vente du litre = P. de vente tot. : Quant. restante.
1. P. de vente tot. { *a)* Achat : 220ˡ × 6 = 1 320 l.;   0ᶠ,46 × 1 320 = 607ᶠ,20.
{ *b)* 607ᶠ,20 + 360ᶠ,3 = 967ᶠ,50.
2. Reste :   *a)* Lie :   5ˡ × 6 = 30 l.   *b)* 1 320ˡ — 30ˡ = 1 290 l.
Rép.   967ᶠ,5 : 1 290 = 0ᶠ,75.

401. — Une domestique porte au marché 8 douzaines d'œufs qu'elle doit vendre 0ᶠ,75 la douzaine; elle en casse une demi-douzaine en route. Combien doit-elle vendre la douzaine de ce qui lui reste pour rapporter à sa maîtresse la somme exigée? (*Lot-et-Garonne.*)

P. de vente de la douz. du reste = P. convenu : N. des douz. rest.
1° Prix convenu = 0ᶠ,75 × 8 = 6 fr.
2° Reste : 7ᵈ,5.   *Rép.*   6ᶠ : 7,5 = 0ᶠ,80.

402. — Un marchand achète 2 400 assiettes au prix de 19 fr. le cent. Les frais de transport se sont élevés à 12 fr; à l'arrivée, 42 assiettes étaient cassées. Combien devra-t-on vendre la douzaine pour faire un bénéfice de 121ᶠ,50? (*Aube.*)

P. de vente de la douz. du reste = P. de vente tot. : N. des douz. du reste.
1. P. de vente tot. { *a)* Achat : 19ᶠ × 24 = 456 fr.
{ *b)* 456ᶠ + 12ᶠ + 121ᶠ,5 = 589ᶠ,50.
2. N. des douz. du reste :   2 400ᵃˢˢ. ou 200ᵈ — 42ᵃˢˢ. ou 3ᵈ,5 = 196ᵈ,5.
Rép.   589ᶠ,5 : 196,5 = 3 *fr.*

403. — Un marchand achète 250 moutons pour 6 000 fr. Il en revend 32 avec une perte de 5 fr. par tête. La maladie lui en enlève 8, à quel prix doit-il revendre chacun de ceux qui lui restent pour faire un bénéfice de 2 609 fr. sur son marché? (*Eure-et-Loir.*)

P. de vente d'un des moutons rest. = P. de v. du reste : Quant. rest.
1. P. de v. du reste. { *a)* P. de V. total : 6 000ᶠ + 2 609ᶠ = 8 609 fr.
{ *b)* 1ʳᵉ V. : (6 000ᶠ : 250) — 5ᶠ = 24ᶠ — 5ᶠ = 19 fr.;
{ 19ᶠ × 32 = 608 fr.   *c)* 8 609ᶠ — 608ᶠ = 8 001 fr.
2. Reste = 250 — (32 + 8) = 210 mout.   *Rép.*   8 001ᶠ : 210 = 38ᶠ,10.

V. 404. — Un marchand comptait vendre des vases $1^f,50$ pièce; il en casse 12, et, pour faire le même bénéfice, il augmente le prix de chaque vase de $0^f,30$. *Combien avait-il de vases ?*   (*Nord.*)

Explication. — 1° Le **nombre des vases qu'il avait** est la somme de la *quantité vendue* et de la *quantité cassée*.

2° La *quantité vendue* est le quotient du prix de la quantité cassée ($1^f,5 \times 12$) par l'augmentation de prix de chaque vase ($0^f,30$).

  a) P. de quant. cassée $= 1^f,5 \times 12 = 18$ fr.   *b*) Quant. vendue : $18 : 0,3 = 60$.
Rép. $60^v + 12^v = 72$ *vases.*

405. — Une fermière porte au marché des œufs qu'elle se propose de vendre $0^f,075$ pièce. Elle casse 10 œufs, et, en faisant son compte, elle trouve qu'en vendant ses œufs à $0^f,08$ l'un, elle en retirera le même argent. Combien avait-elle d'œufs?   (*Eure.*)

Quantité primitive = Quant. vendue + Quant. cassée (10).

1. Quant. vendue. $\left\{ \begin{array}{l} a) \text{ P. de quant. cassée : } 0^f,075 \times 10 = 0^f,75. \\ b) \text{ Augm. par œuf} = 0^f,08 - 0^f,075 = 0^f,005. \\ c) \ 0,75 : 0,005 = 150 \text{ œufs.} \end{array} \right.$

2. *Rép.* $150^m + 10^m = 160$ *œufs.*

406. — Une marchande porte des œufs au marché où elle doit les vendre $0^f,60$ la douzaine. En route, elle casse 18 œufs. Pour ne rien perdre, elle vend ceux qui lui restent $0^f,75$ la douzaine. Combien avait-elle d'œufs en partant?   (*Meurthe-et-Moselle.*)

Quantité primitive = $12 \times$ N. des douz. en partant.

N. de douz. en partant. $\left\{ \begin{array}{l} a) \text{ Quant. vend. : P. de quant. cass. } (18 \text{ ou } 1^d,5) = 0^f,6 \times 1,5 = 0^f,90. \\ \text{ Augm. : } \ 0^f,75 - 0^f,60 = 0^f,15; \ \ 0,9 : 0.15 = 6 \text{ douz. vendues.} \\ b) \text{ Quant. vend + Casse} = 6 \text{ douz.} + 1^d,5 = 7^d,5. \end{array} \right.$

Rép. $12^{œ} \times 7,5 = 90$ *œufs.*

*REVISION

P. 45.

Problèmes. — 407. — Un marchand a acheté 175 moutons à $18^f,75$; il en perd 9 de maladie et revend les autres 25 fr. l'un. Combien a-t-il gagné ou perdu?   (*Vendée.*)

Bénéfice = Prix de vente — Prix d'achat.
1. P. de vente :   *a*) Reste $= 175 - 9 = 166$ mout.   *b*) $25^f \times 166 = 4\,150$ fr.
2. P. d'achat $= 18^f,75 \times 175 = 3\,281^f,25$.
Rép. $4\,150^f - 3\,281^f,25 = 868^f,75$.

408. — Un marchand achète des verres à $15^f,75$ le cent; il les revend $2^f,40$ la douzaine. Combien doit-il vendre de verres pour gagner $8^f,50$?   (*Eure.*)

Quantité à vendre = Bénéf. total ($8^f,50$) : Bénéf. par verre.

B. par verre. $\left\{ \begin{array}{l} a) \text{ Vente : } 2^f,4 : 12 = 0^f,20. \ \ b) \text{ Achat : } 15^f,75 : 100 = 0^f,1575. \\ c) \ 0^f,20 - 0^f,1\,575 = 0^f,0125. \end{array} \right.$

Rép. $8,50 : 0,0125 = 200$ *verres.*

409. — Une pièce de toile écrue de 85 m. revient à 150 fr. Au blanchissage, la toile a raccourci et le mètre revient alors à $1^f,92$; de combien la pièce a-t-elle raccourci?   (*Gard.*)

Raccourcissement = Longueur totale (85 m.) — Long. du reste.
Long. du reste : $150 : 1,92 = 78^m,125$. *Rép.* $85^m - 78^m,125 = 6^m,875$.

410. — On a acheté, à 6ᶠ,75 le mètre, 739ᵐ,48 d'étoffe, dont 47ᵐ,73 se sont trouvés endommagés. A quel prix a-t-on revendu le mètre du reste pour gagner 966ᶠ,30 ?   (*Gers.*)

P. de vente du m. du reste = P. de vente tot. **:** Quant. restante.

1° P. de v. total. { *a*) Achat = 6ᶠ,75 × 739,48 = 4 991ᶠ,49.
{ *b*) 4 991ᶠ,49 + 966ᶠ,3 = 5 957ᶠ,79.

2° Reste = 739ᵐ,48 — 47ᵐ,73 = 691ᵐ,75.   *Rép.* 5 957ᶠ,79 **:** 691,75 = 8ᶠ,61.

411. — Une fruitière achète 6 paniers de pommes, qui en contiennent chacun 226. Elle paye le panier 10 fr.; mais on lui fait sur le tout une remise de 7ᶠ,50. Elle revend ses pommes 0ᶠ,85 la douzaine. Combien a-t-elle gagné ?   (*Aveyron.*)

Bénéfice = Prix de vente — Prix de revient.

1. P. de vente. { *a*) 226ᵖ × 6 = 1 356 p. ;   1 356 **:** 12 = 113 douz.
{ *b*) 0ᶠ,85 × 113 = 96ᶠ,05.

2. P. de revient. *a*) 10ᶠ × 6 = 60 fr.   *b*) 60ᶠ — 7ᶠ,50 = 52ᶠ,5.

Rép. 96ᶠ,05 — 52ᶠ,5 = 43ᶠ,55.

412. — Une marchande a acheté des œufs pour 142ᶠ,50 à 9ᶠ,50 le cent. Combien en a-t-elle eu de douzaines et combien doit-elle vendre la douzaine pour gagner 13ᶠ,75 sur son marché ?   (*Aube.*)

1. *N. de douz. achetées* : 142,5 **:** 9,5 = 15 cent. *Rép.* 1 500 **:** 12 = 125 *douz.*

II. *P. de vente d'une douz.* = P. de vente tot. **:** N. de douz. (125).

P. de vente tot. = 142ᶠ,5 + 13ᶠ,75 = 156ᶠ,25. *Rép.* 156ᶠ,25 **:** 125 = 1ᶠ,25.

413. — Une personne achète un tonneau de vin de 230 l. Elle paye par hectolitre 28ᶠ,75 d'acquisition, 3ᶠ,50 de transport et 2ᶠ,30 de droits. Il y a dans ce tonneau 3ˡ,75 de lie. A combien revient le litre de vin clair ?   (*Cher.*)

P. du l. de vin clair = P. de revient tot. **:** N. de l. de vin clair.

1. P. de revient total. { *a*) de l'hl. : 28ᶠ,75 + 3ᶠ,5 + 2ᶠ,3 = 34ᶠ,55.
{ *b*) 34ᶠ,55 × 2,3 = 79ᶠ,465.

2. N. de l. de vin clair = 230ˡ — 3ˡ,75 = 226ˡ,25.

Rép. 79ᶠ,465 **:** 226,25 = 0ᶠ,35.

414. — Une marchande achète 27 douzaines de pêches à 1ᶠ,20 la douzaine. On lui en donne 13 pour 12. Quel bénéfice fera-t-elle si elle vend ses pêches à raison de 2 pour 0ᶠ,25 et si elle en a donné 9 à des enfants ?   (*Paris.*)

Bénéfice = Prix de vente — Prix d'achat.

1. P. de vente. { *a*) Quant. vend. : 13ᵖ × 27 = 351 p. ;
{ 351ᵖ — 9ᵖ = 342 p. ou 171 paires. *b*) 0ᶠ,25 × 171 = 42ᶠ,75.

2. P. d'achat : 1ᶠ,2 × 27 = 32ᶠ,40. *Rép.* 42ᶠ,75 — 32ᶠ,40 = 10ᶠ,35.

415. — Une personne achète des volumes à 3ᶠ,25. Elle en reçoit 65 qu'elle vend 3ᶠ,75 l'un. Combien a-t-elle gagné, sachant qu'on lui en a livré 13 pour 12 ?   (*Meurthe-et-Moselle.*)

Bénéfice = Prix de vente — Prix d'achat.

1. P. de vente = 3ᶠ,75 × 65 = 243ᶠ,75.

2. P. d'achat : *a*) Quant. = 65 **:** 13 = 5 douz. ou 60. *b*) 3ᶠ,25 × 60 = 195 fr.

Rép. 243ᶠ,75 — 195ᶠ = 48ᶠ,75.

416. — Un particulier achète 1 240 fagots à 15 fr. le cent, à condition qu'on lui en donne 5 de plus par cent. Combien doit-il recevoir de fagots, et quelle somme doit-il ?   (*Nièvre.*)

I. *Quantité reçue* = Quant. achet. (1 240 f.) + Quant. donnée en plus.
Quant. en plus = 5 × 12,4 = 62 fag. *Rép.* 1 240 + 62 = 1 302 *fagots.*

II. *Dette :* 15ᶠ × 12,4. *Rép.* 186 *fr.*

417. — Un coutelier achète 720 couteaux à 58 fr. la grosse. On lui en donne 13 pour 12. S'il les revend 0f,50 la pièce, combien gagnera-t-il par couteau ?   (*Manche.*)

Bénéfice par couteau = P. de vente (0f,50) — P. de rev. d'un couteau.

P. de rev. d'un cout. { *a*) Achat : 720° = 60 douz. ou 5 gr. ; 58f × 5 = 290 fr.
{ *b*) Reçu : 13° × 60 = 780 cout.   *c*) 290f : 780 = 0f,371.

Rép.   0f,50 — 0f,371 = 0f,129.

Remarque : On aurait pu raisonner sur une grosse. (720 c. est une donnée inutile.)

418. — Un faïencier achète 1 000 assiettes à 0f,15 l'une. Il en casse 25 dans le transport. Que doit-il vendre la douzaine de celles qui restent pour gagner 45 fr. sur le tout ?   (*Finistère.*)

Prix de la douzaine du reste = Prix de vente d'une assiette × 12.

P. d'une ass. { *a*) P. de vente tot. : 0f,15 × 1 000 = 150 fr. ;
{ 150f + 45f = 195 fr.   *b*) Reste = 1 000ᵃ — 25ᵃ = 975 ass.
{ *c*) 195f : 975 = 0f,20.

Rép.   0f,20 × 12 = 2f,40.

419. — Une coquetière a acheté 8 douzaines d'œufs à 0f,70 la douzaine. Elle a reçu 13 œufs pour 12 ; mais, dans le transport, elle en a cassé 9. Combien doit-elle revendre chacun de ceux qui lui restent pour gagner 2 fr. sur le tout ?   (*Aube.*)

P. de vente d'un œuf du reste = P. de vente du reste : Quant. restante.

1. P. de v. du reste. *a*) Achat : 0f,7 × 8 = 5f,6.   *b*) 5f,6 + 2f = 7f,60.
2. Quant. rest. *a*) Reçu : 13 × 8 = 104 œufs.   *b*) 104 — 9 = 95 œufs.

Rép. 7f,6 : 95 = 0f,08.

420. — Une marchande d'oranges en achète 25 douzaines à 0f,60 la douzaine. Elle en reçoit 2 de plus par douzaine. Quel bénéfice fera-t-elle si elle vend les oranges à 2 pour 0f,15 ?   (*Seine.*)

Bénéfice = Prix de vente — Prix d'achat.

1. P. de vente. { *a*) Reçu (12 + 2) × 25 = 350 or. ou 175 paires.
{ *b*) 0f,15 × 175 = 26f,25.
2. P. d'achat = 0f,6 × 25 = 15 fr.   *Rép.*   26f,25 — 15f = 11f,25.

*PARTAGES. — PARTS ÉGALES   P. 46.

Problèmes. — 421. — Six personnes doivent payer ensemble une somme de 27 fr. Plusieurs sont insolvables ; les autres payent chacune 2f,25 de plus. Combien de personnes sont *insolvables* ?   (*Vienne.*)

Solution. — Le **nombre des insolvables** est la différence entre le *nombre total des débiteurs* (6) et le *nombre des personnes solvables.*

1. Le *nombre des personnes solvables* est le quotient de la somme à payer (27 fr.) par la part définitive de chacune d'elles.

   a. Part primitive de chaque personne : 27f : 6 = 4f,50.
   b. Part définitive : 4f,50 + 2f,25 = 6f,75.

2. *Nombre des personnes solvables* : 27 : 6,75 = 4.
3. **Nombre des insolvables : 6 — 4 = 2.**

422. — Deux touristes qui faisaient bourse commune ont versé l'un 500 fr., l'autre 450 fr. S'ils partagent également entre eux la dépense de leur voyage s'élevant à 754 fr., que revient-il à chacun d'eux sur la somme qu'il a versée ?

Somme qui revient à chacun = Somme versée — Part de dépense.
Part de dépense = 754f : 2 = 377 fr.
Rép. au 1ᵉʳ : 500f — 377f = 123 *fr.* ;   *au 2ᵉ* : 450f — 377f = 73 *fr.*

423. — Quatre touristes accomplissent ensemble un voyage. Ils font bourse commune et versent : le 1er, 375 fr.; le 2e, 480 fr.; le 3e, 345 fr., et le dernier, 310 fr. Les dépenses sont les mêmes pour tous. Le voyage terminé, il reste en caisse 130 fr. Régler le compte de chacun des 4 voyageurs. *(Tunisie.)*

Somme que chacun recevra ou versera = Différence entre la somme versée et la part de dépense.

Part de dép. $\begin{cases} a) \text{ Dép. tot. : } 375^f + 480^f + 345^f + 310^f = 1510 \text{ fr.;} \\ 1510^f - 130^f = 1380 \text{ fr.} \quad b) \ 1380^f : 4 = 345 \text{ fr.} \end{cases}$

Rép. le 1er recevra : $375^f - 345^f = 30\,fr.$; le 2e recevra : $480^f - 345^f = 135\,fr.$; le 3e est au pair; le 4e versera : $345^f - 310^f = 35\,fr.$

424. — Trois frères héritent ensemble d'une vigne estimée 7 800 fr. et d'une maison évaluée 13 200 fr. L'aîné prend la vigne et le puîné la maison. Combien chacun d'eux doit-il verser au cadet pour que les trois parts aient la même valeur ? *(Bouches-du-Rhône.)*

Versement de chacun = Valeur prise — Part d'héritage.

Part. $\begin{cases} a) \text{ Héritage total} = 7\,800^f + 13\,200^f = 21\,000 \text{ fr.} \\ b) \ 21\,000^f : 3 = 7\,000 \text{ fr.} \end{cases}$

Rép. le 1er versera : $7\,800^f - 7\,000^f = 800\,fr.$; le 2e : $13\,200^f - 7\,000^f = 6\,200\,fr.$

425. — Trois frères se partagent un héritage qui comprend 4 chevaux estimés 450 fr. l'un, et une somme en argent de 6 030 fr. L'aîné prend 2 chevaux et chacun des 2 autres un cheval. Quelle part de la somme ont-ils chacun pour que le partage soit égal ? *(Cher.)*

Somme revenant à chacun = Part d'héritage — Val. prise.

Part. $\begin{cases} a) \text{ Héritage} = 450^f \times 4 = 1\,800 \text{ fr.;} \quad 1\,800^f + 6\,030^f = 7\,830 \text{ fr.} \\ b) \ 7\,830^f : 3 = 2\,610 \text{ fr.} \end{cases}$

Rép. le 1er a : $2\,610^f - (450^f \times 2) = 1\,710\,fr.$; le 2e et le 3e : $2\,610^f - 450^f = 2\,160\,fr.$

426. — Une succession à partager en 2 parties égales se compose d'un capital de 12 500 fr. et d'un terrain estimé 625 fr. l'hectare. L'un des héritiers reçoit le capital moins 1 250 fr. qui reviendront à l'autre héritier en sus du terrain. Quelle est la contenance de celui-ci ? *(Rhône.)*

Contenance du terrain = P. du terrain : P. de l'ha. (625 fr.).

P. du terrain. $\begin{cases} = \text{Part d'héritage} - 1\,250 \text{ fr.} \\ a) \text{ Part : } 12\,500^f - 1\,250^f. \\ b) \ 12\,500^f - (1\,250^f + 1\,250^f) = 10\,000 \text{ fr.} \end{cases}$

Rép. $10\,000 : 625 = 16\,ha.$

427. — Douze personnes doivent se partager également une somme de 23 892 fr.; mais l'une d'elles abandonne sa part. Calculer : 1o l'augmentation de la part des autres; 2o la part définitive de chacune d'elles.

I. *Augmentation = Val. d'une Part : Nombre des autres (12 — 1).*
Part $= 23\,892^f : 12 = 1\,991$ fr. *Rép.* $1\,991^f : 11 = 181\,fr.$
II. *Part définitive* $= 1\,991^f + 181^f$. *Rép.* $2\,172\,fr.$

428. — Un père laisse à son décès 15 200 fr. à chacun de ses enfants. L'un d'eux meurt et sa part est divisée également entre les survivants. Ceux-ci possèdent alors 19 000 fr. chacun. Quels étaient le capital partagé et le nombre primitif des enfants ? *(Creuse.)*

I. *Capital partagé = Part définitive (19 000 fr.) $\times$ N. des survivants.*

Survivants. $\begin{cases} \text{Part primitive : Augmentation de part.} \\ a) \text{ Augmentation : } 19\,000^f - 15\,200^f = 3\,800 \text{ fr.} \\ b) \ 15\,200 : 3\,800 = 4 \text{ survivants.} \end{cases}$

Rép. $19\,000^f \times 4 = 76\,000\,fr.$ II. *Rép.* Nombre primitif : $4 + 1 = 5\,enf.$

429. — Huit personnes doivent payer en commun 1 250 fr.; plusieurs étant insolvables, les autres payent chacune 250 fr. pour leur part. Combien de personnes n'ont rien payé ?   (*Morbihan.*)

N. des insolvables = N. tot. des débiteurs (8) — N. des solvables.
Solvables = 1 250 : 250 = 5. *Rép.* 8 — 5 = 3 *insolvables.*

430. — Huit personnes doivent payer en commun une somme de 230 fr.; mais, plusieurs d'entre elles n'ayant pu payer, les autres sónt obligées de donner 17^f,25 de plus que leur part. Combien de personnes n'ont pu payer ?   (*Lozère.*)

N. des insolvables = N. tot. des débiteurs (8) — N. des solvables.

Solvables. $\begin{cases} = \text{Dette (230 fr.)} : \text{Part définitive.} \\ a)\ \text{Part déf.} = (230^f : 8) + 17^f,25 = 28^f,75 + 17^f,25 = 46\ \text{fr.} \\ b)\ 230 : 46 = 5\ \text{solvables.} \end{cases}$

Rép. 8 — 5 = 3 *insolvables.*

*DIFFÉRENCE DES VALEURS
DIFFÉRENCE DES QUANTITÉS

P. 47.

I. Problèmes. — 431. — Une ouvrière a gagné 45 fr. en un certain nombre de jours de travail ; si elle avait travaillé 9 jours de plus, elle aurait gagné 67^f,50. Combien gagne-t-elle par jour ? (*Charente-Inf^{re}.*)

Solution. — Le **salaire journalier** est le quotient de la *différence des valeurs totales* par la *différence* (9 *jours*) *des quantités.*
1. *Différence des valeurs totales* : 67^f,50 — 45^f = 22^f,50.
2. **Salaire journalier** : 22^f,50 : 9 = **2^f,50.**

432. — Deux personnes achètent : l'une, 17^m,80, et l'autre, 24^m,50 de la même étoffe. La 1re paye 46^f,90 de moins que la 2e. Quel est le prix du mètre ? Combien chaque personne a-t-elle dépensé ?   (*Nièvre.*)

I. *Prix du mètre* = Diff. des valeurs (46^f,90) : Diff. des quantités.
Diff. des quant. : 24^m,5 — 17^m,8 = 6^m,70. *Rép.* 46^f,9 : 6,7 = 7 *fr.*
II. *Dépense de la* 1re : 7^f × 17,8. *Rép.* 124^f,60.
Dép. de la 2e : 124^f,60 + 46^f,9. *Rép.* 171^f,5.
Vérification : 7^f × 24,5 = 171^f,5.

433. — Un marchand achète 2 pièces d'étoffe de même qualité, l'une de 67^m,80, l'autre de 63^m,80 ; mais la 1re est payée 27 fr. de plus que la 2e. Calculez le prix de chaque pièce.   (*Ille-et-Vilaine.*)

I. *Prix de la* 1re *pièce* = P. du mètre × N. de m. de la 1re.

P. du mètre. $\begin{cases} a)\ \text{Diff. des quant.} = 67^m,8 — 63^m,8 = 4\ \text{m.} \\ b)\ 27^f : 4 = 6^f,75. \end{cases}$

Rép. Prix de la 1re : 6^f,75 × 67,8 = 457^f,65.
II. *Prix de la* 2e : 457^f,65 — 27^f = 430^f,65.

434. — Une personne a acheté pour 24 fr. d'une certaine étoffe ; elle retourne en chercher 1^m,20 et sa dépense s'élève pour le tout à 28^f,50. Combien d'abord avait-elle acheté de mètres ?   (*Basses-Alpes.*)

Nombre de mètres achetés d'abord = Prix (24^f) : Prix du mètre.
P. du m. : a) Diff. des prix : 28^f,5 — 24^f = 4^f,5. b) 4^f,5 : 1,2 = 3^f,75.
Rép. 24 : 3,75 = 6^m,40.

435. — Une mère et sa fille travaillent dans un atelier ; la mère fait 3 m. d'ouvrage par jour, la fille 2 m. Au bout de 18 jours, la fille reçoit

25^f,20 de moins que la mère. Quel est le prix du mètre de l'ouvrage et au bout de quel temps auront-elles gagné 126 fr. à elles deux ?   (*Var.*)

   I. *Prix du m. d'ouvrage* = Diff. des valeurs (25^f,2) : Diff. des quantités.
Diff. des quant. :   *a*) Par jour : $3^m - 2^m = 1$ m.   *b*) $1^m \times 18 = 18$ m.
Rép.   25^f,2 : 18 = 1^f,40.
   II. *Temps pour gagner* 126 *fr.* = 126 : Gain des deux par jour.
G. par jour = 1^f,4 $\times$ (3 + 2) = 7 fr.   *Rép.*   126 : 7 = 18 *jours*.

436. — Deux pièces de drap de même qualité coûtent, la 1re 174 fr., et la 2e, qui contient 2^m,50 de plus, 217^f,50. Combien chaque pièce contient-elle de mètres ?   (*Deux-Sèvres.*)

   Longueur de chaque pièce = P. de chacune : P. du mètre.
P. du m. :   *a*) Diff. de val. = 217^f,5 — 174^f = 43^f,5.   *b*) 43^f,5 : 2,5 = 17^f,40.
Rép.   Long. de la 1re = 174 : 17,4 = 10 *m*.
Long. de la 2e = 217,5 : 17,4 = 12^m,5.   *Vérification :*   10^m + 2^m,5 = 12^m,50.

437. — Deux ouvriers ont le même salaire journalier ; l'un a reçu pour sa paye 66 fr., et l'autre, qui a travaillé 4 jours de moins, a reçu 44 fr. Combien chacun de ces ouvriers gagne-t-il par jour et combien a-t-il travaillé de jours ?   (*Tarn.*)

   I. *Gain par jour* = Diff. des salaires : Diff. des jours de trav. (4).
Diff. des salaires = 66^f — 44^f = 22 fr.   *Rép.*   22^f : 4 = 5^f,50.
   II. *N. de jours de travail du* 1er = 66 : 5,5.   *Rép.*   12 *jours*.
N. de j. du 2e = 12^j — 4^j.   *Rép.*   8 *jours*.   *Vérification :*   44 : 5,5 = 8 j.

438. — Deux ouvriers ont fait un ouvrage en 25 jours. Le 1er travaille 8 heures par jour, le 2e 10 heures. Le 1er a reçu 20 fr. de moins que le 2e. Combien a reçu chacun d'eux ? et quel est le prix de l'ouvrage ?   (*Loire-Inférieure.*)

   I. *Gain de chaque ouvrier* = G. par heure $\times$ N. d'h. de trav. de chacun.
G. par heure. $\begin{cases} a) \text{ Diff. des nombres d'heures : } 1^{er}, 8^h \times 25 = 200 \text{ h.} \\ 2^e \ 10^h \times 25 = 250 \text{ h.} \quad 250^h - 200^h = 50 \text{ h.} \\ b) \ 20^f : 50 = 0^f,40. \end{cases}$
Rép.   Gain du 1er = 0^f,4 $\times$ 200 = 80 *fr.*;   du 2e :   0^f,4 $\times$ 250 = 100 *fr.*
   II. *Prix de l'ouvrage* = 80^f + 100^f.   *Rép.*   180 *fr.*

439. — Deux ouvriers, qui ont travaillé, le 1er 18 jours et le 2e 25 jours, ont gagné ensemble 167^f,50. Si le 1er avait travaillé autant que le 2e, ils auraient gagné ensemble 193^f,75. Combien chacun a-t-il gagné par jour ?   (*Loiret.*)

   I. *G. journ. du* 1er = Diff. des g. dans les 2 cas : Diff. des n. de j. de trav.
1. Diff. des gains = 193^f,75 — 167^f,5 = 26^f,25.
2. Diff. des nombres de jours de trav. :   25^j — 18^j = 7 j.
Rép.   26^f,25 : 7 = 3^f,75.
   II. *Gain journ. du* 2e = Gain du 2e : N. de jours (25).
Gain du 2e :   *a*) du 1er :   3^f,75 $\times$ 18 = 67^f,5.   *b*) 167^f,5 — 67^f,5 = 100 fr.
Rép.   100^f : 25 = 4 *fr.*

440. — Un vigneron a employé 2 ouvriers pendant tout le mois de septembre et les a payés au même prix. A la fin du mois, il a donné à l'un 4 hl. de vin et 43 fr. ; l'autre a reçu 2 hl. de vin et 67 fr. Trouver le salaire journalier de chacun de ces ouvriers, sachant qu'ils se sont reposés 4 jours dans le mois ?   (*Haute-Garonne.*)

   Salaire journalier = Salaire total de chacun : N. de jours de travail.
1. Sal. total du 1er. $\begin{cases} a) \text{Vin : } 1^{hl} \text{ coûte } (67^f - 43^f) : (4^{hl} - 2^{hl}) = 24^f : 2 = 12 \text{ fr.} \\ 12^f \times 4 = 48 \text{ fr.} \quad b) \ 48^f + 43^f = 91 \text{ fr.} \end{cases}$
2. N. de j. de trav. = 30^j — 4^j = 26 jours.   *Rép.*   91^f : 26 = 3^f,50.

441. — Une petite fille veut acheter des oranges. Elle calcule que, si elle en prend 20, il lui restera 0^f,60 dans sa bourse; mais que, si elle en prend 25, il lui manquera 0^f,40. Quel est le prix d'une orange? Combien la petite fille a-t-elle d'argent en poche?   (*Tarn-et-Garonne.*)

I. *P. d'une orange* = Diff. des val. dans les 2 cas : Diff. de quantité.
1. Diff. des valeurs = 0^f,60 + 0^f,40 = 1 fr.
2. Diff. de quant. :   25 — 20 = 5 oranges.   *Rép.* 1^f : 5 = 0^f,20.
II. *Argent en poche* = P. de 20 oranges + 0^f,60.
P. de 20 oranges = 0^f,2 × 20 = 4 fr. *Rép.* 4^f + 0^f,6 = 4^f,60.

*DIFFÉRENCE DES VALEURS
DIFFÉRENCE DES QUANTITÉS (*suite*).

P. 48.

II. **Problèmes.** — **442.** — Un père et son fils ont reçu ensemble 193^f,25 pour 23 jours de travail du 1er et 24 du 2e. Le mois suivant, on leur a donné 207^f,50 pour 26 jours du 1er et encore 24 du 2e. Quel est le gain journalier de chacun? ..·   (*Pas-de-Calais.*)

Explication. — 1° Le **salaire journalier du père** est le quotient de la *différence des valeurs totales* (207^f,50 — 193^f,25) par la *différence des quantités* (26j — 23j).
I. *Rép.* 14^f,25 : 3 = 4^f,75.

2° Le **salaire journalier du fils** est le quotient par 24 de la différence entre le *salaire total* pendant l'un des mois et le *salaire du père* pendant le même temps.
II. Salaire total (193^f,25) — Sal. du père (4^f,75 × 23 = 109^f,25) = 84 fr.
Rép. 84^f : 24 = 3^f,50.

443. — Pierre a acheté 2 cahiers et 1 crayon pour 0^f,55. Jacques a acheté 2 cahiers et 3 crayons pour 0^f,85. Dire les prix d'un cahier et d'un crayon.   (*Nord.*)

I. *P. d'un crayon* = Diff. des dép. : Diff. des quant. de crayons.
1. Diff. des dép. = 0^f,85 — 0^f,55 = 0^f,30.
2. Diff. des quant. = 3 — 1 = 2 crayons.   *Rép.* 0^f,30 : 2 = 0^f,15.
II. *Prix d'un cahier* = Prix de 2 cahiers : 2.
Prix de 2 cahiers : 0^f,55 — 0^f,15 = 0^f,40.   *Rép.* 0^f,40 : 2 = 0^f,20.

444. — Un fermier emploie pendant une semaine de six jours de travail 12 hommes et 9 femmes et il leur donne en paiement 486 fr. La 2e semaine, également de 6 jours de travail, il occupe 15 hommes et 9 femmes et donne 567 fr. Quel est le gain journalier d'un homme et quel est celui d'une femme?   (*Eure-et-Loir.*)

I. *Gain journ. d'un homme* = Gain en une semaine : 6.

G. en 1 sem. { Diff. des paiem. (567^f — 486^f) : Diff. des n. d'h. (15^h — 12^h).
{ 81^f : 3 = 27 fr.

Rép. 27^f : 6 = 4^f,50.

II. *Gain journalier d'une femme* = G. journ. de 9 femmes : 9.

G. journ. des 9 f. { *a*) Paiem. par j. (1er cas) = 486^f : 6 = 81 fr.
{ *b*) Paiem. des h. : 4^f,5 × 12 = 54 fr.
{ *c*) 81^f — 54^f = 27 fr.

Rép. 27^f : 9 = 3 *fr.*

445. — Pour faire une robe de 51^f,75 on a employé 12 m. d'étoffe et 3 m. de doublure. Une autre robe valant 60^f,75 contient 15 m. d'étoffe

et 3 m. de doublure. Quel est le prix du mètre de doublure ? Le prix de
la façon est de 12 fr. dans les deux cas.   (*Loiret.*)

Prix du mètre de doublure = Prix de 3 m. : 3.

P. de 3 m. $\begin{cases} = \text{P. de la 1}^{\text{re}} (51^f,75) - \text{P. de 12 m. d'étoffe} - \text{Façon (12 fr.).} \\ a) \text{ P. de 1 m. d'ét.} = (60^f,75 - 51^f,75) : (15 - 12) = 9^f : 3 = 3 \text{ fr.} \\ 3^f \times 12 = 36 \text{ fr.} \qquad b) 51^f,75 - 36^f - 12^f = 3^f,75. \end{cases}$

Rép. $3^f,75 : 3 = 1^f,25.$

III. 446. — Deux pièces d'étoffe d'égale longueur ont coûté : l'une,
636 fr.; l'autre, 675^f,75. Le prix du mètre de la 2e surpasse de 0^f,75 le
prix du mètre de la 1re. On demande : 1° la longueur de chaque pièce;
2° le prix du mètre de chaque qualité.   (*Finistère.*)

Explication. — La **longueur de chaque pièce** est le quotient de la
différence des valeurs totales (675^f,75 — 636^f) par la *différence des valeurs à
l'unité* (0^f,75).

I. *Rép.* 39,75 : 0,75 = 53 *m.*

II. *Prix du m. de* 1re *qualité* = 636^f : 53. *Rép.* 12 *fr.*
Prix du m. de 2e *qualité* = 12^f + 0^f,75. *Rép.* 12^f,75.

447. — Deux ouvriers, occupés pendant le même temps, ont gagné :
le 1er 120 fr. et le 2e 75 fr. Le 1er gagne 3 fr. par jour de plus que
l'autre. Quel est le salaire journalier de chacun d'eux ?   (*Creuse.*)

Salaire journalier de chacun = Gain de chacun : N. de j. de travail.
N. de j. de trav. = Diff. des gains (120^f — 75^f) : Diff. p. j. (3^f) = 45 : 3 = 15 j.
Rép. 1er 120^f : 15 = 8 *fr.* 2e 75^f : 15 = 5 *fr.* *Vérification :* 8^f — 3^f = 5 fr.

448. — Un fermier a vendu des moutons 26^f,90 l'un ; avec l'argent
qu'il a reçu, il a acheté un cheval et il a eu 180 fr. de reste. S'il n'avait
vendu les moutons que 24^f,40, il n'aurait eu que 80 fr. de reste. Combien
avait-il de moutons et quel était le prix du cheval ? (*P.-de-Calais.*)

I. *N. des moutons* = Diff. des p. de vente : Diff. des p. d'un mouton.
1. Diff. des prix de vente = 180^f — 80^f = 100 fr.
2. Diff. à l'unité = 26^f,9 — 24^f,4 = 2^f,50. *Rép.* 100 : 2,5 = 40 *moutons.*
II. *Prix du cheval* = P. des mout. (1er cas) — Reste (180 fr.).
P. des moutons = 26^f,9 × 40 = 1 076 fr. *Rép.* 1 076^f — 180^f = 896 *fr.*

449. — Une fermière voudrait acheter une robe avec le prix des
œufs qu'elle porte au marché. Si elle vend ses œufs 1^f,05 la douzaine, il
lui restera 2^f,40 ; si elle ne les vend que 0^f,95, il lui manquera 0^f,40.
Combien a-t-elle d'œufs et quel est le prix de la robe ? (*H.-Pyrénées.*)

I. *Nombre d'œufs* = 12 × (Diff. des prix de vente : Diff. des prix de la douz.).
1. Diff. des prix de vente = 2^f,4 + 0^f,4 = 2^f,80.
2. Diff. à la douzaine : 1^f,05 — 0^f,95 = 0^f,10.
Rép. 2,80 : 0,1 = 28 *douz.* ou 336 *œufs.*
II. *Prix de la robe* = P. des œufs (1er cas) — Reste (2^f,4).
Prix des œufs = 1^f,05 × 28 = 29^f,4. *Rép.* 29^f,4 — 2^f,4 = 27 *fr.*

450. — Si un vigneron vend 60 fr. l'hectolitre sa récolte de vin, il lui
restera 240 fr. après avoir soldé l'achat d'une maison; mais, s'il ne vend
l'hectolitre que 58 fr., il lui manquera 318 fr. Quel est le nombre d'hectolitres récoltés et que coûte la maison ?   (*Seine-et-Marne.*)

I. *N. d'hl. récoltés* = Diff. des p. de vente : Diff. des p. d'un hl.
1. Diff. des p. de vente = 240^f + 318^f = 558 fr.
2. Diff. à l'hl. = 60^f — 58^f = 2 fr. *Rép.* 558 : 2 = 279 *hl.*
II. *Prix de la maison* = P. de la récolte (1er cas) — Reste (240 fr.).
P. de la récolte = 60^f × 279 = 16 740 fr. *Rép.* 16 740^f — 240^f = 16 500 *fr.*

* PARTS DIFFÉRENTES (*Somme et différence*).   P. 49.

Exercice oral. — Calculer la **somme de deux nombres :**
1º si le plus petit est 8 et leur différence 6 ;
2º si le plus grand est 20 et leur différence 4.

1º Le plus grand $= 8 + 6 = 14$.   *Somme* $= 8 + 8 + 6 = 22$.
2º Le plus petit $= 20 - 4 = 16$.   *Somme* $= 20 + 20 - 4 = 36$.

— Calculer la **différence de deux nombres :**
1º si le plus petit est 10 et leur somme 28 ;
2º si le plus grand est 30 et leur somme 50.

1º Le plus grand $= 28 - 10 = 18$.   *Différence :* $28 - 10 - 10 = 8$.
2º Le plus petit $= 50 - 30 = 20$.   *Différence :* $30 - (50 - 30) = 10$.

Dans chacun des cas précédents, *combien y a-t-il de fois le plus petit nombre* dans l'excès de la somme sur la différence ?

Rép.   Il y a 2 *fois* le plus petit nombre.

Problèmes. — **451.** — Un petit garçon a 226 billes dans 2 sacs. Le 1ᵉʳ sac en contient 52 de plus que le 2ᵉ. Combien y a-t-il de billes dans chaque sac ?   (*Haute-Marne.*)

Solution. — Si le 1ᵉʳ sac contenait seulement *autant* de billes *que le* 2ᵐᵉ, le nombre total des billes serait diminué de 52 et le **2ᵐᵉ sac contiendrait la moitié du reste.**

1º *Reste :* $226^b - 52^b = 174$ billes.
2º **Nombre des billes du 2ᵐᵉ sac :** $174^b : 2 = 87$ **billes.**
3º **Nombre des billes du 1ᵉʳ sac :** $87^b + 52^b = 139$ **billes.**

RÈGLE. — En *retranchant la différence* (52) de 2 nombres de leur *somme* (226), on obtient **le double du plus petit.**

Autre solution. — Si le 2ᵐᵉ sac contenait *autant* de billes *que le* 1ᵉʳ, le nombre total des billes serait augmenté de 52 et le **1ᵉʳ sac contiendrait la moitié de la somme.**

RÈGLE. — En *ajoutant la différence* (52) de 2 nombres à leur *somme* (226), on obtient **le double du plus grand.**

Remarque. — Pour résoudre les problèmes suivants, on pourra reprendre le raisonnement du problème-type ou se borner à appliquer les règles précédentes.

452. — Une personne achète pour 18ᶠ,70 un parapluie et une canne. Le parapluie a coûté 5ᶠ,20 de plus que la canne. Quel est le prix de chacun des objets ?   (*Ardèche.*)

I. *Prix d'un parapluie* $=$ Moitié du total obtenu en ajoutant la somme des prix des 2 objets à leur différence.
Rép. $(18^f,7 + 5^f,2) : 2 = 23^f,9 : 2 = 11^f,95$.
II. *Prix d'une canne* $= 18^f,7 - 11^f,95$.   *Rép.*   6ᶠ,75.
Autre méthode :   P. d'une canne $= (18^f,7 - 5^f,2) : 2 = 6^f,75$.

453. — Partager 6 487ᶠ,25 entre 2 personnes, de manière que la 1ʳᵉ ait 378ᶠ,25 de moins que la 2ᵉ.   (*Haute-Marne.*)

I. *Part de la* 1ʳᵉ $=$ Moitié du reste obtenu en retranchant la différence des 2 nombres de leur somme.
Rép. $(6\,487^f,25 - 378^f,25) : 2 = 6\,109^f : 2 = 3\,054^f,50$.
II. *Part de la* 2ᵉ $= 3\,054^f,5 + 378^f,25$.   *Rép.*   3 432ᶠ,75.
Autre méthode :   Part de la 2ᵉ $= (6\,487^f,25 + 378^f,25) : 2 = 3\,432^f,75$.

454. — La somme de 2 nombres est 68 ; leur différence est 11, quels sont ces deux nombres ?   (*Seine-Inférieure.*)

I. *Plus petit nombre* = Moitié du reste obtenu en retranchant la différence des deux nombres de leur somme.
Rép. $(68 - 11) : 2 = 28,5.$
II. *Grand nombre* $= 28,5 + 11.$ *Rép.*   39,5.
Autre méthode : $(68 + 11) : 2 = 39,5.$

455. — Une dame remet à sa bonne une pièce de 20 fr. pour acheter un lièvre, un poulet et un canard. La bonne rapporte 3f,50. Elle se rappelle seulement que le lièvre coûte 8f,25 et le poulet 1f,25 de plus que le canard. Trouver le prix du poulet et du canard.   (*Seine.*)

I. *Prix du poulet* = Moitié du total obtenu en ajoutant la différence (1f,25) des prix du poulet et du canard à leur somme.
Somme des prix $= 20^f - (3^f,5 + 8^f,25) = 20^f - 11^f,75 = 8^f,25.$
Rép. $(8^f,25 + 1^f,25) : 2 = 4^f,75.$
II. *Prix du canard* $= 8^f,25 - 4^f,75.$ *Rép.*   3f,50.
Autre méthode : $(8^f,25 - 1^f,25) : 2 = 3^f,50.$

456. — Deux ménagères ont acheté ensemble pour 32f,40 un panier de 36 douzaines d'œufs. L'une ayant pris 72 œufs de plus que l'autre, combien chacune doit-elle ?   (*Seine-Inférieure.*)

I. *Dette de la 1re* = Prix d'une douzaine d'œufs × Nombre de douzaines.
1. P. d'une douz. $= 32^f,4 : 36 = 0^f,90.$
2. N. de douz. de la 1re. $\begin{cases} a)\ 2 \text{ fois sa part} = 36^{douz.} + 72^{œ} \text{ ou } 6^{douz.} = 42 \text{ d.} \\ b)\ 42^{douz.} : 2 = 21 \text{ douz.} \end{cases}$
Rép. $0^f,9 \times 21 = 18^f,90.$
II. *Dette de la 2e* $= 32^f,4 - 18^f,9.$ *Rép.*   13f,50.

457. — On a payé 42 fr. pour deux pièces de toile de même qualité à 1f,20 le mètre. Sachant que la 1re pièce a 12m,50 de plus que la 2e, trouvez la longueur de chacune.   (*Seine.*)

I. *Long. de la 1re pièce* = Moitié du total obtenu en ajoutant la différence (12m,5) des longueurs des 2 pièces à leur somme.
Somme des longueurs $= 42 : 1,2 = 35$ m.
Rép. $(35^m + 12^m,5) : 2 = 23^m,75.$
II. *Longueur de la 2e* $= 35^m - 23^m,75.$ *Rép.*   11m,25.
Autre méthode : $(35^m - 12^m,5) : 2 = 11^m,25.$

458. — Un marchand a acheté 2 pièces de drap pour 1 660f,25. Il en a revendu 18 m. pour 246f,60 et a gagné ainsi 2f,25 par mètre. L'une des pièces contenait 12 m. de plus que l'autre ; combien y avait-il de mètres dans chaque pièce ?   (*Aude.*)

I. *Long. de la 2e pièce* = Moitié du reste obtenu en retranchant la différence (12m) des long. des 2 pièces de leur long. totale.
Long. totale. $\begin{cases} = \text{P. d'achat total } (1\ 660^f,25) : \text{P. d'achat du mètre.} \\ a)\ \text{P. du m.} = (246^f,6 : 18) - 2^f,25 = 13^f,7 - 2^f,25 = 11^f,45. \\ b)\ 1\ 660,25 : 11,45 = 145 \text{ m.} \end{cases}$
Rép. $(145^m - 12^m) : 2 = 66^m,50.$
II. *Long. de la 1re* $= 66^m,5 + 12^m.$ *Rép.*   78m,50.

P. 50.   ***PLUSIEURS PARTS DIFFÉRENTES**

I. Problèmes. — 459. — Une somme de 7 200 fr. a été partagée entre 3 personnes. La 2e a eu 500 fr. de plus que la 3e et la 1re 200 fr. de plus que la 2e. Quelle est la part de chacune ?   (*S.-et-Marne.*)

Solution. — Si les *deux 1res parts* étaient *égales à la 3me*, la somme à partager serait diminuée : 1° de l'*excès de la 2me part sur la 3me* (500 fr.) ; 2° de *l'excès de la 1re part sur la 3me* (200^f + 500^f); et cette **3me part serait le tiers du reste.**

1° Excès total : 500^f + 200^f + 500^f = 1 200 fr.
2° *Reste* : 7 200^f — 1 200^f = 6 000 fr.
3° 3me part : 6 000^f : 3 = **2 000 fr.**
4° 2me part : 2 000^f + 500^f = **2 500 fr.**
5° 1re part : 2 500^f + 200^f = **2 700 fr.**

460. — Il y a 242 l. dans 3 tonneaux. Si l'un contient 17 l. de plus que chacun des autres, dites la contenance de chacun. (*M.-et-Mlle.*)

I. *Contenance de l'un des derniers* = le tiers de la contenance totale qu'auraient les 3 tonneaux, si le 1er avait la même contenance que les autres.
Rép. (242^l — 17^l) : 3 = 225^l : 3 = 75 l.
II. *Contenance du 1er* = 75^l + 17^l. *Rép.* 92 l.
Autre méthode (242^l + 34^l) : 3 = 92 l.

461. — On veut partager une somme de 2 245 fr. entre 3 personnes de façon que la 1re ait 130 fr. de plus que la 2e, et la 2e 45 fr. de plus que la 3e. Quelle sera la part de chaque personne ?   (*Haute-Marne.*)

I. 3e *Part* = le tiers de la somme qui resterait si les 3 parts égalaient la 3e.
3 parts égales à la 3e :   2245^f — (130^f + 45^f + 45^f) = 2 245^f — 220^f = 2 025 fr.
Rép. 2025^f : 3 = 675 fr.
II. 2e *Part* = 675^f + 45^f. *Rép.* 720 fr.
III. 1re *Part* = 720^f + 130^f. *Rép.* 850 fr.
Autre méthode (2 245^f + 130^f + 130^f + 45^f) : 3 = 850 fr.

462. — Partager 474^f,50 entre 3 personnes de manière que la 2e ait 25 fr. de plus que la 1re et la 3e 13^f,50 de moins que la 2e. (*S.-et-Oise.*)

I. 2e *Part* = le tiers de la somme que l'on aurait si les 3 parts égalaient la 2e.
3 parts égales à la 2e vaudraient :   474^f,5 + 25^f + 13^f,5 = 513 fr.
Rép. 513^f : 3 = 171 fr.
II. 1re *Part* = 171^f — 25^f. *Rép.* 146 fr.
III. 3e *Part* = 171^f — 13^f,5. *Rép.* 157^f,50.
Autre méthode : 1re Part : [474^f,5 — (25^f + 25^f — 13^f,5)] : 3 = 146 fr.

463. — On veut partager une somme de 6 490 fr. entre 4 personnes de manière que la 1re ait 160 fr. de plus que la 2e, que celle-ci ait 240 fr. de plus que la 3e et que la 3e ait 350 fr. de plus que la 4e. Quelle est la part de chaque personne ?   (*Haute-Marne.*)

I. 1re *Part* = le quart de la somme que l'on aurait si les 4 parts égalaient la 1re.
4 parts ég. à la 1re :   6 490^f + 160^f + 160^f + 240^f + 160^f + 240^f + 350^f = 7 800 fr.
Rép. 7 800^f : 4 = 1 950 fr.
II. 2e *Part* = 1 950^f — 160^f. *Rép.* 1 790 fr.
III. 3e *Part* = 1 790^f — 240^f. *Rép.* 1 550 fr.
IV. 4e *Part* = 1 550^f — 350^f. *Rép.* 1 200 fr.

464. — Partager 21 179 fr. entre 4 personnes, de manière que la 1re ait 365 fr. de moins que la 2e ; la 2e, 528 fr. de moins que la 3e ; et la 3e, 756 fr. de moins que la 4e.   (*Meurthe-et-Moselle.*)

I. 4e *Part* = le quart de la somme que l'on aurait si les 4 parts égalaient la 4e.
4 parts égal. à la 4e : 21 179^f + 756^f + 756^f + 528^f + 756^f + 528^f + 365^f = 24 868 fr.
Rép. 24 868^f : 4 = 6 217 fr.
II. 3e *Part* = 6 217^f — 756^f. *Rép.* 5 461 fr.
III. 2e *Part* = 5 461^f — 528^f. *Rép.* 4 933 fr.
IV. 1re *Part* = 4 933^f — 365^f. *Rép.* 4 568 fr.

II. 465. — On achète 5 foulards et 8 cravates pour 20^f,15. Quel est le prix de chacun de ces objets, si un foulard coûte 1^f,95 de plus qu'une cravate ?   (*Cher.*)

Explication. — Si les foulards coûtaient *autant* que les cravates, le prix total (20^f,15) serait diminué de 5 fois la différence des valeurs à l'unité (1^f,95) et le **prix d'une cravate** serait le *quotient du reste par le nombre total des objets achetés* (5 + 8).

I. Reste = 20^f,15 — (1^f,95 × 5) = 20^f,15 — 9^f,75 = 10^f,40.
Prix d'une cravate = 10^f,4 ∶ 13.   *Rép.*   0^f,80.
II. *Prix d'un foulard* = 0^f,8 + 1^f,95.   *Rép.*   2^f,75.
Autr. méth. P. d'un foulard = [20^f,15 + (1^f,95 × 8)] ∶ 13 = 35^f,75 ∶ 13 = 2^f,75.

466. — On achète 18 m. de soie et 25 m. de drap pour 479 fr. Le mètre de drap coûtant 3^f,25 de plus que le mètre de soie, trouvez le prix du mètre de chaque étoffe.   (*Deux-Sèvres.*)

I. *Prix du mètre de drap* = Prix total de l'étoffe si la soie coûtait autant que le drap ∶ Longueur totale de l'étoffe.

1. Prix total. { *a*) Augmentation : 3^f,25 × 18 = 58^f,50.
{ *b*) 479^f + 58^f,50 = 537^f,50.

2. Longueur totale : 18^m + 25^m = 43 m.   *Rép.*   537^f,5 ∶ 43 = 12^f,50.
II. *Prix du mètre de soie* = 12^f,5 — 3^f,25.   *Rép.*   9^f,25.
Autre méthode [479^f — (3^f,25 × 25)] ∶ 43 = 9^f,25.

467. — On a retiré 1 305^f,05 de la vente de 325 m. de calicot et 428 m. de toile. Quel est le prix du mètre de chaque étoffe, si le mètre de toile a été vendu 0^f,85 de plus que le mètre de calicot ?   (*Allier.*)

I. *Prix du mètre de calicot* = Prix total de l'étoffe si la toile coûtait autant que le calicot ∶ Longueur totale de l'étoffe.

1. Prix total. { *a*) Diminution : 0^f,85 × 428 = 363^f,80.
{ *b*) 1 305^f,05 — 363^f,80 = 941^f,25.

2. Longueur totale : 325^m + 428^m = 753 m.   *Rép.*   941^f,25 ∶ 753 = 1^f,25.
II. *Prix du mètre de toile* = 1^f,25 + 0^f,85.   *Rép.*   2^f,10.

468. — On a payé 141^f,50 à 2 ouvriers qui ont travaillé : l'un 8 jours et demi et l'autre 10 jours et demi. Le 1er gagnait 1 fr. par jour de plus que l'autre; trouver le salaire journalier de chacun.   (*Doubs.*)

I. *Salaire journalier du 1er* = Paye totale si le 2e gagnait autant que le 1er ∶ Nombre total des journées de travail.

1. Paye totale dans ces conditions. { *a*) Augmentation : 1^f × 10,5 = 10^f,5.
{ *b*) 141^f,5 + 10^f,5 = 152 fr.

2. Nombre de journées : 8^j,5 + 10^j,5 = 19 j.   *Rép.*   152^f ∶ 19 = 8 *fr.*
II. *Salaire journalier du 2e* = 8^f — 1^f.   *Rép.*   7 *fr.*
Autre méthode [141^f,5 — (1^f × 8,5)] ∶ 19 = 7 fr.

469. — Un ouvrier a fait 17 journées ; un 2e, 24 ; et un 3e, 32. Ils ont reçu ensemble 225^f,15 ; mais le 3e gagnait 0^f,15 par jour de moins que les autres. Combien chaque ouvrier a-t-il reçu ? (*L.-et-Garonne.*)

I. *Gain du 1er* = Gain journalier × Nombre de jours de travail (17).

Gain journ. { *a*) Paye totale si le 3e gagnait autant que les autres.
{ Augm : 0^f,15 × 32 = 4^f,80.   Paye : 225^f,15 + 4^f,8 = 229^f,95.
{ *b*) 229^f,95 ∶ (17 + 24 + 32) = 229^f,95 ∶ 73 = 3^f,15.

Rép.   3^f,15 × 17 = 53^f,55.
II. *Gain du 2e* = 3^f,15 × 24.   *Rép.*   75^f,60.
III. *Gain du 3e* : 1e par jour : 3^f,15 — 0^f,15 = 3 fr. ;
Rép.   3^f × 32 = 96 *fr.*

*PARTS MULTIPLES *(Somme et quotient).*   P. 51.

Exercice oral. — Calculer la *somme de 2 nombres* et dire combien cette somme *contient de fois le plus petit :*

1º si le plus grand vaut 5 fois le plus petit qui est égal à 8 ;
2º si le plus grand est 48 et vaut 6 fois le plus petit.

1º *Somme* = (5 + 1) ou 6 *fois le plus petit* nombre = 8 × 6 = 48.
2º *Somme* = (6 + 1) ou 7 *fois le plus petit* nombre = (48 : 6) × 7 = 56.

— Calculer la *différence de 2 nombres* et dire combien cette différence *contient de fois le plus petit :*

1º si le plus grand vaut 2 fois le plus petit qui est égal à 12 ;
2º si le plus grand vaut 4 fois le plus petit qui est égal à 10 ;
3º si le plus grand est 54 et contient 9 fois le plus petit.

1º *Différence* = (2 — 1) ou 1 *fois le plus petit* nombre = 12.
2º *Différence* = (4 — 1) ou 3 *fois le plus petit* nombre = 10 × 3 = 30.
3º *Différence* = (9 — 1) ou 8 *fois le plus petit* nombre = (54 : 9) × 8 = 48.

Problèmes. — 470. — Partager 3 000 fr. entre 2 personnes, de manière que la 1re ait 2 fois autant que la 2e.   *(Allier.)*

Solution. — La *somme à partager* est égale à 1 *fois* **la plus petite part** plus la part la plus grande ou 2 *fois* **la plus petite part.**

1º La **plus petite part** est donc le quotient de la *somme à partager* (3 000 fr.) par 1 + 2 ou 3 :   3 000ᶠ : 3 = **1 000 fr.**

2º **Plus grande part :**   1 000ᶠ × 2 = **2 000 fr.**

471. — Partager 3 828ᶠ,45 entre 2 personnes, de manière que l'une ait le double de l'autre.   *(Meuse.)*

I. *Plus petite part* = 3 828ᶠ,45 : Nombre de fois (1 + 2) la petite part dans cette somme.
Rép.   3 828ᶠ,45 : 3 = 1 276ᶠ,15.

II. *Plus grande part* = 1 276ᶠ,15 × 2.   *Rép.*   2 552ᶠ,30.

472. — La somme de 2 nombres est 374, leur quotient est 21 ; quels sont ces 2 nombres ?   *(Dordogne.)*

I. *Plus petit nombre* = 374 : Nombre de fois (1 + 21) le petit nombre dans cette somme.
Rép.   374 : 22 = 17.

II. *Plus grand nombre* = 17 × 21.   *Rép.*   357.

473. — Un père a 5 fois l'âge de son fils et les deux âges font 54 ans. Trouvez l'âge de chacun.   *(Vosges.)*

I. *Age du fils* = 54ᵃ : Nombre de fois (1 + 5) l'âge du fils dans la somme des âges.
Rép.   54ᵃ : 6 = 9 *ans.*

II. *Age du père* = 9ᵃ × 5.   *Rép.*   45 *ans.*

474. — Un volume relié revient à 5ᶠ,60. Le volume broché vaut 3 fois le prix de la reliure. Calculer le prix de la reliure et celui du volume broché.   *(Seine.)*

I. *Prix de la reliure* = 5ᶠ,60 : Nombre de fois le prix de la reliure dans le prix total.
Rép.   5ᶠ,60 : 4 = 1ᶠ,40.

II. *Prix du volume broché :*   1ᶠ,40 × 3.   *Rép.*   4ᶠ,20.

475. — Dans une famille, le gain du père est double de celui de la mère. Le gain total d'une semaine de 6 jours de travail est de 27 fr. Quel est le gain journalier de chaque personne ? (*Yonne.*)

I. *Gain journalier de la mère* = Gain journalier total : Nombre de fois $(1 + 2)$ le gain journalier de la mère dans ce gain total.

Gain journalier total : $27^f : 6 = 4^f,50$. *Rép.* $4^f,5 : 3 = 1^f,50$.

II. *Gain journalier du père* = $1^f,5 \times 2$. *Rép.* 3 *fr.*

Vérification $(1^f,5 + 3^f) \times 6 = 27$ fr.

476. — Un marchand a acheté 2 pièces de drap pour 1 512 fr. Il en a revendu 15 m. pour $219^f,75$ et a gagné ainsi $2^f,65$ par mètre. Quelle est la longueur de chaque pièce, si l'une est 2 fois plus longue que l'autre ? (*Seine-et-Oise.*)

I. *Longueur de la* 1re = Longueur totale : Nombre de fois $(1 + 2)$ la longueur de la 1re dans cette longueur totale.

Long. tot. $\begin{cases} a) & \text{P. d'ach. du m. } (219^f,75 : 15) - 2^f,65 = 14^f,65 - 2^f,65 = 12 \text{ fr.} \\ b) & 1\,512 : 12 = 126 \text{ m.} \end{cases}$

Rép. $126^m : 3 = 42\ m$.

II. *Longueur de la* 2e = $42^m \times 2$. *Rép.* 84 *m*.

477. — On a partagé une somme entre 2 personnes, de façon que la part de l'une soit le quadruple de celle de l'autre. La part la plus grande dépasse l'autre de 72 fr. Quelles étaient : 1° la part de chacun ; 2° la somme à partager ? (*Pas-de-Calais.*)

I. *Plus petite part* = Différence (72 fr.) : Nombre de fois $(4 - 1)$ la petite part dans cette différence.

Rép. $72^f : 3 = 24\ fr$.

II. *Plus grande part* = $24^f \times 4$. *Rép.* 96 *fr.*

478. — La différence de 2 nombres est 32 et le plus grand contient 3 fois le plus petit. Quels sont ces 2 nombres ? (*Loire-Inférieure.*)

I. *Plus petit nombre* = Différence (32) : Nombre de fois $(3 - 1)$ le plus petit nombre dans cette différence.

Rép. $32 : 2 = 16$.

II. *Plus grand nombre* = 16×3. *Rép.* 48.

479. — Deux personnes ont ensemble 78 fr. La 1re a 3 fois autant que la 2e et 2 fr. de plus. Que possède chaque personne ? (*Dordogne.*)

I. *Part de la* 2e = $(78^f - 2^f)$: Nombre de fois $(1 + 3)$ la part de la 2e dans cette différence.

Rép. $76^f : 4 = 19\ fr$.

II. *Part de la* 1re = $(19^f \times 3) + 2^f$. *Rép.* 59 *fr.*

480. — Partager 955 en 2 parties telles que si on les divise l'une par l'autre on ait 16 pour quotient et 3 pour reste. (*Basses-Pyrénées.*)

I. *Plus petite partie* = $(955 - 3)$: Nombre de fois $(1 + 16)$ la plus petite partie dans cette différence.

Rép. $952 : 17 = 56$.

II. *Plus grande* = $(56 \times 16) + 3$. *Rép.* 899.

481. — La somme de 2 nombres est 78. Le 1er est inférieur de 2 au quadruple du 2e. Quels sont ces 2 nombres ? (*Aveyron.*)

I. 2e *nombre* = $(78 + 2)$: Nombre de fois $(1 + 4)$ le 2e nombre dans cette somme.

Rép. $80 : 5 = 16$.

II. 1er *nombre* = $(16 \times 4) - 2$. *Rép.* 62.

*PLUSIEURS PARTS MULTIPLES   P. 52.

Problèmes. — 482. — Partager 154 fr. entre 3 personnes, de manière que la 1re ait 2 fois plus que la 2e et la 2e 2 fois plus que la 3e.

Solution. — La *somme à partager* est égale à 1 *fois* **la plus petite part** (3e), plus 2 *fois cette* **plus petite part** (2e), plus 2 $\times$ 2 ou 4 *fois cette* **plus petite part (1re).**

1° La 3e **part** ou *la plus petite* est le quotient de 154 fr. par 1 + 2 + 4 ou 7 :
154f : 7 = **22 fr.**

2° 2e **part** : 22f $\times$ 2 = **44 fr.**

3° 1re **part** : 44f $\times$ 2 = **88 fr.**

483. — Partager 450 fr. entre Louis, Charles et Jules, de façon que Louis ait 2 fois autant que Charles et que celui-ci ait à son tour 3 fois autant que Jules.   (*Saône-et-Loire.*)

I. *Part de Jules* = Somme à partager (450f) : (1 + 3 + 3 $\times$ 2).
Rép.   450f : 10 = 45 *fr.*
II. *Part de Charles* = 45f $\times$ 3.   *Rép.*   135 *fr.*
III. *Part de Louis* = 135f $\times$ 2.   *Rép.*   270 *fr.*
Vérification :   45f + 135f + 270f = 450 fr.

484. — Partager une somme de 6 464 fr. entre 3 personnes, de manière que la 2e ait le triple de la 1re et la 3e autant que les 2 autres ensemble.   (*Doubs.*)

I. *Part de la 1re* = Somme à partager (6 464f) : (1 + 3 + 4).
Rép.   6 464f : 8 = 808 *fr.*
II. *Part de la 2e* = 808f $\times$ 3.   *Rép.*   2 424 *fr.*
III. *Part de la 3e* = 808f + 2 424f.   *Rép.*   3 232 *fr.*
Vérification :   808f + 2 424f + 3 232f = 6 464 fr.

485. — On partage 700 fr. entre 20 hommes et 30 femmes, de manière que chaque homme ait autant que 2 femmes. Quelle sera la part d'un homme et celle d'une femme?   (*Côte-d'Or.*)

I. *Part d'une femme* = Somme à partager (700f) : (30 + 2 $\times$ 20).
Rép.   700f : 70 = 10 *fr.*
II. *Part d'un homme* = 10f $\times$ 2.   *Rép.*   20 *fr.*
Vérification :   20f $\times$ 20 + 10f $\times$ 30 = 700 fr.

486. — 33 ouvriers ont reçu 3 162f,50 pour 23 jours de travail. Dix-sept d'entre eux gagnaient le double des autres. Quel était le prix de la journée de chacun?   (*Dordogne.*)

I. *Prix de la journée de chacun* = Salaire total par jour partagé de façon que 17 ouvriers aient une journée double et les autres une journée simple.
1. Salaire total par jour : 3 162f,50 : 23 = 137f,50.
2. Journée simple. { a) Nombre de journ. simples : 33j — 17j = 16 j.
{ 16j + 2j $\times$ 17 = 50 j.   b) 137f,50 : 50.   *Rép.* 2f,75.
II. Journée double = 2f,75 $\times$ 2.   *Rép.* 5f,50.
Vérification : 2f,75 $\times$ 16 + 5f,50 $\times$ 17 = 137f,50.

487. — Un négociant a vendu 136 m. de toile et 48 m. de drap pour 763f,20. Quel est le prix du mètre de toile, si 1 mètre de drap vaut autant que 6 m. de toile?   (*Nièvre.*)

I. *Prix du mètre de toile* = Prix total (763f,20) : Nombre de mètres de toile qui valent autant que toute l'étoffe.
N. de m. de toile. { a) Drap = 6m $\times$ 48 = 288 m. de toile.
{ b) 136m + 288m = 424 m.
Rép.   763f,20 : 424 = 1f,80.

488. — Un horloger a vendu 18 montres en argent et 13 montres en or pour 3150 fr. Quel est le prix d'une montre de chaque sorte, si une montre en or coûte 4 fois autant qu'une montre en argent? (*Paris.*)

I. *Prix d'une montre en argent* = Prix total (3150 fr.) : Nombre de montres en argent qui valent autant que toutes les montres.

N. de montres en argent. $\begin{cases} a) \text{ En or}: & 4^m \times 13 = 52 \text{ montres.} \\ b) & 52^m + 18^m = 70 \text{ montres.} \end{cases}$

Rép. 3150^f : 70 = 45 *fr.*

II. *Prix d'une montre en or* = 45^f × 4. *Rép.* 180 *fr.*

489. — On achète 13 m. de drap et autant de toile pour 208 fr. Sachant que 3 m. de toile valent 1 m. de drap, quel est le prix du mètre de chaque étoffe? (*Somme.*)

I. *Prix du mètre de toile* = Prix total (208^f) : Nombre de mètres de toile qui valent autant que toute l'étoffe.

N. de m. de toile : a) Drap = 3^m × 13 = 39 m. b) 39^m + 13^m = 52 m.

Rép. 208^f : 52 = 4 *fr.*

II. *Prix du mètre de drap* = 4^f × 3. *Rép.* 12 *fr.*

490. — Pour 114 fr., on a eu 225 l. de vin de 2 qualités : 155 l. de la 1re et 70 l. de la 2e. Si le litre de la 1re qualité vaut le double du litre de la 2e, quel est le prix du litre de chacune? (*Hérault.*)

I. *Prix du litre de 2e qualité* = Prix total (114^f) : Nombre de litres de 2e qualité qui valent autant que tout le vin.

N. de l. de 2e qual. $\begin{cases} a) \text{ 1}^{re} \text{ qual. } 2^l \times 155 = 310 \text{ l.} \\ b) \text{ } 310^l + 70^l = 380 \text{ l.} \end{cases}$

Rép. 114^f : 380 = 0^f,30.

II. *Prix du litre de 1re qualité* = 0^f,30 × 2. *Rép.* 0^f,60.

491. — On peut avoir 25 kg. de sucre et 14 kg. de café pour 98^f,15; quel est le prix du kilogramme de chaque denrée si 1 kg. de café vaut autant que 9 kg. de sucre? (*Doubs.*)

I. *Prix du kg. de sucre* = Prix total (98^f,15) : Nombre de kg. de sucre qui valent autant que l'achat total.

Nombre de kg. de sucre. $\begin{cases} a) \text{ Café} = 9^{kg} \times 14 = 126 \text{ kg.} \\ b) \text{ } 126^{kg} + 25^{kg} = 151 \text{ kg.} \end{cases}$

Rép. 98^f,15 : 151 = 0^f,65.

II. *Prix du kg. de café* = 0^f,65 × 9. *Rép.* 5^f,85.

492. — On achète 180 l. de vin et 60 l. d'eau-de-vie pour 288 fr. Le litre d'eau-de-vie coûtant 5 fois plus qu'un litre de vin, quel est le prix d'un litre de vin et celui d'un litre d'eau-de-vie ? (*Charente-Inf^{re}.*)

I. *Prix du litre de vin* = Prix total (288 fr.) : Nombre de litres de vin qui valent autant que l'achat total.

Nombre de litres de vin. $\begin{cases} a) \text{ Eau-de-vie}: & 5^l \times 60 = 300 \text{ l.} \\ b) \text{ } 300^l + 180^l = 480 \text{ l.} \end{cases}$

Rép. 288^f : 480 = 0^f,60.

II. *Prix du litre d'eau-de-vie* = 0^f,60 × 5. *Rép.* 3 *fr.*

493. — Un marchand a acheté 20 moutons et 8 veaux. Si 2 veaux coûtent autant que 7 moutons et que le marchand a payé en tout 2016 fr., quel est le prix d'un veau et celui d'un mouton? (*Pas-de-Calais.*)

I. *Prix d'un mouton* = Prix total (2016 fr.) : Nombre de moutons qui valent autant que tout le troupeau.

Nombre de moutons. $\begin{cases} a) \text{ 8 veaux ou 4 fois 2}: & 7^{mout.} \times 4 = 28 \text{ moutons.} \\ b) \text{ } 20^{mout.} + 28^{mout.} = 48 \text{ moutons.} \end{cases}$

Rép. 2016^f : 48 = 42 *fr.*

II. *Prix d'un veau* = 42^f × 7 : 2. *Rép.* 147 *fr.*

494. — Partager 9 000 francs entre 1 homme, 3 femmes et 5 enfants, de manière que chaque femme reçoive 3 fois autant qu'un enfant, et que l'homme ait 2 fois autant qu'une femme.   (*Finistère.*)

I. *Part d'un enfant* = Somme partagée (9 000 fr.) : Nombre de parts d'enfants qu'ils ont ensemble.

Nombre de parts d'enf. = 5ᵖ + (3ᵖ × 3) + (3ᵖ × 2) = 20 parts.

Rép. 9 000ᶠ : 20 = 450 *fr.*

II. *Part d'une femme* = 450ᶠ × 3. *Rép.* 1 350 *fr.*

III. *Part de l'homme* = 1 350ᶠ × 2. *Rép.* 2 700 *fr.*

Vérification : 450ᶠ × 5 + 1 350ᶠ × 3 + 2 700ᶠ = 9 000 fr.

*QUANTITÉS ÉGALES OU MULTIPLES   P. 53.

(*Somme des valeurs*).

I. **Problèmes.** — **495.** — On a dépensé 6 776 fr. pour acheter une égale quantité de satin et de velours. Le mètre de satin coûte 7ᶠ,85 et le mètre de velours 9ᶠ,75. Combien a-t-on acheté de mètres de chaque étoffe?   (*Haute-Marne.*)

Solution. — Quand on achète 1 mètre de satin, on achète 1 mètre de velours.

Le **nombre de mètres de chaque étoffe** est le quotient de la *somme* (6 776 fr.) *des valeurs totales* par la *somme des valeurs à l'unité.*

1. *Somme des valeurs à l'unité :* 7ᶠ,85 + 9ᶠ,75 = 17ᶠ,60.

2. **Nombre de mètres de chaque étoffe :** 6 776 : 17,60 = **385 m.**

496. — Une somme de 119 fr. est formée de pièces de 5 fr. et de 2 fr. en nombre égal, combien de chaque espèce?   (*Lot-et-Garonne.*)

Nombre de pièces de chaque espèce = Somme (119 fr.) : Somme des valeurs d'une pièce de chaque espèce.

Rép. 119 : (5 + 2) = 119 : 7 = 17 *pièces.*

497. — On achète en quantités égales 2 cafés de qualités différentes. Les 100 kg. de la 1ʳᵉ qualité valent 425 fr. et les 100 kg. de la 2ᵉ 380 fr. L'achat a été payé 201ᶠ,25. Combien de kilogrammes de café a-t-on achetés en tout?   (*Jura.*)

Nombre de kg. de café achetés = Nombre de kg. d'une qualité × 2.

N. de kg. d'une qual. { = Val. totale (201ᶠ,25) : Somme des val. d'un kg. de chaque espèce.

a) 1 kg. de 1ʳᵉ = 4ᶠ,25; de 2ᵉ, 3ᶠ,80; Total, 8ᶠ,05.

b) 201,25 : 8,05 = 25 kg.

Rép. 25ᵏᵍ × 2 = 50 *kg.*

498. — Avec le prix de 18 moutons à 23ᶠ,50 l'un, un fermier achète une égale quantité de foin et de paille. Le foin revient à 0ᶠ,625 la botte, et la paille à 0ᶠ,375. On demande quelle quantité de foin et de paille le fermier pourra acheter.   (*Lot.*)

Nombre de bottes de foin ou de paille = Val. totale : Somme des val. d'une botte de chaque espèce.

1. Valeur totale = 23ᶠ,5 × 18 = 423 fr.

2. Somme des valeurs à l'unité = 0ᶠ,625 + 0ᶠ,375 = 1 fr.

Rép. 423 : 1 = 423 *bottes.*

II. **499.** — Pour 170 fr., on veut acheter une provision de café à 5 fr. le kilogramme et un poids 3 fois plus grand de sucre à $0^f,60$. Quels poids de café et de sucre achète-t-on ? *(Rhône.)*

Explication. — Quand on achète 1 kg. de café, on achète 3 kg. de sucre.

Le **poids du café** est le quotient du *prix total* (170 fr.) *par la somme des prix de 1 kg. de café et de 3 kg. de sucre.*

S. des prix de 1 kg. de café et de 3 kg. de sucre $= 5^f + (0^f,6 \times 3) = 6^f,80$.

Rép. $170 : 6,8 = 25\ kg.$

II. *Poids du sucre* $= 25^{kg} \times 3$. *Rép.* $75\ kg.$

500. — La valeur de 2 pièces de drap est de 624 fr. La 1re, qui est 4 fois plus longue que la 2e, vaut 9 fr. le mètre, et la 2e, 12 fr. On demande la longueur de chaque pièce. *(Loir-et-Cher.)*

I. *Longueur de la 2e pièce* $=$ Prix total (624^f) : Valeur totale de 1 m. de la 2e et de 4 m. de la 1re.

Val. tot. de 1 m. de 2e et 4 m. de $1^{re} = 12^f + (9^f \times 4) = 12^f + 36^f = 48$ fr.

Rép. $624 : 48 = 13\ m.$

II. *Longueur de la 1re* $= 13^m \times 4$. *Rép.* $52\ m.$

501. — On veut avoir, pour la somme de $412^f,50$, de la toile à $2^f,50$ le mètre, du drap à 15 fr., de la soie à $7^f,50$. Sachant que l'on veut avoir 4 fois plus de toile que de drap et 3 fois plus de drap que de soie, combien doit-on acheter de mètres de chaque étoffe ? *(Côte-d'Or.)*

I. *Nombre de m. de soie* $=$ Prix total $(412^f,50)$: Valeur totale de 1 m. de soie, de 3 m. de drap et de $(3^m \times 4)$ de toile.

V. 1 m. de soie, etc.: $7^f,5 + (15^f \times 3) + (2^f,5 \times 3 \times 4) = 7^f,5 + 45^f + 30^f = 82^f,50$.

Rép. $412,5 : 82,5 = 5\ m.$

II. *Nombre de mètres de drap* $= 5^m \times 3$. *Rép.* $15\ m.$

III. *Nombre de mètres de toile* $= 15^m \times 4$. *Rép.* $60\ m.$

III. **502.** — Un paiement de 57 fr. a été fait en pièces de 5 fr. et de 2 fr. Le nombre des pièces de 2 fr. surpasse de 4 celui des pièces de 5 fr. Combien y a-t-il de pièces de chaque sorte ? *(Pas-de-Calais.)*

Explication. — S'il y avait 4 pièces de **2** fr. de moins, la somme totale (57 fr.) serait diminuée de 4 fois 2 fr., et le reste serait composé de pièces de 5 fr. et de 2 fr. en **quantités égales.**

1° Reste $= 57^f - (2^f \times 4) = 49$ fr.

I. *Nombre des pièces de 5 fr.* $=$ Reste (49^f) : Somme des valeurs d'une pièce de chaque sorte.

Rép. $49 : (5 + 2) = 49 : 7 = 7$ *pièces de 5 fr.*

II. *Nombre de pièces de 2 fr.* $= 7^p + 4^p$. *Rép.* 11 *pièces de 2 fr.*

503. — J'ai une somme de 1 315 fr. en pièces de 20 fr. et de 5 fr. Le nombre des pièces de 5 fr. surpasse de 28 celui des pièces de 20 fr. Combien ai-je de pièces de chaque sorte ? *(Finistère.)*

I. *Nombre des pièces de 20 fr.* $=$ Reste obtenu en diminuant la somme (1 315 fr.) de 28 fois 5 fr. : Somme des valeurs d'une pièce de chaque sorte.

1. Reste $= 1\,315^f - (5^f \times 28) = 1\,315^f - 140^f = 1\,175$ fr.

2. Somme des valeurs d'une pièce de chaque sorte : $5^f + 20^f = 25$ fr.

Rép. $1\,175 : 25 = 47$ *pièces de 20 fr.*

II. *Nombre des pièces de 5 fr.* $= 47 + 28$. *Rép.* 75 *pièces de 5 fr.*

P. 54.

*REVISION

Problèmes. — **504.** — Deux personnes ont acheté : l'une $7^{kg},75$ et l'autre $2^{kg},5$ d'une même marchandise. La 1re a payé $10^f,50$ de plus que la 2e. Quel est le prix du kilogramme ? *(Aveyron.)*

Prix du kg. $=$ Diff. des val. $(10^f,50)$: Diff. des quant. $(7^{kg},75 - 2^{kg},5)$.

Rép. $10^f,50 : 5,25 = 2\ fr.$ *Vérification:* $2^f \times 7,75 - 2^f \times 2,5 = 10^f,50$.

505. — Un commerçant achète pour 250 fr. un poids égal de café et de sucre. Combien en a-t-il de chaque espèce, si le café vaut 4^f,40 et le sucre 0^f,60 le kilogramme ?   (*Côte-d'Or.*)

Poids de café ou de sucre = Prix total (250 fr.) : Somme des prix du kg. (4^f,40 + 0^f,60).
Rép. 250 : 5 = 50 *kg.*   *Vérification :*   4^f,40 × 50 + 0^f,60 × 50 = 250 fr.

506. — Deux couturières achètent ensemble 56 m. de soie. L'une a eu 2^m,80 de plus que l'autre et a payé, pour sa part, 374^f,85. A combien se monte le total de l'achat ?   (*Nord.*)

Prix total = Prix du mètre × Nombre de mètres (56 m.).
Prix du mètre. { *a)* Long. achetée par la 1re :   (56^m + 2^m,80) : 2 = 29^m,40.
{ *b)* 374^f,85 : 29,4 = 12^f,75.
Rép. 12^f,75 × 56 = 714 *fr.*

507. — Deux personnes achètent ensemble 350 fagots à raison de 25 fr. le cent. L'une prend 60 fagots de plus que l'autre. Combien chacune doit-elle payer ?   (*Tarn.*)

I. *Somme payée par la* 1re = Prix du cent (25 fr.) × N. de cents achetés.
N. de cents achetés = (350 + 60) : 2 = 205 fag. ou 2^{cents},05.
Rép. 25^f × 2,05 = 51^f,25.
II. *Somme payée par la* 2e :   (350 — 60) : 2 = 145 fag. = 1,45.
Rép. 25^f × 1,45 = 36^f,25.

508. — Une pièce de drap a été payée 600 fr. Calculer sa longueur et le prix d'achat du mètre, sachant qu'en la revendant 800 fr., on gagnerait 1^f,20 de plus par mètre qu'en la revendant 725 fr.   (*Loiret.*)

I. *Long. de la pièce* = Diff. totale des bénéf. : Diff. de bén. par m. (1^f,20).
Diff. totale des bénéf. 800^f — 725^f = 75 fr.   *Rép.* 75 : 1,20 = 62^m,50.
II. *Prix d'achat du mètre* = 600^f : 62,50. *Rép.* 9^f,60.

509. — On a 2 pièces d'étoffe qui contiennent chacune 30 m. La 1re coûte 90 fr. de plus que la 2e et les deux coûtent 570 fr. Quel est le prix du mètre de chaque pièce ?   (*Lot.*)

I. *Prix du mètre de la* 1re = Prix total : Nombre de mètres (30 m.).
Prix total : (570^f + 90^f) : 2 = 330 fr. *Rép.* 330^f : 30 = 11 *fr.*
II. *Prix du mètre de la* 2e. { *a)* (570^f — 90^f) : 2 = 240 fr.
{ *b)* 240^f : 30. *Rép.* 8 *fr.*

510. — On a payé, une 1re fois, 5^f,55 pour 3 douzaines de crayons et 5 boîtes de plumes. Une autre fois, on a donné 9^f,75 pour 5 boîtes de plumes et 10 douzaines de crayons. Calculez le prix d'une douzaine de crayons et le prix d'une boîte de plumes.   (*Gironde.*)

I. *Prix d'une douzaine de crayons* = Diff. des prix (9^f,75 — 5^f,55) : Diff. des quantités (10^d — 3^d).
Rép. 4^f,20 : 7 = 0^f,60.

II. *Prix d'une boîte de plumes.* { *a)* P. de 5 b. :   5^f,55 — (0^f,60 × 3) = 3^f,75.
{ *b)* 3^f,75 : 5. *Rép.* 0^f,75.

511. — La somme de 2 nombres est 1 275 et le quotient de l'un par l'autre est 16. Quels sont ces nombres ?   (*Alger.*)

I. *Plus petit nombre* = Somme des 2 nombres (1 275) : (1 + 16).
Rép. 1 275 : 17 = 75.
II. *Plus grand nombre* = 1 275 — 75. *Rép.* 1 200. *Vérif.* 1 200 : 75 = 16.

512. — Dans une famille, le gain du père est double de celui de la mère. Ils gagnent ensemble 40^f,50 par semaine de 6 jours de travail. Quel est le gain journalier de chaque personne ?   *(Savoie.)*.

I. *Gain journalier de la mère* = Gain journalier total : Nombre de jours de la mère que ce gain représente.
  1. Gain journalier total : 40^f,50 : 6 = 6^f,75.
  2. Nombre de jours : 1+2 = 3. *Rép.* 6^f,75 : 3 = 2^f,25.
II. *Gain journalier du père* = 2^f,25 × 2. *Rép.* 4^f,50.

513. — Pendant un mois, un ménage a consommé 1^{kg},5 d'huile blanche et 0^{kg},5 d'huile d'olive pour 4^f,10. Le mois suivant, il a consommé 1^{kg},5 d'huile blanche et 0^{kg},750 d'huile d'olive pour 4^f,80. Quel . est le prix du kilogramme de chaque sorte d'huile ?   *(Seine.)*

I. *Prix du kg. d'huile d'olive* = Différ. des prix (4^f,80 — 4^f,10) : Différ. des quant. (0^{kg},75 — 0^{kg},5).
  Rép. 0^f,70 : 0.25 = 2^f,80.

II. *Prix du kg. d'huile blanche.* { a) P. de 1^{kg},5 = 4^f,10 — (2^f,8 × 0,5) = 2^f,70. { b) 2^f,70 : 1,5. *Rép.* 1^f,80.

514. — Partager une somme de 2 000 fr. entre 3 personnes de façon que la 1re ait 600 fr. de plus que la 2e et celle-ci 400 fr. de plus que la 3e.   *(Jura.)*

I. *Part de la 3e* = Le tiers de la somme qui resterait si les 2 autres avaient autant qu'elle.
  Somme qui resterait. { a) Excès : 400^f + 400^f + 600^f = 1 400 fr. { b) 2 000^f — 1 400^f = 600 fr.
  Rép. 600^f : 3 = 200 *fr.*
II. *Part de la 2e* = 200^f + 400^f. *Rép.* 600 *fr.*
III. *Part de la 1re* = 600^f + 600^f. *Rép.* 1 200 *fr.*

515. — En revendant un fût de vin 0^f,60 le litre, un débitant gagnerait 27^f,50 ; en le revendant 0^f,45, il perdrait 13^f,75. Quelle est la contenance du fût ?   *(Bouches-du-Rhône.)*

Contenance du fût = Différ. totale de prix (27^f,50 + 13^f,75) : Différ. à l'unité (0^f,60 — 0^f,45).
  Rép. 41,25 : 0,15 = 275 *l.*

516. — Pour 360 fr., on a eu 500 l. de vin de 2 qualités : 300 l. de la 1re et 200 l. de la 2e. Le litre du 1er vin vaut le double de celui du 2e. Quel est le prix d'un litre de chaque qualité ?   *(Doubs.)*

I. *Prix du litre de 2e qualité* = Prix total (360 fr.) : Nombre de litres de 2e qualité qui valent autant que tout le vin.
  N. de litres de 2e qual. : 200^l + (2^l × 300) = 800 l. *Rép.* 360^f : 800 = 0^f,45.
II. *Prix du litre de 1re qualité* = 0^f,45 × 2. *Rép.* 0^f,90.
Vérification : 0^f,90 × 300 + 0^f,45 × 200 = 360 fr.

517. — Trois frères ont à se partager une somme de 19 250 fr. Les 2 plus jeunes doivent avoir l'un et l'autre 625 fr. de plus que l'aîné. Quelle sera la part de chacun ?   *(Haute-Marne.)*

I. *Part de l'aîné* = Un tiers de la somme qui resterait si les autres avaient autant que lui.
  Somme qui resterait : 19 250^f — (625^f × 2) = 18 000 fr.
  Rép. 18 000^f : 3 = 6 000 *fr.*
II. *Part de chacun des autres* = 6 000^f + 625^f. *Rép.* 6 625 *fr.*

518. — Une personne possède 89 fr. en pièces de 5 fr. et en pièces

de 2 fr. Le nombre des pièces de 2 fr. dépasse de 6 celui des pièces de
5 fr. Combien y en a-t-il de chaque espèce ?   (*Somme.*)

  I. *Nombre de pièces de 5 fr.* = Somme qui resterait si les nombres de pièces
étaient égaux : Somme des valeurs $(2^f + 5^f)$.
  Somme qui resterait: *a*) Excès, $2^f \times 6 = 12$ fr.   *b*) $89^f - 12^f = 77$ fr.
  Rép. $77 : 7 = 11$ *pièces*.
  II. *Nombre de pièces de* $2^f = 11^p + 6^p$.   *Rép.* 17 *pièces*.
  Vérification : $(2^f \times 17) + (5^f \times 11) = 89$ fr.

*REVISION GÉNÉRALE   P. 55.

Problèmes. — 519. — Un tailleur a acheté, au prix de 18 fr. le
mètre, 3 pièces de drap pour 1 908 fr. La 1re pièce a 26 m. et la
2e 32 m. Quelle est la longueur de la 3e ?   (*Charente-Inférieure.*)

  Longueur de la 3e = Longueur totale — Somme des longueurs des 2 autres.
  1. Longueur totale = 1 908 : 18 = 106 m.
  2. Longueur des 2 autres : $26^m + 32^m = 58$ m.
  Rép. $106^m - 58^m = 48$ *m.*

520. — Une fermière vend $25^{kg},5$ de beurre à $2^f,50$ le kilogramme.
Avec la somme qu'elle reçoit, elle achète 18 m. de toile à $1^f,50$ le
mètre, et un certain nombre de mètres de velours à 5 fr. Il lui reste
$3^f,50$. Combien a-t-elle acheté de mètres de velours ?   (*Oise.*)

  Longueur de velours acheté = Prix du velours : Prix du mètre (5 fr.).
  Prix du velours. $\begin{cases} a) \text{ Vente :} 2^f,5 \times 25,5 = 63^f,75. \\ b) \text{ Achat et reste :} 1^f,5 \times 18 = 27 \text{ fr.}; 27^f + 3^f,5 = 30^f,5. \\ c) 63^f,75 - 30^f,50 = 33^f,25. \end{cases}$
  Rép. $33,25 : 5 = 6^m,65.$

521. — Une lingère achète 168 m. de toile à raison de $15^f,60$ les
12 m. Avec cette toile, elle fait confectionner des chemises qu'elle vend
$6^f,50$ l'une. Pour une chemise, elle emploie $2^m,80$ d'étoffe et paye à
l'ouvrière $1^f,60$ de façon. Quel est son bénéfice?   (*Algérie.*)

  Bénéfice total = Bénéfice sur 1 chemise × Nombre de chemises.
  1. Bénéfice sur une. $\begin{cases} a) \text{ Revient :} (15^f,6 : 12) \times 2,8 = 1^f,03 \times 2,8 = 3^f,64; \\ 3^f,64 + 1^f,6 = 5^f,24. b) 6^f,5 - 5^f,24 = 1^f,26. \end{cases}$
  2. Nombre de chemises = 168 : 2,8 = 60. *Rép.* $1^f,26 \times 60 = 75^f,60.$

522. — Un ménage consomme par semaine 3 l. de haricots à $0^f,45$ le
litre et 8 l. de pommes de terre à $0^f,10$. Achetés en gros, les haricots
coûtent $0^f,28$ le litre et les pommes de terre $0^f,055$. Quelle économie ce
ménage ferait-il par an, en achetant ses denrées en gros ?   (*Eure.*)

  Economie annuelle = Economie par semaine × 52.
  Econ. par sem. $\begin{cases} a) \text{ Haricots :} (0^f,45 - 0^f,28) \times 3 = 0^f,17 \times 3 = 0^f,51. \\ b) \text{ Pommes de terre} (0^f,10 - 0^f,055) \times 8 = 0^f,045 \times 8 = 0^f,36. \\ c) 0^f,51 + 0^f,36 = 0^f,87. \end{cases}$
  Rép. $0^f,87 \times 52 = 45^f,24$ ou $45^f,25.$

523. — Un tailleur a acheté $7^m,40$ de drap à raison de $16^f,50$ le
mètre ; il en a fait 2 habits et 4 pantalons ; il a dépensé pour doublures
et autres fournitures $11^f,50$. Il vend les habits 45 fr. pièce et les pantalons 19 fr. Combien lui reste-t-il pour la façon ?   (*Morbihan.*)

  Façon = Prix de vente — Prix de revient.
  1. Prix de vente. $\begin{cases} a) 45^f \times 2 = 90 \text{ fr.} b) 19^f \times 4 = 76 \text{ fr.} \\ c) 90^f + 76^f = 166 \text{ fr.} \end{cases}$
  2. Prix de revient: *a*) $16^f,5 \times 7,4 = 122^f,10.$ *b*) $122^f,1 + 11^f,5 = 133^f,60.$
  Rép. $166^f - 133^f,60 = 32^f,40.$

524. — On a acheté une pièce d'étoffe pour 175 fr.; on demande le prix du mètre et le prix d'une robe de cette étoffe, sachant qu'il en faut pour une robe 7^m,50 et que si la pièce avait 2^m,50 de plus, il y en aurait assez pour faire 7 robes.   (*Vosges.*)

I. *Prix du mètre* = Prix d'achat (175 fr.) **:** Quantité achetée.

Quantité achetée. $\begin{cases} a) \text{ Pour 7 robes : } 7^m,5 \times 7 = 52^m,5. \\ b) \ 52^m,5 - 2^m,5 = 50 \text{ m.} \end{cases}$

Rép.   175^f **:** 50 = 3^f,50.

II. *Prix d'une robe* = 3^f,5 $\times$ 7,5. *Rép.* 26^f,25.

525. — J'échange 15 m. de drap contre 105 m. de toile à 0^f,90 le mètre et je perds ainsi 4^f,50. Que vaut le mètre de drap?   (*Morbihan.*)

Prix du mètre de drap = Valeur des 15 m. **:** 15.
Valeur des 15 m. :   *a*) Toile : 0^f,9 $\times$ 105 = 94^f,50.   *b*) 94^f,5 + 4^f,5 = 99 fr.
Rép.   99^f **:** 15 = 6^f,60.

526. — Pour 816 fr., on a acheté un certain nombre de mètres de drap; on en aurait eu 6 mètres de plus pour 918 fr. Quel est le prix du mètre et combien de mètres a-t-on achetés?   (*Eure.*)

I. *Prix du mètre* = Différence des valeurs **:** Différence des quantités (6 m.).
Différence des valeurs : 918^f — 816^f = 102 fr. *Rép.* 102^f **:** 6 = 17 *fr.*
II. *Longueur achetée* = 816 **:** 17. *Rép.* 48 *m.*

527. — On a payé un cheval et un mulet 650 fr. Si le mulet avait été payé autant que le cheval, le prix d'achat total eût été de 800 fr. Combien a-t-on payé le cheval et combien le mulet?   (*Gironde.*)

I. *Prix du cheval* = Prix de 2 chevaux (800^f) **:** 2. *Rép.* 400 *fr.*
II. *Prix du mulet* = 650^f — 400^f. *Rép.* 250 *fr.*

528. — Un chapelier a vendu 432 chapeaux pendant une saison. La vente des 324 premiers chapeaux lui avait rapporté 3 807 fr. A partir de ce moment, il a cédé chaque chapeau au prix de 10^f,75. Son bénéfice moyen ayant été de 1^f,50 par chapeau, déterminer le prix d'achat d'un chapeau.   (*Nièvre.*)

Prix d'achat d'un chapeau = Prix de vente moyen — Bénéfice moyen (1^f,50).

Prix de vente moyen. $\begin{cases} a) \text{ Prix de vente : } \text{Reste} = 432 - 324 = 108 \text{ chap. ;} \\ \quad 10^f,75 \times 108 = 1161 \text{ fr. ;} \quad 3807^f + 1161^f = 4968 \text{ fr.} \\ b) \ 4968^f \textbf{:} 432 = 11^f,50. \end{cases}$

Rép.   11^f,5 — 1^f,5 = 10 *fr.*

529. — J'ai acheté du drap à 12^f,50 le mètre et il me reste 1^f,75. Si j'en avais pris à 13^f,75 le mètre, il m'aurait manqué pour le payer 1^f,25. Combien ai-je acheté de mètres de drap?   (*Deux-Sèvres.*)

Longueur achetée = Différence des valeurs totales **:** Différence des valeurs à l'unité.

1. Différence des valeurs totales = 1^f,75 + 1^f,25 = 3 fr.
2. Différence à l'unité = 13^f,75 — 12^f,5 = 1^f,25.
Rép. 3 **:** 1,25 = 2^m,40.

530. — Un ouvrier économise 146 fr. dans une année ordinaire en se privant de son petit verre quotidien. Quelle quantité d'eau-de-vie buvait-il par jour, si le marchand de vin, qui payait l'eau-de-vie 150 fr. l'hectolitre, faisait sur cet ouvrier un bénéfice de 71 fr.?   (*Aveyron.*)

Quantité bue par jour = Quantité bue par an **:** 365.

Quantité bue par an. $\begin{cases} a) \text{ Prix d'achat : } 146^f - 71^f = 75 \text{ fr.} \\ b) \ 75 \textbf{:} 150 = 0^{hl},50 \text{ ou } 50 \text{ l.} \end{cases}$

Rép. 50^l **:** 365 = 0^l,13.

531. — Un ouvrier, qui se repose le dimanche et gagne 4^f,50 par jour de travail, dépense chaque jour 2^f,70. Combien de semaines de travail lui seront nécessaires, pour qu'il puisse, avec ses économies, payer 4 mois 1/2 de loyer, à raison de 129^f,60 par an?   (*Meuse.*)

Nombre de semaines = Prix de 4 mois 1/2 de loyer : Économie par semaine.
1. Prix de 4^m,5 de loyer = (129^f,6 : 12) $\times$ 4,5 = 10^f,8 $\times$ 4,5 = 48^f,60.
2. Écon. par sem. $\begin{cases} a) \text{ Gain : } 4^f,5 \times 6 = 27 \text{ fr. } \quad b) \text{ Dép. : } 2^f,7 \times 7 = 18^f,9. \\ c) \; 27^f - 18^f,9 = 8^f,10. \end{cases}$
Rép. 48,6 : 8,1 = 6 *semaines*.

532. — Une femme qui avait acheté 8 m. de drap à 6^f,50 le mètre, les rapporte au marchand, à qui elle demande de les lui échanger contre 2 nappes et 36 serviettes. Le marchand y consent, à condition de recevoir encore 8 fr. La douzaine de serviettes coûtant 15 fr., combien vaut chaque nappe?   (*Haute-Saône.*)

Prix d'une nappe = Prix de 2 nappes : 2.
Prix de 2 nappes. $\begin{cases} a) \text{ Nappes et serviettes : } (6^f,5 \times 8) + 8^f = 52^f + 8^f = 60 \text{ fr.} \\ b) \text{ Serviettes : } 36 \text{ serv.} = 3 \text{ douz.; } 15^f \times 3 = 45 \text{ fr.} \\ c) \; 60^f - 45^f = 15 \text{ fr.} \end{cases}$
Rép. 15^f : 2 = 7^f,50.

533. — On achète 12 douzaines d'assiettes à raison de 45 fr. le cent. Dans le transport, il s'en trouve 14 de cassées. Combien doit-on revendre chacune de celles qui restent pour gagner 19^f,70?   (*Jura.*)

Prix de vente d'une assiette = Prix de vente total : Quantité restante.
1. Prix de vente total. $\begin{cases} a) \text{ Achat : } 12 \text{ douz.} = 1^{cent},44; \quad 45^f \times 1,44 = 64^f,80. \\ b) \; 64^f,8 + 19^f,7 = 84^f,50. \end{cases}$
2. Reste = 144 − 14 = 130 ass.   *Rép.* 84^f,5 : 130 = 0^f,65.

534. — On veut couper un fil de fer de 32 m. en deux parties de manière que l'une ait 6^m,50 de plus que l'autre. Quelle sera la longueur de chaque partie?   (*Vendée.*)

Plus petite partie = Longueur totale si les 2 parties étaient égales à la petite : 2.
Longueur double de la plus petite partie = 32^m − 6^m,5 = 25^m,50.
Rép. 25^m,5 : 2 = 12^m,75.
II. *Plus grande* = 12^m,75 + 6^m,5.   *Rép.* 19^m,25.

535. — Un ouvrier dépense tous les jours 0^f,15 de tabac et, en outre, tous les dimanches, 2^f,50 au cabaret. Combien dépense-t-il ainsi chaque année? De quelle somme aurait-il pu disposer à 50 ans, s'il n'avait pas fait ces dépenses inutiles à partir de l'âge de 20 ans? (On ne tiendra pas compte des années bissextiles.)   (*Aveyron.*)

I. *Dépense annuelle* = Dépense en tabac + Dépense au cabaret.
1. Tabac : 0^f,15 $\times$ 365 = 54^f,75.   2. Cabaret : 2^f,5 $\times$ 52 = 130 fr.
Rép. 54^f,75 + 130^f = 184^f,75.
II. *Économie en* (50 − 20) *ans* = 184^f,75 $\times$ 30.   *Rép.* 5 542^f,50.

536. — Un ouvrier gagne 4^f,50 par jour et travaille 24 jours par mois. Il dépense 120 fr. par an pour son habillement, 15 fr. par mois pour son loyer et économise en outre 339 fr. Combien dépense-t-il par jour pour sa nourriture?   (*Oise.*)

Dépense de nourriture par jour = Dépense annuelle : 365.
Dép. ann. $\begin{cases} a) \text{ Gain : } 4^f,5 \times 24 \times 12 = 108^f \times 12 = 1\,296 \text{ fr.} \\ b) \text{ Autres dép. et économ. : } 120^f + (15^f \times 12) + 339^f = 639 \text{ fr.} \\ c) \; 1\,296^f - 639^f = 657 \text{ fr.} \end{cases}$
Rép. 657^f : 365 = 1^f,80.

537. — Une ouvrière gagne 20 fr. par semaine. Elle dépense 1ᶠ,75 par jour pour sa nourriture, 15 fr. de loyer par mois et 120 fr. par an pour son entretien. Que lui reste-t-il à la fin de l'année? (*Finistère.*)

Économie annuelle = Gain annuel — Dépense annuelle.
1. Gain annuel = 20ᶠ × 52 = 1 040 fr.
2. Dép. ann. { *a*) Nourr.: 1ᶠ,75 × 365 = 638ᶠ,75. *b*) Loyer: 15ᶠ × 12 = 180 fr.
{ *c*) 638ᶠ,75 + 180ᶠ + 120ᶠ = 938ᶠ,75.
Rép. 1 040ᶠ — 938ᶠ,75 = 101ᶠ,25.

538. — Une jeune fille qui travaille en moyenne 24 jours par mois fait en tricotant 5 petits bonnets en 2 jours. Elle les vend 0ᶠ,90 la pièce. Le coton de 2 bonnets lui revient à 0ᶠ,30. Combien peut-elle gagner par an ? (*Paris.*)

Gain annuel = Gain mensuel × 12.
Gain mensuel. { *a*) Prix de vente : 5 × 24 : 2 = 60 bonn.; 0ᶠ,9 × 60 = 54 fr.
{ *b*) Coton = 0ᶠ,3 × 60 : 2 = 9 fr. *c*) 54ᶠ — 9ᶠ = 45 fr.
Rép. 45ᶠ × 12 = 540 *fr.*

539. — On a payé 49ᶠ,20 pour 6 kg. de chocolat et 6 kg. de café; mais 6 kg. de chocolat et 4 kg. de café coûtent 39ᶠ,20. Quel est le prix du kilogramme de chaque denrée ? (*Seine-et-Oise.*)

I. *Prix du kilogramme de café* = Différence des valeurs totales : Différence des quantités de café achetées.
1. Différence des valeurs totales = 49ᶠ,2 — 39ᶠ,2 = 10 fr.
2. Différence des quantités : 6ᵏᵍ — 4ᵏᵍ = 2 kg. *Rép.* 10ᶠ : 2 = 5 *fr.*
II. *Prix du kilogramme de chocolat* = Somme des prix d'un kilogramme de chaque denrée — 5 fr.
Somme des prix = 49ᶠ,2 : 6 = 8ᶠ,2. *Rép.* 8ᶠ,20 — 5ᶠ = 3ᶠ,20.

540. — Au lieu d'acheter une douzaine de chemises à 4ᶠ,90 l'une, vous les faites faire par une couturière à qui vous fournissez 30 m. de toile à 1ᶠ,20 le mètre et à qui vous donnez 1ᶠ,20 de façon par chemise. Quelle est votre économie ? (*Vaucluse.*)

Économie = Prix des chemises toutes faites — Prix de revient.
1. Prix des chemises toutes faites = 4ᶠ,9 × 12 = 58ᶠ,8.
2. Revient. { *a*) 1ᶠ,2 × 30 = 36 fr.
{ *b*) 1ᶠ,2 × 12 = 14ᶠ,40. *c*) 36ᶠ + 14ᶠ,4 = 50ᶠ,40.
Rép. 58ᶠ,8 — 50ᶠ,4 = 8ᶠ,40.

541. — Un négociant a du blé. S'il le revend 16ᶠ,50 l'hectolitre, il gagne 143ᶠ,10 ; s'il le revend 17 fr., il gagne 302ᶠ,10. Combien a-t-il acheté d'hectolitres de blé et à combien l'un ? (*Meurthe-et-Moselle.*)

I. *Quantité achetée* = Différence des bénéfices : Différence des prix de l'hectolitre.
1. Différence des bénéfices = 302ᶠ,1 — 143ᶠ,1 = 159 fr.
2. Différence à l'unité = 17ᶠ — 16ᶠ,5 = 0ᶠ,5. *Rép.* 159 : 0,5 = 318 *hl.*
II. *Prix d'achat de l'hectolitre* = Prix de vente dans un cas — Bénéfice dans le même cas.
Bénéfice par hectolitre (2ᵉ cas) = 302ᶠ,1 : 318 = 0ᶠ,95. *Rép.* 17ᶠ — 0ᶠ,95 = 16ᶠ,05.

542. — Une femme porte au marché des poulets qu'elle vend 5ᶠ,80 la paire. Sachant que, si elle les avait vendus 3 fr. la pièce, sa recette eût été augmentée de 1ᶠ,60, on demande : 1° le nombre des poulets qu'elle a apportés ; 2° quelle somme elle a reçue. (*Yonne.*)

1. *Nombre de poulets* = Augmentation totale (1ᶠ,60) : Augmentation par poulet.
.Augmentation par poulet = 3ᶠ — (5ᶠ,8 : 2) = 0ᶠ,10.
Rép. 1,6 : 0,1 = 16 *poulets.*
II. *Somme reçue* = (5ᶠ,8 : 2) × 16. *Rép.* 46ᶠ,40.

543. — Un coquetier a acheté 40 volailles pour 50 fr. et 28 douzaines d'œufs pour 19^f,60. En les revendant, il a gagné 0^f,30 par volaille, et perdu 0^f,15 par douzaine d'œufs. Combien a-t-il gagné ou perdu sur le tout? Quelle somme a-t-il retirée de cette vente ?   (*Deux-Sèvres.*)

I. *Gain ou perte totale* = Différence entre le bénéfice sur les volailles et la perte sur les œufs.
1. Bénéfice $= 0^f,3 \times 40 = 12$ fr.   2. Perte : $0^f,15 \times 28 = 4^f,20.$
Rép. $12^f - 4^f,2 = 7^f,80$ *de bénéfice.*
II. *Prix de vente total* = Prix d'achat total + Bénéfice.
Rép. $50^f + 19^f,6 + 7^f,8 = 77^f,40.$

544. — Un boucher a acheté 37 moutons à raison de 31^f,50 l'un; par tête, il dépense en outre 2^f,80 d'octroi et 2^f.35 pour autres frais. Chaque mouton lui produit 24^{kg},6 de viande, qu'il vend 1^f,75 le kilogramme; il vend la peau 4 fr. et la graisse 1^f,10. Combien ce boucher a-t-il gagné sur son marché?   (*Loire-Inférieure.*)

Bénéfice total = Bénéfice par mouton $\times$ Nombre de moutons (37).

Bénéfice par mouton.
$\begin{cases} a)\ \text{Vente} : (1^f,75 \times 24,6) + 4^f + 1^f,1 = 43^f,05 + 4^f + 1^f,1 = 48^f,15. \\ b)\ \text{Revient} :\ \ 31^f,5 + 2^f,8 + 2^f,35 = 36^f,65. \\ c)\ 48^f,15 - 36^f,65 = 11^f,50. \end{cases}$

Rép. $11^f,5 \times 37 = 425^f,50.$

545. — Un fermier a employé pour la moisson, qui a duré 40 jours,   **P. 57.**
2 ouvriers qu'il a payés sur le même pied. Il a donné au 1er 4 hl. de blé et 112 fr. et au 2e 6 hl. de blé et 73 fr. Quel était le salaire journalier de chaque ouvrier ?   (*Yonne.*)

Salaire journalier = Salaire total d'un ouvrier : 40.

Salaire tot. du 1er.
$\begin{cases} a)\ \text{4 hl. de blé} :\ \ \text{Différence des valeurs totales} = 112^f - 73^f = 39\ \text{fr.} \\ \text{Différence des quantités} = 6^{hl} - 4^{hl} = 2\ \text{hl.} \\ \text{2 hectolitres coûtent 39 fr. et 4 hectolitres} :\ \ 39^f \times 2 = 78\ \text{fr.} \\ b)\ 78^f + 112^f = 190\ \text{fr.} \end{cases}$

Rép. $190 : 40 = 4^f,75.$

546. — Une fruitière échange des pêches achetées 2^f,70 les 3 douzaines, contre un nombre égal d'abricots à 0^f,91 les 13; elle fait ainsi une perte de 1^f,24. Combien avait-elle de pêches ? (*Pas-de-Calais.*)

Nombre de pêches = Perte totale (1^f,24) : Perte par pêche.
Perte par pêche.
$\begin{cases} a)\ \text{1 pêche} :\ \ 2^f,7 : 36 = 0^f,075. \quad b)\ \text{1 abricot} :\ \ 0^f,91 : 13 = 0^f,07. \\ c)\ 0^f,075 - 0^f,07 = 0^f,005. \end{cases}$

Rép. $1,24 : 0,005 = 248$ *pêches.*

547. — Un libraire vend pour 53^f,20 des ouvrages achetés 40^f,60. S'il gagne 0^f,45 sur un ouvrage, combien l'avait-il payé ?   (*Morbihan.*)

Prix d'achat d'un volume = Prix d'achat total (40^f,60) : Nombre de volumes.
N. de vol. :   a) Bénéf. tot. : $53^f,2 - 40^f,60 = 12^f,60.$ b) $12,6 : 0,45 = 28$ vol.
Rép. $40^f,6 : 28 = 1^f,45.$

548. — On achète une pièce d'étoffe à raison de 9 fr. les 3 m.; on la revend à raison de 26^f,25 les 7 m. et l'on gagne sur l'opération 48^f,75. Quelle est la longueur de la pièce ?   (*Seine.*)

Longueur de la pièce = Bénéfice total (48^f,75) : Bénéfice par mètre.
Bénéfice par mètre.
$\begin{cases} a)\ 26^f,25 : 7 = 3^f,75. \quad b.\ 9^f : 3 = 3\ \text{fr.} \\ c)\ 3^f,75 - 3^f = 0^f,75. \end{cases}$

Rép. $48,75 : 0,75 = 65$ *mètres.*

549. — On a gagné 14 fr. sur une douzaine de chemises vendue 89^f,70. Une ouvrière, payée 2^f,10 par jour, a passé 9 jours à la confectionner ; elle a employé 36 m. de toile et $2^f,80$ de fournitures. Combien avait-on payé le mètre de toile ? *(Loir-el-Cher.)*

Prix du mètre de toile = Prix d'achat total $\bullet$ N. de m. de toile (36 m.).

Prix d'achat. $\begin{cases} a)\ (2^f.1 \times 9) + 2^f,8 \times 14 = 35^f,7. \\ b)\ 89^f,7 - 35^f,7 = 54\ \text{fr.} \end{cases}$

Rép. $54^f \bullet 36 = 1^f,50.$

550. — Avec une somme de 129 fr., on achète du sucre à $0^f,65$ le kilogramme et du café à $4^f,50$. Quand on achète 1 kg. de café, on prend 3 kg. de sucre. Combien aura-t-on de kilogrammes de sucre et de café ? *(Morbihan.)*

I. *Poids du café* = Prix total (129 fr.) $\bullet$ Somme des prix de 1 kilogramme de café et 3 kilogrammes de sucre.

1 kg. de café et 3 kg. de sucre coûtent $4^f,5 + (0^f,65 \times 3) = 4^f,5 + 1^f,95 = 6^f,45.$
Rép. $129 \bullet 6,45 = 20\ kg.$
II. *Poids du sucre :* $20^{kg} \times 3.$ *Rép.* $60\ kg.$

551. — Une machine à battre le blé, conduite par 4 chevaux, employant 14 ouvriers, peut battre en 1 jour 92 hl. de blé. Par jour, on dépense 17 fr. pour la machine, $3^f,10$ par cheval et $2^f,50$ par homme. A combien reviendra le battage d'un hectolitre de blé ? *(Nièvre.)*

Prix du battage d'un hectolitre = Prix total $\bullet$ Nombre d'hectolitres (92).

Prix total. $\begin{cases} a)\ 3^f,1 \times 4 = 12^f,4. \quad b)\ 2^f,5 \times 14 = 35\ \text{fr.} \\ c)\ 17^f + 12^f,4 + 35^f = 64^f,40. \end{cases}$

Rép. $64^f,4 \bullet 92 = 0^f,70.$

552. — Deux ouvriers gagnent ensemble 10 fr. par jour. Au bout d'un même nombre de journées de travail, l'un reçoit 210 fr. et l'autre 140 fr. Quel est le gain journalier de chacun d'eux ? *(Meuse.)*

I. *Gain journalier du 1er* = Gain total (210 fr.) $\bullet$ Nombre de jours de travail.

Nombre de jours de travail. $\begin{cases} a)\ \text{Somme reçue :}\ 210^f + 140^f = 350\ \text{fr.} \\ b)\ 350 \bullet 10 = 35\ \text{jours.} \end{cases}$

Rép. $210^f \bullet 35 = 6\ fr.$
II. *Salaire journalier du 2e* = $140^f \bullet 35.$ *Rép.* $4\ fr.$

553. — En revendant le vin d'un tonneau $0^f,65$ le litre, on ferait un bénéfice de $28^f,25$; en revendant le litre $0^f,50$, on ferait une perte de $5^f,50$. Quelle est la contenance du tonneau ? *(Pas-de-Calais.)*

Contenance = Différence des valeurs totales $\bullet$ Différence des prix du litre.
1. Différence des valeurs totales : $28^f,25 + 5^f,5 = 33^f,75.$
2. Différence des prix du litre : $0^f,65 - 0^f,50 = 0^f,15.$
Rép. $33,75 \bullet 0,15 = 225\ l.$

554. — Un marchand avait acheté 786 moutons à 45 fr. la paire ; il en a perdu 17 par suite de maladie. Combien a-t-il revendu chacun des moutons restants, s'il a gagné 1 540 fr. ? *(Gard.)*

Prix de vente d'un mouton = Prix de vente total $\bullet$ Quantité restante.

1. Prix de vente total. $\begin{cases} a)\ \text{Achat :}\ 45^f \times (786 \bullet 2) = 17\,685\ \text{fr.} \\ b)\ 17\,685^f + 1\,540^f = 19\,225\ \text{fr.} \end{cases}$

2. Reste : $786 - 17 = 769$ moutons. *Rép.* $19\,225^f \bullet 769 = 25\ fr.$

555. — Un propriétaire a une ferme qui lui rapporte 260 fr. par trimestre ; il a, de plus, une rente annuelle de 460 fr., mais il paie 82 fr. d'impôts. Combien peut-il dépenser par jour s'il veut avoir 250 fr. de reste au bout de l'année ? *(Hautes-Pyrénées.)*

Dépense journalière = Dépense annuelle $\bullet$ 365.

Dépense annuelle. $\begin{cases} a)\ \text{Revenu :}\ (260^f \times 4) + 460^f = 1\,040^f + 460^f = 1\,500\ \text{fr.} \\ \text{Net :}\ 1\,500^f - 82^f = 1\,418\ \text{fr.} \quad b)\ 1\,418^f - 250^f = 1\,168\ \text{fr.} \end{cases}$

Rép. $1\,168^f \bullet 365 = 3^f,20.$

556. — Je ne gagne pas assez pour dépenser 138^f,45 par mois, il me manque 35^f,40 par an. Que puis-je dépenser par mois ? (*Meuse.*)

Dépense mensuelle = Dépense trop grande (138^f,45) — Somme manquante par mois.

Manque par mois : 35^f,4 : 12 = 2^f,95. *Rép.* 138^f,45 — 2^f,95 = 135^f,50.

557. — J'ai acheté 37^m,50 de soie à 7^f,50 le mètre; je paie les 0,24 du prix d'achat avec du drap à 18 fr. le mètre et le reste en espèces. Combien ai-je donné de mètres de drap? Quelle somme ai-je payée en espèces ?   (*Seine-et-Oise.*)

I. *Nombre de mètres de drap* = 0,24 du prix d'achat : Prix du mètre de drap (18 fr.).

0,24 du prix d'achat =   *a*) 7^f,5 × 37,5 = 281^f,25. *b*) 281^f,25 × 0,24 = 67^f,5. *Rép.* 67,5 : 18 = 3^m,75.

II. *En espèces :* 281^f,25 — 67^f,5. *Rép.* 213^f,75.

558. — Deux ouvriers ont travaillé ensemble à un même ouvrage qui leur a été payé 252 fr. La journée de chaque ouvrier vaut 4^f,50. L'un des ouvriers s'étant absenté 4 jours pendant la durée du travail, faites la répartition entre eux de la somme totale.   (*Oran.*)

I. *Part de l'ouvrier qui s'est absenté 4 jours* = Moitié du reste obtenu en retranchant de la paye totale (252 fr.) la valeur de 4 journées d'ouvrier.

Valeur de 4 journées = 4^f,5 × 4 = 18 fr. *Rép.* (252^f — 18^f) : 2 = 234^f : 2 = 117 *fr.*

II. *Part du 2e* = 252^f — 117 fr. *Rép.* 135 *fr.*

559. — Un ouvrier gagne 5^f,25 par jour et dépense 18^f,50 par semaine, non compris un loyer mensuel de 25 fr. Combien économise-t-il dans l'année, s'il chôme les dimanches et 20 autres jours?   (*Nord.*)

Economie annuelle = Gain annuel — Dépense annuelle.

1. Gain   annuel. $\begin{cases} a) \text{ Nombre de jours de travail : } 365 - (52 + 20) = 293 \text{ j.} \\ b) \ 5^f,25 \times 293 = 1\,538^f,25. \end{cases}$

2. Dép. annuelle. $\begin{cases} a) \ 18^f,5 \times 52 = 962 \text{ fr.} \quad b) \ 25^f \times 12 = 300 \text{ fr.} \\ c) \ 962^f + 300^f = 1\,262 \text{ fr.} \end{cases}$

Rép. 1 538^f,25 — 1 262^f = 276^f,25.

560. — Un marchand achète 5 pièces de vin pour 570 fr. Il en a P. 58. vendu 78 l. pour 46^f,80. Si le reste est vendu au même prix, le marchand gagne 10 fr. par hectolitre. Quelle est la contenance de chaque pièce ?   (*Seine-et-Oise.*)

Contenance d'une pièce = Prix d'achat de la pièce : Prix d'achat du litre.

1. Prix d'achat d'une pièce :   570^f : 5 = 114 fr.

2. P. d'ach. du l. $\begin{cases} a) \text{ Achat: } 46^f,8 : 78 = 0^f,60. \ b) \text{ Bénéfice: } 10^f : 100 = 0^f,10. \\ c) \ 0^f,6 - 0^f,1 = 0^f,50. \end{cases}$

Rép. 114 : 0,5 = 228 *l.*

561. — Un ouvrier dépense 3^f,75 par jour pour l'entretien de son ménage, 3^f,45 par semaine de frais divers, 18^f,30 par mois de vêtements et de linge, 75 fr. de loyer par trimestre et 83^f,15 de chauffage par an. Il économise annuellement 190 fr. Combien gagne-t-il par jour, sachant qu'il travaille 306 jours par an?   (*Aisne.*)

Gain journalier = Gain annuel : Nombre de jours de travail (306).

Gain annuel. $\begin{cases} a) \ 3^f,75 \times 365 = 1\,368^f,75. \ b) \ 3^f,45 \times 52 = 179^f,40. \\ c) \ 18^f,3 \times 12 = 219^f,6. \ d) \ 75^f \times 4 = 300 \text{ fr.} \\ e) \ 1\,368^f,75 + 179^f,4 + 219^f,6 + 300^f + 83^f,15 + 190^f = 2\,340^f,90. \end{cases}$

Rép. 2 340^f,9 : 306 = 7^f,65.

562. — Pour 150 fr. on a eu 14 m. de drap et 16 m. de toile. Quel est le prix du mètre de chaque étoffe, sachant que le mètre de drap coûte 7^f,50 de plus que le mètre de toile ? *(Indre.)*

I. *Prix du mètre de drap* = Somme que l'on paierait si la toile coûtait autant que le drap : Longueur totale du drap et de la toile.

1. Somme que l'on paierait. { *a*) Augmentation : 7^f,5 × 16 = 120 fr. { *b*) 150^f + 120^f = 270 fr.
2. Longueur totale = 14^m + 16^m = 30 m. *Rép.* 270^f : 30 = 9 *fr.*
II. *Prix du mètre de toile* = 9^f — 7^f,5. *Rép.* 1^f,50.

563. — Une femme achète 3^{kg},750 de laine à 7^f,20 le kilogramme; elle paie 1^f,20 par kilogramme pour la faire filer; elle emploie 27 journées pour en faire des bas qu'elle revend 2^f,75 la paire; il lui faut 750 gr. de laine pour faire 6 paires de bas. On demande combien elle gagne par journée. *(Marne.)*

Gain journalier = Gain total : Nombre de jours (27).

Gain total. { *a*) Prix de vente : 750^g : 6 = 125 g.; 3 750 : 125 = 30 paires. { 2^f,75 × 30 = 82^f,50. { *b*) Prix de revient : (7^f,2 + 1^f,2) × 3,75 = 8^f,4 × 3,75 = 31^f,50. { *c*) 82^f,5 — 31^f,5 = 51 fr.
Rép. 51^f : 27 = 1^f,88.

564. — Dans une bourse, il y a 480 fr. en pièces de 20 fr. et de 5 fr. Il y a 2 fois plus des 2es que des 1res. Combien y a-t-il de pièces de chaque espèce ? *(Doubs.)*

I. *Nombre de pièces de 20 francs* = Valeur totale (480 fr.) : Somme des valeurs d'une pièce de 20 francs et de 2 pièces de 5 francs.
1 pièce de 20 fr. et 2 de 5 fr. valent (5^f × 2) + 20^f = 30 fr.
Rép. 480 : 30 = 16 p. de 20 *fr.*
II. *Nombre de pièces de 5 fr.* = 16 × 2. *Rép.* 32 pièces de 5 *fr.*

565. — J'ai acheté des fagots à 38 fr. le cent. J'en reçois 4 en plus du cent. On m'en livre 728; combien dois-je? Si je les avais achetés au détail, à 0^f,40 l'un, combien aurais-je payé de plus? *(Doubs.)*

I. *Dette* = Prix du cent (38 fr.) × Nombre de centaines demandé.
Nombre de centaines demandé = 728 : (100 + 4) = 7. *Rép.* 38^f × 7 = 266 *fr.*
II. *Bénéf. sur le prix au dét.* = (0^f,4 × 728) — 266^f = 291^f,2 — 266^f. *Rép.* 25^f,2.

566. — Une servante porte 19 douzaines d'œufs au marché avec ordre de les vendre 0^f,95 la douzaine. Elle en a déjà vendu 9 douzaines à ce prix quand elle casse 6 œufs. A quel prix doit-elle vendre la douzaine de ce qui lui reste pour réparer cette perte? *(Charente.)*

Prix de la douz. du reste = Prix du reste : Nombre des douz. restantes.
1. Prix du reste : *a*) Reste : 19 — 9 = 10 douz. *b*) 0^f,95 × 10 = 9^f,5.
2. Nombre des douzaines restantes = 19 — 9 1/2 = 9,5.
Rép. 9^f,5 : 9,5 = 1 *fr.*

567. — On sait que 9 personnes doivent payer une somme totale de 751^f,50. Or, 3 d'entre elles ne peuvent verser que 80 fr. chacune. Combien devra payer chacune des autres? *(Aude.)*

Part de chacune des autres = Reste à payer : Nombre des autres.
1. Reste : *a*) Versement des 1res : 80^f × 3 = 240 fr. *b*) 751^f,5 — 240^f = 511^f,50.
2. Nombre des autres : 9 — 3 = 6. *Rép.* 511^f,5 : 6 = 85^f,25.

568. — Une pièce de vin vaut 180 fr. On en tire 60 l. et le reste ne vaut plus que 132 fr. Que contenait la pièce ? *(Deux-Sèvres.)*

Contenance totale = Prix total (180 fr.) : Prix du litre.
Prix du litre : *a*) Prix des 60 litres = 180^f — 132^f = 48 fr. *b*) 48^f : 60 = 0^f,80.
Rép. 180 : 0,8 = 225 *l.*

569. — Un marchand achète des plumes à 0^f,80 la grosse. En les revendant au détail, il donne 4 plumes pour 0^f,05; que gagne-t-il par grosse de plumes ?   (*Corrèze.*)

Bénéfice par grosse = Prix de vente — Prix d'achat (0^f,80).
Prix de vente : *a*) 1 douzaine : 0^f,05 $\times$ 3 = 0^f,15. *b*) 0^f,15 $\times$ 12 = 1^f,80.
Rép. 1^f,80 — 0^f,80 = 1 *fr.*

570. — Deux journaliers ont travaillé 35 jours chacun et ont reçu en tout 227^f,50. L'un des deux gagnait 1^f,50 de plus que l'autre. Quel était le prix de la journée de chaque ouvrier ?   (*Seine-et-Marne.*)

I. *Prix d'une journée du* 1er s'obtiendra par le partage de la valeur totale d'une journée des 2 ouvriers.
1. Valeur totale d'une journée des 2 ouv.: 227^f,5 : 35 = 6^f,50.
2. Val. double de la journ. du 1er : 6^f,5 + 1^f,5 = 8 fr. *Rép.* 8^f : 2 = 4 *fr.*
II. *Prix d'une journée de l'autre :* 4^f — 1^f,5. *Rép.* 2^f,50.

571. — Deux marchands ont acheté un troupeau de 42 moutons pour 903 fr. Le 1er a payé 129 fr. de plus que le 2e. Quel est le nombre de moutons qui revient à chacun ?   (*Hautes-Pyrénées.*)

I. *Nombre des moutons du* 1er = Paiement : Prix du mouton.
1. Paiement du 1er = (903^f + 129^f) : 2 = 1 032^f : 2 = 516 fr.
2. Prix du mouton : 903^f : 42 = 21^f,5. *Rép.* 516 : 21,5 = 24 *moutons.*
II. *Nombre du* 2° : 42 — 24. *Rép.* 18 *moutons.*

572. — Un marchand avait acheté 125 moutons à 14 fr. l'un. Il en a perdu 17 et a revendu les autres 18^f,75 pièce. Calculer son bénéfice, sachant que les frais de nourriture et d'entretien des moutons se sont élevés à 115 fr.   (*Puy-de-Dôme.*)

Bénéfice = Prix de vente du reste — Prix de revient.

1. Prix de vente. $\begin{cases} a) \text{ Reste} = 125 - 17 = 108 \text{ moutons.} \\ b) \text{ } 18^f,75 \times 108 = 2\,025 \text{ fr.} \end{cases}$

2. Prix de revient. $\begin{cases} a) \text{ Achat : } 14^f \times 125 = 1\,750 \text{ fr.} \\ b) \text{ } 1\,750^f + 115^f = 1\,865 \text{ fr.} \end{cases}$

Rép. 2 025^f — 1 865^f = 160 *fr.*

573. — Un marchand avait acheté 30 sacs de pommes qui en contenaient chacun 25 douzaines, à raison de 0^f,75 le cent. En les revendant, il a donné 4 pommes pour 0^f,05. Combien a-t-il gagné ?   (*Aube.*)

Bénéfice total = Bénéfice par cent. $\times$ Nombre de cent. de pommes.

1. Bénéfice par cent. $\begin{cases} a) \text{ Vente : } 25 \text{ sous ou } 1^f,25. \\ b) \text{ } 1^f,25 - 0^f,75 = 0^f,50. \end{cases}$

2. Nombre de cent. de pommes : 12^p $\times$ 25 $\times$ 30 = 9 000 pom. ou 90 cent.
Rép. 0^f,5 $\times$ 90 = 45 *fr.*

574. — Deux ouvriers travaillent ensemble. Le 1er gagne par jour 2 fr. de plus que le 2e. Il travaille pendant 34 jours et touche 13 fr. de plus que le 2e qui a travaillé pendant 45 jours. Quel est le salaire journalier de chacun ?   (*Rhône.*)   P. 59.

I. *Salaire journalier du* 2° = Gain pendant le nombre de journ. en plus : Nombre de journ. en plus (45^j — 34^j ou 11 j.).
Gain du 2° en 11 j. = Ce que le 1er aurait dû toucher en plus — 13 fr.
$$(2^f \times 34) - 13^f = 68^f - 13^f = 55 \text{ fr.}$$
Rép. 55^f : 11 = 5 *fr.*
II. *Salaire journalier du* 1er = 5^f + 2^f. *Rép.* 7 *fr.*

575. — Deux ouvriers travaillent ensemble à creuser un fossé. Le 1er fait par jour 2 m. d'ouvrage de plus que le 2e. Après avoir travaillé

un même nombre de jours, le 1er a fait 180 m. d'ouvrage et le 2e 150 m.
Combien ont-ils travaillé de jours ? Combien chaque ouvrier faisait-il par
jour de mètres d'ouvrage ?   (*Aveyron.*)

   I. *N. de jours de travail* = Diff. totale (180^m—150^m) : Diff. par jour (2^m).
Rép. 30 : 2 = 15 *jours.*
   II. *Par jour, le* 1er *faisait :* 180^m : 15. *Rép.* 12 *m.*
   III. *Le* 2e *faisait :* 150^m : 15. *Rép.* 10 *m.*

576. — Une ménagère consacre une somme de 138 fr. à l'achat d'un
drap qui vaut 12 fr. le mètre et d'une toile qui vaut 1^f,50 le mètre. Combien aura-t-elle de mètres de chaque espèce si elle prend 15 fois plus de
toile que de drap ?   (*Doubs.*)

   I. *Nombre de mètres de drap* = Prix total (138 fr.) : Somme des prix de
1 m. de drap (12 fr.) et de 15 m. de toile.
Somme des prix. { *a*) Toile : 1^f,50 × 15 = 22^f,50.
{ *b*) 22^f,50 + 12^f = 34^f,50.
Rép. 138 : 34,50 = 4 *m. de drap.*
   II. *Nombre de mètres de toile* = 4^m × 15. *Rép.* 60 *m. de toile.*

577. — Un coquetier achète 20 douz. d'œufs à 0^f,75 la douzaine ; en
les transportant, il casse 6 œufs. Combien doit-il revendre la douzaine des
œufs qui lui restent pour faire un bénéfice de 6^f,45 ? (*S.-et-Marne.*)

   Prix de vente de la douzaine = Prix total : Nombre des douz. restantes.
   1. Prix total. { *a*) Achat : 0^f,75 × 20 = 15 fr.
{ *b*) 15^f + 6^f,45 = 21^f,45.
   2. N. des douz. restantes = 20^d — 0^d,5 = 19^d,5. *Rép.* 21^f,45 : 19,5 = 1^f,10.

578. — Une fermière vend à 2 personnes un certain nombre de poulets pour 67^f,60. La 1re personne paye 20^f,80 de plus que la 2e qui
reçoit 8 poulets de moins. Combien chaque personne a-t-elle acheté de
poulets ?   (*Seine-et-Marne.*)

   I. *Nombre de poulets de la* 1re = Sa dépense : Prix d'un poulet.
   1. Dépense : (67^f,60 + 20^f,80) : 2 = 44^f,20.
   2. Prix d'un poulet : 20^f,80 : 8 = 2^f,60.
Rép. 44,2 : 2,6 = 17 *poulets.*
   II. *Nombre de poulets de la* 2e = 17^p — 8^p. *Rép.* 9 *poulets.*

579. — Une femme tricote des bas de laine qu'elle vend au prix de
0^f,80 la paire. La laine lui coûte 3^f,20 le kilogramme et 8 paires pèsent
1^{kg},05. On demande ce que cette femme peut gagner par paire et par
année, si elle fait 5 bas par semaine.   (*Meurthe-et-Moselle.*)

   I. *Gain par paire* = Prix de vente (0^f,80) — Prix de la laine d'une paire.
Prix de la laine. { *a*) Pour 8 paires : 3^f,2 × 1,05 = 3^f,36.
{ *b*) Pour 1 paire : 3^f,36 : 8 = 0^f,42.
Rép. 0^f,80 — 0^f,42 = 0^f,38.
   II. *Gain par an* = Gain par paire (0^f,38) × Nombre de paires en 1 an.
N. de paires = (5 × 52) : 2 = 130 paires. *Rép.* 0^f,38 × 130 = 49^f,40.

580. — Un fleuriste a vendu 625 bouquets de 2 catégories, à 1^f,50
et à 0^f,75. Il y avait dans la 2e catégorie 135 bouquets de plus que dans
la 1re, quelle somme a-t-il retirée de ses bouquets ?   (*Gironde.*)

   Somme retirée = P. de vente de la 1re catég. + P. de vente de la 2e catég.
   1. Prix de la 1re catégorie. { *a*) Nombre : (625^b — 135^b) : 2 = 245 bouquets.
{ *b*) 1^f,50 × 245 = 367^f,50.
   2. Prix de la 2e catégorie. { *a*) Nombre : 245^b + 135^b = 380 bouquets.
{ *b*) 0^f,75 × 380 = 285 fr.
Rép. 367^f,50 + 285^f = 652^f,50.

581. — Un ouvrier dépense 52^f,50 par mois pour sa nourriture,
14 fr. pour son entretien et 12 fr. pour frais imprévus. Dire combien il

gagne annuellement, s'il place à la Caisse d'épargne 108 fr. par semestre. Dans combien de temps pourra-t-il acheter, avec ses économies, une maison estimée 2 052 fr. ?   (*Meuse.*)

I. *Gain annuel* = Dépenses + Economies.

1. Dépenses. $\begin{cases} a)\ \text{Par mois}: & 52^f,50 + 14^f + 12^f = 78^f,50. \\ b)\ \text{Par an}: & 78^f,50 \times 12 = 942\ \text{fr.} \end{cases}$

2. Economies : $108^f \times 2 = 216$ fr.   *Rép.* $942^f + 216^f = 1\,158\ fr.$

II. *Temps* = $2\,052 : 216$.   *Rép.* $9^a,5$ ou 9 *ans* 6 *mois.*

582. — Dans un ménage, on dépense 2 fois autant pour le pain que pour le vin. La dépense pour une semaine est de $12^f,60$, le pain coûte $0^f,40$ le kilogramme et le vin $0^f,60$ le litre ; calculer, d'après cela, combien ce ménage consomme de litres de vin et de kilogrammes de pain dans une année ordinaire.   (*Haute-Marne.*)

I. *Nombre de litres de vin par an* = N. de litres de vin par jour $\times$ 365.

N. de l. de vin par jour. $\begin{cases} a)\ \text{Dép. par semaine}: & 12^f,60 : (1+2) = 4^f,20. \\ \text{Par jour}: & 4^f,20 : 7 = 0^f,60.\quad b)\ 0,60 : 0,60 = 1\ \text{l.} \end{cases}$

Rép. 365 *l. de vin.*

II. *Nombre de kg. de pain par an* = Nombre de kg. par jour $\times$ 365.

N. de kg. par jour. $\begin{cases} a)\ \text{N. de kg. par semaine}: & 4^f,20 \times 2 = 8^f,40 ; \\ 8,40 : 0,40 = 21\ \text{kg.}\quad b)\ 21^{kg} : 7 = 3\ \text{kg.} \end{cases}$

Rép. $3^{kg} \times 365 = 1\,095\ kg.$

583. — Huit personnes ont fait une dépense de $19^f,20$ qu'elles doivent se partager également. Plusieurs des convives n'ayant pas d'argent en poche, chacun des autres paye $0^f,80$ de plus que sa part. Quel est le nombre des personnes insolvables ?   (*Nord.*)

Nombre des insolvables = Nombre total (8) — Nombre des pers. solvables.

N. des pers. solvables. $\begin{cases} a)\ \text{Part définitive}: & 19^f,20 : 8 = 2^f,40 ; \\ 2^f,40 + 0^f,80 = 3^f,20.\quad b)\ 19,2 : 3,2 = 6\ \text{pers. solv.} \end{cases}$

Rép. $8^p - 6^p = 2$ *personnes insolvables.*

584. — Un régiment devait mettre 18 jours pour arriver à sa destination ; mais, chaque journée de marche étant augmentée de 6 km., il arrive 3 jours plus tôt. Combien devait-il faire de kilomètres par jour dans le 1er cas ? Combien en avait-il à faire en tout ?   (*Dordogne.*)

I. *Nombre de km. par jour dans le* 1er *cas* = Augmentation totale des marches : Dim. de la durée (3 j.).

Augmentation totale = $6^{km} \times (18 - 3) = 90$ km.   *Rép.* $90^{km} : 3 = 30\ km.$

II. *Distance parcourue* = $30^{km} \times 18$.   *Rép.* 540 *km.*

585. — Deux ouvriers ont reçu ensemble 105 fr. pour 15 jours de travail. Combien ont-ils reçu chacun, si le 1er gagne $0^f,50$ par jour de plus que le 2e ?   (*Charente-Inférieure.*)

I. *Gain du* 1er = Moitié du gain des deux s'ils gagnaient autant que le 1er.

Gain des deux. $\begin{cases} a)\ \text{Différence}: & 0^f,50 \times 15 = 7^f,50. \\ b)\ 105^f + 7^f,50 = 112^f,50. \end{cases}$

Rép. $112^f,50 : 2 = 56^f,25.$

II. *Gain du* 2e = $56^f,25 - 7^f,50$.   *Rép.* $48^f,75.$

586. — Avec la somme que je possède, je pourrais acheter 25 m. de toile ; mais, si le mètre coûtait $0^f,25$ de moins, je pourrais en acheter 5 m. de plus. Quel est le prix du mètre de toile et quelle est la somme que j'ai ?   (*Eure-et-Loir.*)

I. *Prix du m. de toile* = (Différ. totale de prix : 5) + $0^f,25$.

Diff. de prix : $0^f,25 \times 25 = 6^f,25$.   *Rép.* $(6^f,25 : 5) + 0^f,25 = 1^f,50.$

II. *Somme que j'ai* = $1^f,50 \times 25$.   *Rép.* $37^f,50.$

SYSTÈME MÉTRIQUE

MESURES DE LONGUEUR

1. — L'*unité principale* des mesures de longueur est le mètre (m), appelé parfois *mètre courant* ou *linéaire*.

2. — Les *multiples décimaux* du mètre sont :
le décamètre (dam) qui vaut 10 m.;
l'hectomètre (hm) — 100 m.;
le kilomètre (km) — 1 000 m.;
le myriamètre (Mm) — 10 000 m.

3. — Les *sous-multiples décimaux* du mètre sont :
le décimètre (dm) ou dixième du mètre, $0^m,1$;
le centimètre (cm) ou centième du mètre, $0^m,01$;
le millimètre (mm) ou millième du mètre, $0^m,001$.

MESURES RÉELLES OU EFFECTIVES

4. — Les **mesures réelles** ou **effectives** sont des *instruments* dont la *loi autorise la fabrication et l'usage.*
Elles peuvent représenter :
L'*unité principale*, ses *multiples* et *sous-multiples décimaux*;
Le *double* et la *moitié* de chacune de ces unités.

5. — Les mesures effectives en usage dans le commerce doivent être *vérifiées et poinçonnées tous les ans* par le *contrôleur* des poids et mesures de l'arrondissement.

6. — Les mesures effectives de longueur vont *du double décamètre au décimètre.*
L'*hectomètre*, le *kilomètre*, le *centimètre* et le *millimètre* servent seulement dans les calculs. On les appelle **mesures de compte** ou **mesures fictives.**

7. — Le *double-décamètre*, le *décamètre*, le *demi-déca-* P. 61
mètre, employés pour l'arpentage,
sont des rubans d'acier ou des

Métre pliant.

chaînes formées de tiges en fer re-
liées par des anneaux.

8. — Le *double-mètre*, le *mètre*, le
demi-mètre, le *double-décimètre*, le
décimètre sont des règles plates ou
carrées, divisées en centimètres et
parfois en millimètres.

9. — On emploie aussi des *mètres
pliants*, partagés en 5 ou 10 parties égales, et
des *mètres à ruban*.

Exercices oraux. — 1. — Quelle
est la longueur d'une partie d'un mètre pliant divisé en 10 parties égales?
en 5 parties égales?

Rép. 1° 1dm ou 10cm; 2° 1 *double-dm.* ou 20cm.

2. — Quelle est la longueur d'un chaînon de la
chaîne d'arpenteur? De combien de chaînons est-
elle formée?

Rép. 1° 20cm. 2° 50 *chaînons.*

3. — Qui se sert du mètre pliant? des règles carrées? des mètres à ruban? des rubans d'acier?

Rép. 1° Les menuisiers, les peintres, etc.; 2° les marchands d'étoffe; 3° les couturières, les tailleurs; 4° les employés des ponts et chaussées, les arpenteurs, etc.

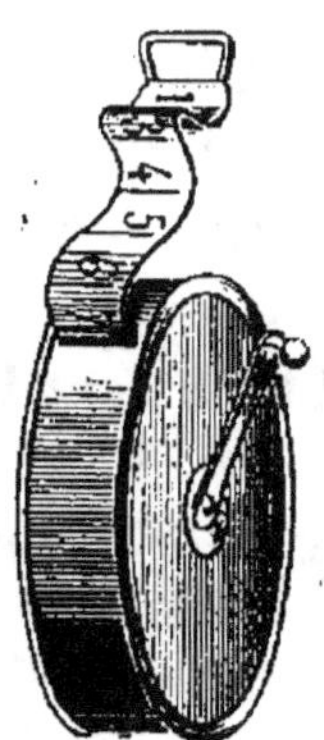
Mètre à ruban.

Exercices écrits. — **587.** — Qu'appelle-t-on en

système métrique mesures effectives? Quelles sont les mesures effectives de longueur? En quoi sont-elles faites? Quelle est leur forme? (*S.-et-Loire.*)

Voir §§ 4, 7, 8 et 9.

588. — Combien 3 hectomètres valent-ils de demi-mètres? (*Doubs.*)

$3^{hm} = 300$ m. *Rép.* 600 *demi-mètres.*

P. 62.

NUMÉRATION DES LONGUEURS

10. — **Les unités de longueur** sont de 10 en 10 fois plus grandes ou plus petites.

Multiples.				Unité.		Sous-Multiples.		
Mm.	km.	hm.	dam.	mètre		dm.	cm.	mm.
4	3	7	5	2	,	8	7	5

Le nombre précédent *se lit* 43 752 mètres 875 millimètres.

CHANGEMENT D'UNITÉ

Exercices. — Exprimez une longueur de 8 m. en prenant comme unité : 1° le décimètre, 2° le centimètre, 3° le millimètre.

Exprimez une longueur de $45^m,75$ en prenant comme unité : 1° le décimètre, 2° le centimètre, 3° le décamètre, 4° l'hectomètre.

Quelle modification fait-on subir à un nombre mesurant une longueur quand on effectue un changement d'unité?

1° Écrire les résultats comme suit :

8^m; 80^{dm}; 800^{cm}; $8\,000^{mm}$.

$45^m,75$; $457^{dm},5$; 4575^{cm}; $4^{dam},575$; $0^{hm},4575$.

2° Les comparer aux nombres donnés et en déduire la règle suivante :

11. — Pour faire un **changement d'unité** dans un nombre, *on place la virgule* ou *on écrit des zéros*, de manière que *le dernier chiffre entier exprime la nouvelle unité donnée.*

Exercices oraux. — 1. — Combien y a-t-il de décamètres dans 1 hm.? dans 1 km.? dans 1 Mm.?

Rép. 1° 10^{dam}; 2° 100^{dam}; 3° $1\,000^{dam}$.

2. — Combien faut-il de centimètres pour faire 1 dm.? 1 dam.? 1 hm.?

Rép. 1° 10^{cm}; 2° $1\,000^{cm}$; 3° $10\,000^{cm}$.

3. — Combien y a-t-il de mètres dans 5 dam.? dans 7 km.? dans 12 hm.?

Rép. 50^m; $7\,000^m$; $1\,200^m$.

4. — Quelles sont les unités de longueur représentées par les différents chiffres des nombres suivants : $475^m,67$; $572^{dam},75$; $7\,549$ cm.; $45^{km},876$; $9\,754$ mm.; $574^{hm},08$; $687^{dm},74$?

Se servir du tableau § 10.

5. — Convertir en hectomètres les longueurs suivantes : 7 km.; 3 Mm.; 42 dam.; $9^{Mm},07$; $18^{km},48$; 786 m.

Rép. 70^{hm}; 300^{hm}; $4^{hm},2$; 907^{hm}; $184^{km},8$; $7^{hm},86$.

6. — Le kilomètre étant pris pour unité, à quels rangs s'écrivent les décamètres? les mètres? les myriamètres? les hectomètres?

Rép. Aux rangs : 1° des *centièmes*; 2° des *millièmes*; 3° des *dizaines*; 4° des *dixièmes*.

7. — L'unité étant l'hectomètre, quelle est l'unité de longueur qui est au rang des centaines? des dixièmes? des dizaines? des centièmes? des millièmes?

Rép. 1° le *Mm.*; 2° le *dam.*; 3° le *km.*; 4° le *m.*; 5° le *dm.*

8. — Combien peut-on porter de fois la chaîne d'arpenteur sur une longueur de 4 hm.? 6 km.? 7 Mm.? 520 m.?

Convertir en dam. *Rép.* 1° 40; 2° 600; 3° 7 000; 4° 52 *fois.*

9. — Exprimez en centimètres les longueurs suivantes : 47 m.; $28^{dm},5$; $0^m,65$; $4^m,275$; $9^{dam},6$; 754 mm.

Rép. $4\,700^{cm}$; 285^{cm}; 65^{cm}; $427^{cm},5$; $9\,600^{cm}$; $75^{cm},4$.

Exercices écrits. — 589. — Convertir en mètres et additionner P. 63. les longueurs suivantes : 65 dam.; $8^{km},47$; 95 dm.; $37^{hm},4$.

Rép. $650^m + 8\,470^m + 9^m,5 + 3\,740^m = 12\,869^m,5$.

590. — Additionner les nombres suivants en prenant le centimètre comme unité : $47^m,5$; $6^{dm},58$; 4 dam.; 946 mm.

Rép. $4\,750^{cm} + 65^{cm},8 + 4\,000^{cm} + 94^{cm},6 = 8\,910^{cm},4$.

591. — Exprimer en kilomètres une longueur 349 fois plus grande que 12 hm. *(Orne.)*

$12^{hm} \times 349 = 4\,188^{hm}$. *Rép.* $418^{km},8$.

592. — Écrire en chiffres, en prenant le décamètre pour unité : 39 km. 17 dam. 6 dm.; 18 Mm. 9 hm. 432 mm.; 52 836 cm.; 327 hm. 36 dm.; 23 dam. 532 mm. Additionner ces différents nombres et convertir le résultat en kilomètres. *(Cher.)*

Rép. $3\,917^{dam},06 + 18\,090^{dam},0132 + 52^{dam},836 + 3\,270^{dam},36 + 23^{dam},0532 = 25\,353^{dam},3524$ ou $253^{km},533524$.

593. — Combien 8 Mm. font-ils de décimètres; 7 km. de centimètres; 25 dam. de millimètres; 35 hm. de décimètres? Convertir ensuite ces quantités en hectomètres et en faire la somme. *(Cher.)*

I. *Rép.* $800\,000^{dm}$; $700\,000^{cm}$; $250\,000^{mm}$; $35\,000^{dm}$.
II. *Rép.* $800^{hm} + 70^{hm} + 2^{hm},5 + 35^{hm} = 907^{hm},5$.

594. — Un élève a trouvé $36\,242^m,459$ pour le total des 4 nombres suivants : $3^{km},7$; 6^{dam} 25 cm; 3 Mm 8 dam 9 mm, et 42^{hm} 53 dm. De combien s'est-il trompé en trop ou en moins? *(Charente-Inférieure.)*

Total réel : $3\,700^m + 60^m,25 + 30\,080^m,009 + 4\,205^m,3 = 38\,045^m,559$.
Rép. $38\,045^m,559 - 36\,242^m,459 = 1\,803^m,10$ *en moins.*

595. — Dans 8^{Mm} 4^{dam} 9^{dm} + 48^{hm} 25^{dm} + 7 547^{dm}, combien y a-t-il d'hectomètres? Multiplier le total par 4,609. *(Hautes-Pyrénées.)*

I. *Rép.* 800^{hm},409 + 48^{hm},025 + 7^{hm},547 = 855^{hm},981.
II. *Rép.* 855^{hm},981 × 4,609 = 3 945^{hm},216429.

. *Remarque.* — Lorsque, dans un problème, *plusieurs longueurs* sont *évaluées* avec des *unités différentes*, il importe, avant tout calcul, de **ramener** ces longueurs **à la même unité.**

Problèmes. — 596. — Une route a 42^{km} 7^m de long; une autre, 622 dam. Combien ont-elles de mètres à elles deux ? *(P.-de-Calais.)*

Nombre de mètres = 42 007^m + 6 220^m. *Rép.* 48 227 m.

597. — Un bout de ruban de 5 cm. de longueur a été payé 0^f,04. Quel est le prix du mètre ? *(Seine.)*

Prix du m. = P. de 5 cm. ou 1 demi-décim. (0^f,04) × N. de demi-dm. (20).
Rép. 0^f,04 × 20 = 0^f,80. *Autre méthode :* 0^f,04 : 0,05 = 0^f,80.

598. — Combien de fois peut-on porter la chaine d'arpenteur sur une longueur parcourue en faisant 1 250 pas de 80^{cm}? *(Doubs.)*

Nombre de fois = Nombre de dam. contenus dans la longueur parcourue.
Longueur parcourue : 80^{cm} × 1 250 = 100 000^{cm} ou 100 dam.
Rép. 100 *fois.*

599. — Une source se trouve à 7^{km},5 d'un village. Pour amener l'eau de cette source au village, on emploie des tuyaux d'un demi-décamètre de longueur; combien faudra-t-il de tuyaux? *(Tunisie.)*

Nombre de tuyaux = N. de demi-dam. contenus dans 7^{km},5 ou 750 dam.
Rép. 2 × 750 = 1 500 *tuyaux.*

600. — Un marchand a acheté 3 pièces de drap de chacune 15^{dam},5, à raison de 15 fr. le mètre. Qu'a-t-il payé? *(Basses-Alpes.)*

Somme payée = Prix du mètre (15 fr.) × Nombre de mètres.
Nombre de mètres : 15^{dam},5 × 3 = 46^{dam},5 = 465 m.
Rép. 15^f × 465 = 6 975 *fr.*

601. — Une pile de planches a une hauteur de 1^m,47. L'épaisseur de chaque planche étant de 3 cm., on demande quelle est la valeur du tout à 1^f,35 la planche. *(Landes.)*

Valeur totale = Prix d'une planche (1^f,35) × Nombre de planches.
Nombre de planches : 1^m,47 = 147^{cm}; 147 : 3 = 49 planches.
Rép. 1^f,35 × 49 = 66^f,15.

602. — Une épingle a 3^{cm},5 de longueur. Combien de kilomètres de fil de laiton faudra-t-il pour en faire un million ? *(Loiret.)*

Longueur totale = 3^{cm},5 × 1 000 000 = 3 500 000^{cm}. *Rép.* 35 *km.*

603. — Un tisserand a fait 17 hm. et demi de toile; il coupe sa pièce en 3 morceaux; le 1er de 64^m,80, le 2e de 7^{hm} 75^{dm}. Quelle est la longueur du 3e morceau? *(Vendée.)*

Longueur du 3e morceau = Longueur totale (17^{hm},5) — Somme des longueurs des 2 autres.
S. des long. des autres : 64^m,8 + 7^{hm},075 = 64^m,8 + 707^m,5 = 772^m,3.
Rép. 1 750^m — 772^m,3 = 977^m,70.

604. — Le diamètre d'une pièce de 5 fr. en argent est de 37 mm. On demande quelle somme serait formée par des pièces de 5 fr. qui, placées en ligne droite les unes à la suite des autres, feraient une longueur de 3^m,441.   (*Gironde.*)

Somme formée = Valeur d'une pièce (5 fr.) $\times$ Nombre de pièces.
Nombre de pièces : 3^m,441 = 3 441^{mm}; 3 441 ⋮ 37 = 93 pièces.
Rép. 5^f $\times$ 93 = 465 *fr.*

605. — Une feuille de papier a une épaisseur de 0^m,000135. Quelle est en centimètres l'épaisseur d'une rame de 20 mains? (La main est de 25 feuilles pliées en deux.)   (*Loiret.*)

Épaisseur totale = Ep. d'une feuille (0^m,000135 ou 0^{cm},0135) $\times$ N. de feuilles.
Nombre de feuilles. { *a*) Dans une main : 2^{fe} $\times$ 25 = 50 feuilles.
                    { *b*) En tout : 50^{fe} $\times$ 20 = 1 000 feuilles.
Rép. 0^{cm},0135 $\times$ 1 000 = 13^{cm},5.

606. — Quel est le prix d'un demi-décamètre de ruban, si le double-décimètre coûte 0^f,25?   P. 64.
                                              (*Eure.*)

Prix total = Prix d'un double-dm. (0^f,25) $\times$ Nombre de doubles-dm.
Nombre de doubles-dm. : 0^{dam},5 = 50^{dm}; 50 ⋮ 2 = 25 doubles-dm.
Rép. 0^f,25 $\times$ 25 = 6^f,25.

607. — Combien faut-il de tuyaux de fonte ayant 18^{dm},5 de longueur pour conduire à une habitation l'eau d'une source qui est à 259 m.? Que coûte un tuyau à 1^f,80 le mètre?   (*Morbihan.*)

I. *Nombre de tuyaux :* 259 ⋮ 1,85. *Rép.* 140 *tuyaux.*
II. *Prix d'un tuyau :* 1^f,80 $\times$ 1,85. *Rép.* 3^f,33.

608. — On a acheté 2 lots de toile comprenant : l'un, 8 pièces de chacune 14^m,50 ; l'autre, 12 pièces de chacune 1 750 cm., à 2^f,45 le mètre. Combien a-t-on payé?   (*Mayenne.*)

Prix total = Prix du mètre (2^f,45) $\times$ Longueur totale.
                  { *a*) 1er lot : 14^m,50 $\times$ 8 = 116 m.
Longueur totale. { *b*) 2e lot : 1 750^{cm} $\times$ 12 = 21 000^{cm} ou 210 m.
                  { *c*) 116^m + 210^m = 326 m.
Rép. 2^f,45 $\times$ 326 = 798^f,70.

609. — Avec 75^m,60 de fil de fer, on fait des pointes de 25 mm., valant 0^f,05 la douzaine. Quelle somme en retirera-t-on? (*Oise.*)

Somme retirée = Prix d'une douzaine (0^f,05) $\times$ Nombre de douzaines.
Nombre de douzaines. { *a*) N. de pointes : 75 600 ⋮ 25 = 3 024 pointes.
                     { *b*) 3 024 ⋮ 12 = 252 douzaines.
Rép. 0^f,05 $\times$ 252 = 12^f,60.

610. — Un ballot de drap contenait 80 m.; on en a vendu pour 548^f,40. Trouver combien il en reste de mètres, si 80 cm. ont été vendus 6^f,40.   (*Paris.*)

Nombre de mètres du reste = Longueur totale (80 m.) — N. de m. vendus.
Nombre de mètres vendus. { *a*) Prix du mètre : 6^f,40 ⋮ 0,8 = 8 fr.
                         { *b*) 548^f,40 ⋮ 8 = 68^m,55.
Rép. 80^m — 68^m,55 = 11^m,45.

611. — Un paquet de bougies en contient 8 et coûte 1 fr. Combien d'heures dure une bougie longue de 17 cm., si elle s'use de 42 mm. et demi par heure? A combien revient l'éclairage d'une heure? (*Doubs.*)

I. *Durée d'une bougie* = Longueur d'une bougie (17^{cm} = 170^{mm}) ⋮ Longueur usée en 1 heure (42^{mm},5).
Rép. 170 ⋮ 42,5 = 4 *heures.*
II. *Prix par heure* = Prix total (1 fr.) ⋮ Nombre d'heures que dure 1 paquet.
Nombre d'heures : 4^h $\times$ 8 = 32 heures. *Rép.* 1^f ⋮ 32 = 0^f,03125.

612. — Un rouleau de pièces de 20 fr. valant 1 000 fr. a une longueur de 64 mm. Combien faudra-t-il empiler de pièces de 20 fr. pour faire une hauteur d'un mètre? *(Aisne.)*

Nombre de pièces = Long. totale (1^m ou 1 000^{mm}) : Epaisseur d'une pièce.
Epaisseur d'une pièce. } *a)* Nombre de pièces : 1 000 : 20 = 50 pièces.
} *b)* 64^{mm} : 50 = 1^{mm},28.
Rép. 1 000 : 1,28 = 781 *pièces* (par défaut).

613. — Pour drainer un champ, on a employé 17 rangées de petits tuyaux de chacune 8 dam., à 0^f,8125 le mètre, et 127 m. de collecteurs à 170 fr. l'hectomètre. Quelle est la dépense? *(Pas-de-Calais.)*

Dépense = Prix des petits tuyaux + Prix des collecteurs.
1. Prix des petits tuyaux. { *a)* Longueur : 8^{dam} × 17 = 136^{dam} = 1 360 m.
{ *b)* 0^f,8125 × 1 360 = 1 105 fr.
2. Prix des collecteurs : 170^f × 1,27 = 215^f,90.
Rép. 1 105^f + 215^f,90 = 1 320^f,90.

614. — Un décimètre de ruban coûtant 1^f,25, quel est le prix : du double-mètre? du demi-décamètre? du double-décamètre? *(Doubs.)*

I. *Prix du double-mètre :* 1^f,25 × 20. *Rép.* 25 *fr.*
II. *Prix du demi-dam. :* 1^f,25 × 50. *Rép.* 62^f,50.
III. *Prix du double-dam. :* 1^f,25 × 200. *Rép.* 250 *fr.*

615. — On veut fabriquer des épingles de 3 cm. de longueur avec un rouleau de fil de laiton dont la longueur est de 41^m,60. Combien pourra-t-on fabriquer d'épingles, sachant que, dans la fabrication, on perd 2 mm. de fil par épingle? *(Ardennes.)*

N. d'épingles = Long. totale (41^m,60 = 4 160^{cm}) : Long. empl. par épingle.
Longueur employée par épingle : 3^{cm} + 0^{cm},2 = 3^{cm},2.
Rép. 4 160 : 3,2 = 1 300 *épingles.*

***616.** — Pour se rendre au travail, un ouvrier fait 2 750 pas de 0^m,75 en allant, et autant en revenant. Combien a-t-il de kilomètres à parcourir dans une année, s'il chôme 65 jours et s'il se rend à son travail 2 fois par jour? *(Orne.)*

Nombre de km. par an = Long. par voyage × Nombre de voyages simples.
1. Longueur par voyage : 0^m,75 × 2 750 = 2 062^m,5 = 2^{km},0625.
2. Nombre de voyages : *a)* 365^j — 65^j = 300 j. *b)* 4^v × 300 = 1 200 voyages.
Rép. 2^{km},0625 × 1 200 = 2 475 *km.*

***617.** — Un marchand achète 3 pièces de toile de même qualité pour 209^f,40. La 1re pièce contient 17^m,25 et coûte 41^f,40; la 2e contient le double de la 1re. Combien la 3e contient-elle de décimètres? *(Meuse.)*

Longueur de la 3e = Long. totale — Somme des long. des 2 autres pièces.
1. Long. totale. { *a)* Prix du mètre : 41^f,40 : 17,25 = 2^f,4.
{ *b)* 209,4 : 2,4 = 87^m,25.
2. Long. des 2 autres = (1 + 2) ou 3 fois la 1re = 17^m,25 × 3 = 51^m,75.
Rép. 87^m,25 — 51^m,75 = 35^m,5 ou 355 *dm.*

***618.** — On paye, pour la construction d'un chemin, 750 fr. de main-d'œuvre par kilomètre et il faut par hectomètre de chemin 35 mètres cubes de pierres à 1^f,50 le mètre cube. Combien coûtera la construction d'un chemin de 345 dam.? *(Vosges.)*

Prix total = Prix d'un dam. × Nombre de dam. (345).
{ *a)* Main-d'œuvre : 750^f : 100 = 7^f,50;
Prix d'un dam. { *b)* Pierres : 1^f,50 × 35 : 10 = 5^f,25.
{ *c)* 7^f,50 + 5^f,25 = 12^f,75.
Rép. 12^f,75 × 345 = 4 398^f,75.

***619.** — J'ai acheté 8ᵐ,50 de toile pour 15ᶠ,30. Quel était le prix du mètre? En vérifiant, je trouve que le marchand ne m'a donné que 7ᵐ,75. Combien dois-je réclamer ?   (*Manche.*)

I. *Prix du mètre* : 15ᶠ,30 : 8,50.   *Rép.* 1ᶠ,80.
II. *Somme à réclamer* = Prix du mètre (1ᶠ,80) × Longueur manquante.
Longueur manquante = 8ᵐ,50 — 7ᵐ,75 = 0ᵐ,75.
Rép. 1ᶠ,80 × 0,75 = 1ᶠ,35.

***620.** — On a acheté une pièce de drap de 45ᵐ,20 pour 576ᶠ,30. Mais plus tard on s'aperçoit qu'il en manque 14 dm. Combien a-t-on payé en trop et combien doit-on revendre le mètre d'étoffe, si l'on veut gagner 102ᶠ,60 sur la pièce?   (*Sarthe.*)

I. *Somme payée en trop* = Prix du mètre × Long. manquante (14ᵈᵐ =1ᵐ,4).
Prix du mètre : 576ᶠ,30 : 45,2 = 12ᶠ,75.   *Rép.* 12ᶠ,75 × 1,4 = 17ᶠ,85.
II. *Prix de vente du mètre* = Prix de vente total : Longueur réelle.
1. Prix de vente total : 576ᶠ,30 + 102ᶠ,60 = 678ᶠ,90.
2. Longueur réelle : 45ᵐ,20 — 1ᵐ,40 = 43ᵐ,80.
Rép. 678ᶠ,90 : 43,8 = 15ᶠ,50.

***621.** — Un père marche avec son jeune fils; le fils est obligé de faire 5 pas pendant que le père en fait 4. Au bout de 2ᵏᵐ,700, le fils a fait 1 000 pas de plus que le père; dites, en millimètres, la longueur d'un pas du père et la longueur d'un pas du fils.   (*Vendée.*)

I. *Long. du pas du père* = Dist. totale (2ᵏᵐ,7 = 2 700 000ᵐᵐ) : N. de pas.
Nombre de pas du père = autant de fois 4 pas que son fils fait de pas de plus que lui : 4ᵖ × 1 000 = 4 000 pas.   *Rép.* 2 700 000ᵐᵐ : 4 000 = 675 *mm*.
II. Longueur du pas du fils = 2 700 000 : (5ᵖ × 1 000 = 5 000 pas).
Rép. 2 700 000 : 5 000 = 540 *mm*.

*POINTS DE DIVISION. INTERVALLES   P. 65.

Problèmes. — 622. — L'administration des ponts et chaussées a vendu les arbres d'une route de 16 km. de longueur, au prix moyen de 52ᶠ,75. Quelle somme retirera-t-elle de cette vente, sachant qu'il y a de chaque côté de la route un arbre tous les 20 mètres?   (*Ardennes.*)

Solution. — La **somme qu'elle retirera** est le produit du *prix moyen* (52ᶠ,75) par le *nombre total des arbres*.
1. Le *nombre total des arbres* est égal à 2 fois le nombre d'arbres d'une rangée.

a. Nombre d'arbres d'une rangée { 16 km. = 16 000 m.'
                                   { 16 000 : 20 = 800 arbres.

b. Nombre total des arbres : 800 arb. × 2 = 1 600 arbres.
2. **Somme retirée** : 52ᶠ,75 × 1 600 = **84 400 fr.**

Remarque. — Cette solution, qui est généralement admise, suppose que, dans chaque rangée, il y a un arbre à une extrémité et qu'il n'y en a pas à l'autre.
Si on supposait :
1º Qu'il y a un arbre aux 2 extrémités de chaque rangée, on en compterait 801 par rangée;
2º Qu'il n'y en a à aucune des extrémités, on en compterait 799.

623. — Le long des lignes de chemin de fer, les poteaux télégraphiques sont à environ 80 m. l'un de l'autre. Quelle distance y a-t-il d'un poteau au 7ᵉ suivant?

Distance = Longueur d'un intervalle (80 m.) × Nombre d'interv. (7 — 1).
Rép. 480 *m*.

624. — On met 7 barreaux en fer à une fenêtre qui a 0^m,96 de largeur. Si les barreaux sont également espacés, quel intervalle y a-t-il entre 2 barreaux consécutifs?

Intervalle = Largeur totale (0^m,96) : Nombre d'intervalles (7 + 1).
Rép. 0^m,12.

625. — Une avenue est plantée de tilleuls des deux côtés. La distance entre deux arbres voisins est de 12^m,25. La distance des arbres extrêmes est de 208^m,25. Quel est le nombre des tilleuls? (*Doubs.*)

Nombre total des tilleuls = Nombre des tilleuls d'une rangée × 2.
Nombre par rangée : *a*) 208,25 : 12,25 = 17 interv. *b*) 17^t + 1^t = 18 tilleuls.
Rép. 18^t × 2 = 36 *tilleuls.*

626. — Deux villes sont séparées par une distance de 13 km. et unies par une route sur les bords de laquelle on veut planter des arbres de 20 m. en 20 m. Combien coûtera cette plantation, si chaque pied revient à 0^f,75 et la main-d'œuvre à 0^f,35 par pied? (*Drôme.*)

Prix total = Prix par pied × Nombre de pieds.
1. Prix par pied : 0^f,75 + 0^f,35 = 1^f,10.
2. Nombre de pieds. { *a*) Par rangée : 13 000 : 20 = 650 pieds
{ *b*) 650^p × 2 = 1 300 pieds.
Rép. 1^f,10 × 1 300 = 1 430 *fr.*

*MESURES FAUSSES

627. — On a mesuré une longueur avec un mètre trop long de 0^m,002 et l'on a trouvé 23^m,45. Quelle est, à 0,001 près, la valeur réelle de cette longueur? (*Somme.*)

Explication. — La **valeur réelle de cette longueur** est égale au produit de la *valeur du mètre trop long* (1 m. + 0^m,002) par le *nombre de fois* (23,45) *qu'il est contenu* dans cette longueur.
1^m,002 × 23,45 = 23^m,4969. *Rép.* 23^m,497 (par excès).

628. — Un arpenteur reconnaît que sa chaîne de 10 m. est trop longue de 32 mm. Quelle est la valeur réelle d'une longueur égale à 24 fois et demie la longueur de sa chaîne? (*Charente.*)

Longueur réelle = Long. de la chaîne (10^m + 0^m,032) × N. de chaînes (24,5).
Rép. 10^m,032 × 24,5 = 245^m,784.

629. — On mesure une allée avec une chaîne d'arpenteur de 10 m., et on trouve qu'elle a 500 m. Mais il manque à la chaîne un chaînon de 20 cm. Quelle est la vraie longueur de l'allée? (*Lozère.*)

Long. réelle = Long. de la chaîne (10^m — 0^m,20) × N. de chaînes (500 : 10).
Rép. 9^m,8 × 50 = 490 *m.*

630. — Une femme achète 25 m. de toile à 2^f,50 l'un. Le mètre avec lequel on a mesuré était trop court de 0^m,012. Combien a-t-elle payé en trop? (*Paris.*)

Somme donnée en trop = Prix du mètre (2^f,50) × N. de m. qui manquent.
N. de m. manq. 0^m,012 × 25 = 0^m,30. *Rép.* 2^f,50 × 0,3 = 0^f,75.

631. — En mesurant la longueur d'une route à l'aide d'un double-décamètre trop long de 0^m,08, on a trouvé 4^{km},016. Quelle est la vraie longueur de cette route? (*Gironde.*)

Long. réelle = Long. de la chaîne (20^m + 0,08) × N. de chaînes (401,6 : 2).
Rép. 20^m,08 × 200,8 = 4 032^m,064.

MESURES ITINÉRAIRES

12. — On appelle **mesures itinéraires** les *mesures de longueur* qui servent à évaluer les *grandes distances.*

Ce sont : l'**hectomètre**, le **kilomètre** et le **myriamètre.**

On emploie encore la **lieue métrique** qui vaut **4 km.**

13. — Sur les routes nationales et départementales, les kilomètres sont indiqués par des *bornes* dites *kilométriques*

Borne kilométrique.
Distances à partir de l'origine de la route.

Borne hectométrique.

Plaque indicatrice.
Distances comptées à partir du village de *Pont-Noyelles.*

et les hectomètres par des *bornes* plus petites dites *hectométriques*. On trouve, en outre, des *plaques indicatrices* à l'intersection des routes ou à l'entrée des villages.

Exercices oraux. — 1. — Lire la plaque indicatrice ci-dessus et dire quelle est la distance : 1° de Querrieu à Amiens ; 2° d'Amiens à Cambrai.

Rép. 1° 12^{km},6 — 1^{km},7 = 10^{km},9 ; 2° 12^{km},6 + 58^{km},5 = 71^{km},1.

2. — Combien y a-t-il de bornes hectométriques entre 2 bornes kilométriques ?

Rép. 9 *bornes hectométriques.* Voir remarque du problème n° 622.

3. — Combien y a-t-il de kilomètres dans 6 lieues ? dans 9 lieues ? dans 12 lieues ? dans 100 lieues ?.

Rép. 1° 24 *km.* ; 2° 36 *km.* ; 3° 48 *km.* ; 4° 400 *km.*

4. — Combien faut-il de kilomètres pour faire une demi-lieue ? un quart de lieue ? 3 lieues et demie ? 5 lieues trois quarts ? 20 lieues un quart ? 40 lieues et demie ?

Rép. 1° 2 *km.* ; 2° 1 *km.* ; 3° 14 *km.* ; 4° 23 *km.* ; 5° 81 *km.* ; 6° 162 *km.*

5. — Combien y a-t-il de lieues dans 12 km. ? 28 km. ? 44 km. ? 48 km. ? 100 km. ? 400 km. ? 500 km. ? 1 000 km. ?

Rép. 3 ; 7 ; 11 ; 12 ; 25 ; 100 ; 125 ; 250 *lieues.*

Problèmes. — 632. — Quelle distance a-t-on parcourue sur une route si, partant d'une 1re borne kilométrique, on se trouve à la 5e borne hectométrique qui suit la 4e borne kilométrique?

Distance parcourue = Nombre de km. (3) + Nombre d'hm. (5). *Rép.* 3km,5.

633. — Sur une route, on part d'une borne kilométrique et on parcourt 4km,300. Combien a-t-on rencontré de bornes hectométriques et de bornes kilométriques (y compris la 1re)?

Rép. 1° 9h × 4 + 3h = 39 *bornes hectométriques;* 2° 5 *bornes kilométriques.*

P. 67.

PÉRIMÈTRE DU CARRÉ

Problèmes. — 634. — *Calculer le périmètre* d'une cour carrée qui a 30 m. de côté.

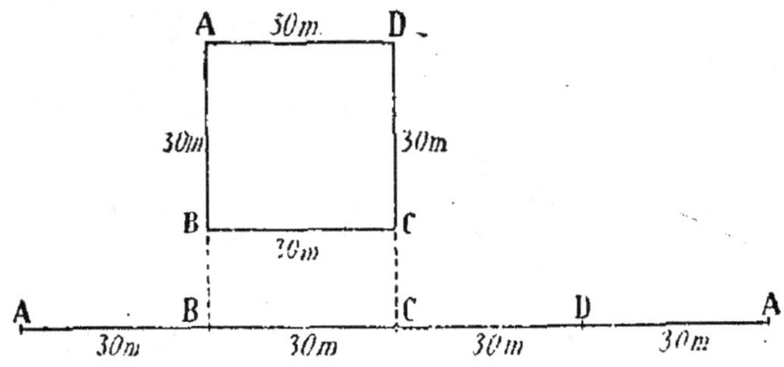

Solution. — Le **périmètre de la cour** est la *somme des 4 côtés*

$$30^m + 30^m + 30^m + 30^m \qquad \text{ou} \qquad 30^m \times 4 = \mathbf{120\ m.}$$

14. — Le contour ou périmètre d'un carré est égal à 4 *fois le côté.*

635. — Calculer le côté d'un jardin carré qui a 60 m. de périmètre.

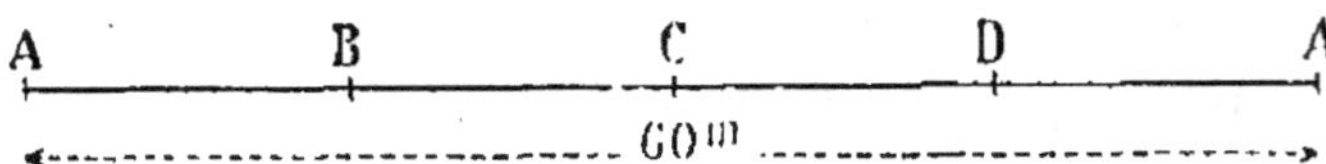

Solution. — Le **côté du jardin** est le *quart du périmètre* (60 m.).
$$60^m : 4 = \mathbf{15\ m.}$$

15. — Le côté d'un carré est égal au *quart du périmètre.*

Remarque. — Dans les problèmes relatifs aux surfaces, exiger, chaque fois que cela est possible, que les élèves fassent *les figures;* elles sont souvent utiles et parfois indispensables.

636. — Quels sont les périmètres des carrés qui ont pour côtés : 12 m.? 15 m.? 4m,5? 28m,55?

Rép. 1° 48 *m.;* 2° 60 *m.;* 3° 18 *m.;* 4° 114m,20.

637. — Quels sont les côtés des carrés qui ont pour périmètre : 142 m.? 227 m.? 248^m,20? 102^m,40?

Rép. 1° 35^m,50; 2° 56^m,75; 3° 62^m,05; 4° 25^m,60.

638. — Pour clôturer un jardin carré ayant 21^m,50 de côté, on l'entoure d'un treillage qui coûtera 3^f,25 le mètre. Quel sera le prix du treillage ? *(Marne.)*

Prix du treillage = Prix du mètre (3^f,25) × Nombre de mètres du périmètre.
Périmètre = 21^m,5 × 4 = 86^m. *Rép.* 3^f,25 × 86 = 279^f,50.

639. — On a entouré un jardin carré d'un treillage; l'ouvrier qui a posé ce treillage a été payé à raison de 3 fr. le mètre et a touché 252 fr. Quelle est la longueur d'un côté du jardin? *(Seine-Inférieure.)*

Longueur d'un côté = le quart du périmètre.
Périmètre = 252 : 3 = 84^m. *Rép.* 84^m : 4 = 21 *m*.

***640.** — Pour clore un jardin carré de 35 m. de côté, on fait établir sur le pourtour de 5 m. en 5 m. de forts pieux. Combien faudra-t-il de ces pieux? Combien y en aura-t-il sur chaque côté? *(Aveyron.)*

I. *Nombre total des pieux* = Périmètre : Espace (5 m.).
Périmètre : 35^m × 4 = 140^m. *Rép.* 140 : 5 = 28 *pieux*.
II. *Sur un côté* : (28 : 4) + 1. *Rép.* 8 *pieux* (1 aux 2 extrémités).

***641.** — Pour clôturer un jardin carré de 73^m,50 de côté, on a planté des pieux espacés de 3^m,50, valant 1^f,20 l'un, et l'on a employé un treillage payé 2^f,75 le mètre. Quelle est la dépense totale? *(Nièvre.)*

Dépense totale = Prix des pieux + Prix du treillage.
1. Prix des pieux. { a) Nombre : Périmètre 73^m,5 × 4 = 294 m. ;
{ 294 : 3,5 = 84 pieux. b) 1^f,2 × 84 = 100^f,80.
2. Prix du treillage ; 2^f,75 × 294 = 808^f,50. *Rép.* 100^f,8 + 808^f,5 = 909^f,30.

PÉRIMÈTRE DU RECTANGLE

P. 68.

Problèmes. — **642.** — Calculer le périmètre d'une salle rectangulaire qui a 9 m. de long sur 5 m. de large.

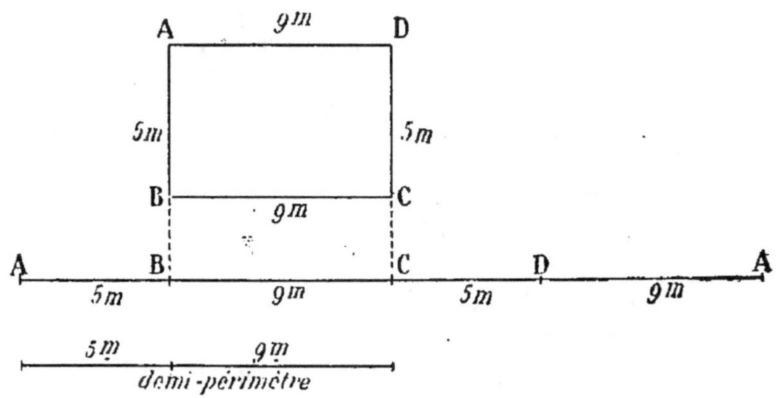

Solution. — Le **périmètre de la salle** est la *somme des 4 côtés.*
5^m + 9^m + 5^m + 9^m
ou 5^m × 2 + 9^m × 2 = 10^m + 18^m = **28 m.**
ou encore la *somme des 2 dimensions* (demi-périmètre) répétée **deux fois.**
Demi-périmètre : 5^m + 9^m = **14 m.**
Périmètre : 14^m × 2 = 28 m.

16. — **Le contour ou périmètre d'un rectangle** est égal à 2 *fois la longueur plus* 2 *fois la largeur* ou à 2 *fois la somme des deux dimensions.*

643. — Calculer la longueur d'une cour rectangulaire qui a 140 m. de périmètre et une largeur de 30 m.

Solution. — La **longueur de la cour** est la différence entre *le demi-péri-mètre* et *la largeur* (30 m.).

1. Demi-périmètre : 140^m : 2 = 70 m.
2. **Longueur de la cour** : 70^m — 30^m = **40 m.**

17. — **Une dimension d'un rectangle** est égale à la *différence entre le demi-périmètre et l'autre dimension.*

644. — Calculer le périmètre d'un rectangle qui a :
1° 45 m. de long et 17 m. de large ;
2° 13^m,25 de long et 8^m,40 de large.

I. *Périmètre du* 1er :   45^m + 17^m = 62^m ;   62^m × 2   *Rép.* 124 *m.*
II. *Périmètre du* 2e :   13^m,25 + 8^m,40 = 21^m,65 ;   21^m,65 × 2   *Rép.* 43^m,30.

P. 69.   **645.** — Quelle est la largeur d'un rectangle qui a :
1° 128 m. de périmètre et 40 m. de longueur ;
2° 432^m,80 de périmètre et 145^m,6 de longueur ?

I. *Largeur du* 1er = 1/2 périmètre (128^m : 2) — Longueur (40 m.). *Rép.* 24 *m.*
II. *Larg. du* 2e = 1/2 périm. (432^m,8 : 2) — Longueur (145^m,6). *Rép.* 70^m,80.

646. — J'ai dépensé 1 088 fr. pour faire entourer d'un grillage, valant 3^f,20 le mètre courant, un jardin qui mesure 90 m. de longueur et qui a la forme d'un rectangle. Trouver la largeur de ce jardin.   (*Oise.*)

Largeur = Demi-périmètre — Longueur (90 m.).
Demi-périmètre :   *a)* Périmètre ;   1 088 : 3,20 = 340 m.   *b)* 340 : 2 = 170 m.
Rép.   170^m — 90^m = 80 *m.*

647. — Un terrain rectangulaire, qui a 39^m,50 de long et 46^m,70 de large, a été entouré d'un treillage qui coûte 3^f,50 le mètre courant. Quelle est la dépense pour ce treillage ?   (*Ardèche.*)

Dépense = Prix du mètre (3^f,50) × Périmètre.
Périmètre :   (39^m,50 + 46^m,70) × 2 = 86^m,20 × 2 = 172^m,40.
Rép.   3^f,50 × 172,4 = 603^f,40.

648. — On entoure un champ de 647 m. de longueur et de 83 m. de largeur avec 3 rangées de fil de fer coûtant 12^f,75 les 100 m. Quelle est la dépense ?   (*Charente-Inférieure.*)

Dépense = Prix du mètre (12^f,75 : 100) × Longueur du fil.

Longueur du fil. { *a)* Par rangée : 647^m + 83^m = 730^m ;   730^m × 2 = 1 460 m.
{ *b)* 1 460^m × 3 = 4 380 m.
Rép.   0^f,1275 × 4 380 = 558^f,45.

***649.** — Vous achetez de la bordure valant 0^f,25 le mètre pour 3 paires de rideaux. Chaque rideau a 1^m,30 sur 0^m,75 et doit être bordé sur tout son pourtour. Quelle somme dépensez-vous?   (*Creuse.*)

Somme dépensée = Prix du mètre (0^f,25) × Longueur totale de la bordure.

Long. tot. { *a*) Long. p. rideau : 1^m,30 + 0^m,75 = 2^m,05 ; 2^m,05 × 2 = 4^m,10.
{ *b*) N. de rideaux : 2 × 3 = 6 rideaux.   *c*) 4^m,10 × 6 = 24^m,60.

Rép. 0^f,25 × 24,6 = 6^f,15.

***650.** — On veut border un tapis rectangulaire de 1^m,75 sur 1^m,45 avec de la frange qui coûte 7^f,80 les 12 m. Le travail est payé 2^f,80. Quel sera le prix total?   (*Gironde.*)

Prix total = Prix de la frange + Prix de la façon (2^f,80).

Prix de la frange. { *a*) Prix du mètre : 7^f,80 : 12 = 0^f,65.
{ *b*) Long. : 1^m,75 + 1^m,45 = 3^m,20 ; 3^m,20 × 2 = 6^m,40.
{ *c*) 0^f,65 × 6,4 = 4^f,16 ou plutôt 4^f,15.

Rép. 4^f,15 + 2^f,80 = 6^f,95.

***651.** — Autour d'une salle rectangulaire de 9^m,75 de long sur 7^m,20 de large, on fait poser un lambris. Quel en sera le prix à raison de 6^f,80 le mètre courant? Déduire 2 portes de 0^m,90 chacune.   (*Algérie.*)

Prix du lambris = Prix du mètre (6^f,80) × Longueur totale.

Longueur totale. { *a*) Pér. : 9^m,75 + 7^m,20 = 16^m,95 ; 16^m,95 × 2 = 33^m,90.
{ *b*) Longueur à déduire : 0^m,90 × 2 = 1^m,80.
{ *c*) 33^m,90 − 1^m,80 = 32^m,10.

Rép. 6^f,80 × 32,1 = 218^f,28 ou mieux 218^f,30.

***652.** — Autour d'un champ de forme rectangulaire ayant 91 m. de long sur 63 m. de large, on a planté des arbres qu'on a placés à 3^m,50 les uns des autres. Quelle est la dépense, sachant que les arbres coûtent 75 fr. le cent et que la main-d'œuvre revient à 15 fr. ?   (*Vienne.*)

Dépense = Prix des arbres + Prix de la main-d'œuvre (15 fr.).

Prix des arbres. { *a*) N. de cents : 91^m + 63^m = 154^m ; 154^m × 2 = 308 m. ;
{ 308 : 3,5 = 88 arbres ou 0^{cent},88. *b*) 75^f × 0,88 = 66 fr.

Rép. 66^f + 15^f = 81 *fr.*

***653.** — Une bande de papier rectangulaire a 1^m,035 de long et 0^m,012 de large. Par des parallèles à la largeur on la partage en 5 parties égales. Combien a-t-on mené de parallèles? Quelle est la longueur totale des périmètres des rectangles obtenus?   (*Tarn-et-Garonne.*)

I. *Nombre de parallèles* = Nombre de bandes (5) — Une. *Rép.* 4 *parallèles.*
II. *Longueur totale des périmètres* = Périmètre d'un rectangle × 5.

Périm. d'un rect. { *a*) Long. d'un rect. : 1^m,035 : 5 = 0^m,207.
{ *b*) (0^m,207 + 0^m,012) × 2 = 0^m,219 × 2 = 0^m,438.

Rép. 0^m,438 × 5 = 2^m,19.

***654.** — On a bordé un tapis rectangulaire de 1^m,80 de long avec des franges valant 1^f,20 le mètre courant. La largeur du tapis est les 2/3 de la longueur. Combien a-t-on dépensé?   (*Drôme.*)

Dépense = Prix du mètre (1^f,20) × Longueur de la frange.

Longueur de la frange. { *a*) Largeur du tapis : 1^m,80 × 2/3 = 1^m,20.
{ *b*) (1^m,80 + 1^m,20) × 2 = 3^m × 2 = 6 m.

Rép. 1^f,20 × 6 = 7^f,20.

***655.** — On veut entourer d'une grille un jardin rectangulaire qui a 38^m,70 de long et dont la largeur est les 4/5 de la longueur; les barreaux devant être espacés de 9 cm., combien en faudra-t-il?   (*Creuse.*)

Nombre de barreaux = Périmètre : Distance de 2 barreaux (0^m,09).

Périmètre. { *a*) Largeur : 38^m,70 × 4/5 = 30^m,96.
{ *b*) (38^m,70 + 30^m,96) × 2 = 69^m,66 × 2 = 139^m,32.

Rép. 139,32 : 0,09 = 1548 *barreaux.*

***656.** — Autour d'un pâturage rectangulaire de 120 m. sur 72 m., on plante des pieux espacés de 8 m. et valant 0^f,75 l'un; puis on place une double rangée d'un fil de fer qui coûte 0^f,05 le mètre. Quelle sera la dépense totale? *(Somme.)*

Dépense totale = Prix des pieux + Prix du fil de fer.

1. P. des pieux. $\begin{cases} a)\ \text{N. de pieux : Périm. } (120^m + 72^m) \times 2 = 192^m \times 2 = 384 \text{ m.;} \\ 384 : 8 = 48 \text{ pieux.} \quad b)\ 0^f,75 \times 48 = 36 \text{ fr.} \end{cases}$

2. Prix du fil de fer : *a)* Long. : $384^m \times 2 = 768$ m. *b)* $0^f,05 \times 768 = 38^f,40$.
Rép. $36^f + 38^f,40 = 74^f,40$.

***657.** — Quelle est la longueur d'une grille placée en tous sens à 4^m,60 d'un pavillon rectangulaire de 12^m,50 sur 10^m,25? *(Somme.)*

Longueur de la grille = Périmètre du rectangle extérieur.
1. Longueur : Augmentation $4^m,60 \times 2 = 9^m,20$; $12^m,50 + 9^m,20 = 21^m,70$.
2. Largeur : $10^m,25 + 9^m,20 = 19^m,45$.
3. Périmètre : $(21^m,7 + 19^m,45) \times 2 = 41^m,15 \times 2$. *Rép.* $82^m,30$.

***658.** — Un particulier qui a un champ rectangulaire de 121 m. de long sur 86 m. de large le fait entourer d'une haie vive qu'il place à 0^m,50 de sa limite. Le plant d'aubépine lui coûte 5 fr. le mille, et il emploie 6 pieds par mètre. Il donne à l'ouvrier qui fait ce travail 1^f,20 par décamètre. Combien lui coûte cette plantation? *(Morbihan.)*

Prix de la plantation = Dépense par mètre × Longueur de la haie.

1. Dép. par mètre. $\begin{cases} a)\ \text{Plants : } 0^f,005 \times 6 = 0^f,03. \\ b)\ \text{Travail : } 1^f,20 : 10 = 0^f,12. \\ c)\ 0^f,03 + 0^f,12 = 0^f,15. \end{cases}$

2. Long. de la haie. $\begin{cases} a)\ \text{Long. du rect. intér. : Dim. } 0^m,50 \times 2 = 1 \text{ m };\\ 121^m - 1^m = 120 \text{ m.} \quad b)\ \text{Larg. : } 86^m - 1^m = 85 \text{ m.} \\ c)\ (120^m + 85^m) \times 2 = 205^m \times 2 = 410 \text{ m.} \end{cases}$

Rép. $0^f,15 \times 410 = 61^f,50$.

***659.** — Le long des murs d'un jardin de 16^m,20 de long et de 12 m. de large, on établit une plate-bande de 1^m,20 de large. Le bord intérieur de cette plate-bande est garni de pieds de fleurs, espacés de 0^m,30 et coûtant chacun 0^f,07. Combien a coûté cette plantation? *(Pas-de-Calais.)*

Prix de la plantation = Prix d'un pied (0^f,07) × Nombre de pieds.

N. de pieds. $\begin{cases} a)\ \text{Périmètre intér. : Diminution } 1^m,20 \times 2 = 2^m,40. \\ \text{Long.} = 16^m,20 - 2^m,40 = 13^m,80. \quad \text{Larg.} = 12^m - 2^m,40 = 9^m,6. \\ \text{Périmètre} = (13^m,8 + 9^m,6) \times 2 = 46^m,80. \\ b)\ 46,8 : 0,3 = 156 \text{ pieds.} \end{cases}$

Rép. $0^f,07 \times 156 = 10^f,92$ ou mieux $10^f,90$.

P. 70.

MESURES DE SURFACE

1. — **Pour mesurer les surfaces,** on prend comme *unités* les *carrés construits sur les unités de longueur.*

2. — **L'*unité principale*** des mesures de surface est le **mètre carré (m²),** carré qui a 1 *m.* de côté.

Le mètre carré porte encore le nom de *mètre superficiel* par opposition au *mètre linéaire.*

3. — Les *multiples décimaux* du mètre carré sont :
le décamètre carré (dam²), carré qui a 1 *dam.* de côté;
l'hectomètre carré (hm²),   —   1 *hm.*   — ;
le kilomètre carré (km²),   —   1 *km.*   — ;
le myriamètre carré (Mm²),   —   1 *Mm.*   — .

4. — Les *sous-multiples décimaux* du mètre carré sont :
le décimètre carré (dm²),   carré qui a 1 *dm.* de côté;
le centimètre carré (cm²),   —   1 *cm.*   — ;
le millimètre carré (mm²),   —   1 *mm.*   — .

5. — On appelle **mesures topographiques** les mesures qui servent à évaluer les *grandes surfaces.*

Ce sont : le **kilomètre carré** et le **myriamètre carré.**

NUMÉRATION CENTÉSIMALE

Si on suppose que le carré ABCD a 1 m. ou 10 dm. de côté, on voit

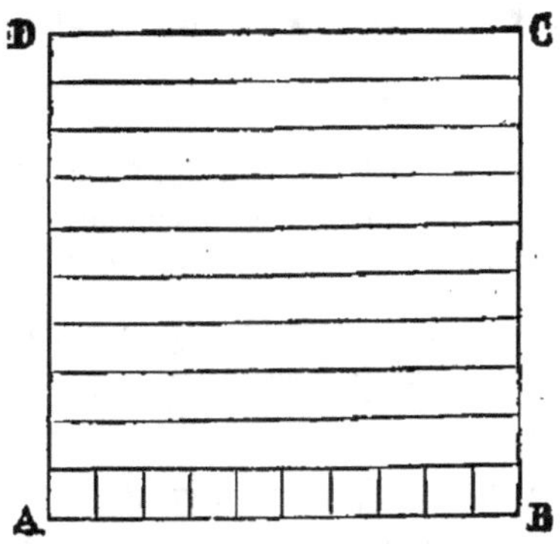

qu'il contient 10 *bandes rectangulaires* comprenant chacune **10 carrés** de 1 dm. de côté, ou 10 *dm²*.

Le **mètre carré** vaut donc : 10 dm² $\times$ 10 = **100 dm²**.

On démontrerait de même que le **décamètre carré** vaut **100 m²**; P. 71. l'**hectomètre carré, 100 dam²**; etc...

6. — Les **unités de surface** sont de 100 en 100 fois *plus grandes* ou *plus petites.*

D'une part :
le décamètre carré vaut. 100m²;
l'hectomètre carré vaut 100 dam² ou   10 000ᵐ²;
le kilomètre carré   —   100 hm²   —   1 000 000ᵐ²;
le myriamètre carré   —   100 km²   —   100 000 000ᵐ².

D'autre part :

le décimètre carré vaut . . . . $0^{\mathrm{m}2},01$;
le centimètre carré vaut $0^{\mathrm{dm}2},01$ ou $0^{\mathrm{m}2},0001$;
le millimètre carré — $0^{\mathrm{cm}2},01$ — $0^{\mathrm{m}2},000001$.

Remarque. — Il ne faut pas confondre : 1° le *décimètre carré* avec le *dixième* du mètre carré, le *centimètre carré* avec le *centième* du mètre carré,... etc.; 2° le *décamètre carré* avec la *dizaine* de mètres carrés, l'*hectomètre carré* avec la *centaine* de mètres carrés,... etc.

Exercices oraux. — 1. — Comment appelle-t-on le centième du mètre carré? la centaine de mètres carrés? le centième du kilomètre carré? la centaine de millimètres carrés?

Rép. 1° le *dm²*; 2° le *dam²*; 3° l'*hm²*; 4° le *cm²*.

2. — Combien le kilomètre carré vaut-il d'hectomètres carrés? de décamètres carrés?

Rép. 1° 100 *hm²*; 2° 10000 *dam²*.

3. — Combien le décimètre carré vaut-il de millimètres carrés? de centimètres carrés?

Rép. 1° 10000 *mm²*; 2° 100 *cm²*.

4. — Combien le myriamètre carré vaut-il de décamètres carrés? d'hectomètres carrés?

Rép. 1° 1000000 *dam²*; 2° 10000 *hm²*.

5. — Comment se nomment le dix-millième du kilomètre carré? du décimètre carré? du myriamètre carré? du décamètre carré?

Rép. 1° le *dam²*; 2° le *mm²*; 3° l'*hm²*; 4° le *dm²*.

6. — Quel est le millionième d'un myriamètre carré? d'un hectomètre carré? d'un kilomètre carré?

Rép. 1° le *dam²*; 2° le *dm²*; 3° le *m²*.

7. — $1^{\mathrm{m}2}$ de terrain vaut $0^{\mathrm{f}},50$; que vaut $1^{\mathrm{dam}2}$? $1^{\mathrm{hm}2}$?

Rép. 1° $0^{\mathrm{f}},50 \times 100 = 50$ *fr.*; 2° $50^{\mathrm{f}} \times 100 = 5000$ *fr.*

8. — Que coûte le mètre carré si $1^{\mathrm{dam}2}$ coûte 40 fr. ?

Rép. $40^{\mathrm{f}} : 100 = 0^{\mathrm{f}},40$.

Exercices écrits. — **660.** — Qu'entend-on par mètre carré? Combien y a-t-il de décimètres carrés, de centimètres carrés, de millimètres carrés, dans un mètre carré? *(Indre-et-Loire.)*

Voir §§ 2 et 6.

661. — Démontrer que le mètre carré contient 100 dm². Faire la figure. *(Calvados.)*

Voir Numération centésimale : explication et figure.

662. — Combien le décimètre carré vaut-il de centimètres carrés? Expliquer. *(Manche.)*

Voir Numération centésimale : explication et figure.

663. — Quelle différence y a-t-il :

1º Entre 1 dm² et un dixième de mètre carré ?

2º Entre 1 cm² et un centième de mètre carré ?

3º Entre 1 cm² et un millième de mètre carré ?

4º Entre 1 dam² et un centième de kilomètre carré ?　　　(*Cher.*)

I. *Rép.* 1º 1^{dm2} = 0,01 *de* m² ; 2º 0,1 *de* m² est représenté par une bande dans la figure précédente, il vaut 10^{dm2}. 3º *Différence :* 10^{dm2} — 1^{dm2} = 9^{dm2}.

II. *Rép.* 1º 1^{cm2} = 0,0001 *de* m² ; 2º 0,01 de m² = 1^{dm2} ou 100^{cm2} ; 3º 100^{cm2} — 1^{cm2} = 99^{cm2}.

III. *Rép.* 1º 0,001 de m² = 0,1 de dm² = 10^{cm2} ; 2º 10^{cm2} — 1^{cm2} = 9^{cm2}.

IV. *Rép.* 1º 0,01 de km² = 1^{hm2} ou 100^{dam2} ; 2º 100^{dam2} — 1^{dam2} = 99^{dam2}.

LECTURE. ÉCRITURE　　　　　　　　　P. 72.

Multiples.				**Unité.**	**Sous-Multiples.**		
Mm².	km².	hm².	dam².	m².	dm².	cm².	mm².
		7	09	45			
				3	, 68	40	

7. — Les nombres précédents se *lisent :*

　　70 945 mètres carrés

　et　　　　3 mètres carrés 6 840 centimètres carrés.

Dans les nombres qui expriment des surfaces, les *multiples* ou *sous-multiples du mètre carré* se succèdent de **2 en 2 chiffres.**

Exercices oraux. — 1. — Partager les nombres suivants en tranches de 2 chiffres à partir de la virgule et dire quelles sont les unités de surface représentées par chaque tranche : 308^{m2},64 ; 84 653 m² ; 7^{m2},658 ; 97 632^{m2},4 ; 0^{m2},06954 ; 8 734 000 m².

Se servir du tableau précédent.

2. — Lire les nombres suivants : 47^{m2},57 ; 8^{m2},6843 ; 0^{m2},078597 ; 674^{m2},5 ; 0^{m2},753 ; 0^{m2},00842.

Voir l'exercice précédent.

Exercices écrits. — **664.** — Ecrire les nombres suivants, en prenant le mètre carré pour unité : 4^{dam2} 18^{m2} ; 5^{hm2} 7^{dam2} 28^{m2} ; 7^{km2} 9^{hm2} 48^{dam2} 6^{m2} ; 8^{km2} 45^{dam2} 12^{m2} ; 8^{hm2} 5^{m2} ; 3^{km2} 95^{m2}.

Rép. 418^{m2} ; 5 07 28^{m2} ; 7 09 48 06^{m2} ; 8 00 45 12^{m2} ; 8 00 05^{m2} ; 3 00 00 95^{m2}. (Faire marquer d'abord les tranches de 2 chiffres.)

665. — Ecrire les nombres suivants en prenant le mètre carré pour unité : 4^{m2} 57^{dm2} ; 0^{m2} 8^{dm2} ; 9^{m2} 647^{cm2} ; 5^{m2} 15^{cm2} ; 0^{m2} 5^{dm2} 4^{cm2} ; 0^{m2} 9^{cm2} 48^{mm2}.

Rép. 4^{m2},57 ; 0^{m2},08 ; 9^{m2},06 47 ; 5^{m2},00 15 ; 0^{m2},05 04 ; 0^{m2},00 09 48.

CHANGEMENT D'UNITÉ

Exercices. — Exprimez une surface de 7 m² en prenant comme unité : 1º le décimètre carré ; 2º le centimètre carré.

Exprimez une surface de $5^{m2},834$ en prenant comme unité : 1° le décimètre carré; 2° le centimètre carré.

Exprimez une surface de 74 832 m² en prenant comme unité : 1° le décamètre carré; 2° l'hectomètre carré.

Quelle modification fait-on subir à un nombre exprimant une surface quand on effectue un changement d'unité?

1. Ecrire les résultats comme suit :
7^{m2}; $7\,00^{dm2}$; $7\,00\,00^{cm2}$.
$5^{m2},834$; $5\,83^{dm2},4$; $5\,83\,40^{cm2}$.
$7\,48\,32^{m2}$; $7\,48^{dam2},32$; $7^{hm2},48\,32$.

2. Les comparer aux nombres donnés et en déduire la règle suivante.

8. — Pour faire un **changement d'unité** dans un nombre, *on place la virgule* ou *on écrit des zéros*, de manière que *le dernier chiffre entier exprime la nouvelle unité donnée.*

Exercices oraux. — 1. Combien y a-t-il de mètres carrés dans 7 dam²? dans 8 hm²? dans 6 km²? dans 9 Mm²?

Rép. $7\,00^{m2}$; $8\,00\,00^{m2}$; $6\,00\,00\,00^{m2}$; $9\,00\,00\,00\,00^{m2}$.

2. — Combien 8 m² valent-ils de décimètres carrés? de millimètres carrés? de centimètres carrés?

Rép. $8\,00^{dm2}$; $8\,00\,00\,00^{mm2}$; $8\,00\,00^{cm2}$.

P. 73.   3. — Convertir en mètres carrés : 45 dam²; 9 hm²; 14 km²; 515 dm² ; 47 dm² ; 26 375 cm² ; 629 cm²; 7 840 000 mm².

Rép. $45\,00^{m2}$; $9\,00\,00^{m2}$; $14\,00\,00\,00^{m2}$; $5^{m2},15$; $0^{m2},47$; $2^{m2},63\,75$; $0^{m2},06\,29$; $7^{m2},84$.

4. — Le décamètre carré étant pris pour unité, à quels rangs s'écrivent les mètres carrés? les hectomètres carrés? les kilomètres carrés? les centimètres carrés?

Rép. Aux rangs : 1° des *centièmes;* 2° des *centaines;*
3° des *dizaines de mille;* 4° des *millionièmes.*

5. — Ramener au décimètre carré les nombres suivants : 4 m²; 574 cm²; 29 dam²; 15 cm²; 753 mm²; $3^{m2},8$; $7^{cm2},48$; $8^{dam2},759$.

Rép. 400^{dm2}; $5^{dm2},74$; $29\,00\,00^{dm2}$; $0^{dm2},15$; $0^{dm2},0753$; $3\,80^{dm2}$; $0^{dm2},0748$; $8\,75\,90^{dm2}$.

Exercices écrits. — **666.** — Additionner en prenant le mètre carré pour unité : $245^{dm2}\,6^{cm2} + 8^{m2}\,426^{cm2} + 4^{dm2}\,8^{cm2}\,5^{mm2} + 7^{dm2}\,125^{mm2}$.   (*Gers.*)

Rép. $2^{m2},4506 + 8^{m2},0426 + 0^{m2},040805 + 0^{m2},070125 = 10^{m2},604130$.

667. — Ecrire les nombres suivants, en prenant le décamètre carré pour unité : $82^{hm2}\,68^{cm2}$; 4350^{dm2}; $72^{km2}\,8^{dam2}$; $3^{Mm2}\,4^{hm2}\,75^{dm2}$. Additionner ces nombres.   (*Cher.*)

Rép. $82\,00^{dam2},000068 + 0^{dam2},4350 + 72\,00\,08^{dam2} + 3\,00\,04\,00^{dam2},0075$
$= 3\,72\,86\,08^{dam2},442568$.

668. — Exprimer en mètres carrés la différence entre $4^{dam2}\,7^{dm2}$ et $527\,630^{cm2}$.

Rép. $400^{m2},07 - 52^{m2},7630 = 347^{m2},3070$.

669. — Quelle surface en décamètres carrés vaut : 1° 25 fois 76^{m2} 5dm2 ; 2° 12 fois 3Mm2 5hm2 25dm2 ?   (*Doubs.*)

Rép.   1° 0^{dam2},7605 $\times$ 25 = 19^{dam2},0125 ;
2° 3 00 05 00^{dam2},0025 $\times$ 12 = 36 00 60 00^{dam2},03.

670. — Quelle est en mètres carrés la surface 17 fois plus petite que 3^{km2} 4hm2 et 25m2 ?   (*Doubs.*)

Rép.   3 04 00 25^{m2} : 17 = 178 825^{m2}.

Problèmes. — 671. — Quand un mètre carré de tapis vaut 7^f,50, quel doit être le prix de 8dm2 ?   (*Seine-et-Marne.*)

8^{dm2} = 0^{m2},08.   *Rép.*   7^f,50 $\times$ 0,08 = 0^f,60.

672. — Un carreau a une surface de 145^{cm2},14. Combien faudra-t-il de carreaux pour carreler une pièce de 61^{m2},59 ?   (*Gard.*)

Nombre de carreaux = 615 900 : 145,14 = 4243 par défaut.   *Rép.*   4244 carr.

673. — Quelle différence y a-t-il entre 1dm2 et la dixième partie du mètre carré ? Combien faut-il de décimètres carrés pour valoir 0,8 du mètre carré ? Quelle serait la valeur d'un terrain de 8^{m2},50, à raison de 1^f,25 le dixième du mètre carré ?   (*Aveyron.*)

Rép.   1° Voir n° 663 ;   2° 0^{m2},8 = 80 dm^2.
3° Prix du m^2 = 1^f,25 $\times$ 10 = 12^f,50.   *Rép.*   12^f,5 $\times$ 8,5 = 106^f,25.

674. — Combien payera-t-on, à raison de 4^f,75 le mètre carré, pour la peinture d'une salle, sachant que la surface totale des 4 murs et du plafond est de 1^{dam2},2708, et qu'on doit retrancher 1^{m2},58 pour chacune des 10 ouvertures ?   (*Charente-Inférieure.*)

Dépense totale = Prix du m^2 (4^f,75) $\times$ Surface peinte.

Surface peinte. $\begin{cases} a) \text{ Surface des ouvertures : } 1^{m2},58 \times 10 = 15^{m2},8. \\ b) \ 127^{m2},08 - 15^{m2},8 = 111^{m2},28. \end{cases}$

Rép.   4^f,75 $\times$ 111,28 = 528^f,58 ou 528^f,60.

675. — La surface d'une salle est de 55^{m2},95. Des chaises y occupent chacune une surface de 72^{dm2},5. Il y a, de plus, un espace vide de 12^{m2},45. Combien y a-t-il de chaises ?   (*Allier.*)

Nombre de chaises = Surface occupée par toutes : Surface occupée par une (72^{dm2},5).
Surface totale occupée : 55^{m2},95 — 12^{m2},45 = 43^{m2},50 ou 4 350^{dm2}.
Rép.   4350 : 72,5 = 60 *chaises.*

676. — Il faut, pour le vitrage d'une serre, 84 vitres ayant chacune 24^{dm2}. On les paye à raison de 4^f,20 le mètre carré, plus 0^f,25 pour la pose de chacune d'elles. Combien coûtera le vitrage ?   (*Eure.*)

Prix du vitrage = Prix de revient d'une vitre $\times$ 84.

Prix de revient d'une vitre. $\begin{cases} a) \ 4^f,20 \times 0,24 = 1^f,008. \\ b) \ 1^f,008 + 0^f,25 = 1^f,258. \end{cases}$

Rép.   1^f,258 $\times$ 84 = 105^f,672 ou 105^f,65.

***677.** — La surface d'une classe est de 50^{m2},40. Chaque élève y occupe une surface de 70^{dm2} ; l'estrade du maître, une surface égale à la place de 6 élèves ; les vides nécessaires à la circulation, un espace de 14^{m2},7. Combien cette classe peut-elle recevoir d'enfants ? (*Loire.*)

Nombre d'élèves = Surface occupée par tous : Surface occupée par un (70^{dm2}).
Surface totale occupée. $\begin{cases} a) \text{ Maître : } 70^{dm2} \times 6 = 420^{dm2}. \\ b) \ 5\,040^{dm2} - (420^{dm2} + 1\,470^{dm2}) = 3150^{dm2}. \end{cases}$

Rép.   3150 : 70 = 45 *élèves.*

***678.** — Le pavage d'une rue a coûté 82 365 fr., dont 5 865 fr. pour la main-d'œuvre. Chaque pavé couvre une surface de 276 cm². Les pavés ont été payés 45 fr. le cent; trouver la surface de la partie pavée de la rue et le prix de revient d'un mètre carré de pavage. *(Seine.)*

I. *Surface pavée* = Surface d'un pavé (276^{cm2}) × Nombre de pavés.

Nombre de pavés. $\begin{cases} a) \text{ Prix total} = 82\,365^f - 5\,865^f = 76\,500 \text{ fr.} \\ b) \ 76\,500 : 0,45 = 170\,000 \text{ pavés.} \end{cases}$

Rép. 276^{cm2} × 170 000 = 46 920 000^{cm2} = 4 692^{m2}.

II. *Prix de revient du m²* = 82 365^f : 4 692. *Rép.* 17^f,55.

***679.** — On veut carreler une chambre de 32^{m2},125 avec des briques de 225 cm². Ces briques coûtent, rendues sur place, 45 fr. le mille, et, pour les poser, il faudrait dépenser par mètre carré 0^f,90 de mortier et 0^f,60 de main-d'œuvre. Combien coûtera ce carrelage? *(Yonne.)*

Prix du carrelage = Prix des briques + Pose.

1. Briques. $\begin{cases} a) \text{ Nombre :} \ \ 321\,250 : 225 = 1\,427 \text{ par défaut ou } 1\,428 \text{ briques.} \\ b) \text{ Prix} = 45^f × 1,428 = 64^f,26 \text{ ou } 64^f,25. \end{cases}$

2. Pose. $\begin{cases} a) \text{ Par m²} : \ \ 0^f,9 + 0^f,6 = 1^f,5. \\ b) \text{ Prix} : \ \ 1^f,5 × 32,125 = 48^f,187 \text{ ou } 48^f,20. \end{cases}$

Rép. 64^f,25 + 48^f,20 = 112^f,45.

P. 74.

SURFACE DU RECTANGLE

Il n'y a **pas de mesures effectives** pour les surfaces : on mesure la longueur des dimensions et *on obtient la surface par le calcul.*

Problèmes. — **680.** — Trouver la surface d'un rectangle qui a 7 m. de long et 4 m. de large.

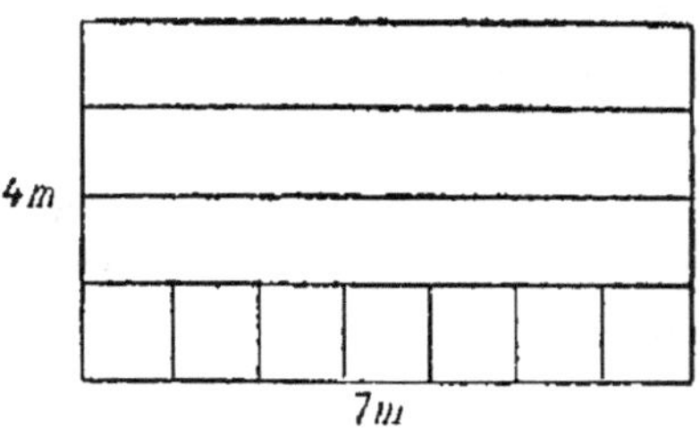

Solution. — La **surface de ce rectangle** est égale à celle de 4 bandes comprenant chacune 7 m².
Cette surface est donc : 7^{m2} × 4 = **28 m².**

9. — **La surface d'un rectangle** est égale *au produit de ses deux dimensions.*

Remarque. — Si le rectangle précédent avait 7 cm. sur 4 cm., sa surface serait égale à 7^{cm2} × 4 = 28 cm².

Ainsi, quand les dimensions sont exprimées en *mètres*, le calcul donne la surface en *mètres carrés;* quand elles sont exprimées en *centimètres*, le calcul donne la surface en *centimètres carrés;* etc.

Dans le **calcul d'une surface,** on doit **ramener** les dimensions à la **même unité de longueur,** et prendre comme *unité de surface celle qui a pour côté cette unité de longueur.*

681. — Un rectangle a 5 m. de long et 3 m. de large. Expliquez, à l'aide d'une figure et d'un raisonnement, comment on évaluera sa surface en mètres carrés. *(Indre-et-Loire.)*

Voyez la solution précédente. *Rép.* 5^{m2} × 3 = 15 m².

682. — Quelle est : 1º en décimètres carrés ; 2º en centimètres carrés, la surface d'un tableau qui a 1ᵐ,25 de longueur et 0ᵐ,85 de largeur ?   (*Aude.*)

Surface = 1ᵐ²,25 × 0,85 = 1ᵐ²,0625.   *Rép.*   106ᵈᵐ²,25 = 10 625 *cm*².

683. — Quelle est, en décimètres carrés, la surface d'une table ayant 132 cm. de long sur 4ᵈᵐ 1/2 de large ?   (*Bouches-du-Rhône.*)

Rép.   13ᵈᵐ²,2 × 4,5 = 59ᵈᵐ²,40.

684. — On a fait blanchir un mur de 4ᵐ,75 de long sur 3ᵐ,90 de haut. Combien doit-on à 0ᶠ,40 le mètre carré ?   (*Ille-et-Vilaine.*)

Prix total = Prix du m² (0ᶠ,40) × Nombre de mètres carrés.
Nombre de m² : 4ᵐ²,75 × 3,9 = 18ᵐ²,525.   *Rép.*   0ᶠ,4 × 18,525 = 7ᶠ,41 ou 7ᶠ,40.

685. — Un terrain rectangulaire de 54 m. de long et 8ᵐ,25 de large a été vendu 1 559ᶠ,25. Quel est le prix du mètre carré ?   (*Aisne.*)

Prix du m² = Prix total (1 559ᶠ,25) : Nombre de mètres carrés.
Nombre de m² :   54ᵐ² × 8,25 = 445ᵐ²,50.   *Rép.*   1 559ᶠ,25 : 445,5 = 3ᶠ,50.

686. — Combien coûterait un tapis de 6ᵐ,35 de long et 5 m. de large, à raison de 0ᶠ,15 le décimètre carré ?   (*Doubs.*)

Prix total = Prix du dm² (0ᶠ,15) × Nombre de dm².
Nombre de dm² : 63ᵈᵐ²,5 × 50 = 3 175 dm².   *Rép.*   0ᶠ,15 × 3 175 = 476ᶠ,25.

687. — Une fenêtre a 24 carreaux de 0ᵐ,24 de long sur 0ᵐ,20 de large. Combien devra-t-on payer au vitrier qui a placé le verre, s'il le vend tout posé 7ᶠ,50 le mètre carré ?   (*Rhône.*)

Somme à payer = Prix du m² (7ᶠ,50) × Nombre de m².
Nombre de m² :   0ᵐ²,24 × 0,2 × 24 = 1ᵐ²,152.
Rép.   7ᶠ,50 × 1,152 = 8ᶠ,64 ou mieux 8ᶠ,65.

688. — Une porte a 2ᵐ,50 de haut et 1ᵐ,25 de large. On la fait peindre à raison de 4ᶠ,50 le mètre carré sur une face et à raison de 1ᶠ,50 le mètre carré sur l'autre face ; combien donnera-t-on pour la faire peindre sur les deux faces ?   (*Loir-et-Cher.*)   P. 75.

Dépense tot. = Prix de la peinture d'un m² sur les 2 faces × Nombre de m².
1. Prix de la peinture d'un m² :   4ᶠ,50 + 1ᶠ,50 = 6 fr.
2. Nombre de m² :   2ᵐ²,5 × 1,25 = 3ᵐ²,125.
Rép.   6ᶠ × 3,125 = 18ᶠ,75.

689. — On a acheté une pièce de toile de 92 m. de long et de 0ᵐ,80 de large à 3ᶠ,25 le mètre courant. On la revend 4ᶠ,15 le mètre carré. Quel est le bénéfice ?   (*Sarthe.*)

Bénéfice = Prix de vente — Prix d'achat.
1. Prix de vente :   *a*) Surf. = 92ᵐ² × 0,8 = 73ᵐ²,60.   *b*) 4ᶠ,15 × 73,6 = 305ᶠ,44.
2. Prix d'achat :   3ᶠ,25 × 92 = 299 fr.
Rép.   305ᶠ,44 — 299ᶠ = 6ᶠ,44 ou 6ᶠ,45.

690. — La cloison en briques se paye 3ᶠ,60 le mètre carré. Que coûterait une cloison de 4ᵐ,15 de long sur 2ᵐ,50 de haut, si l'on déduit une porte de 2 m. sur 1ᵐ,40 ?   (*Somme.*)

Prix total = Prix du m² (3ᶠ,60) × Nombre de m².

Nombre de m². $\begin{cases} a) \text{ Surface totale} : 4ᵐ²,15 × 2,5 = 10ᵐ²,375. \\ b) \text{ Déduction} : 2ᵐ² × 1,4 = 2ᵐ²,8. \\ c) 10ᵐ²,375 — 2ᵐ²,8 = 7ᵐ²,575. \end{cases}$

Rép.   3ᶠ,60 × 7,575 = 27ᶠ,27 ou 27ᶠ,25.

691. — Une maison a 9 fenêtres de chacune 8 carreaux égaux. Chaque carreau a 0^m,48 sur 0^m,42. Combien paiera-t-on ces vitres si le mètre carré de verre coûte 8^f,75 et la pose 1^f,15 par fenêtre? (*Allier.*)

Dépense totale = Prix du verre + Pose.

1. P. du verre. { *a*) Surf. = 0^{m2},48 × 0,42 × 8 × 9 = 0^{m2},2016 × 72 = 14^{m2},5152.
{ *b*) 8^f,75 × 14,5152 = 127^f,008.

2. Pose : 1^f,15 × 9 = 10^f,35. *Rép.* 127^f + 10^f,35 = 137^f,35.

692. — A combien revient la peinture de 15 fenêtres qui ont 1^m,70 de haut et 1^m,20 de large? Les fenêtres sont peintes sur les 2 faces; le mètre carré de peinture vaut 0^f,90; enfin, chaque fenêtre a 6 carreaux de 0^m,45 de haut et 0^m,40 de large. (*Saône-et-Loire.*)

Prix total = Prix du m² (0^f,90) × Nombre de m².

N. de m². { *a*) Face. { 1^{m2},7 × 1,2 = 2^{m2},04. Déd.: 0^{m2},45 × 0,4 × 6 = 1^{m2},08.
{ { 2^{m2},04 — 1^{m2},08 = 0^{m2},96.
{ *b*) Surface peinte = 0^{m2},96 × 15 × 2 = 28^{m2},80.

Rép. 0^f,9 × 28,8 = 25^f,92 ou 25^f,90.

693. — Un jardin de forme rectangulaire a 60 m. de long et 40 m. de large. Il est traversé dans le sens de la longueur par une allée de 1^m,25 de large. Quelle est la surface de la partie cultivée? (*Allier.*)

Surface cultivée = Surface totale — Surface de l'allée.

1. Surf. tot. = 60^{m2} × 40 = 2400^{m2}. 2. Surf. de l'allée = 60^{m2} × 1,25 = 75^{m2}.
Rép. 2400^{m2} — 75^{m2} = 2325 m². *Aut. méth.* : 60^{m2} × (40 — 1,25) = 2325 m².

***694.** — On mesure un champ rectangulaire avec une chaîne d'arpenteur ayant 0^m,025 de trop. On trouve que ce champ contient en longueur 12 fois la chaîne et en largeur 8 fois; quelles sont les dimensions et la surface véritables? (*Nord.*)

I. *Dimensions véritables* = Long. véritable de la chaîne × N. de chaînes.
Rép. *Longueur* = 10^m,025 × 12 = 120^m,30. *Largeur* = 10^m,025 × 8 = 80^m,20.
II. *Surface véritable* = 120^{m2},3 × 80,2. *Rép.* 9648^{m2},06.

***695.** — Un tisserand tisse une pièce de toile de 28 m. de long sur 1^m,20 de large. A la suite du blanchissage, cette pièce se rétrécit d'un dixième dans chaque sens. Quelle sera sa surface? (*Cantal.*)

Surface = Longueur réduite × Largeur réduite.

1. Longueur = 28^m — 2^m,80 = 25^m,20. 2. Largeur = 1^m,20 — 0^m,12 = 1^m,08.
Rép. 25^{m2},2 × 1,08 = 27^{m2},2160.

. *696. — Un propriétaire achète à 0^f,25 le mètre carré 2 champs rectangulaires : l'un de 65 m. de longueur et de 42 m. de largeur; l'autre, de dimensions doubles de celles du 1er. Calculer la surface et le prix de chacun des deux champs. (*Ille-et-Vilaine.*)

I. *Surface du 1er champ* = 65^{m2} × 42. *Rép.* 2730 m².
II. *Surface du 2e champ* : 65^{m2} × 2 × 42 × 2 = 2730^{m2} × 4. *Rép.* 10920 m².
III. *Prix du 1er champ* : 0^f,25 × 2730. *Rép.* 682^f,50.
IV. *Prix du 2e champ* : 682^f,50 × 4. *Rép.* 2730 fr.

***697.** — Une rue a 125 m. de longueur et 12 m. de largeur totale. De chaque côté se trouve un trottoir de 1^m,80 de large. Combien payera-t-on pour le pavage de toute la rue, si, par mètre carré, on paye 2^f,50 pour le trottoir et 1^f,25 pour le reste? (*Sarthe.*)

Prix total = Prix de la chaussée + Prix des trottoirs.

1. Chaussée. { *a*) Surface = 125^{m2} × (12 — 1,8 × 2) = 125^{m2} × 8,4 = 1050 m².
{ *b*) 1^f,25 × 1050 = 1312^f,50.

2. Trottoirs : *a*) Surf. = 125^{m2} × 1,8 × 2 = 450 m². *b*) 2^f,50 × 450 = 1125 fr.
Rép. 1312^f,50 + 1125^f = 2437^f,50.

***698.** — Un tapis de 3^m,50 de longueur sur 2^m,40 de largeur a coûté 7^f,50 le mètre carré; à combien reviendra-t-il si on l'entoure d'une bordure payée 0^f,60 le mètre ?   (*Lot.*)

Prix de revient = Prix de l'étoffe + Prix de la bordure.
1. Étoffe :   *a)* Surface = 3^{m2},50 × 2,40 = 8^{m2},40.   *b)* 7^f,50 × 8,4 = 63 fr.
2. Bordure :   *a)* Long. = (3^m,50 + 2^m,40) × 2 = 11^m,80.   *b)* 0^f,60 × 11,8 = 7^f,08.
Rép.   63^f + 7^f,08 = 70^f,08 ou 70^f,10.

***699.** — Un tapis rectangulaire qui a 6^m,50 sur 5^m,20 a coûté 47^f,20. On le fait doubler avec une toile qui revient à 0^f,60 le mètre carré, puis border avec un galon qui revient à 0^f,25 le mètre courant. A combien revient le tapis ?   (*Isère.*)

P. de revient = P. de l'étoffe (47^f,20) + P. de la doublure + P. de la bordure.
1. Doublure :   *a)* Surface : 6^{m2},5 × 5.2 = 33^{m2},8.   *b)* 0^f,6 × 33,8 = 20^f,28.
2. Bordure :   *a)* Long. : (6^m,5 + 5^m,2) × 2 = 23^m,40.   *b)* 0^f,25 × 23,4 = 5^f,85.
Rép.   47^f,20 + 20^f,28 + 5^f,85 = 73^f,33 ou 73^f,35.

***700.** — Un terrain rectangulaire de 156 m. de long et 89^m,25 de large a été payé 0^f,45 le mètre carré. On l'a entouré d'un treillage qui coûte, tout posé, 3^f,60 le mètre. A combien revient le terrain ? (*Jura.*)

Prix de revient = Prix du terrain + Prix du grillage.
1. Terrain :   0^f,45 × 156 × 89,25 = 0^f,45 × 13923 = 6265^f,35.
2. Grill.: *a)* Long. : (156^m + 89^m,25) × 2 = 490^m,50.   *b)* 3^f,6 × 490,5 = 1765^f,80.
Rép.   6265^f,35 + 1765^f,80 = 8031^f,15.

***701.** — Trouver la surface d'un rectangle de 69^m,45 de long et 260^m,84 de périmètre.   (*Loire.*)

Surface = Longueur (69^m,45) × Largeur.
Largeur : *a)* 1/2 périm. : 260^m,84 : 2 = 130^m,42.   *b)* 130^m,42 — 69^m,45 = 60^m,97.
Rép.   69^{m2},45 × 60,97 = 4234^{m2},3665.

***702.** — Une salle a un périmètre de 37^m,50 et une largeur de 8^m,50. On demande le prix du parquetage à 6^f,40 le mètre carré.   (*Aisne.*)

Prix total = Prix du m² (6^f,40) × Nombre de m².
N. de m² : *a)* Long. = (37^m,50 : 2) — 8^m,50 = 10^m,25. *b)* 10^{m2},25 × 8,5 = 87^{m2},125.
Rép.   6^f,40 × 87,125 = 557^f,60.

***703.** — On a fait encaustiquer une chambre rectangulaire de 14^m,90 de périmètre et 4^m,25 de longueur, à raison de 1^f,25 le mètre carré. L'ouvrier demande 20 fr. N'y a-t-il pas erreur ?   (*Haute-Vienne.*)

Erreur = Différence entre somme due et somme demandée (20 fr.).
Somme { *a)* Surface. { Largeur = (14^m,90 : 2) — 4^m,25 = 3^m,20;
due. {   { 4^{m2},25 × 3,2 = 13^{m2},60.
      { *b)* 1^f,25 × 13,6 = 17 fr.
Rép.   L'ouvrier demande : 20^f — 17^f = 3 *fr. de trop.*

SURFACE DU CARRÉ   P. 76.

10. — **Le carré** est un rectangle dont la *longueur est égale à la largeur.*

La surface du carré est égale au *produit du côté par lui-même.*

Problèmes. — **704.** — Combien un carré ayant 5 cm. de côté contient-il de centimètres carrés ? Dessinez ce carré.   (*Allier.*)
Rép.   5^{cm2} × 5 = 25 *cm²*.

705. — Quel est le prix d'un terrain carré ayant 38^m,50 de côté, à raison de 0^f,60 le mètre carré ? *(Pas-de-Calais.)*

Prix total = Prix du m² (0^f.60) × Nombre de m².
Nombre de m² = 38^{m²},5 × 38.5 = 1 482^{m²},25.
Rép.   0^f,60 × 1 482,25 = 889^f,35.

706. — Un terrain carré de 18^m,50 de côté coûte 1 369 fr. Quel est le prix du mètre carré ? *(Somme.)*

Prix du m² = Prix total (1 369 fr.) : Nombre de m².
Nombre de m² = 18^{m²},5 × 18,5 = 342^{m²},25.
Rép.   1 369^f : 342,25 = 4 *fr.*

7.07. — Deux champs carrés de même qualité ont : l'un 65 m. de côté et l'autre 128 m. Le 1er a été payé 3 380 fr. Quel sera le prix du second ? *(Nord.)*

Prix du 2e. = Prix du m² × Nombre de mètres carrés.

1. Prix du m². {   *a)* Surface du 1er = 65^{m²} × 65 = 4 225 m².
             {   *b)* 3 380^f : 4 225 = 0^f,80.
2. Nombre de m² = 128^{m²} × 128 = 16 384^{m²}.
Rép.   0^f,8 × 16 384 = 13 107^f,20.

708. — On avait tracé sur un terrain l'emplacement d'un jardin carré de 75 m. de côté. Puis, changeant d'avis, on veut lui donner la forme rectangulaire, en augmentant la longueur de 12 m. et en diminuant la largeur de 12 m. aussi. La surface du jardin reste-t-elle la même ? *(Côte-d'Or.)*

Diminution de surface = Surface du carré — Surface du rectangle.
1. Surface du carré = 75^{m²} × 75 = 5 625^{m²}.
2. Surface du rectangle = 1^{m²} × (75 + 12) (75 — 12) = 87^{m²} × 63 = 5 481 m².
Rép.   5 625^{m²} — 5 481^{m²} = 144^{m²} ou 1^{m²} × 12² = 144 m².

709. — Un carré a 52^m,60 de côté. Si on en doublait le côté, quelle serait la surface du nouveau carré, et combien de fois serait-il plus grand que le premier ? *(Charente.)*

I. *Surface du nouveau carré* = 1^{m²} × (52,6 × 2) × (52,6 × 2).
Rép.   11 067^{m²},04.
II. *Il est égal à* (52.6 × 2) × (52,6 × 2) : (52,6 × 52,6).
Rép.   4 *fois le* 1er (*Fig.* à faire).

710. — Un tapis carré de 4^m,25 de côté a été bordé avec du ruban à 0^f,20 le mètre. A combien revient ce tapis qu'on avait acheté non bordé à raison de 4^f,80 le mètre carré ? *(Pas-de-Calais.)*

Prix total = Prix de l'étoffe + Prix de la bordure.
1. Étoffe = 4^f,80 × 4,25² = 4^f,80 × 18,0625 = 86^f,70.
2. Bordure :   *a)* Longueur = 4^m,25 × 4 = 17 m.   *b)* 0^f,20 × 17 = 3^f,40.
Rép.   86^f,70 + 3^f,40 = 90^f,10.

711. — Trouver la surface d'un terrain carré enclos d'une haie dont la longueur totale est de 150 m. *(Haute-Vienne.)*

Surface = Côté × Lui-même.
Côté = 150^m : 4 = 37^m,50.   *Rép.*   37^{m²},5 × 37,5 = 1 406^{m²},25.

*712.** — Un jardin carré a 174^m,80 de contour. Il a été vendu 1 145^f,80. On demande : 1° quelle est sa surface ; 2° à combien revient le décamètre carré ? *(Ille-et-Vilaine.)*

I. *Surface :*   Côté = 174^m,80 : 4 = 43^m,7.
Rép.   43^{m²},7 × 43,7 = 1 909^{m²},69 ou 19^{dam²},0969.
II. *Prix du dam²* = 1 145^f,80 : 19,0969. *Rép.*   50^f,99 ou 60 *fr.*

***713.** — Un carré avait 68 m. de pourtour; on augmente son côté de 4ᵐ,20. Quelle est la surface du nouveau carré ? *(Oise.)*

Surface = Côté × Lui-même.
Côté = (68ᵐ : 4) + 4ᵐ,2 = 21ᵐ,2.   *Rép.* 21ᵐ²,2 × 21,2 = 449ᵐ²,44.

***714.** — Pour entourer un terrain de forme carrée, il a fallu acheter 67ᶠ,50 d'un grillage qui coûte 0ᶠ,75 le mètre. Quelle est la surface de ce terrain ? *(Somme.)*

Surface = Côté × Lui-même.
Côté : *a)* Périmètre = 67,50 : 0,75 = 90 m.   *b)* 90ᵐ : 4 = 22ᵐ,5.
Rép. 22ᵐ²,5 × 22,5 = 506ᵐ²,25.

***715.** — On achète, pour y construire une maison, un terrain rectangulaire de 70ᵐ,50 de long sur 32ᵐ,80 de large. La maison et les dépendances occuperont un carré de 19ᵐ,75 de côté. Un quart du terrain restant sera occupé par les allées. Quelle surface cultivable restera-t-il pour le jardin ? *(Rhône.)*

Surface cultivable = Surface du terrain restant — Surface des allées.

1. Surf. du reste. $\left\{\begin{array}{l} a) \text{ Surf. totale} = 70^{m²},5 \times 32,8 = 2\,312^{m²},40. \\ b) \text{ Maison :} 19^{m²},75 \times 19,75 = 390^{m²},0625. \\ c) 2\,312^{m²},10 - 390^{m²},0625 = 1\,922^{m²},3375. \end{array}\right.$

2. Surface des allées = 1 922ᵐ²,3375 : 4 = 480ᵐ²,58.
Rép. 1 922ᵐ²,33 — 480ᵐ²,58 = 1 441ᵐ²,75.

***716.** — Un jardin carré est partagé en 3 bandes égales par deux allées de même largeur. Chaque bande a une largeur de 7ᵐ,80, et chaque allée, une largeur de 1ᵐ,20. Calculer la surface totale du jardin, la surface de chaque bande et la surface de chaque allée. *(Nord.)*

I. *Surface totale* = Côté × Lui-même.
Côté = 7ᵐ,8 × 3 + 1ᵐ,2 × 2 = 25ᵐ,8.   *Rép.* 25ᵐ²,8 × 25,8 = 665ᵐ²,64.
II. *Surface d'une bande* = 7ᵐ²,8 × 25,8.   *Rép.* 201ᵐ²,24.
III. *Surface d'une allée* = 1ᵐ²,2 × 25,8.   *Rép.* 30ᵐ²,96.

***717.** — Un carré a 9ᵐ,60 de périmètre. On mène ses diagonales. Calculer la surface de chacune des 4 parties du carré. *(Yonne.)*

Surface d'une partie = Surface du carré : 4.
Surface du carré. $\left\{\begin{array}{l} a) \text{ Côté} = 9^m,60 : 4 = 2^m,40. \\ b) 2^{m²},4 \times 2,4 = 5^{m²},76. \end{array}\right.$
Rép. 5ᵐ²,76 : 4 = 1ᵐ²,44.

CARRÉ ET RECTANGLE *(carrelage, etc.)*   P. 77.

Problèmes. — **718.** — Une cour carrée a 12ᵐ,40 de côté. On la pave avec des pavés carrés de 0ᵐ,20 de côté. Combien faudra-t-il de pavés ? *(Morbihan.)*

Nombre de pavés = Surface totale : Surface d'un pavé.
1. Surface totale = 12ᵐ²,4 × 12,4 = 153ᵐ²,76.
2. Surface d'un pavé = 0ᵐ²,2 × 0,2 = 0ᵐ²,04.
Rép. 153,76 : 0,04 = 3 844 *pavés.*

719. — Que coûterait le carrelage d'une chambre de 6 m. de longueur sur 4ᵐ,50 de largeur, avec des carreaux de 300ᶜᵐ² chacun à 40 fr. le mille tout posés ? *(Somme.)*

Prix = Prix du mille (40 fr.) × Nombre de mille.
Nombre de mille. $\left\{\begin{array}{l} a) \text{ Surface de la chambre} = 6^{m²} \times 4,5 = 27 \text{ m}². \\ b) 300^{cm²} = 0^{m²},03; 27 : 0,03 = 900 \text{ carr. ou } 0^{mille},9. \end{array}\right.$
Rép. 40ᶠ × 0,9 = 36 *fr.*

720. — Le pavage d'une cour carrée a coûté 950 fr. à raison de 12^f,50 le mètre carré. Combien a-t-on employé de pavés ayant 0^m,20 de côté ? *(Basses-Alpes.)*

Nombre de pavés = Surface totale : Surface d'un pavé.
1. Surface totale = 950 : 12,5 = 76^{m2}.
2. Surface d'un pavé = 1^{m2} × 0,2^2 = 0^{m2},04.
Rép. 76 : 0,04 = 1 900 *pavés.*

721. — On veut paver, avec des carreaux ayant 25 cm. de côté et coûtant 85 fr. le mille, une cuisine qui a 9^m,25 de long et 5 m. de large. Dites le nombre et le prix des carreaux employés. *(Morbihan.)*

1. *Nombre de carreaux* = Surface totale : Surface d'un carreau.
1. Surface totale = 9^{m2},25 × 5 = 46^{m2},25.
2. Surface d'un carreau = 0^{m2},25 × 0,25 = 0^{m2},0625.
Rép. 46,25 : 0,0625 = 740 *carreaux.*
II. *Prix* = 85^f × 0,74. *Rép.* 62^f,90.

722. — Une chambre mesure 4^m,80 de long et 3^m,60 de large. On veut la carreler avec des briques carrées de 0^m,12 de côté. Quel sera, à raison de 15 fr. le cent, le prix de ces briques, si l'on en prend 50 de plus en prévision des déchets ? *(Bouches-du-Rhône.)*

Prix des briques = Prix du cent (15 fr.) × Nombre de cents.

N. de cents. { a) Surface totale = 4^{m2},8 × 3,6 = 17^{m2},28;
{ Brique : 0^{m2},12 × 0,12 = 0^{m2},0144 ; 17,28 : 0,0144 = 1 200 br.
{ b) 1 200^{br} + 50^{br} = 1 250 briques ou 12^{cents},5.
Rép. 15^f × 12,5 = 187^f,50.

***723.** — Une jeune fille confectionne un petit tapis de 0^m,80 de long sur 0^m,45 de large avec de petits carrés d'étoffe ayant 0^m,06 de côté. Combien lui faudra-t-il de ces carrés si la couture fait perdre 0^m,01 au côté de chaque morceau ? *(Aube.)*

Nombre de carrés = Surface totale : Surface d'un carré cousu.
1. Surface totale = 0^{m2},8 × 0,45 = 0^{m2},36.
2. Surface d'un carré. { a) Côté : 0^m,06 — 0^m,01 = 0^m,05.
{ b) 0^{m2},05 × 0,05 = 0^{m2},0025.
Rép. 0,36 : 0,0025 = 144 *carrés.*

***724.** — On demande combien coûtera le pavage d'une rue ayant 695^m,70 de longueur et 7^m,20 de largeur avec des pavés de 18 cm. de côté, sachant que le cent de pavés coûte 32^f,50 et que l'entrepreneur prend pour la main-d'œuvre 40 fr. par décamètre carré. *(E.-et-Loir.)*

Prix du pavage = Prix des pavés + Prix de la pose.

1. Pavés. { a) Nombre. { Surface totale = 695^{m2},7 × 7,2 = 5 009^{m2},04.
{ { Pavé = 0^{m2},18 × 0,18 = 0^{m2},0324.
{ { 5 009,04 : 0,0324 = 154 600 pavés.
{ b) Prix = 32^f,5 × 1 546 = 50 245 fr.
2. Pose : 40^f × 50.0904 = 2 003^f,616 ou 2 003^f,60.
Rép. 50 245^f + 2 003^f,60 = 52 248^f,60.

***725.** — On fait carreler 2 chambres qui ont : l'une 6^m,45 et l'autre 5^m,25 de long sur une largeur commune de 4^m,65. Les carreaux ont 0^m,15 de côté et coûtent 4 fr. le cent. L'ouvrier a mis 4 jours et demi à 4^f,50 l'un. Calculez la dépense totale. *(Finistère.)*

Dépense totale = Prix des carreaux + Gain de l'ouvrier.

1. Carreaux. { a) Nombre. { Surf. tot. = 4^{m2},65 × (6,15 + 5,25) = 53^{m2},01.
{ { Un carreau : 0^{m2},15 × 0,15 = 0^{m2},0225 ;
{ { 53,01 : 0,0225 = 2 356 carreaux.
{ b) Prix = 4^f × 23,56 = 94^f,24 ou 94^f,25.
2. Gain de l'ouvrier = 4^f,5 × 4,5 = 20^f,25.
Rép. 94^f,25 + 20^f,25 = 114^f,50.

***726.** — On veut planchéier une salle de $9^m,10$ de long sur $5^m,25$ de large, en employant des planches de $1^m,75$ de long sur $0^m,26$ de large. Combien faudra-t-il de planches ? Est-il possible de les poser sans les couper et comment ?   (*Charente-Inférieure.*)

I. *Nombre de planches* = Surface totale : Surface d'une planche.
1. Surface totale = $9^{m2},1 \times 5,25 = 47^{m2},775$.
2. Surface d'une planche = $1^{m2},75 \times 0,26 = 0^{m2},455$.
Rép. $47,775 : 0,455 = 105$ *planches*.
II. On peut placer : $5,25 : 1,75 = 3$ *rangées* de chacune $9,1 : 0,26 = 35$ *pl.*

***727.** — On a pavé une salle rectangulaire de $8^m,20$ de long sur $5^m,60$ de large avec des dalles de $0^m,25$ sur $0^m,16$. Ce travail a coûté $516^f,60$. La main-d'œuvre comptant dans ce prix pour $2^f,50$ par mètre carré, calculer la valeur du cent de dalles.   (*Somme.*)

Prix du cent = Prix total des dalles : Nombre de cents.

1. Prix des dalles. { a) M.-d'œuv.: $2^f,50 \times 8,2 \times 5,6 = 2^f,50 \times 45,92 = 114^f,80$.
{ b) $516^f,60 - 114^f,80 = 401^f,80$.

2. Nomb. de cents. { a) Surface d'une dalle : $0^{m2},25 \times 0,16 = 0^{m2},04$.
{ b) $45,92 : 0,04 = 1148$ ou $11^{cents},48$.

Rép. $401^f,80 : 11,48 = 35$ *fr.*

***728.** — Pour parqueter une salle ayant 8 m. de long et $5^m,50$ de large, on a employé des planches ayant 4 m. de long et $0^m,30$ de large. Combien en faudra-t-il si l'ouvrier qui les prépare enlève un douzième de chaque planche ?   (*Seine-et-Marne.*)

Nombre de planches = Surface totale : Surface d'une planche.
1. Surface totale = $8^{m2} \times 5,5 = 44$ m².
2. Surf. d'une planche = $4^{m2} \times 0,3 = 1^{m2},20$; $1^{m2},2 - (1^{m2},2 : 12) = 1^{m2},10$.
Rép. $44 : 1,1 = 40$ *planches*.

***729.** — On a pavé une cuisine avec des pavés ayant $0^m,65$ de long sur $0^m,45$ de large et valant 28 fr. le cent. La cuisine a $22^m,80$ de périmètre et $6^m,40$ de longueur. Calculez la dépense.   (*Meuse.*)

Dépense = Prix du cent (28 fr.) $\times$ Nombre de cents.

N. de cents. { a) Surf. tot. : Larg. $(22^m,8 : 2) - 6^m,4 = 5$ m.; $6^{m2},4 \times 5 = 32$ m².
{ b) Surface d'un pavé = $0^{m2},65 \times 0,45 = 0^{m2},2925$.
{ c) $32 : 0,2925 = 109$ pavés, par défaut soit $1^{cent},10$.
Rép. $28^f \times 1,1 = 30^f,80$.

***730.** — Combien faudra-t-il d'ardoises pour couvrir un toit à 2 versants rectangulaires de chacun $14^m,25$ sur $10^m,30$, sachant que chaque ardoise a $0^m,30$ sur $0^m,19$ et que chaque rang d'ardoises est recouvert aux 2/3 par le suivant ?   (*Yonne.*)

Nombre d'ardoises = Surf. totale : Surf. de la partie visible d'une ardoise.
1. Surface totale = $14^{m2},25 \times 10,3 \times 2 = 146^{m2},775 \times 2 = 293^{m2},55$.
2. Surface visible d'une ardoise = $(0^{m2},3 \times 0,19) : 3 = 0^{m2},019$.
Rép. $293,55 : 0,019 = 15450$ *ardoises*.

*RECTANGLE INTÉRIEUR (*allées, etc.*)   P. 78.

I. **Problèmes.** — **731.** — Une feuille de papier mesure $0^m,70$ de long sur $0^m,52$ de large. On en détache sur les 4 côtés une bande dont la largeur est de 2 cm. De combien la surface primitive a-t-elle diminué ?   (*Haute-Garonne.*)

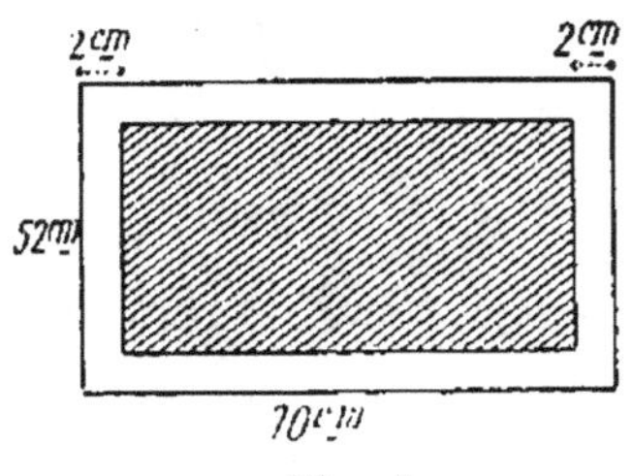 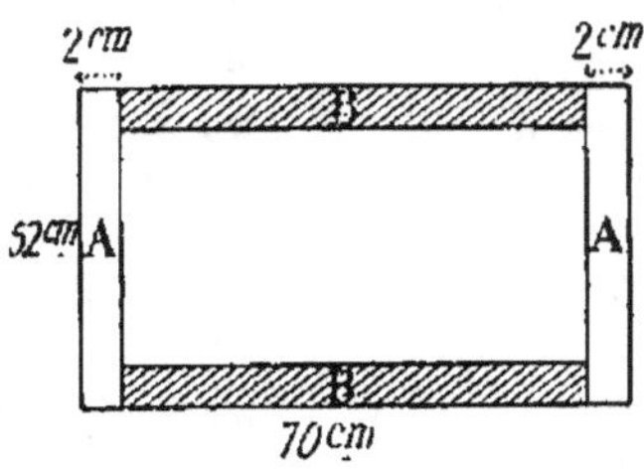

Fig. 1.   Fig. 2.

Solution. — La **diminution de la surface primitive** est égale à la différence entre *cette surface* et *celle de la nouvelle feuille obtenue.*

1. *Surface primitive* de la feuille : $70^{cm2} \times 52 = 3\,640^{cm2}$.

2. *La surface de la nouvelle feuille* est égale au produit de sa longueur par sa largeur.

a. Ces dimensions sont égales aux dimensions primitives diminuées de 2 fois la largeur de la bande enlevée : $2^{cm} \times 2 = 4^{cm}$.
b. Longueur de la nouvelle feuille : $70^{cm} - 4^{cm} = 66^{cm}$.
c. Largeur   —   : $52^{cm} - 4^{cm} = 48^{cm}$.
d. Surface   —   : $66^{cm2} \times 48 = 3\,168^{cm2}$.

3. **Diminution de la surface primitive :** $3\,640^{cm2} - 3\,168^{cm2} = \mathbf{472\ cm^2}$.
Autre solution :

Fig. 3.

La **diminution de la surface primitive** est égale à la *somme* des surfaces *des 2 rectangles A et des 2 rectangles B (fig.* 2 et 3).

732. — Une table carrée a $1^m,45$ de côté. Le tapis qui la couvre déborde tout autour de $0^m,25$, quelle est sa surface ?   (*Mayenne.*)
Surface du tapis = Côté $\times$ Lui-même.
Côté = $1^m,45 + (0^m,25 \times 2) = 1^m,45 + 0^m,50 = 1^m,95$.
Rép. $1^{m2},95 \times 1,95 = 3^{m2},8025$.

733. — Un jardin rectangulaire qui a 55 m. sur 83 m. est entouré d'une allée ayant $1^m,25$ de large. Quelle surface reste-t-il à cultiver? (*Aube.*)
Surface à cultiver = Longueur intérieure $\times$ Largeur intérieure.
1. Longueur intérieure = $83^m - 1^m,25 \times 2 = 83^m - 2^m,50 = 80^m,50$.
2. Largeur = $55^m - 2^m,5 = 52^m,5$.
Rép. $80^{m2},5 \times 52,5 = 4\,226^{m2},25$.

734. — Une chambre a $6^m,20$ de longueur sur $5^m,60$ de largeur. On veut placer sur le parquet un tapis à $0^m,45$ des murs. Quelle sera la valeur de ce tapis à $5^f,80$ le mètre carré ?   (*Paris.*)
Prix du tapis = Prix du m² ($5^f,80$) $\times$ Nombre de m².
Nombre de m². $\begin{cases} a)\ \text{Longueur} = 6^m,20 - 0^m,45 \times 2 = 6^m,20 - 0^m,9 = 5^m,30. \\ b)\ \text{Largeur} = 5^m,6 - 0^m,9 = 4^m,70. \\ c)\ 5^{m2},3 \times 4,7 = 24^{m2},91. \end{cases}$
Rép. $5^f,80 \times 24,91 = 144^f,478$ ou $144^f,50$.

735. — Une feuille de papier a 0^m,30 de long et 0^m,20 de large. On enlève tout autour une bande large de 0^m,025; calculer : 1° la surface de ce qui reste ; 2° le périmètre de la feuille réduite. . (*Landes.*)

I. *Nombre de cm²* = Longueur restante × Largeur restante.
1. Longueur restante = 0^m,30 — 0^m,025 × 2 = 0^m,25.
2. Largeur = 0^m,20 — 0^m,05 = 0^m,15.
Rép. 25^{cm²} × 15 = 375 *cm²*.
II. *Périmètre* = Somme des dimensions × 2.
Rép. (0^m,25 + 0^m,15) × 2 = 0^m,80.

736. — La cour d'une école mesure 15^m,40 de long sur 12^m,30 de large. On établit tout autour un trottoir bitumé de 1^m,85 de large. Quelle est la surface de ce trottoir ? (*Seine.*)

Surface du trottoir = Surface totale — Surface intérieure.
1. Surface totale = 15^{m²},4 × 12,3 = 189^{m²},42.
2. Surf. intérieure.
  a) Long. = 15^m,4 — 1^m,85 × 2 = 15^m,4 — 3^m,70 = 11^m,70.
  b) Largeur = 12^m,3 — 3^m,7 = 8^m,60.
  c) 11^{m²},7 × 8,6 = 100^{m²},62.
Rép. 189^{m²},42 — 100^{m²},62 = 88^{m²},80.

737. — Une cour de 25 m. de long sur 12 m. de large est entourée, P. 79. sur une largeur de 2 m., d'un pavage qui revient à 4^f,50 le mètre carré. Combien coûte ce pavage ? (*Aisne.*)

Prix du pavage = Prix du m² (4^f,50) × Nombre de m².
Nombre de m².
  a) Surface totale = 25^{m²} × 12 = 300 m².
  b) Surface int. Long. = 25^m — 2^m × 2 = 21 m. ; Larg. 12^m — 4^m = 8^m ; 21^{m²} × 8 = 168 m².
  c) 300^{m²} — 168^{m²} = 132 m².
Rép. 4^f,50 × 132 = 594 *fr*.

738. — Un tapis a 3^m,25 de longueur sur 2^m,50 de largeur. On ajoute tout autour une bordure de 0^m,15 de large, et on vend le tapis ainsi bordé à raison de 0^f,08 le décimètre carré. Quel est le prix de ce tapis ? (*Meurthe-et-Moselle.*)

Prix du tapis = Prix du dm² (0^f,08) × Nombre de dm².
Nombre de dm².
  a) Longueur = 3^m,25 + 0^m,15 × 2 = 3^m,55.
  b) Largeur = 2^m,5 + 0^m,3 = 2^m,8.
  c) 3^{m²},55 × 2,8 = 9^{m²},94 = 994 dm².
Rép. 0^f,08 × 994 = 79^f,52 ou 79^f,50.

739. — Une maison a 12 m. de long sur 9 m. de large. Elle est entourée d'une grille placée à 5^m,30 de chaque mur. On demande la longueur totale de la grille et la surface comprise entre cette grille et la construction. (*Aisne.*)

I. *Longueur totale* = 2 fois la somme de la longueur et de la largeur.
1. Longueur = 12^m + 5^m,3 × 2 = 12^m + 10^m,6 = 22^m,6.
2. Largeur = 9^m + 10^m,6 = 19^m,6.
Rép. (22^m,6 + 19^m,6) × 2 = 84^m,40.
II. *Surface comprise* = Surface extérieure — Surface intérieure.
1. Surface extérieure = 22^{m²},6 × 19,6 = 442^{m²},96.
2. Surface intérieure = 12^{m²} × 9 = 108 m².
Rép. 442^{m²},96 — 108^{m²} = 334^{m²},96.

740. — Un jardin a 87^m,50 sur 65^m,20. On le fait entourer d'un mur de 0^m,45 d'épaisseur; on y fait, en outre, construire un bâtiment long de 13^m,75 et large de 7^m,50. Que reste-t-il du jardin ?   (*Allier*.)

Surface restante = Surface intérieure — Surface du bâtiment.

1. Surface intérieure.
  a) Longueur = 87^m,5 — 0^m,45 × 2 = 86^m,6.
  b) Largeur = 65^m,2 — 0^m,9 = 64^m,3.
  c) 86^m²,6 × 64,3 = 5568^m²,38.

2. Surface du bâtiment = 13^m²,75 × 7,5 = 103^m²,125.

Rép.   5568^m²,38 — 103^m²,125 = 5465^m²,255.

741. — Un jardin rectangulaire a 23^m,50 de large sur 48^m,60 de long. Tout autour est une plate-bande de 0^m,80 de large, et, à l'intérieur de cette plate-bande, un chemin rectangulaire de 1^m,02 de large. Quelle est la surface de la partie centrale de ce jardin ?   (*Eure*.)

Surface intérieure = Longueur intérieure × Largeur intérieure.

1. Longueur intérieure.
  a) Diminution = (0^m,8 + 1^m,02) × 2 = 3^m,64.
  b) 48^m,6 — 3^m,64 = 44^m,96.

2. Largeur intérieure = 23^m,5 — 3^m,64 = 19^m,86.

Rép. 44^m²,96 × 19,86 = 892^m²,9056 ou 892^m²,90.

742. — Un jardin rectangulaire a un pourtour de 140^m,60 sur lequel on a ménagé une allée de 0^m,80 de large. L'un des côtés de ce jardin a 27^m,80. Quelle est la surface de l'allée ?   (*Côte-d'Or*.)

Surface de l'allée = Surface totale — Surface intérieure.

1. Surf. totale.
  a) Longueur = (140^m,6 : 2) — 27^m,80 = 70^m,3 — 27^m,8 = 42^m,50.
  b) 42^m²,5 × 27,8 = 1181^m²,5.

2. Surf. int.
  a) Longueur = 42^m,50 — 0^m,80 × 2 = 40^m,90.
  b) Largeur = 27^m,8 — 1^m,6 = 26^m,2.
  c) 40^m²,9 × 26,2 = 1071^m²,58.

Rép. 1181^m²,50 — 1071^m²,58 = 109^m²,92.

Autre méthode :   1^m² × (42,5 + 26,2) × 2 × 0,8 = 109^m²,92.

II. 743. — Un jardin carré de 48 m. de côté a été partagé par 2 allées perpendiculaires qui se coupent en leur milieu et qui ont 0^m,95 de large. Quelle est la surface à cultiver ?   (*Pas-de-Calais*.)

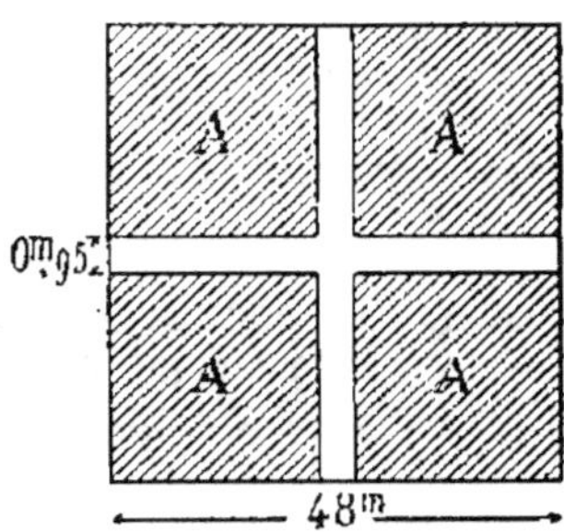

Explication : La **surface à cultiver** est égale à la *surface des 4 carrés égaux* formés par les allées.

Surf. d'un carré.
  a) Côté = (48^m — 0^m,95) : 2 = 23^m,525.
  b) 23^m²,525 × 23,525 = 553^m²,425.

Rép. 553^m²,425 × 4 = 2213^m²,70.

Aut. solut. : Surf. à cultiver = Long. rest. (48 — 0,95) × Larg. rest. (48 — 0,95).

744. — Un jardin rectangulaire a 35 m. sur 18 m. On y trace 2 allées en croix ayant $1^m,50$ de large, l'une suivant la longueur, l'autre suivant la largeur. Quelle est la surface cultivable ? (*Meurthe-et-Moselle.*)

Surface cultivable = Longueur restante $\times$ Largeur restante.
1. Long. restante = $35^m - 1^m,50 = 33^m,5.$ 2. Larg. = $18^m - 1^m,5 = 16^m,5.$
Rép. $33^{m2},5 \times 16,5 = 552^{m2},75.$

745. — Un jardin carré de 36 m. de côté est partagé en 6 carreaux égaux par 2 allées parallèles de $1^m,50$ de largeur et par une autre allée de 2 m. de large perpendiculaire aux 1res. Calculer la surface de chaque carreau et la surface totale des allées. (*Ardennes.*)

I. *Surface d'un carreau* = Longueur $\times$ Largeur.
1. Longueur = $(36^m - 1^m,5 \times 2) : 3 = 11$ m.
2. Largeur = $(36^m - 2^m) : 2 = 17$ m.
Rép. $11^{m2} \times 17 = 187\ m^2.$

II. *Surface des allées* = Surface totale — Surface des 6 carreaux.
1. Surface totale = $36^{m2} \times 36 = 1\,296\ m^2.$
2. Surface des 6 carreaux = $187^{m2} \times 6 = 1\,122\ m^2.$
Rép. $1\,296^{m2} - 1\,122^{m2} = 174\ m^2.$

746. — Un jardin rectangulaire a 45 m. de long sur 27 m. de large. Une allée intérieure de $1^m,30$ de large en fait le tour; 2 autres allées de 1 m. de large qui se coupent à angle droit le partagent en 4 parties égales. Quelle est la surface de la partie cultivable ? (*Sarthe.*)

Surface cultivable = Longueur restante $\times$ Largeur restante.

1. Longueur restante. $\begin{cases} a)\ \text{Déduction} : & 1^m,3 \times 2 + 1^m = 3^m,60. \\ b)\ 45^m - 3^m,6 = 41^m,4. \end{cases}$

2. Largeur restante = $27^m - 3^m,6 = 23^m,4.$
Rép. $41^{m2},4 \times 23,4 = 968^{m2},76.$

MESURES AGRAIRES
P. 80.

11. — Les mesures agraires servent à évaluer la *surface des champs.*

12. — L'*unité principale* des mesures agraires est l'are (a) qui équivaut au *décamètre carré.*

13. — L'are n'a qu'un *multiple :*

l'hectare (ha), qui vaut **100 ares.**
Il n'a qu'un *sous-multiple :*

le centiare (ca), ou centième de l'are, $0^a,01.$
L'*hectare* équivaut à l'*hectomètre carré; le centiare*, au *mètre carré.*

14. Les **unités agraires** sont de 100 en 100 fois *plus* **grandes** ou *plus petites.* Comme les unités de surfaces proprement dites, elles se succèdent de **2 en 2 chiffres** dans les nombres représentant des surfaces.

Multiple.	Unité.	Sous-Multiple.
ha	a	ca
454	87 ,	84
$4^{km2}54^{hm2}$	87^{dam2}	84^{m2}

Les nombres 45 487 ares 84 centiares et $4\,548\,784^{m2}$ représentent la même surface.

Exercices oraux. — 1. Combien l'are vaut-il de mètres carrés ?

Rép. 100 *m²*.

2. Combien l'hectare vaut-il de centiares ? de décamètres carrés ? de mètres carrés ?

Rép. 10 000 *ca.*; 100 *dam²*; 10 000 *m²*.

3. Combien le kilomètre carré vaut-il d'hectares ? d'ares ? de centiares ?

Rép. 100 *ha.*; 10 000 *a.*; 1 000 000 *ca.*

4. Combien y a-t-il de mètres carrés dans 6 ares ? dans 2 ha. ? dans 3 a. 8 ca. ? dans 3 ha. 5 a. 25 ca. ?

Rép. 600 *m²*; 20 000 *m²*; 308 *m²*; 30 525 *m²*.

5. Combien y a-t-il d'ares dans 12 dam² ? dans 437 m² ? dans 5 hm² ? dans 2 hm² 7 dam² ?

Rép. 12 *á.*; 4ª,37; 500 *a.*; 207 *a.*

6. Combien y a-t-il de centiares dans 47 m² ? dans 638 dm² ? dans 7 dam² ? dans 8 dam² 9 m² ?

Rép. 47 *ca.*; 6ᶜª,38; 700 *ca.*; 809 *ca.*

Exercices écrits. — **747.** — Écrire les nombres suivants en prenant l'are pour unité : 47 ha.; 8 ha. 5 a. 25 ca.; 9 753 ca.; 4 ha. 8 ca.; 7 dam² 5 m²; 3 419 m²; 6 hm²; 5 hm² 8 dam².

Rép. 4700 *a.*; 805ª,25; 97ª,53; 400ª,08; 7ª,05; 34ª,19; 600 *a.*; 508 *a.*

748. — Écrire les nombres suivants en prenant le centiare comme unité : 5 a.; 6 ha.; 5 a. 7 ca.; 9 ha. 98 ca.; 9 m² 6 dm²; 7 dam²; 85 dam² 4 m²; 3 hm² 5 dam².

Rép. 500 *ca.*; 60 000 *ca.*; 507 *ca.*; 90 098 *ca.*; 9ᶜª,06; 700 *ca*; 8504 *ca.*; 30 500 *ca.*

P. 81. **749.** — La France a 536 464 km². Exprimez cette surface : 1° en hectares; 2° en ares.

Rép. 53 646 400 *ha.*; 5 364 640 000 *a.*

750. — L'Algérie a environ 47 897 000 ha. Combien a-t-elle : 1° de kilomètres carrés; 2° d'hectomètres carrés ? 3° de myriamètres carrés ?

Rép. 478 970 *km²*; 47 897 000 *hm²*; 4789^{Mm2},70.

751. — La Terre a 5 100 820 Mm². Combien a-t-elle de kilomètres carrés? d'hectares?

Rép. 510 082 000 *km²*; 51 008 200 000 *ha.*

752. — Qu'appelle-t-on mesures agraires ? Nommez-les. Indiquez les mesures de surface équivalentes. (*Pas-de-Calais.*)

Voyez plus haut les §§ 12, 13 et 14.

753. — Faites connaître les unités employées pour la mesure des surfaces agraires et dites combien chacune d'elles contient : 1° de décamètres carrés, 2° de mètres carrés. (*Loire.*)

I. *Rép.* 1 a. = 1 *dam²*; 1 ha. = 100 *dam²*; 1 ca. = 0^{dam²},01.
II. *Rép.* 1 a. = 100 *m²*; 1 ha. = 10 000 *m²*; 1 ca = 1 *m²*.

754. — Prouver qu'un hectare vaut 10 000 m². (*Charente.*)

Rép. 1 ha. = 100 a. ou 100 dam² ou 100^{m²} × 100 = 10 000 *m²*.

755. — Combien y a-t-il d'ares dans 1 km² ? (*Hte-Garonne.*)

Rép. 1 km² = 100 ha. ou 10 000 *ares.*

756. — Combien y a-t-il d'hectares dans 1 Mm² ? (*Paris.*)

Rép. 1 Mm² = 10 000 hm² = 10 000 *ha.*

757. — Qu'est-ce que le décimètre carré par rapport à l'are ? à l'hectare ? au centiare ? (*Basses-Pyrénées.*)

Rép. 1 dm² = 0^{a},0001 = 0^{ha},000001 = 0^{ca},01.

758. — Réduisez 1° en hectares, 2° en ares, 3° en centiares, les surfaces suivantes : 33 476 m²; 272 m²; 19 035 m²; 30^{m²},25. (*Gard.*)

I. *Rép.* 33 476 m² = 3^{ha},3476 = 334^{a},76 = 33 476 *ca.*
II. *Rép.* 272 m² = 0^{ha},0272 = 2^{a},72 = 272 *ca.*
III. *Rép.* 19 035 m² = 1^{ha},9035 = 190^{a},35 = 19 035 *ca.*
IV. *Rép.* 30^{m²},25 = 0^{ha},003025 = 0^{a},3025 = 30^{ca},25.

759. — Comment appelle-t-on les centièmes de l'hectomètre carré ? les dix-millièmes du dam²? les centaines de mm²? Combien y a-t-il de centiares dans les 2/10 d'un ha. ? (*Cher.*)

I. *Rép.* 0^{hm²},01 = 1 *dam²*; 0^{dam²},0001 = 1 *dm²*; 100 mm² = 1 *cm²*.
II. *Rép.* 0^{ha},2 = 2 000 *ca.*

760. — Quelle différence y a-t-il entre le décamètre carré et l'hectare ? Écrire en chiffres et additionner les nombres suivants en prenant l'are pour unité : 564 Mm²; 3 hm² 5 dm²; 34 dam². (*Marne.*)

I. *Rép.* 1 ha. = 100 a. ou 100 *dam².*
II. *Rép.* 564 000 000 a. + 300^{a},0005 + 34 a. = 564 000 334^{a},0005.

761. — Exprimer en ares les totaux suivants :
2^{hm²},365 + 7^{dm²},25 + 765 ca. + 287 dm² =
6 m² + 524 m² + 6 ha. 139 ca. = (*Alger.*)

I. *Rép.* 236^{a},5 + 0^{a},000725 + 7^{a},65 + 0^{a},0287 = 244^{a},179425.
II. *Rép.* 0^{a},06 + 5^{a},24 + 601^{a},39 = 606^{a},69.

Problèmes. — **762.** — Lorsque le mètre carré de terrain vaut 0^{f},45, quel est le prix : 1° de l'are? 2° de l'hectare ? (*Morbihan.*)

Rép. 1 are vaut 45 *fr.* et 1 hectare vaut 4500 *fr.*

763. — Dans un champ de 6^{ha},43, on vend une parcelle qui a 8 128 m²; puis, on prend sur le reste 9^{a},85 pour construire une maison et 815 ca. pour faire un jardin. Dites en ares à combien est réduite la surface du champ. *(Charente-Inférieure.)*

Surface restante = 643ᵃ — (81ᵃ,28 + 9ᵃ,85 + 8ᵃ,15).
Rép. 643ᵃ — 99ᵃ,28 = 543ᵃ,72.

764. — Trois terrains ont : le 1ᵉʳ, 254ᵈᵃᵐ²,28 ; le 2ᵉ, 1ʰᵐ²315 m²; le 3ᵉ, 27030 m². On demande la valeur totale de ces terrains à raison de 75 fr. l'are. *(Cher.)*

Prix total = Prix de l'are (75 fr.) × Nombre d'ares.
Nombre d'ares = 254ᵃ,28 + 103ᵃ,15 + 270ᵃ,3 = 627ᵃ,73.
Rép. 75ᶠ × 627,73 = 47079ᶠ,75.

765. — Un jardin carré a 1 ha. de superficie. A 2 fr. le mètre courant, que vaut le treillage qui l'entoure ? *(Finistère.)*

Périmètre = 400 mètres. *Rép.* 2ᶠ × 400 = 800 *fr.*

766. — Un champ a été vendu 4725 fr., à raison de 0ᶠ,45 le mètre carré. Quelle est son étendue en ares ? *(Orne.)*

Nombre d'ares = Prix total (4725 fr.) : Prix de l'are (45 fr.).
Rép. 105 *ares.*

767. — L'arrondissement d'Arras a une population de 180652 habitants et une superficie de 137989 ha. Quelle est la population moyenne par kilomètre carré ? De combien de centiares de terrain dispose en moyenne chaque habitant ? *(Pas-de-Calais.)*

I. *Population par km²* = 180652ʰᵃᵇ : 1379,89.
Rép. 131 *habitants* (par excès).
II. *Rép.* 1379890000ᶜᵃ : 180652 = 7638 *ca.*

768. — On a pavé une rue de 16 ares de superficie avec des pavés de 125 cm². Quelle est la dépense, si chaque pavé tout posé revient à 0ᶠ,25 ? *(Jura.)*

Dépense = Prix du pavé (0ᶠ,25) × Nombre de pavés.
Nombre de pavés = 16000000 : 125 = 128000 pavés.
Rép. 0ᶠ,25 × 128000 = 32000 *fr.*

P. 82.　　**769.** — A raison de 0ᶠ,45 le mètre carré, quel est le prix : 1° d'un terrain de 15ᵃ,76 ; 2° d'un champ de 0ʰᵃ,72 ? *(Doubs.)*

Rép. 0ᶠ,45 × 1576 = 709ᶠ,20 ;　0ᶠ,45 × 7200 = 3240 *fr.*

770. — Un agriculteur a vendu 15 hl. de froment à 21ᶠ,50 l'hectolitre et 16 hl. de seigle à 18ᶠ,75 l'un. Avec l'argent de cette vente, il a acheté un terrain au prix de 420 fr. l'are. Quelle est, en mètres carrés, la superficie de ce terrain ? *(Sarthe.)*

Nombre de m² = Prix total : Prix du m² (4ᶠ,20).
Prix total = 21ᶠ,50 × 15 + 18ᶠ,75 × 16 = 322ᶠ,50 + 300ᶠ = 622ᶠ,50.
Rép. 622,5 : 4,2 = 148ᵐ²,21.

771. — Une propriété de 114 ha. 7 a. 2 ca. a été partagée entre 12 héritiers. Quelle est l'étendue de chaque part en mètres carrés et sa valeur à raison de 30 fr. l'are ? *(Deux-Sèvres.)*

I. *Part de chacun* = 1140702ᵐ² : 12. *Rép.* 95058ᵐ²,50.
II. *Prix de cette part* = 30ᶠ × 950,585. *Rép.* 28517ᶠ,55.

772. — On achète un terrain de 2ʰᵃ,28 pour 9650 fr. Combien doit-on revendre l'are pour gagner 1978 fr. sur le marché ? *(Pas-de-Calais.)*

Prix de vente de l'are = Prix total : Nombre d'ares (228).
Prix total = 9650ᶠ + 1978ᶠ = 11628 fr. *Rép.* 11628ᶠ : 228 = 51 *fr.*

773. — On achète une maison et un verger pour 25 000 fr. Le verger qui contient 2ʰᵃ,85 revient à 0ᶠ,45 le mètre carré. A combien revient la maison ?   (*Seine-Inférieure.*)

Prix de la maison = Prix total (25 000 fr.) — Prix du verger.
Prix du verger = 0ᶠ,45 × 28 500 = 12 825 fr.
Rép.   25 000ᶠ — 12 825ᶠ = 12 175 *fr.*

774. — Un propriétaire a refusé 12 000 fr. pour un terrain contenant 30 a. 8 ca. Il vend ensuite ce terrain 4ᶠ,75 le mètre carré. A-t-il gagné ou perdu ? Quel est son gain ou sa perte ?   (*Deux-Sèvres.*)

Gain ou perte = Différence des 2 prix.
2ᵉ prix = 4ᶠ,75 × 3 008 = 14 288 fr.
Rép.   14 288ᶠ — 12 000ᶠ = 2 288 *fr. de gain.*

775. — Un propriétaire a vendu un terrain de 1 ha. 6 a. 25 ca. à 42 fr. l'are. Après avoir prélevé 921ᶠ,30 sur le produit de cette vente, il emploie le reste à l'achat d'une propriété de 54 a. 48 ca. Quel est le prix du mètre carré de cette propriété ?   (*Seine.*)

Prix du m² = Prix total : Nombre de m² (5 448).
Prix total = 42ᶠ × 106,25 — 921ᶠ,30 = 4 462ᶠ,50 — 921ᶠ,3 = 3 541ᶠ,20.
Rép.   3 541ᶠ,20 : 5 448 = 0ᶠ,65.

776. — J'achète un terrain de 12 ares de surface pour 3 500 fr. J'ai 425ᶠ,80 à dépenser pour le mettre en état. A combien me reviendra : 1° l'are ; 2° le mètre carré de ce terrain ?   (*Seine.*)

I. *Prix de revient de l'are* = Prix total : Nombre d'ares (12).
Prix total = 3 500ᶠ + 425ᶠ,80 = 3 925ᶠ,80.
Rép.   3 925ᶠ,80 : 12 = 327ᶠ,15.
II. *Prix du m²* = 327ᶠ,15 : 100.   *Rép.*   3ᶠ,2715.

777. — Un terrain de 2 ha. 3 a. 4 ca. a été payé 9 136ᶠ,80. Que vaut le mètre carré de ce terrain ? Combien faut-il revendre le mètre carré pour gagner 20 fr. par are ?   (*Maine-et-Loire.*)

I. *Rép.*   9 136ᶠ,8 : 20 304 = 0ᶠ,45.
II. *Rép.*   0ᶠ,45 + 0ᶠ,20 = 0ᶠ,65.

778. — Deux parcelles de terre sont vendues, l'une à raison de 75 fr. les 50 ca., l'autre au prix de 80 fr. les 40 m². La 1ʳᵉ parcelle contient 645 m² et la 2ᵉ 8ᵃ,75. Quelle est la somme totale produite par la vente ?   (*Seine-et-Marne.*)

Somme totale = Prix du 1ᵉʳ terrain + Prix du 2ᵉ terrain.
1. Prix du 1ᵉʳ. { *a*) Prix du m² = 75ᶠ : 50 = 1ᶠ,50.
                 { *b*) 1ᶠ,50 × 645 = 967ᶠ,50.
2. Prix du 2ᵉ = (80ᶠ : 40) × 875 = 1 750 fr.
Rép.   967ᶠ,50 + 1 750ᶠ = 2 717ᶠ,50.

779. — Un père de famille dépense en moyenne par jour pour 0ᶠ,25 de tabac et 0ᶠ,15 d'eau-de-vie. Avec l'argent qu'il dépense ainsi pendant une année, combien pourrait-il acheter de mètres carrés de terrain à 25 fr. l'are ?   (*Cher.*)

Nombre de m² = Dépense inutile par an : Prix du m² (0ᶠ,25).
Dépense inutile = (0ᶠ,25 + 0ᶠ,15) × 365 = 146 fr.
Rép.   146 : 0,25 = 584 *m².*

780. — Un hectare de terre produit en moyenne 32 hl. d'avoine pesant chacun 50 kg. On demande la récolte d'un champ de 7 274 m² et la valeur de cette récolte à 14ᶠ,50 les 100 kg.   *(Rhône.)*

I. *Poids d'avoine récolté* = Poids par ha. $\times$ Nombre d'ha. (0,7274).
Poids par ha. = 50ᵏᵍ $\times$ 32 = 1 600 kg.
Rép.   1 600ᵏᵍ $\times$ 0,7274 = 1 163ᵏᵍ,84.
II. *Valeur* = 14ᶠ,50 $\times$ 11,6384.   *Rép.*   168ᶠ,75.

781. — Un are de terrain produit 18 l. de blé. Les frais de culture s'élèvent à 125 fr. par hectare. Sachant que l'hectolitre de blé vaut 17ᶠ,50, quel est le revenu net d'un champ de 129 a.?   *(Aube.)*

Revenu net total = Revenu par ha. $\times$ Nombre d'ha. (1,29).

Revenu par ha. $\left\{\begin{array}{l} a) \text{ Brut :} \quad 17^f,5 \times 18 = 315 \text{ fr.} \\ b) \text{ Net :} \quad 315^f - 125^f = 190 \text{ fr.} \end{array}\right.$

Rép.   190ᶠ $\times$ 1,29 = 245ᶠ,10.

782. — Un champ de blé a rapporté net 1 360ᶠ,40. On demande la contenance de ce champ, sachant qu'un are a produit 20 l. de blé, que les frais se sont élevés à 80 fr. par hectare et que l'hectolitre de blé se vend 23 fr.   *(Deux-Sèvres.)*

Nombre d'ares = Produit net total (1 360ᶠ,40) : Produit net d'un are.

Produit net d'un are. $\left\{\begin{array}{l} a) \text{ Brut :} \quad 23^f \times 0.20 = 4^f,60. \\ b) \text{ Net :} \quad 4^f,60 - 0^f,80 = 3^f,80. \end{array}\right.$

Rép.   1 360,4 : 3,8 = 358 *ares.*

783. — Un propriétaire, qui avait acheté un terrain à raison de 84ᶠ,15 les 11 ca., l'a revendu 87ᶠ,50 les 7 m². Il a gagné 1 231ᶠ,90. Quelle était en ares la surface de ce terrain?   *(Haute-Saône.)*

Nombre d'ares = Bénéfice total (1 231ᶠ,90) : Bénéfice par are.

Bénéfice par are. $\left\{\begin{array}{l} a) \text{ Vente :} \quad 87^f,50 : 0,07 = 1 250 \text{ fr.} \\ b) \text{ Achat :} \quad 84^f,15 : 0,11 = 765 \text{ fr.} \\ c) \; 1 250^f - 765^f = 485 \text{ fr.} \end{array}\right.$

Rép.   1 231,9 : 485 = 2ᵃ,54.

784. — Un propriétaire échange un terrain de 12ᵃ,50, estimé 0ᶠ,80 le mètre carré, contre un autre terrain de 1 ha. 5 a. Il paye 1 226 fr. de retour en sus de la cession de la propriété du 1ᵉʳ terrain. Combien vaut l'are du 2ᵉ terrain?   *(Doubs.)*

P. 83.

Prix de l'are = Valeur donnée : Nombre d'ares (105).
Valeur donnée = 0ᶠ,80 $\times$ 1250 + 1 226ᶠ = 2 226 fr.
Rép.   2 226ᶠ : 105 = 21ᶠ,20.

785. — Un ouvrier achète un terrain de 1 ha. 7 a. à raison de 38 fr. l'are. Après avoir dépensé 295 fr. pour le mettre en état, il le revend 0ᶠ,50 le mètre carré. Quel bénéfice fait-il?   *(Meurthe-et-Moselle.)*

Bénéfice = Prix de vente — Prix de revient.
1. Prix de vente = 0ᶠ,50 $\times$ 10 700 = 5 350 fr.
2. Prix de revient = 38ᶠ $\times$ 107 + 295ᶠ = 4 066ᶠ + 295ᶠ = 4 361 fr.
Rép.   5 350ᶠ — 4 361ᶠ = 989 *fr.*

786. — Un terrain a été vendu 6 845 fr., à 0ᶠ,50 le mètre carré. Quel bénéfice a-t-on fait, si on l'avait acheté 40 fr. l'are?   *(Allier.)*

Bénéfice = Prix de vente (6 845 fr.) — Prix d'achat.
Prix d'achat. $\left\{\begin{array}{l} a) \text{ Surface} = 6 845 : 0,5 = 13 690 \text{ m}^2. \\ b) \; 40^f \times 136,9 = 5 476 \text{ fr.} \end{array}\right.$

Rép.   6 845ᶠ — 5 476ᶠ = 1 369 *fr.*

787. — Un propriétaire achète un terrain de 735 a. pour 23 600 fr.
Il en revend 2ha,357 à raison de 35 fr. l'are, et le reste à raison de 0f,45
le mètre carré. Quel est son bénéfice ? *(Cantal.)*

Bénéfice = Prix de vente total — Prix d'achat (23 600 fr.).

Prix de vente. { a) 1re vente : 35f × 235,7 = 8 249f,50.
{ b) 2e vente : 0f,45 × (73 500 — 23 570) = 22 468f,50.
{ c) 8 249f,5 + 22 468f,5 = 30 718 fr.

Rép. 30 718f — 23 600f = 7 118 *fr.*

***788.** — On a payé 9 996 fr. une pièce de terre achetée 2 975 fr.
l'hectare. Vérification faite, cette terre n'a que 2ha,9 456. Combien manque-
t-il de terrain et combien a-t-on payé en trop ? *(Sarthe.)*

I. *Surface manquante* = Surface payée — Surface réelle (2ha,9456).
Surface payée = 9 996 : 2 975 = 3ha,36.
Rép. 3ha,36 — 2ha,9456 = 0ha,4144.
II. *Somme payée en trop :* 2 975f × 0,4144.
Rép. 1 232f,84 ou 1 232f,85.

***789.** — Un propriétaire vend les 3/4 d'une propriété de 4 844 m²,
à raison de 117 fr. l'are. Combien reçoit-il ? *(Finistère.)*

Somme reçue = Prix de l'are (117 fr.) × Nombre d'ares.
Nombre d'ares = 48a,44 × 3/4 = 36a,33.
Rép. 117f × 36,33 = 4 250f,61 ou 4 250f,60.

***790.** — Un champ de 6 ha. 5 a. rapporte, par hectare, 20 hl. de blé
vendus 17 fr. l'un. Sachant que les frais de culture s'élèvent aux 3/5 de
la valeur du blé, quel est le bénéfice réalisé ? *(Loire.)*

Bénéfice total = Bénéfice par ha. × Nombre d'ha. (6,05).
Bénéfice par ha. = 17f × 20 × 2/5 = 136 fr.
Rép. 136f × 6,05 = 822f,80.

***791.** — On a ensemencé en colza un terrain de 4 ha. 5 a.; les frais de
culture et de fumure se sont élevés à 175f,80 par hectare, ce terrain est
loué 60 fr. les 75 dam²; la récolte a été de 18 hl. par hectare et a été
vendue 23f,10 l'hectolitre. Quel est le bénéfice ? *(Charente-Infre.)*

Bénéfice total = Bénéfice net par ha. × Nombre d'ha. (4,05).

Bénéfice net par ha. { a) Brut : 23f,10 × 18 = 415f,80.
{ b) Frais. { Loyer : 60f : 0,75 = 80 fr.
{ { En tout : 175f,80 + 80f = 255f,80.
{ c) 415f,80 — 255f,80 = 160 fr.

Rép. 160f × 4,05 = 648 *fr.*

***792.** — Un propriétaire a acheté 2 pièces de terre : l'une de
28dam²,25; l'autre, de 3 433 m². A cause de l'inégalité des contenances,
il a payé l'une 456 fr. de plus que l'autre. On demande : 1o le prix de
l'are; 2o le prix d'achat de chaque pièce. *(Drôme.)*

I. *Prix de l'are* = Différence des prix (456 fr.) : Différence des surfaces.
Différence des surfaces = 34a,33 — 28a,25 = 6a,08.
Rép. 456f : 6,08 = 75 *fr.*
II. *Prix de la 1re pièce* = 75f × 28,25. *Rép.* 2 118f,75.
III. *Prix de la 2e* = 75f × 34,33. *Rép.* 2 574f,75.

***793.** — Les 3/4 d'une propriété, vendus à raison de 0f,24 le mètre
carré, produisent 129 600 fr. Quelle est : 1o en hectares; 2o en ares;
3o en centiares, la surface de cette propriété ? *(Maine-et-Loire.)*

Nombre d'ha. = Surface vendue : 3/4.
Surface vendue = 129 600 : 0,24 = 540 000 m² ou 54 ha.
Rép. 54ha × 4/3 = 72 *ha.;* 7 200 a.; 720 000 ca.

***794.** — Un champ de 2 863 m² a été acheté au prix de 4 800 fr.
l'hectare. Les frais d'acte, payés par l'acquéreur, se montent à 0,1 du

prix d'achat. Combien doit-on revendre l'are pour gagner 560 fr. sur le prix d'acquisition ? *(Aube.)*

Prix de vente de l'are = Prix de vente total : Nombre d'ares (28,63).

Prix de vente total.
$\begin{cases} a) \text{ Acquisition} = 48^f \times 28,63 = 1374^f,24. \\ b) \text{ Frais : } 1374^f,24 \times 0,1 = 137^f,424. \\ c) 1374^f,24 + 137^f,42 + 560^f = 2071^f,66. \end{cases}$

Rép. $2071^f,66 : 28,63 = 72^f,35.$

**795.* — Un propriétaire a vendu les 5/7 d'une pièce de terre de 4 837 m² à raison de 117 fr. l'are, et le reste à 1f,35 le mètre carré. Combien a-t-il reçu en tout ? *(Vosges.)*

Somme reçue = Prix des 5/7 + Prix du reste.

1. Prix des 5/7. $\begin{cases} a) \text{ Contenance : } 4837^{m2} \times 5/7 = 3455 \text{ m}^2. \\ b) 117^f \times 34,55 = 4042^f,35. \end{cases}$

2. Prix du reste = $1^f,35 \times (4837 - 3455) = 1865^f,70.$

Rép. $4042^f,35 + 1865^f,70 = 5908^f,05.$

**796.* — Un champ valant 4 200 fr. a été divisé en trois parties d'inégale étendue, mais de même valeur à cause des qualités du sol. Quelle est l'étendue du champ si la 1ʳᵉ partie vaut 13 fr. l'are ; la 2ᵉ, 950 fr. l'hectare, et la 3ᵉ, 462 fr. l'arpent de 56 ares ? *(Hᵗᵉ-Garonne.)*

Étendue du champ = Somme des surfaces des 3 parties.

1. Surface de la 1ʳᵉ. $\begin{cases} a) \text{ Valeur} = 4200^f : 3 = 1400 \text{ fr.} \\ b) 1400 : 13 = 107^a,692. \end{cases}$

2. Surface de la 2ᵉ = $1400 : 9,5 = 147^a,368.$

3. Surface de la 3ᵉ = $1400 : (462 : 56) = 1400 : 8,25 = 169^a,696.$

Rép. $107^a,692 + 147^a,368 + 169^a,696 = 424^a,75.$

**797.* — On a acheté 3ʰᵃ,24 de terrain à raison de 1 685 fr. l'hectare. On en revend 1/4 au prix coûtant. A quel prix faut-il vendre l'are de la partie restante pour faire un bénéfice de 337 fr. sur le prix d'achat total ? *(Somme.)*

Prix de vente de l'are du reste = Prix d'achat (16f,85) + Bénéfice par are.

Bénéfice par are. $\begin{cases} a) \text{ Surface} = 324^a \times 3/4 = 243 \text{ a.} \\ b) 337^f : 243 = 1^f,38. \end{cases}$

Rép. $16^f,85 + 1^f,38 = 18^f,23.$

**798.* — Un père laisse à ses 3 enfants un terrain de 620 a. partagé en 2 parties de même surface : l'une est une prairie qui vaut 3 250 fr. l'hectare, et l'autre, un champ qui vaut 5 750 fr. l'hectare. Le 1ᵉʳ des enfants prend la prairie, le 2ᵉ, le champ ; quelle somme chacun d'eux doit-il donner au 3ᵉ pour que les parts soient égales ? *(Ain.)*

I. *Somme due par le 1ᵉʳ* = Prix de la prairie — Valeur d'une part.

1. Prix de la prairie = $3250^f \times (6,2 : 2) = 10075$ fr.

2. Val. d'une part. $\begin{cases} a) \text{ Val. tot.} \begin{cases} \text{Champ : } 5750^f \times 3,1 = 17825 \text{ fr.} \\ 10075^f + 17825^f = 27900 \text{ fr.} \end{cases} \\ b) 27900^f : 3 = 9300 \text{ fr.} \end{cases}$

Rép. $10075^f - 9.300^f = 775$ *fr.*

II. *Somme due par le 2ᵉ* = $17825^f - 9300^f.$ *Rép.* 8525 *fr.*

 ## MESURES AGRAIRES : RECTANGLE ET CARRÉ

Problèmes. — **799.** — Un champ a une surface de 14ᵃ,12. On y pratique un chemin long de 38m,50 et large de 12 m. A combien est réduite la surface du champ ? *(Aube.)*

Surface restante = Surface totale (14ᵃ,12) — Surface du chemin.

Surface du chemin = $38^{m2},5 \times 12 = 462$ m² ou 4ᵃ,62.

Rép. $14^a,12 - 4^a,62 = 9^a,50.$

800. — Une maison est bâtie sur un terrain de 3 ha. 78 a. 25 ca.; elle a 35^m,75 de long sur 28 m. de large. Quelle est la surface du terrain qui reste autour de la maison ? (*Doubs.*)

Surface restante = 37 825^{m2} — (35^{m2},75 × 28).
Rép. 37 825^{m2} — 1 001^{m2} = 36 824 m^2.

801. — A 15 fr. l'are, qu'a coûté le terrain nécessaire pour établir une route de 8^{km},7 de long sur 1^{dam},2 de large? (*Seine.*)

Prix du terrain = Prix de l'are (15 fr.) × Nombre d'ares.
Nombre d'ares = 870^a × 1,2 = 1 044 a.
Rép. 15^f × 1 044 = 15 660 *fr.*

802. — Un champ de 45^a,50 a été payé 2 275 fr. On en cède une parcelle de 43 m. sur 19 m., quelle en est la valeur? (*Eure.*)

Valeur de la parcelle = Prix de l'are × Nombre d'ares.
1. Prix de l'are = 2 275^f : 45,5 = 50 fr.
2. Nombre d'ares = 4^a,3 × 1,9 = 8^a,17.
Rép. 50^f × 8,17 = 408^f,50.

803. — Un bâtiment construit dans un terrain rectangulaire de 45 m. sur 82 m. y occupe une surface de 126 m². Quelle est la valeur de la portion restante si l'are de ce terrain est estimé 525 fr.? (*Creuse.*)

Valeur du reste = Prix de l'are (525 fr.) × Nombre d'ares.
Nombre d'ares = 4^a,5 × 8,2 — 1^a,26 = 36^a,90 — 1^a,26 = 35^a,64.
Rép. 525^f × 35,64 = 18 711 *fr.*

804. — Un terrain carré de 350 m. de côté est vendu à raison de 76 fr. l'are. Le vendeur gagne ainsi 2 500 fr. Combien le terrain lui avait-il coûté ? (*Deux-Sèvres.*)

Prix d'achat = Prix de vente — Bénéfice (2500 fr.).
Prix de vente = 76^f × 35 × 35 = 76^f × 1225 = 93 100 fr.
Rép. 93 100^f — 2 500^f = 90 600 *fr.*

805. — Un terrain de 135 m. de long sur 44 m. de large a été acheté à raison de 45 fr. l'are. On l'a revendu avec un bénéfice de 600 fr. Combien a-t-on revendu l'hectare ? (*Sarthe.*)

Prix de vente de l'hectare = Prix d'achat (4 500 fr.) + Bénéfice par hectare.
Bénéfice par hectare. { *a*) Nombre d'ha. : 135^{m2} × 44 = 5 940 m² ou 0^{ha},594.
{ *b*) 600^f : 0,594 = 1 010^f,10.
Rép. 4 500^f + 1 010^f,10 = 5 510^f,10.

***806.** — Un terrain rectangulaire a coûté 16 695^f,315. La longueur a 245^m,70 et surpasse la largeur de 109^m 4/5. Combien devra-t-on revendre le mètre carré pour gagner 15 fr. par are ? (*Paris.*)

Prix de vente du m² = Prix d'achat + Bénéfice par m² (0^f,15).

Prix d'achat. { *a*) Surface. { Largeur = 245^m,7 — 109^m,8 = 135^m,9;
{ { 245^{m2},7 × 135,9 = 33 390^{m2},63.
{ *b*) 16 695^f,315 : 33 390,63 = 0^f,50.
Rép. 0^f,50 + 0^f,15 = 0^f,65.

***807.** — Un pré carré a 349 m. de périmètre. Dites sa valeur à 80 fr. l'are. (*Orne.*)

Valeur = Prix de l'are (80 fr.) × Nombre d'ares.
Nombre d'ares. { *a*) Côté = 349^m : 4 = 87^m,25.
{ *b*) 87^{m2},25 × 87,25 = 7 612^{m2},5625 = 76^a,125625.
Rép. 80^f × 76,125625 = 6 090^f,05.

***808.** — Une personne achète pour 1 797 fr. deux terrains de même qualité. L'un est un rectangle de 65 m. de long sur 34 m. de large ; l'autre est un carré de 45 m. de côté. A combien revient l'are ? *(Isère.)*

Prix de l'are = Prix total (1 797 fr.) **:** Nombre d'ares.

Nombre d'ares. $\begin{cases} a) \text{ Surface du } 1^{er} = 65^{m2} \times 34 = 2210 \text{ m}^2. \\ b) \text{ Surface du } 2^e = 45^{m2} \times 45 = 2025 \text{ m}^2. \\ c) \text{ } 2210^{m2} + 2025^{m2} = 4235^{m2} = 42^a,35. \end{cases}$

Rép. 1 797^f **:** 42,35 = 42^f,43.

***809.** — On a vendu pour 7 080^f,50 un terrain rectangulaire ayant 238 m. de long ; sa largeur est la moitié de sa longueur. Dites le prix du mètre carré et celui de l'are. *(Nord.)*

I. *Prix du* m^2 = Prix total (7 080^f,50) **:** Nombre de m².

Nombre de m². $\begin{cases} a) \text{ Largeur} = 238^m \text{ : } 2 = 119 \text{ m.} \\ b) \text{ } 238^{m2} \times 119 = 28\,322 \text{ m}^2. \end{cases}$

Rép. 7 080^f,50 **:** 28 322 = 0^f,25.

II. *Prix de l'are* = 0^f,25 $\times$ 100. *Rép.* 25 *fr.*

***810.** — Pour entourer un verger carré, on plante 60 poteaux à 7^m,50 de distance d'axe en axe. Calculer la valeur du verger à 25 fr. l'are. (On fera mentalement les calculs simples.) *(Paris.)*

Valeur = P. de l'are (25 fr.) $\times$ N. d'ares. (Indiq. les procédés de C. ment.)

Nombre d'ares. $\begin{cases} a) \text{ Côté} = 7^m,50 \times 60 \text{ : } 4 = 112^m,50. \\ b) \text{ } 11^a,25 \times 11,25 = 126^a,5625. \end{cases}$

Rép. 25^f $\times$ 126,5625 = 3 164^f,06.

***811.** — Un pré de forme carrée, ayant 214^m,80 de contour, a coûté 1 421^f,30. A combien revient l'are ? *(Pas-de-Calais.)*

Prix de l'are = Prix total (1 421^f,30) **:** Nombre d'ares.

Nombre d'ares. $\begin{cases} a) \text{ Côté} = 214^m,80 \text{ : } 4 = 53^m,7. \\ b) \text{ } 5^a,37 \times 5,37 = 28^a,8369. \end{cases}$

Rép. 1 421^f,30 **:** 28,8369 = 49^f,287.

***812.** — Deux prés sont estimés 6 000 fr. l'hectare. L'un est un rectangle de 125 m. de long sur 52 m. de large ; l'autre, un carré ayant 81^m,50 de côté. Lequel vaut le plus ? et combien ? *(Côte-d'Or.)*

I. *Celui qui vaut le plus est le plus grand.*
1. Surface du 1er = 125^{m2} $\times$ 52 = 6 500 m².
2. Surface du 2e = 81^{m2},5 $\times$ 81,5 = 6 642^{m2},25.
Rép. *Le pré carré* vaut plus que l'autre.
II. *Différence des prix* = Prix de l'hectare (6 000 fr.) $\times$ Différ. des surfaces.
Différence des surfaces = 6 642^{m2},25 — 6 500^{m2} = 142^{m2},25.
Rép. 6 000^f $\times$ 0,014225 = 85^f,35.

***813.** — On achète un jardin carré de 63^m,50 de côté, à raison de 104 fr. l'are. On l'entoure d'une palissade à 0^f,75 le mètre courant. Quel est le prix de revient de ce jardin ? *(Lozère.)*

Prix de revient = Prix d'achat + Prix de la palissade.
1. Prix d'achat = 104^f $\times$ 6,35^2 = 104^f $\times$ 40,3225 = 4 193^f,54.
2. Prix de la palissade = 0^f,75 $\times$ (63,5 $\times$ 4) = 0^f,75 $\times$ 254 = 190^f,50.
Rép. 4 193^f,54 + 190^f,50 = 4 384^f,04 ou 4 384^f,05.

***814.** — On emploie par hectare 420 kg. de superphosphate de chaux à 8^f,15 les 100 kg. et 180 kg. de nitrate de soude à 22^f,60 les

100 kg. Quelle sera la dépense pour un champ rectangulaire de $180^m,45$ de long et $49^m,60$ de large ?   (*Marne.*)

Dépense totale = Dépense par hectare $\times$ Nombre d'hectares.

1. Dépense par hectare.
   - *a*) Superphosphate : $8^f,15 \times 4,2 = 34^f,23.$
   - *b*) Nitrate : $22^f,60 \times 1.8 = 40^f,68.$
   - *c*) $34^f,23 + 40^f,68 = 74^f,91.$

2. Nombre d'hectares = $1^{ha},8045 \times 0,496 = 0^{ha},895.$

Rép. $74^f,91 \times 0,895 = 67^f,05$ (par excès).

***815.** — Un champ rectangulaire de $275^m,80$ de long sur 280 m. de   P. 85.
large a produit par hectare 25 000 kg. de betteraves valant 25 fr. les
1 000 kg. Les frais de culture étant de 350 fr. par hectare, quel a été le
bénéfice du cultivateur ?   (*Vienne.*)

Bénéfice total = Bénéfice par hectare $\times$ Nombre d'hectares.

1. Bénéfice par hectare = $25^f \times 25 - 350^f = 275$ fr.

2. Nombre d'hectares = $2^{ha},758 \times 2,8 = 7^{ha},7224.$

Rép. $275^f \times 7,7224 = 2123^f,66.$

***816.** — Une personne achète un champ rectangulaire de 37 dam. de
long sur 26 m. de large, à 45 fr. l'are. Elle en revend les 0,4 pour
1 850 fr. Quel bénéfice a-t-elle réalisé sur cette vente ?   (*Somme.*)

Bénéfice = Prix de vente (1 850 fr.) — Prix d'achat.

Prix d'achat.
   - *a*) Surface vendue : $37^a \times 2,6 \times 0,4 = 96^a,2 \times 0,4 = 38^a,48.$
   - *b*) $45^f \times 38,48 = 1731^f,60.$

Rép. $1850^f - 1731^f,60 = 118^f,40.$

***817.** — Deux faucheurs ont mis 6 jours pour faucher un pré rec-
tangulaire de 240 m. de long sur 160 m. de large. Quelle étendue
chacun d'eux fauchait-il par jour et quel était le prix de sa journée, si
on a payé le travail à raison de 23 fr. l'hectare ?   (*Aube.*)

I. *Nombre d'ares par jour* = Surf. tot. : Nombre de journ. d'ouvr. ($6^j \times 2$).

1. Surface totale = $21^a \times 16 = 336$ a. *Rép.* $336^a : 12 = 28$ *ares.*

II. *Gain par jour* = $0^f,23 \times 28.$ *Rép.* $6^f,44.$

***818.** — Un propriétaire avait un champ rectangulaire de $269^m,70$
de long sur $125^m,40$ de large. Il en a vendu une bande de 28 m. prise
sur la largeur. Quelle est la superficie qui lui reste ? Quel a été le prix
de la bande enlevée à 20 fr. l'are ?   (*Aveyron.*)

I. *Surface restante* = Longueur ($269^m,70$) $\times$ Largeur restante.
Largeur restante = $125^m,4 - 28^m = 97^m,4.$
Rép. $269^{m2},7 \times 97,4 = 26268^{m2},78$ ou $262^a,68.$
II. *Prix de la bande* = Prix de l'are (20 fr.) $\times$ Nombre d'ares.
Nombre d'ares = $26^a,97 \times 2,8 = 75^a,516.$ *Rép.* $20^f \times 75,516 = 1510^f,32.$

***819.** — La longueur d'un champ rectangulaire mesure 128 pas et
la largeur 102. On sait que 8 pas égalent 7 m. Quelle est, en ares et
centiares, la surface du champ ?   (*Allier.*)

Surface = Longueur $\times$ Largeur.

1. Longueur : *a*) Pas = $7^m : 8 = 0^m,875.$ *b*) $0^m,875 \times 128 = 112$ m.

2. Largeur = $0^m,875 \times 102 = 89^m,25.$

Rép. $11^a,2 \times 8,925 = 99^a,96$ ou 9996 *ca.*

***820.** — On achète un champ de 240 m. de long sur 85 m. de large,
à raison de 490 fr. la mesure de 12 ares. Les frais s'élèvent à 1/8 du
prix d'achat. Combien doit-on débourser ?   (*Vosges.*)

Prix total = Prix d'achat + Frais.

1. Prix d'achat
   - *a*) Nombre d'ares : $24^a \times 8,5 = 204$ a.
   - *b*) $490^f \times (204 : 12) = 490^f \times 17 = 8330$ fr.

2. Frais : $8330^f : 8 = 1041^f,25.$

Rép. $8330^f + 1041^f,25 = 9371^f,25.$

***821.** — Il faut 850 m. de tuyaux pour drainer 1 ha. de terre. Calculer la dépense entraînée par le drainage d'un terrain de 290 m. de long sur 150 m. de large, en supposant que le mètre de tuyau coûte $0^f,40$, que chaque tuyau ait une longueur de $0^m,25$ et enfin que la pose coûte 4 fr. par centaine de tuyaux. (*Aisne.*)

Dépense totale = Dépense par hectare × Nombre d'hectares.

1. Dép. par ha. $\begin{cases} a) \text{ Prix des tuyaux} = 0^f,40 \times 850 = 340 \text{ fr.} \\ b) \text{ Pose : } 850 : 0.25 = 3400 \text{ tuyaux;} \quad 4^f \times 34 = 136 \text{ fr.} \\ c) \; 340^f + 136^f = 476 \text{ fr.} \end{cases}$

2. Nombre d'hectares = $2^{ha},9 \times 1,5 = 4^{ha},35$. *Rép.* $476^f \times 4,35 = 2070^f,60$.

***822.** — Un champ a une superficie de $214^a,24$. On y pratique une route longue de $46^m,50$ sur 12 m. de large. Quelle est la surface restante et combien rapportera-t-elle, si elle est louée 100 fr. l'hectare et paye 25 fr. d'impôt? (*Meuse.*)

I. *Surface restante* = Surface totale $(214^a,24)$ — Surface de la route.
Surface de la route = $46^{m2},5 \times 12 = 558$ m² ou $5^a,58$.
Rép. $214^a,24 — 5^a,58 = 208^a,66$.
II. *Revenu net* = Loyer — Impôt (25 fr.).
Loyer = $100^f \times 2,0866 = 208^f,66$ ou $208^f,65$.
Rép. $208^f,65 — 25^f = 183^f,65$.

***823.** — Un jardin rectangulaire de 62 m. de long et 48 m. de large a été payé $68^f,50$ l'are. A combien reviendra ce jardin lorsqu'on l'aura entouré d'une clôture coûtant $3^f,75$ le mètre linéaire ? (*Meuse.*)

Prix de revient = Prix d'achat + Clôture.
1. Prix d'achat = $68^f,5 \times (6,2 \times 4,8) = 68^f,5 \times 29,76 = 2038^f,56$.
2. Clôture. $\begin{cases} a) \text{ Périmètre} = (62^m + 48^m) \times 2 = 110^m \times 2 = 220 \text{ m.} \\ b) \; 3^f,75 \times 220 = 825 \text{ fr.} \end{cases}$
Rép. $2038^f,55 + 825^f = 2863^f,55$.

***824.** — Pierre cède à François un champ carré de 83 m. de côté valant 3850 fr. l'hectare, et François lui donne en échange un champ rectangulaire de 98 m. de long sur 45 m. de large, plus 250 fr. en argent. Combien vaut l'are de ce dernier champ ? (*Seine.*)

Prix de l'are = Prix total : Nombre d'ares.
1. Prix total. $\begin{cases} a) \text{ Val. reçue} = 0^f,385 \times 83^2 = 0^f,385 \times 6889 = 2652^f,265. \\ b) \; 2652^f,265 — 250^f = 2402^f,265. \end{cases}$
2. Nombre d'ares = $9^a,8 \times 4,5 = 44^a,1$.
Rép. $2402^f,265 : 44,1 = 54^f,47$.

***825.** — Un terrain rectangulaire a $257^m,60$ de périmètre et $52^m,80$ de largeur. Quelles en sont : 1° la longueur? 2° la surface? 3° la valeur, à 64 fr. l'are ? (*Seine-et-Oise.*)

I. *Longueur* = $(257^m,60 : 2) — 52^m,80$. *Rép.* 76 m.
II. *Surface* = $52^{m2},8 \times 76$. *Rép.* $4012^{m2},80$ ou $40^a,128$.
III. *Rép.* $64^f \times 40,128 = 2568^f,19$ ou $2568^f,20$.

***826.** — Un jardin carré a 24 m. de côté. On le partage en 4 carrés égaux par 2 allées perpendiculaires l'une à l'autre de $1^m,60$ de large. Dites, en ares et centiares, la surface de chaque carreau. (*Meuse.*)

Surface d'un carré = Côté × Lui-même.
Côté = $(24^m — 1^m,60) : 2 = 11^m,20$.
Rép. $1^a,12 \times 1,12 = 1^a,2544$ ou $125^{ca},44$.

***827.** — On achète un terrain rectangulaire de 45 m. de large et dont le périmètre est égal à celui d'un carré de 57 m. de côté. Quelle sera sa valeur à raison de 27 800 fr. l'hectare ?   (*Haute-Marne.*)

Valeur = Prix du m² (2^f,78) × Nombre de m².

Nombre de m². { *a*) Longueur = 57^m × 2 — 45^m = 69 m.
{ *b*) 69^{m²} × 45 = 3 105^{m²}.

Rép.   2^f,78 × 3 105 = 8 631^f,90.

***828.** — Un particulier achète un champ rectangulaire de 112 m. de long sur 28^m,70 de large. Il reçoit pour la vente des 5/7 la somme qu'il a payée pour le tout. Le reste est ensuite vendu à raison de 1 950 fr. l'hectare. Quel est son bénéfice ?   (*Saône-et-Loire.*)

Bénéfice = Prix du m² (0^f,195) × Nombre de m² du reste.

Nombre de m² du reste. { *a*) Surface = 112^{m²} × 28,7 = 3 214^{m²},40.
{ *b*) Reste : 3 214^{m²},4 × 2/7 = 918^{m²},40.

Rép.   0^f,195 × 918,4 = 179^f,088 ou 179^f,10.

RECTANGLE. CALCUL D'UNE DIMENSION   P. 86.

Problèmes. — **829.** — Un champ rectangulaire a une surface de 43^a,20 et une longueur de 150 m. Dites sa largeur.   (*Ardennes.*)

Solution. — La surface d'un rectangle est égale au produit de ses deux dimensions. La **largeur du champ** est donc le quotient de *sa surface* par *sa longueur*.

1. *Surface* : 43^a,20 = 4 320 m².   *Longueur* = 150 m.
2. **Largeur du champ** : 4 320 : 150 = **28^m,80.**

15. — **Une dimension** du rectangle est le *quotient de la surface par l'autre dimension*.

Remarque. — *Pour faire ce calcul*, il est indispensable d'**exprimer les longueurs et les surfaces avec des unités correspondantes** (mètre et mètre carré ou centiare, décamètre et décamètre carré ou are, etc...).

Quelle est la largeur d'un jardin :

830. — Qui a 25 m. de long et une surface de 150 m²?

Rép.   150 : 25 = 6 *m.*

831. — Qui a 47^m,50 de long et une surface de 712^{m²},50?

Rép.   712,5 : 47,5 = 15 *m.*

832. — Qui a 4 dam. de long et une surface de 600 m²?

4^{dam} = 40 m.   *Rép.*   600 : 40 = 15 *m.*

833. — Qui a 50 m. de long et une surface de 10 dam²?

10^{dam²} = 1 000 m².   *Rép.*   1 000 : 50 = 20 *m.*

834. — Un champ rectangulaire de 7 ha. 5 a. de surface a 125 m. de largeur. Quelle est sa longueur?   (*Oise.*)

7 ha. 5 a. = 70 500^{m²}.   *Rép.*   70 500 : 125 = 564 *m.*

835. — Un terrain rectangulaire a été vendu 16 872 fr., à raison de 12 000 fr. l'ha. Il a 148 m. de long, dites sa largeur.   (*S.-Infre.*)

Largeur = Surface : Longueur (148 m.).
Surface = 16 872 : 12 000 = 1^{ha},406 = 14 060 m².
Rép.   14 060 : 148 = 95 *m.*

***836.** — On a récolté 45 hl. de froment dans un terrain de 200 m. de longueur. Sachant que l'hectare produit 18 hl. de grain, quelle est la largeur du terrain?   (*Haute-Marne.*)

Largeur = Surface : Longueur (200 m.).
Surface = 45 : 18 = $2^{ha},5$ = 25 000 m².
Rép.   25 000 : 200 = 125 *m.*

***837.** — Quelle est la largeur d'un champ rectangulaire de 175 m. de long et dont la surface est les 7/8 d'un hectare?   (*Morbihan.*)

Largeur = Surface : Longueur (175 m.).
Surface = 7/8 d'un ha. = $0^{ha},875$ = 8 750 m².
Rép.   8 750 : 175 = 50 *m.*

***838.** — Un propriétaire échange un terrain carré de $45^m,65$ de côté, contre un terrain rectangulaire de $56^m,25$ de long. Quelle est la largeur de celui-ci?   (*Meuse.*)

Largeur = Surface : Longueur ($56^m,25$).
Surface = Surface du carré = $45^{m2},65 \times 45,65$ = $2083^{m2},9225$.
Rép.   2 083,9225 : 56,25 = $37^m,04$.

***839.** — Un tapis de forme carrée a $4^m,50$ de côté; on veut le doubler avec une étoffe qui n'a que $0^m,50$ de largeur. Quelle longueur d'étoffe faudra-t-il employer?   (*Drôme.*)

Longueur = Surface : Largeur ($0^m,50$).
Surface = $4^{m2},5 \times 4,5 = 20^{m2},25$.   *Rép.*   20,25 : 0,5 = $40^m,50$.
Autre méthode: $4^m,5 \times$ Nombre de lés (4,5 : 0,5) = $4^m,5 \times 9 = 40^m,50$.

***840.** — Pour doubler un tapis qui a $2^m,40$ de long sur $0^m,80$ de large, on prend une étoffe de $1^m,20$ de large, qui se vend $0^f,90$ le mètre. Combien coûtera la doublure de ce tapis?   (*Aisne.*)

Prix de la doublure = Prix du mètre ($0^f,9$) $\times$ Longueur.
Longueur: *a)* Surface: $2^{m2},4 \times 0,8 = 1^{m2},92$.   *b)* 1,92 : 1,2 = $1^m,60$.
Rép. $0^f,9 \times 1,6 = 1^f,44$ ou mieux $1^f,45$.

***841.** — D'un pré rectangulaire de 139 m. de long sur 110 m. de large, on vend une bande de $29^a,19$, obtenue en traçant une droite parallèle à la longueur. Quelle est la largeur du reste?   (*Aisne.*)

Largeur du reste = Largeur totale (110 m.) — Largeur de la bande.
Largeur de la bande :   *a)* Surface = 2 919 m².   *b)* 2 919 : 139 = 21 m.
Rép. $110^m - 21^m = 89^m$.

***842.** — Un tapis a une surface de $3^{m2},6$. On en enlève sur toute la longueur une bande de $0^m,15$ de large, et la surface du tapis est alors les 9/10 de ce qu'elle était d'abord. Quelles étaient les dimensions primitives de ce tapis?   (*Seine-et-Oise.*)

I. *Longueur* = Surface de la bande : Sa largeur ($0^m,15$).
Surface de la bande = (10/10 — 9/10) ou 0,1 de $3^{m2},6 = 0^{m2},36$.
Rép.   0,36 : 0,15 = $2^m,40$.
II. *Largeur* = Surface totale ($3^{m2},6$) : Longueur ($2^m,40$).   *Rép.* $1^m,50$.

***843.** — Dans toute la longueur d'un jardin rectangulaire de $6^a,48$, P. 87. on trace un chemin de 3 m. de large; la surface cultivée est réduite à $5^a,40$. Quelles sont les dimensions du jardin?   (*Haute-Garonne.*)

I. *Longueur* = Surface du chemin : Sa largeur (3 m.).
Surface du chem. = $6^a,48 - 5^a,4 = 1^a,08$ = 108 m².   *Rép.* 108 : 3 = 36 *m.*
II. *Largeur* = Surface totale (648^{m2}) : Longueur (36 m.).   *Rép.*   18 *m.*

***844.** — Un terrain a 120 m. de long sur 18 m. de large. De combien devra-t-on diminuer la longueur si la largeur est augmentée de

6 m., le terrain devant conserver la même surface. Quelle est la valeur de ce terrain, à raison de 35 fr. le décamètre carré ?   (*Landes.*)

I. *Diminution de longueur* = Long. primitive (120 m.) — Long. obtenue.

Longueur obtenue. { a) Surface : 120^{mq} × 18 = 2 160 m².
 { b) 2 160 : (18 + 6) = 90 m.

Rép. 120^m — 90^m = 30 *m.*

II. *Valeur du terrain* = Prix du dam² (35 fr.) × Surface.
Surface = 21^{dam²},6. *Rép.* 35^f × 21,6 = 756 *fr.*

*845. — Une prairie de forme rectangulaire, ayant 128^m,70 de long sur 84 m. de large, est estimée 850 fr. l'hectare. Elle doit être échangée contre un terrain valant 7^f,80 l'are. Quelle sera : 1° la contenance de ce terrain ; 2° sa longueur, s'il a 70 m. de large ?   (*Ille-et-Vilaine.*)

I. *Contenance du terrain* = Valeur de ce terrain : Prix de l'are (7^f,8).

Valeur. { a) Surface du 1er = 128^{m²},7 × 84 = 10810^{m²},8 = 1^{ha},08108.
 { b) 850^f × 1,08108 = 918^f,918.

Rép. 918,918 : 7,8 = 117^a,81.

II. *Longueur* = 117,81 : 70. *Rép.* 168^m,30.

*846. — Une salle de classe rectangulaire de 7^m,20 de long sur 5^m,60 de large doit recevoir 36 élèves. De combien faut-il augmenter sa largeur pour qu'elle ait 1^{m²},25 par élève ?   (*Vienne.*)

Augmentation = Largeur nécessaire — Largeur actuelle (5^m,60).

Largeur nécessaire. { a) Surface réglementaire = 1^{m²},25 × 36 = 45 m².
 { b) 45 : 7,2 = 6^m,25.

Rép. 6^m,25 — 5^m,60 = 0^m,65.

*847. — Un jardin rectangulaire, qui a une superficie de 1 060^{m²},20 et une longueur de 42^m,75, a été entouré d'un grillage payé à raison de 1^f,50 le mètre courant. Calculer la dépense.   (*Finistère.*)

Dépense = Prix du mètre (1^f,5) × Longueur du grillage ou périmètre.

Périmètre. { a) Largeur = 1 060,2 : 42,75 = 24^m,80.
 { b) (42^m,75 + 24^m,8) × 2 = 67^m,55 × 2 = 135^m,10.

Rép. 1^f,5 × 135,1 = 202^f,65.

*848. — Un jardin rectangulaire de 82 m. de longueur a été acheté pour 1 922^f,90, à raison de 3 500 fr. l'hectare. On veut l'entourer d'une palissade qui coûte 2^f,75 le mètre. Quelle sera la dépense ? (*Aube.*)

Dépense = Prix du mètre (2^f,75) × Longueur de palissade (Périmètre).

Périmètre. { a) Largeur. { Surface : 1 922,9 : 3500 = 0^{ha},5494 ;
 { 5 494 : 82 = 67 m.
 { b) (82^m + 67^m) × 2 = 149^m × 2 = 298 m.

Rép. 2^f,75 × 298 = 819^f,50.

*849. — Une personne achète un tapis rectangulaire de 1^m,80 sur 2^m,50, pour 62 fr. Elle le double avec de la toile de 0^m,90 de large à 1^f,25 le mètre, et le borde avec un ruban qu'elle paie 0^f,15 le mètre. Quel est le montant de sa dépense ?   (*Cher.*)

Dépense = Prix d'achat (62 fr.) + Prix de la toile + Prix du ruban.

Toile. { a) Longueur. { Surface = 1^{m²},8 × 2,5 = 4^{m²},5 ;
 { 4,5 : 0,9 = 5 m.
 { b) 1^f,25 × 5 = 6^f,25.

Ruban. { a) Périmètre = (1^m,8 + 2^m,5) × 2 = 4^m,3 × 2 = 8^m,60.
 { b) 0^f,15 × 8,6 = 1^f,29 ou 1^f,30.

Rép. 62^f + 6^f,25 + 1^f,30 = 69^f,55.

*850. — Un champ rectangulaire a 125 m. de long. On en a vendu les 3/5 à 3 500 fr. l'hectare; le reste vaut, au même prix, 1 589 fr. On demande : 1° la valeur du champ; 2° sa largeur.   (*Vosges.*)

I. *Valeur totale* = Prix du reste (1 589 fr.) : Fraction correspond^{te} (2/5).
Rép. 1 589^f : 2/5 = 1 589^f × 5 : 2 = 3 972^f,50.
II. *Largeur* = Surface : Longueur (125 m.).
Surface : 3 972,5 : 3 500 = 1^{ha},135 ou 11 350^{m2}.
Rép. 11 350 : 125 = 90^m,80.

***851.** — Une salle de classe doit recevoir 39 élèves et présenter une surface réglementaire de 1^{m2},25 par élève. Elle a 34^{m2},164 de superficie et 7^m,80 de long. De combien faut-il augmenter sa largeur?   (*S.-et-Marne.*)

Augmentation de largeur = Largeur nécessaire — Largeur actuelle.

1. Largeur nécessaire. { *a*) Surface réglem. = 1^{m2},25 × 39 = 48^{m2},75.
                        { *b*) 48,75 : 7,8 = 6^m,25.
2. Largeur actuelle = 34,164 : 7,8 = 4^m,38.
Rép. 6^m,25 — 4^m,38 = 1^m,87.   *Autre méthode.* (48,75 — 34,164) : 7,8.

***852.** — Sur un côté d'une cour carrée, on établit un trottoir ayant 66^{m2},60 de surface et 2^m,40 de large. Quelle est : 1° la longueur de ce trottoir; 2° la surface du reste de la cour?   (*Vendée.*)

I. *Longueur du trottoir* = Surface (66^{m2},6) : Larg. (2^m,4). *Rép.* 27^m,75.
II. *Surface du reste* = Longueur (27^m,75) × Largeur.
Largeur = 27^m,75 — 2^m,4 = 25^m,35. *Rép.* 27^{m2},75 × 25,35 = 703^{m2},4625.

***853.** — On veut entourer d'arbres une propriété rectangulaire d'une superficie de 3^{ha},52 et d'une largeur de 160 m. Les arbres sont plantés de 5 m. en 5 m. et coûtent 95 fr. le cent. La main-d'œuvre revient à 105 fr. Quelle sera la dépense?   (*Lot.*)

Dépense = Prix des arbres + Main-d'œuvre (105 fr.).

Prix des arbres. { *a*) Nombre. { Longueur = 35 200 : 160 = 220 m.
                 {   { Périm. = (220^m + 160^m) × 2 = 760 m.
                 {   { 760 : 5 = 152 arbres.
                 { *b*) 95^f × 1,52 = 144^f,40.
Rép. 144^f,40 + 105^f = 249^f,40.

***854.** — Etendu sur le sol d'une chambre carrée de 5^m,70 de côté, un tapis laisse tout autour un espace vide de 0^m,60. Combien, pour le doubler, faut-il de mètres de toile de 0^m,75 de large?   (*Somme.*)

Longueur de doublure = Surface : Largeur (0^m,75).

Surface. { *a*) Côté = 5^m,7 — (0^m,6 × 2) = 4^m,5.
         { *b*) 4^{m2},5 × 4,5 = 20^{m2},25.
Rép. 20,25 : 0,75 = 27 m.
Autre méthode : 4,5 : 0,75 = 6 lés ;   4^m,5 × 6 = 27 m.

***855.** — On a étendu, sur le parquet d'une chambre, un tapis coûtant 126^f,90, à 4^f,50 le mètre carré. On demande : 1° la longueur du tapis, si la largeur est de 4 m.; 2° les dimensions de la chambre, le tapis étant à 0^m,30 des murs dans tous les sens.   (*Yonne.*)

I. *Longueur du tapis* = Surface : Largeur (4 m.).
Surface = 126.9 : 4,5 = 28^{m2},2. *Rép.* 28,2 : 4 = 7^m,05.
II. *Longueur de la chambre* = 7^m,05 + (0^m,3 × 2). *Rép.* 7^m,65.
III. *Largeur* = 4^m + (0^m,3 × 2). *Rép.* 4^m,60.

***856.** — J'ai un jardin rectangulaire dont la surface est de 9 a. et la largeur de 25 m. Je l'entoure d'un mur de 0^m,40 d'épaisseur et je trace, dans le sens de la longueur, une allée de 1 m. de large. Quelle est la surface qui reste à cultiver?   (*Meurthe-et-Moselle.*)

Surface cultivable = Longueur du reste × Sa largeur. (*Fig.*)

1. Longueur du reste. { *a*) Longueur totale :   900 : 25 = 36 m.
{ *b*) 36^m — (0^m,4 × 2) = 35^m,20.

2. Largeur = 25^m — (0^m,4 × 2) — 1^m = 25^m — 1^m,80 = 23^m,20.
Rép.   35^{m2},2 × 23,2 = 816^{m2},64.

*857. — Sur le pourtour et à l'intérieur d'une cour carrée, on établit un trottoir qui a 3 m. de large et une surface de 576 m². Quelle est la surface du reste de la cour?   (*Lot-et-Garonne.*)

(*Fig.*) Le trottoir est divisé en 4 rectang. égaux et en 4 carr. de 3 m. de côté.
Surface du reste = Surface du carré intérieur.

Côté de ce carré. { = Surface d'un rectangle : Sa largeur (3 m.).
a) Surface des 4 rectangles = 576^{m2} — Surface des 4 carrés.
—   = 576^{m2} — (9^{m2} × 4) = 540 m².
Surface d'un rectangle = 540^{m2} : 4 = 135 m².
b) 135 : 3 = 45 m.

Rép.   45^{m2} × 45 = 2 025 m².

* PARTS DIFFÉRENTES. PARTS MULTIPLES   P. 88.

Problèmes. — 858. — On partage un terrain de 2 ha. 8 a. 29 ca. entre 2 héritiers, de manière que le 1er ait 35^a,29 de plus que le 2e. Quelle est la part de chacun?   (*Nord.*)

I. *Part du* 1er = Moitié de la surf. totale si la part du 2e égalait celle du 1er.
Double de la part du 1er = 208^a,29 + 35^a,29 = 243^a,58.
Rép.   243^a,58 : 2 = 121^a,79.
II. *Part du* 2e = 121^a,79 — 35^a,29 = 86^a,50.

859. — Deux propriétés mesurent ensemble 2 ha. 1/2 de superficie; l'une a 1 250 m² de plus que l'autre. Si l'are vaut 25 fr., quelles sont : 1° l'étendue, 2° la valeur de chaque propriété?   (*Mayenne.*)

I. *Étendue de la* 1re = (2^{ha} 1/2 + 1 250^{m2}) : 2
= (250^a + 12^a,5) : 2.   *Rép.*   131^a,25.
II. *Étendue de la* 2e = 131^a,25 — 12^a,50.   *Rép.*   118^a,75.
III. *Valeur de la* 1re = 25^f × 131,25.   *Rép.*   3 281^f,25.
IV. *Valeur de la* 2e = 25^f × 118,75.   *Rép.*   2 968^f,75.

860. — On a bordé un tapis rectangulaire avec des franges qui coûtent 1^f,20 le mètre courant. On a dépensé 7^f,80. Sachant que la longueur surpasse la largeur de 0^m,60, quelles sont les dimensions de ce tapis?   (*Vienne.*)

Les *dimensions* s'obtiendront par le *partage du périmètre*.
1/2 Périmètre : *a*) Périmètre = 7,8 : 1,2 = 6^m,5. *b*) 6^m,5 : 2 = 3^m,25.
Largeur = (3^m,25 — 0^m,6) : 2 = 2^m,65 : 2.   *Rép.*   1^m,325.
Longueur = 1^m,325 + 0^m,60.   *Rép.*   1^m,925.

861. — Trouver la surface d'un rectangle dont le périmètre est de 540 m., si l'une des dimensions a 20 m. de plus que l'autre.   (*Aisne.*)

Surface du rectangle = Longueur × Largeur.
1° Longueur = (1/2 Périm. + 20 m) : 2.
= (270^m + 20^m) : 2 = 290^m : 2 = 145 m.
2° Largeur = 145^m — 20^m = 125^m.   *Rép.*   145^{m2} × 125 = 18 125 m².

862. — Un champ rectangulaire a 480 m. de périmètre. Sa longueur a 26 m. de plus que sa largeur. Quelle est la valeur de ce champ à 50 fr. l'are? *(Pas-de-Calais.)*

Valeur = Prix de l'are (50 fr.) × Surface en ares.

Surface.
$\begin{cases} a) \text{ Longueur} = (1/2 \text{ Périm.} + 26^m) : 2 \\ \qquad\qquad = (240^m + 26^m) : 2 = 133 \text{ m.} \\ b) \text{ Largeur} = 133^m - 26^m = 107 \text{ m.} \\ c) \ 133^{m2} \times 107 = 14231^{m2} = 142^a,31. \end{cases}$

Rép. $50^f \times 142,31 = 7\,115^f,50.$

863. — Un pré rectangulaire est entouré de 648 peupliers plantés à 5 m. les uns des autres. Quelle est sa superficie si la longueur a 120 m. de plus que la largeur? *(Vendée.)*

Surface = Longueur × Largeur.

1. Longueur.
$\begin{cases} a) \text{ Périmètre} = 5^m \times 648 = 3240 \text{ m.} \\ b) \ (1/2 \text{ Périm.} + 120 \text{ m.}) : 2 = (1620^m + 120^m) : 2 = 870 \text{ m.} \end{cases}$

2. Largeur : $870^m - 120^m = 750$ m. *Rép.* $870^{m2} \times 750 = 652\,500 \ m^2.$

864. — Pour border complètement un tapis rectangulaire dont la longueur a $0^m,75$ de plus que la largeur, on a employé $24^m,50$ de bordure. Quelles sont les dimensions de ce tapis et combien faut-il de mètres de toile de $0^m,65$ de large pour le doubler? *(Var.)*

I. *Largeur* = $(1/2 \text{ Périm.} - 0^m,75) : 2.$
$\qquad\quad = (12^m,25 - 0^m,75) : 2 = 11^m,5 : 2.$ *Rép.* $5^m,75.$
II. *Longueur* = $5^m,75 + 0^m,75.$ *Rép.* $6^m,50.$
III. *Longueur de doublure* = Surface : Largeur $(0^m,65).$
Surface = $5^{m2},75 \times 6,5 = 37^{m2},375.$ *Rép.* $37,375 : 0,65 = 57^m,50.$

865. — Trois frères se partagent une propriété de $40^{ha},959.$ Le plus jeune doit avoir 60 a. de plus que le cadet, et celui-ci 60 a. de plus que l'aîné. Quelle est la part de chacun des 3 frères? *(Puy-de-Dôme.)*

I. *Part de l'aîné* = le tiers de la surf. tot. si les 2 autres parts étaient égales à la sienne = $(40^{ha},959 - 60^a - 60^a \times 2) : 3 = (4095^a,9 - 180^a) : 3.$
Rép. $3915^a,9 : 3 = 1305^a,30.$
II. *Part du cadet* = $1305^a,3 + 60^a.$ *Rép.* $1365^a,30.$
III. *Part du plus jeune* = $1365^a,3 + 60^a.$ *Rép.* $1425^a,30.$

866. — Le périmètre d'une cour rectangulaire est 124 m. La largeur mesure 12 m. de moins que la longueur. On entoure cette cour, sur une largeur de 2 m., d'un pavage coûtant $4^f,50$ par mètre carré. Quel est le prix de ce pavage? *(Paris.)*

(Fig.) Le trottoir est divisé en 4 rectang. et en 4 carr. de 2 m. de côté.
Prix du pavage = Prix du m² $(4^f,5) \times$ Surface en m² :

Surface.
$\begin{cases} a) \text{ Surface des 4 rectangles placés bout à bout.} \\ \quad \text{Longueur} = 124^m - (2^m \times 8) = 108 \text{ m.} ; \quad 108^{m2} \times 2 = 216 \text{ m}^2. \\ b) \text{ Surface des 4 carrés} = 2^{m2} \times 2 \times 4 = 16 \text{ m}^2. \\ c) \ 216^{m2} + 16^{m2} = 232 \text{ m}^2. \end{cases}$

Rép. $4^f,5 \times 232 = 1044 \ fr.$

Remarque. — 12 m. est une donnée inutile. On peut cependant résoudre le problème en faisant d'abord le partage du périmètre.

867. — On achète un champ de $1^{ha},875$ et une maison pour 42 273 fr. La maison coûte 2 fois autant que le champ. Dire quel est le prix de la maison et celui d'un mètre carré du champ. *(Marne.)*

I. *Prix de la maison* = 2 fois le prix du champ.
Prix du champ = $42273^f : (1 + 2) = 14091$ fr. *Rép.* $14091^f \times 2 = 28\,182 \ fr.$
II. *Prix d'un m² du champ* = $14091^f : 18750.$ *Rép.* $0^f,75.$

868. — Un champ rectangulaire a 3 km. de tour. Sa longueur est 5 fois plus grande que sa largeur. Quelle est sa surface? *(Creuse.)*

Surface = Longueur × Largeur.
1. Largeur = 1/2 Périmètre : Nombre de fois (1 + 5).
   = 1^{km},5 ou 1500^m : 6 = 250 m.
2. Longueur = 250^m × 5 = 1250 m.
Rép. 1250^{m²} × 250 = 312500 m² ou 3125 *ares.*

869. — Un jardin rectangulaire a été entouré d'une clôture qui, à raison de 1^f,20 le mètre, a coûté 88^f,20. Calculez la surface de ce jardin, sachant que sa longueur est double de sa largeur. *(Haute-Garonne.)*

Surface = Longueur × Largeur.
1. Largeur.
   = 1/2 Périmètre : Nombre de fois (1 + 2).
   a) 1/2 Périmètre : 88,2 : 1,2 = 73^m,50; 73^m,5 : 2 = 36^m,75.
   b) 36^m,75 : 3 = 12^m,25.
2. Longueur : 12^m,25 × 2 = 24^m,50. *Rép.* 24^{m²},50 × 12,25 = 300^{m²},1250.

870. — Un champ rectangulaire a 240 m. de pourtour; sa longueur est triple de sa largeur. Dites son prix à 18^f,50 l'are. *(Seine.)*

Valeur du champ = Prix de l'are (18^f,50) × Surface en ares.
Surface.
   a) Largeur. = 1/2 Périmètre : Nombre de fois (1 + 3).
      120^m : 4 = 30 m.
   b) Longueur = 30^m × 3 = 90 m.
   c) Surface = 90^{m²} × 30 = 2700 m² = 27 a.
Rép. 18^f,5 × 27 = 499^f,50.

871. — La largeur d'un parc rectangulaire est 1/3 de la longueur. En marchant à une vitesse de 6 km. à l'heure, on met 16 min. pour en faire le tour; quelle est la superficie de ce parc? *(Gard.)*

Superficie du parc = Longueur × Largeur.
1. Largeur.
   = 1/2 Périmètre : Nombre de fois (1 + 3).
   a) 1/2 Pér. : (6000^m : 60) × 16 = 1600 m.; 1600^m : 2 = 800 m
   b) Largeur = 800^m : 4 = 200 m.
2. Long. = 200^m × 3 = 600 m. *Rép.* 600^{m²} × 200 = 120000 m² = 12 *ha.*

872. — Quatre héritiers se partagent une propriété qui a 114 ha. 7 a. 20 ca. Le 1er a droit au double du 2e, celui-ci au double du 3e et le 3e au double du 4e. Quelle sera la valeur de la part de chaque héritier, si le décamètre carré de cette propriété vaut 35 fr.? *(Seine.)*

I. *Valeur de la part du 4e* = Prix du dam² (35 fr.) × Sa surface en dam².
Surface = Surface totale : Nombre de parts du 4e (1 + 2 + 2 × 2 + 4 × 2).
   = 11407^a : 15 = 760^a,48.
Rép. 35^f × 760,48 = 26616^f,80.
II. *Valeur de celle du 3e* = 26616^f,8 × 2. *Rép.* 53233^f,60.
III. *Valeur de celle du 2e* = 53233^f,60 × 2. *Rép.* 106467^f,20.
IV. *Valeur de celle du 1er* = 106467^f,2 × 2. *Rép.* 212934^f,40.

SURFACE DU CUBE

P. 89.

16. — **Le cube** est un *volume* limité par *six carrés égaux.*

Ces *carrés* sont les **faces** du cube, leurs *côtés* en sont les **arêtes** ou côtés.

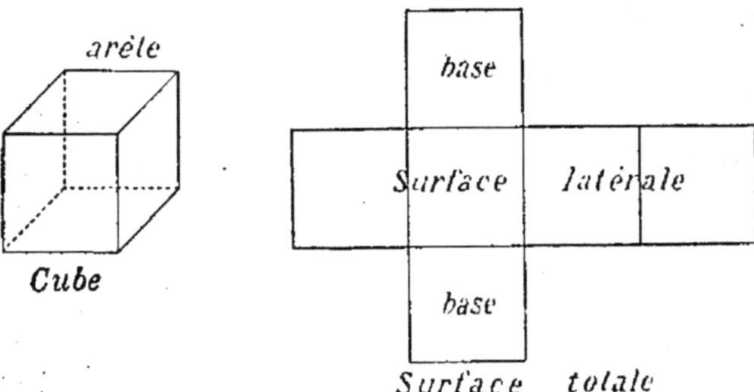

Exercice oral. — Quelle est la *longueur* totale *des arêtes* d'un cube si chaque arête a: 1 cm.? 2 m.? 3 dm.? 4 cm.?

Rép. 12 *cm.*; 24 *m.*; 36 *dm.*; 48 *cm.*

Quelle est la *surface latérale* d'un cube dont l'arête a : 1 m.? 2 m.? 3 dm.? 4 cm.?

Rép. $1^{m2} \times 4 = 4 \ m^2.$; $4^{m2} \times 4 = 16 \ m^2$; $9^{dm2} \times 4 = 36 \ dm^2$; $16^{cm2} \times 4 = 64 \ cm^2.$

Quelle est la *surface totale* d'un cube dont l'arête a : 1 dm.? 2 m.? 3 cm.? 4 dm.?

Rép. $1^{dm2} \times 6 = 6 \ dm^2$; $4^{m2} \times 6 = 24 \ m^2$; $9^{cm2} \times 6 = 54 \ cm^2$; $16^{dm2} \times 6 = 96 \ dm^2.$

Quelle est la *surface extérieure* d'une boîte cubique *sans couvercle* dont l'arête a : 1 dm.? 2 m.? 3 dm.? 4 cm.?

Rép. $1^{dm2} \times 5 = 5 \ dm^2$; $4^{m2} \times 5 = 20 \ m^2$; $9^{dm2} \times 5 = 45 \ dm^2$; $16^{cm2} \times 5 = 80 \ cm^2.$

Problèmes. — **873.** — On garnit de bordure à $1^f,50$ le mètre les arêtes d'un cube de $0^m,55$ d'arête. Quelle est la dépense?　　(*Allier.*)

Dépense = Prix du mètre ($1^f,50$) $\times$ Longueur totale des arêtes.
Longueur des arêtes = $0^m,55 \times 12 = 6^m,60$. *Rép.* $1^f,5 \times 6,6 = 9^f,90.$

874. — Quelle surface peut-on recouvrir avec le développement des faces d'un cube de $0^m,50$ d'arête?　　(*Meuse.*)

Surface totale = Surface d'une face $\times$ 6. *Rép.* $0^{m2},25 \times 6 = 1^{m2},50.$

875. — Une boîte sans couvercle a exactement la forme d'un décimètre cube. Combien faudra-t-il de centimètres carrés de papier pour la tapisser intérieurement et extérieurement?　　(*Tarn-et-Garonne.*)

Nombre de centimètres carrés = Surface intérieure $\times$ 2 (On ne tient pas compte de l'épaisseur des parois).
Surface intér. = $1^{dm2} \times 5 = 5 \ dm^2$. *Rép.* $5^{dm2} \times 2 = 10 \ dm^2 = 1000 \ cm^2.$

876. — On a payé $9^f,60$ pour la taille d'une pierre cubique à $1^f,60$ par mètre carré. Quelle est la superficie d'une face? (*Saône-et-Loire.*)

Surface d'une face = Surface totale $:$ 6.
Surface totale = $9,6 : 1,6 = 6 \ m^2$. *Rép.* $6^{m2} : 6 = 1 \ m^2.$

877. — Une pierre cubique a 1^m,20 de côté. Que coûte le polissage de toutes ses faces à 2^f,20 le mètre carré ?   (*Loire-Inférieure.*)

Prix total = Prix du m² (2^f,2) × Surface totale.
Surface totale = 1^{m2},2 × 1.2 × 6 = 1^{m2},44 × 6 = 8^{m2},64.
Rép.   2^f,2 × 8,64 = 19^f,008 ou mieux   19 *fr.*

878. — Combien paye-t-on, à raison de 0^f,80 par mètre carré, pour la peinture, à l'intérieur et à l'extérieur, d'un bassin cubique en tôle, sans couvercle, de 2^m,15 de côté ?   (*Rhône.*)

Dépense = Prix du m² (0^f,8) × Surface totale intérieure et extérieure.
Surface totale :   2^{m2},15 × 2,15 × 5 × 2 = 4^{m2},6225 × 5 × 2 = 46^{m2},225.
Rép.   0^f,8 × 46,225 = 36^f,98 ou mieux 37 *fr.*

***879.** — On veut faire une caisse cubique de 0^m,75 de côté, avec des planches de 0^m,30 de large. Que coûteront les planches nécessaires pour cette fabrication à 0^f,40 le mètre courant ?   (*Belfort.*)

Prix des planches = Prix du m. (0^f,4) × Longueur des planches.
Long. des pl. = Surface : Largeur (0^m,3).
  a) Surf. = 0^{m2},75 × 0,75 × 6 = 0^{m2},5625 × 6 = 3^{m2},375.
  b) 3,375 : 0,3 = 11^m,25.
Rép.   0^f,40 × 11,25 = 4^f,50.

***880.** — On veut recouvrir les 6 faces d'un cube de 0^m,85 de côté avec de l'étoffe ayant 0^m,65 de large et coûtant 1^f,20 le mètre courant. Quelle sera la dépense ?   (*Ardennes.*)

Dépense = Prix du m. (1^f,2) × Longueur d'étoffe.
Long. d'étoffe. a) Surf. = 0^{m2},85 × 0,85 × 6 = 0^{m2},7225 × 6 = 4^{m2},335.
  b) 4.335 : 0,65 = 6^m,67 par excès.
Rép.   1^f,2 × 6,67 = 8^f,004 ou mieux 8 *fr.*

SURFACE LATÉRALE
DU PARALLÉLÉPIPÈDE RECTANGLE

P. 90.

17. — Le parallélépipède rectangle est un *volume* limité par *six rectangles.*

Deux faces opposées quelconques sont les **bases du** parallélépipède, et *les 4 autres* forment sa **surface latérale.** *La distance entre les 2 bases* est la **hauteur du** parallélépipède.

Problèmes. — 881. — Calculer la surface latérale d'une cuisine qui a 4 m. de long, 2 m. de large et 3 m. de haut.

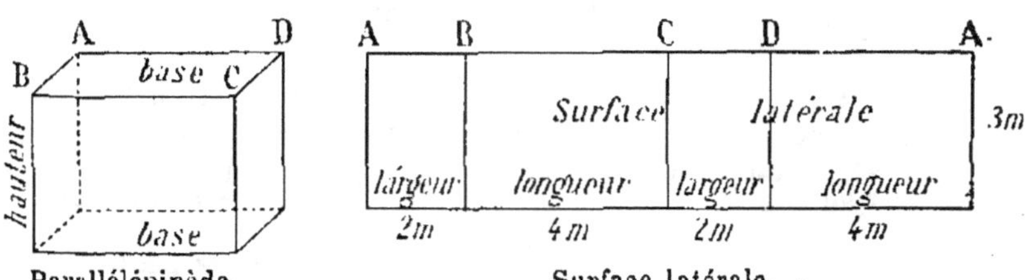

Parallélépipède.   Surface latérale.

Solution. — La **surface latérale** de cette cuisine est égale à la *somme des* *surfaces de ses 4 murs* ou encore à la *surface d'un rectangle* qui a pour dimensions *le périmètre* et *la hauteur* (3 m.) de la cuisine.

1. *Périmètre :* $\begin{cases} \text{demi-périmètre :} & 4^m + 2^m = 6 \text{ m.} \\ \text{périmètre :} & 6^m \times 2 = 12 \text{ m.} \end{cases}$

2. **Surface latérale :** $12^{m2} \times 3 = \textbf{36 m}^2.$

18. — La surface latérale d'un parallélépipède rectangle est égale au *produit du périmètre de la base par la hauteur* de ce parallélépipède.

882. — Quelle est la surface latérale d'une salle qui a :

1º 9 m. de long, 5 m. de large et $3^m,50$ de haut ;

Périmètre : $(9^m + 5^m) \times 2 = 28$ m.   *Rép.* $28^{m2} \times 3,5 = 98$ *m²*.

2º $7^m,35$ de long, $6^m,80$ de large et $4^m,10$ de haut ?

Périmètre : $(7^m,35 + 6^m,8) \times 2 = 28^m,3.$ *Rép.* $28^{m2},3 \times 4,1 = 116^{m2},03.$

883. — Une salle a intérieurement $8^m,50$ de long, $4^m,20$ de large et $3^m,80$ de haut. Calculer la surface totale de ses 4 murs. *(Gironde.)*

Périmètre : $(8^m,5 + 4^m,2) \times 2 = 25^m,4.$ *Rép.* $25^{m2},4 \times 3,8 = 96^{m2},52.$

884. — On a blanchi à la chaux les murs d'une salle de classe longue de $8^m,80$, large de $6^m,40$ et haute de 4 m., à raison de $0^f,25$ le mètre carré. Quelle est la dépense ?   *(Côte-d'Or.)*

Dépense = Prix du m² $(0^f,25) \times$ Surface latérale en m².

Surface latérale. $\begin{cases} a) \text{ Périmètre } (8^m,8 + 6^m,40) \times 2 = 30^m,40. \\ b) \ 30^{m2},4 \times 4 = 121^{m2},6. \end{cases}$

Rép. $0^f,25 \times 121,6 = 30^f,40.$

885. — On fait peindre à 2 couches les 4 murs d'une salle de classe qui a $7^m,20$ de long, $6^m,10$ de large et 4 m. de haut. La 1re couche coûte $0^f,35$ par mètre carré ; la 2e, $0^f,25$. Quelle est la dépense ?   *(Aisne.)*

Dépense = Prix total du m² $\times$ Surface latérale en m².

1. Prix total du m² $= 0^f,35 + 0^f,25 = 0^f,60.$

2. Surface latérale. $\begin{cases} a) \text{ Périmètre} = (7^m,2 + 6^m,1) \times 2 = 26^m,60. \\ b) \ 26^{m2},6 \times 4 = 106^{m2},4. \end{cases}$

Rép. $0^f,60 \times 106,4 = 63^f,84$ ou mieux $63^f,85.$

886. — Un jardin rectangulaire a 32 m. de long et 25 m. de large. On veut le clore avec un treillage de fil de fer de $1^m,20$ de hauteur, pesant $2^{kg},05$ par mètre carré et valant 35 fr. les 100 kg. Combien coûtera ce treillage ?   *(Alger.)*

Prix du treillage = Prix de 100 kg. $\times$ Poids en quintaux.

Poids. $\begin{cases} a) \text{ Surface.} \begin{cases} \text{Périmètre } (32^m + 25^m) \times 2 = 114 \text{ m.} \\ 114^{m2} \times 1,2 = 136^{m2},8. \end{cases} \\ b) \ 2^{kg},05 \times 136,8 = 280^{kg},44 = 2^q,8044. \end{cases}$

Rép. $35^f \times 2,8044 = 98^f,15.$

P. 91.   **887.** — A $0^f,90$ par mètre carré, combien payera-t-on pour faire peindre les 4 murs d'une chambre carrée de $3^m,50$ de côté et de $2^m,90$ de haut, sachant que cette chambre a 2 ouvertures qui mesurent ensemble $4^{m2},80$?   *(Seine-et-Oise.)*

Dépense = Prix du m² $(0^f,90) \times$ Surface peinte.

Surface peinte. $\begin{cases} a) \text{ Surface latérale.} \begin{cases} \text{Périmètre} = 3^m,5 \times 4 = 14 \text{ m.} \\ 14^{m2} \times 2,9 = 40^{m2},6. \end{cases} \\ b) \ 40^{m2},6 - 4^{m2},8 = 35^{m2},8. \end{cases}$

Rép. $0^f,90 \times 35,8 = 32^f,22$ ou $32^f,20.$

888. — Que payera-t-on pour la peinture des 4 murs d'une salle carrée de 5^m,40 de côté et 3^m,50 de hauteur, à raison de 1^f,50 le mètre carré? Déduire 2 fenêtres de 2 m. sur 1^m,10.   (*Cantal.*)

Dépense = Prix du m² (1^f,5) × Surface peinte.

Surface peinte. { *a*) Surface latérale. { Périmètre = 5^m,4 × 4 = 21^m,60.
                              21^{m2},6 × 3,5 = 75^{m2},6.
                b) Déduction : 2^{m2} × 1,1 × 2 = 4^{m2},4.
                c) 75^{m2},6 — 4^{m2},4 = 71^{m2},2.

Rép. 1^f,5 × 71,2 = 106^f,80.

***889.** — Pour tapisser une chambre longue de 5^m,40, large de 4^m,70, haute de 3^m,20, j'ai dépensé 100 fr. Quel est le prix du m. carré de tapisserie, si on déduit 5^{m2},80 pour ouvertures?   (*Seine-et-Marne.*)

Prix du m² = Prix total (100 fr.) : Surface tapissée.

Surface tapissée. { *a*) Surface latérale. { Pér. = (5^m,4 + 4^m,7) × 2 = 20^m,2.
                              20^{m2},2 × 3,2 = 64^{m2},64.
                b) 64^{m2},64 — 5^{m2},8 = 58^{m2},84.

Rép. 100^f : 58,84 = 1^f,69.

***890.** — Une chambre a 5^m,50 de long, 4^m,20 de large et 3^m,20 de haut. On la tapisse avec du papier gris à 0^f,05 le mètre carré, puis on applique du papier de tenture à 1^f,20 le mètre carré. Que coûtera le tout si la surface non tapissée est de 12^{m2} 8dm²?   (*Somme.*)

Dépense = Prix total du m² × Surface tapissée.
1. Prix total du m² = 0^f,05 + 1^f,20 = 1^f,25.

2. Surface tapissée. { *a*) Surface latérale. { Pér. = (5^m,5 + 4^m,2) × 2 = 19^m,4.
                              19^{m2},4 × 3,2 = 62^{m2},08.
                b) 62^{m2},08 — 12^{m2},08 = 50^{m2}.

Rép. 1^f,25 × 50 = 62^f,50.

***891.** — Une chambre rectangulaire a 6 m. de long, 3^m,60 de large et 3 m. de hauteur. Combien, pour la tapisser, faut-il de rouleaux de papier mesurant 0^m,60 de large et 9 m. de long?   (*M.-et-Moselle.*)

Nombre de rouleaux = Surface latérale : Surface d'un rouleau.

1. Surface latérale. { *a*) Périmètre = (6^m + 3^m,6) × 2 = 19^m,2.
                        b) 19^{m2},2 × 3 = 57^{m2},6.
2. Surface d'un rouleau = 9^{m2} × 0,6 = 5^{m2},4.

Rép. 57,6 : 5,4 = 10 rouleaux par défaut, donc 11 *rouleaux.*

***892.** — Combien faudra-t-il de planches de 3 m. de long sur 0^m,15 de large pour lambrisser, jusqu'à une hauteur de 1^m,50, les 4 murs d'une salle de 5^m,40 de long sur 3^m,60 de large ? Quelle sera la dépense à raison de 4^f,50 le mètre carré ?   (*Seine-et-Oise.*)

I. *Nombre de planches* = Surface à lambrisser : Surface d'une planche.

1. Surface à lambrisser. { *a*) Périmètre = (5^m,4 + 3^m,6) × 2 = 18 m.
                        b) 18^{m2} × 1,5 = 27^{m2}.
2. Surface d'une planche = 3^{m2} × 0,15 = 0^{m2},45.   *Rép.* 27 : 0,45 = 60 *pl.*
II. *Dépense* = 4^f,5 × 27.   *Rép.* 121^f,50.

***893.** — Je fais poser des lambris jusqu'à 1^m,15 de haut autour d'une pièce de 3^m,75 sur 3^m,50. Il faut déduire une porte de 1^m,20. Le menuisier me demande 0^f,45 par mètre courant pour la pose et me vend le bois à 2^f,30 le mètre carré. Combien dois-je payer ? (*Vaucluse.*)

Dépense = Prix de la pose + Prix du bois.

1. Pose. { *a*) Longueur des lambris. { Périm. = (3^m,75 + 3^m,5) × 2 = 14^m,5.
                              14^m,5 — 1^m,2 = 13^m,30.
                b) 0^f,45 × 13,3 = 5^f,985.

2. Bois. { *a*) Surface = 13^{m2},3 × 1,15 = 15^{m2},295.
                b) 2^f,3 × 15,295 = 35^f,178.

Rép. 5^f,985 + 35^f,178 = 41^f,163 ou 41^f,15.

7.

***894.** — On veut tapisser une chambre qui a 5^m,10 de long, 4^m,30 de large et 3^m,20 de haut. Les portes et les fenêtres occupent une surface de 4^{m2},90. Combien faudra-t-il de rouleaux de papier ayant 7^m,30 de long sur 0^m,55 de large ?   *(Calvados.)*

Nombre de rouleaux = Surface à tapisser : Surface d'un rouleau.

1. Surface à tapisser. { *a*) Surf. latérale. { Pér. = (5^m,1 + 4^m,3) × 2 = 18^m,80.

{ 18^{m2},8 × 3,2 = 60^{m2},16.

{ *b*) 60^{m2},16 — 4^{m2},90 = 55^{m2},26.

2. Surface d'un rouleau = 7^{m2},3 × 0,55 = 4^{m2},015.

Rép. 55,26 : 4,015 = 13 rouleaux par défaut, donc 14 *rouleaux.*

***895.** — Pour tapisser un appartement de 6^m,10 de long sur 4^m,15 de large et 3^m,20 de haut, on emploie des rouleaux de papier qui ont 50 cm. de large et 8 m. de long. Combien en faudra-t-il, si les portes, les fenêtres et les boiseries occupent une surface de 35 m² ? Si chaque rouleau revient tout posé à 1^f,25, combien dépensera-t-on ?   *(Finistère.)*

I. *Nombre de rouleaux* = Surface à tapisser : Surface d'un rouleau.

1. Surf. à tapisser. { *a*) Surf. latérale. { Pér. = (6^m,1 + 4^m,15) × 2 = 20^m,5.

{ 20^{m2},5 × 3,2 = 65^{m2},6.

{ *b*) 65^{m2},6 — 35^{m2} = 30^{m2},6.

2. Surface d'un rouleau = 8^{m2} × 0,5 = 4 m².

Rép. 30,6 : 4 = 7 rouleaux par défaut, donc 8 *rouleaux.*

II. *Dépense* = 1^f,25 × 8 = 10 *fr.*

***896.** — Je veux tapisser moi-même un cabinet qui a 2^m,80 de long, 1^m,40 de large et 3^m,25 de haut. Il existe tout autour une boiserie haute de 1^m,20. Le papier que j'emploie a 0^m,60 de largeur; quelle longueur m'en faudra-t-il ?   *(Paris.)*

Longueur de papier = Surface à tapisser : Largeur du papier (0^m,60).

Surface à tapisser. { *a*) Périmètre = (2^m,8 + 1^m,40) × 2 = 8^m,40.

{ *b*) 8^{m2},4 × (3,25 — 1,2) = 8^{m2},4 × 2,05 = 17^{m2},22.

Rép. 17,22 : 0,6 = 28^m,70.

***897.** — On veut tapisser une salle de 4^m,50 de long, 3^m,60 de large et 3 m. de haut. Quelle sera la dépense si le papier employé coûte 3 fr. le rouleau de 8 m. de long sur 0^m,60 de large ? Les portes, les fenêtres et la cheminée forment 1/6 de la surface des murs.   *(Orne.)*

Dépense = Prix du rouleau (3 fr.) × Nombre de rouleaux.

Nombre de rouleaux. { *a*) Surface à tapisser. { Périmètre = (4^m,5 + 3^m,6) × 2 = 16^m,2.

{ Surface latérale = 16^{m2},2 × 3 = 48^{m2},6.

{ Les 5/6 = (48^{m2},6 × 5) : 6 = 40^{m2},5.

{ *b*) Surface du rouleau = 8^{m2} × 0,6 = 4^{m2},8.

{ *c*) 40,5 : 4,8 = 8 rouleaux par défaut, donc 9 rouleaux.

Rép. 3^f × 9 = 27 *fr.*

***898.** — On tapisse une pièce, qui a 6^m,50 de long, 4^m,25 de large et 3^m,50 de haut, avec du papier dont le rouleau coûtant 2^f,25 a 6^m,80 de long sur 0^m,50 de large. La pose revient à 0^f,12 le mètre carré. Il y a 2 fenêtres de 2^m,50 de haut sur 1^m,20 de large, et une porte de 2^m,80 sur 1^m,20. Quelle sera la dépense ?   *(Ardèche.)*

Dépense = Prix du papier + Prix de la pose.

Papier. { *a*) Nombre de rouleaux. { Surface à tapisser. { Périm. = (6^m,5 + 4^m,25) × 2 = 21^m,5.

{ Surf. latérale = 21^{m2},5 × 3,5 = 75^{m2},25.

{ Déduit : (2^{m2},5 × 1,2 × 2) + (2^{m2},8 × 1,2)

{ = 6^{m2} + 3^{m2},36 = 9^{m2},36.

{ Reste : 75^{m2},25 — 9^{m2},36 = 65^{m2},89.

Surface du rouleau = 6^{m2},8 × 0,5 = 3^{m2},4.

65,89 : 3,4 = 19 rouleaux par défaut, soit 20 roul.

{ *b*) Prix = 2^f,25 × 20 = 45 fr.

Pose : 0^f,12 × 65,89 = 7^f,9.   *Rép.* 45^f + 7^f,9 = 52^f,90.

***899.** — On a peint à l'huile les 4 murs d'une salle rectangulaire qui a 15 m. de long sur 8^m,75 de large. La dépense a été de 171 fr. à raison de 1^r,20 par mètre carré. Trouver la hauteur de la salle.   (*Oise.*)

Hauteur = Surface latérale : Périmètre.
1. Surface latérale = 171 : 1,2 = 142^{m²},5.
2. Périmètre = (15^m + 8^m,75) × 2 = 47^m,5.   *Rép.*   142,5 : 47,5 = 3 *m.*

SURFACE TOTALE
DU PARALLÉLÉPIPÈDE RECTANGLE

P. 92.

Problèmes. — 900. — Quelle est la surface totale d'une caisse fermée qui a 0^m,40 de long, 0^m,20 de large et 0^m,30 de haut?

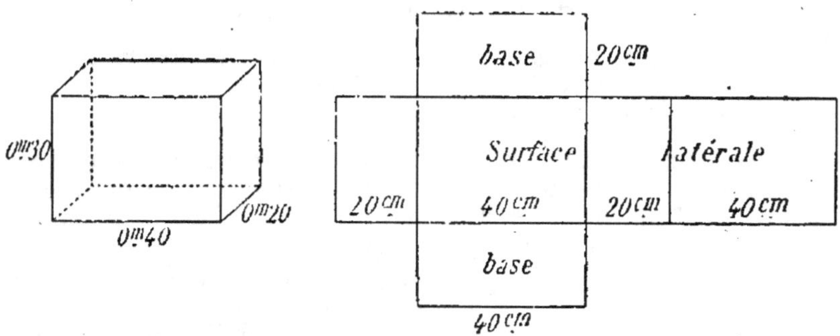

Solution. — La **surface totale** de la caisse est la somme de la *surface latérale* et de la *surface des deux bases.*

1. La *surface latérale* est égale au produit du périmètre de la base par la hauteur (30 cm.).

a. Périmètre { demi-périmètre : 20^{cm} + 40^{cm} = 60 cm.
{ périmètre : 60^{cm} × 2 = 120 cm.
b. Surface latérale : 120^{cm²} × 30 = 3 600 cm².
2. La *surface des 2 bases* est égale à 2 fois la surface d'une base :
a. Surface d'une base : 40^{cm²} × 20 = 800 cm².
b. Surface des deux bases : 800^{cm²} × 2 = 1 600 cm².
3. **Surface totale :** 3 600^{cm²} + 1 600^{cm²} = **5 200 cm².**

901. — Quelle est la surface totale du parallélépipède rectangle qui a :
1° 1^m,2 de long, 0^m,9 de large et 0^m,6 de haut ;

1. Surface latérale. { *a*) Périmètre = (1^m,2 + 0^m,9) × 2 = 4^m,2.
{ *b*) 4^{m²},2 × 0,6 = 2^{m²},52.
2. Surface des 2 bases = (1^{m²},2 × 0,9) × 2 = 1^{m²},08 × 2 = 2^{m²},16.
Rép.   2^{m²},52 + 2^{m²},16 = 4^{m²},68.

2° 3^m,90 de long, 1^m,75 de large et 3^m,40 de haut ?

1. Surface latérale. { *a*) Périmètre = (3^m,9 + 1^m,75) × 2 = 11^m,3.
{ *b*) 11^{m²},3 × 3,4 = 38^{m²},42.
2. Surface des 2 bases = (3^{m²},9 × 1,75) × 2 = 6^{m²},825 × 2 = 13^{m²},65.
Rép.   38^{m²},42 + 13^{m²},65 = 52^{m²},07.

902. — Une caisse a 1^m,18 de long, 0^m,75 de large, 0^m,87 de haut.

Combien payera-t-on pour la faire peindre extérieurement sur toutes ses faces, couvercle compris, à 0f,55 le mètre carré? (*Saône-et-Loire*.)

Dépense = Prix du m² (0f,55) × Surface totale en m².

Surface totale.
- *a*) Surf. latérale. { Périmètre = (1m,18 + 0m,75) × 2 = 3m,86.
  3m²,86 × 0,87 = 3m²,3582.
- *b*) Surface des 2 bases = 1m²,18 × 0,75 × 2 = 0m²,885 × 2 = 1m²,77.
- *c*) 3m²,3582 + 1m²,77 = 5m²,1282.

Rép. 0f,55 × 5,1282 = 2f,82; soit 2f,80.

903. — Vous voulez recouvrir de papier doré une boîte de carton qui a 0m,30 de longueur, 0m,18 de largeur, et dont la hauteur est les 2/3 de la largeur. Combien vous faudra-t-il de feuilles de papier si chacune d'elles a une surface de 0m²,0186? (*Cantal*.)

Nombre de feuilles = Surface totale : Surface d'une feuille (0m²,0186).

Surface totale.
- *a*) Surf. latérale. { Périm. = (0m,3 + 0m,18) × 2 = 0m,96.
  Hauteur = 2/3 de 0m,18 = 0m,12.
  0m²,96 × 0,12 = 0m²,1152.
- *b*) Surface des 2 bases = 0m²,3 × 0,18 × 2 = 0m²,108.
- *c*) 0m²,1152 + 0m²,108 = 0m²,2232.

Rép. 0,2232 : 0,0186 = 12 *feuilles*.

904. — Combien coûteront, à 0f,14 le mètre carré, le nettoyage et le lessivage des murs, portes et fenêtres, plancher et plafond d'une salle qui a 7m,65 de long, 7m,45 de large et 4 m. de haut? (*Cher*.)

Dépense = Prix du m² (0f,14) × Surface totale en m².

Surface totale.
- *a*) Surf. latérale. { Périm. = (7m,65 + 7m,45) × 2 = 30m,20.
  30m²,2 × 4 = 120m²,8.
- *b*) Bases = 7m²,65 × 7,45 × 2 = 56m²,9925 × 2 = 113m²,985.
- *c*) 120m²,8 + 113m²,985 = 234m²,785.

Rép. 0f,14 × 234,785 = 32f,86, soit 32f,85.

*905. — On veut peindre complètement à 2 couches une poutre de bois qui a 4m,28 de longueur et dont la base est un carré de 0m,25 de côté. La 1re couche de peinture est payée 0f,60 le mètre carré, et la 2e, 0f,45. A combien reviendra ce travail? (*Paris*.)

Prix de revient total = Prix de revient du m² × Surface totale en m².
1. Prix de revient du m² = 0f,60 + 0f,45 = 1f,05.

2. Surface totale.
- *a*) Surf. lat.: Périm. = 0m,25 × 4 = 1 m.; 1m² × 4,28 = 4m²,28.
- *b*) S. des 2 bases = 0m²,25 × 0,25 × 2 = 0m²,0625 × 2 = 0m²,125.
- *c*) 4m²,28 + 0m²,125 = 4m²,405.

Rép. 1f,05 × 4,405 = 4f,625, soit 4f,65.

*906. — On veut faire une caisse rectangulaire fermée de 1m,40 de long, 0m,60 de large et 0m,60 de haut. On emploie des planches de 0m,30 de largeur valant 0f,40 le mètre courant. A combien s'élèvera la dépense? (*Seine*.)

Dépense = Prix du mètre (0f,40) × Longueur des planches.

Longueur des planches.
- = Surface totale : Largeur (0m,30).
- *a*) Surf. tot. { Surf. lat. { Périm. = (1m,4 + 0m,6) × 2 = 4 m.
  4m² × 0,6 = 2m²,4.
  Bases : 1m²,4 × 0,6 × 2 = 1m²,68.
  2m²,4 + 1m²,68 = 4m²,08.
- *b*) 4,08 : 0,3 = 13m,60.

Rép. 0f,4 × 13,6 = 5f,44, soit 5f,45.

SURFACE LATÉRALE PLUS UNE BASE   P. 93.

907. — Quelle est la surface totale des 4 murs et du plafond d'une salle qui a $7^m,65$ de long, $6^m,40$ de large et $3^m,70$ de haut ? (*Oise.*)

1. Surf. latérale. $\begin{cases} a) \text{ Périmètre} = (7^m,65 + 6^m,4) \times 2 = 14^m,05 \times 2 = 28^m,10. \\ b) \ 28^{m2},10 \times 3,7 = 103^{m2},97. \end{cases}$

2. Surface du plafond $= 7^{m2},65 \times 6,4 = 48^{m2},96.$
Rép. $103^{m2},97 + 48^{m2},96 = 152^{m2},93.$

908. — Quelle surface de carton faut-il employer pour confectionner une boîte à ouvrage, sans couvercle, qui aura $0^m,35$ de long, $0^m,15$ de large et $0^m,12$ de haut ?   (*Nièvre.*)

Surface de carton = Surface latérale + Surface du fond.

1. Surf. latérale. $\begin{cases} a) \text{ Périmètre} = (0^m,35 + 0^m,15) \times 2 = 1 \text{ m.} \\ b) \ 1^{m2} \times 0,12 = 0^{m2},12 \text{ ou } 12 \text{ d}^{m2}. \end{cases}$

2. Surface du fond $= 0^{m2},35 \times 0,15 = 0^{m2},0525$ ou $5^{dm2},25.$
Rép. $12^{dm2} + 5^{dm2},25 = 17^{dm2},25.$

909. — Un badigeonneur a blanchi les 4 murs et le plafond d'une salle qui a $8^m,50$ de long, $6^m,30$ de large et 4 m. de haut. Quelle surface a-t-il blanchie si l'on déduit 6 m² pour les ouvertures ? (*Aisne.*)

Surf. blanchie = Surf. latérale + Surf. du plafond — Surf. à déduire (6 m²).

1. Surf. latér. $\begin{cases} a) \text{ Périmètre} = (8^m,5 + 6^m,3) \times 2 = 14^m,8 \times 2 = 29^m,60. \\ b) \ 29^{m2},6 \times 4 = 118^{m2},40. \end{cases}$

2. Plafond : $8^{m2},5 \times 6,3 = 53^{m2},55.$
Rép. $118^{m2},4 + 53^{m2},55 - 6^{m2} = 171^{m2},95 - 6^{m2} = 165^{m2},95.$

910. — Les murs et le plafond d'une salle rectangulaire de $9^m,50$ de long sur $7^m,80$ de large et 4 m. de haut ont été blanchis à raison de $0^f,35$ le mètre carré. Combien doit-on pour ce travail ?   (*Isère.*)

Dépense = Prix du m² ($0^f,35$) × Surface blanchie.

Surface blanchie. $\begin{cases} a) \text{ Surf. latérale.} \begin{cases} \text{Périmètre} = (9^m,5 + 7^m,8) \times 2 = 34^m,60. \\ 34^{m2},6 \times 4 = 138^{m2},4. \end{cases} \\ b) \text{ Plafond : } 9^{m2},5 \times 7,8 = 74^{m2},10. \\ c) \ 138^{m2},4 + 74^{m2},1 = 212^{m2},5. \end{cases}$

Rép. $0^f,35 \times 212,5 = 74^f,375$, soit $74^f,40.$

911. — On a fait peindre intérieurement et extérieurement une caisse en tôle, sans couvercle, ayant $1^m,45$ de long, $0^m,92$ de large et $0^m,75$ de haut. Combien paiera-t-on, à $0^f,40$ par mètre carré ?   (*Allier.*)

Dépense = Prix du m² ($0^f,4$) × Surface peinte.

Surface peinte. $\begin{cases} = (\text{Surface latérale} + \text{Base}) \times 2. \\ a) \text{ Surface latérale.} \begin{cases} \text{Périmètre} = (1^m,45 + 0^m,92) \times 2 = 4^m,74. \\ 4^{m2},74 \times 0,75 = 3^{m2},555. \end{cases} \\ b) \text{ Base} = 1^{m2},45 \times 0,92 = 1^{m2},334. \\ c) \ (3^{m2},555 + 1^{m2},334) \times 2 = 4^{m2},889 \times 2 = 9^{m2},778. \end{cases}$

Rép. $0^f,40 \times 9,778 = 3^f,9112$, soit $3^f,90.$

***912.** — Quelle sera la dépense pour faire blanchir, à raison de $0^f,45$ le mètre carré, les 4 murs et le plafond d'une salle qui a 7 m. de long, 5 m. de large et $3^m,60$ de haut, si les portes et fenêtres représentent une surface à déduire de 12 m² ? — Tracer, avant la solution, les différents rectangles dont on aura à trouver la surface; en indiquer les dimensions.　　　　　　　　　　　　　　　　　　　　　　　　*(Paris.)*

Voir la figure du n° 900. Dessiner : 1° la surface latérale ; 2° une base.

Dépense = Prix du m² (0ᶠ,45) × Surface à blanchir.

Surface à blanchir.
- = Surface latérale + Base — Surface à déduire (12ᵐ²).
  - *a)* Surface latérale. { Périmètre = (7ᵐ + 5ᵐ) × 2 = 24 m. / 24ᵐ² × 3,6 = 86ᵐ²,4.
  - *b)* Plafond : 7ᵐ² × 5 = 35ᵐ².
  - *c)* 86ᵐ²,4 + 35ᵐ² — 12ᵐ² = 121ᵐ²,4 — 12ᵐ² = 109ᵐ²,4.

Rép.　0ᶠ,45 × 109,4 = 49ᶠ,23, soit 49ᶠ,25.

***913.** — On a fait peindre à la colle les murs et le plafond d'une salle de 5ᵐ,60 de long, 4ᵐ,30 de large et 3ᵐ,20 de haut, à raison de 0ᶠ,25 le mètre carré pour les murs et de 0ᶠ,50 pour le plafond. A combien s'élève la dépense ?　　　　　　　　　　　*(Corrèze.)*

Dépense = Prix des murs + Prix du plafond.

1. Murs.
- *a)* Surface latérale. { Périmètre = (5ᵐ,6 + 4ᵐ,3) × 2 = 19ᵐ,8. / 19ᵐ²,8 × 3,2 = 63ᵐ²,36.
- *b)* Prix = 0ᶠ,25 × 63,36 = 15ᶠ,84.

2. Plafond.
- *a)* Surface = 5ᵐ²,6 × 4,3 = 24ᵐ²,08.
- *b)* Prix = 0ᶠ,5 × 24,08 = 12ᶠ,04.

Rép.　15ᶠ,84 + 12ᶠ,04 = 27ᶠ,88, soit 27ᶠ,90.

***914.** — Quelle sera la dépense pour faire peindre à l'huile, à raison de 2ᶠ,15 le mètre carré, les 4 murs et le plafond d'une chambre ayant 4ᵐ,50 de long, 4 m. de large et 3 m. de haut, avec réduction de 1/10 sur la surface totale pour les portes et fenêtres ?　　　*(Vosges.)*

Dépense = Prix du m² (2ᶠ,15) × Surface à peindre.

Surface à peindre.
- = Surface latérale + Base — Réduction.
  - *a)* Surface latérale. { Périmètre = (4ᵐ,5 + 4ᵐ) × 2 = 17 m. / 17ᵐ² × 3 = 51 m².
  - *b)* Plafond : 4ᵐ²,5 × 4 = 18 m².
  - *c)* 51ᵐ² + 18ᵐ² = 69ᵐ² ;　69ᵐ² — 6ᵐ²,9 = 62ᵐ²,1.

Rép.　2ᶠ,15 × 62,1 = 133ᶠ,515, soit 133ᶠ,50.

***915.** — Une salle de classe a 8ᵐ,50 de long, 6ᵐ,50 de large et 4 m. de haut. On fait peindre les murs et le plafond à raison de 0ᶠ,75 par mètre carré. On déduit 6 fenêtres ayant 2ᵐ,40 sur 1ᵐ,20 ; quelle sera la dépense ?　　　　　　　　　　　*(Meurthe-et-Moselle.)*

Dépense = Prix du m² (0ᶠ,75) × Surface peinte.

Surface peinte.
- = Surface latérale + Base — Surface déduite.
  - *a)* Surface latérale. { Périm. :　(8ᵐ,5 + 6ᵐ,5) × 2 = 30 m. / 30ᵐ² × 4 = 120ᵐ².
  - *b)* Plafond : 8ᵐ²,5 × 6,5 = 55ᵐ²,25.
  - *c)* Surface déd. :　(2ᵐ²,4 × 1,2) × 6 = 2ᵐ²,88 × 6 = 17ᵐ²,28.
  - *d)* 120ᵐ² + 55ᵐ²,25 — 17ᵐ²,28 = 175ᵐ²,25 — 17ᵐ²,28 = 157ᵐ²,97.

Rép.　0ᶠ,75 × 157,97 = 118ᶠ,4775, soit 118ᶠ,50.

***916.** — Un coffre à bois fermé, ayant les dimensions suivantes : longueur 0ᵐ,75; largeur 0ᵐ,50; hauteur 0ᵐ,45, est recouvert extérieurement, le fond excepté, avec une étoffe de 0ᵐ,60 de large qui vaut 3ᶠ,85 le mètre. A combien s'élève la dépense ?　　　*(Aisne.)*

Dépense = Prix du mètre (3ᶠ,85) × Longueur d'étoffe.

Longueur d'étoffe.
- = Surface recouverte : Largeur (0ᵐ,60).
  - *a)* Surf. recouv. { Surf. lat. { Pér. :　(0ᵐ,75 + 0ᵐ,5) × 2 = 2ᵐ,5. / 2ᵐ²,5 × 0,45 = 1ᵐ²,125. / Couvercle :　0ᵐ²,75 × 0,5 = 0ᵐ²,375. / 1ᵐ²,125 + 0ᵐ²,375 = 1ᵐ²,5.
  - *b)* 1,5 : 0,6 = 2ᵐ,50.

Rép.　3ᶠ,85 × 2,5 = 9ᶠ,625, soit 9ᶠ,60.

917. — Une salle de classe a $8^m,25$ de long, $7^m,20$ de large et $4^m,05$ de haut. On peint à l'huile le bas des murs jusqu'au tiers de la hauteur et on blanchit à la chaux le reste des murs et le plafond. Quelle sera la dépense, si la peinture à l'huile coûte $0^f,96$ le mètre carré, et le blanchissage à la chaux $0^f,27$ seulement ?   (*Haute-Marne.*)

Dépense = Prix de la peinture à l'huile + Prix du blanchissage.

1. Peinture à l'huile.
   - *a*) Surface.
     - Périm. $= (8^m,25 + 7^m,2) \times 2 = 30^m,90$.
     - Hauteur $= 4^m,05 : 3 = 1^m,35$.
     - $30^{m2},9 \times 1,35 = 41^{m2},715$.
   - *b*) $0^f,96 \times 41,715 = 40^f,046$.

2. Blanchissage.
   - *a*) Surface.
     - Murs : $41^{m2},715 \times 2 = 83^{m2},43$.
     - Plafond : $8^{m2},25 \times 7,2 = 59^{m2},4$.
     - $83^{m2},43 + 59^{m2},4 = 142^{m2},83$.
   - *b*) $0^f,27 \times 142,83 = 38^f,564$.

Rép. $40^f,046 + 38^f,564 = 78^f,61$, soit $78^f,60$.

918. — Pour fournir un coffre en bois ayant $2^m,70$ de long, $0^m,90$ de large, $1^m,30$ de haut, un ouvrier a demandé 5 fr. par mètre carré de bois, couvercle et fond compris. En outre, il peindra extérieurement le couvercle et les faces, sauf le fond, à raison de $0^f,40$ par mètre carré. Après livraison, l'ouvrage ayant été mal fait, il n'est payé à l'ouvrier que 67 fr. Combien lui a-t-on retenu ?   (*Basses-Pyrénées.*)

Retenue = Prix convenu — Paiement (67 fr.).

Prix convenu.
- *a*) Bois.
  - Surf. lat.
    - Périm. $= (2^m,7 + 0^m,9) \times 2 = 7^m,2$.
    - $7^{m2},2 \times 1,3 = 9^{m2},36$.
  - Bases : $2^{m2},7 \times 0,9 \times 2 = 2^{m2},43 \times 2 = 4^{m2},86$.
  - Surface totale $= 9^{m2},36 + 4^{m2},86 = 14^{m2},22$.
  - Prix $= 5^f \times 14,22 = 71^f,10$.
- *b*) Peinture.
  - Surface $= 9^{m2},36 + 2^{m2},43 = 11^{m2},79$.
  - Prix $= 0^f,40 \times 11,79 = 4^f,716$.
- *c*) $71^f,1 + 4^f,716 = 75^f,816$, soit $75^f,80$.

Rép. $75^f,8 - 67^f = 8^f,80$.

*REVISION   P. 94.

Problèmes. — 919. — On a récolté 18 hl. de blé par hectare dans un champ rectangulaire de 560 m. sur 355 m. Quelle est la valeur de la récolte à raison de 18 fr. l'hectolitre ?   (*Var.*)

Valeur de la récolte = Valeur à l'hectare $\times$ Nombre d'hectares.
1. Valeur à l'hectare $= 18^f \times 18 = 324$ fr.
2. Nombre d'hectares $= 560^{m2} \times 355 = 198\,800$ m² ou $19^{ha},88$.
Rép. $324^f \times 19,88 = 6\,441^f,12$, soit $6\,441^f,10$.

920. — On veut paver une cour rectangulaire de 15 m. de long sur 9 m. de large avec des dalles ayant chacune $0^m,90$ sur $0^m,45$. Chaque dalle coûte $0^f,45$ et la main-d'œuvre est de $0^f,75$ par mètre carré. Trouver le prix total du pavage de cette cour.   (*Oise.*)

Dépense = Prix des dalles + Main-d'œuvre.

1. Dalles.
   - *a*) Nombre.
     - Cour : $15^{m2} \times 9 = 135$ m² ;
     - Dalle : $0^{m2},9 \times 0,45 = 0^{m2},405$.
     - $135 : 0,405 = 333$ par défaut, soit 334.
   - *b*) Prix $= 0^f,45 \times 334 = 150^f,30$.
2. Main-d'œuvre : $0^f,75 \times 135 = 101^f,25$. *Rép.* $150^f,3 + 101^f,25 = 251^f,55$.

921. — Une cour d'école rectangulaire a $45^m,40$ sur $21^m,30$. On établit un trottoir bitumé de $1^m,85$ de large sur le pourtour, à l'exception d'un grand côté. Calculer la surface de ce trottoir.   (*Paris.*)

Surface du trottoir = Surface d'un rect. qui est la somme de 3 rect. : l'un construit sur la long. et les 2 autres sur la larg. réduite (*Fig.*).
Base $= 45^m,40 + (21^m,3 - 1^m,85) \times 2 = 45^m,4 + 38^m,9 = 84^m,30$.
Hauteur $= 1^m,85$.   *Rép.* $84^{m2},3 \times 1,85 = 155^{m2},955$.

922. — On veut clore d'une palissade, à raison de $4^f,50$ le mètre courant, un jardin rectangulaire de $2^a,50$ de superficie, dont la longueur égale 20 m. Calculer le montant de la dépense.   (*Doubs.*)

Dépense = Prix du mètre $(4^f,5) \times$ Longueur de palissade ou Périmètre.
Périmètre. $\begin{cases} a) \text{ Largeur} : & 2^a,5 = 250^{m2} ; \quad 250 : 20 = 12^m,5. \\ b) (20^m + 12^m,5) \times 2 = 32^m,5 \times 2 = 65 \text{ m.} \end{cases}$
Rép. $4^f,5 \times 65 = 292^f,50$.

923. — Combien faudra-t-il de mètres d'une étoffe large de $0^m,75$ pour doubler un tapis rectangulaire de $4^m,80$ de long et de $16^m,40$ de périmètre ?   (*Somme.*)

Longueur d'étoffe = Surface : Largeur $(0^m,75)$.
Surface. $\begin{cases} a) \text{ Largeur} = 1/2 \text{ Périm} - 4^m,8 = (16^m,4 : 2) - 4^m,8 = 3^m,4. \\ b) 4^{m2},8 \times 3,4 = 16^{m2},32. \end{cases}$
Rép. $16,32 : 0,75 = 21^m,76$.

924. — Dans un jardin rectangulaire de 50 m. de long sur 24 m. de large, on a tracé, par le milieu, deux allées perpendiculaires de 1 m. de large. Quelle est la surface à cultiver ?   (*Aisne.*)

Surface à cultiver = Surface d'un rectangle ayant les dimensions du jardin diminuées de 1 m.
Rép. $(50 - 1)^{m2} (24 - 1) = 49^{m2} \times 23 = 1\,127 \; m^2$.

925. — Autour d'un herbage rectangulaire de $148^m,50$ sur $85^m,50$, on a planté des pieux distants de $4^m,50$ et valant 35 fr. le cent, pour supporter un triple rang de fils de fer qui pèsent 55 gr. par mètre et qui reviennent à $0^f,90$ le kilogramme. Quelle a été la dépense ?   (*Loiret.*)

Dépense = Prix des pieux + Prix des fils de fer.
1. Pieux. $\begin{cases} a) \text{ Nombre.} \begin{cases} \text{Périmètre} = (148^m,5 + 85^m,5) \times 2 = 468 \text{ m.} ; \\ 468 : 4,5 = 104 \text{ pieux.} \end{cases} \\ b) \text{ Prix} = 35^f \times 1,04 = 36^f,40. \end{cases}$
2. Fils $\begin{cases} a) \text{ Poids} : 468^m \times 3 = 1\,404 \text{ m.} ; \quad 55^g \times 1\,404 = 77\,220 \text{ g.} \\ b) \text{ Prix} = 0^f,9 \times 77,22 = 69^f,498, \text{ soit } 69^f,50. \end{cases}$
de fer.
Rép. $36^f,40 + 69^f,50 = 105^f,90$.

926. — A chaque coin d'un rectangle en tôle de $3^m,20$ sur $1^m,75$, il y a une échancrure carrée de $0^m,33$ de côté. Quelle est la surface de la partie pleine ?   (*Doubs.*)

Surface de tôle = Surface du rectangle — Surface des 4 échancrures.
1. Surface du rectangle $= 3^{m2},2 \times 1,75 = 5^{m2},6$.
2. Surface des 4 échancrures $= 0^{m2},33 \times 0,33 \times 4 = 0^{m2},1089 \times 4 = 0^{m2},4356$.
Rép. $5^{m2},6 - 0^{m2},4356 = 5^{m2},1644$.

927. — Le périmètre d'un jardin rectangulaire a 366 m. La largeur est la moitié de la longueur. Calculer la surface.   (*Cher.*)

Surface = Longueur $\times$ Largeur.
1. Largeur : $a) 1/2$ Périmètre $= 183$ m. $b) 183^m : (1 + 2) = 61$ m.
2. Longueur $= 61^m \times 2 = 122$ m.   *Rép.* $122^{m2} \times 61 = 7\,442 \; m^2$.

928. — Un tapis carré, de 2^m,70 de côté, recouvre les 2/5 du parquet d'une salle à manger de 4^m,50 de longueur. On demande la largeur de la salle. *(Aisne.)*

Largeur = Surface : Longueur (4^m,50).
Surface : *a)* Tapis : 2^{m²},7 × 2,7 = 7^{m²},29 *b)* 7^{m²},29 : 2/5 = 18^{m²},225.
Rép. 18,225 : 4,5 = 4^m,05.

929. — Pour border un tapis rectangulaire, on a employé 2^f,40 de galon à 0^f,15 le demi-mètre. La longueur du tapis dépasse sa largeur de 0^m,6. Trouver : 1° les 2 dimensions du tapis ; 2° sa surface en décimètres carrés. *(Tunisie.)*

I. *Longueur* = Moitié du 1/2 Périmètre si la largeur lui était égale.

Double de la longueur. { *a)* 1/2 Pér.: 2,4 : (0,15 × 2) = 8 m. ; 8^m : 2 = 4 m.
{ *b)* 4^m + 0^m,6 = 4^m,6.

Rép. 4^m,6 : 2 = 2^m,30 ou 23 *dm.*
II. *Largeur* = 2^m,3 — 0^m,6. *Rép.* 1^m,70 ou 17 *dm.*
III. *Surface* = 23^{dm²} × 17. *Rép.* 391 *dm².*

930. — Dans un carré de 6 m. de côté, on plante des betteraves à 0^m,50 de distance et à 0^m,25 du bord. Combien y aura-t-il de pieds de betteraves dans ce carré ? *(Aveyron.)*

(Fig.) Une betterave occupe un carré de 0^m,50 de côté.
Nombre de pieds = Surface du carré : Surface occupée par 1 betterave.
1. Surf. du carré = 6^{m²} × 6 = 36 m² ; 2. Une bett. occupe : 0^{m²},5 × 0,5 = 0^{m²},25.
Rép. 36 : 0,25 = 144 *pieds.* *Autre méthode :* 6 : 0,5 = 12 lig. de 12 better.

931. — On a entouré un champ rectangulaire d'une clôture qui vaut 2^f,50 le mètre linéaire. Sachant que la dépense s'est élevée à 800 fr., que la longueur égale trois fois la largeur, on demande les dimensions du champ. *(Haute-Garonne.)*

Les *dimensions* s'obtiendront par le partage du périmètre.
Périmètre = 800 : 2,5 = 320 m. ; 1/2 Périmètre = 160 m.
I. *Largeur* = 160^m : (1 + 3). *Rép.* 40 m.
II. *Longueur* = 40^m × 3. *Rép.* 120 m. *Vérification :* 120^m + 40^m = 160 m.

932. — Un terrain rectangulaire est entouré d'une allée dont la largeur est de 0^m,85. Ce jardin a une contenance de 35 a. 4 ca. (allée comprise), et sa longueur est de 73 m. Dites la surface de l'allée. *(Nord.)*

Surface de l'allée = Surface totale (35^a 4^{ca}) — Surface cultivable.

Surface cultiv. { *a)* Long. : Dimin. = 0^m,85 × 2 = 1^m,70 ; 73^m — 1^m,7 = 71^m,3.
{ *b)* Larg. { Larg. totale = 3504 : 73 = 48 m.
{ { 48^m — 1^m,7 = 46^m,3.
{ *c)* 71^{m²},3 × 46,3 = 3301^{m²},19.

Rép. 3504^{m²} — 3301^{m²},19 = 202^{m²},81.

933. — Un terrain rectangulaire de 50 m. de long sur 30 m. de large P. 95. est planté d'arbres espacés de 2^m,50 en tous sens et placés à 2^m,50 du bord. Combien y a-t-il d'arbres dans ce terrain ? *(Nord.)*

Nombre d'arbres = Nombre d'arbres d'une rangée × Nombre de rangées.
1° Par rangée : (30 : 2,5) — 1 = 12 — 1 = 11 arbres.
2° Nombre de rangées : (50 : 2,5) — 1 = 20 — 1 = 19 rangées (Voir n° 622).
Rép. 11^{arb.} × 19 = 209 *arbres.* *Autre méth.* (50 — 2,5)(30 — 2,5) : (2,5 × 2,5).

934. — On soufre 3 fois une vigne rectangulaire qui a 580 m. de périmètre et une longueur triple de sa largeur. Quelle est la dépense, si

chaque soufrage exige 2 journées 1/2 d'ouvrier à 3^f,50 l'une et, par hectare, 30 kg. de fleur de soufre à 0^f,20 le kilogramme ? (*Charente.*)

$Dépense$ $totale$ = Dépense pour 1 fois × 3.

$$\text{Une fois.} \begin{cases} a) \text{ Ouvrier : } 3^f,5 \times 2,5 = 8^f,75. \\ b) \text{ Soufre. } \begin{cases} \text{Surf.} \begin{cases} \text{Larg.: } 1/2 \text{ P.} = 290 \text{ m.; } 290^m : (1+3) = 72^m,5. \\ \text{Long. : } 72^m,5 \times 3 = 217^m,5. \\ \text{Surf.} = 217^{m2},5 \times 72,5 = 15\,768^{m2},75. \end{cases} \\ \text{Prix : } 0^f,2 \times 30 \times 1,576875 = 9^f,46125. \end{cases} \\ c) \text{ En tout : } 8^f,75 + 9^f,46 = 18^f,21. \end{cases}$$

$Rép.$ 18^f,21 × 3 = 54^f,63, soit 54^f,65.

935. — Un propriétaire a fait peindre sur les 2 faces, à raison de
0^f,20 le mètre carré, 4 portes de 2^m,10 sur 0^m,80 et 5 fenêtres de 1^m,85
sur 1^m,10. A cause des carreaux, le peintre fait sur les fenêtres une
réduction d'un tiers. Calculer le montant de la dépense. (*I.-et-Loire.*)

$Dépense$ = Prix du m² (0^f,20) × Surface peinte.

$$\text{Surface peinte.} \begin{cases} a) \text{ Portes : } 2^{m2},1 \times 0,8 \times 4 = 6^{m2},72. \\ b) \text{ Fenêtres : } 1^{m2},85 \times 1,1 \times 5 \times 2/3 = 6^{m2},7833. \\ c) \text{ 2 faces : } (6^{m2},72 + 6^{m2},7833) \times 2 = 27^{m2},0066. \end{cases}$$

$Rép.$ 0^f,20 × 27 = 5^f,40.

936. — On fait mettre en peinture sur toutes ses faces, à l'intérieur
et à l'extérieur, un bassin cubique de 2^m,50 de côté, sans couvercle. Que
coûtera cette peinture à 4^f,25 le mètre carré ?   (*Somme.*)

$Dépense$ = Prix du m² (4^f,25) × Surface totale.

$$\text{Surface totale.} \begin{cases} a) \text{ Intérieur : } 2^{m2},5 \times 2,5 \times 5 = 6^{m2},25 \times 5 = 31^{m2},25. \\ b) \text{ } 31^{m2},25 \times 2 = 62^{m2},5. \end{cases}$$

$Rép.$ 4^f,25 × 62,5 = 265^f,625, soit 265^f,60.

937. — Un coffre à bois cubique a 0^m,80 d'arète. On en tapisse extérieurement les 4 faces latérales et le couvercle avec une étoffe qui a
0^m,40 de large. Combien en faudra-t-il de mètres ?   (*Seine-Inf^{re}.*)

$Longueur$ $d'étoffe$ = Surface de 5 faces : Largeur (0^m,4).
Surface de 5 faces = 0^{m2},8 × 0,8 × 5 = 0^{m2},64 × 5 = 3^{m2},2.

$Rép.$ 3,2 : 0,4 = 8 m. *Autre méthode :* 2 lés par face, soit 10 lés de 0^m,8.

938. — Un plafond comprend 27 solives de chacune 4^m,80 de longueur sur 0^m,11 d'équarrissage. On les fait peindre sur 3 faces, à 0^f,35
le mètre carré. Quelle sera la dépense ?   (*Nièvre.*)

$Dépense$ = Prix du m² (0^f,35) × Surface peinte.

$$\text{Surface peinte.} \begin{cases} a) \text{ 3 faces.} \begin{cases} \text{Base : } 0^m,11 \times 3 = 0^m,33. \\ \text{Surface : } 0^{m2},33 \times 4,8 = 1^{m2},584. \end{cases} \\ b) \text{ } 1^{m2},584 \times 27 = 42^{m2},768. \end{cases}$$

$Rép.$ 0^f,35 × 42,768 = 14^f,9688, soit 15 fr.

939. — On fait badigeonner les 4 murs d'une salle de classe ayant
7 m. de long sur 6 m. de large, au prix de 0^f,80 le mètre carré. Le calcul
de la dépense donne 87^f,36; trouver la hauteur de la salle. (*Rhône.*)

$Hauteur$ = Surface latérale : Périmètre [(7^m + 6^m) × 2 = 26 m.].
Surface latérale = 87,36 : 0,8 = 109^{m2},2. $Rép.$ 109,2 : 26 = 4^m,20.

940. — Un jardin rectangulaire a 8 a. de superficie et 32 m. de long
On veut le clore avec un treillage en fil de fer ayant 1^m,20 de haut, pesant 2^{kg},04 par mètre carré et coûtant 37^f,50 les 100 kg. Quelle sera la
dépense ?   (*Meurthe-et-Moselle.*)

$Dépense$ = Prix du quintal (37^f,5) × Nombre de quintaux.

$$\text{Nombre de quintaux.} \begin{cases} a) \text{ Surf.} \begin{cases} \text{Périm.} \begin{cases} \text{Larg. : } 8^a = 800 \text{ m}^2 : 800 : 32 = 25 \text{ m.} \\ (32^m + 25^m) \times 2 = 114 \text{ m.} \end{cases} \\ 114^{m2} \times 1,2 = 136^{m2},8. \end{cases} \\ b) \text{ } 2^{kg},04 \times 136,8 = 279^{kg},072 = 2^q,79072. \end{cases}$$

$Rép.$ 37^f,5 × 2,79072 = 104^f,65.

941. — Une chambre a 6^m,20 de long sur 5^m,40 de large ; on fait mettre, le long des murs, une plinthe de 0^m,28 de largeur, à 1^f,35 le mètre carré. Calculez la dépense, si la porte a 1^m,25 de large.   *(Nièvre.)*

Dépense = Prix du m^2 (1^f,35) × Surface de la plinthe.

Surface. $\Big\{$ *a)* Longueur. $\Big\{$ Périmètre = (6^m,2 + 5^m,4) × 2 = 23^m,20.
                               23^m,20 — 1^m,95 = 21^m,95.
          b) Surface = 21^{m2},95 × 0,28 = 6^{m2},146.

Rép.   1^f,35 × 6,146 = 8^f,2971, soit 8^f,30.

942. — Combien a-t-on dû payer pour le blanchissage des murs et du plafond d'une salle de classe de 7^m,90 de long sur 6^m,95 de large et 4 m. de haut, à raison de 0^f,35 par mètre carré ? (Les portes et les fenêtres ont une surface de 18 m^2.)   *(Mayenne.)*

Dépense = Prix du m^2 (0^f,35) × Surface blanchie.

Surface blanchie. $\Big\{$ *a)* Surf. lat. $\Big\{$ Périm. = (7^m,9 + 6^m,95) × 2 = 29^m,70.
                                   29^{m2},7 × 4 = 118^{m2},8.
                   b) Plafond : 7^m,9 × 6,95 = 54^{m2},905.
                   c) Apr. déduct. : 118^{m2},8+54^{m2},905—18^{m2}=155^{m2},705.

Rép.   0^f,35 × 155,705 = 54^f,49675, soit 54^f,50.

943. — On a fait blanchir les 4 murs et le plafond d'une salle qui a 6^m,20 de long, 5^m,40 de large et 3 m. de haut, à raison de 0^f,35 le mètre carré. Calculer la dépense, si l'ouvrier accorde une réduction de 1/12 de la surface totale pour les portes et fenêtres.   *(Ardennes.)*

Dépense = Prix du m^2 (0^f,35) × Surface blanchie.

Surface blanchie. $\Big\{$ *a)* Surf. lat. $\Big\{$ Périm. = (6^m,2 + 5^m,4) × 2 = 23^m,20.
                                   23^{m2},2 × 3 = 69^{m2},6.
                   b) Plafond : 6^{m2},2 × 5,4 = 33^{m2},48.
                   c) Ap. réd. : (69^{m2},6+33^{m2},48) ou 103^{m2}.08×11/12=94^{m2},49.

Rép.   0^f,35 × 94,49 = 33^f,0715, soit 33^f,05.

944. — Combien coûtera, à raison de 0^f,54 le mètre carré, le badigeonnage des 4 murs et du plafond d'une salle de classe qui a 7^m,15 de long, une largeur égale aux 3/5 de la longueur et 4 m. de haut ? On tiendra compte des ouvertures qui ont ensemble 19 m^2.   *(Aisne.)*

Dépense = Prix du m^2 (0^f,54) × Surface peinte.

Surface peinte. $\Big\{$ *a)* Surf. lat. $\Big\{$ Périm. : (7^m,15 + 3/5 de 7^m,15) × 2
                                   = (7^m,15 + 4^m,29) × 2 = 22^m,88.
                                   22^{m2},88 × 4 = 91^{m2},52.
                 b) Plafond : 7^{m2},15 × 4,29 = 30^{m2},6735.
                 c) Apr. déduct. : 91^{m2},52+30^{m2},6735—19^{m2}=103^{m2},1935.

Rép.   0^f,54 × 103,1935 = 55^f,72449, soit 55^f,70.

945. — On a tapissé d'une étoffe l'intérieur d'une caisse fermée qui a 0^m,85 de long, 0^m,60 de large et 0^m,45 de haut. Ce travail coûte 9^f,25 le mètre carré. À combien s'élève la dépense ?   *(Loiret.)*

Dépense = Prix du m^2 (9^f,25) × Surface totale.

Surface totale. $\Big\{$ *a)* Surf. lat. $\Big\{$ Périm. : (0^m,85 + 0^m,6) × 2 = 2^m,90.
                                   2^{m2},9 × 0,45 = 1^{m2},305.
                 b) Bases = 0^{m2},85 × 0,6 × 2 = 1^{m2},02.
                 c) Surf. tot. = 1^{m2},305 + 1^{m2},02 = 2^{m2},325.

Rép.   9^f,25 × 2,325 = 21^f,50.

946. — Quelle dépense fera-t-on pour tapisser une chambre qui a 6^m,10 de long, 5^m,05 de large et 3^m,30 de haut, sachant : 1° qu'elle a 2 fenêtres de 2 m. de haut sur 1^m,20 de large, et une porte de 2^m,20 sur $1^m,25$; 2° que les rouleaux de papier ont 8 m. de long sur $0^m,50$ de large, et reviennent, tout posés, à $1^f,40$ la pièce ?   (*Var.*)

Dépense = Prix du rouleau ($1^f,40$) × Nombre de rouleaux.

Nombre de rouleaux.

a) Surf. à tap.

Surf. latér. $\{$ P. $= (6^m,1 + 5^m,05) \times 2 = 22^m,3.$ $22^{m2},3 \times 3,3 = 73^{m2},59.$

Déduction. $\{$ Fenêt. : $1^{m2},2 \times 2 \times 2 = 4^{m2},8.$ Porte : $2^{m2},2 \times 1,25 = 2^{m2},75.$ $4^{m2},8 + 2^{m2},75 = 7^{m2},55.$

$73^{m2},59 - 7^{m2},55 = 66^{m2},04.$

b) Surface d'un rouleau $= 8^{m2} \times 0,5 = 4$ m²

c) 66.04 : 4 = 16 rouleaux par défaut, soit 17 rouleaux.

Rép. $1^f,40 \times 17 = 23^f,80.$

MESURES DE VOLUME

P. 96.

1. — **Pour mesurer les volumes**, on prend comme *unités* les *cubes construits sur les unités de longueur.*

2. — L'*unité principale* des mesures de volume est le **mètre cube (m³)**, cube qui a 1 *m.* de côté.

3. — Les *multiples décimaux* du mètre cube ne sont employés que pour *évaluer des volumes très considérables* comme celui de la Terre, du Soleil, de la Lune, etc.

4. — Les *sous-multiples décimaux* du mètre cube sont :
le **décimètre cube (dm³)**, cube qui a 1 *dm.* de côté;
le **centimètre cube (cm³)**,   —   1 *cm.*   —   ;
le **millimètre cube (mm³)**,   —   1 *mm.*   —   .

NUMÉRATION MILLÉSIMALE

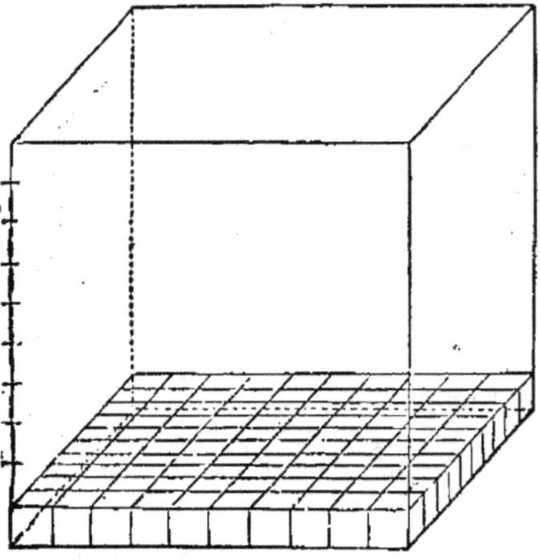

Si on suppose que le cube ci-dessus a 1 m. ou 10 dm. d'arête, on voit que sur son fond, qui est 1 m² ou 100 dm², on peut placer 100 *dm³* formant une couche d'un décimètre de haut et que le cube pourrait contenir 10 *couches* semblables.

Le **mètre cube** vaut donc : $100^{dm^3} \times 10 = 1000^{dm^3}$.

On démontrerait de même que le **décimètre cube vaut 1 000 cm³**, etc.

5. — **Les unités de volume** sont de 1 000 en 1 000 fois *plus grandes* ou *plus petites*.

Le **décimètre cube** vaut . . . . $0^{m^3},001$;

le **centimètre cube** — $0^{dm^3},001$ ou $0^{m^3},000\,001$;

le **millimètre cube** vaut $0^{cm^3},001$ — $0^{m^3},000\,000\,001$.

LECTURE. ÉCRITURE Γ. 97.

Unité.	Sous-multiples.		
m³.	dm³.	cm³.	mm³.
49	, 057		
6	, 003	485	

6. — Les nombres précédents *se lisent :*

49 mètres cubes   57 décimètres cubes

et   6 mètres cubes   3 485 centimètres cubes.

Dans les nombres qui expriment des volumes, les *sous-multiples du mètre cube* se succèdent de **3 en 3 chiffres**.

Exercices oraux. — 1. Partager les nombres suivants en tranches de 3 chiffres à partir de la virgule et dire quelles sont les unités de volume représentées par chaque tranche : $46^{m^3},27593$; $0^{m^3},8792$; $0^{m^3},000975346$; $0^{m^3},0000436$.

Voir § 6.

2. — Lire les nombres suivants : $37^{m^3},678$; $9^{m^3},328457$; $0^{m^3},000006954$; $573^{m^3},47$; $4^{m^3},2$; $0^{m^3},6754$; $0^{m^3},00037$; $0^{m^3},0000362$.

Suivre les indications de l'exercice précédent.

Exercice écrit. — 947. — Écrire les nombres suivants en prenant le mètre cube pour unité : 5 m³ 67 dm³ ; 3 m³ 8 dm³ ; 0 m³ 475 cm³ ; 0 m³ 7 dm³ 46 cm³ ; 0 m³ 87 cm³ 329 mm³ ; 0 m³ 6 dm³ 32 cm³ 48 mm³.

Rép. $5^{m^3},067$; $3^{m^3},008$; $0^{m^3},000475$; $0^{m^3},007046$; $0^{m^3},000087329$; $0^{m^3},006032048$.

CHANGEMENT D'UNITÉ

Exercices. — Exprimez un volume de 8 m³ en prenant comme unité : 1° le décimètre cube ; 2° le centimètre cube.

Exprimez un volume de $7^{m^3},834572$ en prenant comme unité : 1° le décimètre cube ; 2° le centimètre cube.

Quelle modification fait-on subir à un nombre exprimant un volume quand on effectue un changement d'unité ?

1° Écrire les résultats comme suit :

8 m^3 ; 8000 dm^3 ; 8000000 cm^3.

$7^{m3},834572$; $7834^{dm3},572$; 7834572^{cm3}.

2° Les comparer aux nombres donnés et en déduire la règle suivante.

7. — **Pour faire un changement d'unité** dans un nombre, *on place la virgule* ou *on écrit des zéros* de manière que *le dernier chiffre entier exprime la nouvelle unité donnée.*

Exercices oraux. — 1. Dans un décimètre cube il y a 1000^{cm3}. Expliquer. *(Eure.)*

Voir l'explication qui suit le dessin du cube.

2. Combien 6 m³ valent-ils de décimètres cubes? de centimètres cubes? de millimètres cubes?

Rép. $6000 \; dm^3$; $6000000 \; cm^3$; $6000000000 \; mm^3$.

3. Convertir en m³ les nombres suivants : $47635 \; dm^3$; $248 \; dm^3$; $7546203 \; cm^3$; $4768 \; cm^3$.

Rép. $47^{m3},635$; $0^{m3},248$; $7^{m3},546203$; $0^{m3},004768$.

4. Le décimètre cube étant pris pour unité, à quels rangs s'écrivent les centimètres cubes? les millimètres cubes?

Rép. Aux rangs : 1° des *millièmes;* 2° des *millionièmes.*

5. Ramener au centimètre cube les nombres suivants : $4 \; dm^3$; $7589 \; mm^3$; $0^{m3},3754$; $2^{dm3},53$.

Rép. $4000 \; cm^3$; $7^{cm3},589$; $375400 \; cm^3$; $2530 \; cm^3$.

P. 98. **Problèmes.** — **948.** — Un terrassier a extrait du sable : $2^{m3},74$ le 1er jour, $1^{m3},25$ le 2° jour, et 2^{m3} 1/2 le 3° jour. Faire le total et l'exprimer en décimètres cubes. *(Aveyron.)*

Rép. $2^{m3},74 + 1^{m3},25 + 2^{m3},5 = 6^{m3},49$ ou $6490 \; dm^3$.

949. — Quelle différence y a-t-il entre le centimètre cube et 0,01 du mètre cube? Combien faudrait-il de centimètres cubes pour égaler 0,25 du mètre cube? Combien de décimètres cubes? *(Mayenne.)*

I. *Rép.* $1^{cm3} = 0^{m3},000001$; $0^{m3},01 = 10000 \; cm^3$.

II. *Rép.* $0^{m3},25 = 250000 \; cm^3 = 250 \; dm^3$.

950. — Exprimer en décimètres cubes : $5^{m3},3$; $11^{m3},09$; $1^{m3},4576$; $0^{m3},08789$. Exprimer en centimètres cubes : $5^{m3},7$; $0^{m3},8403$. Combien vaut de décimètres cubes la dixième partie du mètre cube? *(Cher.)*

I. *Rép.* $5300 \; dm^3$; $11090 \; dm^3$; $1457^{dm3},6$; $87^{dm3},89$.

II. *Rép.* $5700000 \; cm^3$; $840300 \; cm^3$.

III. *Rép.* $0^{m3},1 = 100 \; dm^3$.

951. — Additionner les nombres suivants : $42^{m3} 78^{dm3} + 475^{dm3} 9^{cm3} 23^{mm3} + 309^{cm3} 7^{mm3} + 4019^{m3} 24^{dm3} + 3912^{dm3} 314^{mm3}$. Exprimer le résultat : 1° en mètres cubes ; 2° en dm³; 3° en cm³. *(Cher.)*

$42^{m3},078 + 0^{m3},475009023 + 0^{m3},000309007 + 4019^{m3},024 + 3^{m3},912000314$.

Rép. $4065^{m3},489318344$; $4065489^{dm3},318344$; $4065489318^{cm3},344$.

952. — Combien les 3/4 et les 4/5 d'un mètre cube font-ils en tout de décimètres cubes ? *(Gers.)*

3/4 de m³ = 0^{m3},75 ; 4/5 de m³ = 0^{m3},8.
Rép. 750^{dm3} + 800^{dm3} = 1550 *dm³*.

953. — Combien paiera-t-on un bloc de marbre ayant un volume de 270 dm³ ? (1 m³ vaut 525 fr.) *(Maine-et-Loire.)*

270 dm³ = 0^{m3},27. *Rép.* 525^f × 0,27 = 141^f,75.

954. — Un mètre cube de marbre pèse 2848 kg. Quel est le poids : 1° d'un dm³ ; 2° d'un cm³ de ce marbre ? *(Loire-Inférieure.)*

Rép. 2^{kg},848 ; 0^{kg},002848 ou 2^g,848.

955. — On a creusé un fossé de 18 m³. Pour enlever les matériaux de déblai, on emploie un tombereau qui a une contenance de 864 175 cm³. Combien fera-t-on de voyages ? *(Haute-Garonne.)*

Nombre de voyages = Volume des matériaux : Contenance d'un tombereau.
Matériaux : 18 m³ = 18 000 000 cm³.
Rép. 18 000 000 : 864 175 = 20 voyages par défaut, soit 21 *voyages*.

956. — On achète, à raison de 18 fr. le mètre cube, 4 tas de moellons ayant : le 1er, 17^{m3},65 ; le 2e, 4^{m3},08 ; le 3e, 8^{m3} 1/2 ; le 4e, 15^{m3} 25 dm³. Quelle somme doit-on payer ? *(Orne.)*

Prix total = Prix du m³ (18 fr.) × Volume total en m³.
Volume total = 17^{m3},65 + 4^{m3},08 + 8^{m3},5 + 15^{m3},025 = 45^{m3},255.
Rép. 18^f × 45,255 = 814^f,59, soit 814^f,60.

957. — On a payé 952^f,25 pour 25 poutres pareilles à 65 fr. le mètre cube. Quel est en dm³ le volume de chaque poutre ? *(Paris.)*

Volume d'une poutre = Volume total : 25.
Volume total = 952,25 : 65 = 14^{m3},65 = 14 650 dm³.
Rép. 14 650^{dm3} : 25 = 586 *dm³*.

958. — Le décimètre cube de mercure pèse 13^{kg},5. On en remplit une caisse dont la capacité est de 85 cm³. Quelle est, à raison de 7 fr. le kilogramme, la valeur du contenu de la caisse ? *(Allier.)*

Valeur du contenu = Prix du kg. (7 fr.) × Poids en kg. du contenu.
Poids du contenu : *a)* 85^{cm3} = 0^{dm3},085.   *b)* 13^{kg},5 × 0,085 = 1^{kg},1475.
Rép. 7^f × 1,1475 = 8^f,0325, soit 8^f,05.

959. — Deux poutres, l'une de 1 m³ 12 dm³ 740 cm³, l'autre de 1 m³ 324 dm³ 49 cm³, ont été achetées à raison de 54^f,25 le mètre cube. Quel en est le prix total ? *(Allier.)*

Prix total = Prix du m³ (54^f,25) × Volume total en m³.
Volume total = 1^{m3},012740 + 1^{m3},324049 = 2^{m3},336789.
Rép. 54^f,25 × 2,336789 = 126^f,77, soit 126^f,75.

960. — Que paiera-t-on pour le transport de 25 pierres de taille de chacune 1 600 dm³, à raison de 1^f,50 les 1 000 kg., si le mètre cube pèse 2 150 kg. ? *(Bouches-du-Rhône.)*

Prix total = Prix d'une tonne (1^f,5) × Poids en tonnes.
Poids. *a)* Volume = 1 600^{dm3} × 25 = 40 000 dm³ ou 40 m³.
    b) 2 150^{kg} × 40 = 86 000 kg ou 86 tonnes.
Rép. 1^f,5 × 86 = 129 *fr.*

961. — Un cultivateur dispose de 11 m³ 16 dm³ de fumier pour fumer un champ rectangulaire de 120 m. sur 90 m. Quel sera le volume du fumier répandu sur un are de terrain ? *(Hautes-Alpes.)*

Volume répandu sur 1 are = Volume total (11^{m3},016) : Surface en ares.
Surface = 12^a × 9 = 108 a. *Rép.* 11^{m3},016 : 108 = 0^{m3},102 ou 102 *dm³*.

* **962.** — On a 5 cubes, savoir : 3 centimètres cubes en argent et 2 décimètres cubes en plomb ; on les pose l'un sur l'autre, quelle hauteur obtient-on ? Quel est le poids de ces 5 cubes, si 1 dm³ d'argent pèse 10^{kg},5 et 1dm³ de plomb 11^{kg},35 ? (*Meuse.*)

I. *Hauteur* $= 3^{cm} + 2^{dm}$. *Rép.* 23 *cm*.
II. *Poids* $= 10^{kg}$,5 $\times$ 0,003 $+ 11^{kg}$,35 $\times$ 2.
Rép. 0^{kg},0315 $+ 22^{kg}$,7 $= 22^{kg}$,7315.

* **963.** — On voudrait mettre de l'engrais dans un terrain de 2^{ha},25. Il en faut environ 1/2 m³ par are ; on paye cet engrais 4^f,25 le mètre cube ; le transport coûte 1^f,80 par tombereau de 1 m³ 3/4. Quelle serait la dépense totale ? (*Eure-et-Loir.*)

Dépense totale = Prix de l'engrais + Prix du transport.
1. Engrais. { *a*) Volume = 1/2^{m3} $\times$ 225 = 112^{m3},5.
{ *b*) Prix = 4^f,25 $\times$ 112,5 = 478^f,125 ou 478^f,15.
2. Transp. { *a*) Nombre de tomber. = 112,5 : 1,75 = 64 par défaut, soit 65.
{ *b*) Prix = 1^f,80 $\times$ 65 = 117 fr.
Rép. 478^f,15 $+ 117^f$ = 595^f,15.

* **964.** — Les 5/7 d'un tas de bois forment un volume de 2^{m3},8. Combien faudrait-il ajouter de décimètres cubes de bois à ce tas pour qu'il ait un volume de 4 m³ ? (*Sarthe.*)

Nombre de dm³ à ajouter = 4^{m3} ou 4000 dm³ — Volume total en dm³.
Volume total = 2^{m3},8 : 5/7 = 3^{m3},92 ou 3920 dm³.
Rép. 4000^{dm3} — 3920^{dm3} = 80 *dm³*.

P. 99.

VOLUME DU CUBE

Il n'y a **pas de mesures effectives** pour les volumes : on mesure la longueur des dimensions et *on obtient le volume par le calcul*.

Problèmes. — **965.** — Calculer le volume d'un cube qui a 5 m. d'arête.

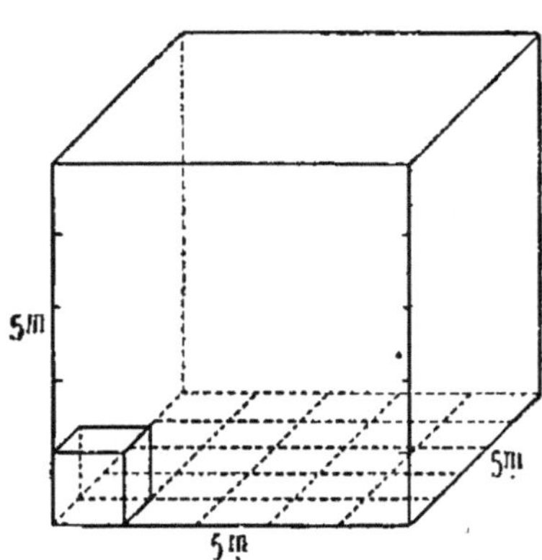

Solution. — Le **volume de ce cube** est égal à celui de 5 *couches* ayant pour base celle du cube et pour hauteur 1 m.
1. *Volume d'une couche :* 5^{m3} $\times$ 5.
2. Le **volume du cube** est donc : 5^{m3} $\times$ 5 $\times$ 5 = **125 m³**.

8. — **Le volume du cube est égal au** *produit de 3 facteurs égaux à l'arête,* **c'est-à-dire** *au cube de cette arête.*

Remarque. — Si le cube précédent avait 5 dm. d'arête, son volume serait égal à 5 dm³ $\times$ 5 $\times$ 5 $=$ 125 dm³.

Ainsi, quand les *dimensions* sont exprimées *en mètres*, le calcul donne le *volume en mètres cubes;* quand elles sont exprimées *en décimètres*, le calcul donne le *volume en décimètres cubes*, etc.

966. — Quel est le volume d'un cube dont le côté a 2 m.? 3 dm.? 4 cm.? 20 cm.?

Rép.   1° 2^{m3} $\times$ 2 $\times$ 2 $=$ 8 *m³.*   2° 3^{dm3} $\times$ 3 $\times$ 3 $=$ 27 *dm³.*
3° 4^{cm3} $\times$ 4 $\times$ 4 $=$ 64 *cm³.*   4° 20^{cm3} $\times$ 20 $\times$ 20 $=$ 8 000 *cm³* $=$ 8 *dm³.*

967. — Calculer le volume d'un cube dont l'arête a : 1° 4^{m},25 ; 2° 0^{m},45.

Rép.   1° 1^{m3} $\times$ 4,25³ $=$ 76^{m3},765625 ;   2° 1^{m3} $\times$ 0,45³ $=$ 0^{m3},091125.

968. — Calculer, à 40 fr. le mètre cube, le prix d'une pierre de taille cubique de 0^{m},45 de côté.   (*Morbihan.*)

Rép.   40^{f} $\times$ 0,45³ $=$ 40^{f} $\times$ 0,091125 $=$ 3^{f},645 ou 3^{f},65.

969. — Un décimètre cube de pierre pesant 2^{kg},005, quel est le poids d'une masse cubique de 3^{m},50 de côté?   (*Haute-Vienne.*)

Poids total = Poids de 1 dm³ (2^{kg},005) $\times$ Nombre de dm³.
Rép.   2^{kg},005 $\times$ 35³ $=$ 2^{kg},005 $\times$ 42 875 $=$ 85 964^{kg},375,

970. — Combien fera-t-on de balles de 24^{gr},5 avec un cube de plomb de 0^{m},144 d'arête? (1 dm³ de plomb pèse 11^{kg},340.)   (*Ardennes.*)

Nombre de balles = Poids total : Poids d'une balle (24^{g},5).
Poids total. $\begin{cases} a) \text{ Volume} = 1^{m3} \times 0,144^3 = 0^{m3},002985984 = 2^{dm3},985984. \\ b) \ 11^{kg},34 \times 2,985984 = 33^{kg},861 = 33\,861 \text{ g.} \end{cases}$
Rép.   33 861 : 24,5 $=$ 1 382 *balles.*

971. — Un bloc de pierre cubique de 0^{m},60 de côté est payé 9^{f},75 le mètre cube. On le fait tailler sur toutes ses faces, au prix de 3 fr. le mètre carré. A combien revient-il ?   (*Meuse.*)

Prix de revient = Prix d'achat + Prix de la taille.
1. Prix d'achat $=$ 9^{f},75 $\times$ 0,6³ $=$ 9^{f},75 $\times$ 0,216 $=$ 2^{f},106.
2. Taille. $\begin{cases} a) \text{ Surface} = 1^{m2} \times 0,6^2 \times 6 = 2^{m2},16. \\ b) \ 3^{f} \times 2,16 = 6^{f},48. \end{cases}$
Rép.   2^{f},10 $+$ 6^{f},48 $=$ 8^{f},58 ou 8^{f},60.

***972.** — Un tas de briques contient 1 512 briques. Il a la forme d'un cube de 1^{m},20 de côté. Que vaudraient, à 35 fr. le mille, les briques contenues dans un autre tas de 2^{m},40 de côté ?   (*Rhône.*)

Prix des briques = Prix du mille (35 fr.) $\times$ Nombre de mille.
Nombre de mille = 1^{mille},512 $\times$ 8 $=$ 12^{mille},096. (2° cube $=$ 8 fois le 1er.)
Rép.   35^{f} $\times$ 12,096 $=$ 423^{f},36 ou 423^{f},35.

P. 100.   **VOLUME DU PARALLÉLÉPIPÈDE RECTANGLE**

Problèmes. — 973. — Calculer le volume d'un parallélépipède rectangle qui a 5 m. de long, 4 m. de large et 3 m. de haut.

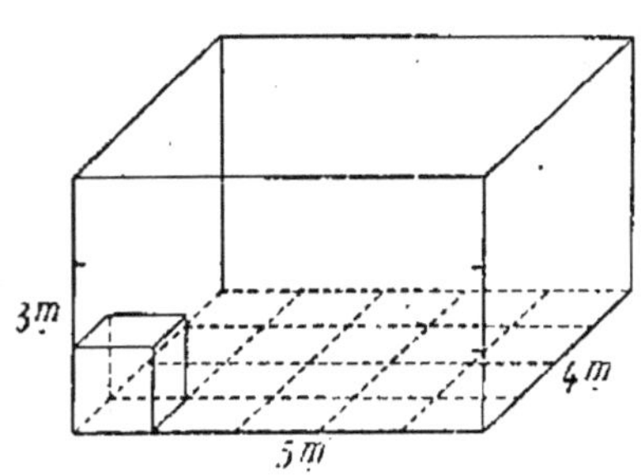

Solution. — Le **volume de ce parallélépipède** est égal à celui de 3 couches ayant pour base celle du parallélépipède et pour hauteur 1 m.

1. *Volume d'une couche :* $5^{m3} \times 4$.

2. Le **volume du parallélépipède** est donc ; $5^{m3} \times 4 \times 3 = 60$ m³

ou encore : $20^{m3} \times 3 = 60$ m³.

9. — **Le volume d'un parallélépipède rectangle** est égal au *produit de ses 3 dimensions* ou encore au *produit de sa base par sa hauteur.*

Remarque. — Dans le **calcul d'un volume**, on doit ramener les dimensions à la *même unité de longueur* et prendre comme *unités de surface et de volume celles qui ont pour côté cette unité de longueur.*

974. — Un champ rectangulaire a 164 m. de long et $95^m,70$ de large. Quel volume de marne faudra-t-il pour répandre sur ce terrain une couche uniforme de 8mm. ?   (*Aube.*)

Rép. $164^{m3} \times 95,7 \times 0,008 = 125^{m3},558400$.

975. — Une règle a 1 dm. de longueur, $7^{mm},5$ de largeur et 1 mm. d'épaisseur. Quel est son volume ?   (*Sarthe.*)

Rép. $10^{cm3} \times 0,75 \times 0,1 = 0^{cm3},750$.

976. — Pour empierrer un chemin de $6^m,50$ de largeur sur 2 km. de longueur, on emploie de la pierre cassée qui revient à $5^f,50$ le mètre cube. Quelle sera la dépense si l'épaisseur de l'empierrement est de $0^m,25$?   (*Seine-et-Marne.*)

Dépense = Prix du m³ ($5^f,50$) $\times$ Nombre de m³.
Nombre de m³ = $6^{m3},5 \times 2000 \times 0,25 = 3250$ m³.
Rép. $5^f,5 \times 3250 = 17875$ *fr.*

977. — Une salle de classe mesure $8^m,50$ de long, $7^m,40$ de large et $3^m,50$ de haut. Elle renferme 49 élèves et 1 maître. Quelle est, en décimètres cubes, la quantité d'air par personne ?   (*Charente.*)

Volume par personne = Volume total : Nombre de personnes $(49+1)$.
Volume total = $8^{m3},5 \times 7,4 \times 3,5 = 220^{m3},150 = 220150$ dm³.
Rép. $220150^{dm3} : 50 = 4403$ *dm³.*

978. — La construction d'un mur a coûté 1 225 fr. Sachant que ce mur a 24^m,25 de long, 2^m,20 de haut et 0^m,45 d'épaisseur, on demande le prix d'un mètre cube de maçonnerie.   (*Haute-Marne.*)

Prix du m³ = Prix total (1 225 fr.) : Nombre de m³.
Nombre de m³ = 24^{m3},25 × 2,2 × 0,45 = 24^{m3},0075.
Rép. 1 225^f : 24,0075 = 51^f,025.

979. — Un mètre cube de marbre pèse 2 848 kg. Quel est le poids d'un socle de marbre ayant 6^{dm},4 de long, 22 cm. de haut et 175 mm. de large?   (*Charente-Inférieure.*)

Poids total = Poids du m³ (2 848 kg.) × Nombre de m³.
Nombre de m³ = 0^{m3},64 × 0,22 × 0,175 = 0^{m3},024640.
Rép. 2 848^{kg} × 0,02464 = 70^{kg},174.

980. — Un marchand de bois a vendu 12 poutres, ayant chacune 0^m,35 de largeur, 0^m,33 d'épaisseur et 4^m,53 de longueur, à 103 fr. le mètre cube. Quel est le prix de vente total de ces poutres? (*Aisne.*)

Prix total = Prix du m³ (103 fr.) × Nombre de m³.
Nombre de m³ = 0^{m3},35 × 0,33 × 4,53 × 12 = 0^{m3},523215 × 12 = 6^{m3},278580.
Rép. 103^f × 6,27858 = 646^f,69 ou 646^f,70.

981. — Un champ rectangulaire a 250 m. de long sur 10 m. de P. 101. large. Combien faudra-t-il de mètres cubes d'engrais pour couvrir ce champ sur une épaisseur de 8 mm.? Que coûtera cette fumure (1 m³ d'engrais pèse 950 kg.) à 1^f,25 les 100 kg.?   (*Finistère.*)

Prix de l'engrais = Prix de 100 kg. (1^f,25) × Nombre de quintaux.
Nombre de quintaux. { *a)* Volume = 250^{m3} × 10 × 0,008 = 20^{m3}.
{ *b)* 950^{kg} × 20 = 19000^{kg} = 190 q.
Rép. 1^f,25 × 190 = 237^f,50.

982. — Une cour rectangulaire a 16^m,25 de long sur 9^m,75 de large, elle doit être recouverte d'une couche de gravier de 0^m,035 d'épaisseur. Combien faudra-t-il de mètres cubes de gravier? Quelle sera la dépense si le tombereau contenant 750 dm³ de gravier coûte 2^f,75? (*Seine.*)

I. *Volume* = 16^{m3},25 × 9,75 × 0,035. *Rép.* 5^{m3},545.
II. *Dépense* = Prix du tombereau (2^f,75) × Nombre de tombereaux.
Nombre de tombereaux = 5,545 : 0,75 = 7 par défaut, soit 8 tombereaux.
Rép. 2^f,75 × 8 = 22 *fr.*

983. — Combien faudra-t-il de briques ayant 0^m,20 de long sur 0^m,10 de large et 0^m,05 d'épaisseur pour faire une cloison de 7^m,60 de longueur, 3^m,60 de hauteur et 0^m,20 d'épaisseur? (*Bouches-du-Rh.*)

Nombre de briques = Volume total : Volume d'une brique.
1. Volume total = 7^{m3},6 × 3,6 × 0,2 = 5^{m3},472.
2. Volume d'une brique = 0^{m3},2 × 0,1 × 0,05 = 0^{m3},001.
Rép. 5,472 : 0,001 = 5472 *briques.*

***984.** — On construit un mur de 8 m. de long, 0^m,38 d'épaisseur et 3^m,15 de haut. Le mortier occupe les 2/9 du volume total. Quel est le volume de la pierre employée?   (*Savoie.*)

Volume de la pierre = (1 — 2/9) ou 7/9 du volume total.
Volume total = 8^{m3} × 0,38 × 3,15 = 9^{m3},576.
Rép. 9^{m3},576 × 7/9 = 7^{m3},448.

***985.** — Un tas de fumier mesure 5 m. de long, 4 m. de large et 3^m,30 de haut. On enlève la partie supérieure de ce tas sur une épaisseur de 1^m,30. Quel est le volume restant? (*Hautes-Alpes.*)

Rép. 5^{m3} × 4 × (3,3 — 1,3) = 40 m³.

***986.** — Combien faudra-t-il de mètres cubes de gravier pour exhausser de $0^m,08$ le sol d'une cour qui a $18^m,80$ de long et $12^m,40$ de large, en tenant compte de $0^m,02$ de tassement ?   (*Puy-de-Dôme.*)

Rép. $18^{m3},8 \times 12,4 \times (0,08 + 0,02) = 23^{m3},312$.

***987.** — Dans une cour d'école ayant 48 m. de long sur $37^m,50$ de large, on veut étendre uniformément une couche de gravier de 45 mm. d'épaisseur. Combien devra-t-on transporter de tombereaux de gravier, si chaque tombereau contient les 3/4 d'un mètre cube ?   (*Oise.*)

Nombre de tombereaux = Volume total : Volume d'un tombereau (3/4).
Volume total = $48^{m3} \times 37,5 \times 0,045 = 81$ m³.
Rép. $81 : 3/4 = 81 \times 4/3 = 108$ *tombereaux.*

***988.** — Dans une ville, la pierre de taille vaut $52^f,50$ le mètre cube et on paye les 3/5 du prix de la pierre pour la mise en œuvre. Que coûtera un mur ayant $14^m,75$ de longueur sur $2^m,25$ de hauteur et $0^m,32$ d'épaisseur ?   (*Seine-et-Oise.*)

Prix du mur = Prix de revient du m³ × Nombre de m³.
1. Revient du m³ :   *a)* $1 + 3/5 = 8/5$;   *b)* $52^f,50 \times 8/5 = 84$ fr.
2. Nombre de m³ = $14^{m3},75 \times 2,25 \times 0,32 = 10^{m3},620$.
Rép. $84^f \times 10,62 = 892^f,08$ ou $892^f,10$.

***989.** — Un jardin de 28 m. de long sur 17 m. de large a été fumé, à raison d'une épaisseur moyenne de $0^m,10$, d'un fumier qui coûte $3^f,50$ le mètre cube. Sachant qu'on a payé en outre 12 journées de jardinier à 3 fr. l'une et que la récolte en fruits et légumes a été de $493^f,70$, quel est le revenu net de ce jardin ?   (*Loiret.*)

Revenu net = Revenu brut ($493^f,70$) — Frais.

Frais. $\begin{cases} a) \text{ Fumier : } & 3^f,5 \times (28 \times 17 \times 0,1) = 3^f,5 \times 47,6 = 166^f,60. \\ b) \text{ Main-d'œuvre : } & 3^f \times 12 = 36 \text{ fr.} \\ c) \; 166^f,60 + 36^f = 202^f,60. \end{cases}$

Rép. $493^f,70 - 202^f,60 = 291^f,10$.

***990.** — Sur un chemin qui a 692 m. de longueur et $3^m,60$ de largeur, on a fait mettre une couche de pierres de $0^m,15$ d'épaisseur. La main-d'œuvre a exigé 37 journées d'ouvrier à $3^f,75$ chacune. Le prix de la pierre est de $4^f,90$ par mètre cube. Quelle somme a-t-il fallu payer ? Quelle est la dépense par kilomètre de chemin ?   (*Vaucluse.*)

I. *Dépense totale* = Prix de la pierre + Main-d'œuvre.
1. Pierre : $4^f,9 \times (692 \times 3,6 \times 0,15) = 4^f,9 \times 373,68 = 1\,831^f,03$.
2. Main-d'œuvre : $3^f,75 \times 37 = 138^f,75$.
Rép. $1\,831^f,03 + 138^f,75 = 1\,969^f,78$ ou $1\,969^f,80$.

II. *Dépense par km.* = $1\,969^f,8 : 0,692$.   *Rép.* $2\,846^f,50$.

***991.** — Que coûtera la construction d'un mur de $0^m,44$ d'épaisseur, $1^m,80$ de hauteur, 15 m. de longueur, sachant qu'on emploie des briques de $0^m,06$ d'épaisseur, $0^m,11$ de largeur, $0^m,22$ de longueur, qui valent 58 fr. le mille et que le travail, y compris la fourniture du plâtre, se paye à raison de $32^f,80$ le mètre cube ?   (*Vienne.*)

Prix total = Prix des briques + Prix de la façon.

1. Briques. $\begin{cases} a) \text{ Nombre.} \begin{cases} \text{Mur : } 0^{m3},44 \times 1,8 \times 15 = 11^{m3},88. \\ \text{Brique : } 0^{m3},06 \times 0,11 \times 0,22 = 0^{m3},001452. \\ 11,88 : 0,001452 = 8182 \text{ briques (par excès).} \end{cases} \\ b) \text{ Prix} = 58^f \times 8,182 = 474^f,55. \end{cases}$

2. Façon : $32^f,80 \times 11,88 = 389^f,66$ ou $389^f,65$.
Rép. $474^f,55 + 389^f,65 = 864^f,20$.

*992. — Une caisse a pour dimensions: 1ᵐ,10 ; 0ᵐ,90 ; 1ᵐ,04. Combien pourra-t-elle contenir de pains de savon, à base carrée, ayant 0ᵐ,12 de côté et 0ᵐ,25 de hauteur, si les 3/26 du volume de la caisse sont occupés par l'emballage ?   (*Seine.*)

Nombre de pains = Volume total du savon : Volume d'un pain.

1. Volume total du savon.
- *a)* Volume brut = 1ᵐ³,1 × 0.9 × 1,04 = 1ᵐ³,0296.
- *b)* Fraction = 1 — 3/26 = 23/26.
- *c)* 1ᵐ³,0296 × 23/26 = 0ᵐ³,9108.

2. Volume d'un pain = 0ᵐ³,12 × 0,12 × 0,25 = 0ᵐ³,0036.

Rép. 0,9108 : 0,0036 = 253 *pains.*

*993. — On double le fond et les 4 faces latérales d'un récipient cubique de 1ᵐ,15 d'arête, avec une lame de plomb qui a 0ᵐ,05 d'épaisseur. Quel est le volume du plomb employé ?   (*Haute-Saône.*)

Volume du plomb = Volume intérieur primitif — Volume intérieur restant.

1. Volume intérieur primitif = 1ᵐ³ × 1,15³ = 1ᵐ³,520875.

2. Vol. intér. restant.
- *a)* Longueur = Larg. = 1ᵐ,15 — 0ᵐ,05 × 2 = 1ᵐ,05.
- *b)* Profondeur = 1ᵐ,15 — 0ᵐ,05 = 1ᵐ,10.
- *c)* 1ᵐ³,05 × 1,05 × 1,1 = 1ᵐ³,21275.

Rép. 1ᵐ³,520875 — 1ᵐ³,21275 = 0ᵐ³,308125.

*SURFACES ET VOLUMES (Revision).   P. 102.

994. — Un champ a une superficie de 3 ha. 7 a. 45 ca. Quel sera le volume de la marne répandue : 1° sur 1 m² de terrain ; 2° sur tout le champ si la couche de marne a 3 cm. d'épaisseur ?   (*Côte-d'Or.*)

I. *Volume par m²* = 1ᵐ³ × 0,03. *Rép.* 0ᵐ³,030.
II. *Volume total* = 0ᵐ³,03 × 30745. *Rép.* 922ᵐ³,350.

995. — Le canal de Suez a 160 km. de longueur, 100 m. de largeur et 8 m. de profondeur moyenne. Le lac de Genève mesure 64 000 ha. de surface et sa profondeur moyenne est de 95 m. De ces deux masses d'eau, quelle est la plus considérable ?   (*Ariège.*)

1. Volume du canal = 160ᵏᵐ³ × 0,1 × 0,008 = 0ᵏᵐ³,128 = 128 hm³.
2. Volume du lac = 64000ʰᵐ³ × 0,95 = 60 800 hm³.
Rép. *Le lac a* 60 800ʰᵐ³ — 128ʰᵐ³ = 60 672 *hm³ de plus.*

996. — Une table de marbre a 1ᵐ,05 de long, 0ᵐ,40 de large et 0ᵐ,035 d'épaisseur. On l'achète 215 fr. le mètre cube. On en fait polir la face supérieure à raison de 4ᶠ,50 le mètre carré. A combien revient la table ?   (*Marne.*)

Prix de revient = Prix du marbre + Polissage.

1. Prix du marbre.
- *a)* Volume = 1ᵐ³,05 × 0,4 × 0,035 = 0ᵐ³,0147.
- *b)* 215ᶠ × 0,0147 = 3ᶠ,16.

2. Polissage = 4ᶠ,5 × (1,05 × 0,4) = 4ᶠ,5 × 0,42 = 1ᶠ,89.
Rép. 3ᶠ,16 + 1ᶠ,89 = 5ᶠ,05.

997. — Combien coûtera l'empierrement d'un chemin de 1 260 m. de long sur 4ᵐ,50 de large et 0ᵐ,20 d'épaisseur, si les cailloux coûtent 13ᶠ,50 le mètre cube et si le cylindrage (écrasement au moyen d'un rouleau) coûte 0ᶠ,25 par mètre carré ?   (*Jura.*)

Prix total = Prix des cailloux + Prix du cylindrage.

1. Cailloux.
- *a)* Volume = 1 260ᵐ³ × 4,5 × 0,2 = 5670ᵐ³ × 0,2 = 1134ᵐ³.
- *b)* 13ᶠ,50 × 1 134 = 15 309 fr.

2. Cylindrage : 0ᶠ,25 × 5670 = 1 417ᶠ,50.
Rép. 15 309ᶠ + 1 417ᶠ 50 = 16 726ᶠ,50.

998. — Sur un terrain carré de 70^m,40 de périmètre, on répand une couche de terreau de 0^m,03 d'épaisseur. Quelle est la dépense, si le terreau coûte 5^f,60 le mètre cube et le transport 1^f,25 par tombereau de 1^{m3},250 ? *(Seine-et-Oise.)*

Dépense = Prix du terreau + Transport.

1. Prix du terreau.
- *a)* Côté du carré = 70^m,40 : 4 = 17^m,60.
- *b)* Vol. de terr. = 1^{m3} × 17,6^2 × 0,03 = 9^{m3},2928.
- *c)* Prix = 5^f,60 × 9,2928 = 52^f,03.

2. Transport. . . .
- *a)* Nombre de tomb. = 9,2928 : 1,25 = 8 (par excès).
- *b)* 1^f,25 × 8 = 10 fr.

Rép. 52^f,03 + 10^f = 62^f,03 ou 62^f,05.

*RECTANGLE INTÉRIEUR *(allées, etc.)* ET VOLUMES

999. — Les murs d'un appartement de forme rectangulaire ont, extérieurement, 8^m,70 de long sur 6^m,40 de large, et, intérieurement, 7^m,60 de long sur 5^m,30 de large. Leur hauteur est de 4^m,25 et le volume occupé par les ouvertures est de 1^{m3},800. Quel est le nombre de mètres cubes de maçonnerie ? *(Dordogne.)*

Vol. de la maçonnerie = Vol. total du mur — Vol. des ouvert. (1^{m3},800).

Vol. total du mur.
- *a)* Base = 8^{m2},7 × 6,4 — 7^{m2},6 × 5,3 = 55^{m2},68 — 40^{m2},28 = 15^{m2},40.
- *b)* 15^{m3},4 × 4,25 = 65^{m3},45.

Rép. 65^{m3},45 — 1^{m3},8 = 63^{m3},650.

1000. — Un jardin a 48 m. de long sur 28 m. de large. On établit sur chaque côté une allée de 1^m,50 de largeur que l'on recouvre d'une couche de sable de 4 cm. d'épaisseur. A 5^f,25 le mètre cube, quel sera le prix du sable répandu ? *(Basses-Pyrénées.)*

Prix du sable = Prix du m^3 (5^f,25) × Nombre de m^3.

Nombre de m^3.
- *a)* Base.
  - Long. tot. = (48^m + 28^m — 1^m,5 × 2) × 2 = 146 m.
  - 146^{m2} × 1,5 = 219 m^2.
- *b)* 219^{m3} × 0,04 = 8^{m3},76.

Rép. 5^f,25 × 8,76 = 45^f,99 ou 46 *fr.*

1001. — Autour d'une propriété rectangulaire de 275 m. sur 153 m., on fait creuser un fossé de 0^m,55 de profondeur sur 0^m,90 de largeur. A 3^f,50 par mètre cube, que devra-t-on ? *(Nièvre.)*

Dépense = Prix du m^3 (3^f,5) × Nombre de m^3.

N. de m^3.
- *a)* Base.
  - Long. tot. = (275^m + 153^m — 0^m,90 × 2) × 2 = 852^m,4.
  - 852^{m2},4 × 0,9 = 767^{m2},16.
- *b)* 767^{m3},16 × 0,55 = 421^{m3},938.

Rép. 3^f,50 × 421,938 = 1 476^f,78 ou 1 476^f,80.

1002. — Dans un jardin rectangulaire de 54 m. de long sur 28 m. de large, on trace 2 allées de 1^m,20 de large, qui se coupent à angle droit et divisent le jardin en 4 parties égales. Sur ces allées, on répand une couche de sable de 5 cm. d'épaisseur. A 2^f,50 le mètre cube, que coûte le sable ? *(Loire.)*

Prix du sable = Prix du m^3 (2^f,5) × Nombre de m^3.

Nombre de m^3.
- *a)* Base.
  - Long. totale = 54^m + 28^m — 1^m,20 = 80^m,8.
  - 80^{m2},8 × 1,2 = 96^{m2},96.
- *b)* 96^{m3},96 × 0,05 = 4^{m3},848.

Rép. 2^f,5 × 4,848 = 12^f,12 ou 12^f,10.

1003. — On entoure un jardin carré de 24 m. de côté d'un mur ayant 0^m,40 d'épaisseur et 2^m,50 de hauteur. On ménage dans ce mur une ouverture de 3 m. pour une porte cochère. Quelle sera la dépense si le mètre cube de maçonnerie vaut 10 fr. ?   (*Seine-et-Oise.*)

Dépense = Prix du m³ (10 fr.) $\times$ Nombre de m³.

Nombre de m³. $\left\{\begin{array}{l} a)\ \text{Base.} \left\{\begin{array}{l} \text{Long. totale} = (24^m - 0^m,4)\times 4 = 94^m,4. \\ \text{Long. restante} = 94^m,4 - 3^m = 91^m,4. \\ 91^{m2},4 \times 0,4 = 36^{m2},56. \end{array}\right. \\ b)\ 36^{m3},56 \times 2,5 = 91^{m3},4. \end{array}\right.$

Rép. $10^f \times 91,4 = 914\ fr.$

1004. — Quel est le volume d'un mur de $0^m,32$ d'épaisseur qui entoure extérieurement une salle de $8^m,25$ de long sur $6^m,12$ de large et $3^m,25$ de haut? Quel en est le prix, si la maçonnerie vaut $10^f,50$ le mètre cube, et l'enduit intérieur, $1^f,70$ le mètre carré ?   (*Loiret.*)

I. *Volume du mur* = Surface de base $\times$ Hauteur ($3^m,25$).

Base. $\left\{\begin{array}{l} a)\ \text{Long. tot.} = (8^m,25 + 6^m,12 + 0^m,32 \times 2)\times 2 = 30^m,02. \\ b)\ 30^{m2},02 \times 0,32 = 9^{m2},6064. \end{array}\right.$

Rép. $9^{m3},6064 \times 3,25 = 31^{m3},220800.$

II. *Prix total* = Prix de la maçonnerie $+$ Prix de l'enduit.

1. Maçonnerie : $10^f,50 \times 31,2208 = 327^f,81.$

2. Enduit. $\left\{\begin{array}{l} a)\ \text{Surf. lat.} \left\{\begin{array}{l} \text{Périmètre} = (8^m,25 + 6^m,12)\times 2 = 28^m,74. \\ 28^{m2},74 \times 3,25 = 93^{m2},405. \end{array}\right. \\ b)\ 1^f,70 \times 93,405 = 158^f,78. \end{array}\right.$

Rép. $327^f,81 + 158^f,78 = 486^f,59$ ou $486^f,60.$

MESURES DES BOIS   P. 103.

10. — Pour *mesurer le volume des bois*, on prend comme unité le **stère (s)**, qui équivaut au **mètre cube.**

11. — Le stère n'a qu'un *multiple :*
Le **décastère (das)**, qui vaut **10 stères** ou **10 m³.**
Il n'a qu'un *sous-multiple :*
Le **décistère (ds)**, ou dixième de stère, $0^s,1$ ou $0^{m3},1$ ou **100 dm³.**

12. — Les **unités de mesures pour les bois** sont de 10 en 10 fois *plus grandes* ou *plus petites.*

Multiple.	**Unité.**	**Sous-multiple.**
das	s	ds
4	8 ,	7
4	8 m³,	700 dm³.

13. — Les nombres **48 stères 7 décistères** et $48^{m3},700^{dm3}$ représentent le même volume.

Remarque. — Aujourd'hui, on *vend* généralement le bois de chauffage **au**

poids et **non au stère.** On employait *autrefois* les mesures effectives suivantes : le *demi-stère,* le *stère,* le *double-stère* et le *demi-décastère.*

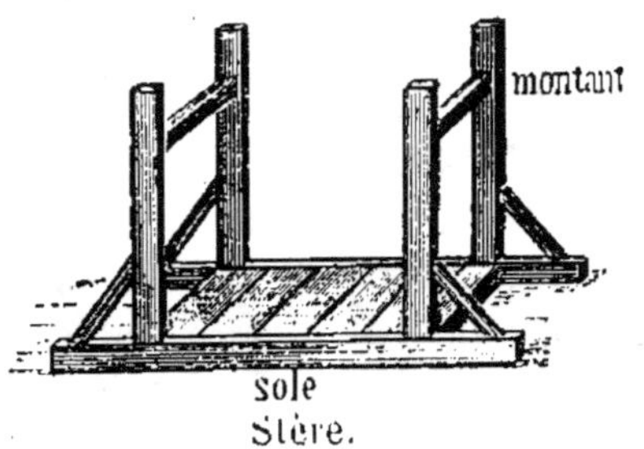

Exercices écrits. — 1005. — Combien 18 m³ 750 dm³ font-ils de
stères et de décistères ?   (*Manche.*)

Rép. 18ˢ,75; 187ᵈˢ,5.

1006. — Combien 3 das. 8 s. 5 ds. font-ils de mètres cubes et de
décimètres cubes ?   (*Manche.*)

Rép. 38ᵐ³,5; 38500 *dm³.*

1007. — Ecrire les nombres suivants en prenant le mètre cube pour
unité : 7 m³ 85 dm³; 24 537 dm³ 20 cm³ ; 6 m³ 5 dm³ 8 cm³ 7 mm³; 4 m³
834 dm³ 75 mm³. Additionner et convertir le total en décimètres cubes,
puis en stères et en décastères.   (*Cher.*)

7ᵐ³,085 + 24ᵐ³,537 020 + 6ᵐ³,005 008 007 + 4ᵐ³,834 000 075.
Rép. 42ᵐ³,461028082; 42461ᵈᵐ³,028 082; 42ˢ,461; 4ᵈᵃˢ,2461.

1008. — Combien faut-il ajouter de décimètres cubes de bois à 3ᵈˢ,7
pour obtenir un demi-stère ?   (*Aisne.*)

Rép. 500ᵈᵐ³ — 370ᵈᵐ³ = 130 *dm³.*

P. 104. **Problèmes. — 1009.** — Quel rapport y a-t-il : 1° entre le demi-
stère et 500 dm³; 2° entre le mètre cube et le décistère ; 3° entre le décastère et le mètre cube ; 4° entre 5 m³ et le demi-décastère ?   (*Loiret.*)

Rép. 1° 1/2 stère = 500 *dm³* ; 2° 1 *m³* = 10 *ds.*; 3° 1 *das.* = 10 *m³* ; 4° 5*m³* = 1/2 *das.*

1010. — Un tas de bois a un volume de 4 das. 6 ds. On en enlève
les 5/7. Quel est, en dm³, le volume du reste ?   (*Gironde.*)

Reste = Les 2/7 du volume exprimé en dm³.
4 das. 6 ds. = 40600 dm³. *Rép.* 40600ᵈᵐ³ × 2/7 = 11 600 *dm³.*

1011. — Dans un réservoir de 2ᵐ³,7 de capacité, on fixe une pièce
de bois de 1ᵈˢ,2. Combien, pour remplir ce réservoir, faudra-t-il verser
de seaux d'eau contenant chacun 15 dm³ ?   (*Charente.*)

Nombre de seaux = Volume restant en dm³ : Contenance d'un seau (15 dm³).
Reste : 2700ᵈᵐ³ — 120ᵈᵐ³ = 2580 dm³. *Rép.* 2580 : 15 = 172 *seaux.*

1012. — Quel est en décistères le volume d'un tas de bois qui a
coûté 2 907 fr., à raison de 14ᶠ,25 le mètre cube ?   (*Seine.*)

Volume en décistères = Prix total (2907 fr.) : Prix du décistère (1ᶠ,425).
Rép. 2907 : 1,425 = 2040 *ds.*

1013. — Un voiturier a transporté 48 s. de bois en un certain

nombre de voyages. Sa voiture contient 24 ds. Combien a-t-il fait de voyages ?   (Somme.)
Nombre de voyages = Vol. total (480 ds.) : Conten. de la voiture (24 ds.).
Rép. 480 : 24 = 20 *voyages.*

1014. — On achète 1 das. de bois de chauffage pour 486 fr. A combien revient le mètre cube ?   (Gard.)
Prix du m³ = Prix total (486 fr.) : Volume en m³ (10 m³).
Rép. 486ᶠ : 10 = 48ᶠ,60.

1015. — Un marchand de bois a acheté 1 570 ds. de bois pour la somme de 12 560 fr. Il les a revendus à raison de 95ᶠ,25 le stère. Quel est son bénéfice ?   (Seine.)
Bénéfice = Prix de vente — Prix d'achat (12 560 fr.).
Prix de vente :   a) 1 570 ds. = 157 s.   b) 95ᶠ,25 × 157 = 14 954ᶠ,25.
Rép. 14 954ᶠ,25 — 12 560ᶠ = 2 394ᶠ,25.

1016. — Un stère de bois pèse 500 kg. et coûte 13ᶠ,50. Combien doit-on revendre les 1 000 kg. pour gagner 4ᶠ,25 par stère ?   (Cher.)
Prix de vente de 1 000 kg. = Prix de vente du stère × Nombre de stères (2).
Prix de vente du stère = 13ᶠ,5 + 4ᶠ,25 = 17ᶠ,75.   *Rép.*   17ᶠ,75 × 2 = 35ᶠ,50.

1017. — Une personne avait acheté pour son chauffage 9 s. de bois à 12ᶠ,50 le stère ; quelle a été sa dépense pour chacun des 180 jours d'hiver, si 6ᵈˢ,5 de ce bois n'ont pas été brûlés ?   (Meuse.)
Dépense journalière = Dépense totale : 180.
Dépense totale :   a) 9ˢ — 0ˢ,65 = 8ˢ,35.   b) 12ᶠ,5 × 8,35 = 104ᶠ,375.
Rép. 104ᶠ,375 : 180 = 0ᶠ,579.

1018. — Un marchand de bois a acheté pour 884ᶠ,50 deux piles de bois dont la 1ʳᵉ contient 3ᵈᵃˢ,8 et l'autre 8ˢ,8 de plus que la 1ʳᵉ. Il les a revendues à 15ᶠ,25 le stère. Quel est son bénéfice ?   (Seine.)
Bénéfice = Prix de vente — Prix d'achat (884ᶠ,50).
Prix de vente. { a) Nombre de stères = 38ˢ + (38ˢ + 8ˢ,8) = 84ˢ,8.
                { b) 15ᶠ,25 × 84.8 = 1 293ᶠ,20.
Rép. 1 293ᶠ,2 — 884ᶠ,5 = 408ᶠ,70.

1019. — Un marchand de bois a acheté 6 poutres de 0ᵐ³,585 chacune, et 12 madriers de chacun 250 dm³. Combien a-t-il dépensé si le décistère a été payé 4ᶠ,45 ?   (Nièvre.)
Dépense = Prix du décistère (4ᶠ,45) × Nombre de décistères.
Nombre de décistères. { a) 5ᵈˢ,85 × 6 = 35ᵈˢ,1.   b) 2ᵈˢ,5 × 12 = 30 ds.
                      { c) 35ᵈˢ,1 + 30ᵈˢ = 65ᵈˢ,1.
Rép. 4ᶠ,45 × 65,1 = 289ᶠ,695, soit 289ᶠ,70.

***1020.** — Quelle somme recevra-t-on pour la vente de 128 demi-décastères de bois, à raison de 19ᶠ,25 le stère, si l'on accorde un rabais de 1 centime par franc ?   (Marne.)
Recette = Prix de vente — Rabais.
1. Prix de vente. { a) 128 demi-décastères = 64 das. = 640 s.
                  { b) 19ᶠ,25 × 640 = 12 320 fr.
2. Rabais = 123ᶠ,20.   *Rép.*   12 320ᶠ — 123ᶠ,20 = 12 196ᶠ,80.

***1021.** — Un marchand de bois achète 2 000 fagots à 50 fr. le cent. Il retire de chaque cent 7ᵈˢ 1/2 de rondins qu'il vend 12 fr. le stère, il vend ensuite ses fagots 0ᶠ,45 l'un. Quel est son bénéfice ?   (Côte-d'Or.)
Bénéfice = Prix de vente — Prix d'achat.
1. Vente. { a) Rondins : 7ᵈˢ1/2 × 20 = 150 ds. = 15 s. ; 12ᶠ × 15 = 180 fr.
          { b) Fagots : 0ᶠ,45 × 2 000 = 900 fr.
          { c) Prix total = 180ᶠ + 900ᶠ = 1 080 fr.
2. Prix d'achat = 50ᶠ × 20 = 1 000 fr.   *Rép.*   1 080ᶠ — 1 000ᶠ = 80 *fr.*

8.

***1022.** — Une personne a payé 600 fr. pour l'achat des 4/5 d'une pile de bois, à raison de 12 fr. le stère. Combien la pile de bois contenait-elle de décistères ?   (*Ardennes.*)

Volume total en décistères = Volume des 4/5 : 4/5.
Volume des 4/5 = 600 : 12 = 50 s. ou 500 ds.
Rép. 500^{ds} : 4/5 = 500^{ds} × 5/4 = 625 ds.

***1023.** — A raison de 35^s,7 par are, combien de décastères produira la coupe d'un bois mesurant 317 m. de long sur 125 m. de large, sachant que ce bois est traversé suivant sa longueur par un chemin de fer de 8 m. de large ?   (*Gard.*)

Nombre total de das. = N. de das. par are (3^{das},57) × N. d'ares exploités.

Nombre d'ares exploités. { *a*) Largeur restante = 125^m — 8^m = 117 m.
{ *b*) 31^a,7 × 11,7 = 370^a,89.

Rép. 3^{das},57 × 370,89 = 1 324^{das},0773, soit 1 324^{das},08.

***1024.** — Le stère de bois de chauffage vaut 12^f,50. On estime que le vide laissé par les bûches est égal au cinquième du volume total. Le décimètre cube de bois pesant 0^{kg},725, quel bénéfice fait-on sur un demi-décastère en vendant ce bois 2^f,50 les 100 kg. ?   (*Marne.*)

Bénéfice total = Bénéfice sur 1 stère × 5.

Bénéfice { *a*) Vente. { Volume réel = 1 000^{dm3} × 4/5 = 800 dm³.
sur 1 stère. { { Poids = 0^{kg},725 × 800 = 580 kg.
{ { Prix = 2^f,5 × 5,8 = 14^f,5.
{ *b*) 14^f,50 — 12^f,50 = 2 fr.

Rép. 2^f × 5 = 10 fr.

***1025.** — Un marchand a acheté 326 m³ de bois de chêne pour 4300 fr. Il en revend 1/4 à 150 fr. le décastère et le reste à 1^f,80 le décistère. Combien a-t-il gagné p. %?   (*Seine-et-Oise.*)

Gain pour % = Gain total : Nombre de centaines du prix d'achat (43).

Gain total. { *a*) Vente { du 1/4 : 15^f × 326 : 4 = 1 222^f,50.
{ { du reste : 18^f × (326 — 81,5) = 4 401 fr.
{ { Prix total = 1 222^f,5 + 4 401^f = 5 623^f,50.
{ *b*) 5 623^f,5 — 4 300^f = 1 323^f,5.

Rép. 1 323^f,50 : 43 = 30^f,77.

P. 105. ## VOLUME DU PARALLÉLÉPIPÈDE (*Bois*).

Problèmes. — **1026.** — Une pile de bois de chauffage a 4 m. de longueur sur 2^m,50 de largeur et 2 m. de hauteur. Combien contient-elle de demi-décastères ?   (*Gard.*)

Nombre de demi-décastères = Nombre de stères : 5.
Nombre de stères = 4^s × 2,5 × 2 = 20 s.   *Rép.* 20 : 5 = 4 demi-das.

1027. — On a acheté, au prix de 78 fr. le stère, 15 poutres de chêne ayant chacune 5^m,80 de long et 0^m,35 d'équarrissage. Quelle somme doit-on payer ?   (*Orne.*)

Prix total = Prix du stère (78 fr.) × Nombre de stères.
Nombre de stères = 1^s × 0,35² × 5,8 × 15 = 0^s,7105 × 15 = 10^s,6575.
Rép. 78^f × 10,6575 = 831^f,28 ou 831^f,30.

1028. — J'ai acheté un tas de bois de 8 m. de long, 3 m. de haut et 1^m,10 de large, à raison de 105 fr. le décastère. Je paye 2^f,50 par mètre cube pour le sciage et 55 fr. pour le transport du tout. A combien me revient mon bois ? *(Loiret.)*

Prix de revient = Prix total du bois + Transport (55 fr.).

Prix du bois.
$\begin{cases} a) \text{ Prix du stère} = (105^f : 10) + 2^f,50 = 13 \text{ fr.} \\ b) \text{ Volume} = 8^{m3} \times 3 \times 1,1 = 26^{m3},4. \\ c) \ 13^f \times 26,4 = 343^f,20. \end{cases}$

Rép. $343^f,20 + 55^f = 398^f,20.$

1029. — Combien faut-il de voitures de bois portant chacune 2 s. 6 ds. pour remplir un bûcher de 11^m,20 de longueur sur 7^m,40 de largeur et 3^m,50 de hauteur ? *(Haute-Vienne.)*

Nombre de voitures = Volume total : Volume de la voiture (2^s,6).
Volume total = $11^s,2 \times 7,4 \times 3,5 = 290^s,08.$
Rép. $290,08 : 2,6 = 112$ *voitures* (par excès).

1030. — Une pile de bûches a 3^m,25 de long, 2 m. de haut; les bûches ont 1^m,30 de long. On veut la vendre 77^f,75. A combien estime-t-on le décastère ? *(Haute-Saône.)*

Prix du décastère = Prix total (77^f,75) : Nombre de décastères.
Nombre de décastères = $3^{m3},25 \times 2 \times 1,3 = 8^{m3},45 = 0^{das},845.$
Rép. $77^f,75 : 0,845 = 92^f,01$ ou 92 *fr.*

***1031.** — Un marchand achète, à raison de 12 fr. le stère, un lot de bois de chauffage qui a 12 m. de long, 1^m,25 de large et 2^m,25 de haut. Il le revend au prix de 3 fr. les 100 kg. Sachant que le décistère de bois pèse 68 kg., calculer le bénéfice du marchand. *(Vienne.)*

Bénéfice = Prix de vente — Prix d'achat.

1. Vente.
$\begin{cases} a) \text{ Poids.} \begin{cases} \text{Volume} = 12^{m3} \times 1,25 \times 2,25 = 33^{m3},75 \text{ ou } 337^{ds},5. \\ 68^{kg} \times 337,5 = 22\,950 \text{ kg.} \end{cases} \\ b) \text{ Prix} = 3^f \times 229,5 = 688^f,50. \end{cases}$

2. Prix d'achat = $12^f \times 33,75 = 405$ fr.
Rép. $688^f,5 - 405^f = 283^f,50.$

***1032.** — Une poutre, qui a 8^m,75 de long sur 0^m,48 de large et 0^m,55 d'épaisseur, est payée 205^f,50. On la débite en solives de 0^m,16 d'épaisseur sur 0^m,11 de largeur. Trouver le prix d'une solive et celui d'un stère de bois. *(Yonne.)*

1. *Prix d'une solive* = Prix total (205^f,50) : Nombre de solives.

Nombre de solives.
$\begin{cases} a) \text{ Volume total} = 8^{m3},75 \times 0,48 \times 0,55 = 2^{m3},31. \\ b) \text{ Vol. d'une solive} = 8^{m3},75 \times 0,16 \times 0,11 = 0^{m3},154. \\ c) \ 2,31 : 0,154 = 15 \text{ solives.} \end{cases}$

Rép. $205^f,50 : 15 = 13^f,70.$
Autre méthode : Nombre de solives = $(0,48 : 0,16) \times (0,55 : 0,11).$
II. *Prix du stère* = $205^f,50 : 2,31.$ *Rép.* $88^f,96.$

***1033.** — Un tas de bois a 5^m,40 de long, 0^m,85 de large et 1^m,35 de haut. On en vend les 2/5 à 14^f,60 le stère et le reste à 12^f,90. Quel est le prix de vente total ? *(Seine-et-Marne.)*

Prix de vente total = Prix des 2/5 + Prix du reste.

1. P. des 2/5.
$\begin{cases} a) \ 5^s,4 \times 0,85 \times 1,35 \times 2/5 = 6^s,1965 \times 2/5 = 2^s,4786. \\ b) \ 14^f,60 \times 2,4786 = 36^f,188 \text{ ou } 36^f,20. \end{cases}$

2. P. du reste.
$\begin{cases} a) \text{ Reste} = 6^s,1965 - 2^s,4786 = 3^s,7179. \\ b) \ 12^f,90 \times 3,7179 = 47^f,96 \text{ ou } 47^f,95. \end{cases}$

Rép. $36^f,20 + 47^f,95 = 84^f,15.$

***1034.** — Le bois rend en charbon 18 % de son poids. Quel sera le poids du charbon obtenu avec un monceau de bois de 18 m. de long sur $3^m,20$ de haut et $1^m,42$ de large (1 s. de bois pèse 650 kg.)? (*Aveyron.*)

Poids du charbon = Poids du bois $\times$ 0,18.

Poids du bois. $\begin{cases} a) \text{ Volume} = 18^{m3} \times 3,2 \times 1,42 = 81^{m3},792 \text{ ou } 81^s,792. \\ b) \ 650^{kg} \times 81,792 = 53\,164^{kg},8. \end{cases}$

Rép. $53\,164^{kg},8 \times 0,18 = 9569^{kg},664.$

***1035.** — Un marchand a acheté pour $704^f,40$ une pile de bois ayant pour dimensions $17^m,50$; $2^m,50$ et $1^m.20$. Combien a-t-il dû vendre le stère pour gagner 15 °/₀ sur le prix d'achat? (*Lot-et-Garonne.*)

Prix de vente du stère = Prix de vente total $\vdots$ Nombre de stères.

1. Prix de vente total. $\begin{cases} a) \text{ Bénéfice} = 704^f,4 \times 0,15 = 105^f,66. \\ b) \ 704^f,40 + 105^f,66 = 810^f,06. \end{cases}$

2. Nombre de stères $= 17^s,5 \times 2,5 \times 1,2 = 52^s,5.$

Rép. $810^f,06 \vdots 52,5 = 15^f,429.$

***1036.** — Un chêne peut donner 3 s. de bois; combien en tirera-t-on de planches ayant chacune $2^m,25$ de longueur, $0^m,26$ de largeur et $2^{cm},5$ d'épaisseur, s'il y a 1/35 de déchet? (*Finistère.*)

Nombre de planches = Volume total net $\vdots$ Volume d'une planche.

1. Volume total net. $\begin{cases} a) \text{ Déduction} : \ 3^s \times 1/35 = 0^s,085. \\ b) \ 3^s - 0^s,085 = 2^s,915. \end{cases}$

2. Volume d'une planche $= 2^s,25 \times 0,26 \times 0,025 = 0^s,014625.$

Rép. $2,915 \vdots 0,014625 = 199$ *planches.*

***1037.** — Quel sera le prix du bois qu'on pourra placer dans un hangar de $8^m,50$ de long sur $6^m,65$ de large et $4^m,50$ de haut, si on ménage dans toute la longueur une allée égale à 1/7 de la largeur et si le demi-décastère vaut $87^f,30$? (*Seine.*)

Prix ... tal = Prix du demi-décastère ($87^f,30$) $\times$ Nombre de demi-décastères.

Nombre de demi-das. $\begin{cases} a) \text{ Larg.} = 6^m,65 - (6^m,65 \vdots 7) = 6^m,65 - 0^m,95 = 5^m,70. \\ b) \ 8^{m3},5 \times 5,7 \times 4,5 = 218^{m3},025 = 43^{demi-das},605. \end{cases}$

Rép. $87^f,30 \times 43,605 = 3806^f,71$ ou $3806^f,70.$

***1038.** — Un marchand achète, à raison de $7^f,50$ le stère, une pile de bois ayant $11^m,25$ de long, $1^m,33$ de large et $2^m,50$ de haut. Il revend ce bois 115 fr. le décastère; mais, comme on le paye comptant, il accorde une remise de 5 °/₀. Quel bénéfice fait-il? (*Côte-d'Or.*)

Bénéfice = Prix de vente net — Prix d'achat.

1. Prix de vente net. $\begin{cases} a) \text{ P. brut.} \begin{cases} \text{Vol.} = 11^s,25 \times 1,33 \times 2,5 = 37^s,406. \\ 115^f \times 3,7406 = 430^f,17. \end{cases} \\ b) \text{ Remise} : \ 430^f,17 \times 0,05 = 21^f,50. \\ c) \ 430^f,17 - 21^f,5 = 408^f,67 \text{ ou } 408^f,65. \end{cases}$

2. Prix d'achat $= 7^f,50 \times 37,406 = 280^f,54$ ou $280^f,55.$

Rép. $408^f,65 - 280^f,55 = 128^f,10.$

***1039.** — Un chêne a fourni 650 planches ayant chacune $2^m,50$ de long, $0^m,06$ de large et $0^m,025$ d'épaisseur. Il y a eu 1/40 de déchet. Quel était, en stères, le volume de l'arbre? (*Corrèze.*)

Vol. du chêne = Vol. des planches $\vdots$ Fraction (1 — 1/40) du vol. total qu'il représente.

Vol. des planches $= 2^s,50 \times 0,06 \times 0,025 \times 650 = 0^s,00375 \times 650 = 2^s,4375.$

Rép. $2^s,4375 \vdots 39/40 = 2^s,5.$

PARALLÉLÉPIPÈDE : CALCUL D'UNE DIMENSION   P. 106.

Problèmes. — **1040.** — Pour établir une fosse à purin, on a creusé une excavation de 2ᵐ,10 de long sur 1ᵐ,80 de large. Quelle est la profondeur de l'excavation, sachant qu'on a retiré 7 560 dm³ de terre ?

Solution. — Le volume d'un parallélépipède est égal au produit de sa base par sa hauteur. La **profondeur de l'excavation** est donc le quotient de *son volume* par la *surface de sa base.*
1º *Volume :* 7 560ᵈᵐ³ = 7ᵐ³,560.
2º *Surface de base :* 2ᵐ²,1 × 1,8 = 3ᵐ²,78.
3º **Profondeur de l'excavation :** 7,56 : 3,78 = **2 m.**

14. — Une **dimension** du parallélépipède rectangle est le *quotient du volume par la surface de base,* ou encore le *quotient du volume par le produit des deux autres dimensions.*

Remarque. — Pour faire ce calcul, il est indispensable **d'exprimer les longueurs, les surfaces et les volumes avec des unités correspondantes** (mètre, mètre carré et mètre cube ou stère ; dm, dm², dm³ ; etc.).

1041. — Quelle est la hauteur d'un parallélépipède rectangle :
1º dont la base a 56 m² et le volume 224 m³ ?
2º dont la longueur est de 6 m., la largeur de 7 m. et le volume de 147 m³ ?
3º dont la longueur est de 50 cm., la largeur de 0ᵐ,40 et le volume de 50 dm³ ?

Rép. 1º 224 : 56 = 4 m. ; 2º 147 : (6 × 7) = 3ᵐ,5 ; 3º 0,05 : (0,5 × 0,4) = 0ᵐ,25.

1042. — On veut répandre uniformément, sur un champ ayant une surface de 2 ha. 7 a. 25 ca., un volume de fumier de 130ᵐ³,67. Quelle sera l'épaisseur de la couche de fumier ?   (*Pas-de-Calais.*)

Epaisseur = 130,67 : 20725. *Rép.* 0ᵐ,0063.

1043. — Une bergerie qui aura 200 m² de superficie doit contenir 250 moutons disposant chacun de 3 m³ d'air. Quelle devra être sa hauteur ?   (*Corse.*)

Hauteur = Volume : Surface de base (200ᵐ²).
Volume = 3ᵐ³ × 250 = 750 m³.
Rép. 750 : 200 = 3ᵐ,75.

1044. — On a répandu uniformément 5ᵐ³,34 de sable dans une cour qui a 18ᵐ,75 de long sur 8ᵐ,90 de large. Quelle est l'épaisseur de la couche de sable ?   (*Bouches-du-Rhône.*)

Epaisseur = Volume (5ᵐ³,34) : Surface de base.
Surface de base = 18ᵐ²,75 × 8,9 = 166ᵐ²,875.
Rép. 5,34 : 166,875 = 0ᵐ,032.

1045. — Quelle est la largeur d'une salle de classe ayant 8 m. de long et 4 m. de haut, sachant qu'elle peut renfermer 48 élèves disposant chacun de 5ᵐ³ d'air ?   (*Jura.*)

Largeur = Volume : Produit des 2 autres dimensions.
1. Volume = 5ᵐ³ × 48 = 240ᵐ³. 2. Produit : 8 × 4 = 32.
Rép. 240 : 32 = 7ᵐ,50.

1046. — On a payé 162 fr. un tas de fumier ayant 4^m,75 de long et 3^m,20 de large. Quelle en est la hauteur, sachant que le mètre cube de fumier a coûté 6 fr. ?   (*Côte-d'Or.*)

Hauteur = Volume : Surface de base.
  1. Volume = 162 : 6 = 27^{m3}.   2. Base = 4^{m2},75 × 3,2 = 15^{m2},2.
Rép. 27 : 15,2 = 1^m,776.

1047. — On veut former un stère de bois avec des bûches longues de 0^m,85. Quelle sera la hauteur du tas, si l'on empile les bûches entre deux pieux distants de 0^m,92 ?   (*Paris.*)

Hauteur = Volume (1 m^3) : Surface de base.
Base = 0^{m2},85 × 0,92 = 0^{m2},782.   *Rép.* 1 : 0,782 = 1^m,278.

1048. — Un cultivateur a fait creuser un fossé long de 52 m., large de 1^m,50 et profond de 0^m,88. Il fait répandre la terre enlevée sur un terrain de 15 a.; quelle est l'épaisseur de la couche formée ?   (*Drôme.*)

Épaisseur = Volume : Surface de base (15^a ou 1500 m^2).
Volume = 52^{m3} × 1,5 × 0,88 = 68^{m3},64.
Rép. 68,64 : 1500 = 0^m,045.

1049. — Entre deux montants verticaux séparés par un intervalle de 1^m,75, on empile deux stères de bois dont les bûches ont 0^m,60 de long. A quelle hauteur s'élèvera le bois ?   (*Seine-et-Oise.*)

Hauteur = Volume (2 m^3) : Surface de base.
Base = 1^{m2},75 × 0,6 = 1^{m2},05.   *Rép.* 2 : 1,05 = 1^m,904.

P. 107.   **1050.** — L'adjudicataire d'une coupe de bois donne l'ordre de couper les rondins à 0^m,78 et de les disposer en tas de 1^m,80 de haut. Quelle sera la longueur d'un tas d'un double stère ?   (*Ille-et-Vilaine.*)

Longueur = Volume (2 m^3) : Produit des 2 autres dimensions.
Produit = 0,78 × 1,8 = 1,404.   *Rép.* 2 : 1,404 = 1^m,424.

1051. — Quelle serait la longueur d'une pile de bois de 43 das., qui aurait 4^m 1/2 de large et 4^m 1/2 de haut ?   (*Saône-et-Loire.*)

Longueur = Volume (43^{das} ou 430^{m3}) : Produit des 2 autres dimensions.
Produit = 4,5 × 4,5 = 20,25.   *Rép.* 430 : 20,25 = 21^m,23.

1052. — Un jardinier a un tas de terreau de 8^m,65 de long, 5^m,24 de large et 3^m,50 de haut. Il le répand sur une surface rectangulaire de 150 m. sur 87^m,50. Quelle est l'épaisseur de la couche? (*S.-et-Oise.*)

Épaisseur = Volume : Surface de base.
  1. Volume = 8^{m3},65 × 5,24 × 3,5 = 158^{m3},641.
  2. Base = 150^{m2} × 87,5 = 13 125 m^2.
Rép. 158,641 : 13 125 = 0^m,012.

*1053.** — Après avoir acheté 1 s. de bois en bûches de 1 m., on fait scier chaque bûche en 4 morceaux égaux pour pouvoir les empiler dans un placard qui n'a que 25 cm. de profondeur sur 1^m,60 de largeur. Trouver à quelle hauteur s'élèvera le bois.   (*Oise.*)

Hauteur = Volume (1 m^3) : Surface de base.
Base = 0^{m2},25 × 1,6 = 0^{m2},40.   *Rép.* 1 : 0,4 = 2^m,50.

*1054.** — Sur une cour rectangulaire de 60 m. de longueur, et d'une largeur égale aux 3/8 de la longueur, on étend 10 m^3 de sable. Quelle est l'épaisseur de la couche ?   (*Nièvre.*)

Épaisseur = Volume (10^{m3}) : Surface de base.
Base = 60^{m2} × (60 × 3/8) = 60^{m2} × 22,5 = 1 350 m^2.
Rép. 10 : 1 350 = 0^m,007.

***1055.** — On a retiré d'une fosse pour 412ᶠ,50 d'un fumier évalué à raison de 5ᶠ,50 le mètre cube. Quelle est la profondeur de cette fosse, sachant qu'elle a 6 m. de long et 5 m. de large, et que la couche de fumier montait jusqu'à 50 cm. des bords ? *(Creuse.)*

Profondeur = Epaisseur du fumier + 0ᵐ,50.

Epaisseur. $\begin{cases} a) \text{ Volume} = 412,5 : 5,50 = 75 \text{ m}^3. \\ b) \text{ Base} = 6^{m2} \times 5 = 30 \text{ m}^2. \\ c) 75 : 30 = 2^m,50. \end{cases}$

Rép. 2ᵐ,50 + 0ᵐ,50 = 3 *m.*

***1056.** — Une barre de fer a pour section un carré de 0ᵐ,042 de côté et pour longueur 2 m. On l'étire en la faisant passer par un orifice carré de 0ᵐ,036 de côté. Quelle est alors, à 1 mm. près, la longueur de la barre ? *(Ariège.)*

Longueur = Volume : Surface de la nouvelle section.
1. Volume = 1ᵐ³ × 0,042² × 2 = 0ᵐ³,003528.
2. Section = 1ᵐ² × 0,036² = 0ᵐ²,001296.
Rép. 0,003528 : 0,001296 = 2ᵐ,722.

***1057.** — Une commune a fait empierrer sur les 3/5 de sa largeur un chemin qui a 3ᵏᵐ 1/4 de long et 5ᵐ,60 de large. La dépense totale, à raison de 4ᶠ,75 par mètre cube de pierres toutes posées, ayant été de 10 574 fr., quelle est l'épaisseur de l'empierrement ? *(Aisne.)*

Epaisseur = Volume : Surface empierrée.
1. Volume = 10 574 : 4,75 = 2 226ᵐ³,105.
2. Surface = 3 250ᵐ² × (5,6 × 3/5) = 3 250ᵐ² × 3,36 = 10 920 m².
Rép. 2 226,105 : 10 920 = 0ᵐ,2039.

***1058.** — Une cour rectangulaire a 42ᵐ,70 de long et sa largeur est les 5/7 de sa longueur. On étend sur cette cour 73 tombereaux de sable qui contiennent chacun les 3/4 d'un mètre cube. Quelle sera, en millimètres, l'épaisseur moyenne de la couche de sable ? *(Nord.)*

Epaisseur = Volume : Surface de la cour.
1. Volume = 0ᵐ³,75 × 73 = 54ᵐ³,75.
2. Surface = 42ᵐ²,7 × (42,7 × 5/7) = 42ᵐ²,7 × 30,5 = 1 302ᵐ²,35.
Rép. 54,75 : 1 302,35 = 0ᵐ,042 = 42 *mm.*

***1059.** — On a fait creuser une citerne cubique de 2ᵐ,80 de côté. La terre enlevée s'est augmentée de 1/4, et on l'a répandue sur un pré de 16 a. Quelle est l'épaisseur de la couche de terre ? *(Yonne.)*

Epaisseur = Volume : Surface de base (16ᵃ ou 1 600ᵐ²).

Volume. $\begin{cases} a) \text{ Terre tassée : } 1^{m3} \times 2,8^3 = 21^{m3},952. \\ b) \text{ Augmentation : } 21^{m3},952 \times 1/4 = 5^{m3},488. \\ c) 21^{m3},952 + 5^{m3},488 = 27^{m3},440. \end{cases}$

Rép. 27,44 : 1 600 = 0ᵐ,017.

***1060.** — Une salle de classe rectangulaire a 8 m. de long sur 7ᵐ,50 de large et 3ᵐ,40 de haut. On demande de combien il faudrait élever le plafond pour que l'instituteur et les 50 élèves qui y sont reçus eussent chacun 5 m³ d'air. *(Paris.)*

Surélévation = Hauteur nécessaire — Hauteur actuelle (3ᵐ,40).

Hauteur nécessaire. $\begin{cases} a) \text{ Volume} = 5^{m3} \times (50 + 1) = 255 \text{ m}^3. \\ b) \text{ Base} = 8^{m2} \times 7,5 = 60 \text{ m}^2. \\ c) 255 : 60 = 4^m,25. \end{cases}$

Rép. 4ᵐ,25 — 3ᵐ,40 = 0ᵐ,85.

***1061**. — Une chambre à coucher a 4^m,80 de long, 3^m,75 de large et 2^m,95 de haut. De combien faut-il augmenter la largeur pour que cette chambre ait un volume de 65^{m3},136 ?   (*Corse.*)

Elargissement = Largeur finale — Largeur actuelle (3^m,75).

Largeur finale. } *a*) Base = 4^{m2},8 × 2.95 = 14^{m2},16.
                 } *b*) 65,136 : 14,16 = 4^m,60.

Rép.   4^m,6 — 3^m,75 = 0^m,85.

***1062**. — Une salle de classe a 9^m,78 de long, 5^m,36 de large et 3^m,45 de haut. On demande de combien il faut reculer la cloison qui délimite la largeur pour que chacun des 52 élèves et l'instituteur puissent disposer d'un volume d'air de 4 m^3 1/2.   (*Maine-et-Loire.*)

Elargissement = Largeur finale — Largeur actuelle (5^m,36).

Largeur finale. { *a*) Volume = 4^{m3},5 × (52 + 1) = 238^{m3},5.
                 { *b*) Base = 9^{m2},78 × 3,45 = 33^{m2},741.
                 { *c*) 238,5 : 33,741 = 7^m,068.

Rép.   7^m,068 — 5^m,36 = 1^m,708.

***1063**. — Sur le contour intérieur d'un jardin rectangulaire de 45 m. de longueur sur 15 m. de largeur, on creuse un fossé de 2 m. de large. La terre qu'on extrait est répandue uniformément sur le reste du terrain. A quelle profondeur doit-on descendre pour que la différence de niveau entre le nouveau sol et l'ancien soit de 0^m,25 ?   (*Pas-de-Calais.*)

Profondeur = Volume de la terre extraite : Surface du fossé.

1. Volume. { *a*) Surface restante. { Longueur = 45^m — 2^m × 2 = 41 m.
           {   { Largeur = 15^m — 4^m = 11 m.
           {   { 41^{m2} × 11 = 451 m^2.
           { *b*) 451^{m3} × 0,25 = 112^{m3},75.

2. Surface du fossé. { *a*) Surface totale = 45^{m2} × 15 = 675 m^2.
                     { *b*) 675^{m2} — 451^{m2} = 224 m^2.

Rép.   112,75 : 224 = 0^m,503.

P. 108.   # MESURES DE POIDS

1. — L'*unité principale* des mesures de poids est le **gramme (g)**.

2. Les *multiples décimaux* du gramme sont :

le **décagramme (dag)**, qui vaut   **10 g.**;
l'**hectogramme (hg)**,   —   **100 g.**;
le **kilogramme (kg)**,   —   **1 000 g.**

On emploie aussi :

le **quintal métrique (q)**, qui vaut   **100 kg.**;
la **tonne (t)**,   —   **1 000 kg.**

3. — Les *sous-multiples décimaux* du gramme sont :

le **décigramme (dg)** ou dixième du gramme,   0^g,1;
le **centigramme (cg)** ou centième du gramme,   0^g,01;
le **milligramme (mg)** ou millième du gramme,   0^g,001.

Remarque. — D'après la *loi du* 11 *juillet* 1903, l'**unité fondamentale** des poids est le **kilogramme**.

MESURES RÉELLES OU EFFECTIVES

4. — Les mesures effectives de poids vont *du milligramme au demi-quintal* (50 kg.) et comprennent les *unités décimales* ainsi que leur *double* et leur *moitié.*

Les *plus usitées* sont en **fonte** ou en **cuivre** (laiton).

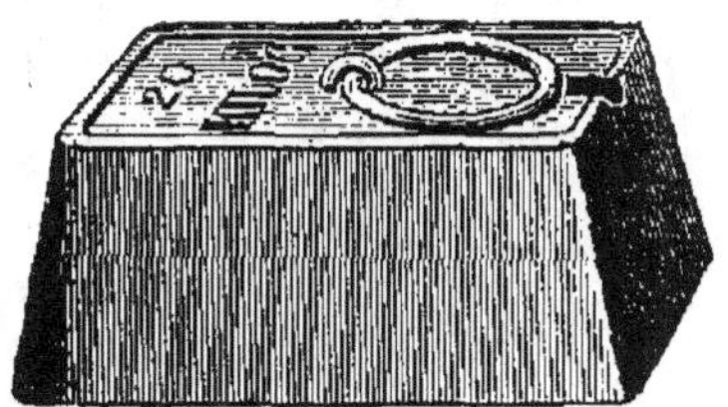

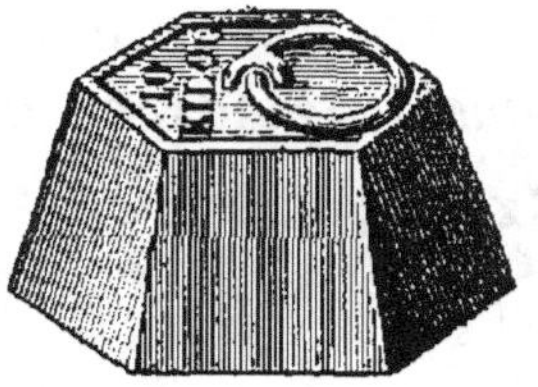

Poids en fonte.

5. — Les **poids en fonte** sont à *base hexagonale*, sauf les poids de 20 *kg.* et de 50 *kg.*, qui sont à *base rectangulaire*. Ils vont de 50 *g.* à 50 *kg.* Ce sont : 1/2 hg. ; 1 hg. ; 2 hg. ; 1/2 kg (la livre) ; 1 kg. ; 2 kg. ; 5 kg. ; 10 kg. ; 20 kg. ; 50 kg.

6. — Les **poids en cuivre** ont la forme d'un *cylindre* P. 109. surmonté d'un bouton. Ils vont du *gramme* au poids de

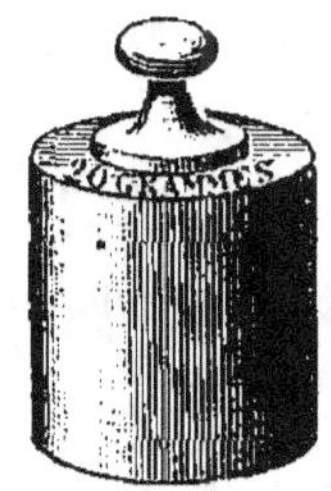

Poids en cuivre.   Poids en lamelles.   Poids à godet.

20 *kg.* Ce sont : 1 g. ; 2 g. ; 5 g. ; 10 g. ; 20 g. ; 50 g. ; 100 g. ; 200 g. ; 500 g. (la livre) ; 1 kg. ; 2 kg. ; 5 kg. ; 10 kg. ; 20 kg.

7. — Les **poids en lamelles** sont généralement en cuivre ou en *platine*. Ils vont du *demi-gramme* au *milli-*

gramme. Ce sont : 5 dg.; 2 dg.; 1 dg.; 5 cg.; 2 cg., 1 cg.; 5 mg.; 2 mg.; 1 mg.

Remarques. I. — Il existe encore des **poids à godet** en *cuivre*. Ils sont *coniques*, évidés et s'emboîtent les uns dans les autres.

II. — Dans les séries de poids les plus usitées, les unités décimales sont en double. Cependant, au lieu de deux poids d'un gramme, elles comprennent généralement deux poids de 2 gr.

8. — Pour **peser** les corps, on se sert en général d'une *balance* ou d'une *bascule*.

Quand on emploie la **balance**, le *poids du corps* est égal à la *somme des poids marqués* qui lui font équilibre.

Avec la **bascule**, le *poids du corps* est égal à *10 fois la somme des poids marqués* qui lui font équilibre.

Exercices écrits. — 1064. — Indiquez la série des 10 poids en fonte de fer. *(Gard.)*

Voir § 5.

1065. — Enumérez la série des poids en cuivre jaune de 1 g. à 500 g. et dites pourquoi certains poids sont en double. *(Marne.)*

Voir § 6. — Certains poids sont en double pour faciliter les pesées. *Ex.:* $4^s = 2^s + 2^s$; $409^s = 2^{hg} + 1^{hg} + 1^{hg} + 5^s + 2^s + 2^s$.

1066. — Donner la série des poids effectifs. Quand emploie-t-on : 1° les poids en fonte; 2° les poids en cuivre? *(Var.)*

Voir § 4. — On emploie les *poids en fonte* pour les grandes pesées et, en général, les *poids en cuivre* pour les pesées moyennes.

1067. — De quels poids peut se servir un épicier pour peser 1 625 g. de sucre? *(Algérie.)*

Rép. 1 *kg.;* 1/2 *kg.;* 1 *hg.;* 20 *g.;* 5 *g.*

1068. — Nommez les mesures effectives de poids à partir du gramme jusqu'au demi-quintal et dites celles qu'il faut employer pour peser 377 g. de marchandise. *(Haute-Marne.)*

Voir §§ 5 et 6. — 377 g. = 200 *g.* + 100 *g.* + 50 *g.* + 20 *g.* + 5 *g.* + 2 *g.*

1069. — Pour peser 186 g. avec le moins de poids possible, lesquels prendrez-vous? *(Allier.)*

Rép. 1 *hg.;* 50 *g.;* 20 *g.;* 10 *g.;* 5 *g.;* 1 *g.* Prendre toujours le plus gros poids contenu dans le poids à former.

P. 110. **NUMÉRATION. CHANGEMENT D'UNITÉ**

9. — **Les unités de poids** sont de 10 en 10 fois *plus grandes* ou *plus petites*.

Les règles relatives à la *lecture*, à l'*écriture* et au *changement d'unité* sont les mêmes pour les poids que pour les longueurs.

Exercices écrits. — 1070. — Ecrire, en prenant l'hectog. pour unité, les nombres suivants : 7 kg. 25 g. ; 253 dag. 5 dg. ; 4 526 g. 75 mg; 8 165 dg. 25 mg. ; 6 428 cg. Additionner ces nombres.   *(Cher.)*

70hg,25 + 25hg,305 + 45hg,26075 + 8hg,16525 + 0hg,6428.   *Rép.* 149hg,6238.

1071. — Combien 5/8 de kg. valent-ils de grammes?   *(Loiret.)*

1/8 de kg. = 125 g. *Rép.* 125g × 5 = 625 *g.*

1072. — Pour peser 292 dag. de sucre, quels sont les poids qu'il faut employer?   *(Seine-et-Oise.)*

Rép. 2 *kg.;* 1/2 *kg.;* 2 *hg.;* 1 *hg.;* 1 *hg.;* 20 *g.*

1073. — Quels sont les poids d'une série de 1 kg. qu'il faut employer pour peser 248 g.? 87 dag.? 609 g.? 3 hg. 6 g.? 245 g.?   *(Cher.)*

Poids de la série : 1 g.; 2 g.; 2 g.; 5 g.; 10 g.; 10 g.; 20 g.; 50 g.; 1 hg.; 1 hg.; 2 hg.; 1/2 kg.

Rép. 1° 248 g. = 2 *hg.* + 20 *g.* + 10 *g.* + 10 *g.* + 5 *g.* + 2 *g.* + 1 *g.*
  2° 87 dag. = 1/2 *kg.* + 2 *hg.* + 1 *hg.* + 50 *g.* + 20 *g.*
  3° 609 g. = 1/2 *kg.* + 1 *hg.* + 5 *g.* + 2 *g.* + 2 *g.*
  4° 3 hg. 6 g. = 2 *hg.* + 1 *hg.* + 5 *g.* + 1 *g.*
  5° 245 g. = 2 *hg.* + 20 *g.* + 10 *g.* + 10 *g.* + 5 *g.*

***1074.** — Pour peser un colis sur une bascule, j'ai employé les poids suivants : 5 kg.; 1/2 kg.; 2 hg.; 5 dag. Quel est le poids total de ce colis ?   *(Manche.)*

Rép. (5kg + 0kg,5 + 0kg,2 + 0kg,05) × 10 = 5kg,75 × 10 = 57kg,5.

***1075.** — Un vase pèse 10 kg. 1/2. Quels sont les poids qui feraient équilibre à ce vase: 1° si on le pesait à l'aide d'une bascule; 2° si on se servait d'une balance?   *(Marne.)*

I. *Bascule.* Total des poids employés = 10kg,5 : 10 = 1kg,05.
Rép. 1 *kg.;* 50 *g.*
II. *Balance.* *Rép.* 10 *kg.;* 1/2 *kg.*

***1076.** — Que pèserait une marchandise qui, sur une bascule, ferait équilibre aux 5 plus gros poids en fonte?   *(Meurthe-et-Moselle.)*

Rép. (50kg + 20kg + 10kg + 5kg + 2kg) × 10 = 870 *kg.* ou 8q,7.

***1077.** — Expliquez comment vous feriez pour peser sur une bascule ordinaire 125kg,400 de marchandises. Enumérez les poids qu'il faudrait pour cette pesée.   *(Marne.)*

Total des poids employés = 125kg,4 : 10 = 12kg,54.
Rép. 10 *kg.;* 2 *kg.;* 1/2 *kg.;* 20 *g.;* 10 *g.;* 10 *g.*

Problèmes. — 1078. — Le kilogramme de café coûte 5f,50. Quel est le prix de 1 dag.? 1 hg.? 1/2 kg.?   *(Doubs.)*

Rép. 1° 5f,5 : 100 = 0f,055; 2° 5f,5 : 10 = 0f,55; 3° 5f,5 : 2 = 2f,75.

1079. — Pour peser un morceau de viande, le boucher emploie les poids suivants : 1 kg.; 500 g.; 2 poids de 1 hg; 5 dag., et, à côté de la viande, pour faire l'équilibre, il met 20 g. A 1f,40 le kilogramme, quel est le prix du morceau de viande ?   *(Vosges.)*

Prix total = Prix du kg. (1f,4) × Nombre de kg. de viande.
Nombre de kg. = 1kg + 0kg,5 + 0kg,2 + 0kg,05 — 0kg,02 = 1kg,73.
Rép. 1f,40 × 1,73 = 2f,422, soit 2f,40.

1080. — Une ménagère achète, à raison de 0f,75 la livre, un morceau de bœuf qu'on a pesé avec les poids suivants : 1/2 kg.; 2 hg.; 2 poids de 20 g. Combien doit-on lui rendre sur 2 fr. ?   (*Seine-et-Oise.*)

Somme à rendre = 2 fr. — Prix de la viande.

Prix de la viande.
$\begin{cases} a) \text{ Poids} = 0^{kg},5 + 0^{kg},2 + 0^{kg},04 = 0^{kg},74. \\ b) \ 0^f,75 \times 2 \times 0,74 = 1^f,5 \times 0,74 = 1^f,11 \text{ ou } 1^f,10. \\ \text{C. Mental} : \ 15 \text{ sous} + 0^f,15 \times 2 + 0^f,015 \times 4 = 1^f,11. \end{cases}$

Rép. $2^f - 1^f,10 = 0^f,90.$

1081. — Dans un plateau d'une balance, une charcutière place les poids suivants : un double hg., 1/2 hg., un double dag. et 2 poids de 1 dag., pour faire équilibre à une marchandise valant 1^f,60 la livre. Elle demande 1^f,10. Quelle erreur a-t-elle faite ?   (*Loiret.*)

Erreur = Différence entre 1^f,10 et le prix réel.

Prix réel.
$\begin{cases} a) \text{ Poids} = 0^{kg},2 + 0^{kg},05 + 0^{kg},02 + 0^{kg},02 = 0^{kg},29. \\ b) \ 1^f,6 \times 2 \times 0,29 = 0^f,928, \text{ soit } 0^f,95. \end{cases}$

Rép. $1^f,10 - 0^f,95 = 0^f,15$ *en trop.*

1082. — Le demi-kilogramme de café vaut 2^f,60 ; une personne en demande pour 3^f,90, quels poids devra-t-on mettre sur le plateau de la balance ?   (*Ardèche.*)

Poids total de café = $3,9 : (2,6 \times 2) = 0^{kg},75.$
Rép. *Poids employés :* 1/2 *kg.*; 2 *hg.*; 50 *g.*

1083. — En Beauce, on vend le blé par sac de 120 kg. Un cultivateur en a vendu 15 sacs pour 352^f,50. Combien vendait-il : 1° le quintal; 2° l'hectolitre du poids de 78 kg.?   (*Seine-et-Oise.*)

I. *Prix du quintal* = Prix total (352^f,5) : Nombre de quintaux.
Nombre de q. = $1^q,2 \times 15 = 18$ q.   *Rép.* $352^f,5 : 18 = 19^f,58.$
II. *Prix de l'hectol.* = $19^f,58 \times 0,78.$ *Rép.* $15^f,27.$

P. 111.   **1084.** — Le thé, qui coûte en gros 8^f,50 le kilogramme, est revendu au détail 0^f,45 les 30 g. Dites le bénéfice d'un marchand qui a débité 8 kg. 4 dag. de ce thé.   (*Orne.*)

Bénéfice total = Bénéfice par kg. × Nombre de kg. (8^{kg},04).

Bénéfice par kg.
$\begin{cases} a) \text{ Prix de vente} = 0^f,45 : 0,03 = 15 \text{ fr.} \\ b) \ 15^f - 8^f,5 = 6^f,50. \end{cases}$

Rép. $6^f,50 \times 8,04 = 52^f,26.$

*****1085.** — Une machine à vapeur brûle 1 q. 1/2 de charbon en 6 heures. Elle fonctionne 15 h. par jour. Combien brûlera-t-elle de charbon en 80 jours et quelle sera la dépense, le charbon coûtant 31^f,50 la tonne ?   (*Paris.*)

I. *Poids total* = Poids brûlé en 1 jour × 80.
En 1 jour : $(1^q,5 : 6) \times 15 = 0^q,25 \times 15 = 3^q,75.$
Rép. $3^q,75 \times 80 = 300$ *quintaux* ou 30 *tonnes.*
II. *Dépense* = $31^f,50 \times 30.$ *Rép.* 945 *fr.*

*****1086.** — Une caisse pleine de savon pèse 35 kg. 3/4 ; le savon seul pèse 320 hg. ; l'emballage intérieur, 4/5 de kg. Quel est le poids de la caisse vide ?   (*Oise.*)

Poids de la caisse vide = $35^{kg},3/4 - 320^{hg} - 4/5$ de kg.
Rép. $35^{kg},75 - 32^{kg} - 0^{kg},8 = 35^{kg},75 - 32^{kg},8 = 2^{kg},95.$

*****1087.** — Un cultivateur vend un veau à un boucher à 0^f,455 le demi-kg., poids vif. Pour peser l'animal sur une bascule, on place sur le petit plateau les poids de 5 kg., 2 kg., 1 kg., 2 hg. et 50 g. Combien doit recevoir le cultivateur?   (*Vosges.*)

Prix total = Prix du kg. (0f,455 × 2) × Poids du veau en kg.
Poids = (5kg + 2kg + 1kg + 0kg,2 + 0kg,05) × 10 = 82kg,5.
Rép.   0f,455 × 2 × 82,5 = 0f,91 × 82,5 = 75f,075, soit 75f,10.

***1088.** — Un cultivateur vend 34 sacs de blé de 2 hl. chacun, à raison de 21f,80 le quintal. Il reçoit 1 111f,80. Quel est, en kilogrammes, le poids de l'hectolitre de ce blé?   (*Aube.*)

Poids de l'hl. = Poids total en kg : Nombre d'hectolitres.
1. Poids total = 1111,8 : 21,8 = 51 q. ou 5100 kg.
2. Nombre d'hl. = 2hl × 34 = 68 hl.   *Rép.*   5100kg : 68 = 75 *kg.*

***1089.** — Un épicier a vendu du café à 4f,75 le kilogramme et du sucre à 0f,70. Il a reçu 206f,55. Il y avait 345 hg. de sucre; combien y avait-il de café?   (*Saône-et-Loire.*)

Nombre de kg. de café = Prix du café : Prix du kg. (4f,75).
Prix du café. { *a*) Sucre :   0f,7 × 34,5 = 24f,15.
              { *b*) 206f,55 — 24f,15 = 182f,40.
Rép.   182,4 : 4,75 = 38kg,4.

***1090.** — Un épicier achète 40 pains de sucre pesant chacun 80hg,75, à raison de 4f,75 le pain. Combien doit-il vendre le demi-kilogramme, pour gagner 36f,10 sur le tout?   (*Var.*)

Prix de vente du 1/2 kg. = Prix de vente du pain : Poids en 1/2 kg.
Prix de vente du pain. { *a*) Bénéfice = 36f,1 : 40 = 0f,9025.
                       { *b*) 4f,75 + 0f,9025 = 5f,6525.
Rép.   5f,6525 : (8,075 × 2) = 5f,6525 : 16,15 = 0f,35.

***1091.** — Pour faire des confitures, une ménagère a employé 70 kg. de groseilles à 0f,20 ; 30 kg. de framboises à 0f,35 et 45 kg. de sucre à 0f,60. Le tout se réduit, par la cuisson, aux 3/5 du poids total. A combien revient l'hectogramme de confitures?   (*Aude.*)

Prix de l'hg. = Prix total : Nombre d'hg. de confitures.
1. Prix total. { *a*) Groseilles :   0f,20 × 70 = 14 fr.
               { *b*) Framboises :   0f,35 × 30 = 10f,5.
               { *c*) Sucre :   0f,6 × 45 = 27 fr.
               { *d*) En tout :   14f + 10f,5 + 27f = 51f,50.
2. Nombre d'hg. = (700hg + 300hg + 450hg) × 3/5 = 1 450hg × 3/5 = 870 hg.
Rép.   51f,5 : 870 = 0f,059.

***1092.** — On donne chaque jour à un cheval 8 l. d'avoine et une botte de foin. Le litre d'avoine pèse 55 dag. et vaut 15 fr. le quintal. La botte de foin, qui pèse 5 kg., est achetée à raison de 35 fr. la tonne. Combien coûte par an la nourriture de ce cheval?   (*Marne.*)

Dépense annuelle = Dépense journalière × 365.
Dépense journalière. { *a*) Avoine :   15f × 0,0055 × 8 = 0f,66.
                     { *b*) Foin :   35f × 0,005 = 0f,175.
                     { *c*) 0f,66 + 0f,175 = 0f,835.
Rép.   0f,835 × 365 = 304f,775, soit 304f,80.

***1093.** — On a acheté 61 barriques d'huile pour 4 715 fr. Une barrique pleine pèse 100 kg.; vide, elle pèse 115 hg. Combien faut-il revendre le litre d'huile, qui pèse 0kg,915, pour faire un bénéfice de 1 185 fr.?   (*Seine.*)

Prix du litre = Prix total : Nombre de litres.
1. Prix total = 4715f + 1185f = 5 900 fr.
2. Nombre de litres. { *a*) Poids total = (100kg — 11kg,5) × 61 = 5398kg,5.
                      { *b*) 5 398,5 : 0,915 = 5 900 l.
Rép.   5 900f : 5900 = 1 *fr.*

***1094.** — Un faïencier achète 9 000 assiettes à raison de 1^f,80 la douzaine, qui pèse 3 kg. Le transport coûte 5 fr. le quintal. Quel bénéfice réalisera ce faïencier en vendant ses assiettes 2^f,40 la douzaine, sachant qu'en route 3 douzaines ont été cassées ?   . (*Aube.*)

Bénéfice total = Prix de vente — Prix de revient.

1. Vente. $\begin{cases} a) \text{ Reste} = (9\,000 : 12) - 3 = 750^{\text{douz.}} - 3^{\text{douz.}} = 747 \text{ douz.} \\ b) \text{ Prix} = 2^f,40 \times 747 = 1\,792^f,80. \end{cases}$

2. Revient. $\begin{cases} a) \text{ Achat : } 1^f,8 \times 750 = 1\,350 \text{ fr.} \\ b) \text{ Transport : } 0^f,05 \times 3 \times 750 = 112^f,50. \\ c) \text{ En tout : } 1\,350^f + 112^f,5 = 1\,462^f,50. \end{cases}$

Rép. 1 792^f,8 — 1 462^f,5 = 330^f,30.

***1095.** — Un cultivateur a récolté 34 hl. d'un blé qui a perdu en se desséchant 1/17 de son volume. Quelle est la valeur de ce blé, à 24 fr. le quintal? On sait que l'hectolitre pèse 78^{kg},75.   (*Manche.*)

Valeur totale = Prix du quintal (24 fr.) $\times$ Nombre de quintaux.

Nombre de quintaux. $\begin{cases} a) \text{ Nombre d'hl. restants} = 34^{hl} \times 16/17 = 32 \text{ hl.} \\ b) \text{ } 78^{kg},75 \times 32 = 2\,520^{kg} \text{ ou } 25^q,2. \end{cases}$

Rép. 24^f $\times$ 25,2 = 604^f,80.

***1096.** — Le café torréfié perd 1/6 de son poids; un marchand l'achète non brûlé à 3^f,40 le kilogramme et le vend torréfié à 1^f,35 le paquet de 25 dag. Quel bénéfice fait-il sur la vente d'un quintal de café torréfié, si la torréfaction lui coûte 4^f,25 ?   (*Nord.*)

Bénéfice = Prix de vente — Prix de revient.

1. Prix de vente = 1^f,35 $\times$ 10 000 : 25 = 1^f,35 $\times$ 400 = 540 fr.

2. Prix de revient. $\begin{cases} a) \text{ Achat.} \begin{cases} \text{Nombre de kg. : } 100^{kg} : 5/6 = 120 \text{ kg.} \\ \text{Prix} = 3^f,4 \times 120 = 408 \text{ fr.} \end{cases} \\ b) \text{ } 408^f + 4^f,25 = 412^f,25. \end{cases}$

Rép. 540^f — 412^f,25 = 127^f,75.

***1097.** — Un marchand achète 84 q. de charbon à 48^f,20 la tonne. En payant comptant, il bénéficie d'un escompte de 3,5 °/₀. Il revend les 2/7 de ce charbon à raison de 3^f,10 les 50 kg. et le reste au prix de 6 fr. le quintal. Quel bénéfice fait-il ?   (*Sarthe.*)

Bénéfice = Prix de vente — Prix de revient.

1. Vente. $\begin{cases} a) \text{ 1}^{re} \text{ Vente. } \begin{cases} 84^q \times 2/7 = 24 \text{ q. ou } 48 \text{ demi-quint.} \\ \text{Prix} = 3^f,1 \times 48 = 148^f,80. \end{cases} \\ b) \text{ 2}^e \text{ Vente : } 6^f \times (84 - 24) = 360 \text{ fr.} \\ c) \text{ Prix total} = 148^f,80 + 360^f = 508^f,80. \end{cases}$

2. Revient. $\begin{cases} a) \text{ Achat : } 48^f,2 \times 8,4 = 404^f,88. \\ b) \text{ Escompte : } 3^f,5 \times 4,0488 = 14^f,17. \\ c) \text{ Prix de revient} = 404^f,88 - 14^f,17 = 390^f,71 \text{ ou } 390^f,70. \end{cases}$

Rép. 508^f,80 — 390^f,70 = 118^f,10.

P. 112.

POIDS, LONGUEURS, SURFACES, VOLUMES (*Revision*).

Problèmes. — **1098.** — Le chemin de fer prend 0^f,05 pour transporter une tonne de fer à 1 km. Quelle somme devra-t-on payer pour transporter 32 000 kg. de fer à 35 Mm. ?   (*Haute-Vienne.*)

Prix total = Prix du transport à 1 kilomètre $\times$ Nombre de kilomètres (350).
A 1 kilomètre : 0^f,05 $\times$ 32 = 1^f,60. *Rép.* 1^f,6 $\times$ 350 = 560 *fr.*

1099. — On a ensemencé une prairie de graines de luzerne, à raison de 35 dag. de graines par are. On a dépensé 48^f,30. Quelle est la superficie, sachant que le quintal de graines vaut 138 fr. ?   (*Allier.*)

Superficie = Dépense totale (48^f,30) : Dépense par are.
Par are :   138^f $\times$ 0,0035 = 0^f,483.   *Rép.*   48,3 : 0,483 = 100 a. ou 1 ha.

1100. — Un mètre cube de fumier pèse environ 750 kg. On demande combien il faudra de tonnes de fumier pour couvrir un champ de 38 ares, si l'on en répand 80 m³ par hectare.   (*Nièvre.*)

Nombre de tonnes = Poids du m³ (0^t,75) $\times$ Nombre de m³.
Nombre de m³ = 80^{m3} $\times$ 0,38 = 30^{m3},4.   *Rép.*   0^t,75 $\times$ 30,4 = 22^t,8.

1101. — Quel est le prix de 9 das. de bois vendus à 27 fr. le quintal, sachant que 1 ds. de ce bois pèse 50 kg. ?   (*Tarn-et-Garonne.*)

Prix total = Prix du quintal (27 fr.) $\times$ Nombre de quintaux.
Nombre de quintaux = 1/2^q $\times$ 900 = 450 q.   *Rép.*   27^f $\times$ 450 = 12 150 *fr.*

1102. — Le décimètre cube de fer forgé pesant 7^{kg},78, que vaut un demi-mètre cube, à raison de 275 fr. la tonne métrique ?   (*Seine.*)

Prix de 1/2 m³ = Prix de la tonne (275 fr.) $\times$ Poids en tonnes.
Poids = 0^t,00778 $\times$ 500 = 3^t,89.   *Rép.*   275^f $\times$ 3,89 = 1 069^f,75.

1103. — Un champ de 875 m² a produit 8 sacs de pommes de terre pesant chacun 65 kg. et valant 5^f,75 le quintal. Quelle est la valeur de la récolte d'un hectare ?   (*Meuse.*)

Prix de la récolte d'un ha. = Prix de celle du champ : N. d'ha. (0,0875).

Récolte du champ. { *a*) Poids = 65^{kg} $\times$ 8 = 520 kg. ou 5^q,2.
{ *b*) Prix = 5^f,75 $\times$ 5,2 = 29^f,90.

Rép.   29^f,90 : 0,0875 = 341^f,71, soit 341^f,70.

1104. — La tonne d'engrais complet vaut 170 fr. Le transport coûte 1^f,60 le quintal. On demande le prix de l'engrais nécessaire pour fumer un champ de 245 a., à raison de 120 kg. par hectare.   (*Finistère.*)

Prix total = Prix de revient de la tonne $\times$ Nombre de tonnes.
1. Prix de la tonne = 170^f + 1^f,6 $\times$ 10 = 186 fr.
2. Nombre de tonnes = 0^t,12 $\times$ 2,45 = 0^t,294.
Rép.   186^f $\times$ 0,294 = 54^f,684, soit 54^f,70.

1105. — Un meunier vend 42 sacs de farine, pesant chacun 146 kg., à raison de 45 fr. le quintal métrique. Quel est le produit de cette vente ? Après l'achat d'un pré de 3 348 ca. il lui reste, sur le produit de sa vente, 1 587^f,60 ; combien a-t-il payé l'are du pré ?   (*Gard.*)

I. *Prix de vente* = 45^f $\times$ 1,46 $\times$ 42 = 65^f,7 $\times$ 42.   *Rép.*   2 759^f,40.
II. *Prix de l'are* = Prix du pré : Nombre d'ares (33^a,48).
Prix du pré = 2 759^f,40 — 1 587^f,60 = 1 171^f,80.
Rép.   1 171^f,8 : 33,48 = 35 *fr.*

1106. — Un champ rectangulaire a 140 m. de long et 89 m. de large. Il a produit par are 15 bottes de luzerne de chacune 5 kg. Trouver la valeur de la récolte à 13^f,25 le quintal.   (*Seine-et-Marne.*)

Valeur totale = Prix du quintal (13^f,25) $\times$ Nombre de quintaux.

Nombre de quintaux. { *a*) Surface = 14^a $\times$ 8,9 = 124^a,6.
{ *b*) 5^{kg} $\times$ 15 $\times$ 124,6 = 9 345 kg. ou 93^q,45.

Rép.   13^f,25 $\times$ 93,45 = 1 238^f,2125, soit 1 238^f,20.

1107. — Trouver en quintaux le poids d'un bloc de marbre de 1^m,5 de long, 0^m,52 de large et 0^m,25 d'épaisseur, sachant que le décimètre cube de ce marbre pèse 2^{kg},250.   (*Seine.*)

Poids en quintaux = Poids du m³ (22^q,5) $\times$ Volume en m³.
Volume = 1^{m3},5 $\times$ 0,52 $\times$ 0,25 = 0^{m3},195.
Rép.   22^q,5 $\times$ 0,195 = 4^q,3875.

1108. — Un champ ayant 248 m. de long et 65 m. de large est ensemencé en betteraves à raison de 4 pieds par mètre carré. Chaque betterave pèse en moyenne $2^{kg},500$. Quelle est la valeur de la récolte, si les betteraves sont vendues $1^f,60$ le quintal métrique ?   (*Marne.*)

Valeur de la récolte = Prix du quintal $(1^f,6)$ × Poids en quintaux.

Poids en quintaux. $\begin{cases} a)\ \text{Nombre de pieds.} \begin{cases} \text{Surf.} = 248^{m2} \times 65 = 16\,120\ m^2. \\ 4^p \times 16\,120 = 64\,480\ \text{pieds.} \end{cases} \\ b)\ 2^{kg},5 \times 64\,480 = 161\,200\ \text{kg. ou } 1\,612\ q. \end{cases}$

Rép. $1^f,60 \times 1612 = 2579^f,20.$

* **1109.** — La houille coûte $0^f,03$ de transport par tonne et par kilomètre, et $1^f,45$ de chargement par tonne. Combien devra-t-on payer pour charger et transporter 348 708 kg. à 390 km. ?   (*Isère.*)

Prix total = Prix de revient d'une tonne × Nombre de tonnes $(348^t,708)$.

Prix d'une tonne. $\begin{cases} a)\ \text{Transport :}\ \ 0^f,03 \times 390 = 11^f,7. \\ b)\ 11^f,7 + 1^f,45 = 13^f,15. \end{cases}$

Rép. $13^f,15 \times 348,708 = 4585^f,51$ ou $4585^f,50.$

* **1110.** — Un hectare de terre produit en moyenne 3 275 l. d'avoine. Quelle est la valeur de la récolte de 7 ha. 2 a. 75 ca., si le quintal d'avoine se vend $17^f,45$ et si l'hectolitre pèse 52 kg. 7 dag. ?   (*Marne.*)

Valeur totale = Prix du quintal $(17^f,45)$ × Nombre de quintaux.

Nombre de quintaux. $\begin{cases} a)\ \text{Nombre d'hl.} = 32^{hl},75 \times 7,0275 = 230^{hl},15. \\ b)\ 52^{kg},07 \times 230,15 = 11\,983,915 = 119^q,84. \end{cases}$

Rép. $17^f,45 \times 119,84 = 2091^f,20.$

* **1111.** — Une caisse de bougies pesant 360 kg. a été vendue à raison de $2^f,80$ le kilogramme. Elle est expédiée par grande vitesse à une distance de 75 Mm. et revient alors à $1\,125^f,25$. Quel est le prix du transport par tonne et par kilomètre ?   (*Puy-de-Dôme.*)

Prix par tonne et par km. = Prix total par km. : Nombre de tonnes $(0^t,36)$.

Prix par kilomètre. $\begin{cases} a)\ \text{A 750 km. :}\ \ 1\,125^f,25 - (2^f,8 \times 360) = 117^f,25. \\ b)\ 117^f,25 : 750 = 0^f,156. \end{cases}$

Rép. $0^f,156 : 0,36 = 0^f,433.$

* **1112.** — L'hectolitre d'un blé qui vaut $21^f,25$ le quintal pèse 75 kg. La récolte d'un champ de blé de $189^a,10$ a été vendue 600 fr. Calculez en hectolitres le rendement d'un hectare de terrain.   (*Finistère.*)

Rendement de 1 hectare = Rendement total : Nombre d'hectares $(1^{ha},891)$.

Rendement total. $\begin{cases} a)\ \text{En poids :}\ \ 600 : 21.25 = 28^q,235. \\ b)\ \text{En hectolitres :}\ \ 2823,5 : 75 = 37^{hl},646. \end{cases}$

Rép. $37^{hl},646 : 1,891 = 19^{hl},9.$

P. 113.   * **1113.** — Sachant qu'un litre de graine de lin pèse 62 dag. et que la graine de lin peut rendre en huile les 2/5 de son poids, quelle somme retirera-t-on de l'huile fournie par la graine récoltée dans une linière de $16^a1/2$, si l'on admet qu'un are fournit 12 l. de graine et que l'huile de lin vaut $1^f,50$ le kilogramme ?   (*Manche.*)

Prix total = Prix du kilogramme $(1^f,5)$ × Nombre de kilogrammes d'huile.

Nombre de kilogrammes. $\begin{cases} a)\ \text{Graine :}\ \ 0^{kg},62 \times 12 \times 16.5 = 122^{kg},76. \\ b)\ \text{Huile :}\ \ 122^{kg},76 \times 2/5 = 49^{kg},104. \end{cases}$

Rép. $1^f,50 \times 49,104 = 73^f,65.$

* **1114.** — On vend du bois de chauffage à $12^f,60$ le stère. L'espace

vide entre les bûches est 1/4 du volume total. Trouver le prix de la tonne, sachant que le décimètre cube pèse 84 dag. *(Gironde.)*

Prix de la tonne = Prix du stère (12^f,6) : Poids du stère en tonnes.

Poids du stère. { *a*) Volume réel = 3/4 de m³ = 750 dm³.
{ *b*) 84^{dag} × 750 = 63 000 dag. = 0^t,63.

Rép. 12^f,6 : 0,63 = 20 *fr.*

***1115.** — Le fumier qui est placé sur un terrain en pente perd au moins 1/3 de sa valeur. Quelle est la valeur perdue ainsi dans un an par un cultivateur dont le bétail produit par jour 3/4 de mètre cube de fumier valant 12 fr. la tonne et pesant 600 kg. par m³ ? *(Meuse.)*

Perte annuelle = 1/3 de la valeur totale du fumier.

Valeur totale. { *a*) Poids. { Volume = 3/4^{m3} × 365 = 273^{m3},75.
{ { 0^t,6 × 273,75 = 164^t,25.
{ *b*) 12^f × 164,25 = 1 971 fr.

Rép. 1971^f : 3 = 657 *fr.*

***1116.** — Une ménagère brûle par an 10 s. de bois à 18 fr. l'un. Quel bénéfice réaliserait-elle en substituant au bois le charbon de terre, si le quintal de ce charbon coûte 3^f,45 et fournit autant de chaleur que 3 ds. de bois? *(Allier.)*

Bénéfice = Dépense en bois — Dépense en charbon.
1. En bois : 18^f × 10 = 180 fr.
2. En charbon. { *a*) Poids = 100 : 3 = 100/3 de quintal.
{ *b*) Prix = 3^f,45 × 100/3 = 115 fr.

Rép. 180^f — 115^f = 65 *fr.*

***1117.** — Un hectare de terrain produit 17 hl. de blé. Quelle est la récolte d'un champ de forme carrée qui a 19 dam. de côté? Quelle sera la valeur de ce blé à 29 fr. le quintal si 1 hl. pèse 76 kg.? *(Jura.)*

I. *Volume de la récolte* = Récolte d'un ha. (17 hl.) × Nombre d'hectares.
Nombre d'ha. = 1^{ha},9 × 1,9 = 3^{ha},61. *Rép.* 17^{hl} × 3,61 = 61^{hl},37.
II. *Valeur du blé* = Prix du quint. (29 fr.) × Nombre de quint.
Nombre de quintaux = 0^q,76 × 61,37 = 46^q,6412.
Rép. 29^f × 46,6412 = 1 352^f,59 ou 1 352^f,60.

***1118.** — Un pilier a été construit en superposant 6 pierres cubiques de 1^m,25 d'arête. Calculer la hauteur et le volume de ce pilier, ainsi que le poids total (1 dm³ de pierre pèse 2 kg. 7 dag.). *(Nord.)*

I. *Hauteur* = 1^m,25 × 6. *Rép.* 7^m,50.
II. *Volume* = 1^{dm3} × 12,5³ × 6 = 1953^{dm3},125 × 6. *Rép.* 11 718^{dm3},75.
III. *Poids* = 2^{kg},07 × 11 718,75. *Rép.* 24 257^{kg},8125.

***1119.** — On veut couvrir d'une couche d'engrais de 8 mm. d'épaisseur un champ rectangulaire qui a 258 m. de long sur 89 m. de large. Quelle sera la dépense totale et la dépense par hectare, si l'engrais coûte 1^f,20 le quintal et si le mètre cube pèse 950 kg.? *(Seine-et-Oise.)*

I. *Dépense totale* = Prix du quintal (1^f,20) × Nombre de quintaux.

Nombre de quintaux. { *a*) Volume. { Surface = 258^{m2} × 89 = 22 962^{m2}.
{ { 22 962^{m3} × 0,008 = 183^{m3},696.
{ *b*) Poids = 9^q,5 × 183,696 = 1745^q,112.

Rép. 1^f,2 × 1745,112 = 2 094^f,1344.
II. *Dépense par ha.* = 2 094^f,1344 : 2,2962. *Rép.* 912 *fr.*

***1120.** — Un tas de bois qui a 8^m,75 de long, 2^m,74 de large, 2^m,45 de haut, est vendu à 5^f,25 le quintal. Le stère pèse 530 kg. On fait une remise de 1 1/2 °/₀, combien doit-on recevoir ? *(Algérie.)*

Recette = Prix de vente — Remise.

1. Vente. $\Big\{$ *a)* Poids. $\Big\{$ Volume = 8^s,75 × 2,74 × 2,45 = 58^s,738.
  5^q,3 × 58,738 = 311^q,3114.
  b) Prix : 5^f,25 × 311,3114 = 1 634^f,38.

2. Remise = 1^f,5 × 16,34 = 24^f,51.

Rép. 1 634^f,38 — 24^f,51 = 1 609^f,87 ou 1 609^f,90.

***1121.** — Un champ rectangulaire a une superficie de 74 a. 48 ca. et une longueur de 98 m. On l'entoure d'une triple rangée d'un fil de fer pesant 19 dag. par mètre linéaire. Quelle est la valeur de ce fil de fer à 25 fr. le quintal? *(Somme.)*

Prix total = Prix du quintal (25 fr.) × Poids en quintaux.

Poids. $\Big\{$ *a)* Longueur du fil. $\Big\{$ Largeur = 7 448 : 98 = 76 m.
  Périmètre = (98^m + 76^m) × 2 = 348 m.
  Triple = 348^m × 3 = 1 044 m.
  b) 19^{dag} × 1 044 = 19 836^{dag} = 1^q,9836.

Rép. 25^f × 1,9836 = 49^f,59, soit 49^f,60.

***1122.** — Un pré de 3^{ha},15 est loué au moment de la fenaison, savoir : 1/5 à raison de 150 fr. l'hectare, 1/4 à raison de 120 fr. et le reste à raison de 80 fr. A combien revient le quintal de foin si on en récolte 28 kg. 1/2 par are ? *(Ardennes.)*

Prix de revient du quintal = Prix de revient total : Nombre de quintaux.

1. Prix total ou location totale. $\Big\{$ *a)* 1/5 = 0^{ha},63 ; Location = 150^f × 0,63 = 94^f,5.
  b) 1/4 = 0^{ha},7875 ; Location = 120^f × 0,7875 = 94^f,5.
  c) Reste = 3^{ha},15 — (0^{ha},63 + 0^{ha},7 875) = 1^{ha},7 325 ;
  Location = 80^f × 1,7325 = 138^f,60.
  d) En tout : 94^f,5 + 94^f,5 + 138^f,6 = 327^f,60.

2. Nombre de quintaux = 0^q,285 × 315 = 89^q,775.

Rép. 327^f,6 : 89,775 = 3^f,649 ou 3^f,65.

***1123.** — La récolte d'un champ qui avait produit 20 hl. de blé par hectare a été vendue pour 2 479^f,20 à raison de 20 fr. le quintal. Sachant : 1° que l'hectolitre de blé pèse 80 kg. et 2° que ce champ rectangulaire a 125 m. de large, calculer sa longueur. *(Charente-Inférieure.)*

Longueur = Surface : Largeur (125 m.).

Surface. $\Big\{$ *a)* Récolte. $\Big\{$ Poids = 2 479,2 : 0,20 = 12 396 kg.
  Nombre d'hectolitres = 12 396 : 80 = 154^{hl},95.
  b) 154,95 : 20 = 7^{ha},7 475 ou 77 475 m².

Rép. 77 475 : 125 = 619^m,80.

***1124.** — On veut clore un jardin de 60 m. de longueur sur 38 m. de largeur, avec un treillage en fil de fer de 1^m,20 de hauteur. Combien coûtera cette clôture, sachant que le treillage pèse 3^{kg},750 par mètre carré et revient à 38^f,50 le quintal? *(Vienne.)*

Prix du treillage = Prix du quintal (38^f,5) × Poids en quintaux.

Poids. $\Big\{$ *a)* Surface. $\Big\{$ Périmètre : (60^m + 38^m) × 2 = 196 m.
  196^{m²} × 1,2 = 235^{m²},2.
  b) 3^{kg},75 × 235,2 = 882 kg. ou 8^q,82.

Rép. 38^f,5 × 8,82 = 339^f,57 ou 339^f,55.

***1125.** — Un marchand achète pour 4 000 fr. le bois de chauffage qui remplit aux 2/3 un magasin dont les dimensions sont : 5 m.; 7 m. et 9 m. Combien doit-il vendre 5 400 kg. de ce bois pour réaliser un bénéfice de 12 %₀ sur cette vente? Le centimètre cube de ce bois pèse 68 cg. et les vides forment les 3/7 du volume total.   (*Meurthe-et-Moselle.*)

Prix de vente = Prix d'achat + Bénéfice.

1. Prix d'achat. { *a*) Poids acheté. { Volume = $5^{m3} \times 7 \times 9 \times 2/3 = 210$ m³.
   Volume réel = $210^{m3} \times 4/7 = 120$ m³.
   $680^{kg} \times 120 = 81\,600$ kg. ou 816 q.
   b) $4000^f \times 54 : 816 = 264^f,7$.

2. Bénéfice = $12^f \times 2,647 = 31^f,76$.

Rép. $264^f,70 + 31^f,76 = 296^f,46$ ou $296^f,45$.

MESURES DE CAPACITÉ   P. 114.

1. — **La capacité** d'un vase est le *volume intérieur* de ce vase.

2. — L'*unité principale* des mesures de capacité est le **litre** (l.).

3. — Les *multiples décimaux* du litre sont :

le **décalitre** (dal.), qui vaut   10 *litres;*
l'**hectolitre** (hl.);   —   100 —
le **kilolitre** (kl.),   —   1 000 —

4. — Les *sous-multiples décimaux* du litre sont :

le **décilitre** (dl.) ou dixième du litre $0^l,1$;
le **centilitre** (cl.) ou centième du litre $0^l,01$;
le **millilitre** (ml.) ou millième du litre $0^l,001$.

MESURES RÉELLES OU EFFECTIVES

5. — **Les mesures effectives de capacité** vont *du*

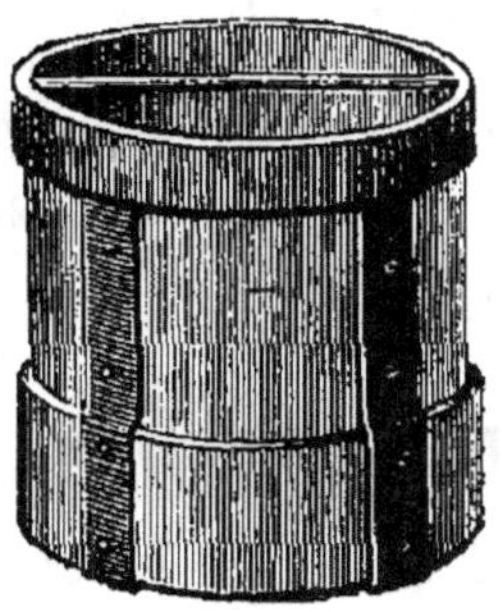

Mesures en bois.

centilitre à l'hectolitre et comprennent les *unités décimales* ainsi que leur *double* et leur *moitié*.

Les mesures employées pour les **matières sèches** sont *en bois ;* celles qui sont employées pour les **liquides** sont en *fer-blanc* ou en *étain* dans le commerce au détail; en *cuivre*, en *tôle* ou en *fonte* dans le commerce en gros.

Elles ont toutes la forme d'un *cylindre* dont la *hauteur* est *égale au diamètre*, excepté les mesures en *étain* dont la *profondeur* est *double du diamètre*.

P. 115.   **6.** — **Les mesures pour les matières sèches** (grains, légumes, etc.) vont *du demi-décilitre à l'hectolitre*. Ce sont : 1/2 dl.; 1 dl.; 2 dl.; 1/2 l.; 1 l.; 2 l.; 1/2 dal.; 1 dal.; 2 dal.; 1/2 hl.; 1 hl.

7. — **Les mesures** en usage dans le *commerce au détail*

des liquides vont *du centilitre au double-litre*. Ce sont : 1 cl.; 2 cl.; 1/2 dl.; 1 dl.; 2 dl.; 1/2 l.; 1 l.; 2 l.

8. — **Les mesures** en usage dans le *commerce en gros* des **liquides** vont du *demi-décalitre à l'hectolitre*. Ce sont : 1/2 dal.; 1 dal.; 2 dal.; 1/2 hl.; 1 hl.

NUMÉRATION. CHANGEMENT D'UNITÉ

9. — **Les unités** de **capacité** sont de 10 en 10 fois *plus grandes* ou *plus petites*.

Les règles relatives à la *lecture*, à l'*écriture* et au *changement d'unité* sont les mêmes pour les **capacités** que pour les **longueurs** et les **poids**.

Exercices écrits. — 1126. — Dites, en changeant seulement l'unité, le nombre qui est : 1º 10 fois plus grand que 15 l. ; 2º 10 fois plus petit que 7 hl. ; 3º 100 fois plus grand que 25 dl.   (*Gard.*)

Rép. 15 *dal.* ; 7 *dal.* ; 25 *dal.*

1127. — Effectuer l'addition suivante :
375 hl. 3 l. + 75 dal. + 2 cl. + 39 l. 8 dl. =   (*Hte-Saône.*)
$37503^l + 750^l + 0^l,02 + 39^l,8$.   *Rép.* $38292^l,82$.

1128. — Pour remplir une capacité de $187^l,50$, de quelles mesures se servirait-on en employant le moins de mesures possible ?   (*Alger.*)

Rép. 1 *hl.* ; 1/2 *hl.* ; 2 *dal.* ; 1 *dal.* ; 1/2 *dal.* ; 2 *l.* ; 1/2 *l.*

1129. — Ecrivez 60 hl. 8 dl. ; 2 m³ 25 cm³ ; 5 kg. 4 dg. ; 3 dam² 2 cm² ; 7 ha. 9 ca.   (*Cantal.*)

Rép. $6000^l,8$; $2^{m3},000025$; $5^{kg},0004$; $300^{m2},0002$; $700^a,09$.

Problèmes. — 1130. — Pour remplir un sac, on y a versé le P. 116. contenu des mesures suivantes complètement pleines : 1 hl. ; 1 double-décalitre ; 1/2 dal. ; 1 double-litre ; 1/2 l. Quelle est en litres la contenance du sac ?   (*Alger.*)

Rép. $100^l + 20^l + 5^l + 2^l + 0^l,5 = 127^l,5$.

1131. — Lorsque le litre de vin coûte $0^f,75$, combien coûte le décalitre ? l'hectolitre ? la barrique de $2^{hl},28$?   (*Finistère.*)

Rép. 1º $0^f,75 \times 10 = 7^f,50$; 2º $0^f,75 \times 100 = 75$ *fr.* ; 3º $0^f,75 \times 228 = 171 fr.$

1132. — A $3^f,40$ le double-décalitre de blé, que vaut l'hectolitre ? que vaut le litre ?   (*Hautes-Pyrénées.*)

Rép. 1º $3^f,40 \times 5 = 17 fr.$;   2º $3^f,40 : 20 = 0^f,17$.

1133. — Un épicier vend le litre d'huile de noix $2^f,40$. De quelles mesures se sert-il lorsqu'on lui en demande pour $1^f,80$?   (*Vienne.*)

Rép. $1,8 : 2,4 = 0^l,75 = 1/2$ *l.* + 1 *double-dl.* + 1/2 *dl.*

1134. — Lorsque $2^{hl},20$ de vin coûtent 143 fr., à combien revient le décalitre, et combien a-t-on de litres pour 26 fr. ?   (*Deux-Sèvres.*)

Rép. 1º $143^f : 22 = 6^f,50$; 2º $26 : 0,65 = 40$ *l.*

1135. — Un ménage consomme par jour 15 dl. d'un vin qui coûte 45 fr. l'hectolitre. Il en a acheté pour 135 fr. Combien de jours durera la provision ?   (*Aube.*)

Nombre de jours = Dépense totale (135 fr.) : Dépense par jour.
Dépense par jour = $0^f,45 \times 1,5 = 0^f,675$.
Rép. $135 : 0,675 = 200$ *jours.*

1136. — Un cultivateur a vendu 25 sacs de blé de chacun 6 doubles-décalitres à $18^f,25$ l'hectolitre. Combien lui est-il encore dû s'il a déjà reçu un acompte de 145 fr. ?   (*Finistère.*)

Somme restant due = Prix total — Acompte (145 fr.).
Prix total. $\begin{cases} a) \text{ Nombre d'hl.} = 20^l \times 6 \times 25 = 3000 \text{ l.} = 30 \text{ hl.} \\ b) \ 18^f,25 \times 30 = 547^f,50. \end{cases}$
Rép. $547^f,50 - 145^f = 402^f,50$.

1137. — Un marchand achète des haricots à $4^f,50$ le décalitre. Il les revend $0^f,50$ le litre. Combien gagne-t-il par 3 hl. 5 l. ? (*H.-Saône.*)

Bénéfice = Bénéfice par hl. $\times$ Nombre d'hl. ($3^{hl},05$).
Bénéfice par hl. = $50^f - 45^f = 5$ fr.
Rép. $5^f \times 3,05 = 15^f,25$.

1138. — A combien reviennent 125 dal. de haricots si le litre se vend
0ᶠ,35 et si on paye 1ᶠ,50 par hectolitre pour le transport?   (*Cher.*)

Prix de revient total = Prix de revient du dal. × Nombre de dal. (125).
Prix de revient du dal. = 3ᶠ,50 + 0ᶠ,15 = 3ᶠ,65.
Rép. 3ᶠ,65 × 125 = 456ᶠ,25.

1139. — Un marchand se sert d'un litre bossué qui ne contient que
97 cl. pour mesurer 25 l. de vin à un client. De quelle somme fait-il tort
à ce dernier si le vin mesuré vaut 60 fr. l'hectolitre?   (*S.-et-Oise.*)

Somme reçue à tort = Prix du litre (0ᶠ,60) × Nombre de litres en moins.
Erreur = (1ˡ — 0ˡ,97) × 25 = 0ˡ,75.
Rép. 0ᶠ,60 × 0,75 = 0ᶠ,45.

1140. — On achète pour 250 fr. de haricots au prix de 5 fr. le
double-décalitre. Combien faut-il revendre le litre pour gagner 65 fr. sur
le tout?   (*Seine.*)

Prix de vente du litre = Prix de vente total : Nombre de litres.
1. Prix de vente total = 250ᶠ + 65ᶠ = 315 fr.
2. Nombre de litres = 250 : 5 = 50 doubles-dal. ou 20ˡ × 50 = 1 000 l.
Rép. 315ᶠ : 1 000 = 0ᶠ,315.

1141. — Un cultivateur porte au marché 18 hl. 1/2 de blé qu'il
vend, moitié à 19ᶠ,50 l'hectolitre, moitié à 4ᶠ,10 le double-décalitre.
Combien a-t-il reçu pour cette vente?   (*Ille-et-Vilaine.*)

Somme reçue = Prix de la 1ʳᵉ moitié + Prix de la 2ᵉ.
1. Prix (1ʳᵉ moitié). { *a*) Nombre d'hl. = 18ʰˡ,5 : 2 = 9ʰˡ,25.
                        { *b*) 19ᶠ,50 × 9,25 = 180ᶠ,375.
2. Prix (2ᵉ moitié) = 4ᶠ,10 × (9,25 × 5) = 4ᶠ,10 × 46,25 = 189ᶠ,625.
Rép. 180ᶠ,375 + 189ᶠ,625 = 370 *fr.*

1142. — Une fermière a 8 vaches qui lui donnent chacune 1 dal. 1/2
de lait par jour; elle vend son lait 0ᶠ,15 le litre. Avec l'argent qu'elle
reçoit ainsi pendant 30 jours, elle achète 5 douzaines de chemises à 3ᶠ,25
la chemise. Combien lui reste-t-il?   (*Seine.*)

Somme restante = Prix de vente du lait — Prix d'achat des chemises.
1. Lait. { *a*) Nombre de litres = 15ˡ × 8 × 30 = 3 600 l.
          { *b*) Prix = 0ᶠ,15 × 3 600 = 540 fr.
2. Prix d'achat des chemises = 3ᶠ,25 × 12 × 5 = 195 fr.
Rép. 540ᶠ — 195ᶠ = 345 *fr.*

1143. — Un marchand a acheté 17 hl. de blé à 3ᶠ,95 le double-décalitre; 150 dal. à 9ᶠ,50 le demi-hectolitre, et 550 l. à 20ᶠ,50 l'hectolitre.
Combien a-t-il dépensé?   (*Deux-Sèvres.*)

Dépense totale = Somme des prix des 3 achats.
1. Prix du 1ᵉʳ achat = 3ᶠ,95 × 5 × 17 = 19ᶠ,75 × 17 = 335ᶠ,75.
2. Prix du 2ᵉ = 9ᶠ,50 × 2 × 15 = 19ᶠ × 15 = 285 fr.
3. Prix du 3ᵉ = 20ᶠ,5 × 5,5 = 112ᶠ,75.
Rép. 335ᶠ,75 + 285ᶠ + 112ᶠ,75 = 733ᶠ,50.

1144. — Un ouvrier boit journellement 20 cl. d'alcool à 180 fr.
l'hectolitre. Combien pourrait-il acheter de stères de bois avec l'argent
ainsi dépensé dans une année, si le stère vaut 9 fr.?   (*Cher.*)

Nombre de stères = Dépense annuelle d'alcool : Prix du stère (9 fr.).
Dépense annuelle. { *a*) Par jour : 20ᶜˡ = 0ʰˡ,002;   180ᶠ × 0,002 = 0ᶠ,36.
                   { *b*) Par an : 0ᶠ,36 × 365 = 131ᶠ,40.
Rép. 131,4 : 9 = 14ˢ,6.

1145. — On achète des pommes de terre à 7^f,25 l'hectolitre; on les revend 1^f,80 le double-décalitre. Combien devra-t-on revendre d'hecto-litres pour faire un bénéfice de 150 fr. ?   *(Calvados.)*

Nombre d'hectolitres = Bénéfice total (150 fr.) **:** Bénéfice par hectolitre.
Bénéfice par hectolitre = 1^f,80 $\times$ 5 — 7^f,25 = 9^f — 7^f,25 = 1^f,75.
Rép. 150 **:** 1,75 = 85^{hl},71.

1146. — Un marchand avait acheté 25 hl. de blé à 18^f,75 l'un. Il en a revendu 16^{hl},5 à 2^f,25 le décalitre et le reste à 0^f,22 le litre. Quel bénéfice a-t-il fait ?   *(Haute-Marne.)*

Bénéfice = Prix de vente — Prix d'achat.
1. Prix de vente. $\begin{cases} a)\ 1^{re}\ \text{vente}:\ 2^f,25 \times 10 \times 16,5 = 371^f,25. \\ b)\ 2^e\ \text{vente}:\ 22^f \times (25 - 16,5) = 22^f \times 8,5 = 187\ \text{fr.} \\ c)\ 371^f,25 + 187^f = 558^f,25. \end{cases}$
2. Prix d'achat = 18^f.75 $\times$ 25 = 468^f,75.
Rép. 558^f,25 — 468^f,75 = 89^f,50.

1147. — Un hectolitre de blé pèse 80 kg. et 1 dal. de seigle 7^{kg},6. Quel est le poids d'un hectolitre de méteil où le blé entre pour 3 dou- P. 117. bles-décalitres ?   *(Orne.)*

Poids du méteil = Poids du blé + Poids du seigle.
1. Poids du blé :   a) 3 doub.-dal. = 0^{hl},6.   b) 80^{kg} $\times$ 0,6 = 48 kg.
2. Poids du seigle :   a) 10^{dal} — 6^{dal} = 4 dal.   b) 7^{kg},6 $\times$ 4 = 30^{kg},4.
Rép. 48^{kg} + 30^{kg},4 = 78^{kg},4.

1148. — Un marchand de vins achète 4 pièces de vin pour 360 fr. La première contient 2 hl., la 2e 19^{dal},5 et la 3e 245 l. Sachant que l'hectolitre de vin coûte 40 fr., calculer, en hectolitres, la contenance de la 4e pièce.   *(Mayenne.)*

Conten. de la 4e = Conten. totale — Somme des conten. des 3 premières.
1. Contenance totale = 360 **:** 40 = 9 hl.
2. Somme des 3 autres = 2^{hl} + 1^{hl},95 + 2^{hl},45 = 6^{hl},40.
Rép. 9^{hl} — 6^{hl},4 = 2^{hl},6.

***1149.** — Un particulier achète 27 hl. de pommes à 1^f,75 le demi-hectolitre. Le transport et la main-d'œuvre lui coûtent 39^f,80 et il a dû payer 0^f,60 de droits d'entrée par hectolitre de pommes. A combien lui revient le litre de cidre, sachant qu'un hectolitre de pommes donne 4 dal. de cidre ?   *(Seine-Inférieure.)*

Prix de revient du litre = Prix de revient total **:** Nombre de litres de cidre.
1. Prix de revient total. $\begin{cases} a)\ \text{Pommes}:\ 1^f,75 \times 2 \times 27 = 94^f,50. \\ b)\ \text{Droits}:\ 0^f.60 \times 27 = 16^f,20. \\ c)\ 94^f,50 + 16^f,20 + 39^f,80 = 150^f,50. \end{cases}$
2. Nombre de litres de cidre = 40^l $\times$ 27 = 1 080 litres.
Rép. 150^f,50 **:** 1 080 = 0^f,139.

***1150.** — Un fermier a reçu 455 fr. pour la vente de 25^{hl},5 de blé de 3 qualités différentes. Les 85 dal. de la 1re qualité lui ont été payés à raison de 20 fr. l'hectolitre et les 12 hl. de la 2e qualité à raison de 3^f,50 le double-décalitre. Quel a été le prix de vente de l'hectolitre de la 3e qualité ?   *(Yonne.)*

Prix de l'hl. de 3e qualité = Prix total de cette 3e qualité **:** Nombre d'hl. de 3e qualité.
1. Prix de la 3e qual. $\begin{cases} a)\ 1^{re}\ \text{qual.}:\ 20^f \times 8,5 = 170\ \text{fr.} \\ b)\ 2^e\ \text{qual.}:\ 3^f,50 \times 5 \times 12 = 3^f,50 \times 60 = 210\ \text{fr.} \\ c)\ 455^f - (170^f + 210^f) = 455^f - 380^f = 75\ \text{fr.} \end{cases}$
2. Nombre d'hl. = 25^{hl},5 — (8^{hl},5 + 12^{hl}) = 25^{hl},5 — 20^{hl},5 = 5 hl.
Rép. 75^f **:** 5 = 15 *fr.*

***1151.** — Une personne achète un tonneau de 23 dal. de vin; elle paye par hectolitre 31ᶠ,75 d'acquisition, 3ᶠ,50 de droits et 2ᶠ,10 de transport. Le tonneau contient 5 l. de lie. A combien revient le litre de vin clair ? *(Deux-Sèvres.)*

Prix de revient du litre = Prix de revient total : Nombre de litres.

1. P. de rev. total. $\begin{cases} a) \text{ Prix de l'hl.: } 31^f{,}75 + 3^f{,}50 + 2^f{,}10 = 37^f{,}35. \\ b) \ 37^f{,}35 \times 2{,}3 = 85^f{,}90. \end{cases}$

2. Nombre de litres = 230ˡ — 5ˡ = 225 litres.

Rép. 85ᶠ,90 : 225 = 0ᶠ,38.

***1152.** — On revend 168 hl. de blé achetés à raison de 4ᶠ,50 le double-décalitre. Calculez le bénéfice si le prix d'achat est les 4/5 du prix de vente. *(Meuse.)*

Bénéfice = Prix d'achat × Fraction de ce prix qui représente le bénéfice.
1. Prix d'achat = 4ᶠ,50 × 5 × 168 = 22ᶠ,50 × 168 = 3 780 fr.

2. Fraction. $\begin{cases} a) \text{ Prix d'achat } = 4/5 \text{ du prix de vente.} \\ b) \text{ Bénéfice } = 1/5 \text{ du prix de vente ou } 1/4 \text{ du prix d'achat.} \end{cases}$

Rép. 3780ᶠ × 1/4 = 945 *fr.*   *Autre méth.*   P. de vente = P. d'achat × 5/4.

***1153.** — Un marchand achète 4ʰˡ,5 de châtaignes à 2ᶠ,25 le double-décalitre. Il compte ses châtaignes et en trouve 68 par litre. En les revendant ensuite à raison de 10 pour 0ᶠ,05, combien a-t-il gagné, si, pour les faire rôtir, il doit brûler par demi-hectolitre un fagot qui lui coûte 0ᶠ,35 ? *(Cher.)*

Bénéfice = Prix de vente — Prix de revient.

1. Vente. $\begin{cases} a) \text{ N. de chât. } = 68^{chât} \times 450 = 30\,600^{chât} \text{ ou } 3\,060 \text{ dizaines.} \\ b) \text{ Prix } = 0^f{,}05 \times 3\,060 = 153 \text{ fr.} \end{cases}$

2. Revient. $\begin{cases} a) \text{ Achat: } 2^f{,}25 \times 5 \times 4{,}5 = 50^f{,}625. \\ b) \text{ Fagots: } 0^f{,}35 \times 2 \times 4{,}5 = 3^f{,}15. \\ c) \ 50^f{,}625 + 3^f{,}15 = 53^f{,}775. \end{cases}$

Rép. 153ᶠ — 53ᶠ,775 = 99ᶠ,225 ou 99ᶠ,20.

***1154.** — On a pressé 36 hl. de pommes, qui rendent 38 % de leur volume de jus. On y a ajouté l'eau nécessaire pour doubler ce volume. Les pommes coûtent 0ᶠ,43 le décalitre, les frais de pressurage sont de 21ᶠ,45; le transport de la boisson a coûté 0ᶠ,40 par hectolitre. A combien revient le litre ? *(Calvados.)*

Prix de revient du litre = Prix de revient total : Nombre de litres.

P. de revient total. $\begin{cases} a) \text{ Pommes: } 0^f{,}43 \times 360 = 154^f{,}80. \\ b) \text{ Transport. } \begin{cases} \text{N. d'hl. } = 36^{hl} \times 0{,}38 \times 2 = 27^{hl}{,}36. \\ \text{Prix } = 0^f{,}40 \times 27.36 = 10^f{,}94. \end{cases} \\ c) \ 154^f{,}80 + 21^f{,}45 + 10^f{,}94 = 187^f{,}19. \end{cases}$

Rép. 187ᶠ,19 : 2 736 = 0ᶠ,068.

***1155.** — On refuse de vendre 0ᶠ,75 le double-décalitre un tas de pommes de terre de 26 hl. Deux mois plus tard, on le vend 7 centimes en plus par double-décalitre. Mais il s'en est gâté 1/10. Combien a-t-on perdu ou gagné ? *(Basses-Pyrénées.)*

Gain ou perte = Différence entre le prix refusé et le prix réalisé.
1. Prix refusé = 0ᶠ,75 × 5 × 26 = 3ᶠ,75 × 26 = 97ᶠ,50.

2. Prix réalisé. $\begin{cases} a) \text{ Reste } = 26^{hl} - 2^{hl}{,}6 = 23^{hl}{,}4. \\ b) \ (0^f{,}75 + 0^f{,}07) \times 5 \times 23{,}4 = 4^f{,}10 \times 23{,}4 = 95^f{,}94. \end{cases}$

Rép. **Perte** = 97ᶠ,50 — 95ᶠ,94 = 1ᶠ,56 ou 1ᶠ,55.

***1156.** — On achète 2 tonneaux de vin de même qualité. L'un contient 2 hl. 5 l. de plus que l'autre et coûte 393^f,25. Le second coûte 260 fr. Trouvez la contenance de chaque tonneau.   (*Basses-Pyrénées.*)

I. *Contenance du* 1er = Prix total (393^f,25) : Prix de l'hectolitre.

Prix de l'hl. $\begin{cases} a) \text{ Différence des prix} = 393^f,25 - 260^f = 133^f,25. \\ b) \ 133^f,25 : 2,05 = 65 \text{ fr.} \end{cases}$

Rép.   393,25 : 65 = 6^{hl},05.
II.   *Rép.*   6^{hl},05 — 2^{hl},05 = 4 *hl.*

*1157. — Un marchand avait acheté 435 doubles-décalitres de blé qu'il aurait pu revendre 16^f,25 l'hectolitre. Après avoir gardé ce blé un certain temps, il le vend 3^f,60 le double-décalitre, mais 135 l. ont été perdus. On demande combien il a gagné ou perdu.   (*Nièvre.*)

Gain ou perte = Différence entre le prix refusé et le prix réalisé.
1. Prix refusé = 16^f,25 × (435 : 5) = 16^f,25 × 87 = 1 413^f,75.

2. Prix réalisé. $\begin{cases} a) \text{ Reste} = 8700^l - 135^l = 8565 \text{ litres.} \\ b) \ 3^f,60 \times (8565 : 20) = 3^f,60 \times 428,25 = 1541^f,70. \end{cases}$

Rép.   Gain = 1 541^f,70 — 1 413^f,75 = 127^f,95.

*1158. — Un tonneau est rempli aux 4/7 de sa capacité. Il faut encore 4 dal. 1/2 pour qu'il soit plein. Combien vaut le vin qu'il contient quand il est plein, à 5^f,20 le double-décalitre ?   (*Saône-et-Loire.*)

Prix du vin = Prix du double-dal. (5^f,20) × Nombre de doubles-dal.

Nombre de doubles-dal. $\begin{cases} a) \text{ Vide} = 7/7 - 4/7 = 3/7. \\ b) \ 4^{dal},5 : 3/7 = 10^{dal},5 = 5,25 \text{ doubles dal.} \end{cases}$

Rép.   5^f,20 × 5,25 = 27^f,30.

*1159. — Deux tonneaux contiennent ensemble 4^{hl},14 de vin; l'un contient 3 dal. de plus que l'autre. On demande la valeur du vin de chaque tonneau, à raison de 0^f,35 le litre.   (*Doubs.*)

I. *Prix du* 1er = Prix du litre (0^f,35) × Nombre de litres.
Nombre de litres = (414^l + 30^l) : 2 = 222 litres.
Rép.   0^f,35 × 222 = 77^f,70.
II. *Prix du* 2e = 0^f,35 × (414 — 222).   *Rép.*   67^f,20.

MISE EN BOUTEILLES   P. 118.

Problèmes. — 1160. — Pour mettre 225 l. de vin dans des bouteilles de 3/4 de litre, combien faudra-t-il de bouteilles ?   (*Ain.*)
Rép.   225 : 3/4 = 225 × 4/3 = 300 *bouteilles.*

1161. — Un tonneau contenait 228 l. de vin. On en a tiré 6 doubles-décalitres et on a mis le reste dans des bouteilles de 0^l,75. Combien a-t-il fallu de bouteilles ?   (*Vendée.*)
Nombre de bouteilles = Volume restant : Conten. d'une bouteille (0^l,75).
Volume restant = 228^l — 20^l × 6 = 108 litres.
Rép.   108 : 0,75 = 144 *bouteilles.*

1162. — On se sert de bouteilles telles que 4 d'entre elles ont la même capacité que 3 l., pour mettre en bouteilles une feuillette de vin de 114 l. qui coûte 62 fr. A combien revient la bouteille ?   (*Cher.*)
Prix d'une bouteille = Prix du vin (62 fr.) : Nombre de bouteilles.
Nombre de bouteilles = 114 : 3/4 = 114 × 4/3 = 152 bouteilles.
Rép.   62^f : 152 = 0^f,407.

1163. — Un aubergiste achète une barrique de cidre de 225 l. qui lui revient à 32 fr., tous frais compris. Il met le cidre en des bouteilles contenant 75 cl. qu'il vend 0^f,25 chacune. Quel bénéfice fait-il sur la pièce entière ?   (*Ille-et-Vilaine.*)

Bénéfice = Prix de vente — Prix d'achat (32 fr.).

Prix de vente. { *a*) Nombre de bouteilles = 225 : 0,75 = 300 bouteilles.
{ *b*) 0^f,25 × 300 = 75 fr.

Rép.   75^f — 32^f = 43 *fr.*

1164. — Une pièce de 224 l. a été achetée 143 fr. On a payé 8^f,25 pour le transport et 18^f,15 pour l'octroi. Ce vin a été mis dans des bouteilles contenant les 4/5 d'un litre. Quel est le prix de revient d'une bouteille ?   (*Vosges.*)

Prix de revient d'une bouteille = Prix de revient total : Nombre de bout.
1. Prix de revient total = 143^f + 8^f,25 + 18^f,15 = 169^f,40.
2. Nombre de bouteilles = 224 : 4/5 = 224 × 5/4 = 280 bouteilles.
Rép.   169^f,40 : 280 = 0^f,605.

***1165.** — Une pièce de vin de 228 l. a coûté chez le producteur 135 fr. On a payé 16^f,80 de transport et 1^f,50 par hectolitre pour droits de circulation. A combien revient la bouteille de 0^l,75 ?   (*Rhône.*)

Prix de revient d'une bouteille = Prix de revient total : Nombre de bout.

1. Prix de revient total. { *a*) Droits : 1^f,50 × 2,28 = 3^f,42.
{ *b*) 135^f + 16^f,80 + 3^f,42 = 155^f,22.
2. Nombre de bouteilles = 228 : 0,75 = 304 bouteilles.
Rép.   155^f,22 : 304 = 0^f,51.

***1166.** — Un aubergiste a acheté, à raison de 38 fr. l'hectolitre, un fût de vin qu'il a payé 85^f,50. Quel bénéfice total fera-t-il sur son vin en vendant 0^f,55 sur table la bouteille de 75 cl.? Il y a 3 litres de lie dans le tonneau.   (*Charente.*)

Bénéfice = Prix de vente — Prix d'achat (85^f,50).

Prix de vente. { *a*) Nombre de bout. { Contenance = 85,5 : 38 = 2^{hl},25.
{ { (225 — 3) : 0,75 = 296 bouteilles.
{ *b*) 0^f,55 × 296 = 162^f,80.
Rép.   162^f,8 — 85^f,5 = 77^f,30.

***1167.** — Un débitant achète à 45 fr. l'hectolitre une pièce de vin de 220 l. Il paye 10^f,20 de transport. L'octroi s'élève à 5^f,80 par hectolitre. Combien coûte une bouteille de 0^l,60, si les bouteilles vides valent 15 fr. le cent et les bouchons 20 fr. le mille?   (*Côte-d'Or.*)

Prix de la bouteille pleine = Prix du vin + Prix de la bouteille vide (0^f,15) + Prix du bouchon (0^f,02).

Prix du vin { *a*) Prix total. { Achat et octroi : (45^f + 5^f,8) × 2,2 = 111^f,76.
d'une bouteille. { { 111^f,76 + 10^f,20 = 121^f,96.
{ *b*) Nombre de bout. = 220 : 0,6 = 366 bouteilles.
{ *c*) 121^f,96 : 366 = 0^f,332.
Rép.   0^f,332 + 0^f,15 + 0^f,02 = 0^f,502.

***1168.** — On met 312 l. de vin dans des bouteilles de 65 cl. Le vin coûte 12 fr. le double-décalitre, les bouteilles 15 fr. le cent et les bouchons 26 fr. le mille. A combien revient chaque bouteille de vin, le tonnelier réclamant 4 fr. pour son travail ?   (*Seine-et-Oise.*)

Prix de la bouteille pleine = Prix du vin + Prix de la bouteille vide (0^f,15) + Prix du bouchon (0^f,026).

Prix du vin { *a*) Prix total. { Achat : 12^f × (312 : 20) = 187^f,20.
d'une bouteille. { { 187^f,20 + 4^f = 191^f,20.
{ *b*) Nombre de bout. = 312 : 0,65 = 480 bouteilles.
{ *c*) 191^f,20 : 480 = 0^f,398.
Rép.   0^f,398 + 0^f,15 + 0^f,026 = 0^f,574.

***1169.** — On achète pour 95 fr. une pièce de vin de 228 litres. On met ce vin dans des bouteilles de 75 cl., combien en faut-il? Le cent de bouteilles vides coûte 12 fr., le cent de bouchons 1f,80; le tonnelier prend 5 fr. pour son travail et le fût vide a été revendu 8 fr.; à combien revient la bouteille pleine, verre et bouchon compris?   (*Aube.*)

I. *Nombre de bouteilles* = 228 : 0,75.   *Rép.*   304 *bouteilles.*

II. *Prix d'une bouteille pleine* = Prix du vin + Prix du verre (0f,12) + Prix du bouchon (0f,018).

Prix du vin d'une bouteille. } *a)* Prix total = 95f + 5f — 8f = 92 fr.
                             } *b)* 92f : 304 = 0f,302.

Rép.   0f,302 + 0f,12 + 0f,018 = 0f,44.

***1170.** — Une personne achète, à 65 fr. l'une, 8 pièces de vin contenant chacune 225 l. Elle paye 48f,60 de transport et en outre, par hectolitre, 4f,50 d'octroi. Chaque tonneau renferme 4l,75 de lie. A combien revient la bouteille de 75 cl. de vin clair?   (*Morbihan.*)

Prix de revient de la bouteille = Prix de revient total : Nombre de bouteilles.

1. Prix de revient total. { *a)* Achat : 65f × 8 = 520 fr.
                          { *b)* Octroi. { Volume : 225l × 8 = 1800 l. ou 18 hl.
                          {   { 4f,50 × 18 = 81 fr.
                          { *c)* 520f + 48f,60 + 81f = 649f,60.

2. Nombre de bouteilles. { *a)* Vin cl. : (225l — 4l,75) × 8 = 220l,25 × 8 = 1762 l.
                         { *b)* 1762 : 0,75 = 2349 bouteilles.

Rép.   649f,60 : 2349 = 0f,276.

***1171.** — Les 3/5 d'une pièce de vin ont été logés en 126 bouteilles de 0l,80. Que contenait cette pièce et combien faudra-t-il de bouteilles de 75 cl. pour loger le reste du vin?   (*Seine-Inférieure.*)

I. *Contenance totale* = Contenance des 3/5 : 3/5.
Contenance des 3/5 = 0l,8 × 126 = 100l,8.
Rép.   100l,8 : 3/5 = 100l,8 × 5/3 = 168 *l.*

II. *N. de bouteilles pour le reste* = Conten. du reste (168l — 100l,8) : Conten. d'une bouteille (0l,75). *Rép.* 67,2 : 0,75 = 90 *bouteilles* (par excès).

***1172.** — On se sert de 2 sortes de bouteilles pour vider 3 pièces de vin de 228 l. chacune. Les 1res ont une contenance de 0l,65 et les autres de 0l,58. Combien en emploiera-t-on, sachant qu'on en prend autant d'une sorte que de l'autre?   (*Ardennes.*)

Nombre de bouteilles de chaque sorte = Contenance totale : Somme des contenances d'une bouteille de chaque sorte (0l,65 + 0l,58).
Contenance totale = 228l × 3 = 684 l.
Rép.   684 : 1,23 = 556 *bouteilles de chaque sorte.*

SURFACES, POIDS, CAPACITÉS (*Revision*).   P. 119.

Problèmes. — **1173.** — Le litre d'eau de mer pèse 102dag,6. Exprimez en hectolitres le volume qui pèse une tonne.   (*Finistère.*)

Volume qui pèse 1 tonne = 1000 : Poids de l'hectolitre en kilogrammes.
Poids de l'hectolitre = 1kg,026 × 100 = 102kg,6.   *Rép.*   1000 : 102,6 = 9hl,74.

1174. — L'hectolitre d'avoine pèse 46kg,5; quel doit être le prix de l'hectolitre, du double-décalitre, si le quintal vaut 15f,85?   (*Belfort.*)

I. *Prix de l'hectolitre* = 15f,85 × 0,465. Rép. 7f,37.
II. *Prix du double-décalitre* = 7f,37 : 5. Rép. 1f,47.

1175. — Un baril d'huile d'olive contient 1 225 dl. Quelle est la valeur de cette huile à raison de 2^f,10 le kilogramme? Le litre d'huile pèse 9^{hg},18. *(Paris.)*

Prix de l'huile = Prix du kilogramme (2^f.10) $\times$ Nombre de kilogrammes.
Nombre de kilogrammes = 0^{kg},918 $\times$ 122,5 = 112^{kg},455.
Rép. 2^f,10 $\times$ 112,455 = 236^f,15.

1176. — Dans un wagon on a mis 60 sacs de blé contenant chacun 8 doubles-décalitres. L'hectolitre de ce blé pèse 80 kg. Sachant que le chargement a été vendu 1 728 fr., trouver le prix du quintal métrique de ce blé. *(Haute-Garonne.)*

Prix du quintal = Prix total (1 728 fr.) : Nombre de quintaux.
N. de quintaux. { *a)* Vol. = 8$^{doubles-dal.}$ $\times$ 60 = 480 doubles-dal. = 96 hl.
{ *b)* 80^{kg} $\times$ 96 = 7 680 kg. = 76^q,8.
Rép. 1 728^f : 76,8 = 22^f,50.

1177. — Il faut 25 cl. de graine fourragère pour ensemencer 20 m² de terrain. Combien devra-t-on employer de décalitres de graine pour ensemencer une surface de 4 ha. 5 a. ? *(Doubs.)*

Volume de la graine = Volume par m² $\times$ Nombre de m² (40 500).
Volume par m² = 0^l.25 : 20 = 0^l,0125.
Rép. 0^l,0125 $\times$ 40 500 = 506^l,25 = 50^{dal},625.

***1178.** — On a ensemencé 1 ha. de terre avec 22 dal. de blé; le rendement a été de 350 gerbes. Sachant que 100 gerbes donnent 7^{hl}1/2 de blé, quel est le produit d'un litre de semence? Combien faudrait-il cultiver d'hectares pour récolter 210 hl. de blé ? *(Basses-Pyrénées.)*

I. *Produit d'un l. de semence* = Produit total : N. de l. de semence (220 l.)
Produit total : 7^{hl},5 $\times$ 3,5 = 26^{hl},25 = 2 625 l.
Rép. 2 625^l : 220 = 11^l,93.
II. *Nombre d'hectares à cultiver* = 210 : 26,25. *Rép.* 8 ha.

***1179.** — Un hectare de terre produit en moyenne 340 dal. d'avoine. Quelle sera la récolte d'une terre de 5 ha. 6 a. 28 ca. ? Dire aussi la valeur de cette récolte si le quintal d'avoine vaut 16^f,50 et si l'hectolitre pèse 48 kg. *(Finistère.)*

I. *Volume de la récolte* = 340^{dal} $\times$ 5,0628. *Rép.* 1 721^{dal},352.
II. *Valeur de cette récolte* = Prix du quintal (16^f,5) $\times$ Nombre de quintaux.
Nombre de quintaux : 48^{kg} $\times$ 172,1352 = 8 262^{kg},48 = 82^q,625.
Rép. 16^f,5 $\times$ 82,625 = 1 363^f,31 ou 1 363^f,30.

***1180.** — Un cheval a consommé, en 25 jours, 2 quintaux de foin, 2 hl. d'avoine et 100 kg. de paille. Le foin vaut 70 fr. la tonne; l'avoine, 2^f,80 le double-décalitre, et la paille, 4 fr. le quintal. Que coûtera la nourriture de ce cheval pendant une année? *(Nièvre.)*

Dépense annuelle = Dépense par jour $\times$ 365.

Dépense par jour. { *a)* En 25 jours. { Foin : 7^f $\times$ 2 = 14 fr.
{ Avoine : 2^f,8 $\times$ 5 $\times$ 2 = 28 fr.
{ 14^f + 28^f + 4^f = 46 fr.
{ *b)* 46^f : 25 = 1^f,84.
Rép. 1^f,84 $\times$ 365 = 671^f,60.

***1181.** — Une propriété de 2 ha. 9 a. ensemencée en blé a produit 16 hl. à l'hectare. Quelle est la valeur du blé récolté à 27^f,50 le quintal, sachant que le double-décalitre de blé pèse 150 hg. ? *(Cher.)*

Valeur du blé = Prix du quintal (27^f,50) $\times$ Nombre de quintaux.
Nombre de quintaux. { *a)* Volume = 16^{hl} $\times$ 2,09 = 33^{hl},44.
{ *b)* 15^{kg} $\times$ 5 $\times$ 33,44 = 2 508 kg. = 25^q,08.
Rép. 27^f,5 $\times$ 25,08 = 689^f,70.

***1182.** — Une récolte de froment a été vendue à raison de 25 fr. le quintal et a produit 4 435^f,50. On avait ensemencé 9^{ha},4. Quel est, en décalitres, le rendement par are ? 1 hl. de froment pèse 80 kg.   (*S.-Inf^{re}.*)

Rendement par are = Rendement total : Nombre d'ares (940).

Rendement total. $\begin{cases} a) \text{ Poids : } 4\,435,5 : 25 = 177^q,42 = 17\,742 \text{ kg.} \\ b) \text{ Volume } = 17\,742 : 80 = 221^{hl},775 = 2\,217^{dal},75. \end{cases}$

Rép.   2217^{dal},75 : 940 = 2^{dal},3593.

***1183.** — Lorsqu'on fait moudre le blé, on laisse pour la mouture 1/20 du blé au meunier, ou bien on paye 1^f,40 par quintal de blé. Le double-décalitre, qui pèse 15 kg., se vend 4^f,50. Celui qui fait moudre 120 dal. et qui paye en blé, perd-il ou gagne-t-il ? (*Haute-Marne.*)

Gain ou perte = Différence entre le prix en espèces et le prix en blé.

1. Prix en espèces. $\begin{cases} a) \text{ Poids } = 15^{kg} \times (120 : 2) = 900 \text{ kg.} = 9 \text{ q.} \\ b) \ 1^f,40 \times 9 = 12^f,60. \end{cases}$

2.   Prix en blé. $\begin{cases} a) \text{ Volume } = 120 \times 1/20 = 6 \text{ dal.} = 3 \text{ doubles-dal.} \\ b) \ 4^f,50 \times 3 = 13^f,50. \end{cases}$

Rép.   *Perte* = 13^f,50 — 12^f,60 = 0^f,90.

***1184.** — Quel sera le prix de la semence nécessaire pour ensemencer un champ carré de 174 m. de côté, s'il faut 5 l. pour 2 ares et si le décalitre de cette semence vaut 1^f,95 ?   (*Ain.*)

Prix de semence = Prix du dal. (1^f,95) $\times$ Nombre de dal. employés.

Nombre de décalitres. $\begin{cases} a) \text{ Par are : } 5^l : 2 = 2^l,5 = 0^{dal},25. \\ b) \text{ Surface } = 174^{m^2} \times 174 = 30\,276 \text{ m}^2 = 302^a,76. \\ c) \ 0^{dal},25 \times 302,76 = 75^{dal},69. \end{cases}$

Rép.   1^f,95 $\times$ 75,69 = 147^f,59 ou 147^f,60.

***1185.** — L'avoine pèse 48 kg. par hectolitre et vaut 19 fr. le quintal. Il faut 30 doubles-décalitres pour ensemencer 1 ha. Quelle est la valeur de l'avoine employée pour ensemencer un champ rectangulaire de 87^m,62 de long et de 41^m,75 de large ?   (*Seine-et-Marne.*)

Prix de semence = Prix du quintal (19 fr.) $\times$ Nombre de quintaux employés.

Nombre de quintaux. $\begin{cases} a) \text{ Par hectare : } 48^{kg} \times (30 : 5) = 288 \text{ kg.} = 2^q,88. \\ b) \text{ Surface } = 87^{m^2},62 \times 41,75 = 3\,658^{m^2} = 0^{ha},3658. \\ c) \ 2^q,88 \times 0,3658 = 1^q,0535. \end{cases}$

Rép.   19^f $\times$ 1,0535 = 20^f,01 ou 20 *fr.*

***1186.** — Avec le prix qu'il a reçu de la vente de 19 hl. de blé à 15^f,50 l'un, de 226 hl. à 16 fr. l'un, et de 1 820 l. à 3 fr. le double-décalitre, un cultivateur a payé une terre de 192 m. de long sur 45 m. de large. Quelle était la valeur de l'are ?   (*Oise.*)

Prix de l'are = Prix total : Nombre d'ares.

1. Prix total. $\begin{cases} a) \ 1^{re} \text{ vente : } 15^f,50 \times 19 = 294^f,50. \\ b) \ 2^e \ \ \ \ — \ : \ 16^f \times 226 = 3616 \text{ fr.} \\ c) \ 3^e \ \ \ \ — \ : \ 3^f + (1\,820 : 20) = 3^f \times 91 = 273 \text{ fr.} \\ d) \ 294^f,50 + 3616^f + 273^f = 4\,183^f,50. \end{cases}$

2. Nombre d'ares :   192$^{m^2}$ $\times$ 45 = 8 640$^{m^2}$ = 86^a,4.

Rép.   4 183^f,50 : 86,4 = 48^f,42.

VOLUMES ET CAPACITÉS   P. 120.

10. — Le litre équivaut au décimètre cube.

Par conséquent :

   1 *kilolitre* égale 1 *mètre cube,*

   1 *millilitre* égale 1 *centimètre cube.*

Exercices oraux. — 1. — Combien y a-t-il de décimètres cubes dans 1 dal.? 1 hl.? 1 kl.?

Rép. 1° 1 dal. $= 10$ *dm³*; 2° 1 hl. $= 100$ *dm³*; 3° 1 kl. $= 1000$ *dm³*.

2. — Comment appelle-t-on la mesure de capacité qui vaut : 1° 0dm³,1; 2° 0m³,1; 3° 0dm³,01; 4° 0m³,01?

Rép. 1° 0dm³,1 $= 1$ *dl.*; 2° 0m³,1 $= 1$ *hl.*; 3° 0dm³,01 $= 1$ *cl.*; 4° 0m³,01 $= 1$ *dal.*

3. — Combien y a-t-il de centimètres cubes dans 1 l.? 1 cl.? 1 dl.?

Rép. 1° 1 l. $= 1000$ *cm³*; 2° 1 cl. $= 10$ *cm³*; 3° 1 dl. $= 100$ *cm³*.

4. — Qu'est-ce que le décilitre, le centilitre et le millilitre par rapport au décimètre cube?

Rép. 1° 1 dl. $= 0$dm³,1; 2° 1 cl. $= 0$dm³,01; 3° 1 ml. $= 0$dm³,001.

5. — Qu'est-ce que le décalitre, l'hectolitre et le kilolitre par rapport au mètre cube?

Rép. 1° 1 dal. $= 0$m³,01; 2° 1 hl. $= 0$m³,1; 3° 1 kl. $= 1$ *m³*.

Exercices écrits. — **1187.** — Combien le mètre cube vaut-il d'hectolitres? Pourquoi? *(Charente.)*

Rép. 1 m³ $= 1$ kl. $= 10$ *hl.*

1188. — Combien le double-décalitre vaut-il de décimètres cubes? de centimètres cubes? *(Meurthe-et-Moselle.)*

Rép. 1 double-dal. $= 20$ l. ou 20 *dm³* $= 20000$ *cm³*.

1189. — Quelle différence y a-t-il : 1° entre 1 dl. et 1 dm³; 2° entre 1 cl. et 1 cm³? *(Ardennes.)*

Rép. 1° 1 dm³ $= 10$ *dl.* 2° 1 cl. $= 10$ *cm³*.

*1190. — Quelle différence y a-t-il entre 1 décilitre, 1 décistère et 1 centimètre cube? *(Meurthe-et-Moselle.)*

Rép. 1 dl. $= 100$ cm³ et 1 ds. $= 100000$ *cm³*.

*1191. — Combien remplirait-on de centilitres avec un quart de mètre cube d'eau? *(Paris.)*

Rép. 1/4 de m³ $= 250$ l. ou 25000 *cl.*

*1192. — Combien y a-t-il d'hectolitres dans 4 m³ 25 dm³ 315 cm³; 625 dm³ 45 cm³; 845814 cm³; 3 m³ 4 dm³ 5 cm³? *(Cher.)*

Rép. 40hl,25315 $+$ 6hl,25045 $+$ 8hl,45814 $+$ 30hl,04005 $= 85$hl,00179.

*1193. — Dire et expliquer : 1° combien il y a de centimètres cubes dans 1 dl. 1/2; 2° combien de décilitres dans 45 dm³ 1/2; 3° combien de centilitres dans 1/10 de m³. *(Orne.)*

Rép. 1° 1dl 1/2 $= 0$l,15 $= 150$ *cm³*; 2° 45dm³ 1/2 $= 455$ *dl.*; 3° 0m³,1 $= 10000$ *cl.*

*1194. — Quels sont les rapports qui existent entre les mesures de volume et les mesures de capacité? *(Gironde.)*

Voir plus haut § 10.

Problèmes. — **1195.** — Une cuve a 0m³,235 de capacité. Combien contient-elle de doubles-décilitres d'eau? *(Gard.)*

Rép. 0m³,235 $= 2350$ dl. $= 1175$ *doubles-décilitres.*

1196. — On verse 35 cm³ de vin dans un demi-décilitre. Combien faut-il de centilitres d'eau pour achever de le remplir ?   (*Nord.*)

Rép. 5^{cl} — 3^{cl},5 = 1^{cl},5.

1197. — Le décilitre de vin coûte 0^{f},15 ; quel est le prix de 3 dm³ de ce vin ?   (*Doubs.*)

Rép. 0^{f},15 × 30 = 4^{f},50.

1198. — Combien peut-on prendre de verres d'eau, de 16 cl. chacun, dans 1/2 m³ d'eau ?   (*Ain.*)

Rép. 500 : 0,16 = 3125 *verres.*

1199. — La contenance d'une carafe est 1^{l},50. Combien contient-elle de verres de 60 cm³ ?   (*Finistère.*)

Rép. 1500 : 60 = 25 *verres.*

1200. — On veut creuser une citerne qui puisse contenir 35 hl. d'eau. La maçonnerie occupera 1500 dm³. Combien de mètres cubes de P. 121. terre devra-t-on enlever ?   (*Aube.*)

Volume de terre = Vol. de l'eau (35^{hl} ou 3^{m3},5) + Vol. de la maçonnerie (1^{m3},5).
Rép. 3^{m3},5 + 1^{m3},5 = 5 *m³.*

1201. — On vide dans un tonneau de 228 l. : 1° un seau qui contient 1 dal. 1/2 d'eau ; 2° un baquet qui en contient 1 hl. 3/4 ; 3° une terrine qui en contient 132 cl. Combien de décimètres cubes d'eau faut-il ajouter pour remplir complètement le tonneau ?   (*Lozère.*)

Volume à ajouter = Contenance totale (228^{dm3}) — Nombre de dm³ versés.
Nombre de dm³ d'eau versés = 15^{dm3} + 175^{dm3} + 1^{dm3},32 = 191^{dm3},32.
Rép. 228^{dm3} — 191^{dm3},32 = 36^{dm3},68.

1202. — Un réservoir contient 24 m³ d'eau ; on enlève chaque jour 6^{dal},5. Combien reste-t-il d'hectolitres d'eau dans le réservoir au bout d'un mois de 30 jours ?   (*Lozère.*)

Reste = Contenance (240 hl.) — Nombre d'hectolitres enlevés.
Nombre d'hectolitres enlevés = 0^{hl},65 × 30 = 19^{hl},5.
Rép. 240^{hl} — 19^{hl},5 = 220^{hl},5.

1203. — La houille pèse 80 kilogrammes par hectolitre et produit à la distillation 230 litres de gaz par kilogramme. Combien faut-il employer d'hectolitres de houille pour fabriquer 245 000 mètres cubes de gaz ?   (*Paris.*)

Nombre d'hl. de houille = N. de m³ de gaz (245 000 m³) : N. de m³ par hl.
Nombre de m³ par hectolitre = 230^{l} × 80 = 18 400^{l} = 18^{m3},4.
Rép. 245 000 : 18,4 = 13 315^{hl},21.

*1204.** — Un vase de 1 dl. 1/2 est plein d'eau. On y jette une demi-douzaine de dés à jouer ayant chacun 1 cm³ 1/2. Combien reste-t-il d'eau dans le vase ?   (*Vendée.*)

Reste = Volume total de l'eau (150 cm³) — Volume des dés.
Vol. des dés = 1^{cm3},5 × 6 = 9 cm³. *Rép.* 150^{cm3} — 9^{cm3} = 141 *cm³* ou 1^{dl},41.

*1205.** — Combien 7 huitièmes de litre valent-ils de centimètres cubes ?   (*Jura.*)

7/8 *de litre* = 1000^{cm3} × 7/8 = 125^{cm3} × 7. *Rép.* 875 cm³.

*1206.** — Combien 74 cl. de vin font-ils de centimètres cubes et pèsent-ils de grammes ? 1 dm³ de vin pèse 980 g.   (*Loire-Inf^{re}.*)

I. 74 *cl.* = 740 ml. *Rép.* 740 cm³.
II. *Poids* = 980^{g} × 0,74. *Rép.* 725^{g},2.

***1207.** — Un litre de vin vaut 0^f,45. Quel sera le prix du vin contenu dans une cuve qui a 2^{m3} 5/8 ? *(Puy-de-Dôme.)*

Prix total = Prix du litre (0^f,45) × Nombre de litres.
Nombre de litres : 2^{m3}5/8 = 2 625 l. *Rép.* 0^f,45 × 2 625 = 1 181^f,25.

***1208.** — Un cultivateur mène au marché 3 tombereaux de pommes de terre. Le 1er a une contenance de 1^{m3},518 ; le 2e, de 1^{m3},322 ; le 3e, de 1^{m3},780. Combien recevra-t-il, s'il vend le tout 1^f,35 le double-décalitre ? *(Mayenne.)*

Recette = Prix du double-dal. (1^f,35) × Nombre de doubles-dal.

Nombre de doubles-dal. $\begin{cases} a) & 1^{m3},518 + 1^{m3},322 + 1^{m3},78 = 4^{m3},62. \\ b) & 4^{m3},62 = 4620^l ; \quad 4620 : 20 = 231 \text{ doubles-dal.} \end{cases}$

Rép. 1^f,35 × 231 = 311^f,85.

***1209.** — Un bec de gaz a consommé en 86 heures 270 hl. de gaz qui ont coûté 8^f,10. On demande : 1° combien ce bec brûle de mètres cubes de gaz en une soirée de 5 heures 1/2 ; 2° ce que coûte l'éclairage par heure ; 3° le prix d'un mètre cube de gaz. *(Rhône.)*

I. *Nombre de m³ brûlés* = 27^{m3} × 5,5 : 86. *Rép.* 1^{m3},726.
II. *Dépense à l'heure* = 8^f,10 : 86. *Rép.* 0^f,094.
III. *Prix du m³* = 8^f,10 : 27. *Rép.* 0^f,30.

***1210.** — Sur un champ de 2^{ha},40, on répand 1 l. 1/2 de chaux par mètre carré. Le mètre cube de chaux coûte 7^f,50 et la main-d'œuvre est évaluée 1^f,20 par are. Quelle est la dépense ? *(Saône-et-Loire.)*

Dépense totale = Prix de la chaux + Main-d'œuvre.

1° Chaux. $\begin{cases} a) & 2^{ha},4 = 24\,000 \text{ m}^2 ; \quad 1^l,5 × 24\,000 = 36\,000 \text{ l.} \\ b) & \text{Prix} = 7^f,5 × 36 = 270 \text{ fr.} \end{cases}$

2° Main-d'œuvre : 1^f,20 × 240 = 288 fr.
Rép. 270^f + 288^f = 558 *fr.*

***1211.** — En se congelant, l'eau augmente de 0,075 de son volume. Combien de dm³ de glace fournissent 4 hl. 8 l. d'eau ? *(Eure.)*

Nombre de dm³ de glace = Nombre de dm³ d'eau + Augmentation.
1° Eau : 4^{hl} 8^l = 408 dm³ ; 2° Augment. : 408^{dm3} × 0,075 = 30^{dm3},6.
Rép. 408^{dm3} + 30^{dm3},6 = 438^{dm3},6.

***1212.** — Un bec de gaz brûle 2^l,5 de gaz par minute. Combien de mètres cubes de gaz consommeraient 1 000 becs en 10 heures ? Quelle quantité de houille faudrait-il pour produire ce gaz, sachant que 1 kg. de houille donne 200 l. de gaz ? *(Loire.)*

I. *Consommation des* 1 000 *becs* = Consommation d'un bec en 10 h. × 1 000.
Un bec : 2^l,5 × 60 × 10 = 1 500 l. ou 1^{m3},5.
Rép. 1^{m3},5 × 1 000 = 1 500 m³.
II. *Quantité de houille* = 1 500 000 : 200. *Rép.* 7 500 *kg.*

***1213.** — Un robinet fournit 3^l,5 d'eau par minute ; on le laisse couler pendant 4 h. 35 min. Combien faudrait-il encore de litres pour remplir un bassin qui peut contenir 1 m³ 50 dm³ ? *(Rhône.)*

Volume à ajouter = Contenance totale (1 050^l) − Nombre de litres versés.

Nombre de litres versés. $\begin{cases} a) & 4^h 35^{min.} = 60^{min.} × 4 + 35^{min.} = 275 \text{ min.} \\ b) & 3^l,5 × 275 = 962^l,5. \end{cases}$

Rép. 1 050^l − 962^l,5 = 87^l,5.

***1214.** — Un magasin est éclairé par 58 becs de gaz de 6 heures à minuit ; chaque bec consomme en moyenne 1^{hl},35 de gaz par heure. Le mètre cube de gaz coûte 0^f,35. Quelle sera la dépense d'éclairage pendant le mois de janvier, sachant que le magasin est fermé les 4 dimanches du mois ?   (*Pas-de-Calais.*)

Dépense totale = Prix du m³ (0^f,35) $\times$ Nombre de m³.

Nombre de m³. $\begin{cases} a)\ \text{En 1 soirée} : \ 1^{hl},35 \times 6 \times 58 = 469^{hl},8. \\ b)\ 46^{m3},98 \times (31 - 4) = 1\,268^{m3},46. \end{cases}$

Rép.   0^f,35 $\times$ 1 268,46 = 443^f,961 ou 443^f,95.

***1215.** — En se congelant, l'eau augmente de 0,075 de son volume. Combien de litres d'eau ont donné 265 dm³ de glace ? (*P.-de-Calais.*)

Volume d'eau = Vol. de glace (265 l.) $\vdots$ Fraction correspondante (1 075/1 000).
Rép.   265^l $\vdots$ 1 075/1 000 = 265 000 $\vdots$ 1 075 = 246^l,51.

VOLUMES ET CAPACITÉS (*Parallélépipède*).   P. 122.

Problèmes. — 1216. — Pendant un certain temps, l'eau tombée dans un bassin en plein air s'est élevée à 35 mm. Quelle est en litres la quantité d'eau tombée sur 1 m² ? sur 1 dm² ? sur 1 km² ?   (*Meuse.*)

I. *Vol.* = 100^{dm3} $\times$ 0,35.   *Rép.*   35 *l.*
II. *Vol.* = 1^{dm3} $\times$ 0,35.   *Rép.*   0^l,35.
III. *Vol.* = 100 000 000^{dm3} $\times$ 0,35.   *Rép.*   35 000 000 *l.*

1217. — On remplit de haricots une caisse cubique de 1^m,25 de côté. Que valent ces haricots à raison de 30 fr. l'hectol. ?   (*H^{te}-Garonne.*)

Prix des haricots = Prix de l'hl. (30 fr.) $\times$ Nombre d'hl.
Nombre d'hl. = 10^{hl} $\times$ 1,25³ = 19^{hl},53125.
Rép.   30^f $\times$ 19,53125 = 585^f,93 ou 585^f,95.

1218. — Une pierre mesure 0^m,75 de long sur 0^m,65 de large et 0^m,35 d'épaisseur. On la place dans une cuve pleine d'eau d'une contenance de 4 hl. Combien cette pierre fera-t-elle sortir de litres d'eau et combien en restera-t-il dans la cuve ?   (*Savoie.*)

I. *Nombre de litres qui sortiront* = Volume de la pierre en dm³.
Rép.   7^{dm3},5 $\times$ 6,5 $\times$ 3,5 = 170^l,625.
II. *Reste* = 400^l — 170^l,625.   *Rép.*   229^l,375.

1219. — Un grenier est divisé en compartiments de 4 m. de long sur 3^m,20 de large. 1° Combien pourra-t-on mettre d'hectolitres de blé dans chacun de ces compartiments, si on donne au tas une hauteur moyenne de 0^m,45 ? 2° Quelle sera la charge supportée par chaque mètre carré de planches, si 1 hl. de blé pèse 78 kg. ?   (*Morbihan.*)

I. *Nombre d'hl.* = 10^{hl} $\times$ (4 $\times$ 3,2 $\times$ 0,45).   *Rép.*   57^{hl},6.
II. *Charge par m²* = Poids de l'hl. (78 kg.) $\times$ Nombre d'hl. au m².
Nombre d'hl. par m² = 10^{hl} $\times$ (1 $\times$ 0,45) = 4^{hl},5.
Rép.   78^{ks} $\times$ 4,5 = 351 *kg.*

1220. — Une citerne cubique a 5 m. de côté. On vient d'y verser 27 488^l,96 d'eau, et on veut achever de la remplir au moyen d'une pompe qui donne 1^l,08 à chaque coup de balancier. Combien de coups de balancier faudra-t-il pour cette opération ?   (*Haute-Marne.*)

Nombre de coups de balancier = Volume restant $\vdots$ Volume d'eau donné par chaque coup de balancier (1^l,08).

Volume restant. $\begin{cases} a)\ \text{Volume total} = 1^{m3} \times 5^3 = 125^{m3} = 125\,000\ l, \\ b)\ 125\,000^l - 27\,488^l,96 = 97\,511^l,04. \end{cases}$

Rép.   97 511,04 $\vdots$ 1,08 = 90 288 *coups.*

***1221.** — Une caisse de 1^m,20 de long, 0^m,75 de large et 0^m,40 de profondeur, est remplie aux 3/4 de haricots estimés 108 fr. On demande le prix du litre de haricots.   *(Jura.)*

Prix du litre = Prix total (108 fr.) : Nombre total de litres.

Nombre de litres. $\begin{cases} a) \text{ Profondeur} = 0^m,40 \times 3/4 = 0^m,30. \\ b) \ 12^{dm3} \times 7,5 \times 3 = 270 \text{ dm}^3 \text{ ou } 270 \text{ l.} \end{cases}$

Rép. 108^f : 270 = 0^f,40.

***1222.** — Une citerne a 2^m,40 de long, 1^m,90 de large et 1^m,35 de haut. Combien contient-elle de seaux de 1 dal. 1/2, sachant qu'elle est remplie jusqu'à 1 dm. du bord ?   *(Doubs.)*

Nombre de seaux = Volume de l'eau : Capacité du seau (1^{dal},5 ou 15 l.).
Volume de l'eau = 24^{dm3} × 19 × (13,5 − 1) = 5 700 l.
Rép. 5700 : 15 = 380 *seaux.*

***1223.** — Un cultivateur a un tonneau d'arrosage de 4^{hl},5. Combien pourra-t-il le remplir de fois avec le contenu d'une fosse à purin qui a 6^m,60 de long, 3^m,20 de large et 2^m,40 de profondeur, et dans laquelle le liquide s'élève jusqu'aux 3/4 de la hauteur ?   *(Rhône.)*

Nombre de tonneaux = Volume du purin : Capacité du tonneau (4^{hl},5).

Volume du purin. $\begin{cases} a) \text{ Profondeur} = 2^m,4 \times 3/4 = 1^m,8. \\ b) \ 6^{m3},60 \times 3,2 \times 1,8 = 38^{m3},016 = 380^{hl},16. \end{cases}$

Rép. 380,16 : 4,5 = 84 *fois* (par défaut).

***1224.** — Une caisse a les dimensions suivantes : longueur, 0^m,40 ; largeur, les 3/5 de la longueur ; hauteur égale à la largeur. Combien faudrait-il de litres de sable pour en remplir la moitié? *(M.-et-Moselle.)*

Nombre de litres de la moitié = Capacité totale : 2.

Capacité totale. $\begin{cases} a) \text{ Largeur} = \text{Hauteur} = 0^m,4 \times 3/5 = 0^m,24. \\ b) \ 0^{m3},4 \times 0,24 \times 0,24 = 0^{m3},02304 = 23^l,04. \end{cases}$

Rép. 23^l,04 : 2 = 11^l,52.

***1225.** — Un wagon ayant intérieurement 3^m,50 de long, 2^m,15 de large et 0^m,70 de haut est rempli de chaux à 1^f,45 l'hectolitre. Quelle est la valeur de cette chaux, et quelle surface pourra-t-elle servir à amender à raison d'un quintal par are, sachant qu'un hectolitre pèse 135 kg. ?   *(Orne.)*

I. *Valeur de la chaux* = Prix de l'hl. (1^f,45) × Nombre d'hl.
Nombre d'hl. = 10^{hl} × 3,5 × 2,15 × 0,7 = 52^{hl},675.
Rép. 1^f,45 × 52,675 = 76^f,37.
II. *Nombre d'ares amendés* = Nombre de quintaux de chaux.
Nombre de quintaux = 1^q,35 × 52,675 = 71^q,11. *Rép.* 71^a,11.

***1226.** — Dans un orage, il est tombé une hauteur d'eau de 8 mm. 1/4. Combien d'hectolitres d'eau est-il tombé sur une propriété de forme carrée dont le pourtour a 1 km. ?   *(Saône-et-Loire.)*

Nombre d'hl. d'eau = 10 hl. × Volume en m³.

Volume. $\begin{cases} a) \text{ Base} = 1^{m2} \times (1000 : 4)^2 = 1^{m2} \times 250^2 = 62\,500 \text{ m}^2. \\ b) \ 62\,500^{m3} \times 0,00825 = 515^{m3},625. \end{cases}$

Rép. 10^{hl} × 515,625 = 5 156^{hl},25.

***1227.** — Une citerne carrée a un fond de 1^m,40 de côté et une profondeur de 4^m,20. Elle est remplie d'eau aux 2/7. Combien faut-il y introduire d'hectolitres d'eau pour que la hauteur de la surface de l'eau, au-dessus du fond, s'accroisse du quart de ce qu'elle était?   *(Ardennes.)*

Nombre d'hl. = 10 hl. × Nombre de m³ à ajouter.

Nombre de m³. $\begin{cases} a) \text{ Augment. de hauteur} = 4^m,20 \times 2/7 \times 1/4 = 0^m,3. \\ b) \ 1^{m3} \times 1,4^2 \times 0,3 = 0^{m3},588. \end{cases}$

Rép. 10^{hl} × 0,588 = 5^{hl},88.

***1228.** — Une auge rectangulaire a extérieurement 1ᵐ,98 de long, 0ᵐ,63 de large et 0ᵐ,57 de haut. Quelle est en litres sa capacité, sachant que les parois ont une épaisseur de 0ᵐ,10 ? *(Gard.)*

Capacité en litres = Volume en dm³.
Volume = 1ᵐ³ × (1,98 — 0,1 × 2) × (0,63 — 0,1 × 2) × (0,57 — 0,1).
     = 1ᵐ³ × 1,78 × 0,43 × 0,47 = 0ᵐ³,359738 = 359ᵈᵐ³,738.
Rép. 359ˡ,738.

VOLUMES ET CAPACITÉS *(Calcul d'une dimension).* P. 123.

Remarque. — *Pour calculer une dimension* du parallélépipède, il est indispensable **d'exprimer les longueurs, les surfaces et les volumes avec des unités correspondantes** (mètre, mètre carré et mètre cube; décimètre, décimètre carré, décimètre cube ou litre, etc.).

Problèmes. — **1229.** — Quelle est la profondeur d'un bassin qui contient 7 020 l., si la base a une surface de 6 m²? *(Vaucluse.)*

Profondeur = Volume (7ᵐ³,02) ∶ Surface de base (6ᵐ²).
Rép. 7,02 ∶ 6 = 1ᵐ,17.

1230. — On verse 40 cl. d'eau dans un décimètre cube creux. A quelle hauteur l'eau monte-t-elle dans le cube? *(Calvados.)*

Hauteur = Volume (0ᵈᵐ³,4) ∶ Surface de base (1 dm²).
Rép. 0,4 ∶ 1 = 0ᵈᵐ,4.

1231. — Dans un bassin dont le fond est un carré de 1ᵐ,60 de côté, on verse 1 152 l. d'eau. A quelle hauteur l'eau s'élèvera-t-elle? *(Nord.)*

Hauteur = Volume (1ᵐ³,152) ∶ Surface de base.
Base = 1ᵐ² × 1,6² = 2ᵐ²,56. *Rép.* 1,152 ∶ 2,56 = 0ᵐ,45.

1232. — Quelle profondeur faudra-t-il donner à un réservoir de 5 m. sur 3ᵐ,40, pour qu'il contienne 28 050 l. d'eau? *(H.-Garonne.)*

Profondeur = Volume intérieur (28ᵐ³,05) ∶ Surface de base.
Base = 5ᵐ² × 3,4 = 17ᵐ². *Rép.* 28,05 ∶ 17 = 1ᵐ,65.

***1233.** — Un bassin de forme rectangulaire a 3ᵐ,25 de long et 2ᵐ,69 de large. On y verse 30 fois l'eau contenue dans un tonneau dont la capacité est de 3ʰˡ,21. Quelle hauteur cette eau atteindra-t-elle dans le bassin ? *(Seine-Inférieure.)*

Hauteur atteinte = Volume de l'eau ∶ Surface de base.
1. Volume de l'eau = 3ʰˡ,21 × 30 = 96ʰˡ,3 = 9ᵐ³,63.
2. Base = 3ᵐ²,25 × 2,69 = 8ᵐ²,7425. *Rép.* 9,63 ∶ 8,7425 = 1ᵐ,101.

***1234.** — Un coffre ayant 1ᵐ,05 de long et 0ᵐ,60 de large était rempli d'un blé qui, vendu à 2ᶠ,50 le double-décalitre, a produit 31ᶠ,50. Quelle était la profondeur du coffre ? *(Nord.)*

Profondeur = Volume du blé ∶ Surface de base.
1. Volume. { a) 31,5 ∶ 2,5 = 12ᵈᵒᵘᵇˡᵉˢ⁻ᵈᵃˡ,6.
       { b) 12,6 ∶ 50 = 0ᵐ³,252.
2. Base ∶ 1ᵐ²,05 × 0,6 = 0ᵐ²,63.
Rép. 0,252 ∶ 0,63 = 0ᵐ,40.

***1235.** — Un réservoir à base rectangulaire contient, plein, 2 500 l. Sa longueur est de 2ᵐ,50; sa largeur est les 4/5 de sa longueur. On demande de calculer sa profondeur. *(Indre-et-Loire.)*

Profondeur = Volume (2ᵐ³,5) ∶ Surface de base.
Base = 2ᵐ²,5 × (2,5 × 4/5) = 2ᵐ²,5 × 2 = 5 m². *Rép.* 2,5 ∶ 5 = 0ᵐ,50.

***1236.** — Une fontaine, qui fournit 24 l. d'eau par minute, a empli en 3 heures 35 minutes un bassin qui a 2^m,75 de long sur 1^m,80 de arge. Quelle est la profondeur de ce bassin? *(Rhône.)*

Profondeur = Volume d'eau : Surface de base.

1. Volume. { *a)* 3^{h}35 = 60^{min} × 3 + 35^{min} = 215 min.
{ *b)* 24^l × 215 = 5160^l = 5^{m3},16.

2. Base = 2^{m2},75 × 1,8 = 4^{m2},95. *Rép.* 5,16 : 4,95 = 1^m,04.

***1237.** — Un réservoir a 4^m,20 de long, 2^m,40 de large. Rempli aux 2/3, il contient 20160 l. Quelle est sa profondeur? *(Saône-et-Loire.)*

Profondeur = Volume total : Surface de base.
1. Volume total = 20 160^{dm3} : 2/3 = 30 240^{dm3} = 30^{m3},24.
2. Base = 4^{m2},2 × 2,4 = 10^{m2},08.
Rép. 30,24 : 10,08 = 3 *m.*

***1238.** — Un bassin rectangulaire de 3^m,50 sur 2^m,40 contient, rempli d'eau, 88^{hl},20. Quelle est sa profondeur? De combien faudra-t-il le creuser pour augmenter sa capacité de 5^{m3},145? *(Seine-Inférieure.)*

I. *Profondeur* = Volume (8^{m3},82) : Surface de base.
Base = 3^{m2},5 × 2,1 = 7^{m2},35. *Rép.* 8,82 : 7,35 = 1^m,20.
II. *Augment. de prof.* = Augm. de vol. (5^{m3},145) : Surf. de base (7^{m2},35).
Rép. 5,145 : 7,35 = 0^m,70.

***1239.** — Sur un toit rectangulaire, de 19^m,50 de long et 6^m,75 de large, se trouve une couche uniforme de neige de 0^m,06 d'épaisseur. Quel est le volume de cette neige? L'eau qu'elle produit par la fusion est recueillie dans un réservoir de 2^m,40 de long sur 1^m,35 de large. A quelle hauteur s'élèvera l'eau, sachant que 9^l 3/4 de neige produisent 1 l. d'eau? *(Nord.)*

I. *Volume de neige* = 19^{m3},5 × 6,75 × 0,06. *Rép.* 7^{m3},8975.
II. *Hauteur d'eau* = Volume : Surface de base.
1. Volume : 7 897,5 : 9,75 = 810 l. ou 0^{m3},810.
2. Base = 2^{m2},4 × 1,35 = 3^{m2},24. *Rép.* 0,81 : 3,24 = 0^m,25.

***1240.** — Une citerne à base rectangulaire est remplie d'eau. Ses dimensions sont : longueur, 2^m,80; largeur, 2^m,50; profondeur, 2^m,90. On en retire 98 hl. Quelle est la hauteur de l'eau qui reste dans la citerne? *(Nord.)*

Hauteur de l'eau qui reste = Prof. totale (2^m,90) — Haut. de l'eau enlevée.

Hauteur enlevée. { *a)* Volume = 98^{hl} = 9^{m3},8;
{ *b)* Base = 2^{m2},8 × 2,5 = 7 m²; *c)* 9,8 : 7 = 1^m,40.
Rép. 2^m,9 — 1^m,4 = 1^m,50.

***1241.** — Un bassin de forme cubique a 4^m,50 d'arête. De combien s'abaissera le niveau de l'eau qui le remplit si on en prend de quoi remplir 6 barriques de 225 l. chacune? *(Seine-Inférieure.)*

Diminution de hauteur = Volume d'eau enlevé : Surface de base.
1. Volume d'eau = 225^l × 6 = 1 350^l = 1^{m3},350.
2. Base = 1^{m2} × 4,5² = 20^{m2},25. *Rép.* 1,35 : 20,25 = 0^m,066.

***1242.** — Un coffre a 1^m,80 de long, 0^m,60 de large et 1^m,60 de haut. On demande quelle sera la hauteur de la partie restée vide lorsqu'on y aura versé 12 q. de blé, 1 hl. pesant 75 kg. *(M.-et-Moselle.)*

Hauteur de la partie vide = Hauteur totale (1^m,6) — Hauteur du blé.

Hauteur du blé. { *a)* Volume = 1 200 : 75 = 16 hl. = 1^{m3},6.
{ *b)* Base = 1^{m2},8 × 0,6 = 1^{m2},08. *c)* 1,6 : 1,08 = 1^m,48.
Rép. 1^m,6 — 1^m,48 = 0^m,12

POIDS ET VOLUME DE L'EAU

11. — **1 litre** ou **1 dm³** *d'eau pure* pèse **1 kilogramme.**
Par conséquent :

    1 *kilolitre* ou 1 *m³* d'eau pure pèse 1 *tonne,*
    1 *millilitre* ou 1 *cm³* d'eau pure pèse 1 *gramme.*

Exercices oraux. — 1. — Quel est, en kilogrammes, le poids
de : 1 l.? 1 dal.? 1 hl.? 1 kl. d'eau pure?

    Rép. 1 *kg.;* 10 *kg.;* 100 *kg.;* 1000 *kg.*

2. — Quel est, en grammes, le poids de : 1 ml.? 1 cl.? 1 dl.
d'eau pure ?

    Rép. 1 *g.;* 10 *g.;* 100 *g.*

3. — Quel est, en centimètres cubes, le volume de : 1 g.? 1 dag.?
1 hg.? 1 kg. d'eau pure ?

    Rép. 1 *cm³*; 10 *cm³*; 100 *cm³*; 1000 *cm³.*

4. — Quel est, en litres, le volume de : 1 kg.? 1 q.? 1 t. d'eau
pure ?

    Rép. 1 *l.;* 100 *l.;* 1000 *l.*

Remarque. — Le **volume** et le **poids** d'une certaine quantité d'eau s'expriment par le **même nombre**, si on prend les *unités de volume et de poids·
correspondantes :* 1° l., dm³, kg.; 2° kl., m³, t.; 3° ml., cm³, g.

Problèmes. — **1243.** — Quel est le volume d'une pierre qui, plongée
dans un vase plein d'eau, fait sortir 272 dag. d'eau?   (*Eure-et-Loir.*)

    272 dag. $= 2^{kg},72$.   *Rép.* $2^{dm3},72$.

1244. — Un bassin contient $325^{hl},46$ d'eau pure. Exprimer le poids de
cette eau : 1° en tonnes métriques; 2° en hectogrammes.   (*Cher.*)

    $325^{hl},46 = 32^{m3},546$.   *Rép.* 1° $32^{t},546$; 2° 325460 *hg.*

1245. — Un flacon pèse $35^{dag},25$ de plus quand il est plein d'eau
que lorsqu'il est vide. Quelle en est la capacité?   (*Algérie.*)

    $35^{dag},25 = 0^{kg},3525$.   *Rép.* $0^{l},3525$.

1246. — Un bassin contenait 22 m³ d'eau; on en a retiré 190 hl.
Quel est, en quintaux, le poids de l'eau qui reste?   (H^{tes}-*Pyrénées.*)

    Reste $= 22^{m3} - 19^{m3} = 3^{m3}$.   *Rép.* 30 *q.*

1247. — On verse 145 g. d'eau distillée dans un flacon de 2 dl. Indiquer en centilitres la quantité d'eau qu'il faudrait ajouter pour le
remplir.   (*Creuse.*)

    145 g. $=$ Poids de 145 cm³ ou $14^{cl},5$.   *Rép.* $20^{cl} - 14^{cl},5 = 5^{cl},5$.

1248. — On verse 235 cm³ de vin dans un demi-litre. Combien faut-il
ajouter de grammes d'eau pour le remplir?   (*Vosges.*)

    Nombre de grammes d'eau $=$ Nombre de cm³ restant à remplir.
    $500^{cm3} - 235^{cm3} = 265$ cm³.   *Rép.* 265 *g.*

1249. — Le poids de l'eau contenue dans un fût est de **75 kg.** On

retire l'eau, on remplit ce fût de vin et on le vend 61^f,50. Quel est le
prix de l'hectolitre de ce vin?   (*Charente.*)

Prix de l'hl. de vin = Prix total (61^f,50) : Nombre d'hl. (0^{hl},75).
Rép.   61^f,5 : 0,75 = 82 *fr.*

1250. — Les dimensions intérieures d'un réservoir rectangulaire
sont : longueur 0^m,35, largeur 0^m,15, hauteur 0^m,92. Trouvez en centilitres la capacité de ce réservoir. Que pèserait l'eau pure qui le remplirait entièrement?   (*Seine-et-Marne.*)

I. *Capacité* = 35^{cm3} × 15 × 92 = 48 300 cm³.   *Rép.*   4830 *cl.*
II. *Rép.*   48 300 *g.* ou 48^{kg},3.

***1251.** — Quel est le poids de l'eau contenue dans un bassin rec-
tangulaire qui a 2 m. de longueur, 1^m,25 de largeur, 0^m,75 de profondeur et qui est rempli aux 2/3?   (*Seine-et-Oise.*)

Nombre de kg. d'eau = Nombre de dm³ contenus dans les 2/3 du bassin.
20^{dm3} × 12,5 × 7,5 × 2/3 = 1250 dm³.   *Rép.*   1250 *kg.*

***1252.** — Une citerne, remplie aux 3/4 d'eau, a 1^m,70 de longueur,
1^m,28 de largeur et 1^m,50 de profondeur. Calculer le poids de l'eau
qu'elle contient.   (*Basses-Pyrénées.*)

Nombre de kg. d'eau = Nombre de dm³ de la citerne × 3/4.
17^{dm3} × 12,8 × 15 × 3/4 = 2448 dm³.   *Rép.*   2448 *kg.*

***1253.** — Le poids d'un corps flottant sur un liquide est égal au
poids du liquide déplacé. Un bateau a 11^m,20 de long et 3^m,80 de large. La
partie immergée a une hauteur de 0^m,72. Quel est le poids de ce bateau?
De combien faut-il le charger pour qu'il enfonce de 1 cm.?   (*Cher.*)

I. *Poids du bateau* = 1 t. × Nombre de m³ déplacés.
Rép.   1^t × 11,2 × 3,8 × 0,72 = 30^t,6432.
II. *Rép.*   1^t × 11,2 × 3,8 × 0,01 = 0^t,4256.

P. 125.   **VASE PLEIN D'EAU, VASE VIDE**

Exercice oral. — Quelle est la **capacité** d'un vase qui pèse :
1° vide 1 kg., plein d'eau 5 kg.;
2° vide 2 kg., rempli à moitié 5 kg.;
3° plein d'eau 7 kg., rempli à moitié 4 kg.?

Rép.   1° 4 *l.;*   2° (5 — 2)^l × 2 = 6 *l.;*   3° (7 — 4)^l × 2 = 6 *l.*

Quel est le **poids** :

1° *d'un vase plein* qui contient 5 l. d'eau et pèse, vide, 2 kg.;
2° *d'un vase vide*, s'il pèse 4 kg.. quand il contient 3 l. d'eau;
3° *d'un vase vide*, s'il pèse, plein d'eau, 8 kg. et, rempli à
moitié, 5 kg.?

Rép.   1° 7 *kg.;*   2° 1 *kg.;*   3° 8^{kg} — [(8^{kg} — 5^{kg}) × 2] = 2 *kg.*

Problèmes. — 1254. — Dites ce que pèse, pleine d'eau, une
boîte contenant 5 dm³ 25 cm³, si elle pèse, vide, 0^{kg},136.   (*Meuse.*)

Poids total = Poids de l'eau (5^{kg},025) + Poids du vase vide (0^{kg},136).
Rép.   5^{kg},025 + 0^{kg},136 = 5^{kg},161.

1255. — Un flacon vide pesant 59 g. 6 cg. reçoit 75 cl. d'eau. Que
pèse-t-il ensuite?   (*Seine.*)

Poids total = Poids du vase vide (59^g,06) + Poids de l'eau (750 g.).
Rép.   59^g,06 + 750^g = 809^g,06.

1256. — Un vase vide pèse 36 dag.; on l'a rempli d'eau et il pèse maintenant 912 g. Quel est le poids de l'eau qu'on y a versée et quelle est la capacité du vase?   (*Morbihan.*)

I. *Poids de l'eau* = Poids total (912 g.) — Poids du vase vide (360 g.).
Rép. 912ᵍ — 360ᵍ = 552 *g.*
II. *Capacité* = 552 cm³.   *Rép.* 0ˡ,552.

1257. — Une barrique pèse 15 kg. 5 dag.; pleine d'eau pure, son poids est de 2 q. 1/2. Quelle est sa contenance?   (*Sarthe.*)

Capacité en litres = Poids de l'eau en kg.
Poids de l'eau = 250ᵏᵍ — 15ᵏᵍ,05.   *Rép.* 234ˡ,95.

1258. — Une bonbonne vide pèse 1ᵏᵍ,925; pleine d'eau elle pèse-rait 11ᵏᵍ,175. Quelle est la contenance de cette bonbonne? — Le vin qu'elle contient vaut 3ᶠ,70; quel est le prix du litre?   (*Rhône.*)

I. *Contenance en litres* = Poids de l'eau en kg.
Poids de l'eau = 11ᵏᵍ,175 — 1ᵏᵍ,925 = 9ᵏᵍ,25.   *Rép.* 9ˡ,25.
II. *Prix du litre* = 3ᶠ,70 : 9,25.   *Rép.* 0ᶠ,40.

***1259.** — Un baril rempli d'eau pure pèse 78ᵏᵍ,4. Quand il ne con-tient plus que 20 l. d'eau, il pèse 35ᵏᵍ,6. Quel est le poids du baril vide et quelle est sa contenance?   (*Seine.*)

I. *Poids du baril vide* = 35ᵏᵍ,6 — 20ᵏᵍ.   *Rép.* 15ᵏᵍ,6.
II. *Contenance en l.* = Poids de l'eau en kg. (78ᵏᵍ,4 — 15ᵏᵍ,6).
78ᵏᵍ,4 — 15ᵏᵍ,6 = 62ᵏᵍ,8.   *Rép.* 62ˡ,8.

***1260.** — Un vase pèse, vide, 0ᵏᵍ,950; plein d'eau, 2 kg. 6 dag. Quelle est sa capacité? Combien pèse-t-il après qu'on en a retiré la moitié de l'eau?   (*Indre.*)

I. *Capacité en litres* = Poids de l'eau en kg. (2ᵏᵍ,06 — 0ᵏᵍ,95).
2ᵏᵍ,06 — 0ᵏᵍ,95 = 1ᵏᵍ,11.   *Rép.* 1ˡ,11.
II. *Poids à 1/2 plein* = Poids total (2ᵏᵍ,06) — 1/2 du poids de l'eau.
Rép. 2ᵏᵍ,06 — (1ᵏᵍ,11 : 2) = 1ᵏᵍ,505.

***1261.** — Une barrique pèse 260 kg. 5 dag. pleine d'eau et 19ᵏᵍ,6 étant vide. Quelle en est la contenance en litres et combien faut-il de barriques semblables pour contenir l'eau d'un bassin ayant 3ᵐ,45 de long, 2ᵐ,75 de large et 3ᵐ,20 de profondeur?   (*Deux-Sèvres.*)

I. *Contenance en l.* = Poids de l'eau en kg. (260ᵏᵍ,05 — 19ᵏᵍ,6).
260ᵏᵍ,05 — 19ᵏᵍ,6 = 240ᵏᵍ,45.   *Rép.* 240ˡ,45.
II. *Nombre de barriques* = Vol. de l'eau : Cont. d'une barrique (240ᵈᵐ³,45).
Volume de l'eau = 34ᵈᵐ³,5 × 27,5 × 32 = 30 360 dm³.
Rép. 30 360 : 240,45 = 126 (par défaut), donc 127 *barriques.*

***1262.** — Une cuve vide pèse 35ᵏᵍ,6. Pleine d'eau aux 4/5 elle pèse 2 100 hg. Combien peut-elle contenir d'hectolitres? (*Haute-Vienne.*)

Contenance totale = Contenance des 4/5 : 4/5.

Contenance des 4/5. { a) Poids d'eau = 210ᵏᵍ — 35ᵏᵍ,6 = 174ᵏᵍ,4.
                     { b) 174ᵏᵍ,4 = Poids de 174ˡ,4 ou 1ʰˡ,744 d'eau.
Rép. 1ʰˡ,744 : 4/5 = 1ʰˡ,744 × 5/4 = 2ʰˡ,18.

***1263.** — Un vase rempli d'eau pèse 12ᵏᵍ,8; on ôte le tiers de l'eau et le vase ne pèse plus que 9 kg. 4 dag. Quelle est la capacité du vase et combien pèse-t-il quand il est vide?   (*Aube.*)

I. *Capacité totale* = Capacité du tiers : 1/3.
Capacité du tiers : 12ᵏᵍ,8 — 9ᵏᵍ,04 = 3ᵏᵍ,76 = Poids de 3ˡ,76 d'eau.
Rép. 3ˡ,76 × 3 = 11ˡ,28.
II. *Poids du vase vide* = 12ᵏᵍ,8 — 11ᵏᵍ,28.   *Rép.* 1ᵏᵍ,52.

*1264. — Une caisse rectangulaire a 0m,80 de long, 0m,60 de large et 0m,45 de profondeur. Elle est remplie d'eau aux 4/5. Quel est le poids de cette caisse qui, vide, pèse 24 kg. ?   (*Sarthe.*)

Poids total = Poids de la caisse vide (24 kg.) + Poids de l'eau.

Poids de l'eau. { *a*) Capacité totale = 8dm3 × 6 × 4,5 = 216 dm3.
{ *b*) 4/5 font :   216dm3 × 4/5 = 172dm3,8 pesant 172kg,8.

Rép.   24kg + 172kg,8 = 196kg,8.

*1265. — Une boite rectangulaire pèse, vide, 4125 g. et, pleine d'eau, 35 kg. Cette boite a 50 cm. de longueur sur 37 cm. de largeur; quel est son volume et quelle est sa hauteur?   (*Eure.*)

I. *Volume en cm3* = Poids de l'eau en g. (35000g — 4125g).
Rép.   35000 — 4125 = 30875 cm3.
II. *Hauteur* = Volume (30875 cm3) : Surface de base.
Base = 50cm2 × 37 = 1850 cm2.   *Rép.*   30875 : 1850 = 16cm,6.

*1266. — Deux vases pleins d'eau pure pèsent 2 kg. 8 dag. L'un contient 14 cl. de plus que l'autre. On demande la capacité de chacun, sachant que les vases vides pèsent ensemble 12 hg.   (*Manche.*)

I. *Capacité du 1er* = Moitié de ce qu'ils contiendraient ensemble si le 2e avait 14 cl. de plus.

Contenance   { *a*) Poids de l'eau = 2kg,08 — 1kg,2 = 0kg,88.
qu'ils auraient. { *b*) 0l,88 + 0l,14 = 1l,02.
Rép.   1l,02 : 2 = 0l,51.
II. *Capacité du 2e* = 0l,88 — 0l,51 = 0l,37.

P. 126.   ## *DENSITÉ : POIDS D'UN CORPS

1 décimètre cube de fer pèse **7kg,8;**
1 *mètre cube* de fer pèse 7t,8;
1 *centimètre cube* de fer pèse 7g,8.
On dit que la **densité du fer** est **7,8.**

12. — **La densité ou poids spécifique** d'un corps est le *poids de l'unité de volume* de ce corps.

Ce poids s'exprime :

1° en **kilog.** quand l'unité de volume est 1 dm3 ou 1 *l*.;

2° en *tonnes*   —   —   1 m3;

3° en *grammes*   —   —   1 cm3.

Exercice oral. — La densité de l'argent est 10,5. Quel est le *poids* de : 1 dm3? 1 cm3? 1 m3 d'argent?
Rép.   1° 10kg,5;   2° 10g,5;   3° 10t,5.

La densité de l'huile est 0,92. Quel est le *poids* de : 1 l.? 1 dal.? 1 hl. d'huile?
Rép.   0kg,92;   9kg,2;   92 *kg.*

Problèmes. — 1267. — La densité de l'huile d'olive est 0,92. Quel est le poids de 2hl,25 de cette huile?

Solution. — Le **poids de 2hl,25 de cette huile** est égal au produit du *poids d'un litre* par le *nombre de litres*.

1° *Poids d'un litre :* 0kg,92.
2° *Nombre de litres :* 2hl,25 = 225 l.
3° **Poids de 2hl,25 de cette huile :**   0kg,92 × 225 = **207 kg.**

13. — **Le poids d'un corps** est égal au *produit de sa densité par son volume.*

1268. — L'obélisque de la place de la Concorde, à Paris, a un volume de 84 m³. Le granit dont il est formé a une densité de 2,75. Quel est le poids de cet obélisque ? *(Loiret.)*

Rép. 2ᵗ,75 × 84 = 231 *tonnes.*

1269. — L'argent pèse 10 fois 1/2 autant que l'eau. Quel est le poids d'un lingot d'argent de 8ᵈᵐ³,025 ? *(Loire-Inférieure.)*

Rép. 10ᵏᵍ,5 × 8,025 = 84ᵏᵍ,2625.

1270. — L'eau pèse 770 fois plus que l'air. Quel est le poids de 85ᵐ³,59 d'air ? *(Eure.)*

Rép. 85ᵗ,59 : 770 = 0ᵗ,111 155 ou 111ᵏᵍ,155.

1271. — Quel est le poids d'un morceau de plomb qui, plongé dans l'eau qui remplit un vase, en fait sortir 18 cl. ? La densité du plomb est 11,25. *(Haute-Vienne.)*

18 cl. = 0ᵈᵐ³,18. *Rép.* 11ᵏᵍ,25 × 0,18 = 2ᵏᵍ,025.

1272. — A volume égal le liège ne pèse que les 24/100 de l'eau. Quel est le poids d'un millier de bouchons de 6 cm³ chacun ? *(Nord.)*

Rép. 0ᵍ,24 × 6 × 1000 = 1 440 g. ou 1ᵏᵍ,44.

1273. — Un vase vide pèse 3 kg. et peut contenir 10 l. On y verse 3 l. d'alcool dont la densité est 0,8, et on remplit avec de l'eau distillée. Trouver le poids du vase plein. *(Ardèche.)*

Poids du vase plein = Poids du vase vide (3 kg.) + Poids de l'alcool + Poids de l'eau.

1. Alcool = 0ᵏᵍ,8 × 3 = 2ᵏᵍ,4 ; 2. Eau : 10ˡ — 3ˡ = 7 l., soit 7 kg.

Rép. 3ᵏᵍ + 2ᵏᵍ,4 + 7ᵏᵍ = 12ᵏᵍ,4.

1274. — La densité du fer est 7,8 ; combien coûtera 1ᵐ³,500 de fer à 275 fr. la tonne ? *(Haute-Saône.)*

Prix total = Prix de la tonne (275 fr.) × Nombre de tonnes.
Nombre de tonnes = 7ᵗ,8 × 1,5 = 11ᵗ,7. *Rép.* 275ᶠ × 11,7 = 3217ᶠ,50.

1275. — Que coûtent 15 l. d'huile, dont la densité est 0,92, à raison de 0ᶠ,75 le demi-kg. ? *(Gard.)*

Prix total = Prix du kg. (0ᶠ,75 × 2) × Nombre de kg. (0ᵏᵍ,92 × 15).
Rép. 1ᶠ,50 × 13,8 = 20ᶠ,70.

1276. — Une pièce en fonte a un volume de 1 853 dm³. Elle a été P. 127. achetée à raison de 58 fr. le quintal et le transport a coûté 24ᶠ,50 la tonne. A combien revient cette pièce, sachant que la densité de la fonte est de 7,5 ? *(Indre-et-Loire.)*

Prix total = Prix de revient de la tonne × Nombre de tonnes.
1. Prix de la tonne = 58ᶠ × 10 + 24ᶠ,50 = 604ᶠ,50.
2. Nombre de tonnes = 7ᵗ,5 × 1,853 = 13ᵗ,8975.
Rép. 604ᶠ,50 × 13,8975 = 8401ᶠ,03 ou 8401ᶠ,05.

1277. — L'air pèse 773 fois moins que l'eau et contient 23 pour 100 de son poids d'oxygène. Calculer le poids d'oxygène contenu dans une salle de 528 m³. *(Hérault.)*

Poids d'oxygène = Poids de l'air × 0,23.
Poids de l'air = 528ᵗ : 773 = 0ᵗ,683 = 683 kg.
Rép. 683ᵏᵍ × 0,23 = 157 *kg.*

1278. — Un fût contient 17^{dal},4 d'huile dont la densité est 0,915. Quel est le prix de cette huile à 120 fr. les 50 kg.?   (*Marne.*)

Prix de l'huile = Prix du kilogramme (120^f : 50) × Nombre de kilogrammes.
Nombre de kilogrammes = 0^{kg},915 × 174 = 159^{kg},21.
Rép.   2^f,40 × 159,21 = 382^f,10.

1279. — Calculer la charge d'une voiture qui porte 500 planches de chêne de 2 m. de long, 0^m,32 de large et 3 cm. d'épaisseur. La densité du chêne est 0,9.   (*Gard.*)

Poids total = Poids d'une planche × Nombre de planches (500).
Poids d'une planche. { *a*) Volume = 2^{m3} × 0,32 × 0,03 = 0^{m3},0192 = 19^{dm3},2.
                     { *b*) 0^{kg},9 × 19,2 = 17^{kg},28.
Rép.   17^{kg},28 × 500 = 8640 *kg.*

1280. — Un vase vide pèse 124 dag.; lorsqu'il est plein d'eau, il pèse 33 hg. Quel serait son poids s'il était rempli d'alcool dont la densité est 0,834?   (*Dordogne.*)

Poids du vase plein = Poids du vase vide (1^{kg},24) + Poids de l'alcool.
Poids de l'alcool. { *a*) Capacité = 3,3 — 1,24 = 2^l,06.
                   { *b*) 0^{kg},834 × 2,06 = 1^{kg},718.
Rép.   1^{kg},24 + 1^{kg},718 = 2^{kg},958.

1281. — Quel est le poids d'une feuille de tôle de fer ayant 2 mm. 1/2 d'épaisseur, 8 dm. de longueur et 55 cm. de largeur, sachant que la densité de ce fer est 7,8?   (*Paris.*)

Poids de la feuille = Poids du dm^3 (7^{kg},8) × Nombre de dm^3.
Nombre de dm^3 = 0^{dm3},025 × 8 × 5,5 = 1^{dm3},1.
Rép.   7^{kg},8 × 1,1 = 8^{kg},58.

1282. — Un tonneau rempli aux 3/4 contient 1^{hl} 8^l,5. Combien pèse le vin que renferme ce tonneau quand il est plein, la densité de ce vin étant 0,99?   (*Saône-et-Loire.*)

Poids du vin = Poids du litre (0^{kg},99) × Capacité totale.
Capacité totale = 108^l,5 : 3/4 = 434/3 de litre.
Rép.   0^{kg},99 × 434/3 = 143^{kg},22.

1283. — Un tonneau a été pesé successivement plein d'eau et vide, la première pesée a donné 216 kilogrammes de plus que l'autre. On remplit ce tonneau d'une huile dont la densité est 0,915, coûtant 1^f,75 le kilogramme. Quelle est la valeur de l'huile qui remplit le tonneau?   (*Meuse.*)

Prix de l'huile = Prix du kilogramme (1^f,75) × Nombre de kilogrammes.
Nombre de kilogrammes = 0^{kg},915 × 216 = 197^{kg},64.
Rép.   1^f,75 × 197,64 = 345^f,87 ou 345^f,85.

1284. — Quel est le poids de l'air contenu dans une salle de 8^m,50 de long sur 6^m,25 de large et 4 m. de haut, sachant que l'air pèse 773 fois moins que l'eau?   (*Nièvre.*)

Poids de l'air = Poids de l'eau : 773.
Poids de l'eau = 1^t × 8,5 × 6,25 × 4 = 212^t,500 = 212500 kg.
Rép.   212500^{kg} : 773 = 274^{kg},903 (par excès).

1285. — La densité de l'huile d'olive est 0,92. Un marchand a acheté une certaine quantité de cette huile au prix de 127 fr. l'hectolitre. Combien devra-t-il revendre le kilogramme pour gagner 24 % sur le prix d'achat?   (*Cantal.*)

Prix de vente du kg. = Prix de vente de l'hl. : Poids de l'hl. (92 kg.).
Prix de vente de l'hl. = 127^f + 127^f × 0,24 = 127^f + 30^f,48 = 157^f,48.
Rép.   157^f,48 : 92 = 1^f,71.

1286. — Une feuille de cuivre a 8ᵐ,40 de long, 0ᵐ,30 de large et 1ᵐᵐ,2 d'épaisseur. Quelle est sa valeur? Le cuivre vaut 185 fr. les 100 kg. La densité du cuivre est 8,8.   (*Sarthe.*)

Prix de la feuille = Prix du kilogramme (1ᶠ,85) × Poids en kilogrammes.
Poids = 8ᵏᵍ,8 × 84 × 3 × 0.012 = 8ᵏᵍ,8 × 3,024 = 26ᵏᵍ,6112.
Rép. 1ᶠ,85 × 26,6112 = 49ᶠ,23.

1287. — Un vase rectangulaire dont les dimensions intérieures sont : longueur 0ᵐ,24, largeur 0ᵐ,18, hauteur 0ᵐ,29, pèse étant vide 2ᵏᵍ,325. Quel sera son poids si on l'emplit avec une huile dont la densité est de 0,915?   (*Maine-et-Loire.*)

Poids total = Poids du vase vide (2ᵏᵍ,325) + Poids de l'huile.
Poids de l'huile = 0ᵏᵍ,915 × 2,4 × 1,8 × 2,9 = 0ᵏᵍ,915 × 12,528 = 11ᵏᵍ,463.
Rép. 2ᵏᵍ,325 + 11ᵏᵍ,463 = 13ᵏᵍ,788.

1288. — Une poutre de chêne a 5 m. de long; sa largeur est les 3/50 de sa longueur et son épaisseur est les 4/5 de la largeur. Quel est son poids, la densité du chêne étant de 0,750?   (*Yonne.*)

Poids total = Poids du dm³ (0ᵏᵍ,75) × Nombre de dm³.

Nombre de dm³.
{ *a*) Largeur = 50ᵈᵐ × 3/50 = 3 dm.
{ *b*) Épaisseur = 3ᵈᵐ × 4/5 = 2ᵈᵐ,4.
{ *c*) 50ᵈᵐ³ × 3 × 2,4 = 360 dm³.

Rép. 0ᵏᵍ,75 × 360 = 270 *kg.*

1289. — Un tonneau vide pèse 28ᵏᵍ,7. A moitié plein d'eau, il pèse 141ᵏᵍ,2. Quelle est sa capacité? Quel serait son poids s'il était plein d'un vin dont la densité serait 0,99?   (*Vienne.*)

I. *Capacité totale* = Capacité de la moitié × 2.
Cap. de la moitié : *a*) Poids d'eau : 141ᵏᵍ,2 — 28ᵏᵍ,7 = 112ᵏᵍ,5. *b*) Vol. = 112ˡ,5.
Rép. 112ˡ,5 × 2 = 225 *l.*
II. *Poids total* = Poids du fût (28ᵏᵍ,7) + Poids du vin.
Vin : 0ᵏᵍ,99 × 225 = 222ᵏᵍ,75.
Rép. 28ᵏᵍ,7 + 222ᵏᵍ,75 = 251ᵏᵍ,45.

1290. — Une auge parallélépipédique en pierre a les dimensions suivantes : extérieurement 1ᵐ,45 ; 0ᵐ,68 ; 0ᵐ,52 — intérieurement 1ᵐ,12 ; 0ᵐ,46 ; 0ᵐ,36. La densité de la pierre étant 2,14, quel est le poids de cette auge?   (*Creuse.*)

Poids de l'auge = Poids du dm³ (2ᵏᵍ,14) × Volume en dm³.

Volume.
{ *a*) Extérieur : 14ᵈᵐ³,5 × 6,8 × 5,2 = 512ᵈᵐ³,72.
{ *b*) Intérieur : 11ᵈᵐ³,2 × 4,6 × 3,6 = 185ᵈᵐ³,472.
{ *c*) 512ᵈᵐ³,72 — 185ᵈᵐ³,472 = 327ᵈᵐ³,248.

Rép. 2ᵏᵍ,14 × 327,248 = 700ᵏᵍ,310.

*DENSITÉ : VOLUME D'UN CORPS   P. 128.

Exercice oral. — La densité de la chaux est 3. Quel est, en décimètres cubes ou en litres, le *volume* de : 3 kg.? 6 kg. de chaux?
Rép. 1 dm³ ou 1 *l.*; 2 dm³ ou 2 *l.*

La densité de la fonte est 7. Quel est, en mètres cubes, le *volume* de 7 t.? 28 t.? 70 t. de fonte?
Rép. 7 m³; 28 : 7 = 4 m³; 70 : 7 = 10 m³.

La densité de l'or est 19. Quel est, en centimètres cubes, le *volume* de 19 g.? 38 g.? 190 g. d'or?
Rép. 1 cm³; 38 : 19 = 2 cm³; 190 : 19 = 10 cm³.

Problèmes. — 1291. — Trouver le volume d'une masse de fer fondu qui pèse 2q,34; la densité de ce fer étant 7,8.   (*Seine.*)

Solution. — Le **volume de cette masse de fer** est, en décimètres cubes, le quotient de son *poids* par le *poids d'un décimètre cube.*
1° *Poids de la masse de fer en kilogrammes :*   2q,34 = 234 kg.
2° *Poids de* 1dm3 *de fer :*   7kg,8.
3° **Volume de la masse de fer :**   234 : 7,8 = **30 décimètres cubes.**

14. — **Le volume d'un corps** est le *quotient de son poids par sa densité.* Le poids et le volume sont exprimés en unités correspondantes : 1° kg, dm³, l.; 2° t., m³; 3° g, cm³.

1292. — Un flacon contient 1 200 g. de vin. Quelle est sa capacité en centimètres cubes, sachant que la densité de ce vin est 0,98?   (*Seine.*)

Nombre de cm³ = Poids total (1 200 g.) : Poids du cm³ (0g,98).
Rép.   1 224 cm³.

1293. — Combien faut-il de litres d'air pour peser autant qu'un litre de mercure? On sait que la densité de l'air est 0,0013 et celle du mercure, 13,6.   (*Seine-et-Oise.*)

Volume d'air = Poids total (13kg,6) : Poids du dm³ (0kg,0013).
Rép.   10 461 l.

1294. — La chaux vaut 24 fr. la tonne; sa densité est 1,3. Combien coûte l'hectolitre de chaux?   (*Nord.*)

Prix de l'hectolitre = Prix du kg. (0f,024) × Poids de l'hl. (130 kg.).
Rép.   3f,12.

1295. — On veut mettre en bouteilles une bonbonne d'huile dont le contenu pèse 15kg,525. Sachant qu'un litre d'huile pèse les 9/10 du poids d'un litre d'eau, combien devra-t-on utiliser de bouteilles de 75 centilitres?   (*Ain.*)

Nombre de bouteilles = Nombre de litres : Conten. d'une bouteille (0l,75).
Nombre de litres = 15,525 : 0.9 = 17l,25.
Rép.   17,25 : 0,75 = 23 *bouteilles.*

1296. — Un bidon de pétrole pèse vide 1 250 g. Plein de pétrole, il pèse 5 kg. 36 dag. Calculer sa capacité en litres, la densité du pétrole étant de 0,822.   (*Seine-Inférieure.*)

Nombre de litres = Poids du pétrole : Poids d'un litre (0kg,822).
Poids du pétrole = 5kg,36 − 1kg,25 = 4kg,11.
Rép.   4,11 : 0,822 = 5 *l.*

1297. — Une pièce de vin pèse 302kg,292; vide, elle pèse 24 kg. Quelle est la capacité de la pièce; la densité du vin est 0,993?   (*Loire.*)

Nombre de litres = Poids du vin : Poids d'un litre (0kg,993).
Poids du vin = 302kg,292 − 24kg = 278kg,292.
Rép.   278,292 : 0,993 = 280l,25.

1298. — Un baril vide pèse 5kg,945; plein d'huile, il pèse 34 kg. L'hectolitre d'huile pèse autant que 905 dl. d'eau. Quelle est la capacité du baril?   (*Haute-Garonne.*)

Nombre de litres = Poids de l'huile : Poids d'un litre (0kg,905).
Poids de l'huile = 34kg − 5kg,945 = 28kg,055.
Rép.   28,055 : 0,905 = 31 *l.*

1299. — Un propriétaire a vendu 5 tonneaux de vin pour 399^f,60. Chaque tonneau contenait 214^{kg},92 d'un vin qui, à volume égal, pèse les 0,995 du poids de l'eau. Dire le prix de vente d'un hectolitre. (*H.-Alpes.*)

Prix de vente de l'hectolitre = Prix total (399^f.60) : Nombre d'hectolitres.

Nombre d'hectolitres. { *a*) Par tonneau : 214,92 : 0,995 = 216 l.
{ *b*) 216^l × 5 = 1 080 l. = 10^{hl},8.

Rép. 399^f,60 : 10,8 = 37 *fr.*

1300. — On verse 2 379^g,3 de mercure dans un vase d'un litre. Quel est le poids de l'eau pure nécessaire pour achever de remplir le vase? La densité du mercure est 13,596. (*Vosges.*)

Nombre de kilogrammes d'eau = 1 kilogramme × Nombre de litres à ajouter.

Nombre de litres. { *a*) Volume du mercure = 2,3793 : 13,596 = 0^l,175.
{ *b*) 1^l — 0^l,175 = 0^l,825.

Rép. 0^{kg},825.

1301. — Pour le chaulage d'un champ de 40 ares, un cultivateur emploie 375 kg. de chaux par hectare. Cette chaux, dont la densité est 1,3, coûte 1^f,50 l'hectolitre. Quelle sera la dépense? (*Cher.*)

Prix de la chaux = Prix de l'hectolitre (1^f,50) × Nombre d'hectolitres.

Nombre d'hectolitres. { *a*) Poids = 375^{kg} × 0,4 = 150 kg.
{ *b*) 150 : 1,3 = 115^l,38 = 1^{hl},1538.

Rép. 1^f,5 × 1,1538 = 1^f,73.

1302. — Une barrique d'huile pèse 1 273 hg. Le fût seul pèse P. 129. 1 230 dag. La densité de l'huile étant 0,920, combien vaut cette barrique d'huile à 1^f,10 le litre? (*Haute-Marne.*)

Prix de l'huile = Prix du l. (1^f,10) × Nombre de litres.

Nombre de litres. { *a*) Poids = 127^{kg},3 — 12^{kg},3 = 115 kg.
{ *b*) 115 : 0,92 = 125 l.

Rép. 1^f,10 × 125 = 137^f,50.

1303. — Un tonneau vide pèse 31^{kg},4. Rempli de vin, il pèse 246^{kg},32; quelle est alors sa valeur, si le vin coûte 45 fr. l'hectolitre et si l'on paye 23^f,75 de droits pour le fût entier? La densité de ce vin est 0,995. (*Marne.*)

Prix du tonneau = Prix du vin + Droits (23^f,75).

Prix du vin. { *a*) Volume. { Poids = 246^{kg},32 — 31^{kg},4 = 214^{kg},92.
{ { 214,92 : 0,995 = 216 l. = 2^{hl},16.
{ *b*) 45^f × 2,16 = 97^f,20.

Rép. 97^f,20 + 23^f,75 = 120^f,95.

1304. — Un épicier avait acheté 457 kg. d'huile à 1^f,80 le kilogramme. Il a revendu cette huile avec un gain de 177^f,40 sur son marché. Combien a-t-il vendu le litre d'huile, sachant que la densité de l'huile est 0,914? (*Orne.*)

Prix de vente du litre = Prix de vente total : Nombre de litres.

1° Prix total. { *a*) Achat : 1^f,80 × 457 = 822^f,60.
{ *b*) 822^f,60 + 177^f,40 = 1 000 fr.

2° Nombre de litres = 457 : 0,914 = 500 l.

Rép. 1 000^f : 500 = 2 *fr.*

1305. — Un fût plein d'huile pèse 68^{kg},625. A raison de 1^f,30 le litre, quel est le prix de cette huile, dont la densité est 0,915, sachant que le poids du fût vide est le 1/3 du poids total? (*Orne.*)

Prix de l'huile = Prix du litre (1^f,30) × Nombre de litres.

Nombre de litres. { *a*) Poids = 68^{kg},625 × (1 — 1/3) = 45^{kg},75.
{ *b*) 45,75 : 0,915 = 50 l.

Rép. 1^f,30 × 50 = 65 *fr.*

1306. — Un vase plein d'huile pèse 5ᵏᵍ 5/8. Sachant que le poids du vase est égal aux 2/5 du poids total, que la densité de l'huile est 0,94, on demande quelle est la capacité du vase. *(Seine.)*

Capacité du vase = Poids de l'huile : Densité (0,94).
Poids de l'huile = 5ᵏᵍ,625 × (1 — 2/5) = 3ᵏᵍ,375.
Rép. 3,375 : 0,94 = 3ˡ,59.

1307. — Une bouteille d'huile remplie aux 11/15 de sa capacité pèse 649 g. de plus que si elle était vide. Quelle est sa contenance, la densité de l'huile étant 0,915 ? *(Finistère.)*

Contenance = Poids d'huile qui remplirait la bouteille : Densité (0,915).
Poids d'huile = 649ᵍ : 11/15 = 649ᵍ × 15/11 = 885 g.
Rép. 885 : 0,915 = 967 cm³.

1308. — Un bloc de plomb pèse 750 kg. La densité du plomb étant de 11,3, quelle est la hauteur de ce bloc parallélépipédique qui a 8 dm² 6 cm² de base ? *(Haute-Saône.)*

Hauteur = Volume : Surface de base (8ᵈᵐ²,06).
Volume = 750 : 11,3 = 66ᵈᵐ³,371.
Rép. 66,371 : 8,06 = 8ᵈᵐ,23 ou 0ᵐ,823.

1309. — La densité du fer est 7,8. La section d'une barre a 5 cm. sur 1ᶜᵐ,2. Quelle longueur faudrait-il en couper pour avoir un poids de 10 kilogrammes ? *(Seine.)*

Longueur = Volume : Surface de la section.
1° Volume = 10 : 7,8 = 1ᵈᵐ³,282 = 1 282 cm³.
2° Section = 5ᶜᵐ² × 1,2 = 6 cm². *Rép.* 1282 : 6 = 213ᶜᵐ,6 ou 2ᵐ,136.

1310. — Un réservoir de 5 m. de long, 4 m. de large et 2 m. de haut renferme 15 600 kg. d'huile dont la densité est 0,915. A quelle hauteur l'huile s'élève-t-elle dans le réservoir ? *(Algérie.)*

Hauteur = Volume : Surface de base.
1° Volume = 15,6 : 0,915 = 17ᵐ³,049180.
2° Base = 5ᵐ² × 4 = 20ᵐ². *Rép.* 17,049180 : 20 = 0ᵐ,852.

1311. — Les feuilles de zinc pour la toiture ont 2 m. de long sur 0ᵐ,75 de large et pèsent 12ᵏᵍ,6. Calculer l'épaisseur de ces feuilles, la densité du zinc étant 7. *(Deux-Sèvres.)*

Epaisseur = Volume : Surface.
1° Volume = 12,6 : 7 = 1ᵈᵐ³,8.
2° Surface = 20ᵈᵐ² × 7,5 = 150 dm².
Rép. 1,8 : 150 = 0ᵈᵐ,012 ou 1ᵐᵐ,2.

1312. — On réduit 51 g. d'or en feuilles de 1/100 de millimètre d'épaisseur. Quelle surface pourra-t-on recouvrir avec ces feuilles, si la densité de l'or est 19,5 ? *(Allier.)*

Surface = Volume : Epaisseur (0ᶜᵐ,001).
Volume = 51 : 19,5 = 2ᶜᵐ³,61538.
Rép. 2,61538 : 0,001 = 2615ᶜᵐ²,38.

1313. — Pleine d'eau, une bouteille pèse 1 650 g. Pleine d'alcool, elle ne pèse plus que 1 400 g. Sachant que la densité de l'alcool est de 0,8, trouvez la contenance et le poids de la bouteille vide. *(Allier.)*

I. *Contenance* = Différence tot. de poids : Diff. des poids d'un litre (1ᵏᵍ — 0ᵏᵍ,8).
Différence totale de poids = 1ᵏᵍ,65 — 1ᵏᵍ,40 = 0ᵏᵍ,25.
Rép. 0,25 : 0,2 = 1ˡ,25.
II. *Poids de la bouteille vide* = Poids de la bouteille quand elle est pleine d'eau (1 650 g.) — Poids de l'eau (1 250 g.). *Rép.* 400 g.

1314. — Un vase plein d'eau pèse 300 g. Plein de mercure, il pèse 2 800 g. Calculer la contenance de ce vase et son poids quand il est vide, sachant que, sous le même volume, le mercure pèse 13 fois 1/2 plus que l'eau. *(Maine-et-Loire.)*

I. *Contenance* = Différence tot. de poids : Diff. des poids d'un l. (13^{kg},5 — 1 kg.). Différence totale = 2^{kg},8 — 0^{kg},3 = 2^{kg},5. *Rép.* 2,5 : 12,5 = 0^l,20.
II. *Poids du vase* = 300^g — 200^g. *Rép.* 100 *g.*

1315. — Pleine d'alcool, une bouteille pèse 15 024 dg. Pleine d'eau, elle pèse 168 dag. Combien pèse-t-elle vide, la densité de l'alcool étant de 0,815 ? *(Ardèche.)*

Poids de la bouteille vide = Poids de la bouteille quand elle est pleine d'eau (1^{kg},68) — Poids de l'eau qu'elle contient.

Poids de l'eau. $\begin{cases} a) \text{ Volume.} \begin{cases} \text{Différ. totale} = 1^{kg},68 — 1^{kg},5024 = 0^{kg},1776. \\ \text{Différ. par litre} = 1^{kg} — 0^{kg},815 = 0^{kg},185. \\ 0,1776 : 0,185 = 0^l,96. \end{cases} \\ b) \ 1^{kg} \times 0,96 = 0^{kg},96. \end{cases}$

Rép. 1^{kg},68 — 0^{kg},96 = 0^{kg},72.

1316. — Un tonneau rempli de vin pèse 245^{kg},430. Rempli d'huile, il ne pèserait plus que 225 kg. Sachant que la densité du vin est 0,99 et celle de l'huile 0,9, on demande : 1° la contenance du tonneau ; 2° son poids quand il est vide. *(Aube.)*

I. *Contenance du tonneau* = Différence totale de poids : Différence des poids du litre (0^{kg},99 — 0^{kg},9). Différence totale = 245^{kg},43 — 225^{kg} = 20^{kg},43.
Rép. 20,43 : 0,09 = 227 *l.*
II. *Poids du fût vide* = Poids du fût plein de vin (245^{kg},43) — Poids du vin. Poids du vin = 0^{kg},99 $\times$ 227 = 224^{kg},73.
Rép. 245^{kg},43 — 224^{kg},73 = 20^{kg},7.

*DENSITÉ D'UN CORPS P, 130.

Exercice oral. — Quelle est la *densité :*
1° de l'argent, si 2 dm³ pèsent 21 kg. ?
2° du fer, si 10 m³ pèsent 78 t. ?
3° du plomb, si 100 cm³ pèsent 1 125 g. ?
Rép. 1° 21 : 2 = 10,5 ; 2° 78 : 10 = 7,8 ; 3° 1125 : 100 = 11,25.

Quelle est la *densité :*
1° du lait, si 1 dm³ ou 1 l. pèse 1 030 g.?
2° du cuivre, si 1 m³ pèse 8 800 kg. ?
3° du vin, si 1 hl. pèse 99 kg. ?
Rép. 1° 1,03 ; 2° 8,8 ; 3° 0,99.

Problèmes. — **1317.** — Le mercure qui remplit un vase de 15 cl. pèse 2 040 g. Quelle est la densité de ce métal?

Solution. — **La densité du mercure** est le quotient de son *poids en kilogrammes*, par son *volume en litres*.
1° *Poids du mercure en kilogrammes :* 2040^g = 2^{kg},04.
2° *Volume du mercure en litres :* 15^{cl} = 0^l,15.
3° **Densité du mercure :** 2,04 : 0,15 = 13,6.

15. — **La densité ou poids spécifique d'un corps est** *le quotient du poids de ce corps par son volume;* le

poids et le volume étant exprimés en unités correspondantes : 1° dm³, l., kg.; 2° m³, t; 3° cm³, g.

1318. — Une masse de plomb pesant 3 881ᵍ,25 est plongée dans un
vase entièrement plein d'eau, elle fait écouler 345 cm³ de liquide. Quelle
est la densité de ce plomb ?   (*Orne.*)

Densité = Poids (3881ᵍ,25) : Volume (345 cm³).
Rép. 11,25.

1319. — On met dans un vase 7 dm³ d'eau pure et 80 dl. d'eau de
mer. Le contenu du vase pèse 152 hg. 8 g. Quelle est la densité de l'eau
de mer ?   (*Puy-de-Dôme.*)

Densité de l'eau de mer = Son poids : Son volume (8 l.).
Poids = 15ᵏᵍ,208 — 7ᵏᵍ = 8ᵏᵍ,208. *Rép.* 8,208 : 8 = 1,026.

1320. — Un vase plein de lait pèse 85 hg.; lorsqu'il est vide, il ne
pèse plus que 1 908 g. Sa capacité étant de 64 décilitres, quelle est la
densité du lait ?   (*Charente.*)

Densité du lait = Son poids : Son volume (6ˡ,4).
Poids = 8ᵏᵍ,5 — 1ᵏᵍ,908 = 6ᵏᵍ,592. *Rép.* 6,592 : 6,4 = 1,03.

1321. — Une tablette de marbre qui a 1ᵐ,50 de longueur, 85 cm.
de largeur et 4 cm. d'épaisseur pèse 1 379 hg. Quelle est la densité
du marbre ?   (*Nord.*)

Densité du marbre = Son poids (137ᵏᵍ,9) : Son volume.
Volume = 15ᵈᵐ³ × 8,5 × 0,4 = 51 dm³.   *Rép.* 137,9 : 51 = 2,7.

1322. — Un vase vide pèse 2ᵏᵍ,640; plein d'eau, il pèse 10ᵏᵍ,748
et plein d'huile 10ᵏᵍ,1. Quelle est la densité de l'huile ?   (*Aveyron.*)

Densité de l'huile = Son poids : Son volume.
1. Poids = 10ᵏᵍ,1 — 2ᵏᵍ,64 = 7ᵏᵍ,46.
2. Volume : 10ᵏᵍ,748 — 2ᵏᵍ,64 = 8ᵏᵍ,108 d'eau, donc 8ˡ,108.
Rép. 7,46 : 8,108 = 0,92.

1323. — Une pierre à bâtir, qui a 0ᵐ,40 de longueur, 0ᵐ,30 de
largeur et 0ᵐ,26 d'épaisseur, pèse 63ᵏᵍ,96. On demande quelle est la
densité de cette pierre.   (*Cher.*)

Densité de la pierre = Son poids (63ᵏᵍ,96) : Son volume.
Volume = 4ᵈᵐ³ × 3 × 2,6 = 31ᵈᵐ³,2.
Rép. 63,96 : 31,2 = 2,05.

1324. — Une pièce de bois, qui a la forme d'un parallélépipède dont
la section est un rectangle de 0ᵐ,40 sur 0ᵐ,375, pèse 851ᵏᵍ,4. Sachant
que cette poutre, achetée à raison de 5 fr. le décistère, a coûté 64ᶠ,50,
calculer : 1° sa longueur; 2° sa densité.   (*Meurthe-et-Moselle.*)

I. *Longueur* = Volume : Surface de la section.
1. Volume = 64,50 : 5 = 12ᵈ,9 = 1ᵐ³,29.
2. Section = 0ᵐ²,4 × 0,375 = 0ᵐ²,15.
Rép. 1,29 : 0,15 = 8ᵐ,60.
II. *Densité* = 851,4 : 1290. *Rép.* 0,66.

1325. — Un vase plein d'huile a été acheté 12ᶠ,50. Il pesait en tout
12ᵏᵍ,48 et le poids du vase était le 1/4 du poids total. Cette huile est

revendue 1f,75 le litre et l'on gagne ainsi 5f,70. Dire : 1° la densité de l'huile ; 2° le prix du 1/2 kg. *(Meurthe-et-Moselle.)*

I. *Densité de l'huile* = Son poids : Son volume.
1. Poids = 12kg,48 × 3/4 = 9kg,36.
2. Volume.
$\begin{cases} a) \text{ Prix de vente} = 12^f,50 + 5^f,70 = 18^f,20. \\ b) \ 18,2 : 1,75 = 10^l,4. \end{cases}$

Rép. 9,36 : 10,4 = 0,9.
II. *Prix du 1/2 kg.* = 18f,20 : (9,36 × 2) = 18f,20 : 18,72. *Rép.* 0f,97.

POIDS, VOLUMES (*Rendement, prix*). P. 131.

1326. — Combien de litres d'huile pourra-t-on obtenir avec 17 hl. de noix, si l'hectolitre de noix donne 13kg,8 d'une huile dont la densité est 0,920 ? *(Puy-de-Dôme.)*

Nombre de l. = Poids total : Poids du litre (0kg,92).
Poids total = 13kg,8 × 17 = 234kg,6.
Rép. 234,6 : 0,92 = 255 *l.*

1327. — Un hectolitre d'huile a coûté 182 fr. Si un litre de cette huile pèse 915 g., combien faut-il vendre le kilogramme pour gagner 32 fr. sur le tout ? *(Côte-d'Or.)*

Prix de vente du kg. = Prix de vente total : Nomb. de kg. (91kg,5).
Prix de vente total = 182f + 32f = 214 fr.
Rép. 214f : 91,5 = 2f,33.

1328. — Le rendement par 100 kg. de houille distillée dans des cornues à gaz est en moyenne de 30 m³ de gaz, 72 kg. de coke et 5 kg. de goudron. Combien retirera-t-on de mètres cubes de gaz, d'hectolitres de coke, de quintaux de goudron, de la distillation de 125 t. de houille ? La densité du coke est 1,15. *(Seine-Inférieure.)*

I. *Volume du gaz* = 30m³ × 1250. *Rép.* 37500 m³.
II. *Volume du coke* = Son poids : Sa densité (1,15).
Poids = 72kg × 1250 = 90000 kg.
Rép. 90000 : 1,15 = 78260 *l.* ou 782hl,6.
III. *Poids du goudron* = 0q,05 × 1250. *Rép.* 62q,5.

1329. — Une vache donne en moyenne 8 litres de lait par jour ; le lait donne les 2/35 de son poids de beurre. Que vaudra, à 0f,25 l'hectogramme, le beurre fabriqué pendant 30 jours avec le lait de 28 vaches, la densité du lait étant 1,03 ? *(Haute-Saône.)*

Prix du beurre = Prix du kg. (2f,5) × Nombre de kg.
Nombre de kg.
$\begin{cases} a) \text{ Poids du lait.} \begin{cases} \text{Vol.} = 8^l × 28 × 30 = 6720 \text{ l.} \\ 1^{kg},03 × 6720 = 6921^{kg},6. \end{cases} \\ b) \ 6921^{kg},6 × 2/35 = 395^{kg},52. \end{cases}$
Rép. 2f,5 × 395,52 = 988f,80.

1330. — Quel bénéfice ferait-on par kilogramme en achetant de l'huile à 77 fr. les 100 kg. au lieu d'en acheter à 0f,90 le litre ? La densité de l'huile est 0,915. *(Paris.)*

Bénéfice par kg. = Prix du kg. acheté au litre — Prix du kg. (0f,77).
Prix au litre = 0f,90 : 0,915 = 0f,98.
Rép. 0f,98 — 0f,77 = 0f,21.

1331. — On a revendu, à raison de 2f,15 le litre, une barrique pleine d'huile qu'on avait achetée au prix de 195 fr. le quintal. Si la densité de cette huile est de 0,92, et si l'on a réalisé un bénéfice de 80^f,10, quelle est la capacité de la barrique ?   (*Marne.*)

Capacité de la barrique = Bénéfice total (80^f,10) : Bénéfice par litre.

Bénéfice par litre. { *a*) Achat : 1^f,95 × 0,92 = 1^f,794.
{ *b*) 2^f,15 — 1^f,794 = 0^f,356.

Rép. 80,1 : 0,356 = 225 *l.*

1332. — Le litre de blé pèse 750 g. et fournit 80 pour 100 de farine et le reste en son. Quels poids de son et de farine retirera-t-on du blé renfermé dans un coffre de 2^m,10 de long, 0^m,80 de large et 0^m,70 de profondeur ?   (*Maine-et-Loire.*)

I. *Poids de la farine* = Poids du blé × 0,80.

Poids du blé. { *a*) Volume = 21^{dm3} × 8 × 7 = 1176 dm³.
{ *b*) 0^{kg},75 × 1176 = 882 kg.

Rép. 882^{kg} × 0,8 = 705^{kg},6.

II. *Poids du son* = 882^{kg} — 705^{kg},6.   *Rép.* 176^{kg},4.

1333. — La densité de l'huile est 0,915. Est-il plus avantageux d'acheter cette huile à 2 fr. le litre ou à 2^f,15 le kilogramme ? Si on achète d'après le mode le plus avantageux, combien gagnera-t-on sur une bonbonne d'huile de 12 l. ?   (*Jura.*)

Gain sur 12 litres = Différ. des prix de 12 litres dans les 2 modes d'achat.
1. Au litre : 2^f × 12 = 24 fr.
2. Au kg. : 2^f,15 × 0,915 × 12 = 2^f,15 × 10,98 = 23^f,60.

Rép. 24^f — 23^f,6 = 0^f,40 *de bénéfice par l'achat au kg.*

1334. — Le lait donne environ 12 °/₀ de son poids de crème et la crème produit environ 30 °/₀ de son poids de beurre. Combien 75 l. de lait donneront-ils de kilogrammes de beurre, la densité du lait étant de 1,03 ?   (*Morbihan.*)

Poids du beurre = Poids de la crème × 0,30.

Poids de crème. { *a*) Poids du lait = 1^{kg},03 × 75 = 77^{kg},25.
{ *b*) 77^{kg},25 × 0,12 = 9^{kg},27.

Rép. 9^{kg},27 × 0,3 = 2^{kg},781.

1335. — Un marchand achète, à raison de 7 fr. le stère, une pile de bois de chauffage ayant 8 m. de long, 2^m,25 de large et 1^m,25 de haut. Il la revend au prix de 1^f,75 le quintal. La densité moyenne de ce bois étant 0,72, quel est le bénéfice du marchand ?   (*Creuse.*)

Bénéfice = Prix de vente — Prix d'achat.

1. Prix de vente. { *a*) Poids. { Volume = 8^s × 2,25 × 1,25 = 22^s,5.
{ { 0^t,72 × 22,5 = 16^t,2 = 162 q.
{ *b*) 1^f,75 × 162 = 283^f,50.

2. Prix d'achat = 7^f × 22,5 = 157^f,50.
Rép. 283^f,50 — 157^f,50 = 126 *fr.*

1336. — L'hectolitre de blé pèse 80 kg.; il rend en farine les 3/4 de son poids ; le reste, moins 1 800 g. de déchet, est du son. Quelle est, après sa mouture, la valeur de 164 sacs de blé de 1 hl. 1/5 chacun, si la farine vaut 32^f,25 le quintal et le son 77^f,50 la tonne ?   (*Calvados.*)

Valeur totale = Valeur de l'hl. × Nombre d'hl.

1. Valeur de l'hl. { *a*) Farine. { Poids = 80^{kg} × 3/4 = 60^{kg} = 0^q,6.
{ { Prix = 32^f,25 × 0,6 = 19^f,35.
{ *b*) Son. { Poids = 80^{kg} — 60^{kg} — 1^{kg},8 = 18^{kg},2 = 0^t,0182.
{ { Prix = 77^f,50 × 0,0182 = 1^f,4105.
{ *c*) 19^f,35 + 1^f,4105 = 20^f,7605.

2. Nombre d'hl. = 1^{hl},2 × 164 = 196^{hl},8.
Rép. 20^f,7605 × 196,8 = 4085^f,66 ou 4085^f,65.

1337. — Un épicier achète 4 tonneaux d'huile d'olive, de chacun 115 l., à raison de 160 fr. l'hectolitre. Les frais accessoires s'élèvent à

0^f,05 par litre; il y a en outre un déchet de 2^l,50 par tonneau. S'il vend cette huile, dont la densité est 0,915, à 2 fr. le kilogramme, que gagnera-t-il sur les 4 tonneaux ?   (*Côte-d'Or.*)

Bénéfice total = Bénéfice par tonneau × 4.

Bénéfice par tonneau.
  a) Vente. { Poids = 0^{kg},915 × (115 − 2,5) = 102^{kg},9375.
              { Prix = 2^f × 102,9375 = 205^f,875.
  b) Revient. { Par litre : 1^f,60 + 0^f,05 = 1^f,65.
                { Total : 1^f,65 × 115 = 189^f,75.
  c) 205^f,875 − 189^f,75 = 16^f,125.

Rép. 16^f,125 × 4 = 64^f,50.

LES MONNAIES   P. 132.

1. — L'*unité principale* des monnaies est le **franc** (**f** ou **fr.**).

2. — Les *multiples* du franc ne sont pas employés; on dit : 10 fr., 100 fr., 1 000 fr.

3. — Les *sous-multiples décimaux* du franc sont :
le **décime** ou dixième du franc, 0^f,1 ;
le **centime** ou centième du franc, 0^f,01.

4. — Il y a en France **quatre espèces de monnaies :** les monnaies d'*or*, d'*argent*, de *bronze* et de *nickel*.

Les **pièces d'or** sont les pièces de **5 fr.**, **10 fr.**, **20 fr.**, **50 fr.** et **100 fr.**

Il existe en outre d'anciennes *pièces de 40 fr.*, mais on n'en frappe plus de nouvelles.

Les **pièces d'argent** sont les pièces de 0^f,20 ; 0^f,50 ; 1 fr. ; 2 fr. et 5 fr.

Les **pièces de bronze** sont les pièces de 0^f,01 ; 0^f,02 ; 0^f,05 (*un sou*) et 0^f,10 (*2 sous*).

La **pièce de nickel** vaut 0^f,25.

5. — En France, l'*État* a seul le droit de **fabriquer des monnaies.** Cette fabrication se fait à l'**Hôtel des Monnaies.**

6. — Outre les monnaies métalliques, il existe des **billets de banque** de **50 fr.**, **100 fr.**, **500 fr.** et **1 000 fr.** Ils sont mis en circulation par la **Banque de France**, établissement placé sous le contrôle de l'État.

7. — La *France*, la *Belgique*, la *Grèce*, l'*Italie* et la *Suisse* ont constitué une **union monétaire.** Ces pays

admettent dans leurs caisses publiques les *pièces d'or et d'argent* fabriquées dans les conditions déterminées par la *convention de* 1885. Cependant, les *pièces d'argent italiennes et grecques*, à l'exception de la pièce de 5 fr., n'ont plus cours en France.

P. 133.

Remarque. — Toutes les pièces des **autres pays** sont refusées par nos caisses publiques, sauf les pièces **d'or** suivantes :

Autriche-Hongrie. Pièces de 10 fr. et de 20 fr. (4 et 8 florins).
Espagne. Pièces de 10 fr. et de 20 fr. (10 et 20 pesetas).
Monaco. Pièces de 20 fr. et de 100 fr.
Russie. Pièces de 20 fr. et de 40 fr. (5 et 10 roubles).

NUMÉRATION ET CHANGEMENT D'UNITÉ

8. — Les **unités monétaires** sont de 10 en 10 **fois** *plus grandes* ou *plus petites*.

Les règles relatives à la *lecture*, à l'*écriture* et au *changement d'unité* sont les mêmes pour les monnaies que pour les longueurs, les poids et les capacités.

Exercices. — **1338.** — Convertir 4 fr.; 13^f,50; 27^f,45; 0^f,75; 0^f,20 d'abord en décimes, puis en centimes.
I. *Rép.* *Décimes :* 40; 135; 274,5; 7,5; 2.
II. *Rép.* *Centimes :* 400; 1 350; 2 745; 75; 20.

1339. — Exprimer en francs les sommes suivantes : 46 décimes; 640 centimes; 8 décimes; 60 centimes; 5 centimes.
Rép. 4^f,60; 6^f,40; 0^f,80; 0^f,60; 0^f,05.

1340. — Combien font de francs : 1° 10 pièces de 0^f,10 ? 2° 32 pièces de 0^f,10 ? 3° 41 pièces de 0^f,10 ?
Rép. 1 *fr.;* 3^f,20; 4^f,10 (0,1 du nombre des pièces).

1341. — Combien y a-t-il de décimes dans 12 sous? dans 34 sous? dans 15 sous? dans 47 sous?
Rép. *Décimes :* 6; 17; 7,5; 23,5 (la moitié du nombre de sous).

1342. — Combien y a-t-il de francs dans 27 sous? dans 52 sous? dans 76 sous? dans 85 sous ?
Rép. 1^f,35; 2^f,60; 3^f,80; 4^f,25 (0,1 du nombre de décimes).

1343. — Combien faut-il :
1° de pièces de 5 fr. pour faire 60 fr.? 100 fr.? 75 fr.? 145 fr.?
2° de pièces de 0^f,50 pour faire 40 fr.? 68 fr.? 73 fr.? 28^f,50 ?
3° de pièces de 0^f,25 pour faire 0^f,75? 10 fr.? 22 fr.? 17^f,50 ?
4° de pièces de 0^f,10 pour faire 0^f,70? 1^f,50? 4^f,80? 3^f,60?
5° de sous pour faire 0^f,85? 1^f,45? 2^f,95? 4^f,50? 3^f,85?
Calculer mentalement.
I. *Pièces de 5 fr.* (diviser par 10 puis multiplier par 2). *Rép.* 12; 20; 15; 29.
II. *Pièces de 0^f,50* (multiplier par 2). *Rép.* 80; 136; 146; 57.
III. *Pièces de 0^f,25* (multiplier par 4). *Rép.* 3; 40; 88; 70.
IV. *Pièces de 0^f,10* (multiplier par 10). *Rép.* 7; 15; 48; 36.
V. *Sous* (décimes $\times$ 2). *Rép.* 17; 29; 59; 90; 77.

Problèmes. — 1344. — Payer une somme de 44^f,50 avec le plus petit nombre de pièces d'argent possible.

Solution. — Pour payer ainsi, on **devra employer** d'abord *le plus grand nombre possible de pièces de 5 fr.* ; puis, le reste comprendra *le plus grand nombre possible de pièces de 2 fr.*, etc.

1° Nombre de pièces de 5 fr. :   44^f,50 = 5^f × **8** + 4^f,50.
2° Nombre de pièces de 2 fr. :   4^f,50 = 2^f × **2** + 0^f,50.
3° Nombre de pièces de 0^f,50 :   **1** pièce.
On devra employer : 8 pièces de 5 fr., 2 de 2 fr. et 1 de 0^f,50.

Remarque. — Pour **payer avec le plus petit nombre de pièces possible**, il faut employer d'abord, parmi les pièces dont on peut se servir, *celles qui ont la plus grande valeur.*

1345. — Payer avec le plus petit nombre possible de pièces ou de billets de banque les sommes suivantes : 47 fr. ; 58^f,25 ; 69^f,40 ; 123^f,85 ; 558 fr. ; 1 345 fr.

Rép.   47^f = 20^f × 2 + 5^f + 2^f.
    58^f,25 = 50^f + 5^f + 2^f + 1^f + 0^f,25.
    69^f,40 = 50^f + 10^f + 5^f + 2^f × 2 + 0^f,20 × 2.
    123^f,85 = 100^f + 20^f + 2^f + 1^f + 0^f,50 + 0^f,25 + 0^f,10.
    558^f = 500^f + 50^f + 5^f + 2^f + 1^f.
    1 345^f = 1 000^f + 100^f × 3 + 20^f × 2 + 5^f.

1346. — On doit une somme de 37^f,65 qu'on veut payer avec le plus petit nombre de pièces possible ; quelles pièces emploiera-t-on ? (*Doubs.*)

Rép.   37^f,65 = 20^f + 10^f + 5^f + 2 + 0^f,50 + 0^f,10 + 0^f,05.

*1347. — En employant le plus petit nombre de pièces possible, comment rendrez-vous la monnaie si vous prenez : 1° 0^f,70 sur 2 fr.? 2° 8^f,40 sur 10 fr.? 3° 13^f,65 sur 20 fr.? 4° 23^f,85 sur 50 fr.?

Rép.   2^f — 0^f,70 = 1^f,30 = 1^f + 0^f,25 + 0^f,05.
    10^f — 8^f,40 = 1^f,60 = 1^f + 0^f,50 + 0^f,10.
    20^f — 13^f,65 = 6^f,35 = 5^f + 1^f + 0^f,25 + 0^f,10.
    50^f — 23^f,85 = 26^f,15 = 20^f + 5^f + 1^f + 0^f,10 + 0^f,05.

POIDS DES MONNAIES

P. 134.

9. — 1 franc en argent monnayé pèse 5 grammes ;
1 centime en bronze pèse 1 gramme ;
la pièce de nickel (0^f,25) pèse 7 grammes ;
1 gramme d'or monnayé vaut 3^f,10.

Exercice oral. — Quel est le *poids* :

1° de chacune des pièces d'argent?
2° de chacune des pièces de bronze?
3° de 0^f,50? 0^f,75? 1 fr. en nickel?
4° de 310 fr.? 3 100 fr. en or?

Rép.   1° 1 g.; 2$_g$,5; 5 g.; 10 g.; 25 g.
    2° 1 g.; 2 g.; 5 g.; 10 g.
    3° 14 g.; 21 g.; 28 g.
    4° 100 g.; 1 000 g. ou 1 *kg*.

Problèmes. — 1348. — Quel est le poids d'une somme composée de 12 pièces de 5 fr. en argent, 2 pièces de 2 fr. et 5 pièces de 0^f,50 ?

Solution. — Ce **poids** est égal au produit de **5 g.** par la *valeur totale de la somme.*

1° *Valeur totale.*
$$\begin{cases} a) \text{ Pièces de 5 fr. : } & 5^f \times 12 = 60 \text{ fr.} \\ b) \text{ Pièces de 2 fr. : } & 2^f \times 2 = 4 \text{ fr.} \\ c) \text{ Pièces de } 0^f.50 : & 0^f,50 \times 5 = 2^f,50. \\ d) \text{ En tout : } & 60^f + 4^f + 2^f,50 = 66^f,50. \end{cases}$$

2° **Poids de la somme :** $5^g \times 66,50 = \mathbf{332^g,50.}$

1349. — Quel est le poids de 9 920 fr. en or ? *(Seine-et-Oise.)*
Rép. 9 920 : 3,1 = 3 200 g.

1350. — Quel est le poids d'une somme de 1 200 fr. : 1° en or; 2° en argent; 3° en bronze; 4° en nickel ? *(Isère.)*
I. *Rép.* 1 200 : 3,1 = 387^g,096 ; II. *Rép.* 5^g × 1 200 = 6 000 g.
III. 1 200^f = 120 000 centimes. *Rép.* 120 000 g.
IV. *Rép.* 7^g × (1 200 : 0,25) = 33 600 g.

1351. — Pour peser une marchandise, on a mis dans le plateau d'une balance 12 pièces de 10 centimes, 3 pièces de 5 centimes et 2 pièces de 2 centimes. Dites le poids de la marchandise. *(Pas-de-Calais.)*
Rép. 10^g × 12 + 5^g × 3 + 2^g × 2 = 139 g.

1352. — Quel est le poids d'une somme composée de 15 pièces de 5 fr. en argent, 63 pièces de 2 fr., 13 pièces de 0^f,50 et 12 pièces de 0^f,20 ? *(Marne.)*
Poids = 5^g × Valeur totale de la somme.
Valeur = 5^f × 15 + 2^f × 63 + 0^f,5 × 13 + 0^f,2 × 12.
= 75^f + 126^f + 6^f,5 + 2^f,4 = 209^f,90. *Rép.* 5^g × 209,9 = 1 049^g,5.

1353. — Un sac de monnaie d'argent contient 75 pièces de 5 fr., 125 de 2 fr. et 220 de 0^f,50. Quelle est la somme contenue dans le sac? Quel en est le poids ? Que pèserait-elle si elle était en or ? *(Oise.)*
I. *Somme* = 5^f × 75 + 2^f × 125 + 0^f,5 × 220 = 375^f + 250^f + 110^f.
Rép. 735 *fr.*
II. *Poids* = 5^g × 735. *Rép.* 3 675 g.
III. *Poids en or* = 735 : 3,1. *Rép.* 237^g,096.

1354. — Un sac vide pèse 145 g.; on y place 2 pièces de 100 fr., 5 pièces de 50 fr., 9 pièces de 20 fr. et 14 pièces de 10 fr. Quel est le poids total du sac ? *(Somme.)*
Poids total = Poids de la somme + Poids du sac (145 g.).
Somme.
$$\begin{cases} a) \; 100^f \times 2 + 50^f \times 5 + 20^f \times 9 + 10^f \times 14 \\ \quad = 200^f + 250^f + 180^f + 140^f = 770 \text{ fr.} \\ b) \text{ Poids} = 770 : 3,1 = 248^g,387. \end{cases}$$
Rép. 248^g,387 + 145^g = 393^g,387.

1355. — Un épicier met dans l'un des plateaux d'une balance 25 pièces de 5 centimes et, dans l'autre, un poids égal de sucre qu'il fait payer 0^f,10. Quel est le prix du kilog. de sucre ? *(Tarn-et-Garonne.)*
Prix du kg. = Prix total (0^f,1) : Nombre de kg.
Nombre de kg. : 5^g × 25 = 125 g. ou 0^{kg},125. *Rép.* 0^f,1 : 0,125 = 0^f,80.

1356. — Le kilogramme de café vaut 4^f,50. Quels sont le poids et la valeur du café qu'on pèse avec 41 pièces de 5 fr. en argent, 1 pièce de 2 fr. et 3 pièces de 1 fr.? *(Haute-Saône.)*
I. *Poids du café* = 5 g. × Valeur des pièces employées.
Valeur = 5^f × 41 + 2^f + 3^f = 210 fr. *Rép.* 5^g × 210 = 1050 g. ou 1^{kg},05.
II. *Prix total* = 4^f,5 × 1,05. *Rép.* 4^f,725 ou 4^f,75.

***1357.** — A poids égal, la monnaie d'or vaut 15 fois 1/2 plus que celle d'argent; dites, d'après cela, quel est le poids d'une somme de 1 085 fr. en or.   (*Haute-Garonne.*)

Poids = 5 g. × Valeur de la somme en argent de même poids.
Somme en argent de même poids = 1 085ᶠ : 15,5 = 70 fr.
Rép. 5ᵍ × 70 = 350 *g.*

***1358.** — La différence entre les 2/3 et les 3/4 d'une somme est de 150 fr. Que pèse cette somme : 1° en argent; 2° en or ?   (*Rhône.*)

I. *Poids* (en argent) = 5 g. × Valeur de la somme.
Valeur. { *a*) Fraction correspondant à 150 fr. : 3/4 — 2/3 = 1/12.
         { *b*) 150ᶠ × 12 = 1 800 fr.
Rép. 5ᵍ × 1 800 = 9 000 *g.*
II. *Poids* (en or) = 1 800 : 3,1. *Rép.* 580ᵍ,645.

VALEUR DES MONNAIES   P. 135.

Exercice oral. — Quelle est *la valeur* :

1° de 1 g. ? 100 g. ? 1 kg. d'argent monnayé ?
2° de 10 g. ? 100 g. ? 1 kg. d'or monnayé ?
3° de 10 g. ? 100 g. ? 1 kg. de bronze ?

Rép. 1° 0ᶠ,20 ;   20 *fr.;*   200 *fr.*
        2° 31 *fr.;*   310 *fr.;*   3 100 *fr.!*
        3° 0ᶠ,10 ;   1 *fr.;*   10 *fr.*

Remarque. — **A poids égal,**
1° la monnaie d'or vaut **15 fois 1/2 (15,5)** la monnaie d'argent;
2° la monnaie d'argent vaut **20 fois** la monnaie de bronze.

Problèmes. — **1359.** — Quelles sont les pièces de monnaie française qui pèsent 1 g., 2 g., 5 g., 7 g., 10 g., 25 g. ?   (*Aveyron.*)

Rép. 1° 1 *centime et* 20 *centimes;* 2° 2 *centimes;* 3° 5 *centimes et* 1 *fr.;*
        4° 25 *centimes;* 5° 10 *centimes et* 2 *fr.;* 6° 5 *fr.*

1360. — Quelle est la valeur d'une pièce d'or usée par le frottement qui ne pèse plus que 3ᵍ,095 ?   (*Cher.*)

Rép. 3ᶠ,1 × 3,095 = 9ᶠ,5945.

1361. — On demande de calculer la valeur d'une somme en or qui pèse 3ᵏᵍ,15.   (*Somme.*)

Rép. 3ᶠ,1 × 3 150 = 9765 *fr.*

1362. — Un homme de force moyenne peut porter 75 kg. Quelle somme porterait-il : 1° en argent; 2° en or; 3° en bronze ?   (*Seine.*)

I. *En argent :* 75 000 : 5. *Rép.* 15 000 *fr.*
II. *En or :* 3ᶠ,1 × 75 000 ou 15 000ᶠ × 15,5. *Rép.* 232 500 *fr.*
III. *En bronze :* 75 000 g. valent 75 000 centimes. *Rép.* 750 *fr.*

1363. — Un sac d'argent pèse 5ᵏᵍ,175. Le sac vide pèse 50 g. On demande : 1° le poids ; 2° la valeur de la somme ; 3° le nombre des pièces de 5 fr. qui la composeraient.   (*Paris.*)

I. *Poids de la somme* = 5ᵏᵍ,175 — 0ᵏᵍ,050. *Rép.* 5ᵏᵍ,125.
II. *Valeur* = 5 125 : 5. *Rép.* 1025 *fr.*
III. *Nombre de pièces de* 5 *fr.* = 1 025 : 5. *Rép.* **205 pièces.**

1364. — Un rouleau de pièces de 20 fr. pèse 400 g. Combien contient-il de pièces ? *(Gard.)*

Nombre de pièces = Valeur totale : 20.
Valeur = 3^f,1 × 400 = 1 240 fr. *Rép.* 1 240 : 20 = 62 *pièces*.

1365. — Combien faudrait-il de pièces de 20 fr. pour faire équilibre à 72 pièces de 5 fr. en argent ? *(Lot.)*

Nombre de pièces de 20 fr. = Valeur totale : 20.
Valeur totale = 5^f × 72 × 15,5 = 360^f × 15,5 = 5 580 fr.
Rép. 5 580 : 20 = 279 *pièces*.

1366. — Combien pèsent 10^f,50 en monnaie de bronze ? Quelles sommes en nickel, en argent, en or auraient le même poids ? *(Doubs.)*

I. *Poids :* 10^f,50 = 1 050 centimes. *Rép.* 1 050 *g*.
II. *En nickel :* 0^f,25 × (1 050 : 7). *Rép.* 37^f,50.
III. *En argent :* 1 050 : 5. *Rép.* 210 *fr.*
IV. *En or :* 3^f,10 × 1 050. *Rép.* 3 255 *fr.*

1367. — Un sac rempli de pièces d'argent pèse 21^{kg},6 ; vide, il pèse 6 kg. Quelle somme renferme-t-il ? Si cette somme était en monnaie de bronze, quelle en serait la valeur ? *(Nord.)*

I. *Somme* = Poids des pièces en grammes : 5.
Poids des pièces = 21^{kg},6 — 6^{kg} = 15^{kg},6 ou 15 600 g. *Rép.* 15 600 : 5 = 3 120 *fr.*
II. *En bronze :* 15 600 g. valent 15 600 centimes. *Rép.* 156 *fr.*

1368. — Quelles pièces a-t-on mises sur le plateau d'une balance pour peser une lettre du poids de 38 g., sachant qu'on a employé le plus petit nombre de pièces d'argent possible ? *(Loire.)*

Voir *Remarque* n° 1 344.
Valeur des pièces = 38 : 5 = 7^f,60. *Rép.* 5 *fr.* ; 2 *fr.* ; 3 *p. de* 0^f,20.
Autre méthode : 38^g = 25^g (p. de 5 fr.) + 10^g (p. de 2 fr.) + 3^g (3 p. de 20 cent.).

***1369.** — Une somme en argent pesait 4 250 g. On en a dépensé les 0,4 ; puis les 0,25. Quelle somme reste-t-il ? *(Seine-et-Marne.)*

Somme restante = Valeur totale × Fraction correspondant au reste.
1. Valeur totale = 4 250 : 5 = 850 fr.
2. Fraction correspondante = 1 — (0,40 + 0,25) = 0,35.
Rép. 850^f × 0,35 = 297^f,50.

***1370.** — On échange 3 540 fr. de billets de banque contre des pièces de monnaie d'argent. Quel est : 1° le poids de ces pièces ; 2° leur nombre, sachant que 1/3 de la somme est en pièces de 5 francs, et le reste en pièces de 2 fr. ? *(Mayenne.)*

I. *Poids* = 5^g × 3 540. *Rép.* 17 700 *g*.
II. *Nombre de pièces de 5 fr.* (3 540 : 3) : 5 = 1 180 : 5. *Rép.* 236 *pièces*.
III. *Nombre de pièces de 2 fr.* = (1 180 × 2) : 2. *Rép.* 1 180 *pièces*.

***1371.** — Un sac de monnaie d'argent pèse net 289^g,5 ; il comprend le plus grand nombre possible de pièces de 5 fr., puis de 2 fr., de 0^f,50 et de 0^f,20. Quel est le nombre des pièces de chaque espèce ? *(Isère.)*

Voir *Remarque* n° 1 344.
Valeur des pièces = 289,5 : 5 = 57^f,90.
Rép. 11 *p. de* 5 *fr.* ; 1 *p. de* 2 *fr.* ; 1 *p. de* 0^f,50 ; 2 *p. de* 0^f,20.

***1372.** — Quelle somme possédait une personne, sachant qu'après avoir dépensé 1/5, puis 3/7 de son avoir, il lui reste une somme qui, en argent, pèserait 6^{kg},500 ? *(Haute-Garonne.)*

Somme possédée = Valeur du reste : Fraction correspondante.
1. Valeur du reste = 6 500 : 5 = 1 300 fr.
2. Fraction correspondante = 1 — (1/5 + 3/7) = 13/35.
Rép. 1 300^f : 13/35 = 1 300^f × 35 : 13 = 3 500 *fr.*

*1373. — Un sac d'argent, qui pèse 4 kg., contient un nombre égal
de pièces de 5 fr., de 2 fr. et de 1 fr. Dire : 1º le montant de la somme
renfermée dans le sac ; 2º le nombre de pièces de chaque espèce.   (*Orne.*)

I. *Montant de la somme* = 4000 : 5.   *Rép.*   800 *fr.*
II. *Nombre des pièces de chaque espèce* = Valeur totale (800 fr.) : Somme
des valeurs d'une pièce de chaque sorte.
Somme des valeurs, etc. : $5^f + 2^f + 1^f = 8$ fr.   *Rép.*   800 : 8 = 100 *pièces.*

POIDS ET VALEUR DES MONNAIES   P. 136.

Problèmes. — **1374.** — On a une somme de 448^f,25 composée de
320 fr. en or, 72^f,50 en argent et le reste en bronze. Quel est le poids
de cette somme ?   (*Côtes-du-Nord.*)

Poids total = Poids d'or + Poids d'argent + Poids de bronze.
1. Or :   320 : 3,1 = 103^s,225 ;   2. Argent :   5^s × 72,5 = 362^s,5.

3. Bronze. { *a*) Reste :   448^f,25 — (320^f + 72^f,5) = 55^f,75.
            { *b*) Poids :   55^f,75 = 5575 centimes ;   5575 g.
Rép.   103^s,225 + 362^s,5 + 5575^s = 6040^s,725.

1375. — On demande le poids d'une somme de 1 500 fr. dont la moitié
est en or, 625^f,50 en argent et le reste en billon.   (*Pyrén.-Or.*)

Poids total = Somme des poids des différentes monnaies.
1. Or :   *a*) Valeur = 1500^f : 2 = 750 fr.   *b*) Poids = 750 : 3,1 = 241^s,935.
2. Argent :   5^s × 625,5 = 3 127^s,5.
3. Bronze :   *a*) Reste :   750^f — 625^f,5 = 124^f,5.   *b*) Poids :   12 450 g.
Rép.   241^s,935 + 3 127^s,5 + 12 450^s = 15 819^s,435.

1376. — Un marchand a 45 fr. de monnaie de bronze et 4 890 fr. de
monnaie d'argent. Il échange le tout contre de la monnaie d'or. De quel
poids est-il soulagé ?   (*Vienne.*)

Différence de poids = Poids primitif — Poids de l'or.
                    (*a*) Bronze :   45^f = 4 500 cent. ;   4 500 g.
1. Poids primitif. { *b*) Argent :   5^s × 4 890 = 24 450 g.
                    (*c*) En tout :   4 500^s + 24 450^s = 28 950 g.
2. Poids de l'or = (45 + 4 890) : 3,1 = 4 935 : 3,1 = 1 591^s,935.
Rép.   28 950^s — 1 591^s,935 = 27 358^s,065.

1377. — Quelle est la valeur de la monnaie de nickel qu'il faut placer
sur le plateau d'une balance pour faire équilibre à une somme de 171^f,20,
dont 155 fr. en or, 15 fr. en argent et le reste en bronze ?   (*Oise.*)

Valeur = 0^f,25 × Nombre de pièces.

                 ((Or :   155 : 3,1 = 50 g. ;
                 (*a*) Poids.   { Argent :   5^s × 15 = 75 g. :
N. de pièces.   {   { Bronze :   171^f,2 — (155^f + 15^f) = 1^f,20 ;   120 g.
                 ((En tout :   50^s + 75^s + 120^s = 245 g.
                 (*b*) 245 : 7 = 35 pièces de 0^f,25.
Rép.   0^f,25 × 35 = 8^f,75.

1378. — Le contenu d'un sac de monnaie pèse 969 g. Ce sac contient 33^f,80 en argent, le reste est en or. Quelle est la valeur totale de la
somme ?   (*Rhône.*)

Valeur totale = Valeur de l'argent (33^f,8) + Valeur de l'or.

                    (*a*) Poids. { Argent :   5^s × 33,8 = 169 g.
Valeur de l'or.   {   { Reste :   969^s — 169^s = 800 g.
                    (*b*) 3^f,10 × 800 = 2 480 fr.
Rép.   33^f,80 + 2 480^f = 2513^f,80.

1379. — Un sac, qui contient 527 fr. de monnaie d'argent, 775 fr. de monnaie d'or et du billon, pèse 3 190 g. Quelle valeur renferme-t-il de monnaie de bronze, s'il pèse, vide, 65 g. ? *(Finistère.)*

Valeur en billon = Poids en grammes : 100.

Poids. $\left\{\begin{array}{l} a)\ \text{Argent}:\ 5^g \times 527 = 2635\ \text{g.};\ \text{Or}:\ 775:3,1 = 250\ \text{g.} \\ b)\ \text{Reste} = 3190^g - (2635^g + 250^g + 65^g) = 3190^g - 2950^g = 240\ \text{g.} \end{array}\right.$

Rép. 240 g. valent 240 cent. ou 2ᶠ,40.

1380. — *Une somme composée de pièces d'argent et de monnaie de bronze pèse 27 kg. Les 7/9 de ce poids sont en argent et le reste en bronze. Quelle est la valeur totale de la somme ?* *(Drôme.)*

Valeur totale = Somme en argent + Somme en bronze.
1. Argent : *a)* Poids = $27^{kg} \times 7/9 = 21$ kg. *b)* Val. = 21 000 : 5 = 4 200 fr.
2. Bronze : *a)* Poids = $27^{kg} - 21^{kg} = 6$ kg. *b)* Val. = 6 000 cent. ou 60 fr.
Rép. 4200ᶠ + 60ᶠ = 4 260 *fr.*

1381. — On doit me payer 120 fr. en sous et 340 fr. en argent. Le poids des sous est de 12ᵏᵍ 2ᵈᵃᵍ et celui de l'argent est de 1 695 g. Ai-je trop ou n'ai-je pas assez reçu, et combien ? *(Yonne.)*

Erreur = Différence entre la somme due et la somme reçue.
1. Somme due = 120ᶠ + 340ᶠ = 460 fr.
2. Somme reçue. $\left\{\begin{array}{l} a)\ \text{Billon}:\ 12^{kg}\ 2^{dag} = 12\,020\ \text{g., soit}\ 120^f,20. \\ b)\ \text{Argent}:\ 1\,695:5 = 339\ \text{fr.} \\ c)\ \text{En tout}:\ 120^f,20 + 339^f = 459^f,20. \end{array}\right.$
Rép. *Il manque* 460ᶠ — 459ᶠ,20 = 0ᶠ,80.

1382. — Quelle est la valeur d'une somme qui pèse 1 500 g. et qui est composée à poids égaux d'or, d'argent et de bronze ? *(Lozère.)*

Valeur totale = Somme des valeurs des différentes monnaies.
1. Or : *a)* Poids = 1 500 : 3 = 500 g. *b)* 3ᶠ,1 × 500 = 1 550 fr.;
2. Argent : 500 : 5 = 100 fr.; 3. Bronze : 500 cent. ou 5 fr.
Rép. 1 550ᶠ + 100ᶠ + 5ᶠ = 1 655 *fr.*

1383. — Une bourse vide pèse 18 g. On y met 6 pièces de 20 fr.; 3 de 2 fr.; 5 de 0ᶠ,50; 0ᶠ,40 en monnaie de bronze et 0ᶠ,25 en nickel. Quel est alors son poids ? *(Aveyron.)*

Poids total = Somme des poids des différentes monnaies et du sac vide.
1. Or : *a)* Val. = 20ᶠ × 6 = 120 fr. *b)* Poids = 120 : 3,1 = 38ᵍ,709.
2. Argent : *a)* Val. = 2ᶠ × 3 + 0ᶠ,5 × 5 = 8ᶠ,5. *b)* Poids : 5ᵍ × 8,5 = 42ᵍ,5.
3. Bronze : 40 g.; 4. Nickel : 7 g.
Rép. 38ᵍ,709 + 42ᵍ,5 + 40ᵍ + 7ᵍ + 18ᵍ = 146ᵍ,209.

***1384.** — Un cheval est acheté 1 240 fr. et payé moitié en or, les 3/4 du reste en argent, et ce qui reste en monnaie de billon. Quel est le poids de la somme ainsi répartie ? *(Côte-d'Or.)*

Poids total = Somme des poids des différentes parties.
1. Or : *a)* Valeur = 1240ᶠ : 2 = 620 fr. *b)* Poids = 620 : 3,1 = 200 g.
2. Argent : *a)* Valeur = 620ᶠ × 3/4 = 465 fr. *b)* Poids = 5ᵍ × 465 = 2 325 g.
3. Bronze : *a)* Valeur = 620ᶠ — 465ᶠ = 155 fr. *b)* Poids = 15 500 g.
Rép. 200ᵍ + 2325ᵍ + 15 500ᵍ = 18 025 *g.*

***1385.** — On doit une somme de 92ᶠ,85 qu'on veut payer avec le plus petit nombre possible de pièces; quel sera le nombre de ces pièces et combien pèseront-elles ? *(Gard.)*

Voir *Remarque* nº 1344.
I. 92ᶠ,85 = 50ᶠ + 20ᶠ × 2 + 2ᶠ + 0ᶠ,50 + 0ᶠ,25 + 0ᶠ,10. *Rép.* 7 pièces.
II. *Poids total* = Somme des poids des différentes monnaies.
1. Or : (50 + 20 × 2) : 3,1 = 29ᵍ,032; 2. Argent : 5ᵍ × 2,5 = 12ᵍ,5.
3. Nickel : 7 g.; 4. Bronze : 10 g.
Rép. 29ᵍ,032 + 12ᵍ,5 + 7ᵍ + 10ᵍ = 58ᵍ,532.

***1386.** — Faites connaître les pièces de monnaie d'argent ou de bronze qui, à défaut de poids, pourraient être employées pour faire équilibre : 1° à 725 g.; 2° à 107 g.; 3° à 438 g.; 4° à 4ᵏᵍ,5; 5° à 223 g. (Employer le moins de pièces possible.) (*Finistère.*)

Remarque. — Employer, parmi les pièces dont on peut se servir, celles qu pèsent le plus.

I. 725ᵍ = 25ᵍ × 29. *Rép.* 29 *pièces de* 5 *fr.*

II. 107ᵍ = 25ᵍ × 4 + 5ᵍ + 2ᵍ.
Rép. 4 *p. de* 5 *fr.;* 1 *p. de* 1 *fr. ou de* 5 *cent.;* 1 *p. de* 2 *cent.*

III. 438 g. = 25ᵍ × 17 + 10ᵍ + 2ᵍ + 1ᵍ.
Rép. 17 *p. de* 5 *fr.;* 1 *p. de* 2 *fr. ou de* 10 *cent.;* 1 *p. de* 2 *cent.;*
     1 *p. de* 1 *cent. ou de* 0ᶠ,20.

IV. 4ᵏᵍ,5 = 450ᵍ = 25ᵍ × 18. *Rép.* 18 *pièces de* 5 *fr.*

V. 223ᵍ = 25ᵍ × 8 + 10ᵍ × 2 + 2ᵍ + 1ᵍ.
Rép. 8 *p. de* 5 *fr.;* 2 *p. de* 2 *fr. ou de* 10 *cent.;* 1 *p. de* 2 *cent.;*
     1 *p. de* 1 *cent. ou de* 0ᶠ,20.

***1387.** — Deux sommes égales pèsent ensemble 2ᵏᵍ,205. Quel est le poids de chacune d'elles, si l'une est en argent et l'autre en bronze? (*Aisne.*)

I. *Poids de la somme en argent* = 5 grammes × Sa valeur.

Valeur. $\begin{cases} = \text{Poids total (2 205 g.)} : \text{Somme des poids de 1 fr. en argent et en} \\ \quad \text{bronze (5ᵍ + 100ᵍ = 105 g.).} \\ 2 205 : 105 = 21 \text{ fr.} \end{cases}$

Rép. 5ᵍ × 21 = 105 *g.*

II. *En bronze :* 21ᶠ = 2 100 cent. *Rép.* 2 100 *g.*

***1388.** — Un sac contient des poids égaux de monnaie d'argent et de monnaie de bronze. La valeur totale est de 9ᶠ,45. Quel est le poids et quelle est la valeur de chaque espèce de monnaie ? (*Aveyron.*)

I. *Poids* = Valeur totale (9ᶠ,45) : Somme des valeurs de 1 gramme de chaque espèce de monnaie.
Somme des valeurs, etc. = 0ᶠ,20 + 0ᶠ,01 = 0ᶠ,21. *Rép.* 9,45 : 0,21 = 45 *g.*

II. *Valeur.* *Rép.* 1° *en argent :* 45 : 5 = 9 *fr.;* 2° *en bronze :* 0ᶠ,45.

***1389.** — On a un sac renfermant 66 hg. de monnaie d'or et de monnaie d'argent d'une valeur égale. Trouver le poids et la valeur de chaque espèce de monnaie. (*Cher.*)

Se rappeler qu'à *valeur égale* le poids de la monnaie d'argent est 15 fois 1/2 (15,5) celui de la monnaie d'or.

I. *Poids d'or* = Poids total (6 600 g.) : (15,5 + 1).
Rép. 6 600ᵍ : 16,5 = 400 *g.*

II. *Poids d'argent* = 400ᵍ × 15,5. *Rép.* 6 200 *g.*

III. *Valeur de chaque espèce* = 6 200 : 5. *Rép.* 1 240 *fr.*

*MONNAIES ET REVISION P. 137.

Problèmes. — **1390.** — Un vase plein d'eau placé sur l'un des plateaux d'une balance fait équilibre à la somme de 8ᶠ,50 en monnaie de bronze. Le vase vide pèse 230 g. Quelle en est la capacité ? (*Landes.*)

Capacité du vase = Volume de l'eau qui le remplit.

Volume de l'eau. $\begin{cases} a) \text{ Poids total} = 1ᵍ × 850 = 850 \text{ g.} \\ b) \text{ Poids} = 850ᵍ − 230ᵍ = 620 \text{ g.} \end{cases}$

Rép. 620ᶜᵐ³ ou 0ᴸ,62.

1391. — Une fermière a porté au marché 48 l. de lait qu'elle a vendus 0ᶠ,15 l'un et 92 œufs vendus à 0ᶠ,75 la douzaine. Dire le poids de la somme qu'elle a reçue, si, cette somme étant exprimée en francs, les dizaines sont représentées par de la monnaie d'or, les unités par de la monnaie d'argent, les dixièmes et les centièmes par du billon.   (*Haute-Garonne.*)

Poids total = Poids de l'or + Poids de l'argent + Poids du billon.

$$1^o \text{ Or.} \begin{cases} a) \text{ Somme en or.} \begin{cases} \text{Lait : } 0^f,15 \times 48 = 7^f,20. \\ \text{Œufs : } (0^f,75 : 12) \times 92 = 5^f,75. \\ \text{Prix tot.} = 7^f,20 + 5^f,75 = 12^f,95, \text{dont } 10 \text{ fr. en or.} \end{cases} \\ b) \text{ Poids} = 10 : 3,1 = 3^g,225. \end{cases}$$

2° Argent : *a)* Somme = 2 fr.   *b)* Poids = $5^g \times 2 = 10$ g.
3° Billon : *a)* Somme = 95 centimes.   *b)* Poids = 95 g.
Rép. $3^g,225 + 10^g + 95^g = 108^g,225.$

1392. — On place dans l'un des plateaux d'une balance un vase vide pesant $2^{kg},050$ et sur l'autre plateau 120 pièces de 5 fr. en argent. Combien devra-t-on mettre de centilitres d'eau dans le vase pour rétablir l'équilibre ?   (*Maine-et-Loire.*)

Nombre de cl. d'eau = Poids de l'eau : Poids du cl. (10 g.).

Poids de l'eau. $\begin{cases} a) \text{ Poids de monnaie} = 25^g \times 120 = 3\,000 \text{ g. ou } 3 \text{ kg.} \\ b) \ 3\,000^g - 2\,050^g = 950 \text{ g.} \end{cases}$

Rép. $950 : 10 = 95 \, cl.$

1393. — Sur l'un des plateaux d'une balance, on place une somme composée de 7 pièces de 5 fr. en argent, de 8 pièces de $0^f,25$, et enfin de $0^f,50$ en bronze. Quels sont les poids qu'il faudra placer sur l'autre plateau pour faire équilibre à cette somme ?   (*Saône-et-Loire.*)

Poids total = Poids de l'arg. + Poids du nickel + Poids du bronze (50 g.).
1. Argent : $25^g \times 7 = 175$ g.
2. Nickel : $7^g \times 8 = 56$ g.
Rép. $175^g + 56^g + 50^g = 281^g = 2 \, hg. + 50 \, g. + 20 \, g. + 10 \, g. + 1 \, g.$

1394. — Un terrain rectangulaire, long de 136 m. et large de $28^m,75$, a été acheté à raison de 5 000 fr. l'hectare. Si on le paye avec des pièces d'or, quel sera le poids de la somme déboursée ?   (*Meuse.*)

Poids de la somme = Valeur totale : Valeur du g. d'or ($3^f,10$).

Valeur totale. $\begin{cases} a) \text{ Surface} = 136^{m2} \times 28,75 = 3910 \text{ m}^2 \text{ ou } 0^{ha},391. \\ b) \ 5\,000^f \times 0,391 = 1\,955 \text{ fr.} \end{cases}$

Rép. $1\,955 : 3,1 = 630^g,645.$

1395. — On met sur l'un des plateaux d'une balance un vase qui, vide, pèse $3^{kg},5$. On y verse 152 cl. d'eau. Quelle somme en argent faudra-t-il mettre sur l'autre plateau pour faire équilibre ?   (*Alpes-Maritimes.*)

Somme en argent = Poids total : Poids de 1 fr. (5 g.).
Poids total = $3500^g + 1520^g = 5020$ grammes.
Rép. $5020 : 5 = 1004 \, fr.$

1396. — Combien faut-il de centilitres de mercure, dont la densité est 13,6, pour faire équilibre à 17 pièces de 5 fr. en argent? (*P.-de-Calais.*)

Nombre de cl. = Poids total : Poids de 1 cl. de mercure (136 g.).
Poids total = $25^g \times 17 = 425$ g.
Rép. $425 : 136 = 3^{cl},125.$

1397. — Dans l'un des plateaux d'une balance, on met un vase qui contient 145 cl. d'eau pure et qui pèse, vide, 2 kg. Dans l'autre plateau, on place 220^f,20 en monnaie d'argent. Quelle somme en monnaie de bronze faut-il ajouter pour que la balance soit en équilibre? (*Meuse*).

Valeur du bronze en centimes = Son poids en grammes.

Poids en g. $\begin{cases} a) \text{ Poids total} = 2^{kg} + 1^{kg},45 = 3^{kg},45 = 3\,450 \text{ g.} \\ b) \text{ Poids d'argent} = 5^g \times 220,2 = 1\,101 \text{ g.} \\ c) \; 3\,450^g - 1\,101^g = 2\,349 \text{ grammes.} \end{cases}$

Rép. 2 349 *centimes* ou 23^f,49.

1398. — Un vase plein d'eau aux 5/7 de son volume pèse autant que 25 fr. en monnaie d'argent et 8 fr. en monnaie de bronze. Quel est le volume de ce vase, sachant que, vide, il pèse 500 gr. ? (*Char.-Inf.*)

Volume du vase = Volume des 5/7 : 5/7.

Volume des 5/7. $\begin{cases} a) \text{ Poids de l'eau.} \begin{cases} \text{Poids total} = 5^g \times 25 + 800^g = 925\,\text{g.} \\ 925^g - 500^g = 425 \text{ g.} \end{cases} \\ b) \; 425 : 1 = 425 \text{ cm}^3. \end{cases}$

Rép. 425^{cm3} : 5/7 = 595 *cm*³ ou 0^l,595.

1399. — Une cuve rectangulaire remplie d'eau a pour dimensions : longueur, 0^m,52; largeur, 0^m,45; profondeur, 0^m,15. Quel est son poids, sachant que, vide, elle pèse 4^{kg},9? Combien faudrait-il de pièces de 5 fr. en argent pour lui faire équilibre dans une balance? (*Seine-Inf^{re}*.)

I. *Poids total* = Poids de l'eau + Poids de la cuve vide (4^{kg},9).
Poids de l'eau = 1^{kg} × 5,2 × 4,5 × 1,5 = 35^{kg},1.
Rép. 35^{kg},1 + 4^{kg},9 = 40 *kg*.
II. *Nombre de pièces de 5 fr.* = Poids total (40 000 g.) : Poids d'une pièce (25 g.). *Rép.* 1 600 *pièces*.

1400. — Un vase vide est placé sur l'un des plateaux d'une balance; on lui fait équilibre avec 7 pièces de 2 fr. et 18 de 0^f,50. On le remplit d'eau, et, pour rétablir l'équilibre, il faut ajouter 6^f,75 en monnaie de bronze et 20 fr. en or. Dire le poids et la capacité du vase.   (*Indre.*)

I. *Poids du vase* = Poids de l'argent qui lui fait équilibre.

Poids d'argent. $\begin{cases} a) \text{ Valeur} = 2^f \times 7 + 0^f,50 \times 18 = 14^f + 9^f = 23 \text{ fr.} \\ b) \; 5^g \times 23 = 115 \text{ g.} \quad \textit{Rép.} \quad 115\,g. \end{cases}$

II. *Capacité en cm³* = Poids de l'eau en grammes.

Poids d'eau. $\begin{cases} a) \text{ Poids des 20 fr.} = 20 : 3,1 = 6^g,4516. \\ b) \; 6^g,4516 + 675^g = 681^g,4516. \quad \textit{Rép.} \quad 681 \text{ cm}^3 \text{ ou } 0^l,68. \end{cases}$

1401. — On veut remplir aux 3/5 un vase cubique en fer-blanc de 0^m,25 de côté avec de l'huile dont la densité est 0,92. Combien faudrat-il de pièces de 5 fr. pour établir l'équilibre, si le récipient vide pèse 613 g. ? Compléter le poids avec des sous et des centimes.   (*Allier.*)

I. *Nombre de pièces de 5 fr.* = Poids total : Poids de 5 fr. (25 g.).

Poids total. $\begin{cases} a) \text{ Huile.} \begin{cases} \text{Volume} = 25^{cm3} \times 25 \times 25 \times 3/5 = 9375 \text{ cm}^3. \\ \text{Poids} = 0^g,92 \times 9375 = 8\,625 \text{ g.} \end{cases} \\ b) \; 8\,625^g + 613^g = 9\,238 \text{ g.} \end{cases}$

Rép. 9 238 : 25 = 369 *pièces de 5 fr.*   (Reste = 13 g.)
II. *Rép.* On complétera avec 0^f,13 en *bronze*.

1402. — Combien faudrait-il de centilitres d'eau pure pour faire équilibre à une somme de 100 fr. composée d'un nombre égal de pièces de 1 fr. et de pièces de 0,25 ?   (*Haute-Marne.*)

Nombre de cl. d'eau = Poids total : Poids de 1 cl. (10 g.).

Poids total. $\begin{cases} a) \text{ 1 pièce de chaque sorte.} \begin{cases} \text{Poids } 5^g + 7^g = 12 \text{ g.} \\ \text{Valeur} = 1^f + 0^f,25 = 1^f,25. \end{cases} \\ b) \text{ Nombre de pièces} = 100 : 1,25 = 80. \quad c) \; 12^g \times 80 = 960 \text{ g.} \end{cases}$

Rép. 960 : 10 = 96 *cl.*

P. 138.   ## *COMPOSITION DES MONNAIES. TITRE LÉGAL.

10. — Les monnaies d'or et d'argent sont composées de *métal fin*, — or ou argent, — et de *cuivre*.

11. — Les pièces d'or et la pièce de 5 fr. en argent sont au titre de 0,900 ou 0,9 qui est le **titre légal**.

Cela signifie que :
1 000 g. d'or monnayé contiennent **900 g.** d'or pur et **100 g.** de cuivre.
Ou encore, que :

12. — Le **poids du métal fin** contenu dans les monnaies d'or et dans les pièces de 5 fr. en argent est les 0,9 de leur **poids total**.

Le *poids du cuivre* est 0,1 de ce poids total.

Exercice oral. — Quel est le *poids de métal fin* contenu
1° dans 10 g.? 100 g.? 1 kg. d'or monnayé?
2° dans 30 g.? 80 g.? 2 kg. d'argent au titre légal?
I. *Rép.* 9 g.;   90 g.;   900 g.
II. *Rép.* $30^g \times 0,9 = 27$ g.; $80^g \times 0,9 = 72$ g.; $2^{kg} \times 0,9 = 1^{kg},8$.

— Quel est le *poids du cuivre* contenu :
1° dans 1 g.? 1 hg.? 3 kg. d'or monnayé?
2° dans 12 g.? 50 g. d'argent au titre légal? la pièce de 5 fr. en argent?
I. *Rép.* $0^g,1$; $100^g \times 0,1 = 10$ g.; $3000^g \times 0,1 = 300$ g.
II. *Rép.* $1^g,2$;   5 g.; $25^g \times 0,1 = 2^g,5$.

Problèmes. — 1403. — On demande le poids d'une somme de 1 250 fr. en pièces d'argent de 5 fr. et combien, pour fabriquer cette somme, il a fallu d'argent et de cuivre.   *(Gers.)*
I. *Poids* $= 5^g \times 1250$.   *Rép.* 6 250 g.
II. *Poids d'argent pur* $= 6250^g \times 0,9$.   *Rép.* 5 625 g.
III. *Poids de cuivre* $= 6250^g \times 0,1$.   *Rép.* 625 g.

1404. — Combien y a-t-il de grammes d'or pur et combien de grammes de cuivre dans 1 000 fr. en or?   *(Doubs.)*
I. *Poids d'or pur* $=$ Poids total $\times 0,9$.
Poids total $= 1000 : 3,1 = 322^g,58$.
Rép. $322^g,58 \times 0,9 = 290^g,322$.
II. *Poids du cuivre* $= 322^g,58 \times 0,1$.   *Rép.* $32^g,258$.

1405. — Quel poids de cuivre entre-t-il dans la fabrication de 475 fr. en pièces d'argent de 5 fr.?   *(Rhône.)*
Poids du cuivre $=$ Poids total $\times 0,1$.
Rép. $5^g \times 475 \times 0,1 = 237^g,5$.

1406. — Quel est le poids du cuivre contenu dans une somme de 500 fr. en or?   *(Cher.)*
Poids du cuivre $=$ Poids total $\times 0,1$.
Poids total $= 500 : 3,1 = 161^g,29$.   *Rép.* $16^g,129$.

1407. — Combien y a-t-il d'argent et de cuivre dans une somme de 1 000 fr. en pièces de 5 fr.?   (*Doubs.*)

I. *Poids d'argent pur* = Poids total × 0,9.
Poids total = 5ᵍ × 1 000 = 5 000 g.   *Rép.*   5 000ᵍ × 0,9 = 4 500 *g*.
II. *Poids du cuivre* = 5 000ᵍ × 0,1.   *Rép.*   500 *g*.

1408. — Je devais 7 000 fr. Je solde mon créancier en 5 paiements égaux effectués en or. Quel est le poids de chaque somme versée et combien contient-elle d'or pur et de cuivre?   (*Tarn-et-Garonne.*)

I. *Poids de chaque somme* = Valeur totale : Valeur de 1 g. d'or (3ᶠ,10).
Valeur : 7 000ᶠ : 5 = 1 400 fr.   *Rép.*   1 400 : 3,1 = 451ᵍ,6129.
II. *Poids d'or pur* = 451ᵍ,6129 × 0,9.   *Rép.*   406ᵍ,4516.
III. *Poids du cuivre* = 451ᵍ,6129 × 0,1.   *Rép.*   45ᵍ,1612.

1409. — Quelles quantités d'argent pur et de cuivre a-t-il fallu pour fabriquer 1 000 pièces de 5 fr. en argent?   (*Tarn.*)

I. *Poids d'argent pur* = Poids total × 0,9.
Poids total = 25ᵍ × 1 000 = 25 000 g.   *Rép.*   25 000ᵍ × 0,9 = 22 500 g.
II. *Poids du cuivre* = 25 000ᵍ × 0,1.   *Rép.*   2 500 g.

1410. — On a 45 pièces de 20 fr. en or. Trouver le poids de cette somme et les poids d'or pur et de cuivre qu'elle contient.   (*Aude.*)

I. *Poids total* = Valeur totale : Valeur de 1 g. d'or (3ᶠ,1).
Valeur totale = 20ᶠ × 45 = 900 fr.   *Rép.*   900 : 3,1 = 290ᵍ,322.
II. *Poids d'or pur* = 290ᵍ,322 × 0,9.   *Rép.*   261ᵍ,2898.
III. *Poids du cuivre* = 290ᵍ,322 × 0,1.   *Rép.*   29ᵍ,0322.

1411. — Quel est le poids de l'argent pur contenu dans 360 pièces de 5 fr.?   (*Lozère.*)

Poids d'argent pur = Poids total × 0,9.
Poids total = 25ᵍ × 360 = 9 000 g.   *Rép.*   9 000ᵍ × 0,9 = 8 100 *g*.

1412. — Trouver les poids d'or pur et de cuivre contenus dans une somme composée de 15 pièces de 20 fr. et 4 pièces de 10 fr.? (*Tarn.*)

I. *Poids d'or pur* = Poids total × 0,9.
Poids total.   { *a*) Valeur = 20ᶠ × 15 + 10ᶠ × 4 = 340 fr.
            { *b*) 340 : 3,1 = 109ᵍ,677.
Rép.   109ᵍ,677 × 0,9 = 98ᵍ,7093.
II. *Poids du cuivre* = 109ᵍ,677 × 0,1.   *Rép.*   10ᵍ,9677.

*COMPOSITION DE LA MONNAIE DIVISIONNAIRE   P. 130.

13. — Les pièces de 2 fr.; 1 fr.; 0ᶠ,50; 0ᶠ,20; qu'on appelle **pièces divisionnaires**, sont au titre de 0,835.

14. — Le poids du métal fin contenu dans les pièces divisionnaires est les 0,835 de leur **poids total**.

Le *poids du cuivre* est les 0,165 de ce poids total.

Exercice oral. — Quel est le *poids d'argent pur* contenu : dans 1 g.? 1 kg.? 100 g. de pièces divisionnaires?
Rép.   0ᵍ,835;   0ᵏᵍ,835;   83ᵍ,5.

— Quel est le *poids du cuivre* contenu : dans 1 g.? 1 kg.? 100 g. de pièces divisionnaires?
Rép.   0ᵍ,165;   0ᵏᵍ,165;   16ᵍ,5.

Problèmes. — 1413. — Quelle est la pièce d'argent qui pèse autant que la pièce de 0^f,10 et quel est le poids du métal fin qu'elle contient? *(Gironde.)*

I. *Rép.* 10 : 5 = 2 fr.; *la pièce de 2 fr.*
II. *Rép.* 10^g × 0,835 = 8^g,35.

1414. — Quel est le poids du cuivre contenu dans une somme de 650 fr. en pièces de 2 fr.? *(Vienne.)*

Poids du cuivre = Poids total × 0,165.
Poids total = 5^g × 650 = 3 250 g. *Rép.* 3 250^g × 0,165 = 536^g,25.

1415. — Quelle quantité d'argent pur y a-t-il dans une somme de 520 fr. en pièces divisionnaires? *(Haute-Vienne.)*

Poids d'argent pur = Poids total × 0,835.
Poids total = 5^g × 520 = 2600 g. *Rép.* 2600^g × 0,835 = 2171 *g.*

1416. — Quel est le poids de l'argent pur contenu dans 15 pièces de 50 centimes? *(Seine.)*

Poids d'argent pur = Poids total × 0,835.
Poids total = 5^g × 0,5 × 15 = 37^g,5. *Rép.* 37^g,5 × 0,835 = 31^g,3125.

1417. — Quel est le poids du cuivre contenu dans 625 pièces de 2 francs? *(Paris.)*

Poids du cuivre = Poids total × 0,165.
Poids total = 10^g × 625 = 6 250 g. *Rép.* 6250^g × 0,165 = 1031^g,25.

1418. — Quel est le poids de l'argent pur contenu dans 65 pièces de 1 fr. et 40 pièces de 0^f,20? *(Jura.)*

Poids d'argent pur = Poids total × 0,835.
Poids total = 5^g × 65 + 1^g × 40 = 365 g.
Rép. 365^g × 0,835 = 304^g,775.

1419. — Calculer le poids de l'argent pur contenu dans une somme qui est composée de 24 pièces de 2 fr., 7 pièces de 1 fr. et 10 pièces de 0^f,50. *(Manche.)*

Poids d'argent pur = Poids total × 0,835.
Poids total. { *a)* Valeur = 2^f × 24 + 1^f × 7 + 0^f,50 × 10 = 60 fr.
{ *b)* 5^g × 60 = 300 g.
Rép. 300^g × 0,835 = 250^g,5.

1420. — Une somme d'argent au titre de 0,835 pèse autant que 90^{cl},1 d'eau pure. Calculer cette somme, ainsi que le poids de cuivre qu'elle renferme. *(Gironde.)*

I. *Valeur de la somme* = Poids total (901 g.) : Poids de 1 fr. (5 g.).
Rép. 180^f,20.
II. *Poids du cuivre* = 901^g × 0,165. *Rép.* 148^g,665.

1421. — Une sacoche contient 18 pièces de 5 fr. en argent, 14 pièces de 2 fr. et 30 pièces de 0^f,50. On demande le poids du cuivre contenu dans la somme entière. *(Charente.)*

Poids total du cuivre = Poids du cuivre des pièces de 5 fr. + Poids du cuivre des pièces divisionnaires.
1° Pièces de 5 fr. : 25^g × 18 × 0,1 = 450^g × 0,1 = 45 g.
2. Pièces divis. { *a)* Poids total. { Valeur = 2^f × 14 + 0^f,50 × 30 = 43 fr.
{ { 5^g × 43 = 215 g.
{ *b)* 215^g × 0,165 = 35^g,475.
Rép. 45^g + 35^g,475 = 80^g,475.

1422. — Quelles sont les pièces d'argent françaises? Si on en prend une de chaque sorte, quel est : 1º leur poids total; 2º le poids total du cuivre qu'elles renferment ?   (*Haute-Garonne.*)

I. Voir § 4.

II. *Poids total* = Poids de 1 fr. (5 g.) × Valeur totale.

Valeur totale = 0^f,20 + 0^f,50 + 1^f + 2^f + 5^f = 8^f,70.

Rép. 5^g × 8,7 = 43^g,5.

III. *Poids du cuivre* = Poids du cuivre de la pièce de 5 fr. + Poids du cuivre de la monnaie divisionnaire.

1º Pièce de 5 fr. : 25^g × 0,1 = 2^g,50.

2º Pièces divisionnaires : (43^g,5 − 25^g) × 0,165 = 18^g,5 × 0,165 = 3^g,0525.

Rép. 2^g,50 + 3^g,0525 = 5^g,5525.

1423. — Quel est le poids de l'argent pur contenu dans une somme de 537 fr. formée de 72 pièces de 5 fr. en argent et, pour le reste, de pièces divisionnaires?   (*Aube.*)

Poids total d'argent pur = Poids d'argent des pièces de 5 fr. + Poids d'argent des pièces divisionnaires.

1º Pièces de 5 fr. : 25^g × 72 × 0,9 = 1800^g × 0,9 = 1620 g.

2º Pièces div. $\begin{cases} a) \text{ Poids total.} \begin{cases} \text{Valeur} = 537^f − 5^f × 72 = 177 \text{ fr.} \\ 5^g × 177 = 885 \text{ g.} \end{cases} \\ b) \text{ Argent pur : } 885^g × 0,835 = 738^g,975. \end{cases}$

Rép. 1620^g + 738^g,975 = 2358^g,975.

1424. — Quel est le poids d'argent pur qui entre dans la fabrication d'une somme composée de 18 pièces de 5 fr., 25 pièces de 2 fr. et 36 pièces de 0^f,20 ?   (*Gard.*)

Poids total d'argent pur = Poids d'argent des pièces de 5 fr. + Poids d'argent des pièces divisionnaires.

1. Pièces de 5 fr. : 25^g × 18 × 0,9 = 450^g × 0,9 = 405 g.

2. Pièces divisionnaires. $\begin{cases} a) \text{ Poids} = 10^g × 25 + 1^g × 36 = 286 \text{ g.} \\ b) \text{ Argent pur : } 286^g × 0,835 = 238^g,81. \end{cases}$

Rép. 405^g + 238^g,81 = 643^g,81.

1425. — Une somme d'argent qui contient un nombre égal de pièces de 5 fr. et de pièces de 2 fr. pèse 2^{kg},1. On demande quelle est cette somme et quel poids de cuivre elle renferme.   (*Ain.*)

I. *Valeur de la somme* = Poids total (2100 g.) : Poids de 1 fr. (5 g.).

Rép. 420 fr.

II. *Poids total du cuivre* = Poids du cuivre des pièces de 5 fr. + Poids du cuivre des pièces divisionnaires.

1º Pièces de 5 fr. $\begin{cases} a) \text{ Poids total.} \begin{cases} \text{Nombre} = 420 : (5 + 2) = 60 \text{ pièces.} \\ 25^g × 60 = 1500 \text{ g.} \end{cases} \\ b) \text{ Cuivre : } 1500^g × 0,1 = 150 \text{ g.} \end{cases}$

2º Pièces divis. $\begin{cases} a) \text{ Poids total} = 10^g × 60 = 600 \text{ g.} \\ b) \text{ Cuivre : } 600^g × 0,165 = 99 \text{ g.} \end{cases}$

Rép. 150^g + 99^g = 249 g.

*MONNAYAGE   P. 140.

Exercice oral. — Quel poids de métal fin y a-t-il dans un alliage *au titre de* 0,9, dont le cuivre pèse 1 g. ? 100 g. ? 8 g. ?

Rép. 1^g × 9 = 9 g.;   100^g × 9 = 900 g.;   8^g × 9 = 72 g.

— Quel **poids de cuivre** y a-t-il dans un alliage *au titre de* 0,9, dont l'argent pur pèse 9 g. ? 90 g. ? 27 g. ? 63 g. ? 81 g. ?

Rép. 9^g : 9 = 1 g.;   90^g : 9 = 10 g.;   27^g : 9 = 3 g.;   63^g : 9 = 7 g.;   81^g : 9 = 9 g.

— Quel est le **poids total** d'un alliage *au titre de* 0,9 :
1º dont le cuivre pèse 1 g. ? 100 g. ? 30 g. ? 40 g. ?
2º dont l'or pur pèse 9 g. ? 90 g. ? 27 g. ? 36 g. ?
Rép. 1º 10 *g.*;   1 000 *g.*;   300 *g* ;   400 *g.*
      2º   9ᵍ × 10/9 = 10 *g.*;   90ᵍ × 10/9 = 100 *g.*;
            27ᵍ × 10/9 = 30 *g.*;   36ᵍ × 10/9 = 40 *g.*

Problèmes. — 1426. — Quel poids de cuivre faut-il allier à
1 252ᵍ,50 d'argent pur pour faire des pièces de 1 fr., et combien en
fera-t-on ?

Solution. — I. Le **poids du cuivre** de l'alliage monétaire est la différence
entre le *poids total* et le *poids de l'argent pur* (1 252ᵍ,50).
1º Le *poids total* est les 1 000/835 du poids de l'argent pur :

$$\frac{1\,252ᵍ,50 \times 1\,000}{835} = 1\,500 \text{ g.}$$

2º **Poids du cuivre :**   1 500 g. — 1 252ᵍ,50 = **247ᵍ,50.**
II. Le **nombre de pièces de 1 fr.** que l'on fera avec l'alliage est le quotient du *poids total* (1 500 g.) par le *poids d'une pièce* (5 g.) :
$$1\,500 : 5 = \textbf{300 pièces.}$$

1427. — Combien doit-on ajouter de grammes de cuivre à 225 g.
d'or pur pour avoir un alliage au titre des monnaies?   (*Hᵗᵉ-Vienne.*)
Poids du cuivre = Poids d'or pur (225 g.) : 9.   *Rép.* 25 *g.*

1428. — Quelle est la somme composée de pièces de 5 fr. en argent
qui contient 1 320 g. de cuivre ?   (*Calvados.*)
Valeur de la somme = Poids total : Poids de 1 fr. (5 g.).
Poids total = 1 320ᵍ × 10 = 13 200 g. *Rép.* 13 200 : 5 = 2 640 *fr.*

1429. — On fond un lingot d'argent pur de 7 200 g. avec la quantité
de cuivre nécessaire pour en faire des pièces de 5 fr. Quelle sera la
valeur de la monnaie obtenue ?   (*Savoie.*)
Valeur de la monnaie = Poids total : Poids de 1 fr. (5 g.).
Poids total = 7 200ᵍ : 9/10 = 7 200ᵍ × 10/9 = 8 000 g.
Rép. 8 000 : 5 = 1 600 *fr.*

1430. — Quelle quantité de cuivre faudra-t-il ajouter à 297 g. d'or pur
pour les monnayer? Quelle somme obtiendra-t-on ?   (*Hérault.*)
I. *Poids du cuivre* = Poids d'or pur (297 g.) : 9.   *Rép.* 33 *g.*
II. *Somme obtenue* = Valeur de 1 g. (3ᶠ,10) × Poids total.
Poids total = 297ᵍ + 33ᵍ = 330 g.
Rép. 3ᶠ,1 × 330 = 1 023 *fr.* (soit 1 020 fr. **en pièces d'or et un reste pesant**
0ᵍ,9678).

1431. — Quel poids de cuivre faut-il ajouter à un lingot d'or pur de
1 451ᵍ,61 pour le monnayer ? Quelle sera la valeur des pièces d'or fabri-
quées ?   (*Seine-et-Marne.*)
I. *Poids du cuivre* = Poids de l'or pur (1 451ᵍ,61) : 9. *Rép.* 161ᵍ,29.
II. *Valeur des pièces* = Valeur de 1 g. (3ᶠ,10) × Nombre de grammes.
Nombre de grammes = 161ᵍ,29 × 10 = 1 612ᵍ,9.
Rép. 3ᶠ,10 × 1 612,9 = 5 000 *fr.* par excès.

1432. — Quel est le nombre de pièces de 5 fr. qu'on peut fabriquer
avec un alliage contenant 12ᵍ,5 de cuivre ?   (*Aveyron.*)
Nombre de pièces de 5 fr. = Poids total du cuivre (12ᵍ,5) : Poids du cuivre
d'une pièce de 5 fr. (25ᵍ × 0,1 = 2ᵍ,5).   *Rép.* 12,5 : 2,5 = 5 *pièces.*

1433. — Combien d'or pur faut-il ajouter à 175 g. de cuivre pour obtenir un alliage propre à faire de la monnaie? Quelle somme pourrait-on retirer de cet alliage ?   (*Seine.*)

I. *Poids d'or pur* = Poids du cuivre (175 g.) $\times$ 9.   *Rép.* 1575 *g.*
II. *Somme* = 3^f,10 $\times$ Poids total.
Poids total = 175^g $\times$ 10 = 1750 g. *Rép.* 3^f,1 $\times$ 1750 = 5425 *fr.*

1434. — Combien faut-il allier de cuivre à 1170 g. d'argent pur pour en faire des pièces de 5 fr. ? Combien obtient-on de pièces ? (*Doubs.*)

I. *Poids de cuivre* = Poids d'argent (1170 g.) : 9. *Rép.* 130 *g.*
II. *Nombre de pièces* = Poids total : 25.
Poids total = 130^g $\times$ 10 = 1300 g. *Rép.* 1300 : 25 = 52 *pièces de 5 fr.*

1435. — Combien faut-il ajouter de cuivre à un lingot d'or pur pesant 720 g. pour en faire des pièces de 20 fr. Combien pourrait-on en faire de pièces ?   (*Cher.*)

I. *Poids du cuivre* = Poids d'or pur (720 g.) : 9.   *Rép.* 80 *g.*
II. *Nombre de pièces* = Valeur totale : 20.

Valeur totale. { *a*) Poids = 80^g $\times$ 10 = 800 g.
{ *b*) 3^f,1 $\times$ 800 = 2480 fr.
Rép. 2480 : 20 = 124 *pièces.*

1436. — Combien pourrait-on faire de pièces de 0^f,50 avec un lingot d'argent pur pesant 1^{kg},670? Combien faudrait-il ajouter de cuivre pour le monnayer?   (*Seine-et-Oise.*)

I. *Nombre de pièces* = Poids total : Poids d'une pièce (5^g : 2 = 2^g,5).
Poids total = 1670^g $\times$ 1000/835 = 2000 g. *Rép.* 2000 : 2,5 = 800 *pièces.*
II. *Poids de cuivre* = 2000^g — 1670^g. *Rép.* 330 *g.*

1437. — Avec un lingot d'argent pur pesant 675 g., combien peut-on fabriquer : 1º de pièces de 1 fr. ; 2º de pièces de 5 fr. ?   (*Jura.*)

I. *Nombre de pièces de 1 fr.* = Poids total d'argent pur (675 g.) : Poids d'argent pur d'une pièce.
Poids d'argent pur d'une pièce = 5^g $\times$ 0,835 = 4^g,175.
Rép. 675 : 4,175 = 161 *pièces de 1 fr.*, et il reste 2^g,825 d'argent pur.
II. *Nombre de pièces de 5 fr.* = 675 : Poids d'argent pur d'une pièce.
Argent pur d'une pièce : 25^g $\times$ 0,9 = 22^g,5.
Rép. 675 : 22,5 = 30 *pièces de 5 fr.*

*TITRE DES ALLIAGES. CHANGEMENT DE TITRE   P. 141,

Exercice oral. — Quel est le *titre* d'un alliage :
  1º qui pèse 100 g. et contient 90 g. d'or pur ?
  2º qui contient 800 g. d'argent pur et 200 g. de cuivre ?
  3º qui pèse 100 g. et contient 5 g. de cuivre?

Rép. 1º 90 : 100 = 0,900; 2º 800 : (800 + 200) = 0,800;
    3º (100 — 5) : 100 = 0,950.

15. — Le titre d'un alliage est le **quotient** du *poids du métal précieux* par le *poids total* de l'alliage.
Le titre s'exprime le plus souvent en millièmes.

Problèmes. — **1438.** — Un lingot d'or au titre de 0,915 pèse

480 g. Quels seraient le poids et la valeur de l'or monnayé que l'on pourrait obtenir avec l'or pur contenu dans ce lingot ? *(Ardèche.)*

Solution. — I. Le **poids de l'or monnayé** que l'on pourrait obtenir serait les 10/9 du *poids de l'or pur*.

1° *Poids de l'or pur* : $480^g \times 0,915 = 439^g,20$.

2° **Poids d'or monnayé** : $\dfrac{439^g,2 \times 10}{9} = \mathbf{488}$ **g**.

II. **La valeur de l'or monnayé** est égale au produit de **3f,10** par le *poids d'or monnayé* exprimé en grammes :

$$3^f,10 \times 488 = \mathbf{1512^f,80}.$$

Remarque. — On **abaisse le titre d'un lingot** en ajoutant du cuivre, et le *poids du métal fin ne change pas*.

On **élève le titre d'un lingot** en ajoutant du métal fin, *et le poids du cuivre ne change pas*.

Dans les deux cas, ce problème revient à *chercher le poids de la monnaie* que l'on peut obtenir avec le **métal dont le poids ne change pas**.

1439. — On ajoute 54 g. de cuivre à 486 g. d'argent pur. Quel est le titre du nouveau lingot ? *(Allier.)*

Titre = Poids d'argent pur (486 g.) **:** Poids total ($486^g + 54^g$).
Rép. $486 : 540 = 0,900$.

1440. — Quel serait le titre de l'alliage obtenu si l'on fondait ensemble une pièce de 5 fr. et une pièce de 2 fr. ? *(Ain.)*

Titre = Poids d'argent pur **:** Poids total ($25^g + 10^g$).

Poids d'argent pur.
- *a)* Pièce de 5 fr. : $25^g \times 0,9 = 22^g,5$.
- *b)* Pièce de 2 fr. : $10^g \times 0,835 = 8^g,35$.
- *c)* $22^g,5 + 8^g,35 = 30^g,85$.

Rép. $30,85 : 35 = 0,881$.

1441. — On a fondu ensemble 60 pièces de 5 fr. en argent et 120 pièces de 2 fr. Quel est le titre du lingot ainsi obtenu ? *(Doubs.)*

Titre = Poids d'argent pur **:** Poids total.

1. Poids d'argent pur.
- *a)* Pièces de 5 fr. : Poids total $= 25^g \times 60 = 1\,500$ g. ; $1\,500^g \times 0,9 = 1\,350$ g.
- *b)* Pièces de 2 fr. : Poids total $= 10^g \times 120 = 1\,200$ g. ; $1\,200^g \times 0,835 = 1\,002$ g.
- *c)* $1\,350^g + 1\,002^g = 2\,352$ g.

2. Poids total $= 1\,500^g + 1\,200^g = 2\,700$ g.
Rép. $2352 : 2700 = 0,871$.

1442. — On fond ensemble 39 pièces de 5 fr. en argent, 127 pièces de 2 fr. et 315 de 0f,50. On demande : 1° le titre de l'alliage obtenu ; 2° le poids du cuivre qu'il contient. *(Calvados.)*

I. *Titre* = Poids d'argent pur **:** Poids total.

1. Poids d'argent pur.
- *a)* P. de 5 fr. : Poids total $= 25^g \times 39 = 975$ g. ; $975^g \times 0,9 = 877^g,5$ d'argent pur.
- *b)* Pièces division^res : Poids tot. : Val. $= 2^f \times 127 + 0^f,50 \times 315 = 411^f,50$. ; $5^g \times 411,5 = 2\,057^g,5$. ; $2\,057^g,5 \times 0,835 = 1\,718^g,0125$ d'argent pur.
- *c)* $877^g,5 + 1\,718^g,0125 = 2\,595^g,5125$.

2. Poids total $= 975^g + 2\,057^g,5 = 3\,032^g,5$.
Rép. $2595,5125 : 3\,032,5 = 0,855$.
II. *Poids de cuivre* $= 3\,032^g,5 - 2\,595^g,5125$. *Rép.* $436^g,9875$.

1443. — Un lingot d'or qui pèse 528 g. renferme 120 g. de cuivre.

Quel poids d'or faudrait-il lui ajouter pour obtenir un alliage au titre
des monnaies ?   (*Ardennes.*)

Poids d'or à ajouter = Poids d'alliage monétaire — Poids du lingot (528 g.).
Poids d'alliage monétaire = 120ᵍ × 10 = 1 200 g.
Rép.   1 200ᵍ — 528ᵍ = 672 *g.*

1444. — Combien faut-il ajouter de cuivre à 1 kg. d'argent au titre
de 0,900 pour faire de la monnaie au titre de 0,835 ?   (*Doubs.*)

Poids de cuivre à ajouter = Poids d'alliage monétaire à 0,835 — 1 000 g.
Poids d'alliage monétaire = 900ᵍ × 1 000/835 = 1 077ᵍ,84.
Rép.   1 077ᵍ,84 — 1 000ᵍ = 77ᵍ,84.

1445. — Quelle quantité de cuivre faudrait-il ajouter à un lingot
d'argent de 3ᵏᵍ,350 au titre de 9/10 pour faire de la monnaie divisionnaire ? Pour quelle somme pourra-t-on en fabriquer ?   (*Var.*)

I. *Poids de cuivre à ajouter* = Poids de l'alliage monétaire — 3 350 g.
Poids d'alliage monétaire. { *a*) Argent pur :   3 350ᵍ × 0,9 = 3 015 g.
                          { *b*) 3 015ᵍ × 1 000/835 = 3 610ᵍ,778.
Rép.   3 610ᵍ,778 — 3 350ᵍ = 260ᵍ,778.
II. *Somme fabriquée* = 3 610 : 5.   *Rép.*   722 *fr.* (Il reste 0ᵍ,778.)

1446. — Un lingot d'argent au titre de 0,805 pèse 875 g. Que faut-il
ajouter d'argent pur pour en faire des pièces divisionnaires? Quelle sera
la valeur du lingot obtenu ?   (*Aude.*)

I. *Poids d'argent pur à ajouter* = Poids de l'alliage monétaire — 875 g.
Poids de l'alliage. { *a*) Cuivre :   875ᵍ × (1 — 0,805) = 170ᵍ,625.
                   { *b*) 170ᵍ,625 × 1 000/165 = 1 034ᵍ,09.
Rép.   1 034ᵍ,09 — 875ᵍ = 159ᵍ,09.
II. *Valeur du lingot :* 1 034 : 5.   *Rép.*   206ᶠ,80. (Il reste 0ᵍ,09.)

*COMPOSITION DES MONNAIES DE BRONZE   P. 142.

16. — Le bronze des monnaies est un alliage composé de *cuivre*, d'*étain* et de *zinc*.

17. — Dans les monnaies de bronze :

le poids du **cuivre** est les **0,95** du poids total ;
le poids de l'**étain**   —   **0,04**   —
le poids du **zinc**   —   **0,01**   —

Problèmes. — 1447. — Calculez les quantités de cuivre, d'étain et de
zinc contenues dans une somme de 12ᶠ,50 en billon.   (*Nord.*)

I. *Poids du cuivre* = Poids total (1 250 g.) × 0,95. *Rép.*   1 187ᵍ,5.
II. *Étain :*   1 250ᵍ × 0,04. *Rép.*   50 *g.*
III. *Zinc :*   1 250ᵍ × 0,01. *Rép.*   12ᵍ,50.

1448. — Combien y a-t-il de zinc et d'étain dans une somme en
bronze qui pèse 640 dag. ? Quelle est cette somme ?   (*Eure.*)

I. *Zinc* = 6 400ᵍ × 0,01.   *Rép.*   64 *g.*
II. *Étain* = 64ᵍ × 4.   *Rép.*   256 *g.*
III. *Somme* = 6 400 centimes.   *Rép.*   64 *fr.*

1449. — Quel est le poids du zinc, de l'étain et du cuivre contenus dans 150 pièces de 0^f,10 ? *(Meuse.)*

I. *Poids du zinc* = 10^g × 150 × 0,01. *Rép.* 15 *g.*
II. *Étain :* 15^g × 4. *Rép.* 60 *g.*
III. *Cuivre :* 15^g × 95. *Rép.* 1425 *g.*

1450. — Quels sont les poids de cuivre, d'étain et de zinc qui entrent dans la composition de 35 fr. en monnaie de bronze ? *(Morbihan.)*

I. *Poids du cuivre* = 3500^g × 0,95. *Rép.* 3325 *g.*
II. *Étain* = 3500^g × 0,04. *Rép.* 140 *g.*
III. *Zinc :* 3500^g × 0,01. *Rép.* 35 *g.*

1451. — Combien faut-il prendre de cuivre et de zinc pour faire de la monnaie de bronze, si on emploie 4^{kg} 1/2 d'étain? *(Aisne.)*

I. *Zinc* = 4500^g : 4. *Rép.* 1125 *g.*
II. *Cuivre :* 1125^g × 95. *Rép.* 106.875 *g.*

1452. — On a un lingot de cuivre de 12 kg 16 dag. En y ajoutant l'étain et le zinc nécessaires, quels sont le poids et la valeur de la monnaie de billon que l'on obtiendrait ? *(Doubs.)*

I. *Poids* = 12^{kg},16 : 0,95 = 12^{kg},8. *Rép.* 12800 *g.*
II. *Valeur* = 12800 centimes. *Rép.* 128 *fr.*

1453. — Quels poids d'étain et de zinc faut-il allier à 134^{kg},9 de cuivre pour avoir le bronze des monnaies? Combien, avec cet alliage, pourra-t-on faire de pièces de 0^f,05 et de 0^f,10 en nombre égal? *(S.-et-Marne.)*

I. *Poids de zinc* = 134^{kg},9 : 95. *Rép.* 1^{kg},42.
II. *Poids d'étain* = 1^{kg},42 × 4. *Rép.* 5^{kg},68.
III. *Nombre de pièces de chaque espèce* = Poids total : Somme des poids d'une pièce de chaque sorte (5^g + 10^g = 15^g).
Poids total = 1^{kg},42 × 100 = 142 kg. ou 142000 g.
Rép. 142000 : 15 = 9466 *pièces.* (Il reste 10 g. d'alliage.)

*REVISION

1454. — Expliquer ce qu'on entend par titre des monnaies. Quels sont les titres des monnaies d'or et d'argent françaises? Quel est le poids de l'argent pur contenu dans 450 fr. en pièces de 5 fr.? *(Manche.)*

I. Voir §§ 11, 13 et 15, El., pages 138, 139 et 141.
II. *Poids d'argent pur* = Poids total × 0,9.
Poids total = 5^g × 450 = 2250 g. *Rép.* 2250^g × 0,9 = 2025 *g.*

1455. — Quelle est la somme en monnaie de bronze qui pèse autant qu'un hectolitre d'eau pure, et combien contient-elle de cuivre, d'étain et de zinc ? *(Aisne.)*

I. *Somme* = Poids en g. (100000 g.) : 100. *Rép.* 1000 *fr.*
II. *Rép.* 95 *kg. de cuivre;* 4 *kg. d'étain;* 1 *kg. de zinc.*

1456. — Quel est le poids d'un lingot au titre de 0,920 contenant 635^g,5 d'or fin ? *(Marne.)*

Poids total = 635^g,5 : 0,920. *Rép.* 690^g,76.

1457. — Combien faut-il ajouter d'argent pur à 275 g. de cuivre pour faire des pièces de 5 fr. ? Quelle serait la valeur de ces pièces ? *(Corrèze.)*

I. *Argent pur à ajouter* = 275^g × 9. *Rép.* 2475 *g.*
II. *Valeur* = Poids total monnayé : 5.
Poids total = 275^g × 10 = 2750 g. *Rép.* 2750 : 5 = 550 *fr.*

1458. — Quel est le poids du cuivre contenu dans 470 fr. en pièces de 1 fr.? Quel est le poids de la même somme en or?   (*Aube.*)

I. *Poids du cuivre* = Poids total $\times$ 0,165.
Poids total = 5ᵍ $\times$ 470 = 2350 g.   *Rép.*   2350ᵍ $\times$ 0,165 = 387ᵍ,75.
II. *Poids de 470 fr. en or* = 470 : 3,1.   *Rép.*   151ᵍ,612.

1459. — Un marchand achète 80 doubles-décalitres de blé à 20 fr. l'hectolitre. Combien, pour les payer, doit-il donner de pièces de 5 fr. en argent? Quel poids d'argent pur contient cette somme?   (*Vosges.*)

I. *Nombre de pièces de 5 fr.* = Prix total : 5.
Prix total = 20ᶠ $\times$ 80 : 5 = 320 fr.   *Rép.*   320 : 5 = 64 *pièces de 5 fr.*
II. *Argent pur* = 5ᵍ $\times$ 320 $\times$ 0,9.   *Rép.*   1440 g.

1460. — Un lingot d'argent pur pèse 7ᵏᵍ,515. Quelle somme pourrait-on fabriquer : 1° en pièces de 5 fr.; 2° en pièces de 1 fr.?   (*Calvados.*)

I. *Somme en pièces de 5 fr.* = Poids total monnayé : 5.
Poids total = 7515ᵍ : 0,9 = 8350 g.   *Rép.*   8350 : 5 = 1670 *fr.*
II. *En pièces de 1 fr.* = Poids total monnayé : 5.
Poids total = 7515ᵍ : 0,835 = 9000 g.   *Rép.*   9000 : 5 = 1800 *fr.*

1461. — Le kilogramme d'or pur vaut 3437 fr. Un bijou en or pèse **P. 143.** 105 g.; il contient 1/10 de cuivre; son travail est estimé à 85ᶠ,25. Quelle est sa valeur?   (*Tarn.*)

Valeur totale = Valeur de l'or pur + Travail (85ᶠ,25).

Or pur. $\begin{cases} a) \text{ Poids} = 105ᵍ \times 0,9 = 94ᵍ,5 \text{ ou } 0ᵏᵍ,0945 \\ b) \text{ Valeur} = 3437ᶠ \times 0,0945 = 324ᶠ,7965 \text{ ou } 324ᶠ,80. \end{cases}$

Rép.   324ᶠ,80 + 85ᶠ,25 = 410ᶠ,05.

1462. — Combien pourrait-on fabriquer de pièces de 2 fr. avec un lingot d'argent pur pesant autant que 3 l. 1/2 d'eau pure? Quelle quantité de cuivre devrait-on y ajouter?   (*Cher.*)

I. *Nombre de p. de 2 fr.* = Poids total monnayé : Poids d'une pièce (10ᵍ).
Poids total :   a) Argent pur : 3500 g.   b) 3500ᵍ $\times$ 1000/835 = 4191ᵍ,61.
Rép.   4191,61 : 10 = 419 *pièces.*   (Reste 1ᵍ,61.)
II. *Cuivre ajouté* = 4191ᵍ,61 — 3500ᵍ.   *Rép.*   691ᵍ,61.

1463. — Quelle est la somme d'or monnayée qui contient autant de cuivre que 400 pièces de 0ᶠ,50?   (*Doubs.*)

Somme en or = 3ᶠ,10 $\times$ Poids total d'or monnayé.

Poids total. $\begin{cases} a) \text{ Cuivre} : 2ᵍ,5 \times 400 \times 0,165 = 165 \text{ } g. \\ b) 165ᵍ \times 10 = 1650 \text{ g.} \end{cases}$

Rép.   3ᶠ,10 $\times$ 1650 = 5115 *fr.*

1464. — On a fondu 6000 fr. en pièces d'argent de 5 fr. pour en fabriquer des pièces de 0ᶠ,50. Combien a-t-on dû ajouter de cuivre et combien a-t-on fabriqué de pièces?   (*Manche.*)

I. *Cuivre à ajouter* = Poids total à 0,835 — Poids total à 0,9.
1. A 0,835. $\begin{cases} a) \text{ Argent pur} : 5ᵍ \times 6000 \times 0,9 = 27000 \text{ g.} \\ b) \text{ Poids total} = 27000ᵍ : 0,835 = 32335 \text{ g.} \end{cases}$
2. A 0,9 : 5ᵍ $\times$ 6000 = 30000ᵍ.   *Rép.*   32335ᵍ — 30000ᵍ = 2335 *g.*
II. *Nombre de pièces de 0ᶠ,50* = 32335 : 2,5.   *Rép.*   12934 *pièces.*

1465. — On fond 45 pièces de 5 fr. en argent et 60 pièces de 2 fr.

Trouver le titre de l'alliage ainsi obtenu et le poids du cuivre contenu dans cet alliage. *(Somme.)*

I. *Titre* = Poids d'argent pur : Poids total.
1. **Poids total.**
  a) Pièces de 5 fr. : $25^g \times 45 = 1\,125$ g.
  b) Pièces de 2 fr. : $10^g \times 60 = 600$ g.
  c) En tout : $1\,125^g + 600^g = 1\,725$ g.
2. **Argent pur.**
  a) Pièces de 5 fr. : $1\,125^g \times 0,9 = 1\,012^g,5$.
  b) Pièces de 2 fr. : $600^g \times 0,835 = 501$ g.
  c) En tout : $1\,012^g,5 + 501^g = 1\,513^g,5$.
Rép. $1\,513,5 : 1\,725 = 0,877$.
II. *Poids du cuivre* $= 1\,725^g - 1\,513^g,5$. *Rép.* $211^g,5$.

1466. — Une somme de 6 580 fr. est composée moitié de pièces d'or et moitié de pièces de 5 fr. en argent. Combien pèse-t-elle ? Combien pèse le cuivre qu'elle renferme ? *(Marne.)*

I. *Poids de la somme* = Poids de l'or + Poids de l'argent.
1. Or : a) Valeur $= 6\,580^f : 2 = 3\,290$ fr. b) Poids $= 3\,290 : 3,1 = 1\,061^g,29$.
2. Argent : $5^g \times 3\,290 = 16\,450$ g. *Rép.* $1\,061^g,29 + 16\,450^g = 17\,511^g,29$.
II. *Poids de cuivre* $= 17\,511^g,29 \times 0,1$. *Rép.* $1\,751^g,129$.

1467. — Le volume d'un lingot d'argent pur est de $2^{dm^3},412$; sa densité est 10,5. Quel poids de cuivre faut-il lui ajouter pour fabriquer des pièces de 5 fr. et quel sera le nombre de ces pièces ? *(Finistère.)*

I. *Poids de cuivre* = Poids d'argent pur : 9.
Argent pur : $10^{kg},5 \times 2,412 = 25^{kg},326$. *Rép.* $25\,326^g : 9 = 2\,814$ g.
II. *Nombre de pièces de 5 fr.* = Poids total : 25.
Poids tot. $= 2\,814^g \times 10 = 28\,140$ g. *Rép.* $28\,140 : 25 = 1\,125$ p. (Reste 15 g.).

1468. — Une somme est formée de 13 pièces de 20 fr., de 5 pièces de 10 fr., de 25 pièces de 5 fr. en argent, et de 40 pièces de 0ᶠ,50. Quel est le poids : 1° de l'or pur ; 2° de l'argent pur ; 3° du cuivre qu'elle contient ? *(Loiret.)*

I. *Or pur* = Poids total d'or monnayé × 0,9.
Poids total : a) Valeur $= 20^f \times 13 + 10^f \times 5 = 310$ fr. b) Poids $= 100$ g.
Rép. $100^g \times 0,9 = 90$ g. (Cuivre : 10 g)
II. *Argent pur* = Argent pur des pièces de 5 fr. + Celui des pièces de 0ᶠ,50.
1. P. de 5 fr. : $25^g \times 25 \times 0,9 = 625^g \times 0,9 = 562^g,5$. (Cuivre : $62^g,5$)
2. P. de 0ᶠ,50 : $2^g,5 \times 40 \times 0,835 = 100^g \times 0,835 = 83^g,5$. (Cuivre : $16^g,5$.)
Rép. $562^g,5 + 83^g,5 = 646$ g.
III. *Cuivre* $= 10^g + 62^g,5 + 16^g,5$. *Rép.* 89 g.

1469. — On a une somme de $517^f,75$, formée de 465 fr. en or, de 20 pièces de 2 fr., le reste est en monnaie de bronze. On demande quel est le poids de la somme et quel est le poids du cuivre contenu dans les pièces d'or et d'argent. *(Loiret.)*

I. *Poids total* $= (465 : 3,1) + (10^g \times 20) + [100^g \times (517,75 - 465 - 40)]$.
Rép. $150^g + 200^g + 1\,275^g = 1\,625$ g.
II. *Poids du cuivre* $= (150^g \times 0,1) + (200^g \times 0,165)$. *Rép.* $15^g + 33^g = 48$ g.

1470. — On a acheté 10 hl. de vin à 38 fr. l'hectolitre. On paye la moitié du prix en or, la moitié du reste en argent et le reste en bronze. Quel est le poids total de la somme et quel est le poids du cuivre contenu dans les pièces d'or ? *(Meurthe-et-Moselle.)*

I. *Poids total* = Poids de l'or + Poids de l'argent + Poids du bronze.
1. Or : a) Valeur $= 38^f \times 10 : 2 = 190$ fr. b) Poids $= 190 : 3,1 = 61^g,29$.
2. Argent : a) Valeur $= 190^f : 2 = 95$ fr. b) Poids $= 5^g \times 95 = 475$ g.
3. Bronze : $95^f = 9\,500$ centimes ; Poids $= 9\,500$ g.
Rép. $61^g,29 + 475^g + 9\,500^g = 10\,036^g,29$.
II. *Poids du cuivre des pièces d'or* $= 61^g,29 \times 0,1$. *Rép.* $6^g,129$.

1471. — ·Quelle quantité de cuivre faut-il ajouter à 40 pièces de 5 fr. en argent pour en faire des pièces de 0^f,50 et combien aura-t-on de ces pièces ?   (*Ardèche.*)

I. *Cuivre à ajouter* = Poids des pièces de 0^f,50 — Poids des pièces de 5 fr.
1. Pièces de 5 fr. :   25^g × 40 = 1 000 g.

2. Pièces de 0^f,50. $\begin{cases} a) \text{ Argent pur : } 1 000^g × 0,9 = 900 \text{ g.} \\ b) \text{ Poids total} = 900^g : 0,835 = 1 077^g,84. \end{cases}$
Rép.   1077^g,84 — 1 000^g = 77^g,84.
II. *N. de pièces de* 0^f,50 = 1 077,84 : 2,5.   *Rép.*   431 *pièces.* (Reste : 0^g,34.)

1472. — On a dans un sac 18 pièces de 20 fr., 23 pièces de 10 fr., 52 pièces de 2 fr. et 35 pièces de 0^f,10. On demande : 1° le poids total de la somme renfermée dans ce sac; 2° le poids du cuivre qu'elle contient.   (*Orne.*)

I. *Poids total* = Somme des poids des différentes monnaies.
1. Or. $\begin{cases} a) \text{ Valeur} = 20^f × 18 + 10^f × 23 = 360^f + 230^f = 590 \text{ fr.} \\ b) \text{ Poids} = 590 : 3,1 = 190^g,322. \end{cases}$
2. Argent :   10^g × 52 = 520 g.;   3. Bronze :   10^g × 35 = 350 g.
Rép.   190^g,322 + 520^g + 350^g = 1 060^g,322.
II. *Cuivre* = 190^g,322 × 0,1 + 520^g × 0,165 + 350^g × 0,95.
Rép.   19^g,0322 + 85^g,8 + 332^g,5 = 437^g,3322.

1473. — Un lingot d'argent pur pèse autant que 2^l,468 d'eau pure. On veut le monnayer de façon à avoir autant de pièces de 5 fr. que de 2 fr. Combien aura-t-on de pièces de chaque espèce?   (*H^{te}-Garonne.*)

Nombre de pièces de chaque espèce = Poids total d'argent pur : Somme des poids d'argent pur d'une pièce de chaque sorte.
1. Poids total d'argent pur :   2^l,468 d'eau pèsent 2 468 g.
2. Somme des poids, etc. $\begin{cases} a) \text{ 1 pièce de 5 fr. : } 25^g × 0,9 = 22^g,5. \\ b) \text{ 1 pièce de 2 fr. : } 10^g × 0,835 = 8^g,35. \\ c) \text{ En tout : } 22^g,5 + 8^g,35 = 30^g,85. \end{cases}$
Rép.   2 468 : 30,85 = 80 *pièces.*

1474. — Une somme de 1 158^f,50 est formée de poids égaux d'or, d'argent au titre de 0,835 et de bronze. Quel est son poids et celui des métaux qu'elle renferme : or, argent, cuivre, zinc, étain ? (*Somme.*)

I. *Poids total* = Poids de chaque somme × 3.
Poids de chaque. $\begin{cases} = 1 158,5 : \text{ Somme des valeurs de 1 g. de chaque sorte.} \\ a) \text{ Somme des valeurs} = 3^f,10 + 0^f,20 + 0^f,01 = 3^f,31. \\ b) \text{ 1 158,5 : 3,31} = 350 \text{ g.} \end{cases}$
Rép.   350^g × 3 = 1 050 *g.*
II. *Poids d'or* = 350^g × 0,9.   *Rép.*   315 *g.*
III. *Poids d'argent* = 350^g × 0,835.   *Rép.*   292^g,25.
IV. *Poids de cuivre* = (350^g × 0,1) + (350^g — 292^g,25) + 350^g × 0,95.
Rép.   35^g + 57^g,75 + 332^g,5 = 425^g,25.
V. *Poids de zinc* = 350^g × 0,01.   *Rép.*   3^g,5.
VI. *Poids d'étain* = 3^g,5 × 4.   *Rép.*   14 *g.*

1475. — On a retiré 6 200 pièces de 5 fr. de la circulation; on les emploie à fabriquer des pièces de 1 fr. et de 2 fr. Quelle somme obtiendra-t-on si chaque pièce de 5 fr. a perdu 1/200 de son poids par l'usure ?   (*Meurthe-et-Moselle.*)

Somme = Poids total d'arg. pur : Poids d'arg. pur d'une pièce de 1 fr.

1. Poids total d'argent pur. $\begin{cases} a) \text{ Poids total des p. de 5 fr.} \begin{cases} 25^g × 6 200 = 155 000 \text{ g.} \\ \text{Usure : } 155 000^g : 200 = 775 \text{ g.} \\ \text{Reste} = 155 000^g — 775^g = 154 225 \text{ g.} \end{cases} \\ b) \text{ 154 225}^g × 0,9 = 138 802^g,5. \end{cases}$
2. Argent pur d'une pièce de 1 fr. :   5^g × 0,835 = 4^g,175.
Rép.   138 802,5 : 4,175 = 33 246 *fr.*   (Reste : 0^g,45 d'argent pur.)

NOTIONS GÉNÉRALES

P. 144.

1. — *L'ensemble des poids et mesures* usités aujourd'hui en France constitue le **système métrique**.

2. — Ce système est appelé **métrique**, parce que toutes ses unités principales dépendent ou dérivent du **mètre**.

3. — Pour que la *longueur du mètre* soit **invariable**, les créateurs du système métrique l'ont prise égale à la **dix-millionième partie du quart du méridien terrestre**.

4. — Le **méridien terrestre**, c'est-à-dire la circonférence qui fait le tour de la Terre en passant par les deux pôles, vaut donc 40 *millions de mètres*.

5. — Le **degré du méridien vaut** :

$$\frac{40\,000\,000 \text{ m.}}{360} \text{ ou } \frac{10\,000\,000 \text{ m.}}{90} = 111\,111 \text{ m.}$$

Certaines mesures dont la longueur se rattache à celle du degré du méridien sont encore usitées. Ce sont :

la *lieue terrestre*, de 25 au degré . . . 4 444 m. ;

la *lieue marine*, de 20 au degré. . . . 5 555 m. ;

le *mille marin*, de 60 au degré, ou arc d'une minute, ou tiers de la lieue marine. . 1 852 m. ;

le *nœud*, ou 1/120 du mille marin. . . . 15 m. .

Remarque. — Lorsqu'on dit qu'un navire *file 22 nœuds*, cela signifie que ce navire parcourt 22 *milles marins* (40^{km},7) à *l'heure*.

Problèmes. — 1476. — Combien le tour de la Terre mesure-t-il de kilomètres ? de lieues métriques ? *Rép.* 40 000 *km.*; 10 000 *lieues.*

1477. — Le quart du méridien terrestre est divisé en 90°. Combien un degré vaut-il de mètres ? Voir § 5.   *(Vienne.)*

1478. — Calculer la longueur : 1° de la lieue terrestre; 2° de la lieue marine ; 3° du mille marin ; 4° du nœud.

Rép. 1° (10 000 000 : 90) : 25 = 4 444^m,444...;   2° 5 555^m,555...
3° (10 000 000 : 90) : 60 = 1 851^m,85;   4° 1 851^m,85 : 120 = 15^m,43.

1479. — Un navire file 21 nœuds. Combien fait-il de km. en 1 heure ? Voir n° 1478. *Rép.* 1 851^m,8 × 21 = 38^{km},888.

1480. — La distance de Paris à Madrid mesurée sur une sphère est de 9 degrés. Évaluer cette distance en lieues de 4 km.   *(Cher.)*

Nombre de lieues = Distance en km. : 4.
Distance en km. = 10 000^{km} × 9 : 90 = 10 000^{km} : 10 = 1 000 km.
Rép. 1 000 : 4 = 250 *lieues.*

1481. — Sachant que la mesure de la distance du pôle à l'équateur avait donné 5 130 740 toises, on demande d'exprimer à 1 mm. près la longueur de la toise et de ses divisions, pied et pouce, sachant que la toise valait 6 pieds et le pied 12 pouces.   (*Cher.*)

I. *Une toise* vaut: 10 000 000 : 5 130 740. *Rép.* 1ᵐ,949.
II. *Un pied :* 1ᵐ,949 : 6. *Rép.* 0ᵐ,324.
III. *Un pouce :* 0ᵐ,324 : 12. *Rép.* 0ᵐ,027.

6. — Outre l'*invariabilité*, le système métrique pré- P. 145. sente encore l'avantage d'être **décimal**, c'est-à-dire que ses unités secondaires sont 10, 100, 1 000 fois plus grandes ou plus petites que l'unité principale.

7. — Il est notre système **légal** des poids et mesures. La loi du 4 juillet 1837 l'a rendu obligatoire dans toute la France. C'est aussi le système obligatoire de la plupart des pays civilisés.

Depuis 1837, les décisions des Conférences internationales ont entraîné certains changements dans notre législation. Le *tableau des mesures légales* annexé à la loi du 4 juillet 1837 a été modifié par le *décret du 28 juillet* 1903, rendu conformément à la loi du 11 juillet de la même année.

Voici, d'après ce décret, les *définitions des unités principales* du système métrique :

8. — « Le **mètre** est la longueur, à la température de zéro, du prototype international, en platine iridié, qui a été sanctionné par la Conférence générale des Poids et Mesures, tenue à Paris en 1889, et qui est déposé au Pavillon de Breteuil, à Sèvres. »

« La copie nᵒ 8 de ce prototype international, déposée aux Archives nationales, est l'étalon légal pour la France. »

« La longueur du mètre est *très approximativement la dix-millionième partie du quart du méridien terrestre*, qui a été prise comme point de départ pour l'établir..... »

9. — « Le **kilogramme** est la masse du prototype international, en platine iridié, qui a été sanctionné par la Conférence générale des Poids et Mesures, tenue à Paris en 1889, et qui est déposé au Pavillon de Breteuil, à Sèvres. »

« La copie nᵒ 35 de ce prototype international, déposée aux Archives nationales, est l'étalon légal pour la France. »

« La masse du kilogramme est *très approximativement celle de 1 dm³ d'eau à son maximum de densité*, qui a été prise comme point de départ pour l'établir. »

« Dans le langage courant, le terme *poids* est employé dans le sens de *masse*. »

10. — « Le **litre** est le volume occupé par un *kilogramme d'eau pure* à son maximum de densité et sous la pression atmosphérique normale. »

« Le volume du litre est très approximativement égal à 1 *dm³*. »

11. — « Le **franc** est la valeur de *cinq grammes d'argent au titre légal.* »

P. 146.

TABLEAU DES MESURES LÉGALES

NOMS	VALEURS	SIGNES abréviatifs.
Mesures de longueur.		
Myriamètre........	Dix mille mètres.	Mm.
Kilomètre.........	Mille mètres.	km.
Hectomètre........	Cent mètres.	hm.
Décamètre.........	Dix mètres.	dam.
Mètre.............	*Unité fondamentale.*	m.
Décimètre.........	Dixième du mètre.	dm.
Centimètre........	Centième du mètre.	cm.
Millimètre........	Millième du mètre.	mm.
Mesures agraires.		
Hectare...........	Cent ares.	ha.
Are...............	Cent mètres carrés.	a.
Centiare..........	Centième de l'are.	ca ou m².
Mesures des bois.		
Décastère.........	Dix stères.	das.
Stère.............	Mètre cube.	s ou m³.
Décistère.........	Dixième du stère.	ds.
Mesures de masse ou de poids.		
Tonne.............	Mille kilogrammes.	t.
Quintal métrique..	Cent kilogrammes.	q.
Kilogramme........	*Unité fondamentale.*	kg.
Hectogramme.......	Cent grammes.	hg.
Décagramme	Dix grammes.	dag.
Gramme............	Millième du kilogramme.	g.
Décigramme........	Dixième du gramme.	dg.
Centigramme.......	Centième du gramme.	cg.
Milligramme	Millième du gramme.	mg.
Mesures de capacité.		
Kilolitre.........	Mille litres.	kl.
Hectolitre........	Cent litres.	hl.
Décalitre.........	Dix litres.	dal.
Litre.............		l.
Décilitre.........	Dixième du litre.	dl.
Centilitre........	Centième du litre.	cl.
Millilitre........	Millième du litre.	ml.
Monnaies.		
Franc.............		
Décime............	Dixième du franc.	
Centime...........	Centième du franc.	

*REVISION GÉNÉRALE.   P. 147.

Problèmes. — 1482. — J'avais dans un sac une somme de 2 640 fr. en argent; je l'échange contre de l'or. De combien le poids du sac a-t-il diminué?   (*Meurthe-et-Moselle.*)

Diminution = Poids de l'argent — Poids de l'or.
1. Argent : 5ᵍ × 2 640 = 13 200 g.;   2. Or : 2 640 : 3,1 = 851ᵍ,61.
Rép. 13 200ᵍ — 851ᵍ,61 = 12 348ᵍ,39.

1483. — Exprimer en centimètres cubes la différence entre les 3/5 et les 3/8 d'un décimètre cube.   (*Orne.*)

3/5 = 0ᵈᵐ³,6;   3/8 = 0ᵈᵐ³,375.   *Rép.* 600ᶜᵐ³ — 375ᶜᵐ³ = 225ᶜᵐ³.

1484. — Sept couvreurs travaillant 10 heures par jour couvrent chacun une surface de 0ᵐ²,90 à l'heure. Quel temps mettront-ils pour couvrir une maison dont le toit a 2 versants ayant chacun 21 m. de long sur 6 m. de large? Que recevront-ils chacun s'ils sont payés 0ᶠ,60 l'heure ?   (*Côte-d'Or.*)

I. *Nombre de jours* = Surface totale : Surface couverte en 1 jour.
1. Surface totale = 21ᵐ² × 6 × 2 = 252 m².
2. Surface couverte en 1 jour = 0ᵐ²,9 × 10 × 7 = 63ᵐ².
Rép. 252 : 63 = 4 *jours.*
II. *Paye de chacun* = 0ᶠ,60 × 10 × 4. *Rép.* 24 *fr.*

1485. — On a acheté une pièce de drap de 31ᵐ,20 pour 140ᶠ,40 ; plus tard, on s'aperçoit que cette pièce n'a en réalité que 297 dm. Combien a-t-on payé de trop et combien doit-on revendre le mètre de cette étoffe pour gagner 52ᶠ,65 sur le tout?   (*Charente.*)

I. *Somme payée en trop* = Prix du mètre × Nombre de mètres en moins.
1. Prix du mètre = 140ᶠ,4 : 31,2 = 4ᶠ,50.
2. Nombre de mètres en moins = 31ᵐ,2 — 29ᵐ,7 = 1ᵐ,50.
Rép. 4ᶠ,50 × 1,5 = 6ᶠ,75.
II. *P. de vente du m.* = P. de vente total : Nombre de m. reçus (29ᵐ,7).
Prix de vente total = 140ᶠ,40 + 52ᶠ,65 = 193ᶠ,05.
Rép. 193ᶠ,05 : 29,7 = 6ᶠ,50.

1486. — Pour clôturer un terrain carré de 42ᵐ,50 de côté, il a fallu planter des pieux espacés de 2ᵐ,50. Sachant qu'un pieu a été payé 0ᶠ,95, dites combien on a dépensé.   (*Seine.*)

Dépense = Prix d'un pieu (0ᶠ,95) × Nombre de pieux.
N. de pieux : *a)* Périm. = 42ᵐ,5 × 4 = 170 m.;   *b)* 170 : 2,5 = 68 pieux.
Rép. 0ᶠ,95 × 68 = 64ᶠ,60.

1487. — Quels poids mettra-t-on pour peser sur une balance 1ᵏᵍ,837?   (*Sarthe.*)

Rép. 1 *kg.*;   1/2 *kg.*;   2 *hg.*;   1 *hg.*;   20 *g.*;   10 *g.*;   5 *g.*;   2 *g.*

1488. — On fait tapisser une chambre qui a 5 m. de long, 4ᵐ,50 de large et 3ᵐ,80 de haut. Que coûtera le papier nécessaire si le rouleau de 8 m. de long sur 0ᵐ,50 de large coûte 1ᶠ,25 ?   (*Finistère.*)

Prix du papier = Prix du rouleau (1ᶠ,25) × Nombre de rouleaux.

Nombre de rouleaux.
a) Surface à tapisser. Périmètre = (5ᵐ + 4ᵐ,5) × 2 = 19 m.
19ᵐ² × 3,8 = 72ᵐ²,2.
b) Surface d'un rouleau = 8ᵐ² × 0,5 = 4 m².
c) 72,2 : 4 = 19 rouleaux par excès.

Rép. 1ᶠ,25 × 19 = 23ᶠ,75.

1489. — Calculer, à 80 fr. le mètre cube, la valeur totale de 2 blocs de pierre dont l'un a 3m³ 96dm³, et l'autre 36 dm³ de moins. (*Finistère.*)

Valeur totale = Prix du m³ (80 fr.) × Nombre de m³.
Nombre de m³ = 3m³,096 + 3m³,096 — 0m³,036 = 6m³,156.
Rép. 80f × 6,156 = 492f,48, soit 492f,50.

1490. — On donne à ourler sur les 4 côtés une douzaine de tapis carrés de 2m,20 de côté. Sachant que le mètre d'ourlet est payé 0f,25, combien recevra l'ouvrière chargée de ce travail ? (*Nièvre.*)

Gain de l'ouvrière = Gain par tapis × 12.
Gain par tapis : a) Périm. = 2m,2 × 4 = 8m,80. b) 0f,25 × 8,8 = 2f,20.
Rép. 2f,20 × 12 = 26f,40.

1491. — Une chambre a 23m²,40 de superficie; on veut la carreler avec des carreaux qui ont 1dm² 1/2 de surface. Combien faut-il de carreaux et quelle sera la dépense, si chaque carreau coûte 0f,20 et si l'ouvrier demande 0f,75 par mètre carré ? (*Aveyron.*)

I. *Nombre de carreaux* = 2340 : 1,5. *Rép.* 1560 *carreaux.*
II. *Dépense totale* = Prix des carreaux + Main-d'œuvre.
1. Carreaux : 0f,2 × 1560 = 312 fr.; 2. Main-d'œuvre: 0f,75 × 23,4 = 17f,55.
Rép. 312f + 17f,55 = 329f,55.

1492. — Combien faudra-t-il de rouleaux de papier de 12 m. de long sur 0m,70 de large pour tapisser une salle carrée de 6m,30 de côté et 3m,80 de haut, en admettant que les portes et fenêtres prennent le quart de la surface des murs ? (*Loire.*)

Nombre de rouleaux = Surface à tapisser : Surface d'un rouleau.

1. Surface à tapisser.
  a) Surface totale. { Périmètre = 6m,3 × 4 = 25m,20.
    25m²,2 × 3,8 = 95m²,76.
  b) Déduction : 95m²,76 : 4 = 23m²,94.
  c) Reste : 95m²,76 — 23m²,94 = 71m²,82.
2. Surface d'un rouleau = 12m² × 0,7 = 8m²,40.
Rép. 71,82 : 8,4 = 9 *rouleaux* par excès.

1493. — Quel est le poids total du cuivre contenu dans 748 pièces de 5 fr. et dans 625 pièces de 2 fr. ? (*Seine.*)

Poids total du cuivre = Somme des poids du cuivre des différences pièces.

1. Pièces de 5 fr. { a) Cuivre d'une pièce : 25g × 0,1 = 2g,5.
  b) Poids total de cuivre = 2g,5 × 748 = 1870 g.

2. Pièces de 2 fr. { a) Cuivre d'une pièce : 10g × 0,165 = 1g,65.
  b) Poids total de cuivre = 1g,65 × 625 = 1031g,25.
Rép. 1870g + 1031g,25 = 2901g,25.

1494. — Pour l'extraction de 1m³ de minerai de fer, on paye 4f,50. Quelle économie fera un mineur, dans un mois de 25 jours de travail, si, par jour, il extrait 825 dm³ de minerai et dépense 2f,75 ? (*Ardèche.*)

Économie mensuelle = Gain mensuel — Dépense mensuelle.
1. Gain mensuel = 4f,50 × 0,825 × 25 = 3f,7125 × 25 = 92f,8125 ou 92f,80.
2. Dépense mensuelle = 2f,75 × 30 = 82f,50. *Rép.* 92f,8 — 82f,5 = 10f,30.

1495. — Pour doubler un tapis rectangulaire de 4m,80 de long sur 2m,40 de large, on a le choix entre 2 étoffes : l'une de 0m,80 de large qui coûte 2 fr. le mètre; l'autre de 0m,60 de large à 1f,60. Laquelle faut-il choisir et quelle sera l'économie réalisée ? (*Nord.*)

Économie = Différence des prix des 2 doublures.
1. Prix de la 1re. { a) Longueur = 4,8 × 2,4 : 0,8 = 3 lés de 4m,8 = 14m,40.
  b) 2f × 14,4 = 28f,80.

2. Prix de la 2e. { a) Longueur = 4,8 × 2,4 : 0,6 = 4 lés de 4m,8 = 19m,20.
  b) 1f,60 × 19,2 = 30f,72.
Rép. 1° *Choisir la* 1re; 2° *Économie* = 30f,72 — 28f,8 = 1f,92.

1496. — Sur un champ de 3 ha. 9 a. 8 ca., on répand une couche de fumier de 0ᵐ,0075. Quelle est la dépense, si le fumier coûte 5ᶠ,60 le mètre cube et le transport 1ᶠ,50 par voiture de 1ᵐ³,5 ?   (*Savoie.*)

Dépense = Prix du fumier + Prix du transport.

1. Prix du fumier. { *a*) Volume = 30 908ᵐ³ × 0,0075 = 231ᵐ³,81.
{ *b*) 5ᶠ,60 × 231,81 = 1 298ᶠ,136 ou 1 298ᶠ,15.

2. Transport. . . { *a*) Nombre de voit. = 231,81 : 1,5 = 155 voit. par excès.
{ *b*) 1ᶠ,5 × 155 = 232ᶠ,50.

Rép. 1 298ᶠ,15 + 232ᶠ,50 = 1 530ᶠ,65.

1497. — Un jardin rectangulaire a 28ᵐ,50 de large et 48ᵐ,60 de long. P. 148. Tout autour est une allée de 0ᵐ,80 de large ; un chemin d'une largeur de 1ᵐ,20 le traverse en son milieu dans le sens de la longueur. Quelle est la surface de la partie consacrée à la culture ?   (*Doubs.*)

Surface réservée à la culture = Longueur réduite × Largeur réduite.
1. Longueur réduite = 48ᵐ,6 — 0ᵐ,8 × 2 = 47 m.
2. Largeur réduite = 28ᵐ,5 — (0ᵐ,8 × 2) — 1ᵐ,20 = 28ᵐ,5 — 2ᵐ,8 = 25ᵐ,70.
Rép. 47ᵐ² × 25,7 = 1 207ᵐ²,9.

1498. — Un cultivateur a vendu 64 moutons à 25 fr. l'un. Il a été payé avec des pièces de 5 fr. en argent. Quel est le poids de la somme reçue ? Quel poids d'argent pur contient-elle ?   (*Vaucluse.*)

I. *Poids de la somme* = 5ᵍ × Valeur de cette somme.
Valeur = 25ᶠ × 64 = 1 600 fr. *Rép.* 5ᵍ × 1 600 = 8 000 g.
II. *Poids d'argent pur* = 8 000ᵍ × 0,9. *Rép.* 7 200 g.

1499. — Un menuisier a confectionné une boîte cubique en bois, ayant 1ᵐ,80 d'arête, au prix de 5 fr. le mètre carré, couvercle compris. A cause de la mauvaise exécution du travail, on ne lui a donné que 88 fr. Combien lui retient-on ?   (*Haute-Marne.*)

Somme retenue = Prix convenu — Somme donnée (88 fr.).

Prix convenu. { *a*) 1 face. { Surface = 1ᵐ²,8 × 1,8 = 3ᵐ²,24.
{ { Prix = 5ᶠ × 3,24 = 16ᶠ,20.
{ *b*) 16ᶠ,2 × 6 = 97ᶠ,20.

Rép. 97ᶠ,20 — 88ᶠ = 9ᶠ,20.

1500. — Un tonneau vide pèse 28ᵏᵍ,6. On l'emplit d'eau aux 3/4 et il pèse alors 215ᵏᵍ,2. Quelle est la contenance du tonneau ? Quel serait le prix du vin qu'on pourrait y loger à 75 fr. l'hectolitre ?   (*Gironde.*)

I. *Contenance totale* = Contenance des 3/4 : 3/4 (ou × 4/3).

Contenance des 3/4. { *a*) Poids d'eau = 215ᵏᵍ,2 — 28ᵏᵍ,6 = 186ᵏᵍ,6.
{ *b*) Capacité correspondante = 186ˡ,6.

Rép. 186ˡ,6 × 4/3 = 248ˡ,8.
II. *Prix du vin* = 75ᶠ × 2,488. *Rép.* 186ᶠ,60.

1501. — Un propriétaire a fait marché avec 4 ouvriers pour l'exploitation d'une coupe de taillis, à raison de 1ᶠ,50 par stère de bois et 2ᶠ,50 par cent de fagots. Le taillis a produit 20 das. de bois et 2 500 fagots. L'exploitation a duré 20 jours. Combien chaque ouvrier a-t-il gagné par jour ?   (*Tarn-et-Garonne.*)

Gain journalier d'un ouvrier = Gain total : Nombre de journées d'ouvrier.

1. Gain total. { *a*) Bois : 1ᶠ,5 × 200 = 300 fr.
{ *b*) Fagots : 2ᶠ,5 × 25 = 62ᶠ,5.
{ *c*) En tout : 300ᶠ + 62ᶠ,50 = 362ᶠ,50.

2. Nombre de journées = 20ʲ × 4 = 80 journées. *Rép.* 362ᶠ,5 : 80 = 4ᶠ,53.

1502. — On a une somme de 82^f.90 en pièces divisionnaires. Trouvez : 1° le poids de cette somme ; 2° le poids de l'argent pur qu'elle contient ; 3° le poids du cuivre. *(Finistère.)*

I. *Poids total* = 5^g $\times$ 82,9. *Rép.* 414^g,5.
II. *Poids d'argent pur* = 414^g,5 $\times$ 0,835. *Rép.* 346^g,1075.
III. *Poids de cuivre* = 414^g,5 — 346^g,1075. *Rép.* 68^g,3925.

1503. — Un marchand a acheté 540 doubles-décalitres de blé à raison de 18^f,50 l'hectolitre. Il a vendu ce blé à raison de 25 fr. le quintal. Quel est son bénéfice, sachant que le double-décalitre de blé pèse 15^{kg},8 et qu'il y a eu 10 fr. de frais divers ? *(Seine-Inf^{re}.)*

Bénéfice = Prix de vente — Prix de revient.

1. Prix de vente. $\begin{cases} a)\ \text{Poids :}\ 15^{kg},8 \times 510 = 8532\ \text{kg.} = 85^q,32. \\ b)\ 25^f \times 85,32 = 2\,133\ \text{fr.} \end{cases}$

2. P. de rev. : $a)$ Achat : (18^f,5 : 5) $\times$ 540 = 1 998 fr. $b)$ 1 998^f + 10^f = 2 008 fr
Rép. 2 133^f — 2 008^f = 125 *fr.*

1504. — Tous les 9 jours, une ménagère emploie 2 paniers de charbon pesant chacun 45 kg. et valant 2^f.25 l'un. Si elle faisait venir, pour elle et une voisine, un wagon de 6 000 kg. de charbon coûtant 33^f,70 la tonne, quel temps mettrait-elle pour brûler sa moitié de wagon ? Quelle économie ferait-elle pendant ce temps ? *(Tarn.)*

I. *Temps* = Poids du 1/2 wagon (3 000 kg.) : Consommation journalière.
Consommat. journ. : 45^{kg} $\times$ 2 : 9 = 10 kg. *Rép.* 3 000 : 10 = 300 j.
II. *Économie totale* = Économie journalière $\times$ 300.

Economie journalière. $\begin{cases} a)\ \text{Dépense journ. (1^{er} cas)} = 2^f,25 \times 2 : 9 = 0^f,50. \\ b)\ \qquad\quad — \qquad\quad (2^e\ \text{cas}) = 33^f,7 : 100 = 0^f,337. \\ c)\ \text{Economie} = 0^f,50 — 0^f,337 = 0^f,163. \end{cases}$

Rép. 0^f,163 $\times$ 300 = 48^f,90.

1505. — On veut tapisser une salle de 5^m,75 de long sur 5^m,80 de large et 3^m,10 de haut avec des rouleaux de 0^m,50 de large sur 6^m,80 de long et valant 1^f,75 l'un. Que coûtera le papier employé, s'il y a une porte de 1^m,20 sur 2 m. et 2 fenêtres de 1^m,40 sur 1^m,90 ? *(Vosges.)*

Dépense = Prix du rouleau (1^f,75) $\times$ Nombre de rouleaux.

Nombre de rouleaux. $\begin{cases} a)\ \text{Surf. à tapisser.} \begin{cases} \text{Surf. lat.} \begin{cases} \text{Pér.} = (5^m,75+5^m,8) \times 2 = 23^m,10. \\ 23^{m2},1 \times 3,1 = 71^{m2},61. \end{cases} \\ \text{Déduct.} \begin{cases} \text{Porte :}\ 2^{m2} \times 1,2 = 2^{m2},4. \\ \text{Fenêtres :}\ 1^{m2},4 \times 1,9 \times 2 = 5^{m2},32. \\ \text{En tout :}\ 2^{m2},4 + 5^{m2},32 = 7^{m2},72. \end{cases} \\ 71^{m2},61 — 7^{m2},72 = 63^{m2},89. \end{cases} \\ b)\ \text{Surface d'un rouleau} = 6^{m2},8 \times 0,5 = 3^{m2},4. \\ c)\ 63,89 : 3,4 = 19\ \text{rouleaux par excès.} \end{cases}$

Rép. 1^f,75 $\times$ 19 = 33^f,25.

1506. — Autour d'un champ rectangulaire ayant 87 m. de long et 45 m. de large, on a planté des arbres que l'on a placés à 1^m,50 des bords et qui sont espacés les uns des autres de 3^m,50. Quelle est la dépense, sachant que les arbres coûtent 75 fr. le cent et que la main-d'œuvre revient pour le tout à 15 fr. ? *(Finistère.)*

Dépense = Prix des arbres + Main-d'œuvre (15 fr.).

Arbres. $\begin{cases} a)\ \text{Nombre.} \begin{cases} \text{Pér. intér.} \begin{cases} \text{Long. réd.} = 87^m — (1^m,5 \times 2) = 84\ \text{m.} \\ \text{Larg. réd.} = 45^m — 3^m = 42\ \text{m.} \\ (84^m + 42^m) \times 2 = 252\ \text{m.} \end{cases} \\ 252 : 3,5 = 72\ \text{arbres.} \end{cases} \\ b)\ \text{Prix} = 75^f \times 0,72 = 54\ \text{fr.} \end{cases}$

Rép. 54^f + 15^f = 69 *fr.*

1507. — Un propriétaire fait construire une maison ayant $17^m,50$ de long sur $6^m,25$ de large ; il la fait entourer d'une grille placée à $3^m,75$ des murs. Calculez la valeur de cette grille au prix de $3^f,50$ le mètre courant.   (*Yonne.*)

Prix total = Prix du m. $(3^f,5) \times$ Périmètre extérieur.

Périmètre extérieur. $\begin{cases} a) \text{ Longueur} = 17^m,5 + (3^m,75 \times 2) = 25 \text{ m.} \\ b) \text{ Largeur} = 6^m,25 + 7^m,50 = 13^m,75. \\ c) (25^m + 13^m,75) \times 2 = 77^m,50. \end{cases}$

Rép. $3^f,50 \times 77,5 = 271^f,25.$

1508. — Quel est le poids d'argent fin contenu dans une somme de 850 fr. en pièces de 5 fr.? Quel serait le poids des pièces divisionnaires dans lesquelles entrerait ce poids d'argent fin ?   (*Orne.*)

I. *Poids d'argent pur* = Poids total $\times$ 0,9.
Poids total = $5^g \times 850 = 4250$ g. *Rép.* $4250^g \times 0,9 = 3825$ g.
II. *Poids des pièces divisionnaires* = $3825^g \times 1000/835.$ *Rép.* $4580^g,83.$

1509. — Une table a $1^m,20$ de longueur et $0^m,80$ de largeur. On la recouvre d'une toile cirée qui déborde tout autour de $0^m,30$. Quelle est la valeur de cette toile cirée à $2^f,50$ le mètre carré ?   (*Nord.*)

Valeur = Prix du m^2 $(2^f,5) \times$ Surface de la toile cirée.

Surface. $\begin{cases} a) \text{ Longueur} = 1^m,2 + (0^m,30 \times 2) = 1^m,80. \\ b) \text{ Largeur} = 0^m,8 + 0^m,6 = 1^m,40. \\ c) 1^{m2},8 \times 1,4 = 2^{m2},52. \end{cases}$

Rép. $2^f,50 \times 2,52 = 6^f,30.$

1510. — On a bordé de franges, valant $0^f,35$ le mètre, 2 paires de ri- P. 149. deaux qui ont chacun $4^m,25$ de haut sur $0^m,85$ de large. Il a fallu payer 4 journées 1/2 à $1^f,80$ et $0^f,50$ de fil. Quelle a été la dépense ?   (*Nord.*)

Dépense = Prix des franges + Façon + Fil $(0^f,50)$.

1. Franges. $\begin{cases} a) \text{ Long.} \begin{cases} \text{Par rideau :} \quad (4^m,25 + 0^m,85) \times 2 = 10^m,20. \\ \text{Pour 2 paires :} \quad 10^m,2 \times 4 = 40^m,80. \end{cases} \\ b) \text{ Prix} = 0^f,35 \times 40,8 = 14^f,28 \text{ ou } 14^f,30. \end{cases}$

2. Façon : $1^f,80 \times 4,5 = 8^f,10.$
Rép. $14^f,30 + 8^f,10 + 0^f,50 = 22^f,90.$

1511. — Quelle est la quantité totale de cuivre qui entre dans 135 pièces de 2 fr., et dans la même somme en pièces d'argent de 5 fr. ? (*Jura*).

Poids total du cuivre = Somme des poids de cuivre des 2 espèces de monnaie.

1. Pièces de 2 fr. $\begin{cases} a) \text{ Poids total} = 10^g \times 135 = 1350 \text{ g.} \\ b) \text{ Cuivre :} \quad 1350^g \times 0,165 = 222^g,75. \end{cases}$

2. Pièces de 5 fr. : $1350^g \times 0,1 = 135$ g.
Rép. $222^g,75 + 135^g = 357^g,75.$

1512. — Un champ rectangulaire mesure $145^m,6$ de long, $92^m,4$ de large. On l'entoure de plants d'aubépine distants l'un de l'autre de $0^m,28$ et achetés à $2^f,15$ le cent. Les frais de plantation s'élèvent à $8^f,45$. A combien revient la clôture du terrain ?   (*Côte-d'Or.*)

Prix de revient = Prix des plants + Frais $(8^f,45)$.

Prix des plants. $\begin{cases} a) \text{ Nombre.} \begin{cases} \text{Périm.} = (145^m,6 + 92^m,4) \times 2 = 476 \text{ m.} \\ 476 : 0,28 = 1700 \text{ plants.} \end{cases} \\ b) 2^f,15 \times 17 = 36^f,55. \end{cases}$

Rép. $36^f,55 + 8^f,45 = 45$ *fr.*

1513. — Un fermier a acheté, pour $140^f,50$, un monceau de fumier qui a comme dimensions moyennes : $5^m,70$ de long, $2^m,80$ de large et $1^m,70$ de haut. A combien revient le mètre cube de ce fumier si les frais de transport se sont élevés à 42ᶠ,15? Quelle étendue de terrain pourra fumer ce fermier, s'il emploie en moyenne 575 décimètres cubes de fumier par are ? *(Orne.)*

I. *Prix du m³* = Prix total : Volume en m³.
1. Prix total = 140ᶠ,50 + 42ᶠ,15 = 182ᶠ,65.
2. Volume = 5ᵐ³,7 × 2,8 × 1,7 = 27ᵐ³,132.
Rép. 182ᶠ,65 : 27,132 = 6ᶠ,73.

II. *Surface fumée* = Volume total (27 132 dm³) : Volume par are (575 dm³).
Rép. 27 132 : 575 = 47ᵃ,18.

1514. — Avant 1863, une pièce de 2 fr. était au titre de 0,9. Une pièce de 2 fr. actuelle est au titre de 0,835. Quelle est la différence des poids d'argent pur contenus dans 1 000 pièces? *(Loire-Inférieure.)*

Différence totale d'argent pur = Différence par pièce × 1000.

Différence par pièce. $\begin{cases} a) \text{ Argent à } 0{,}9 = 10^{\text{g}} \times 0{,}9 = 9 \text{ g.} \\ b) \text{ Argent à } 0{,}835 = 10^{\text{g}} \times 0{,}835 = 8^{\text{g}}{,}35. \\ c) \ 9^{\text{g}} - 8^{\text{g}}{,}35 = 0^{\text{g}}{,}65. \end{cases}$

Rép. 0ᵍ,65 × 1000 = 650 *g.*

1515. — Combien faut-il de briques carrées de 0ᵐ,20 de côté pour paver une cuisine rectangulaire de 6 m. sur 4 m., sachant que, le long des murs, le sol a dû être recouvert de ciment dans le sens de la longueur et dans le sens de la largeur sur une largeur de 0ᵐ,20? *(Ardèche.)*

Nombre de briques = Surface pavée : Surface d'une brique.

1. Surface pavée. $\begin{cases} a) \text{ Longueur. } \begin{cases} \text{Déduction} = 0^{\text{m}}{,}2 \times 2 = 0^{\text{m}}{,}40. \\ 6^{\text{m}} - 0^{\text{m}}{,}40 = 5^{\text{m}}{,}60. \end{cases} \\ b) \text{ Largeur} = 4^{\text{m}} - 0^{\text{m}}{,}40 = 3^{\text{m}}{,}60. \\ c) \ 5^{\text{m}}{,}6 \times 3{,}6 = 20^{\text{m}^2}{,}16. \end{cases}$

2. Surface d'une brique = 0ᵐ²,2 × 0,2 = 0ᵐ²,04.
Rép. 20,16 : 0,04 = 504 *briques.*

1516. — Une cuve pleine de vin a une contenance de 2 m³ 90 dm³. Combien, avec cette quantité de vin, pourra-t-on emplir de fûts dont chacun pèse 245ᵏᵍ,8, quand il est plein d'eau, et 17ᵏᵍ,5 quand il est vide? Combien restera-t-il de vin après l'opération? *(Seine-et-Oise.)*

I. *Nombre de fûts* = Volume du vin (2090 l.) : Contenance d'un fût.

Contenance d'un fût. $\begin{cases} a) \text{ Poids de l'eau} = 245^{\text{kg}}{,}8 - 17^{\text{kg}}{,}5 = 228^{\text{kg}}{,}3. \\ b) \text{ Volume} = 228^{\text{l}}{,}3. \end{cases}$

Rép. 2090 : 228,3 = 9 *fûts.*
II. *Reste* = 2090ˡ — 228,3 × 9. *Rép.* 35ˡ,3.

1517. — On veut tapisser une chambre de 4 m. de long, 3 m. de large, 3 m. de haut, avec du papier dont la largeur est 0ᵐ,80. Quelle longueur de papier faudra-t-il et quelle sera la dépense, si le rouleau de 10 m. coûte 3ᶠ,25 ? (La chambre a une porte et 2 fenêtres qui occupent ensemble une surface de 5 m².) *(Somme.)*

I. *Longueur de papier* = Surface à tapisser : Largeur du papier (0ᵐ,8).

Surface à tapisser. $\begin{cases} a) \text{ Surface totale. } \begin{cases} \text{Périm.} = (4^{\text{m}} + 3^{\text{m}}) \times 2 = 14 \text{ m.} \\ 14^{\text{m}^2} \times 3 = 42 \text{ m}^2. \end{cases} \\ b) \ 42^{\text{m}^2} - 5^{\text{m}^2} = 37^{\text{m}^2}. \end{cases}$

Rép. 37 : 0,8 = 46ᵐ,25.
II. *Dépense* = Prix du rouleau (3ᶠ,25) × Nombre de rouleaux.
Nombre de rouleaux = 46,25 : 10 = 4 par défaut, soit 5 rouleaux.
Rép. 3ᶠ,25 × 5 = 16ᶠ,25.

1518. — On ajoute à 495 g. de cuivre la quantité d'argent pur nécessaire pour faire de la monnaie divisionnaire. Combien pourra-t-on faire de pièces de 2 fr. ?   (*Eure-et-Loir.*)

N. de pièces = Poids total de cuivre (495 g.) : Poids de cuivre dans 2 fr.
Poids de cuivre dans 2 fr. = $10^g \times 0,165 = 1^g,65$.
Rép.   495 : 1,65 = 300 *pièces.*

1519. — Dans un champ de 50 a., il y a sous le sol une excellente argile à briques qui forme une couche de $1^m,25$ d'épaisseur. Que vaut cette argile à $0^f,45$ le mètre cube?   (*Aube.*)

Prix total = Prix du m^3 ($0^f,45$) $\times$ Nombre de m^3.
Nombre de m^3 =   a) $50^a = 5000$ m².   b) $5000^{m3} \times 1,25 = 6250$ m³.
Rép. $0^f,45 \times 6250 = 2812^f,50$.

1520. — Un marchand achète, à raison de $53^f,10$ l'hectolitre, 6 pièces de vin contenant chacune 220 l. Il en garde une demi-pièce pour son usage et revend le reste. A quel prix devra-t-il compter la bouteille de 4/5 de litre pour retirer le prix d'achat?   (*H.-Vienne.*)

Prix de vente de la bouteille = Prix total : Nombre de bouteilles.

1. Prix total.   { a) Contenance totale = $220^l \times 6 = 1320$ l. = $13^{hl},2$.
{ b) $53^f,10 \times 13,2 = 700^f,92$.

2. Nombre de bouteilles.   { a) Reste = $1320^l - (220^l : 2) = 1210$ l.
{ b) 1210 : 4/5 = $1210 \times 5/4 = 1512$ bouteilles.

Rép. $700^f,92 : 1512 = 0^f,46$.

1521. — Un coffre rectangulaire peut contenir 4^q 1/2 de blé. Sachant que l'hectolitre pèse 75 kg., que la longueur du coffre est $1^m,50$ et sa largeur 1 m., on demande sa profondeur.   (*Rhône.*)

Profondeur = Volume : Surface de base.
1. Volume :   a) $4^q,5 = 450$ kg. ;   b) 450 : 75 = 6 hl. ou $0^{m3},6$.
2. Surface de base = $1^{m2},5 \times 1 = 1^{m2},5$.   *Rép.*   0,6 : 1,5 = $0^m,40$.

1522. — Une somme en argent pèse 6 kg. 3/4. Quelle est cette somme? En supposant qu'elle soit en pièces de 5 fr., combien contient-elle de cuivre?   (*Vendée.*)

I. *Val. de la somme* = Poids tot. (6750 g.) : Poids de 1 fr. (5 g) *Rép.* 1350 *fr.*
II. *Poids du cuivre* = 0,1 du poids total (6750 g.).   *Rép.*   675 *g.*

1523. — Une citerne ayant $6^m,40$ de longueur, $4^m,60$ de largeur et $3^m,30$ de profondeur, est remplie d'eau aux 3/5. Combien manque-t-il de doubles-décalitres pour qu'elle soit entièrement pleine?   (*Aisne.*)

Nombre de doubles-décalitres manq. = Nombre de l. de la partie vide : 20.

Partie vide.   { a) Hauteur = $3^m,30 \times (1 - 3/5) = 3^m,3 \times 2/5 = 1^m,32$.
{ b) $6^{m3},4 \times 4,6 \times 1,32 = 38^{m3},8608 = 38860^l,8$.
Rép.   38860,8 : 20 = $1943^{doubles-dal},04$.

1524. — Un marchand achète pour $1921^f,75$ un tas de pommes de terre ayant $4^m,25$ de long sur $4^m,20$ de large et 2 m. de haut. Il revend le tout à $9^f,20$ le quintal. Quel est le bénéfice, si le double-décalitre de pommes de terre pèse 14 kg.?   (*Nord.*)   P. 150.

Bénéfice = Prix de vente — Prix d'achat ($1921^f,75$).

Vente.   { a) Poids.   { Volume = $4^{m3},25 \times 4,2 \times 2 = 35^{m3},7$.
{ = 35700 : 20 = 1785 doubles-dal.
{ $14^{kg} \times 1785 = 24990$ kg. = $249^q,9$.
{ b) Prix = $9^f,2 \times 249,9 = 2299^f,08$ ou $2299^f,10$.
Rép. $2299^f,10 - 1921^f,75 = 377^f,35$.

1525. — Un vase vide pèse 75 dag.; rempli d'eau pure aux 2/3, il pèse 2 kg. 8 dag. Quelle est sa contenance ?   (*Seine.*)

Contenance totale = Contenance des 2/3 : 2/3.

Contenance des 2/3. { *a*) Poids = $2^{kg},08 - 0^{kg},75 = 1^{kg},33$.
{ *b*) Volume = $1^l,33$.

Rép. $1^l,33 : 2/3 = 1^l,995$.

1526. — Les murs et le plafond d'une salle rectangulaire de $9^m,50$ de long, $7^m,20$ de large et 4 m. de haut ont été blanchis à la chaux, à raison de $0^f,25$ le mètre carré. Combien doit-on payer pour ce travail, déduction faite d'une porte de $2^m,70$ de haut sur $1^m,40$ de large et de 2 fenêtres de $2^m,10$ de haut sur $1^m,05$ de large ?   (*Aisne.*)

Dépense = Prix du m² ($0^f,25$) $\times$ Surface blanchie.

Surface blanchie. {
  a) Surf. lat. { Pér. $= (9^m,5 + 7^m,2) \times 2 = 16^m,7 \times 2 = 33^m,4$.
  { $33^{m2},4 \times 4 = 133^{m2},60$.
  b) Plafond : $9^{m2},5 \times 7,2 = 68^{m2},40$.
  c) Déduct. { Porte : $2^{m2},7 \times 1,4 = 3^{m2},78$.
  { Fenêtres : $2^{m2},1 \times 1,05 \times 2 = 4^{m2},41$.
  { En tout : $3^{m2},78 + 4^{m2},41 = 8^{m2},19$.
  d) $133^{m2},6 + 68^{m2},4 - 8^{m2},19 = 202^{m2} - 8^{m2},19 = 193^{m2},81$.

Rép. $0^f,25 \times 193,81 = 48^f,45$.

1527. — Un mur a $10^m,50$ de long, $6^m,25$ de large et $0^m,25$ d'épaisseur. On a ménagé dans ce mur 6 ouvertures ayant chacune $1^m,80$ de haut et $1^m,20$ de large. Il faut 520 briques par mètre cube de maçonnerie. A raison de 18 fr. le mille, combien coûteront les briques nécessaires à la construction de ce mur ?   (*Gard.*)

Prix des briques = Prix du mille (18 fr.) $\times$ Nombre de mille.

Nombre de mille. {
  a) Volume { Surface $= 10^{m2},5 \times 6,25 = 65^{m2},625$.
  du mur. { Déd. $= 1^{m2},8 \times 1,2 \times 6 = 2^{m2},16 \times 6 = 12^{m2},96$.
  { Reste $= 65^{m2},625 - 12^{m2},96 = 52^{m2},665$.
  { $52^{m3},665 \times 0,25 = 13^{m3},16625$.
  b) $520^{br} \times 13,16625 = 6847$ briques par excès.

Rép. $18^f \times 6,847 = 123^f,246$, ou $123^f,25$.

1528. — Un terrain carré a 75 m. de côté. On pratique tout autour une allée de $0^m,80$ de large, et, au milieu, 2 allées perpendiculaires de même largeur que la 1re. Calculer la surface qui reste à cultiver. (Faire la figure.)   (*Haute-Garonne.*)

Surface cultivable = Surface du carré formé par les 4 carreaux.

Côté du carré. { *a*) Déduct. $= 0^m,8 \times 3 = 2^m,4$.
{ *b*) $75^m - 2^m,4 = 72^m,6$.

Rép. $72^{m2},6 \times 72,6 = 5270^{m2},76$.

1529. — Une caisse vide pèse 2585 g. Pleine de pièces de 5 fr. en argent, elle pèse $28^{kg},16$. Quelle somme contient-elle ? Combien cette somme contient-elle d'argent pur ?   (*Sarthe.*)

I. *Somme* = Poids des pièces : Poids de 1 fr. (5 g.).
Poids des pièces = $28160^g - 2585^g = 25575$ g.
Rép. $25575 : 5 = 5115$ *fr.*

II. *Poids d'argent pur* = $25575^g \times 0,9$.   *Rép.* $23017^g,5$.

1530. — Sur un champ de luzerne, on a fait 2 coupes. La 2e, qui a donné 520 kg. de fourrage sec, a été, comme rendement, les 4/7 de la 1re. Trouver le poids total de la récolte et sa valeur à raison de $5^f,65$ le quintal.   (*Gard.*)

I. *Poids total* = Poids de la 2e coupe (520 kg.) + Poids de la 1re.
Poids de la 1re = $520^{kg} : 4/7 = 520^{kg} \times 7/4 = 910$ kg.
Rép. $520^{kg} + 910^{kg} = 1430$ *kg.*

II. *Valeur* = $5^f,65 \times 14,3$.   *Rép.* $80^f,795$ ou $80^f,80$.

1531. — Quelle somme obtiendrait-on en monnayant 270 grammes d'or pur ? *(Haute-Vienne.)*

Somme = 3^f,10 × Poids de la monnaie d'or.
Poids = 270^g : 0,9 = 300 g. *Rép.* 3^f,10 × 300 = 930 *fr.*

1532. — On veut mettre un treillage autour d'un jardin rectangulaire de 25^m,50 de long sur 18^m,30 de large. Quel sera le prix de ce treillage à raison de 3^f,05 le mètre courant, si on paye en outre pour la pose 1/5 du prix d'achat du treillage ? *(Basses-Pyrénées.)*

Prix total = Prix d'achat + Pose.
1. Prix d'achat. $\begin{cases} a) \text{ Périmètre} = (25^m,5 + 18^m,3) \times 2 = 87^m,60. \\ b) \ 3^f,05 \times 87,6 = 267^f,18. \end{cases}$
2. Pose : 267^f,18 : 5 = 53^f,43.
Rép. 267^f,18 + 53^f,43 = 320^f,61 ou 320^f,60.

1533. — Un robinet fournit 36 dl. par minute. On le laisse ouvert pendant 4 h. 35 min. A quelle hauteur s'élèvera l'eau dans un bassin alimenté par ce robinet, et dont la base rectangulaire a 15 dm. sur 46 cm. ? *(Ain.)*

Hauteur = Volume : Surface de base.
1. Volume. $\begin{cases} a) \text{ Temps} = 60^{min.} \times 4 + 35^{min.} = 275 \text{ minutes.} \\ b) \ 3^l,6 \times 275 = 990 \text{ l.} = 0^{m3},99. \end{cases}$
2. Base = 1^{m2},5 × 0,46 = 0^{m2},69.
Rép. 0,99 : 0,69 = 1^m,43.

1534. — Pour faire un plancher, on emploie une poutre de 8^m,10 de longueur sur 0^m,35 d'équarrissage, et 36 solives ayant chacune 3^m,25 de longueur, 0^m,08 de largeur et 0^m,12 d'épaisseur. La poutre vaut 90 fr. le stère, et les solives, 7^f,50 le décistère. On demande de calculer la valeur du plancher. *(Nièvre.)*

Prix total = Prix de la poutre + Prix des solives.
1. Poutre. $\begin{cases} a) \text{ Volume} = 0^{m3},35 \times 0,35 \times 8,1 = 0^{m3},1225 \times 8,1 = 0^{m3},99225. \\ b) \text{ Prix} = 90^f \times 0,99225 = 89^f,30. \end{cases}$
2. Solives. $\begin{cases} a) \text{ Vol.} = 3^{m3},25 \times 0,08 \times 0,12 \times 36 = 0^{m3},0312 \times 36 = 1^{m3},1232. \\ b) \text{ Prix} = 7^f,5 \times 10 \times 1,1232 = 84^f,24. \end{cases}$
Rép. 89^f,30 + 84^f,24 = 173^f,54 ou 173^f,55.

1535. — Combien faut-il ajouter d'argent pur à 1/2 kg. de cuivre pour en faire des pièces de 5 fr. ? *(Ardèche.)*

Poids d'argent pur = Poids du cuivre (0^{kg},5) × 9. *Rép.* 4^{kg},5.

1536. — On veut doubler un tapis carré de 1^m,40 de côté avec une étoffe de 0^m,35 de largeur. Combien faudra-t-il de lés de 0^m,35 de largeur ? Combien faudra-t-il acheter de doublure ? Quelle est la longueur totale des coutures qu'il faudra faire pour assembler les lés et pour fixer la doublure au tapis ? *(Seine-et-Oise.)*

Faire la figure.
1. *Nombre de lés* = Côté (1^m,4) : Largeur (0^m,35). *Rép.* 4 *lés*.
II. *Long. de doublure* = Côté du carré (1^m,4) × N. de lés (4). *Rép.* 5^m,60.
III. *Longueur des coutures* = Long. d'une cout. (1^m,40) × N. des coutures.
Nombre des coutures : 3 lignes d'assemblage et 4 côtés, en tout 7.
Rép. 1^m,40 × 7 = 9^m,80.

1537. — Un cube d'argent de 20 cm. d'arête pèse autant que 3360 pièces d'argent de 5 fr. Quel est le poids spécifique de l'argent ? *(Doubs.)*

Poids spécifique = Poids en grammes : Volume en cm³.
1. Poids = 25^g × 3360 = 84 000 g.
2. Volume = 20^{cm3} × 20 × 20 = 8000 cm³.
Rép. 84 000 : 8000 = 10,5.

P. 151.   **1538.** — On fond ensemble 740 pièces de 5 fr. en argent et 660 pièces de 2 fr. Quel est le poids : 1° de l'argent fin; 2° du cuivre par kilogramme d'alliage ?   (*Dordogne.*)

I. *Poids d'argent pur par kg.* = Poids total d'argent pur : Nombre de kg. d'alliage.

1. Poids total d'argent pur.
- *a)* Pièces de 5 fr.
  - Poids total = $25^g \times 740 = 18\,500$ g.
  - $18\,500^g \times 0,9 = 16\,650$ g.
- *b)* Pièces de 2 fr.
  - Poids total = $10^g \times 660 = 6\,600$ g.
  - $6\,600^g \times 0,835 = 5\,511$ g.
- *c)* $16\,650^g + 5\,511^g = 22\,161^g = 22^{kg},161.$

2. Nombre de kg. d'alliage = $18^{kg},5 + 6^{kg},6 = 25^{kg},1.$

Rép. $22,161 : 25,1 = 0^{kg},8829.$

II. *Poids de cuivre* = Poids total (1 kg.) — Poids d'argent pur ($0^{kg},8829$).

Rép. $1^{kg} - 0^{kg},8829 = 0^{kg},1171.$

1539. — Une table rectangulaire, qui mesure $1^m,10$ sur $0^m,90$, est recouverte d'un tapis qui retombe tout autour de $0^m,25$. On veut doubler ce tapis avec une étoffe de $0^m,80$ de large, payée $1^f,50$ le mètre. Quel sera le prix de la doublure ?   (*Aveyron.*)

Prix de la doublure = Prix du m. ($1^f,50$) × Longueur.

Longueur.
- *a)* Surface.
  - Augmentation = $0^m,25 \times 2 = 0^m,50.$
  - Longueur = $1^m,10 + 0^m,5 = 1^m,6.$
  - Largeur = $0^m,9 + 0^m,5 = 1^m,4.$
  - $1^{m2},6 \times 1,4 = 2^{m2},24.$
- *b)* $2,24 : 0,8 = 2^m,8.$

Rép. $1^f,5 \times 2,8 = 4^f,20.$

1540. — Quel poids de cuivre faudrait-il ajouter à un lingot de $5^{kg},4$ d'argent pur pour faire de la monnaie divisionnaire ? Quelle somme aurait-on ?   (*Meurthe-et-Moselle.*)

I. *Poids du cuivre* = Poids total — Poids d'argent pur ($5^{kg},4$).
Poids total = $5^{kg},4 : 0,835 = 6^{kg},46706.$
Rép. $6^{kg},46706 - 5^{kg},4 = 1^{kg},06706.$
II. *Somme* = Poids total ($6\,467^g,06$) : Poids de 1 fr. (5 g.).
Rép. $6\,467,06 : 5 = 1\,293^f,40.$ (Reste = $0^g,06.$)

1541. — Un marchand de bois a en magasin 540 s. de bois achetés au prix de $12^f,45$ le stère. Il a payé pour le transport et le sciage 2 800 fr. Ce bois ne pèse que les 0.52 du poids de l'eau sous un même volume. Combien le marchand gagnera-t-il en le revendant au prix de $3^f,50$ le quintal ?   (*Creuse.*)

Bénéfice = Prix de vente — Prix de revient.

1. Prix de vente.
- *a)* Poids = $0^t,52 \times 540 = 280^t,8 = 2\,808$ q.
- *b)* $3^f,50 \times 2\,808 = 9\,828$ fr.

2. Prix de revient.
- *a)* Achat : $12^f,45 \times 540 = 6\,723$ fr.
- *b)* $6\,723^f + 2\,800^f = 9\,523$ fr.

Rép. $9\,828^f - 9\,523^f = 305$ *fr.*

1542. — Combien y a-t-il de grammes de cuivre dans une somme, formée de pièces de 5 fr. en argent, qui pèse autant que 7 l. de vin? La densité de ce vin est égale à 0,995.   (*Gers.*)

Poids du cuivre = Poids de la somme × 0,1.
Poids = $0^{kg},995 \times 7 = 6^{kg},965.$
Rép. $6^{kg},965 \times 0,1 = 0^{kg},6965.$

1543. — Un propriétaire a fait enclore de murs un jardin de 51 m. de long sur 28 m. de large. Il a payé $315^f,90$. A combien revient le mètre cube de maçonnerie, sachant que le mur a $1^m,50$ de haut, $0^m,30$

d'épaisseur et qu'il y a sur l'un des côtés, dans toute la hauteur du mur, une porte de 2 m. de large?   (*Côte-d'Or*.)

Prix du m^3 = Prix total (315^f,90) : Volume en m^3.

Volume.
$\begin{cases} a) \text{ Base. } \begin{cases} \text{Long. tot.} =(51^m+28^m-0^m.3\times2)\times2=78^m,4\times2=156^m,8. \\ \text{Porte déduite : } 156^m,8-2^m=154^m,8. \\ \text{Surface} =154^{m2},8\times0,3=46^{m2},44. \end{cases} \\ b) \ 46^{m3},44\times1,5=69^{m3},66. \end{cases}$

Rép. 315^f,90 : 69,66 = 4^f,53.

1544. — On a allié 4 385 g. d'argent pur avec 25 hg. de cuivre. Combien faut-il ajouter d'argent pur à cet alliage pour faire des pièces de 5 fr.? Combien aura-t-on de ces pièces ?   (*Haute-Saône*.)

I. *Poids d'argent pur à ajouter* = Poids des pièces — Poids de l'alliage primitif.
1. Poids des pièces = 25$^{hg}\times10=250^{hg}=25000$ g.
2. Poids primitif = 4 385^g + 2 500^g = 6 885 g.
Rép. 25 000^g — 6 885^g = 18 115 g.
II. *Nombre de pièces* = Poids total (25 000 g.) : 25.
Rép. 1 000 *pièces*.

1545. — On veut construire un dortoir de 18 m. de long et 8^m,40 de large, pour y recevoir 30 élèves. Le mobilier occupe les 3/72 de l'espace. A quelle hauteur faudra-t-il placer le plafond pour que chaque élève ait 20 m^3 d'air ?   (*Creuse*.)

Hauteur = Volume total : Surface de base.

1. Volume total.
$\begin{cases} a) \text{ Air: } 20^{m3}\times30=600 \text{ m}^3. \\ b) \text{ Fraction correspond. : } 1-3/72=1-1/24=23/24. \\ c) \ 600^{m3} : 23/24 = 626^{m2},086. \end{cases}$

2. Base = 18$^{m2}\times8,4=151^{m2},2$.
Rép. 626,086 : 151,2 = 4^m,14.

1546. — On a un cube d'argent de 9 cm. d'arête, et au titre de 0,795. On y ajoute le métal nécessaire pour en faire des pièces de 5 fr. Quel sera le poids du métal ajouté? La densité de l'alliage est 10,54.   (*Somme*.)

Poids d'argent ajouté = Poids de la monnaie — Poids du cube.

1. Cube...
$\begin{cases} a) \text{ Volume} = 9^{cm3}\times9\times9=729 \text{ cm}^3. \\ b) \text{ Poids} = 10^g,54\times729=7683^g,66. \end{cases}$

2. Monnaie.
$\begin{cases} a) \text{ Poids de cuivre} = 7683^g,66\times(1-0,795). \\ \qquad = 7683^g,66\times0,205 = 1575^g,15. \\ b) \text{ Poids total} = 1575^g,15\times10=15751^g,5. \end{cases}$

Rép. 15 751^g,5 — 7 683^g,66 = 8 067^g,84 *d'argent*.

1547. — On couvre une maison avec des tuiles qui ont 0^m,25 sur 0^m,16 et sont recouvertes aux 5/8 soit par les tuiles du rang supérieur, soit par les faîtières. Quelle sera, à 0,01 près, la dépense, si le toit a 9^m,60 de longueur et 6^m,15 de largeur pour chaque versant, le millier de tuiles coûtant 32 fr., et la pose 0^f,60 par cent ?   (*Cher*.)

Dépense = Prix de revient du mille × Nombre de mille.
1. Prix du mille = 32^f + 0^f,6 × 10 = 38 fr.

2. Nombre de mille.
$\begin{cases} a) \text{ Toit : } 9^{m2},6\times6,15\times2=59^{m2},04\times2=118^{m2},08. \\ b) \text{ Tuile. } \begin{cases} \text{En tout : } 0^{m2},25\times0,16=0^{m2},04. \\ \text{Utile : } 0^{m2},04\times3/8=0^{m2},015. \end{cases} \\ c) \ 118,08 : 0,015 = 7872 \text{ tuiles ou } 7^{mill},872. \end{cases}$

Rép. 38^f × 7,872 = 299^f,13 *à* 0^f,01 *près*.

1548. — La densité de l'huile est 0,920. Combien faudra-t-il de pièces de 0^f,50 pour faire équilibre aux 5/4 d'un litre d'huile? Quelle est la somme en or qui pèse autant que les pièces de 0^f,50?   (*Rhône.*)

I. *Nombre de pièces de* 0^f,50 = Poids total : Poids d'une pièce (2^g,5).
Poids total = 0^{kg},92 × 5/4 = 1^{kg},15 = 1 150 g.
Rép.   1 150 : 2,5 = 460 *pièces.*
II. *Somme en or* = 3^f,10 × Poids (1 150 g.).
Rép.   3^f,10 × 1 150 = 3 565 *fr.*

1549. — Un débitant a acheté 2 pièces de vin de chacune 224 l. pour 114 fr. Il les fait mettre en bouteilles de 80 cl. L'ouvrier demande 6^f,60 pour son travail; les bouteilles vides coûtent 0^f,15 pièce et les bouchons 20 fr. le mille. Combien devra-t-il revendre la bouteille pour gagner 25 °/₀ sur le prix de revient?   (*Lot-et-Garonne.*)

Prix de vente de la bouteille = Prix de vente total : Nombre de bouteilles.

1. Nombre de bout. { *a*) Volume total = 224^l × 2 = 448 l.
{ *b*) 448 : 0,8 = 560 bouteilles.

2. Prix de vente. { *a*) Revient. { Bouteilles : 0^f,15 × 560 = 84 fr.
{ Bouchons : 20^f × 0,56 = 11^f,20.
{ 114^f + 6^f,60 + 84^f + 11^f,20 = 215^f,80.
{ *b*) Bénéfice : 215^f,8 × 0,25 = 53^f,95.
{ *c*) 215^f,8 + 53^f,95 = 269^f,75.

Rép.   269^f,75 : 560 = 0^f,48.

1550. — Un navire marche avec une vitesse de 18 nœuds par demi-minute. On demande de calculer son parcours en mètres pendant une heure, sachant que le nœud est la 120e partie du mille et que 60 milles valent 111 111 mètres.   (*Pas-de-Calais.*)

Vitesse en m. = Longueur du mille × Nombre de milles.
1. Longueur du mille : 111 111^m : 60 = 1 851^m,85.
2. Nombre de milles : En 1 h. ou 120 demi-minutes, 120 fois 18 nœuds ou 18 milles.
Rép.   1 851^m,85 × 18 = 33 333^m,3.

FRACTIONS

DÉFINITIONS. LECTURE. ÉCRITURE

Si on partage une bande de papier en 5 parties égales, l'une des parties est **1 cinquième** de la bande et la réunion de 3 parties en est les **3 cinquièmes**.

Unité.	
1 cinquième.	
3 cinquièmes.	

1 cinquième, *3 cinquièmes* sont des **fractions**.

1. — Une *unité* (bande de papier, pomme, etc.) étant partagée en *parties égales*, **une fraction est** *une* ou *plusieurs de ces parties*.

2. — 3 cinquièmes, 5 sixièmes, 4 septièmes, s'écrivent :

$$\frac{3}{5} \qquad \frac{5}{6} \qquad \frac{4}{7}.$$

3, 5, 4 sont les **numérateurs** ;
5, 6, 7 sont les **dénominateurs**.

Remarque. — Les fractions précédentes s'écrivent aussi : 3/5, 5/6 et 4/7.
Le trait horizontal, qui est le signe de la division, est préférable au trait oblique.

3. — Pour **lire une fraction**, on lit d'abord le numérateur, puis le dénominateur que l'on fait suivre de la terminaison *ième*.

Les dénominateurs **2, 3, 4** s'énoncent **demi, tiers, quart**.

4. — Le *numérateur* et le *dénominateur* sont les **termes** de la fraction.

Le dénominateur indique en *combien de parties égales* l'unité a été divisée, et le **numérateur**, *combien l'on a pris* de ces parties.

P. 153.   **5.** — **Les fractions décimales** peuvent s'écrire sous la *forme des fractions ordinaires.*

Ex. :   0,3;   0,05;   0,75;   0,037;

$$\frac{3}{10}; \quad \frac{5}{100}; \quad \frac{75}{100}; \quad \frac{37}{1\,000}.$$

Exercices oraux. — **1.** — Une pomme étant partagée en 5 parties égales, quelles fractions représentent 3 parties? 4 parties?

Rép. 3/5; 4/5.

2. — Quelles fractions de la semaine font 1 jour? 4 jours? 6 jours?

Rép. 1/7; 4/7; 6/7.

3. — Quelle fraction du jour (24 heures) s'est écoulée, de 9 h. à midi? de 1 h. à 6 h. du soir?

Rép. 3/24; 5/24.

4. — Quelles fractions de l'année font 1 mois? 7 mois? 4 mois? un trimestre? un semestre?

Rép. 1/12; 7/12; 4/12 ou 1/3; 3/12 ou 1/4; 6/12 ou 1/2.

5. — J'ai payé 2 mois, puis 3 mois, puis 5 mois de contributions. Quelle fraction ai-je acquittée dans chacun de mes paiements?

Rép. 2/12 ou 1/6; 3/12 ou 1/4; 5/12.

6. — Lire les fractions suivantes :

$$\frac{4}{7}, \frac{2}{3}, \frac{5}{9}, \frac{11}{18}, \frac{3}{4}, \frac{21}{47}, \frac{53}{125}.$$

Exercices. — **1551.** — Ecrire en chiffres les fractions suivantes : 2 tiers; 5 neuvièmes; 7 huitièmes; 3 quarts; 11 quinzièmes; 13 vingtièmes.

Rép. 2/3; 5/9; 7/8 3/4; 11/15; 13/20.

1552. — Ecrire en toutes lettres les fractions suivantes :

$$\frac{2}{3}, \frac{1}{2}, \frac{5}{7}, \frac{7}{13}, \frac{8}{10}, \frac{12}{20}.$$

Rép. *Deux tiers; une demie; cinq septièmes; etc.*

1553. — Tracez une ligne droite, partagez-la en 6 parties égales; puis tracez 3 autres droites qui soient 1/6, 3/6, 5/6 de la 1re.

Habituer les élèves à figurer les fractions à l'aide de lignes, afin qu'ils aient une idée nette et de leur valeur et de leurs propriétés.

1554. — Représenter graphiquement les fractions suivantes :

$$\frac{1}{2}, \frac{3}{4}, \frac{7}{8}, \frac{5}{9}.$$

Voir l'exercice précédent.

1555. — Un ouvrier peut faire un travail en 25 jours; quelle fraction de ce travail fait-il en 1 jour? en 2 jours? en 6 jours?

Rép. 1/25; 2/25; 6/25.

1556. — Une fontaine remplit un bassin en 11 heures. Quelle fraction de ce bassin remplit-elle en 1 heure? en 3 heures? en 7 heures?
Rép. 1/11; 3/11; 7/11.

1557. — Ecrire sous forme de fractions ordinaires les fractions décimales suivantes : 0,04; 0,8; 0,037; 0,009.
Rép. 4/100; 8/10; 37/1000; 9/1000.

1558. — Ecrire en chiffres, de 2 façons différentes, les fractions du mètre représentées par 3 dm.; 29 cm.; 4 cm.; 228 mm.; 8 mm.
Rép. 0^m,3 ou 3/10 *de m.*; 0^m,29 ou 29/100 *de m.*; 0^m,04 ou 4/100 *de m.*; 0^m,228 ou 228/1000 *de m.*; 0^m,008 ou 8/1000 *de m.*

1559. — Expliquer par un exemple ce que c'est qu'une fraction et dire, d'une façon précise, ce qu'indiquent le numérateur et le dénominateur. Voir *fig.* et §§ 1 et 4. *(Calvados.)*

1560. — Donner la définition de chacune des fractions suivantes en expliquant ce qu'indiquent leur dénominateur et leur numérateur :

$$\frac{2}{3}, \quad \frac{4}{9}, \quad \frac{7}{10}, \quad \frac{9}{15}.$$

Rép. 1° L'unité étant partagée en 3 parties égales, la fraction 2/3 est égale à 2 de ces parties; etc. (Voir § 4.)

FRACTIONS AYANT LE MÊME DÉNOMINATEUR P. 154.

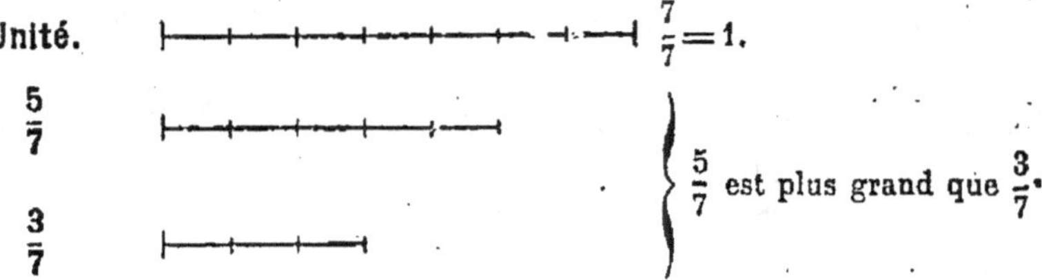

Unité. $\frac{4}{4}=1$.

$\frac{3}{4}$ $\frac{3}{4}$ est plus petit que 1.

$\frac{7}{4}$ $\frac{7}{4}$ est plus grand que 1.

6. — Une *fraction* est **égale à l'unité** lorsque son *numérateur* est **égal** à son *dénominateur*.

Une *fraction* est **plus petite** que l'unité lorsque son *numérateur* est **plus petit** que son *dénominateur*.

Une *fraction* est **plus grande** que l'unité lorsque son *numérateur* est **plus grand** que son *dénominateur*.

Les *fractions plus grandes que l'unité* se nomment parfois **expressions fractionnaires.**

Unité. $\frac{7}{7}=1$.

$\frac{5}{7}$

$\frac{3}{7}$ $\frac{5}{7}$ est plus grand que $\frac{3}{7}$.

7. — De 2 *fractions* qui ont le *même dénominateur*, **la plus grande est celle qui a le plus grand numérateur.**

Exercices écrits. — 1561. — Transformer une unité : 1° en demies, 2° en tiers, 3° en quarts, 4° en huitièmes, 5° en quinzièmes, 6° en dixièmes, 7° en vingtièmes, 8° en centièmes.

Rép. 2/2; 3/3; 4/4; 8/8; 15/15; 10/10; 20/20; 100/100.

1562. — Ecrire 4 fractions égales à l'unité.

1563. — Trouver parmi les fractions suivantes celles qui sont plus petites que l'unité : $\dfrac{4}{7}$, $\dfrac{9}{5}$, $\dfrac{8}{8}$, $\dfrac{7}{13}$, $\dfrac{6}{15}$, $\dfrac{3}{10}$, $\dfrac{21}{21}$, $\dfrac{36}{45}$, $\dfrac{27}{12}$.

Rép. 4/7; 7/13; 6/15; 3/10; 36/45.

1564. — Partager les fractions suivantes en 3 groupes (fractions égales, inférieures et supérieures à l'unité) :
$$\frac{5}{7}, \frac{8}{3}, \frac{4}{4}, \frac{3}{2}, \frac{5}{9}, \frac{15}{8}, \frac{21}{10}, \frac{35}{35}, \frac{17}{18}, \frac{29}{28}, \frac{61}{61}.$$

Rép. 1° 4/4, 35/35, 61/61; 2° 5/7, 5/9, 17/18; 3° 8/3, 3/2, 15/8, 21/10, 29/28.

1565. — Ranger par ordre de grandeur croissante les fractions :
$$\frac{5}{23}, \frac{14}{23}, \frac{10}{23}, \frac{16}{23}, \frac{27}{23}, \frac{15}{23}, \frac{37}{23}, \frac{13}{23}$$

Rép. 5/23, 10/23, 13/23, 14/23, 15/23, 16/23, 27/23, 37/23.

1566. — Ranger par ordre de grandeur décroissante les fractions :
$$\frac{27}{19}, \frac{12}{19}, \frac{40}{19}, \frac{5}{19}, \frac{18}{19}, \frac{35}{19}, \frac{7}{19}, \frac{11}{19}$$

Rép. 40/19, 35/19, 27/19, 18/19, 12/19, 11/19, 7/19, 5/19.

NOMBRES FRACTIONNAIRES. CONVERSION

P. 155.

8. — Un nombre fractionnaire est un *nombre entier suivi d'une fraction.*

Ex. :   4 m. $\dfrac{3}{4}$;   3 l. $\dfrac{4}{5}$;   5 $\dfrac{6}{7}$.

I. Problème. — Combien y a-t-il de quarts dans 3 unités?

Unité.

3 unités.   4 quarts   4 quarts   4 quarts

Solution. — Dans **3 unités,** il y a 3 fois 4 quarts : 4 quarts $\times$ **3** $= \dfrac{12}{4}$.

II. Problème. — Combien y a-t-il de cinquièmes dans 2 unités $\dfrac{3}{5}$?

Unité. $1 = \dfrac{5}{5}$.

2 unités $\dfrac{3}{5}$.

Solution. — Le nombre **2 unités** $\dfrac{3}{5}$ est la *somme de 2 unités et de* $\dfrac{3}{5}$.

1· **2** *unités* valent : 5 cinquièmes $\times$ 2 = 10 cinquièmes;

2º **2 unités** $\dfrac{3}{5}$ valent : 10 cinquièmes + 3 cinquièmes = $\dfrac{13}{5}$.

Exercices écrits. — 1567. — Ecrire les nombres fractionnaires suivants : 4 mètres 7 neuvièmes; 6 litres 3 cinquièmes; 8 unités 12 treizièmes; 12 unités 3 huitièmes. *Rép.* 4m 7/9; 6l 3/5; 8 12/13; 12 3/8.

1568. — Quel est le plus grand des 2 nombres fractionnaires :

$$4\,\dfrac{5}{7} \text{ et } 4\,\dfrac{6}{7};\ 8\,\dfrac{7}{11} \text{ et } 8\,\dfrac{2}{11};\ 14\,\dfrac{7}{17} \text{ et } 9\,\dfrac{3}{17};\ 15\,\dfrac{5}{23} \text{ et } 11\,\dfrac{3}{23}?$$

Rép. 1º 4 6/7 > 4 5/7, puisque 6/7 > 5/7;
 2º 8 7/11 > 8 2/11, puisque 7/11 > 2/11;
 3º 14 7/17 > 9 3/17, puisque 14 > 9;   4º 15 5/23 > 11 3/23, puisque 15 > 11.

1569. — Convertir : 1º 4 unités en tiers; 2º 7 unités en quarts; 3º 10 unités en douzièmes; 4º 5 unités en dixièmes.
Rép. 12/3; 28/4; 120/12; 50/10.

1570. — Convertir 8 unités en fractions ayant pour dénominateurs : 5, 7, 12, 15.   *Rép.* 40/5; 56/7; 96/12; 120/15.

1571. — Transformer les nombres entiers : 4, 7, 13, 27, en fractions ayant pour dénominateur 17.   *Rép.* 68/17; 119/17; 221/17; 459/17.

1572. — Convertir en fractions les nombres fractionnaires suivants :

$$3\,\dfrac{1}{2},\ 4\,\dfrac{1}{3},\ 6\,\dfrac{3}{4},\ 7\,\dfrac{2}{5},\ 5\,\dfrac{4}{7},\ 2\,\dfrac{7}{9}.$$

Rép. 7/2; 13/3; 27/4; 37/5; 39/7; 25/9.

1573. — Réduire en fractions les nombres fractionnaires suivants :

$$3\,\dfrac{5}{17},\ 8\,\dfrac{3}{14},\ 10\,\dfrac{5}{19},\ 12\,\dfrac{7}{12},\ 11\,\dfrac{11}{15},\ 12\,\dfrac{9}{20}.$$

Rép. 56/17; 115/14; 195/19; 151/12; 176/15; 249/20.

EXTRACTION DES ENTIERS. CONVERSION EN DÉCIMALES

P. 156.

Problème. — Combien y a-t-il de centimètres dans $\dfrac{23}{4}$ de centimètre?

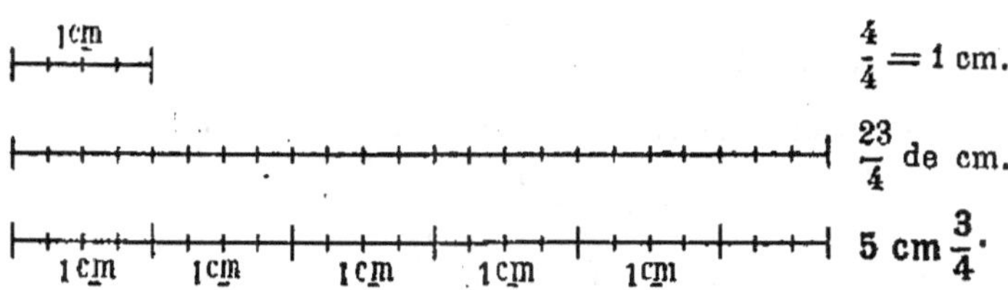

Solution. — **Le nombre de centimètres est le quotient de 23 par 4.**

$$\dfrac{23}{4} = 5^{cm}\,\dfrac{3}{4} = 5^{cm},75.$$

23	4
3	5

23	4
30	5,75
20	
0	

Ecrire la fraction $\dfrac{23}{4}$ sous la forme $5\dfrac{3}{4}$, c'est **extraire les entiers** de cette fraction.

Ecrire la fraction $\dfrac{23}{4}$ ou le nombre fractionnaire $5\dfrac{3}{4}$ sous la forme du nombre décimal 5,75, c'est les **convertir en décimales.**

Remarque : 5 et 5,7 sont les **quotients approchés** à 1 unité ou à 0,1 près de 23 par 4; $\dfrac{23}{4}$, $5\dfrac{3}{4}$ et 5,75 en représentent le **quotient exact.**

9. — La *division du numérateur d'une fraction par son dénominateur* permet : 1° d'en **extraire les entiers**; 2° de la **convertir en décimales.**

10. — Lorsque l'on convertit une fraction en décimales, il arrive souvent que la division du numérateur par le dénominateur ne se fait pas exactement; alors la *fraction décimale* obtenue n'est pas tout à fait égale à la fraction ordinaire, elle n'en est qu'une *valeur approchée.*

$$\text{Ex. :} \quad \frac{2}{3}=0,666\ldots\ldots \quad \frac{5}{7}=0,714\ldots\ldots \quad \frac{7}{9}=0,777\ldots\ldots$$

0,666; 0,714; 0,777 sont des *quotients approchés* à 0,001 près.

11. — Les fractions qui ont pour *dénominateurs* **2, 4, 5, 8,** peuvent être *converties exactement en décimales.*

$$\frac{1}{2}=0,5; \quad \frac{1}{4}=0,25; \quad \frac{1}{5}=0,2; \quad \frac{1}{8}=0,125.$$

P. 157. *Remarque.* — En général, dans les calculs, on ne doit *remplacer une fraction ordinaire par une fraction décimale* que si la conversion se fait exactement.

Exercices écrits. — 1574. — Combien y a-t-il de mètres dans :

$$\frac{14}{2}; \frac{6}{6}; \frac{28}{7}; \frac{240}{24}; \frac{60}{15}; \frac{72}{12}; \frac{125}{25}; \frac{360}{72} \text{ de mètre ?}$$

Rép. 7 m.; 1 m.; 4 m.; 10 m.; 4 m.; 6 m.; 5 m.; 5 m.

1575. — Extraire les entiers des fractions suivantes :

$$\frac{7}{3}, \frac{25}{6}, \frac{33}{7}, \frac{50}{9}, \frac{108}{13}, \frac{245}{23}.$$

Rép. 2 1/3; 4 1/6; 4 5/7; 5 5/9; 8 4/13, 10 15/23.

1576. — Quelles sont les fractions décimales égales aux fractions suivantes :

$$\frac{3}{5}, \frac{4}{5}, \frac{3}{8}, \frac{9}{2}, \frac{5}{8}, \frac{6}{5}, \frac{5}{4}, \frac{7}{8} \text{?}$$

Rép. 0,6; 0,8; 0,375; 4,5; 0,625; 1,2; 1,25; 0,875.

1577. — Convertir en décimales les fractions suivantes :

$$\frac{1}{3}, \frac{5}{6}, \frac{4}{7}, \frac{5}{9}, \frac{7}{11}, \frac{13}{12}, \frac{11}{18}, \frac{31}{15}.$$

Rép. 0,333...; 0,833...; 0,571428...; 0,555...; 0,63...; 1,083...; 0,611...; 2,066...

1578. — Effectuer les divisions suivantes et donner le quotient exact :

$$361 : 3 = \qquad 185 : 12 = \qquad 14159 : 18 =$$
$$3\,743 : 5 = \qquad 4\,177 : 15 = \qquad 11\,702 : 29 =$$

Rép. 1° 120 1/3 ;   2° 15 5/12 ;   3° 786 11/18 ;
4° 748 3/5 ;   5° 278 7/15 ;   6° 403 15/29.

Problèmes. — 1579. — J'ai acheté 18m 1/5 de drap; j'en ai revendu 6m 3/4. Que m'en reste-t-il ?   (*Marne.*)

Reste = 18m,2 — 6m,75. *Rép.* 11m,45.

1580. — D'une pièce de vin de 225 l., un marchand a vendu une 1re fois 15l 4/5; une 2e fois, 27l 3/8, et une 3e fois, 45 l. Combien reste-t-il de litres de vin dans la pièce ?   (*Allier.*)

Reste = Contenance totale (225 l.) — Quantité vendue.
Quantité vendue = 15l,8 + 27l,375 + 45l = 88l,175.
Rép. 225l — 88l,175 = 136l,825.

1581. — Une diligence fait 12km 1/2 par heure et une voiture ne parcourt que 8km 3/4. Dites quelle sera l'avance de la diligence après 6 heures de marche.   (*Eure.*)

Avance totale = Avance à l'heure × 6.
Avance à l'heure = 12km,5 — 8km,75 = 3km,75.
Rép. 3km,75 × 6 = 22km,50.

1582. — On commence le 1er juin à tirer du vin d'un tonneau de 228 l. On en tire chaque jour 2 l. 1/4. Combien en reste-t-il de litres à la fin du mois ?   (*Doubs.*)

Reste = Contenance totale (228 l.) — Quantité tirée.
Quantité tirée : 2l,25 × 30 = 67l,5. *Rép.* 228l — 67l,5 = 160l,50.

1583. — Une jeune fille a acheté, à 1f,20 le mètre, 2/5 de mètre de ruban rose, 3/4 de mètre de ruban blanc et 35/100 de mètre de ruban bleu. Que doit-elle ?   (*Nièvre.*)

Dette = Prix du mètre (1f,20) × Longueur totale.
Longueur totale = 0m,40 + 0m,75 + 0m,35 = 1m,50. *Rép.* 1f,2 × 1,5 = 1f,80.

1584. — Quel est le prix total de 4m 3/4 et de 6m 3/5 de toile à 2f,30 le mètre ?   (*Mayenne.*)

Prix total = Prix du mètre (2f,30) × Longueur totale.
Longueur totale = 4m,75 + 6m,6 = 11m,35. *Rép.* 2f,3 × 11,35 = 26f,10.

1585. — Un ouvrier consomme 5kg 3/4 de pain par semaine. Quelle somme dépensera-t-il en un an, sachant qu'un kilogramme de pain coûte en moyenne 0f,25 ?   (*Allier.*)

Dépense annuelle = Prix du kg. (0f,25) × Poids total.
Poids total = 5kg,75 × 52 = 299 kg. *Rép.* 0f,25 × 299 = 74f,75.
Remarque. — La solution précédente est généralement admise; cependant, l'année ordinaire comprend 52 semaines et 1 jour et la dépense s'élève réellement à 74f,75 + 0f,25 × (5,75 : 7) = 74f,75 + 0f,20. *Rép.* 74f,95.

1586. — Un marchand achète pour 108f,30 deux coupons de la même étoffe, l'un de 3ᵐ 4/5 de longueur et l'autre de 14ᵐ 1/4. Quel est le prix du mètre de cette étoffe ?   (*Seine-Inférieure.*)

Prix du mètre = Prix total (108ᶠ,30) : Longueur totale.
Longueur totale = 3ᵐ,8 + 14ᵐ,25 = 18ᵐ,05.   *Rép.* 108ᶠ,3 : 18,05 = 6 *fr*.

1587. — Jules a obtenu les notes suivantes : 6 1/4, 7 1/4, 5 3/4 et 6 1/2. Quelle est, en décimales, la moyenne de ses 4 notes ?   (*Vosges.*)

Moyenne = Total des notes : Nombre des notes (4).
Total = 6,25 + 7,25 + 5,75 + 6,5 = 25,75.   *Rép.* 25,75 : 4 = 6,43.

P. 158. RENDRE UNE FRACTION 2, 3, 4..... FOIS PLUS GRANDE

I. **Problème.** — Rendre 2 fois plus grande la fraction $\dfrac{3}{4}$.

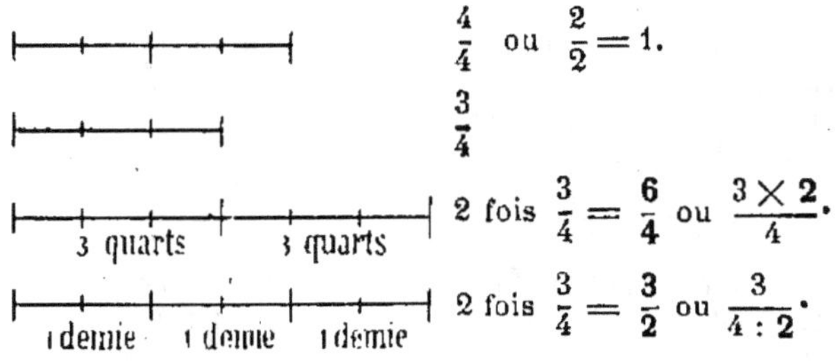

$\dfrac{4}{4}$ ou $\dfrac{2}{2} = 1.$

$\dfrac{3}{4}$

2 fois $\dfrac{3}{4} = \dfrac{6}{4}$ ou $\dfrac{3 \times 2}{4}.$

2 fois $\dfrac{3}{4} = \dfrac{3}{2}$ ou $\dfrac{3}{4 : 2}.$

12. — **Pour rendre une fraction 2, 3, 4... fois plus grande,** on *multiplie son numérateur* ou, si cela est possible, on *divise son dénominateur* par 2, 3, 4....

RENDRE UNE FRACTION 2, 3, 4..... FOIS PLUS PETITE

II. **Problème.** — Rendre 2 fois plus petite la fraction $\dfrac{4}{5}$.

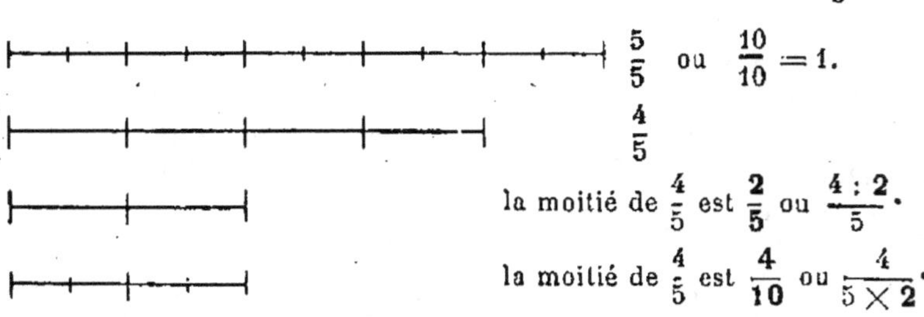

$\dfrac{5}{5}$ ou $\dfrac{10}{10} = 1.$

$\dfrac{4}{5}$

la moitié de $\dfrac{4}{5}$ est $\dfrac{2}{5}$ ou $\dfrac{4 : 2}{5}.$

la moitié de $\dfrac{4}{5}$ est $\dfrac{4}{10}$ ou $\dfrac{4}{5 \times 2}.$

13. — **Pour rendre une fraction 2, 3, 4..... fois plus petite,** on *multiplie son dénominateur* ou, si cela est possible, on *divise son numérateur* par 2, 3, 4.....

Remarque. — Dans l'application des deux règles précédentes, afin d'obtenir des résultats plus simples, on emploiera de préférence le deuxième moyen indiqué : *division du dénominateur ou du numérateur.*

Exercices écrits. — 1588. — Rendre les fractions :

$\dfrac{2}{5}$, $\dfrac{3}{8}$, $\dfrac{12}{11}$, 3 fois plus grandes ; $\dfrac{5}{6}$, $\dfrac{11}{12}$, $\dfrac{7}{15}$, 4 fois plus petites.

I. *Rép.* 6/5 ; 9/8 ; 36/11.   II. *Rép.* 5/24 ; 11/48 ; 7/60.

1589. — Rendre, par le meilleur moyen, les fractions :

$\dfrac{11}{15}$, $\dfrac{33}{50}$, $\dfrac{56}{75}$, 5 fois plus grandes ; $\dfrac{9}{16}$, $\dfrac{15}{28}$, $\dfrac{36}{43}$, 3 fois plus petites.

I. *Rép.* 11/3 ; 33/10 ; 56/15.   II. *Rép.* 3/16 ; 5/28 ; 12/43.

1590. — Rendre 6 fois plus grandes les fractions suivantes et extraire les entiers contenus dans les résultats :

$$\dfrac{3}{2}, \dfrac{1}{4}, \dfrac{2}{3}, \dfrac{5}{6}, \dfrac{4}{7}, \dfrac{7}{8}, \dfrac{10}{11}, \dfrac{11}{12}.$$

Rép.   18/2 = 9 ;   6/4 = 1 2/4 ou 1 1/2 ;   12/3 = 4 ;   5 ;   24/7 = 3 3/7 ;
42/8 = 5 2/8 ou 5 1/4 ;   60/11 = 5 5/11 ;   11/2 = 5 1/2.

FRACTIONS ÉGALES. SIMPLIFICATION   P. 159.

14. — Une fraction ne change pas de valeur quand on *multiplie* ou qu'on *divise ses 2 termes* par un *même nombre.*

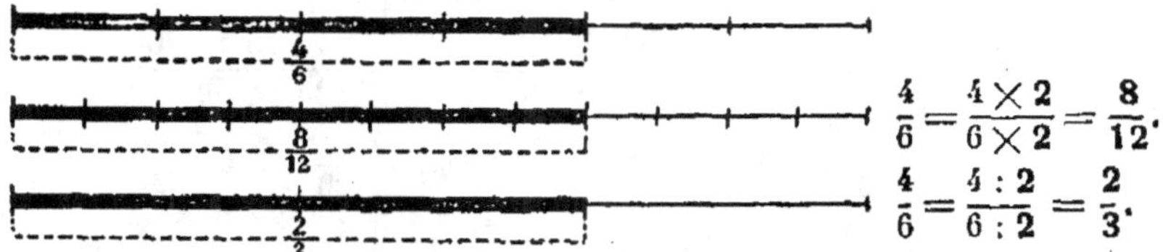

$$\dfrac{4}{6} = \dfrac{4 \times 2}{6 \times 2} = \dfrac{8}{12}.$$

$$\dfrac{4}{6} = \dfrac{4 : 2}{6 : 2} = \dfrac{2}{3}.$$

En divisant les 2 termes de $\dfrac{4}{6}$ par 2, on obtient la fraction $\dfrac{2}{3}$ qui est égale à $\dfrac{4}{6}$, mais dont *les termes sont plus petits :* on a **simplifié la** fraction $\dfrac{4}{6}$.

15. — Pour simplifier une fraction, on *divise ses 2 termes* par un *même nombre.*

Remarques. — Pour reconnaître qu'une fraction peut être simplifiée par 2, 3, 4, 5, 9, voir, **caractères de divisibilité,** *page* 19.

Une fraction est **irréductible** ou **réduite à sa plus simple expression,** lorsque ses deux termes ne sont plus divisibles par un même nombre.

Exercices écrits. — Simplifier les fractions suivantes :

1591. — $\dfrac{2}{4}$, $\dfrac{5}{10}$, $\dfrac{15}{20}$, $\dfrac{12}{22}$, $\dfrac{30}{50}$, $\dfrac{45}{65}$, $\dfrac{66}{80}$, $\dfrac{16}{28}$, $\dfrac{32}{40}$, $\dfrac{24}{56}$.

Rép. 1/2 ; 1/2 ; 3/4 ; 6/11 ; 3/5 ; 9/13 ; 33/40 ; 4/7 ; 4/5 ; 3/7.

1592. — $\dfrac{64}{72}$, $\dfrac{25}{100}$, $\dfrac{125}{1\,000}$, $\dfrac{9}{15}$, $\dfrac{15}{27}$, $\dfrac{18}{42}$, $\dfrac{63}{81}$, $\dfrac{54}{90}$, $\dfrac{123}{144}$, $\dfrac{135}{180}$.

Rép. 8/9; 1/4; 1/8; 3/5; 5/9; 3/7; 7/9; 3/5; 41/48; 3/4.

1593. — Réduire à leur plus simple expression les fractions :

$$\dfrac{108}{180}, \dfrac{128}{192}, \dfrac{72}{216}, \dfrac{160}{200}, \dfrac{168}{224}, \dfrac{280}{336}.$$

Rép.   3/5; 2/3; 1/3; 4/5; 3/4; 5/6.

1594. — Simplifier le plus possible les fractions suivantes, puis extraire les entiers :

$$\dfrac{108}{30}, \dfrac{120}{72}, \dfrac{420}{84}, \dfrac{840}{135}, \dfrac{888}{96}, \dfrac{1\,500}{120}.$$

Rép. 18/5 ou 3 3/5; 5/3 ou 1 2/3; 5; 56/9 ou 6 2/9; 37/4 ou 9 1/4; 25/2 ou 12 1/2.

1595. — Quelles sont les fractions égales à 4/5 qui ont pour dénominateurs : 10, 15, 25, 45, 55, 75, 80, 120 ?

Multiplier les numérateurs par 10 : 5 = 2; 15 : 5 = 3; 25 : 5 = 5; etc.
Rép. 8/10; 12/15; 20/25; 36/45; 44/55; 60/75; 64/80; 96/120.

1596. — Trouver les fractions égales à 3/4 dont les numérateurs sont : 12, 21, 27, 36, 45, 63, 108, 360.

Multiplier les dénominateurs par 12 : 3 = 4; 21 : 3 = 7; 27 : 3 = 9; etc.
Rép. 12/16; 21/28; 27/36; 36/48; 45/60; 63/84; 108/144; 360/480.

1597. — Simplifier les expressions suivantes :

$$\dfrac{72 \times 45}{27}, \quad \dfrac{420 \times 86}{1\,200}, \quad \dfrac{2\,500 \times 48 \times 3}{36\,000}, \quad \dfrac{36 \times 45 \times 96}{24 \times 60}.$$

I. *Rép.* $\dfrac{8 \times 45}{3} = 8 \times 15.$ II. *Rép.* $\dfrac{7 \times 86}{20} = 0,7 \times 43.$

III. *Rép.* $\dfrac{2,5 \times 48 \times 3}{36} = 2,5 \times 4.$ IV. *Rép.* $\dfrac{3 \times 3 \times 96}{2 \times 4} = 3 \times 3 \times 12.$

P. 160. RÉDUCTION DES FRACTIONS AU MÊME DÉNOMINATEUR

I. Problème. — Réduire $\dfrac{4}{7}$ et $\dfrac{5}{6}$ au même dénominateur.

$$\dfrac{4}{7} = \dfrac{4 \times 6}{7 \times 6} = \dfrac{24}{42}. \qquad \dfrac{5}{6} = \dfrac{5 \times 7}{6 \times 7} = \dfrac{35}{42}.$$

16. — Pour **réduire deux fractions au même dénominateur**, on *multiplie les deux termes* de chacune d'elles par le *dénominateur* de l'autre.

II. Problème. — Réduire $\dfrac{2}{5}$, $\dfrac{3}{4}$ et $\dfrac{5}{9}$ au même dénominateur.

$$\dfrac{2}{5} = \dfrac{2 \times 4 \times 9}{5 \times 4 \times 9} = \dfrac{72}{180}. \quad \dfrac{3}{4} = \dfrac{3 \times 5 \times 9}{4 \times 5 \times 9} = \dfrac{135}{180}. \quad \dfrac{5}{9} = \dfrac{5 \times 5 \times 4}{9 \times 5 \times 4} = \dfrac{100}{180}.$$

17. — Pour **réduire plusieurs fractions au même**

dénominateur, on *multiplie les deux termes* de chacune
d'elles par le *produit des dénominateurs* de toutes les
autres.

Remarque I. — Il est bon, lorsqu'on le peut, de **simplifier les fractions**
avant de les réduire au même dénominateur : les résultats sont plus simples.

Remarque II. — Si le *plus grand des dénominateurs* est *un multiple* des autres,
ou si l'on aperçoit *un multiple commun des dénominateurs*, on choisit ce plus
grand dénominateur ou ce multiple commun pour **dénominateur commun**.

Exercices écrits. — Réduire au même dénominateur les fractions :

1598. — $\dfrac{2}{3}$ et $\dfrac{3}{4}$, $\dfrac{5}{8}$ et $\dfrac{7}{9}$, $\dfrac{8}{11}$ et $\dfrac{5}{6}$, $\dfrac{5}{7}$ et $\dfrac{3}{5}$.

Rép. 1° 8/12 et 9/12;   2° 45/72 et 56/72;   3° 48/66 et 55/66;   4° 25/35 et 21/35.

1599. — $\dfrac{4}{11}$ et $\dfrac{9}{13}$, $\dfrac{7}{12}$ et $\dfrac{8}{19}$, $\dfrac{15}{23}$ et $\dfrac{11}{18}$, $\dfrac{17}{24}$ et $\dfrac{29}{35}$.

Rép. 1° 52/143 et 99/143;   2° 133/228 et 96/228;   3° 270/414 et 253/414;
4° 595/840 et 696/840.

1600. — $\dfrac{1}{3}$, $\dfrac{1}{2}$ et $\dfrac{1}{5}$; $\dfrac{3}{7}$, $\dfrac{4}{9}$ et $\dfrac{5}{8}$; $\dfrac{3}{4}$, $\dfrac{5}{9}$ et $\dfrac{3}{5}$.

Rép. 1° 10/30. 15/30 et 6/30;   2° 216/504, 224/504 et 315/504;
3° 135/180, 100/180 et 108/180.

1601. — $\dfrac{4}{11}$, $\dfrac{7}{13}$ et $\dfrac{5}{12}$; $\dfrac{11}{5}$, $\dfrac{12}{19}$ et $\dfrac{18}{23}$; $\dfrac{7}{25}$, $\dfrac{17}{31}$ et $\dfrac{23}{63}$.

Rép. 1° 624/1716, 924/1716 et 715/1716;   2° 4807/2185, 1380/2185 et 1710/2185;
3° 13671/48825, 26775/48825 et 17825/48825.

Simplifier, puis réduire au même dénominateur les fractions suivantes :

1602. — $\dfrac{4}{6}$ et $\dfrac{2}{4}$, $\dfrac{8}{18}$ et $\dfrac{12}{15}$, $\dfrac{20}{24}$ et $\dfrac{16}{64}$, $\dfrac{48}{120}$ et $\dfrac{80}{144}$.

Rép. 1° 2/3 et 1/2 ou 4/6 et 3/6;   2° 4/9 et 4/5 ou 20/45 et 36/45 ;
3° 5/6 et 1/4 ou 10/12 et 3/12;   4° 2/5 et 5/9 ou 18/45 et 25/45.

1603. — $\dfrac{5}{10}$, $\dfrac{4}{12}$ et $\dfrac{15}{18}$; $\dfrac{35}{60}$, $\dfrac{18}{42}$ et $\dfrac{45}{72}$; $\dfrac{18}{30}$, $\dfrac{35}{56}$ et $\dfrac{77}{132}$.

Rép. 1° 1/2, 1/3 et 5/6 ou 18/36. 12/36 et 30/36 ou 3/6, 2/6 et 5/6;
2° 7/12, 3/7 et 5/8 ou 392/672, 288/672 et 420/672 ou 98/168, 72/168 et 105/168;
3° 3/5, 5/8 et 7/12 ou 288/480, 300/480 et 280/480 ou 72/120, 75/120 et 70/120.

Réduire au même dénominateur les fractions suivantes (appliquer
la remarque II).

1604. — $\dfrac{3}{4}$ et $\dfrac{7}{20}$; $\dfrac{2}{3}$, $\dfrac{5}{6}$ et $\dfrac{9}{12}$; $\dfrac{17}{24}$, $\dfrac{61}{72}$ et $\dfrac{13}{18}$.

Rép. 1° 15/20 et 7/20;   2° 8/12, 10/12 et 9/12;   3° 51/72, 61/72 et 52/72.

1605. — $\dfrac{3}{4}$ et $\dfrac{5}{6}$; $\dfrac{7}{9}$, $\dfrac{11}{18}$ et $\dfrac{5}{12}$; $\dfrac{15}{24}$, $\dfrac{7}{10}$ et $\dfrac{13}{20}$.

Rép. 1° 9/12 et 10/12;   2° 28/36, 22/36 et 15/36;   3° 75/120, 84/120 et 78/120.

P. 161.

COMPARAISON DES FRACTIONS

I. Problème. — Comparer les fractions $\frac{3}{5}$ et $\frac{4}{7}$.

Solution. — Réduisons ces fractions *au même dénominateur :*

$$\frac{3}{5} = \frac{3 \times 7}{5 \times 7} = \frac{21}{35}, \qquad \frac{4}{7} = \frac{4 \times 5}{7 \times 5} = \frac{20}{35};$$

$\frac{21}{35}$ étant plus grande que $\frac{20}{35}$, la fraction $\frac{3}{5}$ **est plus grande que** $\frac{4}{7}$.

Pour **comparer deux fractions** quelconques, on les *réduit au même dénominateur : la plus grande* est alors celle qui a *le plus grand numérateur.* (Voir p. 154, § 7.)

II. Problème. — *Comparer* les fractions $\frac{3}{4}$, $\frac{3}{5}$ et $\frac{3}{6}$.

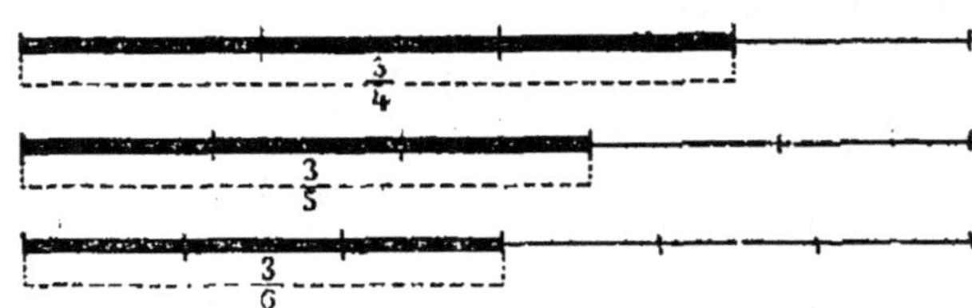

18. — De **deux fractions** qui ont le **même numéra-teur,** *la plus grande* est celle qui a *le plus petit dénomi-nateur.*

Exercices écrits. — **1606.** — Quelle est la plus grande des deux fractions : $\frac{2}{3}$ et $\frac{3}{5}$? $\frac{5}{9}$ et $\frac{7}{12}$? $\frac{8}{11}$ et $\frac{13}{18}$? $\frac{15}{20}$ et $\frac{20}{24}$?

I. 2/3 = 10/15 ; 3/5 = 9/15. *Rép.* 2/3.
II. 5/9 = 20/36 ; 7/12 = 21/36. *Rép.* 7/12.
III. 8/11 = 144/198 ; 13/18 = 143/198. *Rép.* 8/11.
IV. 15/20 = 3/4 = 9/12 ; 20/24 = 5/6 = 10/12. *Rép.* 20/24.

1607. — Ranger par ordre de grandeur croissante les fractions :

$$\frac{7}{45}, \quad \frac{7}{18}, \quad \frac{7}{21}, \quad \frac{7}{63}, \quad \frac{7}{9}, \quad \frac{7}{70}$$

Rép. 7/70 ; 7/63 ; 7/45 ; 7/21 ; 7/18 ; 7/9.

1608. — Ranger par ordre de grandeur décroissante :

$$1° \; \frac{4}{7}, \; \frac{3}{5} \text{ et } \frac{5}{8}; \qquad 2° \; \frac{5}{9}, \; \frac{7}{12}, \; \frac{13}{18} \text{ et } \frac{20}{24}.$$

I. 4/7 = 160/280 ; 3/5 = 168/280 ; 5/8 = 175/280. *Rép.* 5/8 ; 3/5 ; 4/7.
II. 5/9 = 20/36 ; 7/12 = 21/36 ; 13/18 = 26/36 ; 20/24 = 5/6 = 30/36.
Rép. 20/24 ; 13/18 ; 7/12 ; 5/9.

1609. — Que manque-t-il aux deux fractions suivantes pour valoir l'unité? D'après cela, quelle est la plus grande ?

$$1^\circ \ \frac{5}{6} \text{ et } \frac{7}{8}; \quad 2^\circ \ \frac{4}{7} \text{ et } \frac{8}{11}; \quad 3^\circ \ \frac{11}{15} \text{ et } \frac{15}{19}.$$

I. *Rép.* $5/6 = 1 - 1/6;$ $7/8 = 1 - 1/8;$ $7/8 > 5/6.$
II. *Rép.* $4/7 = 1 - 3/7;$ $8/11 = 1 - 3/11;$ $8/11 > 4/7.$
III. *Rép.* $11/15 = 1 - 4/15;$ $15/19 = 1 - 4/19;$ $15/19 > 11/15.$

1610. — De combien les deux fractions suivantes surpassent-elles l'unité? D'après cela, quelle est la plus petite ?

$$1^\circ \ \frac{13}{11} \text{ et } \frac{9}{7}; \quad 2^\circ \ \frac{12}{5} \text{ et } \frac{18}{11}; \quad 3^\circ \ \frac{20}{13} \text{ et } \frac{35}{28}.$$

I. *Rép.* $13/11 = 1 + 2/11;$ $9/7 = 1 + 2/7;$ $13/11 < 9/7.$
II. *Rép.* $12/5 = 1 + 7/5;$ $18/11 = 1 + 7/11;$ $18/11 < 12/5.$
III. *Rép.* $20/13 = 1 + 7/13;$ $35/28 = 1 + 7/28;$ $35/28 < 20/13.$

* REVISION

P. 162.

Problèmes. — 1611. — Comment rendre les fractions 7/12 et 5/20 4 fois plus grandes ? *(Gard.)*
Voir § 12.   *Rép.* $1^\circ \ 28/12 = 7/3 = 2\,1/3;$ $2^\circ \ 20/20 = 5/5 = 1.$

1612. — Transformer en fractions décimales 3/48 et 5/7. *(Aveyron.)*
Rép. $1^\circ \ 3/48 = 1/16 = 0,0625;$ $2^\circ \ 5/7 = 0,714285714285.....$

1613. — Un tonneau contient 250 l. On y ajoute 25 l. d'eau. Quelle fraction du mélange est représentée par l'eau? Combien y a-t-il de centilitres d'eau dans chaque litre du mélange? *(Doubs.)*
I. *Fraction du mélange* = Volume de l'eau (25 l.) : Vol. total $(250^l + 25^l)$.
Rép. $25/275 = 1/11.$
II. *Rép.* 1/11 de l. = 100/11 de cl. = $9^{cl},09.$

1614. — Une pièce de soie a 25 m. On a vendu 4 m.; $6^m\,1/5$; $12^m\,1/2$; 3/4 de mètre. Que vaut le reste à $8^f,25$ le mètre? *(Rhône.)*
Prix du reste = Prix du m. $(8^f,25) \times$ Nombre de m.
N. de m. $\begin{cases} a) \text{ V}^{te}: \ 4^m + 6^m1/5 + 12^m1/2 + 3/4 = 4^m + 6^m,2 + 12^m,5 + 0^m,75 = 23^m,45. \\ b) \ 25^m - 23^m,45 = 1^m,55. \end{cases}$
Rép. $8^f,25 \times 1,55 = 12^f,78$ ou $12^f,80.$

1615. — Un tailleur avait $62^m\,2/5$ de drap avec lesquels il a fait 32 pantalons et des gilets. Chaque pantalon a exigé $1^m\,1/4$ et chaque gilet 4/5 de mètre. Combien a-t-il confectionné de gilets? *(Aveyron.)*
Nombre de gilets = Long. totale des gilets : Long. d'un gilet $(4/5 = 0^m,8)$.
Longueur totale. $\begin{cases} a) \text{ Pantalons}: \ 1^m,25 \times 32 = 40 \text{ m.} \\ b) \ 62^m2/5 - 40^m = 22^m2/5 \text{ ou } 22^m,4. \end{cases}$
Rép.   22,4 : 0,8 = 28 *gilets.*

1616. — Que devient la fraction 3/5 lorsqu'on multiplie par 4 : 1° son numérateur; 2° son dénominateur; 3° les 2 termes? *(M.-et-Moselle.)*
Rép. 1° *Elle est 4 fois plus grande;* 2° *Elle est 4 fois plus petite.*
    3° *Elle n'a pas changé.*   (Voir §§ 12, 13, 14.)

1617. — Combien y a-t-il de manières de rendre une fraction 3 fois plus petite? Quelle est la meilleure? Donner l'explication sur la fraction 6/11. *(Meurthe-et-Moselle.)*
Voir § 13.   *Rép.*   2/11.

1618. — Montrer que, si l'on divise les deux termes d'une fraction par un même nombre, elle ne change pas de valeur. Prendre pour exemple la fraction 8/12 dont on divisera les deux termes par 4.   (*Vendée.*)

Voir § 14.   *Rép.* 8/12 = 2/3.

1619. — Comment peut-on s'y prendre pour simplifier la fraction 144/360 ? Indiquer le résultat.   (*Paris.*)

Voir § 15.   *Rép.* 144/360 = 36/90 = 4/10 = 2/5.

1620. — Simplifiez les fractions 10/15 et 48/112. Expliquez l'opération, puis énoncez la règle à suivre.   (*Charente.*)

Rép. 10/15 = 2/3; 48/112 = 12/28 = 3/7.   Voir § 15.

1621. — Ecrire sous forme de fractions ordinaires les fractions décimales 0,8; 0,4; 0,375; puis simplifier.   (*Meuse.*)

Rép. 0,8 = 8/10 = 4/5; 0,4 = 4/10 = 2/5; 0,375 = 375/1000 = 3/8.

1622. — Trouver les fractions équivalentes à 3/8 et qui ont pour numérateurs les nombres 6, 51, 33, 39, 48.   (*Paris.*)

I. $6 : 3 = 2$; $8 \times 2 = 16$.   *Rép.* 6/16.
II. $51 : 3 = 17$; $8 \times 17 = 136$. *Rép.* 51/136.
III. $33 : 3 = 11$; $8 \times 11 = 88$.   *Rép.* 33/88.
IV. $39 : 3 = 13$; $8 \times 13 = 104$. *Rép.* 39/104.
V. $48 : 3 = 16$; $8 \times 16 = 128$. *Rép.* 48/128.

1623. — Réduisez les fractions suivantes à leur plus simple expression et indiquez pourquoi ces fractions ont la même valeur que celles que vous avez obtenues :

1° $\dfrac{70}{105}$. (*B.-du-Rhône.*);   2° $\dfrac{36}{48}$, $\dfrac{15}{21}$, $\dfrac{54}{99}$. (*Cher.*)

1° *Rép.* 2/3;   2° *Rép.* 3/4, 5/7, 6/11.

3° $\dfrac{45}{1\,845}$. (*Drôme.*);   4° $\dfrac{135}{315}$, $\dfrac{2\,520}{3\,780}$. (*Gironde.*)

3° *Rép.* 1/41;   4° *Rép.* 3/7, 2/3.

1624. — Simplifiez et effectuez les calculs suivants :

1° $\dfrac{8 \times 15 \times 49}{4 \times 5 \times 7}$. (*Jura.*);   2° $\dfrac{225 \times 46 \times 27 \times 4}{45 \times 69 \times 12}$. (*Loiret.*)

1° *Rép.* $2 \times 3 \times 7 = 42$;   2° *Rép.* $5 \times 2 \times 3 = 30$.

3° $\dfrac{432 \times 75}{25 \times 27}$ et $\dfrac{531 \times 40}{8 \times 9}$. (*Marne.*)

3° *Rép.* 48 et $59 \times 5 = 295$.

1625. — Simplifier les fractions suivantes et les réduire ensuite au même dénominateur :

1° $\dfrac{4}{12}$ et $\dfrac{21}{28}$. (*Finistère.*);   2° $\dfrac{2}{3}$, $\dfrac{4}{6}$, $\dfrac{6}{8}$ et $\dfrac{6}{18}$. (*Somme.*)

I. 4/12 = 1/3; 21/28 = 3/4 = 9/12. *Rép.* 4/12 et 9/12.
II. 2/3 = 8/12; 4/6 = 2/3 = 8/12; 6/8 = 3/4 = 9/12; 6/18 = 1/3 = 4/12.
Rép. 8/12; 8/12; 9/12; 4/12.

1626. — Réduire au même dénominateur les fractions suivantes. P. 163. S'il y a plusieurs moyens de faire l'opération, indiquer le plus rapide.

1° $\dfrac{7}{8}$, $\dfrac{13}{16}$, $\dfrac{15}{32}$. (*Gard.*);   2° $\dfrac{2}{3}$, $\dfrac{7}{9}$ et $\dfrac{13}{18}$. (*Lot-et-Garonne.*)

1° *Rép.* 28/32, 26/32, 15/32;   2° *Rép.* 12/18, 14/18 et 13/18.

3° $\dfrac{1}{3}$, $\dfrac{2}{7}$, $\dfrac{11}{63}$. (*Loiret.*);   4° $\dfrac{3}{4}$, $\dfrac{2}{5}$, $\dfrac{3}{10}$, $\dfrac{7}{20}$. (*Charente.*)

3° *Rép.* 21/63, 18/63, 11/63;   4° *Rép.* 15/20, 8/20, 6/20 et 7/20.

5° $\dfrac{5}{6}$, $\dfrac{4}{9}$, $\dfrac{7}{90}$ et $\dfrac{11}{18}$. (*Paris.*);   6° $\dfrac{3}{8}$ et $\dfrac{5}{12}$. (*Paris.*)

5° *Rép.* 75/90, 40/90, 7/90 et 55/90;   6° *Rép.* 9/24 et 10/24.

7° $\dfrac{5}{6}$, $\dfrac{8}{9}$, $\dfrac{3}{12}$ et $\dfrac{13}{15}$. (*Saône-et-Loire.*);   8° $\dfrac{3}{5}$, $\dfrac{7}{18}$ et $\dfrac{8}{14}$. (*Charente.*)

7° *Rép.* 150/180, 160/180, 1/1 ou 45/180 et 156/180;
8° *Rép.* 378/630, 245/630 et 4/7 ou 360/630.

1627. — Ranger par ordre de grandeur décroissante les fractions :

$$\dfrac{2}{9}, \dfrac{3}{4} \text{ et } \dfrac{10}{11}. \qquad (Lozère.)$$

2/9 = 88/396;   3/4 = 297/396;   10/11 = 360/396.   *Rép.* 10/11; 3/4 et 2/9.

1628. — Ranger par ordre de grandeur croissante les fractions :

$$\dfrac{5}{7}, \dfrac{8}{9}, \dfrac{3}{4} \text{ et } \dfrac{13}{15}. \qquad (Saône-et-Loire.)$$

5/7 = 900/1 260;   8/9 = 1120/1260;   3/4 = 945/1 260;   13/15 = 1 092/1 260.
Rép. 5/7; 3/4; 13/15; 8/9.

1629. — Quelle est la plus grande des deux fractions suivantes ? Expliquer.

1° $\dfrac{2}{3}$ et $\dfrac{2}{5}$. (*Loiret.*);   2° $\dfrac{7}{9}$ et $\dfrac{7}{8}$. (*Lozère.*)

1° *Rép.* 2/3;   2° *Rép.* 7/8.   Voir § 18.

1630. — Ranger par ordre de grandeur croissante les fractions suivantes, après les avoir comparées à l'unité :

$$1° \dfrac{4}{9}, \dfrac{12}{17} \text{ et } \dfrac{8}{13}; \quad 2° \dfrac{17}{14}, \dfrac{25}{28}, \dfrac{11}{8} \text{ et } \dfrac{17}{20}.$$

I. 4/9 = 1 − 5/9;   12/17 = 1 − 5/17;   8/13 = 1 − 5/13.   *Rép.* 4/9; 8/13; 12/17.
II. 17/14 = 1 + 3/14;   25/28 = 1 − 3/28;   11/8 = 1 + 3/8;   17/20 = 1 − 3/20.
Rép. 17/20; 25/28; 17/14; 11/8.

1631. — Dire, sans les réduire au même dénominateur, quelle est la plus grande des deux fractions suivantes. Expliquer.

1° $\dfrac{9}{13}$ et $\dfrac{15}{19}$. (*Meurthe-et-Moselle.*);   2° $\dfrac{7}{15}$ et $\dfrac{9}{17}$. (*Lozère.*)

I. 9/13 = 1 − 4/13;   15/19 = 1 − 4/19.   *Rép.* 15/19.
II. 7/15 = 1 − 8/15;   9/17 = 1 − 8/17.   *Rép.* 9/17.

1632. — Une roue fait 3 tours en 2 secondes; une autre fait 7 tours en 9 secondes. Quelle est celle qui va le plus vite ?   (*Aube.*)

En 1 seconde. { La 1re fait 3/2 tour = 1 tour 1/2 ;
{ La 2e fait 7/9 de tour = 1 tour — 2/9.

Rép. La *première va plus vite* que la seconde.

1633. — On veut donner pour récompense à un enfant les 3/4 d'une boîte de dragées ou les 4/5 à son choix. Que doit-il choisir pour avoir le plus de dragées possible ? Expliquer pourquoi.   (*Vosges.*)

3/4 = 1 — 1/4 ; 4/5 = 1 — 1/5. *Rép. Il doit choisir les 4/5.*

1634. — Quelle est la plus grande des deux fractions 7/9 et 15/17? L'explication devra être donnée avec la réduction et sans la réduction au même dénominateur.   (*Paris.*)

7/9 = 119/153 ; 15/17 = 135/153 ou 7/9 = 1 — 2/9 ; 15/17 = 1 — 2/17.
Rép. 15/17 *est plus grande* que 7/9.

1635. — Quelle est la plus grande des trois fractions suivantes :

$$\frac{5}{2}, \quad \frac{5}{12} \quad \text{et} \quad \frac{5}{7}? \quad \text{Pourquoi?} \qquad (\textit{Ardennes.})$$

Rép. 5/2. Voir § 18.

1636. — Prouver, sans changer les termes des fractions, que 4/7 est plus grande que 3/8.   (*Paris.*)

Rép. 4/7 est plus grande que 4/8 et 4/8 plus grande que 3/8.

1637. — Transformer en 64èmes la fraction 21/56.   (*Gironde.*)

21/56 = 3/8 = 24/64. *Rép.* 24/64.

1638. — Que devient la fraction 2/5 : 1º si l'on multiplie ses 2 termes par 5? 2º si l'on ajoute 4 à ses 2 termes?   (*Pyrénées-Or^{tes}.*)

Rép. 1º elle ne *change pas de valeur;*
2º elle *se rapproche de l'unité* et devient plus grande.

P. 164.

ADDITION DES FRACTIONS

I. Exercice oral. — Quelle est la **somme** :
1º de 5 dixièmes et de 3 dixièmes de mètre?
2º de 2 septièmes et de 4 septièmes de pomme?
3º de 3/5 et de 4/5 de litre?

Rép. 1º 8/10 *de m.*; 2º 6/7 *de pomme;* 3º 7/5 *de litre.*

19. — Pour faire la **somme de fractions** qui ont le même **dénominateur,** on *additionne* leurs *numérateurs* et on donne au résultat le *dénominateur commun.*

II. Exercice. — Calculer la somme $\dfrac{5}{7} + \dfrac{4}{5}\cdot$

1º Réduisons ces fractions au même dénominateur :

$$\frac{5}{7} = \frac{25}{35}; \quad \frac{4}{5} = \frac{28}{35}\cdot$$

2º **Somme** : $\dfrac{5}{7} + \dfrac{4}{5} = \dfrac{25}{35} + \dfrac{28}{35} = \dfrac{53}{35}$ ou $1\dfrac{18}{35}\cdot$

$$\frac{5}{7} = \frac{5 \times 5}{7 \times 5} = \frac{25}{35}$$

$$\frac{4}{5} = \frac{4 \times 7}{5 \times 7} = \frac{28}{35}$$

53	35
18	1

20. — Pour faire la **somme de fractions quelconques**, on les *réduit au même dénominateur* et on
applique la règle précédente.

Exercices écrits. — Calculer les sommes suivantes et, s'il y a
lieu, extraire les entiers du résultat :

1639. — $\dfrac{2}{12} + \dfrac{5}{12} + \dfrac{4}{12}$; $\dfrac{1}{5} + \dfrac{1}{4}$; $\dfrac{1}{2} + \dfrac{1}{3} + \dfrac{1}{6}$.

Rép. 1° 2/12 + 5/12 + 4/12 = 11/12; 2° 1/5 + 1/4 = 4/20 + 5/20 = 9/20.
3° 1/2 + 1/3 + 1/6 = 3/6 + 2/6 + 1/6 = 6/6 = 1.

1640. — $\dfrac{3}{9} + \dfrac{4}{8} + \dfrac{10}{12}$; $\dfrac{6}{15} + \dfrac{15}{20} + \dfrac{15}{27}$; $\dfrac{9}{15} + \dfrac{8}{18} + \dfrac{12}{15}$.

Rép. 1° 3/9+4/8+10/12=1/3+1/2+5/6=2/6+3/6+5/6=10/6=5/3=1 2/3.
2° 6/15+15/20+15/27 = 2/5+3/4+5/9
    = 72/180+135/180+100/180=307/180 = 1 127/180.
3° 9/15+8/18+12/15=3/5+4/9+4/5 = 27/45+20/45+36/45=83/45=1 38/45.

1641. — $\dfrac{4}{7} + \dfrac{5}{14} + \dfrac{13}{28}$; $\dfrac{3}{4} + \dfrac{7}{12} + \dfrac{5}{9}$; $\dfrac{21}{40} + \dfrac{17}{24} + \dfrac{18}{30}$.

Rép. 1° 4/7 + 5/14 + 13/28 = 16/28 + 10/28 + 13/28 = 39/28 = 1 11/28.
2° 3/4 + 7/12 + 5/9 = 27/36 + 21/36 + 20/36 = 68/36 = 17/9 = 1 8/9.
3° 21/40 + 17/24 + 18/30 = 21/40 + 17/24 + 3/5
    = 63/120 + 85/120 + 72/120= 220/120 = 11/6 = 1 5/6.

1642. — $\dfrac{1}{2} + \dfrac{3}{27} + \dfrac{8}{15}$ (*Aveyron.*); $\dfrac{1}{2} + \dfrac{5}{6} + \dfrac{7}{12} + \dfrac{4}{9}$. (*H^{te}-Marne.*)

Rép. 1° 1/2+3/27+8/15 = 1/2+1/9+8/15
    = 45/90 + 10/90 + 48/90 = 103/90 = 1 13/90.
2° 1/2+5/6+7/12+4/9 = 18/36 + 30/36 + 21/36 + 16/36 = 85/36 = 2 13/36.

***1643.** — Additionner les fractions suivantes et donner le résultat en
décimales : $0,87 + \dfrac{3}{4} + \dfrac{13}{25}$ (*Seine.*); $\dfrac{1}{2} + \dfrac{1}{4} + \dfrac{1}{8} + \dfrac{1}{32} + \dfrac{18}{64}$. (*Aveyron.*)

Rép. 1° 0,87 + 0,75 + 0,52 = 2,14.
2° 1/2 + 1/4 + 1/8 + 1/32 + 18/64 = 1/2 + 1/4 + 1/8 + 1/32 + 9/32
    = 16/32 + 8/32 + 4/32 + 1/32 + 9/32 = 38/32 = 19/16 = 1,1875.

Problèmes. — **1644.** — Une fontaine remplirait un bassin en
5 heures, une autre en 8 heures. Quelle fraction du bassin ces deux
fontaines rempliraient-elles ensemble en 1 heure?   (*Loiret.*)

Rép. 1/5 + 1/8 = 8/40 + 5/40 = 13/40.

1645. — Trois robinets coulent ensemble dans un bassin; le 1er
peut le remplir en 4 heures, le 2e en 5 h. et le 3e en 8 h. Quelle portion
du bassin remplissent-ils ensemble en 1 heure?   (*Charente.*)

Rép. 1/4 + 1/5 + 1/8 = 10/40 + 8/40 + 5/40 = 23/40.

1646. — Un terrassier se charge de faire un ouvrage en 15 jours; un
2e demande 18 jours, et un 3e, 20 jours. S'ils travaillent ensemble,
quelle partie de l'ouvrage feront-ils en 1 jour?   (*Charente.*)

Rép. 1/15 + 1/18 + 1/20 = 12/180 + 10/180 + 9/180 = 31/180.

P. 465.

ADDITION DES NOMBRES FRACTIONNAIRES

Problème. — Un ruban a été coupé en 3 morceaux dont les longueurs sont : 2^m 2/3, 4^m 5/6 et 5^m 3/4. Quelle était la longueur totale?

Solution :

La **longueur totale** de ce ruban est la *somme* des *longueurs des 3 morceaux.*

1° Somme des fractions de mètre :

$$\frac{2}{3} + \frac{5}{6} + \frac{3}{4} = \frac{8}{12} + \frac{10}{12} + \frac{9}{12} = \frac{27}{12} = 2^m \frac{3}{12} \text{ ou } 2^m \frac{1}{4};$$

2° **Longueur totale** : $2^m + 4^m + 5^m + 2^m \frac{1}{4} = 13^m \frac{1}{4}.$

Opérations : dénominateur commun $= 12.$

$$12 : 3 = 4 ; \quad \frac{2 \times 4}{3 \times 4} = \frac{8}{12},$$
$$12 : 6 = 2 ; \quad \frac{5 \times 2}{6 \times 2} = \frac{10}{12},$$
$$12 : 4 = 3 ; \quad \frac{3 \times 3}{4 \times 3} = \frac{9}{12}.$$

21. — Pour **additionner des nombres fractionnaires**, on *additionne les fractions* et on ajoute le résultat obtenu à la *somme des entiers.*

Exercices écrits. — Faire les additions suivantes :

1647. — $4 \frac{9}{20} + 3 \frac{7}{20} + 8 \frac{3}{20}$; $3 \frac{5}{12} + 1 \frac{1}{3} + 4 \frac{1}{4}.$

I. 9/20 + 7/20 + 3/20 = 19/20.   *Rép.*   4 + 3 + 8 + 19/20 = 15 19/20.
II. 5/12 + 1/3 + 1/4 = 5/12 + 4/12 + 3/12 = 12/12 = 1.
Rép. 3 + 1 + 4 + 1 = 9.

1648. — $2 \frac{3}{5} + \frac{4}{7} + 7 \frac{3}{10}$; $11 \frac{4}{9} + 18 + \frac{2}{3}.$

I. 3/5 + 4/7 + 3/10 = 42/70 + 40/70 + 21/70 = 103/70 = 1 33/70.
Rép. 2 + 7 + 1 33/70 = 10 33/70.
II. 4/9 + 2/3 = 4/9 + 6/9 = 10/9 = 1 1/9.   *Rép.* 11 + 18 + 1 1/9 = 30 1/9.

1649. — $8 \frac{4}{6} + 5 \frac{9}{12} + 12 \frac{15}{18}$; $4 \frac{2}{5} + 7 \frac{20}{30} + 6 \frac{56}{72}.$

I. 4/6 + 9/12 + 15/18 = 2/3 + 3/4 + 5/6 = 8/12 + 9/12 + 10/12 = 27/12 = 9/4 = 2 1/4.
Rép. 8 + 5 + 12 + 2 1/4 = 27 1/4.
II. 2/5 + 20/30 + 56/72 = 2/5 + 2/3 + 7/9 = 18/45 + 30/45 + 35/45 = 83/45 = 1 38/45.
Rép. 4 + 7 + 6 + 1 38/45 = 18 38/45.

1650. — $7,25 + 12 \frac{7}{24} + 3,50$; $15 + 43 \frac{2}{3} + 8,4.$

I. 0,25 + 7/24 + 0,50 = 1/4 + 7/24 + 1/2 = 6/24 + 7/24 + 12/24 = 25/24 = 1 1/24.
Rép. 7 + 12 + 3 + 1 1/24 = 23 1/24.
II. 2/3 + 0,4 = 2/3 + 2/5 = 10/15 + 6/15 = 16/15 = 1 1/15.
Rép. 15 + 43 + 8 + 1 1/15 = 67 1/15.

Problèmes. — **1651.** — Additionner les nombres suivants : 4 3/4 et 2 5/8. Énoncer la règle.   (*Loiret.*)

I. 3/4 + 5/8 = 6/8 + 5/8 = 11/8 = 1 3/8.   *Rép.* 4 + 2 + 1 3/8 = 7 3/8.
II. Voir § **21.**

1652. — Une femme achète deux coupons d'étoffe, l'un de 1m 3/4 et l'autre de 2m 5/6. Combien a-t-elle de mètres en tout?   (*Oise.*)

3/4 + 5/6 = 9/12 + 10/12 = 19/12 = 1 7/12.   *Rép.* 1m + 2m + 1m 7/12 = 4m 7/12.

1653. — Un terrassier a extrait le 1er jour 2m³ 3/7 de sable, le 2e jour 1m³ 5/8. Quel volume a-t-il extrait en tout?   (*Aveyron.*)

3/7 + 5/8 = 24/56 + 35/56 = 59/56 = 1 3/56.   *Rép.* 2m³ + 1m³ + 1m³ 3/56 = 4m³ 3/56.

1654. — On a acheté 7m 1/3 de drap, 4 m. de toile et 4/5 de mètre de calicot. Combien a-t-on acheté de mètres d'étoffe?   (*Aube.*)

1/3 + 4/5 = 5/15 + 12/15 = 17/15 = 1 2/15.   *Rép.* 7m + 4m + 1m 2/15 = 12m 2/15.

***1655.** — Une femme a acheté 3 morceaux de savon pesant 1kg 3/4, 2kg 5/6 et 2kg 7/8. Quel est le poids total du savon?   (*Eure.*)

3/4 + 5/6 + 7/8 = 18/24 + 20/24 + 21/24 = 59/24 = 2 11/24.
Rép. 1kg + 2kg + 2kg + 2kg 11/24 = 7kg 11/24.

***1656.** — On a acheté 18m 1/3 de drap, 12m 3/4 de toile, 16m 5/12 d'indienne; combien a-t-on acheté de mètres en tout?   (*Marne.*)

1/3 + 3/4 + 5/12 = 4/12 + 9/12 + 5/12 = 18/12 = 1 6/12 = 1,5.
Rép. 18m + 12m + 16m + 1m,5 = 47m,5.

***1657.** — Combien y avait-il de litres de vin dans un tonneau qui en contient encore 85l 8/12 après qu'on en a retiré : 1° 62l 4/5, 2° 75l 8/15?

Contenance totale = Somme du reste (85l 8/12) et des volumes retirés.
Somme = 8/12 + 4/5 + 8/15 = 2/3 + 4/5 + 8/15 = 10/15 + 12/15 + 8/15 = 30/15 = 2.
Rép. 85l + 62l + 75l + 2l = 224 *litres.*

***1658.** — Quelle est la distance parcourue par un cycliste qui a fait pendant une 1re heure 13km 1/3 et, pendant la 2e heure, 2km 5/6 de plus que pendant la 1re?

Distance totale = 13km 1/3 + 13km 1/3 + 2km 5/6.
1/3 + 1/3 + 5/6 = 2/6 + 2/6 + 5/6 = 9/6 = 3/2 = 1km,5.
Rép. 13km + 13km + 2km + 1km,5 = 29km,5.

SOUSTRACTION DES FRACTIONS   P. 166.

22. — Pour faire la **différence de deux fractions** qui ont le **même dénominateur**, on *retranche* les *numérateurs* et on donne au résultat le *dénominateur commun.*

Exercice. — Calculer la différence $\dfrac{6}{7} - \dfrac{5}{12}$.

$$\frac{6}{7} = \frac{72}{84} ; \quad \frac{5}{12} = \frac{35}{84}. \qquad\qquad \frac{6}{7} = \frac{6 \times 12}{7 \times 12} = \frac{72}{84} .$$

Différence : $\dfrac{6}{7} - \dfrac{5}{12} = \dfrac{72}{84} - \dfrac{35}{84} = \dfrac{37}{84}.$ $\qquad \dfrac{5}{12} = \dfrac{5 \times 7}{12 \times 7} = \dfrac{35}{84}.$

23. — Pour faire la **différence de deux fractions quelconques**, on les *réduit au même dénominateur* et on applique la règle précédente.

Exercices écrits. — 1659. — Faire les soustractions suivantes :

$$\frac{11}{15} - \frac{8}{15}; \quad \frac{3}{4} - \frac{2}{3}; \quad \frac{4}{5} - \frac{1}{3}; \quad \frac{5}{6} - \frac{3}{4}; \quad \frac{7}{15} - \frac{3}{30}. \quad (Loiret.)$$

Rép. 1° 11/15 — 8/15 = 3/15 = 1/5.
2° 3/4 — 2/3 = 9/12 — 8/12 = 1/12.
3° 4/5 — 1/3 = 12/15 — 5/15 = 7/15.
4° 5/6 — 3/4 = 10/12 — 9/12 = 1/12.
5° 7/15 — 3/30 = 14/30 — 3/30 = 11/30.

1660. — $\frac{2}{3} - \frac{11}{19}$ (*Charente.*); $0,69 - \frac{2}{3}$. (*Meuse.*)

Rép. 1° 2/3 — 11/19 = 38/57 — 33/57 = 5/57.
2° 0,69 — 2/3 = 69/100 — 2/3 = 207/300 — 200/300 = 7/300.

Problèmes. — 1661. — Retrancher 2/7 de 0,63. Exprimer le reste en fraction ordinaire. (*Charente-Inférieure.*)

Rép. 0,63 — 2/7 = 63/100 — 2/7 = 441/700 — 200/700 = 241/700.

1662. — Une personne a droit aux 4/7 d'une somme; on lui en donne les 3/8. Que lui doit-on encore? (*Alpes-Maritimes.*)

Rép. 4/7 — 3/8 = 32/56 — 21/56 = 11/56.

1663. — Deux ouvriers travaillant ensemble font 1/9 d'un travail en 1 heure. Le 1er seul en a fait 1/15, quelle est la fraction de ce travail qui a été faite par le second? (*Morbihan.*)

Rép. 1/9 — 1/15 = 5/45 — 3/45 = 2/45.

1664. — Une fontaine remplirait un bassin en 9 heures, un robinet placé à la base le viderait en 12 heures. Quelle fraction du bassin serait remplie en 1 heure si l'on ouvrait en même temps la fontaine et le robinet? (*Nord.*)

Rép. 1/9 — 1/12 = 4/36 — 3/36 = 1/36. |

***1665.** — Quelle est la fraction à laquelle il manque 1/4 pour égaler 7/9? (*Loiret.*)

Rép. 7/9 — 1/4 = 28/36 — 9/36 = 19/36.

***1666.** — Quelle est la fraction à laquelle il manque 7/15 pour égaler 2/3? (*Loiret.*)

Rép. 2/3 — 7/15 = 10/15 — 7/15 = 3/15 = 1/5.

***1667.** — Soit la fraction 5/7, on ajoute 2 à chacun de ses termes. De combien la 2e fraction obtenue surpasse-t-elle la 1re? (*Meuse.*)

Rép. 7/9 — 5/7 = 49/63 — 45/63 = 4/63.

***1668.** — Une ouvrière fait 6 m. de dentelle en 8 jours; une autre en fait 7 m. en 9 jours. Dire : 1° quelle est la plus habile; 2° quelle quantité de dentelle elle fait par jour de plus que l'autre. (*Nord.*)

I. En 1 jour, la 1re fait 6/8 = 1m — 2/8; la 2e, 7/9 = 1m — 2/9.
Rép. La 2e est la plus habile.
II. 7/9 — 6/8 = 7/9 — 3/4 = 28/36 — 27/36 = 1/36.
Rép. 1/36 de m.

***1669.** — Que reste-t-il d'une pièce d'étoffe dont on a pris successivement 1/3, 1/4, 1/5 et 1/9? (*Dordogne.*)

Reste = 1 — Somme des fractions prises.
Somme = 1/3 + 1/4 + 1/5 + 1/9 = 60/180 + 45/180 + 36/180 + 20/180 = 161/180.
Rép. 1 — 161/180 = 19/180.

***1670**. — On a partagé un pré en 3 lots : le 1er en est les 2/5 et le 2e les 2/8. Quel est le plus grand des 3 lots ?   (*Yonne.*)

Dernier lot. $\begin{cases} a) \text{ 1er et 2e : } & 2/5 + 2/8 = 2/5 + 1/4 = 8/20 + 5/20 = 13/20. \\ b) \text{ 3e : } & 1 - 13/20 = 7/20. \end{cases}$

Rép. Le *plus grand lot est le premier.*

SOUSTRACTION DES NOMBRES FRACTIONNAIRES   P. 167.

I. Exercice. — Calculer la différence $7^m 4/5 - 3^m 2/3$.

$$\frac{4}{5} = \frac{12}{15}; \frac{2}{3} = \frac{10}{15}. \qquad\qquad \frac{4}{5} = \frac{4 \times 3}{5 \times 3} = \frac{12}{15}.$$

***Différence :** $\quad 7^m \dfrac{4}{5} - 3^m \dfrac{2}{3} = 7^m \dfrac{12}{15} - 3^m \dfrac{10}{15} = 4^m \dfrac{2}{15}. \qquad \dfrac{2}{3} = \dfrac{2 \times 5}{3 \times 5} = \dfrac{10}{15}.$

24. — Pour faire la **différence de deux nombres fractionnaires,** on *retranche* la *fraction du plus petit nombre de celle du plus grand* et on *ajoute* le résultat obtenu à la *différence des entiers.*

25. — Lorsque, dans l'application de la règle précédente, la *soustraction des fractions est impossible,* on **augmente d'une unité** la *fraction du plus grand nombre* et la *partie entière du plus petit.*

II. Exercice. — Calculer la différence $8^m 2/7 - 5^m 3/4$.

Différence : $\quad 8^m \dfrac{2}{7} - 5^m \dfrac{3}{4} = 8^m \dfrac{8}{28} - 5^m \dfrac{21}{28},$

ou, en ajoutant 28/28 au plus grand nombre et 1 au plus petit :

$$8^m \frac{36}{28} - 6^m \frac{21}{28} = 2^m \frac{15}{28}.$$

$$\begin{array}{cc} 8^m 8/28 & \cdot \quad 8^m 36/28. \\ & \text{ou} \\ - 5^m 21/28 & - 6^m 21/28 \\ \hline & 2^m 15/28 \end{array}$$

Exercices écrits. — Calculer les différences suivantes :

1671. — $67 \dfrac{4}{5} - 34 \dfrac{8}{15}$ (*Ardennes.*); $7 \dfrac{8}{9} - 3 \dfrac{4}{5}$. (*Mayenne.*)

I. $4/5 = 12/15$.   *Rép.* $67\ 12/15 - 34\ 8/15 = 33\ 4/15.$
II. $8/9 = 40/45$; $4/5 = 36/45$.   *Rép.* $7\ 40/45 - 3\ 36/45 = 4\ 4/45.$

1672. — $4 \dfrac{2}{3} - 3 \dfrac{5}{6}$ (*Charente.*); $18 \dfrac{2}{7} - 15 \dfrac{3}{4}$. (*Ardennes.*)

I. $2/3 = 4/6$.   *Rép.* $4\ 4/6 - 3\ 5/6 = 4\ 10/6 - 4\ 5/6 = 5/6.$
II. $2/7 = 8/28$; $3/4 = 21/28$.
Rép. $18\ 8/28 - 15\ 21/28 = 18\ 36/28 - 16\ 21/28 = 2\ 15/28.$

1673. — $3 \dfrac{3}{4} - 2 \dfrac{5}{6}$ (*Belfort.*); $17 \dfrac{7}{24} - 13 \dfrac{17}{30}$. (*Pyr.-Orientales.*)

I. $3/4 = 9/12$; $5/6 = 10/12$.   *Rép.* $3\ 9/12 - 2\ 10/12 = 3\ 21/12 - 3\ 10/12 = 11/12.$
II. $7/24 = 35/120$; $17/30 = 68/120$.
Rép. $17\ 35/120 - 13\ 68/120 = 17\ 155/120 - 14\ 68/120 = 3\ 87/120 = 3\ 29/40.$

1674. — $4 - \dfrac{3}{5}$ *(Sarthe)* ; $3,6 - 2\dfrac{5}{6}$. *(Somme.)*

I. *Rép.* $4 - 3/5 = 4\,5/5 - 1\,3/5 = 3\,2/5$.
II. $0,6 = 3/5 = 18/30$; $5/6 = 25/30$.
Rép. $3\,18/30 - 2\,25/30 = 3\,48/30 - 3\,25/30 = 23/30$.

Problèmes. — 1675. — On achète 16ᵐ 2/3 d'étoffe. On en vend d'abord 3ᵐ 5/6, puis 5ᵐ 2/11. Combien en reste-t-il ? *(Somme.)*

Reste = Longueur totale (16ᵐ 2/3) — Somme des parties vendues.
Somme. $\begin{cases} a) \ 5/6 = 55/66 ; \ 2/11 = 12/66 ; \ 55/66 + 12/66 = 1\,1/66. \\ b) \ 3^{\text{m}} + 5^{\text{m}} + 1^{\text{m}} 1/66 = 9^{\text{m}} 1/66. \end{cases}$
Rép. $16^{\text{m}} 2/3 - 9^{\text{m}} 1/66 = 16^{\text{m}} 44/66 - 9^{\text{m}} 1/66 = 7^{\text{m}} 43/66$.

***1676.** — D'une pièce de soie de 40ᵐ 5/6, on a retiré deux coupons, l'un de 18ᵐ 2/3 et l'autre de 5ᵐ 1/6. Que vaut le reste, à raison de 6 fr. le mètre ? *(Eure.)*

Prix du reste = Prix du mètre (6 fr.) × Nombre de mètres restants.
Nombre de mètres. $\begin{cases} a) \ \text{Vente :} \ 18^{\text{m}} 2/3 + 5^{\text{m}} 1/6 = 18^{\text{m}} 4/6 + 5^{\text{m}} 1/6 = 23^{\text{m}} 5/6. \\ b) \ \text{Reste} = 40^{\text{m}} 5/6 - 23^{\text{m}} 5/6 = 17 \ \text{m}. \end{cases}$
Rép. $6^{\text{f}} \times 17 = 102 \ fr.$

***1677.** — Trois ouvriers ont été employés à creuser un fossé de 125 m. de long sur 0ᵐ,60 de large et 0ᵐ,40 de profondeur. L'un a extrait 8ᵐ³ 5/11 de terre ; le 2ᵉ, 13ᵐ³ 1/12. Trouver le volume de la terre enlevée par le 3ᵉ ouvrier. *(Creuse.)*

Volume enlevé par le 3ᵉ = Vol. tot. — Somme des vol. enlevés par les 2 autres.
1. Volume total = $125^{\text{m}³} \times 0,6 \times 0,4 = 30^{\text{m}³}$.
2. Somme. $\begin{cases} a) \ 5/11 = 60/132 ; \ 1/12 = 11/132 ; \ 60/132 + 11/132 = 71/132. \\ b) \ 8^{\text{m}³} + 13^{\text{m}³} + 71/132 = 21^{\text{m}³} 71/132. \end{cases}$
3. *Rép.* $30^{\text{m}³} - 21^{\text{m}³} 71/132 = 30^{\text{m}³} 132/132 - 22^{\text{m}³} 71/132 = 8^{\text{m}³} 61/132$.

P. 168.

MULTIPLICATION D'UNE FRACTION
PAR UN NOMBRE ENTIER

Multiplier une fraction par **2, 3, 4**..., c'est la *rendre* 2, 3, 4..., fois *plus grande* (voir p. 158).

26. — Pour multiplier une fraction par un nombre entier, on *multiplie son numérateur* ou, si cela est possible, on *divise son dénominateur* par ce nombre entier.

MULTIPLICATION D'UN NOMBRE ENTIER
PAR UNE FRACTION

Exercice oral. — Quel est le tiers : 1º de 1 mètre ? 2º de 2 m. ?

1 mètre.
2 mètres.

Rép. 1º 1/3 de mètre ; 2º 2/3 de mètre.

— Quelle est la fraction qui représente :
1º le quart de 1 m. ? de 2 m. ? de 3 m. ? 2º 1/6 de 4 m. ?
Rép. 1/4 de m. ; 2/4 de m. ou 1/2 m. ; 3/4 de m. ; 2º 4/6 de m. ou 2/3 de m.

Problème. — Quel est le prix de 4/7 de mètre de ruban à 2 fr. le mètre?

Solution : Le **prix de 4/7 de mètre** de ruban est égal à $2^f \times \dfrac{4}{7}$ ou aux 4/7 de 2 fr.

1° 1/7 de 2 fr. égale 2/7 de fr.

2° **Prix de 4/7 de mètre** de ruban : $\dfrac{2^f}{7} \times 4$ ou $\dfrac{2^f \times 4}{7} = \dfrac{8}{7}$ **de fr.**

Ainsi, $2^f \times \dfrac{4}{7}$ égale $\dfrac{4}{7}$ **de 2 fr.** ou $\dfrac{2^f \times 4}{7}$.

27. — *Multiplier un nombre par une fraction,* c'est **prendre cette fraction du nombre.**

28. — **Pour multiplier un nombre entier par une fraction,** on *multiplie le nombre entier par le numérateur* et on conserve le dénominateur.

Remarque. — La définition et la règle précédentes conviennent à la multiplication d'un nombre entier par une fraction décimale. (Voir El., p. 9, § 7.)

Exercices écrits. — **1678.** — Prendre : 1° les 2/3 de 42, 63, 11, 25 ; 2° les 3/4 de 12, 24, 60, 15.

Rép. 1° 28 ; 42 ; 22/3 ou 7 1/3 ; 50/3 ou 16 2/3 ;
2° 9 ; 18 ; 45 ; 45/4 ou 11 1/4.

1679. — Effectuer les multiplications suivantes, extraire les entiers et simplifier s'il y a lieu :

$$\frac{4}{7} \times 9 ; \quad \frac{11}{15} \times 60 ; \quad 61 \times \frac{9}{11} ; \quad 120 \times \frac{11}{15} ; \quad 58 \times \frac{835}{1\,000}.$$

Rép. 1° 36/7 ou 5 1/7 ; 2° 11 × 4 = 44 ; 3° 549/11 = 49 10/11 ;
4° 8 × 11 = 88 ; 5° 58 × 835/1 000 = 58 × 0,835 = 48 43/100 ou 48,43.

Problèmes. — **1680.** — Prendre les 3/4 de 745 816. (*Marne.*) P. 169.
Rép. 745 816 × 3/4 = 559 362.

1681. — A 12 fr. le mètre de drap, combien paiera-t-on pour 2/3 de mètre et pour 3/4 de mètre? (Indiquer le raisonnement pour chaque résultat.) (*Creuse.*)
Rép. 1° 8 *fr.* 2° 9 *fr.* (Voir problème résolu, El., p. 168.)

1682. — Un ouvrier qui a fait les 5/6 d'un certain ouvrage a reçu 40 fr. On était convenu de lui donner 51f,30 pour l'ouvrage entier. A-t-il reçu ce qui lui est dû? (*Pas-de-Calais.*)
S'il y a une *erreur*, elle est la différence entre 40 fr. et ce qui lui est dû.
Ce qui lui est dû = 51f,30 × 5/6 = 42f,75.
Rép. Il a reçu : 42f,75 — 40f = 2f,75 *en moins.*

1683. — Un fermier a acheté un cheval pour 945 fr. et un âne qui ne vaut que 1/9 du prix du cheval. Combien a-t-il dépensé? (*Loire.*)
Dépense = Prix du cheval (945 fr.) + Prix de l'âne.
Prix de l'âne = 945f : 9 = 105 fr. *Rép.* 945f + 105f = 1 050 *fr.*

1684. — J'hérite pour les 3/4 d'une succession de 9 000 fr. Quelle sera ma part? Que reste-t-il? *(Gers.)*

I. *Ma part* = 9 000^f × 3/4. *Rép.* 6 750 *fr.*
II. *Reste* = 9 000^f — 6 750^f *Rép.* 2 250 *fr.*

1685. — Un ouvrier gagne 1 230 fr. par an. Il dépense les 3/4 de son gain pour sa nourriture, son entretien et son logement. Combien économise-t-il par an? *(Haute-Saône.)*

Économie = Gain total (1 230 fr.) × Fraction correspondant à l'économie.
Fraction correspondante = 1 — 3/4 = 1/4. *Rép.* 1 230^f : 4 = 307^f,50.

1686. — Combien valent, à raison de 0^f,70 le kilogramme, les 3/7 d'une caisse de savon de Marseille pesant 40 kg. ? *(Tarn-et-Garonne.)*

Valeur des 3/7 = 0^f,70 × Nombre de kilogrammes.
Nombre de kilog. = 40^{kg} × 3/7 = 120/7. *Rép.* 0^f,70 × 120/7 = 12 *fr.*

1687. — Un boulanger achète 235 sacs de farine au prix de 52^f,50 le sac. Comme il paye comptant, on lui fait une réduction de 1/10. Quelle somme doit-il débourser? *(Charente-Inférieure.)*

Prix net = Prix brut total — Réduction.
1. Prix brut = 52^f,50 × 235 = 12 337^f,50.
2. Réd. = 12 337^f,5 × 1/10 = 1 233^f,75. *Rép.* 12 337^f,5 — 1 233^f,75 = 11 103^f,75.

***1688.** — Un homme adulte fait 17 inspirations par minute en introduisant chaque fois les 5/9 d'un litre d'air dans ses poumons. Quel est le volume d'air introduit en 24 heures? *(Seine.)*

Volume inspiré en 24 *h.* = Vol. en 1 min. × N. de min.
1. En 1 min. : 5/9 de l. × 17 = 85/9 de l.; 2. N. de min. = 60$^{min.}$ × 24 = 1 440 m.
Rép. 85/9 de l. × 1 440 = 13 600 *litres.*

***1689.** — Un ouvrier drapier fait 4/7 de mètre par heure, un autre en fait 5/8. Lequel des deux travaille le plus vite et combien en fait-il de plus que l'autre dans une journée de 12 heures? *(Loiret.)*

I. *Différence à l'heure :* 5/8 = 35/56; 4/7 = 32/56.
Rép. 5/8 — 4/7 = 3/56 de *m. Le* 1er *est le plus habile.*
II. *Différence en* 12 *h.* = 3/56 de m. × 12. *Rép.* 9/14 *de m.*

***1690.** — Un employé gagne 2 600 fr. par an; on lui retient 1/20 de son traitement pour la retraite et il place 207 fr. à la Caisse d'épargne. Combien peut-il dépenser par jour? *(Jura.)*

Dépense journalière = Dépense annuelle : 365.
Dépense annuelle. { *a)* Retenue = 2 600^f : 20 = 130 fr.
{ *b)* 2 600^f — (130^f + 207^f) = 2 600^f — 337^f = 2 263 fr.
Rép. 2 263^f : 365 = 6^f,20.

***1691.** — Un marchand a acheté 90 m. de flanelle neuve pour 567 fr. Il la fait laver. Elle perd alors les 2/45 de sa longueur. A combien lui revient le mètre de flanelle lavée? *(Lot.)*

Prix du mètre de flanelle lavée = Prix total (567 fr.) : Long. de flan. lavée.
Longueur de flanelle lavée. { *a)* Fraction correspondante : 1 — 2/45 = 43/45.
{ *b)* 90^m × 43/45 = 86 m.
Rép. 567^f : 86 = 6^f,59.

***1692.** — Un chemisier a fait confectionner 48 chemises qui lui reviennent à 213^f,40. Combien doit-il revendre chaque chemise pour gagner 1/5 du prix de revient? *(Loiret.)*

Prix de vente d'une chemise = Prix de vente total : 48.
Prix de vente total. { *a)* Bénéfice = 213^f,40 : 5 = 42^f,68.
{ *b)* 213^f,40 + 42^f,68 = 256^f,08.
Rép. 256^f,08 : 48 = 5^f,335 ou 5^f,35.

***1693.** — Un morceau de viande qui pèse 3^{kg},080, viande et os compris, a été payé 7^f,70. Le poids des os est 1/5 du poids total, quel est le prix du kilogramme de viande désossée?   (*Gironde.*)

Prix du kilog. = Prix total (7^f,70) : Poids net.
Poids net = 3^{kg},08 × (1 — 1/5) = 3^{kg},08 × 4/5 = 2^{kg},464.
Rép. 7^f,70 : 2,464 = 3^f,12.

***1694.** — Un cultivateur a récolté 252 hl. de pommes de terre; il en vend les 2/3 à raison de 4^f,80 l'hectolitre, et le reste à 5^f,30. Combien a-t-il reçu en tout?   (*Nord.*)

Prix de vente total = Somme des prix des ventes partielles.
1re vente. { a) Nombre d'hectolitres = 252^{hl} × 2/3 = 168 hl.
{ b) Prix = 4^f,80 × 168 = 806^f,40.
2° vente. { a) Reste = 252^{hl} -- 168^{hl} = 84 hl.
{ b) Prix = 5^f,30 × 84 = 445^f,20.
Rép. 806^f,40 + 445^f,20 = 1 251^f,60.

***1695.** — Un marchand achète 45 m. de toile à 1^f,60 le mètre. Il se trouve que 1/9 de la pièce est avarié et ne peut être vendu; combien devra-t-il vendre le mètre du reste pour ne rien perdre?   (*Hérault.*)

Prix de vente du mètre du reste = Prix de vente total : N. de m. du reste.
1. Prix de vente total = Prix d'achat = 1^f,60 × 45 = 72 fr.
2. N. de m. du reste : a) Perte = 45^m : 9 = 5 m. b) 45^m — 5^m = 40 m.
Rép. 72^f : 40 = 1^f,80.

***1696.** — Un marchand de grains a du blé qui lui revient à 16^f,25 l'hectolitre. En le revendant en détail, il veut gagner 4/17 du prix de vente. Quelle quantité devra-t-il en donner pour 127^f,50?   (*Loiret.*)

Quantité pour 127^f,50 = Prix de revient de cette quantité : 16,25.
Prix de revient. { = 1 — 4/17 = 13/17 du prix de vente.
{ 127^f,50 × 13/17 = 97^f,50.
Rép. 97,50 : 16,25 = 6 hl.

***1697.** — Par quel nombre faut-il multiplier 180 pour diminuer ce nombre de ses 20 centièmes? Vérifier.   (*Creuse.*)

Il faut multiplier 180 par 1 — 20/100. *Rép.* 80/100 ou 0,80.
Vérification : 180 × 0,8 = 144. Diminution = 180 — 144 = 36.
Les 20/100 = 180 × 20/100 = 36.

* PRENDRE PLUSIEURS FRACTIONS ..   ·   P. 170.
D'UN NOMBRE. RESTE.

Problèmes. — **1698.** — Trois terrassiers ont creusé un fossé. Le 1er en a fait les 2/5; le 2e, les 3/7, et le 3e, le reste. Le travail ayant été payé 105 fr., quelle somme revient-il à chacun?   (*Nièvre.*)

I. *Rép.* 105^f × 2/5 = 42 fr. II. *Rép.* 105^f × 3/7 = 45 fr.
III. *Rép.* 105^f — (42^f + 45^f) = 105^f — 87^f = 18 fr.

1699. — Trois enfants se sont partagé une succession de 3 500 fr. Quelle a été la part de chacun, sachant que le 1er en a eu les 2/5, le 2e, les 3/4 du 1er, et le 3e, le reste?   (*Oise.*)

I. *Rép.* 3 500^f × 2/5 = 1 400 fr. II. *Rép.* 1 400^f × 3/4 = 1 050 fr.
III. *Rép.* 3 500^f — (1 400^f + 1 050^f) = 3 500^f — 2 450^f = 1 050 fr.

1700. — Paul me devait 1 800 fr. Il m'a donné successivement les

3/5 de cette somme, les 5/8 du reste, puis le reste. Combien m'a-t-il
donné chaque fois? (*Doubs.*)

I. *Rép.* 1 800ᶠ × 3/5 = 1 080 *fr.*
II. Reste = 1 800ᶠ — 1 080ᶠ = 720 fr. *Rép.* 720ᶠ × 5/8 = 450 *fr.*
III. *Rép.* 720ᶠ — 450ᶠ = 270 *fr.*

1701. — La moitié d'une pièce de drap de 36 m. de long a été
vendue à raison de 15 fr. le mètre, le tiers à raison de 16ᶠ,50 et le reste
à 14 fr. Quelle somme a-t-on retirée de la pièce entière? (*Sarthe.*)

Prix de vente total = Somme des prix des ventes particielles.
1ʳᵉ Vente : *a)* Nombre de mètres = 36ᵐ : 2 = 18 m. *b)* 15ᶠ × 18 = 270 fr.
2ᵉ Vente : *a)* Nombre de mètres = 36ᵐ : 3 = 12 m. *b)* 16ᶠ,5 × 12 = 198 fr.
3ᵉ Vente : *a)* Nombre de mètres = 36ᵐ — (18ᵐ + 12ᵐ) = 6 m. *b)* 14ᶠ × 6 = 84 fr.
Rép. 270ᶠ + 198ᶠ + 84ᶠ = 552 *fr.*

1702. — J'achète 450 m. d'étoffe pour 255 fr.; 1/3 a coûté 0ᶠ,65
le mètre; 1/4 a coûté 0ᶠ,40 le mètre. Evaluer le prix du mètre de la
partie qui reste. (*Côte-d'Or.*)

Prix du mètre du reste = Prix total de ce reste : Sa longueur.
1. Prix total du reste. $\begin{cases} a)\ 1^{re}\ partie : 450^m : 3 = 150\,m ;\ 0^f,65 \times 150 = 97^f,50. \\ b)\ 2^e\ partie : 450^m : 4 = 112^m,5 ;\ 0^f,4 \times 112,5 = 45\ fr. \\ c)\ 255^f — (97^f,5 + 45^f) = 255^f — 142^f,5 = 112^f,50. \end{cases}$
2. Longueur = 450ᵐ — (150ᵐ + 112ᵐ,5) = 187ᵐ,5. *Rép.* 112ᶠ,5 : 187,5 = 0ᶠ,60.

1703. — Un marchand achète 18 m. d'étoffe à 7ᶠ,25 le mètre. Il en
vend 1/4 à 9ᶠ,40 le mètre; 1/5 à 8ᶠ,50, et le reste à 7ᶠ,80. Quel est
son bénéfice? (*Doubs.*)

Bénéfice = Prix de vente — Prix d'achat.
1. Prix de vente. $\begin{cases} a)\ 1^{re}\ Vente : 18^m : 4 = 4^m,5 ;\ 9^f,4 \times 4,5 = 42^f,30. \\ b)\ 2^e\ Vente : 18^m : 5 = 3^m,6 ;\ 8^f,5 \times 3,6 = 30^f,60. \\ c)\ Reste : 18^m — (4^m,5 + 3^m,6) = 9^m,9 ;\ 7^f,8 \times 9,9 = 77^f,22. \\ d)\ Total : 42^f,3 + 30^f,6 + 77^f,22 = 150^f,12\ ou\ 150^f,10. \end{cases}$
2. Prix d'achat = 7ᶠ,25 × 18 = 130ᶠ,50. *Rép.* 150ᶠ,10 — 130ᶠ,50 = 19ᶠ,60.

1704. — Un terrassier a 144 m. de fossé à creuser; le 1ᵉʳ jour il
en fait 1/4, le 2ᵉ jour les 2/3 de ce qu'il a fait le 1ᵉʳ jour, le 3ᵉ jour les
5/16 du tout et le 4ᵉ jour le reste. Combien a-t-il gagné chaque jour,
s'il reçoit 0ᶠ,10 par mètre? (*Aube.*)

I. *Gain du 1ᵉʳ jour* = 1/4 du gain total.
Gain total = 0ᶠ,10 × 144 = 14ᶠ,4. *Rép.* 14ᶠ,4 : 4 = 3ᶠ,60.
II. *Gain du 2ᵉ jour* = 3ᶠ,60 × 2/3. *Rép.* 2ᶠ,40.
III. *Gain du 3ᵉ jour* = 14ᶠ,4 × 5/16. *Rép.* 4ᶠ,50.
IV. *Gain du 4ᵉ jour* = 14ᶠ,4 — (3ᶠ,6 + 2ᶠ,4 + 4ᶠ,5). *Rép.* 3ᶠ,90.

1705. — Une marchande a vendu successivement 1/4, 1/6, 2/9 de
3 douzaines d'œufs à raison de 0ᶠ,15 l'un. Quelle somme a-t-elle reçue?
Combien d'œufs lui reste-t-il? (*Ardennes.*)

I. *Somme reçue* = Prix d'un œuf (0ᶠ,15) × Nombre d'œufs vendus.
N. d'œufs vendus. $\begin{cases} a)\ 3\ douzaines = 36\ œufs. \\ b)\ (36^œ : 4) + (36^œ : 6) + (36^œ \times 2 : 9) = 9^œ + 6^œ + 8^œ = 23\ œufs. \end{cases}$
Rép. 0ᶠ,15 × 23 = 3ᶠ,45.
II. *Nombre d'œufs restants* = 36ᵒ — 23ᵒ. *Rép.* 13 œufs.

1706. — Un marchand a acheté 465 hl. de blé à 14ᶠ,50 l'hectolitre.

Il en revend 1/3 à 13 fr. l'hectolitre, puis la moitié du reste à 15^f,50 et enfin le reste à 16 fr. On demande combien il a gagné ou perdu. (*Ain.*)

Gain ou perte = Différence entre le prix d'achat et le prix de vente total.
1. Prix d'achat = 14^f,50 × 465 = 6 742^f,50.

2. Prix de vente.
- *a*) 1re vente : 465^{hl} : 3 = 155 hl. ; 13^f × 155 = 2 015 fr.
- *b*) 2e vente : 1/2 Reste = 1/3 du tout ; 15^f,5 × 155 = 2 402^f,5.
- *c*) 3e vente : Dernier reste = 155 hl. ; 16^f × 155 = 2 480 fr.
- *d*) 2 015^f + 2 402^f,5 + 2 480^f = 6 897^f,50.

Rép. Gain = 6 897^f,50 — 6 742^f,50 = 155 *fr.*

1707. — Un rentier a un revenu annuel de 1 920 fr. ; il dépense les 2/3 de cette somme pour sa nourriture, 1/12 pour son entretien, et le reste pour son logement. Quel est son loyer annuel? (*Somme.*)

Loyer annuel = 1 920 fr. × Fraction correspondant au loyer.

Fraction correspondante.
- *a*) 2/3 + 1/12 = 8/12 + 1/12 = 9/12 ou 3/4.
- *b*) 1 — 3/4 = 1/4.

Rép. 1 920^f × 1/4 = 480 *fr.*

1708. — Une commerçante a vendu successivement 1/4, 1/6, 2/5 d'une pièce de calicot de 18 m. à 0^f,75 le mètre. Quelle somme a-t-elle reçue? (*Loire.*)

Recette = Prix du mètre (0^f,75) × Nombre de mètres vendus.

N. de mètres.
- *a*) Fr. corr^{te} = 1/4 + 1/6 + 2/5 = 15/60 + 10/60 + 24/60 = 49/60.
- *b*) 18^m × 49/60 = 14^m,70.

Rép. 0^f,75 × 14,70 = 11^f,025, soit 11 *fr.*

1709. — Une personne qui dispose d'un revenu annuel de 2 880 fr. en dépense 1/5 pendant le 1er trimestre, 1/4 pendant le 2e et 6/20 pendant le 3e. Combien lui reste-t-il à dépenser pour le 4e? (*Cher.*)

Reste = Revenu total (2 880 fr.) × Fraction correspondant à ce reste.

Fraction corresp^{te}.
- = 1 — (1/5 + 1/4 + 6/20).
- = 1 — (4/20 + 5/20 + 6/20) = 1 — 15/20 = 5/20 ou 1/4.

Rép. 2 880^f × 1/4 = 720 *fr.*

1710. — Un ouvrier travaille 305 jours par an. Il emploie pour sa nourriture 1/3 de son salaire, pour son logement 1/10, pour son habillement 1/6 et 1/8 en frais divers. Il place le reste à la fin de l'année. Combien place-t-il s'il gagne 3^f,50 par jour de travail? (*Jura.*)

Somme placée = Gain total × Fraction correspondant au reste.
1. Gain total = 3^f,50 × 305 = 1 067^f,50.

2. Fraction corresp^{te}.
- = 1 — (1/3 + 1/10 + 1/6 + 1/8).
- = 1 — (40/120 + 12/120 + 20/120 + 15/120)
- = 33/120 ou 11/40.

Rép. 1 067^f,5 × 11/40 = 293^f,56 ou 293^f,55.

1711. — Un marchand qui avait une pièce de toile de 174 m. en a vendu 1/3 à 1^f,60 le mètre, les 3/4 du reste à 1^f,80 et le reste à 2 fr. le mètre. Il a ainsi réalisé un bénéfice de 46^f,40. On demande combien il avait payé le mètre de cette toile. (*Seine-et-Oise.*)

Prix du mètre = Prix d'achat total : Nombre de mètres (174 m.).

Prix d'achat.
- *a*) Prix de vente.
  - 1re vente : 174^m : 3 = 58 m. ; 1^f,6 × 58 = 92^f,80.
  - 2e vente : (174^m — 58^m) × 3/4 = 116^m × 3/4 = 87 m. ; 1^f,80 × 87 = 156^f,60.
  - 3e vente : 116^m — 87^m = 29 m. ; 2^f × 29 = 58 fr.
  - Total : 92^f,8 + 156^f,6 + 58^f = 307^f,40.
- *b*) 307^f,40 — 46^f,40 = 261 fr.

Rép. 261^f : 174 = 1^f,50.

P. 171.

*MULTIPLICATION D'UNE FRACTION
PAR UNE FRACTION.

1. — **Exercice oral.** — Quelle est la moitié : 1º de 1/2; 2º de 1/3; 3º de 1/4 de pomme?

Rép. 1º 1/4;   2º 1/6;   3º 1/8 *de pomme.*

— Prendre le tiers : 1º de 2/5; 2º de 5/7; 3º de 4/9 de mètre.

Rép. 1º 2/15;   2º 5/21;   3º 4/27 *de mètre.*

— Calculer : 1º 1/3 de 3/4; 2º 1/4 de 4/7; 3º 1/5 de 5/7.

Rép. 1º 1/4;   2º 1/7;   3º 1/7.

— Prendre : 1º la moitié de 4/5; 2º le tiers de 6/7; 3º le quart de 8/9.

Rép. 1º 2/5;   2º 2/7;   3º 2/9.

Multiplier une fraction par **1/2, 1/3, 1/4, ...** c'est en *prendre la moitié, le tiers, le quart, ...* ou la **rendre 2, 3, 4 ... fois plus petite** (voir page 158).

2. — **Problème.** — Un ouvrier fait les 5/7 d'un ouvrage en 1 heure. Que fait-il en 3/4 d'heure?

Solution. — **En 3/4 d'heure,** il fait $\dfrac{5}{7} \times \dfrac{3}{4}$ ou **les 3/4 de 5/7.**

1º Le quart de $\dfrac{5}{7}$ est égal à : $\dfrac{5}{7 \times 4}$;

2º En $\dfrac{3}{4}$ d'heure, il fait : $\dfrac{5}{7 \times 4} \times 3 = \dfrac{5 \times 3}{7 \times 4} = \dfrac{15}{28}$ de l'ouvrage.

Ainsi, $\dfrac{5}{7} \times \dfrac{3}{4}$ égale $\dfrac{3}{4}$ de $\dfrac{5}{7}$ ou $\dfrac{5 \times 3}{7 \times 4}$.

29. — Pour **multiplier une fraction par une frac-tion,** on *multiplie* les *numérateurs entre eux* et les *dénominateurs entre eux.*

Remarques. — Si cela est possible, on simplifie l'expression avant d'effectuer les produits.

La règle précédente convient à la multiplication d'une fraction décimale par une fraction décimale.

Exercices écrits. — Effectuer les produits suivants :

1712. — $\dfrac{4}{9} \times \dfrac{2}{5}$; $\dfrac{5}{8} \times \dfrac{8}{9}$; $\dfrac{8}{15} \times \dfrac{5}{12}$; $\dfrac{3}{4} \times \dfrac{2}{5}$. Expliquer. (*Aveyron.*)

Rép.   1º 8/45;   2º 5/9;   3º 2/9;   4º 3/10. Voir plus haut.

1713. — $\dfrac{7}{10} \times \dfrac{55}{100}$; $\dfrac{24}{100} \times \dfrac{9}{1\,000}$; $0,8 \times 0,75$; $0,12 \times \dfrac{18}{1\,000}$.

Rép.   1º 7/10 × 55/100 = 0,7 × 0,55 = 385/1 000 ou 0.385.
   2º 24/100 × 9/1 000 = 0,24 × 0,009 = 216/100 000 ou 0,00216.
   3º 0,8 × 0,75 = 8/10 × 75/100 = 600/1 000 ou 0,6.
   4º 0,12 × 18/1 000 = 0,12 × 0,018 = 216/100 000 ou 0,00216.

1714. — Prendre : 1° les 2/7 de 7/9; 2° les 9/20 de 40/63.

Rép. 1° 2/9; 2° 2/7. (Résultats obtenus facilement par simplification.)

Problèmes. — **1715.** — Un tailleur coupe d'abord 1/7 d'un mètre de drap, puis 1/4 du reste. Combien en reste-t-il?   *(Paris.)*

Dernier reste = 1ᵉʳ reste × Fraction du 1ᵉʳ reste correspondant au dernier.
1° 1ᵉʳ reste = 7/7 — 1/7 = 6/7 de m.;   2° Fract. correspᵗᵉ = 4/4 — 1/4 = 3/4.
Rép. 6/7 de m. × 3/4 = 9/14 *de m.*

1716. — Un bassin complètement plein contient 48 hl. d'eau. On en vide les 3/4, puis les 2/3 du reste. Combien faut-il encore tirer de litres pour qu'il soit vide?   *(Charente.)*

Dernier reste = 48 hl. × Fraction correspondant au dernier reste.
Fract. correspᵗᵉ. $\begin{cases} = 3/3 — 2/3 = 1/3 \text{ du } 1^{er} \text{ reste.} \\ a) \ 1^{er} \text{ reste} = 1 — 3/4 = 1/4 ; \quad b) \ 1/4 \times 1/3 = 1/12. \end{cases}$
Rép. 48ʰˡ × 1/12 = 4 *hl.*   *Autre méth.* (48ʰˡ — 48ʰˡ × 3/4) × 1/3.

1717. — Une succession de 7500 fr. est partagée entre 3 héritiers. Le 1ᵉʳ en reçoit les 2/5, le 2ᵉ les 3/4 du 1ᵉʳ. Quelle fraction de l'héritage revient au 3ᵉ? Quelle somme reçoit chaque héritier?   *(Eure.)*

I. *Fract. revenant au 3ᵉ* = 1 — Somme des fract. revenant aux 2 premiers.
Aux 2 premiers : 2/5 + 2/5 × 3/4 = 2/5 + 3/10 = 4/10 + 3/10 = 7/10.
Rép. 1 — 7/10 = 3/10.
II. *Part du 1ᵉʳ* = 7500ᶠ × 4/10. *Rép.* 750ᶠ × 4 = 3000 *fr.*
III. *Part de chacun des autres* = 750ᶠ × 3. *Rép.* 2250 *fr.*

1718. — Louis lègue à Jacques les 2/3 des 3/4 des 4/5 de sa fortune qui s'élève à 20000 fr. Quel sera le montant de l'héritage fait par Jacques?   *(Dordogne.)*

Héritage = Fortune (20000 fr.) × Fraction correspondant à l'héritage.
Fraction correspᵗᵉ = 4/5 × 3/4 × 2/3 = 2/5. *Rép.* 20000ᶠ × 2/5 = 8000 *fr.*

*MULTIPLICATION DE NOMBRES FRACTIONNAIRES.   P. 172.

30. — Pour multiplier des nombres fractionnaires, on les *convertit en fractions.*

Exercices écrits. — Effectuer les opérations suivantes et extraire les entiers des résultats obtenus :

1719. — $4\frac{2}{5} \times 5$; $8\frac{5}{6} \times 12$; $14 \times 4\frac{3}{7}$; $26 \times 6\frac{2}{9}$.

I. *Rép.* 22/5 × 5 = 22.   II. *Rép.* 53/6 × 12 = 53 × 2 = 106.
III. *Rép.* 14 × 31/7 = 2 × 31 = 62. IV. *Rép.* 26 × 56/9 = 1456/9 ou 161 7/9.

1720. — $3\frac{5}{8} \times \frac{6}{11}$; $\frac{7}{13} \times 10\frac{1}{3}$; $11\frac{4}{5} \times \frac{3}{5}$; $\frac{8}{13} \times 7\frac{6}{15}$.

I. *Rép.* 29/8 × 6/11 = 87/44 = 1 43/44. II. *Rép.* 7/13 × 31/3 = 217/39 = 5 22/39.
III. *Rép.* 59/5 × 3/5 = 177/25 = 7 2/25.
IV. *Rép.* 8/13 × 7 2/5 = 8/13 × 37/5 = 296/65 = 4 36/65.

1721. — $9\frac{1}{7} \times 4\frac{3}{8}$; $5\frac{3}{9} \times 12\frac{3}{4}$; $20\frac{2}{11} \times 6\frac{5}{11}$; $18\frac{9}{12} \times 30\frac{13}{25}$.

I. *Rép.* 1° 64/7 × 35/8 = 40. II. *Rép.* 5 1/3 × 12 3/4 = 16/3 × 51/4 = 4 × 17 = 68.
III. *Rép.* 222/11 × 71/11 = 15762/121 = 130 32/121.
IV. *Rép.* 18 3/4 × 30 13/25 = 75/4 × 763/25 = 2289/4 = 572 1/4.

1722. — $\frac{3}{10} \times 45\frac{27}{100}$; $0,72 \times 3\frac{1}{7}$; $19\frac{3}{10} \times 4\frac{75}{100}$; $4,63 \times \frac{3}{7}$.

I. *Rép.* $3/10 \times 45\ 27/100 = 13581/1000 = 13.581/1\,000 = 13,581.$
II. *Rép.* $72/100 \times 22/7 = 396/175 = 2\ 46/175.$
III. *Rép.* $193/10 \times 475/100 = 19.3 \times 4,75 = 91675/1000 = 91,675.$
IV. *Rép.* $463/100 \times 3/7 = 1389/700 = 1\ 689/700.$

1723. — Multiplier 3 4/5 par 7/9. Expliquer l'opération. (*S.-et-L.*)
Rép. $19/5 \times 7/9 = 133/45 = 2\ 43/45.$ Voir § 29 et 30.

1724. — Dans quel cas le produit d'une multiplication est-il supérieur, égal ou inférieur au multiplicande? Expliquer. (*Manche.*)
Rép. Suivant que le *multiplicateur* est supérieur, égal ou inférieur à l'unité.

Problèmes. — 1725. — Deux objets pèsent l'un 4 kg. 1/2 et l'autre les 3/4 du poids du 1er. Calculer le poids total de ces 2 objets. (*Nord.*)
Poids total $= 4^{kg}1/2 + 4^{kg}1/2 \times 3/4 = 4^{kg},5 + 3^{kg},375.$ *Rép.* $7^{kg},875.$

1726. — Dans un fût pesant 20 kg. 3/13, on verse du vin dont le poids est égal à 12 fois celui du fût. On demande quel est le poids de la pièce pleine. (*Paris.*)
Poids de la pièce pleine $= (12 + 1)$ fois le poids du fût.
Rép. $20^{kg}3/13 \times 13 = 263/13 \times 13 = 263\ kg.$

1727. — Un ouvrier gagne 5f,50 par jour. Combien gagne-t-il en 7 jours 2/3? (*Orne.*)
Rép. $5^f,5 \times 7\ 2/3 = 5^f,5 \times 23/3 = 42^f,16,$ soit $42^f,15.$

1728. — Dans un ménage, on boit 2 l. 1/3 de bière par jour. A combien s'élève la dépense annuelle si cette bière coûte 15 fr. l'hectolitre? (*Calvados.*)
Dépense annuelle $=$ Prix du litre $(0^f,15) \times$ Nombre de litres.
Nombre de litres $= 2^l 1/3 \times 365 = 7/3$ de l. $\times 365 = 2555/3$ de l.
Rép. $0^f,15 \times 2555/3 = 127^f,75.$

1729. — Une modiste achète 3 rubans ayant 2 m. 2/3, 2 m. 5/6 et 3 m. 7/8 à 0f,80 le mètre. Que doit-elle? (*Nièvre.*)
Dette $=$ Prix du m. $(0^f,80) \times$ Longueur totale.
Long. tot. $= 2^m 2/3 + 2^m 5/6 + 3^m 7/8 = 16/24 + 20/24 + 21/24 + 7^m = 9^m 3/8.$
Rép. $0^f,80 \times 9\ 3/8 = 0^f,8 \times 75/8 = 7^f,50.$

1730. — Trois coupons d'étoffe ont : le 1er 2 m. 1/4; le 2e 1 m. 2/3; le 3e 5/6 de mètre. On achète le tout au prix de 4 fr. le mètre. Que doit-on payer? (*Seine.*)
Prix total $=$ Prix du m. (4 fr.) $\times$ Nombre de mètres.
N. de mètres $= 2^m 1/4 + 1^m 2/3 + 5/6$ de m. $= 3/12 + 8/12 + 10/12 + 3^m = 4^m 3/4.$
Rép. $4^f \times 4\ 3/4 = 19\ fr.$

1731. — Un tailleur emploie 1 m. 1/4 de drap pour faire le pantalon d'un complet, 1/3 de mètre pour en faire le gilet et 1 m. 3/5 pour en faire le veston. Quelle est, à raison de 12f,50 le mètre, la valeur du drap employé pour faire 6 complets? (*Loire.*)
Prix de 6 complets $=$ Prix d'un complet $\times$ 6.
Prix d'un complet. $\begin{cases} a)\ \text{N. de m.} = 1^m1/4 + 1/3 \text{ de m.} + 1^m3/5 = 3^m 11/60. \\ b)\ 12^f,5 \times 3\ 11/60 = 12^f,5 \times 191/60. \end{cases}$
Rép. $12^f,5 \times 191/60 \times 6 = 12^f,5 \times 191/10 = 238^f,75.$

1732. — Une ménagère a acheté 3 m. 1/9 de drap à 15^f,60 le mètre. Elle cède à sa voisine les 3/7 de son achat. Combien lui reste-t-il de drap et combien recevra-t-elle de sa voisine? *(Allier.)*

I. *Reste* = Longueur totale (3^m 1/9) — Longueur cédée.
Longueur cédée = 3^m 1/9 × 3/7 = 28/9 × 3/7 = 1^m 3/9 ou 1^m 1/3.
Rép. 3^m 1/9 — 1^m 3/9 = 1^m 7/9.
II. *Rép.* 15^f,6 × 1 1/3 = 20^f,80.

1733. — Un bassin reçoit par quart d'heure 18 l. 1/2 d'eau et en perd dans le même temps 4 l. 2/3. Combien conservera-t-il de litres d'eau en 2 heures 1/2? *(Oise.)*

N. de litres conservés en 2^h 1/2 = N. de lit. par 1/4 d'heure × N. de 1/4 d'heure.
1. Par 1/4 d'heure : 18^l 1/2 — 4^l 2/3 = 18^l 3/6 — 4^l 4/6 = 13^l 5/6.
2. Nombre de 1/4 d'heure : 2^h 1/2 = 10/4 d'h. *Rép.* 13^l 5/6 × 10 = 138^l 1/3.

1734. — Une lampe brûle 38 g. 7/15 d'huile par heure. Elle reste allumée pendant 3 heures 1/4 par jour. Quelle sera la dépense au bout de 30 jours, le kilogramme d'huile coûtant 1^f,40? *(Creuse.)*

Dépense en 30 jours = Prix du kilogramme (1^f,4) × Nombre de kilog.
N. de kg. { *a)* En 1 jour : 38^g 7/15 × 3 1/4 = 577/15 × 13/1 = 7501/60 de g.
{ *b)* En 30 jours : 7501/60 × 30 = 7501/2 = 3750^g,5 = 3^{kg},75.
Rép. 1^f,40 × 3,75 = 5^f,25.

*REVISION

P. 173.

Problèmes. — 1735. — Une bouteille contient 3/4 de litre. Combien y a-t-il de décilitres de vin dans les 2/3 de cette bouteille? *(Orne.)*
Rép. 7^{dl},5 × 2/3 = 5 *dl.*

1736. — Que valent les 5/7 des 3/4 de 14 280 fr.? *(Loire-Inf^{re}.)*
Rép. 14280^f × 3/4 × 5/7 = 510^f × 3 × 5 = 7650 *fr.*

1737. — Trois associés se partagent un bénéfice de 7 000 fr.; le 1er en prend les 2/7, et le 2e, les 3/5 du reste. Quelle est la somme qui revient à chacun d'eux? *(Landes.)*

I. *Part du* 1er = 7000^f × 2/7. *Rép.* 2000 *fr.*
II. *Part du* 2e = (7000^f — 2000^f) × 3/5. *Rép.* 3000 *fr.*
III. *Part du* 3e = 7000^f — 2000^f — 3000^f. *Rép.* 2000 *fr.*

1738. — Quatre roues s'engrènent successivement et chacune n'a que les 2/3 du nombre de dents de la roue qui la précède. La plus grande roue a 162 dents, combien la petite en a-t-elle? *(Doubs.)*

La *petite roue* a les 2/3 des 2/3 des 2/3 du nombre des dents de la plus grande.
Rép. 162^{dents} × 2/3 × 2/3 × 2/3 = 162^{dents} × 8/27 = 48 *dents.*

1739. — Un commerçant calcule que, chaque année, son capital est les 4/3 de ce qu'il était l'année précédente. S'il a commencé avec 16 200 fr., que sera ce capital après 4 années de commerce? *(Aube.)*

Le *capital* sera égal aux 4/3 des 4/3 des 4/3 des 4/3 de ce qu'il était.
Rép. 16200^f × 4/3 × 4/3 × 4/3 × 4/3 = 16200^f × 256/81 = 200^f × 256 = 51 200 *fr.*

1740. — Un négociant achète une pièce de drap de 84 m. En en revendant les 4/7 pour 516 fr., il perd 1^f,75 par mètre. Combien lui a coûté la pièce entière? *(Somme.)*

Prix d'achat total = Prix d'achat du mètre × 84.
Prix d'ach. du m. { *a)* P. de vente : 84^m × 4/7 = 48 m. ; 516^f : 48 = 10^f,75.
{ *b)* 10^f,75 + 1^f,75 = 12^f,50.
Rép. 12^f,50 × 84 = 1 050 *fr.*

1741. — Une personne a vendu 540 œufs, savoir : la moitié à raison de 6 fr. le cent, le quart à 1 fr. la douzaine et le reste pour 7 fr. Quel bénéfice a-t-elle réalisé, sachant que ses poules ont consommé 1 hl. de sarrasin valant 1f,25 le décalitre? (*Calvados.*)

Bénéfice = Prix de vente total — Prix de la nourriture.

1. P. de vente total. { a) 1re vente : 540œ : 2 = 270 œ.; 6f × 2,7 = 16f,20. b) 2e — : 540œ : 4 = 135 œ.; 1f × (135 : 12) = 11f,25. c) En tout : 16f,20 + 11f,25 + 7f = 34f,45.

2. Nourriture : 1f,25 × 10 = 12f,50. *Rép.* 34f,45 — 12f,50 = 21f,95.

1742. — Une propriété vaut 420 000 fr. On en a pris 1/3, puis 1/4 et 1/6. Quelle est la valeur du reste et sa surface à raison de 85 fr. l'are? (*Nord.*)

I. *Valeur du reste* = Prix total (420 000 fr.) × Fraction correspond. au reste.
Fraction correspond. : a) 1/3 + 1/4 + 1/6 = 9/12. b) 1 — 9/12 = 3/12 ou 1/4.
Rép. 420 000f : 4 = 105 000 *fr.*
II. *Surface du reste* = 105 000 : 85. *Rép.* 1 235a,29.

1743. — Un fermier a récolté 320 hl. de blé. Il en garde 1/10 pour la nourriture du personnel de la ferme, 1/8 pour la semence et vend le reste à 22f,50 le quintal. Quelle somme doit-il recevoir si l'hectolitre pèse 78 kg.? (*Deux-Sèvres.*)

Somme reçue = Prix du quintal (22f,5) × Nombre de quintaux du reste.

Reste. { a) N. d'hl. : 1 — (1/10 + 1/8) = 31/40; 320hl × 31/40 = 248 hl. b) Nombre de quintaux : 0q,78 × 248 = 193q,44.

Rép. 22f,50 × 193,44 = 4 352f,40.

1744. — Un employé gagne 2 400 fr. par an. Il dépense la moitié pour sa nourriture, la moitié du reste pour son entretien et la moitié du nouveau reste pour son logement. Combien peut-il économiser? (*Eure.*)

Economie = Gain total (2 400 fr.) × Fraction correspondant à l'économie.

Fraction correspond. { a) 1er Reste = 1/2; b) 2e Reste = 1/2 × 1/2 = 1/4; c) Economie : 1/4 × 1/2 = 1/8.

Rép. 2 400f : 8 = 300 *fr.*

1745. — Un marchand vend à un amateur, avec un bénéfice égal aux 3/8 du prix d'achat, un bureau qu'il avait payé 120 fr. L'amateur veut à son tour le revendre en gagnant 1/4 du prix qu'il l'a payé. Combien doit-il le revendre? (*Var.*)

2e *Prix de vente* = P. d'achat (120 fr.) × Fract. corresp. au 2e prix de vente.

Fraction correspondante. { a) Au 1er prix : 8/8 + 3/8 = 11/8. b) Au 2e — : 11/8 × (4/4 + 1/4) = 55/32.

Rép. 120f × 55/32 = 206f,25.

1746. — Le lait pèse 1kg,029 par litre et donne 1/10 de son poids de crème. La crème donne les 4/7 de son poids de beurre. Quelle est, à 1f,25 le demi-kilogramme, la valeur du beurre fabriqué en une semaine par une fermière qui a 8 vaches donnant chacune en moyenne 10 l. de lait par jour? (*Doubs.*)

Prix du beurre = Prix du kilogramme (2f,50) × Nombre de kilogrammes.

Nombre de kilog. { a) Crème. { Lait : 1kg,029 × 10 × 8 × 7 = 576kg,24; 576kg,24 × 0,1 = 57kg,624. } b) Beurre : 57kg,624 × 4/7 = 32kg,928.

Rép. 2f,50 × 32,928 = 82f,32.

1747. — Un marchand achète 120 fagots pour 32 fr. Il en vend la moitié pour 17f,50, le tiers de ce qui reste pour 6 fr. et le quart de ce qui lui reste après les **2** premières ventes pour 2ᶠ,75. Combien doit-il vendre chacun des derniers fagots pour gagner 4ᶠ,75 en tout?   (*Ardennes.*)

Prix d'un fagot du reste = Prix de vente tot. du reste : N. de fagots restants.

1. Prix de vente du dernier reste.
  - a) Prix de vente total = 32ᶠ + 4ᶠ,75 = 36ᶠ,75.
  - b) Ventes partielles : 17ᶠ,5 + 6ᶠ + 2ᶠ,75 = 26ᶠ,25.
  - c) 36ᶠ,75 — 26ᶠ,25 = 10ᶠ,50.

2. Nombre de fagots restants.
  - a) 1ᵉʳ Reste = 120ᶠᵃᵍ : 2 = 60 fag.
  - b) 2ᵉ Reste = 60ᶠᵃᵍ — (60ᶠᵃᵍ : 3) = 40 fag.
  - Dernier reste = 40ᶠᵃᵍ × 3/4 = 30 fag.

Rép.   10ᶠ,5 : 30 = 0ᶠ,35.

1748. — Un champ rectangulaire mesurant 180 m. de long et 89 m. de large est ensemencé de froment, de seigle et d'avoine. Le froment occupe les 2/5 de la superficie totale; le seigle, les 3/4 du reste moins 100 m². Déterminez la surface ensemencée en avoine.   (*Loiret.*)

Surface ensemencée en avoine = 1/4 du reste + 100ᵐ².

Reste.
  - a) Surface totale = 180ᵐ² × 89 = 16020 m².
  - b) 1 — 2/5 = 3/5;   16020ᵐ² × 3/5 = 9612 m².

Rép.   (9612ᵐ² : 4) + 100ᵐ² = 2403ᵐ² + 100ᵐ² = 2503 *m²*.

DIVISION D'UNE FRACTION PAR UN NOMBRE ENTIER P. 174.

Diviser une fraction par **2, 3, 4 ...**, c'est la *rendre 2, 3, 4 ... fois plus petite* (voir p. 158).

31. — Pour diviser une fraction par un nombre entier, on *multiplie son dénominateur* ou, si cela est possible, on *divise son numérateur* par ce nombre entier.

DIVISION D'UN NOMBRE ENTIER PAR UNE FRACTION

Exercice oral. — Combien y a-t-il de tiers de mètre dans 1 mètre? 2 mètres?

Rép.   3/3 de m.;   6/3 de m.

— Combien y a-t-il de quarts dans 1 unité? 2 unités? 3 unités?

Rép.   4/4;   8/4;   12/4.

Chercher combien il y a de demies, de tiers, de quarts,... dans un nombre, c'est le diviser par 1/2, 1/3, 1/4,...

Pour diviser un nombre par 1/2, 1/3, 1/4,... on le multiplie par 2, 3, 4,...

Problème. — Combien y a-t-il de bouteilles de 3/4 de litre dans un fût contenant 60 litres de vin?

Solution. — Le **nombre de bouteilles de 3/4 de litre** est égal au quotient de 60 par 3/4; il est contenu 3 fois dans le *nombre de quarts de litre*.

1° Nombre de quarts de litre : 60 × 4.

2° **Nombre de bouteilles de 3/4 de litre :** $\dfrac{60 \times 4}{3} =$ **80 bouteilles.**

Ainsi, $60 : \dfrac{3}{4} = 60 \times \dfrac{4}{3}$.

32. — **Pour diviser un nombre par une fraction,** on *multiplie ce nombre* par la **fraction renversée.**

13.

Exercices écrits. — Effectuer les divisions suivantes :

1749. — $\frac{3}{7} : 5$; $\frac{7}{9} : 9$; $\frac{12}{13} : 6$; $\frac{24}{49} : 8$; $\frac{24}{25} : 4$. *(Rhône.)*

Rép. 3/35; 7/81; 2/13; 3/49; 6/25.

1750. — $8 : \frac{22}{7}$; $1 : \frac{3}{5}$; $1 : \frac{1}{3}$; $7 : \frac{7}{9}$; $4 : \frac{1}{5}$; $9 : \frac{3}{4}$; $36 : \frac{24}{29}$.

Rép. 56/22 ou 28/11; 5/3; 3; 9; 20; 12; 87/2 ou 43,5.

1751. — $12 : \frac{5}{7}$. *(Ardennes.)*; $145 : \frac{9}{10}$; $72 : \frac{165}{1\,000}$.

I. *Rép.* 84/5 ou 16 4/5.
II. *Rép.* 1450/9 ou 161 1/9 ou 161,111.
III. *Rép.* 72000/165 ou 436 60/165 ou 436,3636...

Problèmes. — **1752.** — Combien faut-il de bouteilles de 2/3 de litre pour tirer 110 litres de vin ?

Rép. $110 : 2/3 = 110 \times 3/2 = 165$ *bouteilles.*

1753. — Pour un vêtement, il faut 3/4 de mètre d'étoffe. Combien fera-t-on de vêtements avec une pièce d'étoffe de 24 m. ? *(Meuse.)*

Rép. $24 : 3/4 = 24 \times 4/3 = 32$ *vêtements.*

***1754.** — Un gâteau coûte $1^f,20$; 4 camarades en achètent la moitié qu'ils partagent également entre eux. Quelle fraction du gâteau chacun a-t-il eue? Que doit-il payer ? *(Loiret.)*

I. *Fraction reçue par chacun* $= 1/2 : 4$. *Rép.* 1/8 *du gâteau.*
II. *Prix de chaque part* $= 1^f,20 : 8$. *Rép.* $0^f,15$.

***1755.** — En 3 journées de 10 heures, un ouvrier fait les 5/8 d'un travail. Quelle fraction en fait-il : 1° par jour, 2° par heure? *(H.-Savoie.)*

I. *Fraction par jour* $= 5/8 : 3$. *Rép.* 5/24.
II. *Fraction par heure* $= 5/24 : 10$. *Rép.* 1/48.

***1756.** — Une barrique qui contient 228 l. de vin a coûté 38 fr. On en tire 2/3 de litre par jour. Combien faudra-t-il de jours pour la vider? Quelle est la valeur de la consommation journalière ? *(T.-et-Garonne.)*

I. *Nombre de jours pour la vider* $= 228 : 2/3 = 228 \times 3/2$. *Rép.* 342 *jours.*
II. *Dépense par jour* $= 38^f : 342$. *Rép.* $0^f,11$.

P. 175.
*DIVISION DE FRACTIONS ET DE NOMBRES FRACTIONNAIRES

33. — Pour diviser une fraction par une fraction, on *multiplie* la *fraction dividende* par la *fraction diviseur renversée*.

Ex. : $\quad \frac{5}{7} : \frac{8}{9} = \frac{5}{7} \times \frac{9}{8} = \frac{5 \times 9}{7 \times 8} = \frac{45}{56}$.

34. — Pour diviser des nombres fractionnaires, on les *convertit en fractions*.

Exercices écrits. — Effectuer les divisions suivantes :

1757. — $\dfrac{1}{3} : \dfrac{1}{4}$; $\dfrac{6}{13} : \dfrac{7}{11}$; $\dfrac{8}{9} : \dfrac{5}{12}$; $\dfrac{12}{15} : \dfrac{3}{5}$; $\dfrac{6}{11} : \dfrac{5}{7}$. (*Charente.*)

Rép. 4/3; 66/91; 32/15; 4/3; 42/55.

1758. — $6\dfrac{4}{7} : 3$; $48 : 2\dfrac{3}{8}$; $28\dfrac{3}{10} : 7\dfrac{1}{6}$; $9\dfrac{35}{100} : \dfrac{3}{10}$.

I. *Rép.* 46/7 : 3 = 46/21; II. *Rép.* 48 × 8/19 = 384/19.
III. *Rép.* 283/10 × 6/43 = 849/215 = 3 204/215.
IV. *Rép.* 935/100 × 10/3 = 9,35 : 0,3 = 935/30 = 31 1/6 = 31,166.

1759. — $2 + \dfrac{3}{7} : 1 + \dfrac{4}{15}$. (*Loiret.*); $4\dfrac{2}{3} : 2\dfrac{3}{8}$. (*Seine.*)

I. *Rép.* 17/7 × 15/19 = 255/133 = 1 122/133.
II. *Rép.* 14/3 × 8/19 = 112/57 = 1 55/57.

1760. — $18\dfrac{7}{9} : \dfrac{3}{4}$. (*H^{te}-Garonne.*); $35\dfrac{5}{7} : 6\dfrac{2}{3}$. (*B.-du-Rhône.*)

I. *Rép.* 169/9 × 4/3 = 676/27 = 25 1/27.
II. *Rép.* 250/7 × 3/20 = 75/14 = 5 5/14.

1761. — Par quel nombre a-t-on multiplié la fraction 3/4 pour obtenir 15/22? (*Charente-Inférieure.*)

Nombre = 15/22 : 3/4 = 15/22 × 4/3. *Rép.* 10/11.

1762. — Le produit d'une multiplication étant 4/5 et l'un des facteurs 2/7, quel est l'autre facteur? (*Haute-Saône.*)

Autre facteur = 4/5 : 2/7 = 4/5 × 7/2. *Rép.* 14/5.

1763. — Diviser 3,424 par 3/4; raisonner l'opération. (*Charente.*)

Les 3/4 du quotient = 3,424.
Quotient = 3,424 × 4/3. *Rép.* 4,56533...

Problèmes. — **1764.** — Un ouvrier reçoit 14 fr. pour 3 jours 1/3 de travail. Combien gagne-t-il par jour? (*Meuse.*)

Gain par jour = 14^f : 3 1/3 = 14^f × 3/10. *Rép.* 4^f,20.

1765. — Un ouvrier a confectionné 28^m 2/3 d'une étoffe en 3 jours 1/4. Combien faisait-il de mètres par jour? (*Aude.*)

Nombre de m. par jour = 28^m 2/3 : 3 1/4 = 86/3 × 4/13. *Rép.* 8^m 32/39.

1766. — On a payé 638^f,40 pour 4 coupons de drap contenant chacun 12^m 2/3. Combien coûte le mètre? (*Isère.*)

Prix du mètre = Prix total (638^f,4) : Longueur totale.
Long. totale = 12^m 2/3 × 4 = 152/3. *Rép.* 638^f,4 × 3/152 = 12^f,60.

1767. — Une ménagère paye 80 fr. pour 4 coupons d'étoffe ayant le 1er 13^m 1/4; le 2e 6^m 7/8; le 3e 10^m 2/3 et le dernier 4^m 2/3. Dire la longueur totale achetée et le prix du mètre d'étoffe. (*Doubs.*)

I. *Long. tot.* = 13^m 1/4 + 6^m 7/8 + 10^m 2/3 + 4^m 2/3
= 6/24 + 21/24 + 16/24 + 16/24 + 33^m.
Rép. 35^m 11/24 ou 851/24 de m.
II. *Prix du mètre* = 80^f : 851/24 = 80^f × 24/851. *Rép.* 2^f,25.

1768. — Pour faire un tapis, il a fallu 36 m. de moquette de 2/3 de mètre de large. Combien faudra-t-il de doublure de 5/6 de mètre pour le doubler? *(Ardennes.)*

Long. de doublure = Surface du tapis : Larg. de doubl. (5/6 de m.).
Surface = 36^{m2} × 2/3.   *Rép.* (36 × 2/3) : 5/6 = 36 × 2/3 × 6/5 = 28^m,80.

1769. — La roue d'une voiture a 5^m 5/7 de circonférence. Combien a-t-elle fait de tours dans un voyage de 28 km.? *(Ariège.)*

Nombre de tours = 28 000 : 5 5/7 = 28 000 × 7/40.   *Rép.* 4 900 *tours.*

1770. — Une vis avance de 2/9 de millimètre par tour. Combien devra-t-elle faire de tours pour avancer de 3^{cm} 3/4? *(Finistère.)*

Nombre de tours = 37,5 : 2/9 = 37,5 × 9/2.   *Rép.* 168^t,75.
Autre méth. 2/9 de mm. = 2/90 de cm.; 3 3/4 : 2/90 = 15/4 × 90/2 = 168^t 3/4.

1771. — Quelle fraction de 6/7 d'hectare faut-il prendre pour avoir les 3/4 d'un are? *(Alger.)*

Fraction = 3/4 d'a. : 6/7 d'ha. = 3/400 : 6/7 = 3/400 × 7/6.   *Rép.* 7/800.

P. 176.   UNE FRACTION CONNUE

Problèmes. — **1772.** — Un cultivateur a vendu les 2/5 de sa récolte pour 3 260 fr. Quelle serait à ce prix la valeur totale de sa récolte? *(Doubs.)*

Solution. — La **valeur totale de sa récolte** serait égale à 5 fois *la valeur de* 1/5 :

1° Valeur de 1/5 : $\dfrac{3260^f}{2}$;

2° **Valeur totale :** $\dfrac{3260^f × 5}{2} = \textbf{8 150 fr.}$

Remarque. — Le résultat précédent est le quotient de 3 260 par $\dfrac{2}{5}$.

Le **quotient** de la valeur **d'une fraction d'un nombre par cette fraction** *est égal à ce nombre.*

1773. — Un ouvrier qui s'était engagé à faire un travail est forcé de l'interrompre après en avoir fait les 10/17 et il reçoit 70 fr. Combien devait être payé l'ouvrage entier? *(Haute-Garonne.)*

Prix de l'ouvrage entier = Prix de 1/17 × 17.
Prix de 1/17 = 70^f : 10 = 7 fr.   *Rép.* 7^f × 17 = 119 *fr.*
Remarque. — Habituer les élèves aux raisonnements suivants :
Prix de l'ouvrage entier = 70 fr. : Fraction correspondante (10/17) ;
Ou, le *prix de l'ouvrage entier* est les 17/10 de 70 fr.

1774. — Les 2/3 d'une succession étant partagés également entre 5 héritiers, chacun d'eux reçoit 15 600 fr. Quel est le montant de la succession? *(Doubs.)*

Montant de la succession = Valeur des 2/3 : 2/3.
Valeur des 2/3 = 15 600^f × 5 = 78 000 fr.
Rép. 78 000^f : 2/3 = 78 000^f × 3/2 = 117 000 *fr.*

1775. — Les 2/3 d'une pièce de drap sont vendus 396^f,80 à raison de 12^f,40 le mètre. Quelle est la longueur de la pièce? *(Paris.)*

Longueur totale = Prix total : Prix du mètre (12^f,40).
Prix total = les 3/2 de 396^f,80 = 396^f,8 × 3/2 = 595^f,20.
Rép. 595,2 : 12,4 = 48 *m.*

***1776.** — Les 2/7 de la somme que j'ai dans ma poche, augmentés de 50 fr., font 330 fr. Combien ai-je ?   (*Eure.*)

Somme que j'ai = Valeur des 2/7 : 2/7.
Valeur des 2/7 = 330^f — 50^f = 280 fr.
Rép.   280^f : 2/7 = 280^f × 7/2 = 980 *fr.*

***1777.** — Un employé verse les 3/10 de ses appointements à la caisse d'épargne ; au bout de 7 mois son livret porte une économie de 350 fr. Combien gagne-t-il par an ?   (*Hérault.*)

Gain annuel = Gain mensuel × 12.

Gain mensuel.   { *a*) Economie = 350^f : 7 = 50 fr.
                 { *b*) 50^f : 3/10 = 500/3 de fr.
Rép.   500^f/3 × 12 = 500^f × 4 = 2000 *fr.*

***1778.** — Une personne porte au marché un certain nombre d'œufs. Elle en vend les 3/4 des 2/3 et reçoit 15 fr. Les œufs étant vendus 0^f,15 pièce, on demande le nombre d'œufs qu'elle avait.   (*Deux-Sèvres.*)

Nombre total des œufs = Nombre des œufs vendus : Fraction corresp^{te}.
1. Nombre des œufs vendus = 15 : 0,15 = 100 œufs.
2. Fract. corresp^{te} = 2/3 × 3/4 = 1/2.
Rép.   100^œ : 1/2 = 100^œ × 2 = 200 *œufs.*

***1779.** — Sur un champ de luzerne, on a fait 3 coupes dans une année. La 3e, qui a donné 480 kg. de foin sec, a été les 3/7 de la 2e et celle-ci a été les 5/8 de la 1re. Quel est le poids de luzerne récolté et quelle en est la valeur à raison de 6^f,35 le quintal ?   (*Côte-d'Or.*)

I. *Poids total de la récolte* = Somme des poids des 3 coupes.
1° 2e coupe :   480^{kg} × 7/3 = 1120 kg.;
2° 3e coupe :   1120^{kg} × 8/5 = 1792 kg.
Rép.   480^{kg} + 1120^{kg} + 1792^{kg} = 3392 *kg.* ou 33^q,92.
II. *Valeur de la récolte* = 6^f,35 × 33,92.   *Rép.*   215^f,39 ou 215^f,40.

***1780.** — Deux personnes ont le même revenu ; la 1re économise 1/4 du sien, la 2e fait 75 fr. de dettes et dépense ainsi 535 fr. de plus que la 1re. Quel est ce revenu ?   (*Meuse.*)

Revenu total = Valeur du 1/4 × 4.
Valeur du 1/4 = 535^f — 75^f = 460 fr.   *Rép.*   460^f × 4 = 1840 *fr.*

***1781.** — Sur des marchandises qu'il a vendues, un marchand a gagné 3516^f,80. S'il avait gagné 83 fr. de plus, il aurait réalisé un bénéfice égal aux 8/100 du prix d'achat. Combien ces marchandises lui ont-elles coûté ? Combien les a-t-il vendues ?   (*Loire-Inférieure.*)

I. *Prix d'achat* = Bénéfice supposé : Fraction correspondante (8/100).
Bénéf. supp. = 3516^f,8 + 83^f = 3599^f,80.   *Rép.*   3599^f,8 : 8/100 = 44997^f,50.
II. *Prix de vente* = 44997^f,50 + 3516^f,80.   *Rép.*   48514^f,30.

***1782.** — On a laissé tomber une balle en caoutchouc d'une certaine hauteur. Sachant qu'elle a rebondi chaque fois aux 3/7 de la hauteur précédente et qu'au 2e rebondissement elle s'est élevée à 45 cm., on demande de quelle hauteur on l'a laissée tomber.   (*Doubs.*)

Hauteur = 0^m,45 : Fraction correspondante.
Fract. corresp^{te} = 3/7 × 3/7 = 9/49.
Rép.   0^m,45 : 9/49 = 0^m,45 × 49/9 = 2^m,45.
Autre méth.: 1er bond, 0^m,45 × 7/3 = 1^m,05;   *Rép.*   1^m,05 × 7/3 = 2^m,45.

***1783.** — Les 2/3 des 3/5 d'un nombre forment un 2e nombre qui, divisé par 0,5, donne 360 pour quotient. Quel est le 1er nombre ?   (*Hérault.*)

1er *nombre* = 2^e nombre : 2/3 de 3/5.
2e *nombre* = 0,5 × 360 = 180.
Rép.   180 : (3/5 × 2/3) = 180 : 2/5 = 180 × 5/2 = 450.

P. 177.   **SOMME OU DIFFÉRENCE CONNUE DE FRACTIONS
D'UN NOMBRE**

Problèmes. — 1784. — Les 2/7 plus les 3/5 d'un champ valent
6 406f,60. Quelle est la valeur totale du champ ?   (*Maine-et-Loire.*)
Valeur totale = 6 406f,60 : Fraction correspondante.
Fract. corresp^{te} = 2/7 + 3/5 = 31/35.   *Rép.* 6 406f,6 : 31/35 = 7 231 *fr.*

1785. — Les 2/3 plus les 2/7 d'un nombre valent 80. Quel est ce
nombre ?   (*Dordogne.*)
Nombre = 80 : Fraction correspondante.
Fract. corresp^{te} = 2/3 + 2/7 = 20/21.   *Rép.* 80 : 20/21 = 80 × 21/20 = 84.

1786. — Quelle est la somme dont la moitié plus les 2/3 plus les
3/4 valent 138 fr. ?   (*Haute-Marne.*)
Somme = 138f : Fraction correspondante.
Fract. corresp^{te} = 1/2 + 2/3 + 3/4 = 23/12.   *Rép.* 138f : 23/12 = 72 *fr.*

1787. — Entre les 5/6 et les 2/5 de la valeur d'un objet, il y a
26 fr. de différence. Combien coûte cet objet?   (*Meuse.*)
Prix de l'objet = 26f : Fraction correspondante.
Fract. corresp. = 5/6 — 2/5 = 13/30.   *Rép.* 26f : 13/30 = 26f × 30/13 = 60 *fr.*

1788. — La différence entre les 3/4 et les 2/5 d'un nombre est 147.
Quel est ce nombre?   (*Charente.*)
Nombre = 147 : Fraction correspondante.
Fract. corresp^{te} = 3/4 — 2/5 = 7/20.   *Rép.* 147 : 7/20 = 147 × 20/7 = 420.

1789. — Un écolier demandait la longueur du cours de la Loire.
On lui répondit que la différence entre les 5/8 et les 5/9 de cette lon-
gueur est de 70 km. Trouver la longueur de la Loire.   (*Cher.*)
Longueur de la Loire = 70 km. : Fraction correspondante.
Fract. corresp^{te} = 5/8 — 5/9 = 5/72.
Rép. 70^{km} : 5/72 = 70^{km} × 72/5 = 1 008 *km.*

1790. — Une propriété est ensemencée, la moitié en blé, le tiers en
pommes de terre et le reste en maïs. Mais il y a 15 ares de plus en blé
qu'en pommes de terre. Quel est le rapport de la propriété, l'are donnant en moyenne 1f,35 de revenu net?   (*Haute-Vienne.*)
Rapport de la propriété = Revenu par are (1f,35) × Nombre d'ares.
Nombre d'ares = 15^a : (1/2 — 1/3) = 15^a : 1/6 = 15^a × 6 = 90 ares.
Rép. 1f,35 × 90 = 121f,50.

1791. — Deux personnes ont le même revenu ; la 1re en dépense
les 4/5 et la seconde les 5/6. La 1re économise ainsi 70 fr. de plus que
la 2e ; quel est le revenu de chacune de ces personnes ?   (*Vendée.*)
Revenu de chacune = 70f : Fraction correspondante.
Fraction corresp^{te} = 5/6 — 4/5 = 1/30.
Rép. 70f : 1/30 = 70f × 30 = 2 100 *fr.*

1792. — Une ménagère achète les 2/9 d'une pièce de toile et une
autre personne les 2/5 de la même pièce. Cette dernière a 8 m. de plus
que la 1re. Trouver la longueur totale de la pièce de toile et ce que doit
chaque personne, à raison de 1f,45 le mètre.   (*Charente.*)
I. *Longueur totale* = 8 m. : Fraction correspondante.
Fraction corresp^{te} = 2/5 — 2/9 = 8/45.   *Rép.* 8^m : 8/45 = 45 *m.*
II. *Dette de la 1re* = 1f,45 × 45 × 2/9 = 65f,25 × 2/9.   *Rép.* 14f,50.
III. *Dette de la 2e* = 65f,25 × 2/5.   *Rép.* 26f,10.

1793. — Les 5/6 d'une pièce de drap valent 25ᶠ,50 de plus que les 3/4 de la même pièce. Le drap coûtant 12ᶠ,75 le mètre, quelle est la longueur de la pièce ?   (*Mayenne.*)

Longueur totale = Prix total : Prix du mètre (12ᶠ,75).
Prix total = 25ᶠ.50 : (5/6 — 3/4) = 25ᶠ,5 : 1/12 = 25ᶠ,5 × 12 = 306 fr.
Rép. 306 : 12,75 = 24 m.

1794. — Le percepteur me réclame les 7/12 de mes contributions, je lui donne un billet de 100 fr., il me remet 19 fr. et je me trouve ainsi en avance de 2 mois. A combien s'élève par an le montant de mes contributions ?   (*Cher.*)

Montant de mes contributions = Somme payée : Fraction correspondante.
1. Somme payée = 100ᶠ — 19ᶠ = 81 fr.
2. Fract. corresᵖᵗᵉ = 7/12 + 2/12 = 9/12 = 3/4.
Rép. 81ᶠ : 3/4 = 81ᶠ × 4/3 = 108 *fr.*

1795. — Un négociant en faillite peut donner à ses créanciers les 0,6 de ce qu'il leur doit; mais, s'il avait 8 000 fr. de plus en caisse, il pourrait payer les 7/9 de ses dettes. Combien doit-il et combien a-t-il en caisse ?   (*Sarthe.*)

I. *Dette* = 8 000ᶠ : Fraction correspondante.
Fract. corresᵖᵗᵉ = 7/9 — 0.6 = 8/45.
Rép. 8 000ᶠ : 8/45 = 8 000ᶠ × 45/8 = 45 000 fr.
II. *Encaisse* = 45 000ᶠ × 6/10. *Rép.* 27 000 *fr.*

1796. — En ajoutant 35 m. aux 2/5 d'une longueur, on obtient les 3/4 de cette longueur. Quelle est-elle ?   (*Doubs.*)

Longueur = 35ᵐ : (3/4 — 2/5) = 35ᵐ × 20/7. *Rép.* 100 m.

1797. — Les 2/3 d'un champ sont plantés en froment; les 2/9 en vignes et le reste en pommes de terre; la 2ᵉ partie surpasse la 3ᵉ de 8ᵃ 4ᶜᵃ. On demande l'étendue totale du champ et celle de chaque parcelle.   (*Meuse.*)

I. *Étendue totale* = 8ᵃ,04 : Fraction correspondante.

Fract. corresᵖᵗᵉ. { *a*) Reste : 1 — (2/3 + 2/9) = 1 — (6/9 + 2/9) = 1/9.
                    { *b*) 2/9 — 1/9 = 1/9.

Rép. 8ᵃ,04 : 1/9 = 8ᵃ.04 × 9 = 72ᵃ,36.
II. 1ʳᵉ *parcelle :* (72ᵃ,36 : 9) × 6 = 8ᵃ,04 × 6. *Rép.* 48ᵃ,24.
III. 2ᵉ *parcelle :* 8ᵃ,04 × 2. *Rép.* 16ᵃ,08.   IV. *Rép.* 8ᵃ,04.

1798. — Dans le partage d'une succession, un des héritiers, dont la part était 1/5 du tiers de la succession, a recueilli 900 fr. de moins qu'un autre héritier qui en a eu la moitié du tiers. Quel était le montant de la succession ?   (*Haute-Garonne.*)

Montant de la succession = 900 fr. : Fraction correspondante.
Fr. corresp. (1/3 × 1/2) — (1/3 × 1/5) = 1/6 — 1/15 = 5/30 — 2/30 = 3/30 = 1/10.
Rép. 900ᶠ : 1/10 = 900ᶠ × 10 = 9 000 *fr.*

*RESTE CONNU   P. 178.

Problèmes. — **1799.** — Un 1ᵉʳ acheteur a pris les 3/4 d'une pièce d'étoffe, un 2ᵉ a pris le reste qui contient 2ᵐ,45 et vaut 35 fr. Quelle est la longueur de la pièce et quelle en est la valeur ? (*Finistère.*)

I. *Longueur de la pièce* = 2ᵐ,45 × 4. *Rép.* 9ᵐ,80.
II. *Valeur totale* = 35ᶠ × 4. *Rép.* 140 *fr.*

1800. — Une personne a dépensé les 3/8 de son argent, et il lui reste encore 46^f,50. Combien avait-elle d'abord?   (*Côtes-du-Nord.*)

Somme totale = Valeur du reste (46^f,50) **:** Fraction correspondante.
Fract. corresp^{te} = 8/8 — 3/8 = 5/8. *Rép.* 46^f,50 **:** 5/8 = 46^f,5 × 8/5 = 74^f,40.

1801. — On doit encore 36 300 fr. sur une propriété dont on a soldé les 2/5. Quel est le prix de cette propriété et quelle en est l'étendue si elle est estimée 25 fr. l'are?   (*Haute-Loire.*)

I. *Prix total* = 36 300^f **:** (1 — 2/5) = 36 300^f × 5/3. *Rép.* 60 500 *fr.*
II. *Étendue* = 60 500 **:** 25. *Rép.* 2 420 *ares.*

1802. — Une personne donne en mourant 1/3 de sa fortune à un hospice et partage le reste entre ses 4 neveux qui reçoivent ainsi chacun 2 400 fr. Quelle était la fortune de cette personne?   (*Loiret.*)

Fortune = Valeur du reste **:** Fraction correspondante (2/3).
Valeur du reste = 2 400^f × 4 = 9 600 fr.
Rép. 9 600^f **:** 2/3 = 9 600^f × 3/2 = 14 400 *fr.*

1803. — Une personne a besoin de 25 m. de toile blanchie; quelle quantité de toile écrue doit-elle acheter si, par le nettoyage, la toile écrue se raccourcit de 1/18 de sa longueur?   (*Cher.*)

Longueur de toile écrue = 25^m **:** (1 — 1/18) = 25^m × 18/17. *Rép.* 26^m,47.
Autre raisonnement. — La longueur de toile écrue étant les 17/18 de la longueur de toile blanchie, cette dernière longueur est les 18/17 de la 1re.

1804. — En tirant 132^l 3/4 d'une pièce de vin, on en réduit le contenu à ses 2/5. Quelle est la capacité totale?   (*Maine-et-Loire.*)

Capacité totale = 132^l,75 **:** (1 — 2/5) = 132^l,75 × 5/3. *Rép.* 221^l,25.

1805. — Un fonctionnaire touche chaque mois 237^f,50. Quel est son traitement annuel, sachant qu'on lui fait subir une retenue de 1/20 pour la retraite?   (*Gard.*)

Traitement annuel = Traitement mensuel × 12.
Traitement mensuel = 237^f,50 **:** (1 — 1/20) = 237^f,50 × 20/19 = 250 fr.
Rép. 250^f × 12 = 3 000 *fr.*

1806. — Un ouvrier dépense les 7/8 de son salaire. Au bout de l'année il a économisé 171 fr., après avoir travaillé 304 jours. Combien gagne-t-il par jour?   (*Seine.*)

Gain journalier = Gain annuel **:** Nombre de jours de travail (304 j.).
Gain annuel = 171^f **:** (1 — 7/8) = 171^f × 8 = 1 368 fr.
Rép. 1 368^f **:** 304 = 4^f,50.

1807. — Une pièce de drap a coûté 480 fr. On en a vendu 1/4 au prix coûtant et, sur le reste, on a perdu 0^f,25 par mètre. Sachant que la perte a été de 9 fr., on demande : 1° quelle était la longueur de la pièce; 2° quel a été le prix de vente du mètre du reste.   (*Cantal.*)

I. *Longueur de la pièce* = Longueur du reste **:** 3/4.
Longueur du reste = 9 **:** 0,25 = 36 m. *Rép.* 36^m **:** 3/4 = 36^m × 4/3 = 48 *m.*
II. *Prix de vente du mètre du reste* = Prix d'achat du mètre — Perte (0^f,25).
Prix d'achat du mètre = 480^f **:** 48 = 10 fr. *Rép.* 10^f — 0^f,25 = 9^f,75.

1808. — On demande à un berger combien il a de moutons; il répond : « si j'en avais la moitié plus 1/3 plus 1/4 de ce que j'ai, j'en aurais 20 de plus. » Combien a-t-il de moutons?   (*Loire.*)

Nombre de moutons = 20 moutons **:** Fraction correspondante.
Fraction correspondante = (1/2 + 1/3 + 1/4) — 1 = 13/12 — 12/12 = 1/12.
Rép. 20^{mout} **:** 1/12 = 20^{mout} × 12 = 240 *moutons.*

1809. — Trois personnes se sont partagé une certaine somme ; la 1re en a reçu les 2/9 ; la 2e, les 3/5, et la 3e, qui a le reste, a reçu 56 fr. Quelle était la somme ?   (*Eure.*)

Somme = Valeur du reste (56 fr.) : Fraction correspondante.
Fraction correspondante = 1 — (2/9 + 3/5) = 1 — 37/45 = 8/45.
Rép.   56ᶠ : 8/45 = 56ᶠ × 45/8 = 315 *fr.*

1810. — Un ouvrier dépense 1/3 de ce qu'il gagne pour sa nourriture, 1/8 pour son habillement et son logement, 1/10 en dépenses courantes et il place chaque année 318 fr. Que gagne-t-il par an ?   (*Creuse.*)

Gain annuel = Somme placée (318 fr.) : Fraction correspondante.
Fraction correspondante = 1 — (1/3 + 1/8 + 1/10) = 1 — 67/120 = 53/120.
Rép.   318ᶠ : 53/120 = 318ᶠ × 120/53 = 720 *fr.*

1811. — Après avoir dépensé 1/5 plus les 3/4 de mon argent, il me reste 72 fr. Quelle somme avais-je ? Combien ai-je dépensé ?   (*Drôme.*)

I. *Somme totale* = 72ᶠ : Fraction correspondante.
Fraction correspond. = 1 — (1/5 + 3/4) = 1/20.   *Rép.*   72ᶠ × 20 = 1 440 *fr.*
II. *Dépense* = 1 440ᶠ — 72ᶠ.   *Rép.*   1 368 *fr.*

1812. — On vend les 2/7, puis les 3/8 d'une pièce d'étoffe. Il reste 9m,50. Quelle est la longueur de la pièce et quelle est la valeur de la partie vendue à 3ᶠ,75 le mètre ?   (*Seine-et-Oise.*)

I. *Longueur totale* = 9m,50 : Fraction correspondante.
Fraction = 1 — (2/7 + 3/8) = 19/56.   *Rép.*   9m,5 × 56/19 = 28 m.
II. *Valeur de la partie vendue* = 3ᶠ,75 × (28 — 9,5).   *Rép.*   69ᶠ,375 ou 69ᶠ,40.

1813. — En vendant une maison 53 760 fr., on perd 1/25 du prix d'achat. Combien l'avait-on achetée ?   (*Vosges.*)

Prix d'achat = 53 760ᶠ : (1 — 1/25) = 53 760ᶠ × 25/24.   *Rép.*   56 000 *fr.*

1814. — Un ouvrier dépense la moitié de son gain pour sa nourriture, 1/6 pour son logement, 1/8 pour son habillement et pour ses menus frais. Il économise 360 fr. par an. Que gagne-t-il par mois ?   (*Oise.*)

Gain mensuel = Gain annuel : 12.
Gain ann.: *a*) Fract. corr.=1—(1/2+1/6+1/8)=5/24. *b*) 360ᶠ×24/5 = 1 728 fr.
Rép.   1 728ᶠ : 12 = 144 *fr.*

1815. — Une personne a dépensé dans son année 1/3 de ce qu'elle gagne pour sa nourriture, 1/5 pour son logement et 1/12 pour ses menus frais. Elle a déposé 450 fr. à la Caisse d'épargne et il lui reste encore 102 fr. dans sa bourse. Combien gagne-t-elle par jour si on compte dans l'année 300 jours de travail ?   (*Marne.*)

P. 479.

Gain journalier = Gain annuel : Nombre de jours de travail (300 j.).
Gain annuel. { *a*) Valeur du reste = 450ᶠ + 102ᶠ = 552 fr.
{ *b*) Fract. corr. = 1 — (1/3 + 1/5 + 1/12) = 1 — 37/60 = 23/60.
{ *c*) 552ᶠ : 23/60 = 552ᶠ × 60/23 = 1 440 fr.
Rép.   1 440ᶠ : 300 = 4ᶠ,80.

1816. — Trois personnes se partagent des oranges. La 1re en prend les 2/5 plus 6, la 2e en prend le 1/3 plus 9 et la 3e prend 33 oranges qui restent. Combien y avait-il d'oranges ?   (*Alpes-Maritimes.*)

Nombre tot. d'oranges = Reste quand on en a pris 2/5 et 1/3 : Fract. corresp.
1. Reste = 6ᵒʳ + 9ᵒʳ + 33ᵒʳ = 48 or.
2. Fraction correspondante = 1 — (2/5 + 1/3) = 1 — 11/15 = 4/15.
Rép.   48ᵒʳ : 4/15 = 48ᵒʳ × 15/4 = 180 *oranges.*

1817. — Les 2/9 du territoire d'une commune sont en prairies, 1/3 est en bois, le reste se compose de 345 ha. de terres arables et de

12^{ha},75 de terres incultes. Quelle est l'étendue du territoire de cette commune? *(Meuse.)*

Étendue totale = Étendue du reste **:** Fraction correspondante.
1° Étendue du reste = 345^{ha} + 12^{ha},75 = 357^{ha},75.
2° Fraction correspondante = 1 − (2/9 + 1/3) = 1 − 5/9 = 4/9.
Rép. 357^{ha},75 **:** 4/9 = 357^{ha},75 × 9/4 = 804^{ha},9375.

1818. — Une personne dépense les 3/5 de son argent dans un 1er magasin et 1/3 dans un 2°. Dans un 3°, elle achète 26^{m},50 d'étoffe à 1^{f},80 le mètre et elle rentre chez elle avec 2^{f},30. Quelle somme avait-elle en partant? *(Somme.)*

Somme totale = Valeur restant après le 2° achat **:** Fraction correspondante.
1. Valeur rest. ap. le 2° achat = (1^{f},8 × 26,5) + 2^{f},30 = 47^{f},7 + 2^{f},3 = 50 fr.
2. Fraction correspondante = 1 − (3/5 + 1/3) = 1 − 14/15 = 1/15.
Rép. 50^{f} **:** 1/15 = 50^{f} × 15 = 750 *fr.*

1819. — Un négociant achète 150 sacs de blé de chacun 125 kg. Le blé ayant été avarié pendant le transport, ce négociant obtient une réduction de prix de 1/15 et ne paye que 3430 fr. Quel était le prix d'achat de l'hectolitre pesant 75 kg.? *(Haute-Marne.)*

Prix d'achat de 1 hectolitre = Prix d'achat total **:** Nombre d'hectolitres.
1. Prix d'achat total = 3430^{f} **:** (1 − 1/15) = 3430^{f} × 15/14 = 3675 fr.
2. Nombre d'hect. *a)* Poids = 125^{kg} × 150 = 18750 kg. *b)* 18750 **:** 75 = 250 hl.
Rép. 3675^{f} **:** 250 = 14^{f},70.

1820. — Une personne vend, à raison de 0^{f},60 le litre, d'abord 1/3, puis 5/12 d'une pièce de vin. Elle vend ensuite le reste pour 34^{f},20 au même prix. Quelle était la contenance de la pièce et combien gagne-t-elle, si elle avait acheté le vin 45 fr. l'hectolitre? *(Nièvre.)*

I. *Contenance de la pièce* = Prix de vente total **:** Prix du litre (0^{f},60).
Prix de vente tot. = 34^{f},2 **:** [1 − (1/3 + 5/12)] = 34^{f},20 **:** 1/4 = 34^{f},2 × 4 = 136^{f},80.
Rép. 136,8 **:** 0,6 = 228 *l.*
II. *Bénéfice* = Prix de vente (136^{f},8) — Prix d'achat.
Prix d'achat = 45^{f} × 2,28 = 102^{f},6. *Rép.* 136^{f},8 − 102^{f},6 = 34^{f},20.

1821. — Une personne a dépensé dans un magasin les 2/5 de la somme qu'elle avait; dans un 2°, elle achète 22^{m},75 d'étoffe à 0^{f},80 le mètre, et il lui manque 3^{f},05 pour s'acquitter. Quelle somme avait-elle avant de faire ses achats? *(Vendée.)*

Somme primitive = Reste après le 1er achat **:** (1 − 2/5) ou 3/5.
Reste : *a)* 0^{f},8 × 22,75 = 18^{f},20. *b)* 18^{f},20 − 3^{f},05 = 15^{f},15.
Rép. 15^{f},15 **:** 3/5 = 15^{f},15 × 5/3 = 25^{f},25.

1822. — En dépensant les 2/3, plus les 3/4, plus les 5/12 de ce qu'elle avait, une personne s'est endettée de 300 fr. Quelle somme possédait-elle primitivement? *(Allier.)*

Somme primitive = Dette (300 fr.) **:** Fraction correspondante.
Fraction corresp. = (2/3 + 3/4 + 5/12) − 1 = 22/12 − 12/12 = 10/12 = 5/6.
Rép. 300^{f} **:** 5/6 = 300^{f} × 6/5 = 360 *fr.*

1823. — Le quart d'une pièce de velours a été vendu à 14 fr. le mètre; les 3/5 à 17^{f},25, et le reste, dont la longueur est de 12 m., a été vendu à 15^{f} 50 le mètre. Quelle était la longueur de la pièce et quel a été le produit total de la vente? *(Cher.)*

I. *Longueur totale* = Longueur du reste (12 m.) **:** Fraction correspondante.
Fraction corresp. = 1 − (1/4 + 3/5) = 1 − 17/20 = 3/20. *Rép.* 12^{m} × 20/3 = 80 *m.*
II. *Prix de vente total* = Somme des prix des ventes partielles.
1. 1re Vente : *a)* 80^{m} **:** 4 = 20 m. *b)* 14^{f} × 20 = 280 fr.
2. 2° — : *a)* 80^{m} × 3/5 = 48 m. *b)* 17^{f},25 × 48 = 828 fr.
3. 3° — : 15^{f},50 × 12 = 186 fr. *Rép.* 280^{f} + 828^{f} + 186^{f} = 1294 *fr.*

1824. — Une pièce d'étoffe a été payée 289 fr.; 1/5 a été vendu au prix coûtant, et, sur le reste, on a gagné 0f,55 par mètre. Le gain total a été de 20f,90. Quel avait été le prix d'achat du mètre? (*Yonne.*)

Prix d'achat du m. = Prix d'achat total (289 fr.) : Longueur totale.

Longueur totale. { a) Reste : 20,9 : 0,55 = 38 m.
{ b) Fraction correspond. = 4/5. c) 38ᵐ × 5/4 = 47ᵐ,50.

Rép. 289f : 47,5 = 6f,08.

1825. — Un vigneron vend sa récolte de vin à 2 particuliers. L'un en prend les 2/7; il reste à l'autre les 3/5 plus 12 hl. Quel était le nombre d'hectolitres récoltés? (*Meurthe-et-Moselle.*)

Nombre d'hectolitres récoltés = 12 hectolitres : Fraction correspondante.
Fraction correspondante : 1 — (2/7 + 3/5) = 1 — 31/35 = 4/35.
Rép. 12ʰˡ : 4/35 = 12ʰˡ × 35/4 = 105 *hl.*

1826. — Pierre perd les 2/5 de ses billes, puis il regagne les 3/10; il lui reste alors 54 billes. Combien en avait-il d'abord? (*Vaucluse.*)

Nombre primitif = Reste (54 b.) : Fraction correspondante.
Fraction correspondante = 1 — (2/5 — 3/10) = 1 — 1/10 = 9/10.
Rép. 54ᵇ : 9/10 = 54ᵇ × 10/9 = 60 *billes.*

1827. — Un marchand vend une pièce de toile en 3 fois. Le 1ᵉʳ coupon est les 4/7 de la pièce; le 2ᵉ est la moitié du 1ᵉʳ; enfin, le 3ᵉ est vendu 15 fr., à raison de 2f,50 le mètre. Quelle est la longueur totale de la pièce? (*Cher.*)

Longueur totale = Longueur du reste : Fraction correspondante.
1° Longueur du reste = 15 : 2,5 = 6 m.
2° Fraction correspondante = 1 — (4/7 + 2/7) = 1 — 6/7 = 1/7.
Rép. 6ᵐ : 1/7 = 6ᵐ × 7 = 42 *m.*

1828. — Un vigneron a vendu sa récolte comme suit : 1/3 à 25 fr. l'hectolitre, 2/5 à 31f,50 et le reste en bloc à raison de 20 fr. l'hectolitre pour 380 fr. Combien ce vigneron a-t-il vendu d'hectolitres? Quelle somme a-t-il retirée de sa récolte? (*Saône-et-Loire.*)

I. *Nombre d'hectolitres vendus* = Nombre d'hl. du reste : Fraction corresp.
1. Nombre d'hectolitres du reste = 380 : 20 = 19 hl.
2. Fraction correspondante = 1 — (1/3 + 2/5) = 1 — 11/15 = 4/15.
Rép. 19ʰˡ : 4/15 = 19ʰˡ × 15/4 = 71ʰˡ,25.
II. *Prix de vente total* = Somme des prix des ventes partielles.
1. 1ʳᵉ Vente : a) 71ʰˡ,25 : 3 = 23ʰˡ,75. b) 35f × 23,75 = 831f,25.
2. 2ᵉ — : a) 71ʰˡ,25 × 2/5 = 28ʰˡ,50. b) 31f,5 × 28,5 = 897f,75.
Rép. 831f,25 + 897f,75 + 380f = 2 109 *fr.*

VALEUR D'UNE FRACTION. VALEUR D'UNE AUTRE P..180.

(*Dénominateurs semblables.*)

Exercice oral. — Quelle est la valeur des 5/7 d'une somme dont 1/7 vaut 20 fr.?

— Quelle est la longueur de 1/8 d'une pièce d'étoffe dont les 3/8 ont 15 m.?

— Quelle est la valeur des 3/5 d'une somme dont 2/5 valent 24 fr.?

— Quelle longueur reste-t-il d'une pièce d'étoffe après qu'on en a vendu les 3/4 mesurant 18 m.?

Rép. 1° 20f × 5 = 100 *fr.*; 2° 15ᵐ : 3 = 5 *m.*; 3° (24f : 2) × 3 = 36 *fr.*;
4° 18ᵐ : 3 = 6 *m.*

Problèmes. — **1829.** — Deux personnes héritent d'une propriété: l'une en a les 7/12; l'autre le reste. Cette dernière a une part qui vaut 1 500 fr. Que vaut la part de la première ?   (*Vosges.*)

Part de la 1re = Valeur de 1/12 × 7.
Valeur de 1/12 : *a*) Fraction restante = 1 — 7/12 = 5/12. *b*) 1 500f : 5 = 300 fr.
Rép. 300f × 7 = 2 100 *fr.*

1830. — Avec les 3/4 de ce qu'elle avait dans sa bourse, une personne a acheté 47m,50 de drap à 13f,80 le mètre. Quelle somme lui reste-t-il?   (*Seine.*)

Valeur du reste = Valeur des 3/4 : 3.
Valeur des 3/4 = 13f,8 × 47,5 = 655f,50. *Rép.* 655f,5 : 3 = 218f,50.

1831. — J'ai dépensé les 3/8 de ce que je possédais et il me reste 1 720 fr. Combien ai-je dépensé? Quelle somme avais-je?   (*Nord.*)

I. *Dépense* = Valeur de 1/8 × 3.
Valeur de 1/8 :   *a*) Fraction rest. :   1 — 3/8 = 5/8.   *b*) 1 720f : 5 = 344 fr.
Rép. 344f × 3 = 1 032 *fr.*
II. *Somme totale* = 344f × 8. *Rép.* 2 752 *fr.*

***1832.** — Je vends les 2/9 d'un champ pour 425 fr. Il m'en reste 84 a. Combien vaut l'are de ce champ?   (*Aveyron.*)

Prix de l'are = Prix du reste : Nombre d'ares (84 a.).
Prix du reste : *a*) Fraction rest. = 1 — 2/9 = 7/9, *b*) (425f : 2) × 7 = 1 487f,50.
Rép. 1 487f,50 : 84 = 17f,70.

***1833.** — Les 3/4 du bois que contenait un magasin ont été vendus 960 fr. à raison de 15 fr. le stère. Combien de stères sont restés en magasin et quelle en est la valeur?   • (*Vienne.*)

I. *N. de stères en magasin* = N. de stères vendus : 3 (puisque le reste = 1/4).
Nombre de stères vendus = 960 : 15 = 64 s. *Rép.* 64s : 3 = 21s 1/3.
II. *Valeur de ce reste* = 15f × 64/3. *Rép.* 320 *fr.*

***1834.** — Un ouvrier a fait un travail en 2 semaines. La 1re semaine, il a fait les 2/3 des 4/5; pour la 2e semaine, il a reçu 21 fr. Trouver ce qu'il a reçu pour la 1re semaine.   (*Haute-Vienne.*)

Recette de la 1re *semaine* = Valeur des 2/3 des 4/5.
1. 2/3 des 4/5 = 4/5 × 2/3 = 8/15.
2. Valeur de 1/15 : *a*) Fraction restante = 1 — 8/15 = 7/15. *b*) 21f : 7 = 3 fr.
Rép. 3f × 8 = 24 *fr.*

***1835.** — Une fermière vend au marché les 3/5 de ses œufs à raison de 5 fr. le cent, et les 204 qui lui restent à raison de 0f,90 la douzaine. On demande le produit total de sa vente.   (*Ardennes.*)

Prix de vente total = Somme des prix des 2 ventes partielles.
1. 1re Vente. { *a*) Nombre d'œufs : (204œ : 2) × 3 = 306 œufs.
              { *b*) 5f × 3,06 = 15f,30.
2. 2e Vente : 0f,90 × (204 : 12, = 0f,9 × 17 = 15f,30. *Rép.* 15f,3 + 15f,3 = 30f,60.

***1836.** — Une personne a légué 1/5 de sa fortune à un ami, les 3/4 à son neveu et le reste, qui était de 12 520 fr., à sa ville natale. Trouver: 1° les 2 premières parts ; 2° le montant de la fortune.   (*Sarthe.*)

I. *Part de l'ami* = Valeur de 1/5.
1° Fraction restante = 1 — (1/5 + 3,4) = 1 — (4/20 + 15/20) = 1/20.
2° 1/5 = 4/20.
Rép. 12 520f × 4 = 50 080 *fr.*
II. *Part du neveu* = Val. des 3/4 ou 15/20. *Rép.* 12 520f × 15 = 187 800 *fr.*
III. *Montant de la fortune* = 12 520f × 20. *Rép.* 250 400 *fr.*

***1837.** — Un cultivateur ensemence les 3/5 d'une pièce de terre en blé et le septième en avoine. Les 10 ha. qui restent sont réservés pour la culture de la betterave. Quelle est la superficie des parties ensemencées : 1° en blé; 2° en avoine? (*Eure.*)

I. *Surface en blé* = Valeur des 3/5.
1. Fraction restante = $1 - (3/5 + 1/7) = 1 - (21/35 + 5/35) = 9/35$.
2. $3/5 = 21/35$; 3. Valeur de $1/35 = 10^{ha}$: 9.
Rép. $(10^{ha} : 9) \times 21 = 210/9^{d ha} = 23^{ha} 1/3$.
II. *Surface en avoine* = Valeur de 1/7 ou de 5/35.
Rép. $(10^{ha} : 9) \times 5 = 50/9^{d ha} = 5^{ha} 5/9$.

*1838. — Un homme laisse en mourant 1/3 de sa fortune à sa femme, 1/4 à son fils et le reste à sa fille. La part de la femme étant de 6 400 fr., dire : 1° la part du fils ; 2° celle de la fille. (*Loiret.*)
I. *Part du fils* = Valeur de 1/4.
1° $1/3 = 4/12$; 2° $1/4 = 3/12$.
3° Valeur de $1/12 = 6400^f$: $4 = 1600$ fr. *Rép.* $1600^f \times 3 = 4800$ *fr.*
II. *Part de la fille* = Valeur du reste $(1 - 4/12 - 3/12)$ ou de 5/12.
Rép. $1600^f \times 5 = 8000$ *fr.*

*1839. — Trois personnes achètent ensemble un terrain. La 1re en prend les 2/7, la 2e les 3/10, et la 3e le reste. Cette dernière personne paye 8 700 fr. pour sa part, composée de $1^{ha},45$. Calculer la surface et le prix de chacun des 2 premiers lots. (*Rhône.*)
I. *Surface du 1er lot* = Valeur des 2/7 en ha.
1° Fraction restante = $1 - (2/7 + 3/10) = 1 - (20/70 + 21/70) = 29/70$.
2° $2/7 = 20/70$; 3° Valeur de $1/70 = 1^{ha},45$: $29 = 0^{ha},05$.
Rép. $0^{ha},05 \times 20 = 1$ *ha.*
II. *Surface du 2e lot* = Val. des 3/10 ou de 21/70. *Rép.* $0^{ha},05 \times 21 = 1^{ha},05$.
III. *Prix du 1er lot* = $(8700^f : 29) \times 20 = 300^f \times 20$. *Rép.* 6000 *fr.*
IV. *Prix du 2e lot* = $300^f \times 21$. *Rép.* 6300 *fr.*

*1840. — Un oncle lègue sa succession à 4 neveux : le 1er en a 1/6, le 2e 1/9, le 3e 3/10 et le 4e 22 952 fr. Quelle est la part de chacun des 3 premiers héritiers? (*Tarn.*)
I. *Part du 1er* = Valeur de 1/6.
1. Fract. rest. = $1 - (1/6 + 1/9 + 3/10) = 1 - (15/90 + 10/90 + 27/90) = 38/90$.
2. $1/6 = 15/90$; 3. Valeur de $1/90 = 22952^f$: $38 = 604$ fr.
Rép. $604^f \times 15 = 9060$ fr.
II. *Part du 2e* = Valeur de 1/9 ou de 10/90. *Rép.* $604^f \times 10 = 6040$ *fr.*
III. *Part du 3e* = Valeur de 3/10 ou de 27/90. *Rép.* $604^f \times 27 = 16308$ *fr.*

*1841. — Une personne achète les 4/5 d'une pièce de toile pour 75 fr.; une autre achète les 4/5 du reste; que doit-elle payer? (*Gers.*)
Dette = 4/5 de la valeur du reste.
Valeur du reste : *a*) Fraction restante = 1/5. *b*) 75^f : 4.
Rép. $(75^f : 4) \times 4/5 = 75^f$: $5 = 15$ *fr.*

*VALEUR D'UNE FRACTION. VALEUR D'UNE AUTRE P. 181.

(*Dénominateurs différents.*)

Problèmes. — 1842. — Lorsque les 3/4 d'un mètre de drap valent 12 fr., combien coûtent 5/8 de mètre? (*Doubs.*)

Solution. — Le prix de 5/8 de mètre est les 5/8 du *prix du mètre.*

1° Prix du mètre : $12^f : \dfrac{3}{4} = \dfrac{12^f \times 4}{3}$.

2° **Prix de $\dfrac{5}{8}$ de mètre** : $\dfrac{12^f \times 4 \times 5}{3 \times 8} = \dfrac{4^f \times 5}{2} = 2^f \times 5 = \mathbf{10\ fr.}$

Remarque. — On pourrait ramener ce problème aux précédents en **réduisant au même dénominateur** les fractions 3/4 et 5/8.

1843. — Les 3/8 d'un nombre valent 15; que valent les 3/4 de ce nombre? *(Gironde.)*

Valeur des 3/4 = Double de la valeur des 3/8.
Rép. $15 \times 2 = 30$.

1844. — 3/4 de mètre d'étoffe coûtent 12 fr. Quel est le prix : 1° du demi-mètre, 2° du décimètre; 3° du demi-décimètre? *(Doubs.)*

I. *Prix du* 1/2 m. = Prix du m. $\times$ 1/2.
Prix du m. $= 12^f : 3/4 = 12^f \times 4/3 = 16$ fr.   *Rép.* $16^f \times 1/2 = 8$ *fr.*
II. *Rép.* $16^f \times 0,1 = 1^f,60$.   III. *Rép.* $1^f,60 \times 1/2 = 0^f,80$.

1845. — Un cultivateur a vendu les 2/5 de sa récolte pour 4 630 fr. Combien aurait-il reçu s'il en avait vendu les 3/4? *(Vienne.)*

Prix des 3/4 = Prix total $\times$ 3/4.
Prix total $= 4 630^f : 2/5 = 4 630^f \times 5/2$.   *Rép.* $4 630^f \times 5/2 \times 3/4 = 8 681^f,25$.

1846. — A combien reviennent les 5/7 d'une propriété dont les 3/4 sont estimés 41 475 fr.? *(Haute-Marne.)*

Prix des 5/7 = Prix total $\times$ 5/7.
Prix total $= 41 475^f : 3/4$.   *Rép.* $41 475^f \times 4/3 \times 5/7 = 39 500$ *fr.*

1847. — En 2/5 de journée, une troupe d'ouvriers a creusé un fossé de 56 m³. Combien aurait-elle pu creuser de mètres cubes en 3/4 de journée? *(Haute-Saône.)*

Volume creusé en 3/4 *de jour* = Volume par jour $\times$ 3/4.
Volume par jour $= 56^{m3} : 2/5$.   *Rép.* $56^{m3} \times 5/2 \times 3/4 = 105$ m³.

1848. — Si les 4/7 d'un mètre de drap coûtent $9^f,80$, que coûteront $0^m,92$? *(Seine-et-Oise.)*

Prix de $0^m,92$ = Prix du m. $\times$ 0,92.
Prix du m. $= 9^f,80 : 4/7$.   *Rép.* $9^f,80 \times 7/4 \times 0,92 = 15^f,778$ ou $15^f,80$.

1849. — Lorsque les 2/3 d'un mètre de velours ont coûté 7 fr., que paiera-t-on pour 5 m. 6/7? *(Somme.)*

Prix de 5^m 6/7 = Prix du m. $\times$ 5 6/7 ou 41/7.
Prix du m. $= 7^f : 2/3$.   *Rép.* $7^f \times 3/2 \times 41/7 = 61^f,50$.

1850. — Deux mètres 5/6 d'une étoffe ont coûté 34 fr. Quel est le prix de $0^m,45$ de cette étoffe? *(Bouches-du-Rhône.)*

Prix de $0^m,45$ = Prix du m. $\times$ 0,45.
Prix du mètre. $\begin{cases} a)\ 2^m\ 5/6 = 17/6\ \text{de m.} \\ b)\ 34^f : 17/6 = 34^f \times 6/17 = 12\ \text{fr.} \end{cases}$
Rép. $12^f \times 0,45 = 5^f,40$.

1851. — On a payé $6^f,30$ un coupon de drap de $0^m,68$. Trouver le prix d'un coupon de 7^m 2/7. *(Nord.)*

Prix de 7 m. 2/7 = Prix du m. $\times$ 7 2/7 ou 51/7.
Prix du m. $= 6^f,30 : 0,68$.   *Rép.* $6^f,3 \times 100/68 \times 51/7 = 67^f,50$.

1852. — Un vigneron a vendu les 3/8 de son vin pour 825 fr. Combien aurait-il reçu de plus s'il en avait vendu les 7/11? *(Oise.)*

Recette supplémentaire = Prix des 7/11 — Prix des 3/8 (825 fr.).
Prix des 7/11 $= 825^f \times 8/3 \times 7/11 = 1 400$ fr.
Rép. $1 400^f - 825^f = 575$ *fr.*

1853. — Une fontaine, qui donne 2 250 l. en 3/4 d'heure, met une demi-heure pour remplir un bassin. On demande de calculer la capacité de ce bassin.   (*Loiret.*)

Capacité du bassin = Débit par heure $\times$ 1/2.
Débit par heure = 2 250ˡ : 3/4.   *Rép.*   2 250ˡ $\times$ 4/3 $\times$ 1/2 = 1 500 *l.*

1854. — J'ai dépensé les 5/6 de mon argent et il me reste 12 fr. Si je n'en avais dépensé que les 3/4, combien me serait-il resté?   (*Seine.*)

Reste = Avoir total $\times$ Fraction correspondant à ce reste.
1. Avoir total.   *a)* Reste = 1 — 5/6 = 1/6.   *b)* 12ˡ $\times$ 6 = 72 fr.
2. Fraction correspondante = 1 — 3/4 = 1/4.
Rép.   72ˡ $\times$ 1/4 = 18 *fr.*

1855. — On a partagé une somme entre 3 personnes : la 1ʳᵉ en a reçu 1/4; la 2ᵉ 2/3; la 3ᵉ, le reste. Les 11/24 de la somme étant 1 320 fr., trouver la part de chaque personne.   (*Manche.*)

I. *Part de la 1ʳᵉ* = Somme totale $\times$ 1/4.
Somme totale = 1 320ˡ : 11/24 = 1 320ˡ $\times$ 24/11 = 2 880 fr.
Rép.   2 880ˡ $\times$ 1/4 = 720 *fr.*
II. *Part de la 2ᵉ* = 2 880ˡ $\times$ 2/3.   *Rép.*   1 920 *fr.*
III. *Part de la 3ᵉ* = 2 880ˡ — (720ˡ + 1 920ˡ).   *Rép.*   240 *fr.*

1856. — On fait creuser une tranchée de 3ᵐ 1/5 de long, 2ᵐ 1/3 de large et 1ᵐ 2/5 de profondeur; on paye 98 fr. Combien paiera-t-on pour une tranchée de 6ᵐ 1/2 de longueur, 2 m. de largeur et 1ᵐ 1/3 de profondeur?   (*Loire.*)

Prix total = Prix du m³ $\times$ Nombre de m³.

1. Prix du m³.
$\left\{ \begin{array}{l} a)\ \text{Vol.} = 3^{m3}\ 1/5 \times 2\ 1/3 \times 1\ 2/5 = 1^{m3} \times 16/5 \times 7/3 \times 7/5 \\ \qquad = 784/75\ \text{de m}^3. \\ b)\ 98^{f} : 784/75 = 98^{f} \times 75/784 = 75/8\ \text{de fr.} \end{array} \right.$

2. Nombre de m³ = 6ᵐ³ 1/2 $\times$ 2 $\times$ 1 1/3 = 1ᵐ³ $\times$ 13/2 $\times$ 2 $\times$ 4/3 = 52/3 de m³.
Rép.   75ˡ/8 $\times$ 52/3 = 12ˡ,5 $\times$ 13 = 162ˡ,5.

*FRACTION DU RESTE. RESTE CONNU   P. 182.

Problèmes. — **1857.** — D'un tonneau contenant un certain nombre de litres de vin, on retire d'abord les 3/5, puis les 2/3 du reste. Après ces deux opérations, le tonneau contient encore 30 litres. Quelle était sa contenance totale?   (*Maine-et-Loire.*)

Solution. — La **contenance totale** est le quotient du *second reste* (30 l.) par la *fraction correspondante.*

1. La *fraction correspondante* est égale à $\frac{3}{3} - \frac{2}{3} = \frac{1}{3}$ de la fraction qui correspond au 1ᵉʳ reste.

a) Fraction correspondant au 1ᵉʳ reste : $\frac{5}{5} - \frac{3}{5} = \frac{2}{5}$;

b) Fraction correspondant au 2ᵉ reste : $\frac{2}{5} \times \frac{1}{3} = \frac{2}{15}$.

2. **Contenance totale :** $30^{l} : \frac{2}{15} = 30^{l} \times \frac{15}{2} = \textbf{225 litres.}$

1858. — On vend la moitié d'un champ, puis les 2/3 du reste. Il reste alors 3ᵃ,76. Quelle est la surface totale du champ?   (*Mayenne.*)

Surface totale = Second reste (3ᵃ.76) : Fraction correspondante.

Fract. corresp. $\begin{cases} = 1 - 2/3 = 1/3 \text{ du } 1^{er} \text{ reste.} \\ a)\ 1^{er} \text{ reste} = 1 - 1/2 = 1/2. \qquad b)\ 1/2 \times 1/3 = 1/6. \end{cases}$

Rép. 3ᵃ,76 : 1/6 = 3ᵃ,76 × 6 = 22ᵃ,56.
Autre méth. 1ᵉʳ reste = 3ᵃ,76 × 3 = 11ᵃ,28. *Rép.* 11ᵃ,28 × 2 = 22ᵃ,56.

1859. — J'ai payé en février 1/4 de mes contributions et en juillet les 2/3 du reste. Je dois encore payer 15ᶠ,60 au percepteur. A combien s'élève le total de mes impôts?   (*Somme.*)

Total des impôts = Reste (15ᶠ,60) : Fraction correspondante.

Fract. corresp. $\begin{cases} a)\ 1^{er} \text{ reste} = 1 - 1/4 = 3/4. \\ b)\ 2^{e} \text{ reste} = 3/4 \times (1 - 2/3) = 3/4 \times 1/3 = 1/4. \end{cases}$

Rép. 15ᶠ,60 : 1/4 = 15ᶠ,60 × 4 = 62ᶠ,40.

1860. — Un marchand a déjà vendu les 4/7 d'une pièce de toile; il en cède la moitié du reste au même prix pour la somme totale de 15ᶠ,60, à 1ᶠ,30 le mètre. Quelle était la longueur de la pièce?   (*Gironde.*)

Longueur totale = Longueur de la moitié du reste : Fraction correspond.
1. Moitié du reste : 15,6 : 1,3 = 12 m.

2. Fract. corresp. $\begin{cases} a)\ \text{Reste} = 1 - 4/7 = 3/7. \\ b)\ \text{Moitié du reste} = 3/7 \times 1/2 = 3/14. \end{cases}$

Rép. 12ᵐ : 3/14 = 12ᵐ × 14/3 = 56 m.

1861. — Dans un jour, un ouvrier a fait 1/3 d'un ouvrage; dans un autre jour, il fait 1/4 du reste. Quelle fraction de l'ouvrage lui reste-t-il à faire? Combien l'ouvrage lui sera-t-il payé, s'il a gagné 4 fr. dans la 2ᵉ journée?   (*Saône-et-Loire.*)

I. *Fraction restante* = 1ᵉʳ reste (1 − 1/3) × (1 − 1/4) = 2/3 × 3/4.
Rép. 1/2.
II. *Salaire total* = Salaire du 2ᵉ jour (4 fr.) : Fraction correspondante.
Fraction corresp. : a) 1ᵉʳ reste = 1 − 1/3 = 2/3.   b) 2/3 × 1/4 = 1/6.
Rép. 4ᶠ : 1/6 = 4ᶠ × 6 = 24 *fr.*

1862. — Un marchand vend la moitié d'un panier d'œufs à 0ᶠ,90 la douzaine et la moitié du reste à 0ᶠ,45 les 4 œufs. Quelle est sa recette s'il lui reste encore 2 douzaines d'œufs?   (*Charente.*)

Recette totale = Somme des prix des 2 ventes.

2ᵉ Vente. $\begin{cases} a)\ \text{Prix de la douzaine} = 0^f,45 \times 3 = 1^f,35. \\ b)\ \text{Nombre de douzaines} = 1/2 \text{ du reste} = 2 \text{ douz.} \\ c)\ \text{Prix} = 1^f,35 \times 2 = 2^f,70. \end{cases}$

1ʳᵉ Vente. $\begin{cases} a)\ \text{N. de douz.} = 1/2 \text{ du panier} = 2^{douz.} + 2^{douz.} = 4 \text{ douzaines.} \\ b)\ \text{Prix} = 0^f,9 \times 4 = 3^f,60. \end{cases}$

Rép. 3ᶠ,60 + 2ᶠ,70 = 6ᶠ,30.

1863. — Un propriétaire a vendu le tiers de sa récolte de vin à 40 fr. l'hectolitre; les 3/4 du reste à 35 fr., et enfin les 25 hl. qui restaient à 30 fr. l'hl. Quelle somme a-t-il reçue en tout?   (*Tarn-et-Gar.*)

Prix total = Somme des prix des 3 ventes.
3ᵉ vente : 30ᶠ × 25 = 750 fr.

2ᵉ vente. $\begin{cases} a)\ \text{Nombre d'hl.} = 3/4 \text{ du reste} = 25^{hl} \times 3 = 75 \text{ hl.} \\ b)\ \text{Prix} = 35^f \times 75 = 2625 \text{ fr.} \end{cases}$

1ʳᵉ vente. $\begin{cases} a)\ \text{Nombre d'hl.} = 1/3 \text{ de la récolte} = (75^{hl} + 25^{hl}) : 2 = 50 \text{ hl.} \\ b)\ \text{Prix} = 40^f \times 50 = 2000 \text{ fr.} \end{cases}$

Rép. 2000ᶠ + 2625ᶠ + 750ᶠ = 5375 *fr.*

1864. — Trois jeunes gens s'associent pour payer le reste du loyer d'une pauvre femme qui n'a pu en donner que les 4/5. Le plus âgé fournit 1/3 de ce reste; le 2ᵉ, 1/4 et le plus jeune 15 fr. A combien s'élevait le loyer?   *(Haute-Vienne.)*

Loyer total = Valeur du reste (15 fr.) : Fraction correspondante.

Fraction correspondante. $\begin{cases} = 1 - (1/3 + 1/4) = 1 - 7/12 = 5/12 \text{ du } 1^{er} \text{ reste.} \\ a) \ 1^{er} \text{ reste} = 1 - 4/5 = 1/5. \\ b) \ 1/5 \times 5/12 = 1/12. \end{cases}$

Rép.   15ᶠ : 1/12 = 15ᶠ × 12 = 180 *fr.*

1865. — Une personne a dépensé dans un 1ᵉʳ magasin les 2/5 de son argent, et dans un 2ᵉ les 4/7 du reste. Dans un 3ᵉ, elle a acheté 22ᵐ,75 d'étoffe à 1ᶠ,80 le mètre, et il lui a manqué 4ᶠ,95 pour s'acquitter. Combien avait-elle d'abord?   *(Côte-d'Or.)*

Somme primitive = Valeur du 2ᵉ reste : Fraction correspondante.

1. Valeur du 2ᵉ reste = 1ᶠ,8 × 22,75 — 4ᶠ,95 = 40ᶠ,95 — 4ᶠ,95 = 36 fr.
2. Fract. corresp. = (1 — 2/5) × (1 — 4/7) = 3/5 × 3/7 = 9/35.
Rép.   36ᶠ : 9/35 = 36ᶠ × 35/9 = 140 *fr.*

1866. — On a partagé une somme entre 4 personnes. La 1ʳᵉ a reçu 1/5 de la somme totale; la 2ᵉ, les 4/9 du reste; la 3ᵉ, les 2/5 du nouveau reste, et la 4ᵉ, qui a eu le dernier reste, a reçu 2 400 fr. On demande à combien s'élevait la somme à partager et quelle est la part de chaque personne.   *(Seine.)*

I. *Somme totale* = Dernier reste (2400ᶠ) : Fraction correspondante.

Fraction corresp. $\begin{cases} = 1 - 2/5 = 3/5 \text{ du } 2^{e} \text{ reste.} \\ a) \ 2^{e} \text{ reste} = 1 - 4/9 = 5/9 \text{ du } 1^{er}; \\ b) \ 1^{er} \text{ reste} = 1 - 1/5 = 4/5. \\ c) \ 4/5 \times 5/9 \times 3/5 = 4/15 \text{ du tout.} \end{cases}$

Rép.   2 400ᶠ : 4/15 = 2 400ᶠ × 15/4 = 9 000 *fr.*
II. 1ʳᵉ *part* = 9 000ᶠ × 1/5. *Rép.* 1 800 *fr.*
III. 2ᵉ *part* = (9 000ᶠ — 1 800ᶠ) × 4/9 = 7 200ᶠ × 4/9. *Rép.* 3 200 *fr.*
IV. 3ᵉ *part* = (7 200ᶠ — 3 200ᶠ) × 2/5 = 4 000ᶠ × 2/5. *Rép.* 1 600 *fr.*

PARTAGES (Somme et quotient.)   P. 183.

Problèmes. — **1867.** — Partager 10 400 fr. entre 2 personnes, de manière que la part de la 2ᵉ soit les 5/8 de la part de la 1ʳᵉ. *(Rhône.)*

Solution. — La **somme à partager** est égale à la part de la 1ʳᵉ plus les 5/8 de cette part, c'est-à-dire à $\dfrac{8}{8} + \dfrac{5}{8} = \dfrac{13}{8}$ **de la part de la 1ʳᵉ.**

1. 1/8 de la part de la 1ʳᵉ égale : 10 400ᶠ : 13 = 800 fr.
2. **Part de la 1ʳᵉ :** 800ᶠ × 8 = **6 400 fr.**
3. **Part de la 2ᵉ :** 800ᶠ × 5 = **4 000 fr.**

1868. — Une bibliothèque et une armoire sont mises en vente pour la somme totale de 120 fr. L'armoire est estimée aux 3/7 du prix de la bibliothèque. Quel est le prix de chaque meuble?   *(Creuse.)*

I. *Prix de la bibliothèque* = Prix total (120 fr.) : Fraction correspondante du prix de la bibliothèque (7/7 + 3/7 = 10/7).
Rép. 120ᶠ : 10/7 = 120ᶠ × 7/10 = 84 *fr.*
II. *Prix de l'armoire* = 84ᶠ × 3/7. *Rép.* 36 *fr.*

1869. — Deux tonneaux contiennent ensemble 385 l.; la capacité de l'un est les 5/6 de celle de l'autre. Combien chaque tonneau contient-il de litres ? (*Saône-et-Loire.*)

I. *Contenance du plus grand* = Conten. totale (385 l.) : (6/6 + 5/6) ou 11/6.
Rép. 385^l × 6/11 = 210 *l.*
II. *Contenance du 2e* = 210^l × 5/6. *Rép.* 175 *l.*

1870. — La somme de 2 nombres est 1 350. Quels sont ces nombres, sachant que le 2e est les 4/5 du 1er ? (*Haute-Saône.*)

I. *Premier nombre* = Somme (1 350) : (5/5 + 4/5) ou 9/5.
Rép. 1 350 : 9/5 = 1 350 × 5/9 = 750.
II. *Second nombre* = 1 350 — 750. *Rép.* 600.

1871. — Partager le nombre 210 en 2 parties telles que l'une soit les 2/5 de l'autre. (*Ardèche.*)

I. *Part la plus grande* = Somme (210) : (5/5 + 2/5) ou 7/5.
Rép. 210 : 7/5 = 210 × 5/7 = 150.
II. *2e part* = 210 — 150. *Rép.* 60.

1872. — Un volume relié revient à 5^f,60. La reliure a coûté les 3/5 du prix du volume broché. Trouver le prix du volume broché et de la reliure. (*Seine.*)

I. *Prix du volume broché* = Prix total (5^f,60) : (5/5 + 3/5) ou 8/5.
Rép. 5^f,60 : 8/5 = 5^f,60 × 5/8 = 3^f,50.
II. *Prix de la reliure* = 5^f,6 — 3^f,5. *Rép.* 2^f,10.

1873. — Un père et son fils ont gagné ensemble 144 fr. dans un mois de 24 jours de travail. Le salaire du fils est la moitié de celui du père. On demande le prix de la journée de chacun d'eux. (*Doubs.*)

I. *Salaire journalier du père* = Son salaire total : N. de j. de trav. (24 j.).
Salaire total du père = Salaire des deux (144 fr.) : (1 + 1/2) ou 3/2 = 96 fr.
Rép. 96^f : 24 = 4 *fr.*
II. *Salaire journalier du fils* = 4^f : 2. *Rép.* 2 *fr.*

1874. — Un nombre vaut les 4/9 d'un autre. Trouver les 2 nombres, sachant que leur différence est 10. (*Cher.*)

I. *Le plus grand* = Différence (10) : Fraction du plus grand qu'elle représente (9/9 — 4/9) ou 5/9.
Rép. 10 : 5/9 = 18.
II. *Le plus petit* = 18 — 10. *Rép.* 8.

1875. — Le prix de la doublure d'une étoffe est les 2/9 de celui de cette étoffe ; 15 m. d'étoffe doublée valent 288^f,75. Quelle est la valeur : 1° d'un mètre d'étoffe non doublée ; 2° de 1 m. de doublure ? (*Seine.*)

I. *Prix du m. d'étoffe simple* = Prix du m. d'étoffe doublée : (9/9 + 2/9) ou 11/9.
Prix du m. d'étoffe doublée = 288^f,75 : 15 = 19^f,25.
Rép. 19^f,25 : 11/9 = 19^f,25 × 9/11 = 15^f,75.
II. *Prix du m. de doublure* = 15^f,75 × 2/9. *Rép.* 3^f,50.

1876. — Un terrain rectangulaire a 220 m. de pourtour. Sa largeur est les 2/3 de sa longueur. Calculez sa superficie. (*Yonne.*)

Superficie = Longueur × Largeur.
1. Longueur. { *a)* Demi-périm. = 220^m : 2 = 110 m.
{ *b)* 3/3 + 2/3 = 5/3 ; *c)* 110^m : 5/3 = 66 m.
2. Largeur = 110^m — 66^m = 44 m.
Rép. 66^{m2} × 44 = 2 904 *m²*.

1877. — Un cultivateur vend une paire de bœufs et un cheval pour 1 440 fr. Sachant que le prix de vente du cheval est les 3/5 de celui de la paire de bœufs, calculer quel avait été le prix d'achat de ce cheval si, en le revendant, le cultivateur a fait un bénéfice de 85 fr. (*Hte-Marne.*)

Prix d'achat du cheval = Prix de vente — Bénéfice (85 fr.).

Prix de vente. { *a*) Fraction correspondante = 5/3 + 3/3 = 8/3.
{ *b*) 1 440f : 8/3 = 1 440f × 3/8 = 540 fr.

Rép.   540f — 85f = 455 *fr.*

1878. — Deux bateaux partent en même temps, l'un montant, l'autre descendant la Seine. La vitesse du bateau qui remonte le courant est les 2/5 de celle du bateau qui descend. L'intervalle qui sépare les points de départ est de 2km,1. Quelles sont les distances des points de départ au point où les 2 bateaux se rencontreront ?   (*Paris.*)

I. *Distance du bateau descendant à son point de départ* = Distance totale (2km,1) : (5/5 + 2/5) ou 7/5.
Rép.   2km,1 : 7/5 = 2km,1 × 5/7 = 1km,5.
II. *Distance de l'autre* = 2km,1 — 1km,5.   *Rép.*   0km,6.

1879. — Deux tables coûtent ensemble 42 fr. Le quart du prix de la 1re égale 1/3 du prix de la 2e. Dites le prix de chacune.   (*Loire-Infre.*)

I. *Prix de la 1re table* = Prix total (42 fr.) : Fraction du prix de la 1re que ce prix total représente.

Fraction corresple. { *a*) 3/3 du prix de la 2e = 3/4 du prix de la 1re.
{ *b*) 4/4 + 3/4 = 7/4.

Rép.   42f : 7/4 = 42f × 4/7 = 24 *fr.*
II. *Prix de la 2e table* = 42f — 24f.   *Rép.*   18 *fr.*

1880. — Une pièce d'étoffe de 42 m. doit être divisée en 2 coupons tels que le plus petit surpasse de 2 m. les 3/5 du plus grand. Trouver la longueur de chacun.   (*Haute-Vienne.*)

I. *Longueur du plus grand* = Longueur totale si le plus petit était les 3/5 du plus grand : Fraction du plus grand que cette longueur représenterait.
1. La longueur totale serait :   42m — 2m = 40 m.
2. Fraction correspondante du plus grand = 5/5 + 3/5 = 8/5.
Rép.   40m : 8/5 = 40m × 5/8 = 25 m.
II. *Longueur du plus petit* = 42m — 25m.   *Rép.*   17 *m.*

*FRACTIONS ET SYSTÈME MÉTRIQUE (Revision.)   P. 184.

Problèmes. — 1881. — Une auge est remplie aux 3/5 de sa capacité, et il s'en faut de 1 hl. 4 l. qu'elle soit pleine. Quelle est sa capacité totale ?   (*Loiret.*)

Capacité totale = Contenance restée vide (1hl,04) : Fract. corresp. (1 — 3/5).
Rép.   1hl,04 : 2/5 = 1hl,04 × 5/2 = 2hl,6 ou 260 *l.*

1882. — Une pièce de terre a 150 m. de long et 86 m. de large. Les 2/5 de cette pièce de terre, ensemencés en blé, ont rapporté 15 l. par are. Trouver le prix du blé, à 18 fr. l'hectolitre.   (*Morbihan.*)

Prix total = Prix de l'hl. (18 fr.) × Nombre d'hectolitres.

Nombre d'hectolitres { *a*) Surf. des 2/5 = 150m2 × 86 × 2/5 = 5 160m2 ou 51a,6.
{ *b*) 15l × 51,6 = 774 l. = 7hl,74.

Rép.   18f × 7,74 = 139f,32 ou 139f,30.

1883. — Combien coûte un tas de bois qui a 7m,60 de longueur ? On sait que la largeur est les 3/19 de la longueur, et que la hauteur est les 19/10 de la largeur. On sait de plus que ce bois est vendu à raison de 9f,75 le stère. *(Haute-Marne.)*

Prix total = Prix du stère (9f,75) × Nombre de stères.

Nombre de stères. $\begin{cases} a) \text{ Largeur} = 7^m,6 \times 3/19 = 1^m,2. \\ b) \text{ Hauteur} = 1^m,2 \times 19/10 = 2^m,28. \\ c) 7^s,6 \times 1,2 \times 2,28 = 20^s,7936. \end{cases}$

Rép. 9f,75 × 20,7936 = 202f,7376 ou 202f,75.

1884. — Un particulier achète un champ rectangulaire de 105 m. sur 83 m. Il en revend les 6/7 à raison de 0f,21 le mètre carré et reçoit ainsi exactement la somme qu'il a payée pour le tout. Dire : 1º la surface du champ; 2º le prix d'achat de l'are. *(Aisne.)*

I. *Surface* = Longueur (105 m.) × Largeur (83 m.).
Rép. 105m² × 83 = 8715m² ou 87ª,15.
II. *Prix d'achat de l'are* = Prix total : 87,15.
Prix total = 0f,21 × (8715 × 6/7) = 0f,21 × 7470 = 1568f,70.
Rép. 1568f,70 : 87,15 = 18 *fr.* *Autre méthode :* 21f × 6/7.

1885. — Pour l'entretien d'une route, on y répand uniformément 1270m³,070 de pierre sur une longueur de 4km,02. La largeur de la couche est de 4m 1/3. Quelle en est l'épaisseur, à 0,001 près? (Conserver la fraction ordinaire.) *(Yonne.)*

Épaisseur = Volume (1270m³,07) : Surface de base.
Surface de base = 4020m² × 4 1/3 = 4020m² × 13/3 = 17420 m².
Rép. 1270,07 : 17420 = 0m,072 (à 0m,001 près).

1886. — Le mètre cube de pierres concassées ne contient réellement que 6/11 de mètre cube, à cause des vides. Lorsque 1 dm³ de pierres non cassées pèse 2kg,5, quel est le poids d'un tas de pierres concassées de 3m,05 de long sur 1m,08 de large et 1m,05 de haut? *(Doubs.)*

Poids total = Poids du dm³ (2kg,5) × Volume réel en dm³.
Vol. réel = 30dm³,5 × 10,8 × 10,5 × 6/11 = 3458dm³,7 × 6/11 = 20752dm³,2 : 11.
Rép. 2kg,5 × 20752,2 : 11 = 4716kg,4 ou 4f,7164 (par défaut).

1887. — Un vase rempli d'eau pèse 3kg,5. Le poids du vase vide est les 2/3 du poids de l'eau qu'il renferme. Trouver le poids du vase et sa capacité. *(Deux-Sèvres.)*

I. *Poids du vase vide* = Poids total (3kg,5) : Fraction du poids du vase vide que ce poids total représente (2/2 + 3/2) ou 5/2.
Rép. 3kg,5 : 5/2 = 3kg,5 × 2/5 = 1kg,4.
II. *Capacité en litres* = Poids de l'eau en kg. (3kg,5 — 1kg,4).
Rép. 2l,10.

1888. — On achète, pour faire une robe, 18m 2/3 d'une étoffe ayant 7/8 de mètre de largeur. Quelle quantité d'une percaline ayant 0m,58 de large faudra-t-il pour doubler cette robe? *(Haute-Marne.)*

Longueur de percaline = Surface : Largeur (0m,58).
Surface = 1m² × 18 2/3 × 7/8 = 1m² × 56/3 × 7/8 = 49/3 de m².
Rép. 49/3 : 0,58 = 28m,16 (par défaut).

1889. — Une personne possède une certaine somme dont elle dépense 1/3, puis les 2/5 du reste. Sachant qu'il lui reste encore une somme en argent pesant 4kg,23, calculer la somme primitive et le montant de la dépense. *(Isère.)*

I. *Somme primitive* = Valeur du reste : Fraction correspondante.
1. Valeur du reste = 4230 : 5 = 846 fr.
2. Fraction correspondante = (1 — 1/3) × (1 — 2/5) = 2/3 × 3/5 = 2/5.
Rép. 846f : 2/5 = 846f × 5/2 = 2115 *fr.*
II. *Dépense* = 2115f — 846f. *Rép.* 1269 *fr.*

1890. — Un champ de forme rectangulaire a une superficie de 1^{ha},36. On enlève dans le sens de la largeur, pour faire un chemin, une bande de 8 m. La surface se trouve ainsi diminuée de 1/17. Quelles étaient la longueur et la largeur du champ ?   (*Aude.*)

I. *Largeur du champ* = Surface de la bande : Sa largeur (8 m.).
Surface = 1^{ha},36 × 1/17 = 0^{ha},08 = 800^{m2}.
Rép.   800 : 8 = 100 *m.*
II. *Longueur* = Surface (13 600 m²) : Largeur (100 m.).   *Rép.*   136 *m.*

1891. — On veut mettre en bouteilles 3 fûts de vin de Bourgogne contenant chacun 116^l 2/3. Chaque bouteille contient 5/7 de litre. Quels seront les frais de cette opération, en supposant que les bouteilles soient payées 25 fr. le cent et les bouchons 12 fr. le mille ? On admet que l'on casse 2 bouteilles vides sur 100 pendant l'opération.   (*Allier.*)

Frais = Prix des bouteilles + Prix des bouchons.

1. Prix des bout. $\begin{cases} a)\text{ N. de bout.} \begin{cases} \text{Cont. tot.} = 116^l 2/3 \times 3 = 348^l + 2^l = 350\,l. \\ \text{Bout. utilisées :}\quad 350 : 5/7 = 490 \text{ bout.} \\ \text{Nombre total : } 490^b \times 100/98 = 500 \text{ bout.} \end{cases} \\ b)\ 25^f \times 5 = 125 \text{ fr.} \end{cases}$

2. Prix des bouchons = 12^f × 0,49 = 5^f,88 ou 5^f,90.
Rép.   125^f + 5^f,90 = 130^f,90.

1892. — Une propriété est divisée en 3 lots. Le 1er vaut la moitié du 2e; le 3e, qui représente les 3/5 de la surface totale de la propriété, est un rectangle de 189 m. de long sur 48 m. de large. On demande : 1° la surface totale; 2° la surface de chaque lot; 3° la valeur totale de la propriété à raison de 2 800 fr. l'hectare.   (*Paris.*)

I. *Surface totale* = Surface du 3e lot : Fraction correspondante (3/5).
Surface du 3e lot = 189^{m2} × 48 = 9 072 m².
Rép.   9 072^{m2} × 5/3 = 15 120 *m²*.
II. *Surface du 1er lot* = Surface des deux premiers : (1 + 2).
Surface des deux 1ers = 15 120^{m2} — 9 072^{m2} = 6 048 m².
Rép.   6 048^{m2} : 3 = 2 016 *m²*.
III. *Surface du 2e* = 2 016^{m2} × 2.   *Rép.*   4 032 *m²*.
IV. *Valeur totale* = 2 800^f × 1,512.   *Rép.*   4 233^f,60.

1893. — Un cultivateur a vendu successivement les 2/3 de sa récolte P. 185. de pommes, puis les 3/4 de ce qui lui restait après cette 1re vente. Il en a encore 3 m³. A combien de doubles-décalitres peut-on évaluer sa récolte ?   (*Eure-et-Loir.*)

Volume total = Volume du 2e reste (3 m³) : Fraction correspondante.
Fraction correspondante = (1 — 2/5) × (1 — 3/4) = 3/5 × 1/4 = 3/20.
Rép.   3^{m3} : 3/20 = 20 m³ = 1 000 *doubles dal.*

1894. — Un fermier vend d'abord 1/3 de sa récolte de blé, puis 1/6, puis 1/4, puis 1/8. Le reste est réservé à la consommation intérieure de sa maison qui comprend 18 personnes. Sachant qu'une personne consomme en moyenne 15 doubles-décalitres de blé par an, combien ce fermier récolte-t-il d'hectolitres de blé ?   (*Nord.*)

Volume total = Volume du reste : Fraction correspondante.
1. Volume du reste = 20^l × 15 × 18 = 5 400 l. = 54 hl.
2. Fraction correspondante. $\begin{cases} a)\ \text{Vente :}\quad 1/3 + 1/6 + 1/4 + 1/8 \\ \quad = 8/24 + 4/24 + 6/24 + 3/24 = 21/24 = 7/8. \\ b)\ \text{Reste :}\quad 1 — 7/8 = 1/8. \end{cases}$
Rép.   54^{hl} : 1/8 = 54^{hl} × 8 = 432 *hl.*

1895. — Deux barils d'huile ont été vendus 2^f,40 le kilogramme. Le 1er, dont la contenance est les 11/16 de celle du 2e, a été vendu

21^f,60 de moins que celui-ci. Trouver la contenance de chaque baril, la densité de l'huile étant 0,9. *(Rhône.)*

I. *Contenance du 2e* = Contenance des 5/16 **:** 5/16.

Contenance des 5/16. $\begin{cases} a) \text{ Poids} = 21,6 \text{ : } 2,4 = 9 \text{ kg.} \\ b) \text{ } 9 \text{ : } 0,9 = 10 \text{ l.} \end{cases}$

Rép. 10^l **:** 5/16 = 10^l × 16/5 = 32 *l.*

II. *Contenance du 1er* = 32^l × 11/16. *Rép.* 22 *l.*

1896. — Un propriétaire a les 4/5 de sa propriété ensemencés en blé, la moitié du reste en vigne et le reste en luzerne. Cette dernière partie lui donne 75 kg. de luzerne par are et il en récolte en tout 112 q. Trouver l'étendue de la propriété et de chacune des parties. *(Charente.)*

I. *Surface totale* = Surface du reste **:** Fraction correspondante.

1. Surface du reste = 112 **:** 0,75 = 448/3 d'are.
2. Fraction correspondante = (1 − 4/5) × (1 − 1/2) = 1/10.

Rép. 448/3 $^{\text{d'a.}}$ **:** 1/10 = 4480/3 d'are = 1493^a,33.

II. *Surface en blé* = 4480/3$^{\text{d'a.}}$ × 4/5. *Rép.* 1194^a,66.

III. *Surface en vigne* = Surface du reste (448/3 d'are). *Rép.* 149^a,33.

1897. — Une caisse rectangulaire qui a 2^m 1/3 de long sur 1^m 1/5 de large est remplie de charbon jusqu'à une hauteur de 1^m,10. Quelle est la valeur de ce charbon à raison de 0^f,35 le double-décalitre ? Calculer au moyen des fractions ordinaires. *(Meuse.)*

Valeur totale = Prix du m³ (0^f,35 × 50 = 17^f,5) × Nombre de m³.
N. de m³ = 1^{m3} × 2 1/3 × 1 1/5 × 1,1 = 1^{m3} × 7/3 × 6/5 × 1,1 = 3^{m3},080.
Rép. 17^f,5 × 3,08 = 53^f,90.

1898. — Les 3/5 d'un champ rectangulaire sont vendus à raison de 0^f,75 le mètre carré. Le tiers du champ est ensuite vendu 1^f,05 le mètre carré et les 18 ares qui restent à raison de 60^f,75 l'are. Trouver : 1º la surface totale; 2º le montant de la vente; 3º la longueur du champ, si la largeur est de 150 m. *(Rhône.)*

I. *Surface totale* = Surface du reste (18 a.) **:** Fraction correspondante.

Fraction correspondante. $\begin{cases} a) \text{ Vente : } 3/5 + 1/3 = 9/15 + 5/15 = 14/15. \\ b) \text{ } 1 − 14/15 = 1/15. \end{cases}$

Rép. 18^a × 15 = 270 *ares.*
II. *Montant de la vente* = Somme des prix des 3 parcelles.
1. 1re parcelle : *a)* Surface = 270^a × 3/5 = 162 a. *b)* 75^f × 162 = 12150 fr.
2. 2e parcelle : *a)* Surface = 270^a **:** 3 = 90 a. *b)* 105^f × 90 = 9450 fr.
3. Reste : 60^f,75 × 18 = 1093^f,50.
Rép. 12150^f + 9450^f + 1093^f,50 = 22693^f,50.
III. *Longueur* = 27000 **:** 150. *Rép.* 180 *m.*

1899. — On achète une maison et un champ pour 24750 fr. La maison coûte les 3/8 du champ, qui contient 2 ha. 5 a. Quel est le prix de la maison et celui d'un mètre carré du terrain ? *(Yonne.)*

1. *Prix de la maison* = Prix du champ × 3/8.
Prix du champ = 24750^f **:** (1 + 3/8) = 24750^f × 8/11 = 18000 fr.
Rép. 18000^f × 3/8 = 6750 *fr.*
II. *Prix du m² du champ* = 18000^f **:** 20500. *Rép.* 0^f,878.

1900. — On a partagé une somme entre 4 personnes. La 1re en a reçu les 3/10, la 2e 1/4, la 3e 1/5 et la 4e le reste, qui est de 5000 fr.

Quelle est la somme partagée ? Quel en est le poids, sachant que les 3/4 de cette somme sont en or et le reste en argent ? *(Maine-et-Loire.)*

I. *Somme partagée* = Reste (5000 fr.) : Fraction correspondante.

Fraction corresp. { *a*) 1res parts : 3/10+1/4+1/5 = 6/20+5/20+4/20 = 15/20.
{ *b*) 1 — 15/20 = 5/20 = 1/4.

Rép. 5000^f × 4 = 20000 *fr.*

II. *Poids total* = Poids de l'or + Poids de l'argent.

1. Poids d'or = 20000 × 3/4 : 3,10 = 15000 : 3,1 = 4838^g,70.

2. Poids d'argent = 5^g × 5000 = 25000 g.

Rép. 4838^g,7 + 25000^g = 29838^g,7.

1901. — Un pavage exécuté avec des pavés céramiques de 0^m,13 de côté est revenu à 11^f,70 le mètre carré. Sachant que la main-d'œuvre entre pour les 2/5 dans ce prix et le transport pour 1/6, on demande ce que coûte un cent de ces carreaux pris à l'usine. *(Seine-et-Oise.)*

Prix du cent = Prix du m² × Surface de 100 carreaux.

1. Prix par m². { *a*) Fraction. { Frais : 2/5 + 1/6 = 12/30 + 5/30 = 17/30.
{ { 1 — 17/30 = 13/30.
{ *b*) 11^f,70 × 13/30 = 5^f,07.

2. Surface de 100 carreaux = 0^{h²},13 × 0,13 × 100 = 1^{m²},69.

Rép. 5^f,07 × 1,69 = 8^f,5683 ou 8^f,55.

1902. — Un champ rectangulaire de 286 m. de long a été vendu en 2 lots, à raison de 3000 fr. l'hectare. Le plus grand lot, qui comprenait les 7/12 du champ entier, a produit dans la vente 2418 fr. de plus que le plus petit lot. Quelle est la largeur du champ ? *(Basses-Pyr.)*

Largeur = Surface : Longueur (286 m.).

{ *a*) Différence des 2 lots = 2418 : 3000 = 0^{ha},806 = 8060 m².
Surface. { *b*) Fraction correspondante = 7/12 — (1 — 7/12) = 2/12 = 1/6.
{ *c*) 8060^{m²} × 6 = 48360 m².

Rép. 48360 : 286 = 169^m,09.

1903. — Un champ a une superficie de 15^{ha},60. Les 2/5 sont ensemencés en blé; 1/8 en seigle et le reste en avoine. On récolte par hectare 18 hl. de blé, 22 hl. de seigle et 25 hl. d'avoine. Le décalitre de blé est vendu 2^f,30; le décalitre de seigle 1^f,60 et le décalitre d'avoine 1^f,25. Quelle est la valeur de la récolte du champ ? *(Sarthe.)*

Valeur de la récolte = Somme des prix du blé, du seigle et de l'avoine.

1. Blé. { *a*) N. d'hl. { Surface = 15^{ha},6 × 2/5 = 6^{ha},24.
{ { 18^{hl} × 6,24 = 112^{hl},32.
{ *b*) Prix = 2^f,3 × 10 × 112,32 = 2583^f,36.

2. Seigle. { *a*) N. d'hl. { Surface = 15^{ha},6 × 1/8 = 1^{ha},95.
{ { 22^{hl} × 1,95 = 42^{hl},9.
{ *b*) Prix = 1^f,6 × 10 × 42,9 = 686^f,4.

3. Avoine. { *a*) N. d'hl. { Surface = 15^{ha},6 — (6^{ha},24 + 1^{ha},95) = 7^{ha},41
{ { 25^{hl} × 7,41 = 185^{hl},25.
{ *b*) Prix = 1^f,25 × 10 × 185,25 = 2315^f,625.

Rép. 2583^f,36 + 686^f,4 + 2315^f,625 = 5585^f,385 ou 5585^f,40.

1904. — Trois hommes et 2 femmes sont occupés à arracher, au prix de 65 fr. l'hectare, les betteraves d'un champ rectangulaire long de 108 m. et large de 75 m. Quelle somme reviendra-t-il à chacun, si une femme reçoit les 2/3 de la part d'un homme ? *(Belfort.)*

I. *Part d'un homme* = Salaire total : Nombre de parts d'homme que représente ce salaire total.

1. Salaire total. { *a*) Surface = 108^{m²} × 75 = 8100^{m²} = 0^{ha},81.
{ *b*) 65^f × 0,81 = 52^f,65.

2. Nombre de parts d'homme = 3 + 2/3 × 2 = 3 + 4/3 = 13/3.

Rép. 52^f,65 : 13/3 = 52^f,65 × 3/13 = 12^f,15.

II. *Part d'une femme* = 12^f,15 × 2/3. *Rép.* 8^f,10.

P. 186.

*REVISION GÉNÉRALE

Problèmes. — **1905.** — J'ai acheté une pièce de drap pour 450 fr. En la revendant à raison de 13^f,50 le mètre, j'ai gagné 1/5 du prix d'achat. Quelle était la longueur de la pièce ?   (*Maine-et-Loire.*)

Longueur de la pièce = Prix de vente total : Prix de vente du m. (13^f,50).
Prix total = 450^f + 450^f × 1/5 = 450^f + 90^f = 540 fr.
Rép. 540 : 13,5 = 40 m.

1906. — Un marchand a acheté 657 m. d'étoffe. Il en revend les 2/3 pour 2 847 fr. et le reste à raison de 5^f,20 le mètre. Sachant qu'il fait un bénéfice de 700^f,80, on demande combien lui avait coûté le mètre de cette étoffe.   (*Seine-et-Oise.*)

Prix d'achat du mètre = Prix d'achat total : Nombre de mètres (657).

Achat total. $\Big\{$ *a*) Vente. $\Big\{$ Reste = 657^m × (1 − 2/3) = 219 m.
5^f,20 × 219 = 1 138^f,80.
En tout : 2 847^f + 1 138^f,80 = 3 985^f,80.
  b) 3 985^f,8 − 700^f,8 = 3 285 fr.

Rép. 3 285^f : 657 = 5 fr.

1907. — Un jour de promenade, un militaire a bu 2 bouteilles de vin avec 3 de ses camarades, puis une bouteille avec 2 autres. Combien a-t-il bu de vin ?   (*Haute-Garonne*).

Nombre total de bouteilles = Somme des fractions bues chaque fois.
1. 1re fois : 2$^{bout.}$: (1 + 3) = 2/4 ou 1/2 bout.; 2. 2e fois : 1 : (1 + 2) ou 1/3 de bout.
Rép. 1/2 + 1/3 = 3/6 + 2/6 = 5/6 de *bouteille.*

1908. — On achète une pièce d'étoffe à raison de 7 fr. les 5 m.; on la revend à raison de 25 fr. les 14 m.; le bénéfice sur la vente de la pièce est de 27 fr. Quelle est la longueur de cette pièce ?   (*Seine.*)

Longueur de la pièce = Bénéfice total (27 fr.) : Bénéfice par mètre.
Bénéfice par mètre = 25^f /14 − 7^f /5 = 125^f /70 − 98^f /70 = 27/70 de fr.
Rép. 27 : 27/70 = 27 × 70/27 = 70 m.

1909. — Un marchand a acheté 85 hl. de pommes de terre. Il en perd 1/5. Le reste a été vendu 9^f,75 l'hectolitre et le marchand a perdu 29^f,75 sur le tout. On demande quel avait été le prix d'achat de l'hectolitre.   (*Hautes-Pyrénées.*)

Prix d'achat de l'hectolitre = Prix d'achat total : Nombre d'hectolitres.

Achat total. $\Big\{$ *a*) Vente. $\Big\{$ Reste = 85^{hl} − 85^{hl} × 1/5 = 68 hl.
9^f,75 × 68 = 663 fr.
  b) 663^f + 29^f,75 = 692^f,75.

Rép. 692^f,75 : 85 = 8^f,15.

1910. — Un bœuf pèse 450 kg. et le boucher l'achète 460 fr. Il y a 1/3 de déchet qu'il ne peut vendre en moyenne que 0^f,25 le demi-kilogramme. A quel prix ce boucher doit-il vendre en moyenne le 1/2 kg. du reste pour faire un bénéfice de 185 fr. sur le tout ? (*S.-et-Marne.*)

Prix de vente de 1/2 kg. = Prix de vente du reste : Nombre de 1/2 kg.

1. Prix du reste. $\Big\{$ *a*) Vente totale : 460^f + 185^f = 645 fr.
  b) 1re partie. $\big\{$ Poids = 450^{kg} × 1/3 = 150 kg.
Prix = 0^f,25 × 2 × 150 = 75 fr.
  c) 645^f − 75^f = 570 fr.

2. Poids = 450^{kg} − 150^{kg} = 300 kg. = 600/2 kg.
Rép. 570^f : 600 = 0^f,95.

1911. — On achète 3 pièces de toile à 1f,20 le mètre; la 1re contient 36m 1/6, la 2e 42m 1/3, et la 3e 54m,50. Combien doit-on ?   (*Allier.*)

Prix total = Prix du mètre (1f,20) × Nombre de mètres.

Nombre de mètres. { *a*) :   1/6 + 1/3 + 5/10 = 1/6 + 2/6 + 3/6 = 6/6 = 1.
{ *b*) :   36m + 42m + 54m + 1m = 133 m.

Rép.   1f,2 × 133 = 159f,60.

1912. — Pour faire une robe, une couturière emploie 16 m. d'étoffe à 1f,75 le mètre. La façon et la garniture coûtent les 5/7 du prix de l'étoffe. On demande quel sera le bénéfice par robe, si 8 robes sont vendues 436 fr.   (*Rhône.*)

Bénéfice par robe = Prix de vente — Prix de revient.
1. Vente :   436f : 8 = 54f,50.

2. Revient. { *a*) Etoffe :   1f,75 × 16 = 28 fr.
{ *b*) Façon :   28f × 5/7 = 20 fr.
{ *c*) 28f + 20f = 48 fr.

Rép.   54f,5 — 48f = 6f,50.

1913. — Une ménagère a acheté une même quantité de drap et de toile pour 137f,70. Combien avait-elle acheté de mètres de chaque étoffe, si le mètre de drap coûtait 4f,25 et le mètre de toile 1/5 du prix du mètre de drap ?   (*Seine-Inférieure.*)

Nombre de m. de chaque sorte = Prix total (137f,70) : Somme des prix du m.
Somme des prix = 4f,25 + 4f,25 × 1/5 = 4f,25 + 0f,85 = 5f,10.
Rép.   137,7 : 5,1 = 27 m.

1914. — Une pièce de drap avait 75 m.; on en a d'abord enlevé les 2/5, puis 1/7. Quelle longueur reste-t-il ?   (*Creuse.*)

Reste = Longueur totale (75 m.) × Fraction correspondant au reste.
Fraction correspondante = 1 — (2/5 + 1/7) = 35/35 — 19/35 = 16/35.
Rép.   75m × 16/35 = 240m : 7 = 34m,28.

1915. — Un marchand de faïence achète 12 douzaines de vases pour 1250 fr. Il en casse 1 douzaine 1/3, et il veut gagner sur son acquisition 1/10 du prix d'achat. Combien pour cela doit-il vendre la paire de vases ?   (*Creuse.*)

Prix de vente de la paire = Prix de vente total : Nombre de paires.
1. Vente totale :   1250f + 125f = 1375 fr.

2. Nombre de paires. { *a*) Reste = 12douz — 1douz 1/3 = 10douz 2/3.
{ *b*) 6v × 10 2/3 = 60p + 4p = 64 paires.

Rép.   1375f : 64 = 21f,48 ou 21f,50.

1916. — On retire d'un fût le tiers du vin qu'il contient et on vend ce tiers à raison de 0f,75 le litre. On revend le reste 0f,80 le litre et l'on gagne ainsi 7f,60 de plus qu'on n'aurait gagné en vendant le tout à 0f,75. Quelle est la contenance du tonneau ?   (*Dordogne.*)

Contenance totale = Contenance des 2/3 : 2/3.

Contenance des 2/3. { Bénéfice par litre = 0f,80 — 0f,75 = 0f,05.
{ 7,6 : 0,05 = 152 l.

Rép.   152l : 2/3 = 152l × 3/2 = 228 l.

1917. — Une fabrique occupe 252 ouvriers divisés en 3 catégories : la 1re comprend 1/6 de l'effectif total, la 2e en comprend 1/4 et la 3e le reste. Les ouvriers de la 1re catégorie gagnent 6 fr. par jour; ceux de la 2e, 5f,75; ceux de la 3e, 4f,25. Quelle somme faudra-t-il pour payer tous ces ouvriers pendant 1 an, l'usine restant fermée le dimanche et 7 jours de fête?   (*Finistère.*)

Salaire annuel = Salaire journalier $\times$ Nombre de jours de travail.

1. Salaire journalier total.
- *a)* 1re cat. : $6^f \times (252 \times 1/6) = 6^f \times 42 = 252$ fr.
- *b)* 2e — : $5^f,75 \times (252 \times 1/4) = 5^f,75 \times 63 = 362^f,25$.
- *c)* Reste : $252^{ouv} - (42^{ouv} + 63^{ouv}) = 147$ ouv.
  $4^f,25 \times 147 = 624^f,75$.
- *d)* $252^f + 362^f,25 + 624^f,75 = 1239$ fr.

2. Nombre de jours de travail = $365 - (52 + 7) = 306$.
Rép. $1239^f \times 306 = 379134$ *fr.*

1918. — Un particulier donne en mourant les 7/8 de son avoir à ses enfants, les 4/5 du reste à son neveu et partage le reste en 25 livrets de caisse d'épargne de 10 fr. chacun pour les enfants de l'école. Quelle était la fortune de ce particulier? Quelles ont été les parts de ses enfants et de son neveu?   (*Haute-Marne.*)

I. *Fortune totale* = Valeur du 2e reste (10 fr. $\times$ 25) : Fraction correspond.
Fraction correspondante = $(1 - 7/8) \times (1 - 4/5) = 1/8 \times 1/5 = 1/40$.
Rép. $250^f \times 40 = 10000$ *fr.*
II. *Part des enfants* = $10000^f \times 7/8$.   *Rép.* 8750 *fr.*
III. *Part du neveu* : $(10000^f - 8750^f) \times 4/5$.   *Rép.* 1000 *fr.*

1919. — En vendant une propriété 4950 fr., on fait un bénéfice de 1/10 du prix d'achat. Quel est ce bénéfice, et quel avait été le prix d'achat de la propriété?   (*Maine-et-Loire.*)

I. *Bénéfice* = Prix de vente (4950 fr.) $\times$ Fraction du prix de vente que ce bénéfice représente.

Fraction corresp.
- *a)* Prix de vente = $10/10 + 1/10 = 11/10$ du prix d'achat.
- *b)* Bénéfice = 1/10 du p. d'achat = 1/11 du p. de vente.

Rép. $4950^f \times 1/11 = 450$ *fr.*
II. *Prix d'achat* = $4950^f - 450^f$.   *Rép.* 4500 *fr.*

1920. — Une famille, composée du père, de la mère et de 3 enfants, va de Lille à Paris en wagon de 1re classe et paye $89^f,90$. Le père, qui est militaire, paye quart de place et 2 enfants de moins de 7 ans payent demi-place. Quelle est la distance de Lille à Paris, si le prix de la place en 1re classe est de $0^f,112$ par kilomètre?   (*Nord.*)

Distance = Prix d'un billet : Prix par km. $(0^f,112)$.

Prix d'un billet.
- *a)* Nombre de billets = $1/4 + 2 + 2/2 = 3\,1/4 = 13/4$.
- *b)* $89^f,90 : 13/4 = 27^f,6615$.

Rép. $27,6615 : 0,112 = 246^{km},97$ ou 247 *km.*

1921. — Un négociant avait acheté 245 m. de drap à 18 fr. le mètre; mais, dans le trajet, les 3/7 ont été avariés et ne sont estimés que $6^f,50$ le mètre. Quelle somme doit-il?   (*Morbihan.*)

Somme due = Somme des prix des 2 parties.
1. Prix des 3/7 = $6^f,50 \times (245 \times 3/7) = 6^f,50 \times 105 = 682^f,50$.
2. Prix du reste = $18^f \times (245 - 105) = 18^f \times 140 = 2520$ fr.
Rép. $682^f,50 + 2520^f = 3202^f,50$.

1922. — Un mouton et un agneau coûtent ensemble 49 fr. Le prix de l'agneau est 1/6 du prix du mouton. Quel est le prix de chaque animal?   (*Doubs.*)

I. *Prix du mouton* = Prix total (49 fr.) : Fraction du prix du mouton qui correspond à ce prix total $(1 + 1/6)$.
Rép. $49^f : 7/6 = 49^f \times 6/7 = 42$ *fr.*
II. *Prix de l'agneau* = $49^f - 42^f$.   *Rép.* 7 *fr.*

1923. — Un marchand achète 5/6 d'un coupon de drap pour 70 fr., il en remet les 3/4 à un ami. Quelle fraction du coupon lui reste-t-il? Combien cet ami lui doit-il? (*Isère.*)

I. *Fraction restante* = 5/6 × (1 — 3/4). *Rép.* 5/24.
II. *Dette de l'ami* = 70^f × 3/4. *Rép.* 52^f,50.

1924. — Le périmètre d'un rectangle est de 480 mètres. Sa largeur vaut les 2/3 de sa longueur. Calculer la valeur de ce champ à raison de 95 fr. l'are. (*Nord.*)

Prix total = Prix de l'are (95 fr.) × Surface en ares.

Surface.
$\begin{cases} a) \text{ Longueur.} \begin{cases} \text{Demi-périmètre} = 480^m : 2 = 240 \text{ m.} \\ 240^m : (1 + 2/3) = 240^m × 3/5 = 144 \text{ m.} \end{cases} \\ b) \text{ Largeur} = 240^m — 144^m = 96 \text{ m.} \\ c) \ 14^a,4 × 9,6 = 138^a,24. \end{cases}$

Rép. 95^f × 138,24 = 13132^f,80.

1925. — Les 5/7 d'un nombre valent 45. Trouver les 8/9 de ce même nombre. (*Haute-Garonne.*)

Valeur des 8/9 = Valeur du nombre × 8/9.
Valeur du nombre = 45 : 5/7 = 45 × 7/5 = 63.
Rép. 63 × 8/9 = 56.

1926. — Un négociant a payé 324 hl. de blé 7290 fr. Il en cède les 2/8 avec une perte de 60^f,75. Combien doit-il vendre l'hectolitre de ce qui lui reste pour gagner 243 fr. sur le tout ? (*Somme.*)

Prix de vente de l'hl. du reste = Prix d'achat de l'hl. + Bénéfice par hl.
1. Prix d'achat = 7290^f : 324 = 22^f,50.

2. Bénéfice par hl.
$\begin{cases} a) \text{ En tout} : \ 60^f,75 + 243^f = 303^f,75. \\ b) \text{ N. d'hl.} = 324^{hl} × (1 — 2/8) = 324^{hl} × 3/4 = 243 \text{ hl.} \\ c) \ 303^f,75 : 243 = 1^f,25. \end{cases}$

Rép. 22^f,50 + 1^f,25 = 23^f,75.

1927. — Un ouvrier économe place les 2/9 de son gain à la Caisse d'épargne. Sachant qu'il dépense en moyenne 2^f,45 par jour et qu'il travaille 306 jours par an, on demande combien il gagne par journée de travail. (*Vosges.*)

Gain par jour = Gain annuel : Nombre de jours de travail (306).

Gain annuel.
$\begin{cases} a) \text{ Dépense} = 2^f,45 × 365 = 894^f,25. \\ b) \text{ Fraction correspondante} = 1 — 2/9 = 7/9. \\ c) \ 894^f,25 : 7/9 = 894^f,25 × 9/7 = 1149^f,75. \end{cases}$

Rép. 1149^f,75 : 306 = 3^f,75.

1928. — Une couturière et son apprentie confectionnent ensemble 5 douzaines de chemises en 60 jours. Sachant que le prix de la chemise est de 4 fr. et que le travail de l'apprentie est évalué les 3/5 de celui de la maîtresse, on demande ce que chacune d'elles gagne par jour. (*Cher.*)

I. *Gain de la couturière* = Gain des deux : (1 + 3/5) ou 8/5.
Gain des deux en 1 jour : 12^{ch} × 5 : 60 = 1 chemise, soit 4 fr.
Rép. 4^f : 8/5 = 4^f × 5/8 = 2^f,50.
II. *Gain de l'apprentie* = 4^f — 2^f,50. *Rép.* 1^f,50.

1929. — J'achète 28 m. de drap pour 315 fr., j'en revends le quart sans perte ni bénéfice. Combien dois-je revendre le mètre du reste pour faire sur l'opération un bénéfice de 35 fr.? (*Nord.*)

Prix de vente du mètre = Prix d'achat + Bénéfice.
1. Prix d'achat = 315^f : 28 = 11^f,25.

2. Bénéfice.
$\begin{cases} a) \text{ Longueur} = 28^m — 28^m × 1/4 = 21 \text{ m.} \\ b) \ 35^f : 21 = 1^f,666. \end{cases}$

Rép. 11^f,25 + 1^f,666 = 12^f,916.

1930. — Trois personnes se partagent une somme. La 1re en prend les 2/5 ; la 2e, les 5/9 du reste, et la 3e a, pour sa part, 400 fr. Calculer : 1° la somme à partager ; 2° les 2 premières parts. (*Loiret.*)

I. *Somme totale* = 3e part (400 fr.) : Fraction correspondante.
Fraction corresp. = $(1 - 2/5) \times (1 - 5/9) = 3/5 \times 4/9 = 4/15$.
Rép. 400ᶠ : 4/15 = 400ᶠ × 15/4 = 1500 *fr.*
II. *Première part* = 1500ᶠ × 2/5. *Rép.* 600 *fr.*
III. *Seconde part* = (1500ᶠ — 600ᶠ) × 5/9. *Rép.* 500 *fr.*

1931. — Les 2/3 d'une propriété ont été vendus 2160 fr., à raison de 45 fr. l'are. Le reste a été vendu à un prix qui surpasse le 1er de 0ᶠ,20 par mètre carré. Quelle somme totale a-t-on retirée de la vente de la propriété ? (*Somme.*)

Prix total = Prix des 2/3 (2160 fr.) + Prix du reste.

Prix du reste. { a) Par m² : 0ᶠ,45 + 0ᶠ,20 = 0ᶠ,65.
b) Surface. { 2/3 font : 2160 : 45 = 48 a. ou 4800 m². 1/3 vaut : 4800 m² : 2 = 2400 m².
c) 0ᶠ,65 × 2400 = 1560 fr.

Rép. 2160ᶠ + 1560ᶠ = 3720 *fr.*

1932. — Quel est le nombre qui, augmenté de 16, devient égal aux 7/3 de sa valeur primitive ? (*Puy-de-Dôme.*)

Nombre = Augmentation (16) : Fraction correspondante (7/3 — 3/3.)
Rép. 16 : 4/3 = 16 × 3/4 = 12.

P. 188. **1933.** — Les 2/3 d'un champ sont ensemencés en blé, le quart en trèfle et le reste en carottes. Quelle est la surface du champ, si les carottes occupent une étendue de 67 a. 6 ca. ? Quelle en est la valeur, si l'hectare est estimé 2630 fr. ? (*Lot-et-Garonne.*)

I. *Surface du champ* = Reste (67ᵃ,06) : Fraction correspondante.
Fraction correspondante = 1 — (2/3 + 1/4) = 1 — 11/12 = 1/12.
Rép. 67ᵃ,06 × 12 = 804ᵃ,72.
II. *Prix* = 2630ᶠ × 8,0472. *Rép.* 21164ᶠ,136 ou 21 164ᶠ,15.

1934. — Deux cultivateurs achètent ensemble un domaine de 4872 a., à raison de 1640 fr. l'hectare. Dans le partage, l'un d'eux ne garde que les 0,60 de ce que prend l'autre. Quelle étendue chacun aura-t-il et quelle somme aura-t-il donnée ? (*Landes.*)

I. *Part la plus grande* = Surface totale (4872 a.) : Fraction correspondante de la part la plus grande (1 + 0,60 = 1,6).
Rép. 4872ᵃ : 1,6 = 3045 a.
II. *Part la plus petite* = 4872ᵃ — 3045 a. *Rép.* 1827 a.
III. *Valeur de la 1re* = 1640ᶠ × 30,45. *Rép.* 49938 *fr.*
IV. *Valeur de la 2e* = 1640ᶠ × 18,27. *Rép.* 29 962ᶠ,80.

1935. — L'hectolitre de blé pèse environ 78 kg. Le blé donne les 12/13 de son poids de farine et la farine les 13/10 de son poids de pain. Combien 1 hl. de blé produit-il de kg. de pain ? (*Loir-et-Cher.*)

Rép. 78ᵏᵍ × 12/13 × 13/10 = 78ᵏᵍ × 1,2 = 93ᵏᵍ,6.

1936. — Un caissier donne les 2/5 de ce qu'il avait en caisse, il reçoit ensuite 2662 fr., et la valeur primitive de l'encaisse se trouve augmentée d'un tiers. Combien avait-il d'abord ? (*Morbihan.*)

Somme primitive = Somme reçue (2662 fr.) : Fraction correspondante.
Fraction correspondante = 2/5 + 1/3 = 11/15.
Rép. 2662ᶠ : 11/15 = 2662ᶠ × 15/11 = 3630 *fr.*

1937. — Un joueur dit qu'il a perdu les 2/3 de son argent et qu'il ne lui en reste que les 4/5 moins 14 fr. Quelle somme avait-il avant de jouer ? Quelle somme a-t-il perdue ? *(Hérault.)*

I. *Somme primitive* = Somme qui manque (14 fr.) : Fraction correspond^{te}.
Fraction correspondante = 4/5 — (1 — 2/3) = 12/15 — 5/15 = 7/15.
Rép. 14^f : 7/15 = 14^f × 15/7 = 30 *fr.*
II. *Somme perdue* = 30^f × 2/3. *Rép.* 20 *fr.*

1938. — La surface de la Terre est de 53 billions d'hectares. La surface de la zone torride est à peu près les 2/5 de la surface terrestre, et celle de chaque zone glaciale en est les 0,04. Trouver en hectares et en kilom. carrés la surface de chacune des zones tempérées. *(Paris.)*

Surface d'une zone tempérée = Surf. de la Terre (53 000 000 000 ha.) × Fraction correspondant à cette zone.

Fract. corresp^{te} { *a)* Aux 2 zones : 1 — (2/5 + 0,04 × 2) = 1 — 0,48 = 0,52.
{ *b)* A chacune : 0,52 : 2 = 0,26.
Rép. 53 000 000 000 × 0,26 = 13 780 000 000 *ha.*

1939. — Vingt-quatre kilogrammes de sucre et 25 kg. de chocolat ont coûté ensemble 121^f,80. Quel est le prix du kilogramme de chocolat, si le prix du kilogramme de sucre en est le sixième ? *(Paris.)*

I. *Prix du kg. de chocolat* = Prix total (121^f,80) : Nombre de kg. de chocolat que représente tout l'achat.
Nombre de kg. de chocolat = 25^{kg} + 24^{kg} × 1/6 = 29 kg.
Rép. 121^f,80 : 29 = 4^f,20.
II. *Prix du kg. de sucre* = 4^f,20 × 1/6. *Rép.* 0^f,70.

1940. — Une pièce de drap a été achetée 291^f,60. On en a revendu le tiers au prix coûtant et le reste avec un bénéfice de 1^f,25 par mètre. On en a ainsi retiré 318^f,60. Calculer la longueur de la pièce et le prix d'achat du mètre. *(Meuse.)*

I. *Longueur totale* = Long. du reste : Fraction corresp^{te} (1 — 1/3) ou 2/3.
Long. du reste. { *a)* Bénéfice total = 318^f,60 — 291^f,60 = 27 fr.
{ *b)* 27 : 1,25 = 21^m,6.
Rép. 21^m,6 : 2/3 = 21^m,6 × 3/2 = 32^m,40.
II. *Prix d'achat du m.* = 291^f,60 : 32,4. *Rép.* 9 *fr.*

1941. — Un propriétaire a vendu 1/5 de sa récolte de vin à 45 fr. l'hectolitre et les 3/4 du reste à raison de 40 fr. l'hectolitre. On demande quelle somme il a retirée de la vente de son vin, sachant qu'il lui en reste 250 dal. *(Corse.)*

Prix de vente total = Somme des prix des 2 ventes.
1. 1re vente. { *a)* Nombre d'hl. { Reste = (1 — 1/5) × (1 — 3/4) = 1/5 du tout.
{ { Reste = 250^{dal} = 25 hl. comme la 1re vente.
{ *b)* Prix = 45^f × 25 = 1 125 fr.
2. 2e vente. { *a)* N. d'hl. = 3/4 du reste = 25^{hl} × 3 = 75 hl.
{ *b)* Prix = 40^f × 75 = 3 000 fr.
Rép. 1 125^f + 3 000^f = 4 125 *fr.*

1942. — Une marchande a vendu les 3/4 d'un panier d'œufs pour 13^f,50. Il lui reste 50 œufs. Dites à quel prix elle a vendu la douzaine d'œufs. *(Nord.)*

Prix de la douzaine = Prix total (13^f,50) : Nombre de douzaines vendues.
Nombre de douz. { *a)* Reste = 1 — 3/4 = 1/4.
{ *b)* Les 3/4 = 50^{œ} × 3 = 150 œufs ou 12^{douz},5.
Rép. 13^f,50 : 12,5 = 1^f,08.

1943. — Un champ de trèfle a donné à la 1re coupe 1 885 kg. de foin sec ; la 2e coupe a été les 3/5 de la 1re et la 3e les 2/3 de la 2e.

Quelle a été la récolte totale et quelle en est la valeur à raison de 7^f,50 le quintal? *(Rhône.)*

I. *Récolte totale* = Poids de la 1re coupe (1885 kg.) $\times$ Fraction de cette première coupe que représentent les 3 coupes ensemble.

Fraction = $1 + 3/5 + 3/5 \times 2/3 = 1 + 3/5 + 2/5 = 10/5 = 2$.

Rép. $1885^{kg} \times 2 = 3770\ kg$.

II. *Prix total* $= 7^f,5 \times 37,7$. *Rép.* $282^f,75$.

1944. — Une personne achète un tapis rectangulaire dont la largeur est les 3/5 de la longueur. Elle l'entoure d'une frange qu'elle a payée 4^f,50 à raison de 1^f,25 le mètre. Quelles sont les dimensions du tapis ? Quelle en est la surface ? *(Jura.)*

I. *Longueur* = Demi-périmètre : Fraction correspondante de la longueur $(1 + 3/5 = 8/5)$.

Demi-périmètre = $(4,5 : 1,25) : 2 = 3^m,6 : 2 = 1^m,8$.

Rép. $1^m,8 : 8/5 = 1^m,8 \times 5/8 = 1^m,125$.

II. *Largeur* $= 1^m,8 - 1^m,125$. *Rép.* $0^m,675$.

III. *Surface* $= 1^{m2},125 \times 0,675$. *Rép.* $0^{m2},759375$.

1945. — Un marchand de biens a acheté une propriété de 54 ha., qu'il a revendue 67275 fr. en gagnant les 3/22 du prix d'achat. Dites ce que lui coûtait la propriété entière, quel est le prix de l'are et quel est le bénéfice réalisé. *(Allier.)*

I. *Prix d'achat* = Prix de vente (67275 fr.) : Fraction correspondante du prix d'achat $(1 + 3/22 = 25/22)$.

Rép. $67275^f \times 22/25 = 59202\ fr$.

II. *Prix de l'are* $= 59202^f : 5400$. *Rép.* $10^f,963$.

III. *Bénéfice* $= 67275^f - 59202^f$. *Rép.* $8073\ fr$.

1946. — Pour 162 fr., on a 15 m. de soie de 2 qualités : 9 m. de la 1re et 6 m. de la 2e. Le prix du mètre de la 2e étant les 3/4 du prix du mètre de la 1re, dire le prix du mètre de chaque sorte. *(Somme.)*

I. *Prix du m. de la 1re* = Prix total (162 fr.) : Nombre de m. de la 1re que représentent les 15 m.

Nombre de m. de la 1re = $9^m + 3/4 \times 6 = 9^m + 4^m,5 = 13^m,5$.

Rép. $162^f : 13,5 = 12\ fr$.

II. *Prix du m. de la 2e* $= 12^f \times 3/4$. *Rép.* $9\ fr$.

P. 189   **1947.** — Une pièce d'étoffe de 33^m 1/3 a coûté 499^f,95 en y comprenant les frais d'envoi qui s'élèvent à 1/100 du prix de la pièce. On demande ce qu'aurait coûté le mètre de cette étoffe s'il n'y avait pas eu de frais d'envoi. *(Sarthe.)*

Prix du m. au magasin = Prix total : Nombre de m. $(33\ 1/3 = 100/3)$.

Prix total = $499^f,95 : (1 + 1/100) = 499^f,95 \times 100/101 = 495\ fr$.

Rép. $495^f \times 3/100 = 14^f,85$.

1948. — Trois barils d'huile ont chacun une contenance de 13^l 2/7 ; 2 d'entre eux sont entièrement remplis ; le 3e l'est seulement aux 4/5. Le prix des 3 barils ayant été de 51 fr., dire le prix du litre. *(Cher.)*

Prix du litre = Prix total (51 fr.) : Nombre de litres.

Nombre de litres. $\begin{cases} a)\ \text{Fraction} : 1 + 1 + 4/5 = 14/5\ \text{du baril.} \\ b)\ 13^l\ 2/7 \times 14/5 = 93/7 \times 14/5 = 186/5 = 37^l,2. \end{cases}$

Rép. $51^f : 37,2 = 1^f,37$.

1949. — Pour faire une robe, on a acheté 10 m. d'étoffe et 8 m. de doublure ; la façon a coûté 8^f,20, et la robe revient à 40 fr. Le prix du mètre de doublure étant les 2/9 du prix du mètre d'étoffe, calculer ces deux prix.   (*Nord.*)

I. *Prix du m. d'étoffe simple* = Prix de l'étoffe doublée : Nombre de m. d'étoffe simple que représente l'étoffe doublée.
1. Prix de l'étoffe doublée = $40^f - 8^f,20 = 31^f,8$.
2. Nombre de m. = $10^m + 2/9 \times 8 = 90/9 + 16/9 = 106/9$ de m.
Rép. $31^f,8 : 106/9 = 31^f,80 \times 9/106 = 2^f,70$.
II. *Prix du m. de doublure* = $2^f,7 \times 2/9$. *Rép.* $0^f,60$.

1950. — Un terrain de forme rectangulaire a une surface de $4^{ha},4850$, et une largeur de 138 m. Il est divisé suivant la longueur en 3 bandes parallèles ayant l'une 1/4, la 2e les 2/5 et la 3e le reste de la largeur. On demande de calculer la surface de chaque parcelle et la longueur de la propriété.   (*Alpes-Maritimes.*)

I. *Surface de la 1re parcelle* = $4^{ha},4850 \times 1/4$. *Rép.* $1^{ha},12125$.
II. *Surface de la 2e* = $4^{ha},4850 \times 2/5$. *Rép.* $1^{ha},7940$.
III. *Surface de la 3e* = $4^{ha},4850 - (1^{ha},12125 + 1^{ha},794) = 4^{ha},485 - 2^{ha},91525$.
Rép. $1^{ha},56975$.
IV. *Longueur* = $44850 : 138$. *Rép.* 325 m.

1951. — Deux ouvriers travaillent ensemble et reçoivent l'un 175 fr. et l'autre les 5/7 de cette somme pour un même nombre de journées de travail. Sachant que l'un gagne 2 fr. par jour de plus que l'autre, quel est le nombre des journées de travail de chacun et combien chaque ouvrier gagne-t-il par jour ?   (*Morbihan.*)

I. *Nombre de jours* = Différence totale des salaires : Différ. par jour (2 fr.).
Différence totale = $175^f \times (1 - 5/7) = 175^f \times 2/7 = 50$ fr.
Rép. $50 : 2 = 25$ *jours.*
II. *Salaire par jour du 1er* = $175^f : 25$. *Rép.* 7 *fr.*
III. *Salaire par jour du 2e* = $7^f - 2^f$. *Rép.* 5 *fr.*

1952. — Trois associés se partagent un bénéfice. Le 1er en prend les 2/5 ; le 2e, 3/7, et le 3e, le reste. Le 2e reçoit 42 fr. de plus que le 1er. Quelle est la part de chaque associé ?   (*Indre-et-Loire.*)

I. *Part du 1er* = Bénéfice total $\times$ 2/5.

Bénéfice total. $\begin{cases} a) \text{ Différence des 2 1ers} = 3/7 - 2/5 = 1/35. \\ b) \; 42^f : 1/35 = 42^f \times 35 = 1\,470 \text{ fr.} \end{cases}$

Rép. $1\,470^f \times 2/5 = 588$ *fr.*
II. *Part du 2e* = $1\,470^f \times 3/7$. *Rép.* 630 *fr.*
III. *Part du 3e* = $1\,470^f - (588^f + 630^f)$. *Rép.* 252 *fr.*

1953. — Une marchande porte des œufs au marché ; elle en vend d'abord le quart, puis elle vend la moitié du reste, puis enfin elle vend ce qui lui reste pour $4^f,25$, à raison de 3 œufs pour $0^f,25$. Combien avait-elle d'œufs en partant au marché ?   (*Pas-de-Calais.*)

Nombre total d'œufs = Nombre d'œufs du reste : Fraction correspondante.
1. Reste = $4,25 : (0,25 : 3) = 4,25 \times 3 : 0,25 = 51$ œufs.
2. Fraction correspondante = $(1 - 1/4) \times (1 - 1/2) = 3/8$.
Rép. $51^{œ} : 3/8 = 51^{œ} \times 8/3 = 136$ *œufs.*

1954. — En multipliant un nombre par 5/8, on obtient le même résultat que si on en retranchait 321. Quel est ce nombre ? (*Seine.*)

Nombre = Diminution (321) : Fraction du nombre que représente cette diminution $(1 - 5/8)$.
Rép. $321 : 3/8 = 321 \times 8/3 = 856$.

1955. — Un négociant fait confectionner 12 douzaines de chemises avec de la toile à $1^f,80$ le mètre. La façon et les fournitures, qui représentent les 7/15 du prix de la toile, lui reviennent à 403^f,20. On demande : 1° la quantité de toile employée pour une chemise; 2° le prix d'une chemise toute faite.   (*Loiret.*)

I. *Toile par chemise* = Longueur totale : Nombre de chemises.

1. Long. totale. { *a*) Prix = 403^f,20 : 7/15 = 403^f,20 × 15/7 = 864 fr.
                 { *b*) 864 : 1,8 = 480 m.

2. Nombre de chemises = 12^{ch} × 12 = 144 chemises.
Rép.   480^m : 144 = 3^m 1/3 ou 3^m,33.

II. *Prix d'une chemise* = Prix total : 144.

Prix total = 864^f + 403^f,20 = 1 267^f,20.   *Rép.*   1 267^f,20 : 144 = 8^f,80.

1956. — Une personne fait un 1er héritage qui augmente sa fortune de la moitié de ce qu'elle avait d'abord; elle fait un 2e héritage de 9 000 fr., qui triple sa fortune primitive. On demande : 1° quelle était cette fortune primitive et 2° quel a été le montant de son premier héritage.   (*Pas-de-Calais.*)

I. *Fortune primitive* = Second héritage (9 000 fr.) : Fraction correspond^{te}.
Fraction correspondante = 3 — 1 1/2 = 1 1/2 = 3/2.
Rép.   9 000^f : 3/2 = 9 000^f × 2/3 = 6 000 *fr.*

II. *Premier héritage* = 6 000^f : 2.   *Rép.*   3 000 *fr.*

1957. — Un marchand d'oranges vend à un 1er épicier les 2/5 de sa provision; à un 2e, 1/3 du reste; à un 3e, les 5/12 du nouveau reste; enfin il cède à 4 fr. le cent les oranges qu'il possède encore à un 4e épicier, moyennant la somme de 14 fr. Trouver le nombre des oranges vendues à chaque épicier.   (*Marne.*)

I. *Nombre d'oranges vendu au* 4e = Prix total (14 fr.) : Prix d'une orange (0^f,04).
Rép.   350 *oranges.*

II. *Nombre vendu au* 1er = Nombre total × 2/5.

Nombre total. { *a*) Fract. corr. au 4e = (1—2/5)×(1—1/3)×(1—5/12) = 7/30.
              { *b*) 350^{or} : 7/30 = 350^{or} × 30/7 = 1 500 oranges.

Rép.   1 500^{or} × 2/5 = 600 *oranges.*

III. *Nombre vendu au* 2e = (1 500^{or} — 600^{or}) × 1/3.   *Rép.*   300 *oranges.*

IV. *Nombre vendu au* 3e = (900^{or} — 300^{or}) × 5/12.   *Rép.*   250 *oranges.*

1958. — Les 3/4 de 48 000 fr. doivent être partagés entre 2 héritiers, de manière que le 1er ait 15 000 fr. de plus que le 2e; l'autre quart doit être partagé entre 3 héritiers, de manière que le 1er ait 2 000 fr. de plus que le 2e, et celui-ci 2 000 fr. de plus que le 3e. Quelle est la part de chaque héritier?   (*Bouches-du-Rhône.*)

I. *Part du* 1er = Moitié de la somme qu'ils auraient si le 2e avait autant que lui.
Somme = 48 000^f × 3/4 + 15 000^f = 51 000 fr.
Rép.   51 000^f : 2 = 25 500 *fr.*

II. *Part du* 2e = 25 500^f — 15 000^f.   *Rép.*   10 500 *fr.*

III. *Part du* 1er = Le tiers de la somme qu'ils auraient si les 2 autres avaient autant que lui.
Somme = 48 000^f × 1/4 + 2 000^f + 2 000^f × 2 = 18 000 fr.
Rép.   18 000^f : 3 = 6 000 *fr.*

IV. *Part du* 2e = 6 000^f — 2 000^f.   *Rép.*   4 000 *fr.*

V. *Part du* 3e = 4 000^f — 2 000^f.   *Rép.*   2 000 *fr.*

MESURE DU TEMPS

P. 190.

JOUR, SEMAINE, MOIS, ANNÉE

1. — L'*unité de temps* est le **jour**.

2. — Les *multiples* du jour sont : la **semaine**, le **mois**, l'**année** et le **siècle**.

3. — Les *années communes* ont **365 jours**.
Les *années bissextiles* ont **366 jours**.

4. — Le mois de **février** n'a que **28 jours** dans les années communes, il en a **29** dans les années bissextiles.

5. — Les **années bissextiles** sont celles dont le *millésime* est *divisible par* 4. Cependant les années *séculaires* ne sont bissextiles que si le nombre de siècles est divisible par 4.

Ainsi : 1º 1892, 1896, 1904, 1908 ont été des années bissextiles ;
2º 1600 a été bissextile, 1700, 1800, 1900 ne l'ont pas été, 2000 le sera.

6. — L'année commune a **52 semaines et 1 jour**, de sorte qu'elle commence et se termine par le même jour de la semaine.

Ainsi, 1907 a commencé et s'est terminé par un mardi.

7. — Dans le calcul de la durée, **tout mois qui n'est pas nommé est considéré** comme ayant **30 jours**.

Dans le calcul du temps qui s'écoule d'une **date à une autre**, les *mois* sont comptés avec leur *nombre exact de jours* et on néglige l'un des 2 *jours extrêmes* de la période.

Ex. : Du 22 mars au 20 mai, il y a : 1º en mars, $31^j - 22^j = 9$ jours ;
2º en avril, 30 jours ; 3º en mai, 20 jours.
En tout : $9^j + 30^j + 20^j = $ **59 jours**.

Exercices. — Combien y a-t-il de jours :
1959. — Dans 3 semaines ? — dans 1 trimestre ?
Rép. 1º 21 *jours* ;   2º 90 *jours.*

1960. — Du 1er au 15 février ? — du 7 mars au 1er mai ? — du 20 mars au 12 septembre ? — du 13 janvier au 19 mars 1908 ?
Rép. 1º 14 *jours* ;   2º $24^j + 30^j + 1^j = 55$ *jours.*
3º $11^j + 30^j + 31^j + 30^j + 31^j + 31^j + 12^j = 176$ *jours.*
4º $18^j + 29^j + 19^j = 66$ *jours.*

1961. — Du 15 juin 1907 au 31 août 1909?

Rép. $366^j + 365^j + 15^j + 31^j + 31^j = 808$ *jours.*

P. 191.

1962. — Quelle est la date du 85e jour de l'année?

$31 + 28 + 26 = 85$. *Rép.* Le 26 mars.

1963. — L'année 1908 a commencé par un mercredi, par quels jours commenceront et se termineront les années 1909, 1910, 1911 et 1912?

Rép. 1° 1909 par un *vendredi;*
      2° 1910 par un *samedi;*   3° 1911 par un *dimanche;*
      4° 1912 commencera par un *lundi* et se terminera par un *mardi.*

1964. — Le 1er juillet étant un lundi : 1° quelles sont les dates de tous les autres lundis de ce mois? 2° quel jour tombera le 14 juillet?

Rép. 1° 8, 15, 22, 29.   2° un *dimanche.*

Problèmes. — 1965. — La Pentecôte étant le 7° dimanche après Pâques, quelle en sera la date si Pâques est le 8 avril? (*Lot-et-Gar.*)

$7^j \times 7 = (30 - 8)^j + 27^j$. *Rép.* Le 27 mai.

1966. — Un enfant a eu 12 ans le 15 octobre 1899. A cette date, combien avait-il vécu de jours? (Tenez compte des ann. bissextiles). (*Orne.*)

Nombre de jours = 365 j. $\times$ Nombre d'années (12) + Autant de jours que d'années bissextiles.

Années bissextiles. $\begin{cases} a) \ 1899 - 12 = 1887. \\ b) \ 1888, \ 1892, \ 1896, \text{ soit 3 années bissextiles.} \end{cases}$

Rép. $365^j \times 12 + 3^j = 4383$ *jours.*

1967. — Une personne est née le 13 juillet 1868 ; quel âge avait-elle le 1er janvier 1890 (en années, mois et jours)?   (*Aisne.*)

Du 13 juillet 1868 au 13 juillet 1889, il y a 21 *ans.*
Du 13 juillet au 13 décembre, il y a 5 *mois.*
Du 13 décembre au 1er janvier, il y a 19 *jours.*
Rép. 21 *ans* 5 *mois* 19 *jours.*
Autre méth. $1890^{ans} \ 1^{jour} - 1868^{ans} \ 6^{mois} \ 13^{jours} = 21^{ans} \ 5^{mois} \ 19^{jours}.$

1968. — Un enfant est né le 16 novembre 1884. Quel âge a-t-il eu le 14 juillet 1895?   (*Ardennes.*)

Rép. $1895^{ans} \ 6^{mois} \ 14^{jours} - 1884^{ans} \ 10^{mois} \ 16^{jours} = 10^{ans} \ 7^{mois} \ 28$ *jours.*

1969. — Une servante entre dans une maison le 25 mars au soir et en sort le 15 juillet à la fin de la journée. On lui fait son compte qui s'élève exactement à $89^f,60$. Combien gagnait-elle par an? (*S.-et-Oise.*)

Gain par an = Gain par jour $\times$ 365.

Gain par jour. $\begin{cases} a) \ \text{N. de jours} = 6^j + 30^j + 31^j + 30^j + 15^j = 112 \text{ jours.} \\ b) \ 89^f,60 : 112 = 0^f,80. \end{cases}$

Rép. $0^f,80 \times 365 = 292$ *fr.*

1970. — Combien y a-t-il de semaines du dimanche 26 octobre au dimanche 29 mars de l'année suivante? Combien y a-t-il de jours de classe à raison de 5 par semaine? Quelle a été la dépense journalière du poêle d'une salle de classe qui a consommé, pendant cette période, pour 50 fr. de charbon?   (*Vienne*).

I. *Nombre de semaines* = Nombre de jours : 7.
Nombre de jours = $5^j + 30^j + 31^j + 31^j + 28^j + 29^j = 154$ jours.
Rép. $154 : 7 = 22$ *semaines.*
II. *Nombre de jours de classe* = $5^j \times 22$.   *Rép.* **110 jours.**
III. *Dépense par jour* = $50^f : 110$.   *Rép.* $0^f,45$.

***1971.** — Une personne a calculé qu'en 12 jours elle brûle pour 19ᶠ,80 de combustible. On demande ce qu'elle a dépensé en 1904 depuis le lundi matin 1ᵉʳ février jusqu'au 20 mars au soir. Cette personne s'absentait chaque dimanche et ne dépensait rien, ce jour-là, pour son chauffage.   *(Creuse.)*

Dépense totale = Dépense par jour × Nombre de jours.
1. Dépense par jour = 19ᶠ,8 : 12 = 1ᶠ.65.

2. N. de jours. { *a)* En tout :   29ʲ + 20ʲ = 49 jours.
{ *b)* Déduct. :   4 dim. en février et 3 en mars, soit 7 jours.
{ *c)* 49ʲ — 7ʲ = 42 jours.

Rép.   1ᶠ,65 × 42 = 69ᶠ,30.

***1972.** — Un hectolitre de houille coûte 3ᶠ,65. On brûle dans un calorifère pour 52ᶠ,25 de houille par jour. Le chauffage dure depuis le 15 novembre jusqu'au 1ᵉʳ avril non compris. Le calorifère chauffe 18 pièces. Quelle sera la dépense moyenne pour une pièce? Combien faudra-t-il en tout d'hectolitres de houille?   *(Morbihan.)*

I. *Dépense par pièce* = Dépense totale : Nombre de pièces (18).

Dép. totale. { *a)* N. de j. = 15 + 31 + 31 + 28 + 31 = 136 j. (15 nov. exclus).
{ *b)* 52ᶠ,25 × 136 = 7106 fr.

Rép.   7106ᶠ : 18 = 394ᶠ,77.

II. *Nombre d'hl. de houille* = 7106 : 3,65.   *Rép.*   1946ʰˡ,84.

***1973.** — Une personne brûle en moyenne, par jour, les 4/5 d'un seau de houille qui en contient 18ᵏᵍ,6. La houille coûtant 42 fr. la tonne, que dépense cette personne pour son chauffage, du 14 octobre inclus au 30 avril inclus?   *(Seine-et-Marne.)*

Dépense = Prix de la tonne (42 fr.) × Nombre de tonnes.

Nombre de tonnes. { *a)* Poids par jour = 18ᵏᵍ,6 × 4/5 = 14ᵏᵍ.88.
{ *b)* N. de j. = 18 + 30 + 31 + 31 + 28 + 31 + 30 = 199 j.
{ *c)* 14ᵏᵍ,88 × 199 = 2961ᵏᵍ,12 = 2ᵗ,96112.

Rép.   42ᶠ × 2,96112 = 124ᶠ,367 ou 124ᶠ,35.

***1974.** — Un ménage a brûlé 1400 kg. de coke du 1ᵉʳ novembre 1907 (y compris) au 20 mars 1908 (non compris). 1 hl. de coke pèse 44 kg. et coûte 1ᶠ,65. Quelle a été la dépense journalière?   *(Vienne.)*

Dépense journalière = Dépense totale : Nombre de jours.
1. Dépense totale = 1ᶠ,65 × 1400/44 = 52ᶠ,50.
2. Nombre de jours = 30 + 31 + 31 + 29 + 19 = 140 j.
Rép.   52ᶠ,5 : 140 = 0ᶠ,375.

***1975.** — Une famille a dépensé, du commencement de l'année au 15 juin inclus, 929ᶠ,60. De combien devra-t-elle réduire sa dépense journalière pour que la dépense de l'année ne dépasse pas 1800 fr.? *(Manche.)*

Réduction = Dépense journalière primitive — Dépense finale.

1. Dép. j. primitive. { *a)* N. de j. = 31 + 28 + 31 + 30 + 31 + 15 = 166 j.
{ *b)* 929ᶠ,6 : 166 = 5ᶠ,60.

2. Dépense finale. { *a)* En tout :   1800ᶠ — 929ᶠ,60 = 870ᶠ,40.
{ *b)* Nombre de jours = 365ʲ — 166ʲ = 199 j.
{ *c)* 870ᶠ,4 : 199 = 4ᶠ,37.

Rép.   5ᶠ,6 — 4ᶠ,37 = 1ᶠ,23.

***1976.** — On commence le 1ᵉʳ juin à tirer du vin d'un tonneau de 222 l. On en retire chaque jour 2 l. 1/4. A quelle date le tonneau sera-t-il vide?   *(Vosges.)*

La *date* se déduit du nombre de jours qui restent après qu'on a retranché du nombre total de jours autant de mois qu'il est possible.
1. Nombre total de jours = 222 : 2,25 = 98 j. (par défaut), soit 99 jours.
2. Reste = 99ʲ — (30ʲ + 31ʲ + 31ʲ) = 7 jours.
Rép.   Le *7 septembre.*

***1977.** — D'une pièce de vin de 209 l. on tire tous les jours 1 l. 1/3. A quelle date la pièce sera-t-elle vide, si elle a été mise en perce le 14 juillet? *(Aude.)*

La *date* se déduit du nombre de jours qui restent après qu'on a retranché du nombre total de jours autant de mois qu'il est possible.

1. Nombre total de jours = 209 : 1 1/3 = 209 × 3/4 = 156ʲ 3/4, soit 157 j.
2. Reste = 157ʲ — (18ʲ + 31ʲ + 30ʲ + 31ʲ + 30ʲ) = 17 j.

Rép. Le 17 *décembre.*

P. 192.   **JOUR, HEURE, MINUTE, SECONDE. CONVERSION**

8. — Les *sous-multiples* du jour sont :

L'**heure**, qui est la **24ᵉ** *partie du jour;*

La **minute**, qui est la **60ᵉ** *partie de l'heure;*

La **seconde**, qui est la **60ᵉ** *partie de la minute.*

Remarque. — Une durée *moindre qu'une seconde* s'exprime en fraction décimale de seconde.

9. — Les unités de temps n'étant pas de 10 en 10 fois plus grandes ou plus petites, les nombres qui mesurent le temps ne sont pas des nombres décimaux, on les appelle **nombres complexes.**

Les *nombres complexes* sont des **nombres fractionnaires.**

Ainsi : 5 jours 8 heures $= 5^{\text{j}}\dfrac{8}{24}$;   4 h. 25 m. $= 4^{\text{h}}\dfrac{25}{60}$.

4 h. 25 m. 13 s. $= 4^{\text{h}} + \dfrac{25}{60}$ d'heure $+ \dfrac{13}{60}$ de minute.

Exercices. — Combien y a-t-il d'heures :

1978. — Dans 1 semaine? dans un 1 mois? dans 1 an?
Rép.   1° 24ʰ × 7 = 168 *h.;*   2° 24ʰ × 30 = 720 *h.;*   3° 24ʰ × 365 = 8 760 *h.*

1979. — Dans 3 jours 7 heures? dans 2 j. 1/3? dans 5 j. 1/4?
Rép.   1° 24ʰ × 3 + 7ʰ = 79 *h.;*   2° 24ʰ × 2 + 8ʰ = 56 *h.;*   3° 24ʰ × 5 + 6ʰ = 126 *h.*

1980. — Dans 4ʲ,5? dans 6ʲ,75? dans 7ʲ,25?
Rép.   1° 24ʰ × 4,5 = 108 *h.;*   2° 24ʰ × 6,75 = 162 *h.;*   3° 24ʰ × 7,25 = 174 *h.*

Combien y a-t-il de minutes :

1981. — Dans 4 heures? dans 5 h. 18 min.? dans 6 h. 45 min.?
Rép.   1° 60ᵐⁱⁿ × 4 = 240 *min.;*   2° 60ᵐⁱⁿ × 5 + 18ᵐⁱⁿ = 318 *min.;*
3° 60ᵐⁱⁿ × 6 + 45ᵐⁱⁿ = 405 *min.*

1982. — Dans 1/2 heure? dans 1/4 d'heure? dans 3/4 d'heure?
Rép.   1° 30 *min.;*   2° 15 *min.;*   3° 45 *min.*

1983. — Dans 2 h. 1/4? dans 5 h. 1/2? dans 3 h. 3/4?
Rép.   1° 135 *min.;*   2° 330 *min.;*   3° 225 *min.*

1984. — Dans 1/6 d'heure ? dans 1/10 d'heure ? dans 1/3 d'heure ?
Rép. 1° *10 min.;* 2° *6 min.;* 3° *20 min.*

1985. — Dans 4ʰ.2 ? dans 1 h. 2/3 ? dans 2 h. 5/6 ?
Rép. 1° 60ᵐⁱⁿ $\times$ 4,2 = 252 *min.;* 2° 60ᵐⁱⁿ $+$ 40ᵐⁱⁿ = 100 *min. ;*
3° 120ᵐⁱⁿ $+$ 50ᵐⁱⁿ = 170 *min.*

1986. — Combien y a-t-il de secondes dans 2 min. 1/2 ? dans
4 min. 1/3 ? dans 5 min. 3/4 ? dans 7ᵐⁱⁿ·,3 ? dans 8 min. 12 sec. ?
Rép. 1° *150 sec.;* 2° *260 sec.;* 3° *345 sec.;* 4° *438 sec.;* 5° *492 sec.*

Problèmes. — **1987.** — Convertir en secondes 5 heures 27 minutes 40 secondes.

Solution. — 5 h. 27 m. ou 5ʰ $\dfrac{27}{60} = \dfrac{327}{60}$ d'heure ou 327 minutes.

5h. 27 m. 40 s. ou 327ᵐ $\dfrac{40}{60} = \dfrac{19660}{60}$ de minute ou **19 660 secondes.**

Remarque. — La conversion précédente se ramène à celle d'un nombre fractionnaire en fraction.

1988. — La durée de notre année tropique est de 365ʲ,25. Quelle en est la durée : 1° en heures ; 2° en min. ; 3° en sec. ?   (*Aveyron.*)
Rép. 1° 24ʰ $\times$ 365,25 = 8766 *h. ;* 2° 60ᵐⁱʰ $\times$ 8766 = 525 960 *min.;*
3° 60ˢᵉᶜ $\times$ 525 960 = 31 557 600 *sec.*

1989. — Pendant un orage, une personne n'a entendu le bruit du tonnerre qu'une minute et 2 secondes après l'éclair. Le son parcourt 340 m. par seconde. A quelle distance cette personne se trouvait-elle du point où l'éclair s'est produit ?   P. 193.   (*Indre-et-Loire.*)
Distance = 340ᵐ $\times$ Nombre de secondes.
1ᵐⁱⁿ 2ˢᵉᶜ = 62 sec.   *Rép.* 340ᵐ $\times$ 62 = 21 080 *m.* ou 21ᵏᵐ,08.

1990. — Pour copier une page, il faut 14 minutes. Combien pourra-t-on copier de pages en 4 heures 40 minutes ?   (*Loire-Inférieure.*)
Nombre de pages = Nombre total de minutes : 14.
N. total de min. = 60ᵐⁱⁿ $\times$ 4 $+$ 40ᵐⁱⁿ = 280 min.   *Rép.* 280 : 14 = 20 *pages.*

1991. — Un enfant parcourt 65 m. par minute. Quelle distance a-t-il parcourue lorsqu'il a marché 2 h. 1/2 ?   (*Eure.*)
Distance = 65 m. $\times$ Nombre de minutes.
Nombre de minutes = 60ᵐⁱⁿ $\times$ 2,5 = 150 min.   *Rép.* 65ᵐ $\times$ 150 = 9 750 *m.*

1992. — Une fontaine débite 15 l. d'eau par seconde. Quel est son débit en 8 heures 25 minutes ?   (*Loire.*)
Débit = 15ˡ $\times$ Nombre de secondes.
N. de sec. $\begin{cases} a) \text{ Min. :} & 60^{\text{min}} \times 8 + 25^{\text{min}} = 505 \text{ min.;} \\ b) & 60^{\text{sec}} \times 505 = 30\,300 \text{ sec.} \end{cases}$
Rép. 15ˡ $\times$ 30 300 = 454 500 *l.* ou 454ᵐ³,500.

1993. — La lumière met 8 min. 18 sec. pour nous venir du Soleil. Sachant qu'elle parcourt 75 000 lieues de 4 km. par seconde, on demande combien il y a de kilomètres de la Terre au Soleil.   (*Belfort.*)
Nombre de kilomètres = 4 km. $\times$ Nombre de lieues.
Nombre de lieues. $\begin{cases} a) \text{ Secondes :} & 60^{\text{sec}} \times 8 + 18^{\text{sec}} = 498 \text{ sec.} \\ b) & 75\,000^{\text{lieues}} \times 498 = 37\,350\,000 \text{ lieues.} \end{cases}$
Rép. 4ᵏᵐ $\times$ 37 350 000 = 149 400 000 *km.*

1994. — Un train parcourt 569^m,4 par minute et brûle dans ce temps pour 0^f,75 de charbon. Quelle distance parcourt-il en 8^h 45^min., et combien dépense-t-il de charbon dans ce parcours ? (*Loire.*)

I. *Distance* = 569^m,4 × Nombre de minutes.
Nombre de minutes = 60^min × 8 + 45^min = 525 min.
Rép. 569^m,4 × 525 = 298 935 m. = 298^km,935.
II. *Dépense* = 0^f,75 × 525. *Rép.* 393^f,75.

1995. — Un train de chemin de fer marche 8^h 57^min. en parcourant 780 m. par minute, et 3^h 25^min., en parcourant 615 m. par minute. Quel espace a-t-il parcouru en tout ? (*Saône-et-Loire.*)

Distance totale = Somme des espaces parcourus pendant les 2 marches.
1. 1re marche : *a*) 8^h 57^min = 537 min. *b*) 780^m × 537 = 418 860 m.
2. 2e — : *a*) 3^h 25^min = 205 min. *b*) 615^m × 205 = 126 075 m.
Rép. 418 860^m + 126 075^m = 544 935 m. = 544^km,935.

***1996.** — Une locomotive parcourt 178^km,5 en 5 h. 1/4. Combien a-t-elle fait de kilomètres à l'heure ? (*Calvados.*)

Vitesse par heure = Espace total (178^km,5) : Nombre d'heures (5^h 1/4).
Rép. 178^km,5 : 5,25 = 34 km.

***1997.** — Un réservoir est alimenté par une source qui donne 8 l. d'eau à la minute; mais on enlève du réservoir 4 hl. d'eau par heure. En supposant que ce réservoir fût vide, combien renfermerait-il de litres d'eau au bout de 12 h. 3/4 ? (*Seine.*)

Volume = Nombre de litres par heure × Nombre d'heures (12^h 3/4).
N. de l. par heure : *a*) Reçus : 8^l × 60 = 480 l. *b*) Restants : 480^l — 400^l = 80 l.
Rép. 80^l × 12,75 = 1 020 l.

***1998.** — Une fontaine débite 13 l. d'eau par seconde. Quel est son débit en 8^h 28^m 15^s ? (*Haute-Saône.*)

Débit total = 13 l. × Nombre de secondes.
N. de sec. { *a*) Min. : 60^min × 8 + 28^min = 508 min.
{ *b*) 60^sec × 508 + 15^sec = 30 495 sec.
Rép. 13^l × 30 495 = 396 435 l.

***1999.** — Un bec de gaz brûle 4^l,32 par minute. Sachant que le mètre cube de ce gaz coûte 0^f,30, quelle sera la dépense par mois de 30 jours, le bec étant allumé 4 h. 1/2 par jour ? (*Aveyron.*)

Dépense = Prix du m³ (0^f,30) × Nombre de m³.
N. de m³. { *a*) Par j. : 4^l,32 × 60 × 4.5 = 1 166^l,4.
{ *b*) En 30 j. : 1 166^l,4 × 30 = 34 992^l = 34^m³,992.
Rép. 0^f,30 × 34,992 = 10^f,4976 ou 10^f,50.

***2000.** — Une fontaine qui donne 10 l. d'eau par seconde met 56 minutes à remplir un réservoir. Une autre fontaine mettrait 1^h 20^min. à remplir le même réservoir. Combien cette dernière donne-t-elle de litres d'eau par seconde ? (*Loir-et-Cher.*)

Débit par seconde = Débit total : Nombre de secondes.
1. Débit total = 10^l × 60 × 56 = 33 600 l.
2. Nombre de secondes = 60^sec × (60 + 20) = 4800 sec.
Rép. 33 600^l : 4800 = 7 l.

***2001.** — Un bassin reçoit en 1/4 d'heure 28^l,5 d'eau et en perd dans le même temps 5^l. 1/3. Combien conserve-t-il de litres en 4 h. 3/4 ? (*Oise.*)

Quantité restante totale = Quantité qui reste en 1/4 d'heure × Nombre de quarts d'heure.
1. Quantité par 1/4 d'heure = 28^l 1/2 — 5^l 1/3 = 28^l 3/6 — 5^l 2/6 = 23^l 1/6.
2. Nombre de quarts d'heure : 4^h 3/4 = 19/4 d'heure.
Rép. 23^l 1/6 × 19 = 437^l 19/6 = 440^l 1/6.

***2002.** — Le puits artésien de Passy donne 6 568 m³ d'eau par jour. Combien donne-t-il d'hectolitres par heure? par minute? (*D.-Sèvres.*)

I. *Débit par heure* = 65 680^hl : 24. *Rép.* 2 736^hl,66.
II. *Débit par minute* = 2 736^hl,66 : 60. *Rép.* 45^hl,61.

***2003.** — Une rivière est encaissée entre deux murs distants de 26 m. L'eau a 2^m,50 de profondeur et coule avec une vitesse de 2 m. par seconde. Combien de mètres cubes d'eau passe-t-il par heure à cet endroit de la rivière? (*Pyrénées-Orientales.*)

Nombre de m³ = Largeur (26 m.) × Profondeur (2^m,5) × Distance parcourue en 1 heure.
Distance en 1 heure = 2^m × 60 × 60 = 7 200 m.
Rép. 26^m3 × 2,5 × 7 200 = 468 000 m³.

***2004.** — Un bassin a 5^m,16 de longueur, 4^m,05 de largeur et 2^m,05 de profondeur. Lorsqu'il est plein d'eau, on ouvre un robinet qui le vide en 6^h 9^m. Combien le robinet laisse-t-il couler de litres d'eau par minute? (*Tarn-et-Garonne.*)

Nombre de litres par minute = Volume total : Nombre de minutes.
1. Volume total = 5^m3,16 × 4,05 × 2,05 = 42^m3,8409 = 42 840^l,9.
2. Nombre de minutes = 60^min × 6 + 9^min = 369 min.
Rép. 42 840^l,9 : 369 = 116^l,10.

***2005.** — Un bassin cubique a 4^m,50 d'arête. On y laisse couler, pendant 2^h 42^min, deux robinets qui fournissent chacun 50 l. d'eau à la minute. A quelle hauteur s'élèvera l'eau dans le bassin? (*Seine.*)

Hauteur = Volume : Surface de base.
1. Volume. { a) En 1 minute : 50^l × 2 = 100 l.
{ b) Temps = 60^min × 2 + 42^min = 162 min.
{ c) 100^l × 162 = 16 200 l. = 16^m3,2.
2. Base = 4^m2,5 × 4.5 = 20^m2,25.
Rép. 16,2 : 20,25 = 0^m,80.

CONVERSION (*Suite*).

P. 194.

Problèmes. — 2006. — Une fontaine, qui débite 13 500 litres d'eau en 3/4 d'heure, met 40 minutes pour remplir un bassin. Quelle est la capacité de ce bassin? (*Hautes-Pyrénées.*)

Capacité = Débit par minute × Nombre de minutes (40 min.).
Débit par minute = 13 500^l : 45 = 300 l.
Rép. 300^l × 40 = 12 000 *l*. *Autre méthode :* 13 500^l × 4/3 × 2/3.

2007. — Un laboureur emploie 63 minutes pour tracer 9 sillons. Combien tracera-t-il de sillons en 2 h. 48 min. ? (*Meuse.*)

Nombre de sillons = Nombre total de minutes (2^h 48 ou 168 min.) : Nombre de minutes par sillon (63^min : 9).
Rép. 168 : 7 = 24 *sillons*.

2008. — Une bougie coûte 0^f,20 et dure 4 h. 25 min. Quelle est la dépense par heure? (*Charente-Inférieure.*)

Dépense par heure = Dépense totale (0^f,20) : Nombre d'heures.
Nombre d'heures = 4^h 25/60 = 4^h 5/12 = 53/12 d'heure.
Rép. 0^f,20 : 53/12 = 0^f,20 × 12/53 = 0^f,045.

2009. — En 1 h. 22 min. une locomotive parcourt 62 km. 320 m. Combien parcourt-elle d'hectomètres à l'heure? (*Haute-Garonne.*)

Nombre d'hm. par heure = Longueur totale (623^hm,2) : Nombre d'heures.
Nombre d'heures = 1^h 22/60 = 82/60 ou 41/30.
Rép. 623^hm,2 : 41/30 = 623^hm,2 × 30/41 = 456 *hm*.

2010. — Un ouvrier fait 8^m,40 d'un ouvrage en 3 h. 2/5. Combien de mètres fera-t-il en 51 minutes ?   (*Seine.*)

Nombre de m. en 51 minutes = Nombre de m. en 1 minute $\times$ 51.
En 1 min.:   *a)* 3^h 2/5 = 3^h 24^{min} = 204 min.   *b)* 8^m,4 : 204.
Rép.   (8^m,4 : 204) $\times$ 51 = 8^m,4 : 4 = 2^m,10.

2011. — Un train fait 520 hm. en 50 minutes. Combien fera-t-il de kilomètres en 3 h. 10 min. ?   (*Var.*)

Distance totale = Nombre de km. par minute $\times$ Nombre de minutes.
1. Par minute: 52^{km} : 50 = 1^{km},04.
2. Nombre de minutes = 60^{min} $\times$ 3 + 10^{min} = 190 min.
Rép.   1^{km},04 $\times$ 190 = 197^{km},6.

* **2012.** — Une lampe brûle 18 g. d'huile par heure; on la laisse allumée en moyenne 3 h. 20 min. par soirée. Le kilogramme d'huile coûte 1^f,30. Quelle sera la dépense pour 30 jours ?   (*Hautes-Pyrénées.*)

Dépense totale = Prix du kg. (1^f,30) $\times$ Nombre de kg.

Nombre de kg. { *a)* Nombre d'heures :   3^h 1/3 $\times$ 30 = 10/3 $\times$ 30 = 100 h.
{ *b)* 18^g $\times$ 1 0 = 1 800^g = 1^{kg},8.
Rép.   1^f,3 $\times$ 1,8 = 2^f,34.

* **2013.** — Les sources de Vichy donnent 50 l. d'eau en 8 secondes. Combien donnent-elles de mètres cubes d'eau en un jour ?   (*Sarthe.*)

Débit par jour = Débit par seconde $\times$ Nombre de secondes.
1. Débit par seconde = 50^l : 8 = 6^l,25.
2. Nombre de secondes = 60^{sec} $\times$ 60 $\times$ 24 = 86 400 secondes.
Rép.   6^l,25 $\times$ 86 400 = 540 000^l = 540 *m*³.

* **2014.** — Une roue fait 25 tours et demi en 4 secondes. Combien en fera-t-elle en 1 heure 1/4 ?   (*Paris.*)

Nombre total de tours = Nombre de tours par seconde $\times$ Nombre de sec.
1. Par seconde :   25^t,5 : 4 = 6^t,375.
2. Nombre de secondes = 60^{sec} $\times$ (60 + 15) = 4500 sec.
Rép.   6^t,375 $\times$ 4500 = 28 687 *tours* 1/2.

* **2015.** — Une fontaine qui donne 40 l. d'eau en 2/3 de minute met 1 heure et demie et 5 minutes pour remplir un bassin. Quelle est la capacité de ce bassin ?   (*Cher.*)

Capacité = Débit en 1 minute $\times$ Nombre de minutes.
1. En 1 minute :   40^l : 2/3 = 60 l.
2. Nombre de minutes = 60^{min} + 30^{min} + 5^{min} = 95 min.
Rép.   60^l $\times$ 95 = 5 700 *l*.

* **2016.** — Un train devait parcourir une distance de 15 Mm. Au bout de 5 h. 15 min., il lui reste 240 hm. à faire. Quelle est sa vitesse horaire en kilomètres ?   (*Seine-et-Oise.*)

Vitesse horaire = Distance parcourue : Nombre d'heures.
1. Distance = 150^{km} — 24^{km} = 126 km.
2. Nombre d'heures = 5^h 15/60 = 5^h 1/4 = 21/4 d'heure.
Rép.   126^{km} : 21/4 = 126^{km} $\times$ 4/21 = 24 *km*.

* **2017.** — Deux fontaines coulant ensemble ont rempli en 31 h. 45 min. un bassin d'une capacité de 141^{m³} 3/4. La 1re fontaine donnait 93 hl. en 5 heures. Combien la 2e fontaine donnait-elle de mètres cubes d'eau par heure ?   (*Paris.*)

Débit horaire = Débit total de la 2e : N. d'heures (31^h 45^{min} ou 31^h,75).

Débit total { *a)* Débit de { en 1 heure :   93^{hl} : 5 = 18^{hl},6.
de la 2e. {   la 1re. { en 31^h,75 :   18^{hl},6 $\times$ 31,75 = 590^{hl},55 = 59^{m³},055.
{ *b)* 141^{m³},75 — 59^{m³},055 = 82^{m³},695.
Rép.   82^{m³},695 : 31,75 = 2^{m³},604.

*** 2018.** — Un train doit parcourir une distance de 150 km. Au bout de 5 h. 12 min. 36 sec., il lui reste 3 300 m. à faire. On demande quelle distance il a parcourue à l'heure. *(Seine-et-Oise.)*

Vitesse horaire = Distance totale : Nombre d'heures.
1. Distance totale = 150^{km} — 3^{km},3 = 146^{km},7.
2. Nombre d'heures. { *a)* 5^h 12^{min} = 312 min.; 312^{min} 36^{sec} = 18 756 sec.
{ *b)* 5^h 12^{min} 36^{sec} = 18 756/3 600 d'heure.
Rép. 146^{km},7 : 18 756/3 600 = 146^{km},7 × 3 600/18 756 = 28^{km},157.

*** 2019.** — Une locomotive parcourt 1 175 m. en 1 min. 1/2. Quelle distance pourrait-elle parcourir en 12 h. 15 min. ? *(Creuse.)*

Distance totale = Distance par minute × Nombre de minutes.
1. Par minute : 1 175^m : 1,5.
2. Nombre de minutes : 60^{min} × 12 + 15^{min} = 735 min.
Rép. (1 175^m : 1,5) × 735 = 575 750^m = 575^{km},75.

*** 2020.** — Une lampe brûle 21 g. d'huile par heure. Cette huile, dont la densité est 0,92, vaut 120 fr. l'hectolitre. On demande quelle dépense a été faite pendant les mois de janvier, février et mars, sachant que la lampe est restée allumée 2 h. 50 min. par soirée. *(Pas-de-Calais.)*

Dépense = Prix du litre (1^f,20) × Nombre de litres.

N. de litres. { *a)* Poids. { Par jour : 21^g × 2 50/60 = 21^g × 17/6 = 59^g,5.
{ { N. de jours = 31 + 28 + 31 = 90 j.
{ { 59^g,5 × 90 = 5 355 g.
{ *b)* 5 355 : 0,92 = 5 820^{cm3} = 5^l,82.
Rép. 1^f,2 × 5,82 = 6^f,984 ou 7 *fr.*

*** 2021.** — Quelle est la profondeur d'un bassin rectangulaire d'une longueur de 5 m. et d'une largeur de 3^m,20 ? On sait que, pour le remplir d'eau, il faut laisser ouvert, pendant 11 h. 40 min., un robinet qui donne 24 hl. d'eau par heure. *(Charente.)*

Profondeur = Volume : Surface de base.
1. Volume = 24^{hl} × 11 2/3 = 24^{hl} × 35/3 = 280^{hl} = 28 m³.
2. Base = 5^{m2} × 3,2 = 16 m².
Rép. 28 : 16 = 1^m,75.

*** 2022.** — Un robinet fournit 3^l,60 d'eau par minute; on le laisse couler pendant 5^h 45^{min} dans un bassin rectangulaire qui a 1^m,50 sur 0^m,80. A quelle hauteur s'élèvera l'eau dans ce bassin ? *(Isère.)*

Hauteur = Volume : Surface de base.
1. Volume = 3^l,6 × (60 × 5 + 45) = 3^l,6 × 345 = 1 242^l = 1^{m3},242.
2. Base = 1^{m2},5 × 0,8 = 1^{m2},2.
Rép. 1,242 : 1,2 = 1^m,035.

***JOUR. HEURE. MINUTE. SECONDE. EXTRACTION**   P. 195

Problèmes. — **2023.** — Combien y a-t-il d'heures, de minutes et de secondes dans 12 324 secondes ?

Solution.	*Opérations.*
12 324 sec. = $\frac{12\,324}{60}$ de min. ou 205 min. **24 sec.**	12 324 | 60
205 min. = $\frac{205}{60}$ d'heure ou **3 h. 25 min.**	324 | 205 | 60
12 324 secondes = 3 h. 25 min. 24 sec.	24 25 | 3

2024. — Combien 444 141 secondes valent-elles de jours, d'heures et de minutes ?   (*Aveyron.*)

Rép. 5 *j.* 3 *h.* 22 *min.* 21 *sec.*

2025. — Une montre avance de 85 secondes par jour. De combien de min. et de sec. avance-t-elle pendant le mois de juin? (*Hautes-Alpes.*)

Avance totale = 85^{sec} × 30 = 2 550 sec. *Rép.* 42 *min.* 30 *sec.*

2026. — Une locomotive parcourt 1 km. en 1 minute; un cheval au trot, 1 km. en 6 minutes; un piéton, 1 km. en 12 minutes. Combien faudra-t-il d'heures à la locomotive, au cheval et au piéton pour parcourir chacun 120 km. ?   (*Var.*)

I. *Temps pour la locomotive* = 120 min.   *Rép.* 2 *heures.*
II. *Temps pour le cheval* = 6^{min} × 120 = 720 min.   *Rép.* 12 *heures.*
III. *Temps pour le piéton* = 12^{min} × 120 = 1 440 min.   *Rép.* 24 *heures.*

2027. — Un élève arrive tous les jours en classe à 8 h. 16 min. au lieu de 8 heures. Combien perd-il d'heures dans une année qui compte 42 semaines de 5 jours de classe ?   (*Basses-Pyrénées.*)

Temps perdu = 16^{min} × 5 × 42 = 3 360 min.   *Rép.* 56 *heures.*

2028. — Un homme fait 120 pas à la minute; chaque pas mesure 0^m,75. Combien mettra-t-il de temps pour parcourir la distance entre deux villes éloignées de 18^{km},270 ?   (*Loire.*)

Nombre de minutes = Distance totale (18 270 m.) : Vitesse à la minute.
Vitesse = 0^m,75 × 120 = 90 m.   *Rép.* 18 270 : 90 = 203^{min} = 3 *h.* 23 *min.*

2029. — Diviser 13 h. 33 min. 30 sec. par 6. (*Hautes-Alpes.*)

13^h 33^{min} 30^{sec} = 2^h × 6 + 1^h 33^{min} 30^{sec} = (2^h 15^{min}) × 6 + 3^{min} 30^{sec}.
= (2^h 15^{min} 35^{sec}) × 6.

Rép. 2 *h.* 15 *min.* 35 *sec.*

2030. — Prendre les 7/9 de 4 jours 18 h. 34 min. Exprimer le résultat en jours, heures et minutes.   (*Meurthe-et-Moselle.*)

a) 4^j 18^h 34^{min} = 6874 min.
b) 6874^{min} × 7/9 = 5346^{min} 4/9 = 5 346^{min} 26^{sec} 2/3.
Rép. 3 *j.* 17 *h.* 6 *min.* 26^{sec},66.

2031. — Une lampe brûle 46 g. d'huile en 5 heures 1/2. Combien de temps devrait-elle rester allumée pour brûler 4^l,6 de cette huile, dont la densité est 0,920 ?   (*Loire-Inférieure.*)

Nombre d'heures = Poids total d'huile : Poids brûlé en 1 heure (46^g:5,5).
Poids total = 0^{kg},92 × 4,6 = 4^{kg},232 = 4 232 g.
Rép. 4 232 : (46 : 5,5) = 4 232 × 5,5 : 46 = 506 *heures.*

2032. — Une fontaine fournit 3^l,75 par seconde; en combien de temps remplit-elle un réservoir qui contient les 5/9 de 8 m³? (*Algérie.*)

Nombre de secondes = Volume total en litres : 3,75.
Volume total = 8^{m3} × 5/9 = 40/9 de m³ = 40 000/9 de l.
Rép. 40 000 : (9 × 3,75) = 1 185^{sec} 5/27 = 19 *min.* 45^{sec},19.

2033. — Une fontaine qui donne 15 l. par minute doit remplir un bassin en 30 heures. Quelle est la contenance de ce bassin ? Combien faudrait-il de temps à cette fontaine pour le remplir, en supposant que, par une fissure, il se perde 3 hl. d'eau par heure?   (*Eure.*)

I. *Contenance* = 15^l × 60 × 30. *Rép.* 27 000^l = 27 *m³.*
II. *Nombre d'heures* = Volume total (27 000 l.) : Volume rempli en 1 h.
Volume en 1 heure = 15^l × 60 — 3^{hl} = 900^l — 300^l = 600 l.
Rép. 27 000 : 600 = 45^h = 1 *jour* 21 *heures.*

2034. — Une fontaine donne 25 l. d'eau par minute. Elle coule dans un bassin cubique de 1^m,50 de côté. En combien d'heures et de minutes ce bassin sera-t-il plein ? *(Aube.)*

Nombre de minutes = Volume en litres : 25.
Volume = 1^{m3} $\times$ 1,5^3 = 3^{m3},375 = 3 375 l.
Rép. 3 375 : 25 = 135^{min} = 2 h. 15 min.

2035. — Un bassin, long de 2^m,80, large de 2^m,50 et haut de 1^m,40, est rempli d'eau jusqu'à 0^m,20 du bord. On demande quel temps il mettra à se vider, si un robinet placé au fond laisse échapper 2 l. d'eau par seconde. *(Seine-Inférieure.)*

Nombre de secondes = Volume de l'eau : Vol. qui s'écoule en 1 sec. (2 l.).
Volume d'eau = 2^{m3},8 $\times$ 2,5 $\times$ (1,40 — 0,2) = 8^{m3},4 = 8 400 l.
Rép. 8 400 : 2 = 4 200^{sec} = 1 h. 10 min.

2036. — Un réservoir a 5 m. de long, 3 m. de large et 2^m,40 de profondeur. Sachant que la conduite d'eau qui doit le remplir fournit 1/2 litre d'eau à la seconde, combien de temps faudra-t-il pour le remplir jusqu'aux 2/3 de sa hauteur ? *(Loire-Inférieure.)*

Nombre de secondes = Volume des 2/3 en litres : 0,5.
Volume des 2/3 = 5^{m3} $\times$ 3 $\times$ 2,4 $\times$ 2/3 = 24^{m3} = 24 000 l.
Rép. 24 000 : 0,5 = 48 000^{sec} = 13 h. 20 min.

*CALCUL DE LA DURÉE *(Division.)*   P. 196.

Problèmes. — **2037.** — Un voyageur parcourt 35 100 m. en 6 heures. Combien mettra-t-il de temps (heures, minutes et secondes) pour parcourir 10 257 m. ? *(Maine-et-Loire.)*

Solution.

Le **nombre d'heures qu'il mettra** est le quotient de la distance totale (10 257 m.) par *la distance parcourue en 1 heure.*

1. *Distance parcourue en 1 h.* : $\dfrac{35\,100^m}{6}$ = 5 850 m.

2. **Nombre d'heures qu'il mettra** : $\dfrac{10\,257}{5\,850}$ d'heure.

a. $\dfrac{10\,257}{5\,850}$ d'heure = **1 heure** $\dfrac{4\,407}{5\,850}$.

b. $\dfrac{4\,407}{5\,850}$ d'heure = $\dfrac{60^{min.} \times 4\,407}{5\,850}$ = **45** $^{min.}$ $\dfrac{1\,170}{5\,850}$.

c. $\dfrac{1\,170}{5\,850}$ de minute = $\dfrac{60^{sec.} \times 1\,170}{5\,850}$ = **12 secondes.**

Temps qu'il mettra : **1 heure 45 min. 12 sec.**

Opérations.

```
10257 | 5850
 4407 |1h 45min. 12sec.
 × 60
261420
 30120
  1170
 × 60
 70200
 11700
 0000
```

ou, autrement :

```
1025,7 | 585
 440,7 |1 h. ...
 × 60
 26442
  ....
```

2038. — Un train de chemin de fer parcourt 38 km. en 40 minutes. Quelle est sa vitesse à l'heure, et combien de temps mettra-t-il pour parcourir, avec la même vitesse, 135 km. ? *(Seine-Inférieure.)*

I. *Vitesse à l'heure* = 38^{km} $\times$ 60/40 = 19^{km} $\times$ 3. *Rép.* 57 km.
II. *Temps pour 135 kilomètres* = 135 : 57. *Rép.* **2 h. 22 min. 6 sec.**

2039. — Quel temps faut-il à une locomotive faisant 12 lieues à l'heure pour franchir une distance de 147 km. ? *(Rhône.)*

Temps pour 147 *kilomètres* = 147 : Vitesse à l'heure.
Vitesse à l'heure = 4^{km} × 12 = 48 km. *Rép.* 147 : 48 = 3 *h.* 3 *min.* 45 *sec.*

2040. — Un train de chemin de fer parcourt 60 km. en 1 h. 10 min. Quel temps lui faudra-t-il pour parcourir 100 km. ? *(Morbihan.)*

Temps pour 100 *kilomètres* = 100 : Vitesse à l'heure.
Vitesse à l'heure : *a)* 1^{h}10^{min} = 70 min. *b)* 60^{km} × 60/70 = 360/7 de km.
Rép. 100 : 360/7 = 700/360 = 70/36 d'h. = 1 *h.* 56 *min.* 40 *sec.*

2041. — Une fontaine débite 37^{hl},50 d'eau en 8 heures. Combien met-elle de temps à fournir 12 m³ ? *(Puy-de-Dôme.)*

Temps pour 12^{m3} *ou* 120 *hectolitres* = 120 : Nombre d'hectolitres à l'heure.
Nombre d'hectolitres à l'heure = 37^{hl},5 : 8 = 375/80.
Rép. 120 × 80/375 = 25 *h.* 36 *min.* ou 1 *j.* 1 *h.* 36 *min.*

2042. — Un ouvrier dépense 146 fr. par an au cabaret. Dire en années, mois et jours, combien de temps il devrait s'abstenir pour acquérir une propriété de 2 000 fr., sachant qu'il paierait, pour frais divers, 1/10 en sus et, en outre, un droit fixe de 10 fr. *(Haute-Garonne.)*

Temps = Prix de revient de la propriété : Dépense annuelle (146 fr.).
Prix de revient : *a)* Frais = 200 fr. *b)* 2 000^f + 200^f + 10^f = 2 210 fr.
Rép. 2 210 : 146 = 15 *ans* 1 *mois* 20 *jours* (par excès).

2043. — Un voyageur fait les 2/3 de sa route en 1 heure 25 min. Combien a-t-il mis de temps pour faire : 1° la route entière, 2° la moitié de sa route ? *(Gironde.)*

I. *Temps pour la route entière* = 1^h 25^{min} : 2/3.
1^{h}25^{min} = 60^{min} + 25^{min} = 85 min.
Rép. 85^{min} × 3/2 = 127^{min} 1/2 = 2 *heures* 7 *min.* 30 *sec.*
II. *Pour la moitié de la route* = 2^h 7^{min} 30^{sec} : 2. *Rép.* 1 *h.* 3 *min.* 45 *sec.*

2044. — Une pompe fournit 2^l,25 d'eau par coup de balancier et l'on donne 45 coups par minute. Combien faudra-t-il de coups de balancier pour remplir un réservoir long de 2^m,80, large de 2^m,30, profond de 1^m,40 ? Quel temps faudra-t-il (heures, minutes et secondes)? *(Charente.)*

I. *Nombre de coups de balancier* = Volume du réservoir en litres : Nombre de litres par coup de balancier (2^l,25).
Volume du réservoir = 2^{m3},8 × 2,3 × 1,4 = 9^{m3},016 = 9 016 l.
Rép. 9 016 : 2.25 = 4 007 coups par défaut, donc 4 008 *coups.*
II. *Temps* = 4 008 : 45 = 89 min. 4 sec. *Rép.* 1 *h.* 29 *min.* 4 *sec.*

2045. — Pour faire un chemin, on emploie des ouvriers qui travaillent 8 heures et font, en moyenne, ensemble, 120 m. par jour. Combien de temps ces ouvriers devront-ils travailler, si la *longueur du chemin à faire est de 2 km. 3/4 ?* *(Côte-d'Or.)*

Temps = Long. du chemin (2^{km} 3/4 ou 2 750 m.) : Long. faite par jour (120 m.).
Rép. 2 750 : 120 = 22 j. + 11/12 de 8 h. = 22 *j.* 7 *h.* 1/3.

P. 197.   *** FONTAINES; OUVRIERS ASSOCIÉS** *(Etc.)*

Problèmes. — **2046.** — Un bassin contient 2 124 dal. ; il est alimenté par 2 robinets qui versent, l'un 35 l., et l'autre 25 l. par minute. Combien faudra-t-il d'heures pour le remplir ? *(Haute-Loire.)*

Nombre d'heures = Nombre de minutes : 60.
Nombre de minutes. { *a)* 2 124^{dal} = 21 240 l. *b)* 35^l + 25^l = 60 l.
{ *c)* 21 240 : 60 = 354 min.
Rép. 354 : 60 = 5 *h.* 54 *min.*

2047. — Un bassin contient 2m³,025. On demande combien il faudrait de temps à 3 robinets coulant ensemble pour remplir ce bassin, sachant que le 1er verse 8 l. par minute, le 2e 9 l. et le 3e 10 l.   (*Manche.*)

Temps = Volume total (2025 l.) : Débit total des 3 robinets par minute.
Par minute :   8ˡ + 9ˡ + 10ˡ = 27 l.   *Rép.*   2025 : 27 = 75 min. = 1 h. 15 *min.*

2048. — Un bassin rectangulaire a pour dimensions : 4m,25 ; 2m,40 et 1m,95. Trois robinets versent par seconde 3/5 de litre, 2/5 et 3/4. Au bout de combien de temps le bassin sera-t-il plein ?   (*Indre.*)

Temps = Volume total : Débit total des 3 robinets par seconde.
1. Volume total = 4m³.25 × 2,4 × 1,95 = 19m³,89 = 19 890 l.
2. Par seconde :   3/5 + 2/5 + 3/4 = 7/4 de l.
Rép.   19 890 : 7/4 = 19 890 × 4/7 = 11 365ˢᵉᶜ 5/7 = 3 h. 9 *min.* 25 *sec.* 5/7.

2049. — Un bassin rectangulaire a 4 m. de long, 3 m. de large et 2 m. de profondeur. Il contient déjà 3 700 l. d'eau. On y fait couler l'eau de 2 robinets fournissant par seconde, l'un 5/8 de litre, l'autre 2/3 de l. ; mais en même temps une pompe en tire 7ˡ 1/2 par minute. Calculer : 1° le volume du bassin ; 2° au bout de combien de temps le bassin sera plein exactement.   (*Cher.*)

I. *Volume du bassin* = 4m³ × 3 × 2.   *Rép.*   24 m³ ou 24 000 l.
II. *Temps* = Volume restant à remplir : Volume rempli par minute.
1. Reste à remplir :   24 000ˡ — 3 700ˡ = 20 300 l.
2. Par minute. { a) (5/8 + 2/3) × 60 = 31/24 × 60 = 77ˡ 1/2.
{ b) Reste = 77ˡ 1/2 — 7ˡ 1/2 = 70 l.
Rép.   20 300 : 70 = 290 min. = 4 h. 50 *min.*

2050. — Un robinet remplirait un réservoir en 3 heures, un autre en 5 h. On ouvre les deux robinets ; au bout de combien de temps le réservoir sera-t-il plein ?   (*Rhône.*)

Temps = Volume total représenté par 1 : Fraction remplie par heure.
Par heure : a) 1er rob. : 1/3.   b) 2e rob. : 1/5. 3e Total = 1/3 + 1/5 = 8/15.
Rép.   1 : 8/15 = 15 : 8 = 1 h. 52 *min.* 1/2.

2051. — Un robinet remplirait un bassin en 5 heures, un autre le viderait en 7 heures. On ouvre en même temps les deux robinets. En combien de temps le bassin sera-t-il plein ?   (*Vaucluse.*)

Temps = Volume total représenté par 1 : Fraction remplie par heure.
Par heure. { a) 1er rob. : 1/5 rempli.   b) 2e rob. :   1/7 vidé.
{ c) Reste :   1/5 — 1/7 = 2/35.
Rép.   1 : 2/35 = 35 : 2 = 17 h. 1/2.

2052. — Trois ouvriers travaillant 10 heures par jour feraient un ouvrage : le 1er en 3 jours, le 2e en 4 jours, le 3e en 6 jours. Au bout de combien de temps l'ouvrage sera-t-il fait si les trois ouvriers travaillent ensemble ?   (*Finistère.*)

Temps = Ouvrage total représenté par 1 : Fraction faite par jour.
Par jour :   1/3 + 1/4 + 1/6 = 9/12 = 3/4.
Rép.   1 : 3/4 = 4 : 3 = 1ʲ + 1/3 de 10 h. = 1 *jour* 3 h. 20 *min.*

2053. — Trois fontaines alimentent un bassin. La 1re le remplirait seule en 8 heures, la 2e en 5 h., et la 3e en 9 h. Combien les 3 fontaines coulant ensemble mettraient-elles de temps à le remplir ?   (*Doubs.*)

Temps = Volume du bassin représenté par 1 : Fraction remplie par heure.
Par heure :   1/8 + 1/5 + 1/9 = 45/360 + 72/360 + 40/360 = 157/360.
Rép. 1 : 157/360 = 360 : 157 = 2 h. 17 *min.* 34 *sec.*

2054. — Deux robinets rempliraient un réservoir, l'un en 7 heures, l'autre en 9 heures. Un robinet placé à la base le viderait en 11 h. Si l'on ouvre les 3 robinets ensemble, au bout de combien .de temps le bassin sera-t-il plein ? *(Ardennes.)*

Temps = Volume du réservoir représenté par 1 : Fraction remplie par heure.
Par heure : $1/7 + 1/9 - 1/11 = 99/693 + 77/693 - 63/693 = 113/693$.
Rép. $1 : 113/693 = 693 : 113 = 6$ h. 7 min. 57 sec.

2055. — Deux fontaines coulant ensemble rempliraient un bassin en 4 heures. La 1re le remplirait en 7 heures. Quel temps mettrait la 2e pour remplir seule le bassin ? *(Alger.)*

Temps mis par la 2e = Vol. tot. représenté par 1 : Fract. remplie par heure.
Par heure. { *a)* Par les 2 fontaines : 1/4. *b)* Par la 1re : 1/7.
{ *c)* Reste : $1/4 - 1/7 = 3/28$.
Rép. $1 : 3/28 = 28 : 3 = 9$ h. 20 min.

2056. — Une personne ferait un ouvrage en 1 heure 15 min.; une autre le ferait en 1 h. 3 min. Si ces personnes travaillaient ensemble, au bout de combien de temps serait fait tout l'ouvrage ? *(Yonne.)*

Temps = Ouvrage total représenté par 1 : Fraction faite par minute.
Par minute. { *a)* 1re personne : $1^h 15^{min} = 75$ min., donc 1/75 de l'ouvrage.
{ *b)* 2e — : $1^h 3^{min} = 63$ min., donc 1/63 de l'ouvrage.
{ *c)* En tout : $1/75 + 1/63 = 21/1575 + 25/1575 = 46/1575$.
Rép. $1 : 46/1575 = 1575 : 46 = 34$ min. 14 sec.

2057. — Un ouvrier ferait un ouvrage en 3 heures 2/5; un autre le ferait en 4 h. 1/2. Au bout de combien de temps sera terminé l'ouvrage, les deux ouvriers travaillant ensemble ? *(Côte-d'Or.)*

Temps = Ouvrage total représenté par 1 : Fraction faite en 1 heure.
En 1 heure. { *a)* 1er ouvrier : $3^h 2/5 = 17/5$, donc 5/17 de l'ouvrage.
{ *b)* 2e — : $4^h 1/2 = 9/2$, donc 2/9 de l'ouvrage.
{ *c)* En tout : $5/17 + 2/9 = 45/153 + 34/153 = 79/153$.
Rép. $1 : 79/153 = 153 : 79 = 1$ h. 56 min. 12 sec.

2058. — Deux ouvriers font en 2 jours 1/2 un travail qu'on leur paye 46 fr. Le 1er travaille de manière à faire tout l'ouvrage en 5 jours 3/4. Quelle sera la part de chaque ouvrier dans l'ouvrage accompli et quel sera son gain par jour ? *(Rhône.)*

I. *Part de chaque ouvrier* = 46 fr. × Fraction correspondant à chaque part.
Fract. corresp^te { *a)* à la part du 1er. { Par jour : $5 3/4 = 23/4$, donc 4/23.
{ En 2 1/2 ou 5/2 = $4/23 \times 5/2 = 10/23$.
{ *b)* à la part du 2e : $1 - 10/23 = 13/23$.
Rép. Part du 1er : $46^f \times 10/23 = 20$ fr.
Part du 2e : $46^f \times 13/23 = 26$ fr.
II. *Gain par jour du 1er* = $20^f : 5/2 = 20^f \times 2/5$. *Rép.* 8 fr.
III. *Gain par jour du 2e* = $26^f : 5/2 = 26^f \times 2/5$. *Rép.* $10^f,40$.

P. 198.

DURÉE, ADDITION

Exercice oral. — Calculer l'heure d'arrivée dans les cas suivants :

1° heure de départ 5 h. 20,   durée du trajet   35 min.;
2°   —   6 h. 25,   —   45 min.;
3°   —   8 h. 40,   —   2 h. 5 min.;
4°   —   9 h. 1/4,   —   1 h. 50 min.;
5°   —   8 h. 1/2 du matin,   —   5 h. 3/4.

Rép. 1° 5 h. 55; 2° 7 h. 10; 3° 10 h. 45; 4° 11 h. 5; 5° **2 h. 1/4** *du soir.*

10. — **L'addition des nombres complexes** se fait comme l'*addition des nombres fractionnaires*.

Problèmes. — **2059.** — Un bicycliste, qui fait 12 km. à l'heure, part de chez lui à 6 h. 15 du matin pour faire un trajet de 48 km. A quelle heure arrivera-t-il à destination ?

Heure d'arrivée = Heure du départ (6 h. 15) + Durée du trajet.
Durée du trajet = 48 : 12 = 4 h. *Rép.* $6^h 15 + 4^h = 10\ h.\ 15.$

2060. — Un cavalier parcourt 250 m. à la minute. Il part de chez lui à 9 h. 3/4 du matin pour se rendre à une ville distante de 10 km. En combien de minutes fait-il ce trajet ? A quelle heure arrive-t-il ?

I. *Durée du trajet en minutes* = 10 000 : 250. *Rép.* 40 *min.*
II *Heure d'arrivée* = Heure du départ (9 h. 3/4) + Durée du trajet (40 min.).
$9^h 45^{min} + 40^{min} = 45^{min} + 40^{min} + 9^h = 1^h 25^{min} + 9^h.$ *Rép.* 10 *h.* 25 *min.*

2061. — Un voyageur part à 8 h. du matin, marche 3 h. 35 min., s'arrête ensuite 1 h. 1/2 pour déjeuner et arrive à destination après une nouvelle marche de 2 h. 1/4. A quelle heure est-il arrivé ?

Heure d'arrivée = $8^h + 3^h 35^{min} + 1^h 1/2 + 2^h 1/4.$
$35^{min} + 30^{min} + 15^{min} + 8^h + 3^h + 1^h = 1^h 20^{min} + 8^h + 3^h + 1^h.$
Rép. 13 *h.* 20 *min.* ou 1 *h.* 20 *du soir.*

2062. — Par un train direct, le trajet de Bordeaux à Paris s'effectue en 15 heures 1/2. En partant de Paris, le dimanche, à 10 h. 45 min. du matin, quand arrivera-t-on à Bordeaux ? (*Calvados.*)

Heure d'arrivée = $10^h 45^{min} + 15^h 1/2.$
$45^{min} + 30^{min} + 10^h + 15^h = 1^h 15^{min} + 10^h + 15^h = 26^h 15^{min} = 24^h + 2^h 15^{min}.$
Rép. Le lendemain à 2 *h.* 15 *min. du matin.*

* **2063.** — Un train de chemin de fer fait 35 km. à l'heure ; il part à 6 h. 15 min. du matin. A quelle heure arrivera-t-il à destination, s'il a 290 km. à parcourir ? (*Deux-Sèvres.*)

Heure d'arrivée = Heure de départ (6 h. 15) + Durée du trajet.
Durée du trajet = 290 : 35 = $8^h 17^{min} 8^{sec}.$
$6^h 15 + 8^h 17^{min} 8^{sec} = 17^{min} 8^{sec} + 15^{min} + 6^h + 8^h = 14^h 32^{min} 8^{sec}.$
Rép. 2 *h.* 32 *min.* 8 *sec. du soir.*

* **2064.** — Un train rapide parcourt en moyenne 45 km. en 40 minutes. Combien mettra-t-il de temps pour franchir la distance entre Paris et Lyon qui est de 512 km. ? A quelle heure arrivera-t-il si le départ a lieu à 6 h. du matin ? (*Rhône.*)

I. *Durée du trajet* = $40^{min} \times 512 : 45 = 455^{min} 6^{sec}.$ *Rép.* 7 *h.* 35 *min.* 6 *sec.*
II. *Heure d'arrivée* = $6^h + 7^h 35^{min} 6^{sec} = 13^h 35^{min} 6^{sec}.$
Rép. 1 *h.* 35 *min.* 6 *sec. du soir.*

* **2065.** — Une montre avance de 6 minutes en 24 heures. On l'a mise à l'heure hier à midi ; quelle heure marquera-t-elle aujourd'hui quand il sera exactement 6 heures du soir ? (*Tarn-et-Garonne.*)

Heure marquée = Heure exacte (6 h.) + Avance.
Avance : a) $24^h + 6^h = 30$ h. b) $6^{min} \times 30 : 24 = 7^{min} 1/2.$
Rép. $6^h + 7^{min} 1/2 = 6\ h.\ 7\ min.\ 30\ sec.$

* **2066.** — Un piéton, qui fait 90 m. par minute, part de chez lui à

10 h. 3/4 du matin pour accomplir un trajet long de 13 km. 1/2. A quelle heure arrivera-t-il à destination ?   (*Nord.*)

Heure d'arrivée = Heure du départ (10^h 3/4) + Durée du trajet.
Durée du trajet = 13500 : 90 = 150 min. = 2 h. 30 min.
Rép. $10^h 45^{min}$ + $2^h 30^{min}$ = $1^h 15^{min}$ + 12^h = 1 *h.* 15 *min. du soir.*

***2067.** — Une pendule, mise à l'heure le dimanche à midi, avance de 2 min. 33 secondes en 8 heures. Quelle heure marquera-t-elle le jeudi suivant, quand il sera 4 heures de l'après-midi ?   (*Ille-et-Vilaine.*)

Heure marquée = Heure exacte (4 h.) + Avance.
Avance { *a*) du dimanche midi au jeudi 4 h. : 4j + 4^h = 96^h + 4^h = 100 h.
      b) $2^{min} 33^{sec}$ = 153 sec.
      c) 153^{sec} × 100 : 8 = 1912^{sec} 1/2 = $31^{min} 52^{sec}$ 1/2.
Rép. 4^h + $31^{min} 52^{sec}$ 1/2 = 4 *h.* 31 *min.* 52 *sec.*, 5.

***2068.** — Un marcheur fait 35 km. en 7 h. 1/2. Combien mettra-t-il de temps, aller et retour, pour se rendre à une localité située à 20 km., si, au milieu de sa course, il prend un repos de 2 h. 1/4?   (*Rhône.*)

Durée totale = Durée du trajet + Repos (2 h. 1/4).
Trajet. { *a*) Distance = 20^{km} × 2 = 40 km.   *b*) 7^h 1/2 = 15/2 h.
       c) 15/2 × 40 : 35 = $8^h 34^{min} 17^{sec}$.
Rép. $8^h 34^{min} 17^{sec}$ + $2^h 15^{min}$ = 10 *h.* 49 *min.* 17 *sec.*

***2069.** — Une montre retarde de 25 minutes par jour. On la met à l'heure à midi. Quelle heure exacte sera-t-il lorsque cette montre marquera 4 h. 48 min. du soir ?   (*Seine.*)

Heure exacte = Heure marquée (4^h 48) + Retard.
Retard. { *a*) $4^h 48^{min}$ = 240^{min} + 48^{min} = 288 min.
       b) Fraction corresp^t au retard = 25 : (60 × 24 — 25) = 25/1415.
       c) 288^{min} × 25/1415 = $5^{min} 5^{sec}$.
Rép. $4^h 48^{min}$ + $5^{min} 5^{sec}$ = 4 *h.* 53 *min.* 5 *sec.*

P. 199.   **DURÉE, SOUSTRACTION**

Exercice oral. — Quel est le temps qui s'écoule :

1° Pendant la matinée, de 6 h. 20 à 7 h. 35 ? de 5 h. 1/4 à 6 h.? de 9 h. 40 à 11 h. 25? de 8 h. 1/2 à 10 h. 1/4?

Rép. 1° 1 *h.* 15 *min.*;   2° 3/4 *d'h.*;   3° (20^{min} + 25^{min}) = 45 *min.*;   4° 1 *h.* 3/4.

2° De 10 h. 35 du matin à 2 h. 40 du soir ?
De 9 h. 1/2 du matin à 3 h. du soir?
De 8 h. 3/4 du matin à 4 h. 1/4 du soir?
De 7 h. 35 du matin à 3 h. 1/4 du soir?

Rép. 1° $14^h 40^{min}$ — $10^h 35^{min}$ = 4 *h.* 5 *min.*;   2° 15^h — 9^h 1/2 = 5 *h.* 1/2;
3° 16^h 1/4 — 8^h 3/4 = 7 *h.* 1/2;   4° $15^h 15^{min}$ — $7^h 35^{min}$ = 7 *h.* 40 *min.*

Remarque. — On pourrait prendre comme point d'appui 12 h. et raisonner ainsi : 1° de 10^h 35 à 12 h., il y a $1^h 25^{min}$.
Rép. $1^h 25^{min}$ + $2^h 40^{min}$ = 4 *h.* 5 *min.*, etc.

11 . — La soustraction des nombres complexes se fait comme la *soustraction des nombres fractionnaires.*

Ex. : Quel est le temps qui s'écoule de 9^h 47 du matin à 3^h 25 du soir?

1. 3^h 25 du soir, c'est 15^h 25;
2. **Différence** : 15^h 25 — 9^h 47.
ou, en ajoutant 60 minutes au plus grand nombre
et 1 heure au plus petit :
        15^h 85 — 10^h 47 = **5 h. 38 min.**

$$15^h 25/60 \qquad 15^h 85$$
$$-\ 9^h 47/60 \qquad -10^h 47$$
$$\overline{\qquad\qquad\qquad 5^h 38}$$

Problèmes. — 2070. — Aujourd'hui, le soleil se lève à 4ʰ 38 du matin et se couche à 8ʰ 10 du soir. Calculer en secondes la durée de la journée.   (*Loire.*)

Durée de la journée en secondes = 60 secondes × Nombre de minutes.

N. de min. $\{$ *a*) 20ʰ 10ᵐⁱⁿ — 4ʰ 38ᵐⁱⁿ = 15ʰ 32ᵐⁱⁿ.

$\{$ *b*) 15ʰ 32ᵐⁱⁿ = 60ᵐⁱⁿ × 15 + 32ᵐⁱⁿ = 900ᵐⁱⁿ + 32ᵐⁱⁿ = 932 min.

Rép.   60ˢᵉᶜ × 932 = 55 920 *secondes.*

2071. — Un voyageur fait 400 m. en 5 minutes ; il a marché de 8 h. 3/4 à 10ʰ 25. Quelle distance a-t-il parcourue ?   (*Seine-et-M.*)

Distance parcourue = N. de mètres par min. × N. de min. de marche.

1. Nombre de mètres par minute = 400ᵐ : 5 = 80 m.

2. Nombre de minutes de marche :   10ʰ25ᵐⁱⁿ — 8ʰ 45ᵐⁱⁿ = 1ʰ40ᵐⁱⁿ = 100 min.

Rép.   80ᵐ × 100 = 8000 *m.* ou 8 *km.*

2072. — Trois cyclistes sont partis de Coutances à 1ʰ 45ᵐ 28ˢ du soir pour se rendre à Avranches. Le 1ᵉʳ est arrivé à 3ʰ 19ᵐ 40ˢ ; le 2ᵉ, 35 min. 1/2 après le 1ᵉʳ ; le 3ᵉ, 12 min. après le 2ᵉ. Quel temps exact chacun des 3 amateurs a-t-il mis à effectuer le parcours ?   (*Manche.*)

I. *Rép.*   3ʰ 19ᵐⁱⁿ 40ˢᵉᶜ — 1ʰ 45ᵐⁱⁿ 28ˢᵉᶜ = 1 h. 34 min. 12 sec.

II. *Rép.*   1ʰ 34ᵐⁱⁿ 12ˢᵉᶜ + 35ᵐⁱⁿ 30ˢᵉᶜ = 2 h. 9 min. 42 sec.

III. *Rép.*   2ʰ 9ᵐⁱⁿ 42ˢᵉᶜ + 12ᵐⁱⁿ = 2 h. 21 min. 42 sec.

2073. — Un train de chemin de fer a marché pendant 130 min. avant midi et 205 minutes après midi. A quelle heure est-il parti, et à quelle heure est-il arrivé ?   (*Pas-de-Calais.*)

1. *Heure de départ* = 12ʰ — 130ᵐⁱⁿ = 12ʰ — 2ʰ 10ᵐⁱⁿ   *Rép.*   9 h. 50 du matin.

II. *Heure d'arrivée* = 12ʰ + 205ᵐⁱⁿ = 12ʰ + 3ʰ 25ᵐⁱⁿ.   *Rép.*   3 h. 25 du soir.

***2074.** — Un train marche de 8 h. 1/2 du matin à 2ʰ 42 du soir et parcourt 248 km. Quelle distance a-t-il parcourue en moyenne par heure ?   (*Loiret.*)

Vitesse moy. à l'h. = Distance totale (248 km.) : Durée du trajet en heures.

Durée du trajet = 14ʰ 42ᵐⁱⁿ — 8ʰ 30ᵐⁱⁿ = 6ʰ 12ᵐⁱⁿ = 6ʰ 1/5 = 31/5 d'h.

Rép.   248ᵏᵐ : 31/5 = 248ᵏᵐ × 5/31 = 40 *km.*

Autre méthode :   6ʰ 12ᵐⁱⁿ = 372 min.   *Rép.*   248ᵏᵐ × 60 : 372 = 40 *km.*

***2075.** — Un voyageur parcourt 1ᵏᵐ 8ᵐ en 12 minutes. Quelle distance aura-t-il parcourue en marchant de 8 heures du matin à 5 heures du soir, sachant qu'il s'est arrêté 1 h. 3/4 seulement pour déjeuner ?   (*Ain.*)

Distance parcourue = Vitesse à la minute × Nombre de min. de marche.

1. Vitesse à la minute = 1 008ᵐ : 12 = 84 m.

2. Nombre de min. de marche :   17ʰ — 8ʰ — 1ʰ45ᵐⁱⁿ = 7ʰ15ᵐⁱⁿ = 435 min.

Rép.   84ᵐ × 435 = 36540 *m.* ou 36ᵏᵐ,54.

***2076.** — Un train part de Lille à 7ʰ 55 du matin et arrive à 11ʰ 40 à Paris. La distance est de 247 km. Ce train parcourt les 100 premiers kilomètres en 5 quarts d'heure. Quelle est, en mètres, sa vitesse moyenne par minute pendant le reste du voyage ?   (*Pas-de-Calais.*)

Vitesse moyenne à la fin = N. de mètres restants : Durée du trajet en min.

1. Reste = 247ᵏᵐ — 100ᵏᵐ = 147 km. = 147 000 m.

2. Durée du trajet. $\{$ *a*) Durée tot. = 11ʰ 40ᵐⁱⁿ — 7ʰ 55ᵐⁱⁿ = 3ʰ 45ᵐⁱⁿ ou 3ʰ 3/4.

$\{$ *b*) Reste :   3ʰ 3/4 — 5/4 d'h. = 2ʰ 1/2 = 150 min.

Rép.   147 000ᵐ : 150 = 980 *m.*

***2077.** — Une pendule retarde de 12 minutes par jour. On la met à l'heure aujourd'hui à 7 h. du matin. Quelle heure marquera-t-elle demain quand il sera réellement 10 h. du matin?   (*Eure.*)

Heure marquée = Heure exacte (10 h.) — Retard.

Retard. $\begin{cases} a) \text{ Durée de marche} = 24^h + (10^h - 7^h) = 27 \text{ h.} \\ b) \ 12^{min} \times 27 : 24 = 13^{min} 1/2. \end{cases}$

Rép. $10^h - 13^{min} 1/2 = 9$ *h.* 46 *min.* 30 *sec.*

*** 2078.** — Une horloge retarde de 2 minutes toutes les 5 heures. Quand l'avait-on remise à l'heure exacte, si le samedi, à $4^h 5$ du soir, elle marque $3^h 35$?   (*Hautes-Pyrénées.*)

Date de mise à l'heure = 6ᵉ jour à $4^h 5$ du soir — Temps mis pour le retard.

Temps mis pour le retard. $\begin{cases} a) \text{ Retard} = 4^h 5^{min} - 3^h 35^{min} = 30 \text{ min.} \\ b) \ 5^h \times 30 : 2 = 75 \text{ h.} = 3 \text{ jours } 3 \text{ h.} \end{cases}$

Rép. $6^j 16^h 5^{min} - 3^j 3^h = 3^j 13^h 5^{min}.$

Soit le *mercredi* à 1 *h.* 5 *min. du soir.*

P. 200.   ***COURRIERS DE SENS CONTRAIRES**

Problèmes. — **2079.** — Deux trains partent à 5 h. du matin, l'un de Paris, l'autre de Marseille (Distance : 864 km.). Le 1ᵉʳ fait 54 km. à l'heure, et le 2ᵉ, 36 km. Dites l'heure de la rencontre.   (*Ardèche.*)

Solution. — **L'heure de la rencontre** est la somme de *l'heure du départ* (5 h.) et du *temps que les deux trains mettront à parcourir la distance qui les sépare* (864 km.).

1. *Le temps qu'ils mettront* est le quotient de 864 km. par la distance qu'ils parcourent ensemble en 1 heure.

     a. En 1 heure, ils parcourent : 54 km. $+$ 36 km. $=$ 90 km.

     b. Temps : $864 : 90 = 9^h 36^{min}.$

2. Heure de la rencontre : $5^h + 9^h 36 = 14^h 36 = \mathbf{2^h 36}$ **du soir.**

2080. — Deux trains vont à la rencontre l'un de l'autre. Le 1ᵉʳ parcourt 50 km. et le 2ᵉ, 37 km. à l'heure. La distance qui les sépare est de 89 Mm. 1/2. Au bout de quel temps se rencontreront-ils? (*Nord.*)

Temps = Distance qui les sépare (895 km.) $:$ Distance parcourue ens. en 1 h.
En 1 heure : $50^{km} + 37^{km} = 87$ km.   *Rép.* $895 : 87 = 10$ *h.* 17 *min.* 14 *sec.*

2081. — La distance de Paris à Bricon, près Chaumont, est de 25 Mm. par la ligne de Mulhouse. Un train qui fait 36 km. à l'heure part de Paris à midi et se dirige vers Bricon ; à la même heure, un autre train qui fait 64 km. à l'heure part de Bricon vers Paris. A quelle heure se rencontreront-ils? Et à quelle distance de Paris?   (*Haute-Marne.*)

I. *Heure de rencontre* = Heure de départ (12 h.) $+$ Temps qu'ils mettront à parcourir la distance qui les sépare (250 km.).

Temps. $\begin{cases} a) \text{ Par heure :} \ 36^{km} + 64^{km} = 100 \text{ km.} \\ b) \ 250 : 100 = 2^h 1/2. \end{cases}$

Rép. $12^h + 2^h 1/2$, soit 2 *h.* 1/2 *du soir.*

II. *Distance de Paris* = $36^{km} \times 2 1/2.$ *Rép.* **90** *km.*

2082. — Deux équipes de terrassiers travaillent à la construction d'un chemin long de $18^{km},525$. Elles ont commencé chacune à une extrémité; la plus forte fait 15 m. par jour; l'autre, 10 m. Après combien de journées de travail se rencontreront-elles? *(Drôme.)*

N. de journées = Long. totale ($18^{km},525$) : Long. faite ensemble par jour.
Par jour : $15^m + 10^m = 25$ m. *Rép.* $18525 : 25 = 741$ *journées.*

2083. — Deux voyageurs partent en même temps du même point et se dirigent en sens inverse. Le 1er fait $6^{km},25$ par heure; le 2e, 5 200 m. A quelle distance, en myriamètres, se trouveront-ils l'un de l'autre après 4 jours, s'ils marchent tous deux 10 h. par jour? *(Gers.)*

Éloignement en 4 jours = Éloignement par heure $\times$ N. d'h. de marche.
1. Par heure : $0^{Mm},625 + 0^{Mm},52 = 1^{Mm},145$.
2. N. d'heures de marche = $10^h \times 4 = 40$ h. *Rép.* $1^{Mm},145 \times 40 = 45^{Mm},8$.

2084. — La distance de Paris à Dijon est de 315 km. Deux trains partent en même temps, l'un de Paris et l'autre de Dijon, se dirigeant l'un vers l'autre. Le 1er fait 55 km. et le 2e 35 km. à l'heure. Calculer : 1° le temps après lequel les trains se croiseront; 2° la distance du point de rencontre à chacune de ces deux villes. *(Côte-d'Or.)*

I. *Temps* = Distance totale (315 km.) : Distance parcourue ensemble en 1 h.
En 1 heure : $55^{km} + 35^{km} = 90$ km. *Rép.* $315 : 90 = 3$ h. 1/2.
II. *Distance de Paris* = $55^{km} \times 3 1/2$. *Rép.* $192^{km},5$.
III. *Distance de Dijon* = $315^{km} - 192^{km},5$. *Rép.* $122^{km},5$.
Vérification : $35^{km} \times 3 1/2 = 122^{km},5$.

2085. — La distance de Paris à Lyon par le chemin de fer de la Bourgogne est de 512 km. Un train part de Paris à 8 h. du soir avec une vitesse de 48 km. par heure, et un autre part de Lyon à $9^h 45$ du soir avec une vitesse de $37^{km},6$. A quelle heure et à quelle distance des deux points extrêmes les trains se rencontreront-ils? *(Paris.)*

I. *Heure de rencontre* = Heure de départ du 2e ($9^h 45$) + Temps mis par le 2e pour rencontrer le 1er.

Temps mis par le 2e.
- *a)* Reste à parcourir à $9^h 45$.
  - $9^h 45^{min} - 8^h = 1^h 3/4 = 7/4$ d'h.
  - Parcours du 1er = $48^{km} \times 7/4 = 84$ km.
  - Reste = $512^{km} - 84^{km} = 428$ km
- *b)* Ensemble par heure : $48^{km} + 37^{km},6 = 85^{km},6$.
- *c)* $428 : 85,6 = 5$ h.

Rép. $9^h 45 + 5^h = 14^h 45$, soit 2 h. 45 du matin.
II. *Distance de Lyon* = $37^{km},6 \times 5$. *Rép.* 188 km.
III. *Distance de Paris* = $512^{km} - 188^{km}$. *Rép.* 324 km.
Vérification : Le 1er a mis $5^h + 1^h 3/4 = 6^h 3/4$.
Distance parcourue = $48^{km} \times 6 3/4 = 48^{km} \times 27/4 = 324$ km.

2086. — Un train va de Chartres à Paris en 2 h. 1/2. Un express va de Paris à Chartres en 1 h. 1/2. Les deux trains partent ensemble des deux points opposés. En combien de temps se rencontreront-ils? *(E.-et-Loir.)*

Temps = Distance totale représentée par 1 : Fraction de cette distance parcourue en 1 heure par les 2 trains.

En 1 heure.
- *a)* Le 1er : $2^h 1/2 = 5/2$; Fraction de la distance = 2/5.
- *b)* Le 2e : $1^h 1/2 = 3/2$; Fraction de la distance = 2/3.
- *c)* En tout : $2/5 + 2/3 = 6/15 + 10/15 = 16/15$ de la dist. totale.

Rép. $1 : 16/15 = 15/16$ d'heure ou $60^{min} \times 15/16 = 56$ *min.* 15 *sec.*

*COURRIERS DE MÊME SENS

P. 201.

Problèmes. — 2087. — Un cycliste part de Nancy à $11^h 20$ du matin et fait en moyenne 18 km. à l'heure; un autre part à sa suite à

11ʰ 45 et fait 22 km. à l'heure. A quelle heure le second cycliste atteindra-t-il le 1ᵉʳ ?   (*Meurthe-et-Moselle.*)

B.22 Km. ⟶   A.18 Km. ⟶   Rencontre

Solution. — **L'heure de la rencontre** est la somme de *l'heure du départ du 2ᵉ cycliste* (11ʰ 45) et du *temps que celui-ci mettra à atteindre le 1ᵉʳ.*

1. *Le temps que le 2ᵉ mettra à atteindre le 1ᵉʳ* est le quotient de l'avance du 1ᵉʳ par la distance que le 2ᵉ regagne en 1 heure.

a. Avance du 1ᵉʳ $\begin{cases} \text{en temps : } 11^h45 - 11^h20 = 25 \text{ min.} \\ \text{en kilomètres : } \dfrac{18^{km} \times 25}{60} = 7^{km},5. \end{cases}$

b. Rapprochement par heure : $22^{km} - 18^{km} = 4$ km.

c. Le 2ᵉ atteindra le 1ᵉʳ en : $\dfrac{7,5}{4} = 1$ h. 52 min. 30 sec.

2. **Heure de la rencontre :**
$$11^h45^m + 1^h52^m30^s = 13^h37^m30^s \text{ ou } \mathbf{1 \text{ h. } 37 \text{ min. } 1/2.}$$

2088. — Deux courriers marchant dans le même sens sont séparés par une distance de 25 km. Celui qui est en avant fait 170 hm. à l'heure, l'autre parcourt 2^{Mm},2 dans le même temps. Au bout de combien de temps le second aura-t-il rattrapé le 1ᵉʳ ?   (*Vaucluse.*)

Temps = Distance de séparation (25 km.) : Dist. gagnée en 1 h. par le 2ᵉ.
Gain en 1 heure par le 2ᵉ = $22^{km} - 17^{km} = 5$ km.
Rép. $25 : 5 = 5$ *heures.*

2089. — Un courrier parcourant 10 km. 1/2 à l'heure est parti depuis 3 heures lorsqu'on envoie à sa poursuite un autre courrier parcourant 13 km. à l'heure. En combien d'heures et de minutes le second atteindra-t-il le 1ᵉʳ ?   (*Seine-et-Oise.*)

Nombre d'heures et de minutes = Avance du 1ᵉʳ : Distance gagnée en 1 h. par le 2ᵉ courrier.
1. Séparation : $10^{km},5 \times 3 = 31^{km},5.$
2. Gain en 1 heure par le 2ᵉ $= 13^{km} - 10^{km},5 = 2^{km},5.$
Rép. $31,5 : 2,5 = 12$ h. 36 min.

2090. — Un train qui fait 288 km. en 8 heures est parti 2 heures après un autre qui fait 180 km. en 6 heures. De combien de kilomètres se rapprochent-ils en 1 heure ? Dans combien de temps le 1ᵉʳ aura-t-il rejoint le 2ᵉ ?   (*Gard.*)

I. *Rapproch^t* en 1 h. $= 288/8$ ᵈᵉ ᵏᵐ $- 180/6$ ᵈᵉ ᵏᵐ.   *Rép.* $36^{km} - 30^{km} = 6$ *km.*
II. *Temps* = Distance de séparation : Rapprochement en 1 heure (6 km.).
Séparation : $30^{km} \times 2 = 60$ km.   *Rép.* $60 : 6 = 10$ *heures.*

2091. — Un train part de Paris à midi pour Marseille et fait 30 km. à l'heure. Un express part de Paris 1ʰ 1/2 après et va dans la même direction en faisant 60 km. à l'heure ; à quelle heure aura-t-il rattrapé le 1ᵉʳ ? Quelle distance parcourra chaque train ?   (*Doubs.*)

I. *Heure de jonction* = Heure de départ de l'express (1ʰ 1/2) + Temps mis à atteindre le 1ᵉʳ train.

Temps pour atteindre le 1ᵉʳ train. $\begin{cases} a) \text{ Avance du 1ᵉʳ} = 30^{km} \times 1\ 1/2 = 45 \text{ km.} \\ b) \text{ Gain du 2ᵉ en 1 h.} = 60^{km} - 30^{km} = 30 \text{ km.} \\ c)\ 45 : 30 = 1^h\ 1/2. \end{cases}$

Rép. $1^h 1/2 + 1^h 1/2 = 3$ *h.*
II. *Distance parcourue* $= 60^{km} \times 1\ 1/2.$ *Rép.*   **90** *km.*

2092. — Un piéton, une bicyclette et une automobile vont dans la même direction et partent du même point. Le piéton part à 4 h. du matin et fait 5 km. à l'heure; le cycliste part à 6 h. et fait 15 km. à l'heure; l'automobile part à 9 h. et fait 50 km. à l'heure. A quelle heure le cycliste atteindra-t-il le piéton et à quelles heures l'automobile atteindra-t-elle le piéton et le cycliste ? *(Doubs.)*

I. *Heure de jonction du cycliste et du piéton* = Heure de départ du cycliste (6 h.) + Temps mis à atteindre le piéton.

Temps pour atteindre le piéton.
- *a)* Avance du piéton = $5^{km} \times (6-4) = 10$ km.
- *b)* Gain du cycl. en 1 h. = $15^{km} - 5^{km} = 10$ km.
- *c)* $10 : 10 = 1$ h.

Rép. $6^h + 1^h = 7\ h.$

II. *Automobile et piéton.*

Temps pour atteindre le piéton.
- *a)* Avance du piéton = $5^{km} \times (9-4) = 25$ km.
- *b)* Gain de l'auto en 1 h. = $50^{km} - 5^{km} = 45$ km.
- *c)* $25 : 45 = 5/9$ d'h. = $60^{min} \times 5/9 = 33^{min} 20^{sec}$.

Rép. $9^h + 33^{min} 20^{sec} = 9\ h.\ 33\ min.\ 20\ sec.$

III. *Automobile et cycliste.*

Temps pour atteindre le cycliste.
- *a)* Avance du cycliste = $15^{km} \times (9-6) = 45$ km.
- *b)* Gain de l'auto en 1 h. = $50^{km} - 15^{km} = 35$ km.
- *c)* $45 : 35 = 9/7$ d'h. = $60^{min} \times 9/7 = 1^h 17^{min} 8^{sec}$.

Rép. $9^h + 1^h 17^{min} 8^{sec} = 10\ h.\ 17\ min.\ 8\ sec.$

2093. — Un train de chemin de fer part à 6 h. 15 min. du matin et fait 10 km. en 11 minutes; il est suivi par un autre train qui, partant 2 h. 57 min. plus tard, fait 25 km. en 20 min. A quelle distance du point de départ et à quelle heure le 2e train atteindra-t-il le 1er ? *(Nord.)*

I. *Distance au point de départ* = Vitesse du 2e en 1 minute $\times$ Temps qu'il met à atteindre le 1er train.

1. Vitesse du 2e en 1 minute = $25^{km} : 20 = 1^{km},25$.

2. Temps pour att. le 1er train.
- *a)* Avance du 1er. $\begin{cases} 2^h 57^{min} = 177 \text{ min.} \\ 10^{km} \times 177 : 11 = 1770/11 \text{ de km.} \end{cases}$
- *b)* G. du 2e en 1 min. = $25/20 - 10/11 = 5/1 - 10/11 = 15/44$.
- *c)* $1770/11 : 15/44 = 1770/11 \times 44/15 = 472$ min.

Rép. $1^{km},25 \times 472 = 590\ km.$

II. *Heure de jonction* = $6^h 15^{min} + 2^h 57^{min} + 472^{min}$.

$15^{min} + 57^{min} + 472^{min} + 6^h + 2^h = 9^h 4^{min} + 6^h + 2^h = 17^h 4^{min}$.

Rép. $5\ h.\ 4\ min.\ du\ soir.$

*REVISION GÉNÉRALE

P. 202.

Problèmes. — 2094. — Une personne est née le 16 novembre 1862. Quel âge a-t-elle eu le 24 janvier 1885 ? *(Ardennes.)*

$1884 - 1862 = 22$ ans; 16 nov. au 16 janv. = 2 mois; $24^j - 16^j = 8$ jours.

Rép. $22\ ans\ 2\ mois\ 8\ jours.$

2095. — Un tisserand fait $4^m 1/2$ d'étoffe en 1 heure 1/2. Combien mettra-t-il de temps pour en faire $15^m 3/4$? *(Charente-Inf^{re}.)*

Rép. $1^h,5 \times 15,75 : 4,5 = 15,75 : 3 = 5\ h.\ 15\ min.$

2096. — Quelle distance parcourra, de 6 h. 3/4 à $9^h 12$ du matin, un voyageur qui fait régulièrement 6 km. à l'heure? *(Calvados.)*

Distance parcourue = 6 km. $\times$ Nombre d'heures de marche.

Nombre d'h. de marche = $9^h 12^{min} - 6^h 45^{min} = 2^h 27^{min} = 147/60$ d'h.

Rép. $6^{km} \times 147/60 = 14^{km},7.$

2097. — Un ouvrier gagne 120 fr. par mois et dépense 990 fr. par an. Il emploie ses économies à l'achat d'un terrain rectangulaire de 80 m. de long sur 49^m,80 de large, valant 75 fr. l'are. Combien mettra-t-il de temps à se libérer ? *(Haute-Savoie.)*

Temps = Prix du terrain : Economie annuelle.

1. Prix du terrain. { *a)* Surface = 8^a × 4,98 = 39^a,84.
{ *b)* 75^f × 39,84 = 2 988 fr.

2. Econ. annuelle. { *a)* Gain annuel = 120^f × 12 = 1 440 fr.
{ *b)* 1 440^f — 990^f = 450 fr.

Rép. 2 988 : 450 = 6 ans 7 mois par déf., donc 6 *ans* 8 *mois.*

2098. — Dans une marche militaire, les soldats français font 120 pas de 0^m,75 par minute, marchent 50 minutes par heure et se reposent 10 minutes. Des soldats sont partis à 5 h. du matin, à quelle heure arriveront-ils à la grand'halte, distante de 22^{km},500 ? *(Vienne.)*

Heure d'arrivée = Heure de départ (5 h.) + Temps de marche.

Temps de marche. { *a)* Par heure : (0^m,75 × 120) × 50 = 4 500^m = 4^{km},5.
{ *b)* 22,5 : 4,5 = 5 h.
{ 5^h — dernier repos de 10 min. = 4^h 50^{min}.

Rép. 5^h + 4^h 50^{min} = 9 *h.* 50 *min.*

2099. — Un ouvrier a mis 2 heures 15 min. pour faire les 3/5 d'un ouvrage. Quel temps faudra-t-il à 2 ouvriers pour faire ce même ouvrage en entier ? *(Finistère.)*

Temps mis par 2 ouvriers = Temps mis par un seul : 2.
Un seul : 2^h 1/4 : 3/5 = 9/4 × 5/3 = 15/4 d'h.
Rép. 15/4 : 2 = 15/8 ou 15 : 8 = 1 *h.* 52 *min.* 30 *sec.*

2100. — Un train rapide fait 10 lieues 1/4 en 30 minutes. S'il est parti à 6 h. du matin, combien aura-t-il parcouru de kilomètres à 10 h. 1/2 du matin? *(Gard.)*

Parcours total = Nombre de km. en 1/2 h. × Nombre de 1/2 h. de marche.
1. En 1/2 h. : 10 lieues 1/4 = 41 km.
2. Nombre de 1/2 heures de marche = 10^h 1/2 — 6^h = 4^h 1/2 = 9/2 heures.
Rép. 41^{km} × 9 = 369 *km.*

2101. — Un moulin fournit 5 hl. de farine en 8 heures, un autre 2 hl. en 3 h. Si les deux marchent ensemble, quel temps leur faudra-t-il pour fournir 1 hl. ? *(Orne.)*

Temps = 1 : Nombre d'hl. fournis en 1 heure.
En 1 h. : 5/8 + 2/3 = 15/24 + 16/24 = 31/24 d'hl.
Rép. 1 : 31/24 = 24/31 d'heure = 46 *min.* 27 *sec.*

2102. — Deux ouvriers travaillent à la même tâche. Le 1er gagne 3^f,50 par jour et travaille seul 8 jours; il travaille ensuite avec le 2e qui gagne 4^f,25 par jour. Au bout de combien de jours le 2e aura-t-il gagné autant que le 1er? *(Doubs.)*

Nombre de jours du 2e = Avance du 1er : Surplus du 2e par jour.
1. Avance du 1er = 3^f,5 × 8 = 28 fr.
2. Surplus par jour = 4^f,25 — 3^f,50 = 0^f,75.
Rép. 28 : 0,75 = 37 *jours* 1/3.

2103. — Une locomotive qui fait 121 km. en 5^h 1/2 a 9 h. d'avance

sur une autre qui fait 336 km. en $10^h 1/2$. Dans combien de temps la 2ᵉ
rejoindra-t-elle la 1ʳᵉ ?   (*Loire.*)

Temps = Avance de la 1ʳᵉ : Distance gagnée par la 2ᵉ en 1 h.

1. Avance. { *a*) Vitesse = 121^{km} : 5,5 = 22 km.
            { *b*) $22^{km} \times 9 = 198$ km.

2. Gain de la 2ᵉ en 1 h. { *a*) Vitesse = 336^{km} : 1,5 = 32 km.
                          { *b*) $32^{km} - 22^{km} = 10$ km.

Rép. 198 : 10 = $19^h,8 = 19$ *h*. 48 *min*.

2104. — Une machine brûle 15 kg. de charbon pour vaporiser 25 l.
d'eau par heure. Combien de temps doit-elle fonctionner pour brûler 2 q.
de charbon, et quelle quantité d'eau sera vaporisée?   (*Morbihan.*)

I. *Durée de fonctionnement* = 200 : 15.   *Rép.* 13 h. 20 *min*.
II. *Volume d'eau vaporisée* = $25^l \times 200/15$.   *Rép.* 333 *l.* 1/3.

2105. — Deux trains vont à la rencontre l'un de l'autre. Ils ont à
parcourir une distance de $529^{km},575$. Le 1ᵉʳ fait $53^{km},6$ à l'heure; le
2ᵉ, $38^{km},5$. Dans combien de temps se rencontreront-ils, et quelle distance
chacun d'eux aura-t-il parcourue?   (*Seine.*)

I. *Temps* = Distance de séparation ($529^{km},575$) : Distance parcourue par les
2 trains ensemble en 1 heure.
En 1 heure : $53^{km},6 + 38^{km},5 = 92^{km},1$.
Rép. 529,575 : 92,1 = 5 *h*. 45 *min*. ou 5 *h*. 3/4.
II. *Parcours du 1ᵉʳ* = $53^{km},6 \times 5\ 3/4 = 53^{km},6 \times 23/4$.   *Rép.* $308^{km},2$.
III. *Parcours du 2ᵉ* = $529^{km},575 - 308^{km},2$.   *Rép.* $221^{km},375$.

2106. — Une lampe brûle 36 g. d'huile par heure. On la laisse allumée
en moyenne 2 h. 3/4 par jour. Quelle sera la dépense d'éclairage du 1ᵉʳ novembre inclus au 28 février si l'huile coûte $0^f,75$ le kilog. ?   (*Oise.*)

Dépense totale = Prix du kg. ($0^f,75$) $\times$ Nombre de kilogrammes brûlés.

Nombre de kg. { *a*) Par jour : $36^g \times 2\ 3/4 = 99^g = 0^{kg},099$.
               { *b*) Nombre de jours = $30^j + 31^j + 31^j + 28^j = 120$ jours.
               { *c*) $0^{kg},099 \times 120 = 11^{kg},88$.

Rép. $0^f,75 \times 11,88 = 8^f,91$.

2107. — Un voyageur a parcouru 29 km. 3/4, de $7^h 25$ du matin
à $1^h 15$ de l'après-midi. Combien de mètres parcourait-il en moyenne
par minute?   (*Nord.*)

Vitesse par minute = Dist. parcourue (29^{km} 3/4) : N. de min. de marche.
N. de min. de marche : $13^h 15^{min} - 7^h 25^{min} = 5^h 50^{min} = 350$ min.
Rép. 29750^m : 350 = 85 *m*.

2108. — Une montre retarde de 3 secondes en 45 minutes. Si on
la met à l'heure exacte à 6 h. du matin, quelle heure marquera-t-elle le
soir lorsque l'heure exacte sera 6 h. ?   (*Haute-Savoie.*)

Heure marquée = Heure exacte (6 h.) — Retard.

Retard. { *a*) De 6 h. du matin à 6 h. du soir il y a 12 h. ou 720 min.
         { *b*) $3^{sec} \times 720 : 45 = 48$ sec.

Rép. $6^h - 48^{sec} = 5$ *h*. 59 *min*. 12 *sec*.

2109. — Un cavalier et un piéton partent d'un même point à P. 203.
8 heures. Ils suivent le même chemin; le cavalier fait 13 km. à l'heure
et le piéton 1 km. en 9 minutes. A quelle distance seront-ils l'un de
l'autre à 2 h. du soir?   (*Orne.*)

Distance de séparation = Parcours du cavalier — Parcours du piéton.

1. Cavalier. { *a*) Nombre d'heures de marche = $14^h - 8^h = 6$ h.
              { *b*) Parcours = $13^{km} \times 6 = 78$ km.

2. Piéton.   { *a*) Nombre de min. de marche = $60^{min} \times 6 = 360$ min.
              { *b*) Parcours = $1^{km} \times 360 : 9 = 40$ km.

Rép. $78^{km} - 40^{km} = 38$ *km*.

2110. — Un ouvrier gagne 5^f,05 par jour pendant 305 jours de l'année. Chaque mois, il paye 12 fr. de loyer et 76 fr. d'entretien. Il dépense 75 fr. par trimestre pour ses menus plaisirs, 18 fr. par semestre pour achat de papier et de livres. Il économise le reste pour acheter une maison estimée 4 820 fr. Combien lui faudra-t-il d'années et de mois pour économiser cette somme ?   (*Finistère.*)

Temps = Valeur de la maison (4 820 fr.) **:** Economie annuelle.

Economie annuelle.
- *a*) Gain = 5^f,05 × 305 = 1 540^f,25.
- *b*) Dépenses.
  - Loyer et entret. : (12^f + 76^f) × 12 = 1 056 fr.;
  - Menus plaisirs : 75^f × 4 = 300 fr.;
  - Papier et livres : 18^f × 2 = 36 fr.;
  - Total : 1 056^f + 300^f + 36^f = 1 392 fr.
- *c*) 1 540^f,25 — 1 392^f = 148^f,25.

Rép. 4 820 **:** 148,25 = 32 *ans* 6 *mois* par défaut.

2111. — Deux trains partent en même temps de deux villes éloignées l'une de l'autre de 62^{Mm},4. L'un fait 48 km. à l'heure, l'autre 30 km. Au bout de combien d'heures se rencontreront-ils? Quelle distance, à ce moment, chacun d'eux aura-t-il parcourue?   (*Aveyron.*)

I. *Nombre d'heures* = Distance de séparation (62^{Mm},4) **:** Distance parcourue ensemble en 1 heure.

En 1 heure : 48^{km} + 30^{km} = 78 km.

Rép. 624 **:** 78 = 8 *h.*

II. *Parcours du* 1er = 48^{km} × 8. *Rép.* 384 *km.*

III. *Parcours du* 2e = 624^{km} — 384^{km}. *Rép.* 240 *km.*

2112. — Avec une machine à coudre, une personne fait 0^m,30 de couture par minute. On demande : 1° la longueur de la couture obtenue en 2^h 25^{min}.; 2° le prix du travail à raison de 0^f,05 par mètre; 3° le bénéfice net pour les 2^h 25^{min}. de travail, si les 10 m. de couture demandent à l'ouvrière une dépense de 0^f,02 pour le fil.   (*Meuse.*)

I. *Longueur de la couture* = 0^m,30 × Nombre de minutes de travail.

N. de min. = 60^{min} × 2 + 25^{min} = 145 min. *Rép.* 0^m,30 × 145 = 43^m,50.

II. *Prix du travail* = 0^f.05 × 43,5. *Rép.* 2^f,175.

III. *Bénéfice net* = Prix total (2^f,175) — Dépense de fil.

Fil : 0^f,02 × 4,35 = 0^f,087. *Rép.* 2^f,175 — 0^f,087 = 2^f,088.

2113. — Deux ouvriers doivent faire le même trajet de 26 km. L'un est à pied et fait 5 km. à l'heure; l'autre est à bicyclette et fait 3 km. en 15 min. Le 1er part à 5 h. du matin. A quelle heure l'autre devra-t-il partir pour arriver en même temps à destination?   (*Jura.*)

Heure de départ du 2e = Heure de départ du 1er (5 h.) + Différence entre les deux durées du parcours.

Différence.
- *a*) Le 1er met : 26 **:** 5 = 5^h 12^{min}.
- *b*) Le 2e met : 15^{min} × 26 **:** 3 = 130^{min} = 2^h 10^{min}.
- *c*) 5^h 12^{min} — 2^h 10^{min} = 3^h 2^{min}.

Rép. 5^h + 3^h 2^{min} = 8 *h.* 2 *min. du matin.*

2114. — Réduisez 9^h 35^{min}. en fraction de journée de 11 heures de travail.   (*Doubs.*)

9^h 35^{min} = 60^{min} × 9 + 35^{min} = 575 min.

11^h = 60^{min} × 11 = 660 min.

Rép. 575/660 ou 115/132.

2115. — Un train parti de Bordeaux à 6 h. du matin est arrivé à Castres à midi. La distance de ces 2 villes est de 305 km. A quelle heure le train est-il passé à Montauban qui est à 99 km. de Castres ?   (*Tarn.*)

Heure à Montauban = H. à Castres (12 h.) — Temps pour parcourir 99 km.

Temps pour 99 km. $\Big\{$ *a)* Durée totale = $12^h - 6^h = 6$ h.
$\quad$ *b)* $6^h \times 99 : 305 = 1^h 56^{min} 51^{sec}$.

Rép. $12^h - 1^h 56^{min} 51^{sec} = 10$ *h. 3 min. 9 sec.*

2116. — Deux compagnies peuvent faire le même travail, l'une en 11 j., l'autre en 15 j. On prend 1/3 des ouvriers de la 1re et 2/5 des ouvriers de la 2e. En combien de jours feront-ils l'ouvrage ?   (*Seine-et-Oise.*)

Nombre de jours = Ouvrage total représenté par 1 : Fract. faite en 1 jour.

En 1 jour. $\Big\{$ *a)* 1/3 des ouvriers de la 1re font: $1/11 \times 1/3 = 1/33$.
$\quad$ *b)* 2/5 des ouvriers de la 2e font : $1/15 \times 2/5 = 2/75$.
$\quad$ *c)* Fract. totale $= 1/33 + 2/75 = 75/2475 + 66/2475 = 141/2475$.

Rép. $1 : 141/2475 = 2475/141$ de j. $= 17$ *jours* 26/47.

Remarque. — Il faut conserver la fraction 26/47, puisqu'on ne connaît pas le nombre des heures de travail d'une journée.

2117. — Un voyageur va de Lille à Dunkerque dans une voiture automobile qui parcourt 30 km. à l'heure. Il reste 2 h. 3/4 à Dunkerque, puis revient à Lille avec la même vitesse. Parti de Lille à 8 h. du matin, il y rentre à 3 h. 1/2 de l'après-midi. Quelle est la distance entre les deux villes ?   (*Nord.*)

Distance = Vitesse à l'heure (30 km.) $\times$ Durée du trajet (aller).

Durée du trajet. $\Big\{$ *a)* $15^h 1/2 - 8^h = 7^h 1/2$.
$\quad$ *b)* $(7^h 1/2 - 2^h 3/4) : 2 = 4^h 3/4 : 2 = 19/8$ d'h.

Rép. $30^{km} \times 19/8 = 71^{km},25$.

2118. — Le long des lignes de chemin de fer, les poteaux télégraphiques sont à environ 80 m. l'un de l'autre. Un voyageur constate qu'un train a mis exactement 24 secondes pour aller d'un poteau télégraphique au 7e poteau suivant. Si ce train conserve la même vitesse, on demande quelle distance il parcourt : 1° en 1 seconde, 2° en 1 heure. Combien de temps mettrait-il pour aller de Dijon à Auxonne (32 km.)?   (*Côte-d'Or.*)

I. *Parcours en* 1 *sec.* = Parcours total : 24.
Parcours total : *a)* N. d'interv. $= 7 - 1 = 6$.   *b)* $80^m \times 6 = 480$ m.
Rép. $480^m : 24 = 20$ *m.*
II. *Parcours en* 1 *h.* $= 20^m \times 60 \times 60$. *Rép.* $72\,000$ *m.* ou 72 *km.*
III. *Temps de Dijon à Auxonne* $= 32 : 72$. *Rép.* 26 *min.* 40 *sec.*

2119. — Une montre qui avance de 5 minutes en 3 heures est mise à l'heure juste à midi. Quelle heure est-il exactement quand elle marque 4 h. 1/2 du soir ?   (*Meurthe-et-Moselle.*)

Heure exacte = Heure marquée (4 h. 1/2) — Avance.

Avance. $\Big\{$ *a)* $4^h 1/2 = 60^{min} \times 4 + 30^{min} = 270$ min.
$\quad$ *b)* Fract. corresp. à l'avance. $\Big\{$ = Avance : Temps marqué.
$\qquad\qquad = 5 : (60 \times 3 + 5) = 5/185$.
$\quad$ *c)* $270^{min} \times 5/185 = 7^{min} 18^{sec}$.

Rép. $4^h 30^{min} - 7^{min} 18^{sec} = 4$ *h.* 22 *min.* 42 *sec.*

2120. — Le train express qui part de Paris à 11 h. du matin arrive à Lyon à 10 h. du soir et l'express qui part de Lyon à 7 h. du soir arrive à Paris à 4 h. du matin. On demande à quelle heure et à quelle distance de Paris ce dernier train croisera le 1er. La distance de Paris à Lyon est de 495 km. *(Rhône.)*

I. *Heure de rencontre* = Heure de départ du train de Lyon (7 h.) + Temps mis par ce train pour rencontrer l'autre.

Temps du 2e.
- = Reste du parcours à 7 h. : Distance parcourue ensemble en 1 h.
- *a)* Reste.
  - Vitesse du 1er. $22^h - 11^h = 11$ h. ; $495^{km} : 11 = 45$ km.
  - Le 1er seul. . . $19^h - 11^h = 8$ h. ; $45^{km} \times 8 = 360$ km.
  - $495^{km} - 360^{km} = 135$ km.
- *b)* En 1 h. ensemble.
  - Vitesse du 2^e $28^h - 19^h = 9$ h. ; $495^{km} : 9 = 55$ km.
  - $45^{km} + 55^{km} = 100$ km.
- *c)* $135 : 100 = 1^h 21^{min}$.

Rép. $7^h + 1^h 21^{min} = 8$ *h.* 21 *min. du soir.*

II. *Distance de Paris* = 360^{km} + Distance parcourue en $1^h 21^{min}$ (135/100).
En $1^h 21^{min}$: $45^{km} \times 135/100 = 60^{km},75$. *Rép.* $360^{km} + 60^{km},75 = 420^{km},75$.

APPLICATIONS

RÈGLES DE TROIS

RÈGLE DE TROIS SIMPLE ET DIRECTE

Problème. — 9 m. de toile coûtent 21 fr., que coûtent 150 m. de la même toile ?

Solution. — 150 m. coûtent 150 fois le prix du mètre.

$$\text{Prix du mètre} : \frac{21}{9};$$

$$\text{Prix des 150 m.} : \frac{21 \times 150}{9} = 350 \text{ fr.}$$

1. — On peut disposer les données de ce problème de la façon suivante :

9 m. coûtent 21 fr.

150 m. coûtent x *fr.* (prix inconnu).

C'est une **règle de trois.**

2. — Lorsqu'on résout les problèmes de ce genre, il est souvent préférable de *conserver à la valeur de l'unité sa forme fractionnaire* et d'effectuer l'expression finale en *commençant par la multiplication.*

Dans l'exemple précédent, le prix du mètre étant 21 fr. : 9 = 2^f,33, on obtiendrait, pour les 150 m., 2^f,33 × 150 = **349^f,50,** au lieu du résultat exact **350 fr.**

3. — On peut parfois abréger les calculs *en simplifiant l'expression finale* avant de l'effectuer :

$$\text{Ex. :} \qquad \frac{21^f \times 150}{9} = 7^f \times 50 = 350 \text{ fr.}$$

REMARQUE. — Le problème étudié est une **règle de trois simple,** parce qu'il ne contient que deux espèces de grandeurs : longueurs et prix.

Ces deux grandeurs sont *directement proportionnelles,* c'est-à-dire que si l'une devient 2, 3, 4... fois plus grande ou plus petite, l'autre devient aussi 2, 3, 4... fois plus grande ou plus petite; la *règle de trois* est **directe.**

Pour la résoudre, on a employé la **méthode de réduction à l'unité.**

Problèmes. — 2121. — Une barrique de vin de 228 l. coûte 84 fr. Quel est le prix d'un fût de 133 litres ?

Rép. 84^f × 133 : 228 = 47^f,25.

2122. — Lorsque les 9 kg de café coûtent 42 fr., quel poids en aurait-on pour 28 fr.?

Poids = Prix total (28 fr.) : Prix du kilogramme.
Prix du kilogramme = 42ᶠ : 9. *Rép.* 28 : 42/9 = 28 × 9/42 = 6 *kg.*

P. 205. **2123.** — J'avais acheté 48 kg de sucre pour 31ᶠ.20; mais, par erreur, on ne m'en envoie que 36ᵏᵍ,080. Combien dois-je payer seulement? *(Hautes-Pyrénées.)*

Rép. 31ᶠ,2 × 36,08 : 48 = 23ᶠ,45.

2124. — 14 m. de toile ont coûté 6ᶠ,30. Combien aurait-on de mètres pour 43ᶠ,20? *(Creuse.)*

Rép. 14ᵐ × 43,2 : 6,3 = 96 *m.*

2125. — Un ouvrier a reçu 40 fr. pour 16 jours de travail. Qu'aurait-il reçu s'il avait travaillé 24 jours de plus? *(Morbihan.)*

Rép. 40ᶠ × (16 + 24) : 16 = 100 *fr.*

2126. — Un coutelier a gagné 13ᶠ,25 en vendant 6 douzaines de couteaux. Que gagnera-t-il en vendant au même prix 198 couteaux du même genre? *(Manche.)*

198 couteaux = 16ᵈᵒᵘᶻ,5. *Rép.* 13ᶠ,25 × 16,5 : 6 = 36ᶠ,43 ou 36ᶠ,45.

2127. — Un coupon de drap de 12ᵐ,80 coûte 153ᶠ,60. Combien payera-t-on en tout pour deux coupons de la même étoffe ayant l'un 8ᵐ,35 et l'autre 9ᵐ,55? *(Seine.)*

Rép. 153ᶠ,6 × (8,35 + 9,55) : 12,8 = 214ᶠ,80.

2128. — On a acheté 2 pièces d'étoffe de même qualité; la première, contenant 128 m., a coûté 147ᶠ,20; quel est le prix de la deuxième, qui a 17 m. de moins? *(Nord.)*

Rép. 147ᶠ,2 × (128 − 17) : 128 = 127ᶠ,65.

2129. — Un ouvrier devait faire un ouvrage pour 385 fr. Il tombe malade, et la besogne est achevée par un autre qui fait 28 m. et reçoit 35 fr. Combien le 1ᵉʳ ouvrier avait-il fait de mètres? *(Seine.)*

Nombre de m. du 1ᵉʳ = Somme qu'il a reçue (385ᶠ − 35ᶠ) : P. du m. (35ᶠ : 28).
Rép. 350 × 28 : 35 = 280 *m.*

2130. — Deux personnes ont acheté une pièce de mérinos qui a 54 m. de longueur pour 708 fr. Combien chacune d'elles aura-t-elle de mètres si la première a déboursé 442ᶠ,50 et si la deuxième a payé le reste? *(Morbihan.)*

I. *Longueur de la 1ʳᵉ part* = 54ᵐ × 442,5 : 708. *Rép.* 33ᵐ,75.
II. *Longueur de la 2ᵉ* = 54ᵐ − 33ᵐ,75. *Rép.* 20ᵐ,25.

2131. — Pour faire un pantalon, on a acheté 1ᵐ,25 d'un drap qui vaut 100 fr. les 8ᵐ,75. Sachant que les fournitures ont coûté 2ᶠ,15 et la façon 6 fr., à combien revient le pantalon? *(Oise.)*

Prix de revient = Prix du drap + Fournitures (2ᶠ,15) + Façon (6 fr.).
Prix du drap = 100ᶠ × 1.25 : 8,75 = 14ᶠ,28 ou 14ᶠ,30.
Rép. 14ᶠ,30 + 2ᶠ,15 + 6ᶠ = 22ᶠ,45.

2132. — Un ouvrier consommait en moyenne pour 0ᶠ,35 d'eau-de-vie par jour. Il renonce à cette mauvaise habitude, et, avec l'argent qu'il économise ainsi en un an, il achète du vin à 45 fr. les 220 litres. On demande combien il en aura d'hectolitres. *(Meuse.)*

Nombre d'hectolitres = Économie annuelle : Prix de l'hectolitre.
1. Économie = 0ᶠ,35 × 365 = 127ᶠ,75; 2. Prix de l'hectolitre = 45ᶠ : 2,2.
Rép. 127,75 × 2,2 : 45 = 6ʰˡ,21.

***2133.** — En supposant qu'une vache donne 6 l. de lait par jour et que 35 l. de lait donnent 2 kg. de beurre, trouver la quantité de beurre qu'on peut obtenir par semaine avec 9 vaches. *(Deux-Sèvres.)*

Rép. $2^{kg} \times (6 \times 9 \times 7) : 35 = 2^{kg} \times 378 : 35 = 21^{kg},6.$

***2134.** — Dans une famille, on boit $2^l,25$ de cidre par repas, et l'on fait 2 repas par jour. Combien dépensera-t-on par mois de 30 jours, si la barrique de cidre de 228 l. coûte 18 fr.? *(Ille-et-Vilaine.)*

Rép. $18^f \times (2,25 \times 2 \times 30) : 228 = 18^f \times 135 : 228 = 10^f,65.$

***2135.** — Je voudrais échanger 27 doubles dal. de blé à $20^f,80$ l'hl., contre du vin à 33 fr. la feuillette de 110 l. Combien devrai-je recevoir de litres de vin ? *(Orne.)*

Nombre de litres de vin = Valeur donnée $:$ Prix du litre $(33^f : 110)$.
Valeur donnée = $(20^f,8 : 5) \times 27 = 112^f,32.$ *Rép.* $112,32 \times 110/33 = 374^l,40.$

***2136.** — Une servante était louée à l'année, moyennant 450 fr.; au bout de 7 mois 14 jours, elle cesse son service. Combien lui doit-on? On comptera tous les mois de 30 jours. *(Ille-et-Vilaine.)*

$7^{mois} 14^j = 224$ j. *Rép.* $450^f \times 224 : 360 = 280$ *fr.*

***2137.** — Un domestique devait recevoir 288 fr. pour une année de gages, mais il a quitté son travail et n'a reçu que 252 fr. Combien de mois a-t-il servi ? *(Aveyron.)*

Rép. $12^{mois} \times 252 : 288 = 10$ *mois* 1/2.

***2138.** — Un champ de $24^a,75$ a été payé 1908 fr. Combien coûterait un terrain de même qualité d'une contenance de $4\,536^{m2}$? *(Sarthe.)*

Rép. $1\,908^f \times 4536 : 2475 = 3\,496^f,84$ ou $3\,496^f,85.$

***2139.** — $4^{ha},0825$ de terrain coûtent $21\,147^f,35.$ Combien payera-t-on pour un lot carré de $120^m,75$ de côté? *(Indre-et-Loire.)*

Surface = $120^{m2},75 \times 120,75 = 14\,580^{m2},5625.$
Rép. $21\,147^f,35 \times 14\,580,5625 : 40\,825 = 7\,552^f,73$ ou $7\,552^f,75.$

*MÉTHODE DE RÉDUCTION A L'UNITÉ   P. 206.
(Remarque.)

4. — Dans les règles de trois, la *méthode de réduction à l'unité* est d'un emploi facile, mais, si on l'applique machinalement, elle peut conduire à des *raisonnements trop longs* ou même *absurdes*.

1er Exemple. — 3 kg. de chocolat valent $10^f,50$; quel est le prix de 12 kg. ?

Réduction à l'unité.	*Méthode préférable* (simplification).
3^{kg} valent $10^f,50$;	
1^{kg} — $\dfrac{10^f,50}{3}$;	Le **prix de 12 kg.** est égal à 4 fois le prix de 3 kg. $(10^f,50)$:
12^{kg} — $\dfrac{10^f,50 \times 12}{3} = \mathbf{42\ fr.}$	$10^f,50 \times 4 = \mathbf{42\ fr.}$

2º Exemple. — 13 ouvriers ont fait 273 m. d'ouvrage ; combien faudra-t-il d'ouvriers pour faire 420 m. du même ouvrage dans le même temps ?

Réduction à l'unité.	*Méthode préférable.*

Réduction à l'unité.

273 m. sont faits par 13 ouv.

1 m. — $\dfrac{13}{273}$ d'ouvrier.

420 m. — $\dfrac{13 \times 420}{273} = \mathbf{20\ ouv.}$

Nous trouvons la réponse demandée, mais nous faisons un *raisonnement absurde*.

Méthode préférable.

Le **nombre des ouvriers** nécessaires est le quotient de la *longueur totale* (420 m.) par la *longueur que fait* 1 *ouvrier*.

1. Longueur faite par un ouv. : $\dfrac{273^m}{13}$;

2. **Nombre d'ouvriers :**

$$420 : \dfrac{273}{13} = \dfrac{420 \times 13}{273} = \mathbf{20\ ouv.}$$

Problèmes. — **2140.** — Le sucre valant 0^f,35 les 500 g., quel est le poids d'un pain de sucre qui a coûté 5^f,95 ? (*Côtes-du-Nord.*)

Nombre de kilogrammes = 5,95 : (0,35 × 2). *Rép.* 8^{kg},5.

2141. — Combien 200 kg. de blé donneront-ils de kilogrammes de farine, si 20 kg. de blé en donnent 14 de farine ? (*Haute-Garonne.*)

Rép. 14^{kg} × 10 = 140 *kg*.

2142. — On a acheté du drap valant 6^f,30 les 75 cm. Combien en a-t-on eu pour 63 fr. ? (*Cher.*)

Rép. 0^m,75 × 10 = 7^m,50.

2143. — Lorsque 3/5 de mètre de ganse coûtent 0^f,21, combien aura-t-on de mètres pour 42^f,35 ? (*Allier.*)

Prix du mètre = 0^f,21 × 5/3 = 0^f,35. *Rép.* 42,35 : 0,35 = 121 *m*.

2144. — Combien coûtent 15^m,40 d'étoffe, lorsque 28 cm. valent 0^f,35 ? (*Oise.*)

Prix du mètre = 0^f,35 : 0,28 = 1^f,25. *Rép.* 1^f,25 × 15,4 = 19^f,25.

2145. — Pour ensemencer 42 a. de terrain, il a fallu 1^{hl} 2/5 de blé. Quelle étendue pourra-t-on ensemencer avec 4^{hl} 1/3 ? (*Ardennes.*)

Etendue avec 1 hectolitre = 42^a : 1,4 = 30 a. *Rép.* 30^a × 4 1/3 = 130 *a*.

2146. — Soixante-trois ouvriers ont fait 2660 m. d'ouvrage. Combien faudra-t-il d'ouvriers pour faire 380 m. d'ouvrage dans le même temps ? (*Oise.*)

Nombre d'ouvriers = Long. totale (380 m.) : Long. que fait 1 ouv. (2660/63).
Rép. 380 × 63/2660 = 63 : 7 = 9 *ouvriers*.

2147. — Pour 1 fr., on a 540 g. d'huile. Combien devra-t-on payer pour une bonbonne de cette huile, sachant que le vase pèse 4^{kg},23 quand il est vide et 18 kg. quand il est plein ? (*Oise.*)

Prix de l'huile = Prix du kilogramme (1^f : 0,54) × Poids de l'huile.
Poids d'huile = 18^{kg} — 4^{kg},23 = 13^{kg},77. *Rép.* 1^f × 13,77 : 0,54 = 25^f,50.

2148. — Un tisserand fait 4^m 1/3 de toile en 1^h 1/2. Combien mettra-t-il de temps pour faire 10 m. de toile ? (*Haute-Marne.*)

Rép. 1^h,5 × 10 : 4 1/3 = 15^h × 3/13 = 3^h 27^{min} 9/13.

RÈGLE DE TROIS SIMPLE ET INVERSE   P. 207.

Exercice oral. — Pour faire un travail, un ouvrier met 60 jours; combien auraient mis : 1° 2 ouvriers? 2° 3 ouvriers?

Rép. 1° 30 *jours;* 2° 20 *jours.*

— Combien de jours mettrait 1 ouvrier pour exécuter un travail :
1° que 5 ouvriers ont fait en 7 jours ?
2° que 4 ouvriers ont fait en 5 jours ?

Rép. 1° 7^j $\times$ 5 = 35 *jours;* 2° 5^j $\times$ 4 = 20 *jours.*

Problèmes. — **2149.** — Quinze ouvriers ont fait un travail en 18 jours. Combien de temps 45 ouvriers, travaillant dans les mêmes conditions, mettraient-ils pour faire un ouvrage semblable ?

Solution. — Le **temps que mettraient 45 ouvriers** est le quotient du *temps que mettrait* 1 *ouvrier* par 45.

1. Temps que mettrait un ouvrier : 18^j $\times$ 15.

2. **Temps que mettraient 45 ouvriers :** $\dfrac{18^j \times 15}{45} = \dfrac{18^j}{3} = $ **6 Jours.**

Remarque. — Le problème précédent est une **règle de trois simple** et **inverse.**

Elle est **inverse** parce que les deux grandeurs qu'elle contient — le nombre d'ouvriers et le temps — sont *inversement proportionnelles,* c'est-à-dire que si l'une devient 2, 3, 4... fois plus grande ou plus petite, l'autre devient au contraire 2, 3, 4... fois plus petite ou plus grande.

2150. — Vingt-quatre ouvriers mettent 8 jours pour faire un ouvrage. Combien 6 ouvriers auraient-ils mis de jours pour faire cet ouvrage ?   (*Seine-et-Oise.*)

Rép. 8^j $\times$ 24 : 6 = 32 *jours.*

2151. — En travaillant 9 heures par jour, un ouvrier finirait un ouvrage en 12 jours. S'il veut le terminer en 10 jours, combien doit-il travailler d'heures par jour ?   (*Seine-et-Marne.*)

Rép. 9^h $\times$ 12 : 10 = 10 *h.* 48 *min.*

2152. — Un entrepreneur peut faire un ouvrage en 27 jours, en employant 32 ouvriers. S'il a 36 ouvriers, combien mettra-t-il de jours? Que dépensera-t-il à raison de 6 fr. par journée d'ouvrier? (*Doubs.*)

I. *Nombre de jours* = N. total des journées de travail : N. des ouvriers.
Rép. 27^j $\times$ 32 : 36 = 864^j : 36 = 24 *jours.*
II. *Rép.* 6^f $\times$ 864 = 5 184 *fr.*

2153. — En 20 jours, 15 ouvriers ont fait la moitié d'un ouvrage. A ce moment, 3 d'entre eux quittent l'atelier. Combien les autres mettront-ils de jours pour faire l'autre moitié ?   (*Vaucluse.*)

Rép. 20^j $\times$ 15 : (15 — 3) = 25 *jours.*

2154. — Une garnison de 1 200 hommes a des vivres pour 40 jours. Au bout de 10 jours, elle reçoit un renfort de 300 hommes. Combien de jours dureront encore les vivres qui restent, si l'on ne diminue pas la ration ?   (*Seine.*)

N. de jours — N. des rations restantes : N. d'hommes (1 200 + 300).
N. de rations rest. : *a)* 40^j — 10^j = 30 j. *b)* 30^r $\times$ 1 200 = 36 000 rations.
Rép. 36 000 : 1 500 = 24 *jours.*

2155. — Un entrepreneur devait faire paver une route en 14 jours par 44 ouvriers; mais on veut qu'il la fasse paver en 11 jours. Combien devra-t-il prendre d'ouvriers en plus ? *(Loiret.)*

Nombre d'ouvriers nécessaires : $14 \times 44 : 11 = 56$ ouv.

Rép. $56^{ouv} - 44^{ouv} = 12$ *ouvriers en plus.*

2156. — Une étoffe a $0^m,75$ de largeur. Pour doubler un tapis, il en faut $4^m,55$. Combien faudra-t-il, pour le même usage, d'une étoffe ayant $0^m,65$ de large ? *(Paris.)*

Rép. $4^m,55 \times 0,75 : 0,65 = 5^m,25$.

*****2157.** — On achète pour une robe $12^m,50$ d'une pièce de soie de 3/5 de mètre de largeur; combien faudra-t-il de percaline ayant $0^m,75$ de largeur pour doubler cette robe ? *(Sarthe.)*

Rép. $12^m,5 \times 0,6 : 0,75 = 10\ m$.

*****2158.** — Un terrain qui a 84 a. est recouvert d'une couche de $0^m,25$ de terreau. Quelle épaisseur aurait eue cette couche si elle avait été répandue sur un terrain ayant $3^{ha}\ 1/2$? *(Haute-Garonne.)*

Épaisseur = Volume $(8\,400^{m3} \times 0,25)$: Surface de base $(35\,000^{m2})$.
Rép. $2100 : 35\,000 = 0^m,06$.

P. 208.

* RÈGLE DE TROIS COMPOSÉE

Problèmes. — 2159. — Seize ouvriers, travaillant 9 heures par jour, ont gagné $64^f,80$. Que gagneraient 12 ouvriers qui travailleraient 8 heures par jour? *(Meuse.)*

Solution. — Le **gain des 12 ouvriers** est le produit du *prix de l'heure* de travail par le *nombre d'heures* $(8^h \times 12)$.

1. Le *prix de l'heure* est le quotient du salaire des ouvriers dans le 1er cas $(64^f,80)$ par leur nombre d'heures de travail $(9^h \times 16)$.

$$\text{Prix de l'heure} : \frac{64^f,80}{9 \times 16}.$$

2. Gain des 12 ouvriers :

$$\frac{64^f,80 \times 8 \times 12}{9 \times 16} = \frac{4^f,05 \times 8 \times 12}{9} = 0^f,45 \times 8 \times 12 = \mathbf{43^f,20}.$$

Remarque. — Le problème précédent est une **règle de trois composée**, parce qu'il renferme trois espèces de grandeurs proportionnelles : le gain, le nombre d'heures et le nombre d'ouvriers.

2160. — Un ouvrier avait été engagé pour 17 journées à raison de 9 heures de travail; il devait recevoir $84^f,15$. Il n'a pu faire que 12 journées de 6 heures. Combien recevra-t-il? *(Rhône.)*

Gain = Prix de l'heure $\times$ Nombre d'heures de travail $(6^h \times 12)$.
Prix de l'heure : *a)* Nombre d'heures $= 9^h \times 17$; *b)* $84^f,15 : (9 \times 17) = 0^f,55$.
Rép. $0^f,55 \times 72 = 39^f,60$.

2161. — Un patron a eu besoin de 135 fr. pour faire la paye à 5 ouvriers qui avaient travaillé 6 jours de 10 heures. Combien lui faudra-t-il pour la paye de 6 jours de 12 heures à 8 ouvriers? *(Rhône.)*

Paye totale = Prix de l'heure $\times$ Nombre d'heures de travail $(12^h \times 6 \times 8)$.
Prix de l'heure $= 135^f : (10 \times 6 \times 5) = 0^f,45$.
Rép. $0^f,45 \times 12 \times 6 \times 8 = 259^f,20$.

2162. — Un entrepreneur a employé 24 ouvriers maçons qui, en 5 jours, ont fait 168 m³ de maçonnerie. Combien 20 ouvriers, en 7 jours, feraient-ils de mètres cubes de la même maçonnerie ?   (*Savoie.*)

Volume total = Volume par journée d'ouvrier × N. de journées (7 × 20).
Volume par journée = 168ᵐ³ : (5 × 24) = 1ᵐ³,4.
Rép.   1ᵐ³,4 × 7 × 20 = 196 *m³.*

2163. — Six personnes ont consommé en 73 jours 320 kg. de pain. Combien 15 personnes, dans les mêmes conditions que les premières, consommeraient-elles de pain en 365 jours ?   (*Loiret.*)

Poids total = Poids d'une ration journalière × N. de rations (365 × 15).
Poids d'une ration = 320ᵏᵍ : (73 × 6).
Rép.   320ᵏᵍ × 365 × 15 : (73 × 6) = 4000 *kg.*

2164. — Pour faire carreler une salle de 5ᵐ,25 de long sur 5ᵐ,40 de large, j'ai dû payer 81 fr. Combien me faudra-t-il payer pour une autre salle de 5ᵐ,70 de long sur 4ᵐ,20 de large ? (*Pyrénées-Orient.*)

Prix total = Prix du m² × Nombre de m² (5,7 × 4,2).
Prix du m² :   *a)* 1ʳᵉ salle : 5ᵐ²,25 × 5,4.   *b)* 81ᶠ : (5,25 × 5,4).
Rép.   81ᶠ × 5,7 × 4,2 : (5,25 × 5,4) = 68ᶠ,40.

2165. — Un fermier a 378 q. de foin pour nourrir 27 vaches pendant 168 jours. Après 42 jours, son bétail s'accroît de 3 vaches. Combien doit-il acheter de kilogrammes de foin, s'il ne veut pas diminuer la ration ?   (*Cher.*)

Poids à acheter = Consommation des 3 vaches en (168 — 42) ou 126 j.
1. Ration = 37800ᵏᵍ : (168 × 27);   2. Nombre de rations = 3 × 126.
Rép.   37800ᵏᵍ × 3 × 126 : (168 × 27) = 3150 *kg.*

2166. — Un fermier avait 34800 kg. de foin pour l'approvisionnement de 30 têtes de bétail pendant 180 jours d'hiver. Il a perdu 8 animaux après 27 jours de consommation. Combien lui restera-t-il de foin à la fin de l'hiver ?   (*Eure.*)

Poids restant = Consommation de 8 animaux en (180 — 27) ou 153 j.
1. Ration = 34800ᵏᵍ : (30 × 180);   2. Nombre de rations = 8 × 153.
Rép.   34800ᵏᵍ × 8 × 153 : (30 × 180) = 7888 *kg.*

2167. — J'ai payé 294 fr. pour une pile de bois ayant 7ᵐ,20 de long, 3ᵐ,15 de haut et 1ᵐ,20 de large. On demande combien j'aurais payé pour une pile de même bois ayant 12 m. de long, 1ᵐ,80 de haut et 0ᵐ,90 de large.   (*Indre-et-Loire.*)

Prix de la pile = Prix du stère × Nombre de stères (12 × 1,8 × 0,9).
Prix du stère :   *a)* 1ʳᵉ pile : 7ˢ,2 × 3,15 × 1,2.   *b)* 294ᶠ : (7,2 × 3,15 × 1,2).
Rép.   294ᶠ × 12 × 1,8 × 0,9 : (7,2 × 3,15 × 1,2) = 210 *fr.*

2168. — Pour tapisser une chambre de 18 m. de long sur 5 m. de large et 4 m. de haut, il faut 368 m. de papier. De combien de papier aura-t-on besoin pour tapisser une chambre qui est de 5 m. plus longue, de 1ᵐ,25 plus haute et de même largeur que la précédente ? (*Lot.*)

Longueur totale = Longueur par m² × Nombre de m².

1. Longueur par m². { *a)* 1ʳᵉ chambre. { Périm. = (18ᵐ + 5ᵐ) × 2 = 46 m.
                                          { Surf. = 46ᵐ² × 4 = 184ᵐ².
                     { *b)* 368ᵐ : 184 = 2 m.

2. Nombre de m². . { *a)* Périm. = 46ᵐ + 5ᵐ × 2 = 56 m.
                   { *b)* Surface = 56ᵐ² × (4 + 1,25) = 294 m².

Rép.   2ᵐ × 294 = 588 *m.*

P. 209.

*RÈGLE DE TROIS COMPOSÉE

Problèmes. — 2169. — Il a fallu 21 jours à 15 ouvriers, travaillant 9 heures par jour, pour faire un certain ouvrage. Combien faudrait-il de jours à 45 ouvriers, travaillant 7 heures par jour, pour faire le même ouvrage ? *(Landes.)*

Solution. — Le **nombre de jours** est le quotient du *nombre d'heures nécessaires pour faire l'ouvrage* par le *nombre d'heures* que les 45 ouvriers travaillent *par jour.*

1. Le *nombre d'heures nécessaires* pour faire l'ouvrage est égal au temps mis par 15 ouvriers, travaillant 9 heures par jour, pendant 21 jours :

$$9^h \times 21 \times 15.$$

2. Nombre d'heures de travail par jour des 45 ouvriers : $7^h \times 45.$

3. **Nombre de jours :** $\dfrac{9 \times 21 \times 15}{7 \times 45} = \dfrac{21 \times 15}{7 \times 5} = \dfrac{3 \times 15}{5} = 3 \times 3 =$ **9 jours.**

2170. — Huit ouvriers peuvent faire un travail en 12 jours de 9 heures. On voudrait que ce travail fût fait en 15 jours par 6 ouvriers. Combien d'heures par jour devront-ils travailler ? *(Seine.)*

N. d'heures par jour = N. total d'heures **:** N. total de journées de travail.
1. Heures : $9^h \times 12 \times 8$;　　2. Journées : $15^j \times 6$.
Rép. $9^h \times 12 \times 8 : (15 \times 6) = 9\ h.\ 36\ min.$

2171. — Une troupe de faucheurs, travaillant 9 heures par jour, a mis 6 jours pour faucher une prairie de 18 ha. Combien ces mêmes ouvriers, travaillant 12 heures par jour, mettraient-ils de temps pour faucher 32 ha. de prairie ? *(Seine-Inférieure.)*

Nombre de jours = Surface totale (32 ha.) **:** Surface fauchée en 1 jour.

Surface par jour, { *a)* En 1 heure : $18^{ha} : (9 \times 6) = 1/3$ d'ha.
{ *b)* En 12 heures : $1/3 \times 12 = 4$ ha.

Rép. $32 : 4 = 8\ jours.$

2172. — Il faut 18 rouleaux de papier de $0^m,50$ de largeur sur 10 m. de longueur pour tapisser une chambre. Combien faudrait-il de rouleaux de $0^m,60$ de largeur sur 12 m. de longueur ? *(Pas-de-Calais.)*

Nombre de rouleaux = Surface totale **:** Surface d'un rouleau.
1. Surf. totale $= 0^{m2},5 \times 10 \times 18$;　　2. Surface d'un rouleau $= 0^{m2},6 \times 12$.
Rép. $0,5 \times 10 \times 18 : (0,6 \times 12) = 12$ roul. 1/2, soit 13 *rouleaux.*

2173. — Deux ouvriers travaillant au même ouvrage ont gagné 432 fr. Le 1er, qui a travaillé pendant 25 jours de 11 heures, a reçu 165 fr. Combien l'autre ouvrier a-t-il dû travailler de journées de 10 heures pour gagner le reste ? *(Haute-Saône.)*

Nombre de jours de travail = Gain total **:** Gain journalier.
1. Gain total $= 432^f - 165^f = 267$ fr.

2. Gain journalier. { *a)* Par heure : $165^f : (11 \times 25) = 0^f,60.$
{ *b)* $0^f,6 \times 10 = 6$ fr.

Rép. $267 : 6 = 44\ jours\ 1/2$ ou $44\ j.\ 5\ h.$

2174. — Avec $32^m,20$ d'étoffe ayant $0^m,75$ de large, on a fait

8 robes d'enfant. Combien faudra-t-il de mètres d'une autre étoffe ayant $0^m,70$ de large pour faire 12 robes semblables ?   (*Nord.*)

Longueur d'étoffe = Surface des 12 robes : Largeur ($0^m,7$).

Surface des 12 robes. { *a*) Surf. de 8 robes $= 32^{m2},2 \times 0,75 = 24^{m2},15$.
{ *b*) Surf. d'une $= 24^{m2},15 : 8$.
{ *c*) $24^{m2},15 \times 12 : 8 = 36^{m2},225$.

Rép. $36,225 : 0,7 = 51^m,75$.

2175. — La récolte d'une prairie peut nourrir par an 25 vaches. Il se trouve que la récolte de cette année n'est que les 3/5 de celle d'une année moyenne et l'on ne conserve que 18 vaches. Combien de jours pourra-t-on les nourrir ?   (*Ardennes.*)

Nombre de jours = Nombre de rations : 18.

Nombre de rations. { *a*) Année ordinaire : $365^r \times 25$.
{ *b*) $365^r \times 25 \times 3/5 = 365^r \times 15$.

Rép. $365 \times 15 : 18 = 304$ *jours* (par défaut).

2176. — Un laboureur travaillant en hiver 8 heures par jour a mis 30 jours à labourer un champ de 9 ha. Combien, en été, où il travaille 13 heures par jour, emploiera-t-il de jours à labourer un champ de $126\,000$ m² ?   (*Oise.*)

Nombre de jours = Surface totale ($126\,000$ m²) : Surf. labourée en 1 jour.

Surface en 1 jour. { *a*) En 1 heure : $90\,000^{m2} : (8 \times 30) = 375$ m².
{ *b*) En 13 heures : $375^{m2} \times 13$.

Rép. $126\,000 : (375 \times 13) = 336/13$ de j. $= 25$ *jours* 11 *heures*.

2177. — Cinq ouvriers devaient faire un ouvrage en 17 jours. Après 12 jours de 10 heures de travail, la besogne n'est faite qu'aux 2/3. Combien doivent-ils travailler d'heures par jour pour avoir terminé dans le délai fixé ?   (*Haute-Marne.*)

Nombre d'heures par jour = Nombre d'heures nécessaires : Nombre de jours restants ($17 - 12$) ou 5 jours.

Nombre d'heures. { *a*) Pour 2/3 : $10^h \times 12 = 120$ h.
{ *b*) Pour 1/3 : $120^h : 2 = 60$ h.

Rép. $60^h : 5 = 12$ *heures*.   *Remarque.* — 5 ouvriers est une donnée inutile.

2178. — Vingt-cinq ouvriers, travaillant 10 heures par jour pendant 17 jours, ont creusé un fossé de 238 m. de longueur. On demande combien il a fallu d'ouvriers pour creuser un fossé de $0^{km},686$ de longueur en 25 jours de 7 heures.   (*Aude.*)

Nombre d'ouvriers = Long. totale (686 m.) : Long. creusée par un ouvrier.

Long. par ouvrier. { *a*) En 1 heure : $238^m : (10 \times 17 \times 25) = 14^m : 250$.
{ *b*) En 25 jours de 7 h. : $14^m \times 7 \times 25 : 250 = 9^m,8$.

Rép. $686 : 9,8 = 70$ *ouvriers*.

INTÉRÊTS   P. 210.

INTÉRÊT EN UNE OU PLUSIEURS ANNÉES

1. — L'**intérêt** est le *bénéfice* que procure une *somme prêtée* ou *placée*.

2. — La *somme prêtée* ou *placée* s'appelle le **capital**.

3. — L'*intérêt de* 100 *fr.* en *un an* est le **taux**.

Lorsque 100 fr. procurent un intérêt annuel de 4 fr., le taux est de **4 %** (4 pour cent).

Remarque. — D'après l'article 1er de la loi du 10 avril 1900, l'intérêt légal est, en matière civile, de 4 %, et, en matière de commerce, de 5 %.

Les prêts faits à des taux supérieurs sont *usuraires* et peuvent donner lieu à des poursuites judiciaires.

Exercice oral. — Quel est l'intérêt annuel,

à **1 %** :　de 400 fr.?　de 2000 fr.?　de 450 fr.?　de 70 fr.?

Rép.　1º *4 fr.*;　2º *20 fr.*;　3º 4f,50;　4º 0f,70.

à **2 %** :　de 300 fr.?　de 6000 fr.?　de 350 fr.?　de 60 fr.?

Rép.　1º 6 *fr.*;　2º 120 *fr.*;　3º 7 *fr.*;　4º 1f,20.

à **3 %** :　de 500 fr.?　de 3000 fr.?　de 250 fr.?　de 40 fr.?

Rép.　1º 15 *fr.*;　2º 90 *fr.*;　3º 7f,50;　4º 1f,20.

Problèmes. — **2179.** — Quel est l'intérêt produit par un capital de 3540 fr., placé à 3 % pendant 4 ans?

Solution. — **L'intérêt en 4 ans** est égal à 4 *fois l'intérêt annuel.*

1. L'*intérêt annuel* est le produit du taux (3 fr.) par le nombre des centaines de francs du capital (35,4) :

$$3^f \times 35,4 = 106^f,20.$$

2. **Intérêt en 4 ans :**　106f,20 × 4 = **424f,80.**

Remarque. — L'intérêt annuel est encore égal au produit de l'intérêt d'un franc (0f,03) par le capital (3540 fr.).

Calculer l'intérêt produit en 1 an par :

2180. — 1500 fr. placés à **3,5 %.**　　　　　　(*Savoie.*)

Rép.　3f,5 × 15 = 52f,50.

2181. — 430 fr. placés à **5 %.**　　　　　　(*Oise.*)

Rép.　5f × 4,3 = 21f,50.

2182. — 540 fr. placés à **4 1/2 %.**　　　　　(*Nord.*)

Rép.　4f,5 × 5,4 = 24f,30.

Quel intérêt produirait un capital de :

2183. — 3200 fr. à 4 1/2 % pendant 6 ans?　　(*Yonne.*)

Rép.　4f,5 × 32 × 6 = 144f × 6 = 864 *fr.*

2184. — 18000 fr. à 3f,25 % pendant 4 ans ?　(*Paris.*)

Rép.　3f,25 × 180 × 4 = 585f × 4 = 2340 *fr.*

2185. — 260 fr. à 4 1/4 % pendant 1 an 1/2?　(*Drôme.*)

Rép.　4f,25 × 2,6 × 1,5 = 11f,05 × 1,5 = 16f,575.

Combien faut-il verser pour rembourser le capital et les intérêts, quand on a emprunté :

2186. — 3850 fr. à 4 % pour un an?　　　　(*Ardèche.*)

Rép.　3850f + 4f × 38,5 = 3850f + 154f = 4004 *fr.*

2187. — 4500 fr. à 4,25 % pour 2 ans?　　　(*Oise.*)

Rép.　4500f + 4f,25 × 45 × 2 = 4500f + 382f,5 = 4882f,50.

2188. — 8 750 fr. à 3 °/₀ pour 3 ans? *(Var.)*

Rép. 8 750ᶠ + 3ᶠ × 87,5 × 3 = 8 750ᶠ + 787ᶠ,50 = 9 537ᶠ,50.

2189. — 275 fr. à 4,5 °/₀ pour 4 ans? *(Finistère.)*

Rép. 275ᶠ + 4ᶠ.5 × 2,75 × 4 = 275ᶠ + 49ᶠ,5 = 324ᶠ,50.

2190. — 31 400 fr. à 4 °/₀ pour 5 ans? *(Seine.)*

Rép. 31 400ᶠ + 4ᶠ × 314 × 5 = 31 400ᶠ + 6 280ᶠ = 37 680 *fr.*

*__2191.__ — Un rentier possède 80 000 fr. placés à 5 °/₀. On lui rem- P. 211.
bourse ce capital qu'il place à 4 1/2 °/₀. Quel est son nouveau revenu
annuel? De combien le 1ᵉʳ revenu a-t-il été diminué? *(Aisne.)*

I. *Nouveau revenu* = Taux (4ᶠ,5) × N. des centaines de fr. du capital (800)
Rép. 4ᶠ,5 × 800 = 3 600 *fr.*
II. *Diminution* = (5ᶠ — 4ᶠ,5) × 800. *Rép.* 400 *fr.*

*__2192.__ — Un propriétaire vend, à raison de 1ᶠ.25 le mètre carré,
un terrain de 1 ha. 6 a. 8 ca., et en place le prix au taux de 3 1/2 °/₀ par
an. Quel sera son revenu annuel? *(Doubs.)*

Revenu = Taux (3ᶠ,5) × Nombre des centaines de francs du prix de vente.
Prix de vente = 1ᶠ,25 × 10 608 = 13 260 fr. *Rép.* 3ᶠ,5 × 132,6 = 464ᶠ,10.

*__2193.__ — Combien pourrait dépenser par jour un rentier dont le
capital est de 150 000 fr., placés à 3,50 °/₀, s'il ne dépense que les 5/7
de son revenu? *(Sarthe.)*

Dépense journalière = Dépense annuelle : 365.
Dépense annuelle = 3ᶠ,5 × 1 500 × 5/7 = 5 250ᶠ × 5/7 = 3 750 fr.
Rép. 3 750ᶠ : 365 = 10ᶠ,27 ou 10ᶠ,25.

*__2194.__ — Vaut-il mieux placer 120 000 fr. à 5 °/₀ ou 70 000 fr. à 6 °/₀ et
50 000 fr. à 4 °/₀? Quelle différence y a-t-il entre les 2 revenus? *(Paris.)*

I. 1. Revenu du 1ᵉʳ placement = 5ᶠ × 1 200 = 6 000 fr.
2. Revenu du 2ᵉ placem. = 6ᶠ × 700 + 4ᶠ × 500 = 4 200ᶠ + 2 000ᶠ = 6 200 fr.
Rép. *Le 2ᵉ placement est le meilleur.*
II. *Différence* = 6 200ᶠ — 6 000ᶠ. *Rép.* 200 *fr.*

*__2195.__ — Une personne a 36 000 fr. Elle en place les 2/3 à 4,50 °/₀
et le reste à 3 °/₀. Trouver son revenu annuel. *(Puy-de-Dôme.)*

Revenu total = Somme des revenus des 2 placements.
1. 1ᵉʳ placement : a) 36 000ᶠ × 2/3 = 24 000 fr. b) 4ᶠ,5 × 240 = 1 080 fr.
2. 2ᵉ placement : 3ᶠ × (360 — 240) = 3ᶠ × 120 = 360 fr.
Rép. 1 080ᶠ + 360ᶠ = 1 440 *fr.*

*__2196.__ — Un propriétaire achète une propriété de 102 a. pour
1 530 fr. Combien doit-il louer l'hectare pour que son capital lui rapporte 4 °/₀? *(Haute-Marne.)*

Loyer par ha. = Loyer total : Nombre d'ha. (1,02).
Loyer total = 4ᶠ × 15,3 = 61ᶠ,2. *Rép.* 61ᶠ,2 : 1,02 = 60 *fr.*

*__2197.__ — Un fermier a vendu 180 sacs de blé, pesant 150 kg. cha-
cun, au prix de 25 fr. le quintal métrique. Quel revenu se fera-t-il par
an et par jour, s'il place son argent à 4 °/₀? *(Ille-et-Vilaine.)*

I. *Revenu annuel* = Taux (4 fr.) × Nombre de cent. de fr. du prix de vente.
Prix de vente = 25ᶠ × 1,5 × 180 = 37ᶠ,5 × 180 = 6 750 fr.
Rép. 4ᶠ × 67,5 = 270 *fr.*
II. *Revenu par jour* = 270ᶠ : 365. *Rép.* 0ᶠ,73.

*** 2198.** — La moitié d'un capital de 28 000 fr. est placée à 4 °/₀ et le reste à 3,50 °/₀. Quel intérêt recevra-t-on au bout de 2 ans? (*C.-d'Or.*)

Intérêt en 2 ans = Intérêt annuel × 2.

Intérêt annuel.
- *a*) 1ʳᵉ moitié : 14 000 fr.; 4ᶠ × 140 = 560 fr.
- *b*) Reste : 3ᶠ,5 × 140 = 490 fr.
- *c*) 560ᶠ + 490ᶠ = 1 050 fr.

Rép. 1 050ᶠ × 2 = 2 100 *fr.*

*** 2199.** — Un homme boit chaque jour un apéritif qui lui coûte 0ᶠ,25 et il en prend deux le dimanche. Combien dépense-t-il ainsi inutilement chaque année? S'il économisait cette somme pendant 30 ans, combien le capital lui rapporterait-il à 3 °/₀? (*Calvados.*)

I. *Dépense inutile par an* = Dépense ordinaire + Dépense supplémentaire.
1. Dépense ordinaire = 0ᶠ,25 × 365 = 91ᶠ,25.
2. Dép. suppl. = 0ᶠ,25 × 52 = 13 fr. *Rép.* 91ᶠ,25 + 13ᶠ = 104ᶠ,25.
II. *Intérêt annuel* = Int. de 1 fr. (0ᶠ,03) × Economie en 30 ans.
Economie en 30 ans = 104ᶠ,25 × 30 = 3 127ᶠ,50.
Rép. 0ᶠ,03 × 3 127,5 = 93ᶠ,825.

*** 2200.** — Deux particuliers possèdent chacun 12 000 fr. Le 1ᵉʳ place son argent à 4 °/₀; le 2ᵉ en place les 2/5 à 3 °/₀ et le reste à 5 °/₀. Quel est celui qui a placé son argent de la façon la plus avantageuse? Quel revenu a-t-il de plus que l'autre? (*Tarn-et-Garonne.*)

I. 1. Revenu du 1ᵉʳ = 4ᶠ × 120 = 480 fr.

2. Revenu du 2ᵉ.
- *a*) 1ᵉʳ plac.: 12 000ᶠ × 2/5 = 4 800 fr.; 3ᶠ × 48 = 144 fr.
- *b*) 2ᵉ plac.: 12 000ᶠ — 4 800ᶠ = 7 200 fr.; 5ᶠ × 72 = 360 fr.
- *c*) 144ᶠ + 360ᶠ = 504 fr.

Rép. *Le placement du 2ᵉ est plus avantageux.*
II. *Le 2ᵉ a de plus* 504ᶠ — 480ᶠ. *Rép.* **24** *fr.*

*** 2201.** — Un propriétaire a vendu un champ carré de 240 m. de périmètre, à raison de 120 fr. l'are. Quel revenu annuel lui rapportera cette vente, s'il en place le produit à 3 °/₀? (*Eure-et-Loir.*)

Revenu annuel = Taux (3 fr.) × Nombre des cent. de fr. du prix de vente.

Prix de vente.
- *a*) Surface = 1ᵐ² × (240 : 4)² = 3 600ᵐ² = 36 a.
- *b*) 120ᶠ × 36 = 4 320 fr.

Rép. 3ᶠ × 43,2 = 129ᶠ,60.

*** 2202.** — La construction d'une maison a coûté 18 500 fr., non compris le prix du terrain estimé 135 fr. l'are. Ce terrain, de forme rectangulaire, mesure 58 m. sur 32ᵐ,50. Combien faut-il louer la propriété pour qu'elle rapporte 4 °/₀? (*Meuse.*)

Loyer = Taux (4 fr.) × Nombre des cent. de fr. du prix de revient.

Prix de revient.
- *a*) Terrain.
  - Surf. = 58ᵐ² × 32,5 = 1 885ᵐ² = 18ᵃ,85.
  - Prix = 135ᶠ × 18,85 = 2 544ᶠ,75.
- *b*) 18 500ᶠ + 2 544ᶠ,75 = 21 044ᶠ,75.

Rép. 4ᶠ × 210,4475 = 841ᶠ,79 ou 841ᶠ,80.

*** 2203.** — Un propriétaire place les 5/8 d'un capital de 1 472 fr. à 5 °/₀ et le reste à 4,6 °/₀. Au bout de 5 ans, il retire le capital et les intérêts. Quelle somme reçoit-il? (*Allier.*)

Somme retirée = Capital (1 472 fr.) + Intérêts.

Intérêts.
- *a*) En 1 an.
  - 1ʳᵉ part. : 1 472ᶠ × 5/8 = 920 fr.; 5ᶠ × 9,2 = 46 fr.
  - 2ᵉ part. : 1 472ᶠ — 920ᶠ = 552 fr.; 4ᶠ,6 × 5,52 = 25ᶠ,392.
  - Total : 46ᶠ + 25ᶠ,392 = 71ᶠ,392.
- *b*) En 5 ans : 71ᶠ,392 × 5 = 356ᶠ,96 ou 356ᶠ,95.

Rép. 1 472ᶠ + 356ᶠ,95 = 1 828ᶠ,95.

*** 2204.** — Un propriétaire a acheté, au prix de 55 fr. l'are, un terrain rectangulaire, long de 115^m,50, large de 75^m,40. Il paye 1/3 comptant et doit donner le reste dans un an, avec les intérêts à 4 %. Quel sera le montant du second paiement? *(Oise.)*

Montant du 2e paiement = 2/3 du prix + Intérêt de ces 2/3 en un an.

1. Val. des 2/3. $\begin{cases} a)\ \text{Prix.} \begin{cases} \text{Surf.} = 115^{m2},5 \times 75,4 = 8708^{m2},7 = 87^a,087. \\ 55^f \times 87,087 = 4789^f,785 \text{ ou } 4789^f,80. \end{cases} \\ b)\ 4789^f.8 \times 2/3 = 3193^f.20. \end{cases}$

2. Intérêts = $4^f \times 31,932 = 127^f.728$ ou $127^f,75$.

Rép. $3193^f,2 + 127^f,75 = 3320^f,95$.

*** 2205.** — Une personne place les 2/5 de sa fortune à 5 %, le tiers à 4 %, et le reste, soit 4000 fr., à 3 %. On demande: 1° la fortune de la personne; 2° le revenu annuel. *(Aisne.)*

I. *Fortune totale* = Valeur du reste (4000 fr.) : Fraction correspondante.
Fraction correspondante = $1 - (2/5 + 1/3) = 1 - 11/15 = 4/15$.
Rép. $4000^f : 4/15 = 4000^f \times 15/4 = 15000$ *fr.*
II. *Revenu annuel* = Somme des intérêts des 3 placements.

1. $15000^f \times 2/5 = 6000$ fr.; $\quad 5^f \times 60 = 300$ fr.
2. $15000^f \times 1/3 = 5000$ fr.; $\quad 4^f \times 50 = 200$ fr.
3. $3^f \times 40 = 120$ fr. $\quad$ *Rép.* $300^f + 200^f + 120^f = 620$ *fr.*

*** 2206.** — Un particulier vend à 52^f,50 l'are un terrain triangulaire de 120 m. de base et 145 m. de hauteur. Il place l'argent qu'il en retire à 3 1/2 %. Quel est son revenu annuel? *(Eure-et-Loir.)*

Revenu annuel = Taux (3^f,5) × Nombre des cent. de fr. du prix de vente.

Prix de vente. $\begin{cases} a)\ \text{Surface} = 120^{m2} \times 145 : 2 = 8700^{m2} = 87\ a. \\ b)\ 52^f,5 \times 87 = 4567^f,50. \end{cases}$

Rép. $3^f,5 \times 45,675 = 159^f,8625$ ou $159^f,85$.

INTÉRÊT EN UN OU PLUSIEURS MOIS P. 212

Exercice oral. — Quelle fraction d'année représentent 1 mois? 6 mois? 3 mois? 4 mois? 8 mois? 9 mois? 5 mois?

Rép. 1/12; 6/12 ou 1/2; 3/12 ou 1/4; 4/12 ou 1/3; 8/12 ou 2/3; 9/12 ou 3/4; 5/12.

— Quand l'intérêt annuel est 120 fr., quel est l'intérêt en 6 mois? en 4 mois? en 3 mois? en 1 mois? en 8 mois?

Rép. 60 *fr.*; 40 *fr.*; 30 *fr.*; 10 *fr.*; 80 *fr.*

— Quel est à 1 % l'intérêt de 600 fr. en 1 an? en 6 mois? en 4 mois? en 1 mois? en 3 mois?

Rép. 6 *fr.*; 3 *fr.*; 2 *fr.*; $0^f,50$; $1^f,50$.

Problèmes. — **2207.** — Quel est l'intérêt d'un capital de 4860 fr. placé à 4 % pendant 3 ans 5 mois?

Solution. — **L'intérêt en 3 ans 5 mois** est égal au produit de *l'intérêt annuel* par la *fraction d'année* que représentent 3 ans 5 mois (3 ans 5/12).

1° Intérêt annuel : $4^f \times 48,6$.

2° Fraction d'année que représentent 3 ans 5/12 : $\dfrac{12 \times 3 + 5}{12} = \dfrac{41}{12}$.

3° **Intérêt en 3 ans 5 mois :**

$$\frac{4^f \times 48,6 \times 41}{12} = \frac{48.6 \times 41}{3} = 16,2 \times 41 = 664^f,20.$$

Remarque. — L'intérêt en 3 ans 5 mois est encore égal à la somme de 3 fois l'intérêt annuel et des 5/12 de cet intérêt.

Calculer l'intérêt produit par :

2208. — 760 fr. placés à 3 % pendant 7 mois.   (*Dordogne.*)
Intérêts en 7 mois = Int. annuel $\times$ 7/12. *Rép.* $3^f \times 7,6 \times 7/12 = 13^f,30$.

2209. — 32 400 fr. placés à 3,50 % pendant 4 mois. (*S.-et-Loire.*)
Int. en 4 mois = Int. annuel $\times$ 4/12 (ou 1/3). *Rép.* $3^f,5 \times 324 : 3 = 378\,fr$.

2210. — 2 760 fr. placés à 5 % pendant 9 mois.   (*Gard.*)
Intérêts en 9 mois = Int. annuel $\times$ 9/12. *Rép.* $5^f \times 27,6 \times 3/4 = 103^f,50$.

Calculer l'intérêt de :

2211. — 3 750 fr. placés à 4,25 % pendant 2 ans 4 mois. (*Orne.*)
Intérêts en 2 ans 4 mois = Intérêt annuel $\times$ 28/12.
Rép. $4^f,25 \times 37,5 \times 7/3 = 371^f,875$.

2212. — 4 500 fr. placés à 3,50 % pendant 3 ans 7 mois. (*D.-Sèvres.*)
Intérêts en 3 ans 7 mois = Intérêt annuel $\times$ 43/12.
Rép. $3^f,5 \times 45 \times 43/12 = 564^f,375$.

Quelle somme faut-il pour rembourser, capital et intérêts réunis, un emprunt de :

2213. — 2 800 fr. à 3 % pour 8 mois?   (*Aisne.*)
Valeur totale = Capital (2 800 fr.) + Intérêts.
Intérêts = $3^f \times 28 \times 8/12 = 3^f \times 28 \times 2/3 = 56$ fr.
Rép. $2800^f + 56^f = 2856\,fr$.

2214. — 5 400 fr. à 3 % pour 3 ans 3 mois?   (*Orne.*)
Valeur totale = Capital (5 400 fr.) + Intérêts.
Intérêts = $3^f \times 54 \times 3\ 3/12 = 3^f \times 54 \times 13/4 = 526^f,50$.
Rép. $5400^f + 526^f,5 = 5\,926^f,50$.

***2215.** — Une personne possède un capital de 42 000 fr. Elle place les 3/5 à 5 % et le reste à 4 1/2 %. Quel sera l'intérêt total produit au bout de 18 mois?   (*Marne.*)
Intérêt en 18 mois ou 1 an 1/2 = Intérêt annuel $\times$ 1,5.

Int. annuel. $\begin{cases} a)\ 1^{er}\ \text{capit.} : \quad 42000^f \times 3/5 = 25\,200\ \text{fr.;} \quad 5^f \times 252 = 1\,260\ \text{fr.} \\ b)\ \text{Reste} : \quad 42000^f - 25\,200^f = 16\,800\ \text{fr.;} \quad 4^f,5 \times 168 = 756\ \text{fr.} \\ c)\ 1\,260^f + 756^f = 2\,016\ \text{fr.} \end{cases}$

Rép. $2016^f \times 1,5 = 3024\,fr$.

***2216.** — Un propriétaire achète, à raison de 45 fr. l'are, un terrain rectangulaire de 160 m. de long sur 85 m. de large. Il propose de payer la moitié comptant et le reste dans 6 mois avec les intérêts à 4 1/2 % l'an. Quel sera le montant de chaque paiement?   (*Yonne.*)

I. *Montant du 1ᵉʳ paiement* = Prix d'achat : 2.

Prix d'achat. $\begin{cases} a)\ \text{Surface} = 160^{m2} \times 85 = 13\,600\ \text{m}^2 = 136\ \text{a.} \\ b)\ 45^f \times 136 = 6120\ \text{fr.} \end{cases}$

Rép. $6120^f : 2 = 3060\,fr$.
II. *Montant du 2ᵉ paiement* = 3060 fr. + Intérêt de 3060 fr. en 6 mois.
Intérêts = $4^f,5 \times 30,6 : 2 = 68^f,85$. *Rép.* $3060^f + 68^f,85 = 3128^f,85$.

***2217.** — Un cultivateur pouvait vendre 200 q. de blé à 22^f,50 le quintal et placer son argent à 4 %. Il a attendu 6 mois et vendu son blé 26^f,60 le quintal. Combien a-t-il gagné à attendre?   (*Loire.*)

Gain = Second prix de vente — 1ᵉʳ prix augmenté de ses intérêts.
1. 2ᵉ prix de vente = $26^f,6 \times 200 = 5320$ fr.

2. 1ᵉʳ prix. $\begin{cases} a)\ \text{Reçu} : \quad 22^f,5 \times 200 = 4500\ \text{fr.} \\ b)\ \text{Intérêts} : \quad 4^f \times 45 : 2 = 90\ \text{fr.} \\ c)\ \text{Total} : \quad 4500^f + 90^f = 4590\ \text{fr.} \end{cases}$

Rép. $5320^f - 4590^f = 730\,fr$.

***2218.** — Un propriétaire a récolté 75 hl. de vin dont on lui off.e de suite 32 fr. l'hectolitre. Il pourrait placer son argent à 4 % l'an. Il préfère attendre et vend sa récolte 18 mois plus tard à 38 fr. l'hectolitre; mais le vin a subi un déchet de 1/15. Combien a-t-il gagné ou perdu à attendre ?   (*Meurthe-et-Moselle.*)

Gain ou perte = Différence entre le 1ᵉʳ prix augm. de ses intérêts et le 2ᵉ prix.

1. 1ᵉʳ prix. $\begin{cases} a) \text{ Valeur primitive} = 32^f \times 75 = 2\,400 \text{ fr.} \\ b) \text{ Intérêts en 18 mois} = 4^f \times 24 \times 1,5 = 144 \text{ fr.} \\ c) \text{ Total} = 2\,400^f + 144^f = 2\,544 \text{ fr.} \end{cases}$

2. 2ᵉ prix. $\begin{cases} a) \text{ Nombre d'hectolitres} = 75^{hl} \times (1 - 1/15) = 70 \text{ hl.} \\ b) 38^f \times 70 = 2\,660 \text{ fr.} \end{cases}$

Rép. *Il a gagné :* $2\,660^f - 2\,544^f = 116 \text{ fr.}$

INTÉRÊT EN UN OU PLUSIEURS JOURS   P. 213.

Exercice oral. — L'année étant de 360 jours, quelle fraction d'année représentent 1 jour? 30 j.? 60 j.? 120 j.? 90 j.? 45 j.? 40 j.? 72 j.? 180 j.?

Rép. $1/360$; $30/360 = 1/12$; $60/360 = 1/6$; $120/360 = 1/3$; $90/360 = 1/4$; $45/360 = 1/8$; $40/360 = 1/9$; $72/360 = 1/5$; $180/360 = 1/2$.

— Quand l'intérêt annuel est 240 fr., quel est l'intérêt en 180 jours? en 30 j.? en 120 j.? en 90 j.?

Rép. $240^f : 2 = 120 \text{ fr.}$; $240^f : 12 = 20 \text{ fr.}$; $240^f : 3 = 80 \text{ fr.}$; $240^f : 4 = 60 \text{ fr.}$

Remarque. — Pour *simplifier les calculs d'intérêt*, on compte l'année de **360 jours**. On admet que les mois ont **30 jours**; cependant, quand la *date du prêt* et celle *du remboursement* sont données, on compte les mois avec leur *nombre exact de jours* depuis la date du prêt exclusivement jusqu'à la date du remboursement inclusivement. (Voir page 190.)

Problèmes. — **2219.** — Quel est l'intérêt d'un capital de 6 480 fr. placé à 4,50 % pendant 4 ans 7 mois 12 jours?

Solution. — L'**intérêt en 4 ans 7 mois 12 jours** est égal au produit de l'*intérêt annuel* par la *fraction d'année* que représentent 4 ans 7 mois 12 jours.

1° Intérêt annuel : $4^f,50 \times 64,80$.
2° Fraction d'année que représentent 4 ans 7 mois 12 jours.

    a) 4 ans 7 mois $= 12 \times 4 + 7 = 55$ mois.
    b) 55 mois 12 jours $= 30 \times 55 + 12 = 1\,662$ jours ou $1662/360$.

3° **Intérêt en 4 ans 7 mois 12 jours :**

$$\frac{4^f,50 \times 64,80 \times 1\,662}{360} = 1\,346^f,22, \text{ soit } \mathbf{1\,346^f,20}.$$

Remarque. — L'intérêt en 4 ans 7 mois 12 jours est encore égal à la somme de 4 fois l'intérêt annuel, des 7/12 et des 12/360 de cet intérêt.

Calculer l'intérêt de :

2220. — 3 600 fr. placés à 5 % pendant 45 jours.   (*Paris.*)
Rép. $5^f \times 36 \times 45/360 = 5^f \times 36 \times 1/8 = 22^f,50$.

2221. — 24 000 fr. placés à 3 % pendant 92 jours. (*Hᵗᵉ-Garonne.*)
Rép. $3^f \times 240 \times 92/360 = 720^f \times 23/90 = 184 \text{ fr.}$

2222. — 140^f,50 placés à 4 % pendant 6 mois 15 j.   (*Aisne.*)
$6^{mois} 15^j = 195/360 = 13/24$ d'ann. *Rép.* $4^f \times 1,405 \times 13/24 = 3^f,04$.

16.

2223. — 6 800 fr. placés à 3,75 °/₀ pendant 7 mois 9 j. (*Vosges.*)

7 mois 9j = 219/360 = 73/120 d'ann. *Rép.* 3ᶠ,75 × 68 × 73/120 = 155ᶠ,125.

2224. — 36 800 fr. placés à 4 1/2 °/₀ pendant 1 an 2 m. 18 j. (*Nord.*)

1 an 2 mois 18j = 438/360 = 73/60 d'ann. *Rép.* 4ᶠ,5 × 368 × 73/60 = 2014ᶠ,80.

Combien recevra-t-on (capital et intérêts) quand on aura prêté :

2225. — 12 680 fr. pour 90 jours au taux de 4 1/2 °/₀ ? (*D.-Sèvres.*)

Somme reçue = Capital (12 680 fr.) + Intérêts.
Intérêts = 4ᶠ,5 × 126,8 × 90/360 = 4ᶠ,5 × 126,8 × 1/4 = 142ᶠ,65.
Rép. 12 680ᶠ + 142ᶠ,65 = 12 822ᶠ,65.

2226. — 11 800 fr. pour 5 mois 14 j. au taux de 4 °/₀ ?(*Seine.*)

5 mois 14j = 164/360 = 41/90 d'ann.; 4ᶠ × 118 × 41/90 = 215ᶠ,02 ou 215 fr.
Rép. 11 800ᶠ + 215ᶠ = 12 015 *fr.*

2227. — 24 500 fr. pour 7 mois 12 j. au taux de 4,25 °/₀ ? (*S.-et-M.*)

7 mois 12j = 222/360 = 37/60 d'ann.; 4ᶠ,25 × 245 × 37/60 = 642ᶠ,10.
Rép. 24 500ᶠ + 642ᶠ,10 = 25 142ᶠ,10.

2228. — 5 890 fr. pour 3 ans 5 m. 18 j. à 4 1/2 °/₀ ? (*H.-Vienne.*)

3 ans 5 mois 18j = 1248/360 = 52/15 d'ann.; 4ᶠ,5 × 58,9 × 52/15 = 918ᶠ,84 ou 918ᶠ,85.
Rép. 5 890ᶠ + 918ᶠ,85 = 6 808ᶠ,85.

Calculer l'intérêt de :

2229. — 27 854 fr. placés à 3,25 °/₀ depuis le 4 mai jusqu'au 15 décembre de la même année. (*Paris.*)

Intérêt = Intérêt annuel × Nombre d'années de placement.
1. Intérêt annuel = 3ᶠ,25 × 278,54 = 905ᶠ,255.
2. Durée = 27 + 30 + 31 + 31 + 30 + 31 + 30 + 15 = 225 j. = 225/360 = 5/8 d'ann.
Rép. 905ᶠ,255 × 5/8 = 565ᶠ,78 ou 565ᶠ,80.

2230. — 1 280 fr. placés à 4 1/2 °/₀ depuis le 15 janvier jusqu'au 25 novembre de la même année. (*Nord.*)

Intérêt = Intérêt annuel × Nombre d'années de placement.
1. Intérêt annuel = 4ᶠ,5 × 12,8 = 57ᶠ,6.
2. Durée = 365j − (5 + 31 + 15) = 314j = 314/360 = 157/180 d'année.
Rép. 57ᶠ,6 × 157/180 = 50ᶠ,24 ou 50ᶠ,25.

2231. — Le 1ᵉʳ mars, on a placé 6 500 fr. à 4ᶠ,75 °/₀. Combien a-t-on dû recevoir, capital et intérêts compris, le 1ᵉʳ novembre de la même année? (*Jura.*)

Somme reçue = Capital (6 500 fr.) + Ses intérêts.

Intérêts.
  a) En 1 an : 4ᶠ,75 × 65 = 308ᶠ,75.
  b) Durée = 30 + 30 + 31 + 30 + 31 + 31 + 30 + 31 + 1
     = 245j = 245/360 = 49/72 d'année.
  c) 308ᶠ,75 × 49/72 = 210ᶠ,12 ou 210ᶠ,10.
Rép. 6 500ᶠ + 210ᶠ,10 = 6 710ᶠ,10.

***2232.** — Un propriétaire achète un terrain de 17ᵃ,25 à raison de 68 fr. l'are et paye, au bout de 8 mois 15 jours, le capital et ses intérêts à 4 °/₀ pendant ce temps. Quelle somme doit-il verser ? (*Mayenne.*)

Somme à verser = Prix d'achat + Ses intérêts.
1. Prix d'achat = 68ᶠ × 17,25 = 1 173 fr.

2. Intérêts.
  a) En 1 an : 4ᶠ × 11,73 = 46ᶠ,92.
  b) Durée = 8 mois 1/2 = 17/2 mois = 17/24 d'année.
  c) 46ᶠ,92 × 17/24 = 33ᶠ,235 ou 33ᶠ,25.
Rép. 1 173ᶠ + 33ᶠ,25 = 1 206ᶠ,25.

TAUX

P. 214.

Exercice oral. — A quel taux est placée une somme de 200 fr. qui rapporte 8 fr. en 1 an? 12 fr. en 2 ans? 40 fr. en 4 ans?

Rép. 4 %; 3 %; 5 %.

— A quel taux est placée une somme de 1 000 fr. qui rapporte 50 fr. par an? 3 fr. par mois? 10 fr. par trimestre?

Rép. 5 %; 3,60 %; 4 %.

Problèmes. — 2233. — Un capital de 3 300 fr. a rapporté un intérêt de 269^f,50 en 2 ans 4 mois. A quel taux est-il placé?

Solution. — Le **taux** du placement est le quotient de *l'intérêt annuel* par le *nombre des centaines de francs* du capital (33).

1. *L'intérêt annuel* est le quotient de l'intérêt total (269^f,50) par la fraction d'année que représentent 2 ans 4 mois.

$a.$ 2 ans 4 mois = 2^{ans} 1/3 = $\dfrac{7}{3}$ d'année.

$b.$ 269^f,5 : $\dfrac{7}{3} = \dfrac{269^f,50 \times 3}{7} = 115^f,50.$

2. **Taux :** 115^f,50 : 33 = 3^f,50 %.

Remarque. — Le taux du placement est encore égal à 100 fois l'intérêt de 1 fr. en 1 an, c'est-à-dire à 100 fois le quotient de l'intérêt annuel par le capital.

Quel est le taux du placement lorsque

2234. — 4 800 fr. rapportent 240 fr. en 1 an ?   (*Ardennes.*)

Rép. 240 : 48 = 5 %.

2235. — 2 500 fr. rapportent 115 fr. en 1 an ?   (*Oise.*)

Rép. 115 : 25 = 4,60 %.

2236. — 800 fr. rapportent 114 fr. en 3 ans ?   (*Ain.*)

Intérêt annuel = 114^f : 3 = 38 fr.   *Rép.* 38 : 8 = 4,75 %.

2237. — 9 600 fr. rapportent 40 fr. en 1 mois ?   (*Seine.*)

Intérêt annuel = 40^f × 12 = 480 fr.   *Rép.* 480 : 96 = 5 %.

2238. — 5 620 fr. rapportent 196^f,70 en 8 mois ?   (*Cher.*)

Intérêt annuel = 196^f,7 × 12/8 = 295^f,05.   *Rép.* 295,05 : 56,2 = 5,25 %.

2239. — 3 000 fr. rapportent 15^f,40 en 66 jours ?   (*Aveyron.*)

Intérêt annuel = 15^f,4 × 360/66 = 84 fr.   *Rép.* 84 : 30 = 2,80 %.

2240. — 520 fr. rapportent 26 fr. en 1 an 3 m. ?   (*Seine.*)

1. Durée = 1^{an} 3^{mois} = 1^{an} 1/4 = 5/4 ; 2. Int. ann. = 26^f : 5/4 = 26^f × 4/5 = 20^f,80.
Rép. 20,8 : 5,2 = 4 %.

2241. — 2 400 fr. rapportent 98 fr. en 1 an 4 m. 10 j.   (*Seine.*)

1. Durée = 1^{an} 4^{mois} 10j = 490/360 d'ann. ; 2. Int. ann. = 98^f × 36/49 = 72 fr.
Rép. 72 : 24 = 3 %.

A quel taux place-t-on son argent, quand, capital et intérêts réunis,

2242. — 6 300 fr. deviennent, au bout d'un an, 6 536^f,25 ?   (*Oise.*)
Intérêt annuel = 6 536^f,25 — 6 300^f = 236^f,25.   *Rép.*   236,25 : 63 = 3,75 %.

2243. — 450 fr. deviennent, au bout de 4 mois, 456 fr. ? (*Char.-Inf.*)
Intérêt en 4 mois = 456^f — 450^f = 6 fr.   Intérêt en 1 an = 6^f × 3 = 18 fr.
Rép.   18 : 4,5 = 4 %.

*2244. — Une personne a acheté une propriété de 38^{ha},75 sur le
pied de 2 590 fr. l'hectare. Cette propriété lui rapporte annuellement
3 912 fr. Quel est le taux du placement ?   (*Oise.*)
Taux = Intérêt annuel (3912 fr.) : Nombre de cent. de fr. du prix d'achat.
Prix d'achat = 2 590^f × 38,75 = 100 362^f,50.
Rép.   3912 : 1 003,625 = 3,89 %.

*2245. — Une personne a placé 2 700 fr. à 3,50 %. Elle retire au
bout de 8 mois capital et intérêts, pour placer le tout dans une entreprise commerciale où elle reçoit 82^f,90 par an. A quel taux a-t-elle
replacé son argent ?   (*Creuse.*)
Taux = Intérêt annuel (82^f,9) : Nombre de cent. de fr. du capital.
Capital. $\begin{cases} a) \text{ Intérêts} = 3^f,5 \times 27 \times 8/12 = 63 \text{ fr.} \\ b) \ 2700^f + 63^f = 2763 \text{ fr.} \end{cases}$
Rép.   82,9 : 27,63 = 3 %.

*2246. — Un capital a rapporté en 5 ans un intérêt égal à ses 3/16.
A quel taux était-il placé ?   (*Seine.*)
Taux = 100 fois la fraction qui représente l'intérêt annuel.
Intérêt annuel = 3/16 : 5 = 3/80.
Rép.   3/80 × 100 = 300/80 = 3,75 %.   *Aut. méth.:* Supposer 100 fr. de capital.

*2247. — Une personne place sa fortune dans une entreprise pen-
dant 5 ans et l'augmente ainsi de ses 5/11. Elle possède alors 272 000 fr.
On demande : 1° Quelle était la fortune primitive de cette personne ;
2° A quel taux elle avait placé cette fortune.   (*Vienne.*)
I. *Fortune primitive* = 272 000 fr. : Fraction correspondante (1 + 5/11).
Rép.   272 000^f : 16/11 = 272 000^f × 11/16 = 187 000 *fr.*
II. *Taux* = Intérêt annuel : Nombre de cent. de fr. du capital (1870).
Intérêt annuel = 1/11 du capital = 187 000^f : 11 = 17 000 fr.
Rép.   17 000 : 1870 = 9,09 %.

P. 215.   * **TEMPS**

Problèmes. — **2248.** — Au bout de combien de temps 4 860 fr.
placés à 4 % auront-ils rapporté 710^f,10 ?

Solution.	*Opérations.*

Le **nombre d'années** est le quotient de *l'intérêt
total* (710^f,10) par *l'intérêt annuel.*
1. *Intérêt annuel* : 4^f × 48,6 = 194^f,40.
2. **Nombre d'années**: 710,10 : 194,40.

a. $\dfrac{7101}{1944} = 3 \text{ ans } \dfrac{1269}{1944}.$

b. $\dfrac{1269}{1944}$ d'année $= 12^m \times \dfrac{1269}{1944} = 7 \text{ mois } \dfrac{1620}{1944}.$

c. $\dfrac{1620}{1944}$ de mois $= 30^j \times \dfrac{1620}{1944} = 25 \text{ jours.}$

Temps : **3 ans 7 mois 25 jours.**

Opérations :
7101 | 1944
1269 | 3 ans 7 mois 25 j
× 12
———
15228
1620
× 30
———
48600
9720
0000

Pendant combien de temps faut-il placer

2249. — 2 020 fr. à 3 °/₀ pour avoir 303 fr. d'intérêt?   (*Isère.*)
Intérêt annuel = 3ᶠ × 20,2 = 60ᶠ,6.   *Rép.* 3 3 : 60,6 = 5 *ans.*

2250. — 600 fr. à 5 °/₀ pour avoir 12ᶠ,50 d'intérêt?   (*Finistère.*)
Intérêt annuel = 5ᶠ × 6 = 30 fr.   *Rép.* 12,5 : 30 = 5/12 d'ann. = 5 *mois.*

2251. — 76 800 fr. à 4,75 °/₀ pour avoir 2 128 fr. d'intérêt? (*Seine.*)
Int. ann. = 4ᶠ,75 × 768 = 3 648 fr.   *Rép.* 2 128 : 3 648 = 7/12 d'ann. = 7 *mois.*

2252. — 6 482 fr. à 5 °/₀ pour avoir 486ᶠ,15 d'intérêt?   (*Seine.*)
Intérêt annuel = 5ᶠ × 64,82 = 324ᶠ,10.   *Rép.* 486,15 : 324,1 = 1 an 1/2.

2253. — 1 500 fr. à 4 °/₀ pour avoir 200 fr. d'intérêt? (*Eure-et-L.*)
Intérêt annuel = 4ᶠ × 15 = 60 fr.   *Rép.* 200 : 60 = 3 *ans* 4 *mois.*

2254. — 2 400 fr. à 5 °/₀ pour avoir 31 fr. d'intérêt?   (*Aube.*)
Intérêt annuel = 5ᶠ × 24 = 120 fr.   *Rép.* 31/120 d'ann. = 3 *mois* 3 *jours.*

2255. — 1 000 fr. à 4.80 °/₀ pour avoir 30 fr. d'intérêt?   (*Corse.*)
Intérêt annuel = 4ᶠ,8 × 10 = 48 fr.   *Rép.* 30/48 d'ann. = 7 *mois* 1/2.

2256. — 2 800 fr. à 4,5 °/₀ pour avoir 161 fr. d'intér.? (*Puy-de-D.*)
Int. ann. = 4ᶠ,5 × 28 = 126 fr.   *Rép.* 161/126 d'ann. = 1 *an* 3 *mois* 10 *jours.*

Calculer le temps au bout duquel un capital de :

2257. — 630 fr. à 4 °/₀ est devenu égal à 680ᶠ,40.   (*Calvados.*)
Nombre d'années = Intérêt total : Intérêt annuel.
1. Intérêt total = 680ᶠ,4 — 630ᶠ = 50ᶠ,4;   2. Int. annuel = 4ᶠ × 6,3 = 25ᶠ,20.
Rép. 50,4 : 25,2 = 2 *ans.*

2258. — 76 800 fr. à 4,75 °/₀ est devenu égal à 78 928 fr. (*Seine.*)
1. Int. tot = 78 928ᶠ — 76 800ᶠ = 2 128 fr.;   2. Int. ann. = 4ᶠ,75 × 768 = 3 648 fr.
Rép. 2 128/3 648 d'ann. = 7 *mois.*

2259. — 350 fr. à 3 1/2 °/₀ est devenu égal à 357ᶠ,35. (*Vienne.*)
1. Intérêt total = 357ᶠ,35 — 350ᶠ = 7ᶠ,35;   2. Int. ann. = 3ᶠ,5 × 3,5 = 12ᶠ,25.
Rép. 735/1 225 d'ann. = 7 *mois* 6 *jours.*

2260. — 8 000 fr. à 4 °/₀ est devenu égal à 9 000 fr.   (*Belfort.*)
1. Intérêt total = 9 000ᶠ — 8 000ᶠ = 1 000 fr.;   2. Int. ann. = 4ᶠ × 80 = 320 fr.
Rép. 1 000/320 d'ann. = 3 *ans* 1 *mois* 15 *jours.*

2261. — 840 fr. à 4 1/2 °/₀ est devenu égal à 917ᶠ,70. (*Yonne.*)
1. Intérêt total = 917ᶠ,70 — 840ᶠ = 77ᶠ,7;   2. Int. annuel = 4ᶠ,5 × 8,4 = 37ᶠ,8.
Rép. 777/378 d'ann. = 2 *ans* 20 *jours.*

2262. — Au moment de partir pour un long voyage, une personne a placé 5 245 fr. à 4,50 °/₀. A son retour, elle a reçu 1 888ᶠ,20 d'intérêt. Combien de temps a-t-elle été absente?   (*Finistère.*)
Nombre d'années = Intérêt total (1 888ᶠ,2) : Intérêt annuel.
Intérêt annuel = 4ᶠ,5 × 52,45 = 236ᶠ,025.
Rép. 1 888 200/236 025 d'ann. = 8 *ans.*

2263. — Un particulier avait laissé chez un notaire 24 000 fr. provenant d'un héritage. Au bout d'un certain temps, le notaire lui remet

32 400 francs pour le capital et les intérêts à 5 %. Quel temps le notaire avait-il eu ce capital en dépôt?   (*Drôme.*)

Nombre d'années = Intérêt total : Intérêt annuel.
1. Int. total = 32 400ᶠ — 21 000ᶠ = 8 400 fr. ;   2. Int. ann. = 5ᶠ × 240 = 1 200 fr.
Rép.   8 400 : 1 200 = 7 *ans.*

2264. — Un négociant avait acheté des marchandises au comptant pour une somme de 800 fr. Il a payé 815 fr. en tenant compte des intérêts à 4,5 %. Combien de temps a-t-il attendu avant de payer les marchandises ?   (*Nord.*)

Nombre d'années = Intérêt total : Intérêt annuel.
1. Intérêt total = 815ᶠ — 800ᶠ = 15 fr ;   2. Intérêt annuel = 4ᶠ,5 × 8 = 36 fr.
Rép.   15/36 d'ann. = 5 *mois.*

2265. — On a placé 7 200 fr. à 4 %. On a retiré pour le capital et les intérêts 8 116 fr. Pendant combien de temps ce capital a-t-il été placé? Pendant combien de temps aurait-il dû rester placé pour produire le même intérêt à 5 %?   (*Dordogne.*)

I. *Nombre d'années à* 4 % = Intérêt total : Intérêt annuel.
1. Intérêt total = 8 116ᶠ — 7 200ᶠ = 916 fr. ;   2. Intérêt annuel = 4ᶠ × 72 = 288 fr.
Rép.   916/288 d'ann. = 3 *ans* 2 *mois* 5 *jours.*
II. *Nombre d'années à* 5 % = Intérêt total (916 fr.) : Intérêt annuel.
Intérêt annuel = 5ᶠ × 72 = 360 fr.
Rép.   916/360 d'ann. = 2 *ans* 6 *mois* 16 *jours.*
Autre méthode : Ce temps est les 4/5 du précédent.

P. 216.   ***CAPITAL**

Exercice oral. — Quel est le capital qui a **rapporté** en 1 an :
à **2** %, 2 fr.? 4 fr.? 8 fr.?

Rép.   100 *fr.*;   200 *fr.*;   400 *fr.*

à **3** %, 30 fr.? 90 fr.? 120 fr.?

Rép.   1 000 *fr.*;   3 000 *fr.*;   4 000 *fr.*

Problèmes. — **2266.** — Quel est le capital qui, placé à 4 %, a rapporté 170 fr. d'intérêt en 8 mois?

Solution. — Le *nombre des centaines de francs* du **capital** est le quotient de *l'intérêt annuel* par le *taux* (4).

1. L'*intérêt annuel* est le quotient de l'intérêt total (170 fr.) par la fraction d'année que représentent 8 mois (8/12).

$$170^f : \frac{8}{12} = \frac{170^f \times 12}{8} = \frac{170^f \times 3}{2} = 255 \text{ fr.}$$

2. *Nombre des centaines de francs* du capital :   255 : 4.

$$\textbf{Capital :} \quad 100^f \times \frac{255}{4} = \textbf{6 375 fr.}$$

Remarque. — Le capital est encore égal au quotient de son intérêt annuel par l'intérêt annuel de 1 fr.

Quel capital faut-il placer pour avoir,
2267. — à 3,5 %, 630 fr. d'intérêt en 1 an?   (*Gard.*)
Rép.   100ᶠ × (630 : 3,5) = 18 000 *fr.*

2268. — à 4 1/2 °/₀, un revenu mensuel de 150 fr.?   (*Vienne.*)
Intérêt annuel = 150ᶠ × 12 = 1 800 *fr.* *Rép.* 100ᶠ × (1 800 : 4,5) = 40 000 *fr.*

2269. — à 3,5 °/₀, un revenu trimestriel de 385 fr.?   (*Aisne.*)
Intérêt annuel = 385ᶠ × 4 = 1 540 fr. *Rép.* 100ᶠ × (1 540 : 3,5) = 44 000 *fr.*

2270. — à 6 °/₀, 1 200 fr. d'intérêt en 5 mois?   (*Haute-Marne.*)
Int. annuel = 1 200ᶠ × 12/5 = 2 880 fr. *Rép.* 100ᶠ × (2 880 : 6) = 48 000 *fr.*

2271. — à 3 °/₀, un revenu moyen de 4ᶠ,20 p. jour?   (*Hᵗᵉ-Savoie.*)
Int. annuel = 4ᶠ,2 × 365 = 1 533 fr. *Rép.* 100ᶠ × (1 533 : 3) = 51 100 *fr.*

2272. — à 5 °/₀, 424 fr. d'intérêt en 106 jours? (*Haute-Garonne.*)
Int. annuel = 424ᶠ × 360/106 = 1 440 fr. *Rép.* 100ᶠ × (1 440 : 5) = 28 800 *fr.*

2273. — à 4,75 °/₀, 969 fr. d'intérêt en 4 ans 3 mois ?   (*Vendée.*)
Intérêt annuel. { *a*) Nombre d'années = 51/12.
{ *b*) 969ᶠ : 51/12 = 969ᶠ × 12/51 = 228 fr.
Rép. 100ᶠ × (228 : 4,75) = 4 800 *fr.*

2274. — à 4 °/₀, 40 fr. d'intérêt en 6 mois 20 jours ?   (*Eure.*)
Intérêt annuel. { *a*) Fraction d'année = 30 × 6 + 20 = 200ʲ = 200/360.
{ *b*) 40ᶠ × 36/20 = 72 fr.
Rép. 100ᶠ × (72 : 4) = 1 800 *fr.*

2275. — Une personne qui devait payer une dette le 16 novembre, ne l'a payée que le 15 janvier suivant, ce qui a augmenté la dette de 42 fr. Quelle était la dette de cette personne, si elle a dû payer un intérêt de 5 °/₀?   (*Charente.*)
Nombre de centaines de francs de la dette = Intérêt annuel : Taux (5).
Intérêt annuel. { *a*) Fr. d'ann. : 14 + 31 + 15 = 60ʲ ou 60/360 = 1/6 d'ann.
{ *b*) 42ᶠ : 1/6 = 42ᶠ × 6 = 252 fr.
Rép. 100ᶠ × (252 : 5) = 5 040 *fr.*

2276. — Une personne a perdu les 5/6 de sa fortune. Ce qui lui reste est placé à 4 °/₀ et lui rapporte 1 200 fr. d'intérêt par an. Quelle était sa fortune primitive ?   (*Morbihan.*)
Fortune primitive = Valeur du reste : Fraction correspond. (1 — 5/6).
Valeur du reste = 100ᶠ × (1 200 : 4) = 30 000 fr.
Rép. 30 000ᶠ × 6 = 180 000 *fr.*

2277. — Une famille dépense en moyenne 8ᶠ,25 par jour, en outre des frais de loyer qui s'élèvent à 988ᶠ,75 par an. La dépense totale de l'année est couverte par l'intérêt d'un capital placé à 3ᶠ,20 °/₀. Quel est ce capital ?   (*Vosges.*)
Nombre de centaines de francs du capital = Intérêt annuel : Taux (3,2).
Int. ann. = 8ᶠ,25 × 365 + 988ᶠ,75 = 3 011ᶠ,25 + 988ᶠ,75 = 4 000 fr.
Rép. 100ᶠ × (4 000 : 3,2) = 125 000 *fr.*

2278. — Une personne vend 6 000 fr. l'hectare une propriété, dont elle place le prix à 4,50 °/₀. L'intérêt annuel produit par ce placement s'élève à 121ᶠ,50. Calculer la superficie de cette propriété. (*Marne.*)
Superficie = Prix total : Prix de l'hectare (6 000 fr.).
Prix total = 100ᶠ × (121,5 : 4,5) = 2 700 fr.
Rép. 2 700 : 6 000 = 0ʰᵃ,45 = 45 *a.*

2279. — Une somme placée à 4 1/2 °/₀ a produit au bout de 8 ans un intérêt qui a été employé à l'achat d'un champ dont la surface est de 1 ha. 6 a., payé à raison de $0^f,45$ le mètre carré. Quelle est cette somme? *(Loiret.)*

Nombre de centaines de francs du capital $=$ Intérêt annuel : Taux (4,5).

Intérêt annuel. $\begin{cases} a) \text{ En 8 ans : } & 0^f,45 \times 10\,600 = 4770 \text{ fr.} \\ b) & 4770^f : 8 = 596^f,25. \end{cases}$

Rép. $100^f \times (596,25 : 4,5) = 13\,250$ *fr.*

P. 217. **2280.** — Un ouvrier, qui gagne $0^f,40$ par heure et qui travaille 11 heures par jour pendant 300 jours de l'année, place ses économies annuelles à 4 % et retire $16^f,30$ d'intérêts. On demande ce qu'il dépense par jour. *(Seine-et-Oise.)*

Dépense par jour $=$ Dépense totale : 365.

Dépense totale. $\begin{cases} a) \text{ Gain total} = 0^f.40 \times 11 \times 300 = 1320 \text{ fr.} \\ b) \text{ Economies} = 100^f \times 16,3 : 4 = 407^f,50. \\ c) \ 1320^f - 407^f,50 = 912^f,50. \end{cases}$

Rép. $912^f,5 : 365 = 2^f,50.$

2281. — Un rentier a un revenu moyen de $6^f,40$ par jour qui lui est fourni par un capital de 18 600 fr. placé à 4 % l'an et par une autre somme placée à 5 %. Quelle est cette autre somme ? *(Seine.)*

Somme placée à 5 % $=$ Son intérêt annuel : Intérêt de 1 fr. $(0^f,05)$.

Son intérêt annuel. $\begin{cases} a) \text{ Revenu total} = 6^f,4 \times 365 = 2336 \text{ fr.} \\ b) \text{ Intér. du 1}^{er} \text{ capital} = 4^f \times 186 = 744 \text{ fr.} \\ c) \ 2336^f - 744^f = 1592 \text{ fr.} \end{cases}$

Rép. $1592 : 0,05 = 31\,840$ *fr.*

2282. — Les 4/5 d'une somme placée à 5 % rapportent 1125 fr. d'intérêt en 9 mois. Quelle est cette somme? *(Haute-Marne.)*

Somme $=$ Valeur des 4/5 : 4/5.

Valeur des 4/5. $\begin{cases} a) \text{ Intérêt annuel} = 1125^f \times 12/9 = 1500 \text{ fr.} \\ b) \ 100^f \times 1500 : 5 = 30\,000 \text{ fr.} \end{cases}$

Rép. $30\,000^f : 4/5 = 30\,000^f \times 5/4 = 37\,500$ *fr.*

2283. — Une personne place les 2/5 de son capital à 6 %, ce qui lui procure un revenu annuel de $939^f,60$. Le reste de ce capital est placé à 4 1/2 %. Trouver le capital et le revenu total de cette personne. *(Morbihan.)*

I. *Capital* $=$ Valeur des 2/5 : 2/5.
Valeur des 2/5 $= 100^f \times 939,6 : 6 = 15\,660$ fr.
Rép. $15\,660^f : 2/5 = 15\,660^f \times 5/2 = 39\,150$ *fr.*
II. *Revenu total* $= 939^f,6 +$ Revenu du reste.

Revenu du reste. $\begin{cases} a) \text{ Reste} = 39\,150^f - 15\,660^f = 23\,490 \text{ fr.} \\ b) \ 4^f,5 \times 234,9 = 1057^f,05. \end{cases}$

Rép. $939^f,6 + 1057^f,05 = 1996^f,65.$

2284. — Un champ rectangulaire a 126 m. de long ; sa largeur est les 2/3 de la longueur. Le propriétaire vend ce champ et en place le prix à 5 % pendant 8 mois. L'intérêt étant de $94^f,50$, on demande le prix de vente de l'are. *(Cher.)*

Prix de vente de l'are $=$ Prix de vente total : Nombre d'ares du champ.

1. Prix de vente total. $\begin{cases} a) \text{ Intérêt annuel} = 94^f,5 \times 12/8 = 141^f,75. \\ b) \ 100^f \times 141,75 : 5 = 2835 \text{ fr.} \end{cases}$

2. Nombre d'ares. $\begin{cases} a) \text{ Largeur} = 126^m \times 2/3 = 84 \text{ m.} \\ b) \ 12^a,6 \times 8,4 = 105^a,84. \end{cases}$

Rép. $2835^f : 105,84 = 26^f,78.$

2285. — Une personne prend les 3/5 de son capital pour l'achat d'une propriété, les 2/9 pour l'acquisition d'une maison, et place le reste à 4 °/₀. Ce placement lui rapporte 840 fr. par an. Trouvez le capital, la valeur de la propriété et celle de la maison. (*Saône-et-L.*)

I. *Capital* = Valeur du reste : Fraction correspondante.
1. Valeur du reste = 100ᶠ × 840 : 4 = 21 000 fr.
2. Fraction correspondante = 1 — (3/5 + 2/9) = 1 — (27/45 + 10/45) = 8/45.
Rép. 21 000ᶠ : 8/45 = 21 000ᶠ × 45/8 = 2 625ᶠ × 45 = 118 125 *fr.*
II. *Val. de la propriété* = Val. de 1/45 (2 625 fr.) × 27. *Rép.* 70 875 *fr.*
III. *Valeur de la maison* = 2 625ᶠ × 10. *Rép.* 26 250 *fr.*

2286. — Une somme placée à 4 °/₀ rapporte annuellement 25 fr. d'intérêt de plus qu'une somme égale placée à 3 1/2 °/₀. Quelles sont ces deux sommes ? (*Dordogne.*)

Nombre de centaines de francs de chaque somme = Différence totale d'int. (25 fr.) : Différence d'intérêt par 100 fr.
Par 100 fr. : 4ᶠ — 3ᶠ,5 = 0ᶠ,5. *Rép.* 100ᶠ × 25 : 0,5 = 5 000 *fr.*

2287. — Deux sommes placées à 6 °/₀ rapportent en tout 780 fr. par an ; l'intérêt de la 1ʳᵉ surpasse de 180 fr. l'intérêt de la 2ᵉ. Quelles sont ces deux sommes ? (*Haute-Garonne.*)

1ʳᵉ *somme* = Son intérêt : Intérêt de 1 fr. (0ᶠ,06).
Intérêt = (780ᶠ + 180ᶠ) : 2 = 480 fr.
Rép. 480 : 0,06 = 8 000 *fr.*
2ᵉ *Somme* = (780 — 480) : 0,06. *Rép.* 300 : 0,06 = 5 000 *fr.*

2288. — Un capital placé pendant 8 mois est devenu, avec ses intérêts simples, 1 277ᶠ,20. Le même capital, après 15 mois, est devenu, avec ses intérêts, 1 309ᶠ,75. Quel est ce capital et à quel taux était-il placé ? (*Meurthe-et-Moselle.*)

I. *Capital* = Sa valeur au bout de 8 mois (1 277ᶠ,2) — Int. en 8 mois.
Int. en 8 mois. { a) Différ. des valeurs = 1 309ᶠ,75 — 1 277ᶠ,20 = 32ᶠ,55.
{ b) Différence des temps = 15ᵐᵒⁱˢ — 8ᵐᵒⁱˢ = 7 mois.
{ c) 32ᶠ,55 × 8 : 7 = 37ᶠ,2.
Rép. 1 277ᶠ,20 — 37ᶠ,20 = 1 240 *fr.*
II. *Taux* = Intérêt annuel : Centaines du capital (12,4).
Int. ann. = 32ᶠ,55 × 12/7 = 55ᶠ,80. *Rép.* 55,8 : 12,4 = 4,50 °/₀.

2289. — Les 2/3 d'une somme sont placés à 5 °/₀ et le reste à 4,50 °/₀. Si toute la somme était placée à 5 °/₀, le revenu annuel serait augmenté de 342 fr. Dire la valeur de la somme. (*Côte-d'Or.*)

Valeur totale = Valeur du reste × 3.
Reste. { a) Différ. d'intér. pour 100 fr. placés aux 2 taux : 5ᶠ — 4ᶠ,5 = 0ᶠ,5.
{ b) Valeur = 100ᶠ × 342 : 0,5 = 68 400 fr.
Rép. 68 400ᶠ × 3 = 205 200 *fr.*

2290. — Une personne place les 3/4 d'un capital à 5 °/₀ et le reste à 4 °/₀. L'intérêt annuel ayant été de 380 fr., on demande le capital placé à chaque taux. (*Pyrénées-Orientales.*)

I. *Capital à 5 °/₀* = Capital total × 3/4.
Supposons 400 fr. placés dans les conditions indiquées.
{ = 400ᶠ × Quotient de l'intérêt total par l'intérêt de 400 fr.
Capital total. { { 300 fr. à 5 °/₀ rapportent 15 fr.
{ a) Intérêt de 400 fr. { 100 fr. à 4°/₀ rapportent 4 fr.
{ { En tout : 15ᶠ + 4ᶠ = 19 fr.
{ b) 400ᶠ × 380 : 19 = 8 000 fr.
Rép. 8 000ᶠ × 3/4 = 6 000 *fr.*
II. *Capital à 4 °/₀* = 8 000ᶠ : 4. *Rép.* 2 000 *fr.*
Autre méthode. — Capital total = Intérêt (380 fr.) : Fraction du capital que cet intérêt représente.
380ᶠ : (3/4 × 5/100 + 1/4 × 4/100) = 380ᶠ : 19/400 = 8 000 fr.

2291. — Les 3/7 d'un capital étant placés à 6 % rapportent annuellement 60 fr. de plus que le reste placé à 4 %. On demande de trouver ce capital. *(Calvados.)*

Capital = Différence d'intérêt (60 fr.) : Fraction du capital que cette différence représente.

Fraction corresp. = 6/100 des 3/7 — 4/100 du reste (4/7).
$$= 3/7 \times 6/100 - 4/7 \times 4/100 = 18/700 - 16/700 = 2/700.$$

Rép. 60ᶠ : 2/700 = 60ᶠ × 700 : 2 = 21 000 fr.

Autre méthode. — Supposer 700 fr. placés dans les conditions indiquées.

2292. — Trois personnes se partagent un héritage, de telle sorte que la 2ᵉ reçoit les 2/5 de la part de la 1ʳᵉ, et que la 3ᵉ touche les 2/3 de la part de la 2ᵉ. Cette 3ᵉ part, placée à 3,50 %, donne un revenu annuel de 109ᶠ,20. Calculer la valeur de chacune des 3 parts et celle de l'héritage. *(Doubs.)*

I. 3ᵉ *part* = 100ᶠ × 109,2 : 3,5. *Rép.* 3120 *fr.*
II. 2ᵉ *part* = 3120ᶠ × 3/2. *Rép.* 4680 *fr.*
III. 1ʳᵉ *part* = 4680ᶠ × 5/2. *Rép.* 11 700 *fr*
IV. *Héritage total* = 3120ᶠ + 4680ᶠ + 11 700ᶠ. *Rép.* 19 500 *fr.*

2293. — Une personne possède deux sommes placées : l'une à 3 %, l'autre à 4 %, et qui produisent annuellement des intérêts égaux. On demande de calculer chacune de ces sommes, qui forment ensemble un total de 1 050 fr. *(Charente-Inférieure.)*

I. *Somme à* 3 % = 1 050ᶠ × Fraction correspondante.

Fraction correspondante.
{
Supposons des intérêts égaux à 3ᶠ × 4 = 12 fr.
a) Capital à 3 % = 100ᶠ × 12 : 3 = 400 fr.
b) Capital à 4 % = 100ᶠ × 12 : 4 = 300 fr.
c) Somme des 2 capitaux = 400ᶠ + 300ᶠ = 700 fr.
d) Fract. corresp. au 1ᵉʳ = 400/700 = 4/7.
}

Rép. 1 050ᶠ × 4/7 = 600 *fr.*

II. *Somme à* 4 % = 1 050ᶠ — 600ᶠ. *Rép.* 450 *fr.*

Autre méthode. — Somme à 3 % = 1 050ᶠ : Fraction de cette somme que 1 050 fr. représentent.

Fraction correspondante = 1 + 3/4 = 7/4 du 1ᵉʳ capital, puisque 3/100 du 1ᵉʳ égalent 4/100 du 2ᵉ.

P. 218.   ***CAPITAL PRIMITIF***

Problèmes. — 2294. — Une somme placée à 3 % pendant 4 ans 2 mois a acquis une valeur de 1 575 fr. (capital et intérêts réunis). Quel était le capital primitif ?

Solution. — Le *nombre des centaines de francs* du **capital primitif** est le quotient de sa *valeur acquise* (1 575 fr.) par la *valeur qu'acquièrent* 100 *fr.* dans le même temps (4 ans 2 mois).

1. La *valeur acquise par* 100 *fr.* est la somme de 100 francs et des intérêts de 100 fr. en 4 ans 2 mois.

a. 4 ans 2 mois = 12 × 4 + 2 = 50 mois.

b. Intérêts de 100 fr. $= 3^f \times \dfrac{50}{12} = \dfrac{50^f}{4} = 12^f,50.$

c. Valeur acquise par 100 fr. = 100ᶠ + 12ᶠ,50 = 112ᶠ,50.

2. *Nombre des centaines de francs* du capital primitif : 1 575 : 112,50.

Capital primitif : $100^f \times \dfrac{1575}{112,5} = 1\ 400$ **fr.**

Quel est le capital qui a acquis :

2295. — en 1 an, à 4 °/₀, une valeur de 4680 fr. ? *(Gironde.)*
Rép. 4680 : Valeur acquise par 1 fr. (1,04) = 4500 *fr.*

2296. — en 1 an, à 3 °/₀, une valeur de 463ᶠ,50 ? *(Yonne.)*
Rép. 100ᶠ × 463,5 : 103 = 450 *fr.*

2297. — en 3 ans, à 5 °/₀, une valeur de 23 000 fr. ? *(Nord.)*
Valeur acquise par 100 fr. en 3 ans = 100ᶠ + (5ᶠ × 3) = 115 fr.
Rép. 100ᶠ × 23 000 : 115 = 20 000 *fr.*

2298. — en 8 mois, à 3 °/₀, une valeur de 6976ᶠ,80 ? *(Aisne.)*
8 mois = 8/12 = 2/3 d'ann. Val. acq. par 100 fr. = 100ᶠ + (3ᶠ × 2/3) = 102 fr.
Rép. 100ᶠ × 6 976,8 : 102 = 6 840 *fr.*

2299. — en 16 mois, à 4,50 °/₀, une valeur de 4 876 fr. ? *(Isère.)*
16 mois = 16/12 = 4/3. Val. acq. par 1 fr. = 1ᶠ + (0ᶠ,045 × 4/3) = 1ᶠ,06.
Rép. 4 876 : 1,06 = 4 600 *fr.*

2300. — en 270 jours, à 4 °/₀, une valeur de 515 fr. ? *(Côte-d'Or.)*
270ʲ = 270/360 = 3/4. Val. acq. par 100 fr. = 100ᶠ + (4ᶠ × 3/4) = 103 fr.
Rép. 100ᶠ × 515 : 103 = 500 *fr.*

2301. — en 60 jours, à 3 3/4 °/₀, une valeur de 3 646ᶠ,65 ? *(Aisne.)*
60ʲ = 60/360 = 1/6. Val. acq. par 100ᶠ = 100ᶠ + (3ᶠ,75 : 6) = 100ᶠ,625.
Rép. 100ᶠ × 3 646,65 : 100,625 = 3 624 *fr.*

2302. — en 108 jours, à 5 °/₀, une valeur de 913ᶠ,50 ? *(Aveyron.)*
108ʲ = 108/360 = 3/10. Val. acq. par 1 fr. = 1ᶠ + (0ᶠ,05 × 3/10) = 1ᶠ,015.
Rép. 913,5 : 1,015 = 900 *fr.*

2303. — en 4 mois 15 j., à 4 °/₀, une valeur de 33 495 fr. ? *(Cantal.)*
4 mois 15 jours = 9/2 mois = 9/24 d'année = 3/8 d'année.
Valeur acquise par 100 fr. = 100ᶠ + (4ᶠ × 3/8) = 101ᶠ,50.
Rép. 100ᶠ × 33 495 : 101,5 = 33 000 *fr.*

2304. — en 2 ans 8 m., à 3 °/₀, une valeur de 3 780 fr. ? *(Ardèche.)*
2 ans 8 mois = 32/12 = 8/3. Val. acq. p. 1 fr. = 1ᶠ + (0ᶠ,03 × 8/3) = 1ᶠ,08.
Rép. 3 780 : 1,08 = 3 500 *fr.*

2305. — en 1 an 6 m. 28 j., à 4 1/2 °/₀, une val. de 7 550ᶠ,55 ? *(Doubs.)*
1 an 6 mois 28 jours = 360ʲ + 180ʲ + 28ʲ = 568/360 d'année.
Valeur acquise par 100 fr. = 100ᶠ + (4ᶠ,5 × 568/360) = 107ᶠ,10.
Rép. 100ᶠ × 7 550,55 : 107,1 = 7 050 *fr.*

2306. — Une personne ayant emprunté une certaine somme, à 4,50 °/₀ par an, le 1ᵉʳ février 1904, a rendu le 15 avril suivant, pour le capital et les intérêts, la somme de 6 862ᶠ,90. Quelle somme avait-elle empruntée ? *(Finistère.)*
Somme empruntée = Valeur acquise (6862ᶠ,9) : Valeur acquise par 1 fr. dans le même temps.
Val. acq. par 1 fr. { *a)* Temps = (29ʲ — 1ʲ) + 31ʲ + 15ʲ = 74ʲ ou 74/360 d'ann.
{ *b)* 1ᶠ + (0ᶠ,045 × 74/360) = 1ᶠ,009 25.
Rép. 6 862,9 : 1,009 25 = 6 800 *fr.*

2307. — J'ai emprunté le 15 mai une somme que j'ai remboursée le 10 septembre suivant, capital et intérêts à 4,50 °/₀ en versant 811ᶠ,80. Quel était le montant de la somme empruntée ? *(M.-et-Mos.)*
Temps = (31ʲ — 15ʲ) + 30 + 31 + 31 + 10 = 118 jours.
Val. acq. par 100ᶠ = 100ᶠ + (4ᶠ,5 × 118/360) = 101ᶠ,475.
Rép. 100ᶠ × 811,8 : 101,475 = 800 *fr.*

2308. — J'ai emprunté le 7 janvier une somme à 3,50 % et j'ai remboursé, le 15 juillet suivant, capital et intérêts compris, 8554ᶠ,35. Quel était le montant de la somme empruntée? *(M.-et-Mos.)*

Temps = (31ʲ — 7ʲ) + 28ʲ + 31ʲ + 30ʲ + 31ʲ + 30ʲ + 15ʲ = 180 jours.
Val. acq. par 100 fr. = 100ᶠ + (3ᶠ,5 × 189/360) = 101ᶠ,8375.
Rép. 100ᶠ × 8554,35 : 101,8375 = 8400 *fr.*

2309. — Un propriétaire vend à un voisin un verger de 48 ares. Neuf mois après, il en touche le prix, augmenté de ses intérêts à 5 %, et reçoit ainsi 2490 fr. Dire le prix de l'are de ce terrain. *(Somme.)*

Prix de l'are = Valeur totale du terrain : Nombre d'ares (48).

Valeur tot. { *a*) Val. acq. par 1 fr. = 1ᶠ + (0ᶠ,05 × 9/12) = 1ᶠ,0375.
{ *b*) 2490 : 1,0375 = 2400 fr.

Rép. 2400ᶠ : 48 = 50 *fr.*

2310. — Une personne a placé un certain capital au taux de 4 %. Au bout de 4 ans, elle place, au taux de 5 %, ce capital joint à ses intérêts. Il se trouve qu'elle a alors un revenu annuel de 1160 fr. Quel était le capital primitif? *(Ardèche.)*

Capital primitif = 100ᶠ × (Valeur acquise en 4 ans : Valeur acquise par 100 fr. dans le même temps).
1. Val. acq. en 4 ans = 100ᶠ × 1160 : 5 = 23200 fr.
2. Val. acq. par 100 fr. = 100ᶠ + 4ᶠ × 4 = 116 fr.
Rép. 100ᶠ × 23200 : 116 = 20000 *fr.*

P. 219.

*REVISION

Problèmes. — 2311. — Une ferme est louée 2280 fr. Elle a coûté au propriétaire 85000 fr.; combien lui rapporte-t-elle % ? *(Marne.)*

Revenu p. % = Loyer (2280 fr.) : Centaines du prix d'achat (850).
Rép. 2280 : 850 = 2,68 %.

2312. — Un fermier vend sa récolte de blé au prix de 19ᶠ,50 l'hectolitre pesant 75 kg. Cette récolte remplit 160 sacs pesant chacun 125 kg. Quel revenu trimestriel se fera-t-il en prêtant à 4 % le produit de cette vente? *(Vosges.)*

Revenu trimestriel = Revenu annuel : 4.

Revenu annuel. { *a*) Prix de la récolte. { Poids = 125ᵏᵍ × 160 = 20000 kg.
{ { 19ᶠ,5 × 20000 : 75 = 5200 fr.
{ *b*) 4ᶠ × 52.

Rép. 4ᶠ × 52 : 4 = 52 *fr.*

2313. — Une personne vend une vigne de 65ᵃ,50, à 75 fr. l'are. Le paiement aura lieu dans 6 mois, et l'acheteur versera en même temps les intérêts à 4 %. Quelle somme le vendeur recevra-t-il? *(Nièvre.)*

Somme reçue = Somme due + Intérêts en 6 mois.
1. Somme due = 75ᶠ × 65,5 = 4912ᶠ,50.
2. Intérêt en 6 mois. { *a*) Intérêt annuel = 4ᶠ × 49,125.
{ *b*) En 1 semestre = 4ᶠ × 49,125 : 2 = 98ᶠ,25.
Rép. 4912ᶠ,50 + 98ᶠ,25 = 5010ᶠ,75.

2314. — Un propriétaire a consacré une somme de 3600 fr. à l'achat d'un terrain. Il a récolté dans ce terrain 124 gerbes de blé; 5 gerbes produisent 2^{dal} 1/2 de blé et ce blé vaut 3^f,50 le double-décalitre. A quel taux ce propriétaire a-t-il placé son argent ?   (*Côte-d'Or.*)

Taux = Revenu total : Centaines du prix d'achat (36).

Revenu total. $\begin{cases} a) \text{ Volume du blé} = 25^l \times 124 : 5 = 5^l \times 124 = 620 \text{ l.} \\ b) \text{ Prix} = 3^f,5 \times 620 : 20 = 108^f,50. \end{cases}$

Rép.   108,5 : 36 = 3,01 %.

2315. — Une personne hérite d'une maison louée 340 fr., rapportant ainsi 4,25 %. de son prix d'estimation, et d'un jardin y attenant de 37 a. 8 ca. qu'elle vend 45 fr. l'are. On demande quel est le montant de l'héritage.   (*Seine-et-Oise.*)

Montant de l'héritage = Prix de la maison + Prix du jardin.
1. Prix de la maison = 100^f × 340 : 4,25 = 8 000 fr.
2. Prix du jardin = 45^f × 37,08 = 1 668^f,60.
Rép.   8 000^f + 1 668^f,60 = 9 668^f,60.

2316. — Deux personnes achètent ensemble un terrain, à raison de 1 350 fr. l'hectare. A 4 %, elles retirent de leur part, la 1re un revenu annuel de 540 fr., la 2e de 405 fr. Dire en ares la surface de chaque parcelle et la surface totale du terrain.   (*Ardennes.*)

I. *Surface de chaque parcelle* = Son revenu : Revenu de l'are.
Revenu de l'are : *a)* Pour 1 ha. :   4^f × 13,5 = 54 fr. ;   *b)* Par are :   0^f,54.
Rép.   1° 540 : 0,54 = 1 000 *ares ;*   2° 405 : 0,54 = 750 *ares.*
II. *Surface totale* = 1 000^a + 750^a. *Rép.*   1 750 *ares.*

2317. — Un capital de 14 400 fr. a produit en un certain temps 1 800 fr. d'intérêt. S'il était resté placé 6 mois de plus, l'intérêt aurait été de 2 160 fr. Quelle a été la durée et quel était le taux du placement ?   (*Haute-Saône.*)

I. *Durée du placement* = 1 800^f : Intérêt annuel.

Intérêt annuel. $\begin{cases} a) \text{ En 6 mois : } 2160^f - 1800^f = 360 \text{ fr.} \\ b) 360^f \times 2 = 720 \text{ fr.} \end{cases}$

Rép.   1 800 : 720 = 2 *ans* 1/2.
II. *Taux* = 720 : 144. *Rép.*   5 %.

2318. — Une personne place le 1/3 de sa fortune à 2,80 % et a ainsi un revenu annuel de 1 456 fr. A quel taux doit-elle placer le reste pour avoir un revenu total de 4 680 fr. ?   (*Loiret.*)

Taux du reste = Intérêt du reste : Nombre des cent. de fr. du reste.
1. Intérêt du reste = 4 680^f — 1 456^f = 3 224 fr.

2. N. des cent. du reste. $\begin{cases} a) \text{ Valeur du 1/3} = 100^f \times 1\,456 : 2,8 = 52\,000 \text{ fr.} \\ b) \text{ Reste : } 52\,000^f \times 2 = 104\,000 \text{ fr.} = 1\,040^{\text{cent}}. \end{cases}$

Rép.   3 224 : 1 040 = 3,10 %.

2319. — Un cultivateur place 2 400 fr. pendant 18 mois au taux de 4 %. Au bout de cette période, il ajoute les intérêts au capital, plus 456 fr. d'économies, et place le tout pendant 2 ans au même taux. Quelle somme retirera-t-il au bout de ces 2 ans ?   (*Alpes-Mar.*)

Somme retirée = Capital placé + Intérêts en 2 ans.

1. Capital placé. $\begin{cases} a) \text{ Int. des 2 400 fr. en 18 mois} = 4^f \times 24 \times 18/12 = 144 \text{ fr.} \\ b) 2\,400^f + 144^f + 456^f = 3\,000 \text{ fr.} \end{cases}$

2. Intérêt en 2 ans = 4^f × 30 × 2 = 240 fr.   *Rép.*   3 000^f + 240^f = 3 240 *fr.*

2320. — Un cultivateur achète un champ pour 2 400 fr. Il paye 1 000 fr. comptant et, au bout de 6 mois, 612 fr. pour un 2e acompte et ses intérêts. Quel sera le montant du versement qui le libérera un an après son acquisition, si le taux de l'intérêt est de 4 °/₀ ?　　(*Cher.*)

Dernier versement = Reste du prix d'achat + Intérêt annuel de ce reste.

1. Reste {
　= 2 400ᶠ — 1 000ᶠ — Valeur du 2ᵉ acompte.
　a) 2ᵉ acompte. { Valeur acquise par 100 fr. = 100ᶠ + 2ᶠ = 102 fr.
　　　100ᶠ × 612 : 102 = 600 fr.
　b) 2 400ᶠ — 1 000ᶠ — 600ᶠ = 800 fr.

2. Intérêt annuel = 4ᶠ × 8 = 32 fr.

Rép.　800ᶠ + 32ᶠ = 832 *fr.*

2321. — Une personne a mis des fonds dans une entreprise ; elle reçoit au bout de 5 ans 182 000 fr., capital et bénéfice. Le bénéfice est les 2/5 du capital ; quel a été le taux du placement ?　　(*Aveyron.*)

Taux = Intérêt annuel : Centaines du capital.

1. Int. ann. {
　a) Bénéf. tot. { Fraction corresp^t à 182 000 fr. = 1 + 2/5 = 7/5.
　　　Valeur de 1/5 = 182 000ᶠ : 7 = 26 000 fr.
　　　—　　2/5 = 26 000ᶠ × 2 = 52 000 fr.
　b) En 1 an : 52 000ᶠ : 5 = 10 400 fr.

2. Cent. du capital : 26 000ᶠ × 5 = 130 000 fr. ou 1 300^cent.

Rép.　10 400 : 1 300 = 8 °/₀.

2322. — Quelle somme avait-on prêtée au taux de 4 °/₀ à une personne qui donne 702 fr. à la fin de l'année pour le capital et les intérêts réunis ? Si le taux avait été 3 °/₀, combien cette personne aurait-elle dû donner ?　　(*Aveyron.*)

I. *Somme prêtée* = 702 : Valeur acquise par 1 fr. en 1 an.
Valeur acquise par 1 fr. = 1ᶠ + 0ᶠ,04 = 1ᶠ,04.
Rép.　702 : 1,04 = 675 *fr.*
II. *Somme à rendre* (2ᵉ cas) = 675 fr. + Intérêt en 1 an.
Intérêt annuel : 3ᶠ × 6,75 = 20ᶠ,25.　*Rép.*　675ᶠ + 20ᶠ,25 = 695ᶠ,25.

2323. — Un particulier a prêté une certaine somme qu'on lui restitue au bout de 2 ans avec les intérêts à 5 °/₀. Il place le tout dans une industrie qui lui donne un revenu de 7 °/₀. Sachant que l'intérêt annuel s'élève alors à 1 540 fr., quel était le capital primitif ? (*Ardennes.*)

Cent. de fr. du capital primitif = Valeur acquise au bout de 2 ans : Valeur acquise par 100 fr. dans le même temps.
1. Valeur au bout de 2 ans = 100ᶠ × 1 540 : 7 = 22 000 fr.
2. Valeur acquise par 100 fr. = 100ᶠ + (5ᶠ × 2) = 110 fr.
Rép.　100ᶠ × 22 000 : 110 = 20 000 *fr.*

P. 220.

TANT POUR CENT

PRENDRE LE TANT POUR CENT

1. — **Prendre 1 °/₀** (un pour cent), **2 °/₀, 3 °/₀**..... d'un nombre, c'est en **prendre 0,01 ; 0,02 ; 0,03 ;** etc.

Exercice oral. — A 1 °/₀, quelle est la remise sur 400 fr. ? 3 000 fr. ? 560 fr. ? 2 640 fr. ? 80 fr. ? 65 fr.?

Rép.　4 *fr.* ; 30 *fr.* ; 5ᶠ,60 ; 26ᶠ,40 ; 0ᶠ,80 ; 0ᶠ,65.

— A 2 °/o, quel est le bénéfice fait sur 600 fr.? 4 000 fr.? 350 fr.?
1 525 fr.? 50 fr.? 45 fr.?

Rép. 12 *fr.*; 80 *fr.*; 7 *fr.*; 30^f,50; 1 *fr.*; 0^f,90.

— A 10 °/o, quelle est la commission prélevée sur un chiffre
d'affaires de 900 fr.? 12 000 fr.? 28 200 fr.? 725 fr.? 85 fr.? 432^f,50?

Rép. 900^f × 0,1 = 90 *fr.*; 1 200 *fr.*; 2 820 *fr.*; 72^f,50; 8^f,5; 43^f,25.

Problèmes. — 2324. — J'achète comptant 540 kg. de sucre à
0^f,60 le kilog. A 5 °/o, quelle remise me fera-t-on? (*Puy-de-Dôme.*)

Remise = Prix d'achat × 0,05.
Prix d'achat = 0,6 × 540 = 324 fr.
Rép. 324^f × 0,05 = 16^f,20.

2325. — Un marchand de bestiaux achète 20 vaches au prix moyen
de 360 fr. Il revend chaque bête avec un bénéfice de 30 °/o. Combien
gagne-t-il sur son marché? (*Vendée.*)

Bénéfice total = Bénéfice par bête × 20.
Bénéfice par bête = 360^f × 0,3 = 108 fr. *Rép.* 108^f × 20 = 2 160 *fr.*

2326. — Un commis-voyageur a 0^f,75 °/o sur toutes les marchandises qu'il vend. Combien a-t-il gagné dans une journée où il a vendu
750 m. d'étoffe à 2^f,25 le mètre? (*Tarn-et-Garonne.*)

Gain total = 0^f,75 × Nombre de centaines du prix de vente.
Nombre de cent. du prix de vente = 2^f,25 × 750 = 1 687^f,50 ou 16^{cent},875.
Rép. 0^f,75 × 16,875 = 12^f,65.

2327. — Le blé pèse en moyenne 760 g. par litre et fournit 89 °/o
de farine et le reste de son. Je porte au moulin 2 sacs de blé contenant,
l'un 1^{hl}1/2 et l'autre 2^{hl},35. Combien le meunier devra-t-il me rendre
de farine et de son? (*Manche.*)

I. *Poids de farine* = Poids total du blé × 0,89.
Blé. { a) Volume = 1^{hl},5 + 2^{hl},35 = 3^{hl},85 = 385 l.
{ b) Poids = 760^g × 385 = 292 600 g.
Rép. 292 600^g × 0,89 = 260 414 g. ou 260^{kg},414.
II. *Poids de son* = 292^{kg},6 — 260^{kg},414. *Rép.* 32^{kg},186.

2328. — Un spéculateur a acheté 14 880 fr. un terrain de forme rectangulaire ayant 248 m. de long sur 75 m. de large, et il a réalisé, en le
revendant, un bénéfice de 17 °/o sur le prix d'achat. Dites combien il a
gagné par hectare. (*Calvados.*)

Bénéfice par hectare = Bénéfice total : Nombre d'hectares.
1. Bénéfice total = 17^f × 148,8 = 2 529^f,60.
2. Nombre d'hectares = 2^{ha},48 × 0,75 = 1^{ha},86.
Rép. 2 529^f,6 : 1,86 = 1 360 *fr.*

2329. — Un marchand a acheté 175 m. de drap à 17^f,80 le mètre. Il
en a revendu les 3/7 avec 14 °/o de bénéfice, et le reste avec 8 °/o de perte
sur le prix d'achat. On demande combien il a gagné. (*Mayenne.*)

Bénéfice = Bénéfice sur la 1re vente — Perte sur la 2e vente.
1. 1re vente. { a) P. d'achat des 3/7 = 17^f,8 × 175 × 3/7 = 3 115^f × 3/7 = 1 335 fr.
{ b) Bénéfice = 1 335^f × 0,14 = 186^f,90.
2. 2e vente. { a) Prix d'achat = 3 115^f — 1 335^f = 1 780 fr.
{ b) Perte = 1 780^f × 0,08 = 142^f,40.
Rép. 186^f,90 — 142^f,40 = 44^f,50.

2330. — Le tarif du droit d'enregistrement dû pour les ventes im-
mobilières est de 5,5 °/o du prix d'acquisition; et, dans ce prix, toute

fraction de 20 fr. compte pour 20 fr. Que doit-on à l'enregistrement pour un immeuble acheté 1 025 fr. ?   (*Loire-Inférieure.*)

Enregistrement = Droit par 20 fr. $\times$ Nombre de vingtaines de fr. du prix de l'immeuble (1 025 fr.).
1. Droit par 20 fr. = $5^f,5 : 5 = 1^f,10$.
2. Nombre de vingtaines de fr. = $1\,025 : 20 = 52$ par excès.
Rép. $1^f,10 \times 52 = 57^f,20$.

*2331. — Un acte notarié d'un montant de 2750 fr. est porté à l'enregistrement. Il est passible d'un droit de 2 % sur la somme accusée, puis soumis à la taxe de $2^{décimes}$ 1/2 par franc calculée sur le montant du droit de 2 %. Quelle somme percevra l'enregistrement ? (*Doubs.*)

Enregistrement = Droit de 2 % + Taxe de $2^{décimes}$ 1/2.
1. Droit de 2 % = $2\,750^f \times 0,02 = 55$ fr.
2. Taxe = $0^f,25 \times 55 = 13^f,75$.   *Rép.* $55^f + 13^f,75 = 68^f,75$.

*2332. — Combien payera-t-on pour l'enregistrement du bail d'une propriété de 8 hectares louée pour 9 ans à raison de 75 fr. par hectare et par an? L'enregistrement prélève sur les baux fonciers : 1° un droit de $0^f,20$ % sur le total des loyers à payer pendant la durée du bail; 2° une taxe de $2^{décimes}$ 1/2 par franc sur le montant du droit ainsi calculé.   (*Gironde.*)

Enregistrement = Droit de $0^f,20$ % + Taxe de $2^{décimes}$ 1/2.
1. Droit. $\begin{cases} a) \text{ Total des loyers} = 75^f \times 8 \times 9 = 600^f \times 9 = 5\,400 \text{ fr.} \\ b)\ 0^f,20 \times 54 = 10^f,80. \end{cases}$
2. Taxe = $0^f,25 \times 10,8 = 2^f,70$.
Rép. $10^f,80 + 2^f,70 = 13^f,50$.

P. 221.   # TANT POUR 100 DÉDUIT (*Prix net, poids net, etc.*)

Problèmes. — 2333. — Une personne achète dans un magasin pour 235 fr. de marchandises, avec une remise de 4 %. Quelle somme doit-elle ?   (*Somme.*)

Facture nette = Facture brute (235 fr.) — Remise.
Remise = $235^f \times 0,04 = 9^f,40$.   *Rép.* $235^f - 9^f,40 = 225^f,60$.

2334. — J'ai acheté 37 m. de toile à $1^f,80$ le mètre, et 48 m. de calicot à $0^f,60$. Je paye comptant et l'on m'accorde une remise de 3 % sur la toile et une remise de $4^f,25$ % sur le calicot. Combien dois-je payer en tout?   (*Vienne.*)

Somme à payer = Facture brute — Remise.
1. Fact. brute. $\begin{cases} a) \text{ Toile} : \ 1^f,80 \times 37 = 66^f,60. \\ b) \text{ Calicot} : \ 0^f,60 \times 48 = 28^f,80. \end{cases}$ $\begin{cases} c) \text{ Total} : \ 95^f,40. \end{cases}$
2. Remise. $\begin{cases} a) \text{ Toile} : \ 66^f,6 \times 0,03 = 1^f,99. \\ b) \text{ Calicot} : \ 28^f,8 \times 0,0125 = 1^f,22. \end{cases}$ $\begin{cases} c) \text{ Total} : \ 3^f,21. \end{cases}$
Rép. $95^f,40 - 3^f,20 = 92^f,20$.

2335. — Que recevra un cultivateur qui a conduit à une fabrique de sucre 18 voitures de betteraves? Chaque voiture pèse en moyenne 2 795 kg. Ces betteraves sont vendues à raison de $24^f,50$ les 1 000 kg., et on déduit 9 % de tare.   (*Pas-de-Calais.*)

Somme reçue = Prix de la tonne ($24^f,5$) $\times$ Poids net total en tonnes.
Poids total. $\begin{cases} a) \text{ Par voiture} : \ 2795^{kg} - 2795^{kg} \times 0,09 = 2543^{kg},45. \\ b)\ 2543^{kg},45 \times 18 = 45\,782^{kg},1 = 45^t,7821. \end{cases}$
Rép. $24^f,5 \times 45,7821 = 1\,121^f,66$ ou $1\,121^f,65$.

2336. — Un marchand vend des grains pour la somme de 2475 fr. Combien les avait-il achetés, sachant qu'il a gagné 10 °/₀ sur le prix de vente ?   (*Seine.*)

Prix d'achat = Prix de vente (2475 fr.) — Bénéfice.
Bénéfice = 2475^f × 0,1 = 247^f,50. *Rép.* 2475^f — 247^f,5 = 2227^f,50.

2337. — Un épicier achète du café vert à 3^f,80 le kilogramme. Il brûle ce café, qui perd ainsi 18 °/₀ de son poids. A combien lui revient le kilogramme de café brûlé ?   (*Calvados.*)

Prix de revient du kilogramme = Prix d'achat du kg. (3^f,80) : Poids net.
Poids net = 1^{kg} — 0^{kg},18 = 0^{kg},82. *Rép.* 3^f,8 : 0,82 = 4^f,63.

***2338.** — Le prix d'un billet simple de chemin de fer (aller), de Paris au Havre est, en 3e classe, de 11^f,25 ; trouver le prix d'un billet d'aller et retour, sachant qu'il bénéficie d'une réduction de 20 °/₀ sur le prix des billets simples.   (*Seine-et-Oise.*)

Prix d'un aller et retour = Prix de 2 billets simples (11^f,25 × 2) — Réduction.
Réduction = 11^f,25 × 2 × 0,2 = 22^f,5 × 0,2 = 4^f,50.
Rép. 22^f,50 — 4^f,50 = 18 *fr.*

***2339.** — Un débitant achète une pièce de vin de 225 l., pour 60 fr., fût compris. En payant comptant, il obtient une remise de 2 °/₀. A combien lui revient le litre, si le fût a une valeur de 8 fr. ? (*Mayenne.*)

Prix de revient du litre = Prix total net : Nombre de litres (225).

Prix net. { *a*) Remise = 60^f × 0,02 = 1^f,20.
{ *b*) 60^f — (1^f,2 + 8^f) = 60^f — 9^f,2 = 50^f,80.
Rép. 50^f,8 : 225 = 0^f,225.

***2340.** — Un pré rectangulaire de 160 m. de long sur 45 m. de large a produit 240 kg. de foin vert par are. Le foin perdant 75 °/₀ par la dessiccation, quelle sera la valeur de la récolte, sachant que le foin sec vaut 8^f,50 le quintal ?   (*Lozère.*)

Valeur de la récolte = Prix du quintal (8^f,5) × Poids du foin sec.

Foin sec. { *a*) Par are : 240^{kg} — 240^{kg} × 0,75 = 240^{kg} — 180^{kg} = 60 kg.
{ *b*) Surface = 16^a × 4,5 = 72 a.
{ *c*) 60^{kg} × 72 = 4320 kg. = 43^q,2.
Rép. 8^f,5 × 43,2 = 367^f,20.

***2341.** — Une ouvrière reçoit : 25^m,80 de drap à 11 fr. le mètre ; 8^m,40 de velours à 18^f,15 le mètre ; 24^m,50 de toile à 2^f,60 le mètre. Faites la facture en tenant compte d'une remise de 3 °/₀ sur le tout payé comptant.   (*Seine-et-Oise.*)

25^m,80 de drap à 11 fr.	283^f,80
8^m,40 de velours à 18^f,15	152^f,46
24^m,50 de toile à 2^f,60	63^f,70
Total	499^f,96
Remise 3 °/₀	14^f,99
Net à payer	484^f,97, soit 484^f,95.

Remarque. — On pourrait ajouter 0^f,10 pour le timbre. — Voir El., p. 23.

***2342.** — On a vendu 88 dal. d'huile d'olive à 2^f,45 le litre, 112 pains de sucre de chacun 9^{kg},2 à 60 fr. le quintal et 156 kg. de café à 2^f,30 le demi-kilogramme. Faites la facture en tenant compte d'une remise de 2 1/2 % faite à l'acheteur. (*Meurthe-et-Moselle.*)

880 l. d'huile d'olive à 2^f,45...............	2 156^f
112 pains de sucre à 5^f,52..................	618^f,24
156 kg. de café à 4^f,60....................	717^f,60
Total.............	3 491^f,84
Remise 2 1/2 %...	87^f,29
Net à payer........	3 404^f,55. — Voir n° 2341.

***2343.** — Un libraire achète 8 douzaines de volumes à 2^f,75 l'un. On lui fait une remise de 25 % et on lui donne 13 volumes pour 12. Que doit-il revendre le volume pour gagner 36 fr. sur le tout? (*Oise.*)

Prix de vente du volume = Prix de vente total : Nombre de volumes.

1. Prix de v. total.
$\begin{cases} a) \text{ Achat.} \begin{cases} \text{Brut : } & 2^f,75 \times 12 \times 8 = 2^f,75 \times 96 = 264 \text{ fr.} \\ \text{Remise} = 264^f \times 0,25 = 66 \text{ fr.} \\ \text{Net : } & 264^f - 66^f = 198 \text{ fr.} \end{cases} \\ b) \ 198^f + 36^f = 234 \text{ fr.} \end{cases}$

2. Nombre de volumes = 96 + 8 = 104 volumes.

Rép. 234^f : 104 = 2^f,25.

***2344.** — Un libraire reçoit d'un éditeur 78 livres marqués 2^f,50. L'éditeur lui accorde 15 % de remise et le 13e gratis. Combien le libraire doit-il payer? (*Nord.*)

Somme à payer = Prix brut — Remise.

1. Prix brut.
$\begin{cases} a) \text{ Volumes payés.} \begin{cases} \text{Gratis : } & 78 : 13 = 6. \\ \text{Reste : } & 78 - 6 = 72 \text{ volumes.} \end{cases} \\ b) \ 2^f,5 \times 72 = 180 \text{ fr.} \end{cases}$

2. Remise = 180^f × 0,15 = 27 fr.

Rép. 180^f — 27^f = 153 *fr.*

***2345.** — On a acheté chez un libraire une douzaine de livres dont le prix marqué au catalogue est de 2^f,60 l'un. Le libraire fait une remise de 15 % et donne le 13e exemplaire gratuitement. On demande : 1° à combien revient un exemplaire; 2° ce que l'on gagnera sur le tout en revendant ces livres au prix du catalogue. (*Drôme.*)

I. *Prix de revient d'un exemplaire* = Prix net total : 13.

Prix total.
$\begin{cases} a) \text{ Brut : } & 2^f,6 \times 12 = 31^f,20. \\ b) \text{ Remise} = 31^f,2 \times 0,15 = 4^f,68. \\ c) \text{ Net : } & 31^f,2 - 4^f,68 = 26^f,52, \text{ soit } 26^f,50. \end{cases}$

Rép. 26^f,5 : 13 = 2^f,04 (par excès).

II. *Bénéfice* = Prix de vente total — Prix d'achat net (26^f,50).

Prix de vente = 2^f,6 × 13 = 33^f,80.

Rép. 33^f,80 — 26^f,50 = 7^f,30.

P. 222. **TANT POUR 100 AJOUTÉ** (*Prix de revient, de vente, etc.*)

Problèmes. — **2346.** — Un épicier achète 250 kg. de café pour 1 340 fr. Combien doit-il revendre le demi-kilogramme pour gagner 10 % sur le prix d'achat? (*Seine.*)

Prix de vente de 1/2 kg. = Prix de vente total : Nombre de 1/2 kg. (500).

Prix total = 1 340^f + 1 340^f × 0,1 = 1 340^f + 134^f = 1 474 fr.

Rép. 1 474^f : 500 = 2^f,948 ou 2^f,95.

2347. — Un marchand achète 50^m,60 de toile à 1^f,40 le mètre. Que doit-il revendre le tout pour faire un bénéfice de 30 %? (*Tarn.*)

Prix de vente total = Prix d'achat total + Bénéfice.

1. Prix d'achat = 1^f,4 × 50,6 = 70^f,84; 2. Bénéfice = 70^f,84 × 0,3 = 21^f,25.

Rép. 70^f,84 + 21^f,25 = 92^f,09 ou 92^f,10.

***2348.** — Une personne vient d'acheter, à raison de 6 400 fr. l'hectare, un champ de forme rectangulaire qui a 138m,25 de long sur 32 m. de large. Elle paye au notaire, pour frais d'acquisition, 10 °/₀ du prix d'achat. On demande combien elle devrait revendre l'are pour gagner 500 fr. sur son marché. *(Aisne.)*

Prix de vente de l'are = Prix de vente total ∶ Surface en ares.
1. Surface = 13ᵃ,825 × 3,2 = 44ᵃ,24.
2. P. de vente.
  - *a)* Achat : 6 400ᶠ × 0,4424 = 2 831ᶠ,36.
  - *b)* Frais : 2 831ᶠ,36 × 0,1 = 283ᶠ,13.
  - *c)* 2 831ᶠ,36 + 283ᶠ,13 + 500ᶠ = 3 614ᶠ,49 ou 3 614ᶠ,50.

Rép. 3 614ᶠ,5 ∶ 44,24 = 81ᶠ,70.

***2349.** — Une marchande achète 1 260 assiettes, à raison de 1ᶠ,80 la douzaine ; elle en casse 20 et elle désire gagner 20 °/₀ sur le prix d'achat. Combien doit-elle revendre chaque assiette ? *(Cher.)*

Prix de vente de l'assiette = Prix de vente total ∶ N. des assiettes restantes.
1. P. de vente.
  - *a)* Achat : 1ᶠ,80 × (1 260 ∶ 12) = 1ᶠ,80 × 105 = 189 fr.
  - *b)* Bénéfice = 189ᶠ × 0,2 = 37ᶠ,8.
  - *c)* Total : 189ᶠ + 37ᶠ,8 = 226ᶠ,80.
2. Reste = 1 260ᵃˢˢ — 20ᵃˢˢ = 1 240 assiettes.

Rép. 226ᶠ,8 ∶ 1 240 = 0ᶠ,18.

***2350.** — On a acheté 228 l. de vin pour 104ᶠ,90, tous frais compris. Il y a dans la barrique un déchet de 10 l. Que doit-on vendre la bouteille de 0ˡ,65 pour gagner 18 °/₀ sur le prix d'achat ? *(Ardennes.)*

Prix de vente d'une bouteille = Prix de vente total ∶ N. de bouteilles.
1. Prix total = 104ᶠ,9 + 104ᶠ,90 × 0,18 = 104ᶠ,9 + 18ᶠ,88 = 123ᶠ,78.
2. Nombre de bouteilles.
  - *a)* Vin clair : 228ˡ — 10ˡ = 218 l.
  - *b)* 218 ∶ 0,65 = 335 bouteilles.

Rép. 123ᶠ,78 ∶ 335 = 0ᶠ,369.

***2351.** — Un marchand achète 34 sacs de blé estimés chacun 24 fr. Il obtient une remise de 5 °/₀. Il veut les revendre avec un bénéfice de 12 °/₀. Quel sera le prix de vente des 34 sacs ? *(Nord.)*

Prix de vente total = Prix d'achat net + Bénéfice.
1. Achat.
  - *a)* Brut : 24ᶠ × 34 = 816 fr.
  - *b)* Remise = 816ᶠ × 0,05 = 40ᶠ,80.
  - *c)* Net : 775ᶠ,20.
2. Bénéfice = 775ᶠ,2 × 0,12 = 93ᶠ,02, soit 93 fr.

Rép. 775ᶠ,20 + 93ᶠ = 868ᶠ,20.

***2352.** — Un marchand fait confectionner 5 douzaines de chemises avec de la toile coûtant 1ᶠ,35 le mètre. Pour chaque chemise, on emploie 2m,75 de toile, et la façon revient à 19ᶠ,30 la douzaine. Combien le marchand doit-il vendre la douzaine, s'il veut faire un bénéfice de 12 °/₀ sur la somme qu'il a déboursée ? *(Sarthe.)*

Prix de vente de la douzaine = Prix de revient + Bénéfice par douzaine.
1. Prix de revient.
  - *a)* Toile.
    - Par chemise : 1ᶠ,35 × 2,75 = 3ᶠ,7125.
    - Pour douze : 3ᶠ,7125 × 12 = 44ᶠ,55.
  - *b)* 44ᶠ,55 + 19ᶠ,30 = 63ᶠ,85.
2. Bénéfice = 63ᶠ,85 × 0,12 = 7ᶠ,66.

Rép. 63ᶠ,85 + 7ᶠ,66 = 71ᶠ,51, soit 71ᶠ,50.
Remarque. — 5 douzaines est une donnée inutile.

***2353.** — Un marchand d'étoffe a acheté une pièce de drap de

125 m., à 12 fr. le mètre. Il en a déjà vendu 86^m,50 à 13^f,50. Que doit-il vendre le mètre du reste pour gagner 10 % sur le tout ?   (*Nord.*)

Prix de vente du m. du reste = Prix de vente de ce reste : Sa longueur.

1. Vente du reste.
   - *a*) Vente totale. { Achat : $12^f \times 125 = 1500$ fr.
     $1500^f + 1500^f \times 0.1 = 1650$ fr.
   - *b*) 1re vente : $13^f,5 \times 86,5 = 1167^f,75.$
   - *c*) $1650^f - 1167^f,75 = 482^f,25.$

2. Longueur $= 125^m - 86^m,5 = 38^m,5.$ *Rép.* $482^f,25 : 38,5 = 12^f,52.$

***2354.** — Un épicier achète au prix de 138 fr. une balle de café vert du poids de 50 kg. La torréfaction du café lui coûte 0^f,075 par kilogramme de café vert et en diminue le poids de 1/5. Combien devra-t-il vendre le demi-kilogramme de café torréfié pour réaliser sur le prix de revient un bénéfice de 18 % ?   (*Manche.*)

Prix de vente du demi-kg. = Prix de vente total : Nombre de demi-kg. de café torréfié.

1. Vente totale.
   - *a*) Revient : $138^f + 0^f,075 \times 50 = 138^f + 3^f,75 = 141^f,75.$
   - *b*) Bénéfice $= 141^f,75 \times 0,18 = 25^f,51.$
   - *c*) Prix $= 141^f,75 + 25^f,51 = 167^f,26.$

2. Café torréfié : $50^{kg} - (50^{kg} : 5) = 40$ kg. $= 80$ demi-kg.
Rép. $167^f,26 : 80 = 2^f,10$ (par excès).

***2355.** — J'ai acheté 10 caisses de savon de 100 kg. chacune, pour 650 fr. Il s'y trouve 120 kg. avariés qui ne seront vendus que les 3/4 de ce qu'ils ont coûté. Combien dois-je revendre le kilogramme du reste pour faire un bénéfice de 10 % sur mes déboursés? (*H.-Pyrénées.*)

Prix de vente du kg. du reste = Prix de vente de ce reste : Son poids.

1. Vente du reste.
   - *a*) Vente totale : $650^f + 650^f \times 0,1 = 715$ fr.
   - *b*) 1re vente. { Achat du kg. : $650^f : (100 \times 10) = 0^f,65.$
     $0^f,65 \times 3/4 \times 120 = 58^f,50.$
   - *c*) $715^f - 58^f,5 = 656^f,50.$

2. Poids du reste $= 1\,000^{kg} - 120^{kg} = 880$ kg.
Rép. $656^f,5 : 880 = 0^f,74.$

***2356.** — Un marchand de bois a acheté des fagots à raison de 4^f,50 le cent, à condition qu'on lui en donne 105 pour 100. Il reçoit 19320 fagots. Combien doit-il payer? Combien devra-t-il revendre les 100 fagots pour gagner 20 % sur ce marché ?   (*Puy-de-Dôme.*)

I. *Prix d'achat total* = Prix d'achat du cent $(4^f,5) \times$ N. de cents payés.
Nombre de cents payés $= 19320 : 105 = 184$ cents.
Rép. $4^f,5 \times 184 = 828$ fr.
II. *Prix de vente du cent* = Prix de vente total : N. de cents vendus (193,2).
Vente totale : $828^f + 828^f \times 0,2 = 828^f + 165^f,6 = 993^f,60.$
Rép. $993^f,6 : 193,2 = 5^f,15$ (par excès).

***2357.** — Un marchand de grain achète 150 sacs de blé pesant net 100 kg. chacun, à 20^f,50 le quintal. Il en revend 1/3 avec 5 % de perte. Combien doit-il vendre le quintal du reste pour gagner 10 % sur le tout?   (*Seine-et-Marne.*)

Prix de vente du quintal du reste = Prix de vente de ce reste : Son poids.

1. Vente du reste.
   - *a*) Vente tot. { Achat : $20^f,5 \times 150 = 3075$ fr.
     $3075^f + 3075^f \times 0,1 = 3382^f,50.$
   - *b*) 1re vente. { Achat : $3075^f : 3 = 1025$ fr.
     Vente $= 1025^f - 1025^f \times 0,05$
     $= 1025^f - 51^f,25 = 973^f,75.$
   - *c*) $3382^f,50 - 973^f,75 = 2408^f,75.$

2. Poids du reste :   150 sacs $\times 2/3 = 100$ sacs ou 100 quintaux.
Rép. $2408^f,75 : 100 = 24^f,0875$ ou $24^f,10.$

***2358.** — On achète chez un libraire un certain nombre de volumes à 0^f,90 l'un; on en reçoit 13 pour 12. Combien faut-il revendre chaque volume pour gagner 35 % sur l'argent déboursé?   (*Isère.*)

Prix de vente du volume = Prix de vente des 13 : 13.

Vente des treize. { *a*) Achat : 0^f,90 × 12 = 10^f,80.
{ *b*) 10^f,8 + 10^f,8 × 0,35 = 10^f,8 + 3^f,78 = 14^f,58.

Rép. 14^f,58 : 13 = 1^f,12.

TAUX DU TANT POUR 100   P. 223.

Remarque. — Le bénéfice — ou la **perte** — est un *tant pour cent de la somme totale déboursée* par le commerçant pour se procurer une marchandise. Il ne doit être **calculé sur le prix de vente** que si l'énoncé le dit **expressément.**

Problèmes. — **2359.** — J'ai vendu 368^f,90 une marchandise que j'avais payée 340 fr. Quel bénéfice ai-je fait % ?   (*Somme.*)

Bénéfice % = Bénéfice total : Nombre de cent. de fr. du prix d'achat (3,4).
Bénéfice total = 368^f,9 — 340^f = 28^f,90. *Rép.* 28,9 : 3,4 = 8,50 %.

2360. — On a vendu 2^f,75 une marchandise qui coûtait 3 fr. Quelle perte a-t-on faite pour cent?   (*Aisne.*)

Perte % = Perte totale : Nombre de cent. du prix d'achat (0,03).
Perte totale = 3^f — 2^f,75 = 0^f,25. *Rép.* 0,25 : 0,03 = 8,33 %.

2361. — Une personne achète 28^m,50 d'étoffe à 8^f,75 le mètre. On lui fait une remise de 4^f,375. Dire le taux % de l'escompte. (*Seine.*)

Taux de l'escompte = Remise totale (4^f,375) : N. de cent. du prix fort.
Prix fort = 8^f,75 × 28,5 = 249^f,375 ou 2$^{cent.}$,49375.
Rép. 4,375 : 2,49375 = 1,75 %.

2362. — Une entreprise communale est mise en adjudication au rabais, sur un devis de 25 000 fr.; un soumissionnaire offre de la faire pour 24 187^f,50; un autre offre un rabais de 3,50 %. Quel était le taux du 1er rabais? Auquel des deux soumissionnaires doit être adjugé le travail?   (*Meuse.*)

I. *Taux du 1er rabais* = Rabais total : N. de cent. de fr. du devis (250).
Rabais total = 25 000 fr. — 24 187^f,5 = 812^f,50.
Rép. 812,5 : 250 = 3,25 %.
II. *Rép.* *Adjuger le travail au* 2e qui offre un rabais de 3,50 %.

2363. — Des marchandises ont été vendues 750 fr. En les vendant 50 fr. de plus, on aurait gagné 200 fr. Combien a-t-on gagné % sur le prix d'achat?   (*Seine.*)

Bénéfice % = Bénéfice total : Nombre de cent. du prix d'achat.
1. Bénéfice total = 200^f — 50^f = 150 fr.
2. Prix d'achat = 750^f — 150^f = 600 fr. ou 6 centaines de francs.
Rép. 150 : 6 = 25 %.

2364. — Un épicier achète 85 kg. de sucre à 60^f,50 le quintal, et 148 kg. de savon à 32 fr. les 50 kg.; il paye comptant et donne 140 fr. Quelle remise % lui a-t-on faite? Établir la facture.   (*Eure.*)

I. *Remise* % = Remise totale : Nombre de centaines du prix fort.

1. Remise totale. { *a*) Prix fort. { 60^f,5 × 0,85 = 51^f,425.
{ 32^f × 2 × 1,48 = 94^f,72.
{ En tout : 51^f,425 + 94^f,72 = 146^f,145.
{ *b*) 146^f,145 — 140^f = 6^f,145.
2. Nombre de centaines du prix fort = 1,46145.
Rép. 6,145 : 1,46145 = 4,20 %.
II. *Facture.* Voir n° 2341.

2365. — Un marchand a acheté du thé à raison de 127^f,50 la caisse de 15 kg. Il revend la boîte de 125 g. à raison de 1^f,30. Quel est le bénéfice : 1° par kilogramme ; 2° pour 100 fr. d'achat? *(Loir-et-Cher.)*

I. *Bénéfice par kg.* = Bénéfice sur 15 kg. : 15.

Bénéf. sur 15 kg. $\begin{cases} a)\text{ P. de v}^{te} = 1^f,30 \times 15 : 0,125 = 1^f,3 \times 15 \times 8 = 156 \text{ fr.} \\ b)\ 156^f — 127^f,50 = 28^f,50. \end{cases}$

Rép. 28^f,5 : 15 = 1^f,90.

II. *Bénéfice* % = 28,5 : 1,275. *Rép.* 22,35 %.

2366. — Un marchand vend, à 12^f,75 le mètre, du drap qu'il a payé 11 fr. le mètre. Il réalise ainsi un bénéfice de 87^f,50. Combien a-t-il vendu de mètres de drap et combien a-t-il gagné sur 100 fr. de vente? *(Nord.)*

I. *Nombre de mètres vendus* = Bénéfice total (87^f,5) : Bénéfice par mètre
Bénéfice par m. = 12^f,75 — 11^f = 1^f,75.
Rép. 87,5 : 1,75 = 50 m.
II. *Bénéf. pour* 100 *fr. de vente* = Bénéfice par m. (1^f,75) : Nombre de centaines de fr. du prix de vente de 1 m. (0,1275). *Rép.* 13,72 %.

2367. — Un négociant achète une pièce de drap de 48 m. de long, à 11^f,60 le mètre. Il en a vendu 25 m. en gagnant 14 % sur le prix d'achat. Sur le reste, il fait un bénéfice de 55 fr. Calculer le gain total du négociant et son bénéfice %. *(Loir-et-Cher.)*

I. *Bénéfice total* = Bénéfice sur la 1re vente + Bénéf. sur le reste (55 fr.).

1re vente. $\begin{cases} a)\text{ Prix d'achat} = 11^f,6 \times 25 = 290 \text{ fr.} \\ b)\text{ Bénéfice} = 14^f \times 2,9 = 40^f,60. \end{cases}$

Rép. 40^f,6 + 55^f = 95^f,60.
II. *Bénéf.* % = Bénéf. total (95^f,6) : Nombre de centaines du prix d'achat.
Prix d'achat = 11^f,6 × 48 = 556^f,80 ou 5$^{cent.}$,568.
Rép. 95,6 : 5,568 = 17,16 %.

2368. — Un marchand achète 45 hl. de blé à 22^f,75 l'hectolitre. Il en a revendu 25 hl. avec un bénéfice de 12 %, et le reste avec une perte de 3 %. Combien a-t-il gagné sur le tout et combien %? *(H.-Garonne.)*

I. *Bénéfice total* = Bénéf. sur la 1re vente — Perte sur la vente du reste.

1. 1re vente. . . $\begin{cases} a)\text{ Bénéfice par hl.} = 22^f,75 \times 0,12 = 2^f,73. \\ b)\text{ Sur 25 hl.} = 2^f,73 \times 25 = 68^f,25. \end{cases}$

2. Vente du reste. $\begin{cases} a)\text{ Perte par hl.} = 22^f,75 \times 0,03 = 0^f,6825. \\ b)\text{ Perte sur le reste (20 hl.)} = 0^f,6825 \times 20 = 13^f,65. \end{cases}$

Rép. 68^f,25 — 13^f,65 = 54^f,60.
II. *Bénéf.* % = Bénéfice total (54^f,6) : Nombre de cent. du prix d'achat.
Prix d'achat = 22^f,75 × 45 = 1 023^f,75 = 10$^{cent.}$,2375.
Rép. 54,60 : 10,2375 = 5,33 %.

2369. — Un propriétaire a acheté 70 moutons, à raison de 39^f,50 la paire. Il en meurt 7 de maladie, et la garde du troupeau lui coûte 112^f,50. Il a vendu ceux qui restaient 30 fr. l'un. On demande combien il a gagné % sur le prix de revient. *(Gironde.)*

Bénéfice % = Bénéfice total : Nombre de centaines du prix de revient.

1. Bénéfice total. $\begin{cases} a)\text{ Vente : } 30^f \times (70 — 7) = 30^f \times 63 = 1\,890 \text{ fr.} \\ b)\text{ Revient. } \begin{cases} \text{Achat : } 39^f,5 \times 70 : 2 = 1\,382^f,50. \\ 1\,382^f,5 + 112^f,5 = 1\,495 \text{ fr.} \end{cases} \\ c)\ 1\,890^f — 1\,495^f = 395 \text{ fr.} \end{cases}$

2. N. de cent. du prix de rev. = 14,95. *Rép.* 395 : 14,95 = 26,42 %.

2370. — On a acheté une pièce de toile de 80 m. à 1^f,25 le mètre ; on en a revendu la moitié à 1^f,75 le mètre, 1/4 à 1^f,80 le mètre et le reste à 1^f,90. Combien a-t-on gagné sur le tout, et combien pour % sur le prix d'achat? *(Ardennes.)*

I. *Bénéfice total* = Prix de vente total — Prix d'achat total.

1. Prix de vente total.
- *a)* 1re vente : 1^f,75 × (80 : 2) = 1^f,75 × 40 = 70 fr.
- *b)* 2e vente : 1^{f}80 × (80 : 4) = 1^f,80 × 20 = 36 fr.
- *c)* 3e vente : Reste 20 m.; 1^f,9 × 20 = 38 fr.
- *d)* Total : 70^f + 36^f + 38^f = 144 fr.

2. Prix d'achat = 1^f,25 × 80 = 100 fr.

Rép. 144^f — 100^f = 44 *fr.*

II. *Bénéfice* % = 44 fr. pour 100 fr. d'achat. *Rép.* 44 %.

***2371.** — Un libraire achète 6 douzaines d'un ouvrage marqué 1^f,75. On lui en donne 13 pour 12 et on lui fait en outre une remise de 25 % sur le prix marqué. Il paye 4^f,75 de transport. Combien gagne-t-il en réalité pour % en revendant les ouvrages au prix marqué? *(Eure.)*

Bénéfice % = Bénéfice total : Nombre de centaines du prix de rev. total.

1. Bénéfice total.
- *a)* Vente.
  - Nombre = 13$^{ouvr.}$ × 6 = 78 ouvrages.
  - Prix = 1^f,75 × 78 = 136^f,50.
- *b)* Revient.
  - Prix fort = 1^f,75 × 12 × 6 = 126 fr.
  - Remise = 126^f × 0,25 = 31^f,5.
  - Prix net = 126^f — 31^f,5 = 94^f,50.
  - Revient = 94^f,5 + 4^f,75 = 99^f,25.
- *c)* 136^f,50 — 99^f,25 = 37^f,25.

2. Cent. du prix de rev. = 0,9925. *Rép.* 37,25 : 0,9925 = 37,53 %.

***QUANTITÉ SOUMISE AU POURCENTAGE** P. 224.

1. **Exercice oral.** — L'escompte étant de 2 %, quel est le **montant d'une facture** sur laquelle on a fait une remise de 4 fr.? de 6 fr.? de 10 fr? de 9 fr.?

Rép. 1° 4 : 2 = 2 cent. de fr., donc 200 *fr.*; 2° 300 *fr.*; 3° 500 *fr.*; 4° 450 *fr.*

— Quel est le **prix d'achat** d'un objet sur lequel on fait un bénéfice : 1° de 9 fr. au taux de 3 %? 2° de 16 fr. au taux de 4 %?

Rép. 1° 300 *fr.*; 2° 400 *fr.*

Problèmes. — 2372. — En soldant de suite une facture, on a obtenu 36 fr. d'escompte à 3 %. Quel était le montant de cette facture ? *(Seine-et-Marne.)*

Montant de la facture = 36 : 3 = 12 centaines de fr. *Rép.* 1200 *fr.*

2373. — Un négociant qui a fait faillite donne à ses créanciers 17 % de ce qu'il leur doit; combien devait-il à l'un d'eux qui a reçu pour sa part 255 fr.? *(Gironde.)*

Créance = Somme reçue (255 fr.) : Valeur d'une créance de 1 fr. (0^f,17).
Rép. 255 : 0,17 = 1500 *fr.*

2374. — Une société coopérative de consommation fait 6 1/2 % de remise sur le montant des achats. Un sociétaire a touché 65^f,65 de remise. A combien se sont montés ses achats ? *(Seine.)*

Montant des achats = 65,65 : 6,5 = 10$^{cent.}$,10. *Rép.* 1010 *fr.*

2375. — Une personne fait, en vendant une maison, un bénéfice de 3250 fr. Elle gagne ainsi 6 1/2 % du prix d'achat. Calculer le prix d'achat de cette maison et son prix de vente. *(Finistère.)*

I. *Prix d'achat* = 100^f × 3250 : 6,5 = 100^f × 500. *Rép.* 50 000 *fr.*
II. *Prix de vente* = 50 000^f + 3 250^f. *Rép.* 53 250 *fr.*

2376. — Quel volume d'eau de mer faudra-t-il traiter pour obtenir 1 kg. de sel, sachant qu'un litre d'eau de mer pèse $1^{kg},026$ et renferme 2 1/2 °/₀ de son poids de sel ? *(Orne.)*

Nombre de litres d'eau de mer = Poids total : Poids d'un litre ($1^{kg},026$).
Poids à traiter : $100^{kg} \times 1 : 2,5 = 100^{kg} \times 0,4 = 40$ kg.
Rép. $40 : 1,026 = 38^l,98$.

2377. — La graine de navette donne 26 °/₀ de son poids d'huile et le colza d'hiver 30 °/₀. Combien faut-il de kilogrammes de navette pour faire le même poids d'huile qu'avec 512 kg. de colza ? *(Doubs.)*

Nombre de kilogrammes de navette = Poids total d'huile : Poids d'huile extrait du kilogramme ($0^{kg},26$).
Poids total d'huile = $512^{kg} \times 0,3 = 153^{kg},6$.
Rép. $153,6 : 0,26 = 590^{kg},76$.

2378. — Combien faudrait-il d'hectolitres de blé pour obtenir 500 kg. de farine ? 1 hl. de blé pèse 75 kg. et rend en farine 75 °/₀. *(P.-de-Dôme.)*

Nombre d'hl. de blé = Poids tot. de farine (500 kg.) : Poids fourni par hl.
Par hl. : $75^{kg} \times 0,75 = 56^{kg},25$. *Rép.* $500 : 56,25 = 8^{hl},888$.

2379. — Le lait donne 15 °/₀ de son poids de crème et la crème 30 °/₀ de beurre. Combien faudra-t-il de litres de lait pour donner 1 kg. de beurre, si le litre de lait pèse $1^{kg},03$? *(Meurthe-et-Moselle.)*

Nombre de litres de lait = Poids de beurre (1 kg.) : Poids fourni par litre.
Par litre. { a) Crème = $1^{kg},03 \times 0,15 = 0^{kg},1545$.
{ b) Beurre = $0^{kg},1545 \times 0,3 = 0^{kg},04635$.
Rép. $1 : 0,04635 = 21^l,57$.

2380. — Sur des marchandises qu'il a vendues, un marchand a gagné $3516^f,75$. S'il eût gagné 83 fr. de plus, son bénéfice eût été de $8^f,50$ °/₀. Combien les marchandises lui ont-elles coûté ? Combien les a-t-il vendues ? *(Sarthe.)*

I. *Prix d'achat* = Bénéfice supposé : Bénéfice pour 1 fr. d'achat ($0^f,085$).
Bénéfice supposé = $3516^f,75 + 83^f = 3599^f,75$.
Rép. $3599,75 : 0,085 = 42350$ fr.
II. *Prix de vente* = $42350^f + 3516^f,75$. *Rép.* $45866^f,75$.

II. 2381. — Une personne paye comptant une facture et obtient une remise de 5 °/₀. Elle verse 781 fr. On demande quel est le montant de la facture. *(Doubs.)*

Explication. — La remise étant les 5/100 du montant de la facture, la *somme versée* (781 fr.) est égale aux 100 — 5 ou aux **95/100** du *montant de la facture.*
Montant de la facture = $781^f : 95/100 =$ les 100/95 de 781 fr. *Rép.* $822^f,10$.

2382. — L'herbe perd environ 58 °/₀ de son poids par la fenaison. On a obtenu d'une prairie 25840 kg. de fourrage sec. Quel était le poids de la récolte en vert ? *(Meuse.)*

Poids en vert = Poids de fourrage sec (25840 kg.) : Fraction correspondante.
Fraction correspondante : $1 — 58/100 = 42/100$.
Rép. $25840^{kg} : 42/100 = 25840^{kg} \times 100/42 = 61523^{kg},8$.

2383. — J'achète 2¹⁄₂ de café. On me fait une remise de 4 °/₀ et je paye en tout 576 fr. Combien m'aurait coûté le kilogramme de café si je n'avais pas bénéficié de la remise ? *(Vosges.)*

Prix du kilogramme = Prix fort total : Nombre de kilogrammes (250 kg.).
Prix fort. { a) $576^f = (1 — 4/100)$ ou 96/100 du prix fort.
{ b) $576^f \times 100/96 = 600$ fr.
Rép. $600^f : 250 = 2^f,40$.

2384. — Un négociant en faillite ne peut payer que 27 °/₀ à ses créanciers. Avec 8176 fr. de plus, il pourrait s'acquitter entièrement. **P. 225.** Que doit-il?   *(Seine.)*

Dette = 8176ᶠ **:** Fraction correspondante.
Fraction correspondante = 1 — 27/100 = 73/100.
Rép. 8176ᶠ **:** 73/100 = 8176ᶠ × 100/73 = 11200 *fr.*

2385. — Un libraire fait un rabais de 16 °/₀ sur le prix des ouvrages qu'il fournit aux bibliothèques scolaires. D'après cela, on demande à quelle somme peut se monter la facture d'un instituteur qui a à sa disposition 50 fr. de la commune.   *(Allier.)*

Montant de la facture = 50ᶠ **:** Fraction correspondante.
Fraction correspondante = 1 — 0,16 = 0,84. *Rép.* 50ᶠ **:** 0,84 = 59ᶠ,52.

2386. — Le café vert perd 20 °/₀ de son poids par la torréfaction. Combien faudrait-il acheter de café vert pour obtenir 8 kg. de café grillé? La ménagère qui a employé ce café grillé aurait-elle mieux fait d'acheter la quantité équivalente de café vert, sachant que le café grillé se paye 3 fr. le demi-kilogramme et le café vert 2ᶠ,25?   *(Landes.)*

I. *Poids de café vert* = Poids de café grillé (8 kg.) **:** Fraction corresp.
Fraction correspondante = 1 — 0,20 = 0,80. *Rép.* 8ᵏᵍ **:** 0,8 = 10 *kg.*
II. *Bénéfice* = Différence entre les prix du café grillé et du café vert.
1. Café grillé : 3ᶠ × 2 × 8 = 48 fr.
2. Café vert : 2ᶠ,25 × 2 × 10 = 45 fr.
Rép. 48ᶠ — 45ᶠ = 3 *fr. de bénéfice en achetant du café vert*

2387. — Pour faire du pain, on pétrit la farine avec son poids d'eau; mais, à la cuisson, la pâte perd 30 °/₀ de son poids. Combien faudra-t-il de farine pour faire 350 kg. de pain?   *(Loire-Inᶠ.)*

Poids de farine = Poids de la pâte **:** 2.
Pâte. { *a)* 350ᵏᵍ de pain = 1 — 30/100 = 70/100 du poids de la pâte.
{ *b)* Poids de pâte = 100/70 de 350 kg. = 500 kg.
Rép. 500ᵏᵍ **:** 2 = 250 *kg.*

2388. — Un marchand achète 13 barriques de vin de 225 l. chacune à 42 fr. l'hectolitre. Au bout d'un an, il trouve un déchet de 64 l. Combien doit-il revendre le litre de son vin pour avoir un bénéfice de 16 °/₀ sur le prix de vente?   *(Hérault.)*

Prix de vente du litre = Prix de vente total **:** Nombre de litres restants.

1. Prix de vente total. { *a)* Achat. { 225ˡ × 13 = 2925ˡ = 29ʰˡ,25.
{ 42ᶠ × 29,25 = 1228ᶠ,50.
{ *b)* 1228ᶠ,50 = 100/100 — 16/100 = 84/100 du p. de vente.
{ *c)* Prix de vente = 100/84 de 1228ᶠ,5 = 1462ᶠ,50.
2. Reste = 2925ˡ — 64ˡ = 2861 l. *Rép.* 1462ᶠ,5 **:** 2861 = 0ᶠ,51.

2389. — On veut faire 10 draps de lit de 3 m. de longueur à 2 lés. La toile écrue coûte 2ᶠ,20 le mètre. Au blanchissage, cette toile se raccourcit de 5 °/₀. On demande : 1° combien il faudra acheter de mètres de toile et 2° quelle sera la dépense si la façon coûte 1/6 de la valeur de la toile.   *(Haute-Vienne.)*

I. *Nombre de m. de toile écrue* = Long. de toile blanchie **:** Fract. corresp.
1. Longueur de toile blanchie = 3ᵐ × 2 × 10 = 60 m.
2. Fraction correspondante = 1 — 5/100 = 95/100.
Rép. 60ᵐ **:** 95/100 = 60ᵐ × 100/95 = 63ᵐ,15.
II. *Dépense* = (6/6 + 1/6) ou 7/6 du prix de la toile.
Rép. 2ᶠ,2 × 63,15 × 7/6 = 162ᶠ,085, soit 162ᶠ,10.

17.

III. 2390. — Une personne achète une maison et la revend en réalisant un bénéfice de 15 % sur le prix d'achat. La vente de la maison ayant produit 92000 fr., combien avait-elle coûté ? *(Doubs.)*

Explication. — Le bénéfice étant les 15/100 du prix d'achat, le *prix de vente* (92000 fr.) est les 100 + 15 ou les **115/100** du *prix d'achat.*

Prix d'achat = 92000^f : 115/100 = les 100/115 de 92000 fr.   *Rép.* 80000 *fr.*

2391. — En revendant 2^f,10 le mètre de toile, un marchand fait un bénéfice de 20 % ; combien lui coûtait le mètre ? *(Rhône.)*

P. *d'achat* = P. de vente (2^f,1) : Fract. corresp^{te} (100/100 + 20/100 = 120/100).
Rép. 2^f,1 : 120/100 = 2^f,10 × 100/120 = 1^f,75.

2392. — En revendant de la toile 1^f,75 le mètre, un marchand gagne 12 % sur le prix d'achat. Combien lui coûtaient 80 m. de cette toile ? *(Indre.)*

Prix d'achat total = Prix d'achat du mètre × 80.

Prix du mètre. $\begin{cases} a) \ 1^f,75 = 100/100 + 12/100 = 112/100 \text{ du prix d'achat.} \\ b) \ 1^f,75 × 100/112 = 1^f,5625. \end{cases}$

Rép. 1^f,5625 × 80 = 125 *fr.*
Autre méthode : 1^f,75 × 80 = 140 fr. ;   140^f × 100/112 = 125 *fr.*

2393. — En revendant du sucre 0^f,35 le demi-kilogramme, un épicier gagne 14 %. Combien avait-il payé les 100 kg. ? *(Rhône.)*

Prix d'achat de 100 *kilogrammes* = Prix de vente : Fraction correspondante.
1. Prix de vente = 0^f,35 × 2 × 100 = 70 fr.
2. Fraction correspondante = 100/100 + 14/100 = 114/100.
Rép. 70^f : 114/100 = 70^f × 100/114 = 61^f,40.

2394. — Le prix de vente d'une propriété de 250 ares est de 15900 fr., celui qui l'a revendue a fait un bénéfice de 6 % sur son prix d'achat. Combien avait-il acheté l'hectare ? *(Nièvre.)*

Prix d'un hectare = Prix d'achat total : Nombre d'hectares (2^{ha},50).

Prix d'achat total. $\begin{cases} a) \ 15900^f = 100/100 + 6/100 = 106/100 \text{ du prix d'achat.} \\ b) \ 15900^f × 100/106 = 15000 \text{ fr.} \end{cases}$

Rép. 15000^f : 2,5 = 6000 *fr.*

2395. — Un marchand, en vendant du drap au prix de 10^f,35 le mètre, gagne 15 % sur le prix d'achat, et fait ainsi un bénéfice total de 540 fr. ; combien a-t-il vendu de mètres de drap ? *(Ille-et-Vilaine.)*

Longueur vendue = Prix de vente total : Prix de vente du mètre (10^f,35).

P. de vente tot. $\begin{cases} = 540^f : \text{Fraction du prix de vente correspondante.} \\ a) \text{ Fract. corresp}^{te}. \begin{cases} 15^f \text{ de bén. corresp. à 115 fr. de vente.} \\ \text{Bénéfice} = 15/115 \text{ du prix de vente.} \end{cases} \\ b) \text{ Prix de vente} = 115/15 \text{ de 540 fr.} = 4140 \text{ fr.} \end{cases}$

Rép. 4140 : 10,35 = 400 *m.*

2396. — On vend 28 hl. de blé pesant chacun 75 kg. à raison de 31^f,20 le quintal métrique. On gagne ainsi 12 % sur le prix d'achat. Combien avait-on acheté les 28 hl. de blé ? *(Oise.)*

Prix d'achat total = Prix de vente total : Fraction du prix d'achat corresp^{te}.

1. Prix de vente total. $\begin{cases} a) \text{ Poids} = 75^{kg} × 28 = 2100^{kg} = 21 \text{ q.} \\ b) \ 31^f,20 × 21 = 655^f,20. \end{cases}$

2. Fraction correspondante = 100/100 + 12/100 = 112/100.
Rép. 655^f,2 : 112/100 = 655^f,2 × 100/112 = 585 *fr.*

2397. — Un libraire achète des exemplaires d'un ouvrage classique à 2^f,60 l'un; on lui donne le 13e gratis. Il fait cartonner un certain nombre d'exemplaires, qu'il revend au prix de 3^f,60 l'un, avec un bénéfice de 20 °/₀ sur le prix de revient. On demande ce qu'a coûté le cartonnage d'un exemplaire. (*Aisne.*)

Prix du cartonnage = Prix du cartonnage de 13 ouvrages : 13.

Cartonnage de 13 ouvrages.
- = Prix de revient — Prix d'achat.
- *a*) Revient. { 1 exempl. : 3ᶠ,60 × 100/120 = 3 fr. / 13 exempl. : 3ᶠ × 13 = 39 fr.
- *b*) Achat : 2ᶠ,60 × 12 = 31ᶠ,20.
- *c*) Cartonnage : 39ᶠ — 31ᶠ,20 = 7ᶠ,80.

Rép. 7ᶠ,80 : 13 = 0ᶠ,60.

ESCOMPTE COMMERCIAL
P. 226.

*ESCOMPTE ET VALEUR ACTUELLE

Dans le commerce, au lieu de payer les marchandises comptant, on emploie généralement des *effets de commerce*.

1. — Un **effet de commerce** est un écrit d'après lequel un *débiteur* doit payer à un *créancier* une somme déterminée à une date fixée.

Les principaux effets de commerce sont :
le **billet à ordre,** promesse de paiement rédigée par le débiteur;
la **traite,** invitation à payer rédigée par le créancier.

BILLET A ORDRE.

Paris, le 5 février 1908. B. P. F. 1324.

Au trente avril prochain, je paierai à M. Gervais ou à son ordre, la somme de **mille trois cent vingt-quatre francs,** valeur reçue en marchandises.

DELORME,
8, rue de Rivoli.

2. — La *somme inscrite* sur un effet est sa **valeur nominale.**

La *date du paiement* s'appelle l'**échéance.**

Avant l'échéance, le propriétaire d'un effet de commerce peut le *négocier* ou le *faire escompter*, c'est-à-dire l'échanger chez un banquier contre une certaine somme qui est la *valeur actuelle* de l'effet.

3. — La **valeur actuelle** ou **valeur au comptant** d'un effet est égale à sa *valeur nominale diminuée d'une retenue* faite par le banquier et qu'on appelle *escompte commercial* ou simplement *escompte.*

4. — L'escompte prélevé sur un effet est égal à l'*intérêt de la valeur nominale* de cet effet pendant le temps qui doit s'écouler depuis le jour de l'escompte jusqu'au jour de l'échéance.

Les *questions d'escompte* se ramènent donc aux *questions d'intérêt*.

Problèmes. — **2398.** — Quel est l'escompte, à 6 °/₀, d'un billet de 1450 fr. payable dans 90 jours ? (*Indre-et-Loire.*)

Escompte en 90 jours = Escompte en 1 an × Fraction d'année que représentent 90 jours (90/360 = 1/4).
En 1 an : 6ᶠ × 14,5 = 87 fr. *Rép.* 87ᶠ : 4 = 21ᶠ,75.

P. 227. **2399.** — Calculer l'escompte, à 4 1/2 °/₀, d'un billet de 800 fr. qui est payable le 5 août et qui est présenté au banquier le 5 juin précédent. (*Gironde.*)

Escompte de ce billet = Escompte en 1 an × Fraction d'année comprise entre le 5 juin et le 5 août.
1. En 1 an : 4ᶠ,5 × 8 = 36 fr.
2. Temps : 25 + 31 + 5 = 61 j. ou 61/360 d'année.
Rép. 36ᶠ × 61/360 = 6ᶠ,10.

2400. — On escompte, le 3 septembre, un billet de 12640 fr. payable le 27 décembre suivant. On demande de calculer cet escompte à 4 1/2 °/₀. (*Somme.*)

1. En 1 an : 4ᶠ,5 × 126,4 = 568ᶠ,80.
2. Temps = 27 + 31 + 30 + 27 = 115 j. ou 115/360 d'année.
Rép. 568ᶠ,8 × 115/360 = 7ᶠ,9 × 23 = 181ᶠ,70.

2401. — Une personne reçoit en paiement un billet de 480 fr. payable dans 90 jours. Elle le fait escompter à 5 °/₀ par un banquier. Combien ce banquier lui donnera-t-il ? (*Morbihan.*)

Valeur au comptant = Valeur nominale (480 fr.) — Escompte.
Escompte : *a*) En 1 an : 0ᶠ,05 × 480 = 24 fr.; *b*) 24ᶠ × 1/4 = 6 fr.
Rép. 480ᶠ — 6ᶠ = 474 fr.

2402. — Quelle est la valeur actuelle d'un billet de 2400 fr. payable dans 60 jours et escompté à 4 °/₀ ? (*Seine-Inférieure.*)

Valeur actuelle = Valeur nominale (2400 fr.) — Escompte.
Escompte = 4ᶠ × 24 × 60/360 = 4ᶠ × 4 = 16 fr.
Rép. 2400ᶠ — 16ᶠ = 2384 fr.

2403. — On a un billet de 1375 fr. payable dans 2 mois. Quelle somme recevrait-on si on le faisait escompter à 6 °/₀ ? (*Indre-et-L.*)

Escompte = 6ᶠ × 13,75 × 1/6 = 13ᶠ,75. *Rép.* 1375ᶠ — 13ᶠ,75 = 1361ᶠ,25.

2404. — Un billet de 840 fr. a été escompté par un banquier 40 jours avant l'échéance à 4,50 °/₀. Quelle a été la somme versée par le banquier ? (*Aveyron.*)

Escompte = 4ᶠ,5 × 8,4 × 40/360 = 4ᶠ,20. *Rép.* 840ᶠ — 4ᶠ,2 = 835ᶠ,80.

2405. — Quelle est la valeur actuelle d'un billet de 1500 fr., payable dans 3 mois et 15 jours et escompté à 4 °/₀ ? (*Calvados.*)

Escompte = 4ᶠ × 15 × 3,5/12 = 17ᶠ,5. *Rép.* 1500ᶠ — 17ᶠ,5 = 1482ᶠ,50.

2406. — Que vaut, le 4 mars, un billet de 300 fr. payable le 1er août suivant, le taux étant de 6 %?   (*Paris.*)

Escompte. { *a*) En 1 an : 6ᶠ × 3 = 18 fr.
{ *b*) Temps = 27 + 30 + 31 + 30 + 31 + 1 = 150ʲ = 150/360 d'ann.
{ *c*) 18ᶠ × 15/36 = 7ᶠ,50.

Rép. 300ᶠ — 7ᶠ,50 = 292ᶠ,50.

2407. — Une personne a un billet de 1250 fr. payable le 1er novembre. Elle le fait escompter à 6 % le 1er août. Quelle somme reçoit-elle ?   (*Saône-et-Loire.*)

Escompte. { *a*) En 1 an : 0ᶠ,06 × 1250 = 75 fr.
{ *b*) Temps : 30 + 30 + 31 + 1 = 92ʲ = 92/360 d'année.
{ *c*) 75ᶠ × 92/360 = 19ᶠ,16, soit 19ᶠ,15.

Rép. 1250ᶠ — 19ᶠ,15 = 1230ᶠ,85.

2408. — On veut payer 970 fr. avec un billet de 950 fr. payable dans 30 jours. Combien devra-t-on ajouter à ce billet pour parfaire la somme si l'escompte est à 3,50 %?   (*Aveyron.*)

Solde = Dette totale (970 fr.) — Valeur au comptant du billet.

Val. au compt. { *a*) Escompte = 3ᶠ,5 × 9,5 × 30/360 = 2ᶠ,77, soit 2ᶠ,75.
{ *b*) 950ᶠ — 2ᶠ,75 = 947ᶠ,25.

Rép. 970ᶠ — 947ᶠ,25 = 22ᶠ,75.

2409. — On facture 15ᵐ,60 de drap à 25 fr. le mètre ; 32 m. de soie à 8ᶠ,75 le mètre ; 20 m. d'alpaga à 6ᶠ,50, le tout payable à 90 jours ; mais l'acheteur paye au bout de 15 jours, moyennant un escompte de 6 % par an. Faites la facture.   (*Gard.*)

15ᵐ,6 de drap à 25 fr.	390 fr.
32ᵐ de soie à 8ᶠ,75	280 fr.
20 m. d'alpaga à 6ᶠ,5	130 fr.
Total.......	800 fr.
Escompte pour 90 — 15 = 75 j., soit 6ᶠ × 8 × 75/360 =	10 fr.
Net à payer.......	790 *fr.*

2410. — On fait escompter le 6 avril un billet de 900 fr. payable le 15 mai suivant et un billet de 1590 fr. payable le 30 juin suivant. Le taux de l'escompte étant de 6 %, quelle somme touchera-t-on ? (*Seine.*)

Somme à toucher = Total des valeurs nominales — Total des escomptes.
1. Valeur nominale : 900ᶠ + 1590ᶠ = 2490 fr.

2. Escomptes. {
a) 1er billet. { En 1 an : 6ᶠ × 9 = 54 fr.
{ Temps = 24 + 15 = 39ʲ ou 39/360 d'année.
{ 54ᶠ × 39/360 = 5ᶠ,85.
b) 2e billet. { En 1 an : 6ᶠ × 15,9 = 95ᶠ,40.
{ Temps = 24 + 31 + 30 = 85ʲ = 85/360 d'ann.
{ 95ᶠ,4 × 85/360 = 22ᶠ,525.
c) Total : 5ᶠ,85 + 22ᶠ,525 = 28ᶠ,375.

Rép. 2490ᶠ — 28ᶠ,375 = 2461ᶠ,625, soit 2461ᶠ,60.

*TAUX DE L'ESCOMPTE

2411. — Un banquier a retenu 27ᶠ,30 sur un billet de 3640 fr., payable dans 90 jours. Quel a été le taux de l'escompte ?   (*Ariège.*)

Taux de l'escompte = Escompte annuel : Nombre de centaines de fr. de la valeur nominale (36,4).

Escompte en 1 an = 27ᶠ,3 × 360/90 = 109ᶠ,20.   *Rép.* 109,2 : 36,4 = 3 %.

2412. — Un billet de 900 fr. payable dans 28 jours a donné lieu à un escompte de 4f,20. A quel taux a-t-il été escompté ? (*S.-et-Marne.*)

Escompte en 1 an = 4f,2 × 360/28 = 54 fr. *Rép.* 54 : 9 = 6 %.

2413. — J'ai reçu 1 329f,75 sur un billet de 1 350 fr. payable dans 90 jours. A quel taux ce billet a-t-il été escompté ? (*Loire.*)

Escompte.
{ *a)* En 90 jours : 1350f — 1 329f,75 = 20f,25.
{ *b)* En 1 an : 20f,25 × 4 = 81 fr.

Rép. 81 : 13,5 = 6 %.

2414. — Le 10 mars, on a présenté à l'escompte un billet de 4 320 fr. payable le 24 avril, et le banquier a remis une somme de 4 298f,40. Calculez le taux de l'escompte. (*Marne.*)

Escompte annuel.
{ *a)* Total : 4 320f — 4 298f,40 = 21f,60.
{ *b)* Temps = 21 + 24 = 45j = 45/360 = 1/8 d'année.
{ *c)* 21f,6 × 8 = 172f,80.

Rép. 172,8 : 43,2 = 4 %.

2415. — On a escompté le 4 avril un billet de 8 000 fr. payable le 15 juin. L'escompte a été de 96 fr. On demande à quel taux il a été escompté. (*Haute-Marne.*)

Escompte ann.
{ *a)* Temps = 26 + 31 + 15 = 72j = 72/360 = 1/5 d'année.
{ *b)* 96f × 5 = 480 fr.

Rép. 480 : 80 = 6 %.

P. 228.   # *ÉCHÉANCE DES EFFETS DE COMMERCE

Remarque. — Le temps qui reste à courir depuis le jour de l'escompte jusqu'au jour de l'échéance d'un billet dépasse rarement 90 jours. Dans le **calcul de ce temps,** au lieu de prendre l'*année,* il sera préférable de prendre le *jour* comme unité.

Problèmes. — **2416.** — Sur un billet de 1 200 fr., escompté à 6 %, un banquier a retenu 14f,40. Au bout de combien de temps ce billet était-il payable ? (*Seine.*)

Nombre de jours = Escompte total (14f,40) : Escompte journalier du billet.
En 1 jour : 6f × 12 : 360 = 0f,2. *Rép.* 14,4 : 0,2 = 72 *jours.*

2417. — Dans combien de temps est payable un billet de 1 000 fr. qui vaut actuellement 994f,50, le taux étant de 5,50 % ? (*Meuse.*)

Nombre de jours = Escompte total : Escompte du billet en 1 jour.
1. Escompte total = 1 000f — 994f,5 = 5f,50.
2. En 1 jour : 5f,5 × 10 : 360 = 55/360 de fr.
Rép. 5,5 × 360/55 = 36 *jours.*

2418. — Sur un billet de 1 800 fr., escompté à 6 %, le banquier m'a retenu 36 fr. Combien de temps ce billet a-t-il été escompté avant son échéance ? (*Vosges.*)

En 1 jour : 6f × 18 : 360 = 0f,3. *Rép.* 36 : 0,3 = 120 *jours ou 4 mois.*

2419. — Une traite de 150 fr. escomptée à 4 % est réduite à 148f,50. A combien de mois était son échéance ? (*Bouches-du-Rhône.*)

1. Esc^te tot. = 150f — 148f,5 = 1f,50 ; 2. En 1 j.: 4f × 1,5 : 360 = 1/60 de fr.
Rép. 1,5 × 60 = 90 *jours ou 3 mois.*

2420. — Une personne reçoit 590 fr. en échange d'un billet à ordre de 600 fr. escompté à 5 %. Quelle est la date de l'échéance, le billet ayant été escompté le 6 mars ?   (*Indre.*)

1. Esc^{te} tot. = 600^f — 590^f = 10 fr.;   2. En 1 j.:   5^f × 6 : 360 = 1/12 de fr.
Temps = 10 × 12 = 120 jours = 25 + 30 + 31 + 30 + 4 jours.
Rép.   Le 4 juillet.

*VALEUR NOMINALE

I. 2421. — Un billet, payé 45 jours avant son échéance, a subi un escompte de 21^f,60. Le taux de l'escompte étant de 4 %, quel était le montant du billet ?   (*Deux-Sèvres.*)

N. de cent. de fr. de la val. nominale = Escompte en 1 an : Taux (4 fr.).
Escompte en 1 an = 21^f,6 × 360 : 45 = 21^f,6 × 8 = 172^f,80.
Rép.   100^f × 172,8 : 4 = 4320 fr.

2422. — On a retenu 15 fr. sur un billet escompté à 6 % et payable dans 50 jours. Quel était le montant du billet ?   (*Paris.*)

Montant du billet = Escompte en 1 an : Taux pour 1 fr. (0^f,06).
Escompte en 1 an = 15^f × 360 : 50 = 108 fr.
Rép. 108^f : 0,06 = 1 800 fr.

2423. — Dire le montant d'une traite payable le 25 juin et pour laquelle un banquier retient, le 1er juin, 2 fr. d'escompte à 6 %. (*Var.*)

Montant de la traite = Escompte annuel : Taux pour 1 fr. (0,06)
Escompte annuel :   *a*) Temps = 24 j.   *b*) 2^f × 360/24 = 30 fr.
Rép.   30^f : 0,06 = 500 fr.

2424. — Le 1er septembre on a fait escompter un billet payable le 21 octobre suivant. Quel était le montant du billet, si on lui a fait subir un escompte de 1^f,50, au taux de 6 % ?   (*Bouches-du-Rhône.*)

Montant du billet = Escompte (1^f,5) : Esc^{te} de 1 fr. pour le même temps.

Escompte de 1 fr. { *a*) Temps = 29 + 21 = 50^j = 50/360 d'année.
                  { *b*) 0^f,06 × 50/360 = 1/120 de fr.

Rép.   1^f,5 × 120 = 180 fr.

II. 2425. — Quelle est la valeur nominale d'un billet payable dans 60 jours, pour lequel le banquier me donne 974 fr., l'escompte étant à 6 % ?   (*Aveyron.*)

Explication. — **Le nombre des centaines de francs de la valeur nominale** du billet est égal au quotient de sa *valeur actuelle* (974 fr.) par la *valeur actuelle de* 100 *fr.* escomptés au même taux (6 %) pour 60 jours.
Val. actuelle de 100 fr. :   *a*) Esc^{te} = 6^f × 60/360 = 1 fr.   *b*) 100^f — 1^f = 99 fr.
Rép.   100^f × 974 : 99 = 983^f,83, soit 983^f,85.

2426. — Une facture payable dans 90 jours a été payée comptant 394 fr.; l'escompte ayant été calculé à raison de 6 % l'an, quel était le montant de cette facture ?   (*Loire-Inférieure.*)

Montant de la facture = Valeur au comptant (394 fr.) : Valeur de 1 fr. escompté dans les mêmes conditions.

Val. act. de 1 fr. { *a*) Escompte = 0^f,06 × 90/360 = 0^f,015.
                   { *b*) 1^f — 0^f,015 = 0^f,985.

Rép.   394^f : 0,985 = 400 fr.

2427. — Un billet payable le 25 juillet, escompté à 4 1/2 % l'an, le 15 mai, est réduit à 792^f,90. Quel en était le montant? (*M.-et-Moselle.*)

Montant du billet = Sa valeur actuelle (792^f,9) : Valeur actuelle de 1 fr.

Val. act. de 1 fr. { *a*) Escompte. { Temps = 16 + 30 + 25 = 71 jours. / 0^f,045 × 71/360 = 0^f,008875. / *b*) 1^f − 0^f,008875 = 0^f,991125.

Rép.   792^f,9 : 0,991125 = 800 *fr.*

2428. — Je négocie le 25 juin un billet payable le 4 août, et on me remet une somme de 835^f,50. Quel était le montant du billet, l'escompte étant calculé à 5 % par an?   (*Meurthe-et-Moselle.*)

Nombre de centaines de fr. de la valeur nom. = Valeur actuelle du billet (835^f,5) : Valeur actuelle de 100 fr.

Val. act. de 100 fr. { *a*) Escompte. { Temps = 5 + 31 + 4 = 40 jours. / 5^f × 40/360 = 5/9 de fr. / *b*) 100^f − 5/9 de fr. = 895/9 de fr.

Rép.   100^f × 835,5 × 9 : 895 = 840^f,16, soit 840^f,15.

P. 229.

REVENU DES PROPRIÉTÉS

*FRAIS PAYÉS UNE SEULE FOIS : PRIX DE REVIENT

Problèmes. — **2429.** — On achète une maison 4500 fr. et on paye 450 fr. pour tous frais d'achat. Combien faut-il la louer pour en retirer un revenu net de 6 %?   (*Allier.*)

Explication. — Le **loyer** est *l'intérêt annuel* à 6 % du *prix de revient* (4500^f + 450^f).

Rép.   6^f × 49,5 = 297 *fr.*

2430. — Un propriétaire achète une maison qui lui revient, tous frais payés, à 15000 fr. Il y fait pour 3000 fr. de réparations et la loue ensuite 810 fr. A quel taux a-t-il placé son argent? (*B.-Pyrénées.*)

Taux = Loyer (810 fr.) : Nombre de centaines de fr. du prix de revient. Prix de revient = 15000^f + 3000^f = 18000 fr.   *Rép.*   810 : 180 = 4,5 %.

2431. — J'achète une maison 8500 fr. et les frais d'achat s'élèvent à 10 % du prix de l'immeuble. Combien devrai-je louer cette maison pour que le capital employé me rapporte 3 %?   (*Nièvre.*)

Loyer = Intérêt à 3 % du prix de revient. Prix de revient = 8500^f + 8500^f × 0,1 = 9350 fr.   *Rép.*   3^f × 93,5 = 280^f,50.

2432. — On achète une maison pour 3600 fr. On paye pour les réparations les 2/9 du prix d'achat. A quel taux place-t-on son argent en la louant 300 fr.?   (*Vosges.*)

Taux = Loyer (300 fr.) : Nombre de centaines de fr. du prix de revient. Prix de revient = 3600^f + 3600^f × 2/9 = 4400 fr.   *Rép.*   300 : 44 = 6,81 %.

2433. — Une personne achète, à raison de 25 fr. l'are, un pré de 2 ha. 8 a. 60 ca., et paye 10 % de frais. Sachant que le revenu annuel de ce pré est de 195 fr., à quel taux cette personne place-t-elle son argent?   (*Puy-de-Dôme.*)

Taux = Loyer (195 fr.) : Nombre de centaines de fr. du prix de revient.

Prix de revient. { *a*) Achat :   25^f × 208,6 = 5215 fr. / *b*) 5215^f + 5215^f × 0,1 = 5736^f,50.

Rép.   195 : 57,365 = 3,39 %.

2434. — On achète une maison 14 800 fr. tous frais compris ; on y fait pour 200 fr. de réparations et on la loue 850 fr. L'argent qu'on a consacré à cet achat était placé à $3^f,50$ %. L'acquisition est-elle avantageuse ? De combien a-t-on augmenté ou diminué son revenu ? (*Nord.*)

Augmentation ou Diminution = Différence des 2 revenus.

Revenu primitif. $\begin{cases} a)\ \text{Prix de revient} = 14\,800^f + 200^f = 15\,000\ \text{fr.} \\ b)\ 3^f,5 \times 150 = 525\ \text{fr.} \end{cases}$

Rép. Le revenu a *augmenté* de $850^f - 525^f = 325\ fr.$

2435. — Un pré triangulaire ayant 140 m. de base et 65 m. de hauteur est acheté à raison de 2400 fr. l'hectare. Les frais d'acquisition s'élèvent à 158 fr. On le loue 90 fr. A quel taux a-t-on placé son argent ? (*Loire.*)

Taux = Loyer (90 fr.) : Nombre de centaines de fr. du prix de revient.

Prix de revient. $\begin{cases} a)\ \text{Acquisition.} \begin{cases} \text{Surface} = 140^{m2} \times 65 : 2 = 4550\ \text{m}^2. \\ \text{Prix} = 2400^f \times 0{,}455 = 1092\ \text{fr.} \end{cases} \\ b)\ 1\,092^f + 158^f = 1\,250\ \text{fr.} \end{cases}$

Rép. $90 : 12{,}50 = 7{,}20$ %.

2436. — On achète, à raison de 5000 fr. l'hectare, une propriété composée de 3 pièces de terre ayant : la 1re $43^m,50$ sur 36 m. ; la 2^e $37^m,80$ sur $28^m,50$; la 3^e $48^m,30$ sur 32 m. On y fait pour 2000 fr. de dépenses diverses afin de la mettre en bon rapport. Combien faudra-t-il la louer pour que l'argent dépensé rapporte 4 % ? (*Aveyron.*)

Loyer = Intérêt à 4 % du prix de revient.

P. de rev. $\begin{cases} a)\ \text{Achat.} \begin{cases} \text{Surface.} \begin{cases} 1^{re}: & 43^{m2},5 \times 36 = 1566\ \text{m}^2. \\ 2^e: & 37^{m2},8 \times 28,5 = 1\,077^{m2},30. \\ 3^e: & 48^{m2},3 \times 32 = 1\,545^{m2},60. \\ \text{En tout} : & 1\,566^{m2} + 1\,077^{m2},3 + 1\,545^{m2},6 \\ & = 4\,188^{m2},90. \end{cases} \\ \text{Prix} = 5000^f \times 0,41889 = 2\,094^f,45. \end{cases} \\ b)\ 2\,094^f,45 + 2\,000^f = 4\,094^f,45. \end{cases}$

Rép. $4^f \times 40{,}9445 = 163^f,778$, soit $163^f,80$.

2437. — On achète 25 a. d'un terrain valant 22 000 fr. l'hectare, pour y faire bâtir une maison. La bâtisse coûte 24 500 fr., plus 8 % pour les honoraires de l'architecte. Combien doit-on louer cette maison pour que l'argent déboursé rapporte 4 % par an ? (*Loiret.*)

Loyer = Taux (4 fr.) $\times$ Nombre de centaines de fr. du prix de revient.

Prix de revient. $\begin{cases} a)\ \text{Terrain} : & 220^f \times 25 = 5\,500\ \text{fr.} \\ b)\ \text{Honoraires} : & 24\,500^f \times 0,08 = 1\,960\ \text{fr.} \\ c)\ 5\,500^f + 24\,500^f + 1\,960^f = 31\,960\ \text{fr.} \end{cases}$

Rép. $4^f \times 319{,}6 = 1\,278^f,40.$

2438. — Un propriétaire achète, à raison de 38 fr. l'are, un terrain triangulaire de 180 m. de base et 125 m. de hauteur. Les frais s'élèvent à 1/12 du prix d'achat. Combien devra-t-il louer ce terrain pour que son argent lui rapporte $5^f,60$ % ? (*Cher.*)

Loyer = Taux $(5^f,6) \times$ Nombre de centaines de fr. du prix de revient.

Prix de revient. $\begin{cases} a)\ \text{Achat.} \begin{cases} \text{Surface} = 180^{m2} \times 125 : 2 = 11\,250\ \text{m}^2. \\ \text{Prix} = 38^f \times 112,5 = 4\,275\ \text{fr.} \end{cases} \\ b)\ \text{Frais} = 4\,275^f : 12 = 356^f,25. \\ c)\ 4\,275^f + 356^f,25 = 4\,631^f,25. \end{cases}$

Rép. $5^f,6 \times 46{,}3125 = 259^f,35.$

2439. — Vous achetez, à 20 fr. l'are, un champ rectangulaire de 131 m. de long sur 85 m. de large ; vous le faites clore par une palissade coûtant 1f,25 le mètre linéaire. Combien devez-vous louer ce champ pour que votre argent se trouve placé à 3 °/₀ ? (*Seine.*)

Loyer = Intérêt à 3 °/₀ du prix de revient.

Prix de revient.
- *a*) Achat. Surface = 13ᵃ,1 × 8,5 = 111ᵃ,35. Prix = 20f × 111,35 = 2 227 fr.
- *b*) Palissade. Périmètre = (131ᵐ + 85ᵐ) × 2 = 432 m. Prix = 1f,25 × 432 = 540 fr.
- *c*) 2 227f + 540f = 2 767 fr.

Rép. 3f × 27,67 = 83f,01, soit 83 *fr.*

P. 230.

*FRAIS ANNUELS : REVENU NET

Problèmes. — **2440.** — Combien doit-on louer un pré qui a coûté 6 000 fr. pour qu'il rapporte net 5 °/₀, si l'on paye chaque année 35 fr. de contributions ? (*Bouches-du-Rhône.*)

Explication. — Le **loyer** est la somme du *revenu net* (intérêt du prix d'achat) et des *frais annuels* (35 fr.).
Intérêt = 5f × 60 = 300 fr. *Rép.* 300f + 35f = 335 *fr.*

2441. — Un pré a coûté 7 500 fr. On paye 22 fr. d'impôt et on le loue 300 fr. A quel taux a-t-on placé son argent ? (*Manche.*)

Explication. — Le **taux** est le quotient du *revenu net total* (300f — 22f) par le *nombre des centaines de francs* du prix d'acquisition.
Rép. 278 : 75 = 3,70 °/₀.

2442. — Une maison a été achetée 8 750 fr. Elle nécessite chaque année pour 174 fr. de dépenses en contributions et réparations diverses. Combien faut-il la louer pour que le capital employé à cet achat rapporte 4 °/₀ ? (*Seine-et-Marne.*)

Loyer = Revenu net total + Frais annuels (174 fr.).
Revenu net = 4f × 87,5 = 350 fr.
Rép. 350f + 174f = 524 *fr.*

2443. — Une maison qui a coûté, tous frais compris, 12 500 fr. est louée 800 fr. par an. Le propriétaire paye les impôts qui s'élèvent à 75 fr., et fait faire tous les ans 100 fr. de réparations. A quel taux a-t-il placé son argent ? (*Sarthe.*)

Taux = Revenu net : Nombre de centaines de fr. du prix d'achat (125).
Revenu net = 800f — (75f + 100f) = 625 fr.
Rép. 625 : 125 = 5 °/₀.

2444. — Une propriété de 24 ha. 8 a. a été achetée à 24f,75 l'are. Combien faut-il la louer pour que, après avoir payé les impôts s'élevant à 137f,90, elle rapporte 2f,90 °/₀ du capital déboursé ? (*E.-et-Loir.*)

Loyer = Revenu net + Impôts (137f,90).

Revenu net.
- *a*) Achat : 24f,75 × 2 408 = 59 598 fr.
- *b*) 2f,9 × 595,98 = 1 728f,342, soit 1 728f,35.

Rép. 1 728f,35 + 137f,9 = 1 866f,25.

2445. — On a acheté une maison 5 215 fr. On la loue 370 fr. Les réparations à faire à cette maison nécessitent une dépense annuelle de 30 fr. A quel taux a-t-on placé son argent ? (*Creuse.*)

Taux = Revenu net : Nombre de centaines de fr. du prix d'achat (52,15).
Revenu net = 370f — 30f = 340 fr.
Rép. 340 : 52,15 = 6,51 °/₀.

2446. — Une personne payait 1050 fr. pour le loyer de sa maison. A quel taux place-t-elle son argent en achetant cette maison pour 18000 fr., contrat en main? On sait qu'elle aura désormais à sa charge 170 fr. de contributions et 130 fr. de réparations annuelles. *(Nord.)*

Taux = Revenu net : Nombre de centaines de fr. du prix d'achat (180).
Revenu net = 1050ᶠ — (170ᶠ + 130ᶠ) = 750 fr.
Rép. 750 : 180 = 4,16 %.

2447. — Un propriétaire loue une terre 1895 fr. par an. Les impôts à sa charge sont de 135 fr. Le revenu net de la propriété est de 2,75 %. Calculer la valeur de cette propriété. *(Mayenne.)*

Nombre de centaines de fr. de la valeur de cette propriété = Revenu net total : Revenu net de 100 fr. (2ᶠ,75).
Revenu net total = 1895ᶠ — 135ᶠ = 1760 fr.
Rép. 100ᶠ × 1760 : 2,75 = 64000 *fr.*

2448. — Une vigne de 36ᵃ,60 a été achetée au prix de 158 fr. l'are. Elle produit en moyenne par an 64 hl. de vin qu'on vend 0ᶠ,35 le litre. Les dépenses annuelles et les contributions s'élèvent à 1240 fr. Combien le prix d'achat de cette vigne rapporte-t-il pour cent? *(L.-et-Cher.)*

Taux = Revenu net : Nombre de centaines de fr. du prix d'achat.

1. Revenu net. { *a)* Revenu brut = 35ᶠ × 64 = 2240 fr.
{ *b)* 2240ᶠ — 1240ᶠ = 1000 fr.
2. Prix d'achat = 158ᶠ × 36,6 = 5782ᶠ,80.
Rép. 1000 : 57,828 = 17,29 %.

2449. — Une maison qui a coûté 8500 fr. est bâtie sur un terrain ayant 76ᵐ,20 de long sur 28ᵐ,50 de large et valant 6000 fr. l'hectare. Combien faut-il louer la propriété pour qu'elle produise 5 % de revenu net? Les impôts et réparations se montent à 80 fr. par an. *(Gironde.)*

Loyer = Revenu net + Frais divers (80 fr.).

Revenu net. { *a)* Prix total. { Terrain. { Surf. = 76ᵐ²,2 × 28,5 = 2171ᵐ²,70.
{ Prix = 6000ᶠ × 0,21717 = 1303ᶠ,02.
{ En tout : 1303ᶠ + 8500ᶠ = 9803 fr.
{ *b)* 5ᶠ × 98,03 = 490ᶠ,15.
Rép. 490ᶠ,15 + 80ᶠ = 570ᶠ,15.

2450. — Une maison a coûté 16000 fr. Le propriétaire paye chaque année les impôts qui s'élèvent à 75 fr. Il compte pour les réparations une dépense de 240 fr. tous les 3 ans. A quel chiffre devra-t-il fixer le loyer pour que son argent lui rapporte 4 %? *(Paris.)*

Loyer = Revenu net + Frais divers.
1. Revenu net = 4ᶠ × 160 = 640 fr.
2. Frais = 75ᶠ + (240ᶠ : 3) = 155 fr.
Rép. 640ᶠ + 155ᶠ = 795 *fr.*

2451. — Un terrain rectangulaire, pour lequel le propriétaire paye annuellement un impôt de 9ᶠ,40, a 125 m. de long et 84 m. de large. Il est loué 85 fr. et rapporte net 4 % de ce qu'il a coûté. Quelle est la valeur d'un are de ce terrain? *(Oise.)*

Prix de l'are = Prix total : Surface en ares.
1. Prix total. { *a)* Revenu net = 85ᶠ — 9ᶠ,40 = 75ᶠ,60.
{ *b)* 100ᶠ × 75,6 : 4 = 1890 fr.
2. Surface = 12ᵃ,5 × 8,4 = 105 a.
Rép. 1890ᶠ : 105 = 18 *fr.*

P. 231.   ***PRIX DE REVIENT ET REVENU NET**

Problèmes. — 2452. — Une maison a coûté 4600 fr.; les frais d'acte et les réparations s'élèvent à 1400 fr. Annuellement, il y aura, impôts compris, 120 fr. de frais à prévoir. Combien faut-il louer la maison pour qu'elle rapporte net 4 °/₀?   (*Ardennes.*)

Loyer = Revenu net + Frais (120 fr.).

Revenu net. $\begin{cases} a)\text{ Prix de revient} = 4\,600^\text{f} + 1\,400^\text{f} = 6\,000\text{ fr.} \\ b)\ 4^\text{f} \times 60 = 240\text{ fr.} \end{cases}$

Rép. $240^\text{f} + 120^\text{f} = 360$ *fr.*

2453. — Un rentier a acheté une maison 3000 fr. Les frais d'achat ont été de 400 fr. et l'entretien annuel est de 80 fr. A quel taux a-t-il placé son argent s'il peut louer la maison 250 fr. ? (*Htes-Pyrénées.*)

Taux = Revenu net : Nombre de centaines du prix de revient.
1. Revenu net = $250^\text{f} - 80^\text{f} = 170$ fr.
2. Prix de revient = $3\,000^\text{f} + 400^\text{f} = 3\,400$ fr. ou 34 centaines de fr.
Rép. $170 : 34 = 5$ °/₀.

2454. — Dans un terrain rectangulaire de 56 m. de long sur 22ᵐ,50 de large, payé 24000 fr. l'hectare, on a construit une maison qui a coûté 8100 fr. Le 1/5 du prix du loyer étant absorbé par les impôts et les frais d'entretien, quel est ce loyer, si le revenu net représente 5 °/₀ du capital ?   (*Aisne.*)

Loyer = Revenu net : Fraction de la location correspondant à ce revenu.

1. Revenu net. $\begin{cases} a)\text{ Revient. } \begin{cases}\text{Surface} = 56^{\text{m2}} \times 22,5 = 1\,260^{\text{m2}} = 0^{\text{ha}},126. \\ \text{Terrain} = 24\,000^\text{f} \times 0,126 = 3\,024\text{ fr.} \\ 3\,024^\text{f} + 8\,100^\text{f} = 11\,124\text{ fr.}\end{cases} \\ b)\ 0^\text{f},05 \times 11\,124 = 556^\text{f},20. \end{cases}$

2. Fraction correspondante = 5/5 — 1/5 = 4/5 du loyer.
Rép. $556^\text{f},20 : 4/5 = 556^\text{f},20 \times 5/4 = 695^\text{f},25.$

2455. — Une maison a coûté 18000 fr. et les frais d'acte sont de 1/12 du prix d'acquisition. Cette maison est louée 885 fr. par an, mais il y a chaque année 105 fr. de frais. A combien °/₀ a-t-on placé son argent ?   (*Rhône.*)

Taux = Revenu net : Nombre de centaines du prix de revient.
1. Revenu net = $885^\text{f} - 105^\text{f} = 780$ fr.
2. Prix de revient = $18\,000^\text{f} + (18\,000^\text{f} : 12) = 18\,000^\text{f} + 1\,500^\text{f} = 19\,500$ fr.
Rép. $780 : 195 = 4$ °/₀.

2456. — Une propriété a coûté 3500 fr. Les frais de notaire s'élèvent à 8 °/₀ du prix d'acquisition. La propriété est imposée annuellement de 16ᶠ,05, on la loue 120 fr. par an. On demande de calculer le taux du placement.   (*Ardèche.*)

Taux = Revenu net : Nombre de centaines du prix de revient.
1. Revenu net = $120^\text{f} - 16^\text{f},05 = 103^\text{f},95.$

2. Prix de revient. $\begin{cases} a)\text{ Frais} = 3\,500^\text{f} \times 0,08 = 280\text{ fr.} \\ b)\ 3\,500^\text{f} + 280^\text{f} = 3\,780\text{ fr.} = 37^\text{cent.},8. \end{cases}$

Rép. $103,95 : 37,8 = 2,75$ °/₀.

2457. — Un champ de forme rectangulaire a 152 m. de long sur 95 m. de large. Une personne l'achète à raison de 14ᶠ,50 l'are. Elle l'entoure d'une palissade qui lui revient à 0ᶠ,35 le mètre. Sachant qu'elle doit payer annuellement 27 fr. d'impôts, dites combien elle doit louer ce champ pour que son argent lui rapporte 3 °/o. *(Aube.)*

Loyer = Revenu net + Impôts (27 fr.).

Revenu net. { *a)* P. de revient. { Surface : $15^a,2 \times 9.5 = 144^a,40$.
Achat : $14^f,5 \times 144,4 = 2093^f,8$.
Palissade. { Périm. $= (152^m + 95^m) \times 2 = 494$ m.
Prix $= 0^f,35 \times 494 = 172^f,90$.
$2093^f,8 + 172^f,9 = 2266^f,70$.
b) $0^f,03 \times 2266,7 = 68$ fr.

Rép. $68^f + 27^f = 95$ *fr.*

2458. — Un terrain de forme rectangulaire ayant 66 m. de long et 42 m. de large se vend 80 fr. l'are ; les frais augmentent le prix de 10 °/o. Ce terrain se loue 80 fr. par an et paye $7^f,50$ d'impôt. A quel taux placerai-je mon argent en l'achetant ? *(Ardèche.)*

Taux = Revenu net : Nombre de centaines du prix de revient.

1. Revenu net $= 80^f - 7^f,50 = 72^f,50$.

2. Prix de revient. { *a)* Achat. { Surface $= 6^a,6 \times 4,2 = 27^a,72$.
Prix $= 80^f \times 27,72 = 2217^f,60$.
b) $2217^f,60 + (2217^f,6 \times 0,1) = 2439^f,36$, soit $2439^f,35$.

Rép. $72,5 : 24,3935 = 2,97$ °/o.

2459. — On achète un champ rectangulaire de $140^m,80$ de long sur $76^m,70$ de large au prix de 5000 fr. l'hectare. Les frais d'acquisition sont de 8 °/o du prix d'achat. On demande de trouver le taux du placement, sachant que l'on a affermé ce terrain $2^f,25$ l'are et que les contributions annuelles évaluées en moyenne à $34^f,20$ sont à la charge du propriétaire. *(Gironde.)*

Taux = Revenu net : Nombre de centaines du prix de revient.

1. Revenu net. { *a)* Loyer. { Surface $= 14^a,08 \times 7,67 = 107^a,9936$ ou 108 a.
$2^f,25 \times 108 = 243$ fr.
b) $243^f - 34^f,20 = 208^f,80$.

2. P. de revient. { *a)* Achat : $5000^f \times 1,08 = 5400$ fr.
b) Frais $= 8^f \times 54 = 432$ fr.
c) $5400^f + 432^f = 5832$ fr. $= 58^{cent.},32$.

Rép. $208,80 : 58,32 = 3,58$ °/o.

2460. — Une maison coûte 36000 fr. ; les frais d'acte s'élèvent à 4,25 °/o du prix d'acquisition. Les réparations annuelles se montent à 480 fr. et les impôts sont de $53^f,50$ par an. On la loue 1205 fr. par semestre. Quel est le taux net du placement ? *(Manche.)*

Taux = Revenu net : Nombre de centaines du prix de revient.

1. Revenu net. { *a)* Loyer annuel $= 1205^f \times 2 = 2410$ fr.
b) Frais $= 480^f + 53^f,50 = 533^f,50$.
c) $2410^f - 533^f,50 = 1876^f,50$.

2. P. de revient. { *a)* Frais $= 4^f,25 \times 360 = 1530$ fr.
b) $36000^f + 1530^f = 37530^f$ ou $375^{cent.},30$.

Rép. $1876,5 : 375,3 = 5$ °/o.

2461. — Un jardin carré a 62 m. de côté. On l'a payé 300 fr. l'are. On a de plus payé $2^f,25$ par mètre courant pour l'entourer d'une clôture. On loue ce jardin 525 fr. et on paye $41^f,40$ d'impôt. Dire combien il rapporte °/o. *(Isère.)*

Revenu °/o = Revenu net : Nombre de centaines du prix de revient.

1. Revenu net $= 525^f - 41^f,40 = 483^f,60$.

2. Prix de revient. { *a)* Achat. { Surface $= 6^a,2 \times 6,2 = 38^a,44$.
Prix $= 300^f \times 38,44 = 11532$ fr.
b) Clôture. { Périmètre $= 62^m \times 4 = 248$ m.
Prix $= 2^f,25 \times 248 = 558$ fr.
c) $11532^f + 558^f = 12090$ fr. $= 120^{cent.},9$.

Rép. $483,6 : 120,9 = 4$ °/o.

2462. — Un propriétaire achète une maison pour 46500 fr. Il paye pour les frais 12 °/₀ du prix d'achat. Il loue cette maison 2500 fr. par an. A quel taux a-t-il placé son argent, s'il paye 248 fr. d'impôts par an et si les réparations lui coûtent 825 fr. tous les 3 ans?   (*Ardennes.*).

Taux = Revenu net : Nombre de centaines du prix de revient.

1. Revenu net. $\begin{cases} a) \text{ Frais annuels} = 248^f + (825^f : 3) = 248^f + 275^f = 523 \text{ fr.} \\ b) \ 2500^f - 523^f = 1977 \text{ fr.} \end{cases}$

2. P. de revient. $\begin{cases} a) \text{ Frais} = 46500^f \times 0,12 = 5580 \text{ fr.} \\ b) \ 46500^f + 5580^f = 52080 \text{ fr.} \end{cases}$

Rép.   1977 : 520,80 = 3,796 °/₀.

P. 232.   CAISSE D'ÉPARGNE

L'État a organisé une **Caisse nationale d'épargne** dite **Caisse d'épargne postale.**

« Un **intérêt de 2ᶠ,50 °/₀** est servi aux déposants.

Cet intérêt, compté par quinzaine, part du 1ᵉʳ ou du 16 de chaque mois, après le jour du versement. Il cesse de courir à partir du 1ᵉʳ ou du 16 qui a précédé le jour du remboursement. Au 31 décembre de chaque année, l'intérêt acquis s'ajoute au capital et devient lui-même productif d'intérêts.

La **délivrance des livrets** est opérée gratuitement par l'intermédiaire de tous les *bureaux de poste.*

Chaque **versement** ne peut être inférieur à *un franc* et peut comporter des *centimes.* Le compte ouvert à chaque déposant ne peut pas dépasser le chiffre de **1500 fr.** versés en une ou plusieurs fois.

Tout déposant dont le crédit est suffisant pour acheter 10 fr. de rente au minimum peut faire opérer cet achat *sans frais* par la Caisse nationale d'épargne. »

(*Extrait de l'Instruction à l'usage des déposants.*)

Remarque. — Dans la plupart des villes de France, il existe une Caisse d'épargne placée sous la surveillance de l'État. L'intérêt servi aux déposants, compté par semaine ou par quinzaine, varie entre 2,75 et 3 °/₀.

Problèmes. — ***2463.** — Une personne a placé à la Caisse d'épargne une somme de 185 fr. le 14 janvier. Elle la retire le 5 octobre suivant avec les intérêts produits au taux de 3 °/₀. Combien recevra-t-elle?   (*Eure-et-Loir.*)

Solution. — Ce **qu'elle retirera** est la somme de *son versement* (185 fr.) et des *intérêts qu'il a produits.*

1. *Les intérêts* sont le produit de l'intérêt annuel par la durée du placement.

   a. Intérêt en 1 an (24 quinzaines) : $3^f \times 1,85 = 5^f,55.$

   b. Durée du placement : 1 quinzaine $+ 2 \times 8 = 17$ quinzaines ou 17/24.

   c. Intérêts produits : $5^f,55 \times \dfrac{17}{24} = 3^f,93.$

2. **Somme retirée :** $185^f + 3^f,93 = \mathbf{188^f,93.}$

Remarque. — Les employés de la Caisse d'épargne se servent de *tables spéciales* qui donnent les intérêts des sommes variant depuis un franc jusqu'à 1500 fr., pour des durées variant depuis une quinzaine jusqu'à 24 quinzaines.

***2464.** — Un enfant a obtenu à la distribution des prix un livret de la Caisse d'épargne postale de 20 fr., pris le 30 juillet. Quel sera le montant de son livret, intérêt compris, au 1er janvier de l'année suivante, l'intérêt étant de 2,50 °/₀ ?   (*Charente-Inférieure.*)

Montant du livret = 20 fr. + Intérêts produits.

Intérêts.
- *a*) 1 fr. en 1 quinz. : $(2^f,5 : 24) : 100 = 0^f,0010416.$
- *b*) Nombre de quinz. = 2^{quinz.} × 5 = 10 quinz.
- *c*) $0^f,0010416 × 20 × 10 = 0^f,20832.$

Rép. $20^f + 0^f,20 = 20^f,20.$

***2465.** — Combien possédait au 31 décembre une personne qui avait versé à la Caisse nationale d'épargne : 1° 20 fr. le 5 mars ; 2° 10 fr. le 21 août de la même année ?   (*Côte-d'Or.*)

Avoir au 31 décembre = Versements $(20^f + 10^f)$ + Intérêts des 2 versements.

1. Int. du 1er vers^t.
- *a*) Int. de 1 fr. en 1 quinz. = $(2^f,5 : 24) : 100 = 0^f,0010416.$
- *b*) Nombre de quinz. = 1^{quinz.} + 2^{quinz.} × 9 = 19 quinz.
- *c*) $0^f,0010416 × 20 × 19 = 0^f,395.$

2. Int. du 2° vers^t.
- *a*) Nombre de quinz. = 2^{quinz.} × 4 = 8 quinz.
- *b*) $0^f,0010416 × 10 × 8 = 0^f,083.$

Rép. $20^f + 10^f + 0^f,39 + 0^f,08 = 30^f,47.$

***2466.** — Au 31 décembre dernier, le montant du livret de Caisse d'épargne d'une ouvrière s'élevait à 295 fr. A la fin de janvier suivant, elle a fait un nouveau versement des 3/4 du salaire du mois, qui s'élève à 48 fr. Calculer le montant du livret au 16 avril, l'intérêt étant de 2,5 °/₀.   (*Pas-de-Calais.*)

Avoir au 16 avril = Montant au 31 déc. (295 fr.) + Versement + Intérêts.

1. Int. de 295 fr.
- *a*) Int. de 1 fr. en 1 quinz. = $0^f,0010416.$
- *b*) N. de quinz. = $(2^{quinz.} × 3) + 1^{quinz.} = 7$ quinz.
- *c*) $0^f,0010416 × 295 × 7 = 2^f,15.$

2. Int. du vers^t.
- *a*) Versement = $48^f × 3/4 = 36$ fr.
- *b*) N. de quinz. = $(2^{quinz.} × 2) + 1^{quinz.} = 5$ quinz.
- *c*) $0^f,0010416 × 36 × 5 = 0^f,18.$

Rép. $295^f + 2^f,15 + 36^f + 0^f,18 = 333^f,33.$

CAISSE NATIONALE DES RETRAITES   P. 233.

« La Caisse nationale des retraites est instituée pour recueillir et faire fructifier, par l'accumulation des intérêts, l'épargne réalisée par le déposant, en vue de s'assurer une *pension de retraite* pour ses vieux jours.

Les **versements** à la Caisse nationale des retraites sont reçus à la Caisse des dépôts et consignations, par les trésoriers-payeurs généraux, les receveurs particuliers des finances, les *percepteurs* des contributions directes et les *receveurs des postes*. Ils peuvent être effectués au profit de toute personne française ou étrangère, âgée de *trois ans* au moins. Le maximum des versements opérés pour un même compte pendant une année est de *cinq cents francs*. Le minimum de chaque versement est de *un franc*.

Celui qui opère un versement a la faculté d'**aliéner** le capital en vue d'une augmentation de rente, ou de **réserver** ce capital, qui sera remboursé au décès du rentier.

Le *maximum de la rente totale* inscrite sur une tête est de **douze cents francs**. L'entrée en jouissance de la pension est fixée, au choix du déposant, à partir de chaque année d'âge accomplie de 50 à 65 ans.

Remarque. — Tout déposant réduit à l'incapacité absolue de travailler est mis en possession, avant l'âge d'entrée en jouissance, d'une rente proportionnelle à son âge et à ses versements. Lorsque cette pension est inférieure à 360 fr., elle peut être bonifiée par une subvention de l'Etat. »

Exemples tirés des tarifs.

1. — Un père de famille effectue un seul versement de **100 francs** sur la tête de son **enfant âgé de 3 ans;** la rente acquise serait

Pour la jouissance à 50 ans, à capital réservé, de 41ᶠ, à capital aliéné, de 51ᶠ.
   —   60 ans,   —   92ᶠ,   —   115ᶠ.
   —   65 ans,   —   153ᶠ,   —   190ᶠ.

2. — Une économie de **10 centimes** par jour, soit **36 francs** par an, faite depuis **15 ans,** jusqu'à

50 ans produirait une rente de 148ᶠ à capital réservé ou de 219ᶠ à capital aliéné.
55 ans   —   —   223ᶠ   —   336ᶠ   —
60 ans   —   —   350ᶠ   —   535ᶠ   —

3. — Un père de famille qui verserait **par jour 10 centimes** sur la tête d'un enfant, — soit **36 francs** par an, — depuis **l'âge de 3 ans,** jusqu'à **l'âge de 21 ans inclusivement,** lui assurerait, avec jouissance

à 50 ans, une rente de 194ᶠ à capital réservé ou de 252ᶠ à capital aliéné.
à 55 ans,   —   283ᶠ   —   367ᶠ   —
à 60 ans,   —   435ᶠ   —   564ᶠ   —
à 65 ans,   —   721ᶠ   —   936ᶠ   —

(Extrait de l'Instruction à l'usage des déposants.)

A côté de la Caisse nationale des retraites pour la vieillesse, il existe deux autres institutions de prévoyance placées sous la garantie de l'Etat, ce sont les *caisses d'assurances en cas de décès* et *en cas d'accidents.*

P. 234.

*RENTES SUR L'ÉTAT

1. — Lorsqu'un Etat doit faire face à des dépenses extraordinaires, les ressources qui lui sont fournies par l'impôt deviennent insuffisantes; il contracte alors un *emprunt*, dont il s'engage à payer la rente, c'est-à-dire les *intérêts*.

2. — En échange de leur argent, les prêteurs reçoivent un **titre de rente,** sur lequel est inscrite la *rente annuelle* à laquelle ils ont droit.

Il existe actuellement deux espèces de rentes françaises : 1° le **3 %** perpétuel, que l'Etat n'est pas obligé de rembourser; 2° le **3 %** amortissable, qui doit être remboursé en un temps déterminé.

Les rentiers peuvent vendre leurs titres de rente dans des marchés appelés *Bourses*, par l'intermédiaire des *Agents de change*.

Les négociations de titres de rente ne sont faites que pour un *nombre entier de francs* de rente perpétuelle, et pour *un multiple de* 15 *fr. de rente*, s'il s'agit de rente amortissable. Elles entraînent certains frais dont on ne tiendra pas compte dans les problèmes qui suivent (frais de courtage: 1/1 000 du prix d'achat; impôt de l'Etat: 0^f,0125 par 1 000 fr. et fraction de 1 000 fr. du capital; timbre de quittance: 0^f,10).

3. — La somme qu'il faut donner pour acquérir 3 fr. de rente s'appelle le **cours de la rente**.

Lorsque le cours est égal à 100 fr., on dit que la *rente* est *au pair*.

*MONTANT DU TITRE DE RENTE

Problèmes. — **2467.** — Quel est le montant du titre de rente que l'on peut acheter avec un capital de 2160 fr., si le 3 °/₀ est au cours de 100^f,75 ? *(Calvados.)*

Solution. — **Le montant du titre** est le produit de 3 *fr.* par le quotient obtenu en divisant le *capital employé* (2160 fr.) *par le cours* (100^f,75).

$$3^f \times \frac{2160}{100,75} = \textbf{64 fr. de rente} \text{ (et non } 64^f,31).$$

Remarque. — Le montant du titre est encore égal au quotient du capital employé (2160 fr.) par le prix de 1 fr. de rente (100^f,75 : 3).

Quel est le montant du titre de rente 3 °/₀ que l'on peut acheter :

2468. — avec 15 631^f,75, au cours de 100^f,85 ? *(Seine.)*
Rép. $3^f \times 15631,75 : 100,85 = 465$ *fr. de rente.*

2469. — avec 1 178^f,40, au cours de 98^f,20 ? *(Marne.)*
Rép. $3^f \times 1178,4 : 98,2 = 36$ *fr. de rente.*

2470. — avec 6 500 fr., au cours de 96^f,50 ? *(Vendée.)*
Rép. $3^f \times 6500 : 96,5 = 202^f,07$, soit 202 *fr. de rente.*

2471. — Un propriétaire avait une ferme qu'il louait 1 500 fr. et pour laquelle il payait 180 fr. de contributions par an. Il l'a vendue 45 000 fr. et il a acheté de la rente 3 °/₀ au cours de 98^f,40. A-t-il augmenté ou diminué son revenu ? *(Vosges.)*

Augmentation ou diminution = Différence entre le revenu net de la ferme et la rente achetée.
1. Revenu net = 1 500^f — 180^f = 1 320 fr.
2. Rente = $3^f \times 45000 : 98,4 = 1371^f,95$, soit 1 371 fr. de rente.
Rép. 1 371^f — 1 320^f = 51 *fr. d'augmentation.*

2472. — Une personne qui possède 66 080 fr. de capital affecte les P. 235. 3/8 de cette somme à l'acquisition d'une maison rapportant net les 6/100 de son prix d'achat. Avec le reste, elle achète de la rente 3 °/₀ au cours de 101^f,50. Quel est son revenu ? *(Seine-et-Marne.)*

Revenu = Revenu net de la maison + Rente.
1. Maison. { *a*) Prix d'acquisit. = 66 080^f × 3/8 = 24 780 fr.
{ *b*) Revenu net = 24 780^f × 6/100 = 1 486^f,80.
2. Rente. { *a*) Reste = 66 080^f — 24 780^f = 41 300 fr.
{ *b*) $3^f \times 41300 : 101,5 = 1220^f,69$, soit 1 220 fr. de rente.
Rép. 1 486^f,80 + 1 220^f = 2 706^f,80.

2473. — Quelle somme faudrait-il placer à 4 % pour retirer 9 810 fr. en capital et intérêts simples au bout de 2 ans 3 mois? Combien le capital aurait-il rapporté pendant le même temps s'il eût été placé en rente 3 % au cours de 99^f,20 ? *(Seine.)*

I. *Capital primitif* = Valeur acquise (9810 fr.) : Valeur acquise par 1 fr. dans le même temps (2 ans 3 mois ou 2 a. 1/4).

Val. acq. par 1 fr. $\begin{cases} a)\ \text{Int.} = 0^f,04 \times 2 + 0^f,04 \times 1/4 = 0^f,08 + 0^f,01 = 0^f,09. \\ b)\ 1^f + 0^f,09 = 1^f,09. \end{cases}$

Rép. 9810 : 1,09 = 9 000 *fr.*

II. *Revenu total en 3 %* = Rente annuelle × Nombre d'années (2 a. 1/4).
Rente annuelle = 3^f × 9 000 : 99,2 = 272^f,17, soit 272 fr. de rente.
Rép. 272^f × 2 1/4 = 544^f + 68^f = 612 *fr.*

*TAUX DU PLACEMENT

A quel taux place-t-on son argent quand on achète de la rente 3 %

2474. — au cours de 96 fr. ? *(Haute-Marne.)*
Taux = 3 : Nombre de centaines du cours (0,96).
Rép. 3 : 0,96 = 3,125 %.

2475. — au cours de 98^f,90 ? *(Mayenne.)*
Rép. 3 : 0,989 = 3,03 %.

2476. — au cours de 103 fr. ? *(Haute-Marne.)*
Rép. 3 : 1,03 = 2,91 %.

*PRIX DE LA RENTE

Quelle somme faut-il débourser pour avoir :

2477. — 10 fr. de rente 3 % au cours de 96^f,825 ? *(Nord.)*
Prix de la rente = Cours (96^f,825) × Quotient du montant (10 fr.) par le taux nominal (3 fr.).
Rép. 96^f,825 × 10/3 = 322^f,75.

2478. — 50 fr. de rente 3 % au cours de 95^f,40 ? *(Manche.)*
Rép. 95^f,40 × 50/3 = 1 590 *fr.*

2479. — 150 fr. de rente 3 % au cours de 97^f,85 ? *(M.-et-Moselle.)*
Rép. 97^f,85 × 150/3 = 4 892^f,50.

2480. — 1 860 fr. de rente 3 % au cours de 98^f,75 ? *(Somme.)*
Rép. 98^f,75 × 1 860/3 = 61 225 *fr.*

2481. — Le 5 % italien est au cours de 102 fr. Combien doit-on débourser pour acheter 80 fr. de rente italienne ? *(Cher.)*
Rép. 102^f × 80/5 = 1 632 *fr.*

2482. — Quelle somme faudrait-il débourser pour s'assurer un revenu de 500 fr. par trimestre, en achetant de la rente 3 % au cours de 101^f,85 ? *(Seine.)*
Prix de la rente = 101^f,85 × Revenu annuel : Taux (3 fr.).
Revenu annuel = 500^f × 4 = 2 000 fr.
Rép. 101^f,85 × 2 000/3 = 67 900 *fr.*

2483. — Quelle est la somme nécessaire pour se procurer un revenu journalier de 6 fr. en achetant de la rente française 3 % au cours de 97ᶠ,30 ?   (*Cher.*)

Somme nécessaire = 97ᶠ,30 × Revenu annuel : Taux nominal (3 fr.).
Revenu annuel : 6ᶠ × 365 = 2 190 fr.   *Rép.* 97ᶠ,3 × 2 190/3 = 71 029 *fr.*

2484. — A chaque trimestre, un rentier touche 540 fr. de rente 3 %. A quel taux a-t-il placé son argent s'il a acheté cette rente au cours de 96ᶠ,20 et combien a-t-il payé son titre de rente ?   (*Rhône.*)

I. *Taux* = 3 : 0,962.   *Rép.* 3,11 %.
II. *Prix de la rente* = 96ᶠ,2 × (540 × 4) : 3.   *Rép.* 69 264 *fr.*

2485. — Une personne vend une maison 18 000 fr. et une vigne à 25 fr. l'are. Avec le produit de cette double vente, elle achète 900 fr. de rente 3 % au cours de 101ᶠ,50. Dire la surface de la vigne.   (*Aude.*)

Surface de la vigne = Prix total : Prix de l'are (25 fr.).

Prix total. { *a)* Double vente : 101ᶠ,5 × 900/3 = 30 450 fr.
{ *b)* Vigne : 30 450ᶠ − 18 000ᶠ = 12 450 fr.

Rép. 12 450 : 25 = 498 *ares.*

2486. — Une personne a acheté 780 fr. de rente 3 % au cours de 99ᶠ,50 ; elle revend son titre au cours de 100ᶠ,75. Quel est son gain total ?   (*Somme.*)

Gain total = Gain par 3 fr. de rente × Nombre de titres de 3 fr.
1. Gain par 3 fr. de rente = 100ᶠ,75 − 99ᶠ,50 = 1ᶠ,25.
2. Nombre de titres de 3 fr. = 780 : 3 = 260.   *Rép.* 1ᶠ,25 × 260 = 325 *fr.*

2487. — Quelle perte subit une personne qui achète 80 fr. de rente 3 % au cours de 101 fr. et qui est obligée de revendre cette rente au cours de 98ᶠ,05 ?   (*Seine.*)

Perte totale = Perte par 3 fr. de rente × Nombre de titres de 3 fr.
1. Perte par 3 fr. de rente = 101ᶠ − 98ᶠ,05 = 2ᶠ,95.
2. Nombre de titres = 80 : 3.   *Rép.* 2ᶠ,95 × 80/3 = 78ᶠ,66.

2488. — Une personne veut acheter de la rente 5 % italienne. A quel cours lui faudra-t-il acheter cette rente pour que l'argent lui rapporte 5,5 % ? Quel capital devra-t-elle placer pour avoir 2 000 fr. de revenu ?   (*Pas-de-Calais.*)

I. *Cours* = Taux nominal (5 fr.) : Intérêt de 1 fr. au taux réel.
Intérêt de 1 fr. = 0ᶠ,055.   *Rép.* 5ᶠ : 0,055 = 90ᶠ,90.
II. *Capital placé* = 90ᶠ,90 × 2 000/5.   *Rép.* 36 360 *fr.*

*ACTIONS ET OBLIGATIONS   P. 236.

4. — Certaines sociétés industrielles ou commerciales constituent leur capital en émettant des **actions**.

Les actionnaires participent aux bénéfices et aux pertes de l'entreprise ; ils reçoivent *un intérêt variable* appelé **dividende**.

5. — Un département, une commune, une société par actions peuvent contracter des emprunts. Ils émettent alors des titres de 100 à 500 fr., appelés **obligations**, qui produisent un *intérêt fixe* et sont remboursables dans un temps déterminé.

6. — Les actions et les obligations se négocient à la Bourse comme les titres de rente.

Problèmes. — 2489. — A quel taux place-t-on son argent en achetant au cours de 420 fr. une obligation de chemin de fer qui rapporte, impôt déduit, un intérêt semestriel de 6ᶠ,15 ? *(Nord.)*

Taux = Intérêt annuel : Nombre de centaines du cours (4,2).
Int. annuel = 6ᶠ,15 × 2 = 12ᶠ,30. *Rép.* 12,3 : 4,2 = 2,92 %.

2490. — On a acheté, au cours de 386 fr., douze obligations de la Compagnie de l'Ouest et on reçoit tous les ans 171ᶠ,60 d'intérêts. A quel taux l'argent est-il placé ? *(Seine-Inférieure.)*

Taux = Intérêt total (171ᶠ,60) : Centaines du prix total des obligations.
Prix total = 386ᶠ × 12 = 4632 fr. *Rép.* 171,60 : 46,32 = 3,70 %.

2491. — On achète 36 obligations de chemin de fer coûtant 360 fr. frais compris, et rapportant net 7ᶠ,20 d'intérêt par semestre. Quel revenu se fera-t-on et à quel taux place-t-on son argent ? *(Seine-Infér.)*

I. *Revenu* = 7ᶠ,20 × 2 × 36 = 14ᶠ,40 × 36. *Rép.* 518ᶠ,40.
II. *Taux* = Revenu annuel d'une obligation (14ᶠ,40) : Centaines de son prix d'achat (3,6). *Rép.* 14,4 : 3,6 = 4 %.

2492. — On achète 420 fr. une obligation qui rapporte 15 fr. d'intérêt annuel. L'impôt et les frais prélèvent 1/10 de cet intérêt. Calculez le taux du placement. *(Seine.)*

Taux = Intérêt net : Centaines du prix d'une obligation (4,2).
Intérêt net = 15ᶠ — 1ᶠ,5 = 13ᶠ,50. *Rép.* 13,5 : 4,2 = 3,21 %.

2493. — Quelle somme faut-il pour se faire 180 fr. de revenu avec des obligations de chemin de fer remboursables à 500 fr., rapportant net 12 fr. d'intérêt annuel, au cours de 354 fr. ? *(Eure.)*

Capital nécessaire = Cours (354 fr.) × Nombre d'obligations.
Nombre d'obligations = 180 : 12 = 15. *Rép.* 354ᶠ × 15 = 5310 *fr.*

2494. — A 5 %, quel est le capital qui rapporte 9000 fr. ? Avec ce capital, combien pourrait-on acheter d'obligations au cours de 435 fr., si l'on ne tient pas compte du courtage ? *(Loire.)*

I. *Capital* = 9000 : 0,05. *Rép.* 180000 *fr.*
II. *Nombre d'obligations* = 180000 : 435.
Rép. 413 *obligations.* (Il reste 345 fr. de capital.)

2495. — J'ai à placer une somme de 8500 fr. Je puis acheter de la rente 3 % au cours de 102ᶠ,80 ou des obligations rapportant net 14ᶠ,40 au cours de 470 fr. De combien mon revenu sera-t-il plus élevé en employant le plus avantageux des deux placements ? *(Meurthe-et-M.)*

1. Rente = 3ᶠ × 8500 : 102,8 = 248ᶠ,24, soit 248 fr. de rente.
2. Revenu des obligations = 14ᶠ,4 × 8500 : 470 = 14ᶠ,4 × 18 = 259ᶠ,20.
Rép. 259ᶠ,20 — 248ᶠ = 11ᶠ,20 *de plus en achetant des obligations.*

2496. — A quel taux place-t-on son argent en achetant de la rente 3 % au cours de 102ᶠ,40 ? Est-il préférable d'acheter des obligations de chemin de fer qui coûtent 470 fr. et rapportent 15 fr., sachant qu'on prélève sur ces 15 fr. un impôt de 4 %?   (*Ardèche*.)

I. *Taux* = 3 : 1,024.   *Rép.*   2.92 %.

II. Le *placement le plus avantageux* est au taux le plus élevé.

Taux des obligations. $\begin{cases} a) \text{ Intérêt net : } 15^f - (15^f \times 0,04) = 14^f,40. \\ b) \ 14,4 : 4,7 = 3,06 \text{ %.} \end{cases}$

Rép.   *Il est préférable d'acheter des obligations.*

2497. — J'ai vendu de la rente 3 % au cours de 99^f,70, pour acheter 12 obligations, au cours de 468 fr., rapportant net chacune 14^f,40. De combien ai-je augmenté mon revenu?   (*Meurthe-et-Moselle*.)

Augmentation = Revenu des obligations — Rente.

1. Revenu des obligations = 14^f,40 × 12 = 172^f,80.

2. Rente. $\begin{cases} a) \text{ Prix} = 468^f \times 12 = 5616 \text{ fr.} \\ b) \ 3^f \times 5616 : 99,7 = 168^f,98, \text{ soit } 168 \text{ fr. de rente.} \end{cases}$

Rép.   172^f,80 — 168^f = 4^f,80.

*REVISION

P. 237.

2498. — A quel taux réel place-t-on son argent en achetant de la rente 3 % au cours de 97^f,25?   (*Nièvre*.)

Taux = 3 × 100 : 97,25.   *Rép.*   3,08 %.

2499. — Un voyageur de commerce reçoit 1 800 fr. d'appointements fixes par an et 9^f,50 par jour de voyage, plus 2 % sur les bénéfices. Combien a-t-il reçu en tout si, au cours de l'année, il est resté 90 jours en voyage, et si les bénéfices se sont élevés à 1/10 de la vente totale qui a produit 185 000 fr.?   (*Rhône*.)

Gain total = Appointements (1 800 fr.) + Frais de voyage + Part de bénéf.

1. Frais de voyage = 9^f,5 × 90 = 855 fr.

2. Bénéfice. $\begin{cases} a) \text{ En tout : } 185\,000^f \times 1/10 = 18\,500 \text{ fr.} \\ b) \text{ Part} = 18\,500^f \times 0,02 = 370 \text{ fr.} \end{cases}$

Rép.   1 800^f + 855^f + 370^f = 3 025 *fr.*

2500. — Pendant combien de temps faudrait-il placer 1 700 fr. à 4 % pour retirer 1 785 fr., capital et intérêt réunis?   (*Charente*.)

Temps = Intérêt total (1 785^f — 1 700^f) : Intérêt annuel.

Intérêt annuel = 4^f × 17 = 68 fr.

Rép.   85 : 68 = 5/4 d'année = 1 *an* 3 *mois.*

2501. — On a acheté 180 moutons pour 3 600 fr. Cinq ont péri et, malgré cette perte, le fermier qui les avait achetés a gagné 10 %. Combien a-t-il, en moyenne, vendu chaque mouton?   (*Côte-d'Or*.)

Prix de vente d'un mouton = Prix de vente total : N. de moutons restants.

1. Vente tot. :   a) Bénéfice = 3 600^f × 0,1 = 360 fr.   b) 3 600^f + 360^f = 3 960 fr.

2. Reste = 180 — 5 = 175 moutons.   *Rép.*   3 960^f : 175 = 22^f,628.

2502. — Quelle somme faudrait-il pour acheter 85 fr. de rente 3 % au cours de 98 fr.?   (*Manche*.)

Prix d'achat = 98^f × 85 : 3.   *Rép.*   2 776^f,66, soit 2 776^f,65.

2503. — Un particulier a placé 2 900 fr. pendant 2 ans 5 mois 10 jours; il a retiré 319 fr. d'intérêt. Calculez le taux. (*Ardennes*.)

Taux = Intérêt annuel : Nombre de centaines de fr. du capital (29).

Intérêt annuel. $\begin{cases} a) \text{ Fract. d'année} = 360 \times 2 + 30 \times 5 + 10 = 880 \text{ j. ou } 88/36. \\ b) \ 319^f \times 36/88 = 130^f,50. \end{cases}$

Rép.   130,5 : 29 = 4,5 %.

2504. — Une personne achète avant l'hiver 3 850 quintaux de pommes de terre au prix de 9^f,25 le quintal. Après l'hiver, 1 350 kg. se sont trouvés gelés. Combien cette personne doit-elle revendre le quintal du reste pour gagner 4 1/2 °/₀ sur son marché ?   (*Seine.*)

Prix de vente du quintal = Prix de vente total ⫶ Poids du reste.

1. Vente totale.
 a) Achat : 9^f,25 × 3 850 = 35 612^f,50.
 b) Bénéfice = 0^f,045 × 35 612,5 = 1 602^f,56.
 c) 35 612^f,5 + 1 602^f,56 = 37 215^f,06 ou 37 215^f,05.

2. Reste = 3 850^q — 13^q,5 = 3 836^q,5.
Rép. 37 215^f,05 ⫶ 3 836,5 = 9^f,70.

2505. — On veut toucher tous les 3 mois 300 fr. de rente. Combien doit-on placer en 3 °/₀ au cours de 97^f,25 ?   (*Ardennes.*)

Capital = Prix de 1 fr. de rente (97^f,25 ⫶ 3) × Montant du titre de rente.
Titre de rente : 300^f × 4 = 1 200 fr.
Rép. 97^f,25 × 1 200 ⫶ 3 = 38 900 *fr.*

2506. — Un marchand achète 1 200 assiettes à 1^f,80 la douzaine. Il les revend au détail 0^f,25 pièce. Mais, dans le déballage, il en casse en moyenne 1 par 100. Quel bénéfice total a-t-il réalisé et quel bénéfice pour 100 ?   (*Yonne.*)

I. *Bénéfice total* = Prix de vente — Prix d'achat.
1. Vente : *a*) Casse : 1 200 × 0,01 = 12 ass. *b*) 0^f,25×(1 200 — 12) = 297 fr.
2. Achat : 1^f,8 × (1 200 ⫶ 12) = 180 fr. *Rép.* 297^f — 180^f = 117 *fr.*
II. *Bénéfice p. cent* = 117 ⫶ 1,8. *Rép.* 65 °/₀.

2507. — On a placé une somme à 3 °/₀ ; au bout de 2 ans 1/2 le revenu est de 375 fr. Quelle est cette somme ?   (*Loire.*)

Capital = Son intérêt annuel ⫶ Intérêt annuel de 1 fr. (0^f,03).
Intérêt annuel = 375^f ⫶ 2,5 = 150 fr.
Rép. 150^f ⫶ 0,03 = 5 000 *fr.*

2508. — Vous êtes propriétaire d'un champ rectangulaire de 250 m. de long sur 140 m. de large que vous avez loué à M. X., moyennant une redevance de 125 fr. par hectare. L'impôt est à votre charge et il s'élève annuellement à 21^f,15. Quel est le revenu net que vous recevrez en neuf années ? Rédigez le reçu que vous remettez chaque année à votre fermier.   (*Finistère.*)

I. *Revenu net en 9 ans* = Revenu net par an × 9.

Revenu net annuel.
 a) Brut.
  Surface = 250^{m2} × 140 = 35 000 m² = 3^{ha},5.
  Prix = 125^f × 3,5 = 437^f,50.
 b) Net : 437^f,5 — 21^f,15 = 416^f,35.

Rép. 416^f,35 × 9 = 3 747^f,15.

II. Reçu de M. X. la somme de quatre cent trente-sept francs cinquante centimes pour solde de son loyer en 1907.

Timbre   P. le 15 janvier 1908.
de 0^f,10.   DURAND.

Remarques. — Le timbre doit être *oblitéré.* (Voir El., page 23.)
Si M. X. ne versait qu'une partie du loyer, on écrirait : *à valoir sur son loyer*, au lieu de *pour solde de son loyer.*

2509. — Un industriel a fait une vente de 150 fr. payable à 90 jours. Il reçoit en paiement un billet à ordre qu'il fait escompter le jour même à 6 °/₀. Quelle somme reçoit-il ?   (*Deux-Sèvres.*)

Valeur au comptant = Valeur nominale (150 fr.) — Escompte.
Escompte = 6^f × 1,5 × 90/360 = 2^f,25. *Rép.* 150^f — 2^f,25 = 147^f,75.

2510. — Pour construire une école, on achète un terrain triangulaire de 52 m. sur 42^m,75, à raison de 40 fr. l'are. Les frais d'acte s'élèvent à 190 fr. La construction a coûté 21 000 fr., plus 5 % de cette dernière somme comme honoraires de l'architecte. Quelle est la dépense totale ?   (*Loire-Inférieure.*)

Dépense totale = Prix du terrain + Prix de la construction.

1. Terrain. { *a*) Achat. { Surface = 52^{m2} × 42,75 : 2 = 1111^{m2},50.
                          { Prix = 40^f × 11,115 = 444^f,60.
             { *b*) Prix de revient = 444^f,6 + 190^f = 634^f,60.
2. Construction : 21 000^f + 21 000^f × 0,05 = 22 050 fr.
Rép. 634^f,6 + 22 050^f = 22 684^f,60.

2511. — De combien augmenterais-je mon revenu en vendant 840 fr. de rente 3 % au cours de 95^f,50 pour acheter de la rente étrangère au même taux au cours de 91^f,30 ?   (*Jura.*)

Augmentation de revenu = Rente étrangère — Rente française (840 fr.).

Rente étrangère. { *a*) Capital = 95^f,5 × 840 : 3 = 26 740 fr.
                 { *b*) Titre de rente = 3^f × 26 740 : 91,3 = 878 fr. (Reste 19^f,55.)
Rép. 878^f — 840^f = 38 *fr.*

2512. — Quelle est, au 1er mai, la valeur actuelle d'un billet de 670 fr. payable le 15 août ? Le taux de l'escompte est de 6 %. (*Gironde.*)

Valeur actuelle = Valeur nominale (670 fr.) — Escompte.

Escompte. { *a*) En 1 an : 6^f × 6,7 = 40^f,20.
          { *b*) Temps = 30 + 30 + 31 + 15 = 106 j. = 106/360 d'année.
          { *c*) 40^f,2 × 106/360 = 11^f,83, soit 11^f,85.
Rép. 670^f — 11^f,85 = 658^f,15.

2513. — On a acheté 250 kg. de café vert à 1^f,55 les 500 g. On P. 238. paye comptant avec un escompte de 3 %. Si le café vert perd environ 1/5 de son poids par la torréfaction, que devra-t-on vendre le kilogramme de café torréfié pour gagner 15 % sur la somme déboursée? (*Somme.*)

Prix de vente du kg. = Prix de vente total : Poids du café torréfié.

1. Vente. { *a*) Achat. { Brut : 1^f,55 × 2 × 250 = 775 fr.
                        { Remise = 0^f,03 × 775 = 23^f,25.
                        { Net : 775^f — 23^f,25 = 751^f,75.
          { *b*) Bénéfice = 751^f,75 × 0,15 = 112^f,76 ou 112^f,75.
          { *c*) 751^f,75 + 112^f,75 = 864^f,50.
2. Poids = 250^{kg} — (250^{kg} : 5) = 200 kg.
Rép. 864^f,5 : 200 = 4^f,32.

2514. — On achète un champ rectangulaire de 130 m. de long sur 75 m. de large, à raison de 52 fr. l'are. On paye de suite 1/4 du prix de l'acquisition; un autre quart sera payé dans 6 mois et le reste dans 18 mois. L'intérêt est fixé à 4 % par an. Quel sera le montant de chacun des paiements ?   (*Côte-d'Or.*)

1. *Premier paiement* = Prix d'achat : 4.

Prix d'achat. { *a*) Surface = 130^{m2} × 75 = 9750^{m2} = 97^a,5.
              { *b*) 52^f × 97,5 = 5070 fr.
Rép. 5070^f : 4 = 1267^f,5.
II. 2e *paiement* = 1267^f,5 + Intérêt de cette somme en 6 mois.
Intérêt = 4^f × 12,675 : 2 = 25^f,35. *Rép.* 1267^f,5 + 25^f,35 = 1292^f,85.
III. 3e *paiement* = Solde (1267^f,5 × 2) + Intérêt en 18 mois ou 1^{an},5.
Intérêt = 4^f × 25,35 × 1,5 = 152^f,10. *Rép.* 2535^f + 152^f,10 = 2687^f,10.

2515. — On achète, avec 25 % de remise sur le prix fort, et 13 pour 12, un certain nombre de volumes dont le prix fort est de 1f,60. On paye 57f,60. Combien recevra-t-on de volumes ?   (*Loiret.*)

Nombre des volumes reçus = 13 volumes × Nombre des douzaines payées.

Douzaines. { a) Prix net par douz. { Prix fort = 1f,6 × 12 = 19f,2.
                                     { 19f,20 — 19f,20 × 0,25 = 14f,40.
           { b) 57,6 : 14,4 = 4 douzaines.

Rép. 13vol. × 4 = 52 *volumes.*

2516. — Une personne vend un champ triangulaire de 150 m. de base et 70 m. de hauteur, à 2985 fr. l'hectare. Elle achète de la rente 3 % au cours de 99f,20. Quel revenu aura-t-elle ?   (*Cantal.*)

Revenu = Prix de vente du champ : Prix de 1 fr. de rente (99f,2 : 3).

Vente. { a) Surface = 150m2 × 70 : 2 = 5250m2 = 0ha,525.
        { b) 2985f × 0h,525 = 1 567f,125 ou 1 567f,10.

Rép. 1 567f,1 × 3 : 99,2 = 47 *fr. de rente.* (Il reste 12f,95.)

2517. — Un homme place les 2/3 de son capital à 3,50 % et le reste, qui est de 6 500 fr., à 5 %. Quel intérêt retire-t-il au bout de 100 jours ?   (*Nord.*)

Intérêt en 100 jours = Intérêt annuel total × 100/360.

Intérêt annuel. { a) 1er capital. { Valeur = 6500f × 2 = 13 000 fr.
                {   { Intérêt = 3f,5 × 130 = 455 fr.
                { b) 2e capital : 5f × 65 = 325 fr.
                { c) 455f + 325f = 780 fr.

Rép. 780f × 10/36 = 216f,66, soit 216f,65.

2518. — Une personne dispose d'un capital de 2 500 fr. Elle peut le placer en rente 3 % au cours de 98f,50 ou acheter un immeuble qui lui rapporterait 3f,50 % ; les impôts sur l'immeuble sont de 1/6 du revenu total. Quel est le placement le plus avantageux ?   (*Dordogne.*)

1. Revenu en rente = 3f × 2500 : 98,5 = 76 fr. (Reste = 4f,65.)

2. Revenu foncier. { a) Brut : 3f,5 × 25 = 87f,5.
                    { b) Net : 87f,5 — (87f,5 : 6) = 72f,92, soit 72f,90.

Rép. *La rente est plus avantageuse.*

2519. — Un marchand de bois achète des fagots à 28 fr. le cent, à condition d'en recevoir 4 en plus par cent. On lui en livre 988. Combien doit-il ? S'il revend ces fagots au détail 0f,30 la pièce, combien gagnera-t-il % ?   (*Yonne.*)

I. *Prix d'achat total* = Prix du cent (28 fr.) × Nombre de cents à payer.
Nombre de cents : 988 : 104 = 9cents,5.
Rép. 28f × 9,5 = 266 *fr.*
II. *Bénéfice p. cent* = Bénéf. total : N. de cent. de fr. du prix d'achat (2,66).

Bénéfice total. { a) Vente : 0f,30 × 988 = 296f,40.
                { b) 296f,4 — 266f = 30f,40.

Rép. 30,4 : 2,66 = 11,42 %.

2520. — A quel taux a été négocié un effet de 840 fr. payable dans 3 mois si le banquier a retenu 9f,45 d'escompte ?   (*Seine.*)

Taux = Escompte annuel : Nombre de cent. de fr. de la val. nomin. (8,4).
Escompte annuel = 9f,45 × 12/3 = 9f,45 × 4 = 37f,80.
Rép. 37,8 : 8,4 = 4,5 %.

2521. — Une maison est vendue 14 000 fr. En la vendant ainsi, on a gagné 1/3 de ce qu'on l'avait achetée. Quel avait été le prix d'achat et combien a-t-on gagné °/₀ ? *(Lot.)*

I. *Prix d'achat* = Prix de vente (14 000 fr.) : Fraction du prix d'achat que représente ce prix de vente (1 + 1/3).
Rép. 11 000ᶠ : 4/3 = 14 000ᶠ × 3/4 = 10 500 *fr.*
II. *Bénéfice p. cent* = Bénéf. total : N. de cent. de fr. du prix d'achat (105).
Bénéfice total = 14 000ᶠ — 10 500ᶠ = 3 500 fr. *Rép.* 3 500 : 105 = 33 1/3 °/₀.

2522. — Une propriété de 9 ha. 7 a. est louée à raison de 1ᶠ,80 l'are, et paye 105 fr. d'impôts par an. On la vend 3 815 fr. l'hectare et on place le produit de la vente au taux de 3,75 °/₀. Le revenu a-t-il augmenté ou diminué et de combien ? *(Ardennes.)*

Augmentation ou Diminution = Différence des 2 revenus.
1. Revenu { *a)* Brut : 1ᶠ,8 × 907 = 1 632ᶠ,60.
   foncier. { *b)* Net : 1 632ᶠ,60 — 105ᶠ = 1 527ᶠ,60.
2. Intérêt. { *a)* Capital = 3 815ᶠ × 9,07 = 34 602ᶠ,05.
   { *b)* 3ᶠ,75 × 346,02 = 1 297ᶠ,57 ou 1 297ᶠ,55.
Rép. Le *revenu a diminué* de 1 527ᶠ,6 — 1 297ᶠ,55 = 230ᶠ,05.

2523. — En revendant un terrain, on a fait un bénéfice de 225 fr. Ce bénéfice représente 7,5 °/₀ du prix d'achat. Sachant que ce terrain de forme rectangulaire avait été acheté à raison de 1ᶠ,25 le mètre carré et que sa largeur était de 40 m., trouver sa longueur. *(Ariège.)*

Longueur = Surface : Largeur (40 m.).
Surface. { *a)* Achat total = 225 : 0,075 = 3 000 fr.
   { *b)* 3 000 : 1,25 = 2 400 m².
Rép. 2 400 : 40 = 60 *m.*

2524. — Quel capital faut-il placer à 5 °/₀ par an pour réaliser, au bout de 3 a. 4 m. 15 j., 1 701ᶠ,70, capital et intérêts réunis? *(Finistère.)*

Nombre de centaines de francs du capital = Valeur acquise par ce capital (1 701ᶠ,7) : Valeur acquise par 100 fr. dans les mêmes conditions.
Val. de 100 fr. { *a)* Fract. d'ann. : 12×3+4,5 = 40ᵐᵒⁱˢ,5 = 40,5/12 = 81/24.
   { *b)* 5ᶠ ×81/24 = 16ᶠ,875 ; *c)* 100ᶠ + 16ᶠ,875 = 116ᶠ,875.
Rép. 100ᶠ × 1 701,7 : 116,875 = 1 456 *fr.*

2525. — Un kilogramme de sucre vaut 0ᶠ,65 et 1 kg. de café 3ᶠ,75. On a acheté une égale quantité de sucre et de café pour la somme de 880 fr., puis on a revendu le café avec un bénéfice de 10 °/₀, le sucre avec un bénéfice de 5 °/₀. Calculer le bénéfice total. *(S.-et-Oise.)*

Bénéfice total = Somme des bénéfices faits sur les 2 marchandises.

1. Sucre. . { *a)* Achat. { Poids. { = Prix total (880 fr.) : Somme des prix de 1 kg. de chaque sorte.
   { 880 : (0,65 + 3,75) = 200 kg.
   { 0ᶠ,65 × 200 = 130 fr.
   { *b)* Bénéfice = 130ᶠ × 0,05 = 6ᶠ,50.
2. Chocolat. { *a)* Achat : 3ᶠ,75 × 200 = 750 fr.
   { *b)* Bénéfice = 750ᶠ × 0,1 = 75 fr.
Rép. 6ᶠ,5 + 75ᶠ = 81ᶠ,50. *Autre méth.:* Bénéf. par kg. (0ᶠ,4075) × 200.

2526. — Une prairie de 2ʰᵃ,07 a produit 11 324 kg. de foin qu'on a vendu 5ᶠ,25 le quintal; elle avait été achetée à raison de 65ᶠ,25 l'are. Sachant que les frais de culture se sont élevés à 210 fr., on demande combien pour cent a rapporté la somme employée à l'achat de cette prairie. *(Haute-Garonne.)*

Taux du placement = Revenu net total : Nombre de centaines de fr. du prix d'achat.

1. Revenu. { *a)* Brut : $5^f,25 \times 113,24 = 594^f,51$, soit $594^f,50$.
{ *b)* Net : $594^f,50 - 210^f = 384^f,50$.

2. Prix d'achat : $65^f,25 \times 207 = 13506^f,75$.

Rép. $384,5 : 135,0675 = 2,84$ %.

P. 239. **2527.** — Un propriétaire a acheté 2 pièces de terre, l'une a $28^a,25$ et l'autre, qui a $34^a,33$, a coûté 456 fr. de plus. On demande le prix d'achat de chaque pièce de terre et le revenu de chacune d'elles si elles rapportent l'une et l'autre 4 % du prix d'achat. *(Vaucluse.)*

I. *Prix de la* 1re *pièce* = Prix de l'are $\times$ 28,25.

Prix de l'are. { *a)* Différence des surfaces = $34^a,33 - 28^a,25 = 6^a,08$.
{ *b)* $456^f : 6,08 = 75$ fr.

Rép. $75^f \times 28,25 = 2118^f,75$.
II. *Prix de la* 2e = $75^f \times 34,33$. *Rép.* $2574^f,75$.
III. *Revenu de la* 1re = $4^f \times 21,1875$. *Rép.* $84^f,75$.
IV. *Revenu de la* 2e = $4^f \times 25,7475$. *Rép.* $102^f,99$, soit 103 *fr.*

2528. — Une somme placée pendant 2 ans est devenue, avec ses intérêts simples, 16200 fr.; la même somme, placée pendant 4 ans, au même taux, est devenue avec ses intérêts 17400 fr. Quelle est la somme et quel est le taux de l'intérêt? *(Meurthe-et-Moselle.)*

I. *Somme* = Valeur après 2 ans (16200 fr.) — Intérêts en 2 ans.
Intérêts en 2 ans = $17400^f - 16200^f = 1200$ *fr.*
Rép. $16200^f - 1200^f = 15000$ *fr.*
II. *Taux* = Intérêt annuel : Nombre de centaines de fr. du capital (150).
Intérêt annuel = $1200^f : 2 = 600$ fr.   *Rép.* $600 : 150 = 4$ %.

2529. — Un champ de forme rectangulaire mesurant 89 m. de long et 65 m. de large a été acheté à raison de 62 fr. l'are. On a payé $10^f,50$ % de frais divers en plus du prix d'achat. On a entouré ce champ d'une clôture qui revient à $0^f,75$ le mètre courant. Quelle a été la dépense totale? *(Haute-Marne.)*

Dépense totale = Prix du champ + Frais + Clôture.

1. Champ. { *a)* Surface = $89^{m2} \times 65 = 5785^{m2} = 57^a,85$.
{ *b)* Prix = $62^f \times 57,85 = 3586^f,70$.

2. Frais = $10^f,5 \times 35,867 = 376^f,60$.

3. Clôture. { *a)* Périmètre = $(89^m + 65^m) \times 2 = 308$ m.
{ *b)* Prix = $0^f,75 \times 308 = 231$ fr.

Rép. $3586^f,7 + 376^f,6 + 231^f = 4194^f,30$.

2530. — Combien pourrait-on acheter de rente 3 % au cours de $98^f,80$ avec le produit de la vente, à 35 fr. l'are, d'un terrain ayant la forme d'un trapèze, dont les dimensions sont : grande base, 176 m.; petite base, 82 m.; hauteur, $54^m,30$? *(Corrèze.)*

Montant de la rente = Prix du champ : Prix de 1 fr. de rente ($98^f,8 : 3$).

Prix du champ. { *a)* Surface = $54^{m2},3 \times (176 + 82) : 2 = 7004^{m2},70$.
{ *b)* $35^f \times 70,047 = 2451^f,65$ (par excès).

Rép. $3^f \times 2451,65 : 98,8 = 74$ *fr.* (Il reste $14^f,55$ de capital.)

2531. — Un coutelier reçoit 533 couteaux qu'il paye $11^f,20$ la douzaine avec le 13e gratis. Il revend ces couteaux 1f,05 la pièce. Combien a-t-il gagné sur le tout et combien pour 100 fr. ? (*Lot-et-Garonne.*)

I. *Gain total* = Prix de vente — Prix d'achat.
1. Prix de vente = 1f,05 × 533 = 559f,65.
2. Prix d'achat. { *a*) Nombre de douz. = 533 : 13 = 41 douzaines.
                  { *b*) 11f,20 × 41 = 459f,20.
Rép. 559f,65 — 459f,2 = 100f,45.
II. *Gain p. cent* = 100,45 : 4,592. *Rép.* 21,87 °/₀.

2532. — J'ai une facture de 540 fr. que je puis payer comptant avec une remise de 3 °/₀, ou dans 3 mois sans remise. En payant comptant, à quel taux se trouve placé l'argent que j'ai versé ? (*M.-et-Moselle.*)

Taux = Intérêt annuel : Nombre de centaines de francs du capital versé.
1. Int. annuel : *a*) En 3 mois : 0f,03 × 540 = 16f,20; *b*) 16f,2 × 4 = 64f,80.
2. Capital = Facture nette = 540f — 16f,2 = 523f,80.
Rép. 64,8 : 5,238 = 12,37 °/₀.

2533. — Un marchand vend une pièce de toile de 85 m. pour 250f,75. Il gagne 18 °/₀ sur le prix d'achat. Que lui coûtait le mètre ?(*Morbihan.*)

Prix d'achat du m. = Prix d'achat total : Longueur (85 m.).
Achat total. { *a*) Prix de vente = (100 + 18) : 100 = 118/100 du p. d'achat.
              { *b*) 250f,75 × 100/118 = 212f,50.
Rép. 212f,5 : 85 = 2f,50.

2534. — Combien pourrait-on acheter de rente 3 °/₀, au cours de 99f,80, avec le produit de la vente, à 103f,50 l'are, d'une prairie rectangulaire de 150m,70 de long sur 78m,60 de large ? (*Seine-Infér.*)

Montant du titre de rente = 3 fr. × Nombre de fois que le prix total contient le prix de 3 fr. de rente.
Prix total = 103f,5 × (15,07 × 7,86) = 103f,5 × 118,45 = 12 259f,575.
Rép. 3f × 12 259,55 : 99,8 = 368 *fr.* (Il reste 17f,40.)

2535. — Une personne ayant acheté du seigle à raison de 12f,40 l'hectolitre s'aperçoit qu'on ne lui a pas livré la quantité demandée. Elle obtient alors une réduction de 12 °/₀ sur le prix convenu et ne paye ainsi que 409f,20. Quelle somme devait-elle payer et quelle quantité de grain avait-elle achetée ?   (*Saône-et-Loire.*)

I. *Prix convenu* = Prix versé (409f,20) : Fraction du prix convenu qu'il représente.
Fraction = (100 — 12) : 100 = 88/100.
Rép. 409f,2 × 100/88 = 465 *fr.*
II. *Quantité achetée* = 465 : 12,4. *Rép.* 37hl,5.

2536. — Au 1er janvier, Pierre avait 75 fr. à la Caisse d'épargne. Le 30 avril, il fait un dépôt de 50 fr. Quel sera son avoir au 31 décembre, le taux étant 2,75 °/₀ ?   (*Rhône.*)

Avoir = Somme des dépôts et des intérêts.
1. Intérêt de 75 fr. = 2f,75 × 0,75 = 2f,06.
2. Intérêt de 50 fr. en 8 mois = 2f,75 × 0,5 × 8/12 = 0f,91.
Rép. 75f + 50f + 2f,06 + 0f,91 = 127f,97.

2537. — Une personne a vendu, à raison de 3 000 fr. l'hectare, une propriété qui lui rapportait 900 fr. Avec le prix de la vente, elle a acheté de la rente 3 °/₀ au cours de 100f,90. Sachant que son revenu

s'est augmenté de 135 fr., on demande quelle était l'étendue de la propriété.   (*Ardèche.*)

Surface = Prix de vente total : Prix de l'ha. (3000 fr.).

Prix total. { *a)* Titre de rente : 900^f + 135^f = 1035 fr.
{ *b)* 100^f,9 × 1035 : 3 = 34810^f,50.

Rép. 34810,5 : 3000 = 11^{ha},6035.

2538. — Quelle somme remettra un banquier sur un billet de 450 fr.
payable dans 40 jours, s'il prélève un escompte de 6 °/₀ et une commission de 1/8 °/₀ ?   (*Gironde.*)

Valeur nette = Valeur nominale (450 fr.) — Agio.

Agio. { *a)* Escompte = 6^f × 4,5 × 40/360 = 3 fr.
{ *b)* Commission à 1 °/₀ : 4^f,50; à 1/8 °/₀ : 4^f,5 : 8 = 0^f,56.
{ *c)* 3^f + 0^f,56 = 3^f,56, soit 3^f,55.

Rép. 450^f — 3^f,55 = 446^f,45.

2539. — Une personne qui doit une facture de 575 fr. peut l'acquitter de deux manières : 1° en payant comptant moyennant une remise de 2 °/₀; 2° en payant sans remise dans 3 mois. Quel est le procédé le plus avantageux pour cette personne, si l'argent dont elle dispose
est placé à 4 °/₀ par an ? Quelle somme ce procédé lui aura-t-il fait gagner au bout des 3 mois ?   ·   (*Paris.*)

Gain dans 3 mois = Différence entre la somme versée comptant, augmentée
de ses intérêts, et la somme qu'il faudrait verser dans 3 mois (575 fr.).

Somme versée { *a)* Valeur actuelle = 575^f — 575^f × 0,02 = 563^f,50.
comptant.   { *b)* Intérêts : 4^f × 5,635 × 3/12 = 5^f,635.
{ *c)* Valeur totale : 563^f,5 + 5^f,635 = 569^f,135.

Rép. En *payant comptant*, elle aura dans 3 mois :
575^f — 569^f,135 = 5^f,865 *de gain.*

P. 240.   # PARTAGES PROPORTIONNELS

I. Problèmes. — 2540. — Trois ouvriers ont gagné 567 fr. en
exécutant un travail. Le 1er a travaillé 32 jours, le 2e, 53 jours, et le 3e,
41 jours. Combien doit recevoir chaque ouvrier ?   (*Marne.*)

Solution. — **La somme que doit recevoir chaque ouvrier** est égale au
produit du *prix d'une journée* par le *nombre de journées* qu'il a travaillé.

1. Le *prix d'une journée* est le quotient du salaire total (567 fr.) par le
nombre total des journées de travail.

a) Nombre total des journées de travail : 32^j + 53^j + 41^j = 126 jours.
b) Prix d'une journée : 567^f : 126 = 4^f,50.

2. Le 1er **ouvrier** recevra : 4^f,50 × 32 = **144 fr.**;
3. Le 2e **ouvrier**   —   : 4^f,50 × 53 = **238^f,50**;
4. Le 3e **ouvrier**   —   : 4^f,50 × 41 = **184^f,50.**

Vérification : 144^f + 238^f,50 + 184^f,50 = 567 fr.

Remarque I. — La somme de 567 fr. a été partagée en **3 parties propor-**
tionnelles à 32, 53 et 41. On a fait 32 + 53 + 41 = 126 parts égales, le 1er ouvrier en a eu 32; le 2e, 53; et le 3e, 41.

Remarque II. — Si le prix de la journée de travail n'avait pu être évalué
exactement en décimales, on l'aurait conservé sous *sa forme fractionnaire*
567/126, ou encore on l'aurait calculé avec 5 *ou 6 décimales.*

2541. — Deux ouvriers ont fait ensemble un travail qui leur a rapporté 232^f,50. Le 1er y a été occupé pendant 36 jours ; le 2e, 26 jours. Que revient-il à chacun ?   (*Oise.*)

I. *Salaire du* 1er = Salaire journalier × 36.
Salaire journalier = 232^f,5 : (36 + 26) = 232^f,50 : 62 = 3^f,75.
Rép.   3^f,75 × 36 = 135 *fr.*
II. *Salaire du* 2e = 3^f,75 × 26.   *Rép.*   97^f,50.

2542. — Deux ouvriers travaillent au même ouvrage : l'un a fait 12 m., et l'autre 8^m,50. Ils reçoivent en tout, pour ce travail, 102^f,50. Combien revient-il à chacun ?   (*Indre.*)

I. *Gain du* 1er = Prix du m. × 12.
Prix du m. = 102^f,5 : (12 + 8,5) = 102^f,5 : 20,5 = 5 fr.
Rép.   5^f × 12 = 60 *fr.*
II. *Gain du* 2e = 5^f × 8,5.   *Rép.*   42^f,50.

2543. — Deux ouvriers ont fait ensemble un ouvrage payé 165 fr. L'un d'eux a travaillé 8 jours 1/2 et l'autre 10 jours 1/4. Quelle est la somme qui revient à chaque ouvrier ?   (*Côtes-du-Nord.*)

Part de chacun = Gain journalier × Nombre de jours de travail.
Gain journalier = 165^f : (8,5 + 10,25) = 165^f : 18,75 = 8^f,80.
I. *Part du* 1er = 8^f,8 × 8,5.   *Rép.*   74^f,80.
II. *Part du* 2e = 8^f,8 × 10,25.   *Rép.*   90^f,20.

2544. — Un père de famille, voulant récompenser ses enfants, leur distribue 10 fr. proportionnellement aux nombres de bons points qu'ils ont obtenus pendant une semaine. Quelle sera la part de chaque enfant, si le 1er a 18 bons points, le 2e 15 et le 3e 17 ?   (*Orne.*)

Part de chacun = Somme donnée par bon point × Nombre de bons points.
Par bon point : 10^f : (18 + 15 + 17) = 0^f,20.
I. *Part du* 1er = 0^f,2 × 18.   *Rép.*   3^f,60.
II. *Part du* 2e = 0^f,2 × 15.   *Rép.*   3 *fr.*
III. *Part du* 3e = 0^f,2 × 17.   *Rép.*   3^f,40.

2545. — Par son testament, une personne a laissé une somme de 17400 fr. qui doit être partagée entre 3 serviteurs en raison du nombre d'années qu'ils l'ont servie. Combien revient-il à chacun, si le 1er a 18 ans de service ; le 2e 15 ans et le 3e 10 ans 1/2 ?   (*Seine.*)

Part de chacun = Legs par année de service × Nombre d'années.
Legs par année = 17400^f : (18 + 15 + 10,5) = 400 fr.
I. *Part du* 1er = 400^f × 18.   *Rép.*   7200 *fr.*
II. *Part du* 2e = 400^f × 15.   *Rép.*   6000 *fr.*
III. *Part du* 3e = 400^f × 10,5.   *Rép.*   4200 *fr.*

2546. — Trois communes ont fait construire un pont qui a coûté 8196^f,20. Elles répartissent entre elles la dépense proportionnellement au nombre de leurs habitants. La 1re en a 129, la 2e 216 et la 3e 309. Combien chacune doit-elle payer ?   (*Haute-Marne.*)

Dépense de chacune = Dépense par habitant × Nombre d'habitants.
Dép. par hab. = 8196^f,2 : (129 + 216 + 309) = 8196^f,2 : 654 = 12^f,532115.
I. *Part de la* 1re = 12^f,532115 × 129.   *Rép.*   1616^f,68.
II. *Part de la* 2e = 12^f,532115 × 216.   *Rép.*   2707 *fr.*
III. *Part de la* 3e = 12^f,532115 × 309.   *Rép.*   3872^f,52 (par excès).
Autre méth.:   Part de la 1re = (8196^f,2 : 654) × 129 = 8196^f,2 × 129 : 654.

2547. — Deux ouvriers ont participé à un travail qui a duré 18 jours et pour lequel ils ont reçu en tout 201^f,50. L'un des 2 ouvriers s'étant absenté pendant 5 jours doit recevoir moins que l'autre. Trouver la part de chacun. (*Eure.*)

Part de chacun = Gain quotidien $\times$ Nombre de jours de travail.

Gain par jour. $\begin{cases} a)\ \text{Nombre de jours} = 18 + (18 - 5) = 18 + 13 = 31. \\ b)\ 201^f,5 : 31 = 6^f,50. \end{cases}$

I. *Part du 1er* = $6^f,5 \times 18$. *Rép.* 117 *fr.*
II. *Part du 2e* = $6^f,5 \times 13$. *Rép.* 84^f,50.

***2548.** — Trois héritiers se partagent un bois contenant 150 ares, proportionnellement aux nombres 3, 5 et 7. L'impôt étant de 6 fr. par hectare, que donne chaque héritier ? (*Ardennes.*)

Impôt payé par chacun = Impôt total $\times$ Fraction de l'héritage qui revient à chacun.

Impôt total = $6^f \times 1,5 = 9$ fr.

I. *Part du 1er.* $\begin{cases} \text{Fraction} = 3 : (3 + 5 + 7) = 3/15. \\ Rép.\ 9^f \times 3/15 = 1^f,80. \end{cases}$

II. *Part du 2e* = $9^f \times 5/15$. *Rép.* 3 *fr.*
III. *Part du 3e* = $9^f \times 7/15$. *Rép.* 4^f,20.

P. 241. ***2549.** — Trois ouvriers ont fauché une prairie rectangulaire ayant 182m,50 sur 118m,30, à raison de $0^f,45$ par are. Le 1er a travaillé 3 jours, le 2e 2 jours 1/2 et le 3e 4 jours. Que revient-il à chacun ? (*Nièvre.*)

I. *Gain du 1er* = Gain par jour $\times$ 3.

Gain par jour. $\begin{cases} a)\ \text{Gain total.} \begin{cases} \text{Surface} = 182^{m2},5 \times 118,3 = 21\,589^{m2},75 \\ \phantom{\text{Surface}} = 215^a,8975. \\ 0^f,45 \times 215,8975 = 97^f,15. \end{cases} \\ b)\ \text{Nombre de jours} = 3 + 2,5 + 4 = 9^j,5. \\ c)\ 97^f,15 : 9,5 = 10^f,2263. \end{cases}$

Rép. $10^f,2263 \times 3 = 30^f,678$, soit 30^f,70.
II. *Gain du 2e* = $10^f,2263 \times 2,5$. *Rép.* 25^f,56, soit 25^f,55.
III. *Gain du 3e* = $10^f,2263 \times 4$. *Rép.* 40^f,90.

***2550.** — Cinq propriétaires ont un berger commun qu'ils payent 600 fr. par an. Quelle somme paye chaque propriétaire si le 1er possède 30 moutons, le 2e 25, le 3e 40, le 4e 70 et le 5e 35 ? (*Charente.*)

I. *Somme payée par le 1er* = Dépense par mouton $\times$ 30.
Dép. par mouton = $600^f : (30 + 25 + 40 + 70 + 35) = 600^f : 200 = 3$ fr.
Rép. $3^f \times 30 = 90$ *fr.*
II. *Dette du 2e* = $3^f \times 25$. *Rép.* 75 *fr.*
III. *Dette du 3e* = $3^f \times 40$. *Rép.* 120 *fr.*
IV. *Dette du 4e* = $3^f \times 70$. *Rép.* 210 *fr.*
V. *Dette du 5e* = $3^f \times 35$. *Rép.* 105 *fr.*

***2551.** — Deux cultivateurs louent ensemble un pâturage pour 540 fr. Le 1er y met 8 vaches et le 2e un troupeau de 150 moutons. En admettant qu'une vache mange par jour autant que 15 moutons, combien chaque cultivateur devra-t-il payer de location ? (*Eure.*)

I. *Dette du 1er* = Dépense par mouton $\times$ Nombre de moutons qui mangent autant que 8 vaches.

Dép. par mouton. $\begin{cases} a)\ 8 \text{ vaches mang. autant que } 15^{mout.} \times 8 = 120 \text{ mout.} \\ b)\ 540^f : (120 + 150) = 540^f : 270 = 2 \text{ fr.} \end{cases}$

Rép. $2^f \times 120 = 240$ *fr.*
II. *Dette du 2e* = $2^f \times 150$. *Rép.* 300 *fr.*

***2552.** — On a partagé une somme inconnue proportionnellement aux nombres 5, 7 et 31. La 1re part est de 1368 fr. Calculez les deux autres parts et la somme partagée.   (*Alger.*)

I. *Part du* 2e = Valeur d'une part simple $\times$ Nombre de parts simples qu'il a reçues (7).

Valeur d'une part simple = 1368^f : 5 = 273^f,60.

Rép.   273^f,6 $\times$ 7 = 1915^f,20.

II. *Part du* 3e = 273^f,60 $\times$ 31.   *Rép.*   8481^f,60.

III. *Somme partagée* = 273^f,6 $\times$ (5 + 7 + 31).   *Rép.*   11764^f,80.

Vérification :   1368^f + 1915^f,2 + 8481^f,6 = 11764^f,80.

***2553.** — Deux ouvriers avaient à labourer chacun un champ ayant : l'un, 45 m. de large sur 168 m. de long, et l'autre, des dimensions doubles de celles du 1er. L'ouvrage total a été payé 120 fr. Dire la part de chaque ouvrier.   (*Meuse.*)

La part de chacun s'obtiendra en partageant 120 fr. proportionnellement à 1 et à 4, puisque le 2e champ est quadruple du 1er (faire la figure).

Part simple = 120^f : (1 + 4) = 24 fr.

Rép.   Le 1er a eu 24 *fr.* et le 2e, 24^f $\times$ 4 = 96 *fr.*

***2554.** — Deux faucheurs ont reçu 360 fr. pour leur travail. Le 1er a fauché 50 ares et le 2e 2/5 de cette surface de plus que le 1er. Que revient-il à chacun?   (*Aveyron.*)

I. *Part du* 1er = Gain par are $\times$ 50.

Gain par are. $\begin{cases} a)\ \text{Surface du 2}^e = 50^a + 50^a \times 2/5 = 70\ a. \\ b)\ 360^f : (50 + 70) = 3\ \text{fr.} \end{cases}$

Rép.   3^f $\times$ 50 = 150 *fr.*

II. *Part du* 2e = 3^f $\times$ 70.   *Rép.*   210 *fr.*

Autre méthode. — Partager proportionnellement à 5/5 et à 7/5.

***2555.** — Un ouvrier a fait 17 journées, un 2e, 24, et un 3e, 32. Ils ont reçu ensemble 225^f,15, mais le 3e gagnait 0^f,15 de moins par jour. Combien chaque ouvrier a-t-il reçu?   (*Lot-et-Garonne.*)

I. *Part du* 1er = Son salaire journalier $\times$ 17.

Salaire journ. $\begin{cases} a)\ \text{Sal. total si le 3}^e \text{ avait gagné autant que les 2 autres :} \\ \quad 225^f,15 + 0^f,15 \times 32 = 225^f,15 + 4^f,8 = 229^f,95. \\ b)\ 229^f,95 : (17 + 24 + 32) = 229^f,95 : 73 = 3^f,15. \end{cases}$

Rép.   3^f,15 $\times$ 17 = 53^f,55.

II. *Part du* 2e = 3^f,15 $\times$ 24.   *Rép.*   75^f,60.

III. *Part du* 3e = (3^f,15 − 0^f,15) $\times$ 32.   *Rép.*   96 *fr.*

II. *2556. — Trois ouvriers reçoivent 182 fr. pour un ouvrage qu'ils ont fait en commun. Le 1er a travaillé sans interruption, le 2e a travaillé la moitié du temps, et le 3e, le quart seulement. Quelle doit être la part de chacun?   (*Eure.*)

Explication. — Le partage doit être fait proportionnellement à 1, 1/2 et 1/4 ou, en réduisant ces fractions au même dénominateur, **proportionnellement aux numérateurs** 4, 2 et 1 des fractions 4/4, 2/4 et 1/4.

Part simple = 182^f : (4 + 2 + 1) = 26 fr.

I. *Part du* 1er = 26^f $\times$ 4.   *Rép.*   104 *fr.*

II. *Part du* 2e = 26^f $\times$ 2.   *Rép.*   52 *fr.*

III. *Part du* 3e = 26^f $\times$ 1.   *Rép.*   26 *fr.*

***2557.** — Partager 40 fr. entre 3 personnes de manière que les 2 premières parts soient égales et que celle de la 3e soit égale aux 2/3 de celle de la 1re.   (*Seine.*)

Le partage doit être *fait proportionnellement* à 1 et 1 et 2/3, ou à 3/3, 3/3 et 2/3, ou enfin à 3 et 3 et 2.

Part simple = 40^f : (3 + 3 + 2) = 5 fr.

I. *Part de la* 1re = *Part de la* 2e = 5^f $\times$ 3.   *Rép.*   15 *fr.*

II. *Part de la* 3e = 5^f $\times$ 2.   *Rép.*   10 *fr.*

***2558.** — Partagez 24 921 fr. entre 3 personnes, de manière que la 1re ait la moitié de la 2e, et la 2e, le 1/3 de la 3e. (*Haute-Marne.*)

Le *partage* doit être fait *proportionnellement* à 1, 2 et 6.
I. *Part de la* 1re $= 24921^f : (1 + 2 + 6)$. *Rép.* 2769 *fr.*
II. *Part de la* 2e $= 2769^f \times 2$. *Rép.* 5538 *fr.*
III. *Part de la* 3e $= 5538^f \times 3$. *Rép.* 16614 *fr.*

***2559.** — Un ouvrier fait un ouvrage en 40 jours, un 2e en 45 jours et un 3e en 50 jours. Ils s'associent et reçoivent ensemble 228 fr. Combien recevront-ils chacun d'après leur force au travail ? (*Cantal.*)

Le *partage* doit être *fait proportionnellement* au travail que chacun exécute en 1 jour, 1/40, 1/45 et 1/50 de l'ouvrage, c'est-à-dire proportionnellement à 45/1800, 40/1800, 36/1800, ou enfin à 45, 40 et 36.
Part simple $= 228^f : (45 + 40 + 36) = 1^f,88429$.
I. *Part du* 1er $= 1^f,88429 \times 45$. *Rép.* 84f,793, soit 84f,80.
II. *Part du* 2e $= 1^f,88429 \times 40$. *Rép.* 75f,372, soit 75f,35.
III. *Part du* 3e $= 1^f,88429 \times 36$. *Rép.* 67f,834, soit 67f,85.

III. ***2560.** — Une personne laisse en mourant 45 000 fr. à ses 3 héritiers. Le partage doit être fait en proportion inverse des âges qui sont : 36 ans, 24 ans et 18 ans. Quelles sont les 3 parts ? (*Oise.*)

Explication. — Partager un nombre en parties inversement proportionnelles à 36, 24 et 18, c'est le **partager en parties proportionnelles aux inverses** de ces nombres, c'est-à-dire à 1/36, 1/24 et 1/18.
$1/36 = 2/72$; $1/24 = 3/72$; $1/18 = 4/72$.
Part simple $= 45000^f : (2 + 3 + 4) = 5000$ fr.
I. *Part du* 1er $= 5000^f \times 2$. *Rép.* 10000 *fr.*
II. *Part du* 2e $= 5000^f \times 3$. *Rép.* 15000 *fr.*
III. *Part du* 3e $= 5000^f \times 4$. *Rép.* 20000 *fr.*

***2561.** — Une personne a 4710 fr. à partager entre 3 héritiers en proportion inverse de leurs âges. Le plus âgé a 45 ans; le 2e, 32, et le 3e, 18. Quelle est la part de chacun ? (*Isère.*)

Partage proportionnel à 1/45, 1/32 et 1/18 ou à 32/1440, 45/1440 et 80/1440 ou enfin à 32, 45 et 80.
Part simple $= 4710^f : (32 + 45 + 80) = 4710^f : 157 = 30$ fr.
I. *Part du* 1er $= 30^f \times 32$. *Rép.* 960 *fr.*
II. *Part du* 2e $= 30^f \times 45$. *Rép.* 1350 *fr.*
III. *Part du* 3e $= 30^f \times 80$. *Rép.* 2400 *fr.*

P. 242.

*RÈGLES DE SOCIÉTÉ

1. — Les **règles de société** ont pour but de *partager* entre des associés *les bénéfices ou les pertes* de leur entreprise.

2. — Les sommes versées par les associés prennent le nom de **mises**.

3. — Si les *mises* sont placées pendant le même temps, le bénéfice doit être partagé *proportionnellement aux mises*.

Si les **mises** sont **égales** et placées pendant des temps

inégaux, le bénéfice doit être partagé *proportionnelle-ment aux temps.*

Problèmes. — 2562. — Deux associés ont placé dans une entreprise, le 1er 14800 fr., et le 2e 12500 fr. Le bénéfice réalisé ayant été de 1 638 fr., quelle doit être la part de chaque associé?   (*Nièvre.*)

I. *Part du* 1er = Bénéfice par fr. $\times$ Mise du 1er (14800 fr.).
Bénéfice par fr. = 1 638^f : (14800 + 12500) = 0^f,06.
Rép. 0^f,06 $\times$ 14800 = 888 *fr.*
II. *Part du* 2e = 0^f,06 $\times$ 12500. *Rép.* 750 *fr.*

2563. — Deux associés ont réalisé un bénéfice de 845 fr. Calculez la part de chacun, sachant que leurs mises sont égales, mais que l'une d'elles est restée 5 mois dans la société et l'autre 8 mois. (*Cantal.*)

Part de chacun = Bénéfice par mois $\times$ Nombre de mois.
Bénéfice par mois = 845^f : (5 + 8) = 65 fr.
Rép. Le 1er a 65^f $\times$ 5 = 325 *fr.*;   le 2e a 65^f $\times$ 8 = 520 *fr.*

2564. — Trois personnes se sont associées pour une entreprise commerciale qui a rapporté 1 800 fr. de bénéfices. La 1re a mis 3 000 fr. dans l'affaire, la 2e 5 000 fr., et la 3e 4 000 fr. Quelle part de bénéfice revient-il à chacune?   (*Var.*)

Partage proportionnel à 3, 5 et 4.
Bénéfice pour 1 millier de fr. = 1 800^f : (3 + 5 + 4) = 150 fr.
Rép. Il revient 150^f $\times$ 3 = 450 *fr. au* 1er;   150^f $\times$ 5 = 750 *fr. au* 2e;
150^f $\times$ 4 = 600 *fr. au* 3e.

2565. — Trois personnes se sont associées; la 1re a mis 12 000 fr., la 2e 7 000 fr., et la 3e 11 000 fr. A la liquidation, elles ont une somme de 42 000 fr. Que doit recevoir chacune d'elles?   (*M.-et-Moselle.*)

Partage proportionnel à 12, 7 et 11.
Somme pour 1 000^f = 42 000^f : (12 + 7 + 11) = 1 400 fr.
Rép. Le 1er a : 1 400^f $\times$ 12 = 16 800 *fr.*;   le 2e : 1 400^f $\times$ 7 = 9 800 *fr.*;
Le 3e : 1 400^f $\times$ 11 = 15 400 *fr.*

2566. — Trois associés ont fait un bénéfice total de 42 000 fr. L'un avait mis dans le commerce 24 600 fr., un autre 28 800 fr., et le 3e 30 000 fr. On demande de partager le bénéfice proportionnellement aux mises de chacun.   (*Var.*)

Bénéfice pour 100 fr. = 42 000^f : (246 + 288 + 300) = 50^f,35971.
Rép. Le 1er a : 50^f,35971 $\times$ 246 = 12 388^f,488, soit 12 388^f,50;
Le 2e a : 50^f,35971 $\times$ 288 = 14 503^f,596, soit 14 503^f,60;
Le 3e a : 50^f,35971 $\times$ 300 = 15 107^f,913, soit 15 107^f,90.

2567. — Trois personnes se sont associées pour faire un commerce. La 1re a mis 6 500 fr., la 2e 4 000 fr., la 3e 3 500 fr. Au bout d'un an, les bénéfices se sont élevés à 17 500 fr., sur lesquels il a fallu prélever 3 500 fr. pour frais divers. Quelle part de bénéfice revient-il à chaque associé?   (*Finistère.*)

Le *bénéfice net* doit être *partagé proportionnellement* à 65, 40 et 35.
Bénéfice pour 100. { *a)* En tout: 17 500^f — 3 500^f = 14 000 fr.
{ *b)* 14 000^f : (65 + 40 + 35) = 100 fr.
Rép. Les *parts de bénéfice* sont *égales aux mises* (6 500 *fr.*; 4 000 *fr.* et 3 500 *fr.*).

2568. — Les mises de 3 associés sont égales; elles sont restées dans la société 3, 5, 7 mois. Le bénéfice ayant été de 4 500 fr., combien revient-il à chacun? *(Ardennes.)*

Le *bénéfice* (4 500 fr.) doit être partagé proportionnellement aux temps.
Bénéfice par mois = $4500^f : (3 + 5 + 7) = 300$ fr.
Rép. 1° $300^f \times 3 = 900$ *fr.*; 2° $300^f \times 5 = 1500$ *fr.*; 3° $300^f \times 7 = 2100$ *fr.*

2569. — Trois négociants ont fait un fonds commun de 190 000 fr. Leurs parts de bénéfice ont été de 12 000 fr., 18 000 fr. et 8 000 fr. Quelle est la mise de chacun? *(Rhône.)*

Les *mises* sont *proportionnelles* aux parts de bénéfice, soit à 12, à 18 et à 8.
Mise pour 1 000 fr. de bénéfice = $190000^f : (12 + 18 + 8) = 5000$ fr.
Rép. 1° $5000^f \times 12 = 60000$ *fr.*; 2° $5000^f \times 18 = 90000$ *fr.*;
3° $5000^f \times 8 = 40000$ *fr.*

2570. — Deux associés ont mis dans le commerce, le 1er 35 800 fr., et le 2e 24 500 fr. Ils ont réalisé un bénéfice de 7 236 fr., sur lequel le 1er associé prélève d'abord 8 °/₀ pour frais de gestion; quelle est la part de chacun dans les bénéfices réalisés? *(Nord.)*

I. *Part du 1er* = Frais de gestion + Sa part de bénéfice.
1. Gestion : $7236^f \times 0,08 = 578^f,88$.
2. Bénéfice. { *a)* Par fr. { En tout : $7236^f - 578^f.88 = 6657^f,12$.
$6657^f,12 : (35800 + 24500) = 0^f,1104$.
b) $0^f,1104 \times 35800 = 3952^f,32$.
Rép. $578^f,88 + 3952^f,32 = 4531^f,20$.
II. *Part du 2e* = $0^f,1104 \times 24500$. *Rép.* $2704^f,80$.

P. 243. **2571.** — Quatre négociants ont mis dans le commerce, le 1er 2 200 fr., le 2e 2 500 fr., le 3e 2 800 fr., et le 4e 3 000 fr. Le bénéfice réalisé a été de 2 160 fr., sur lesquels le 1er prélève d'abord 9 °/₀ pour frais de gestion, puis les 4 associés se partagent le reste en proportion de leur mise. Que revient-il à chacun? *(Meurthe-et-Moselle.)*

I. *Part du 1er* = Frais de gestion + Part de bénéfice.
1. Gestion : $0^f,09 \times 2160 = 194^f,40$.
2. Bénéfice. { *a)* Pour 100 fr. { En tout : $2160^f - 194^f,4 = 1965^f,60$.
$1965^f,6 : (22 + 25 + 28 + 30) = 18^f,72$.
b) $18^f,72 \times 22 = 411^f,84$.
Rép. $194^f,4 + 411^f,84 = 606^f,24$, soit $606^f,25$.
II. *Part du 2e* = $18^f,72 \times 25$. *Rép.* 468 *fr.*
III. *Part du 3e* = $18^f,72 \times 28 = 524^f,16$. *Rép.* $524^f,15$.
IV. *Part du 4e* = $18^f,72 \times 30$. *Rép.* $561^f,60$.

*RÉPARTITION DES IMPOTS

4. — Dans chaque commune, la **répartition des impôts** (contribution foncière et mobilière) se fait entre les contribuables, *proportionnellement à leur revenu.*

5. — On appelle **centime le franc** l'impôt à payer pour *un franc de revenu.*

2572. — Sur ma feuille de contributions, je lis : centime le franc de la contribution mobilière : $0^f,13^c 72607$. Calculer ma cote mobilière sur un loyer de 225 fr.
Rép. $0^f,1372607 \times 225 = 30^f,88$.

2573. — Dans la commune de X..., le revenu imposable des propriétés non bâties s'élève à 18 574ᶠ,85. L'impôt à payer sur ce revenu est de 3 874ᶠ,43. Calculez : 1° le centime le franc avec 6 décimales; 2° l'impôt foncier d'un habitant qui a un revenu de 138ᶠ,67. (*Lozère.*)

I. *Centime* = 3874ᶠ,43 : 18574,85. *Rép.* 0ᶠ,208584.
II. *Impôt* = 0ᶠ,208584 × 138,67. *Rép.* 28ᶠ,92.

2574. — Sur la feuille de contributions d'un propriétaire on lit : centimes le franc de la contribution foncière : 1° propriétés non bâties, 31ᶜ,412; 2° propriétés bâties, 8ᶜ,158. Quelle est la contribution foncière payée par ce propriétaire, dont le revenu est de 47ᶠ,75 pour les propriétés non bâties et de 600 fr. pour les propriétés bâties?

Contribution foncière = 0ᶠ,31412 × 47,75 + 0ᶠ,08158 × 600 = 15ᶠ + 48ᶠ,95.
Rép. 63ᶠ,95.

*RÉPARTITION DE L'ACTIF D'UNE FAILLITE

6. — Lorsqu'un négociant est en faillite, c'est-à-dire lorsque le total de ses dettes ou son *passif* est supérieur à ce qu'il possède ou son *actif*, **cet actif est réparti** entre les créanciers, *proportionnellement aux sommes qui leur sont dues.*

7. — La *part de l'actif* qui revient à une *créance d'un franc* s'appelle le **centime le franc.**

2575. — L'actif d'une faillite est de 125 000 fr., le passif est de 250 000 fr. Que recevra un négociant à qui il est dû 12 000 fr.? (*Rhône.*)
Répartition = Centime × 12 000.
Centime = 125 000ᶠ : 250 000 = 0ᶠ,50. *Rép.* 0ᶠ,5 × 12 000 = 6000 *fr.*

2576. — Un débiteur a 2 créanciers; il doit au 1ᵉʳ 8 400 fr.; au 2ᵉ, 6 400 fr.; comme il ne possède que 12 000 fr., que donnera-t-il à chacun? (*Landes.*)
Passif = 8 400ᶠ + 6 400ᶠ = 14 800 fr.
Centime le franc = 12 000ᶠ : 14 800 = 0ᶠ,81081.
I. *Part du 1ᵉʳ* = 0ᶠ,81081 × 8 400. *Rép.* 6 810ᶠ,80.
II. *Part du 2ᵉ* = 0ᶠ,81081 × 6 400. *Rép.* 5 189ᶠ,20 (par excès).

2577. — Une personne laisse en mourant 5 090 fr. pour payer trois créanciers. Elle doit : au 1ᵉʳ, 2 400 fr.; au 2ᵉ, 2 800 fr.; au 3ᵉ, 3 400 fr. Que revient-il à chacun? (*Isère.*)
Passif = 2 400ᶠ + 2 800ᶠ + 3 400ᶠ = 8 600 fr.
Centime = 5 090ᶠ : 8 600 = 0ᶠ,59186.
I. *Part du 1ᵉʳ* = 0ᶠ,59186 × 2 400. *Rép.* 1 420ᶠ,46, soit 1 420ᶠ,45.
II. *Part du 2ᵉ* = 0ᶠ,59186 × 2 800. *Rép.* 1 657ᶠ,20.
III. *Part du 3ᵉ* = 0ᶠ,59186 × 3 400. *Rép.* 2 012ᶠ,32, soit 2 012ᶠ,35.

*PARTAGE COMPOSÉ P. 244.

Problèmes. — **2578.** — Un comptable reçoit 4 480 fr. pour payer les ouvriers d'une usine. Un 1ᵉʳ groupe de 28 ouvriers a travaillé pendant 15 jours ; un 2e groupe de 35 ouvriers a travaillé pendant 20 jours. Que doit-il revenir à chaque groupe ? (*Yonne.*)

Explication. — La somme doit être partagée **proportionnellement aux nombres de journées d'ouvrier faites par chaque groupe**, c'est-à-dire aux produits $15^j \times 28$ et $20^j \times 35$.

Gain journal. $\begin{cases} a) \text{ N. total de j.} = 15 \times 28 + 20 \times 35 = 420 + 700 = 1\,120 \text{ j.} \\ b) \ 4\,480^f : 1\,120 = 4 \text{ fr.} \end{cases}$

I. *Part du 1er groupe* $= 4^f \times 420$. *Rép.* 1 680 *fr.*
II. *Part du 2e* $= 4^f \times 700$. *Rép.* 2 800 *fr.*

2579. — Deux ouvriers ont fait en commun un certain ouvrage. Le 1er a travaillé 12 heures par jour pendant 18 jours ; le 2e 10 heures par jour pendant 16 jours. L'ouvrage leur est payé en tout 182 fr. Combien revient-il à chacun ? (*Eure.*)

Partage proportionnel aux *nombres d'heures de travail* des 2 ouvriers.

Gain par heure. $\begin{cases} a) \text{ Durée tot.} = 12^h \times 18 + 10^h \times 16 = 216^h + 160^h = 376^h. \\ b) \ 182^f : 376 = 0^f,48404. \end{cases}$

I. *Part du 1er* $= 0^f,48404 \times 216$. *Rép.* 104^f,55.
II. *Part du 2e* $= 0^f,48404 \times 160$. *Rép.* 77^f,45 (par excès).

2580. — Deux bergers ont loué un pâturage pour 54 fr. Le 1er y a fait paître 260 moutons pendant 2 mois, et le 2e 180 moutons pendant 50 jours. Que doit payer chaque berger ? (*Var.*)

Loyer journ. $\begin{cases} a) \text{ N. de j.} = 60 \times 260 + 50 \times 180 = 15\,600 + 9\,000 = 24\,600 \text{ j.} \\ b) \ 54^f : 24\,600 = 9/4100 \text{ de fr.} \end{cases}$
par mouton.

I. *Part du 1er* $= 9^f \times 15\,600 : 4100$. *Rép.* 34^f,25 (par excès).
II. *Part du 2e* $= 9^f \times 9\,000 : 4100$. *Rép.* 19^f,75.

2581. — Trois terrassiers ont fait ensemble un travail pour lequel ils ont reçu 195 fr., qu'ils doivent partager proportionnellement au temps que chacun y a mis. Que revient-il à chacun, si le 1er a travaillé 6 jours à 12 heures par jour ; le 2e, 8 jours à 10 heures par jour, et le 3e, 9 jours à 12 heures par jour ? (*Haute-Marne.*)

Salaire par heure. $\begin{cases} a) \text{ Durée totale} = 12^h \times 6 + 10^h \times 8 + 12^h \times 9 \\ \qquad\qquad\quad = 72^h + 80^h + 108^h = 260 \text{ heures.} \\ b) \ 195^f : 260 = 0^f,75. \end{cases}$

I. *Part du 1er* $= 0^f,75 \times 72$. *Rép.* 54 *fr.*
II. *Part du 2e* $= 0^f,75 \times 80$. *Rép.* 60 *fr.*
III. *Part du 3e* $= 0^f,75 \times 108$. *Rép.* 81 *fr.*

2582. — Deux personnes se sont associées pour un commerce. Elles ont mis, au début de l'année : la 1re 8 000 fr., et la 2e 9 000 fr. Deux mois plus tard, la 1re a versé encore 3 000 fr. Sachant que le bénéfice réalisé dans l'année s'est élevé à 2 691 fr., que revient-il à chaque personne ? (*Seine.*)

La 1re personne a mis 8 000 fr. pendant 12 mois et 3 000 fr. pendant 10 mois ; elle aura le même bénéfice que si elle avait placé :
$8\,000^f \times 12 + 3\,000^f \times 10 = 126\,000$ fr. pendant 1 mois.
La 2e aura le même bénéfice que si elle avait placé :
$9\,000^f \times 12 = 108\,000$ fr. pendant 1 mois.
Bénéfice par 1 000 fr. $= 2\,691^f : (126 + 108) = 11^f,5$.
I. *Part du 1er* $= 11^f,5 \times 126$. *Rép.* 1 449 *fr.*
II. *Part du 2e* $= 11^f,5 \times 108$. *Rép.* 1 242 *fr.*

2583. — Trois fermiers louent un pâturage 1 190 fr. par an. Le 1er y met 250 moutons pendant 7 mois ; le 2e, 125 moutons pendant 8 mois, et le 3e, 320 moutons pendant 5 mois. Combien chacun d'eux doit-il payer ? *(Nièvre.)*

Loyer par mouton et par mois.
$$a)\ \text{Total} = 250 \times 7 + 125 \times 8 + 320 \times 5$$
$$= 1750 + 1000 + 1600 = 4350.$$
$$b)\ 1190^f : 4350 = 0^f,273563.$$

I. *Part du 1er* = $0^f,273563 \times 1750$. *Rép.* 478f.735, soit 478f,75.

II. *Part du 2e* = $0^f,273563 \times 1000$. *Rép.* 273f,563, soit 273f,55.

III. *Part du 3e* = $0^f,273563 \times 1600$. *Rép.* 437f,70.

2584. — Trois ouvriers ont fait en commun un travail évalué 130 fr., sur le prix duquel ils ont consenti un rabais de 2 %. Le 1er y a travaillé pendant 8 journées de 9 heures ; le 2e, pendant 7 journées de 10 heures, et le 3e, pendant 10 journées de 7 h. 1/2. Que revient-il à chaque ouvrier ? *(Cher.)*

Salaire par heure.
$$a)\ \text{Salaire total} = 130^f - 130^f \times 0,02 = 127^f,40.$$
$$b)\ \text{N. d'heures} = 9 \times 8 + 10 \times 7 + 7,5 \times 10 = 217\ \text{h.}$$
$$c)\ 127^f,4 : 217 = 0^f,58709.$$

I. *Part du 1er* = $0^f,58709 \times 72$. *Rép.* 42f,27, soit 42f,25.

II. *Part du 2e* = $0^f,58709 \times 70$. *Rép.* 41f,10 (par excès).

III. *Part du 3e* = $0^f,58709 \times 75$. *Rép.* 44f,03, soit 44f,05.

2585. — Trois terrassiers ont ouvert une tranchée longue de 14m,25, large de 3m,40 et profonde de 1m,20. Le 1er y a travaillé 12 jours de 11 heures ; le 2e, 10 jours de 9 h. 1/2 ; le 3e, 8 jours de 12 heures. Ils ont été payés à raison de 2f,50 le mètre cube. Que revient-il à chaque ouvrier ? *(Haute-Marne.)*

Salaire p. heure.
$$a)\ \text{Sal. tot.} \begin{cases} \text{Volume} = 14^{m3},25 \times 3,4 \times 1,2 = 58^{m3},14. \\ \text{Prix} = 2^f,5 \times 58,14 = 145^f,6. \end{cases}$$
$$b)\ \text{N. d'h} = 11 \times 12 + 9,5 \times 10 + 12 \times 8 = 132 + 95 + 96 = 323\ \text{h.}$$
$$c)\ 145^f,6 : 323 = 0^f,45077.$$

I. *Part du 1er* = $0^f,45077 \times 132$. *Rép.* 59f,50.

II. *Part du 2e* = $0^f,45077 \times 95$. *Rép.* 42f,82, soit 42f,80.

III. *Part du 3e* = $0^f,45077 \times 96$. *Rép.* 43f,27, soit 43f,30.

2586. — Trois négociants associés ont fait un bénéfice de 2409 fr. Le 1er a mis dans l'entreprise 2500 fr. pendant 3 mois ; le 2e, 1800 fr. pendant 5 mois, et le 3e, 2000 fr. pendant 10 mois. Quelle doit être la part de chacun dans le bénéfice ? *(Seine.)*

Bénéf. pour 100 fr. en 1 mois.
$$a)\ \text{Cap. total} = 2500^f \times 3 + 1800^f \times 5 + 2000^f \times 10$$
$$= 7500^f + 9000^f + 20000^f = 36500\ \text{fr.}$$
$$b)\ 2409^f : 365 = 0^f,066.$$

I. *Part du 1er* = $0^f,066 \times 75$. *Rép.* 495 *fr.*

II. *Part du 2e* = $0^f,066 \times 90$. *Rép.* 594 *fr.*

III. *Part du 3e* = $0^f,066 \times 200$. *Rép.* 1320 *fr.*

2587. — Un patron emploie 12 hommes, qu'il paye 5f,25 par jour ; 6 femmes, qu'il paye 3f,50 par jour, et 5 enfants, qu'il paye 1f,50 par jour. Au 1er janvier, il partage entre ses ouvriers une gratification de 1200 fr., proportionnellement au gain de chacun. Que reçoit chaque ouvrier ? *(Doubs.)*

Gratification pour 1 fr. de gain.
$$a)\ \text{Gain total.} \begin{cases} \text{Hommes :}\ 5^f,25 \times 12 = 63\ \text{fr.} \\ \text{Femmes :}\ 3^f,50 \times 6 = 21\ \text{fr.} \\ \text{Enfants :}\ 1^f,5 \times 5 = 7^f,50. \\ 63^f + 21^f + 7^f,5 = 91^f,5. \end{cases}$$
$$b)\ 1200^f : 91,5 = 13^f,11475.$$

I. *Part d'un homme* = $13^f,11475 \times 5,25$. *Rép.* 68f,85.

II. *Part d'une femme* = $13^f,11475 \times 3,5$. *Rép.* 45f,90.

III. *Part d'un enfant* = $13^f,11475 \times 1,5$. *Rép.* 19f,67, soit 19f,65.

MÉLANGES

PRIX MOYEN

Problèmes. — 2588. — On mêle 12 kg. de café à $3^f,20$ le kilogramme avec 8 kg. à $2^f,80$. A combien revient le kilogramme du mélange ?   (*Paris.*)

Prix du kilogramme du mélange = Prix total : Nombre de kilogrammes.

1. Prix total. $\begin{cases} a)\ 3^f,20 \times 12 = 38^f,40. \\ b)\ 2^f,80 \times 8 = 22^f,40. \end{cases}$ $c)$ Total : $60^f,80.$

2. Nombre de kilogrammes $= 12^{kg} + 8^{kg} = 20$ kg. *Rép.* $60^f,8 : 20 = 3^f,04.$

2589. — On a mélangé 128 l. de vin à 38 fr. l'hectolitre avec 87 l. d'un vin à $67^f,50$ les 225 l. Que vaut le litre du mélange ?   (*Paris.*)

Prix du litre du mélange = Prix total : Nombre de litres.

1. Prix total. $\begin{cases} a)\ 38^f \times 1,28 = 48^f,64. \\ b)\ 67^f,5 \times 87 : 225 = 26^f,10. \end{cases}$ $c)$ Total : $74^f,74.$

2. Nombre de litres $= 128^l + 87^l = 215$ l. *Rép.* $74^f,74 : 215 = 0^f,34.$

2590. — On veut remplir un tonneau de 420 l. avec du vin à $0^f,55$ et du vin à $0^f,45$ le litre. Si l'on met 220 l. de la 1re qualité, quelle sera la valeur de l'hectolitre du mélange ?   (*Aude.*)

Prix de l'hectolitre du mélange = Prix total : Nombre d'hectolitres ($4^{hl},20$).

Prix total. $\begin{cases} a)\ 0^f,55 \times 220 = 121 \text{ fr.} \\ b)\ 0^f,45 \times (420 - 220) = 90 \text{ fr.} \end{cases}$ $c)$ Total : 211 fr.

Rép. $211^f : 4,2 = 50^f,23.$

2591. — On mélange 320 l. de vin à $0^f,50$ avec 468 l. à $0^f,60$ et 212 l. à $0^f,40$. A combien revient le litre de ce mélange ? (*H.-Marne.*)

Prix du litre de mélange = Prix total : Nombre de litres du mélange.

1. Prix total. $\begin{cases} a)\ 0^f,5 \times 320 = 160 \text{ fr.} \\ b)\ 0^f,6 \times 468 = 280^f,80. \\ c)\ 0^f,4 \times 212 = 84^f,80. \end{cases}$ $d)$ Total : $525^f,60.$

2. N. de litres $= 320^l + 468^l + 212^l = 1\,000$ l. *Rép.* $525^f,6 : 1\,000 = 0^f,525.$

2592. — Un épicier achète 45 kg. de café à $3^f,60$ le kilogramme, 36 kg. à $2^f,70$ et 27 kg. à 3 fr. Il mélange le tout. Combien doit-il vendre le kilogramme pour gagner $37^f,80$?   (*Calvados.*)

Prix de vente du kilogramme = Prix de vente total : Nombre de kilog.

1. Prix de vente total. $\begin{cases} a)\ \text{Achat.} \begin{cases} 3^f,6 \times 45 = 162 \text{ fr.} \\ 2^f,7 \times 36 = 97^f,2. \\ 3^f \times 27 = 81 \text{ fr.} \end{cases} \text{Total : } 340^f,20. \\ b)\ 340^f,20 + 37^f,80 = 378 \text{ fr.} \end{cases}$

2. N. de kg. $= 45^{kg} + 36^{kg} + 27^{kg} = 108$ kg. *Rép.* $378^f : 108 = 3^f,50.$

2593. — Un marchand de vin mélange $4^{hl},27$ de vin à $0^f,37$ le litre, avec 5 624 l. d'un autre vin à $0^f,45$ le litre. Combien devra-t-il revendre le litre de ce mélange pour gagner 25 fr. par hectolitre ? (*Charente.*)

Prix de vente du litre = Prix de vente total : Nombre de litres.

1. Prix de vente total. $\begin{cases} a)\ \text{Achat.} \begin{cases} 0^f,37 \times 427 = 157^f,99. \\ 0^f,45 \times 5\,624 = 2\,530^f,80. \end{cases} \text{Total : } 2\,688^f,79. \\ b)\ \text{Bénéfice.} \begin{cases} \text{N. d'hl.} = 4^{hl},27 + 56^{hl},24 = 60^{hl},51. \\ 25^f \times 60,51 = 1\,512^f,75. \end{cases} \\ c)\ 2\,688^f,79 + 1\,512^f,75 = 4\,201^f,54. \end{cases}$

2. Nombre de litres $= 6\,051$ l. *Rép.* $4\,201^f,54 : 6\,051 = 0^f,70$ (par excès).

2594. — On mélange 2^{hl} 1/2 de vin à 38 fr. l'hectolitre avec 1^{hl},5 à 0^f,42 le litre. Combien devra-t-on revendre le litre pour gagner 1/5 du prix d'achat? *(Ardennes.)* •

Prix de vente du litre = Prix de vente total : Nombre de litres.

1. Prix de vente total.
$\begin{cases} a) \text{ Achat. } \begin{cases} 38^f \times 2,5 = 95 \text{ fr.} \\ 0^f,42 \times 150 = 63 \text{ fr.} \end{cases} \text{Total : } 158 \text{ fr.} \\ b) \text{ Bénéfice } = 158^f : 5 = 31^f,60. \\ c) \ 158^f + 31^f,60 = 189^f,60. \end{cases}$

2. Nombre de litres = 250^l + 150^l = 400 l. *Rép.* 189^f,60 : 400 = 0^f,474.

***2595.** — On mélange 134 l. de vin à 0^f,65 le litre avec 212 l. d'un vin à 0^f,75 et 185 l. d'un vin à 0^f,82. Combien doit-on revendre le litre du mélange si l'on veut gagner 18 °/₀? *(Meuse.)*

Prix de vente du litre = Prix de vente total : Nombre de litres.

1. Prix de vente total.
$\begin{cases} a) \text{ Achat. } \begin{cases} 0^f,65 \times 134 = 87^f,10. \\ 0^f,75 \times 212 = 159 \text{ fr.} \\ 0^f,82 \times 185 = 151^f,70. \end{cases} \text{Total : } 397^f,80. \\ b) \text{ Bénéfice } = 397^f,8 \times 0,18 = 71^f,60. \\ c) \ 397^f,80 + 71^f,60 = 469^f,40. \end{cases}$

2. Nombre de litres = 134^l + 212^l + 185^l = 531 l.
Rép. 469^f,4 : 531 = 0^f,88.

***2596.** — Une cuisinière achète 3^{kg},250 de beurre à 2^f,60 le kilogramme, et 2^{kg},5 de saindoux à 0^f,90 le 1/2 kg. Elle les fond ensemble. Par la cuisson, le mélange perd 1/10 de son poids. A combien revient le kilogramme du mélange? *(Morbihan.)*

Prix de revient du kilogramme = Prix total : Poids après la cuisson.

1. Prix total.
$\begin{cases} a) \text{ Beurre : } 2^f,6 \times 3,25 = 8^f,45. \\ b) \text{ Saindoux : } 0^f,9 \times 2 \times 2,5 = 4^f,5. \end{cases} \text{Total : } 12^f,95.$

2. Poids apr. la cuisson.
$\begin{cases} a) \text{ Brut : } 3^{kg},25 + 2^{kg},5 = 5^{kg},75. \\ b) \text{ Net : } 5^{kg},75 \times 9/10 = 5^{kg},175. \end{cases}$

Rép. 12^f,95 : 5,175 = 2^f,50.

***2597.** — Un débitant mélange 18^{hl} 5^{dal} d'un vin à 0^f,50 le litre avec 12^{hl} 7^l d'un autre vin à 6 fr. le décalitre. Il veut gagner 21 °/₀ sur la valeur du mélange. Combien devra-t-il vendre la bouteille de 75 centilitres? *(Nièvre.)*

Prix de vente d'une bouteille = Prix de vente total : Nombre de bouteilles.

1. Prix de vente total.
$\begin{cases} a) \text{ Achat. } \begin{cases} 0^f,5 \times 1850 = 925 \text{ fr.} \\ 0^f,6 \times 1207 = 724^f,2. \end{cases} \text{Total : } 1\,649^f,20. \\ b) \text{ Bénéfice } = 1\,649^f,2 \times 0.21 = 346^f,33. \\ c) \ 1\,649^f,2 + 346^f,33 = 1\,995^f,53. \end{cases}$

2. N. de bout.
$\begin{cases} a) \text{ Nombre de litres } = 1850^l + 1207^l = 3057 \text{ l.} \\ b) \ 3\,057 : 0,75 = 3\,057 \times 4/3 = 4\,076 \text{ bouteilles.} \end{cases}$

Rép. 1 995^f,53 : 4076 = 0^f,48.

***2598.** — Un marchand a acheté du vin à 0^f,60 le litre et à 0^f,42. Il mélange les 2 espèces de vin dans la proportion de 5 l. du 1er pour 8 l. du 2e. Combien devra-t-il revendre le litre du mélange pour gagner 15 fr. par hectolitre? *(Allier.)*

Prix de vente du litre = Prix d'achat du litre + Bénéfice par litre (0^f,15).

Prix d'achat du litre.
$\begin{cases} \textit{Supposons} \text{ un mélange de 5 l. du 1}^{er} \text{ et de 8 l. du 2}^e. \\ a) \text{ Prix total. } \begin{cases} 0^f,6 \times 5 = 3 \text{ fr.} \\ 0^f,42 \times 8 = 3^f,36. \end{cases} \text{Total : } 6^f,36. \\ b) \text{ Nombre de litres } = 5^l + 8^l = 13 \text{ l.} \\ c) \ 6^f,36 : 13 = 0^f,489. \end{cases}$

Rép. 0^f,489 + 0^f,15 = 0^f,639.

***2599.** — Un fût contient 228 l. de vin dont la valeur totale est 80 fr. On en retire les 2/5 que l'on remplace par du vin à 0^f,20 le litre. Quel est le prix du litre de mélange ? *(Doubs.)*

Prix du litre = Prix total du mélange : N. de litres de ce mélange (228 l.).

Prix total.
- *a)* Vin à 0^f,20. 228^l × 2/5 = 91^l,20. Prix = 0^f,20 × 91,2 = 18^f,24.
- *b)* Prix du 1er vin = 80^f × 3/5 = 48 fr.
- *c)* En tout : 18^f,24 + 48^f = 66^f,24.

Rép. 66^f,24 : 228 = 0^f,29.

***2600.** — Un tonneau est rempli de vin valant 36 fr. l'hectolitre, on en retire le quart du contenu que l'on remplace par du vin à 0^f,32 le litre. Que vaut le litre du mélange ? *(Basses-Pyrénées.)*

Prix du litre = Prix de 3/4 de litre à 36 fr. l'hl. + Prix de 1/4 à 0^f,32 le litre.
1. Prix de 3/4 de l. = 0^f,36 × 3/4 = 0^f,27 ; 2. Prix de 1/4 de l. = 0^f,32 : 4 = 0^f,08.
Rép. 0^f,27 + 0^f,08 = 0^f,35.

***2601.** — On veut remplir un tonneau de 420 l. avec du vin à 0^f,55 et du vin à 0^f,45 le litre. Si l'on met 42 l. de plus de la 1re qualité que de la 2e, quelle sera la valeur de 1 hl. du mélange ? *(Aisne.)*

Prix de l'hectolitre = Prix total du mélange : Nombre d'hectolitres (4^{hl},2).

Prix total.
- *a)* Vin à 0^f,55. Nombre de litres = (420^l + 42^l) : 2 = 231 l. Prix = 0^f,55 × 231 = 127^f,05.
- *b)* Vin à 0^f,45. Nombre de litres = 420^l — 231^l = 189 l. Prix = 0^f,45 × 189 = 85^f,05.
- *c)* En tout : 127^f,05 + 85^f,05 = 212^f,10.

Rép. 212^f,10 : 4,2 = 50^f,50.

P. 246.

* MOUILLAGE

Exercice oral. — Quel est le *prix de revient du litre* d'un vin mouillé obtenu en mélangeant :

1° 80 l. de vin payés 40 fr. et 20 l. d'eau ?
2° 90 l. de vin à 0^f,50 et 10 l. d'eau ?

Rép. 1° 40^f : (80 + 20) = 0^f,40 ; 2° (0^f,5 × 90) : (90 + 10) = 45^f : 100 = 0^f,45.

Problèmes. — 2602. — Combien faut-il ajouter d'eau à 225 l. de vin à 0^f,40 pour que le litre revienne à 0^f,30 ? *(Loir-et-Cher.)*

Solution. — **Le nombre de litres d'eau à ajouter** est la différence entre le *nombre de litres de vin mouillé* et le *nombre de litres de vin pur* (225 l.).

1. Le *nombre de litres de vin mouillé* est le quotient du prix total par le prix de revient d'un litre (0^f,30).

    a. Prix total : 0^f,40 × 225 = 90 fr.
    b. Nombre de litres de vin mouillé : 90 : 0,30 = 300 l.

2. **Nombre de litres d'eau à ajouter :** 300^l — 225^l = **75 l.**

2603. — On verse 35 l. d'eau dans 180 l. de vin valant 43 fr. l'hectolitre. A combien revient le litre du mélange ? *(Paris.)*

Prix de revient du litre = Prix total : Nombre de litres de mouillage.
1. Prix total = 43^f × 1,8 = 77^f,40.
2. Nombre de litres = 180^l + 35^l = 215 l. *Rép.* 77^f,40 : 215 = 0^f,36.

2604. — Dans un tonneau de 228 l., on verse 84 l. de vin à 0^f,38 le litre; 133 l. de vin à 0^f,42, et on achève de remplir avec de l'eau. A combien revient le litre du mélange?   (*Eure-et-Loir.*)

> *Prix de revient du litre* = Prix total : Nombre de litres de mouillage (228 l.).
> Prix total. { *a*) 0^f,38 × 84 = 31^f,92. } Total : 87^f,78.
>   { *b*) 0^f,42 × 133 = 55^f,86. }
> *Rép.* 87^f,78 : 228 = 0^f,385.

2605. — Un tonneau contenant 250 l. de vin a été payé 118^f,75. On en vend d'abord 50 l. à 0^f,50; cette quantité enlevée est remplacée par de l'eau. A quel prix revient le litre du mélange?   (*Lot.*)

> *Prix du litre* = Prix de revient total : Nombre de litres de mouillage (250 l.).
> Prix de revient total. { *a*) Prix de vente des 50 litres = 0^f,50 × 50 = 25 fr.
>   { *b*) 118^f,75 − 25^f = 93^f,75.
> *Rép.* 93^f,75 : 250 = 0^f,375.

2606. — On mélange 320 l. de vin à 0^f,35 avec 350 l. à 0^f,40 et 140 l. d'eau. Que vaut la bouteille de 0^l,80 de ce mélange?   (*Gard.*)

> *Prix de la bouteille de* 0^l,80 = Prix total : Nombre de bouteilles.
> 1. Prix total. { *a*) 0^f,35 × 320 = 112 fr. } Total : 252 fr.
>   { *b*) 0^f,40 × 350 = 140 fr. }
> 2. N. de bout. { *a*) Nombre de litres = 320^l + 350^l + 140^l = 810 l.
>   { *b*) 810 : 0.8 = 1012 bouteilles.
> *Rép.* 252^f : 1012 = 0^f,249, soit 0^f,25.

2607. — On a rempli de vin les 5/6 d'une pièce dont la capacité est de 216 l.; on a achevé de remplir la pièce avec de l'eau, et le litre de ce mélange revient à 0^f,375. Dire le prix du litre de vin pur.   (*Tarn.*)

> *Prix du litre de vin pur* = Prix total : Nombre de litres de vin pur.
> 1. Prix total = 0^f,375 × 216 = 81 fr.
> 2. Nombre de litres de vin pur = 216^l × 5/6 = 180 l.
> *Rép.* 81^f : 180 = 0^f,45.

2608. — On mélange 129 l. de vin à 0^f,65 avec 147 l. d'un autre vin. On y ajoute 24 l. d'eau et le mélange revient à 0^f,50 le litre. Combien coûte le litre de vin de la 2e qualité?   (*Corrèze.*)

> *Prix du litre de vin de 2e qualité* = Prix total de ce vin : 147.
> Prix total de ce vin. { *a*) Mouillage. { N. de l. = 129^l + 147^l + 24^l = 300 l.
>   {   { Prix = 0^f,50 × 300 = 150 fr.
>   { *b*) Prix de la 1re qualité = 0^f,65 × 129 = 83^f,85.
>   { *c*) 150^f − 83^f,85 = 66^f,15.
> *Rép.* 66^f,15 : 147 = 0^f,45.

2609. — J'ai acheté 14 hl. de cidre à 5^f,50 le double-décalitre. Je veux y ajouter de l'eau de manière que le mélange me revienne à 0^f,20 le litre. Combien dois-je y ajouter de litres d'eau?   (*Calvados.*)

> *Nombre de litres d'eau à ajouter* = Nombre de litres de cidre mouillé − Nombre de litres de cidre pur (1 400 l.).
> Mouillage. { *a*) Prix = 5^f,5 × 5 × 14 = 27^f,50 × 14 = 385 fr.
>   { *b*) Nombre de litres = 385 : 0,20 = 1 925 l.
> *Rép.* 1 925^l − 1 400^l = 525 *litres.*

2610. — Un père de famille achète une pièce de 225 l. de vin pour 90 fr. Combien devra-t-il y ajouter de litres d'eau pour que le litre revienne à 0^f,30? S'il fait le mélange chaque jour, quelle quantité d'eau mettra-t-il dans une bouteille d'un litre?   (*Haute-Marne.*)

> I. *Nombre de litres d'eau à ajouter* = Nombre de litres de vin mouillé − Nombre de litres de vin pur (225 l.).
> Nombre de litres de vin mouillé = 90 : 0,3 = 300 l.   *Rép.* 300^l − 225^l = 75 *l*,
> II. *Quantité d'eau par litre* = 75^l : 300 = 1/4 de l.   *Rép.* 0^l,25.

2611. — On a mélangé 90 l. de vin à 0f,40 le litre avec 100 l. de vin à 0f,30. Combien faut-il y ajouter d'eau pour que le mélange revienne à 0f,33 le litre?   (*Tarn-et-Garonne.*)

Nombre de litres d'eau à ajouter = Nombre de litres de vin mouillé — Nombre de litres de vin pur.

1. Mouillage. *a)* Prix. 0f,40 × 90 = 36 fr. \
0f,30 × 100 = 30 fr. Total : 66 fr. \
b) Nombre de litres = 66 : 0,33 = 200 l.

2. Nombre de litres de vin pur = 90l + 100l = 190 l. *Rép.* 200l — 190l = 10 *l.*

2612. — On verse dans un tonneau 150 l. de vin à 40 fr. l'hecto-litre, 12 dal. d'un autre vin à 0f,50 le litre, et on achève de remplir avec de l'eau. En supposant que la boisson obtenue revienne à 0f,40 le litre, quelle est la capacité du tonneau?   (*Sarthe.*)

Capacité du tonneau = Prix total de la boisson : Prix du litre (0f,40).

Prix total. *a)* 40f × 1,5 = 60 fr. \
b) 0f,50 × 120 = 60 fr. Total : 120 fr.

Rép. 120 : 0,4 = 300 *litres.*

2613. — Une personne achète pour 58f,80 de vin à 0f,40 le litre. Elle y ajoute assez d'eau pour que le vin revienne à 1f,25 le demi-décalitre. Combien ajoute-t-elle de litres d'eau?   (*Haute-Garonne.*)

Nombre de litres d'eau ajoutés = Nombre de litres du mouillage — Nombre de litres de vin pur.

1. Mouillage. *a)* Prix du litre = 1f,25 : 5 = 0f,25. \
b) Nombre de litres = 58,80 : 0,25 = 235l,20.

2. Nombre de litres de vin pur = 58,8 : 0,4 = 147 l.
Rép. 235l,20 — 147l = 88l,20.

P. 247.   # *COMPOSITION D'UN MÉLANGE

Problèmes. — 2614. — Dans quelles proportions faut-il mélanger du café à 4f,25 le kilogramme avec du café à 3f,50, pour obtenir du café à 4 fr. le kilogramme?

Solution. — Les **proportions de ce mélange** doivent être telles que la *perte* faite sur la 1re qualité soit *égale au gain* fait sur la 2e.

1° Perte sur 1 kg. à 4f,25 : 425c/mes — 400c/mes = 25c/mes.
2° Gain sur 1 kg. à 3f,50 : 400c/mes — 350c/mes = 50c/mes.
3° Le *gain sera égal à la perte* si on mélange 50 kg. à 4f,25 pour 25 kg. à 3f,50; car le gain sera 25c/mes × 50 et la perte 50c/mes × 25.
4° Les **proportions du mélange** sont donc :

50 kg. à 4f,25 pour 25 kg. à 3f,50;

ou, en simplifiant par 25 : **2 kg. à 4f,25 pour 1 kg. à 3f,50.**

Disposition habituelle.   **Proportions.**

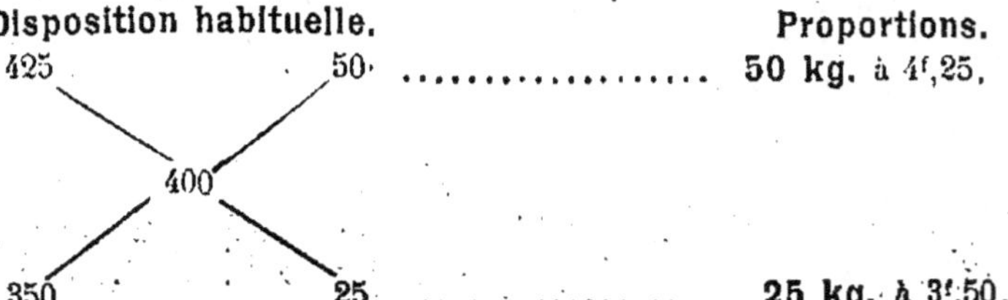

Dans quelles proportions faut-il mélanger :

2615. — Du blé à 22 fr. l'hectolitre et du blé à 18 fr. pour obtenir un mélange qui revienne à 19 fr. l'hectolitre?   (*Manche.*)

Voir le raisonnement du problème-type.
1. Perte sur 1 hectolitre à $22^f = 22^f - 19^f = 3$ fr.
2. Gain sur 1 hectolitre à 18 fr. $= 19^f - 18^f = 1$ fr.
Rép. *Proportions :* 1 *hectolitre à* 22 fr. pour 3 *hectolitres à* 18 fr.

2616. — Du vin à 58 fr. l'hectolitre et du vin à 72 fr., pour obtenir un mélange qui revienne à 63 fr. l'hectolitre?   (*Creuse.*)

1. Gain sur 1 hectolitre à 58 fr. $= 63^f - 58^f = 5$ fr.
2. Perte sur 1 hectolitre à 72 fr. $= 72^f - 63^f = 9$ fr.
Rép. *Proportions :* 9 *hectolitres à* 58 fr. pour 5 *hectolitres à* 72 fr.

2617. — De la farine à 38 fr. le quintal et à $29^f,50$, pour obtenir un mélange qui revienne à 36 fr. le quintal?   (*Finistère.*)

1. Perte sur 1 quintal à 38 fr. $= 38^f - 36^f = 2$ fr.
2. Gain sur 1 quintal à $29^f,50 = 36^f - 29^f,50 = 6^f,50$.
Rép. *Proportions :* $6^q,5$ *à* 38 fr. pour 2 *quintaux à* $29^f,50$.

2618. — Un épicier a 37 kg. de café à 3 fr. le kilogramme. Combien doit-il y ajouter de café à $2^f,30$ pour obtenir un mélange revenant à $2^f,70$ le kilogramme?   (*Seine-et-Marne.*)

Nombre de kilogrammes à $2^f,30 = $ N. de kg. à $2^f,30$ pour 1 kg. à 3 fr. $\times$ 37.

Proportions. $\begin{cases} a)\ 30 - 27 = 3. \quad b)\ 27 - 23 = 4; \\ \text{soit 4 kilogrammes à 3 fr. pour 3 kilogrammes à } 2^f,30; \\ \text{et pour 1 kilogramme à 3 fr., 3/4 de kilogramme à } 2^f,30. \end{cases}$

Rép. 3/4 de kilogramme $\times$ 37 $= 27^{kg},75$.

2619. — Un commerçant mélange 25 hl. de blé à $3^f,50$ le double-décalitre, avec du blé à 21 fr. l'hectolitre. Combien devra-t-il prendre d'hectolitres de cette dernière qualité pour obtenir un mélange revenant à 19 fr. l'hectolitre?   (*Jura.*)

Nombre d'hectolitres à 21 *fr.* $=$ Gain sur les 25 hectolitres à $3^f,5$ le double-décalitre $\ ∶\ $ Perte sur 1 hectolitre à 21 fr. $(21^f - 19^f = 2$ fr.$)$.
Gain total : a) Par hectolitre : $19^f - 3^f,5 \times 5 = 1^f,5$. b) $1^f,5 \times 25 = 37^f,5$.
Rép. 37,5 $∶$ 2 $= 18^{hl},75$.

2620. — Un marchand a du vin à $0^f,55$ le litre et à $0^f,70$. Il veut en faire un mélange qui revienne à $0^f,60$. Combien devra-t-il en prendre de chaque sorte pour avoir 150 l. de mélange?   (*Somme.*)

Proportions. $\begin{cases} a)\ 60 - 55 = 5. \quad b)\ 70 - 60 = 10; \\ \text{soit 10 litres à } 0^f,55 \text{ pour 5 litres à } 0^f,70 \\ \text{dans } 10^l + 5^l \text{ ou 15 litres de mélange.} \end{cases}$

Rép. Pour 150 *litres de mélange* on prendra : $\begin{cases} 10^l \times 10 = 100\ l.\ \grave{a}\ 0^f,55 \\ 5^l \times 10 = 50\ l.\ \grave{a}\ 0^f,70. \end{cases}$

2621. — Un épicier a du café à $3^f,75$ et à $4^f,50$ le kilogramme. Combien doit-il en prendre de chaque espèce pour obtenir 18 kg. de mélange revenant à $4^f,25$ le kilogramme?   (*Ain.*)

Proportions. $\begin{cases} a)\ 425 - 375 = 50. \quad b)\ 450 - 425 = 25; \\ \text{soit 25 kilogrammes à } 3^f,75 \text{ pour 50 kilogrammes à } 4^f,50 \\ \text{ou 1 kg. à } 3^f,75 \text{ pour 2 kg. à } 4^f,50 \text{ dans 3 kg. de mélange.} \end{cases}$

Rép. Pour 18 *kilog. de mélange*, on prendra : $\begin{cases} 1^{kg} \times 18/3 = 6\ kg.\ \grave{a}\ 3^f,75 \\ 2^{kg} \times 18/3 = 12\ kg.\ \grave{a}\ 4^f,50. \end{cases}$

2622. — Un grainetier a du blé qui lui coûte $16^f,40$ l'hectolitre, et d'autre blé qui lui revient à $17^f,20$. Quelle quantité doit-il prendre de chaque espèce pour en faire 3 600 l. qu'il puisse vendre, sans perte ni gain, au prix de 16^f,90 l'hectolitre?   (*Aveyron.*)

Proportions. { *a*) 169 — 164 = 5.   *b*) 172 — 169 = 3;
soit 3 hl. à 16^f,40 pour 5 hl. à 17^f,20 dans 8 hl. de mélange.

Rép.   Pour 36 *hl. de mélange*, on prendra : { 3^{hl} × 36/8 = 13^{hl},5 à 16^f,40
5^{hl} × 36/8 = 22^{hl},5 à 17^f,20.

2623. — Un négociant a des vins à 0^f,55 et à 0^f,75 le litre. Il veut en faire un mélange de 240 l., de manière qu'en le vendant 0^f,70 le litre, il réalise un bénéfice de 12 °/₀ sur le prix d'achat. Combien doit-il prendre de litres de chaque sorte?   (*Bouches-du-Rhône.*)

Proportions. { Prix moyen = 0^f.70 × 100/112 = 0^f,625.
a) 625 — 550 = 75.   *b*) 750 — 625 = 125;
soit 125 litres à 0^f,55 pour 75 litres à 0^f,75
ou 5 lit. à 0^f,55 pour 3 lit. à 0^f,75 dans 8 lit. de mélange.

Rép.   Pour 240 *litres de mélange*, on prendra : { 5^l × 240/8 = 150 *l.* à 0^f.55
3^l × 240/8 = 90 *l.* à 0^f,75.

P. 248.   # ALLIAGES

*MOYENNE. COMPOSITION

Problèmes. — **2624.** — On fait une cloche en fondant 110 kg. d'étain avec 390 kg. de cuivre, 5 kg. de zinc et 4 kg. de plomb. L'étain est à 2^f,80 le kilogramme, le cuivre à 2^f,10, le zinc à 0^f,50 et le plomb à 0^f,70. Dites le prix de la cloche et celui de 1 kg. de ce bronze.   (*Gard.*)

I. *Prix de la cloche* = Somme des prix de l'étain, du cuivre, du zinc et du plomb.
   1. Étain :   2^f.80 × 110 = 308 fr.   2. Cuivre :   2^f.1 × 390 = 819 fr.
   3. Zinc :   0^f,50 × 5 = 2^f,50;   4. Plomb :   0^f,7 × 4 = 2^f,80.
   Rép.   308^f + 819^f + 2^f,50 + 2^f,80 = 1 132^f,30.
II. *Prix de 1 kg. de bronze* = Prix de la cloche (1 132^f,30) : Poids total.
   Poids total = 110^{kg} + 390^{kg} + 5^{kg} + 4^{kg} = 509 kg.
   Rép.   1 132^f,30 : 509 = 2^f,224.

2625. — Un décimètre cube d'étain pèse 7^{kg},25 et 1 dm³ de plomb 11^{kg},44. On fait un alliage composé de 2 dm³ d'étain et 7 dm³ de plomb. Quelle est la densité de cet alliage?   (*Cher.*)

Densité de l'alliage = Poids : Volume.
   1. Poids. { *a*) Étain :   7^{kg},25 × 2 = 14^{kg},50. } Total : 94^{kg},58.
            { *b*) Plomb :   11^{kg},44 × 7 = 80^{kg},08. }
   2. Volume = 2^{dm3} + 7^{dm3} = 9 dm³.   *Rép.*   94,58 : 9 = 10,50.

2626. — Dans quelle proportion faut-il allier 2 lingots dont les titres sont 0,920 et 0,850 pour obtenir un alliage qui soit au titre de 0,900 ?   (*Manche.*)

Proportion :   *a*) 920 — 900 = 20.   *b*) 900 — 850 = 50.
Rép.   5 *kg.* à 0,920 pour 2 *kg.* à 0,850.

2627. — On a un lingot d'argent au titre de 0,850 qui pèse 3^{kg},4. Quel poids d'un 2e lingot au titre de 0,650 faut-il y ajouter pour obtenir un lingot au titre de 0,725 ?   (*Doubs.*)

Nombre de kg. à 0,650 = Perte d'argent pur sur le 1er lingot : Gain d'arg. pur sur 1 kg. du 2e.
   1. Perte = (0^{kg},850 — 0^{kg},725) × 3,4 = 0^{kg},425.
   2 Gain par kg. : 0^{kg},725 — 0^{kg},65 = 0^{kg},075.
   Rép.   0,425 : 0,075 = 5^{kg},666.

2628. — On a 2 lingots, l'un au titre de 0,8 et l'autre au titre de 0,7. Combien doit-on prendre de chacun pour obtenir un alliage pesant 1 kg. au titre de 0,780 ? (*Somme.*)

Proportions. $\begin{cases} a)\ 80-78=2. \qquad b)\ 78-70=8. \\ \text{Soit 8 kg. à 0,800 pour 2 kg. à 0,700 dans 10 kg. d'alliage.} \end{cases}$

Rép. Pour 1 *kg. d'alliage* on prendra : $\begin{cases} 8^{kg} : 10 = 0^{kg},8\ à\ 0.800 \\ 2^{kg} : 10 = 0^{kg},2\ à\ 0,700. \end{cases}$

2629. — On a 2 lingots d'argent : l'un au titre de 0.820 ; l'autre, au titre de 0,750. Quel poids faut-il prendre de chacun d'eux pour obtenir $2^{kg},24$ au titre de 0,800 ? (*Haute-Garonne.*)

Proportions. $\begin{cases} a)\ 82-80=2. \qquad b)\ 80-75=5. \\ \text{Soit 5 kg. à 0,820 pour 2 kg. à 0,800 dans 7 kg. d'alliage.} \end{cases}$

Rép. Pour $2^{kg},24$ *d'alliage*, on prendra : $\begin{cases} 5^{kg} \times 2.24/7 = 1^{kg}.6\ à\ 0,820 \\ 2^{kg} \times 2,24/7 = 0^{kg},64\ à\ 0,750. \end{cases}$

*TITRE

2630. — On fond ensemble 870 g. d'or au titre de 0,630 avec 75 g. d'or pur. Quel est le titre de l'alliage ? (*Indre.*)

Titre = Poids d'or pur : Poids total.

1. Poids d'or pur. $\begin{cases} a)\ 870^g \times 0.63 = 548^g,1. \\ b)\ 548^g,1 + 75^g = 623^g,1. \end{cases}$

2. Poids total $= 870^g + 75^g = 945$ g. *Rép.* $623,1 : 945 = 0,659.$

2631. — Quel est le poids et le titre du lingot obtenu en fondant 250 g. d'or au titre de 0,750 et 425 g. au titre de 0,840 ? (*Oise.*)

I. *Poids total* $=: 250^g + 425^g.$ *Rép.* 675 *g.*
II. *Titre* = Poids d'or pur : Poids total (675 g.).

Poids d'or pur. $\begin{cases} a)\ 250^g \times 0.750 = 187^g,5. \\ b)\ 425^g \times 0,840 = 357\ g. \end{cases}$ $c)$ Total : $544^g,50.$

Rép. $544,5 : 675 = 0,806.$

2632. — On fond ensemble 3 lingots d'argent : le 1er, de 60 g. au titre de 0,935 ; le 2e, de 45 g., au titre de 0,850, et le 3e, de 80 g., au titre de 0,750. Quel est le titre de l'alliage ? (*Gironde.*)

Titre = Poids d'argent pur : Poids total.

1. Poids d'argent pur. $\begin{cases} a)\ 60^g \times 0,935 = 56^g,1. \\ b)\ 45^g \times 0,850 = 38^g,25. \\ c)\ 80^g \times 0,750 = 60\ g. \end{cases}$ $d)$ Total : $154^g,35.$

2. Poids total $= 60^g + 45^g + 80^g = 185$ g. *Rép.* $154,35 : 185 = 0,834.$

2633. — Un lingot d'argent au titre de 0,950 pèse $6^{kg},24$; un autre pèse $5^{kg}.705$ et est au titre de 0,842 ; un 3e pèse $10^{kg},5$ et est au titre de 0,74. On les fond ensemble avec 1 kg. d'argent pur. On demande quel est le titre du nouvel alliage. (*Doubs.*)

1. Poids d'argent pur. $\begin{cases} a)\ 6^{kg},24 \times 0,950 = 5^{kg},928. \\ b)\ 5^{kg},705 \times 0,842 = 4^{kg},80361. \\ c)\ 10^{kg},5 \times 0,74 = 7^{kg},77. \end{cases}$ $d)$ Tot.: $19^{kg},50161.$

2. Poids total $= 6^{kg},24 + 5^{kg},705 + 10^{kg},5 + 1^{kg} = 23^{kg},445.$
Rép. $19,50161 : 23,445 = 0,831.$

2634. — On a un alliage composé de 150 g. d'un lingot d'argent au titre de 0,9 et d'un autre lingot à un titre inconnu et pesant 350 g.

trouver ce litre, sachant que 100 g. de l'alliage contiennent 72ᵍ,5 d'argent pur.   (*Vaucluse.*)

Titre = Poids d'argent pur : Poids total du lingot (350 g.).

Argent pur. { a) Argent pur de l'alliage. { 150ᵍ + 350ᵍ = 500 g. / 72ᵍ,5 × 5 = 362ᵍ,5.
{ b) Argent pur du 1ᵉʳ lingot : 150ᵍ × 0,9 = 135 g.
{ c) Argent pur du 2ᵉ lingot : 362ᵍ,5 — 135ᵍ = 227ᵍ,5.

Rép. 227,5 : 350 = 0,650.

2635. — On a un lingot d'or de 800 g. au titre de 0,840. Combien faut-il lui ajouter de cuivre pour abaisser son titre à 0,750 ? (*Somme.*)

Cuivre à ajouter = Poids total à 0,750 — Poids du lingot à 0,840 (800 g.).

Poids à 0,750. { a) Or pur : 800ᵍ × 0,840 = 672 g.
{ b) 672ᵍ × 1 000/750 = 896 g.

Rép. 896ᵍ — 800ᵍ = 96 *grammes*.

2636. — Combien faut-il ajouter d'or pur à 500 g. d'un lingot d'or au titre de 0,900 pour élever le titre à 0,920 ?   (*Corse.*)

Or pur à ajouter = Poids total à 0,920 — Poids du lingot à 0,900 (500 g.).

Poids à 0,920. { a) Cuivre : 500ᵍ × 0,1 = 50 g.
{ b) 50ᵍ × 1 000 : (1 000 — 920) = 50ᵍ × 1 000/80 = 625 g.

Rép. 625ᵍ — 500ᵍ = 125 *grammes*.

P. 249.

*RÈGLE DITE DE FAUSSE POSITION

Problèmes. — **2637.** — On veut payer 100 fr. avec 32 pièces de 2 fr. et de 5 fr. Combien devra-t-on donner de pièces de chaque espèce ?

Solution. — Supposons qu'on donne 32 pièces de 2 fr.

On verserait ainsi :   2ᶠ × 32 = 64 fr.

Il manquerait : 100ᶠ — 64ᶠ = 36 fr.

Si on remplaçait alors une pièce de 2 fr. par une pièce de 5 fr., la somme versée augmenterait de : 5ᶠ — 2ᶠ = 3 fr.

Pour qu'elle augmente de 36 fr., il faut employer un **nombre de pièces de 5 fr.** égal au quotient de l'*augmentation totale* (36 fr.) par l'*augmentation due à une pièce* (3 fr.) :

36 : 3 = **12 pièces de 5 fr.**

Nombre de pièces de 2 fr. : 32 — 12 = **20 pièces de 2 fr.**

Vérification : 5ᶠ × 12 = 60 fr. } Somme payée : 60ᶠ + 40ᶠ = 100 fr.
2ᶠ × 20 = 40 fr. }

2638. — J'ai 610 fr. en pièces de 20 fr. et de 5 fr.; en tout 68 pièces. Combien ai-je de pièces de chaque espèce ?   (*Yonne.*)

68 pièces de 20 fr. formeraient 1 360 fr.
Différence totale = 1 360ᶠ — 610ᶠ = 750 fr.
Différence en rempl. 1 p. de 20 fr. par 1 p. de 5 fr. = 20ᶠ — 5ᶠ = 15 fr.
Nombre de pièces de 5 fr. = 750 : 15. *Rép.* 50 *pièces de 5 fr.*
Nombre de pièces de 20 fr. = 68 — 50. *Rép.* 18 *pièces de 20 fr.*

2639. — Dans une usine, on coule 480 pièces de fonte; les unes pèsent 12 kg.; les autres 20 kg. Le poids total des pièces est de 7 200 kg. On demande le nombre des pièces de chaque sorte. (*Isère.*)

480 pièces de 12 kg. pèseraient 5 760 kg.
Différence totale = 7 200ᵏᵍ — 5 760ᵏᵍ = 1 440 kg.
Différence en rempl. 1 p. de 12 kg. par 1 de 20 kg. = 20ᵏᵍ — 12ᵏᵍ = 8 kg.
Nombre de pièces de 20 kg. = 1 440 : 8. *Rép.* 180 *pièces de 20 kg.*
Nombre de pièces de 12 kg. = 480 — 180 *Rép.* 300 *pièces de 12 kg.*

2640. — On a payé 100 fr. à 28 ouvriers des 2 sexes par journée de travail faite en commun. Le salaire journalier d'un homme est de 4 fr.; celui d'une femme, de 2^f,50. Combien y a-t-il d'hommes et de femmes dans l'atelier ?   (*Rhône.*)

28 hommes gagneraient 4^f $\times$ 28 = 112 fr.
Différence totale = 112^f — 100^f = 12 fr.
Différence en rempl. 1 homme par 1 femme = 4^f — 2^f,50 = 1^f,50.
Nombre de femmes = 12 : 1,5.   *Rép.* 8 *femmes.*
Nombre d'hommes = 28 — 8.   *Rép.* 20 *hommes.*

2641. — Dans une institution, il y a 52 élèves qui payent 362 fr. par mois. Les plus jeunes payent 5 fr. et les autres 8 fr. par mois. Combien y a-t-il d'élèves de chaque catégorie ?   (*Drôme.*)

52 élèves à 5 fr. payeraient :   5^f $\times$ 52 = 260 fr.
Différence totale = 362^f — 260^f = 102 fr.
Diff. en rempl. 1 élève payant 5 fr. par 1 élève pay. 8 fr. = 8^f — 5^f = 3 fr.
Nombre d'élèves payant 8 fr. = 102 : 3.   *Rép.* 34 *élèves à 8 fr.*
Nombre d'élèves payant 5 fr. = 52$^{él.}$ — 34$^{él.}$.   *Rép.* 18 *élèves à 5 fr.*
Vérification :   (8^f $\times$ 34) + (5^f $\times$ 18) = 272^f + 90^f = 362 fr.

2642. — Un receveur des tramways a fait une recette journalière de 33 fr., en donnant des billets de 0^f,10 et de 0^f,15. Il a transporté dans sa journée 270 personnes; combien de chaque catégorie ? (*Algérie.*)

270 billets à 0^f,15 formeraient une recette de 0^f,15 $\times$ 270 = 40^f,5.
Différence totale = 40^f,50 — 33^f = 7^f,50 ou 150 sous.
Diff. en rempl. 1 bil. à 0^f,15 p. 1 bil. à 0^f,10 = 0^f,15 — 0^f,10 = 0^f,05 ou 1 sou.
Nombre de billets à 0^f,10 = 7,50 : 0.05 ou 150 : 1.   *Rép.* 150 *bill. à 0^f,10.*
Nombre de billets à 0^f,15 = 270 — 150.   *Rép.* 120 *billets à 0^f,15.*
Vérification :   (0^f,10 $\times$ 150) + (0^f,15 $\times$ 120) = 15^f + 18^f = 33 fr.

2643. — Un litre de bon lait pèse 1030 g. On m'en a fourni ce matin 6 litres qui ne pesaient que 6150 g. Combien y avait-on mis d'eau ?   (*Jura.*)

6 litres de lait pur pèsent :   1030^g $\times$ 6 = 6180 g.
Différence totale = 6180^g — 6150^g = 30 g.
Différence en remplaçant 1 l. de lait par 1 l. d'eau = 1030^g — 1000^g = 30 g.
Nombre de litres d'eau = 30 : 30.   *Rép.* 1 *litre d'eau.*

2644. — On a payé 1950 fr. pour la solde d'un mois à 20 ouvriers, hommes et femmes. Les hommes ont gagné 5 fr. par jour et les femmes 2^f,25. Le mois comprend 25 jours de travail. Combien y avait-il d'hommes et de femmes ?   (*Aveyron.*)

20 hommes gagneraient 5^f $\times$ 20 = 100 fr.
Augment. de la paye journal. = 100^f — (1950^f : 25) = 100^f — 78^f = 22 fr.
Diminut. en remplaçant 1 homme par 1 femme = 5^f — 2^f,25 = 2^f,75.
Nombre de femmes = 22 : 2,75.   *Rép.* 8 *femmes.*
Nombre d'hommes = 20 — 8.   *Rép.* 12 *hommes.*

2645. — J'avais reçu comme échantillon un demi-litre de vin pesant 495 g., poids net. On vient de me livrer un fût de 225 l. qui, vide, pesait 24 kg. et dont le poids total est de 247 kg. Le marchand a-t-il mélangé de l'eau à mon vin et quelle quantité ?   (*Paris.*)

225 l. de vin pur pèseraient :   0^{kg},495 $\times$ 2 $\times$ 225 = 0^{kg},99 $\times$ 225 = 222^{kg},75.
Différence totale. { *a)* Poids du vin du tonn. = 247^{kg} — 24^{kg} = 223 kg.
{ *b)* 223^{kg} — 222^{kg},75 = 0^{kg},250 ou 250 g.
Différ. en rempl. 1 l. de vin par 1 l. d'eau = 1^{kg} — 0^{kg},99 = 0^{kg},01 ou 10 g.
Nombre de litres d'eau ajoutés = 250 : 10.   *Rép.* 25 *litres.*
Vérification :   (0^{kg},99 $\times$ 200) + 25^{kg} + 24^{kg} = 198^{kg} + 25^{kg} + 24^{kg} = 247 kg.

2646. — Un ouvrier, qui reçoit 0^f,65 par heure de travail, est occupé tantôt 9 heures, tantôt 10 heures par jour. Au bout de 4 semaines de chacune 6 jours de travail, il reçoit un salaire de 146^f,25. Pendant combien de jours a-t-il travaillé 9 heures ?   (*Pas-de-Calais.*)

Si toutes ses journées avaient été de 10 h., il aurait gagné :
0^f,65 $\times$ 10 $\times$ 6 $\times$ 4 = 6^f,50 $\times$ 24 = 156 fr.
Différence totale :   156^f — 146^f,25 = 9^f,75.
Différence pour 1 j. de 10 h. remplacé par 1 j. de 9 h. = 0^f,65.
Nombre de journées de 9 heures = 9,75 : 0,65.   *Rép.   15 journées de 9 h.*
Nombre de journées de 10 heures = 24 — 15.   *Rép.   9 journées de 10 h.*

2647. — Une personne place 20 000 fr., partie à 5 °/$_0$, partie à 4 °/$_0$, et retire un revenu annuel de 930 fr. Quels sont les 2 capitaux placés ?   (*Eure-et-Loir.*)

20 000 fr. à 4 °/$_0$ rapporteraient :   4^f $\times$ 200 = 800 fr.
Diminution d'intérêts = 930^f — 800^f = 130 fr.
Augmentation d'intérêts en remplaçant 100 fr. placés à 4 °/$_0$ par 100 fr. placés à 5 °/$_0$ = 5^f — 4^f = 1 fr.
Capital placé à 5 °/$_0$ = 130 : 1 = 130 centaines de fr. *Rép.   13 000 fr.*
Capital placé à 4 °/$_0$ = 20 000^f — 13 000^f. *Rép.   7 000 fr.*

P. 250.   ***REVISION**

Problèmes. — 2648. — Trois associés ont mis, le 1er, 8 000 fr.; le 2e, 6 000 fr., et le 3e, 4 000 fr., dans une entreprise. Le 1er a eu une part de 400 fr. de bénéfice. Dites la part des 2 autres.   (*Ardèche.*)

Part de chacun = Bénéfice par fr. $\times$ Mise.
Bénéfice par fr. = 400^f : 8 000 = 0^f,05.
I. *Part du 2e* = 0^f,05 $\times$ 6 000.   *Rép.   300 fr.*
II. *Part du 3e* = 0^f,05 $\times$ 4 000.   *Rép.   200 fr.*

2649. — Un débitant a du vin à 0^f,40 et à 0^f,60. Il veut faire un mélange de ces 2 sortes de vin dans une pièce de 228 l. de manière que cette pièce lui revienne à 114 fr. Combien devra-t-il prendre de litres de chaque sorte ?   (*Rhône.*)

I. *Fausse supposition :*   228 l. à 0^f,40 valant 0^f,40 $\times$ 228 = 91^f,20.
Il manque :   114^f — 91^f,2 = 22^f,80.
Augmentation par litre = 0^f,6 — 0^f,4 = 0^f,2.
Nombre de litres à 0^f,6 = 22,80 : 0,2.   *Rép.   114 l.*
II. *Nombre de litres à 0^f,40* = 228^l — 114^l.   *Rép.   114 l.*

2650. — 75 litres d'un mélange de vin à 0^f,50 le litre et d'eau reviennent à 33^f,75. Combien y a-t-il de litres d'eau ?   (*Gers.*)

Nombre de litres d'eau = N. de litres du mélange (75 l.) — N. de l. de vin.
Nombre de litres de vin :   33,75 : 0,5 = 67^l,50.
Rép.   75^l — 67^l,5 = 7^l,5.

2651. — Trois négociants ont fait un fonds de commerce de 112 000 fr. Leurs parts de bénéfice ont été : 4 800 fr., 4 200 fr. et 3 000 fr. Quelle est la mise de chacun ?   (*Loir-et-Cher.*)

Mise de chacun = Bénéfice de chacun : Bénéfice par fr.

Bénéfice par fr. { *a*) En tout :   4 800^f + 4 200^f + 3 000^f = 12 000 fr.
              { *b*) 12 000^f : 112 000 = 3/28 de fr.
I. *Mise du 1er* = 4 800^f : 3/28 = 4 800^f $\times$ 28/3.   *Rép.   44 800 fr.*
II. *Mise du 2e* = 4 200^f $\times$ 28/3.   *Rép.   39 200 fr.*
III. *Mise du 3e* = 3 000^f $\times$ 28/3.   *Rép.   28 000 fr.*

2652. — On a 128 l. de vin à 0^f,85; en le mélangeant avec 87 l. de vin d'une autre qualité, on a obtenu un mélange qui revient à 0^f,65. Quel est le prix du litre de vin de la 2e qualité ?   (*Aveyron.*)

Prix du litre de 2e qualité = Prix total de cette 2e qualité : 87.

Prix de la 2e qualité.
- *a*) P. total = 0^f,65 × (128 + 87) = 0^f,65 × 215 = 139^f,75.
- *b*) 1re qualité :   0^f,85 × 128 = 108^f,80.
- *c*) 2e —   :   139^f,75 — 108^f,80 = 30^f,95.

Rép.   30^f,95 : 87 = 0^f,35.

2653. — Deux ouvriers ont fait ensemble en 5 jours un travail évalué à 71^f,30. Le 1er a fait 2^m,50 par jour, et le 2e, 3^m,25. Quel est le prix du mètre d'ouvrage? Que gagne chaque ouvrier par jour? Quelle part revient-il à chacun ?   (*Corse.*)

I. *Prix du mètre* = Prix total (71^f,3) : Longueur totale.
Longueur = (2^m,5 + 3^m,25) × 5 = 5^m,75 × 5 = 28^m,75.
Rép.   71^f,3 : 28,75 = 2^f,48.
II. *G. par jour. Rép.*   1er :   2^f,48 × 2,5 = 6^f,20;   2e :   2^f,48 × 3,25 = 8^f,06.
III. *G. total. Rép.*   1er :   6^f,2 × 5 = 31 *fr.*;   2e :   8^f,06 × 5 = 40^f,30.

2654. — Combien faudra-t-il prendre de café à 6^f,20 le kilogramme et de café à 4^f,50 pour obtenir, en les mélangeant, 510 kg. de café à 5^f,18 le kilogramme ?   (*Haute-Marne.*)

Proportions :   518 — 450 = 68 kg. à 6^f,20 pour 620 — 518 = 102 kg. à 4^f,50, ou, en simplifiant par 34, 2 kilogrammes à 6^f,2 pour 3 kilogrammes à 4^f,5.
Rép.   1° 2^{kg} × (510 : 5) = 2^{kg} × 102 = 204 *kg. à* 6^f,20.
2° 3^{kg} × 102 = 306 *kg. à* 4^f,50.

2655. — Deux voisins ont logé des troupes : le 1er, 6 hommes et 2 chevaux pendant 8 jours; le 2°, 4 hommes et 8 chevaux pendant le même temps. Une indemnité de 112 fr. leur est accordée. Faites le partage, sachant que 2 chevaux doivent entrer en compte pour 1 homme seulement.   (*Maine-et-Loire.*)

Les parts sont *proportionnelles* à 6 + 1 = 7 et à 4 + (8 : 2) = 8.
I. *Part du* 1er = 112^f × 7 : (7 + 8) = 52^f,266.   *Rép.*   52^f,25.
II. *Part du* 2e = 112^f × 8 : (7 + 8) = 59^f,733.   *Rép.*   59^f,75.

2656. — D'une barrique de 225 l., pleine de vin à 70 fr. l'hectolitre, on retire les 5/6 du vin, qu'on vend 0^f,80 le litre. On remplit ensuite la barrique avec du vin à 0^f,55 le litre et on revend le tout à raison de 65 fr. l'hectolitre. Quel est le bénéfice total?   (*Nord.*)

Bénéfice total = Prix de vente total — Prix d'achat total.

1. Prix de vente total.
- *a*) 1re vente. { Volume = 225^l × 5/6 = 187^l,5.
                         { 0^f,8 × 187,5 = 150 fr.
- *b*) 2e vente :   65^f × 2.25 = 146^f,25.
- *c*) 150^f + 146^f,25 = 296^f,25.

2. Prix d'achat total.
- *a*) 1er achat :   70^f × 2,25 = 157^f,50.
- *b*) 2e achat :   0^f,55 × 187.5 = 103^f,125, soit 103^f,15.
- *c*) 157^f,5 + 103^f,15 = 260^f,65.

Rép.   296^f,25 — 260^f,65 = 35^f,60.

2657. — Un vase est rempli aux 3/4 par de l'eau salée qui pèse 1 080 g. par litre. On y verse 3 l. d'eau pure et chaque litre du mélange ainsi obtenu pèse 1 070 g. Quelle est la capacité du vase ?   (*Allier.*)

Capacité totale = Volume de l'eau salée : 3/4.

Volume de l'eau salée.
- = Poids total à regagner : Poids regagné sur 1 litre.
- *a*) Gain tot. = Perte sur l'eau = (1070^g — 1000^g) × 3 = 210 g.
- *b*) Gain par litre = 1080^g — 1070^g = 10 g.
- *c*) 210 : 10 = 21 l.

Rép.   21^l : 3/4 = 21^l × 4/3 = 28 *l. Autre méthode :* Chercher les proportions.

2658. — Un wagon chargé de café en contient 4000 kg. renfermés dans 32 balles pesant les unes 150 kg., les autres 100 kg. Combien y a-t-il de balles de chaque sorte ?   *(Seine.)*

Fausse supposition : 32 balles de 100 kilogrammes, soit 3200 kilogrammes.
Différence totale = $4000^{kg} - 3200^{kg} = 800$ kg.
Différence par balle = $150^{kg} - 100^{kg} = 50$ kg.
I. *Nombre de balles de 150 kilogrammes* = 800 : 50.   *Rép.* 16 *balles.*
II. *Nombre de balles de 100 kilogrammes* = 32 — 16.   *Rép.* 16 *balles.*

2659. — Quatre personnes louent une voiture moyennant $11^f,40$ pour faire un trajet de 32 km. Après avoir fait 20 km., elles admettent aux mêmes conditions 2 autres personnes qui achèvent la route avec les 4 premières. Partager la dépense proportionnellement au nombre de kilomètres parcourus par chaque personne.   *(Meurthe-et-Moselle.)*

Part de chacune = Prix par kilomètre $\times$ Distance parcourue.
Prix par kilomètre. $\begin{cases} a) \text{ Dist. tot.} = 32^{km} \times 4 + (32^{km} - 20^{km}) \times 2 = 152 \text{ km.} \\ b) \ 11^f,4 : 152 = 0^f,075. \end{cases}$
I. *Dépense des 1res* = $0^f,075 \times 32$.   *Rép.* $2^f,40$ *chacune.*
II. *Dépense des dernières* = $0,075 \times 12$.   *Rép.* $0^f,90$ *chacune.*

2660. — On a des vins à $0^f,35$, à $0^f,38$ et à $0^f,56$. Combien doit-on mettre de litres de chaque qualité pour remplir un tonneau de 220 l. coûtant 88 fr., à la condition qu'il y ait 2 fois plus de vin de la 1re qualité que de la 3e ?   *(Basses-Alpes.)*

Fausse supposition : 220^l à $0^f,38$ coûtant $83^f,6$.
Différence totale = $88^f - 83^f,60 = 4^f,40$.
Diff. par litre. $\begin{cases} a) \text{ P. moyen des 2 autres qual.} = (0^f,35 \times 2 + 0^f,56):3 = 0^f,42. \\ b) \ 0^f,42 - 0^f,38 = 0^f,04. \end{cases}$
Volume total des 2 autres qualités = 4,4 : 0,04 = 110 l.
Rép. 1° $110^l \times 2/3 = 73^l 1/3$ *à* $0^f,35$.
        2° $220^l - 110^l = 110$ *l. à* $0^f,38$.
        3° $110^l \times 1/3 = 36^l 2/3$ *à* $0^f,56$.
Autre méthode : Mélange de vins à $0^f,42$ et à $0^f,38$ pour obtenir du vin à $88^f : 220 = 0^f,40$.

*REVISION GÉNÉRALE

P 151.

Problèmes. — 2661. — Quel est l'escompte, à 5 1/2 °/₀, d'un billet de 180 fr., escompté 45 jours avant l'échéance ? Quelle est la valeur actuelle de ce billet ?   *(Var.)*

I. *Escompte en 45 jours* = Escompte annuel $\times$ 45/360 ou 1/8.
Escompte annuel = $5^f,5 \times 1,8 = 9^f,9$.   *Rép.* $9^f,9 : 8 = 1^f,237$, soit $1^f,25$.
II. *Valeur actuelle* = $180^f - 1^f,25$.   *Rép.* $178^f,75$.

2662. — Une personne avait une propriété qui lui rapportait annuellement 2750 fr. Elle l'a vendue 95800 fr. et en a placé le prix à $3^f,25$ °/₀. De combien a-t-elle augmenté son revenu ? *(Loire-Infre.)*

Augmentation. $\begin{cases} \text{Intérêt annuel} = 3^f,25 \times 958 = 3113^f,50. \\ Rép. \ \ 3113^f,5 - 2750^f = 363^f,50. \end{cases}$

2663. — On a acheté 275 m. de drap à $14^f,40$ le mètre. On en a revendu les 3/5 avec un bénéfice de 15 °/₀, et le reste à 15ᶠ,75 le mètre. Quel bénéfice total a-t-on fait?   (*Charente-Inférieure.*)

Bénéfice total = Somme des bénéfices sur les 2 ventes.

1. 1ʳᵉ vente.
- a) Bénéfice par mètre = 14ᶠ,4 × 0,15 = 2ᶠ,16.
- b) Longueur = 275ᵐ × 3/5 = 55ᵐ × 3 = 165 m.
- c) 2ᶠ,16 × 165 = 356ᶠ,40.

2. 2ᵉ vente.
- a) Bénéfice par mètre = 15ᶠ,75 — 14ᶠ,4 = 1ᶠ,35.
- b) Longueur = 55ᵐ × 2 = 110 m.
- c) 1ᶠ,35 × 110 = 148ᶠ,50.

Rép.   356ᶠ,4 + 148ᶠ,5 = 504ᶠ,90.

2664. — Une propriété contenant 8ʰᵃ 1/2 a été achetée 24ᶠ,30 l'are; les frais d'acquisition ont été de 1745 fr. En louant cette propriété 1008 fr., à quel taux place-t-on son argent?   (*Basses-Pyrénées.*)

Taux = Loyer (1008 fr.) : Nombre de centaines de fr. du prix de revient.
Prix de revient = 24ᶠ,3 × 850 + 1745ᶠ = 20655ᶠ + 1745ᶠ = 22400 fr.
Rép.   1008 : 224 = 4,5 °/₀.

2665. — Une personne possède une somme de 18000 fr. Elle en place la moitié à 3 °/₀ et emploie le reste à l'achat d'une maison qui lui rapporte 30 fr. par mois. Quel est son revenu annuel?   (*Aisne.*)

Revenu annuel = Intérêt du capital placé + Loyer annuel de la maison.
1. Capital :   a) Valeur = 18000ᶠ : 2 = 9000 fr.   b) Intér. = 3ᶠ × 90 = 270 fr.
2. Maison :   30ᶠ × 12 = 360 fr.   *Rép.*   270ᶠ + 360ᶠ = 630 *fr.*

2666. — On a 600 g. d'or au titre de 0,750. Combien faudrait-il y ajouter d'or pur pour obtenir un alliage au titre monétaire?   (*Seine.*)

Poids d'or à ajouter = Poids de la monnaie — Poids primitif (600 g.).

Monnaie.
- a) Cuivre :   600ᵍ × (1 — 0,75) = 150 g.
- b) 150ᵍ × 10 = 1500 g.

Rép.   1500ᵍ — 600ᵍ = 900 *g.*

2667. — Je viens de toucher 127ᶠ,50 pour l'intérêt à 4ᶠ,25 °/₀ d'une somme de 4500 fr. qui m'était due. Quel sera l'intérêt de cette somme pour une année entière? A combien de mois remonte l'origine de cette dette?   (*Nord.*)

I. *Intérêt annuel* = 4ᶠ,25 × 45.   *Rép.*   191ᶠ,25.
II. *Temps* = 12ᵐᵒⁱˢ × 127,5 : 191,25.   *Rép.*   8 *mois.*

2668. — Le savon frais se vend 0ᶠ,95 le kilogramme. En séchant, il perd 12 °/₀ de son poids. Combien doit-on vendre le kilogramme de savon sec?   (*Vaucluse.*)

P. de v. du kg. = Prix d'achat du kg. (0ᶠ,95) : Poids rest. après dessiccation.
Poids restant = 1ᵏᵍ — 0ᵏᵍ,12 = 0ᵏᵍ,88.
Rép.   0ᶠ,95 : 0,88 = 1ᶠ,08.

2669. — Pour faire du laiton, on fond ensemble 455 kg. de cuivre à 160 fr. le quintal et 245 kg. de zinc à 450 fr. la tonne. Sachant qu'il y a dans l'opération un déchet de 3 °/₀, on demande : 1° la valeur de l'alliage obtenu; 2° le poids de cet alliage; 3° le prix d'un kilogramme de laiton.   (*Loire-Inférieure.*)

I. *Valeur de l'alliage* = Valeur du cuivre + Valeur du zinc.
1. Cuivre :   160ᶠ × 4,55 = 728 fr.;   2. Zinc :   450ᶠ × 0,245 = 110ᶠ,25.
Rép.   728ᶠ + 110ᶠ,25 = 838ᶠ,25.
II. *Poids de l'alliage* = Somme des poids des 2 métaux — Déchet.
1. Somme des poids = 455ᵏᵍ + 245ᵏᵍ = 700 kg.;
2. Déchet = 700ᵏᵍ × 0,03 = 21 kg.
Rép.   700ᵏᵍ — 21ᵏᵍ = 679 *kg.*
III. *Rép.*   838ᶠ,25 : 679 = 1ᶠ,23.

2670. — Une personne a 12 000 fr. à placer. On lui propose d'acheter pour ce prix une maison dont le revenu net est de 675 fr. ou de placer son argent dans une entreprise industrielle qui rapporte 5^f,90 %. Quel placement est le plus avantageux et de combien ?   (*Nord.*)

Avantage = Différence des 2 revenus.
Revenu industriel = 5^f,90 × 120 = 708 fr.
Rép.   Elle aura 708^f — 675^f = 33 *fr. de plus dans l'industrie.*

2671. — Un cultivateur a acheté un champ pour 750 fr. Il paye 250 fr. au comptant et le reste 9 mois après avec un intérêt calculé à 4,50 %. A combien lui revient son champ ?   (*Haute-Marne.*)

Prix de rev. total = Somme des 2 payements (750 fr.) et des intérêts du 2e.
Intérêts du 2e. { *a*) En 1 an :   0^f,045 × (750 — 250) = 22^f,50.
{ *b*) En 9 mois :   22^f,50 × 9/12 = 16^f,875, soit 16^f,90.
Rép.   750^f + 16^f,9 = 766^f,90.

2672. — J'ai mélangé 850 hl. de blé à 1^f,80 le décalitre avec 436 hl. d'orge à 2^f,40 le double-décalitre. Combien me faudra-t-il revendre l'hectolitre de ce mélange pour gagner 12 % ?   (*Haute-Marne.*)

Prix de vente de l'hectolitre = Prix de vente total : Nombre total d'hl.

1. Vente totale. { *a*) Revient. { Blé :   1^f,80 × 8500 = 15 300 fr.
{ Orge : (2^f,40 : 2) × 4 360 = 5 232 fr.
{ 15 300^f + 5 232^f = 20 532 fr.
{ *b*) Bénéfice = 20 532^f × 0,12 = 2 463^f,84.
{ *c*) 20 532^f + 2 463^f,84 = 22 995^f,84.
2. Volume total = 850^{hl} + 436^{hl} = 1 286 hl.
Rép.   22 995^f,84 : 1 286 = 17^f,88.

2673. — Quelle rente mensuelle pourrait-on se faire en plaçant à 3,25 % le prix de vente d'un champ carré de 185 m. de côté, si l'hectare est payé par l'acquéreur 2 400 fr.?   (*Mayenne.*)

Rente mensuelle = Rente annuelle : 12.

Rente ann. { *a*) Capital. { Surface = 185^{m2} × 185 = 34 225 m².
{ Prix = 2 400^f × 3,4225 = 8 214 fr.
{ *b*) 3^f,25 × 82,14 = 266^f,95.
Rép.   266^f,95 : 12 = 22^f,24.

2674. — Une marchande achète des oranges qu'elle revend 0^f,15. Elle gagne 30 % sur le prix de vente. 1° Combien lui coûte le cent d'oranges? 2° Combien doit-elle vendre d'oranges par jour pour avoir des journées de 3^f,60 de bénéfice?   (*Maine-et-Loire.*)

I. *Prix d'achat du cent* = Prix de vente (15 fr.) — Bénéf. sur 100 oranges.
Bénéf. sur 100 oranges = 15^f × 0,3 = 4^f,5.   *Rép.*   15^f — 4^f,5 = 10^f,50.
II. *N. d'oranges à vendre* = Bénéf. total (3^f,6) : Bénéf. sur 1 or. (0^f,045).
Rép.   3,6 : 0,045 = 80 *oranges.*

p. 252. **2675.** — Un lingot au titre de 0,750 contient 270 g. d'argent pur. Quel en est le poids?   (*Drôme.*)

Poids total = Poids d'argent pur (270 g.) : Titre (0,75).   *Rép.*   360 *g.*

2676. — Un commerçant possède un billet de 850 fr. payable dans 60 jours. Calculer la valeur actuelle du billet, le taux de l'escompte étant de 6 %.   (*Creuse.*)

Valeur actuelle = Valeur nominale (850 fr.) — Escompte.
Escompte = 6^f × 8,5 × 60/360 = 8^f,50.   *Rép.*   850^f — 8^f,50 = 841^f,50.

2677. — Le fumier bien soigné contient en poids 6 % d'azote, 3 % d'acide phosphorique et 5 % de potasse. L'azote vaut 1^f,50 le ki-

logramme, l'acide phosphorique 0^f,55 et la potasse 0^f,40. La valeur du
fumier dépendant de sa composition en substances fertilisantes, trouver
le prix de 4 m^3 de fumier; 1 m^3 de fumier pèse 380 kg.   (*Ardèche.*)

Valeur du fumier = Valeur du quintal × Nombre de quintaux.
1. Val. du q. = 1^f,5 × 6 + 0^f,55 × 3 + 0^f,4 × 5 = 9^f + 1^f,65 + 2^f = 12^f,65.
2. Poids = 3^q,8 × 4 = 15^q,2.   *Rép.* 12^f,65 × 15,2 = 192^f,28.
Autre méthode : Val. du fumier = Somme des val. des subst. fertilisantes.

2678. — On mélange 1 kg. de café à 0^f,48 l'hectogramme avec 2 kg.
de café à 1^f,60 le 1/2 kg. et 2 kg. de café à 0^f,036 le décagramme. Ce
mélange une fois grillé a perdu 1/5 de son poids. A combien revient le
kilogramme de café grillé?   (*Mayenne.*)

Prix de revient du kg. = Prix de rev. du mélange ∶ Poids du café torréfié.
1. Prix du mél. = 0^f,48 × 10 + 1^f,6 × 2 × 2 + 0^f,036 × 20 = 18^f,40.

2. Poids. $\begin{cases} a) \text{ Café vert :} & 1^{kg} + 2^{kg} + 2^{kg} = 5 \text{ kg.} \\ b) \text{ Café torréfié :} & 5^{kg} × (1 - 1/5) = 4 \text{ kg.} \end{cases}$

Rép. 18^f,4 ∶ 4 = 4^f,60.

2679. — Au commencement de chaque trimestre, un ouvrier économe place 80 fr. au taux de 2,75 °/₀. Combien retire-t-il au bout d'un
an, capital et intérêts réunis?   (*Finistère.*)

Somme retirée = Capital placé (80^f × 4) + Intérêts.
Intérêts = Int. de 80 fr. en 4 + 3 + 2 + 1 = 10 trimestres
         = 2^f,75 × 0,8 × 10/4 = 5^f,50.
Rép. 320^f + 5^f,5 = 325^f,50.

2680. — Un négociant présente à l'escompte un billet de 3 318 fr.
payable dans 2 mois 8 jours. Le taux de l'escompte étant 6 °/₀, combien
le négociant recevra-t-il?   (*Meuse.*)

Valeur au comptant = Valeur nominale (3 318 fr.) — Escompte.
Escompte : *a)* En 1 an : 6^f × 33,18;   *b)* 6^f × 33,18 × 68/360 = 37^f,60.
Rép. 3 318^f — 37^f,60 = 3 280^f,40.

2681. — Dans un vase contenant 16^l,5 de lait, on verse 5 l. d'eau.
Dire le poids de 1 dm^3 du mélange. (1 l. de lait pèse 1^{kg},030.) (*Doubs.*)

Poids de 1 dm^3 = Poids total ∶ Nombre de dm^3.
1. Poids total = 1^{kg},03 × 16,5 + 5^{kg} = 21^{kg},995.
2. Volume = 16^{dm3},5 + 5^{dm3} = 21^{dm3},5.   *Rép.* 21^{kg},995 ∶ 21,5 = 1^{kg},023.

2682. — Un propriétaire a une maison qui lui a coûté 23 400 fr.
plus 10 °/₀ de frais divers et qu'il loue 1 500 fr. par an. A quel taux
a-t-il placé son argent?   (*Seine.*)

Taux = Loyer (1 500 fr.) ∶ Nombre de centaines de fr. du prix de revient.
Revient : 23 400^f + 23 400^f × 0,1 = 25 740 fr.
Rép. 1 500 ∶ 257,4 = 5,82 °/₀.

2683. — Une couturière achète 135 m. de soie à 6^f,20 le mètre.
Elle en fait 9 robes qu'elle vend 165 fr. l'une. Si elle gagne 15 °/₀ sur
la soie, à combien estime-t-elle la façon d'une robe?   (*Cher.*)

Façon d'une robe = P. de vente d'une robe (165 fr.) — P. de v^{te} de la soie.

Soie. $\begin{cases} a) \text{ Achat.} \begin{cases} \text{Longueur} = 135^m ∶ 9 = 15 \text{ m.} \\ 6^f,2 × 15 = 93 \text{ fr.} \end{cases} \\ b) \text{ Bénéfice} = 93^f × 0,15 = 13^f,95. \\ c) \text{ Vente :} \quad 93^f + 13^f,95 = 106^f,95. \end{cases}$

Rép. 165^f — 106^f,95 = 58^f,05.

2684. — Un orfèvre fond ensemble un lingot d'argent du poids de

78 g., au titre de 0,800 ; 15 pièces de 5 fr. en argent et 25 pièces de 2 fr. Quel est le titre du lingot obtenu ? *(Haute-Saône.)*

Titre = Poids d'argent pur : Poids total.

1. Argent pur.
- *a)* 1er lingot : $78^g \times 0,8 = 62^g,4$.
- *b)* Pièces de 5 fr. : $25^g \times 15 \times 0,9 = 337^g,5$.
- *c)* Pièces de 2 fr. : $10^g \times 25 \times 0,835 = 208^g,75$.
- *d)* En tout : $62^g,4 + 337^g,5 + 208^g,75 = 608^g,65$.

2. Poids total $= 78^g + 375^g + 250^g = 703$ g.

Rép. $608,65 : 703 = 0,865$.

2685. — Deux ouvriers ont fait ensemble en 15 jours un ouvrage qui leur a été payé 159 fr. Sachant que le 1er a perdu 2 journées 1/2 et le 2e 1 journée, que revient-il à chacun ? *(Gironde.)*

Part de chacun = Gain journalier × Nombre de jours de travail.

Gain journalier.
- *a)* N. de j. $= (15 - 2,5) + (15 - 1) = 12^j,5 + 14^j = 26^j,5$.
- *b)* $159^f : 26,5 = 6$ fr.

I. *Part du 1er* $= 6^f \times 12,5$. *Rép.* 75 *fr.*

II. *Part du 2e* $= 6^f \times 14$. *Rép.* 84 *fr.*

2686. — Un ouvrier a gagné dans une année 1695 fr. et il a dépensé 1150 fr. Il a placé ses économies à la Caisse d'épargne au taux de 3 °/₀. Au bout d'un an, il retire le capital et les intérêts et emploie cette somme à l'achat d'un terrain qui vaut 70 fr. l'are. Quelle étendue de terrain a-t-il achetée ? *(Bouches-du-Rhône.)*

Surface du terrain = Prix total : Prix de l'are (70 fr.).

Prix total.
- *a)* Capital placé $= 1695^f - 1150^f = 545$ fr.
- *b)* Intérêts $= 3^f \times 5,45 = 16^f,35$.
- *c)* $545^f + 16^f,35 = 561^f,35$.

Rép. $561,35 : 70 = 8^a,02$ (par excès).

2687. — On a 225 l. de vin à $0^f,60$ et du vin à $0^f,45$. Combien doit-on mélanger de litres de cette dernière qualité avec la 1re pour obtenir un mélange qui revienne à $0^f,50$ le litre ? *(Loiret.)*

Nombre de litres, à $0^f,45$ = Gain total sur ce vin : Gain sur 1 litre.

Gain total = Perte sur le vin à $0^f,60 = (0^f,60 - 0^f,50) \times 225 = 22^f,50$.

Gain sur 1 l. $= 0^f,50 - 0^f,45 = 0^f,05$. *Rép.* $22,50 : 0,05 = 450$ *l.*

Autre méthode. — Chercher les proportions du mélange.

2688. — J'avais un billet de 1500 fr. payable dans 30 jours. Ayant besoin d'argent, je l'ai porté chez mon banquier qui me l'a escompté à 5 °/₀. Quelle somme ai-je reçue ? *(Tarn-et-Garonne.)*

Valeur au comptant = Valeur nominale (1500 fr.) — Escompte.

Escompte $= 5^f \times 15 \times 30/360 = 6^f,25$.

Rép. $1500^f - 6^f,25 = 1493^f,75$.

2689. — Les 2/5 d'un capital de 120 000 fr. ont été placés à 4 °/₀ et le reste à 3 °/₀. Combien ce capital rapporte-t-il par an ? Quel est le taux moyen du placement ? *(Alger.)*

I. *Intérêt total* = Somme des intérêts des 2 placements.

1. 1re partie.
- *a)* Capital $= 120\,000^f \times 2/5 = 48\,000$ fr.
- *b)* $4^f \times 480 = 1920$ fr.

2. Reste. . .
- *a)* Capital $= 120\,000^f - 48\,000^f = 72\,000$ fr.
- *b)* $3^f \times 720 = 2160$ fr.

Rép. $1920^f + 2160^f = 4080$ *fr.*

II. *Taux moyen* $= 4080 : 1200$. *Rép.* 3,40 °/₀.

2690. — On ajoute 25 l. d'eau à 275 l. de vin. Combien y a-t-il de centilitres d'eau dans 6 l. de ce mélange?   (*Haute-Saône.*)

Nombre de cl. d'eau dans 6 l. = 6 fois le nombre de cl. par l. du mélange.

Par litre. $\begin{cases} a) \text{ Volume total} = 25^l + 275^l = 300 \text{ l.} \\ b) \; 2500^{cl} : 300 = 25/3 \text{ de cl.} \end{cases}$

Rép. $25/3^{\text{ de cl}} \times 6 = 50$ *cl.*

2691. — Un lingot au titre de 0,920 pèse 485 g. On demande : P. 253. 1° le poids de l'or pur qu'il contient; 2° la valeur de l'or monnayé qu'on pourrait obtenir avec ce lingot.   (*Ardèche.*)

I. *Poids d'or pur* = $485^g \times 0,92$.   *Rép.* $446^g,2$.
II. *Valeur de l'or monnayé* = $3^f,10 \times$ Poids de la monnaie.
Poids = $446^g,2 \times 10/9 = 495^g,777$.   *Rép.* $3^f,10 \times 495,777 = 1536^f,90$.

2692. — On soutire d'un tonneau les 2/5 de son contenu. Le vin soutiré remplit exactement 170 bouteilles de $0^l,80$. Chacune de ces bouteilles est vendue $0^f,75$ avec un bénéfice de 50 °/₀ sur le prix d'achat. Dire : 1° la contenance du tonneau; 2° le prix d'achat de l'hectolitre de ce vin.   (*Puy-de-Dôme.*)

I. *Contenance totale* = Contenance des 2/5 : 2/5.
Contenance des $2/5 = 0^l,8 \times 170 = 136$ l.   *Rép.* $136^l \times 5/2 = 340$ *l.*
II. *Prix d'achat de 1 hl.* = Son prix de vente : Fraction du prix d'achat que ce prix de vente représente.
1. Prix de vente = $(0^f,75 : 0,8) \times 100 = 93^f,75$.
2. Fraction correspondante = $(100 + 50) : 100 = 3/2$.
Rép. . $93^f,75 \times 2/3 = 62^f,50$.

2693. — On a acheté un jardin de $12^a,50$ qu'on a payé avec un titre de 30 fr. de rente 3 °/₀ au cours de $96^f,80$. On demande à combien revient le mètre carré de terrain.   (*Cher.*)

Prix du m² = Prix total : Surface (1 250 m²).
Prix total = $96^f,80 \times 30 : 3 = 968$ fr.
Rép. $968^f : 1 250 = 0^f,774$.

2694. — Trois négociants se sont réunis pour acheter des marchandises. Le 1ᵉʳ a mis 1 800 fr., le 2° 2 400 fr., et le 3° 2 800 fr. En revendant ces marchandises, ils ont réalisé un bénéfice de 2 450 fr. Trouver : 1° le bénéfice pour cent; 2° la part de chacun.   (*Corrèze.*)

I. *Bénéfice p. cent* = Bénéfice total (2 450 fr.) : N. de cent. de fr. du capit.
Capital = $1800^f + 2400^f + 2800^f = 7000$ fr.
Rép. $2450 : 70 = 35$ °/₀.
II. *Rép.*   1ᵉʳ $35^f \times 18 = 630$ *fr.*;   2° $35^f \times 24 = 840$ *fr.*;
   3° $35^f \times 28 = 980$ *fr.*

2695. — Un billet de 2 400 fr. est payable dans 2 mois. Le banquier en donne 2 380 fr. Quel est le taux de l'escompte? (*S.-Inférieure.*)

Taux = Escompte pour 1 an : Nombre de centaines de francs de la valeur nominale (24).
Escompte ann. :   *a)* En 2 mois : $2400^f - 2380^f = 20$ fr.;   *b)* $20^f \times 6 = 120$ fr.
Rép. $120 : 24 = 5$ °/₀.

2696. — Un propriétaire possède 60 moutons et un autre 30. Ils font garder ces moutons pendant 180 jours par un berger commun qu'ils nourrissent et à qui ils donnent $0^f,75$ par jour. Pendant combien de jours chacun des 2 propriétaires devra-t-il nourrir le berger, et quelle somme lui devra-t-il?   (*Gironde.*)

Nombre de jours de chacun = 180 j. partagés proportionnellem. à 60 et 30.
I. $180^j : (60 + 30) = 2$ j.   *Rép.*   1° $2^j \times 60 = 120$ *jours* ;   2° $2^j \times 30 = 60$ *j.*
II. *Rép.*   1° $0^f,75 \times 120 = 90$ *fr.*;   2° $0^f,75 \times 60 = 45$ *fr.*

2697. — Une personne avait 450 fr. de rente 3 %. Avec le produit de la vente de cette rente au cours de 101^f,75, elle a acheté un pré, qu'elle a payé 4 800 fr. l'hectare. Quelle est la surface du pré? (*H.-Pyrénées.*)

Surface du pré = Prix total : Prix de l'hectare (4 800 fr.).
Prix total = 101^f,75 × 450 : 3 = 101^f,75 × 150 = 15 262^f,50.
Rép. 15 262,5 : 4 800 = 3^{ha},1796.

2698. — Un voyageur de commerce reçoit de son patron 12 fr. par jour et 3 % de commission sur les ventes qu'il fait. Après 112 jours de voyage, il a économisé 924 fr.; quel est le chiffre des affaires qu'il a faites, s'il a dépensé en moyenne 15 fr. par jour? (*Indre-et-Loire.*)

Chiffre d'affaires = Commission reçue : 0,03.

Commission. $\begin{cases} a) \text{ Gain total} = 924^f + 15^f \times 112 = 924^f + 1\,680^f = 2\,604 \text{ fr.} \\ b) \text{ Gain fixe} = 12^f \times 112 = 1\,344 \text{ fr.} \\ c) \ 2\,604^f - 1\,344^f = 1\,260 \text{ fr.} \end{cases}$

Rép. 1 260^f : 0,03 = 42 000 *fr.*

2699. — Dans quelle proportion faut-il allier des pièces d'argent de 2 fr. et de l'argent pur pour obtenir un alliage propre à faire des pièces de 5 fr ? (*Lozère.*)

Les *proportions* sont 1 000 — 900 = 100 g. de monnaie divisionnaire pour 900 — 835 = 65 g. d'argent pur.
Rép. 10 *pièces de 2 fr. pour* 65 *g. d'argent pur.*

2700. — Trois personnes consacrent à une œuvre de bienfaisance une somme de 90 fr. La dépense de la 2e est le double de celle de la 1re, et la dépense de la 3e est les 3/5 de celle de la 1re. Quelle est la dépense de chaque personne? (*Morbihan.*)

La dépense totale (90 fr.) doit être *partagée proportionnellement* à 1, à 2 et à 3/5 ou à 5/5, 10/5 et 3/5. ou enfin à 5, 10, 3.
I. *Dépense de la* 1re = [90^f : (5 + 10 + 3)] × 5 = 5^f × 5. *Rép.* 25 *fr.*
II. *Dépense de la* 2e = 5^f × 10. *Rép.* 50 *fr.*
III. *Dépense de la* 3e = 5^f × 3. *Rép.* 15 *fr.*

2701. — Le blé donne environ 75 % de son poids de farine, et, avec 10 kg. de farine, on obtient 12^{kg},5 de pain. On demande combien on pourra faire de pains de 3 kg. avec 45 sacs de blé pesant net 130 kg. chacun. (*Sarthe.*)

Nombre de pains = Poids total du pain : Poids d'un pain (3 kg.).

Poids total du pain. $\begin{cases} a) \text{ Farine.} \begin{cases} \text{Blé :} \quad 130^{kg} \times 45 = 5\,850 \text{ kg.} \\ 5\,850^{kg} \times 0,75 = 4\,387^{kg},5. \end{cases} \\ b) \ 12^{kg},5 \times 4\,387,5 : 10 = 5\,484^{kg},375. \end{cases}$

Rép. 5 484,375 : 3 = 1 828 *pains* (par défaut).

2702. — Un négociant fait faillite et laisse un actif de 15 000 fr. Il avait 3 créanciers à qui il devait respectivement 8 000 fr., 6 000 fr. et 18 000 fr. Quelle est la perte subie par chacun d'eux? (*M.-et-Moselle.*)

Perte totale de chacun = Perte par fr. × Créance.

Perte par fr. $\begin{cases} a) \text{ Perte tot.} = 8\,000^f + 6\,000^f + 18\,000^f - 15\,000^f = 17\,000 \text{ fr.} \\ b) \ 17\,000^f : 32\,000 = 0^f,53125. \end{cases}$

I. *Perte du* 1er = 0^f,53125 × 8 000. *Rép.* 4250 *fr.*
II. *Perte du* 2e = 0^f,53125 × 6 000. *Rép.* 3187^f,50.
III. *Perte du* 3e = 0^f,53125 × 18 000. *Rép.* 9562^f,50.

2703. — On a 2 lingots d'argent : l'un au titre de 0,880; l'autre au titre de 0,98. Quel poids de chacun faut-il prendre pour composer un alliage pesant 40 kg. au titre de 0,9 ?   (*Morbihan.*)

Proportions : $98 - 90 = 8$ kg. à 0,88 pour $90 - 88 = 2$ kg. à 0,98, soit 4 pour 1.

I. *Poids à* 0,88 $= (10^{kg} : 5) \times 4.$ *Rép.*   8 *kg.*
II. *Poids à* 0,98 $= 2^{kg} \times 1.$ *Rép.*   2 *kg.*

2704. — Un horloger a 90 jours pour payer une facture s'élevant à $3525^f,75$, ou, s'il paye comptant, on lui fait un escompte de 4 1/2 °/₀ par an. Il solde immédiatement cette facture. Quelle somme a-t-il à donner ?   (*Paris.*)

Facture nette = Facture brute ($3525^f,75$) — Escompte.
Escompte $= 4^f,5 \times 35,2575 \times 90/360 = 39^f,66$, soit $39^f,65$.
Rép. $3525^f,75 - 39^f,65 = 3485^f,10.$

2705. — Avec 3000 fr., j'achète une maison qui me rapportera net 185 fr. par an. Quel revenu aurais-je obtenu de plus ou de moins en achetant du 3 °/₀ à $94^f,55$?   (*Aveyron.*) P. 254.

Augmentation ou diminution = Différence des 2 revenus.
Rente $= 3^f \times 3000 : 94,55 = 95$ fr. (Il reste $5^f,90$ du capital.)
Rép. $185^f - 95^f = 90$ *fr. de moins.*

2706. — Une marchande de poisson, ayant reçu de la marée peu fraiche, a été obligée de la revendre avec 20 °/₀ de perte. Elle a reçu ainsi 160 fr. Quel avait été le prix d'achat ?   (*Seine-et-Marne.*)

Prix d'achat = P. de vente total (160 fr.) : P. de vente de 1 fr. de marée.
Prix par fr. $= 1^f - 0^f,2 = 0^f,80.$ *Rép.* $160 : 0,8 = 200$ *fr.*

2707. — Trois personnes ont mis dans une entreprise : la 1re, 35000 fr., la 2e, 45000 fr., la 3e, 60000 fr. Au bout de 6 mois, elles ont retiré un bénéfice de 4900 fr. qu'elles ont partagé proportionnellement à leurs mises. Quelle sera la part de chacune dans ce bénéfice ? A quel taux était placé leur argent ?   (*Meurthe-et-Moselle.*)

Part de chacune = Bénéfice par fr. $\times$ Mise.
Bénéfice par fr. $= 4900^f : (35000 + 45000 + 60000) = 0^f,035.$
I. *Part de la 1re* $= 0^f,035 \times 35000.$ *Rép.*   1225 *fr.*
II. *Part de la 2e* $= 0^f,035 \times 45000.$ *Rép.*   1575 *fr.*
III. *Part de la 3e* $= 0^f,035 \times 60000.$ *Rép.*   2100 *fr.*
IV. *Taux du placement* = Bénéfice p. 100 $\times$ 12/6 ou 2.
Rép. $0,035 \times 100 \times 2 = 7$ °/₀.

2708. — Combien devra-t-on ajouter de cuivre à un lingot d'or pesant 180 g. au titre de 0,925 pour abaisser le titre à 0,850 ?   (*Somme.*)

Poids de cuivre = Poids du nouveau lingot — Poids de l'ancien (180 g.).
Nouveau lingot. $\begin{cases} a)\ \text{Or pur}:\ 180^g \times 0,925 = 166^g,5. \\ b)\ 166^g,5 : 0,85 = 195^g,882. \end{cases}$
Rép. $195^g,882 - 180^g = 15^g,882.$

2709. — Une personne place une somme de 4000 fr. dont elle retire 148 fr. d'intérêt annuel; 1200 fr. sont placés à 3 °/₀. A quel taux est placé le surplus ?   (*Eure-et-Loir.*)

Taux du surplus = Intérêt du surplus : Nombre de cent. de fr. du capital.
1. Intérêt $= 148^f - 3^f \times 12 = 112$ fr.;   2. Cap. $= 4000^f - 1200^f = 2800$ fr.
Rép. $112 : 28 = 4$ °/₀.

2710. — Un convoi de chemin de fer contient en tout 143 voyageurs de 1re et de 2e classe. Les uns payent 16 fr. et les autres 13 fr.

La recette totale est de 2039 fr. Combien y a-t-il de voyageurs de chaque classe ?   *(Paris.)*

> *Fausse supposition :* 143 voyageurs à 16 fr. pour 2288 fr.
> Différence totale $= 2288^f - 2039^f = 249$ fr.
> Différence par voyageur $= 16^f - 13^f = 3$ fr.
> *Rép.* $249 : 3 = 83$ *voyag. de 2ᵉ classe,* et $143 - 83 = 60$ *voyag. de 1ʳᵒ.*

2711. — Un ouvrier avait entrepris un travail à forfait pour lequel il devait recevoir 126 fr. Après avoir travaillé 18 jours, il s'adjoint 2 ouvriers qui, en 8 jours, achèvent l'ouvrage avec lui. Que revient-il à chacun ?   *(Lozère.)*

> *Part de chacun* = Salaire journalier $\times$ Nombre de jours de travail.
>
> Salaire journ. $\begin{cases} a)\ \text{Nombre de jours.} \begin{cases} 1^{er}\ \text{ouvrier :}\ \ 18^j + 8^j = 26\ \text{jours.} \\ \text{En tout :}\ \ \ 26^j + 8^j + 8^j = 42\ \text{jours.} \end{cases} \\ b)\ 126^f : 42 = 3\ \text{fr.} \end{cases}$
>
> I. *Part du* 1ᵉʳ $= 3^f \times 26.$ *Rép.* 78 *fr.*
> II. *Part du* 2ᵉ $=$ *Part du* 3ᵉ $= 3^f \times 8.$ *Rép.* 24 *fr.*

2712. — Combien faut-il prendre d'argent au titre de 0,940 et au titre de 0,835 pour faire 8 kg. d'argent au titre de 0,9 ?   *(Yonne.)*

> *Proportions de l'alliage :* $900 - 835 = 65$ kg. à 0,940 p. $940 - 900 = 40$ kg. à 0,835, ou (en simplifiant par 5) 13 pour 8.
> *Rép.* 1° $8^{kg} \times 13 : (13 + 8) = 4^{kg},95238$ *à* 0,940.
> 2° $8^{kg} \times 8 : 21 = 3^{kg},04762$ (par excès) *à* 0,835.

2713. — Deux associés ont fait une entreprise dans laquelle ils ont mis, l'un 45 000 fr., et l'autre 38 000 fr. Le 1ᵉʳ a reçu 861 fr. de bénéfice de plus que le 2ᵉ. On demande : 1° la part de chaque associé ; 2° le bénéfice total.   *(Indre-et-Loire.)*

> *Part de chacun* = Bénéfice pour 1000 fr. $\times$ Nombre de milliers de fr.
>
> Bénéfice p. ⁰/₀₀ $\begin{cases} a)\ \text{Différence des capitaux} = 45000^f - 38000^f = 7000\ \text{fr.} \\ b)\ 861^f : 7 = 123\ \text{fr.} \end{cases}$
>
> I. *Part du* 1ᵉʳ $= 123^f \times 45.$ *Rép.* 5535 *fr.*
> II. *Part du* 2ᵉ $= 123^f \times 38.$ *Rép.* 4674 *fr.*
> III. *Bénéfice total* $= 5535^f + 4674^f.$ *Rép.* 10209 *fr.*

2714. — Un rentier tire de son capital un revenu moyen de 3,50 %. Sachant qu'il économise les 2/5 de son revenu annuel, tout en dépensant 6300 fr. par an, on demande quel est son capital.   *(Seine-Inf.)*

> *Capital* = Revenu total $:$ Revenu de 1 fr. $(0^f,035)$.
> Revenu total $= 6300^f : (1 - 2/5) = 6300^f \times 5 : 3 = 10500$ fr.
> *Rép.* $10500^f : 0,035 = 300000$ *fr.*

2715. — Un marchand a acheté 250 kg. de café à $2^f,60$ le kilogramme et 500 kg. à $2^f,50$. Il mélange le tout et veut le revendre avec un bénéfice total de 300 fr. S'il en vend d'abord les 2/3 à raison de $2^f,90$ le kilogramme, à quel prix devra-t-il vendre chaque kilogramme du reste ?   *(Paris.)*

> *Prix de vente du kg. du reste* = Prix de vente de ce reste $:$ Poids en kg.
>
> 1. Prix de vente du reste. $\begin{cases} a)\ \text{Vente tot.} \begin{cases} \text{Achat :}\ 2^f,6 \times 250 + 2^f,5 \times 500 = 1\,900\ \text{fr.} \\ 1\,900^f + 300^f = 2\,200\ \text{fr.} \end{cases} \\ b)\ 1^{re}\ \text{vente.} \begin{cases} \text{Poids} = (250^{kg} + 500^{kg}) \times 2/3 = 500\ \text{kg.} \\ \text{Prix} = 2^f,9 \times 500 = 1\,450\ \text{fr.} \end{cases} \\ c)\ 2200^f - 1\,450^f = 750\ \text{fr.} \end{cases}$
>
> 2. Poids $= 750^{kg} - 500^{kg} = 250^{kg}.$ *Rép.* $750^f : 250 = 3$ *fr.*

2716. — Il est convenu entre 2 ouvriers que le plus habile, à temps égal, gagnera 1/4 en sus du gain de l'autre. Ces 2 ouvriers ont fait ensemble un travail qui leur a été payé 1860 fr. Partagez entre eux cette somme, sachant que le plus habile a consacré à ce travail 52 jours et l'autre 76.   (*Cher.*)

I. *Part du moins habile* = Son salaire journalier $\times$ 76.

Salaire journalier. $\begin{cases} = \text{Salaire total} : \text{Nombre de journées du moins habile} \\ \quad \text{que représente le nombre total des journées.} \\ 76^j + (1+1/4)^j \times 52 = 76^j + 65^j = 141 \text{ j.} \\ 1860^f : 141 = 13^f,19149. \end{cases}$

Rép. $13^f,19149 \times 76 = 1002^f,55$.

II. *Part du plus habile* = $13^f,19149 \times 65$.   *Rép.* $857^f,45$ (par excès).

2717. — Quel est le capital qui, placé à 5 %, rapporte 138 fr. d'intérêt en 5 ans? A quel taux faudrait-il le placer pour qu'il rapportât 27 fr. d'intérêt de plus dans le même temps?   (*Seine-Inférieure.*)

I. *Capital* = Intérêt annuel total : Intérêt annuel de 1 fr. ($0^f,05$).
Intérêt annuel = $138^f : 5 = 27^f,60$.   *Rép.* $27^f,6 : 0,05 = 552$ *fr.*
II. *Taux nouveau* = Nouvel intérêt annuel : N. de cent. du capital (5,52).
Intérêt annuel = $27^f,60 + (27^f : 5) = 27^f,60 + 5^f,40 = 33$ fr.
Rép. $33 : 5,52 = 5,97$ %.

2718. — Une barrique contient 640 l. de vin payé 45 fr. l'hectolitre. On en vend 250 l. à 52 fr. l'hectolitre, 180 l. à 55 fr. et le reste à 60 fr. Combien a-t-on gagné % sur le prix d'achat, et quel est le prix moyen de vente d'un hectolitre à un centime près?   (*Seine-et-Oise.*)

I. *Bénéfice pour cent* = Bénéfice total : Nombre de cent. de fr. d'achat.
1. Achat : $45^f \times 6,4 = 288$ fr.

2. Bénéfice. $\begin{cases} a) \text{ Vente tot.} \begin{cases} 1^{re} \text{ vente :} & 52^f \times 2,5 = 130 \text{ fr.} \\ 2^e \text{ vente :} & 55^f \times 1,8 = 99 \text{ fr.} \\ 3^e \text{ vente :} & 60^f \times [6,4 - (2,5 + 1,8)] = 126 \text{ fr.} \\ \text{En tout :} & 130^f + 99^f + 126^f = 355 \text{ fr.} \end{cases} \\ b) \ 355^f - 288^f = 67 \text{ fr.} \end{cases}$

Rép. $67 : 2,88 = 23,26$ %.
II. *Prix de vente moyen* = $355^f : 6,4$.   *Rép.* $55^f,46$ (à $0^f,01$ près).

2719. — Deux associés ont fait une entreprise. L'un a mis 12 820 fr., P. 255. l'autre 11 200 fr. Le premier a reçu 324 fr. de bénéfice de plus que le second. On demande le bénéfice de chacun.   (*Charente.*)

Bénéfice de chacun = Bénéfice par franc $\times$ Mise.

Bénéfice par fr. $\begin{cases} a) \text{ Différence des mises :} \ 12820^f - 11200^f = 1620 \text{ fr.} \\ b) \ 324^f : 1620 = 0^f,20. \end{cases}$

Rép.   1° $0^f,2 \times 12820 = 2564$ *fr.*;   2° $0^f,2 \times 11200 = 2240$ *fr.*

2720. — Un hectare de terre produit en moyenne 22 500 kg. de betteraves. Celles-ci rendent en sucre 6,75 % de leur poids. Calculer le poids du sucre que fournissent les betteraves récoltées dans un champ triangulaire qui a 128 m. de base et 50 m. de hauteur.   (*Orne.*)

Poids du sucre = Poids des betteraves $\times$ 0,0675.

Betteraves. $\begin{cases} a) \text{ Surface} = 128^{m2} \times 50 : 2 = 3200^{m2} = 0^{ha},32. \\ b) \ 22500^{kg} \times 0,32 = 7200 \text{ kg.} \end{cases}$

Rép. $7200^{kg} \times 0,0675 = 486$ *kg.*

2721. — Deux entrepreneurs ont fait exécuter un travail qui a rapporté 1 380 fr. de bénéfices, tous frais payés. Le capital engagé par le 1er entrepreneur a été de 5 000 fr. pendant 1 an; le capital engagé par le 2e a été de 4 000 fr. pendant 8 mois. Quelle part de bénéfice revient-il à chacun?   (*Mayenne.*)

Les parts sont *proportionnelles* au produit de chaque mise par la durée de son placement : $5000^f \times 12$ et $4000^f \times 8$, soit à 60000 fr. et 32000 fr.
Bénéfice par 1000 fr. = $1380 : (60 + 32) = 15$ fr.
Rép.   1° $15^f \times 60 = 900$ *fr.*;   2° $15^f \times 32 = 480$ *fr.*

2722. — Dans un lingot au titre de 0,9, il entre 65 g. au titre de 0,835 et le reste au titre de 0,950 ; on demande le poids du lingot. (*Alger.*)

Proportions :   950 — 900 = 50 g. à 0,835 pour 900 — 835 = 65 g. à 0,950 ou (en divisant par 50) :   1ᵍ pour 1ᵍ,3 ;   et en tout :   1ᵍ + 1ᵍ,3 = 2ᵍ,3.
Poids du lingot = 2ᵍ,3 × 65. *Rép.* 149ᵍ,5.

2723. — Un marchand achète pour 3450 fr. de marchandises qu'il ne peut pas payer comptant. Il fait au vendeur un billet payable dans 80 jours. Quel doit être le montant de ce billet, l'intérêt étant calculé à 6 °/₀ ?   (*Oise.*)

Montant du billet = Prix d'achat (3450 fr.) + Ses intérêts.
Intérêts = 6ᶠ × 34,5 × 80/360 = 46 fr.   *Rép.*   3450ᶠ + 46ᶠ = 3 496 *fr.*

2724. — Un fermier a acheté 6 pièces de vin de 230 l. à raison de 24 fr. l'hectolitre. Les frais de transport et autres se sont élevés à 6ᶠ,20 par hectolitre. Quelle quantité d'eau doit-il ajouter à son vin s'il veut obtenir un mélange qui lui revienne à 0ᶠ,20 le litre ?   (*Somme.*)

Nombre total de litres d'eau = Nombre de litres d'eau par hectolitre de vin × Nombre d'hectolitres de vin.

1. Eau par hl. de vin. $\Big\{$ *a)* Vol. total. $\Big\{$ Prix de revient = 24ᶠ + 6ᶠ,2 = 30ᶠ,2.
                                            30,2 : 0,2 = 151 l.
           b) 151ˡ — 100ˡ = 51 l. d'eau.
2. Nombre d'hectolitres de vin = 2ʰˡ,3 × 6 = 13ʰˡ,8.
Rép.   51ˡ × 13,8 = 703ˡ,8.

2725. — On traite du minerai qui contient 20 °/₀ de son poids d'argent, et qui perd pendant l'opération 2 °/₀ de l'argent qu'il renferme. Combien de kilogrammes de minerai doit-on employer pour obtenir l'argent nécessaire à la fabrication d'une somme de 20 000 fr. en pièces de 5 fr. ?   (*Ille-et-Vilaine.*)

Poids du minerai = Poids total d'argent : Poids d'argent tiré de 1 kilogramme de minerai.
  1. Poids total d'argent = 5ᵍ × 20 000 × 0,9 = 90 000 g. = 90 kg.
  2. Poids par kilogramme = 0ᵏᵍ,2 — 0ᵏᵍ,2 × 0,02 = 0ᵏᵍ,2 — 0ᵏᵍ,004 = 0ᵏᵍ,196.
Rép.   90 : 0,196 = 459ᵏᵍ,183.

2726. — Un ouvrier a fauché un pré rectangulaire ayant 124 m. de long sur 38 m. de large ; un 2ᵉ ouvrier a fauché le pré voisin de même longueur, mais dont la largeur est les 4/5 de celle du 1ᵉʳ champ. Ils ont été payés en tout 8ᶠ,10. Que revient-il à chacun ?   (*Meuse.*)

Les *parts* sont *proportionnelles* aux surfaces, donc à 1 et 4/5 ou à 5 et 4.
Rép.   1° 8ᶠ,10 × 5 : (5 + 4) = 4ᶠ,50 ;   2° 8ᶠ,10 × 4 : 9 = 3ᶠ,60.

2727. — On a de l'eau-de-vie à 1ᶠ,95 le litre et de l'eau-de-vie à 2ᶠ,75 le litre. Combien faut-il prendre de l'une et de l'autre pour obtenir un hectolitre revenant à 245 fr. ?   (*Hérault.*)

Fausse supposition :   100 l. à 1ᶠ,95 pour 195 fr.
  1. Différence totale = 245ᶠ — 195ᶠ = 50 fr.
  2.   —   par litre = 2ᶠ,75 — 1ᶠ,95 = 0ᶠ,80.
Rép.   50 : 0,8 = 62ˡ,5 à 2ᶠ,75 et 100ˡ — 62ˡ,5 = 37ˡ,5 à 1ᶠ,95.

2728. — Une personne achète une prairie carrée ayant 208 m. de contour, à raison de 6 500 fr. l'hectare. Quel est le prix de son acquisition ? Elle revend la prairie avec un bénéfice de 15 °/₀. Calculer le montant de ce bénéfice. Indiquer ensuite comment on obtiendrait mentalement le bénéfice, connaissant le prix d'achat.   (*Nord.*)

I. *Prix total* = Prix de l'hectare (6 500 fr.) × Nombre d'hectares.
Surface :   *a*) Côté = 208^m : 4 = 52 m.   *b*) 52^{m2} × 52 = 2704^{m2} = 0^{ha},2704.
Rép.   6500^f × 0,2704 = 1 757^f,60.
II. *Bénéfice* = 1 757^f,6 × 0,15.   *Rép.*   263^f,64.
III. *Bénéfice* = 175^f,76 + (175^f,76 : 2) = 175^f,76 + 87^f,88 = 263^f,64.
Autrement :   Bénéfice sur 1 800^f — Bénéfice sur 42^f,4
$\qquad$ = (180^f + 90^f) — (4^f,24 + 2^f,12) = 270^f — 6^f,36.

2729. — Un litre de lait pèse 1^{kg},033. Une personne en a acheté 15 litres. Pour savoir s'il n'y a point d'eau, elle pèse les 15 l. de lait et elle trouve 15^{kg},396. Combien y a-t-il de litres d'eau ?   (*Pas-de-Calais.*)

Fausse supposition :   15 l. de lait pesant 1^{kg},033 × 15 = 15^{kg},495.
1. Différence totale = 15^{kg},495 — 15^{kg},396 = 0^{kg},099.
2.   —   par litre = 1^{kg},033 — 1^{kg} = 0^{kg},033.
Rép.   0,099 : 0,033 = 3 *l. d'eau.*

2730. — Un effet de commerce payable dans 45 jours est escompté au taux de 5 °/₀ par an. Sa valeur actuelle est 1 351^f,50, on demande quelle est sa valeur nominale.   (*Corrèze.*)

Valeur nominale = Valeur actuelle (1 351^f,5) : Valeur actuelle de 1 fr. escompté dans les mêmes conditions.
Valeur actuelle de 1 fr. = 1^f — 0^f,05 × 45/360 = 1^f — 0^f,00625 = 0^f,99375.
Rép.   1 351^f,5 : 0,99375 = 1 360 *fr.*

2731. — Un oncle lègue en mourant à ses 3 neveux 2 700 fr. de rente 3 °/₀, à condition de partager le capital en proportion du nombre de leurs enfants. La rente ayant été vendue au cours de 101^f,65, on demande la part de chacun des neveux, sachant que le 1er a 2 enfants, que le 2e en a 3 et que le 3e en a 4.   (*Ille-et-Vilaine.*)

Part de chacun = Part par enfant × Nombre d'enfants.
Part par enfant. { *a*) Capital = 101^f,65 × 2 700 : 3 = 91 485 fr.
                 { *b*) 91 485^f : (2 + 3 + 4) = 10 165 fr.
Rép.   1° 10 165^f × 2 = 20 330 *fr.* ;   2° 10 165^f × 3 = 30 495 *fr.* ;
        3° 10 165^f × 4 = 40 660 *fr.*

P. 256.

CALCUL MENTAL. CALCUL RAPIDE

Ce chapitre ne contient que les indications générales qui doivent guider dans la recherche des procédés particuliers à chaque cas.

ADDITION

1° *Commencer par les plus hautes unités.*

47ᶠ + 24ᶠ   47 et 20..... 67 et 4..... **71 fr.**

2° *Arrondir l'un des nombres.*

54ᶠ + 29ᶠ   54 et 30..... 84 moins 1..... **83 fr.**
46ᶠ + 38ᶠ   46 et 40..... 86 moins 2..... **84 fr.**

3° *Partager les nombres proposés en tranches de 2 chiffres.*

345ᶠ + 134ᶠ   300 et 100..... 400 $\Big\}$ **= 479 fr.**
                45 et 34..... 79

4° *Tenir compte de la virgule.*

0ᵐ,45 + 0ᵐ,34   45 et 30..... 75 et 4..... **0ᵐ,79.**
1ᵐ,65 + 2ᵐ,8   1 et 2..... 3ᵐ $\Big\}$ **= 4ᵐ,45.**
               65 et 80..... 1ᵐ,45

Remarques. — Dans le **calcul écrit**, il faut s'habituer :

1° à faire une addition de 2 ou 3 nombres sans les écrire les uns au-dessous des autres ;

2° à additionner *rapidement* en prononçant le moins de mots possible.

Ainsi, la somme $8 + 9 + 6 + 4$ s'obtient en disant : 8 et 9... 17 et 6... 23 et 4... **27** ; ou mieux encore : 8... 17... 23... **27.**

Exercices. — 2732. — Ajouter 19 à 53 d'après les procédés du calcul mental et expliquer l'opération.   *(Doubs.)*

$19 = 20 - 1.$ *Rép.* $53 + 20 - 1 = 72.$

2733. — Comment trouve-t-on mentalement combien font 47 et 59 ; 89 et 38 ?   *(Yonne.)*

I. $59 = 60 - 1.$ *Rép.* $47 + 60 - 1 = 106.$
II. $89 + 38 = 90 + 40 - 3.$ *Rép.*   127.

2734. — Faire les opérations suivantes : $79 + 24$; $65 + 39$; $75 + 19$; $49 + 39.$ Expliquer.   *(Sarthe.)*

I. *Rép.* $80 + 24 - 1 = 103.$ II. *Rép.* $65 + 40 - 1 = 104.$
III. *Rép.* $75 + 20 - 1 = 94.$ IV. *Rép.* $50 + 40 - 2 = 88.$

2735. — Faites connaître le total des nombres $63 + 27 + 46$ et indiquez comment vous faites l'opération de tête.   *(Pas-de-Calais.)*

$63 + 27 = 60 + 30 = 90.$ *Rép.* $90 + 40 + 6 = 136.$

2736. — Comment trouve-t-on mentalement la somme des deux nombres 328 et 252 ?   (*Marne.*)

a) $300 + 200 = 500$.   *b)* $28 + 52 = 30 + 50 = 80$.   *Rép.* $500 + 80 = 580$.

***2737.** — Un propriétaire a un jardin de 2ª1/4 ; il en achète un autre, voisin du 1ᵉʳ, qui a 175ᵐ². Chercher la superficie totale des 2 jardins. Calculer mentalement et expliquer.   (*Seine-Inférieure.*)

a) $2^a 1/4 = 225^{m2}$.   *b)* $225^{m2} + 175^{m2} = 200^{m2} + 200^{m2}$.   *Rép.* $400\ m2$.

SOUSTRACTION   P. 257.

1° *Procéder par addition*, en prenant comme *point d'appui* un nombre intermédiaire.

A. $85^f - 33^f$. $74^f - 48^f$.

85   74
     $+2$ $+24$
  83          $= 52$ fr.   50 $= 26$ fr.
     $+50$ $+2$
— 33   — 48

B. $458^f - 189^f$. $474^f - 325^f$.

458   474
     $+258$ $+49$
  200          $= 269$ fr.   425 $= 149$ fr.
     $+11$ $+100$
— 189   — 325

2° *Tenir compte de la virgule.*

       $0^m,8 - 0^m,46$. $6^f,30 - 2^f,75$.

80   6,30
     $+30$ $+3,30$
  50          $= 0^m,34$.   3ᶠ $= 3^f,55$.
     $+4$ $+0,25$
— 46   — 2,75

Rendre la monnaie d'une pièce.

Prendre : $6^f,35$ sur 20 fr.

            $6^f,35$ et $0^f,15$..... $6^f,50$
                   et $0^f,50$..... 7^f
                   et 3^f........ 10^f
                   et 10^f ...... 20^f

Monnaie rendue : $13^f,65$.

Exercices. — **2738.** — Quels sont les compléments à 100 des nombres suivants : 50 ; 25 ; 75 ; 13 ; 62 ; 86 ; 48 ; 34 ; 89 ; 21 ?

Retrancher de 9 le chiffre des dizaines, de 10 le chiffre des unités.

Rép. 50 ; 75 ; 25 ; 87 ; 38 ; 14 ; 52 ; 66 ; 11 ; 79.

2739. — Sur 1 fr., prendre les sommes suivantes :
0f,50 ; 0f,25 ; 0f,75 ; 0f,40 ; 0f,35 ; 0f,70 ; 0f,45.

Rép. 0f,50 ; 0f,75 ; 0f,25 ; 0f,60 ; 0f,65 ; 0f,30 ; 0f,55.

2740. — Sur 5 fr., prendre les sommes suivantes :
4f,70 ; 0f,50 ; 2f,95 ; 1f,80 ; 3f,75 ; 1f,60 ; 0f,35 ; 2f,45.

Rép. 1° 0f,30 ; 2° 0f,50 + 4f = 4f,50 ; 3° 0f,05 + 2f = 2f,05 ;
4° 0f,20 + 3f = 3f,20 ; 5° 0f,25 + 1f = 1f,25 ; 6° 0f,40 + 3f = 3f,40 ;
7° 0f,65 + 4f = 4f,65 ; 8° 0f,55 + 2f = 2f,55.

2741. — Sur 20 fr., prendre les sommes suivantes :
15f,50 ; 12f,80 ; 8f,40 ; 10f,75 ; 6f,95 ; 7f,70 ; 4f,65 ; 3f,85.

Rép. 4f,50 ; 7f,20 ; 11f,60 ; 9f,25 ; 13f,05 ; 12f,30 ; 15f,35 ; 16f,15.

2742. — Calculer 425 — 180. Expliquer.   (*Basses-Pyrénées.*)
180 et 20... 200 et 225... 425. *Rép.* 225 + 20 = 245.

2743. — Que rendre sur 100 fr. versés pour 39f,85 dus ? (*Seine-Inf.*)
39f,85 et 0f,15... 40f et 60... 100 fr. *Rép.* 60f,15.

P. 258.

MULTIPLICATION

1° *Commencer par les plus hautes unités.*

46×7	72×21
7 fois 40..... 280	20 fois 72..... 1 440
+ 7 fois 6..... 42	+ 72
322	**1 512**

2° *Arrondir l'un des facteurs.*

56×9	28×36
10 fois 56..... 560	30 fois 36..... 1 080
— 56	— 2 fois 36..... 72
504	**1 008**

3° *Tenir compte de la virgule.*

$53 \times 0,7$	$3,9 \times 26$
7 fois 50.... 350	40 fois 26..... 1 040
+ 7 fois 3.... 21	— 26
371... **37,10**	1 014... **101,4**

Remarque. — Parmi les problèmes suivants, on fera par écrit ceux qui paraîtront difficiles et on indiquera la marche à suivre pour effectuer mentalement les calculs.

Problèmes. — **2744.** — Que doit toucher un ouvrier qui a travaillé 28 jours, s'il gagne 4 fr. par jour ?   (*Loiret.*)

Rép. 4f × (30 — 2) = 120f — 8f = 112 *fr.*

2745. — Combien y a-t-il de minutes dans un jour?   (*Oise.*)

$60^{min.} \times 24 = 60 \times (20 + 4)$.   *Rép.* $1\,200^{min.} + 240^{min} = 1\,440$ *min.*

2746. — Comment multiplie-t-on un nombre par 0,20?   (*Aisne.*)

Rép. On le *double* et on *prend* 0,1 (Même procédé que dans le calcul écrit).

2747. — Comment multiplie-t-on un nombre par 9? Prendre pour exemple 45×9.   (*Marne.*)

$45 \times 9 = 45 \times (10 - 1) = 450 - 45$. *Rép.* 405.

2748. — Multiplier 4 par 299. Expliquer l'opération. (*P.-de-Calais.*)

$4 \times 299 = 4 \times (300 - 1) = 1200 - 4$. *Rép.* 1196.

2749. — Quel est le prix de $4^{m},30$ d'étoffe à 4 fr. le mètre? (*Rhône.*)

$4^f \times 4,3 = 16^f + 1^f,20$. *Rép.* $17^f,20$.

2750. — Le kilogramme de sucre vaut $0^f,65$. Comment calculerez-vous le prix de 19 kg.?   (*Yonne.*)

$0^f,65 \times 19 = 0^f,65 \times (20 - 1) = 13^f - 0^f,65$. *Rép.* $12^f,35$.
Aut. méth.: 19^{kg} à $0^f,65$ valent 19^{kg} à 13 sous ou 13 kg. à 19 sous ($13^f - 13$ sous).

2751. — Que valent 16 quintaux de blé à 18 fr. l'un? (*Ardennes.*)

$18^f \times 16 = (20^f - 2^f) \times 16 = 320^f - 32^f$. *Rép.* 288 *fr.*

2752. — Un fermier vend 3 moutons à 27 fr. l'un et 1 agneau pour 14 fr. Combien doit-il rendre sur un billet de 100 fr.?   (*Vosges.*)

a) $27^f \times 3 = (30^f - 3^f) \times 3 = 90^f - 9^f = 81$ fr.   b) $81^f + 14^f = 81^f + 10^f + 4^f = 95$ fr.
Rép. $100^f - 95^f = 5$ *fr.*

2753. — Que doit-on pour 19 m. d'étoffe à $3^f,50$ le mètre? (*I.-et-L.*)

$3^f,50 \times 19 = 3^f,50 \times (20 - 1) = 70^f - 3^f,5$. *Rép.* $66^f,50$.

2754. — Un charpentier gagne 27 fr. par semaine. Que gagne-t-il par an?   (*Seine-Inférieure.*)

$27^f \times 52 = 27^f \times (50 + 2) = 1350^f + 54^f$. *Rép.* 1404 *fr.*

2755. — Quel est le prix de 26 sacs de blé à 22 fr. l'un? (*Somme.*)

$22^f \times 26 = (20^f + 2^f) \times 26 = 520^f + 52^f$. *Rép.* 572 *fr.*
Autre méthode : $22^f \times 26 = 11^f \times 2 \times 26 = 286^f \times 2$. *Rép.* 572 *fr.*

2756. — Comment faites-vous le produit 39×51?   (*Aisne.*)

$39 \times 51 = (40 - 1) \times 51 = 2040 - 51$. *Rép.* 1989.
Autre méthode : $39 \times 51 = 39 \times (50 + 1) = 1950 + 39$. *Rép.* 1989.

2757. — Comment multiplie-t-on un nombre par 19, par 21? Prendre pour exemples : 85×19 et 85×21.   (*Meuse.*)

I. $85 \times 19 = 85 \times (20 - 1) = 1700 - 85$. *Rép.* 1615.
II. $85 \times 21 = 85 \times (20 + 1) = 1700 + 85$. *Rép.* 1785.

2758. — Combien reçoit un fermier qui vend 28 moutons à 32 fr. l'un et 3 bœufs à 530 fr.?   (*Haute-Marne.*)

a) $32^f \times 28 = (30^f + 2^f) \times 28 = 840^f + 56^f = 896$ fr.
b) $530^f \times 3 = (150^f + 9^f) \times 10 = 1590$ fr.
c) $896^f + 1590^f = 900^f + 1590^f - 4^f$.   *Rép.* 2486 *fr.*

P. 259. **MULTIPLICATION PAR 0,5 ; 5 ; 50 ; 0,25 ; 2,5 ; 25**

1. — Pour multiplier un nombre par 0,5, on en *prend la moitié*.

2. — Pour multiplier un nombre par 5, par 50, par 500, on en *prend la moitié* et on *multiplie le résultat par* 10, *par* 100, *par* 1 000.

3. — Pour multiplier un nombre par 0,25, on en *prend le quart.*

4. — Pour multiplier un nombre par 2,5, par 25, par 250, on en *prend le quart* et on *multiplie le résultat par* 10, *par* 100, par 1 000.

Problèmes. — 2759. — Comment multiplie-t-on un nombre par 0,50 ? Prendre pour exemple : $624 \times 0,50$. (*Pyrénées-Orientales.*)
$624 \times 0,50 = 624 : 2$.   *Rép.*   312.

2760. — Comment multiplie-t-on un nombre par 50 ? Prendre comme exemples : 48×50 et 65×50.   (*Meuse*).
I. $48 \times 50 = (48 : 2) \times 100$.   *Rép.* $24 \times 100 = 2\,400$.
II. $65 \times 50 = (65 : 2) \times 100$.   *Rép.* $32,5 \times 100 = 3\,250$.

2761. — Exposez et expliquez la règle à suivre pour multiplier un nombre par 0,25. Application : $352 \times 0,25$.   (*Loiret.*)
$352 \times 0,25 = 352 : 4$.   *Rép.*   *La moitié de* 176 ou 88.

2762. — Une cantine scolaire a servi 1 254 repas à $0^f,25$. Quelle est la dépense totale faite ?   (*Yonne.*)
$0^f,25 \times 1\,254 = 1\,254^f : 4$.   *Rép.*   *La moitié de* 627^f ou $313^f,50$.

2763. — Quel est le prix de vente d'un fromage de Gruyère pesant 14 kg. à raison de $2^f,50$ le kilogramme ?   (*Deux-Sèvres.*)
$2^f,50 \times 14 = (14^f : 4) \times 10 = (7^f : 2) \times 10$.   *Rép.* $3^f,5 \times 10 = 35$ *fr.*
Autre méth.: $2^f,50 \times 14 = (2^f \times 14) + (0^f,50 \times 14) = 28^f + 7^f$.   *Rép.*   35 *fr.*

2764. — Comment trouve-t-on le prix de 26 paires de poulets à $2^f,50$ la paire ?   (*Basses-Pyrénées.*)
$2^f,50 \times 26 = 52^f + 13^f$.   *Rép.*   65 *fr.*

2765. — Comment trouve-t-on le produit de 36 par 25 ?   (*Cantal.*)
$36 \times 25 = (36 : 4) \times 100 = 9 \times 100$.   *Rép.*   900.

2766. — Expliquez la règle que vous appliquez pour effectuer le produit : 250×24.   (*Doubs.*)
a) $250 = 1\,000/4$.   b) $250 \times 24 = (24 : 4) \times 1\,000 = 6 \times 1\,000$.   *Rép.*   6 000.

2767. — J'ai acheté 54 l. de vin à $0^f,25$ le litre. Combien dois-je payer ? Combien me rendra-t-on sur 20 fr. ?   (*Meurthe-et-Moselle.*)
I. $0^f,25 \times 54 = 54^f : 4 = 27^f : 2$.   *Rép.* $13^f,50$.
II. $13^f,50$ et $0^f,50...$ 14^f et $6^f...$ 20^f.   *Rép.* $6^f,50$.

***2768.** — Comment effectuez-vous les produits suivants : $64 \times 0,25$ et 64×25 ?   (*Haute-Saône.*)

I. $64 \times 0,25 = 64 : 4 = 32 : 2$.   *Rép.* 16.
II. $64 \times 25 = (64 : 4) \times 100$.   *Rép.* 1 600.

***2769.** — Quel est le prix de 3 pièces de ruban de 35 m. chacune à 5 fr. le mètre ?   (*Nord.*)

$5^f \times 35 \times 3 = 15^f \times 35 = 350^f + 175^f$.   *Rép.* 525 *fr.*

***2770.** — Combien doit-on à une femme de ménage pour 25 jours, si elle a travaillé 3 heures par jour à $0^f,25$ l'heure ?   (*Yonne.*)

$0^f,25 \times 3 \times 25 = 0^f,25 \times 75 = 75^f : 4 = 37^f,5 : 2$.   *Rép.* $18^f,75$.

***2771.** — Combien payera-t-on pour 25 kg. de beurre à $1^f,25$ le demi-kilogramme ?   (*Indre.*)

$1^f,25 \times 25 \times 2 = 1^f,25 \times 50 = (1^f,25 : 2) \times 100$.   *Rép.* $62^f,50$.
Autre méthode : $1^f,25 \times 2 \times 25 = 2^f,5 \times 25 = 10^f \times (25 : 4) = 10^f \times 6,25$.
                   Rép. $62^f,50$.

***2772.** — Un marchand achète une pièce de toile de 80 m. à $1^f,50$ le mètre. Il revend cette étoffe $1^f,75$ le mètre. On demande quel est son bénéfice.   (*Basses-Pyrénées.*)

a) $1^f,75 - 1^f,50 = 0^f,25$;   *b*) $0^f,25 \times 80 = 80^f : 4$.   *Rép.* 20 *fr.*

***2773.** — Trouver le prix de 4 800 m² de terrain à raison de 25 fr. l'are.   (*Haute-Vienne.*)

$25^f \times 48 = 100^f \times 48 : 4 = 100^f \times 12$.   *Rép.* 1 200 *fr.*

MULTIPLICATION PAR 11; 1,5; 0,125; 0,75   P. 260.

5. — Pour multiplier un nombre par 11, on *ajoute ce nombre à son produit par* 10. Si le nombre n'a que 2 chiffres on opérera de la façon suivante :

        43×11.....   4 et 3.....   **7**.....   **4 7 3**.
        85×11.....   8 et 5.....   **13**....   **9 3 5**.

6. — Pour multiplier un nombre par 1,5 on *augmente le nombre de sa moitié.*

*7. — Pour multiplier un nombre par 0,125, on en *prend le huitième.*

*8. — Pour multiplier un nombre par 0,75, on en *prend les trois quarts* ou *la moitié plus le quart.*

Problèmes. — **2774.** — On a vendu 39 bottes d'asperges à $1^f,50$ la botte. Quelle somme a-t-on reçue ?   (*Marne.*)

$1^f,50 \times 39 = 1^f,50 \times (40 - 1) = 40^f + 20^f - 1^f,50$.   *Rép.* $58^f,50$.
Autre méthode : $1^f,50 \times 39 = 39^f + 19^f,50$.   *Rép.* $58^f,50$.

2775. — Exposez et expliquez la règle à suivre pour multiplier un nombre par 15. Application : 26 × 15. *(Loiret.)*
26 × 15 = (26 + 13) × 10. *Rép.* 390.
Autre méthode : 26 × 15 = (26 × 30) : 2 = 780 : 2. *Rép.* 390.

2776. — Multipliez rapidement 63 par 11. Expliquez. *(Aisne.)*
63 × 11 ; 6 et 3... 9. *Rép.* 693. *Autrement :* (63 × 10) + 63 = 693

*2777.** — Combien a reçu dans une année une apprentie qui a travaillé 280 jours à raison de 0^f,75 par jour ? *(Somme.)*
0^f,75 × 280 = 140^f + 70^f. *Rép.* 210 *fr.*

*2778.** — Expliquez la multiplication de 48 par 125. *(Aisne.)*
48 × 125 = (48 : 8) × 1 000. *Rép.* 6 000.

*2779.** — Comment multipliez-vous 124 par 0,75 ? *(Lozère.)*
124 × 0,75 = 62 + 31. *Rép.* 93.

*2780.** — Que valent 125 m. à 35 fr. les 5 m.? *(Lot-et-Garonne.)*
a) 35^f : 5 = 7 fr. ; b) 7^f × 125 = (8^f — 1^f) × 125 = 1 000^f — 125^f.
Rép. 875 *fr.*

*2781.** — Quelle est la surface d'une dalle qui a 0^m,84 de long sur 0^m,75 de large? *(Somme.)*
0^{m2},84 × 0,75 = 0^{m2},42 + 0^{m2},21. *Rép.* 0^{m2},63.

*2782.** — Que doit-on payer pour 2 pièces d'étoffe : l'une de 25 m. à 9 fr. le mètre; l'autre de 35 m. à 11 fr. ? *(Doubs.)*
a) 9^f × 25 = (9^f : 4) × 100 = 2^f,25 × 100 = 225 fr.
b) 11^f × 35 ; 3 et 5... 8... 385 fr.
c) 225^f + 385^f = 200^f + 300^f + 30^f + 80^f. *Rép.* 610 *fr.*

*2783.** — Dire le prix d'une bouteille de 75 cl. de vin à 60 fr. l'hectolitre. *(Meuse.)*
0^f,60 × 0,75 = 0^f,30 + 0^f,15. *Rép.* 0^f,45.

*2784.** — Multipliez successivement par 0,75 les nombres 48; 50 et 29. Comment procédez-vous? Quel est le prix de 750 g. de thé à 9^f,60 le kilogramme? *(Seine-Inférieure.)*
I. *Rép.* 1° 48 × 0,75 = 24 + 12 = 36 ; 2° 50 × 0,75 = 25 + 12,5 = 37,50;
3° 29 × 0,75 = 14,5 + 7,25 = 21,75.
II. 750^g = 3/4 de kg. 9^f,60 × 0,75 = 4^f,8 + 2^f,4. *Rép.* 7^f,20.

*2785.** — Quel est le prix total de 64 m. de drap à 7^f,50 le mètre et de 42 m. de doublure à 0^f,75 le mètre? *(Loiret.)*
a) 7^f,50 × 64 = 0^f,75 × 640 = 320^f + 160^f = 480 fr.
b) 0^f,75 × 42 = 21^f + 10^f,50 = 31^f,50. *Rép.* 480^f + 31^f,5 = 511^f,50.

*2786.** — Comment calculez-vous : 1° le prix de 75 volumes à 3^f,60 l'un; 2° le prix de 35 l. de vin à 48 fr. l'hectolitre? *(Ardennes.)*
I. 3^f,60 × 75 = 180^f + 90^f. *Rép.* 270 *fr.*
II. 48^f × 35 = 48^f × 70 : 2 = 24^f × 70. *Rép.* 1 680 *fr.*

*2787.** — Multiplier les nombres 648, 124 et 822 par 1,25. De quelle quantité faut-il augmenter un nombre pour qu'il soit multiplié par 1,25 ? *(Haute-Garonne.)*
I. *Rép.* 1° 648 × 1,25 = 648 + (648 : 4) = 648 + 162 = 810 ;
2° 124 × 1,25 = 124 + 31 = 155 ;
3° 822 × 1,25 = 822 + 205,5 = 1 027,5.
II. 1,25 = 1 + 1/4. *Rép.* *On augmente le nombre de son quart.*

2788. — On veut clore un jardin rectangulaire de 60 m. de long sur 25 m. de large, au moyen d'une haie coûtant tout compris 1^f,25 le mètre courant; quelle sera la dépense ?   (*Pas-de-Calais.*)

a) Périmètre = (60^m + 25^m) × 2 = 85^m × 2 = 160^m + 10^m = 170 m.
b) 1^f,25 × 170 = 170^f + (170^f : 4) = 170^f + 42^f,50.   *Rép.* 212^f,50.

*REVISION   P. 261.

Problèmes. — **2789.** — Montrer que 18 × 3,5 donne le même résultat que 9 × 7 et expliquer pourquoi.   (*Ardennes.*)

Rép. 3,5 = 7 : 2;   18 × 3,5 = 18 × 7 : 2 = (18 : 2) × 7 = 9 × 7.

2790. — Quel est le prix de 36 m. de calicot à 0^f,55 ?   (*Loiret.*)

0^f,55 × 36 = 1^f,1 × 36 : 2 = 1^f,1 × 18.   *Rép.* 19^f,80.
Autre méthode :   0^f,55 × 36 = 11^{sous} × 36 = 396^{sous} = 20^f — 4 sous.
Rép. 19^f,80.

2791. — Calculer le prix d'une barrique de vin de 228 l., à 0^f,55 le litre.   (*Eure.*)

0^f,55 × 228 = 1^f,10 × 228 : 2 = 1^f,10 × 114 = 114^f + 11^f,40.   *Rép.* 125^f,40.

2792. — Quel est le prix de 5^m,25 d'étoffe à 4^f,80 ?   (*I.-et-Loire.*)

4^f,80 × 5,25 = 4^f,8 × 5 + (4^f,8 : 4) = 24^f + 1^f,20.   *Rép.* 25^f,20.

2793. — Expliquez comment vous obtenez le prix de 12 poulets, à 2^f,75 l'un.   (*Yonne.*)

2^f,75 × 12 = 2^f × 12 + 0^f,75 × 12 = 24^f + 6^f + 3^f.   *Rép.* 33 *fr.*

2794. — Multiplier 28 par 175.   (*Eure.*)

28 × 175 = 28 × 100 + 28 × 75 = 2800 + (14 + 7) × 100 = 2800 + 2100.
Rép. 4900.

2795. — Un maraîcher a vendu 40 bottes d'asperges à 1^f,50 la botte, et 25 bottes à 1^f,20. Calculez sa recette totale.   (*Seine.*)

a) 1^f,50 × 40 = 40^f + 20^f = 60 fr.   *b)* 1^f,20 × 25 = (1^f,20 : 4) × 100 = 30 fr.
Rép. 60^f + 30^f = 90 *fr.*

2796. — Une ménagère achète 30 m. de toile à 1^f,75 le mètre. Que lui rendra-t-on sur 100 fr.?   (*Paris.*)

a) 1^f,75 × 30 = 30^f + (0^f,75 × 30) = 30^f + 15^f + 7^f,5 = 52^f,50.
b) 52^f,50 et 0^f,50... 53^f et 7^f... 60^f et 40^f... 100 fr.
Rép.   0^f,50 + 7^f + 40^f = 47^f,50.

2797. — Trouver : 1° le prix de 18 volumes à 2^f,50 l'un; 2° le prix de 32 cahiers à 12^f,50 le cent.   (*Cher.*)

I. 2^f,50 × 18 = 2^f × 18 + 0^f,50 × 18 = 36^f + 9^f.   *Rép.* 45 *fr.*
II. 12^f,5 × 0,32 = (100^f : 8) × 0,32 = 100^f × 0,32 : 8 = 32 : 8.   *Rép.* 4 *fr.*

2798. — Un marchand a vendu 16 hl. de charbon à 1^f,75 l'hectolitre. Que remettra-t-il à l'acheteur sur un billet de 50 fr. ? (*Rhône.*)

a) 1^f,75 × 16 = 16^f + 0^f,75 × 16 = 16^f + 8^f + 4^f = 28 fr.
b) 28^f et 2^f... 30^f et 20^f... 50 fr.   *Rép.* **22 fr.**

2799. — Comment calculez-vous : 1° le prix de 12 pièces de vin à 60 fr. la pièce ; 2° le prix de 11 l. d'huile à 1^f,60 le litre ; 3° le prix de 75 l. d'huile à 1^f,80 le litre ?   (*Puy-de-Dôme.*)

   I. 60^f × 12;   12 fois 6... 72.   *Rép.* 720 *fr.*
   II. 1^f,60 × 11;   1 et 6... 7.   *Rép.* 17^f,60.
   III. 1^f,80 × 75 = 180^f × 0,75 = 90^f + 45^f.   *Rép.* 135 *fr.*

2800. — Un charcutier a acheté, pour 65 fr., un porc qui donne net 72 kg. de viande. Quel bénéfice réalisera-t-il s'il vend cette viande 0^f,55 le demi-kilogramme ?   (*Deux-Sèvres.*)

   a) Prix de vente = 0^f,55 × 2 × 72 = 1^f,1 × 72 = 79^f,20.
   b) 65^f et 4^f,20... 69^f,20 et 10^f... 79^f,20. *Rép.* 4^f,20 + 10^f = 14^f,20.

2801. — Un marchand place sur sa voiture 3 ballots. Le 1er pèse 1 quintal 1/2 ; le 2e 110 kg., et le 3e 60 kg. Quel est le prix de la marchandise à 0^f,25 le kilogramme ?   (*Seine-Inférieure.*)

   150^{kg} + 110^{kg} + 60^{kg} = 260^{kg} + 60^{kg} = 320 kg.
   0^f,25 × 320 = 320^f : 4.   *Rép.* 80 *fr.*

2802. — Quel est le prix : 1° de 15 moutons à 28 fr. l'un ; 2° de 29 chaises à 13 fr. ?   (*Pyrénées-Orientales.*)

   I. 28^f × 15 = 280^f + 140^f.   *Rép.* 420 *fr.*
   II. 13^f × 29 = 13^f × (30 − 1) = 390^f − 13^f.   *Rép.* 377 *fr.*

2803. — Une fermière vend 7 kg. de beurre à 1^f,50 le demi-kilogramme, et 6 douzaines d'œufs à 1^f,20 l'une. Elle achète 18 m. de toile à 1^f,25 l'un. Que lui reste-t-il sur le produit de sa vente ? (*Aveyron.*)

   1. Vente. { *a*) Beurre : 1^f.50 × 2 × 7 = 3^f × 7 = 21 fr. } Total : 28^f,20.
            { *b*) Œufs : 1^f,20 × 6 = 7^f,20. }
   2. Achat : 1^f,25 × 18 = 18^f + 18^f : 4 = 18^f + 4^f,5 = 22^f,50.
   22^f,50 et 0^f,50... 23^f et 5^f... 28^f et 0^f,20... 28^f,20.
   Rép. 0^f,50 + 5^f + 0^f,20 = 5^f,70.

2804. — Combien reste-t-il au bout de l'année à un ouvrier qui gagne 25 fr. par semaine et dépense 90 fr. par mois ?   (*Loire.*)

   1. Gain = 25^f × 52 = (52^f : 4) × 100 = 13^f × 100 = 1 300 fr.
   2. Dépense = 90^f × 12 = 1 080 fr.
   1 080^f et 20^f... 1 100^f et 200^f... 1 300 fr.   *Rép.* 20^f + 200^f = 220 *fr.*

2805. — Le cent de bouteilles vaut 25^f,25. Combien paiera-t-on pour 160 bouteilles ?   (*Ain.*)

   25^f,25 × 1,6 = 25^f × 1,6 + 0^f,25 × 1,6 = (1^f,6 : 4) × 100 + (1^f,6 : 4).
   Rép. 40^f + 0^f,4 = 40^f,40.

2806. — J'ai planté 28 rangées de 25 fraisiers. Quelle dépense ai-je faite, si 100 fraisiers coûtent 0^f,50 ?   (*Pas-de-Calais.*)

   a) 25^p × 28 = (28^p : 4) × 100 = 700 pieds.
   b) 0^f,5 × 7 = 7^f : 2. *Rép.* 3^f,50.

2807. — Calculez le prix d'un champ carré de 104 m. de périmètre, à 25 fr. l'are.   (*Orne.*)

               { *a*) Côté = 104^m : 4 = 52^m : 2 = 26 m.
   1. Surface. { *b*) 26^{m2} × 26 = 26^{m2} × (25 + 1) = (26^{m2} : 4) × 100 + 26^{m2}
                        = 650^{m2} + 26^{m2} = 676 m².
   2. *Prix* = 25^f × 6,76 = (6^f,76 : 4) × 100 = (3^f,38 : 2) × 100 = 1^f,69 × 100.
   Rép. 169 *fr.*

2808. — Quels procédés employez-vous pour trouver rapidement les réponses aux questions suivantes : 1° 20 objets à 95 centimes; 2° 48 objets à 10 centimes; 3° 54 objets à 1^f,10; 4° 64 objets à 0^f,25; 5° 360 objets à 1^f,75?   (*Paris.*)

I. $0^f,95 \times 20 = (1^f - 0^f,05) \times 20 = 20^f - 20$ sous.
Rép. 19 *fr.* *Autrement :* $0^f,95 \times 20 = 20$ fois 19 sous $= 19$ *fr.*
II. $0^f,10 \times 48 = 48$ décimes. *Rép.* $4^f,80$.
III. $1^f,10 \times 54 = 54^f + 5^f,4$. *Rép.* $59^f,40$ ou $(11 \times 54 : 10)$.
IV. $0^f,25 \times 64 = 64^f : 4 = 32^f : 2$. *Rép.* 16 *fr.*
V. $1^f,75 \times 360 = 360^f + 0^f,75 \times 360 = 360^f + 180^f + 90^f$. *Rép.* 630 *fr.*

2809. — Quelle est, en ares, la superficie d'un champ triangulaire dont la base a 250 m., et la hauteur 98 m.?   (*Somme.*)

$(250^{m2} : 2) \times 98 = 125^{m2} \times 98 = 1^a,25 \times 98 = 98^a + 98^a : 4 = 98^a + 24^a,5$.
Rép. $122^a,50$.

DIVISION   P. 262.

Remarque. — Il faut s'habituer à faire les divisions par **2, 3, 4, 5....., 9**, *rapidement, sans écrire les restes.*
Exemple : $78 : 3$.

Le tiers de 7 est 2, reste 1.......	1er chiffre du quotient .	**2;**
Le tiers de 18 est 6..............	2e chiffre du quotient :	**6;**
	Quotient :	**26.**

Exercices. — **2810.** — Effectuer rapidement les divisions suivantes :

(1) $48\,640 : 2 =$ (4) $98\,950 : 5 =$ (7) $34\ \ : 8 =$
Rép. 24320.   *Rép.* 19790.   *Rép.* 4,25.

(2) $67\,008 : 3 =$ (5) $897\,000 : 6 =$ (8) $596,4 : 8 =$
Rép. 22336.   *Rép.* 149500.   *Rép.* 74,55.

(3) $79\,768 : 4 =$ (6) $78\,960 : 7 =$ (9) $21\,658,5 : 9 =$
Rép. 19942.   *Rép.* 11280.   *Rép.* 2406,5.

DIVISION PAR 0,5; 5; 0,25; 2,5

1. — Pour diviser un nombre par 0,5, on le *multiplie par 2*.

2. — Pour diviser un nombre par 5, par 50, par 500, on le *multiplie par 2* et on *divise le résultat par* 10, *par* 100, *par* 1 000.

3. — Pour diviser un nombre par 0,05, on le *multiplie par 20*.

4. — Pour diviser un nombre par 0,25, on le *multiplie par 4*.

5. — Pour diviser un nombre par 2,5, par 25, par 250, on le *multiplie par 4* et on *divise le résultat par* 10, *par* 100, *par* 1 000.

Problèmes. — 2811. — Combien de mètres de galon à 0^f,50 peut-on acheter avec 6^f,50 ?   (*Oise.*)

Rép.   6^m,50 $\times$ 2 = 13 m.

2812. — Comment divise-t-on rapidement un nombre par 0,50 ? Appliquez la règle au nombre 14,75.   (*Aisne.*)

14,75 : 0,50 = 14,75 $\times$ 2.   *Rép.*   28 + 1,5 = 29,5.

2813. — Expliquez comment vous divisez 220 par 5. (*Corrèze.*)

220 : 5 = (220 : 10) $\times$ 2.   *Rép.*   44.

2814. — A raison de 0^f,25 le litre de vin, quelle quantité pourrait-on acheter avec 12^f,50 ?   (*Lot-et-Garonne.*)

12,5 : 0,25 = 12,5 $\times$ 4 = 48 + 2.   *Rép.*   50 l.
Autre méthode :   12,5 : 0,25 = 100/8 : 1/4 = 100/8 $\times$ 4 = 100/2.   *Rép.*   50 l.

2815. — Combien peut-on acheter de cahiers à 0^f,25 avec une somme de 30^f,75 ?   (*Calvados.*)

30,75 : 0,25 = 30,75 $\times$ 4 = 120 + 3.   *Rép.*   123 *cahiers*.

2816. — Une ménagère dépense 20 fr. pour acheter de la viande à 2^f,50 le kilogramme. Quel est le poids de la viande achetée ? (*Tarn.*)

20 : 2,5 = (20 : 10) $\times$ 4 = 2 $\times$ 4.   *Rép.*   8 kg.

2817. — Une paire de poulets coûte 2^f,50. Combien en aura-t-on de paires pour 37^f,50 ?   (*Basses-Pyrénées.*)

37,50 : 2,50 = 3,75 : 0,25 = 3,75 $\times$ 4.   *Rép.*   15 *paires*.

2818. — Une étoffe vaut 2^f,50 le mètre. Quelle longueur pourrait-on avoir : 1° pour 67^f,50 ; 2° pour 31^f,25 ?   (*Loiret.*)

I. 67,5 : 2,5 = 6,75 : 0,25 = 6,75 $\times$ 4 = 24 + 3.   *Rép.*   27 m.
II. 31,25 : 2,5 = 3,125 $\times$ 4.   *Rép.*   12^m,50.

2819. — On partage 400 fr. entre 25 personnes. Quelle est la part de chacune ?   (*Nord.*)

400^f : 25 = (400^f : 100) $\times$ 4 = 4^f $\times$ 4.   *Rép.*   16 *fr.*

2820. — Un fermier dispose de 600 fr. pour acheter des moutons. Combien en aura-t-il, si chaque mouton lui revient à 20 fr. ? Combien en aurait-il, s'il les avait payés 25 fr. pièce ?   (*Orne.*)

I. 600 : 20 = 60 : 2.   *Rép.*   30 *moutons*.
II. 600 : 25 = (600 : 100) $\times$ 4 = 6 $\times$ 4.   *Rép.*   24 *moutons*.

P. 263.   # *DIVISION PAR 1,5 ; 0,125 ; 0,75

6. — Pour diviser un nombre par **1,5**, on en *prend les 2/3*.

7. — Pour diviser un nombre par **0,125**, on le *multiplie par 8*.

8. — Pour diviser un nombre par **0,75**, on en prend les 4/3.

Problèmes. — 2821. — Diviser 15 par 0,125 et expliquer l'opération.   (*Loiret.*)

0,125 = 1/8 ;   15 : 0,125 = 15 $\times$ 8 = 80 + 40.   *Rép.*   120.

2822. — Le vin vaut $0^f,75$ le litre. Combien aura-t-on de litres pour 18 fr.? (*Oise.*)

$18 : 0,75 = 18 \times 4/3 = 18 + 6.$ *Rép.* 24 *litres.*

2823. — Combien une barrique de cidre de 300 l. peut-elle fournir de bouteilles de $0^l,75$? (*Morbihan.*)

$300 : 0,75 = 300 \times 4/3 = 300 + 100.$ *Rép.* 400 *bouteilles.*

2824. — Comment effectuer $3\,750 : 75$? (*Haute-Garonne.*)

$3\,750 : 75 = 3\,750 \times 4/3 : 100 = (3\,750 + 1\,250) : 100 = 5\,000 : 100.$ *Rép.* 50.

2825. — Trouvez la longueur d'une pièce de calicot que l'on a payée $48^f,75$. Le mètre coûte $0^f,75$. (*Somme.*)

$48,75 : 0,75 = 48,75 \times 4/3 = 48,75 + 16,25 = 64 + 1.$ *Rép.* 65 m.

2826. — Une pièce de drap a été payée 150 fr., à raison de $12^f,50$ le mètre. Quelle est sa longueur? (*Aveyron.*)

$150 : 12,5 = (150 : 100) \times 8 = 1,5 \times 8 = 8 + 4.$ *Rép.* 12 m.

2827. — Indiquez la marche à suivre pour trouver le nombre de mètres de drap à $12^f,50$ que vous achèteriez avec 1 650 fr. (*Vosges.*)

$12^f,50 = 100/8$ de fr.; $1\,650 : 12,5 = 1\,650 \times 8 : 100 = 13\,200 : 100.$ *Rép.* 132 m.

2828. — Comment divise-t-on un nombre par 125? Prendre comme exemple $9\,000 : 125$. (*Yonne.*)

$125 = 1\,000/8;\quad 9\,000 : 125 = 9\,000 \times 8/1\,000 = 9 \times 8.$ *Rép.* 72.

* REVISION

2829. — J'achète à la poste pour $1^f,80$ de timbres à $0^f,05$ et pour 2 fr. de timbres à $0^f,10$. Combien dois-je avoir de timbres de chaque sorte? (*Oise.*)

I. $1,80 : 0,05 = 1,8 \times 20 = 18 \times 2.$ *Rép.* 36 *timbres* (autant que de sous).
II. $2 : 0,10 = 2 \times 10.$ *Rep.* 20 *timbres* à $0^f,10$.

2830. — Comment divise-t-on un nombre: 1° par 5, 2° par 25? Appliquer les règles trouvées au nombre 14,50. (*Somme.*)

I. $5 = 10/2;\quad 14,50 : 5 = 14,5 \times 2/10 = 29 : 10.$ *Rép.* 2,90.
II. $25 = 100/4;\quad 14,50 : 25 = 14,5 \times 4/100 = 58 : 100.$ *Rép.* 0,58.

2831. — Comment divise-t-on rapidement le nombre 37 par 0,25? par 25? par 0,125? par 125? (*Manche.*)

Rép. 1° $37 : 0,25 = 37 \times 4 = 120 + 28 = 148;\quad$ 2° $37 : 25 = 37 \times 4 : 100 = 1,48;$
3° $37 : 0,125 = 37 \times 8 = 240 + 56 = 296;\quad$ 4° $37 : 125 = 37 \times 8 : 1\,000 = 0,296.$

2832. — Comment faut-il faire pour diviser le nombre 24 : 1° par 0,5; 2° par 0,25; 3° par 0,75? (*Saône-et-Loire.*)

Rép. 1° $24 : 0,5 = 24 \times 2 = 48;\quad$ 2° $24 : 0,25 = 24 \times 4 = 96;$
3° $24 : 0,75 = 24 \times 4/3 = 24 + 8 = 32.$

2833. — Comment divise-t-on un nombre par 0,50; 0,25; 0,20? Prendre comme exemple le nombre 46. (*Ardennes.*)

Rép. 1° 92; 2° 184; 3° $46 : 0,2 = (46 : 2) \times 10 = 230.$

2834. — Quel sera le prix du litre : 1° si 0ˡ,25 coûtent 0ᶠ,70 ; 2° si 0ˡ,75 coûtent 1ᶠ,20 ? Expliquez pourquoi vous pouvez obtenir les résultats demandés en multipliant : 1° par 4 ; 2° par 4/3. *(Nord.)*

I. *Rép.* 1° 0ᶠ,70 : 0,25 = 0ᶠ,70 × 4 = 2ᶠ,80 ;
2° 1ᶠ,20 : 0,75 = 1ᶠ,2 × 4/3 = 1ᶠ,2 + 0ᶠ,4 = 1ᶠ,60.
II. *Rép.* 1° 0ˡ,25 = 1/4 de litre ; 2° 0ˡ,75 = 3/4 de litre.

2835. — Combien aura-t-on de mètres de ganse pour 8 fr., sachant que 1/4 de mètre coûte 0ᶠ,125 ? *(Meuse.)*

a) 0ᶠ,125 × 4 = 0ᶠ,50. b) 8 : 0,5 = 8 × 2. *Rép.* 16 m.

2836. — Trouver : 1° le prix d'un fût de bière, sachant qu'on peut en avoir 15 pour 225 fr.; 2° le prix d'un mouton, sachant que 25 moutons coûtent 1 200 fr. *(Cher.)*

I. 225ᶠ : 15 = 225 : 30/2 = 225 × 2 : 30 = 45 : 3. *Rép.* 15 *fr.*
II. 1 200ᶠ : 25 = (1 200ᶠ : 100) × 4 = 12ᶠ × 4. *Rép.* 48 *fr.*

P. 264.

*LA DOUZAINE. LE SOU

I. Problèmes. — 2837. — Combien coûtent 120 oranges à 0ᶠ,50 la douzaine ? *(Lot-et-Garonne.)*

Rép. 0ᶠ,50 × 10 = 5 *fr.*

2838. — A 0ᶠ,25 les 3 oranges, que coûte une douzaine ? *(Ardennes.)*
Rép. 0ᶠ,25 × 4 = 1 *fr.*

2839. — Que coûtent 42 boutons à 1ᶠ,50 la douzaine ? *(P.-de-Calais.)*
42 = 3ᵈᵒᵘᶻ·1/2. *Rép.* 1ᶠ,5 × 3 + 0ᶠ,75 = 4ᶠ,5 + 0ᶠ,75 = 5ᶠ,25.

2840. — Combien valent 54 oranges à 0ᶠ,90 la douzaine ? *(Allier.)*
54 = 4ᵈᵒᵘᶻ·1/2. *Rép.* 0ᶠ,90 × 4 + 0ᶠ,45 = 3ᶠ,60 + 0ᶠ,45 = 4ᶠ,05.

2841. — Expliquez comment vous trouvez : 1° le prix de 72 œufs; 2° le prix de 16 œufs. Une douzaine coûte 0ᶠ,75. *(Haute-Marne.)*

I. 72 œufs = 6 douz. *Rép.* 0ᶠ,75 × 6 = 3ᶠ + 1ᶠ,50 = 4ᶠ,50.
II. 16 œufs = 1ᵈᵒᵘᶻ·1/3. *Rép.* 0ᶠ,75 + (0ᶠ,75 : 3) = 0ᶠ,75 + 0ᶠ,25 = 1 *fr.*

II. 2842. — Comment trouveriez-vous le prix de 78 m. de toile à 0ᶠ,95 le mètre ? *(Haute-Marne.)*

0ᶠ,95 × 78 = 78ᶠ — 78 sous = 78ᶠ — 3ᶠ,90. *Rép.* 74ᶠ,10.

2843. — Calculez le prix d'un billet de 3ᵉ classe de Paris à Dijon, sachant que la distance est de 315 km. et qu'on paye 5 centimes par kilomètre. *(Yonne.)*

315 sous ou 315 : 2 = 157ᵈᵉᶜⁱᵐᵉˢ,5. *Rép.* 15ᶠ,75.

2844. — Une boîte de plumes en contient 12 douzaines et coûte 1ᶠ,20. Combien aura-t-on de plumes pour un sou ? *(Oise.)*

12 douz. pour 24 sous, c'est 1 douz. pour 2 sous. *Rép.* 6 *plumes pour* 1 *sou.*

2845. — Un marchand achète des aiguilles à 5 fr. le mille. Combien doit-il en donner pour 0ᶠ,05, s'il veut gagner 100 °/₀ ? *(Orne.)*

Vente à 10 fr. le mille, c'est-à-dire à 1 000 pour 200 sous. *Rép.* 5 *pour* 1 *sou.*

2846. — Que coûtent 116 oranges, à 2 pour 3 sous ? *(Lot-et-Gar.)*

3ˢᵒᵘˢ × 116 : 2 = 3ˢᵒᵘˢ × 58 = 174ˢᵒᵘˢ ou 174 : 2 = 87 décimes. *Rép.* 8ᶠ,70.

2847. — Un marchand achète 12 boites contenant chacune 144 plumes pour 7^f,20. Combien doit-il donner de plumes pour 5 centimes, s'il veut gagner 3^f,60 ?   (*Ardennes.*)

 a) Prix de vente d'une boite = (7^f,20 : 12) + (3^f,60 : 12) = 0^f,60 + 0^f,30 = 0^f,90
                                           = 18 sous.
 b) 12 douzaines pour 18 sous, c'est 12/18 ou 2/3 de douzaine pour 1 sou.
 Rép.   8 *pour* 1 *sou.*

2848. — Un marchand achète des poires à 0^f,70 le cent et les revend à raison de 3 pour 0^f,05. Quel bénéfice a-t-il réalisé au bout de sa journée, s'il a fait une recette de 7^f,50 ?   (*Creuse.*)

Bénéfice = Prix de vente (7^f,50) — Prix d'achat.

1. Achat. $\begin{cases} a) \text{ Nombre.} \begin{cases} 7^f,50 = 75^{\text{décimes}} = 150 \text{ sous};\\ 3^{\text{poires}} \times 150 = 300^p + 150^p = 450 \text{ poires.}\end{cases}\\ b) \text{ Prix} = 0^f,70 \times 4,5 = 2^f,80 + 0^f,35 = 3^f,15.\end{cases}$

2. 7^f,50 — 3^f,15;   3^f,15 et 0^f,35... 3^f,50 et 4^f... 7^f,50. *Rép.*   4^f,35.

2849. — Une boite de 144 plumes, qui a coûté 1^f,25, est revendue à raison de 3 plumes pour 0^f,05. Combien faut-il revendre de boites semblables pour réaliser un bénéfice de 11^f,50 ?   (*Aisne.*)

Nombre de boites = Bénéfice total (11^f,50) : Bénéfice sur 1 boite.

Bénéfice sur 1 boite. $\begin{cases} a) \text{ Vente.} \begin{cases} 144 \text{ pl.} = 12 \text{ douz.} = 48 \text{ fois 3 plumes.}\\ \text{Prix} = 48 \text{ sous} = 24^{\text{décimes}} = 2^f,40.\end{cases}\\ b) \; 2^f,40 - 1^f,25 = 0^f,15 + 1^f = 1^f,15.\end{cases}$

Rép.   11,5 : 1,15 = 10 *boites.*

2850. — Quel est le prix d'un billet aller et retour de Lyon à Marseille ? La distance est de 350 km., on paye 5 centimes par kilomètre et on obtient une réduction de 20 °/$_0$ sur ce prix.   (*Rhône.*)

Prix du billet = Prix total — Réduction.

1. Prix total. $\begin{cases} a) \text{ Nombre de kilomètres} = 350^{\text{km}} \times 2 = 700 \text{ km.}\\ b) \; 700 \text{ sous} = 350^{\text{décimes}} = 35 \text{ fr.}\end{cases}$

2. Réduction = 35^f × 0,20 = 7 fr.
Rép.   35^f — 7^f = 28 *fr.*

* LE SOU ET LA LIVRE

Dans les achats au demi-kilogramme (la livre), on paye autant de centimes pour 1 hg. que de sous pour 1 livre.

2851. — Une marchandise vaut 4 fr. la livre, que coûtent : 1 hg.? 1 dag.? 200 g.? 350 g. ?
 Rép.   1° 0^f,80;   2° 0^f,08;   3° 1^f,60;
          4° 350^g = 1/2 livre + 1^{hg};   donc 2^f + 0^f,80 = 2^f,80.

2852. — Une marchandise vaut 32 sous la livre, que coûtent: 1 hg.? 800 g.? 750 g.? 1^{kg},400 ?
 Rép.   1° 0^f,32;   2° 0^f,32 × 8 = 2^f,56 ou 2^f,55;
          3° 750^g = 1 livre + 1/2 livre, soit 32 sous + 16 sous = 2^f,40.
          4° 1^{kg},400 = 2 liv. + 4 hg. = 64^{sous} + 0^f,32 × 4 = 3^f,20 + 1^f,28
             = 4^f,48, soit 4^f,50.

2853. — Une marchandise vaut 1^f,40 le 1/2 kg. Que coûtent :
150 g.? 225 g.? 3^{kg},6? 5^{kg},350?

Rép. 1° 150^g = 1^{hg} 1/2, soit 0^f,28 + 0^f,14 = 0^f,42 ou 0^f,40.
2° 225^g = 2^{hg} 1/4, soit 0^f,28 × 2 + 0^f,28 : 4 = 0^f,56 + 0^f,07 = 0^f,63 ou 0^f,65.
3° 3^{kg},6 = 7$^{liv.}$ + 1^{hg}. soit (1^f,4 × 7) + 0^f,28 = 9^f,8 + 0^f,28 = 10^f,08 ou 10^f,10.
4° 5^{kg},350 = 10$^{liv.}$ 1/2 + 1^{hg}, soit 14^f + 0^f,70 + 0^f,28 = 14^f,98 ou 15 *fr.*

2854. — On achète 850 g. de veau à 1^f,60 le 1/2 kg. Combien doit-on payer ?   (*Meurthe-et-Moselle.*)

850^g = 1$^{liv.}$1/2 + 1^{hg}.   *Rép.*   1^f,60 + 0^f,80 + 0^f,32 = 2^f,72 ou 2^f,70.

P. 265.   — ***REVISION GÉNÉRALE**

Problèmes. — **2855.** — Que vaudraient 6 douzaines de crayons à 0^f,50 la douzaine, plus 80 oranges à 0^f,05 l'une?   (*Rhône.*)

a) 0^f,50 × 6 = 6^f : 2 = 3 fr.   *b)* 0^f,05 × 80 = 80 sous = 4 fr.   *Rép.*   7 *fr.*

2856. — On vend 50 mouchoirs à raison de 7^f,20 la douzaine; combien doit-on recevoir?   (*Aveyron.*)

a) 7^f,20 : 12 = 0^f,60;   *b)* 0^f,60 × 50.   *Rép.*   30 *fr.*

2857. — Un receveur de tramways a transporté dans sa journée 120 personnes à 0^f,15 et 150 personnes à 0^f,10. Quelle a été sa recette journalière?   (*Rhône.*)

a) 0^f,15 × 120 = 12^f + 120^{sous} = 12^f + 6^f = 18 fr.
b) 0^f,10 × 150 = 15 fr.   *Rép.*   18^f + 15^f = 33 *fr.*

2858. — Quel serait le prix de 48 m. d'étoffe : 1° à 0^f,50 ; 2° à 0^f,25 ; 3° à 0^f,75 ; 4° à 0^f,95 ; 5° à 1^f,10 le mètre?   (*Paris.*)

Rép.   1° 48^f : 2 = 24 *fr.*;   2° 48^f : 4 = 12 *fr.*;   3° 24^f + 12^f = 36 *fr.*
4° 48^f − 48^{sous} = 45^f,60;   5° 48^f + 4^f,8 = 52^f,80.

2859. — Combien coûtent 24 m. de doublure à 0^f,75 le mètre, et 24 boutons à 1 fr. la douzaine?   (*Pas-de-Calais.*)

a) 0^f,75 × 24 = 12^f + 6^f = 18 fr.   *b)* 24$^{bout.}$ = 2 douz., soit 2 fr.
Rép.   18^f + 2^f = 20 *fr.*

2860. — On achète 250 l. de vin à 36 fr. l'hectolitre. Combien faut-il revendre le litre pour gagner 35 fr. sur le tout?   (*Nièvre.*)

Prix de vente du litre = Prix d'achat (0^f,36) + Bénéfice sur 1 litre.
Bénéfice sur 1 litre = 35^f : 250 = 35^f × 4 : 1 000 = 140^f : 1 000 = 0^f,14.
Rép.   0^f,36 + 0,14 = 0^f,50.

2861. — 1° D'une barrique de vin de 228 l., on a retiré 67^l,75. Expliquez comment vous procédez pour trouver le reste. 2° Comment divise-t-on rapidement 630 par 75?   (*Seine-Inférieure.*)

I. 67^l,75 et 0^l,25... 68^l et 60^l... 128^l et 100^l... 228^l.   *Rép.*   160^l,25.
II. 630 : 75 = 630 × 4/3 : 100 = (630 + 210) : 100 = 840 : 100.   *Rép.*   8,40.

2862. — Expliquez comment vous faites les opérations suivantes :
528 + 432; 403 − 197; 45 × 15.   (*Nièvre.*)

I. 528 + 432 = 500 + 400 + 28 + 32 = 900 + 60. **Rép. 960.**
II. 403 − 197 = 400 − 200 + 6. *Rép.* 206.
III. 45 × 15 = 450 + 225. *Rép.* 675.

2863. — Que valent 7 m. d'étoffe à 3ᶠ,60 le mètre, plus 3 m. de doublure à 0ᶠ,95?   (*Seine-Inférieure.*)

a) 3ᶠ,60 × 7 = 21ᶠ + 4ᶠ,2 = 25ᶠ,20.   b) 0ᶠ,95 × 3 = 3ᶠ − 3ˢᵒᵘˢ = 2ᶠ,85.
Rép. 25ᶠ,20 + 2ᶠ,85 = 28ᶠ,05.

2864. — Comment détermineriez-vous le prix de 120 m. de drap à 14ᶠ,50 le mètre?   (*Aisne.*)

14ᶠ,50 × 120 = 15ᶠ × 120 − 60ᶠ = 1200ᶠ + 600ᶠ − 60ᶠ. *Rép.* 1 740 *fr.*

2865. — Comment calculez-vous : 1º la surface d'une cour de 26 m. de long sur 19 m. de large; 2º le prix de 3ᵏᵍ,25 de marchandise à 1ᶠ,20 le kilogramme?   (*Maine-et-Loire.*)

I. 26ᵐ² × 19 = 26ᵐ² × 20 − 26ᵐ² = 520ᵐ² − 26ᵐ². *Rép.* 494 m².
II. 3ᵏᵍ,25 = 3ᵏᵍ 1/4, soit 1ᶠ,20 × 3 + 1ᶠ,20 : 4. *Rép.* 3ᶠ,60 + 0ᶠ,30 = 3ᶠ,90.

2866. — Comment feriez-vous pour trouver le prix de 150 œufs, à raison de 1ᶠ,75 les 25?   (*Pas-de-Calais.*)

150 œufs = 25 œufs × 6. *Rép.* 1ᶠ,75 × 6 = 6ᶠ + 3ᶠ + 1ᶠ,50 = 10ᶠ,50.

2867. — Quel est l'intérêt annuel de 3 600 fr. : 1º au taux de 5 %; 2º au taux de 3 %?   (*Seine-et-Marne.*)

I. 3 600ᶠ × 5/100 = 3 600ᶠ × 1/20 = 1 800ᶠ : 10. *Rép.* 180 *fr.*
II. 3 600ᶠ × 3/100 = 36ᶠ × 3 = 90ᶠ + 18ᶠ. *Rép.* 108 *fr.*

2868. — On veut clore un jardin de forme rectangulaire de 80 m. de long sur 25 m. de large, au moyen d'une haie coûtant, tout compris, 1ᶠ,75 le mètre courant. Calculez la dépense.   (*Manche.*)

1. Périmètre = (80ᵐ + 25ᵐ) × 2 = 105ᵐ × 2 = 200ᵐ + 10ᵐ = 210 m.
2. *Dépense* = 1ᶠ,75 × 210 = 210ᶠ + (210ᶠ : 2) + (210ᶠ : 4) = 210ᶠ + 105ᶠ + 52ᶠ,50.
Rép. 367ᶠ,50.

2869. — Quatre frères ont à se partager également un jardin rectangulaire de 136 m. de long sur 25 m. de large. Calculez la superficie de chaque part.   (*Yonne.*)

Surface totale = 136ᵐ² × 25 = (136ᵐ² : 4) × 100 = 34ᵐ² × 100 = 3 400 m².
Rép. 3 400ᵐ² : 4 = 1 700ᵐ² : 2 = 850 m².

2870. — Calculez l'intérêt d'un capital de 16 000 fr., placé à 5 % par an pendant 3 mois.   (*Yonne.*)

Intérêt annuel = 16 000ᶠ × 5/100 = 16 000ᶠ × 1/20 = 8 000ᶠ : 10 = 800 fr.
En 3 mois ou 1/4 d'année : 800ᶠ : 4. *Rép.* 200 *fr.*

2871. — Quel capital faut-il placer à 4 % pour avoir 500 fr. de rente annuelle?   (*Somme.*)

500 fr. = 4/100 du capital. *Rép.* 500ᶠ × 100/4 = 125ᶠ × 100 = 12 500 *fr.*

2872. — Un jardin de forme carrée a 200 m. de contour et a coûté 7 500 fr. A combien revient l'are?   (*Loiret.*)

1. Côté = 200ᵐ : 4 = 50 m.; 2. Surface = 50ᵐ² × 50 = 2 500ᵐ².
Rép. 7 500ᶠ : 25 = (7 500ᶠ : 100) × 4 = 75ᶠ × 4 = 280ᶠ + 20ᶠ = 300 *fr.*

2873. — Trouver, à 1ᶠ,25 le mètre, le prix d'une clôture établie autour d'un jardin de 13ᵐ,60 de long sur 12ᵐ,90 de large.   (*Lot.*)

Périmètre = (13ᵐ,60 + 12ᵐ,90) × 2 = (25ᵐ + 1ᵐ,50) × 2 = 26ᵐ,5 × 2 = 53 m.
Rép. 1ᶠ,25 × 53 = 53ᶠ + (53ᶠ : 4) = 53ᶠ + (26ᶠ,5 : 2) = 66ᶠ,25.

2874. — Comment calculez-vous combien perd % une épicière qui donne pour 17 fr. une marchandise qui lui a coûté 20 fr.?   (*Oise.*)

Perte sur 20 fr. = 20ᶠ − 17ᶠ = 3 fr.
Perte % = 3 : Nombre de cent. du p. d'ach. (0,2) = 1,5 × 10. *Rép.* 15 %.
Autre méthode : 100ᶠ = 20ᶠ × 5. *Rép.* 3 × 5 = 15 %.

GÉOMÉTRIE

LES LIGNES ET LES ANGLES

1. — Une ligne est **droite, brisée** ou **courbe.**

Ligne droite.   Ligne brisée.   Ligne courbe.

2. — Deux droites sont **perpendiculaires** lorsque les *quatre angles* qu'elles forment sont égaux. Si les 4 *angles* formés ne sont pas tous égaux, ces droites sont dites **obliques.**

3. — On appelle **parallèles** des droites situées dans un même plan qui *ne peuvent se rencontrer*, si loin qu'on les prolonge.

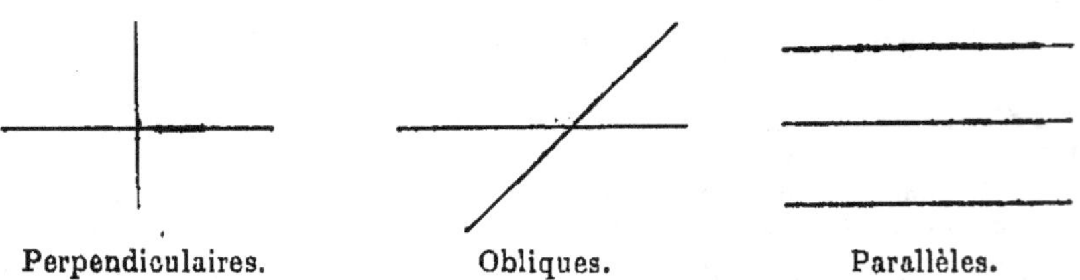

Perpendiculaires.   Obliques.   Parallèles.

4. — Un **angle droit** est un angle qui a ses *deux côtés perpendiculaires.*

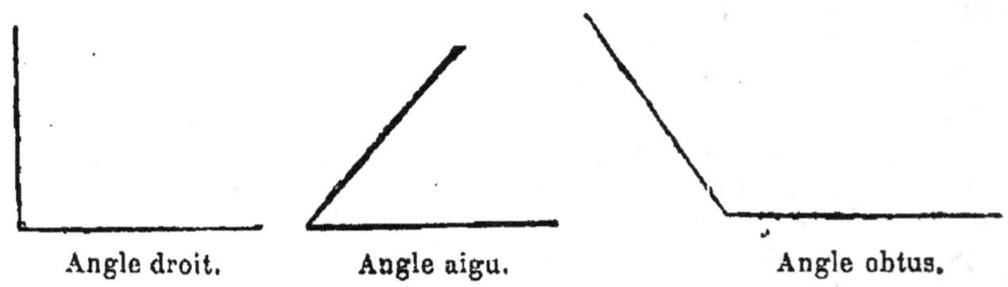

Angle droit.   Angle aigu.   Angle obtus.

Un angle est **aigu** s'il est *plus petit qu'un angle droit;* **obtus,** s'il est *plus grand.*

*PLAN. ÉCHELLE

5. — On appelle **plan** d'un terrain un *dessin* qui est la *représentation en petit* de ce terrain.

Dans un plan, on reproduit toutes les droites du terrain *en conservant les angles* qu'elles forment, mais en *réduisant leurs longueurs* dans une même proportion. Cette réduction s'obtient en *divisant par un même nombre* toutes les longueurs mesurées sur le terrain.

6. — Lorsqu'on convient qu'*un mètre* sur le terrain sera *représenté par* 1 cm. sur le dessin, on dit que le plan est à l'échelle de 1 cm. *par mètre* ou de 1/100. Chaque ligne du dessin est alors le centième de la ligne correspondante du terrain.

Pour faciliter la *lecture d'une carte* ou *d'un plan*, on construit une *droite divisée en parties égales;* chaque partie représente une unité de longueur mesurée sur le terrain : cette droite divisée s'appelle aussi **échelle**.

Echelle de 1 : 100.000. (Carte du Ministère de l'Intérieur.)

Echelle de 1 : 80.000. (Carte de l'Etat-Major.)

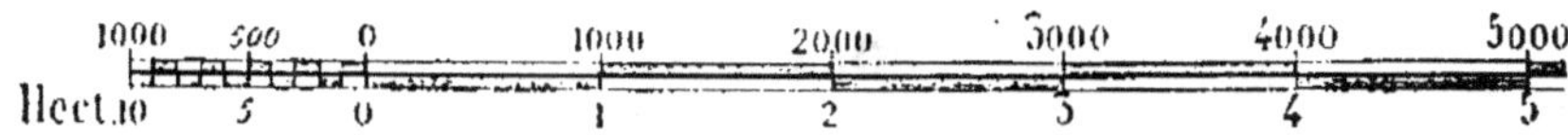

Echelle de 1 : 6.000.000.   Carte de France.

(Géographie Lanier.)

Problèmes. — **2875.** — Sur la carte du Ministère de l'Intérieur, la distance entre 2 villes est de 60 cm.; quelle est leur distance réelle?
Rép. $0^m,60 \times 100\,000 = 60\,000$ m. = 60 *km.*

2876. — Sur la carte de l'Etat-Major, la distance entre 2 villes est de 20 cm.; quelle est leur distance réelle?
Rép. $0^m,20 \times 80\,000 = 16\,000$ m. = 16 *km.*

2877. — Quelles sont les dimensions réelles de la France, sachant que sur une carte à 1/6 000 000 elle mesure 160 mm. du nord au sud et 147 mm. de l'ouest à l'est?
I. *Du nord au sud :* $0^m.160 \times 6\,000\,000$.   *Rép.*   960 000 m. = 960 *km.*
II. *De l'ouest à l'est :* $0^m,147 \times 6\,000\,000$.   *Rép.*   882 000 m. = 882 *km.*

2878. — Une salle de classe a $7^m,50$ sur $5^m,90$, en faire le dessin à l'échelle de 1/100.
I. *Longueur du dessin* = $750^{cm} : 100$.   *Rép.* $7^{cm},5.$
II. *Largeur du dessin* = $590^{cm} : 100$.   *Rép.* $5^{cm},9.$

2879. — Un plan étant fait à l'échelle de 1/100, quelle est la surface réelle d'une pièce d'eau qui, sur ce plan, a la forme d'un rectangle de 15 cm. sur 12 cm.? *(Meuse.)*

Surface = Longueur réelle × Largeur réelle.
1. Long. = $0^m,15 \times 100 = 15$ m.;　　2. Larg. = $0^m,12 \times 100 = 12$ m.
Rép. $15^{m2} \times 12 = 180\,m^2$.

2880. — Sur le plan d'une école dressé à 1/1 000, la cour est représentée par un rectangle de 145 mm. de long sur 95 mm. de large. On demande la superficie de cette cour. *(Loire.)*

Superficie = Longueur réelle × Largeur réelle.
1. Long. = $0^m,145 \times 1000 = 145$ m.;　　2. Larg. = $0^m,095 \times 1000 = 95$ m.
Rép. $145^{m2} \times 95 = 13\,775\,m^2$.

2881. — Les feuilles du plan cadastral sont dressées à l'échelle de 1 mm. pour $2^m,50$. Quelle est la superficie d'un terrain rectangulaire qui y est représenté par une bande de 35 mm. de long sur 25 mm. de large? Quelle est sa valeur à 1 800 fr. l'hectare? *(Doubs.)*

I. *Superficie* = Longueur réelle × Largeur réelle. (Echelle 1/2 500).
1. Long. = $0^m,035 \times 2500 = 87^m,50$;　　2. Larg. = $0^m,025 \times 2500 = 62^m,50$.
Rép. $87^{m2},5 \times 62.5 = 5\,468^{m2},75$.
II. *Valeur* = $1\,800^f \times 0,5468755$.　　*Rép.* $984^f,375$ ou $984^f,40$.

2882. — J'ai une carte à l'échelle de 1/80 000. Sur cette carte, la distance de deux villages, de mairie à mairie, est de $0^m,065$. On demande : 1° la distance réelle, 2° quel temps on mettrait à parcourir cette distance à raison de $4^{km},5$ à l'heure. *(Saône-et-Loire.)*

I. *Distance réelle* = $0^m,065 \times 80\,000$.　　*Rép.* 5 200 m. ou $5^{km},2$.
II. *Durée du parcours* = 5,2 : 4,5.　　*Rép.* 1 h. 9 min. 20 sec.

P. 268.

POLYGONES

7. — Un **polygone** est une *figure plane* limitée par des *lignes droites.*

Parmi les polygones, on distingue : le **triangle**, qui a 3 *côtés;* le **quadrilatère**, qui a 4 *côtés;* le **pentagone**, qui a 5 *côtés;* l'**hexagone**, qui a 6 *côtés;* etc.

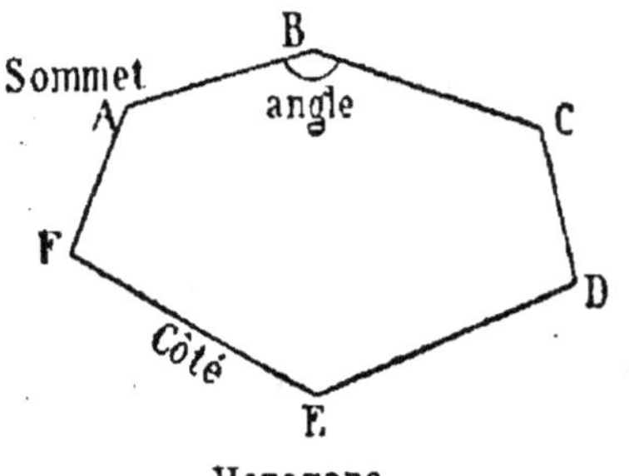

Hexagone.

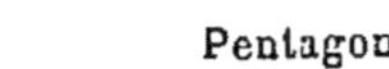
Pentagone.

Parmi les **triangles**, on distingue :
Le triangle **équilatéral**, qui a les 3 *côtés égaux;*

Le triangle **isocèle**, qui a 2 *côtés égaux;*
Le triangle **rectangle,** qui a *un angle droit.*

 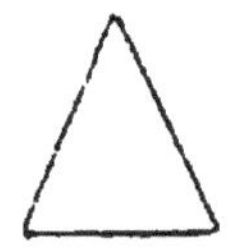 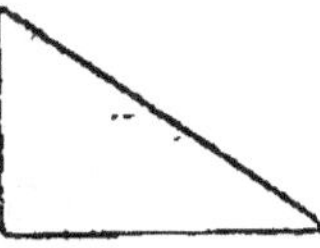

Tr. équilatéral.   Tr. isocèle.   Tr. rectangle.

8. — La **base** d'un triangle est l'*un quelconque de ses
côtés.* Sa **hauteur** est la *perpendiculaire* abaissée du sommet opposé *sur la base.*

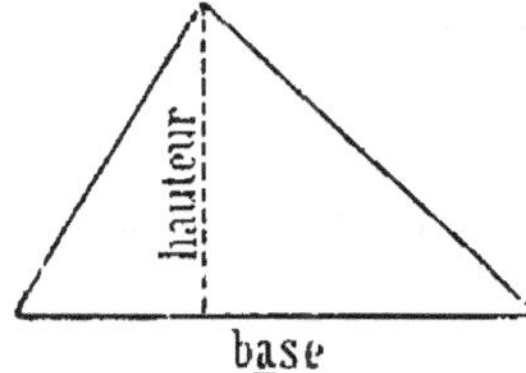 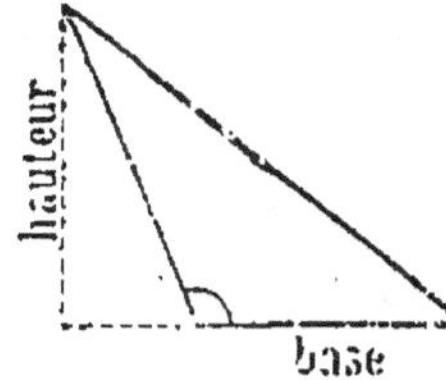 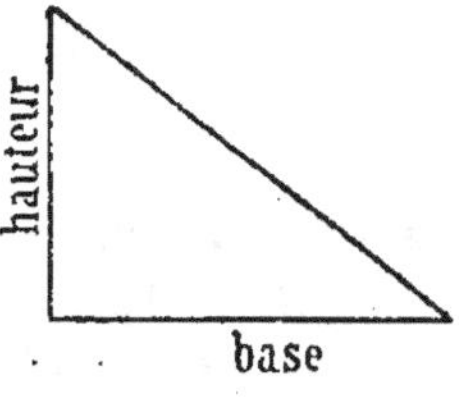

9. — Un **parallélogramme** est un quadrilatère dont
les *côtés* sont *parallèles deux à deux.*

Le **losange** est un parallélogramme qui a les 4 *côtés égaux.*
Le **rectangle** est un parallélogramme qui a 4 *angles droits.*
Le **carré** est un rectangle qui a les 4 *côtés égaux.*

10. — La **base** d'un parallélogramme est l'*un quelconque* P. 269.
de ses côtés. Sa **hauteur** est la *perpendiculaire* abaissée
d'un point quelconque du côté opposé *sur la base.*

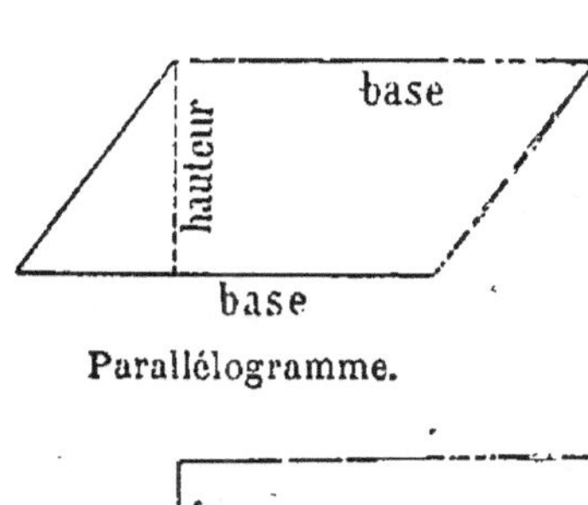

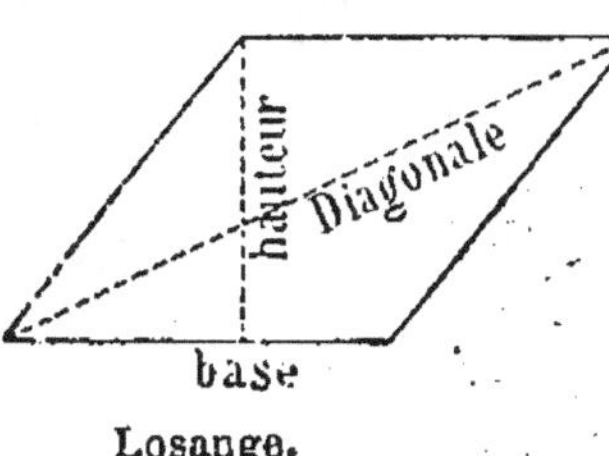

Parallélogramme.   Losange.

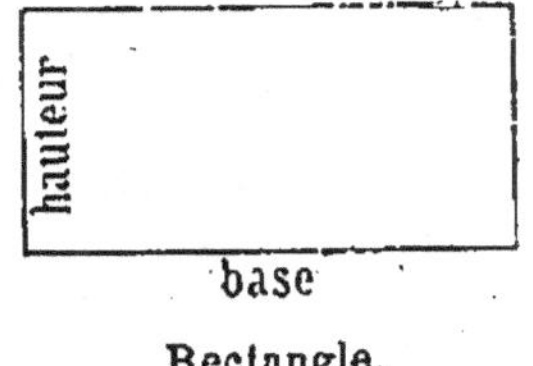

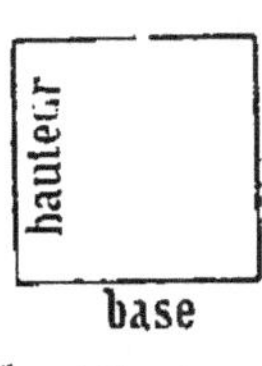

Rectangle.   Carré.

SURFACE DU PARALLÉLOGRAMME

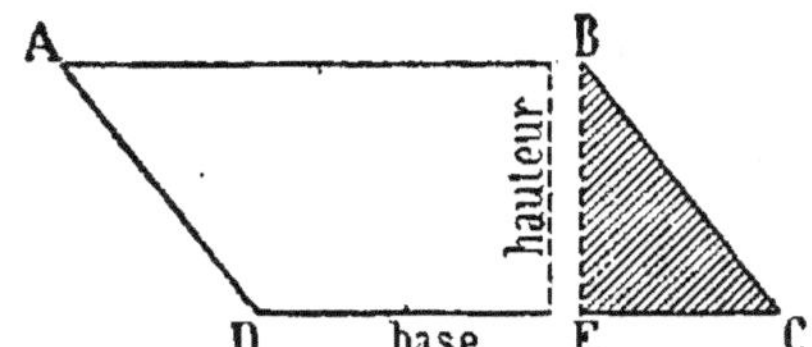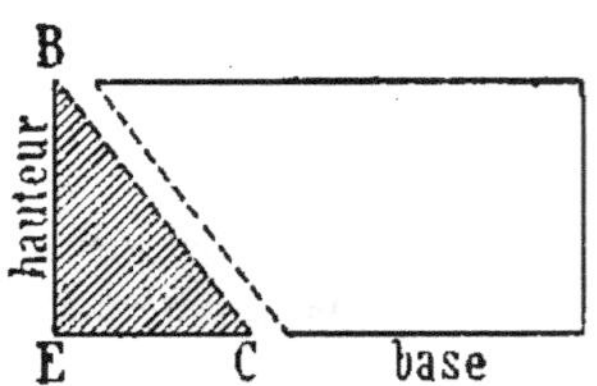

La *surface d'un parallélogramme* est équivalente à celle d'un *rectangle* qui a *même base* et *même hauteur*.

11. — La surface d'un parallélogramme est égale au produit de sa base par sa hauteur.

$$S = B \times H.$$

Problèmes. — Quelle est la surface d'un parallélogramme qui a :

2883. — 12 m. de base et 8 m. de hauteur?
Rép. $12^{m2} \times 8 = 96\ m^2$.

2884. — 125 m. de base et 64 m. de hauteur?
Rép. $125^{m2} \times 64 = 8\,000\ m^2$.

2885. — $48^m,50$ de base et $22^m,60$ de hauteur?
Rép. $48^{m2},5 \times 22,6 = 1\,096^{m2},10$.

Quelle est la hauteur d'un parallélogramme :

*__2886.__ — Dont la surface est 600 m² et la base 30 m.?
Rép. $600 : 30 = 20\ m$.

*__2887.__ — Dont la surface est $105^a,93$ et la base $128^m,40$?
Rép. $10593 : 128,4 = 82^m,50$.

*__2888.__ — Calculer la surface d'un losange qui a 132 m. de périmètre et 25 m. de hauteur.
Côté = $132^m : 4 = 33$ m.   *Rép.* $33^{m2} \times 25 = 825\ m^2$.

P. 270.

SURFACE DU TRIANGLE

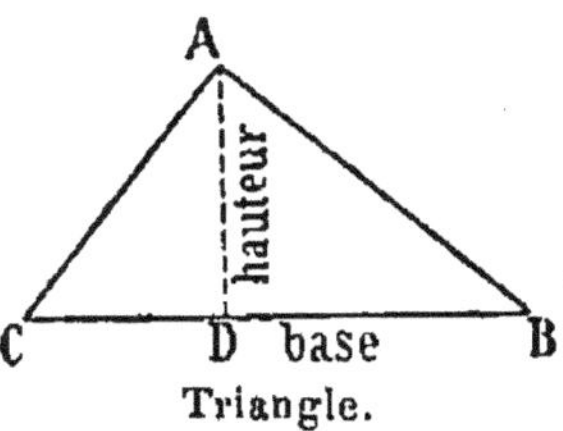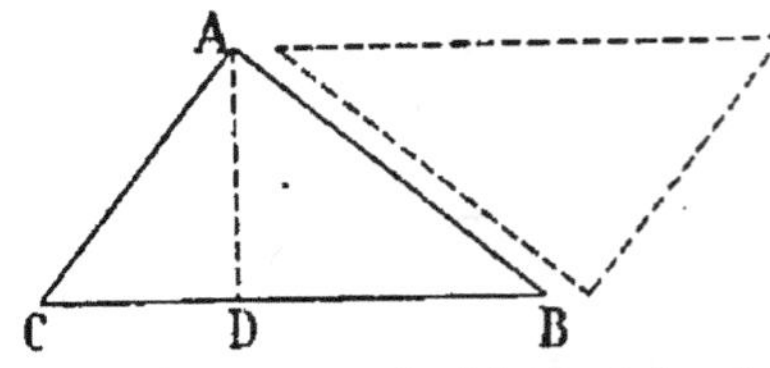

La **surface d'un triangle** est la *moitié* de celle d'un *parallélogramme* qui a *même base* et *même hauteur*.

12. — La **surface** d'un **triangle** est égale à la *moitié du produit de sa base par sa hauteur.*

$$S = \frac{B \times H}{2}, \quad \text{ou} \quad S = B \times \frac{H}{2}, \quad \text{ou} \quad S = \frac{B}{2} \times H.$$

Problèmes. — **2889.** — Calculer la surface d'un pré triangulaire qui a 148m,50 de base et 72m,25 de hauteur.   (*Allier.*)

Rép.   148m²,5 × 72,25 : 2 = 74m²,25 × 72,25 = 5 361m²,5625.

2890. — Un champ triangulaire a 452 m. de base et 225 m. de haut. Exprimer sa surface en décamètres carrés.   (*Landes.*)

Rép.   45dam²,2 × 22,5 : 2 = 22dam²,6 × 22,5 = 508dam²,50.

2891. — Trouver la surface d'un parallélogramme qui a 97m,50 de base et 68m,05 de hauteur. Quelle serait la surface du triangle qui aurait les mêmes dimensions?   (*Ain.*)

I. *Rép.*   97m²,5 × 68,05 = 6 634m²,875.
II. *Rép.*   6 634m²,875 : 2 = 3 317m²,4375.

2892. — Un pré présente la figure d'un triangle rectangle dont les 2 côtés perpendiculaires ont l'un 83 m. et l'autre 69m,20. Quelle en est la surface?   (*Seine-et-Oise.*)

Rép.   83m² × 69,2 : 2 = 83m² × 34,6 = 2 871m²,80.

2893. — On a un terrain de 1 ha.; on en vend une partie triangulaire de 18 m. de base sur 56 m. de hauteur. Quelles sont les surfaces de la partie vendue et de la partie non vendue?   (*Aisne.*)

I. *Rép.*   18m² × 56 : 2 = 18m² × 28 = 504 m² = 5a,04.
II. *Rép.*   10 000m² — 504m² = 9 496 m² = 94a,96.

2894. — Il faut 1 hl. de froment pour ensemencer un champ de 35 a.; quelle quantité faut-il pour ensemencer un champ triangulaire ayant 235 m. de base et 84 m. de hauteur?   (*Ille-et-Vilaine.*)

Nombre d'hl. = Surface totale en ares : 35.
Surf. totale = 23a,5 × (8,4 : 2) = 98a,7.   *Rép.*   98,7 : 35 = 2hl,82.

2895. — Quel est le prix d'un champ triangulaire de 64m,75 de base sur 98m,40 de hauteur, à raison de 2 000 fr. l'hectare?   (*Cantal.*)

Rép.   2000f × 0,6475 × (0,984 : 2) = 2 000f × 0,31857 = 637f,14.

2896. — A raison de 100 fr. l'are, quelle est la valeur d'un terrain ayant la forme d'un triangle rectangle isocèle dont chacun des côtés de l'angle droit mesure 328m,50?   (*Loire-Inférieure.*)

Rép.   100f × 32,85 × 32,85 : 2 = 100f × 539,56125 = 53 956f,125.

2897. — Un terrain triangulaire a été vendu 1 530 fr. La base a 150 m., la hauteur 85 m. Dites le prix de l'are de ce terrain.   (*Paris.*)

Prix de l'are = Prix total (1 530f) : Surface en ares.
Surface = 15a × 8,5 : 2 = 63a,75.   *Rép.*   1 530f : 63,75 = 24 *fr.*

*2898.** — Quelle est la surface d'un triangle dont la base est de 78 m. et dont la hauteur est les 4/5 de la base?   (*Seine-Inférieure.*)

Surface = Base (78 m.) × Demi-hauteur (2/5 de la base).
Rép.   78m² × (78 × 2/5) = 78m² × 31,2 = 2 433m²,60.

***2899.** — Un pigeonnier carré à une toiture formée de 4 triangles iso-cèles de 2^m,50 de hauteur. Le côté du carré est de 3^m,50. Combien doit-on au couvreur à raison de 4^f,80 le mètre carré?   (*Seine.*)

Prix total = Prix du m² (4^f,8) $\times$ Nombre de m².

Surface. $\begin{cases} a) \text{ 1 triangle : } & 3^{m2},5 \times 2,5 : 2. \\ b) \text{ 4 triangles : } & 3^{m2},5 \times 2,5 \times 2 = 17^{m2},5. \end{cases}$

Rép. 4^f,8 $\times$ 17,5 = 84 *fr.*

P. 271.   ***2900.** — Un propriétaire échange un terrain triangulaire de 45^m,40 de base et 72^m,30 de hauteur contre un terrain carré de 46^m,50 de côté. Combien doit-il donner de retour, si l'are est estimé 8^f,30?   (*Marne.*)

Retour = 8^f,30 $\times$ Différence des surfaces en ares.

Différence. $\begin{cases} a) \text{ Carré } = 46^{m2},5 \times 46,5 = 2162^{m2},25 = 21^a,6225. \\ b) \text{ Triangle } = 45^{m2},4 \times 72,3 : 2 = 1641^{m2},21 = 16^a,4121. \\ c) \ 21^a,6225 - 16^a,4121 = 5^a,2104. \end{cases}$

Rép. 8^f,30 $\times$ 5,2104 = 43^f,25 (par excès).

***2901.** — Un terrain triangulaire ayant 400 m. de long et 125 m. de hauteur a été ensemencé en blé. Le rendement a été de 3 407^l,5 de grain valant 4^f,20 le double-décalitre et de 4 425 kg. de paille valant 2^f,80 le quintal. Quel est le produit brut d'un hectare du champ?   (*Cher.*)

Produit brut de 1 ha. = Produit total : Surface en ha.

1. Produit total. $\begin{cases} a) \text{ Grain : } (4^f,20:20) \times 3\,407,5 = 0^f,21 \times 3\,407,5 = 715^f,575. \\ b) \text{ Paille : } 2^f,8 \times 44,25 = 123^f,90. \\ c) \ 715^f,575 + 123^f,90 = 839^f,475. \end{cases}$

2. Surface : 400^{m2} $\times$ 125 : 2 = 200^{m2} $\times$ 125 = 25 000^{m2} = 2^{ha},5.

Rép. 839^f,475 : 2,5 = 335^f,79.

***2902.** — Tracez : 1° un triangle isocèle ayant 4 cm. de base et 6 cm. de hauteur; 2° un rectangle de même surface ayant 8 cm. de base. Quelle hauteur donnerez-vous à ce rectangle?   (*Nord.*)

Hauteur du rectangle = Surface : Base (8 cm.).
Surface = 4^{cm2} $\times$ 6 : 2 = 12 cm². *Rép.* 12 : 8 = 1^{cm},5.

***2903.** — Un terrain triangulaire ayant 54 m. de base et 38 m. de hauteur est échangé contre un terrain rectangulaire ayant 34^m,20 de longueur. Quelle est la largeur de ce terrain? Quelle est sa valeur à raison de 42 fr. l'are?   (*Seine-Inférieure.*)

I. *Largeur du rectangle* = Surface : Longueur (34^m,2).
Surface = 54^{m2} $\times$ 38 : 2 = 54^{m2} $\times$ 19 = 1 026 m².
Rép. 1 026 : 34,2 = 30 m.
II. *Valeur* = 42^f $\times$ 10,26.   *Rép.* 430^f,92, soit 430^f,90.

***2904.** — Un champ triangulaire a 70 m. de base, 31 m. de hauteur et vaut 46 fr. l'are. Un terrain rectangulaire a 175^m,50 de périmètre, 75 m. de longueur et vaut 4 800 fr. l'hectare. Combien l'un vaut-il de plus que l'autre?   (*Haute-Marne.*)

1. Valeur du tr. $\begin{cases} a) \text{ Surf. } = 70^{m2} \times 31 : 2 = 2170^{m2} : 2 = 1\,085^{m2} = 10^a,85. \\ b) \ 46^f \times 10,85 = 499^f,10. \end{cases}$

2. Val. du rect. $\begin{cases} a) \text{ Surf. } \begin{cases} \text{Larg. } = (175^m,5 : 2) - 75^m = 12^m,75. \\ 75^{m2} \times 12,75 = 956^{m2},25 = 0^{ha},095625. \end{cases} \\ b) \ 4\,800^f \times 0,095625 = 459 \text{ fr.} \end{cases}$

Rép. Le *triangle* vaut : 499^f,10 — 459^f = 40^f,10 *de plus.*

***2905.** — Un pré triangulaire ayant 150 m. de base et 65 m. de hauteur est acheté à 3 500 fr. l'hectare. Les frais d'acquisition s'élèvent à

13,50 % du prix d'achat. On le loue 90 fr. par an. A quel taux a-t-on placé
son argent? Les impôts s'élèvent à 6^f,25 par an.   (*Dordogne.*)

Taux = Revenu net : Centaines du prix de revient.
1. Revenu net = 90^f — 6^f,25 = 83^f,75.

2. Prix de rev. $\begin{cases} a) \text{ Achat.} \begin{cases} \text{Surf.} = 150^{m2} \times 65 : 2 = 4875^{m2} = 0^{ha},4875. \\ \text{Prix} = 3500^f \times 0.4875 = 1706^f,25. \end{cases} \\ b) \text{ Frais : } 0^f,135 \times 1706.25 = 230^f,35 \text{ (par excès).} \\ c) 1706^f,25 + 230^f,35 = 1936^f,60. \end{cases}$

Rép. 83,75 : 19,366 = 4,32 %.

*Calcul d'une dimension.

13. — La **base** d'un triangle est le quotient de *sa surface* par la *moitié de sa hauteur.*

14. — La **hauteur** d'un triangle est le quotient de *sa
surface* par la *moitié de sa base.*

Problèmes. — ***2906.** — Calculer la hauteur d'un triangle qui a
une surface de 68^{m2},45 et 12^m,35 de base.   (*Haute-Garonne.*)
Rép. 68,45 : (12,35 : 2) = 68,45 × 2 : 12,35 = 11^m,085.

***2907.** — On demande la hauteur d'un triangle dont la surface est
de 5 752^{m2},5 et la base de 78 m.   (*Indre-et-Loire.*)
Rép. 5752,5 : (78 : 2) = 5 752,5 : 39 = 117^m,50.

***2908.** — On a vendu un pré triangulaire ayant une surface de
12^{ha},3 525. L'un de ses côtés est à une distance de 225 m. du sommet
du triangle. Quelle est la longueur de ce côté?   (*Côtes-du-Nord.*)
Rép. 123525 : (225 : 2) = 123 525 × 2 : 225 = 1 098 *m.*

***2909.** — Un champ qui a la forme d'un triangle a été vendu 3 960 fr.
Sa hauteur est de 450 m. Quelle est sa base, sachant que l'are de ce
terrain vaut 32 fr.?   (*Seine-Inférieure.*)
Base = Surface : Demi-hauteur (450^m : 2).
Surface = 3 960 : 32 = 123^a,75 = 12375 m².
Rép. 12375 : 225 = 55 *m.*

***2910.** — Un terrain triangulaire de 160 m. de base a été vendu
1 920 fr. à 32 fr. l'are; quelle en est la hauteur?   (*H^{te}-Savoie.*)
Hauteur = Surface : Demi-base (160^m : 2).
Surface = 1 920 : 32 = 60 a. = 6 000 m².   *Rép.* 6 000 : 80 = 75 *m.*

***2911.** — Quelle est la hauteur d'un triangle de 82 m. de base, dont
la surface est double de celle d'un carré de 28^m,60 de côté? (*Indre.*)
Hauteur = Surface : Demi-base (82^m : 2).
Surf. = 28^{m2},6 × 28,6 × 2 = 1 635^{m2},92.   *Rép.* 1 635,92 : 41 = 39^m,90.

***2912.** — En échangeant une pièce de terre rectangulaire ayant
115 m. de long sur 72 m. de large contre un terrain triangulaire de
même qualité, valant 6 400 fr. l'hectare, on a perdu 259^f,20. Le triangle
a 105 m. de base, quelle est sa hauteur?   (*Hautes-Pyrénées.*)
Hauteur du triangle = Surface : Demi-base (105^m : 2).

Surface. $\begin{cases} a) \text{ Surface du rectangle} = 115^{m2} \times 72 = 8\,280 \text{ m}^2. \\ b) \text{ Différence des surfaces} = 259,2 : 0,64 = 405 \text{ m}^2. \\ c) 8\,280^{m2} — 405^{m2} = 7\,875^{m2}. \end{cases}$

Rép. 7875 : 52,5 = 150 *m.*

*SURFACE DU TRAPÈZE

15. — Le **trapèze** est un *quadrilatère* qui a 2 *côtés parallèles*.

16. — Les 2 *côtés parallèles* sont les **bases** du trapèze. Sa **hauteur** est la *perpendiculaire entre les 2 bases*.

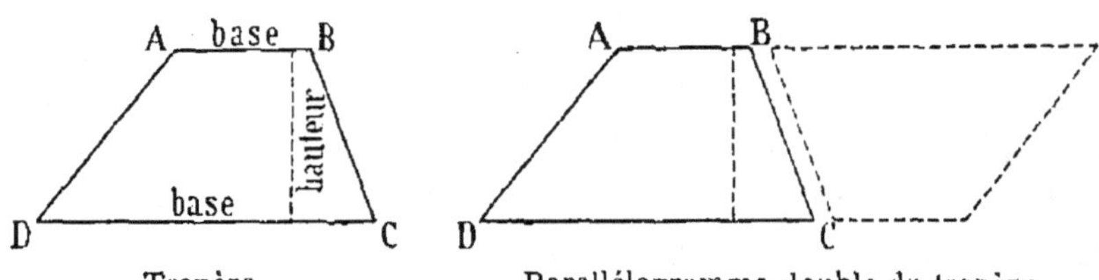

Trapèze.　　　Parallélogramme double du trapèze.

La **surface d'un trapèze** est la *moitié* de celle *d'un parallélogramme* qui a *même hauteur* et dont la *base est la somme des bases du trapèze*.

17. — La **surface d'un trapèze** est égale à la *moitié du produit* de la *somme des bases par la hauteur*.

$$S = \frac{(B+b)\times H}{2}, \text{ ou } S = \frac{B+b}{2}\times H, \text{ ou } S = (B+b)\times\frac{H}{2}.$$

Problèmes. — **2913.** — Quelle est la surface d'un trapèze qui a 0m,90 de haut, 1m,50 de grande base et 1m,20 de petite base? (*S.-et-O.*)
Rép. 1m² × (1,50+1,20) × 0,9 : 2 = 1m²,2150.

2914. — Trouver la surface d'un trapèze dont la grande base double de la petite a 76 m. et dont la hauteur a 46m,85. (*Rhône.*)
Petite base : 76m : 2 = 38 m.
Rép. 1m² × (76 + 38) × 46,85 : 2 = 2 670m²,45.

2915. — Un champ en forme de trapèze dont la grande base mesure 120 m., la petite 50 m. et la hauteur 40 m., a été estimé 45 fr. l'are. Dites-en le prix. (*Nord.*)
Prix total = 45 fr. × Surface évaluée en ares.
Surface = 1ª × (12+5) × 4 : 2 = 34 ares. *Rép.* 45f × 34 = 1530 fr.

2916. — Un champ qui a la forme d'un trapèze a pour bases 400 m. et 225 m., et pour hauteur 120 m. Quelle en est la valeur à raison de 4 000 fr. l'hectare? (*Seine.*)
Surface = 1ʰᵃ × (4 + 2.25) × 1,2 : 2 = 3ʰᵃ,75.
Rép. 4 000f × 3,75 = 15 000 fr.

2917. — Quelle est la valeur d'un pré vendu à raison de 3 700 fr. l'hectare, sachant qu'il a la forme d'un trapèze ayant pour dimensions : grande base 90 m.; petite base 60 m.; hauteur 70 m.? (*Calvados.*)
Surface = 1m² × (90 + 60) × 70 : 2 = 5 250m² = 0ʰᵃ,525.
Rép. 3 700f × 0,525 = 1942f,5.

2918. — Combien paiera-t-on pour cimenter une cour ayant la forme d'un trapèze dont les bases ont 18^m,75 et 15^m,10 ? La hauteur est de 12^m,50 ; le travail est payé 4^f,25 le mètre carré.   (*Char.-Infér.*)

Surface = 1^{m2} × (18,75 + 15,1) × 12,5 : 2 = 211^{m2},5625.
Rép. 4^f,25 × 211,5625 = 899^f,15 (par excès).

2919. — Un champ a la forme d'un trapèze dont les bases mesurent 224 m. et 230 m., et la hauteur 52 m. On l'achète, tous frais compris, 5 902 fr. A combien revient l'are ?   (*Nord.*)

Prix de l'are = Prix total (5 902^f) : Surface évaluée en ares.
Surface = 1^a × (22,4 + 23) × 5,2 : 2 = 118^a,04.
Rép. 5 902^f : 118,04 = 50 *fr.*

2920. — Quel est le poids de la récolte en blé d'un champ ayant la forme d'un trapèze dont les 2 bases ont 166^m,40 et 84^m,60, et dont la hauteur est de 48^m,50, sachant que l'hectare produit 24 hl. du poids P. 273. moyen de 75 kg ?   (*Marne.*)

Poids de la récolte = Poids de l'hl. (75 kg.) × Nombre d'hectolitres.

Nombre d'hl. { *a*) Surface = 1^{m2} × (166,4 + 84,6) × 48,5 : 2 = 6 086^{m2},75
               = 0^{ha},608675.
             { *b*) 24^{hl} × 0,608675 = 14^{hl},6082.
Rép. 75^{kg} × 14,6082 = 1 095^{kg},615.

2921. — Combien paierait-on, à raison de 1^f,25 le mètre carré, pour 3 couches de peinture appliquées sur une boiserie ayant la forme d'un trapèze dont les dimensions seraient les suivantes : grande base 3^m,25 ; petite base 2^m,55 ; hauteur 2^m,40 ?   (*Seine-Inférieure.*)

Prix des 3 couches = Prix d'une couche × 3.

Prix d'une couche. { *a*) Surface = 1^{m2} × (3,25 + 2,55) × 2,4 : 2 = 6^{m2},96.
                   { *b*) 1^f,25 × 6,96 = 8^f,70.
Rép. 8^f,7 × 3 = 26^f,10.

2922. — Un champ se compose : 1° d'un trapèze qui a 80 m. de grande base, 55 m. de petite base et 42 m. de hauteur ; 2° d'un triangle qui a 80 m. de base et 25 m. de hauteur. Quelle est sa surface ? (*Gard.*)

1. Trapèze : 1^{m2} × (80 + 55) × 42 : 2 = 2 835 m^2.
2. Triangle : 80^{m2} × 25 : 2 = 1 000 m^2. *Rép.* 2 835^{m2} + 1 000^{m2} = 3 835 *m^2*.

2923. — La toiture d'une maison comprend 2 triangles et 2 trapèzes ayant la même hauteur de 5^m,20. La base de chaque triangle est de 6^m,80 et les 2 bases de chaque trapèze ont 14^m,30 et 10^m,50. Combien coûte cette toiture, à raison de 3^f,50 le mètre carré ?   (*Eure.*)

Prix de la toiture = Prix du m^2 (3^f,5) × Nombre de m^2.

Nombre de m^2. { *a*) Triangle : 6^{m2},8 × 5,2 : 2 = 17^{m2},68.
                { *b*) Trapèze : 1^{m2} × (14,3 + 10,5) × 5,2 : 2 = 64^{m2},48.
                { *c*) (17^{m2},68 + 64^{m2},48) × 2 = 82^{m2},16 × 2 = 164^{m2},32.
Rép. 3^f,5 × 164,32 = 575^f,12, soit 575^f,10.

2924. — On veut couvrir de tuiles un toit ayant la forme d'un trapèze dont les bases ont 8^m,50 et 10^m,70 et la hauteur 7^m,35. Les tuiles mesurent, dans leur partie non recouverte, 0^m,22 sur 0^m,17 et reviennent à 8 fr. le mille. Quelle sera la dépense ?   (*Eure-et-Loir.*)

Dépense totale = Prix du mille (8 fr.) × Nombre de milliers de tuiles.

Nombre de mille. { *a*) Surf. du toit = 1^{m2} × (8,5 + 10,7) × 7,35 : 2 = 70^{m2},56.
                 { *b*) Surf. d'une tuile = 0^{m2},22 × 0,17 = 0^{m2},0374.
                 { *c*) 70,56 : 0,0374 = 1 887 tuiles (p. excès), soit 1^{mille},887.
Rép. 8^f × 1,887 = 15^f,10 (par excès).

2925. — Sur un plan cadastral, à l'échelle de 1/2 500, un champ a la forme d'un trapèze ayant pour bases 18 cm. et 22 cm., et pour hauteur 4^{cm} 1/2. Quelle est la surface réelle de ce terrain et quel en serait le prix à 2 575 fr. l'hectare? *(Finistère.)*

I. Dimensions réelles. $\left\{\begin{array}{l} B = 0^m,22 \times 2500 = 550 \text{ m.} \\ b = 0^m,18 \times 2500 = 450 \text{ m.} \\ h = 0^m,045 \times 2500 = 112^m,5. \end{array}\right.$

Surface réelle $= 1^{m2} \times (550 + 450) \times 112,5 : 2.$ *Rép.* $56\,250\ m^2 = 5^{ha},6250.$
II. *Prix* $= 2\,575^f \times 5,625.$ *Rép.* $14\,484^f,375.$

Calcul d'une dimension.

18. — **La hauteur** d'un trapèze est le quotient de la *surface* par la *demi-somme des bases.*

19. — **La demi-somme des bases** d'un trapèze est le quotient de la *surface* par la *hauteur*.

2926. — Quelle est la hauteur d'un trapèze dont les 2 bases ont 25 m. et 15 m. et la surface 360 m²? *(Gard.)*

$(B + b) : 2 = (25^m + 15^m) : 2 = 20$ m. *Rép.* $360 : 20 = 18\,m.$

2927. — Un terrain qui a la forme d'un trapèze est estimé 6 900 fr., à raison de 60 fr. l'are. Sachant que les 2 bases ont 125 m. et 105 m., quelle est la hauteur de ce trapèze? *(Lozère.)*

Hauteur = Surface : Demi-somme des bases.
1. Surface $= 6\,900 : 60 = 115^a = 11\,500$ m².
2. $(B + b) : 2 = (125^m + 105^m) : 2 = 115$ m. *Rép.* $11\,500 : 115 = 100\ m.$

2928. — Un trapèze a pour hauteur 25 m.; l'une de ses bases a 18^m,30. Quelle est l'autre base, sachant que la surface du trapèze est de 462^{m2},50 ? *(Eure.)*

Base inconnue = Somme des bases — Base connue (18^m,3).
Somme : *a)* Demi-somme $= 462,5 : 25 = 18^m,5$; *b)* $18^m,5 \times 2 = 37$ m.
Rép. $37^m - 18^m,3 = 18^m,70.$

2929. — Trouver la grande base d'un trapèze de 23 m. de hauteur, 12^m,10 de petite base et 6^a,67 de superficie. *(Basses-Pyrénées.)*

Grande base = Somme des bases — Petite base (12^m,1).
Somme : *a)* Demi-somme $= 667 : 23 = 29$ m. *b)* $29^m \times 2 = 58$ m.
Rép. $58^m - 12^m,1 = 45^m,90.$

2930. — Un champ ayant la forme d'un trapèze a été acheté 574 fr., à raison de 70 fr. l'are. Quelle était la hauteur de ce champ, sachant que sa petite base mesurait 32 m., et que la grande base dépassait la petite de 18 m. ? *(Gers.)*

Hauteur = Surface : Demi-somme des bases.
1. Surface $= 574 : 70 = 8^a,20 = 820$ m².
2. Demi-somme $= [32^m + (32^m + 18^m)] : 2 = 41$ m.
Rép. $820 : 41 = 20\ m.$

2931. — Un trapèze dont l'un des côtés parallèles est double de

l'autre et dont la hauteur est de 24^m,50, a une surface de 962^{m2},85.
Calculer la longueur de chacun des côtés parallèles.   (*Seine-et-Oise.*)

Les *bases* s'obtiendront en *partageant* leur somme *proportionnell.* à 2 et 1.

Somme. { *a*) Demi-somme $= 962,85 : 24,5 = 39^m,3$.
{ *b*) $39^m,3 \times 2 = 78^m,6$.

Rép.   1° *Grande base* $= 78^m,6 \times 2 : (2+1) = 26^m,20 \times 2 = 52^m,40$.
2° *Petite base* $= 26^m,20 \times 1 = 26^m,20$.

2932. — La grande base d'un trapèze est égale au triple de la petite.
La hauteur est de 56 m. La surface du trapèze est égale à celle du carré
construit sur la hauteur. Calculer l'une et l'autre base.   (*Seine.*)

Les *bases* sont *proportionnelles* à 3 et 1.

Somme. { *a*) Demi-somme. { Surface $= 56^{m2} \times 56$.
{ $56 \times 56 : 56 = 56$ m.
{ *b*) $56^m \times 2 = 112$ m.

Rép.   1° *Petite base* $= 112^m : (3+1) = 28$ m.;
2° *Grande base* $= 28^m \times 3 = 84$ m.

*SURFACE DU LOSANGE   P. 274.

20. — Les **diagonales** d'un losange sont *perpendiculaires* l'une sur l'autre et *se coupent en leur milieu.*

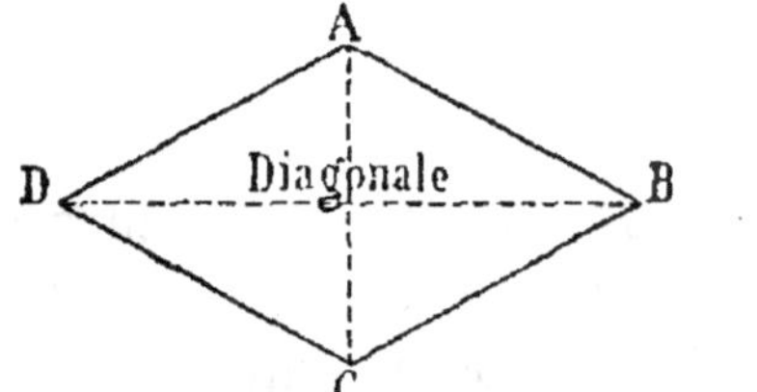

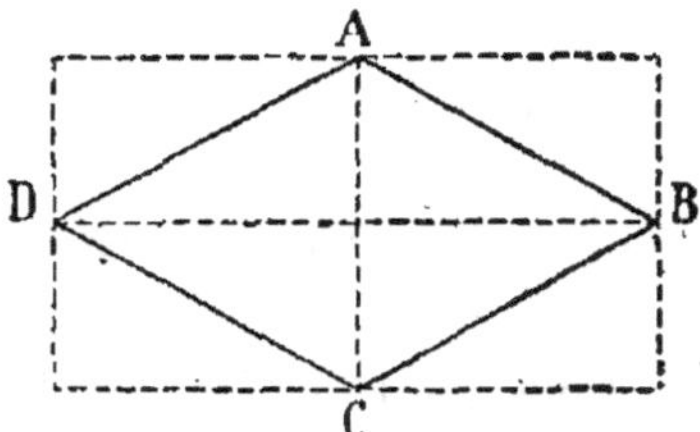

La **surface d'un losange** est la *moitié* de celle d'un *rectangle*
qui a pour *dimensions les deux diagonales* de ce losange.

21. — La **surface d'un losange** est égale au *demi-
produit de ses diagonales.*

Problèmes. — **2933.** — Calculer la surface d'un losange dont la
grande diagonale a 137 m. et la petite 92 m.   (*Saône-et-Loire.*)

Rép. $1^{m2} \times 137 \times 92 : 2 = 6302$ m^2.

2934. — Un jardinier dessine dans un parterre un losange dont les
diagonales ont $3^m,20$ et $2^m,40$. Il y plante des fleurs à raison d'une par
décimètre carré. Combien lui faudra-t-il de pieds?   (*Marne.*)

Nombre de pieds $=$ Nombre de dm² de la surface.
Surface $= 1^{m2} \times 3,2 \times 2,4 : 2 = 3^{m2},84$ ou 384^{dm2}.   *Rép.*   384 *pieds.*

2935. — Un ouvrier doreur doit recouvrir d'une légère couche d'or
une face d'un losange en bois dont les diagonales ont 2 dm. et 65 mm.
Que recevra-t-il à raison de $0^f,05$ par centimètre carré?   (*Paris.*)

Prix $= 0^f,05 \times$ Nombre de cm² de la surface.
Surface $= 20^{cm2} \times 6,5 : 2 = 65$ cm².
Rép. $0^f,05 \times 65 = 3^f,25$.

2936. — Une palissade rectangulaire en planches a 130 m. de long sur 2^m,10 de haut. Elle est percée de 85 ouvertures ayant la forme de losanges de 0^m,60 de grand axe et 0^m,40 de petit axe. Combien paierait-on, à raison de 0^f,75 par mètre carré, pour la peinture des 2 faces de cette palissade?   (*Maine-et-Loire.*)

Dépense = Prix du m² (0^f,75) × Surface peinte.

Surface peinte.
a) Une face.
Surface totale = 130^m² × 2,1 = 273 m².
Los. : (0^m²,6 × 0.4 : 2)×85=0^m²,12 × 85 = 10^m²,20.
Surf. peinte = 273^m² — 10^m²,20 = 262^m²,80.
b) Deux faces : 262^m²,8 × 2 = 525^m²,6.

Rép.   0^f,75 × 525,6 = 394^f,20.

*SURFACE D'UN POLYGONE QUELCONQUE

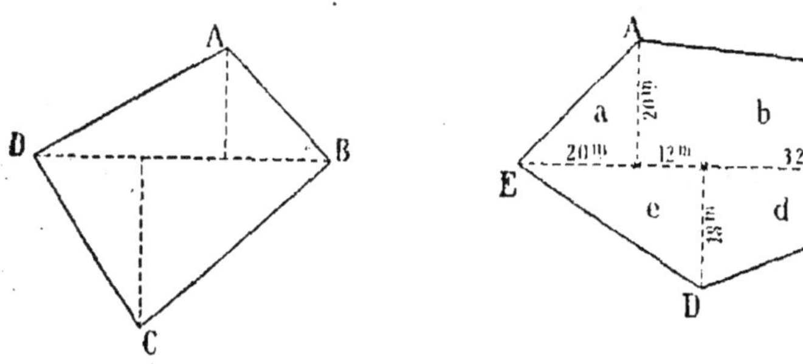

22. — **Un polygone quelconque** peut toujours être
P. 275. *décomposé en parties* dont on sait calculer la surface : triangles rectangles, rectangles, trapèzes, etc.

Surface du quadrilatère ABCD = S. tr. ABD + S. tr. CBD.
Surface du polygone ABCDE = S. tr. rect. $a + c + d + e$ + S. trap. b.

2937. — J'achète un champ qui a la forme d'un quadrilatère; la diagonale qui le partage en 2 triangles a 168^m,70; la hauteur de l'un des triangles est de 75^m,50, et celle de l'autre, de 98^m,40. Quelle est la surface de ce champ? (Faire la figure.)   (*Eure.*)

Surface totale = (168^m²,7 × 75,5 : 2) + (160^m²,7 × 98,4 : 2).
Rép.   6368^m²,425 + 8300^m²,04 = 14668^m²,465 ou 146^a,68.
Autre méthode: 1^m² × 168,7 × (75,5 + 98,4) : 2 = 14668^m²,465.

2938. — Un champ a la forme d'un quadrilatère irrégulier. La plus grande diagonale a une longueur de 143^m,50; les perpendiculaires abaissées des 2 autres sommets sur cette diagonale ont 14^m,60 et 23^m.40. On demande la surface totale de ce champ et sa valeur à raison de 30 fr. l'are.   (*Rhône.*)

I. *Surface totale* = (143^m²,50 × 14,6 : 2) + (143^m²,50 × 23,4 : 2).
Rép.   1047^m²,55 + 1678^m²,95 = 2726^m²,5 = 27^a,265.
II. *Valeur* = 30^f × 27,265.   *Rép.*   817^f,95.

2939. — Une prairie a la forme d'un quadrilatère; la diagonale qui le partage en 2 triangles a 108^m,50 de long; la hauteur de l'un des triangles est de 51^m,20, et celle de l'autre, de 48^m,40. Quelle est la valeur de cette prairie à raison de 4 620 fr. l'hectare? (*Eure.*)

Valeur = Prix de l'ha. (4 620 fr.) × Nombre d'hectares.

N. d'hectares. $\begin{cases} = (108^{m2},5 \times 51,2 : 2) + (108^{m2},5 \times 48,4 : 2) \\ = 2\,777^{m2},6 + 2\,625^{m2},7 = 5\,403^{m2},3 = 0^{ha},54033. \end{cases}$

Rép. 4 620^f × 0,54033 = 2 496^f,32 ou 2 496^f,30.

2940. — Calculer, à raison de 12 fr. l'are, la valeur du champ ABCDE figuré plus haut. (*Nièvre.*)

Valeur = Prix de l'are (12 fr.) × Nombre d'ares.

N. d'ares. $\begin{cases} a) \text{ Tr. rect. } a: & 20^{m2} \times 20 : 2 = 200 \text{ m}^2. \\ b) \text{ Tr. rect. } c: & 18^{m2} \times 17 : 2 = 153 \text{ m}^2. \\ c) \text{ Tr. rect. } d: & 1^{m2} \times (32 + 18) \times 18 : 2 = 50^{m2} \times 9 = 450 \text{ m}^2. \\ d) \text{ Tr. rect. } e: & 1^{m2} \times (20 + 12) \times 18 : 2 = 32^{m2} \times 9 = 288 \text{ m}^2. \\ e) \text{ Trap. } b: & 1^{m2} \times (20 + 17) \times (12 + 32) : 2 = 37^{m2} \times 22 = 814 \text{ m}^2. \\ f) \text{ En tout}: & 200^{m2} + 153^{m2} + 450^{m2} + 288^{m2} + 814^{m2} = 1\,905 \text{ m}^2 \\ & = 19^a,05. \end{cases}$

Rép. 12^f × 19,05 = 228^f,60.

*REVISION

2941. — On entoure un terrain, qui a la forme d'un triangle équilatéral, d'un treillage revenant à 2^f,40 le mètre. Sachant que le côté a 130 m., dites la dépense. (*Eure-et-Loir.*)

Dépense = 2^f,40 × Périmètre.
Périmètre = 130^m × 3 = 390 m. *Rép.* 2^f,40 × 390 = 936 *fr.*

2942. — Une propriété qui a la forme d'un trapèze dont les dimensions sont 38 m. pour la petite base, 62 m. pour la grande base et 30 m. pour la hauteur, est plantée en oliviers. Elle a rapporté net 24 fr. On demande de calculer, d'après cela, combien un hectare rapporterait dans les mêmes conditions. (*Corse.*)

Rapport à l'ha. = 24 fr. : Surface en hectares.
Surface = 1^{m2} × (38 + 62) × 30 : 2 = 100^{m2} × 15 = 1 500^{m2} = 0^{ha},15.
Rép. 24^f : 0,15 = 160 *fr.*

2943. — Une prairie artificielle de forme triangulaire a 84 m. de base et 62^m,50 de hauteur. Elle produit par an 6 500 kg. de trèfle vert à l'hectare. Quel poids de trèfle sec rentre-t-on, le trèfle perdant 66 °/₀ de son poids par la fenaison? (*Finistère.*)

Poids de trèfle sec = (1 — 66/100) ou 34/100 du poids du trèfle vert.

Trèfle vert. $\begin{cases} a) \text{ Surface} = 84^{m2} \times 62,5 : 2 = 2\,625^{m2} = 0^{ha},2625. \\ b) \text{ Poids} = 6\,500^{kg} \times 0,2625 = 1\,706^{kg},25. \end{cases}$

Rép. 1 706^{kg},25 × 0,34 = 580^{kg},125.

2944. — Un propriétaire possède un pré dont le rendement est de 15 000 kg. de foin à l'hectare, et dont la récolte suffit à la nourriture, pendant une année, d'un cheval dont la ration journalière est de 9 kg. Ce pré a la forme d'un triangle qui mesure 95 m. de base, quelle en est la hauteur? (*Lozère.*)

Hauteur = Surface : Demi-base (95^m : 2 = 47^m,50).

Surface. $\begin{cases} a) \text{ Rendement total} = 9^{kg} \times 365 = 3\,285 \text{ kg.} \\ b) \ 3\,285 : 15\,000 = 0^{ha},219 = 2\,190 \text{ m}^2. \end{cases}$

Rép. 2 190 : 47,5 = 46^m,10.

2945. — Un champ a la forme d'un triangle ayant 150^m,50 de base et une hauteur égale aux 4/5 de la base. On vend : 1° la moitié de ce champ à raison de 3 500 fr. l'hectare; 2° 230^{m2},05 à raison de 38 fr. l'are; 3° le reste pour 2 600 fr. On demande : 1° le prix du mètre carré du dernier lot; 2° le prix de vente du champ. *(Seine.)*

I. *Prix du m² du dernier lot* = 2 600 fr. : Nombre de m² de ce lot.

Nombre de m².
  - *a)* Champ . . .
    - 150^{m2},5 × 150,5 × 4/5 : 2
    - = 150^{m2},5 × 120,4 : 2 = 9 060^{m2},10. 4
  - *b)* Dernier lot.
    - 9 060^{m2},10 — (9 060^{m2},1 : 2) — 230^{m2},05
    - = 4 300 m².

Rép. 2 600^f : 4 300 = 0^f,60.

II. *Prix de vente du champ.*
  - 1er lot : 3 500^f × 0,906 : 2 = 1 585^f,517 ou 1 585^f,50.
  - 2e lot : 38^f × 2,3005 = 87^f,40.
  - *Rép.* 1 585^f,50 + 87^f,40 + 2 600^f = 4 272^f,90.

2946. — Un champ a la forme d'un trapèze de 18^m,50 de haut et dont les bases mesurent 127^m,40 et 186^m,60. Combien recevra-t-on en le vendant 1 650 fr. l'hectare? Quel revenu annuel pourra-t-on avoir en plaçant la somme reçue à 3,50 °/₀? *(Loiret.)*

I. *Prix de vente* = Prix de l'hectare (1 650 fr.) × Surface en hectares.
Surface = 1^{m2} × (127,4 + 186,6) × 18,5 : 2 = 2 904^{m2},50 = 0^{ha},29045.
Rép. 1 650^f × 0,29045 = 479^f,24, soit 479^f,25.
II. *Revenu annuel* = 3^f,50 × 4,7925. *Rép.* 16^f,77, soit 16,75.

P. 276.

CIRCONFÉRENCE

23. — La **circonférence** est une ligne *courbe* dont tous les *points* sont *à la même distance* d'un point appelé *centre*.

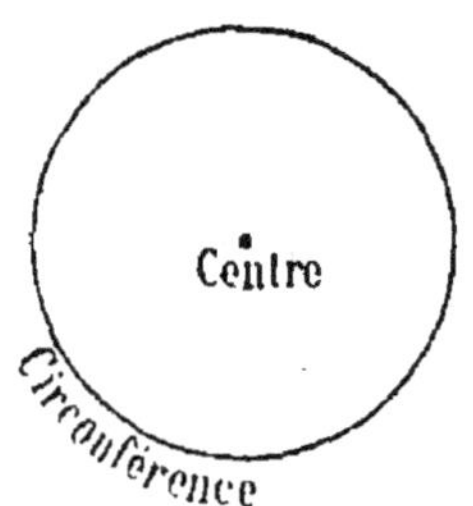

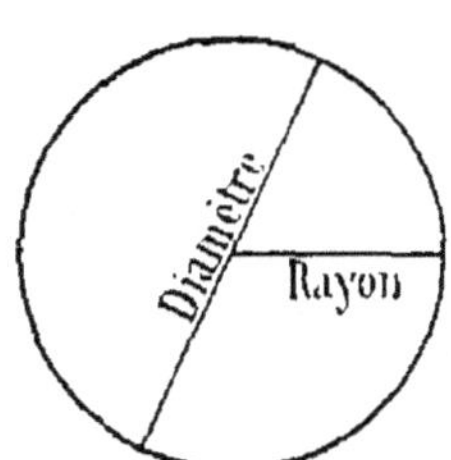

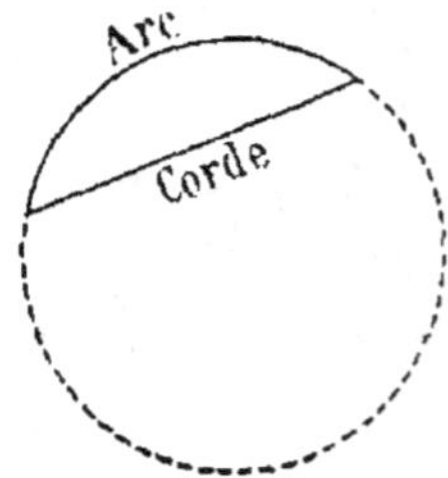

Degrés. Minutes. Secondes.

24. — Une circonférence peut être partagée en 360 parties égales appelées **degrés** (360°).

Le *degré* se divise en 60 **minutes** (60').

La *minute* se divise en 60 **secondes** (60").

Un angle a le même nombre de degrés, minutes et secondes qu'un arc quelconque décrit de son sommet comme centre et compris entre ses côtés.

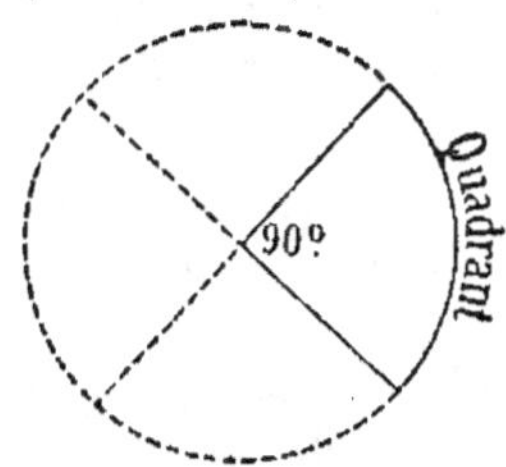

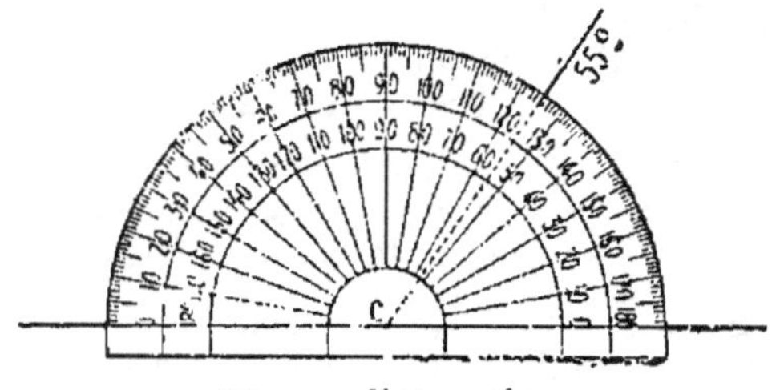

Mesure d'un angle.

Le **quadrant** et l'angle droit valent **90°.**
On mesure les angles à l'aide du **rapporteur.**

Les nombres de degrés, minutes et secondes sont des **nombres complexes.** Les calculs relatifs à ces nombres se font d'après les règles étudiées aux *unités de temps.* -- Voir El., p. 192 et suiv.

Problèmes. — *2947. — Calculer la somme de 2 angles qui ont : le 1er 35°48′25″; le 2e 48°37′33″.

Rép. 84°25′58″.   (Une retenue aux minutes.)

***2948.** — Combien manque-t-il à un angle de 27°37′15″ pour valoir un angle droit?

90° — 27°37′15″ = 90°60′60″ — 28°38′15″. *Rép.* 62°22′45″.

***2949.** — La France est située entre 42°20′ et 51°5′ de latitude nord. Trouvez sur quel nombre de degrés elle s'étend en latitude. (*Drôme.*)

51°5′ — 42°20′ = 51°65′ — 43°20′. *Rép.* 8°45′.

***2950.** — Quelle est la longueur d'un arc de 75° dans une circonférence de 62m,832?   (*Isère.*)

Rép. 62m,832 × 75/360 = 13m,09.

***2951.** — On a 6 angles égaux à 7°12′24″. Quelle est la valeur d'un angle égal à leur somme? Que manque-t-il à cette somme pour valoir un angle droit?   (*Cher.*)

I. 7°12′24″ × 6. *Rép.* 43°14′24″. (Retenues : 2′ et 1°.)
II. 90° — 43°14′24″ = 90°60′60″ — 44°15′24″. *Rép.* 46°45′36″.

Longueur de la circonférence.   P. 277.

25. — La longueur d'une circonférence est égale au *produit* de son *diamètre par* **3,1416.**
Le nombre 3,1416 se représente par π (pi).
Circonférence = diamètre × π = 2R × π.

Problèmes. — Quelle est la longueur d'une circonférence :
2952. — Dont le diamètre a 12 m.? 25 m.? 0m,50? 4m,80?
Rép. 37m,6992; 78m,54; 1m,5708; 15m,07968.

2953. — Dont le rayon a 5 m.? 25 m.? 0^m,35 ? 6^m,75? *(Gard.)*
Circonf. = 2R π. *Rép.* 31^m,416; 157^m,08; 2^m,19912; 42^m,4116.

2954. — Une roue a 1 m. de rayon. Elle a fait sur une route 400 tours. Quel chemin a-t-elle parcouru? *(Haute-Garonne.)*
Rép. 2^m × 3,1416 × 400 = 6^m,2832 × 400 = 2513^m,28.

2955. — Une corde s'enroule autour d'un rouleau de 0^m,18 de rayon. Elle fait 38 tours. Quelle est sa longueur? *(Ille-et-Vilaine.)*
Rép. 0^m,18 × 2 × 3,1416 × 38 = 1^m,130976 × 38 = 42^m,977.

***2956.** — Un bassin circulaire a 9^m,25 de diamètre. On l'entoure d'une grille qui revient toute posée à 1^f,30 le mètre. Quelle est la dépense? *(Seine.)*
Dépense = 1^f,30 × Longueur de la grille.
Longueur = 9^m,25 × 3,1416 = 29^m,0598 ou 29^m,06.
Rép. 1^f,30 × 29,06 = 37^f,778, soit 37^f,80.

***2957.** — Les grandes roues d'un chariot ont 0^m,75 de rayon, les petites 0^m,46. Combien les petites feront-elles de tours de plus que les grandes dans un parcours de 13 km.? *(Creuse.)*

Différence.
1. Petites roues.
  a) Circonf. = 0^m,46 × 2 × 3,1416 = 2^m,89.
  b) N. de tours = 13 000 : 2,89 = 4498 tours,
2. Grandes roues.
  a) Circonf. = 0^m,75 × 2 × 3,1416 = 4^m,712.
  b) N. de tours = 13 000 : 4,712 = 2759 tours (par excès).
Rép. 4498^t — 2759^t = 1 739 *tours* (par défaut).

***2958.** — La grande roue d'une voiture a 0^m,70 de rayon et fait 50 tours à la minute. Combien cette voiture parcourt-elle de kilomètres en 2 heures 20 minutes? *(Meuse.)*
Parcours total = Circonférence de la grande roue × Nombre de tours.
1. Circonférence = 0^m,70 × 2 × 3,1416 = 4^m,39824.
2. Nombre de tours : *a)* 2^{h}20^{min} = 140 min. *b)* 50^t × 140 = 7 000 tours.
Rép. 4^m,39824 × 7 000 = 30 787^m,68 = 30^{km},787.

***2959.** — Une circonférence a un rayon de 6 m. Quelle sera la longueur d'un arc de 40° pris sur cette circonférence? *(Haute-Vienne.)*
Longueur de l'arc de 40° = Longueur de la circonférence × 40/360 (1/9).
Circonférence = 6^m × 2 × 3,1416 = 37^m,6992. *Rép.* 37^m,6992 : 9 = 4^m,1888.

***2960.** — Un bicycliste a fait 20 fois, en 40 minutes, le tour d'une piste circulaire de 75 m. de rayon. Quelle distance a-t-il parcourue : 1° en tout; 2° en une minute? *(Ardèche.)*
1. *Parcours total.* Piste : 75^m × 2 × 3,1416 = 471^m,24.
  Rép. 471^m,24 × 20 = 9 424^m,80.
II. *En 1 minute il fait 1/2 tour. Rép.* 471^m,24 : 2 = 235^m,62.

***2961.** — Les roues de devant d'une voiture ont 0^m,95 de rayon et font 25 tours pendant que celles de derrière en font 18. Trouvez la circonférence d'une roue de derrière. *(Maine-et-Loire.)*
Circonfér. d'une roue arrière = Longueur des 25 tours d'une roue avant : 18.
Longueur des 25 tours = 0^m,95 × 2 × 3,1416 × 25 = 5^m,969 × 25 = 149^m,225.
Rép. 149^m,225 : 18 = 8^m,29.

***2962.** — Dans un carré de 112 m. de périmètre, on trace une circonférence qui touche les 4 côtés. Quelle est sa longueur? *(Yonne.)*
Longueur. Diamètre = 112^m : 4 = 28 m. (côté du carré).
  Rép. 28^m × 3,1416 = 87^m,96.

26. — Le **diamètre** est égal au *quotient* de la *longueur de la circonférence par* **3,1416.**

***2963.** — Quel est le diamètre d'un bassin circulaire dont la circonférence est de 47 m.?   (*Lot.*)

Rép.   47^m : 3,1416 = 14^m,96.

***2964.** — Dire le rayon d'une roue de 7^m,40 de tour. (*Gironde.*)

Diamètre = 7^m,40 : 3,1416 = 2^m,355.   *Rép.*   2^m,355 : 2 = 1^m,177.

***2965.** — Calculer, en kilomètres, le rayon du méridien terrestre.

Rép.   (40 000^{km} : 3,1416) : 2 = 6366 *km.*

***2966.** — Trois circonférences ont : la 1re, 10^m,27 de longueur; la 2e, 11^m,09; la 3e, 11^m,01. Quel serait le rayon d'une circonférence dont la longueur égalerait la somme de ces 3 circonférences?   (*Seine.*)

Rayon. { Longueur des 3 circonf. = 10^m,27 + 11^m,09 + 11^m,01 = 32^m,37.
{ *Rép.* (32^m,37 : 3,1416) : 2 = 10^m,30 : 2 = 5^m,15.

***2967.** — Calculer le rayon d'une circonférence dont un arc de 38° mesure 5^m,70.   (*Meurthe-et-Moselle.*)

Rayon. { Circonférence = 5^m,70 × 360/38 = 54 m.
{ *Rép.* (54^m : 3,1416) : 2 = 8^m,59.

CERCLE

P. 278.

27. — Le **cercle** est la *surface limitée par la circonférence.*

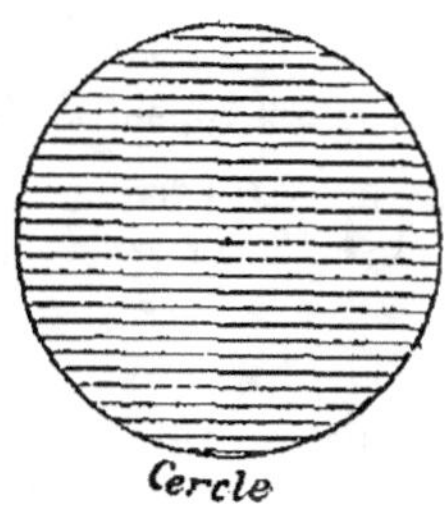

Cercle

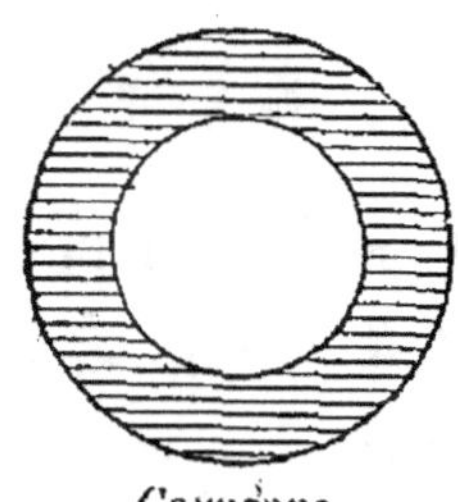

Couronne

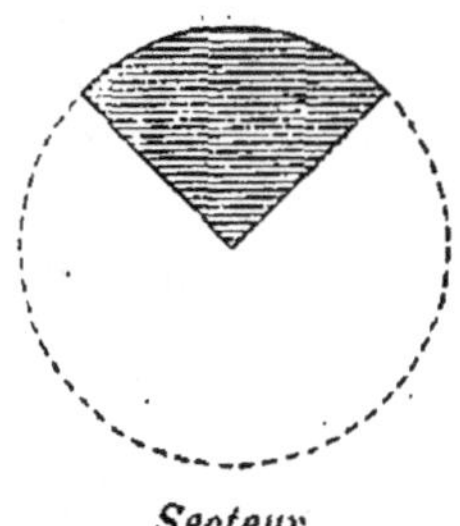

Secteur

28. — La **surface d'un cercle** est égale à la *moitié du produit de sa circonférence par son rayon.*

$$\text{Cercle} = \frac{\text{circ.} \times R}{2} = \text{circ.} \times \frac{R}{2} = \frac{\text{circ.}}{2} \times R.$$

La **surface d'un cercle** est encore égale au *produit du carré de son rayon par* **3,1416.**

$$\text{Cercle} = \pi R^2.$$

Problèmes. — Quelle est la surface d'un cercle :

2968. — Dont le rayon a 1 m.? 2^m,50? 5^m,25? 0^m,80? (*H^{te}-Loire.*)

Rép. 1° 3^{m2},1416; 2° 1^{m2} × 2^m,5^2 × 3,1416 = 19^{m2},635.

3° 1^{m2} × 5,25^2 × 3,1416 = 86^{m2},59035; 4° 1^{m2} × 0,8^2 × 3,1416 = 2^{m2},0106.

2969. — Dont le diamètre a 10 m.? 1 m.? 0^m,60? 4^m,80?

Rép. 1° 1^{m2} × (10 : 2)^2 × 3,1416 = 25^{m2} × 3,1416 = 78^{m2},54;

2° 1^{m2} × 0.5^2 × 3,1416 = 0^{m2},7854;

3° 1^{m2} × (0,6 : 2)^2 × 3,1416 = 0^{m2},09 × 3,1416 = 0^{m2},282744;

4° 1^{m2} × (4,8 : 2)^2 × 3,1416 = 5^{m2},76 × 3,1416 = 18^{m2},095616.

2970. — Dont la circonférence a 3^m,1416? 157^m,08? (*Oise.*)

I. Rayon = (3^m,1416 : 3,1416) : 2 = 0^m,50.

Rép. 1^{m2} × 3,1416 × 0,50 : 2 = 0^{m2},7854.

II. Rayon = (157^m,08 : 3,1416) : 2 = 25 m.

Rép. 1^{m2} × 157,08 × 25 : 2 = 1963^{m2},50.

2971. — Dont la circonférence mesure 51^m,52224? (*Maine-et-L.*)

I. Rayon = 51^m,52224 : 3,1416 : 2 = 8^m,20.

Rép. 1^{m2} × 51,52224 × 8,2 : 2 = 211^{m2},2411.

2972. — Quelle serait la surface d'un cercle équivalent à la somme de 2 autres cercles dont les rayons sont 25 dm. et 7 m.? (*Doubs.*)

Surface totale. { 1er cercle : 1^{m2} × 2,5^2 × 3,1416 = 19^{m2},635.

2e — 1^{m2} × 7^2 × 3,1416 = 153^{m2},9384.

Rép. 19^{m2},635 + 153^{m2},9384 = 173^{m2},5734.

***2973.** — Un vase cylindrique a 0^m,46 de diamètre; on veut le recouvrir d'un couvercle en tôle qui dépassera tout autour d'un centimètre. Quelle surface de tôle faudra-t-il employer? (*H^{te}-Garonne.*)

Surface de tôle. { Rayon du couvercle = (0^m,46 : 2) + 0^m,01 = 0^m,24.

Rép. 1^{m2} × 0,24^2 × 3,1416 = 0^{m2},1809.

***2974.** — Combien coûtera un tapis de toile cirée de 1^m,20 de diamètre à 2 fr. le mètre carré? (*Belfort.*)

Prix du tapis = Prix du m^2 (2 fr.) × Surface en m^2.

Surface = 1^{m2} × 0,6^2 × 3,1416 = 1^{m2},13. *Rép.* 2^f × 1,13 = 2^f,26, soit 2^f,25.

***2975.** — Un bassin circulaire a 1^m,20 de rayon. Le fond a été cimenté à raison de 4^f,80 le mètre carré. Dire la dépense. (*Loire.*)

Dépense. { Surface = 1^{m2} × 1,2^2 × 3,1416 = 4^{m2},5239.

Rép. 4^f,8 × 4,5239 = 21^f,71, soit 21^f,70.

***2976.** — Quelle est la surface d'un bassin circulaire ayant 37^m,70 de tour? A combien en revient, le pavage à raison de 9^f,50 le mètre carré? (*Ille-et-Vilaine.*)

I. *Surface.* { Rayon = (37^m,70 : 3,1416) : 2 = 6 m.

Rép. 1^{m2} × 37,7 × 6 : 2 = 113^{m2},1.

II. *Prix du pavage* = 9^f,50 × 113,1. *Rép.* 1074^f,45.

***2977.** — Un propriétaire a une prairie rectangulaire ayant 172^m,75 de longueur et 80^m,25 de largeur, au centre de laquelle se trouve un abreuvoir circulaire ayant 5^m,25 de rayon. Quelle est, en hectares, l'étendue du terrain réservé réellement à la prairie? (*Aisne.*)

Étendue réelle = Surface totale — Surface de l'abreuvoir.

1. Surface totale = 172^{m2},75 × 80,25 = 13863^{m2},1875 = 1^{ha},3863.

2. Abreuvoir : 1^{m2} × 5,25^2 × 3,1416 = 86^{m2},59 = 0^{ha},0086.

Rép. 1^{ha},3863 — 0^{ha},0086 = 1^{ha},3777.

***2978.** — Au milieu d'un terrain carré de 25 m. de côté, on trace P. 279.
un cercle de 62ᵐ,832 de circonférence. Calculez la surface de la portion
du terrain qui reste en dehors du cercle. (*Loire-Inférieure.*)

Surface restante = Surface du terrain carré — Surface du cercle.
1. Terrain : 25ᵐ² × 25 = 625ᵐ².
2. Cercle. { *a*) Rayon = (62ᵐ,832 : 3,1416) : 2 = 10 m.
{ *b*) Surface = 62,832 × 10 : 2 = 314ᵐ²,16.
Rép. 625ᵐ² — 314ᵐ²,16 = 310ᵐ²,84.

***2979.** — Quelle différence de surface y a-t-il entre un carré de
6ᵐ,70 de côté et un cercle de 6ᵐ,70 de diamètre? (*Seine-et-Marne.*)

Différence. { 1. Carré : 6ᵐ²,7 × 6,7 = 44ᵐ²,89.
{ 2. Cercle : 1ᵐ² × (6,7 : 2)² × 3,1416 = 35ᵐ²,25.
{ *Rép.* 44ᵐ²,89 — 35ᵐ²,25 = 9ᵐ²,64.

***2980.** — La place de la Nation, à Paris, est circulaire, son dia-
mètre est de 250 m.; exprimez sa surface en hectares. Si un terrain de
même étendue était ensemencé en blé et produisait 18 hectolitres par
hectare, à combien de personnes pourrait-il fournir du pain pendant 1 an,
la consommation annuelle moyenne d'une personne étant de 36 décalitres de blé? (*Paris.*)

I. *Surface* : *a*) Rayon = 250ᵐ : 2 = 125 m. *b*) 1ʰᵃ × 1,25² × 3,1416.
Rép. 4ʰᵃ,90875.
II. *Nombre de personnes* = Rendᵗ total : Consomm. ann. d'une pers. (3ʰˡ,6).
Rendement total = 18ʰˡ × 4,90875 = 88ʰˡ,3575.
Rép. 88,3575 : 3,6 = 24 *personnes.* (Reste : 1ʰˡ,9575).

***2981.** — On a fabriqué un cube de 0ᵐ,15 d'arête avec du carton
blanc. On applique sur chacune de ses faces un cercle en papier rouge
de 3 cm. de rayon. Trouver en centimètres carrés la surface du cube qui
reste en blanc. (*Paris.*)

Surface totale restée en blanc = Surface restée en blanc sur une face × 6.
Sur une face. { *a*) Surface = 15ᶜᵐ² × 15 = 225 cm².
{ *b*) Cercle = 3ᶜᵐ² × 3 × 3,1416 = 28ᶜᵐ²,2744.
{ *c*) Blanc : 225ᶜᵐ² — 28ᶜᵐ²,2744 = 196ᶜᵐ²,7256.
Rép. 196ᶜᵐ²,7256 × 6 = 1180ᶜᵐ²,3536.

***2982.** — Dans une pelouse rectangulaire de 95 m. de long, on
creuse un bassin circulaire de 12 m. de rayon. Sachant que la surface
du bassin est égale au 1/6 de celle de la pelouse, calculer la largeur de
la pelouse. (*Loire-Inférieure.*)

Largeur = Surface : Longueur (95 m.).
Surface. { *a*) Bassin : 1ᵐ² × 12² × 3,1416 = 452ᵐ²,3904.
{ *b*) Pelouse : 452ᵐ²,3904 × 6 = 2714ᵐ²,3424.
Rép. 2714,3424 : 95 = 28ᵐ,57.

***2983.** — Une place circulaire de 64 m. de diamètre a coûté 72 fr.
l'are. On l'a entourée d'une clôture qui revient à 3ᶠ,25 le mètre courant. Quelle est la dépense totale? (*Seine.*)

Dépense totale = Prix du terrain + Prix de la clôture.
1. Terrain. { *a*) Surface. { Circonférence : 64ᵐ × 3,1416 = 201ᵐ,06.
{ { 1ᵐ² × 201,06 × 32 : 2 = 3216ᵐ²,96 ou 32ᵃ,17.
{ *b*) Prix = 72ᶠ × 32,17 = 2316ᶠ,24 ou 2316ᶠ,25.
2. Clôture. : 3ᶠ,25 × 201,06 = 653ᶠ,44 ou 653ᶠ,45.
Rép. 2316ᶠ,25 + 653ᶠ,45 = 2969ᶠ,70.

***2984.** — On veut mettre une toile cirée sur une table ronde de 1ᵐ,50 de diamètre. La toile cirée coûte 3ᶠ,50 le mètre carré. Sachant qu'on l'entoure d'une bordure qui coûte 1ᶠ,25 le mètre, on demande à combien reviendra la toile toute bordée. *(Paris.)*

Prix de revient total = Prix de la toile cirée + Prix de la bordure.

1. Toile cirée. { a) Surface. { Circonférence = 1,5 × 3,1416 := 4ᵐ,7124.
1ᵐ² × 4,7124 × (1,5 : 2) : 2 = 1ᵐ²,767.
b) Prix = 3ᶠ,50 × 1,767 = 6ᶠ,184, soit 6ᶠ,20.

2. Bordure : 1ᶠ,25 × 4,712 = 5ᶠ,89, soit 5ᶠ,90.

Rép. 6ᶠ,20 + 5ᶠ,90 = 12ᶠ,10.

***2985.** — Quelle est la surface d'un secteur dont l'arc a 45°, le rayon de la circonférence étant 1 m.? *(Vaucluse.)*

Surface du secteur = Surface du cercle × 45/360 (1/8).
Cercle = 1ᵐ² × 3,1416 = 3ᵐ²,1416. *Rép.* 3ᵐ²,1416 : 8 = 0ᵐ²,3927.

***2986.** — On fait une porte cochère cintrée. La partie rectangulaire a 3ᵐ,50 de largeur et 4ᵐ,20 de hauteur; le cintre est un demi-cercle ayant pour diamètre la largeur de la porte. On paie le menuisier à raison de 14 fr. le mètre carré; la peinture, appliquée sur les deux faces, revient à 1ᶠ,80 le mètre carré; les ferrures coûtent 52 fr. Quel est le prix de revient de la porte? *(Indre-et-Loire.)*

Prix de revient = Menuiserie + Peinture + Ferrures (52 fr.).

1. Menuiserie. { a) Surface. { Partie rectangulaire : 3ᵐ²,5 × 4,2 = 14ᵐ²,70.
Cintre : 1ᵐ² × (3,5 : 2)² × 3,1416 : 2 = 4ᵐ²,81.
En tout : 14ᵐ²,70 + 4ᵐ²,81 = 19ᵐ²,51.
b) Prix = 14ᶠ × 19,51 = 273ᶠ,14 ou 273ᶠ,15.

2. Peinture : 1ᶠ,8 × 19,51 × 2 = 70ᶠ,23 ou 70ᶠ,25.

Rép. 273ᶠ,15 + 70ᶠ,25 + 52ᶠ = 395ᶠ,40.

***2987.** — Un réservoir circulaire de 25 m. de diamètre est entouré d'une bordure de pierre qui a 1ᵐ,20 de large. Combien a coûté cette bordure à 3ᶠ,75 le mètre carré? *(Saône-et-Loire.)*

Prix = 3ᶠ,75 × Surface de la bordure en m².

Surface de la bordure. { a) Surface tot. = 1ᵐ² × [(25 : 2) + 1,2]² × 3,1416 = 589ᵐ²,6469.
b) Ouverture : 1ᵐ² × 12,5² × 3,1416 = 490ᵐ²,875.
c) 589ᵐ²,6469 — 490ᵐ²,875 = 98ᵐ²,7719.

Rép. 3ᶠ,75 × 98,7719 = 370ᶠ,39, soit 370ᶠ,40.

***2988.** — Un bassin circulaire de 12 m. de diamètre est entouré d'une allée circulaire de 4ᵐ,50 de large. Cette couronne est couverte d'un carrelage qui coûte 8 fr. le mètre carré. Quel est le prix total de ce carrelage? *(Nord.)*

Prix du carrelage = Prix du m² (8 fr.) × Surface en m².

Surface du carrelage. { a) Surface tot. = 1ᵐ² × [(12 : 2) + 4,5]² × 3,1416 = 346ᵐ²,3614.
b) Bassin : 1ᵐ² × 6² × 3,1416 = 113ᵐ²,0976.
c) 346ᵐ²,3614 — 113ᵐ²,0976 = 233ᵐ²,2638.

Rép. 8ᶠ × 233,2638 = 1866ᶠ,1104, soit 1 866ᶠ,10.

***2989.** — Un parterre de fleurs a la forme d'un cercle dont le diamètre est de 4 m. Ce parterre est entouré d'un sentier large de 1 m. On demande : 1° la longueur du contour du parterre; 2° la longueur de la bordure extérieure du sentier; 3° la surface du sentier. *(Paris.)*

I. *Contour* = 4ᵐ × 3,1416. *Rép.* 12ᵐ,5664.

II. *Bordure extérieure* = (4ᵐ + 1ᵐ + 1ᵐ) × 3,1416. *Rép.* 18ᵐ,8496.

III. *Surface du sentier* = Surface totale — Surface du parterre.

1. Surface totale = 1ᵐ² × 18,8496 × (6 : 2) : 2 = 28ᵐ²,2744.

2. Parterre : 1ᵐ² × 12,5664 × (4 : 2) : 2 = 12ᵐ²,5664.

Rép. 28ᵐ²,2744 — 12ᵐ²,5664 = 15ᵐ²,708.

***2990.** — Un tapis rectangulaire a 5^m,74 de long sur 4^m,25 de large
et coûte 8^f,75 le mètre carré. On fait broder au centre une rosace de
1^m,36 de diamètre au prix de 24 fr. le mètre carré, et, à chaque angle,
un losange dont les diagonales ont : l'une 0^m,84 et l'autre 0^m,68 à raison
de 16 fr. le mètre carré. Quelle est la dépense totale?   (*Paris.*)

Prix total = Prix de l'étoffe + Prix de la rosace + Prix des losanges.

1. Etoffe.
$\quad$ *a*) Surface = 5^{m2},74 × 4,25 = 24^{m2},395.
$\quad$ *b*) Prix = 8^f,75 × 24,395 = 213^f,45.

2. Rosace.
$\quad$ *a*) Surface = 1^{m2} × (1,36 : 2)^2 × 3,1416 = 1^{m2},4526.
$\quad$ *b*) Prix = 24^f × 1,4526 = 34^f,86.

3. Losanges.
$\quad$ *a*) Surface = (1^{m2} × 0,84 × 0,68 : 2) × 4 = 1^{m2},1424.
$\quad$ *b*) Prix = 16^f × 1,1424 = 18^f,28 (par excès).

Rép.   213^f,45 + 34^f,86 + 18^f,28 = 266^f,59, soit 266^f,60.

* PRISME. PYRAMIDE   P. 280.

29. — Le **volume du prisme** s'obtient comme celui du
parallélépipède rectangle, qui est un prisme à base rectangulaire (voir page 100), en *multipliant la base par la hauteur*.

30. — Le **volume de la pyramide** est égal au *tiers
du produit de sa base par sa hauteur*.

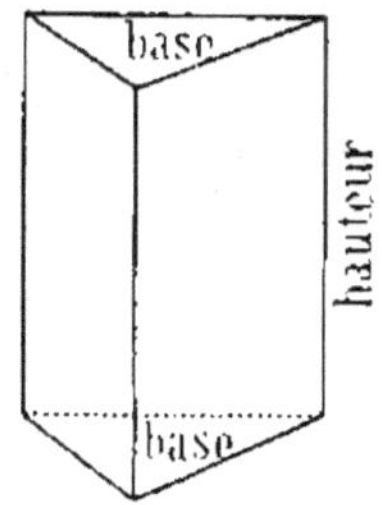

Pr. triangulaire.

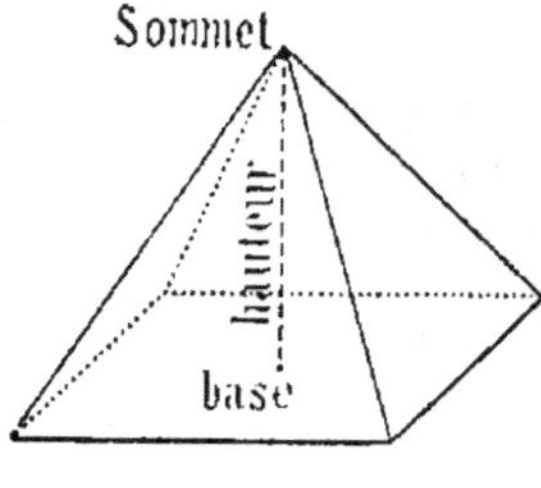

Prisme.   Pyramide.

Problèmes. — **2991.** — Une cour triangulaire a 120 m. de base et
48 m. de hauteur. On veut y répandre une couche de sable de 0^m,05
d'épaisseur; combien en faudra-t-il de mètres cubes?   (*Loire-Inf.*)

Base = 1^{m2} × 120 × 48 : 2 = 2880 m². *Rép.*   1^{m3} × 2880 × 0,05 = 144 *m³*.

2992. — Quel est le volume de la grande pyramide d'Egypte qui
a 142 m. de haut et dont la base est un carré ayant 233 m. de côté?

Base = 233 × 233 = 54289 m². *Rép.*   1^{m3} × 54289 × 142 : 3 = 2569679 *m³*.

2993. — Une pyramide a 25 cm. de hauteur. Sa base est un triangle
rectangle dont les côtés ont 3 dm. et 45 cm. Calculer son volume en
centimètres cubes.

Base = 1^{cm2} × 30 × 45 : 2 = 675 cm². *Rép.* 1^{cm3} × 675 × 25 : 3 = 5625 *cm³*.

2994. — Un tas de bois a la forme d'un prisme dont la base est un
triangle qui a 2^m,60 de base et 1^m,25 de hauteur. La hauteur de ce

prisme est égale à 1m,20 (longueur des bûches). Quelle est, à 10f,50 le stère, la valeur de cette pile de bois? (*Somme.*)

Prix de la pile = 10f,50 × Nombre de stères de bois.
Nombre de stères = 1s × (2,6 × 1,25 : 2) × 1,2 = 1s × 1,625 × 1,2 = 1s,95.
Rép. 10f,50 × 1,95 = 20f,475 ou 20f,50.

2995. — Une cour a la forme d'un trapèze ayant pour bases 75 m. et 47m,50 et pour hauteur 34 m. On répand une couche de sable de 0m,03 d'épaisseur. Dites la dépense à 1f,50 le m³. (*Indre-et-L.*)

Dépense totale = Prix du m³ (1f,50) × Nombre de m³.
Nombre de m³. { *a*) Base = 1m2 × (75 + 47,5) × 34 : 2 = 2082m2,5.
{ *b*) 1m3 × 2082,5 × 0,03 = 62m3,475.
Rép. 1f,50 × 62,475 = 93f,71, soit 93f,70.

2996. — Un champ a la forme d'un triangle ayant 152 m. de base et 32 m. de hauteur. Combien faudra-t-il de mètres cubes d'engrais pour le couvrir d'une épaisseur de 0m,009? Combien coûtera cet engrais, si on le paye à raison de 0f,90 les 100 kg., et s'il pèse 870 kg. par mètre cube? (*Haute-Savoie.*)

I. *Volume d'engrais* = 1m3 × (152 × 32 : 2) × 0,009 = 1m3 × 2432 × 0,009.
Rép. 21m3,888.
II. *Prix total* = Prix du quintal (0f,90) × Nombre de quintaux.
Nombre de quintaux = 8q,7 × 21,888 = 190q,4256.
Rép. 0f,90 × 190,425 = 171f,38, soit 171f,40.

2997. — Une pile de bois à brûler, ayant la forme d'un prisme rectangulaire, a 10m,60 de long sur 1m,20 de large. Elle a été vendue 286f,20 à raison de 15 fr. le stère. Quelle en est la hauteur? (*Saône-et-L.*)

Hauteur = Volume : Surface de la base.
1. Volume = 286,2 : 15 = 19m3,08.
2. Base = 10m2,6 × 1,2 = 12m2,72. *Rép.* 19,08 : 12,72 = 1m,50.

2998. — On étend sur un champ argileux 500 m³ de sable et 361 m³ de calcaire. Le champ a la forme d'un trapèze dont les bases ont 175 m. et 138 m., et la hauteur 40 m. Quelle est la hauteur de la couche d'amendement? (*Haute-Marne.*)

Hauteur de la couche = Volume : Surface de la base.
1. Volume = 500m3 + 361m3 = 861 m³.
2. Base = 1m2 × (175 + 138) × 40 : 2 = 6260 m².
Rép. 861 : 6260 = 0m,137.

P. 281.   ***SURFACE DU CYLINDRE**

31. — La surface latérale d'un cylindre s'obtient en

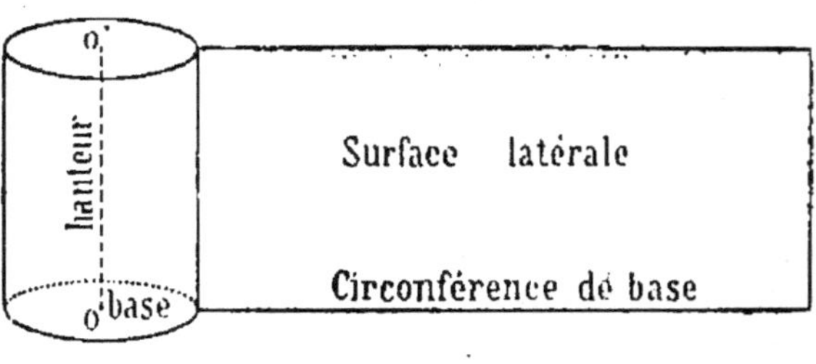

Cylindre.   Développement.

multipliant la *circonférence de base par la hauteur.*

32. — La **surface totale** est égale à la somme de la *surface latérale* et de la *surface des deux bases.*

Problèmes. — Quelle est la surface latérale d'un cylindre :

2999. — Qui a 4ᵐ,60 de circonférence et 3 m. de hauteur?

Rép. 1ᵐ² × 4,6 × 3 = 13ᵐ²,80.

3000. — Dont la base a 2ᵐ,80 de diamètre et la hauteur 2ᵐ,75?

Rép. 1ᵐ² × 2,8 × 3,1416 × 2,75 = 24ᵐ²,19032.

Quelle est la surface totale d'un cylindre :

3001. — Qui a 10 cm. de rayon et 35 cm. de hauteur?

1. Surface latérale = 1ᶜᵐ² × 10 × 2 × 3,1416 × 35 = 2199ᶜᵐ²,12.
2.   —   des 2 bases = 1ᶜᵐ² × 10² × 3,1416 × 2 = 628ᶜᵐ²,32.
Rép. 2199ᶜᵐ²,12 + 628ᶜᵐ²,32 = 2827ᶜᵐ²,44.

3002. — Qui a 6ᵐ,2832 de circonférence et 2 m. de hauteur?

1. Surface latérale = 6ᵐ²,2832 × 2 = 12ᵐ²,5664.

2. Surface des 2 bases. { *a*) Rayon = 6,2832 : 2 π = 1 m.
{ *b*) 1ᵐ² × π × 2 = 6ᵐ²,2832.

Rép. 12ᵐ²,5664 + 6ᵐ²,2832 = 18ᵐ²,8496.

3003. — Quelle est la surface latérale d'un cylindre dont la base a 2ᵈᵐ 1/2 de circonférence et la hauteur 0ᵐ,65?   (*Seine-et-Marne.*)

Rép. 1ᵐ² × 0,25 × 0,65 = 0ᵐ²,1625.

3004. — Quelle surface de tôle a-t-il fallu employer pour faire un tuyau de 2ᵐ,50 de long et de 8 cm. de rayon?   (*Seine.*)

Rép. 1ᵐ² × (0,08 × 2 × 3,1416) × 2,5 = 1ᵐ²,25664.

3005. — Une tour ronde de 3ᵐ,75 de rayon a une hauteur de 6ᵐ,90. On demande ce que coûtera l'enduit extérieur de cette tour, à raison de 1ᶠ,75 le mètre carré.   (*Nièvre.*)

Prix total = Prix du m² (1ᶠ,75) × Surface latérale évaluée en m².
Surface latérale = 1ᵐ² × (3,75 × 2 × 3,1416) × 6,9 = 162ᵐ²,5778.
Rép. 1ᶠ,75 × 162,5778 = 284ᶠ,51, soit 284ᶠ,50.

*VOLUME DU CYLINDRE

33. — Le **volume du cylindre** s'obtient en multipliant la *surface de la base par la hauteur.*

3006. — Combien de litres de haricots contient un vase cylindrique ayant 25 cm. de diamètre et 65 cm. de profondeur? (*Pas-de-Calais.*)

Rayon = 25ᶜᵐ : 2 = 12ᶜᵐ,5.
Rép. 1ᶜᵐ³ × (12,5 × 12,5 × 3,1416) × 65 = 31906ᶜᵐ³ = 31ˡ,906.

3007. — Le diamètre intérieur d'un vase cylindrique est de 0ᵐ,50. La profondeur intérieure de ce vase est de 0ᵐ,75. On demande sa con·tenance.   (*Yonne.*)

Rayon = 50ᶜᵐ : 2 = 25 cm.
Rép. 1ᶜᵐ³ × (25 × 25 × 3,1416) × 75 = 147262ᶜᵐ³,5 = 147ˡ,26.

3008. — Dire, en hectolitres, la contenance d'un réservoir cylindrique ayant 2^m,80 de hauteur et 1^m,30 de diamètre.　　　(*Aveyron.*)

Rayon = 1^m,3 : 2 = 0^m,65.

Rép.　1^{m3} × (0,65² × 3,1416) × 2,8 = 3^{m3},7165 = 37^{hl},165.

3009. — Quelle est la capacité d'un vase cylindrique dont la profondeur, égale au diamètre de la base, est de 108^{mm},4?　　　(*Seine.*)

Rayon = 1^{dm},084 : 2 = 0^{dm},542.

Rép.　1^{dm3} × (0,542² × 3,1416) × 1,084 = 1 dm^3 = 1 l.

P. 282.　**3010.** — On fait creuser un puits de 15 m. de profondeur sur 1^m,60 de diamètre. Quelle somme doit-on donner à l'ouvrier à raison de 6^f,25 le mètre cube?　　　(*Seine.*)

Prix = 6^f,25 × Volume évalué en m³.

Volume = 1^{m3} × (1,60 : 2)² × 3,1416 × 15 = 30^{m3},15936.

Rép.　6^f,25 × 30,15936 = 188^f,50.

3011. — Quel est le poids d'une plaque de fonte circulaire de 0^m,80 de diamètre et de 5 cm. d'épaisseur, sachant que le décimètre cube de fonte pèse 7^{kg},2?　　　(*Oise.*)

Poids total = 7^{kg},2 × Volume en dm³,

Rép.　7^{kg},2 × (8 : 2)² × 3,1416 × 0,5 = 7^{kg},2 × 25,1328 = 180^{kg},956.

3012. — Sur une place circulaire de 50 m. de diamètre, on répand une couche de sable de 0^m,12 d'épaisseur. Dire la dépense, si le sable mis en place coûte 3^f,75 le mètre cube.　　　(*Nièvre.*)

Rép.　3^f,75 × 25² × 3,1416 × 0,12 = 3^f,75 × 235,62 = 883^f,575.

3013. — Un puits dont le diamètre est de 1^m,80 contient une hauteur d'eau de 2^m,10. On demande combien on peut en retirer de seaux de 12 litres.　　　(*Meurthe-et-Moselle.*)

Nombre de seaux = Volume en litres : 12.

Rép.　(18 : 2)² × 3,1416 × 21 : 12 = 5 343,86 : 12 = 445 *seaux* (par défaut).

3014. — Une colonne cylindrique de fonte a 0^m,10 de diamètre et 3^m,80 de hauteur. On demande de trouver son poids et sa valeur à raison de 0^f,58 le kilogramme, sachant qu'un décimètre cube de fonte pèse 7^{kg},5.　　　(*Saône-et-Loire.*)

I. *Poids* = 7^{kg},5 × Volume évalué en dm³.

Rép.　7^{kg},5 × (1 : 2)² × 3,1416 × 38 = 7^{kg},5 × 29,8452 = 223^{kg},839.

II. *Valeur* = 0^f,58 × 223,839.　*Rép.*　129^f,826, soit 129^f,85.

3015. — Un réservoir cylindrique a 1^m,40 de diamètre et 6^m,20 de profondeur. Quelle quantité d'eau contient-il, sachant qu'il est rempli aux 4/5?　　　(*Haute-Vienne.*)

Rép.　1^{m3} × (1,4 : 2)² × 3,1416 × (6,2 × 4/5) = 7^{m3},635 = 7 635 l., soit 7 635 kg.

3016. — Un tronc d'arbre arrondi pour le charronnage a 1^m,60 de circonférence et une longueur de 1^m,80. Combien vaut-il à raison de 8^f,28 le décistère?　　　(*Seine-et-Oise.*)

Prix total = Prix du stère (82^f,8) × Volume en stères.

Volume.　{ *a*) Rayon = 1^m,6 : (2 π) = 0^m,25464.
　　　　　{ *b*) 1^s × (0,25464² × 3,1416) × 1,8 = 0^s,36668.

Rép.　82^f,8 × 0,36668 = 30^f,36, soit 30^f,35.

3017. — On demande quels seront le volume et le poids d'une colonne de fonte qui a $0^m,80$ de circonférence et 4 m. de hauteur. La densité de la fonte est 7,10. *(Belfort.)*

I. Rayon $= (0^m,8 : 2) : \pi = 0^m,12732$.
Volume $= 1^{m3} \times (0,8 \times 0,12732 : 2) \times 4$. *Rép.* $0^{m3},203712$.
II. *Poids* $= 7^l,1 \times 0,203712$. *Rép.* $1^t,446355$ ou $1416^{kg},355$.

3018. — Combien faudra-t-il de temps pour vider un réservoir ayant une forme cylindrique et mesurant 12 m. de hauteur et $0^m,60$ de rayon, dont le contenu s'écoule au moyen de 2 robinets à raison de 25 l. à la minute par robinet? *(Belfort.)*

Nombre de minutes $=$ Volume en litres : Débit des 2 robinets $(25^l \times 2)$.
Volume $= 1^l \times (6^2 \times 3,1416) \times 120 = 13571^l,7$.
Rép. $13571,7 : 50 = 271^{min.} 26^{sec.} = 4\ h.\ 31\ min.\ 26\ sec.$

3019. — Autour d'une roue de 90 cm. de rayon, on fixe une bande de fer dont l'épaisseur est de $0^m,004$ et la largeur de $0^m,08$. Quel sera le prix de cette bande, si le fer coûte $0^f,90$ le kilogramme? La densité du fer est 7,8. *(Seine.)*

Prix total $=$ Prix du kilogramme $(0^f,9) \times$ Poids total en kilogrammes.

Poids. $\begin{cases} a)\ \text{Volume.} \begin{cases} = \text{Surface de la couronne} \times \text{Largeur } (0^{dm},8). \\ \text{Couronne} = 1^{dm2} \times (\pi \times 9,04^2 - \pi \times 9^2) = 2^{dm2},2669. \\ 2^{dm3},2669 \times 0,8 = 1^{dm3},81352. \end{cases} \\ b)\ 7^{kg},8 \times 1,81352 = 14^{kg},145. \end{cases}$

Rép. $0^f,9 \times 14,145 = 12^f,73$, soit $12^f,75$.

*Calcul de la hauteur.

34. — La hauteur du cylindre est le quotient du *volume* par la *surface de la base.*

3020. — On vide un puits de forme cylindrique qui a 4 m. de diamètre et qui est plein d'eau jusqu'au bord. On en tire 62 832 litres d'eau. Quelle est la profondeur du puits? *(Belfort.)*

Rép. $62832 : (20^2 \times 3,1416) = 50\ dm. = 5\ m.$

3021. — Dans un bassin circulaire de 4 m. de diamètre sont ouverts 2 robinets dont l'un fournit 30 l. et l'autre 36 l. d'eau par minute. On les laisse fonctionner ensemble pendant 2 heures. A quelle hauteur l'eau s'élèvera-t-elle alors dans ce bassin? *(Paris.)*

Hauteur $=$ Volume : Surface de base.
1. Volume. $\begin{cases} a)\ \text{Par min.} : 30^l + 36^l = 66\ l. & b)\ \text{Temps} = 60^{min.} \times 2 = 120\ \text{min.} \\ c)\ 66^l \times 120 = 7920\ l. = 7^{m3},920. \end{cases}$
2. Base $= 1^{m2} \times 2^2 \times 3,1416 = 12^{m2},5664$.
Rép. $7,92 : 12,5664 = 0^m,63$.

3022. — Un puits a la forme d'un cylindre de 2 m. de diamètre. Il était plein d'eau jusqu'aux 4/5. On le vide et on retire ainsi 12 500 l. Quelle est la profondeur du puits? *(Belfort.)*

Profondeur $=$ Volume total : Surface de base.
1. Volume total $= 12500^l : 4/5 = 15625^l = 15^{m3},625$.
2. Base $= 1^{m2} \times 1^2 \times 3,1416 = 3^{m2},1416$.
Rép. $15,625 : 3,1416 = 4^m,97$.

*CÔNE

35. — La **surface latérale** d'un cône s'obtient en multipliant la *circonférence de base* par la *moitié de l'apothème*.

36. — La **surface totale** est égale à la somme de la *surface latérale* et de la *surface du cercle de base*.

37. — Le **volume du cône** est égal au *tiers du produit* de la *surface de la base par la hauteur*.

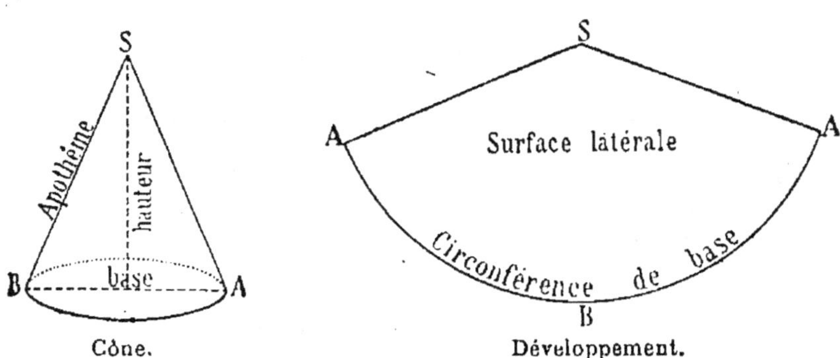

Problèmes. — **3023.** — Calculer la surface latérale d'un cône dont la circonférence de base a 8 m. et l'apothème 4 m.

Rép. $8^{m2} \times (4 : 2) = 16\ m^2$.

3024. — Calculer la surface latérale d'un cône dont le diamètre a $3^m,25$ et l'apothème $2^m,50$.

Rép. $1^{m2} \times (3,25 \times 3,1416) \times (2,5 : 2) = 12^{m2},76275$.

3025. — Calculer la surface totale d'un cône dont le rayon de base a 2 m. et l'apothème $3^m,50$.

1. Surface latérale $= 1^{m2} \times (2 \times 2 \times 3,1416) \times (3,5 : 2) = 21^{m2},9912$.
2. Base $= 1^{m2} \times (2 \times 2 \times 3,1416) = 12^{m2},5664$.
Rép. $21^{m2},9912 + 12^{m2},5664 = 34^{m2},5576$.

3026. — Calculer la surface totale d'un cône dont la circonférence de base a $9^m,4248$ et l'apothème $2^m,80$.

1. Surface latérale $= 9^{m2},4248 \times (2,8 : 2) = 13^{m2},19472$.
2. Base. { a) Rayon $= 9^m,4248 : (2 \times 3,1416) = 1^m,5$.
{ b) Surface $= 9^{m2},4248 \times (1,5 : 2) = 7^{m2},0686$.
Rép. $13^{m2},19472 + 7^{m2},0686 = 20^{m2},26332$.

3027. — Une tour cylindrique a 4 m. de diamètre; elle est surmontée d'un toit pointu dont l'arête mesure $3^m,80$. Calculer le prix de la toiture en ardoise à 12 fr. le mètre-carré. *(Vaucluse.)*

Rép. $12^f \times 4 \times 3,1416 \times (3,8 : 2) = 12^f \times 23,87616 = 286^f,51$, soit $286^f,50$.

3028. — Calculer le poids d'un pain de sucre de 0^m,60 de haut, si le diamètre, à la base, est de 0^m,15 et la densité du sucre 1,60. (*Aube.*)

Poids = 1^{kg},6 × Volume exprimé en dm³.
Volume = 1^{m3} × (0,15 : 2)^2 × 3,1416 × (0,6 : 3) = 0^{m3},0035343 = 3^{dm3},5343.
Rép. 1^{kg},6 × 3,5343 = 5^{kg},654.

3029. — Un vase conique, de 0^m,32 de diamètre à l'ouverture et 0^m,45 de profondeur, est rempli jusqu'à un demi-décimètre du bord. Quel est en litres le volume du liquide qu'il contient?   (*Belfort.*)

1. Rayon = 0^m,32 : 2 = 0^m,16 = 1^{dm},6 ;
2. Hauteur = 0^m,45 — 0^m,05 = 0^m,4 = 4 dm.
Rép. 1^l × (1,6^2 × 3,1416) × 4 : 3 = 10^l,72.

3030. — Quelle est la valeur d'un pain de sucre de 0^m,15 de rayon et de 0^m,58 de hauteur, si la densité du sucre est de 1,78 et si le kilogramme est vendu 0^f,70 ?   (*Paris.*)

Prix = Prix du kilogramme (0^f,7) × Poids en kilogrammes.
Poids. { a) Volume = 1^{dm3} × (1,5^2 × 3,1416) × 5,8 : 3 = 13^{dm3},66596.
{ b) 1^{kg},78 × 13,66596 = 24^{kg},324.
Rép. 0^f,7 × 24,324 = 17^f,02, soit 17 *fr.*

3031. — Un cône de 0^m,52 de rayon, et de 2^m,70 de hauteur, est composé d'une matière qui pèse 3 fois 1/2 plus que l'eau. On demande de calculer son poids.   (*Seine.*)

Poids = 3^{kg},5 × Volume exprimé en dm³.
Volume = 1^{dm3} × (5,2^2 × 3,1416) × (27 : 3) = 764^{dm3},539.
Rép. 3^{kg},5 × 764,539 = 2675^{kg},886.

*SPHÈRE   P. 284.

38. — La surface d'une sphère est égale à *quatre fois la surface d'un cercle de même rayon* (grand cercle).

39. — Le volume d'une sphère est égal au *produit de sa surface par le tiers de son rayon.*

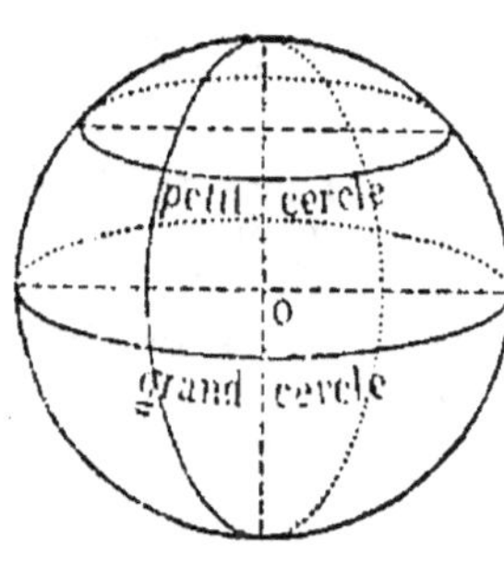

Sphère.

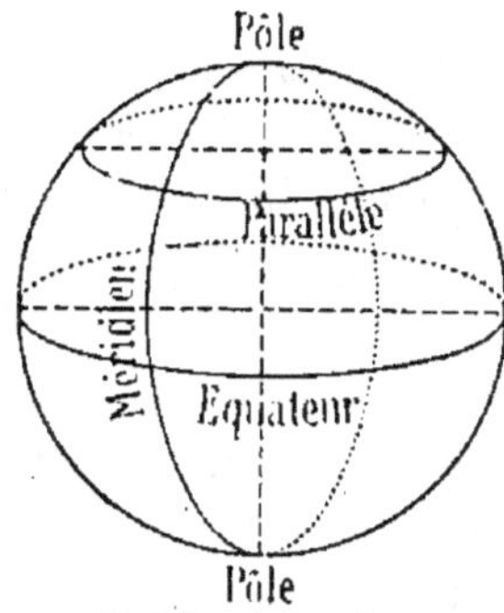

Sphère terrestre.

Problèmes. — **3032.** — Une boule a 0^m,21 de diamètre Quelle est sa surface en centimètres carrés?   (*Ille-et-Vilaine.*)

Rép. (21^{cm2} : 2)^2 × 3,1416 × 4 = 21^{cm2} × 21 × 3,1416 = 1385^{cm2},4456.

3033. — Une tour ronde, terminée en haut par une demi-sphère, a 3^m,75 de rayon et une hauteur de 6^m,90 jusqu'à la naissance de la partie sphérique. On demande ce que coûtera l'enduit intérieur de cette tour, à raison de 1^f,75 le mètre carré. *(Nièvre.)*

Prix de l'enduit = 1^f,75 × Surface intérieure totale.

Surface totale. $\begin{cases} a)\text{ Cylindre}: & (3^{m2},75 \times 2 \times 3,1416) \times 6,9 = 162^{m2},5778. \\ b)\text{ Demi-sphère}: & 1^{m2} \times 3,75^2 \times 3,1416 \times 2 = 88^{m2},3575. \\ c)\ & 162^{m2},5778 + 88^{m2},3575 = 250^{m2},9353. \end{cases}$

Rép. 1^f,75 × 250,9353 = 439^f,136, soit 439^f,15.

3034. — Un réservoir à base rectangulaire a 3^m,25 de long, 2^m,30 de large et 1^m,85 de profondeur. Il est plein d'eau. On y plonge une sphère de 0^m,80 de diamètre. Combien fait-elle sortir d'eau et combien en reste-t-il dans le réservoir ? *(Gard.)*

I. *Volume d'eau* = Volume de la sphère (4/3πR³).
Rayon = 0^m,8 : 2 = 0^m,4. *Rép.* 1^{m3} × 0,4^2 × 3,1416 × 4 × 0,4 : 3 = 0^{m3},26808.
II. *Volume restant* = Volume du réservoir — 0^{m3},26808.
Réservoir : 3^{m3},25 × 2,3 × 1,85 = 13^{m3},82875.
Rép. 13^{m3},82875 — 0^{m3},26808 = 13^{m3},56067.

*REVISION GÉNÉRALE

Problèmes. — 3035. — Un cycliste a 20 km. à parcourir. Le rayon des roues de sa machine est de 0^m,375. Combien chacune d'elles fera-t-elle de tours ? *(Lozère.)*

Nombre de tours = Parcours (20 kilomètres) : Circonférence des roues.
Circonférence = 0^m,375 × 2 × 3,1416 = 2^m,3562.
Rép. 20 000 : 2,3562 = 8 488 *tours* par défaut.

3036. — Un fil télégraphique a 353 km. de long et 2^{mm},5 de diamètre. Quel est son poids, la densité du fer étant 7,8 ? *(M.-et-Moselle.)*

Poids total = Poids d'un dm³ (7^{kg},8) × Nombre de dm³.
Nombre de dm³. $\begin{cases} a)\text{ Section}: & 1^{dm2} \times (0,025 : 2)^2 \times 3,1416 = 0^{dm2},000490875. \\ b)\text{ Vol.} = & 1^{dm3} \times 0,000490875 \times 3\,530\,000 = 1\,732^{dm3},78875. \end{cases}$
Rép. 7^{kg},8 × 1 732,788 = 13 515^{kg},7.

3037. — Trouvez la valeur d'un champ triangulaire de 84^m,50 de base et 35^m,80 de hauteur, à 1 860 fr. l'hectare. *(Cher.)*

Valeur totale = Prix de l'hectare (1 860 fr.) × Nombre d'hectares.
Nombre d'hectares : 84^{m2},5 × 35,8 : 2 = 1512^{m2},55 = 0^{ha},151255.
Rép. 1 860^f × 0,151255 = 281^f,33, soit 281^f,35.

3038. — Un champ qui a la forme d'un trapèze mesure 37^a,125 de superficie. Trouver la longueur de la petite base, sachant que celle de la grande base est de 105 m. et que la hauteur est les 3/7 de la base connue. *(Eure-et-Loir.)*

Petite base = Somme des bases — Grande base (105 m.).

Somme des bases. $\begin{cases} a)\ 1/2\text{ hauteur} = 105^m \times 3/7 : 2 = 45^m : 2 = 22^m,50. \\ b)\ 3712,5 : 22,5 = 165\text{ m.} \end{cases}$
Rép. 165^m — 105^m = 60 m.

3039. — Un triangle ayant 148^m,50 de base et 76^m,40 de hauteur a la même surface qu'un rectangle de 125 m. de base. Quelle est la hauteur de ce rectangle ? *(Jura.)*

Hauteur = Surface : Base (125 m.).
Surface = 148^{m2},50 × 76,40 : 2 = 5672^{m2},70.
Rép. 5 672,70 : 125 = 45^m,38.

3040. — Un tuyau en zinc est cylindrique. Le rayon de la base est P. 285. 0^m,15, la longueur du tuyau est de 13 m. Le zinc employé coûte 1^f,20 le mètre carré. Calculer le prix de ce zinc. *(Seine.)*

Prix du zinc = Prix du m² (1^f,20) × Surface latérale.

Surface latérale. $\begin{cases} a) \text{ Circonférence} = 0^m,15 \times 2 \times 3,1416 = 0^m,9424. \\ b) 1^{m²} \times 0,9424 \times 13 = 12^{m²},25. \end{cases}$

Rép. 1^f,20 × 12,25 = 14^f,70.

3041. — Sur un plan cadastral à l'échelle de 1 : 2500, un cultivateur remarque que sa propriété a une longueur de 10^{cm},2 et une largeur de 69 mm. Indiquer : 1° la longueur et la largeur réelles de la propriété; 2° sa superficie. *(Seine-et-Marne.)*

I. *Longueur* = 0^m,102 × 2500. *Rép.* 255 m.
II. *Largeur* = 0^m,069 × 2500. *Rép.* 172^m,50.
III. *Surface* = 255^{m²} × 172,5 = 43 987^{m²},5 = 439^a,875.

3042. — Une équerre en bois dont les 2 côtés de l'angle droit ont respectivement 42 cm. et 36 cm. pèse 168^g,7. Quelle est la densité du bois, sachant que l'épaisseur est de 3 mm. ? *(Allier.)*

Densité = Poids (168^g,7) : Volume en cm³.

Volume. $\begin{cases} a) \text{ Base} = 1^{cm²} \times 42 \times 36 : 2 = 756 \text{ cm².} \\ b) 1^{cm³} \times 756 \times 0,3 = 226^{cm³},8. \end{cases}$

Rép. 168,7 : 226,8 = 0,743.

3043. — On a fait vernir la surface d'une colonne de 7^m,50 de hauteur et 0^m,90 de diamètre, à raison de 1^f,10 le mètre carré. Quelle est la dépense? *(Nord.)*

Dépense = Prix du m² (1^f,10) × Surface latérale.

Surface latérale. $\begin{cases} a) \text{ Circonférence} = 0^m,9 \times 3,1416 = 2^m,82744. \\ b) \text{ Surface} = 1^{m²} \times 2,82744 \times 7,5 = 21^{m²},2058. \end{cases}$

Rép. 1^f,1 × 21,2 = 23^f,32, soit 23^f,30.

3044. — Les bases d'un trapèze mesurent 88^m,60 et 64^m,80; la hauteur a 52 m. De combien la surface d'un rectangle, dont la base serait égale aux 2/3 de la somme des bases du trapèze et la hauteur aux 4/3 de la hauteur de ce même trapèze, surpasserait-elle la surface de ce dernier? *(Var.)*

Différence. $\begin{cases} 1. \text{ Trapèze : } 1^{m²} \times (88,6 + 64,8) \times 52 : 2 = 3988^{m²},4. \\ 2. \text{ Rect.} \begin{cases} a) \text{ Base} = (88^m,6 + 64^m,8) \times 2/3 = 306^m,8 : 3. \\ b) \text{ Hauteur} = 52^m \times 4/3 = 208/3. \\ c) \text{ Surface} = 1^{m²} \times 3068/30 \times 208/3 = 7090^{m²},48. \end{cases} \\ \text{Rép. } 7090^{m²},48 - 3988^{m²},4 = 3102^{m²},08. \end{cases}$

3045. — On veut creuser un puits de 15 m. de profondeur et 1^m,20 de diamètre. On arrête le travail après avoir retiré le chargement de 15 voitures contenant chacune 700 dm³. A quelle profondeur l'ouvrier est-il arrivé? *(Paris.)*

Profondeur = Volume de terre enlevé : Surface de base.
1. Volume de terre = 700^{dm³} × 15 = 10 500^{dm³} = 10^{m³},5.
2. Base = 1^{m²} × (1,2 : 2)² × 3,1416 = 1^{m²} × 0,6² × 3,1416 = 1^{m²},131 par exc.

Rép. 10,5 : 1,131 = 9^m,28. (15 m. est une donnée inutile.)

3046. — La distance de Nevers à Clamecy est de 73 km. Un bicycliste a fait ce trajet en 6 h. 15 min. La roue de sa bicyclette ayant 0^m,80 de diamètre, combien a-t-elle fait de tours à la minute? *(Nièvre.)*

Nombre de tours en 1 min. = Parcours en 1 min. : Circonfér. de la roue.

1. En 1 minute. $\begin{cases} a) 6^h 15^{min} = 375 \text{ min.} \\ b) 73 000^m : 375 = 194^m,66. \end{cases}$

2. Circonférence = 0^m,8 × 3,1416 = 2^m,51.

Rép. 194,66 : 2,51 = 77 *tours* par défaut.

3047. — Une citerne a $1^m,75$ de rayon et $1^m,80$ de profondeur. Elle est pleine jusqu'à $0^m,40$ du bord. Quelle hauteur d'eau restera-t-il au bout de 12 jours si on tire en moyenne 2^{hl} 1/2 par jour? *(Charente.)*

Hauteur restante = Hauteur primitive $(1^m,40)$ — Hauteur enlevée.

Hauteur enlevée. $\begin{cases} a) \text{ Volume} = 2^{hl},5 \times 12 = 30^{hl} = 3 \text{ m}^3. \\ b) \text{ Base} = 1^{m2} \times 1,75^2 \times 3,1416 = 9^{m2},62115. \\ c) \; 3 : 9,62115 = 0^m,311. \end{cases}$

Rép. $1^m,40 - 0^m,311 = 1^m,089.$

3048. — Un hectare de terre donne environ 25 000 kg. de betteraves qui valent 32 fr. les 1 000 kg. Quel sera le bénéfice du cultivateur pour un champ ayant la forme d'un trapèze dont les bases sont 324 m. et 260 m., et la hauteur 104 m., si les frais de culture et d'engrais s'élèvent à 384 fr. par hectare? *(Ardennes.)*

Bénéfice total = Rendement net par ha. $\times$ Surface en ha.

1. Par ha. $\begin{cases} a) \text{ Rendement brut} = 32^f \times 25 = 800 \text{ fr.} \\ b) \text{ Rendement net} = 800^f - 384^f = 416 \text{ fr.} \end{cases}$

2. Surface $= 1^{m2} \times (324 + 260) \times 104 : 2 = 30\,368^{m2} = 3^{ha},0368.$

Rép. $416^f \times 3,0368 = 1\,263^f,30.$

3049. — On achète, à raison de 250 fr. la tonne, une colonne cylindrique de fonte de $0^m,18$ de diamètre et de $2^m,40$ de hauteur. On la fait peindre au prix de 1 fr. le mètre carré. Sachant que la densité de la fonte est de 7,8; quel est le prix de cette colonne? *(Rhône.)*

Prix total = Prix de la fonte $+$ Prix de la peinture.

1. Fonte. $\begin{cases} a) \text{ Poids.} \begin{cases} \text{Vol.} \begin{cases} \text{Circ.} = 0^m,18 \times 3,1416 = 0^m,565488. \\ 1^{m3} \times (0,565488 \times 0,09 : 2) \times 2,4 = 0^{m3},0610727. \end{cases} \\ 7^{kg},8 \times 61.0727 = 476^{kg},367. \end{cases} \\ b) \text{ Prix} = 250^f \times 0,476367 = 119^f,09, \text{ soit } 119^f,10. \end{cases}$

2. Peinture. $\begin{cases} a) \text{ Surface latérale} = 1^{m2} \times 0,565488 \times 2,4 = 1^{m2},3571. \\ b) \text{ Prix} = 1^f \times 1,35 = 1^f,35. \end{cases}$

Rép. $119^f,10 + 1^f,35 = 120^f,45.$

3050. — Un propriétaire fait creuser un puits de 11 m. de profondeur et de $1^m,75$ de diamètre. Les ouvriers lui prennent 12 fr. par mètre cube de terre enlevée. Pour éviter les éboulements, il fait construire à l'intérieur de ce puits un mur de $0^m,45$ d'épaisseur pour lequel les maçons lui prennent $8^f,75$ par mètre cube. A combien revient le travail ainsi terminé? *(Basses-Pyrénées.)*

Dépense totale = Prix du creusage $+$ Prix de la maçonnerie.

1. Creusage. $\begin{cases} a) \text{ Terre enlev.} \begin{cases} \text{Base} = 1^{m2} (1,75 : 2)^2 \times 3,1416 = 2^{m2},40528. \\ \text{Vol.} = 1^{m3} \times 2,40528 \times 11 = 26^{m3},45808. \end{cases} \\ b) \text{ Prix} = 12^f \times 26,458 = 317^f,496, \text{ soit } 317^f,50. \end{cases}$

2. Maçonner. $\begin{cases} a) \text{ Volume.} \begin{cases} \text{Intér.} \begin{cases} \text{Base} = 1^{m2} \times (0,875 - 0,45)^2 \times 3,1416 \\ \qquad = 0^{m2},56745. \\ 1^{m3} \times 0,56745 \times 11 = 6^{m3},24195. \end{cases} \\ \text{Manchon: } 26^{m3},45808 - 6^{m3},24195 = 20^{m3},21613. \end{cases} \\ b) \text{ Prix} = 8^f,75 \times 20,216 = 176^f,89, \text{ soit } 176^f,90. \end{cases}$

Rép. $317^f,50 + 176^f,90 = 494^f,40.$

3051. — Un vase cylindrique de $0^m,40$ de diamètre et de $0^m,60$ de hauteur est plein d'huile d'olive. La densité de cette huile est de 0,915

et sa valeur de 2^f,20 le kilogramme. Trouver la valeur de l'huile contenue dans le vase.   (*Nièvre*.)

Valeur totale = Prix du kg. (2^f,20) $\times$ Nombre de kg. d'huile.

Nombre de kg. $\begin{cases} a)\ \text{Volume.} \begin{cases} \text{Base} = 1^{m2} \times 0,2^2 \times 3.1416 = 0^{m2},125664. \\ 1^{dm3} \times 12,5664 \times 6 = 75^{dm3},398. \end{cases} \\ b)\ \text{Poids} = 0^{kg},915 \times 75,398 = 68^{kg},989. \end{cases}$

Rép.   2^f,20 $\times$ 68,989 = 151^f,775, soit 151^f,80.

3052. — Deux sphères de 0^m,12 de rayon se touchent dans une boîte
fermée et touchent également la boîte sur les côtés et sur les faces. Quel
est le volume de l'espace libre?   (*Seine*.)

Espace libre = Volume de la boîte — Volume des 2 sphères.
1. Boîte :   1^{m3} $\times$ 0,48 $\times$ 0,24 $\times$ 0,24 = 0^{m3},027648.
2. Sphères = 1^{m3} $\times$ 0,12^3 $\times$ 3.1416 $\times$ 4/3 $\times$ 2 = 0^{m3},007238 $\times$ 2 = 0^{m3},014476.
Rép.   0^{m3},027648 — 0^{m3},014476 = 0^{m3},013172 = 13^{dm3},172.

P. 286.

SUJETS DE COMPOSITION

donnés dans les examens du certificat d'études.

Isère. — **3053.** — On a acheté une pièce de vin de 2 hl. à raison de 30 fr. l'hectolitre. On a payé en outre $10^f,75$ de transport et 43 fr. d'octroi. A combien revient le litre ?

Prix de revient du litre = Prix de revient total : Nombre de litres (200 l.).
Prix total. { *a)* Achat : $30^f \times 2 = 60$ fr.
{ *b)* $60^f + 10^f,75 + 43^f = 113^f,75$.
Rép. $113^f,75 : 200 = 0^f,568$.

3054. — Pour servir 5 tasses de café, on a employé 75 g. de café à 6 fr. le kilogramme; 100 g. de sucre à $0^f,75$ le kilogramme. A combien revient la tasse de café ?

Prix de la tasse = Prix total : 5.
Prix total. { *a)* Café : $6^f \times 0,075 = 0^f,45$.
{ *b)* Sucre = $0^f,75 \times 0,1 = 0^f,075$;   *c)* $0^f,45 + 0^f,075 = 0^f,525$.
Rép. $0^f,525 : 5 = 0^f,105$.

Seine-et-Oise. — **3055.** — Un marchand achète 7 douzaines de chemises à 52 fr. la douzaine. Combien doit-il revendre chaque chemise pour gagner 98 fr. sur le tout ?

Prix de vente d'une chemise = Prix de vente d'une douzaine : 12.
Prix d'une douzaine. { *a)* Bénéfice par douz. = $98^f : 7 = 14$ fr.
{ *b)* $52^f + 14^f = 66$ fr.
Rép. $66^f : 12 = 5^f,50$.

3056. — Un cultivateur possède un champ de 2 ha. 7 a. qu'il estime 35 fr. l'are. Il l'échange contre une propriété composée d'une maison et d'un jardin rectangulaire de $25^m,5$ de long et 18 m. de large. La maison coûte 4950 fr. On demande le prix d'un mètre carré du jardin.

Prix du m² du jardin = Prix total du jardin : Sa surface en m².
1. Prix total. { *a)* Valeur donnée = $35^f \times 207 = 7245$ fr.
{ *b)* $7245^f - 4950^f = 2295$ fr.
2. Surface = $25^{m2},5 \times 18 = 459$ m².
Rép. $2295^f : 459 = 5$ *fr.*

Bouches-du-Rhône. — **3057.** — Une ménagère achète 8 kg. de groseilles à $0^f,45$ le kilogramme pour en faire de la gelée. Les groseilles fournissent en jus les 7/10 de leur poids. Le jus est cuit avec un égal poids de sucre coûtant $0^f,35$ le demi-kilogramme. La ménagère obtient ainsi 9 kg. de gelée. A combien revient le demi-kilogramme de cette gelée ?

Prix de revient du demi-kg. = Prix de revient du kg. : 2.
Prix du kg. { *a)* Prix total. { Groseilles : $0^f,45 \times 8 = 3^f,60$.
{ Sucre. { Poids = $8^{kg} \times 0,7 = 5^{kg},6$.
{ { Prix = $0^f,35 \times 2 \times 5,6 = 3^f,92$.
{ { En tout : $3^f,6 + 3^f,92 = 7^f,52$.
{ *b)* $7^f,52 : 9 = 0^f,835$.
Rép. $0^f,835 : 2 = 0^f,417$.

3058. — Deux personnes achètent pour 110^f,50 d'étoffe à 3^f,40 le mètre. La 1re en prend 6 m. de plus que la 2e. Quelle somme doit donner chacune d'elles ?

I. *Part de la* 1re = Moitié de la somme à verser si la 2e avait autant d'étoffe que la 1re.

Somme à verser si... $\begin{cases} a) \text{ Différence en plus} = 3^f,4 \times 6 = 20^f,4. \\ b) \ 110^f,5 + 20^f,4 = 130^f,9. \end{cases}$

Rép. 130^f,9 : 2 = 65^f,45.

II. *Part de la* 2e = 110^f,5 — 65^f,45. *Rép.* 45^f,05.

Drôme. — **3059.** — Une revendeuse a acheté 18 douzaines d'œufs à 0^f,75 la douzaine; on lui en donne 13 pour 12, elle en casse 3, elle veut gagner 9^f,60 sur le tout. Que doit-elle revendre un œuf ?

Prix de vente d'un œuf. = Prix de vente total : Nombre d'œufs restants.

1. Prix total. $\begin{cases} a) \text{ Achat :} \ \ 0^f,75 \times 18 = 13^f,50. \\ b) \text{ Vente :} \ \ 13^f,5 + 9^f,6 = 23^f,10. \end{cases}$

2. Reste = 13^{œ} × 18 — 3^{œ} = 234^{œ} — 3^{œ} = 231 œufs.

Rép. 23^f,10 : 231 = 0^f,10.

3060. — On a 47 fr. en pièces de 0^f,25. Calculer mentalement le nombre de pièces.

Rép. 47 : 0,25 = 47 × 4 = 160 + 28 = 188 *pièces*.

Gironde. — **3061.** — Un marchand a 8775 l. de vin qui lui reviennent à 0^f,40 le litre. Quel sera son bénéfice s'il revend ce vin à raison de 42 fr. l'hectolitre ?

Bénéfice total = Bénéfice par litre × Nombre de litres (8775 l.).

Bénéfice par litre = 0^f,42 — 0^f,40 = 0^f,02. *Rép.* 0^f,02 × 8775 = 175^f,50.

3062. — Une table rectangulaire a 1^m,20 de long sur 0^m,50 de large. On la recouvre d'un tapis qui déborde tout autour de 0^m,30. Quelle est la surface de ce tapis et de combien surpasse-t-elle celle de la table ?

I. *Surface du tapis* = Sa longueur × Sa largeur.

1. Longueur = 1^m,2 + 0^m,3 × 2 = 1^m,2 + 0^m,6 = 1^m,8.

2. Largeur = 0^m,5 + 0^m,6 = 1^m,10. *Rép.* 1^{m2},8 × 1.1 = 1^{m2},98.

II. *Excès sur la surface de la table* = 1^{m2},98 — (1^{m2},2 × 0,5).

Rép. 1^{m2},98 — 0^{m2},6 = 1^{m2},38.

Meuse. — **3063.** — Deux ouvriers travaillent ensemble. L'un reçoit par heure 0^f,15 de plus que l'autre. Sachant qu'après 12 jours de travail le 1er a reçu 18^f,90 de plus que le second, on demande combien ces ouvriers travaillent d'heures par jour.

Nombre d'heures par jour = Différence des gains quotidiens : Différence des gains horaires (0^f,15).

Différence par jour = 18^f,90 : 12 = 1^f,575.

Rép. 1,575 : 0,15 = 10^h,5 ou 10^h 1/2.

3064. — Pendant les dernières vacances on a blanchi à la chaux le plafond et les murs de la salle où vous vous trouvez. A combien est revenu le travail, à raison de 0^f,75 le mètre carré? On ne déduira pas la surface des portes et des fenêtres et on évaluera approximativement, de la place qu'on occupe, les dimensions des murs et du plafond.

P. 287.

Voir page 157.

Yonne. — **3065.** — Un ouvrier gagnant 5^f,25 par jour a travaillé 24 jours dans un mois. Sachant qu'il a économisé 15 fr. pendant ce mois, à combien s'est élevée sa dépense journalière moyenne?

Dépense journalière moyenne = Dépense mensuelle : 30.

Dépense mensuelle. $\begin{cases} a) \text{ Gain} = 5^f,25 \times 24 = 126 \text{ fr.} \\ b) 126^f - 15^f = 111 \text{ fr.} \end{cases}$

Rép. 111^f : 30 = 3^f,70.

3066. — Une personne vend un terrain triangulaire de 24 m. de base sur 15 m. de hauteur, à raison de 22 fr. l'are. Quelle somme doit-elle recevoir? Calculer mentalement.

I. *Prix de vente total* = Prix de vente de l'are (22 fr.) × Surface en ares.
Surface = 2^a,4 × 1,5 : 2 = 1^a,2 × 1,5 = 1^a,8. *Rép.* 22^f × 1,2 × 1,5 = 39^f,60.
II. *Cal. ment.:* 1,2 × 1,5 = 1,2 + 0,6 = 1,8; 22 × 1,8 = 36^f + 3^f,6 = 39^f,60.

Ain. — **3067.** — Pour border sur les 4 côtés un tapis rectangulaire, on emploie 3^f,60 de galon à 0^f,40 le mètre. Sachant que la longueur du tapis dépasse de 0^m,50 la largeur, on demande quelles sont les deux dimensions du tapis.

I. *Largeur du tapis* = Moitié de la longueur du demi-périmètre si les 2 dimensions étaient égales.

Demi-périmètre si... $\begin{cases} a) \text{ Demi-périm. réel} = (3,6 : 0,4) : 2 = 9^m : 2 = 4^m,5. \\ b) 4^m,5 - 0^m,5 = 4 \text{ m.} \end{cases}$

Rép. 4^m : 2 = 2 m.
II. *Longueur* = 2^m + 0^m,5. *Rép.* 2^m,50.

3068. — Un ouvrier gagne 4^f,80 par jour. Il se repose les dimanches et 8 jours de fêtes. Il veut économiser 250 fr. par an. Que lui reste-t-il à dépenser par jour pour son entretien?

Dépense par jour = Dépense annuelle : 365.

Dépense annuelle. $\begin{cases} a) \text{ Gain} = 4^f,80 \times [365 - (52 + 8)] = 4^f,8 \times 305 = 1\,464 \text{ fr.} \\ b) 1\,464^f - 250^f = 1\,214 \text{ fr.} \end{cases}$

Rép. 1 214^f : 365 = 3^f,32.

Seine-et-Oise. — **3069.** — Une ouvrière a vendu, à raison de 3^f,10 le mètre, du ruban qui lui coûtait 2^f,90 le mètre. Elle gagne ainsi 15^f,60. Combien avait-elle acheté de mètres de ruban?

Nombre de mètres de ruban = Bénéfice total (15^f,6) : Bénéfice par mètre.
Bénéfice par mètre = 3^f,1 − 2^f,9 = 0^f,2. *Rép.* 15,6 : 0,2 = 78 m.

3070. — Un pavillon rectangulaire a 8^m,75 de long, 7^m,30 de large. Il est entouré d'une grille placée en tous sens à 5^m,40 de la construction. Quelle est la longueur de la grille? Quelle est la superficie du terrain non bâti?

I. *Longueur de la grille* = Somme des dimensions × 2.

Somme des dimensions. $\begin{cases} a) \text{ Long.} = 8^m,75 + 5^m,4 \times 2 = 8^m,75 + 10^m,8 = 19^m,55. \\ b) \text{ Largeur} = 7^m,3 + 10^m,8 = 18^m,1. \\ c) 19^m,55 + 18^m,1 = 37^m,65. \end{cases}$

Rép. 37^m,65 × 2 = 75^m,30.
II. *Surface non bâtie* = Surface totale − Surface du pavillon.
1. Surface totale = 19^{m2},55 × 18,1 = 353^{m2},855.
2. Pavillon : 8^{m2},75 × 7,3 = 63^{m2},875.
Rép. 353^{m2},855 − 63^{m2},875 = 289^{m2},98.
Autre méthode : 1^{m2} × (19,55 + 7,3) × 2 × 5,4. *Rép.* 289^{m2},98.

Isère. — **3071.** — Une femme fait doubler un tapis rectangulaire ayant 3^m,25 de longueur sur 2^m,50 de largeur, avec une étoffe large de

0^m,65, et valant 0^f,75 le mètre. Elle le fait ensuite border tout autour avec un galon coûtant 0^f,05 le mètre. Trouver le prix total de la doublure et du galon.

Prix total = Prix de la doublure + Prix du galon.

1. Doublure. a) Longueur. Surface = 3^{m2},25 × 2,5 = 8^{m2},125.
8,125 : 0,65 = 12^m,50 (5 lés de 2^m,50).
b) Prix = 0^f,75 × 12,5 = 9^f,375.

2. Galon. a) Longueur = (3^m,25 + 2^m,5) × 2 = 5^m,75 × 2 = 11^m,50.
b) Prix = 0^f,05 × 11,5 = 0^f,575.

Rép. 9^f,375 + 0^f,575 = 9^f,95.

3072. — Un marchand a acheté 12 pièces de toile de 25 m. chacune à raison de 1^f,75 le mètre. Il a revendu le tout 640 fr. Combien a-t-il gagné? (Trouver la réponse par le calcul mental et indiquer la marche suivie.)

Bénéfice = Prix de vente (640 fr.) — Prix d'achat.

Achat. a) Longueur = 25^m × 12 = (12 : 4) × 100 = 300 m.
b) Prix = 1^f,75 × 300 = 300^f + 150^f + 75^f = 525 fr.

Rép. 640^f — 525^f = 75^f + 40^f = 115 *fr.*

Seine. — **3073.** — Un champ rectangulaire a 315 m. de périmètre; sa longueur est double de sa largeur. On demande ce qu'il coûtera, si on l'achète à raison de 1 600 fr. l'hectare.

Prix = Prix de l'hectare (1 600 fr.) × Surface en hectares.

Surface. a) Largeur. = 1/2 périmètre : (2 + 1).
= (315^m : 2) : 3 = 157^m,5 : 3 = 52^m,5.
b) Longueur = 52^m,5 × 2 = 105 m.
c) 105^{m2} × 52,5 = 5512^{m2},5 = 0^{ha},55125.

Rép. 1 600^f × 0,55125 = 882 *fr.*

3074. — Un charpentier fabrique une échelle dont les montants ont 3 m. de longueur. Il place les échelons extrêmes à 13^{cm} 1/2 du bout des montants. On demande de calculer l'intervalle des échelons, sachant qu'il en pose 15.

Intervalle des échelons = Longueur entre les échelons extrêmes : Nombre d'intervalles (15 - 1 = 14).
Longueur totale = 3^m — 0^m,135 × 2 = 3^m — 0^m,27 = 2^m,73.

Rép. 2^m,73 : 14 = 0^m,195.

Gironde. — **3075.** — On sait que 9 personnes doivent payer une somme totale de 751^f,50. Or, trois d'entre elles ne peuvent verser que 80 fr. chacune. Combien devra payer chacune des autres?

Part de chacune des autres = Somme restante : Nombre des autres (9 — 3 ou 6).
Somme restante = 751^f,5 — 80^f × 3 = 751^f,5 — 240^f = 511^f,5.

Rép. 511^f,5 : 6 = 85^f,25.

3076. — Une ménagère a dépensé les 4/7 de ce qu'elle avait dans son porte-monnaie pour payer ce qui suit : 1^{kg},5 de viande à 0^f,18 l'hectogramme, plus 2 kg. de sucre à 0^f,40 le 1/2 kg., plus 750 g. de café à 3^f,75 le kilogramme, plus 3 poulets à 3^f,50 la paire. Combien lui reste-t-il?

Somme qui lui reste = Valeur de 1/7 de son avoir × 3.

Valeur de 1/7. a) Val. de 4/7. Viande : 1^f,8 × 1,5 = 2^f,7.
Sucre : 0^f,4 × 2 × 2 = 1^f,6.
Café : 3^f,75 × 0,75 = 2^f,85 (par excès).
Poulets : (3^f,5 : 2) × 3 = 5^f,25.
2^f,7 + 1^f,6 + 2^f,85 + 5^f,25 = 12^f,40.
b) 12^f,40 : 4 = 3^f,10.

Rép. 3^f,10 × 3 = 9^f,30.

. 288. *Seine-et-Oise.* — **3077.** — Une maison rectangulaire de $9^m,80$ de long sur $6^m,50$ de large est entourée d'un pavage qui touche aux murs et qui a $1^m,35$ de large. Quelle est la surface de ce pavage?

Surface du pavage = Somme de 2 longueurs extérieures et de 2 largeurs intérieures $\times$ 1,35. (Voir fig. El., page 78.)

Somme..... $\begin{cases} a) \text{ Longueur} = 9^m,8 + 1^m,35 \times 2 = 12^m,5. \\ b) (12^m,5 + 6^m,5) \times 2 = 38 \text{ m.} \end{cases}$

Rép. $38^{m2} \times 1,35 = 51^{m2},30.$

3078. — Un marchand vend 8 chaises et 1 table pour 90 fr. et, à une autre personne, 15 chaises et 1 table semblables pour 153 fr. Quel est : 1° le prix d'une chaise; 2° celui d'une table?

I. *Prix d'une chaise* = Différence des prix totaux : Différence des nombres de chaises (15 — 8).
Différence totale = $153^f — 90^f = 63^f.$ *Rép.* $63^f : 7 = 9\ fr.$
II. *Prix de la table* = Prix total (90 fr.) — Prix des chaises.
Rép. $90^f — 9^f \times 8 = 90^f — 72^f = 18\ fr.$

Finistère. — **3079.** — Deux ouvriers ont travaillé pendant un même temps; l'un a exécuté les 5/7 d'un travail, l'autre a fait les 13/15 d'un même travail. Sans réduire ces fractions au même dénominateur, dites lequel des deux ouvriers travaille le plus vite et expliquez pourquoi.

Celui qui travaille le plus vite est celui à qui il reste le moins à faire pour terminer le travail.
1. Il reste au 1er : $1 — 5/7 = 2/7.$ 2. Il reste au 2e : $1 — 13/15 = 2/15.$
Rép. C'est le *second*, puisque $2/15 < 2/7.$

3080. — Un jardin carré a été vendu $1741^f,50.$ On demande la surface du jardin et le prix du centiare, le contour du jardin étant de 180 m.

I. *Surface du jardin* = Son côté $\times$ Lui-même.
Côté = $180^m : 4 = 45$ m. *Rép.* $45^{m2} \times 45 = 2025\ m^2 = 2025\ ca.$
II. *Prix du centiare* = $1741^f,5 : 2025 = 0^f,86.$

Seine-et-Oise. — **3081.** — Deux pièces d'étoffe de même qualité mesurent, l'une 26 m. et l'autre $31^m,50.$ Sachant que la 1re coûte $13^f,20$ de moins que la 2e, quel est le prix de chacune?

I. *Prix de la 1re* = Prix du mètre $\times$ Longueur de cette pièce (26 m.).
Prix du mètre. $\begin{cases} a) \text{ Différence des longueurs} = 31^m,5 — 26^m = 5^m,5. \\ b)\ 13^f,2 : 5,5 = 2^f,40. \end{cases}$
Rép. $2^f,4 \times 26 = 62^f,40.$
II. *Prix de la 2e* = $62^f,4 + 13^f,2.$ *Rép.* $75^f,60.$

3082. — Une propriété de $1^{ha},80$ a été achetée 3 300 fr. En revendant les 2/3 du terrain, l'acheteur a recouvré le prix d'acquisition et les frais d'achat qui ont été le 1/10 de ce prix. Combien l'are a-t-il été vendu?

Prix de vente de l'are = Prix de vente total : Surface vendue.
1. Prix de vente = $3300^f + 3300^f \times 0,1 = 3630$ fr.
2. Surface vendue = $180^a \times 2/3 = 120$ a.
Rép. $3630^f : 120 = 30^f,25.$

Puy-de-Dôme. — **3083.** — Si 1 litre de lait donne $0^l,18$ de crème et 1 l. de crème 26 dag. de beurre, quelle est la valeur du beurre contenu dans 105 l. de lait, le beurre valant $2^f,60$ le kilogramme?

Valeur du beurre = Valeur du kilogramme ($2^f,6$) $\times$ Poids en kilogrammes.
Poids :　a) Crème :　$0^l,18 \times 105 = 18^l,9.$ 　b) $26^{dag} \times 18,9 = 491^{dag},4.$
Rép. $2^f,6 \times 4,914 = 12^f,77,$ soit $12^f,75.$

3084. — Faites le total des fractions suivantes : 7/9, 6/15, 3/7.
Expliquez l'opération.

7/9 + 6/15 + 3/7 = 7/9 + 2/5 + 3/7 = 245/315 + 126/315 + 135/315 = 506/315.
Rép. 506/315 ou 1 191/315.   (Voir El., p. 164.)

Meuse. — **3085.** — Un champ rectangulaire, qui a 154 m. de long
et 1 ha. 7 a. 80 ca. de superficie, est entouré d'une haie formée de pieds
d'aubépine coûtant 4 fr. le cent tout plantés. Ces pieds sont espacés de
0^m,28. Quelle est la dépense ?

Dépense = Prix du cent (4 fr.) × Nombre de centaines de pieds.

Nombre de centaines. $\begin{cases} a) \text{ Périmètre.} \begin{cases} \text{Largeur} = 10780 : 154 = 70 \text{ m.} \\ (154^m + 70^m) \times 2 = 448 \text{ m.} \end{cases} \\ b) \ 448 : 0,28 = 1600 \text{ pieds, soit 16 centaines.} \end{cases}$

Rép. 4^f × 16 = 64 *fr.*

3086. — On retranche les 5/7 d'un nombre de 100 et il reste 55.
Quel est ce nombre ?

Valeur du nombre = Valeur des 5/7 × 7/5.
Valeur des 5/7 = 100 — 55 = 45.
Rép. 45 × 7/5 = 63.

Basses-Pyrénées. — **3087.** — Deux ouvriers reçoivent le même
salaire par heure de travail. L'un d'eux ayant travaillé 9 heures par
jour pendant 12 jours a reçu 48^f,60. Combien payera-t-on au second s'il
travaille 10 heures par jour pendant 17 jours ?

Salaire du 2e = Prix de l'heure × Nombre d'heures de travail.
1. Prix de l'heure = 48^f,6 : (9 × 12) = 48^f,6 : 108 = 0^f,45.
2. Nombre d'heures = 10^h × 17 = 170 h.   *Rép.* 0^f,45 × 170 = 76^f,50.

3088. — Simplifier l'expression : $\dfrac{30 \times 2 \times 25}{4 \times 15 \times 50}$.

Rép. $\dfrac{30}{4 \times 15} = \dfrac{2}{4} = \dfrac{1}{2} = 0,5.$

Puy-de-Dôme. — **3089.** — Un homme a fait une dette qu'il paye
en 2 fois ; la 1re fois il en donne les 4/7, et la 2e fois, 75 fr. Trouvez le
montant de la dette.

Montant de la dette = Solde (75 fr.) : Fraction de la dette qu'il représente.
Fraction = 1 — 4/7 = 3/7.   *Rép.* 75^f × 7/3 = 175 *fr.*

3090. — Calculez la surface totale d'une chambre de 7 m. de long,
6 m. de large et 3^m,50 de haut.

Surface totale = Surface latérale + Surface des 2 bases.
1. Surface latérale. $\begin{cases} a) \text{ Périmètre} = (7^m + 6^m) \times 2 = 26 \text{ m.} \\ b) \ 26^{m2} \times 3,5 = 91 \text{ m}^2. \end{cases}$
2. Bases : 7^{m2} × 6 × 2 = 84^{m2}.
Rép. 91^{m2} + 84^{m2} = 175 *m^2.*

Doubs. — **3091.** — Un jardin rectangulaire a 23^m,50 de large et
48^m,60 de long. Tout autour est une plate-bande de 0^m,80 de large. Le
jardin est occupé dans le milieu, dans le sens de la longueur, par un
chemin de 1^m,20 de large. Quelle est la surface de ce jardin consacrée
à la culture ?

Surface cultivée = Surface d'un rectangle qui aurait pour longueur la longueur intérieure à la plate-bande et pour largeur la largeur intérieure diminuée de celle de l'allée. (Faire la fig.)
1. Longueur intérieure = 48^m,6 — 0^m,8 × 2 = 48^m,6 — 1^m,6 = 47 m.
2. Largeur = 23^m,5 — (1^m,6 + 1^m,2) = 23^m,5 — 2^m,8 = 20^m,7.
Rép. 47^{m2} × 20,7 = 972^{m2},90.

P. 289. **3092.** — J'ai déjà payé 1/3, puis 1/4 de mes contributions et il me reste encore 50 fr. à payer. Quel est le montant de ce que je devais ?

Montant des contributions = Reste (50 fr.) : Fraction correspondante.
Fraction correspondante = 1 — (1/3 + 1/4) = 12/12 — 7/12 = 5/12.
Rép. 50^f : 5/12 = 50^f × 12/5 = 120 *fr.*

Creuse. — **3093.** — J'ai placé 1 245 fr. à la Caisse d'épargne au taux de 3 °/₀. Je retire l'argent placé au bout de 9 mois. Quelle somme devra-t-on me verser ?

Somme retirée = Capital placé (1 245 fr.) + Ses intérêts.
Intérêts = 3^f × 12,45 × 9/12 = 28^f,01, soit 28 fr.
Rép. 1 245^f + 28^f = 1 273 *fr.*

3094. — Que coûteraient 3 couches de peinture appliquées successivement sur le bois des 2 faces d'une porte-fenêtre qui mesure 2^m,50 de hauteur, 1^m,10 de largeur et qui a 6 carreaux de 0^m,50 de long sur 0^m,40 de large chacun ? Chaque couche de peinture se paye 0^f,45 le mètre carré.

Prix des 3 couches = Prix d'une couche × 3.

Prix d'une couche.
- *a)* Surface.
  - 1 face.
    - 2^{m2},5 × 1,1 = 2^{m2},75.
    - Déduct. = 0^{m2},5 × 0,4 × 6 = 1^{m2},20.
    - 2^{m2},75 — 1^{m2},2 = 1^{m2},55.
  - 2 faces : 1^{m2},55 × 2 = 3^{m2},10.
- *b)* 0^f,45 × 3,1 = 1^f,395.

Rép. 1^f,395 × 3 = 4^f,185, soit 4^f,20.

Vaucluse. — **3095.** — Je prête pour 6 mois, sans intérêt, une certaine somme à un ami. Quelle est cette somme, sachant qu'en la retirant de la Caisse d'épargne où elle était placée au taux de 2,50 °/₀, je perds 7^f,50 ?

Capital prêté = Son intérêt annuel : Intérêt annuel de 1 fr. (0^f,025).
Rép. 7^f,5 × 2 : 0,025 = 600 *fr.*

3096. — Quelle est la longueur de la corde nécessaire pour ficeler, dans le sens de la longueur et dans le sens de la largeur, un paquet qui mesure 0^m,75 de long, 0^m,40 de large et 0^m,35 de haut, en comptant 0^m,10 pour le nœud ? Quel est le volume de ce paquet ?

I. *Longueur de corde* = Somme des périmètres des sections faites dans le sens de la longueur et dans le sens de la largeur + 0^m,10.
1. Sens de la longueur : (0^m,75 + 0^m,35) × 2 = 2^m,2.
2. Sens de la largeur : (0^m,40 + 0^m,35) × 2 = 1^m,5.
Rép. 2^m,2 + 1^m,5 + 0^m,1 = 3^m,80.
II. *Volume* = 1^{m3} × 0,75 × 0,4 × 0,35. *Rép.* 0^{m3},105.

Haute-Savoie. — **3097.** — Une personne prévoyante est parvenue, par ses économies, à se faire 2^f,50 de revenu journalier. Quel est le montant de son capital placé à 4 °/₀ ?

Nombre de centaines de francs du capital = Revenu annuel : 4.
Revenu annuel = 2^f,5 × 365 = 912^f,5.
Rép. 100^f × 912,5 : 4 = 22 812^f,50.

3098. — On ensemence une prairie avec de la graine de luzerne coûtant 140 fr. le quintal. Quelle est la surface de cette prairie, sachant qu'il a fallu 30 kg. de graine par hectare et qu'on a dépensé 86^f,45 ?

Surface de la prairie = Dépense totale (86^f,45) : Dépense à l'hectare.
Par ha. : 140^f × 0,3 = 42 fr. *Rép.* 86,45 : 42 = 2^{ha},0583 = 205^a,83.

Haute-Marne. — **3099.** — Le mètre cube de bois de hêtre pèse environ 575 kg. Quel sera, en décagrammes, le poids d'une règle plate mesurant 35 cm. de longueur, 6 cm. de largeur et 3 mm. d'épaisseur?

Poids de la règle = Poids du cm³ (0^g,575) × Volume en cm³.
Volume = 35^{cm3} × 6 × 0,3 = 63 cm³.
Rép. 0^g,575 × 63 = 36^g,225 = 3^{dag},6225.

3100. — J'ai économisé un certain nombre de pièces de 5 fr.; si j'avais le même nombre de pièces de 2 fr., je posséderais 144 fr. de moins. Quelle somme ai-je économisée?

Somme économisée = 5^f × Nombre de pièces de 5 fr.
Nombre de pièces. $\begin{cases} a) \text{ Différence par pièce} = 5^f - 2^f = 3 \text{ fr.} \\ b) \ 144 : 3 = 48 \text{ pièces.} \end{cases}$
Rép. 5^f × 48 = 240 *fr.*

Dordogne. — **3101.** — Une pièce de vin de 228 l. a été achetée 143 fr. Le vin est mis dans des bouteilles de 75 cl., et on vend le fût 5^f,65. On demande à combien revient la bouteille pleine, tout compris, si l'on a payé 22 fr. pour chaque cent de bouteilles vides, et 6 fr. pour la mise en bouteilles.

Prix de la bouteille = Prix total : Nombre de bouteilles.
1. Nombre de bouteilles = 228 : 0.75 = 304 bouteilles.
2. Prix total. $\begin{cases} a) \text{ Bouteilles : } 22^f × 3,04 = 66^f,88. \\ b) \ 143^f + 66^f,88 + 6^f - 5^f,65 = 210^f,23. \end{cases}$
Rép. 210^f,23 : 304 = 0^f,69.

3102. — On fait creuser un fossé de 46 m. de long, 2^m,20 de large, et 1^m,05 de profondeur. On répand la terre de ce fossé sur un champ de 15 a. de superficie. Calculer l'épaisseur de la couche de terre répandue.

Épaisseur = Volume de la terre : Surface du champ (1500^{m2}).
Volume = 46^{m3} × 2,2 × 1,05 = 106^{m3},260.
Rép. 106,26 : 1500 = 0^m,071 (par excès).

Isère. — **3103.** — Un tonneau plein de vin pèse 245 kg.; vide, pèse 17^{kg},456. Sachant que ce vin a une densité de 0,998, combien le tonneau contient-il de litres?

Capacité = Poids total du vin : Poids du litre (0^{kg},998).
Poids total = 245^{kg} − 17^{kg},456 = 227^{kg},544.
Rép. 227,544 : 0,998 = 228 *l.*

3104. — Les 2/3 d'une somme placée à 4,75 °/₀ rapportent 1519 fr. d'intérêts en 210 jours. Quelle est cette somme?

Valeur de la somme = Valeur des 2/3 : 2/3.
Valeur des 2/3. $\begin{cases} a) \text{ Intérêt annuel} = 1519^f × 360/210 = 2604 \text{ fr.} \\ b) \ 2604^f : 0,0475 = 54821^f,05. \end{cases}$
Rép. 54821^f,05 × 3/2 = 82231^f,575, soit 82231^f,60.

Loiret. — **3105.** — On veut couper un fil de fer de 42^m,50 en deux parties, de manière que l'une ait 6^m,50 de plus que l'autre. Quelle sera la longueur de chaque partie?

I. *Longueur de la plus grande* = Moitié de la longueur qu'elles auraient si la plus petite avait même longueur que la plus grande.
Rép. $(42^m,5 + 6^m,5) : 2 = 24^m,5.$
II. *Longueur de la plus petite* = 24^m,5 − 6^m,5.   *Rép.* 18 *m.*

3106. — En mourant, une personne a laissé la moitié de sa fortune à son frère, les 2/5 à sa sœur, et le reste à un neveu. Ce dernier, ayant P. 290.

placé sa part à 4 °/₀, en retire un revenu annuel de 720 fr. On demande
à combien s'élevait la fortune de cette personne.

Fortune totale = Part du neveu : Fraction correspondant à cette part.
1. Part du neveu = 720 : 0,04 = 18 000 fr.
2. Fraction correspondante = 1 — (1/2 + 2/5) = 1 — 9/10 = 1/10.
Rép. 18 000^f × 10 = 180 000 *fr.*

Finistère. — **3107.** — Quels poids placerez-vous dans le petit plateau d'une balance-bascule ordinaire pour faire équilibre à 2 sacs de blé
contenant chacun 8^{dal},4? Le froment pèse 75 kg. l'hectolitre. Vous cher-
cherez à employer le moins de poids possible.

Somme des poids marqués = Poids du blé : 10.

Poids du blé. $\begin{cases} a) \text{ Volume} = 0^{hl},84 × 2 = 1^{hl},68. \\ b) \ 75^{kg} × 1,68 = 126 \text{ kg.} \end{cases}$

Rép. 10 *kg.* + 2 *kg.* + 1/2 *kg.* + 1 *hg.* = 12^{kg},6.

3108. — On veut peindre à 2 couches un panneau en forme de
losange dont les diagonales ont 1^m,75 et 2^m,25. Quelle est la dépense,
si le mètre carré de peinture coûte 2^f,75?

Dépense = 2^f,75 × Surface en m².

Surface. $\begin{cases} a) \text{ Pour 1 couche :} \ 1^{m2},75 × 2,25 : 2. \\ b) \text{ Pour 2 :} \ 1^{m2},75 × 2,25 = 3^{m2},9375. \end{cases}$

Rép. 2^f,75 × 3,9375 = 10^f,828, soit 10^f,85.

Haute-Marne. — **3109.** — Un marchand a acheté 37^{hl},5 d'huile à
0^f,95 le litre. Comme il paye comptant, on lui fait une remise de 4 °/₀.
Combien devra-t-il revendre le litre de cette huile pour gagner 450 fr. ?

Prix de vente du litre = Prix de vente total : 3750.

Vente totale. $\begin{cases} a) \text{ Achat.} \begin{cases} \text{Brut :} \ 0^f,95 × 3\,750 = 3\,562^f,5. \\ \text{Remise} = 3\,562^f,5 × 0,04 = 142^f,5. \\ \text{Net :} \ 3\,562^f,5 — 142^f,5 = 3\,420 \text{ fr.} \end{cases} \\ b) \ 3\,420^f + 450^f = 3\,870 \text{ fr.} \end{cases}$

Rép. 3 870^f : 3 750 = 1^f,03 (par défaut).

3110. — Une vigne de forme rectangulaire, mesurant 68 m. sur
47 m., rapportait en moyenne 58 fr. par surface de 11^a,60. Le propriétaire l'a vendue, à raison de 8 500 fr. l'hectare, et a placé le produit de
sa vente à 4,25 °/₀. On demande de combien son revenu annuel s'est
accru ou abaissé.

Augmentation ou diminution = Différence des 2 revenus.

1. Vigne. $\begin{cases} a) \text{ Par are :} \ 58^f : 11,6 = 5 \text{ fr.} \\ b) \text{ Surface} = 6^a,8 × 4,7 = 31^a,96. \\ c) \ 5^f × 31,96 = 159^f,80. \end{cases}$

2. Intérêt. $\begin{cases} a) \text{ Capital} = 8\,500^f × 0,3196 = 2\,716^f,6. \\ b) \ 4^f,25 × 27,166 = 115^f,45. \end{cases}$

Rép. 159^f,8 — 115^f,45 = 44^f,35 *de diminution.*

Doubs. — **3111.** — Un marchand achète, à 11 fr. le stère, un lot
de bois de chauffage formant un tas de 9 m. de long, large de 2 m. et de
1^m,50 de haut. Il le revend 2^f,80 le quintal. La densité du bois est de
0,69. Quel est le bénéfice du marchand ?

Bénéfice = Prix de vente — Prix d'achat.

1. Prix de vente. $\begin{cases} a) \text{ Poids.} \begin{cases} \text{Volume} = 9^{m3} × 2 × 1,5 = 27 \text{ m}^3. \\ 0^f,69 × 27 = 18^t,63 = 186^q,3. \end{cases} \\ b) \ 2^f,8 × 186,3 = 521^f,64. \end{cases}$

2. Prix d'achat = 11^f × 27 = 297 fr.
Rép. 521^f,64 — 297^f = 224^f,64, soit 224^f,65.

3112. — Un triangle a une surface de 108 m². La base a 18 m. Quelle est la hauteur?

Hauteur = Surface (108^{m2}) : Moitié de la base (18^m : 2).
Rép. 108 : 9 = 12 *m.*

Somme. — **3113.** — Une barrique contient $20^{dal},31$ d'huile estimée 250 fr. le quintal. Quelle est la valeur de cette huile, le poids du litre étant 915 g.?

Valeur totale = Prix du quintal (250 fr.) × Poids en quintaux.
Poids = 915^g × 203,1 = $185\,836^g,5$ = $1^q,858365$.
Rép. 250^f × 1,858365 = $464^f,59$, soit $464^f,60$.

3114. — Deux piquets sont plantés à une distance de $0^m,85$; à quelle hauteur faut-il entasser entre ces piquets des bûches de $1^m,35$ pour mesurer 1 stère de bois?

Hauteur = Volume (1^{m3}) : Produit des 2 autres dimensions.
Rép. 1 : (0,85 × 1,35) = 1 : 1,1475 = $0^m,87$.

Saône-et-Loire. — **3115.** — Quelle somme faut-il placer à 5 °/₀ pendant un an, pour avoir, capital et intérêts compris, de quoi acheter 276 hl. de blé? Un hectolitre de blé pèse 76 kg.; un quintal de blé vaut 21 fr.

Capital primitif = Prix du blé : Valeur acquise par 1 fr. placé dans les mêmes conditions.

1. Prix du blé. { *a*) Poids = 76^{kg} × 276 = $20\,976^{kg}$ = $209^q,76$.
   { *b*) 21^f × 209,76 = $4404^f,96$.

2. Valeur acquise par 1 fr. = $1^f + 0^f,05 = 1^f,05$.
Rép. $4\,404^f,96$: 1,05 = $4\,195^f,20$.

3116. — Avant le dégrèvement des droits sur le sucre, cette denrée se vendait, en moyenne, $1^f,05$ le kilogramme. Si le dégrèvement s'élève à 1/3 de l'ancien prix de vente, calculez l'économie que réaliserait en 1 an une famille qui consomme 2 kg. 1/2 de sucre par semaine.

Economie réalisée = Economie par semaine × 52.

Par semaine. { *a*) Dépense ancienne = 1 ,05 × 2,5 = $2^f,625$.
{ *b*) $2^f,625$ × 1/3 = $0^f,875$.

Rép. $0^f,875$ × 52 = $45^f,50$.

Haute-Marne. — **3117.** — Une cuve de forme parallélépipédique pèse, vide, 60 700 dag.; pleine d'eau, elle pèse 4 tonnes 6 quintaux et 3 kg. Quelle est sa hauteur, si sa base mesure $1^m,24$ de largeur et $1^m,75$ de longueur?

Hauteur = Volume : Base.
1. Volume : *a*) Poids de l'eau = $4^t,603 - 0^t,607 = 3^t,996$. *b*) $3^{m3},996$.
2. Base = $1^{m2},24$ × 1,75 = $2^{m2},17$.
Rép. 3,996 : 2,17 = $1^m,84$.

3118. — Je place la moitié d'un capital à 3 °/₀, et l'autre à 4,50 °/₀; à la fin de l'année, je retire 240 fr. d'intérêts. Quel capital ai-je placé?

Moitié du capital = Intérêt total (240 fr.) : Intérêt de 2 fr. placés dans les mêmes conditions que ce capital.
Intérêt de 2 fr. = $0^f,03 + 0^f,045 = 0^f,075$.
Rép. (240 : 0,075) × 2 = 6 400 *fr.*

Ardennes. — **3119.** — Un terrain de forme rectangulaire, mesurant 125 m. de long et 32 m. de large, est vendu au prix de $0^f,25$ le cen-

P. 291. tiare. Combien l'acheteur devra-t-il débourser si les frais s'élèvent au 1/10 du prix d'achat? (Employer les procédés du calcul mental.)

Dépense totale = Prix d'achat + Frais.

1. Prix d'achat. $\begin{cases} a) \text{ Surface} = 125^{m2} \times 32 = 4 \times 1000 = 4000 \text{ m}^2. \\ b) \ 0^f,25 \times 4000 = (4000^f : 4) = 1000 \text{ fr.} \end{cases}$

2. Frais : $1000^f : 10 = 100$ fr.

Rép. $1000^f + 100^f = 1100$ *fr.*

3120. — Un voyageur, voulant apprécier la vitesse d'un train, compte, pendant 1 minute, les secousses qu'il ressent chaque fois que les roues du wagon passent d'un rail au suivant : il trouve 125 secousses. Un rail mesure 8 m. de longueur. Quelle est la vitesse du train ? En combien de temps franchirait-il la distance de Reims à Charleville (88 km.), s'il allait toujours à la même vitesse et sans arrêt ?

I. *Vitesse horaire* = Vitesse par minute $\times$ 60.
Par minute : $8^m \times 125 = 1000$ m. ou 1 km.   *Rép.* 60 *km.*
II. *Temps* = $88 : 1 = 88$ min.   *Rép.* 1 *h.* 28 *min.*

Corrèze. — **3121.** — Un employé dépense annuellement 1/3 plus 1/5 de son traitement. Il envoie à ses parents 350 fr. et met 350 fr. à la Caisse d'épargne. Quel est son traitement annuel?

Traitement annuel = Reste : Fraction correspondant à ce reste.
1. Reste = $350^f + 350^f = 700$ fr.
2. Fraction correspondante = $1 - (1/3 + 1/5) = 15/15 - 8/15 = 7/15$.
Rép. $700^f \times 15/7 = 1500$ *fr.*

3122. — Un vase plein d'eau pèse $17^{kg},750$. On vide la moitié de l'eau qu'il contient, et alors il ne pèse plus que $10^{kg},500$. Trouver la contenance du vase et son poids.

I. *Contenance du vase* = Contenance de la moitié $\times$ 2.
Moitié. $\begin{cases} a) \text{ Poids d'eau} = 17^{kg},75 - 10^{kg},5 = 7^{kg},25. \\ b) \text{ Volume} = 7^l,25. \end{cases}$
Rép. $7^l,25 \times 2 = 14^l,50.$
II. *Poids du vase* = $17^{kg},75 - 14^{kg},5.$ *Rép.* $3^{kg},25.$

Mayenne. — **3123.** — Un libraire achète des livres qui lui coûtent $1^f,50$ pièce. Il en reçoit 13 pour 12, et les revend avec un bénéfice de 25 %. Combien vend-il chaque volume?

Prix de vente du volume = Prix de la vente des 13 : 13.
Prix de vente des 13. $\begin{cases} a) \text{ Achat} : \ 1^f,5 \times 12 = 18 \text{ fr.} \\ b) \text{ Bénéfice} = 18^f \times 0,25 = 4^f,5. \\ c) \ 18^f + 4^f,5 = 22^f,5. \end{cases}$
Rép. $22^f,5 : 13 = 1^f,73$, ou mieux $1^f,75.$

3124. — On a vendu 4 ha. 8 a. de terrain à raison de 1875 fr. l'hectare. On place le 1/4 de la somme reçue à 3,50 %, et le reste à 4,25 %. A combien s'élève le revenu annuel?

Revenu annuel = Somme des revenus des 2 placements.

1. 1re partie $\begin{cases} a) \text{ Capital.} \begin{cases} \text{Total} : \ 1875^f \times 4,08 = 7650 \text{ fr.} \\ 7650^f : 4 = 1912^f,50. \end{cases} \\ b) \ 3^f,5 \times 19,125 = 66^f,94 \text{ (par excès).} \end{cases}$

2. 2e partie. $\begin{cases} a) \text{ Capital} = 7650^f - 1912^f,5 = 5737^f,5. \\ b) \ 4^f,25 \times 57,375 = 243^f,84. \end{cases}$

Rép. $66^f,94 + 243^f,84 = 310^f,78$ ou $310^f,80.$

Seine-Inférieure. — **3125.** — Une somme de 36 000 fr. a été placée au taux de 4 % pendant 8 mois : 1° Quel intérêt a-t-elle rapporté?

2º A quel taux devrait-on la placer pour qu'elle rapporte 1 620 fr. en 1 an? 3º Pendant combien de temps eût-elle dû être placée au taux de 4 °/₀ pour rapporter 1 530 fr.?

I. *Intérêt* = 4ᶠ × 360 × 8/12. *Rép.* 1440ᶠ × 2/3 = 960 *fr.*
II. *Taux* = Intérêt (1 620 fr.) : Centaines du capital (360).
Rép. 1620 : 360 = 4,5 °/₀.
III. *Temps* = Intérêt (1 530 fr.) : Intérêt annuel (1 440 fr.).
Rép. 1 530/1440 d'année ou 1 *an* 23 *jours* (par excès).

3126. — Un train express parcourt 72 km. à l'heure. Quel chemin parcourt-il : 1º en 15 minutes; 2º en 1 minute? (Calculer par les procédés du calcul mental.)

I. *Rép.* 72ᵏᵐ : 4 = 18 *km.*
II. *Rép.* 18ᵏᵐ : 15 = 18ᵏᵐ : (3 × 5) = 6ᵏᵐ : 5 = 12ᵏᵐ : 10 = 1ᵏᵐ,2.

Saône-et-Loire. — **3127.** — Un marchand a acheté 125 moutons à 21ᶠ,50. Une épidémie lui en enlève 15. Combien doit-il vendre chacun de ceux qui lui restent pour faire un bénéfice de 10 °/₀ sur le prix d'achat?

Prix de vente d'un mouton = Prix de vente total : N. de mout. restants.

1. Vente totale.
  a) Achat : 21ᶠ,5 × 125 = 2 687ᶠ,50.
  b) Bénéfice : 2 687ᶠ,5 × 0,1 = 268ᶠ,75.
  c) 2 687ᶠ,5 + 268ᶠ,75 = 2 956ᶠ,25.
2. Reste = 125ᵐᵒᵘᵗ. — 15ᵐᵒᵘᵗ. = 110 moutons.
Rép. 2 956ᶠ,25 : 110 = 26ᶠ,875.

3128. — Le 1/6, le 1/5 et les 2/15 d'un nombre ajoutés ensemble valent 257. Quel est ce nombre?

Nombre = 257 : Fraction du nombre correspondant à 257.
Fraction correspond. = 1/6 + 1/5 + 2/15 = 5/30 + 6/30 + 4/30 = 15/30 = 1/2.
Rép. 257 × 2 = 514.

Ardennes. — **3129.** — Une chambre de 2ᵐ,80 de long sur 2 m. de large et 1ᵐ,80 de haut, est remplie de blé aux 2/3 de sa hauteur. Quelle est la valeur de ce blé à 2ᶠ,50 le double-décalitre?

Prix du blé = Prix du m³ (2ᶠ,5 × 50) × Vol. en m³.
Volume = 2ᵐ³,8 × 2 × (1,8 × 2/3) = 2ᵐ³,8 × 2 × 1,2 = 6ᵐ³,72.
Rép. 2ᶠ,5 × 50 × 6,72 = 125ᶠ × 6,72 = 840 *fr.*

3130. — Un bicycliste, parti à 6 h. 1/2 du matin, est arrivé à destination à 10 heures moins 5 minutes du matin, après avoir parcouru 47 km. 1/2 et s'être arrêté 1/4 d'heure en route. Quelle a été la vitesse moyenne par heure de marche?

Vitesse moyenne = 47ᵏᵐ,5 : Nombre d'heures de marche.
Temps = 9ʰ 55ᵐⁱⁿ. — 6ʰ 30ᵐⁱⁿ. — 15ᵐⁱⁿ. = 3ʰ 10ᵐⁱⁿ. = 3ʰ 1/6 = 19/6 d'heure.
Rép. 47ᵏᵐ,5 : 19/6 = 47ᵏᵐ,5 × 6 : 19 = 15 *km.*

Rhône. — **3131.** — Combien faudra-t-il de briques de 2 dm. de long sur 1 dm. de large et 6 cm. d'épaisseur pour construire une cloison de 6ᵐ,50 de long sur 28 dm. de haut et 20 cm. d'épaisseur?

Nombre de briques = Volume de la cloison : Volume d'une brique.
1. Cloison : 65ᵈᵐ³ × 28 × 2 = 3 640 dm³.
2. Brique : 2ᵈᵐ³ × 1 × 0,6 = 1ᵈᵐ³,2.
Rép. 3 640 : 1,2 = 3 034 *briques* (par excès).

3132. — Deux sommes placées à 4 % rapportent annuellement en tout 840 fr. Sachant que l'intérêt de la 1ʳᵉ surpasse de 140 fr. celui de la 2ᵉ, calculez les deux sommes.

1ʳᵉ *somme* = Son intérêt annuel : Intérêt de 1 fr. (0ᶠ,04).
Intérêt annuel = (840ᶠ + 140ᶠ) : 2 = 490 fr. *Rép.* 490 : 0,04 = 12 250 *fr.*
2ᵉ *somme* = Intérêt annuel (840ᶠ — 490ᶠ) : Intérêt de 1 fr. (0ᶠ,04).
Rép. 350 : 0,04 = 8 750 *fr.*

Finistère. — **3133.** — Un rentier reçoit tous les trimestres l'intérêt d'une somme placée à 4 %. Avec le 1ᵉʳ versement qui lui est fait, il achète un jardin de 600ᵐ², estimé 4 500 fr. l'hectare. Calculez le capital placé.

Capital = Intérêt trimestriel : Intérêt trimestriel de 1 fr. (0ᶠ,01).
Intérêt trimestriel = 4 500ᶠ × 0,06 = 270 fr.
Rép. 270ᶠ : 0,01 = 27 000 *fr.*

3134. — Un voyageur est parti à midi pour se rendre dans une ville éloignée de 30 km. Il fait 4 lieues en 3 heures. A quelle heure arrivera-t-il à la ville s'il se repose 3/4 d'heure en chemin ?

Heure d'arrivée = Durée du voyage.

Durée. { *a*) Marche : 30 : 16/3 = 30 × 3/16 = 5ʰ 37 ᵐⁱⁿ· 1/2.
{ *b*) 5ʰ 37ᵐⁱⁿ· 1/2 + 45ᵐⁱⁿ· = 6ʰ 22ᵐⁱⁿ· 1/2.

Rép. A 6 h. 22 *min.* du *soir.*

Eure-et-Loir. — **3135.** — Un marchand a acheté 120 hl. de blé, à raison de 19 fr. l'hectolitre. Il veut les revendre en faisant un bénéfice de 8 %. Au moment de la vente, il s'aperçoit que les 3/100 de sa marchandise se sont gâtés. Combien devra-t-il revendre l'hectolitre pour faire le bénéfice indiqué ?

Prix de vente de l'hectolitre = Prix de vente total : Nombre d'hl. restants.

1. Vente totale. { *a*) Achat : 19ᶠ × 120 = 2 280 fr.
{ *b*) Bénéfice = 2 280ᶠ × 0,08 = 182ᶠ,4.
{ *c*) 2 280ᶠ + 182ᶠ,4 = 2 462ᶠ,40.

2. Reste = 120ʰˡ — 120ʰˡ × 0,03 = 120ʰˡ — 3ʰˡ,6 = 116ʰˡ,4.
Rép. 2 462ᶠ,4 : 116,4 = 21ᶠ,15.

3136. — Un coffre ayant 1ᵐ,04 de long, 0ᵐ,8 de large et 0ᵐ,7 de haut est plein d'avoine estimée 1ᶠ,50 le décalitre. Quelle est la valeur de l'avoine ?

Valeur de l'avoine = Prix du m³ (150 fr.) × Volume en m³.
Volume = 1ᵐ³,04 × 0,8 × 0,7 = 0ᵐ³,5824.
Rép. 150ᶠ × 0,5824 = 87ᶠ,36 ou 87ᶠ,35.

Seine-Inférieure. — **3137.** — Une fontaine débite 36 l. d'eau en 30 minutes ; une deuxième, 45 l. en 3/4 d'heure ; une troisième, 54 l. en 18 minutes. On demande : 1° quelle quantité d'eau chaque fontaine débite en 1 heure ; 2° quelle quantité les trois fontaines débitent ensemble en 1 heure ; 3° quel temps, à une minute près, elles mettraient ensemble pour remplir un bassin de 1 m³.

I. *Débit de la 1ʳᵉ* = 36ˡ : 30/60 = 36ˡ × 2. *Rép.* 72 *l.*
Débit de la 2ᵉ = 45ˡ : 3/4 = 45ˡ × 4/3. *Rép.* 60 *l.*
Débit de la 3ᵉ = 54ˡ : 18/60 = 54ˡ × 60/18. *Rép.* 180 *l.*
II. *Débit horaire total* = 72ˡ + 60ˡ + 180ˡ. *Rép.* 312 *l.*
III. *Temps* = 1 000/312 d'heure. *Rép.* 3 h. 12 min. (à 1 min. près).

3138. — Calcul mental. A 7^f,95 le mètre de taffetas, que coûtent :
1° 4 mètres ; 2° 15 mètres ?

Rép.   1° (8^f — 0^f,05) $\times$ 4 = 32^f — 0^f,20 = 31^f,80.
         2° (8^f — 0^f,05) $\times$ 15 = (80^f + 40^f) — 0^f,75 = 119^f,25.

Aveyron. — **3139.** — Un marchand de vin vend 0^f,25 le litre d'un
vin qui lui a coûté 22 fr. l'hectolitre ; il a gagné 75 fr. dans une semaine. Combien a-t-il vendu de litres en moyenne par jour ?

Nombre de litres par jour = Nombre de litres en 1 semaine : 7.

En 1 semaine.   { *a*) Bénéfice par litre = 0^f,25 — 0^f,22 = 0^f,03.
                { *b*) 75 : 0,03 = 2500 l.

Rép.   2500^l : 7 = 357 *l.* (par défaut).

3140. — J'ai acheté un pré de 2800 fr.; je paye 300 fr. de frais d'achat;
combien devrais-je le louer pour que mon capital me rapporte 4,50 °/₀ ?

Loyer = Intérêt du prix de revient.
Prix de revient = 2800^f + 300^f = 3100 fr.
Rép.   4^f,5 $\times$ 31 = 139^f,50.

Tarn-et-Garonne. — **3141.** — Une mère de famille a acheté 15 m.
de drap à 15^f,50 le mètre ; 37 m. de toile à 1^f,85 le mètre, et 49 m. de
ruban à 0^f,20 le mètre. Elle paye comptant. On lui fait une remise de
6 °/₀. Combien doit-elle donner ?

Facture nette = Facture brute — Remise.

                { *a*) Drap :   15^f,5 $\times$ 15 = 232^f,50.
1. Facture brute. { *b*) Toile : 1^f,85 $\times$ 37 = 68^f,45.
                { *c*) Ruban : 0^f,2 $\times$ 49 = 9^f,80.
                { *d*) 232^f,5 + 68^f,45 + 9^f,8 = 310^f,75.
2. Remise = 310^f,75 $\times$ 0,06 = 18^f,645, soit 18^f,65.
Rép.   310^f,75 — 18^f,65 = 292^f,10.

3142. — Une brique, mise en place, occupe 0^m,25 de longueur,
0^m,12 de largeur et 0^m,06 d'épaisseur. Combien faudra-t-il de briques
pour construire un mur de 6^m,20 de long, 2^m,50 de haut, et 0^m,37
d'épaisseur ?

Nombre de briques = Volume du mur : Volume d'une brique.
1. Volume du mur = 6^{m3},2 $\times$ 2,5 $\times$ 0,37 = 5^{m3},735.
2. Volume d'une brique = 0^{m3},25 $\times$ 0,12 $\times$ 0,06 = 0^{m3},0018.
Rép.   5,735 : 0,0018 = 3187 *briques* (par excès).

Seine. — **3143.** — Une maison coûte 32000 fr. Le propriétaire
paye chaque année les impôts, qui s'élèvent à 150 fr. Les réparations
coûtent en moyenne 495 fr. tous les 3 ans. A quel prix doit être fixé le
loyer annuel de cette maison, sachant que le propriétaire veut que son
argent lui rapporte 5 °/₀ ?

Loyer annuel = Intérêt du prix de revient + Frais annuels.
1. Intérêt du prix de revient = 5^f $\times$ 320 = 1600 fr.
2. Frais annuels = 150^f + (495^f : 3) = 150^f + 165^f = 315 fr.
Rép.   1600^f + 315^f = 1915 *fr.*

3144. — Une bouteille de vin contient 0^l,75. Quel en est le prix, si
le litre coûte 0^f,60 ? Faites le problème mentalement et dites comment
vous procédez.

Rép.   0^f,60 $\times$ 3/4 = 0^f,15 $\times$ 3 = 0^f,45.

Mayenne. — **3145.** — Un billet de 845 fr., payable le 1er septembre, est présenté à l'escompte le 1er juillet. L'escompte étant de 6 °/₀, combien retient le banquier? Combien touche-t-on?

I. *Escompte* = Intérêt de la valeur nominale.

Intérêt
- *a)* en 1 an : 6ᶠ × 8,45.
- *b)* Temps = 30ʲ + 31ʲ + 1ʲ = 62 j. = 62/360 d'année.
- *c)* 6ᶠ × 8,45 × 62/360 = 8ᶠ,73, soit 8ᶠ,75.

Rép. 8ᶠ,75.
II. *Somme touchée* = 845ᶠ — 8ᶠ,75. *Rép.* 836ᶠ,25.

P. 293. **3146.** — Une classe doit recevoir 50 élèves; elle a 8ᵐ,25 de long et 6ᵐ,8 de large. Quelle hauteur faut-il lui donner pour que chaque élève ait 4 m³ d'air?

Hauteur = Volume : Surface de base.
1. Volume = 4ᵐ³ × 50 = 200 m³.
2. Base = 8ᵐ²,25 × 6,8 = 56ᵐ²,1. *Rép.* 200 : 56,1 = 3ᵐ,565.

Seine-et-Oise. — **3147.** — Un propriétaire achète une maison 15 000 fr. et il fait 3 500 fr. de réparations. Il loue ensuite cette maison 1 015 fr. par an. A quel taux a-t-il placé son argent, sachant qu'il paye chaque année 65 fr. d'impôts et qu'il dépense 25 fr. en menues réparations?

Taux = Revenu net : Centaines du prix de revient.
1. Revenu net = 1 015ᶠ — (65ᶠ + 25ᶠ) = 925 fr.
2. Prix de revient = 15 000ᶠ + 3 500ᶠ = 18 500 fr. ou 185 centaines de fr.
Rép. 925 : 185 = 5 °/₀.

3148. — Un marchand achète de l'huile d'olive à 2ᶠ,25 le litre et la revend 2ᶠ,60 le kilogramme. Combien gagne-t-il sur 1 hl., la densité de l'huile étant de 0,91?

Bénéfice = Prix de vente de l'hectolitre — Son prix d'achat (225 fr.).
Prix de vente = 2ᶠ,6 × 91 = 236ᶠ,6.
Rép. 236ᶠ,6 — 225ᶠ = 11ᶠ,60.

Haute-Marne. — **3149.** — La densité du fer est 7,78, celle du cuivre est 8,8. Une bassine en cuivre pèse 33 kg.; combien pèserait-elle si elle était en fer?

Poids si elle était en fer = Poids du dm³ (7ᵏᶠ,78) × Volume en dm³.
Volume = 33 : 8,8 = 3 : 0,8 = 3ᵈᵐ³,75.
Rép. 7ᵏᶠ,78 × 3,75 = 29ᵏᶠ,175.

3150. — Jean a gagné les 3/5 des dragées contenues dans une boîte. Louis en a gagné 1/4 et il a 21 dragées de moins que son camarade. Combien y avait-il de dragées dans la boîte?

Nombre de dragées = Différence connue (21 dragées) : Fraction correspondant à cette différence (3/5 — 1/4).
Fraction corresp. = 12/20 — 5/20 = 7/20. *Rép.* 21ᵈʳ × 20/7 = 60 *dragées.*

Puy-de-Dôme. — **3151.** — Une règle en fer a 90 cm. de long, 4 cm. de large, 5 mm. d'épaisseur. Quel est son poids, la densité du fer étant 7,8?

Poids de la règle = Poids du cm³ (7ᶢ,8) × Volume en cm³.
Volume = 90ᶜᵐ³ × 4 × 0,5 = 180 cm³. *Rép.* 7ᶢ,8 × 180 = 1 404 g. = 1ᵏᶢ,404.

3152. — On a entouré d'un triple rang de fil de fer un champ rectangulaire de 37 m. de long sur 23 m. de large. Le mètre de fil de fer pèse 50 g., et le prix du kilogramme est de $0^f,65$. Quelle sera la dépense?

Dépense = Prix du kilogramme ($0^f,65$) $\times$ Poids du fil de fer en kilogrammes.

Poids. { *a)* Longueur. { 1 rang : $(37^m + 23^m) \times 2 = 120$ m.
                          { 3 rangs : $120^m \times 3 = 360$ m.
          b) $50^g \times 360 = 18\,000$ g. $= 18$ kg.

Rép. $0^f,65 \times 18 = 11^f,70$.

Creuse. — **3153.** — Pour un achat de 2 étoffes de 2 qualités différentes, on a payé $93^f,60$ pour la 1re, et $14^f,45$ pour la 2e, dont le mètre vaut $2^f,75$ de moins que le mètre de la 1re. Quelle longueur totale d'étoffe a-t-on achetée, sachant qu'un mètre de la 1re et 1 m. de la 2e valent ensemble $4^f,45$?

Longueur totale = Somme des longueurs des 2 pièces.

1. 1re pièce. { *a)* Prix du mètre = Moitié du prix de 1 mètre de chaque pièce
                        si le mètre de la 2e coûtait autant que le mètre de la 1re.
                        $(4^f,45 + 2^f,75) : 2 = 3^f,60$.
                      b) $93,6 : 3,6 = 26$ m.

2. 2e pièce. { *a)* Prix du mètre = $3^f,6 - 2^f,75 = 0^f,85$.
                    b) $14,45 : 0,85 = 17$ m.

Rép. $26^m + 17^m = 43\ m$.

3154. — Un négociant avait acheté 50 hl. de blé pour 725 fr. Il les revend avec un bénéfice de 75 fr. Quel est le prix de vente de l'hectolitre? (Faire le calcul mentalement et expliquer l'opération.)

Rép. $(725^f + 75^f) : 50 = 800^f : 50 = 1\,600^f : 100 = 16\ fr.$

Eure. — **3155.** — Trois associés ont réalisé un bénéfice de 37 260 fr. L'un avait mis dans l'entreprise 24 000 fr., le second 28 800 fr. et le dernier 30 000 fr. On demande la part de chacun dans le bénéfice.

Part de chacun = Bénéfice pour 100 fr. $\times$ Centaines de fr. de la mise.
Bénéfice pour $100^f = 37\,260^f : (240 + 288 + 300) = 37\,260^f : 828 = 45$ fr.
Rép. $1^o\ 45^f \times 240 = 10\,800\ fr.$; $2^o\ 45^f \times 288 = 12\,960\ fr.$;
         $3^o\ 45^f \times 300 = 13\,500\ fr.$

3156. — La peinture des 4 murs d'une salle carrée, ayant $4^m,50$ de haut, a coûté $89^f,10$ à raison de $0^f,75$ le mètre carré. Trouver le côté de la salle.

Côté de la salle = Périmètre $: 4$.

Périmètre. { *a)* Surface latérale $= 89,1 : 0,75 = 118^{m2},8$.
             { *b)* $118,8 : 4,5 = 26^m,4$.

Rép. $26^m,4 : 4 = 6^m,60$.

Loire. — **3157.** — Un fermier a vendu 50 sacs de pommes de terre, contenant chacun 4 doubles-décalitres, au prix de 16 fr. les 100 kg. Quel est le prix de cette vente, si l'hectolitre de pommes de terre pèse 80 kg.?

Prix total = Prix du quintal (16 fr.) $\times$ Poids en quintaux.

Poids. { *a)* Volume $= 4^{dou\ s\text{-}dal.} \times 50 = 200$ doubles-dal. $= 40$ hl.
         { *b)* $80^{kg} \times 40 = 3\,200$ kg. $= 32$ q.

Rép. $16^f \times 32 = 512\ fr.$

3158. — Trois ouvriers ont été employés au même travail : le 1er pendant 6 jours et 10 heures par jour, le 2e pendant 5 jours et 9 heures par jour, et le 3ᵉ pendant 8 jours et 7 heures par jour. Le travail entier a été payé 80ᶠ,50. Trouver le salaire de chaque ouvrier.

Salaire de chacun = Prix de l'heure × Nombre d'heures de travail.

Prix de l'heure.
- a) Nombre total d'heures $= 10^h \times 6 + 9^h \times 5 + 7^h \times 8 = 60^h + 45^h + 56^h = 161$ h.
- b) $80^f,5 : 161 = 0^f,50$.

Rép. 1ᵉʳ : $0^f,50 \times 60 = 30$ *fr.* ; 2ᵉ : $0^f,5 \times 45 = 22^f,50$; 3ᵉ : $0^f,5 \times 56 = 28$ *fr.*

Basses-Pyrénées. — **3159.** — Un vase vide pèse 1ᵏᵍ,25 ; plein d'eau, il pèse 4ᵏᵍ,38, et plein de lait, 4ᵏᵍ,473. Quelle est la densité de ce lait ?

Densité du lait = Poids en kilogrammes : Volume en dm³.
1. Poids $= 4^{kg},473 - 1^{kg},25 = 3^{kg},223$.
2. Volume : a) Poids de l'eau $= 4^{kg},38 - 1^{kg},25 = 3^{kg},13$.   b) 3ᵈᵐ³,13.
Rép. 3,223 : 3,13 = 1,029.

P. 294.   **3160.** — Un marchand achète une pièce de toile de 80 m., à 1ᶠ,50 le mètre. Il en revend la moitié à 1ᶠ,75 le mètre, et le reste à 1ᶠ,90. Combien a-t-il gagné en tout, et combien °/₀ ?

I. *Bénéfice total* = Prix de vente total — Prix d'achat total.

1. Prix de vente.
- a) 1ʳᵉ vente. { Longueur $= 80^m : 2 = 40$ m. Prix $= 1^f,75 \times 40 = 70$ fr.
- b) 2ᵉ vente . $1^f,9 \times 40 = 76$ fr.
- c) $70^f + 76^f = 146$ fr.

2. Prix d'achat $= 1^f,5 \times 80 = 120$ *fr.*
Rép. $146^f - 120^f = 26$ *fr.*
II. *Bénéfice* °/₀ $= 26 : 1,2$. *Rép.* 21,66 °/₀.

Maine-et-Loire. — **3161.** — Une personne achète 120 fr. de rente 3 °/₀, au cours de 99 fr. Elle revend ensuite cette rente pour la somme de 3 900 fr. Combien a-t-elle gagné ou perdu ?

Bénéfice ou Perte = Différence entre le prix de vente (3900 fr.) et le prix d'achat.
Prix d'achat $= 99^f \times 120 : 3 = 99^f \times 40 = 3960$ *fr.*
Rép. *Perte* $= 3960^f - 3900^f = 60$ *fr.*

3162. — Une pierre de taille cubique a 0ᵐ,85 de côté. Quel en est le volume ? Quelle est la surface totale des faces ?

I. *Volume* $= 0^{m3},85 \times 0,85 \times 0,85$. *Rép.* 0ᵐ³,614125 cm³.
II. *Surface totale* $= 0^{m2},85 \times 0,85 \times 6$. *Rép.* 4ᵐ²,3350 cm².

Aisne. — **3163.** — On assure contre l'incendie une meule de 2 500 gerbes de blé. Les gerbes pèsent en moyenne 8 kg. et donnent 30 °/₀ de leur poids de grain. On estime ce grain à 18 fr. le quintal et la paille à 40 fr. la tonne. Quel sera le montant de la prime à raison de 3ᶠ,50 pour 1 000 ?

Montant de la prime = Valeur totale × (3,50 : 1 000) ou 0,0035.

Valeur totale.
- a) Grain. { Poids. { $= 8^{kg} \times 2500 \times 0,3$ $= 20000^{kg} \times 0,3 = 6000$ kg. = 60 q.   Prix $= 18^f \times 60 = 1080$ fr.
- b) Paille. { Poids $= 20000^{kg} - 6000^{kg} = 14000$ kg. = 14 t.   Prix $= 40^f \times 14 = 560$ fr.
- c) $1080^f + 560^f = 1640$ fr.

Rép. $1640^f \times 0,0035 = 5^f,74$, soit 5ᶠ,75.

3164. — J'ai acheté une pièce de vin pour 75 fr. Le vendeur me dit que si elle avait contenu 20 l. de plus il me l'aurait vendue 81 fr. Quelle est la contenance de cette pièce?

Contenance de la pièce = Prix total (75 fr.) : Prix du litre.

Prix du litre. $\Big\{$ *a)* Différence de prix = 81^f — 75^f = 6 fr.
            b) 6^f : 20 = 0^f,30.

Rép. 75 : 0,3 = 250 *l.*

Haute-Marne. — **3165.** — Un champ ayant la forme d'un trapèze a les dimensions suivantes : grande base, 48 m.; petite base, 36^m,90; hauteur, 35^m,60. Quelle sera la valeur de la récolte si l'hectare rapporte 21 hl. de blé pesant 76 kg. l'hectolitre et se vendant 21^f,75 le quintal?

Valeur de la récolte = Prix du quintal (21^f,75) $\times$ Poids en quintaux.

Poids. $\Big\{$ *a)* Vol. $\Big\{$ Surf. = 1^{m2} $\times$ (48+36,9) $\times$ 35,6 : 2 = 1511^{m2},22 = 0^{ha},151122.
                 21^{hl} $\times$ 0,151122 = 3^{hl},1735.
       b) 76^{kg} $\times$ 3,1735 = 241^{kg},186 = 2^q,41186.

Rép. 21^f,75 $\times$ 2,41186 = 52^f,45.

3166. — Un marchand a acheté 6 pièces de vin de 214 l. chacune à raison de 25 fr. l'hectolitre. Le total des frais de transport, de circulation et d'octroi s'est élevé à 70^f,20. On demande combien ce marchand doit revendre le litre de vin pour gagner 1/6 du prix de revient.

Prix de vente du litre = Prix de vente total : Nombre de litres.

1. Nombre de litres = 214^l $\times$ 6 = 1284 l. = 12^{hl},84.

2. Vente totale. $\Big\{$ *a)* Revient. $\Big\{$ Achat : 25^f $\times$ 12,84 = 321 fr.
                           321^f + 70^f,2 = 391^f,20.
                b) Bénéfice = 391^f,2 : 6 = 65^f,20.
                c) 391^f,2 + 65^f,2 = 456^f,40.

Rép. 456^f,4 : 1284 = 0^f,35.

Aude. — **3167.** — On a vendu 4^{ha} 8^a de terrain à 1 875 fr. l'hectare. On place 1/4 de la somme reçue à 3,50 °/₀ et le reste à 4,50 °/₀. A combien s'élève le revenu annuel?

Revenu annuel total = Somme des revenus des 2 capitaux.

1. 1er capital. $\Big\{$ *a)* Valeur. $\Big\{$ = 1 875^f $\times$ 4,08 : 4
                        = 7 650^f : 4 = 1 912^f,5.
              b) Revenu = 3^f,5 $\times$ 19,125 = 66^f,93.

2. 2e capital. $\Big\{$ *a)* Valeur = 7 650^f — 1 912^f,5 = 5 737^f,50.
              b) Revenu = 4^f,5 $\times$ 57,375 = 258^f,18.

Rép. 66^f,93 + 258^f,18 = 325^f,11, soit 325^f,10.

3168. — A défaut de poids réels, on pèse une marchandise avec une somme de 250 fr., moitié en argent et moitié en billon. Combien pèse cette marchandise?

Poids total = Poids de l'argent + Poids du billon.

1. Argent :   *a)* Valeur = 250^f : 2 = 125 fr.   *b)* Poids = 5^g $\times$ 125 = 625 g.
2. Billon :   *a)* 125^f = 12500^c.   *b)* Poids = 12500 g.

Rép. 625^g + 12500^g = 13125 g. ou 13^{kg},125.

Var. — **3169.** — Le blé pèse 750 g. par litre environ et fournit 89 °/₀ de son poids en farine et le reste en son. Quel poids de farine et quel poids de son retirera-t-on du blé contenu dans un grenier qui a 8^m,25 de long, 6^m,50 de large, 3^m,40 de haut et qui est plein aux 3/5 de sa hauteur?

I. *Poids de farine* = Poids du blé $\times$ 0,89.

Poids du blé. $\Big\{$ *a)* Vol. = 8^{m3},25 $\times$ 6,5 $\times$ (3,40 $\times$ 3/5) = 109^{m3},395 = 109 395 l.
                b) 750^g $\times$ 109 395 = 82 046 250^g = 82 046^{kg},25.

Rép. 82 046^{kg},25 $\times$ 0,89 = 73 021^{kg},1625.

II. *Poids du son* = 82 046^{kg},25 — 73 021^{kg},1625.   *Rép.* 9 025^{kg},0875.

3170. — On a 20 fr. en monnaie de bronze et 250 fr. en monnaie d'argent. On échange le tout contre une même somme en or. De quel poids s'est-on déchargé?

Diminution de poids = Somme des poids de bronze et d'arg. — Poids d'or.

1. Somme des poids.
$\begin{cases} a) \text{ Bronze}: & 20^f = 2000 \text{ centimes, soit } 2000 \text{ g.} \\ b) \text{ Argent}: & 5^s \times 250 = 1250 \text{ g.} \\ c) & 2000^g + 1250^g = 3250 \text{ g.} \end{cases}$

2. Or: *a)* Valeur $= 20^f + 250^f = 270$ fr.; *b)* Poids $= 270 : 3,1 = 87^s,096$.

Rép. $3250^s - 87^s,096 = 3162^s,904$, soit $3^{kg},163$ (par excès).

Aisne. — **3171.** — Un jardin a $48^m,50$ de long et 39 m. de large. Il est traversé par deux allées qui se coupent perpendiculairement vers le milieu et qui ont 2 m. de large. Quelle est la superficie de la partie cultivée?

Superficie cultivée = Longueur restante $\times$ Largeur restante. (Faire la fig.)
1. Longueur restante $= 48^m,5 - 2^m = 46^m,5$.
2. Largeur restante $= 39^m - 2^m = 37$ m.
Rép. $46^{m2},5 \times 37 = 1720^{m2},50$.

3172. — Un fermier achète une pièce de vin de 220 l. qui lui revient en cave à 81 fr. Comme ce vin est trop alcoolisé, il y ajoute 25 l. d'eau par hectolitre. A combien revient un litre de mélange?

Prix de revient du litre = Prix d'achat total (81 fr.) : Vol. du vin mouillé.
Volume total $= 220^l + 25^l \times 2,2 = 220^l + 55^l = 275$ l.
Rép. $81^f : 275 = 0^f,29$.

Seine-Inférieure. — **3173.** — Un terrain triangulaire a 152 m. de base sur 148 m. de hauteur. Quelle est sa surface? La couche arable de ce terrain a une épaisseur de 12 cm. Quel est le volume de cette couche? Pour amender ce terrain, le propriétaire estime qu'il doit ajouter à la couche arable 2,75 °/₀ de son volume d'argile. Quelle quantité d'argile ajoutera-t-il?

P. 295.

I. *Rép.* $152^{m2} \times 148 : 2 = 11248 \ m^2$.
II. *Rép.* $11248^{m3} \times 0,12 = 1349^{m3},76$.
III. *Rép.* $1349^{m3},76 \times 0,0275 = 37^{m3},1184$.

3174. — Calcul mental : 1º Quel est le prix de 2 douzaines d'atlas à $2^f,95$ pièce? 2º Deux douzaines d'histoires de France coûtent 30 fr.; quel est le prix d'une histoire?

I. *Rép.* $2^f,95 \times (12 \times 2) = (3^f - 0^f,05) \times 24 = 72^f - 1^f,20 = 70^f,80$.
II. *Rép.* $30^f : 24 = 5^f : 4 = 1^f,25$.

Seine-et-Marne. — **3175.** — Un marchand épicier a 3 sortes de café; savoir : 61 kg. à $4^f,50$ le kilogramme; 34 kg. à $2^f,45$ et 18 kg. à $3^f,20$. Il les mélange et veut, en les revendant, gagner 6 °/₀ sur le tout. Combien doit-il vendre le kilogramme du mélange?

Prix de vente du kg. = Prix de vente total : Poids total.

1. Vente totale.
$\begin{cases} a) \text{ Achat.} \begin{cases} 4^f,5 \times 61 + 2^f,45 \times 34 + 3^f,2 \times 18 \\ = 274^f,5 + 83^f,3 + 57^f,6 = 415^f,40. \end{cases} \\ b) \text{ Bénéfice} = 415^f,4 \times 0,06 = 24^f,924. \\ c) \ 415^f,4 + 24^f,924 = 440^f,324. \end{cases}$

2. Poids total $= 61^{kg} + 34^{kg} + 18^{kg} = 113$ kg.
Rép. $440^f,324 : 113 = 3^f,90$ (par excès).

3176. — Evaluer en kilomètres carrés, en hectares, en décamètres carrés et en centiares la superficie d'un trapèze dont les bases parallèles ont $78^m,60$ et 102 m., et la hauteur 56 m.

Surface $= 1^{m2} \times (78,6 + 102) \times 56 : 2 = 5056^{m2},80$.
Rép. 1º $0^{km2},00505680$; 2º $0^{ha},505680$; 3º $50^{dam2},5680$; 4º $5056^{ca},80$.

Gironde. — **3177.** — On verse dans un tonneau 125 l. de vin à 0ᶠ,65 et 92 l. à 0ᶠ,45. Quel est le prix du litre de ce mélange? Quelle quantité d'eau faudrait-il ajouter pour que le litre revint à 0ᶠ,55?

I. *Prix du litre* = Prix total : Volume total en litres.
1. Prix total = 0ᶠ,65 × 125 + 0ᶠ,45 × 92 = 81ᶠ,25 + 41ᶠ,4 = 122ᶠ,65.
2. Volume total = 125ˡ + 92ˡ = 217ˡ.   *Rép.* 122ᶠ,65 : 217 = 0ᶠ,56.
II. *Volume d'eau* = Volume du vin mouillé — Volume du vin pur (217 l.).
Vin mouillé : 122,65 : 0,55 = 223 l.   *Rép.* 223ˡ — 217ˡ = 6 *l.*

3178. — Les 2/3 d'une succession sont partagés entre 4 héritiers et chaque héritier reçoit 5 970 fr. Quel est le montant de la succession?

Valeur de la succession = Valeur des 2/3 × 3/2.
Valeur des 2/3 = 5970ᶠ × 4 = 23 880 fr.   *Rép.* 23 880ᶠ × 3/2 = 35 820 *fr.*

Finistère. — **3179.** — Un propriétaire fait assurer sa maison évaluée 42 700 fr. au taux de 0,45 pour 1 000, et son mobilier estimé 16 500 fr. au taux de 0,75 pour 1 000; il paie 10 °/₀ du montant de la prime de son assurance pour enregistrement et 4 centimes pour 1 000 fr. des sommes assurées pour timbre. Quelle somme doit-il payer chaque année?

Somme à payer = Somme des primes + Frais d'enregistrem. et de timbre.

1. Somme des primes. { a) Maison : 0ᶠ,45 × 42,7 = 19ᶠ,21.
{ b) Mobilier : 0ᶠ,75 × 16,5 = 12ᶠ,37.
{ c) 19ᶠ,21 + 12ᶠ,37 = 31ᶠ,58.

2. Frais. . . . . { a) Enregistrement : 31ᶠ,58 × 0,1 = 3ᶠ,15.
{ b) Timbre : 0ᶠ,04 × (42,7 + 16,5) = 2ᶠ,36.
{ c) 3ᶠ,15 + 2ᶠ,36 = 5ᶠ,51.

Rép. 31ᶠ,58 + 5ᶠ,51 = 37ᶠ,09, soit 37ᶠ,10.

3180. — Un bassin, qui a la forme d'un parallélépipède rectangle, mesure 1ᵐ,50 sur 1ᵐ,25 et a 80 cm. de profondeur. Il est plein d'eau jusqu'à 1/4 de sa hauteur. Trouver le poids de l'eau qu'il contient et dire quelle somme en monnaie de bronze pèserait autant.

I. *Poids de l'eau en kg.* = Son volume en dm³.
Volume = 15ᵈᵐ³ × 12,5 × (8 : 4) = 375 dm³.   *Rép.* 375 *kg.*
II. *Valeur du bronze en centimes* = Son poids en grammes.
Rép. 375 000 *centimes* ou 3 750 *fr.*

Aude. — **3181.** — Une vache laitière donne 16 l. de lait par jour, et ce lait contient 18 °/₀ de crème. Un litre de crème donne 260 g. de beurre. Quelle est la valeur du beurre fourni par le lait de cette vache en une semaine, si le demi-kilogramme de beurre vaut 1ᶠ,60?

Valeur du beurre = Prix du kg. (1ᶠ,6 × 2) × Poids du beurre.

Poids du beurre. { a) Crème. { Lait : 16ˡ × 7 = 112 l.
{ 112ˡ × 0,18 = 20ˡ,16.
{ b) 260ᵍ × 20,16 = 5 241ᵍ,6 = 5ᵏᵍ,2416.

Rép. 3ᶠ,2 × 5,2416 = 16ᶠ,77, soit 16ᶠ,75.

3182. — Un lingot d'argent pur pèse 7 200 g. Quel poids de cuivre faudra-t-il y ajouter pour faire des pièces de 5 fr. et combien pourra-t-on faire de ces pièces?

I. *Poids du cuivre* = Poids de l'argent pur (7200 g.) : 9.
Rép. 800 *g.*
II. *Nombre de pièces* = Poids total : 25.
Rép. (7 200 + 800) : 25 = 320 *pièces.*

Côte-d'Or. — **3183.** — Un voyageur parcourt 1 200 m. en 15 minutes. On demande quelle distance il aura parcourue en marchant de 8ʰ 1/2 du matin à 6ʰ 45ᵐⁱⁿ du soir, s'il s'est arrêté 1ʰ 3/4 pour déjeuner.

Distance parcourue = Vitesse à la minute × Nombre de min. de marche.
1. Vitesse = 1 200ᵐ : 15 = 80 m.
2. Temps de marche = 12ʰ + 6ʰ 45ᵐⁱⁿ. — (8ʰ 30ᵐⁱⁿ. + 1ʰ 45ᵐⁱⁿ.) = 8ʰ 30ᵐⁱⁿ.
  = 60ᵐⁱⁿ. × 8 + 30ᵐⁱⁿ. = 510 min.
Rép. 80ᵐ × 510 = 40 800ᵐ = 40ᵏᵐ,8.

3184. — Dans une sacoche il y a une somme de 2 580 fr. dont les 7/12 sont en or et le reste en argent. Quel est le poids de cette somme ?

Poids total = Somme des poids des 2 monnaies.
1. Or . . . . { *a)* Valeur = 2 580ᶠ × 7/12. = 1 505 fr.
{ *b)* Poids = 1 505 : 3,1 = 485ᵍ,483.
2. Argent. { *a)* Valeur = 2 580ᶠ — 1 505ᶠ = 1 075 fr.
{ *b)* Poids = 5ᵍ × 1 075 = 5 375 g.
Rép. 485ᵍ,483 + 5 375ᵍ = 5 860ᵍ,483.

Seine-Inférieure. — **3185.** — Un commerçant fait un paiement de 1 238ᶠ,75. Il paye en or la plus grande partie possible, en argent la plus grande partie possible du reste, en billon le reste. On demande : 1º quelles sommes il a payées en or, en argent, en billon ; 2º le poids total de la somme ; 3º la quantité d'or fin qu'elle contient.

I. *Rép.* 1 235 fr. *en or ;* 3ᶠ,70 *en argent ;* 0ᶠ,05 *en billon.*
II. *Rép.* { 1ᵍ × (1 235 : 3,1) + 5ᵍ × 3,7 + 5ᵍ
{ = 398ᵍ,387 + 18ᵍ,5 + 5ᵍ = 421ᵍ,887.
III. *Rép.* 398ᵍ,387 × 0,9 = 358ᵍ,548.

3186. — Calcul mental. Un ouvrier met en bouteilles de 0ˡ,75 une barrique de 240 l. Combien devra-t-il acheter de bouteilles ? Quel en sera le prix à 15 fr. le cent ?

I. *Rép.* 240 : 0,75 = 240 × 4/3 = 320 *bouteilles.*
II. *Rép.* 15ᶠ × 3,2 = 32ᶠ + 16ᶠ = 48 *fr.*

P. 296. *Ain.* — **3187.** — On mélange 6 pièces de vin de 220 l., coûtant 24 fr. l'hectolitre, avec 2 pièces de vin de même contenance, coûtant 40 fr. l'hectolitre. On veut gagner 35 º/₀ sur le prix d'achat. Combien doit-on revendre le litre de ce mélange ?

Prix de vente du litre = Prix de vente total : Nombre total de litres.
1. Prix total. { *a)* Achat. { 1ʳᵉ qual. : 24ᶠ × 2,2 × 6 = 24ᶠ × 13,2 = 316ᶠ,8.
{ { 2ᵉ qual. : 40ᶠ × 2,2 × 2 = 40ᶠ × 4,4 = 176 fr.
{ { 316ᶠ,8 + 176ᶠ = 492ᶠ,80.
{ *b)* Bénéfice = 492ᶠ,8 × 0,35 = 172ᶠ,48.
{ *c)* 492ᶠ,8 + 172ᶠ,48 = 665ᶠ,28.
2. Volume = 1 320ˡ + 440ˡ = 1 760 l.
Rép. 665ᶠ,28 : 1 760 = 0ᶠ,378.

3188. — Quels sont les titres des pièces françaises en argent ? Quel est le poids de l'argent pur contenu dans une somme de 57ᶠ,50 composée de 11 pièces de 5 fr., 1 pièce de 2 fr. et 1 pièce de 0ᶠ,50 ?

I. Voir El., pages 138 et 139.
II. *Poids total d'argent pur* = Somme des poids d'argent pur contenus dans les 2 espèces de monnaie.
1. Pièces de 5 fr. : 25ᵍ × 11 × 0,9 = 275ᵍ × 0,9 = 247ᵍ,5.
2. Monnaie divis. { *a)* Valeur = 2ᶠ + 0ᶠ,50 = 2ᶠ,50.
{ *b)* 5ᵍ × 2,5 × 0,835 = 12ᵍ,5 × 0,835 = 10ᵍ,4375.
Rép. 247ᵍ,5 + 10ᵍ,4375 = 257ᵍ,9375.

Basses-Pyrénées. — **3189.** — Un négociant achète 350 tonnes de houille à raison de $4^f,80$ le quintal. Il revend cette houille 6 fr. l'hectolitre. Sachant que la densité de la houille est 1,2, on demande quel sera le bénéfice total du négociant.

Bénéfice total = Prix de vente total — Prix d'achat total.
1. Prix de vente. $\begin{cases} a) \text{ Volume} = 350 : 1,2 = 3500/12 \text{ de } m^3 = 8750/3 \text{ d'hl.} \\ b) 6^f \times 8750/3 = 17500 \text{ fr.} \end{cases}$
2. Prix d'achat = $4^f,8 \times 3500 = 16800$ fr.
Rép. $17500^f - 16800^f = 700$ *fr.*

3190. — Quel est le poids du cuivre contenu dans 4650 g. de monnaie d'or?

Rép. $4650^g \times 0,1 = 465$ *g.*

Aisne. — **3191.** — Vingt litres de lait donnent 1 kg. de beurre. Quelle quantité de beurre retirera-t-on du lait produit pendant une semaine par 15 vaches qui donnent chacune en moyenne 13 l. de lait par jour? Dites quelle somme recevra le propriétaire par semaine, sachant que le demi-kilogramme de beurre vaut $1^f,25$.

I. *Poids du beurre* = Nombre de litres de lait : 20.
Volume du lait = $13^l \times 15 \times 7 = 1365$ l.
Rép. $1365 : 20 = 68^{kg},25$.
II. *Somme reçue* = $1^f,25 \times 2 \times 68,25$. *Rép.* $170^f,625$, soit $170^f,60$.

3192. — Dans une bourse, il y a un nombre égal de pièces de 5 fr., de 2 fr., de 1 fr. et de $0^f,50$. On a ainsi 85 fr. Combien y a-t-il de pièces dans cette bourse? Quel est le poids de la somme?

I. *Nombre total de pièces* = Nombre de pièces de chaque espèce $\times 4$.
N. de pièces de chaque espèce. $\begin{cases} = \text{Val. tot. (85 fr.)} : \text{S. des val. d'une p.} \\ \quad \text{de chaque espèce } (5^f + 2^f + 1^f + 0^f,50). \\ = 85 : 8,5 = 10 \text{ pièces.} \end{cases}$
Rép. $10^p \times 4 = 40$ *pièces.*
II. *Poids* = $5^g \times 85$. *Rép.* 425 *g.*

Maine-et-Loire. — **3193.** — Quelle quantité d'argent pur faut-il allier à 132 g. de cuivre pour obtenir de l'argent monnayé au titre de 0,835?

Poids d'argent pur = Poids de la monnaie — Poids du cuivre (132 g.).
Monnaie : $132^g : 0,165 = 800$ g.
Rép. $800^g - 132^g = 668$ *g.*

3194. — Un ouvrier a reçu $64^f,25$ pour un certain nombre de journées de travail. On demande combien il gagnait par jour, sachant que, s'il eût travaillé 5 jours de plus, il aurait reçu $85^f,50$.

Gain par jour = Différence des salaires : 5.
Différence des salaires = $85^f,5 - 64^f,25 = 21^f,25$. *Rép.* $21^f,25 : 5 = 4^f,25$.

Côte-d'Or. — **3195.** — Un champ rectangulaire de 286 m. de long sur 120 m. de large a été partagé en 3 parties respectivement proportionnelles à 2/3, 1/12 et 1/4. Quelle est la surface de chaque partie?

Les *parts* sont *proportionnelles* à 8/12, 1/12 et 3/12, ou à 8, à 1 et à 3. On fera $8 + 1 + 3 = 12$ parts, dont 8 pour la 1re partie, 1 pour la 2e et 3 pour la 3e partie.
Valeur d'une part = $286^{m2} \times 120 : 12 = 2860$ m².
Rép. $1^o \ 2860^{m2} \times 8 = 22880$ *m²* ; $2^o \ 2860^{m2} \times 1 = 2860$ *m².*
   $3^o \ 2860^{m2} \times 3 = 8580$ *m².*

3196. — Un ouvrier dépense chaque jour $0^f,25$ de tabac et $0^f,65$ au cabaret; le dimanche et le lundi cette dépense est doublée. Quelle somme pourrait-il économiser en 25 ans s'il perdait l'habitude de fumer et celle d'aller au cabaret?

Économie en 25 ans = Économie par an $\times$ 25.

Économie annuelle.
$\begin{cases} a) \text{ Dép. ordin. : } (0^f,25 + 0^f,65) \times 365 = 328^f,5. \\ b) \text{ Dép. extraordin. : } 0^f,9 \times 52 \times 2 = 93^f,6. \\ c) 328^f,5 + 93^f,6 = 422^f,10. \end{cases}$

Rép. $422^f,1 \times 25 = 10552^f,50.$

Paris. — **3197**. — On achète 24 m. de drap pour 378 fr. On en revend 1/4 en faisant une perte de 15 fr. Combien faut-il revendre le mètre de ce qui reste pour gagner 48 fr. sur le tout?

Prix de vente du m. du reste = Prix de vente du reste : Sa longueur.

1. Prix du reste.
$\begin{cases} a) \text{ Achat : } 378^f \times 3/4 = 283^f,5. \\ b) \text{ Bénéfice} = 15^f + 48^f = 63 \text{ fr.} \\ c) 283^f,5 + 63^f = 316^f,5. \end{cases}$

2. Longueur $= 24^m \times 3/4 = 18$ m.
Rép. $316^f,5 : 18 = 19^f,25.$

3198. — Trouver l'intérêt d'une somme de 8000 fr. à 3 °/₀ pendant 45 jours, uniquement par les procédés du calcul mental.

Rép. $3^f \times 80 \times 45/360 = 3^f \times 80 \times 1/8 = 3^f \times 10 = 30$ *fr.*
Autre méthode. — En 1 an: $3^f \times 80 = 240$ fr. En 1 mois: $240^f : 12 = 20$ fr.
En 1 mois 1/2 : $20^f + 10^f$. *Rép.* 30 *fr.*

Paris. — **3199**. — On fabrique avec l'or, dont la densité est 19,26, des feuilles qui ont 1/800 de mm. d'épaisseur. Quelle surface couvrirait, si elle était réduite à une feuille aussi mince, la quantité d'or pur que contient une pièce de 20 fr.?

Surface recouverte = Volume en mm³ : Épaisseur (1/800 de mm.).

Volume.
$\begin{cases} a) \text{ Poids d'or pur. } \begin{cases} \text{Poids de 20 fr.} = 20 : 3,1 = 6^g,4516. \\ 6^g,4516 \times 0,9 = 5^g,80644. \end{cases} \\ b) 5,80644 : 19,26 = 0^{cm3},301476 = 301^{mm3},476. \end{cases}$

Rép. $301,476 \times 800 = 241180^{mm2},80 = 0^{m2},2411808.$

3200. — Un épicier mélange 2 sortes de café vert : 15 kg. à 2^f,30 et 20 kg. à 2^f,50. A combien doit-il revendre le kilogramme pour gagner 5 °/₀ sur le prix d'achat, sachant que la torréfaction a fait perdre au café 1/8 de son poids total?

Prix de vente du kg. = Prix de vente total : Poids restant.

1. Prix total.
$\begin{cases} a) \text{ Achat : } 2^f,3 \times 15 + 2^f,5 \times 20 = 34^f,5 + 50^f = 84^f,50. \\ b) \text{ Bénéfice} = 84^f,5 \times 0,05 = 4^f,225. \\ c) 84^f,5 + 4^f,225 = 88^f,725. \end{cases}$

2. Poids restant $= 35^{kg} - (35^{kg} : 8) = 35^{kg} - 4^{kg},375 = 30^{kg},625.$
Rép. $88^f,725 : 30,625 = 2^f,90$ (par excès).

TABLE DES MATIÈRES

ARITHMÉTIQUE

Fractions.

Mesure du temps.

Applications.

Calcul mental et rapide.

GÉOMÉTRIE

SAINT-CLOUD. — IMPRIMERIE BELIN FRÈRES.